VOYAGES TO THE STARS AND GALAXIES

Andrew Fraknoi | David Morrison | Sidney Wolff

우주로의 여행 3rd EDITION

-별과 은하-

강용희 강혜성 김용기
김용하 김유제 민영기 공역
이상각 이형목 홍승수

Andover • Melbourne • Mexico City • Stamford, CT • Toronto • Hong Kong • New Delhi • Seoul • Singapore • Tokyo

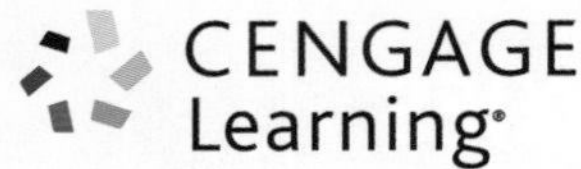

Voyages to the Stars and Galaxies, 3rd Edition

Andrew Fraknoi
David Morrison
Sidney Wolff

© 2014 Cengage Learning Korea Ltd.

Original edition © 2004 Brooks Cole, a part of Cengage Learning.
Voyages to the Stars and Galaxies 3rd Edition by Andrew Fraknoi, David Morrison, Sidney Wolff. ISBN: 9780534395667.

This edition is translated by license from Brooks Cole, a part of Cengage Learning, for sale in Korea only.

ALL RIGHTS RESERVED. No part of this work covered by the copyright herein may be reproduced, transmitted, stored or used in any form or by any means graphic, electronic, or mechanical, including but not limited to photocopying, recording, scanning, digitalizing, taping, Web distribution, information networks, or information storage and retrieval systems, without the prior written permission of the publisher.

For permission to use material from this text or product, email to
asia.infokorea@cengage.com

ISBN-13: 978-89-5526-915-4

Cengage Learning Korea Ltd.
Suite 1801 Seokyo Tower Building
133 Yanghwa-Ro, Mapo-Gu
Seoul 121-837 Korea
Tel: (82) 2 322 4926
Fax: (82) 2 322 4927

Cengage Learning is a leading provider of customized learning solutions with office locations around the globe, including Singapore, the United Kingdom, Australia, Mexico, Brazil, and Japan. Locate your local office at:
www.cengage.com/global

Cengage Learning products are represented in Canada by Nelson Education, Ltd.

For product information, visit **www.cengageasia.com**

Cover Image Source:
© Digital Vision/Gaseous pillars in the Eagle Nebula/Thinkstock
© Toes/Spiral Galaxy/Thinkstock

Printed in Korea
1 2 3 4 17 16 15 14

역자 서문

천문학은 가장 오래된 학문이면서 가장 빨리 변화하는 분야이기도 하다. 천문학을 배우거나 최신 지식을 얻고자 하는 국내의 여러 독자가 있음에도 불구하고 여전히 우리말로 쓰인 천문학 입문서는 매우 드물다. 국내의 천문학 연구 및 교육 인력으로는 다양한 수준의 책을 새롭게 기획하고 집필하기 어렵다는 것이 가장 큰 이유일 것이다. 그래서 가장 현실적인 대안으로 외국에서 출판된 우수한 책을 번역해 보급함으로써 틈새를 메워가고 있다.

우주로의 여행 원본인 *Voyages through the Universe*는 1997년에 출판되었고, 곧이어 1998년에 우리말로 번역되어 국내 여러 대학에서 교양 천문학 강의의 교재로 사용되었다. 그 당시에도 다수의 천문학 입문서가 시중에 나와 있었지만, 기본 개념을 충실히 다루면서도 허블 우주망원경을 비롯한 여러 최신 관측기기들의 자료를 포함하고 있었기 때문에 역자들은 이 책을 번역하기로 했던 것이다.

1990년대 말부터 2000년대 중반 사이에 천문학계에는 크게 두 가지 변혁이 있었다. 하나는 태양계 밖에 있는 항성 주변에서 많은 수의 외계행성이 발견된 것이고, 또 하나는 우주가 기존의 생각과는 달리 가속 팽창을 하고 있다는 사실이다. 이 두 가지 관측 사실은 인류의 우주에 대한 관점을 크게 바꾸었다. 우선 외계행성의 존재를 확인한 것은 지구가 우주에서 생명체를 가진 유일한 천체는 아닐 것이라는 생각을 확인하게 만들었다. 지금까지 발견된 대부분의 외계행성은 생명체가 살 수 없는 기체 행성이지만, 지구처럼 작은 고체 행성의 존재는 확인하기 어렵다는 사실을 고려하면 전혀 놀랄 일은 아니다. 그러나 지금과 같은 관측 기술의 발전 속도를 고려한다면 지구와 비슷한 행성을 찾는 것은 시간문제일 것이다.

우주의 가속 팽창은 우주에 대한 수수께끼를 하나 더 보태준 매우 중요한 발견이다. 1980년대부터 널리 알려지기 시작한 암흑 물질의 정체를 미처 파악하기도 전에 우리는 암흑에너지라는 새로운 개념에 부닥치게 된 것이다. 아인슈타인이 정상 우주를 설명하기 위해 도입하였던 우주상수가 가속 팽창을 설명하기 위해 화려하게 부활하였으며, 이를 에너지의 관점에서 붙인 용어가 암흑에너지인 것이다. 20세기가 거의 끝나가는 1998년 일련의 천문학자들은 초신성을 이용해 우주의 팽창이 어떻게 감속하는가를 연구하는 과정에서 뜻밖에 가속 팽창을 하고 있다는 사실을 발견한 것이다.

이러한 큰 변화를 수용하기 위해 저자들은 *Voyages through the Universe*를 개정하면서, *Voyages to the Stars and Galaxies*와 *Voyages to the Planets*로 나누어 확대 개편하였다. 강의하는 사람의 입장에서도 행성, 별, 은하, 우주 등을 모두 한 학기에 다루는 것이 매우 어려운 일이기도 하지만, 하루가 다르게 더해지는 새로운 지식을 한 권에 넣자니 책이 너무 두꺼워지는 것을 피하기 위한 방편이었을 것이다.

이번에 우리가 새롭게 번역한 책은 우리 태양계를 위주로 하는 행성에 관한 내용을 제외한 *Voyages to the Stars and Galaxies* 중 2004년에 발간된 가장 최신판인 제3판이다. 지금처럼 모든 것이 빨리 변하는 시대에 10년이나 지난 원저가 조금 오래되었다고 생각할 수도 있다. 하지만 위에 기술한 두 가지 큰 변화는 이미 제3판에 모두 반영되어 있었고, 그 이후 새롭게 변한 내용은 어찌 보면 전문적인 영역에 속한다고 할 수 있다. 다만 원저에 있는 내용이 좀 오래되어 사실과 맞지 않는 것들에 대해서는 일단 번역을 그대로 하고, 최신 사실을 역자의 주석으로 달아 적어도 번역본의 내용에는 최신 사실이 모두 반영되었다고 할 수 있다. 우리는 이 책을 우주로의 여행이라는 당초의 제목을 유지하면서, 별과 은하를 중점적으로 다루었다는 의미에서 '우주로의 여행: 별과 은하'라고 부르기로 결정하였다.

이 책의 내용 가운데 1997년 판 우주로의 여행에서 크게 바뀌지 않은 부분도 물론 많이 있다. 그러나 우리는 모든 내용을 처음부터 다시 번역하였다. 여러 사람이 나누어 번역하는 과정에서 서로 문체도 다르고 용어도 다른 것들이 좀 눈에 띄어, 이번에는 최대한 그런 차이를 줄여보고자 했기 때문이다. 여기에서 사용했던 우리말 용어는 1997년 판에서와 마찬가지로 한국천문학회의 《천문학용어집》(2003), 서울대학교 출판부, 천문학회 홈페이지 http://kas.org에서 검색 가능), 한국물리학회의 《물리학용어집》(물리학회 홈페이지 http://www.kps.or.kr/에서 내려받을 수 있음), 그리고 과학기술 한림원에서 발간한 《과학기술용어집》(1998) 등을 모두 참고하였으나, 이들조차 두 개 이상의 다른 용어를 같이 제시하고 있는 경우가 많이 있어 통일에 어려움이 있었다. 문체의 차이는 번역자들에게 가이드라인을 제시하고 가능하면 이를 따르도록 하였으나 개인차를 완전히 없앨 수 없었기 때문에, 번역 후에 역자들이 바꾸어 읽어 가면서 그 차이를 줄이고자 노력하였다. 그럼에도 오류나 어색한 부분이 많이 있으리라 생각한다. 충분한 시간이 있으면 이들을 최대한 줄일 수 있겠지만, 일단 정해 놓은 출판일을 어길 수 없어, 부족하지만 현재의 모습으로 독자들을 만날 수밖에 없었다. 우리는 계속해 미흡한 부분을 찾아 고칠 것이며, 독자들이 지적하는 부분도 겸허히 받아들여 보다 나은 개정판이 나올 수 있도록 노력할 것이다.

이 책은 전공과 관계없이 천문학을 처음 공부하고자 하는 이들에게 좋은 길잡이가 될 것이다. 대학교의 교양과목으로 사용하는 것을 염두에 둔 책이지만, 호기심이 많은 고등학생이나 새로운 지식에 목마른 일반인들이 읽기에도 전혀 무리가 없는 책이다. 이 책을 통해 더욱 많은 사람들이 천문학과 우주의 매력에 빠질 수 있기 바란다.

2014년 6월 역자 일동

저자에 대하여

앤드류 프래크노이는 샌프란시스코 부근의 풋힐 대학 천문학과 학과장으로 이 대학에서 매년 900여 명의 학생들이 그의 강의를 듣는다. 그는 태평양 천문학회(Astronomical Society of the Pacific)의 ASTRO 프로젝트 책임자다—이 프로젝트의 자발적으로 참여하는 천문학자들과 이들이 속한 지역 사회의 교사들을 맺어주고 학교 밖에서 가족들과 할 수 있는 천문학 활동 키트를 개발한다. 그는 1978년부터 1992년까지 그 학회의 회장이었고 잡지 〈머큐리〉와 뉴스레터 〈교실 안의 우주〉 편집장이었다. 그는 샌프란시스코 주립대학, 캐나다 대학, 그리고 캘리포니아 주립 대학의 공개 강좌 등에서 강의를 했다. 그는 널리 쓰이는 두 개의 천문학 교육활동과 자료를 모은 책인《당신 손가락 끝에 있는 우주와 당신 손가락 끝에 있는 더 많은 우주》의 공동 저자다. 그는 5년 동안 미 전역에 걸쳐 천문학에 관한 신문 칼럼이 많이 실린 독보적인 필자였고, 천문학의 발전을 설명하는 라디오와 텔레비전에 주기적으로 출연했다. 시드니 울프와 함께 우주과학교육에서 일하는 이들을 위한 새로운 온라인 저널/잡지인 〈천문학교육 리뷰〉의 공동 편집자다(aer.noao.edu 참조). 게다가 그는 대학 수준에서의 천문학 입문 교육에 관한 세 개의 전국적 심포지엄과 저학년에서 천문학 교육을 개선하기 위한 20개가 넘는 전국적 워크숍을 조직하였다. 그는 천문학의 대중적 이해에 공헌한 공로로 미국천문학회의 애넌버그 재단상과 태평양 천문학회의 클럼프게-로버츠 상을 받았다. 4859번 소행성은 천문학 교육에 대한 그의 업적을 기념하여 1992년에 프래크노이 소행성으로 이름 붙여졌다.

데이비드 모리슨은 NASA 천문생물학 연구소의 선임 연구원으로 살아 있는 우주에 대해 연구하는 천문생물학 분야의 여러 프로젝트에 참여하고 있다. 1996년부터 2001년까지 그는 NASA 에임스 연구 센터에서 천문생물학과 공간 연구의 책임자로서 공간, 생명, 그리고 지구과학의 기초 및 응용 연구를 관리했다. 모리슨 박사는 하버드 대학에서 천문학 박사학위를 받았고, NASA에 합류하기 전까지 하와이 대학의 교수였다. 태양계 소천체의 연구를 통해 국제적으로 유명한 모리슨 박사는 130개 이상의 전문 학술논문의 저자이고 10여 개의 책을 출판하였다. 그는 지구를 위협하는 소행성과 혜성을 찾아내는 우주방위 탐사를 수행할 것을 권고한 공식적인 NASA 충돌체 위험연구 사업을 주관했으며, 1995년 그 공로로 NASA에서 뛰어난 지도자 메달을 수상했다. 또 그는 미국 항공 우주 연구소로부터 연구에 대한 공로로 드라이덴 메달과 태평양 천문학회로부터 클럼프케-로버츠 상을 받았다. 그는 태평양 천문학회의 회장, 미국 과학진흥협회의 천문학 부분 회장, 국제천문연맹의 행성분과 회장을 역임하였다. 소행성 2410은 그를 기념하기 위해 모리슨으로 명명되었다.

시드니 C. 울프는 캘리포니아 주립대학 버클리 분교에서 박사학위를 받고 하와이 대학의 천문학 연구소에 합류하였다. 하와이에서 지낸 17년 동안 천문학 연구소는 마우나케아를 세계적으로 최고의 국제적 천문대로 개발했다. 그녀는 1976년 천문

학 연구소의 부소장이 되었고, 1983년에는 소장 대리가 되었다. 그 기간 동안 그녀의 연구, 특히 항성대기와 그것이 어떻게 별의 진화와 생성, 그리고 구성을 이해하는 데 도와줄지에 관한 연구로 국제적인 명성을 얻었다. 그녀는 현재 별이 어떻게 생성되는가에 관련된 문제를 연구하고 있다. 1994년 울프는 키트픽 국립천문대의 대장으로 임명되었고, 1987년에는 국립광학천문대(NOAO)의 대장이 되었다. 그녀는 미국에서 주요 천문대의 첫 여성 대장이었다. NOAO의 대장으로서 그녀와 직원은 매년 거의 1000명에 이르는 방문 과학자들이 사용하는 시설을 관리했다. 두 개의 최신 8 m 망원경을 건설하는 국제 프로그램인 제미니 프로젝트의 초기 관리자였다. 울프는 현재 전체 가시 하늘을 일주일 정도마다 훑을 수 있는 망원경의 설계에 관여하고 있다. 보통 망원경은 비슷한 탐사에 수십 년이 걸릴 수 있다. 이런 시설은 시간에 대해 변하거나 움직이는 천체에 대한 체계적인 연구를 가능하게 한다. 그녀는 미국 천문학회장을 역임했고 과학 교육으로 유명한 칼톤 대학의 이사다. 70개 이상의 전문 학술논문 저자로서 그녀는 《A형 별의 문제점과 전망》이라는 연구도서와 여러 천문학 교과서를 집필했다. 그녀는 새로운 온라인 저널인 *Astronomy Education Review*의 편집인이다.

학생을 위한 서문

대학 교과서에서는 서문은 담당 교수가 읽고 나머지는 학생들이 읽는 오랜 전통이 있다. 아직도 많은 학생들은 (첫 페이지에 실린) 서문을 읽다가 왜 자신들에 대한 언급은 거의 없는지 궁금해 한다.

그래서 특별히 학생 독자를 위한 서문으로 이 책을 시작하려 한다. 이는 처음부터 천문학 주제를 소개하는 대신 이에 관해 약간 언급함으로써 효과적인 천문학 공부를 위한 힌트를 주려는 것이다. (교수님들은 더 잘 공부할 수 있도록 도움을 줄 많은 구체적인 방안을 가지고 있을 것이다.)

천문학의 세계

우리 행성의 경계를 넘어서 우주를 연구하는 천문학은 실로 가장 흥미진진하며, 가장 빨리 변하는 과학 분야 중 하나다. 지금은 지구에 바탕을 둔 생물학, 화학, 공학 또는 소프트웨어 등을 연구하는 다른 분야의 과학자들조차 평생 천문학에 대한 흥미를 잃지 않았음을 종종 고백한다. 전 세계에서 전문적인 천문학자는 10,000명이 채 되지 않는다. 그러나 여러 날 저녁을 별 아래에서 망원경으로 하늘을 관측하는 데 몰두하는 여러 집단의 아마추어들도 있다. 이들은 갑자기 폭발하는 별과 같은 현상들을 자주 발견한다.

그 밖의 사람들은 천문학자들이 찾아내는 기묘한 세계와 그 과정에 매료되는 '안락의자의 천문학자'들이다. 어떤 이는 다른 항성계의 행성이나 생명에 대한 과학적 탐사에 호기심을 가진다. 또 다른 사람들은 허블 우주 왕복선 우주인들이 수행하는 우주 망원경의 성능향상 작업이나 대폭발의 섬광 잔해를 탐구하는 MAP 사업의 결과를 지켜본다. 뉴스 매체를 통해 천문학 사건을 들었던 것이 천문학 강좌를 수강하도록 첫 흥미를 유발시켰을지도 모른다.

그러나 천문학을 그렇게 흥미롭게 만드는 것들 중에는 처음 시작하는 학생들이 힘들어하는 것도 있다. 우주는 거대해서, 여기 지구에서는 비슷한 것을 찾을 수 없는 천체들과 그 과정으로 가득 차 있다. 외국을 방문하는 사람처럼 풍토나 지역적 습관에 친숙해지는 데 상당한 시간이 걸릴 것이다. 천문학은 다른 과학과 마찬가지로 자신만의 독특한 용어를 갖고 있으므로 우리와 함께하는 우주로의 훌륭한 여행을 위해서는 꼭 배워야 할 것들이 꽤 많다. (이 책 제목에 여행이라는 단어가 포함되었으므로, 우리는 여행과 관련된 은유를 종종 사용할 것이다. 저자들의 유머를 잘 받아 줄 것으로 믿는다.)

이 책의 특징

대학 수준의 천문학 강좌를 처음 선택한 학생들을 위해 몇 가지의 특별한 것들을 포함했으므로 잘 활용하기 바란다.

- 모든 전문 용어는 처음 소개할 때 볼드체로 나타냈고, 본문에 명확히 정의하였다. 용어의 정의는 부록 3(용어 해설)에 가나다 순서로 나열해서 필요할 때 참조할 수 있게 했다. 각 장의 끝에 있는 요약에서도 복습을 위해 볼드체의 용어들을 포함했다.
- 이 책은 천문학의 역사적 개요부터 시작해, 집에서 출발해 우주 전체의 특성으로 마무리하는 우주 탐사를 하려고 한다. 그러나 담당 교수가 모든 장을 다루거나, 순서대로 하지 않는다고 걱정할 필요는 없다. 이 책 전체에 걸쳐 있는 '방향 지시기'는 그 장을 공부하기 전에 미리 알아야 할 필요가 있는 자료들을 안내할 것이다.
- 수치 자료를 한데 모은 표를 편의에 따라 이용할 수 있다. 예를 들어 다른 별 주변에서 발견된 행성의 핵심적인 특성과 거성의 성질이 우리 태양과 어떻게 다른지 등등을 표로 요약했다. 천문학자들이 사용하는 데이터를 더 많이 접하기 원한다면 이 책 뒤의 부록을 참조할 수 있다.
- 그림 설명에서 학생들이 보고 있는 현상이나 천체가 무엇

인지 명확하고 충분하게 서술했다. 모든 그림을 학생의 눈으로 보고, 천문학에 입문한 독자들을 위해 도표나 그림을 분명하게 하는 데 무엇이 도움이 될지 자문했다.

- 그 장의 필수 핵심 내용의 요약과 모둠 활동(이에 대해서 더 자세히 언급함), 복습 문제, 사고력 문제, 그리고 배운 것을 '활용'하는 데 도움을 주는 계산 문제로 각 장을 끝마쳤다. 문제를 푸는 데 도움을 주기 위해 거의 모든 장에서 '스스로 생각하기' 글상자에 하나 또는 그 이상의 풀이가 있는 예제를 올려놓았다. 웹 사이트 http://info.bookscole.com/voyage에는 복습에 도움을 주기 위해 간단한 선다형 퀴즈 문제를 일부 올려놓았다.
- 각 장 뒤에는 특정한 주제에 대해 더 공부를 원할 경우에 대비해서 누리집이나 추가 읽을거리를 제시하였다. 그러한 책, 논문, 그리고 웹은 이 책처럼 입문 수준이다. 부록 1과 2는 천문학 정보의 일반적 출처에 대한 목록을 포함하고 있다. 부록 1에 (이 책에 넣을 수 없었던) 가장 멋진 천문 영상으로 안내하는 웹을 소개했다.
- 본문 자료에서 새로운 방향을 추구하는 문제들과 학생들 사이에 논쟁과 토론을 강화시킬 목적으로 소규모 모둠 활동을 각 장에 실었다. 담당 교수 또는 토론 부분의 지도자는 이를 강의실에서 활용하거나 학생 스스로 흥미 있는 문제에 대해 연구회의 다른 구성원과 토의할 수 있을 것이다. (연구 모임이 무엇인지 궁금하다면, 아래를 참조하라.)

천문학 공부

어떻게 하면 천문학 공부를 더 잘할 수 있을까? 다음은 훌륭한 교사들과 학생들이 제시한 천문학 공부에 대한 몇 가지 제안이다.

- 첫째로 우리가 줄 수 있는 가장 좋은 충고는 정규적으로 강의 자료를 찾아보도록 자신의 일정에 시간적 여유를 충분히 남겨둬야 한다는 것이다. 당연하겠지만, 모든 것을 시험 직전에 한다면 천문학 같은 과목을 따라잡기는 아주 어려울 것이다. 매일 또는 격일로 방해받지 않고 천문학 책을 읽거나 공부할 수 있는 시간을 어느 정도 남겨두어야 한다.
- 교과서의 할당된 부분을 두 번씩 읽는다. 한 번은 강의실에서 논의되기 전에, 그리고 한 번은 강의가 끝난 다음에. 나중에 복습하려는 부분을 메모해 놓거나 형광펜으로 표시하도록 하라. 또 강의 중에 적어 놓은 메모와 읽어가면서 기록한 메모를 정리할 수 있는 시간을 갖도록 하라. 많은 학생들은 좋은 필기 습관 없이 대학을 시작한다. 만약 자신이 좋은 필기 능력이 없다면 도움을 받으려고 노력하기 바란다. 많은 대학에는 짧은 강좌, 학습 지도서 또는 좋은 학습 습관 개발을 위한 영상 자료 등을 제공하는 학생 학습센터가 있다. 좋은 필기 능력은 대학 졸업 후에 관여하게 될 직업이나 활동에도 유용하다.
- 강의를 같이 듣는 학생들과 소규모 천문학 연구회를 만들라. 가능한 한 자주 만나고 연구회 회원들이 어려워하는 주제들에 대해 토의하라. 표본 시험문제를 만들어서 연구회원 모두가 자신있게 해결할 수 있도록 하라. 만약 자신이 항상 혼자 공부해 왔다면 처음에는 이런 생각에 거부감이 들겠지만, 너무 성급하게 아니라고 답하지는 말라. 연구회 참여는 (천문학적 단어와 종종 비슷한) 새로운 정보를 소화하거나 외국어 학습, 법학, 천문학처럼 넓은 분야를 공부하는 데 매우 효율적이다.
- 시험 보기 전에 수업에서 언급되고 본문에 제시된 주요 아이디어에 대해 간략하게 개요를 만들어 보라. 자신의 학습 습관에 대한 점검을 위해 다른 학생들의 태도와 비교하라.
- 만약 강의에서 교과서가 특별히 어렵거나, 또는 매우 흥미로운 주제를 발견하게 되면 더 공부하기 위해서 (각 장에 소개된) 도서나 웹 자료를 주저 없이 활용하라.
- 스스로 너무 힘들게 만들지 말라! 만약 천문학이 완전히 생소하게 느껴진다면, 이 책에 있는 여러 아이디어나 용어들도 생소할 것이다. 천문학은 새로 배우는 언어와 비슷하다. 말 잘하는 사람이 되려면 상당한 시간이 걸린다. 최대한 연습하라. 그러나 우주의 광대함과 그 속에서 일어나고 있는 일들의 다양성에 종종 압도당하는 일은 그야말로 자연스러운 것이다.

저자들이 즐거운 마음으로 이 책을 쓴 것처럼 즐겁게 읽기 바란다. 우리는 이 책을 읽는 학생들의 의견을 듣고 싶고, 이 책에 대한 여러분의 반응과 앞으로 어떻게 개선할지에 대한 방안을 받아보고 싶다. 우리가 받는 모든 진지한 의견을 심각하게 받아들일 것을 약속한다. 당신의 비평과 의견은 Andrew Fraknoi, Astronomy Department, Foothill College, 12345 El Monte Road, Los Altos Hills, CA 94022, USA로 보내면 된다. (우리는 문제에 대한 해답을 제공하거나 숙제를 대신해 주지는 않겠지만 모든 다양한 생각들은 환영한다.)

앤드류 프래크노이
데이비드 모리슨
시드니 울프

담당 교수를 위한 서문

이 책을 사용하고 있거나 교과서로 채택을 고려하는 데 대해 기쁘게 생각한다. 이 책은 현재의 학생들을 염두에 두고 쓴 천문학 교과서다—이 우주로의 여행은 과학에 대해 약간은 두려워하고 있으며, 천문학을 체험하기보다는 흥미로 접근하는, 과학을 전공하지 않는 학생들을 위해 구상되었다. 경제학을 전공하는 대학생부터 초급 대학 신입생에 이르기까지 모두에게 호소력 있는 우주로의 여행의 특성을 갖추고, 강사 선생님들이 기대하는 정확성과 시의성을 보존하면서, 독자들의 주목을 끌어 참여를 유도하도록 저술했다.

과학이나 수학적 배경이 제한된 학생들에게 어떻게 천문학을 가장 잘 보여줄 수 있을지를 생각하면서, 친근하게 접근할 수 있는 언어를 사용하고, 일상 경험에서 얻어낸 예나 유사한 특성을 설명하려고 노력하였다. 그러면서도 최신 연구 결과를 포함시키고 우리 분야와 관련된 여러 학문 분야의 최신 견해들을 다루려고 노력을 기울였다. 또한 천문학자들의 생애에 대한 간결한 묘사, 천문학의 영향을 받은 다른 분야에 대한 소개, 그리고 때로는 유머를 포함하는 등, 독자들을 끌어들이려는 우리의 노력이 이 책을 읽고 즐기는 데 도움이 되기를 희망한다. 우리는 학생보다 담당 교수가 더 자주 열어보는 책보다 더 유용한 교과서는 없다고 믿는다!

이 책의 구성과 특징

어떤 교수는 주제를 우리가 제공한 순서와 다르게 가르치기 원하고, 어느 부분은 제외하기를 원한다. 천문학에서는 다른 과학 입문강좌에서보다 훨씬 더 많이 가르쳐야 하는 만큼 더 많은 접근 방법이 있다고 말할 수 있다. 《우주로의 여행: 별과 은하》는 항성과 은하 천문학 그리고 우주론을 포함하는 넓은 범위를 아우르는 강의를 만족시킬 수 있도록 설계되었다. 또 하늘과 천문학의 역사, 그리고 우주의 생명에 관한 장을 포함시켜서 담당 교수가 그 내용을 강좌에 통합시키도록 했지만, 그 밖의 장들은 강의에서 그 주제를 다룰 시간이 없더라도 학생 스스로 이해할 수 있게 했다.

우리는 앞 장에서 소개된 모든 개념을 기억하는 것을 기대하지 않기 때문에 여기저기에 그 개념이 어디에서 자세히 정의되고 설명되었는지를 찾는 데 도움을 주기 위해 크게 드러나지 않게 말로 표현한 '푯말'을 삽입하였다. 또한 가끔 여러 장 앞에서 소개되었을 수도 있는 핵심 아이디어를 복습하도록 했다. 우리의 목적은 강사가 어떻게 가르치는가에 상관없이 학생이 이 책을 쉬운 항해 도구로 사용할 수 있게 하는 것이다. (이 책에서 직접 사용되지는 않더라도 가끔 담당 교수들이 이용하도록) 완전한 용어 해설을 부록 3에 제공했다.

우리의 책은 천문학 백과사전이 아니다. 우리는 상세한 서술로 독자들을 압도하려 하지 않았으며, 대신 천문학의 주요 줄거리와 무엇보다도 중요한 아이디어에 초점을 맞추었다. 대부분의 교과서에 비해 특수 용어를 약간 덜 사용하고 있지만, 학생들이 기초 과목으로서 꼭 배워야 한다고 믿는 핵심 개념은 희생되지 않도록 노력했다.

3판은 단순히 새롭기 때문이 아니라, 우주에 대한 일관된 이해와 탐구의 진전을 위한 가치 때문에 수많은 최신 아이디어와 발견들을 포함시키려고 노력했다. 이 경우 우리는 최신 연구 결과에 초점을 맞추어 그 의미를 명확히 설명하려고 시도했다. 이 3판에 포함된 최신의 주제는 다음과 같다.

- Wilkinson MAP의 초기 결과를 포함하는 우주론에 대한 완전한 갱신.
- 천문학에서의 중력파에 관한 새로운 연구.
- 최신의 태양 활동과 지구 기후의 관계.

우리는 또 천문학 발전을 인간의 노력으로 묘사하고, 오랜 세월 동안 우리의 과학을 창조해 온 일부 주요 인물들에

교육 도구로서의 모둠 활동

최근 연구에 의하면 한 시간 또는 한 시간 반 동안 어떤 주제에 대해 강의를 듣는 것은 학생들의 효율적인 학습에 항상 도움이 되는 것은 아니다. 학생들은 수동적인 수강생일 때보다 활동적인 참여를 통해 더 잘 배운다. 불행히도 우리 중에는 학생들에게 강의를 하면서, 학생들의 강의 참여를 쓸모없게 보는 이도 있다. 그러나 다른 분야의 과학 강사들은 더 큰 강좌에서 작은 모둠 활동을 수행하는 방법을 찾아내기 시작하고 있다. (당신이 그런 활동을 할 수 있게 도와주는 읽을거리와 웹 사이트를 이 책의 강사 지침서에서 찾을 수 있다.)

그다음 우리는 강의 시간이나 토론 시간에 작은 모둠과 공동 협력 모둠 활동이 관여되는 하나의 접근법에 초점을 맞춘다. 강사는 수강생을 3~4명의 모둠으로 나눈다(또는 학생들로 하여금 스스로 나누도록 한다). 집단이 작을수록 어떤 학생이 관여하지 않게 될 가능성이 적어지지만 두 명으로 이루어진 모둠은 진화하기 위한 좋은 토론에는 충분치 않다.

각 모둠은 과제와 마감일을 부여 받는다. 이 책의 각 장은 집단 토론에 좋으며 외부 자료나 데이터가 필요하지 않는 일련의 상호-활동 문제를 제공한다. 게다가 어떤 강사는 각 집단에 분석을 위한 간단한 데이터(유인물이나 슬라이드 자료)를 제공하고 싶다. 모둠의 구성원들이 토론과 활동을 한 후 그 결과를 수강생 전부와 공유할 수 있는 대변인을 선정한다. 만약 당신의 강좌가 정말 크다면 주어진 날에 대표적인 모둠만이 보고를 할 것이다.

그들이 보고에서 들은 것을 바탕으로 집단은 자신들의 토론으로 되돌아가 그 답변을 바꾸거나 개선할 수 있다. 어떤 강사들은 각 개인이나 모둠 전체가 그들의 결론에 대한 짧은 요약을 쓰도록 요청한다. 다른 이들은 그들의 동료와 상호작용한 경험만으로도 충분하다고 느낀다.

이 접근은 슬라이드를 보여줄 때도 잘 작동한다. 생성 성운에 대한 허블이 찍은 일련의 사진을 놓고 모둠들에게 무엇을 보고 있고 각각 천체는 얼마나 크다고 생각하며, 그런 '거품'이 어떻게 기원했는지 토의하라고 요청해 보라. 중요한 것은 학생들이 올바른 답을 얻는 데 있지 않고 생각하고 이야기하고 서로 영향을 주고 자신의 교육에 참여하도록 하는 것이다. 수업 중 학생은 수동적인 것에 익숙해 있어 이 접근에서 학생들이 완전히 빠져들게 하는 데 여러 번의 시도가 필요할지도 모르지만 강사(그리고 조교들)가 걸어 다니면서 토의를 촉진하고 선천적으로 참여를 꺼리는 학생들에게 참가를 독려하는 것은 얼마 후 기적적으로 작동한다.

우리는 이 책에서 제안한 많은 모둠 활동은 끝이 열려 있고 엄청난 토의를 유발할지도 모른다는 점을 경고한다. 당신은 학생들의 의견을 가치 있는 상태에서 끝내는 전략을 가지고 있어야 할 것이다. 짧은 논문(약간의 부가 점수 가능), 대화형 누리집, 또는 토론 시간 중 더 많은 논쟁 등은 강의를 진행하면서 학생들의 열정을 포착할 수 있는 방법이 될 수 있을 것이다.

대한 사진과 설명을 포함하도록 노력했다. 삽화는 허블 우주 망원경으로부터의 최신 사진과 여러 우주 장비, 그리고 전 세계, 지상 망원경의 컬러 사진 등을 포함하였다. 4색 도표는 장식이 아니라 교육 도구로서 활용된다. 그림 설명은 다른 많은 책에서처럼 난해한 한 줄짜리가 아닌 학생들이 보고 이해하기 쉽도록 충분한 분량으로 서술되어 있다.

학생과 담당 교수에게 특별히 도움이 되길 바라는 이 책의 특성들은 다음과 같다.

- 각 장의 끝과 부록에 있는 더 탐구하기 원하는 사람을 위한 정확하고 접근 가능한 누리집 주소와 읽을거리에 대한 제안.
- 장 끝의 3단계 문제: 복습 문제, 학생들이 배운 것을 응용하도록 요구하는 사고 유발형 문제 그리고 계산 문제.
- 강의 기간 중 진도를 바꾸고, 토론 시간의 기초를 형성하거나 팀별로 학생들에게 숙제로 제공할 수 있는 일련의 대화형 모둠 문제(글상자 참조)로 구성된 대화식 모둠 활동 문제.

이 책을 채택한 많은 사람들의 요청으로, 3판에는 각 장에 일련의 '스스로 생각하기' 글상자를 선보인다. 그 장에 관련된 문제를 어떻게 푸는가를 보여주고 학생들이 계산 문제를 예습하도록 했다. 우리의 목적은 강좌에서 수학을 더 폭넓게 사용하는 담당 교수들에게는 예제와 숙제를 제공하고, 그렇지 않은 경우에는 우리 이야기의 주요 흐름이 깨지지 않도록 하기 위한 것이다. 우리는 또 이 개정판에서 계산 문제를 더 많이 늘렸다.

다음의 누리집에서 우리의 강의를 위한 최신 자료를 받을 수 있다. http://info.bookscole.com/voyages.

이 책의 여러 장에서 과학을 전공하지 않는 학생들이 기본적인 흐름에 방해받지 않으면서 천문학의 폭을 늘릴 수 있도록 도움 글상자를 다양하게 선보이고 있다.

- 연결고리: 이 특별한 글 상자는 시에서부터 공학까지, 대중문화에서 자연재해에 이르기까지 인간의 여러 활동 분야에서 천문학이 어떻게 학생들의 경험과 연결되는지를 보여준다.
- 천문학 여행: 주목할 만한 천문학자들을 소개한 이 인물평에서는 그들의 연구 업적뿐만 아니라 그들의 생애와 사건에 대해서도 초점을 맞춘다.
- 천문학의 기초지식: 이 짧은 소절에서는 다른 책에서는 종종 학생들이 알고 있다고 (잘못) 가정하고 넘어가는 기초 과학 지식과 용어를 설명했다.
- 스스로 해보기: 여기에서는 학생들이 하늘에 대해 친근해지고 일상적인 천체 현상을 간단한 도구를 이용해 관측하도록 시도했다.

감사의 글

우리는 정보, 사진, 그리고 용기를 보내준 다음의 많은 동료와 친구들에게 감사드린다.

멋지게 그린 천문학 삽화를 사용하도록 허락해 준 리넷 쿡 빌 하트만, 존 스펜서, 돈 데이비스, 그리고 돈 딕슨과 데이비드 밀른의 도움 그리고 그의 훌륭한 천문학 사진에 대해 감사드린다.

원고 전체나 일부를 검토하고 지침을 제공해 준 동료들에게 감사드린다.

제1판

Grady Blount
Texas A&M University
Michael Briley
University of Wisconsin, Oshkosh
David Buckley
East Strohdsburg University
John Burns
Mt. San Antonio College
Paul Campbell
Western Kentucky University
Eugene R. Capriotti
Michigan State University
George L. Cassiday
University of Utah
John Cunningham
Miami-Dale Community College
Grace Deming
University of Maryland
Miriam Dittman
DeKalb College
Gary J. Ferland
University of Kentucky
George Hamilton
Community College of Philadelphia
Ronald Kaitchuck
Ball State University
William C. Keel
University of Alabama
Steven L. Kipp
Mankato State University
Jim Lattimer
SUNY, Stonybrook
Robert Leacock
University of Florida
Terry Lemley
Heidelberg College
Bennett Link
Montana State University
Charles H. McGruder III
Western Kentucky University
Stephen A. Naftilan
Claremont Colleges
Anthony Pabon
DeAnza College
Cynthia W. Peterson
University of Connecticut
Andrew Pica
Salisbury State University
Terry Richardson
College of Charleston
Margaret Riedinger
University of Tennessee, Knoxville
Jim Rostirolla
Bellevue Community College
Michael L. Sitko
University of Cincinnati
John Stolar

West Chester University
Charles R. Tolbert
University of Virginia
Steve Velasquez
Heidelberg College
David Weinrich
Moorhead State University
David Weintraub
Vanderbilt University
Mary Lou West
Montclair State University
Dan Wilkins
University of Nebraska, Omaha
J. Wayne Wooten
Pensacola Junior College

제2판

Mitchell C. Begelman
University of Colorado
Stephen Danford
University of North Carolina, Greensboro
Richard French
Wellesley College
Catharine Garmany
University of Colorado, Boulder
Owen Gingerich
Harvard University
Edward Harrison
University of Massachusetts
Scott Johnson
Idaho State University
Mark Lane
Palomar College
John Patrick Lestrade
Mississippi State University
Michael C. LoPresto
Henry Ford Community College
Anthony Marston
Drake University
Ronald A. Schorn
Texas A&M University
Vernon Smith
University of Texas, El Paso
Ronald Stoner
Bowling Green State University
Jack W. Sulentic
University of Alabama
Stephen Walton
California State University, Northridge
Warren Young
Youngstown State University

제3판

Paul DeVries
Miami University
Steven Doty
Denison University
John F. Hawley
University of Virginia
Michael Kaufman
San Jose State University
Robbie F. Kouri
Our Lady of the Lake University
Michael C. Lopresto
Henry Ford Community College
Ed Oberhofer
Lake Sumter Community College

앤드류 프래크노이
데이비드 모리슨
시드니 울프

차례

우주로의 여행

별과 은하

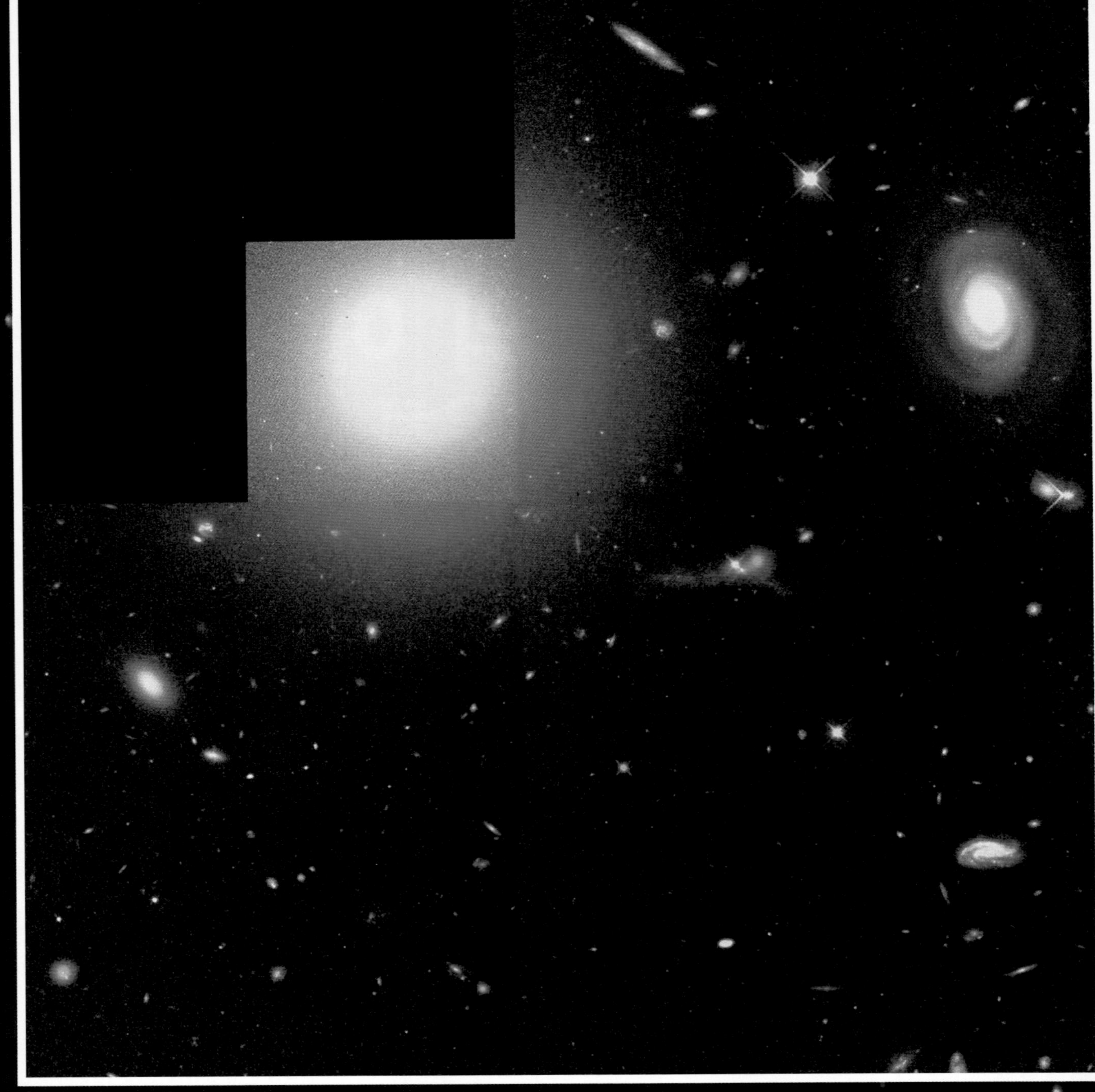

먼 은하 정비를 마친 허블 우주 망원경에 부착된 4개의 카메라로 1994년 3월에 찍은 먼 은하의 모자이크 사진. 이 사진에 보인 영역은 한쪽 팔 정도 거리에 놓여 있는 미국 10센트 동전의 루스벨트 대통령 눈 크기 정도로 매우 작다. 작은 사진을 채우는 밝은 은하(왼쪽 위)는 너무 멀리 있어서 빛이 우리에게 도달하는 데 3억 년이나 걸리는 머리털자리 은하단의 바깥쪽에 놓여 있다. 이 사진에서 둥근 점이 아닌 모든 것은 수십억 개로 이루어진 은하들이다. (둥근 점들은 우리은하의 별들이다.) 앞서 언급한 은하와 오른쪽에 있는 나선 은하를 제외한 모든 은하들은 머리털자리 은하단보다 훨씬 멀리 있으며 지구 대기 위의 허블 위치에서 명확하게 잘 보인다. 이들은 멋진 모양과 색깔을 보여주며, 이를 통해 천문학자는 은하의 탄생과 진화를 이해하려는 도전의식이 고취된다.

머리말
과학과 우주: 간략한 여행

결국, 모든 이들은 이 이야기에 끼어들게 된다. 우리 시대 천문학은 장터의 만담거리가 될 거라고 장담한다.

브레히트(Bertolt Brecht)의 희곡 《갈릴레오》에서 갈릴레오의 대사

오늘날 천문학자들이 공부하고 있는 우주 탐구를 위한 기나긴 항해에 여러분을 초대한다. 그 여행에서 우리는 지구의 그 무엇과도 견줄 수 없는 광막하고 경이로운 천체들로 가득한 장엄한 영역을 발견하게 될 것이다. 그렇지만 우주를 우리들의 집이라고 부르고, 우주의 진화가 오늘날 지구라는 행성에 사는 우리들의 존재와 직접 관련되었음을 배우기 바란다.

우리의 여행에서 다음을 만나게 될 것이다.

- 가스와 티끌로 이루어진 거대한 구름
- 이 문장을 읽는 순간에도 새로운 별과 행성들을 만드는 '원자재'(그림 P.1)
- 밀도가 너무 높아서 지구에 있는 모든 사람들을 하나의 물방울 크기 안에 압축해 넣은 것에 비유될 만큼 큰 밀도로 붕괴된 별
- 격렬한 최후로 인해, 이웃 별 주변을 도는 행성에 사는 모든 형태의 생명을 없앨 수 있는 폭발하는 별(그림 P.2)
- 수십억 개의 별을 가지고 있으면서 이웃의 작은 은하들을 먹어치우고, 아직도 새로운 희생양을 찾고 있는 '포식자 은하'
- 흐리지만 창조적 사건의 신호임이 명백한 전파 메아리

H. Yang, U. of Illinois; J. Hester, U. of Arizona; NASA

■ **그림 P.1**
멀리 있는 별 탄생 영역 이 아름다운 가스와 티끌의 구름은 우주의 원자재가 새로운 별(그리고 아마도 새로운 행성 포함)로 바뀌는 '별의 보육원'이다. 이름이 NGC 604인 구름은 우리은하에 있는 것이 아니고 따로 떨어진 270만 광년 거리의 또 다른 별의 섬이다. 이것은 매우 크고 (빛이 가로지르는 데 1500년 걸린다.) 허블 우주 망원경으로 찍었기 때문에 선명하게 볼 수 있다.

이런 종류의 발견으로 인해 천문학은 과학자나 다른 직업을 가진 모든 사람에게 흥미로운 분야가 된다. 그러나 우리는 단지 우주의 천체와 그들에 대한 최신의 발견보다는 그것을 넘어선 더 많은 것을 탐구하게 될 것이다. 우리는 지구 너머의 영역을 이해하기 위해 겪어온 과정(process)과 이런 이해를 증대시키는 데 필요한 도구에 똑같이 주목할 것이다.

오늘날 천문학은 대부분 지구에서 수행되어야 한다. 우리는 우주에 대한 정보를 우주가 친절하게도 우리에게 보내준 메시지를 통해 수집한다. 그리고 별들은 우주의 기초 요소이기 때문에 별빛에 숨어 있는 메시지를 해석하는 것은 핵심적인 도전이었고 현대 천문학의 승리였다. 당신이 이 교과서를 다 읽을 때면 그 메시지를 어떻게 읽는지 그리고 그것이 우리에게 무엇을 말하는지, 어떻게 이해하는지에 대해 약간 알게 될 것이다.

1 천문학의 본질

천문학(astronomy)은 우리의 행성인 지구 너머에 있는 천체들과 그들이 다른 천체들과 상호작용하는 과정을 연구하는 것으로 정의된다. 그러나 실제로는 우리가 배우게 되듯이, 그 이상이다. 대폭발의 탄생 순간으로부터 이 문장을 읽는 현재의 순간까지 우리가 배운 것들을 우주의 명확한 역사로서 구성해내려는 인간 정신의 시도다.

우주의 역사를 한꺼번에 모으는 일은, 특히 우리은하의 변두리에서 평범한 별 주위를 도는 돌덩이 위에서 살아가는 피조물에게는 대담한 용기를 요구하며, 이를 끝내려면 아직 멀었다. 이 책은 전체를 통해서, 과학이란 새로운 기술과 장비가 우주를 더 깊숙이 탐구할 수 있게 해줌에 따라 꾸준히 변하는 도중의 중간보고(progress report)임을 강조하고 있다.

우주 역사를 공부함으로써 우리는 다시 우주가 계속해서 진화(evolve)하고 있음을 알게 된다. 우주는 긴 시간 동안 심오하게 변화한다. 대중지를 통해 과학에서 진화의 개념은 논쟁거리라는 것을 읽었겠지만, 이는 전혀 사실이 아니다. 우주가 먼 과거와 같지 않다는 개념보다 더 잘 정립된 생각은 없다. 우주는 계속 존재해 왔고 수십억 년 동안 진화해 왔다.

여러분은, 예를 들어 우주가 대폭발 후 제1세대의 별에서 이 책의 독자를 만들어낼 수 없었음을 알게 될 것이다. 그 당시에는 천문학 학생들을 만들기 위한 충분한 양의 조리 재료가 전혀 존재하지 않았다. 우주는 여러분처럼 흥미롭고 복잡한 사물을 제작하는 데 필요한 탄소, 칼슘, 산소를 더 만들어 내야만 했다. 수십억 년이 지난 오늘날, 우주는 생명에 보다 쾌적한 장소로 진화했다. 우주가 계속해 제대로 모습을 갖추어나가는 진화의 과정을 추적하는 일은 현대 천문학에서 가장 중요한(만족감을 주는) 부분 중 하나다.

2 과학의 본질

종교나 일부 철학과 달리 과학에서는 믿음으로 인정되는 것이 없다. 과학의 궁극적 심판관은 언제나 자연 스스로가 드러내는 실험이나 관측이다. 또한 과학은 단순한 지식의 집합체가 아니라 자연과 그 행태를 이해하려고 시도하는 하나의 방법이다. 이 방법은 오랜 시간에 걸친 많은 관측과 더불

■ **그림 P.2**
별의 시신 1054년 우리의 하늘에서 폭발하는 것이 목격되었던 별의 잔해를 보고 있다. (별은 낮 시간에 보일 정도로 잠시 환하게 빛났다.) 이 잔해는 오늘날 게 성운이라 불린다. 칠레에 있는 초대형 망원경(Very Large Telescope)으로 찍은 이 새로운 사진에는 성운의 중심 영역이 보인다. 이처럼 폭발하는 별들은 우주에서 생명의 발달에 결정적이었다.

어 시작된다. 관측의 추세로부터 과학자들은 특별한 현상의 모형(model)을 유추한다. 이런 모형은 언제나 자연 자체의 근사치이며, 추후 검증의 대상이다.

천문학에서 구체적인 예를 들자면, 고대 천문학자들은 (일부는 관측에 따라서, 또 일부는 철학적 믿음으로) 지구가 우주의 중심이고 모든 천체가 그 주변을 돌고 있다는 모형을 만들었다. 처음에는 태양과 달, 행성에서 얻을 수 있었던 관측이 이 모형과 잘 들어맞았지만, 점차 관측이 진전되면서 지구를 중심에 유지하기 위해서는 행성들의 운동에 더 많은 원을 덧붙일 필요가 생겼다. 수 세기가 지난 후, 천체의 추적 관측을 위해 개선된 기기들이 개발됨에 따라 (수많은 원을 가지고도) 오래된 모형으로는 모든 관측 사실들을 더는 설명할 수 없게 되었다. 1장에서 보겠지만, 중심에 태양을 둔 새 모형이 새로운 실험적 증거들에 더 잘 들어맞는다. 철학적 투쟁 시기를 거친 뒤에, 이 모형은 우리의 우주관으로 인정받게 되었다.

처음 제안될 때에 새로운 모형이나 아이디어는 종종 가설(hypotheses)이라고 불린다. 오늘날 많은 학생은 모든 중요한 것들은 다 알려져서 천문학 같은 자연과학에서 더는 새로운 가설이 제기될 수 없다고 생각할지도 모른다. 어느 것도 진실보다 더 상위일 수는 없다. 이 책의 전반에서, 최근 논의되고 있으며 아직도 종종 논쟁거리인 천문학의 가설들을 발견하게 될 것이다.—예를 들어 우주의 많은 부분을 차지하는, 엄청난 양의 보이지 않는 물질인 '암흑물질'과 우리 은하 중심부의 이상한 '블랙홀'의 존재 등을 들 수 있다. 이런 모든 가설은 첨단 기술로써 이루어진 힘든 관측에 근거하며, 이들 모두 표준 천문학 모형으로 완전히 받아들여지기까지는 추가 검증이 필요하다.

'만약 가설을 검증(test)할 방법이 없다면, 그것은 더는 과학의 영역에 속하지 않는다.' 이 마지막 문장은 결정적으로 중요하다. 과학에서 검증에 접근하는 가장 직접적인 방법은 실험을 하는 것이다. 만약 실험이 제대로 되었다면 결과는 가설의 예측과 부합하든지 아니면 모순될 것이다. 만약 실험 결과가 정말로 가설과 맞지 않는다면, 과학자는 (자신이 만들면서 얼마나 좋아했던지와는 상관없이) 그 가설을 폐기하고 대안을 개발해야 한다. 만약 실험이 예측과 일치한다면, 만족스럽더라도, 가설의 옳음이 증명된 것은 아니다. 아마 다음 실험 결과가 가설의 주요 부분과 모순을 일으킬지도 모른다. 그러나 보다 많은 실험에서 가설이 살아남는다면, 그 가설은 자연을 유효하게 기술하는 것으로 받아들여질 가능성이 더 높아진다.

실험에 관해 이야기할 때 여러분은 실험실에서 어떤 신중한 검증이나 측정을 하고 있는 과학자의 모습을 머릿속에 떠올릴 것이다. 이는 분명히 생물학자나 화학자의 경우에는 해당하지만, 실험실이 우주인 천문학자는 어떻게 해야 할까? 시험관 안에 여러 개의 별을 넣거나 과학 기자재 공급업체에 혜성을 하나 더 주문하는 것은 불가능한 일이다.

결과적으로 천문학은 흔히 관측(observational) 과학이라 불린다. 연구하려 하는 천체들의 표본을 여러 개 관측하고 어떻게 표본들이 다르게 변하는가에 조심스럽게 주목함으로써 검증을 수행한다. 종종 새로운 기기의 발명으로 천체를 새로운 관점에서 관찰하거나 훨씬 더 자세히 볼 수 있다. 그런 과정에서 가설은 새로운 정보의 관점에 비추어 판단되고, 실험실에서 이루어지는 실험 결과의 평가와 똑같은 방법으로 통과되거나 탈락된다. 천문학에서 연구하고자 하는 대상은 멀리 떨어져 있고 보기도 어려워 적절한 관측적 검증이 이루어지기까지 오랜 시간이 걸릴 수 있다. 우리는 단지 자연적으로나 또는 더 좋은 기기의 출현으로 어떤 결정적인 검증이 가능해질 때까지 참을성 있게 기다리지 않으면 안 된다.

또한, 천문학은 많은 부분이 역사적(historical)인 과학이다.—우주에서 관측하고 측정하는 것들은 이미 과거에 일어났었으며, 이를 바꾸기 위해 지금은 아무것도 할 수 없다. 마찬가지로 지질학자는 행성에서 일어난 일을 바꿀 수 없고, 고생물학자도 고대 동물을 살려낼 수 없다. 반면, 이 때문에 천문학은 때로는 도전을 북돋워 우주의 과거 비밀을 발견해내는 멋진 기회를 가져다주기도 한다.

천문학자는 사건 현장에 도착하기 전에 일어났던 범죄를 해결하려는 탐정과 비교할 수 있다. 온갖 종류의 증거가 있지만, 탐정과 과학자는 어떤 일이 일어났는지에 대한 여러 가설을, 검증을 통해 신중하게 걸러내고 재구성한다. 그리고 과학자와 탐정은 또 하나 같은 점이 있다. 그들은 모두 사건을 증명해야 한다. 탐정은 지역 검사, 판사, 그리고 궁극적으로는 배심원들에게 자신의 가설이 맞는다고 설득해야 한다. 비슷하게, 과학자는 동료, 저널의 편집자, 그리고 궁극적으로는 더욱 폭넓은 다른 과학자들에게 자신의 가설이 잠정적으로 옳다고 설득해야 한다. 두 경우 모두 '합리적이며 의심의 여지가 없는' 증거가 필요하다. 그리고 새로운 증거가 나오면 종종 탐정과 과학자는 모두 기존의 가설을 가장 최신의 것으로 재구성해야 한다.

이러한 자체 교정의 특성이 바로 과학을 대부분의 인간 활동과 구별 짓는다. 과학자들은 서로 질문하고 비판하는 데 많은 시간을 보낸다. 폭넓은 동료 평가—같은 분야의 다른 과학자들이 수행하는 신중한 검토—없이는 어떤 프로젝트도 지원받을 수 없고 어떤 보고서도 출판될 수 없다. 비과학 분야에서는 자주 젊은이들에게 토론 없이 연장자의 권위를 받아들이라고 가르치지만, 과학에서는 (적절한 훈련을 거친 다음) 모든 사람에게 새롭고 더 나은 실험을 시도하고, 무엇이든지 또한 모든 가설에 도전하는 것을 장려한다. 젊은 과학자들은 자신의 경력을 쌓을 수 있는 가장 좋은 방법이 현재 우리의 이해가 미약한 부분을 찾아내어 수정하거나 새로운 가설로 바꾸는 일임을 알고 있다.

이것이 과학에서 이렇게 극적인 발전이 이루어진 이유 중 하나다. 오늘날 과학 전공 학부생들은 인류 역사상 가장 훌륭한 과학자인 아이작 뉴턴보다 과학과 수학에 대해 더 많이 알고 있다. 우리의 천문학 입문 강좌에서조차 몇 세대 전에는 아무도 그 존재조차 몰랐던 천체와 그 과정에 대해 배울 것이다. 과학의 영역은 제한되었으나, 그 영역 안에서 이루어낸 성취는 실로 훌륭한 것이었다.

3 자연법칙

여러 세기에 걸쳐서 과학자들은 셀 수 없는 관측을 통해 과학법칙(scientific law)이라 불리는 기본 원리를 도출해냈다. 이 법칙은 어느 면에서, 자연이 즐기고 있는 게임의 규칙이다. 자연에 대한 주목할 만한 발견 중 하나는—이 책에서 읽는 모든 것들의 기반이기도 한—동일한 법칙이 우주의 모든 곳에 적용된다는 것이다. 예를 들면 지구에서 중력의 행태를 지배하는 규칙은, 너무 멀어서 육안으로 찾아볼 수 없는 한 쌍을 이루는 두 별의 운동을 결정하는 규칙과 동일하다.

이런 만유 법칙의 존재 없이 우리는 천문학에서 큰 진전을 이룰 수 없었을 것이다. 만약 우주 곳곳이 서로 다른 천체뿐만 아니라 다른 규칙을 가지고 있다었면, 다른 '이웃'에서 무슨 일이 일어났는지 해석하기 어려웠을 것이다. 그러나 자연법칙의 일관성은 직접 가보거나 그곳의 법칙을 배우지 않고도 먼 천체를 이해하는 엄청난 힘이 된다. 이와 비슷하게, 미국이나 캐나다의 모든 주가 완전히 다른 법을 가지고 있었다면 상업 활동이나 다른 지역 사람들의 행동양식을 이해하는 것이 매우 어려웠을 것이다. 하지만 일관성 있는 법률은 한 주에서 배우고 행하던 것을 다른 주에서도 적용할 수 있게 해준다.

여러분은 자연 세계의 법칙이 (정상적인 상황에서도) 중단될 수 있는지 의문을 가질 수 있다. 이는 흥분되는 환상이지만, 여러 시도에도 불구하고 이런 생각을 지지하는 어떤 과학적 증거도 발견되지 않았다. 우리가 중력 법칙을 중단시키고 의지와 노력만으로 현관 밖으로 날아갈 수 있다면 멋진 일이겠지만, 현실에서는 뼈를 부러뜨리는 결과를 낳을 것이다.

이로써 모형이나 규칙이 바뀔 수 없다고 말하는 것은 아니다. 새로운 실험과 관측은 더 새롭거나 더 복잡한, 즉 새로운 현상과 행태를 설명하는 새로운 법칙까지도 포함하는 모형을 이끌어낼 수 있다. 알베르트 아인슈타인이 제안한 상대성 이론은 불과 한 세기 전에 발생한 변환의 완벽한 예다. 이 이론으로 천문학자들은 새로운 종류의 천체를 예측하고, 최근 블랙홀이라 부르는 이상한 천체를 간접적으로 포착할 수 있었다. 그러나 단순한 바람만으로 이런 새로운 모형을 이루어낼 수 없으며, 자연을 보다 정교하게 관측하는 참을성 있는 과정을 통해서만 이런 보상을 수확할 수 있다.

과학적 모형을 서술하는 데에 중요한 문제점은 언어의 제한과 관련되어 있다. 복잡한 현상을 일상용어로 서술하려면 단어 자체가 부적절할 수 있다. 예를 들어 원자의 구조가 태양계의 축소 모형이라는 말을 들었을 것이다. 현대의 원자 모형은 행성 궤도를 상기시키는 측면이 있지만 여러 양상은 근본적으로 서로 다르다.

이 문제가 있기에 과학자들은 가끔 이론을 말보다 방정식으로 서술하는 것을 선호한다. 천문학 분야를 소개하기 위해서 기획된 이 책에서는 과학자들이 알아낸 것들을 주로 말로써 논의할 것이다. 우리는 기본적인 대수학을 넘어서는 수학은 피하고 있다. 그러나 이 교재를 보고 흥미와 호기심이 생겨서 과학을 전공하려고 한다면, 정밀 언어인 수학을 더 많이 공부해야 할 것이다.

4 천문학에서의 숫자

텔레비전에서 기자가 (국가 채무 같은) 큰 숫자를 말할 때 '천문학적'이라는 표현을 쓰는 것을 들었을 것이다. 천문학에서는 여러분이 이전에 결코 생각해본 적이 없는 큰 규모의 거리와 큰 숫자를 다룬다. 대부분의 학생은 천문학자들이 일상적으로 논의할 때 사용하는 수백만, 수십억 등의 숫자에 익숙해지는 데 상당한 시간이 걸릴 것이다. 그러나 약간만 연습하면 곧 익숙해진다.

그런데 가끔 수백만과 수십억을 구별하는 데 어려움을 느낀다면 용기를 내기 바란다. 미국 우주개발 프로그램의 미래를 위한 대통령 자문위원회 같은 뛰어난 단체조차도 1990년 보고서에서 천왕성까지의 거리가 17억 마일인데도 170만 마일이라고 적었다. 백만(1,000,000)은 10억(1,000,000,000)에 비해 1,000배나 작다. 만약 천왕성이 갑자기 가까워진다면 하늘에서 달보다 밝고 커지기 때문에 모든 사람이 쉽게 알게 될 것이다.

이 책에서 우리는 약간 더 쉽게 천문학적 숫자를 다루도록 두 가지 접근 방법을 채택한다. 먼저 큰 숫자와 작은 숫자를 쓰는 체계로 10의 제곱수 표기법(powers-of-ten notation) [또는 과학적 표기법(scientific notation)]을 사용한다. 이 체계는 보는 사람을 주눅 들게 하는 많은 수의 0을 피할 수 있기 때문에 매력적이다.

여러분이 만약 $490,000 같은 숫자를 과학적 표기법으로 쓰기 원한다면(천문학자의 연봉은 결코 아니지만, TV 스타는 가능할 수도 있다.)

4.9×10^5

이라고 쓰면 된다. 10 위에 적힌 작은 숫자는 지수(exponent)라 부르는데, 원하는 숫자를 얻기 위해 곱해야 하는 10의 횟수를 표시한다. 예에서 10이 다섯 번 곱해져서, $10\times10\times10\times10\times10$은 100,000이 된다. 100,000에 4.9를 곱함으로써 우리의 연봉을 적을 수 있다. 이 표기법의 기본을 기억하는 방법은 4.9에서 소수점 위치를 오른쪽으로 지수 5의 횟수만큼 옮겨서 4.9를 490,000으로 바꾸어 주는 것이다. 만약 이런 체계를 처음 접했거나 새로웠다면, 더 많은 정보와 예를 부록 4에서 찾아보기 바란다.

작은 숫자는 음의 지수로 나타낸다. 100만분의 3(0.000003)은 다음과 같이 표현된다.

$$3.0\times10^{-6}$$

이 표기법이 과학자들 사이에서 인기가 있는 이유는 계산이 훨씬 쉽기 때문이다. 이 표기법을 좋아하지 않았더라도, 이 사실은 믿어주기 바란다. 과학적 표기법에서 두 숫자를 곱하려면 단지 지수를 더하면 된다. 따라서 다음과 같이 백만에 1,000을 곱할 수 있다.

$$10^3\times10^6=10^9$$

나누려면 지수를 빼면 된다.

숫자를 단순하게 만드는 두 번째 방법은 국제단위계(international system of unit)의 미터법을 일관되게 사용하는 것이다. 5,280피트가 1마일인 것과 같이 완전히 임의의 숫자투성이인 미국의 체계와는 달리 미터법은 10의 제곱수와 연관되어 있다. 예를 들어 km는 천(10^3) 미터다. 만약 미국 단위에 익숙하다면 km는 약 6/10마일이다. 미국을 제외한 대부분 주요 국가에서 채용하는 미터법은 부록 5에 요약되어 있다. (모든 이들이 미터법을 사용하게 될) 미래에 대비해 미터법을 자신의 용어로서 기억해 두어야 할 것이다.

5 광년

과학적 표기법을 연습할 기회를 주고 다음 절의 우주 관광에 대한 배경지식을 제공할 겸 천문학자들이 사용하는 우주 거리를 나타내는 공통 단위에 대해 알아보자. 광년(light year, LY)은 빛이 1년 동안 달린 거리다. 빛은 항상 같은 속도로 움직이고 그 속도는 우주에서 가장 빠르므로 거리를 정하는 좋은 표준이 된다. 어떤 이는 이 거리 단위의 이름에 대해 불평한다. 광년은 마치 시간 측정을 암시하기 때문이다. 그러나 이런 시간과 거리의 혼용은, 예를 들어 친구에게 20분 떨어진 영화관에서 만나자고 말할 때처럼 우리의 일상생활에서도 흔한 일이다.

그러면 1광년은 몇 km일까? 만약 과학적 표기법이 처음이라면 별도의 종이에 다음 예제를 그대로 따라서 스스로 계산해볼 것을 권한다. 빛은 엄청난 속도인 초속 3×10^5 km(km/s)로 움직인다. 다음을 생각해보자. 빛은 초당 300,000 km를 달린다. 1초에 지구 둘레를 대략 일곱 바퀴 반 돈다. 이와 대조적으로 상업용 항공기는 급유하는 시간을 고려하지 않더라도 한 바퀴 도는 데 이틀 정도 걸린다.

이제 빛이 1초에 얼마나 가는지 알았으므로 1년에 얼마나 멀리 가는지 계산할 수 있다.

1. 분당 60(6×10^1)초가 있고, 시간당 60(6×10^1)분이 있다.
2. 이 두 숫자를 곱하면, 시간은 3.6×10^3초라는 사실을 얻는다.
3. 따라서 빛은 시간당 3×10^5 km/s$\times3.6\times10^3$ s/h$=1.08\times10^9$ km/h로 달린다.
4. 하루는 24시간, 즉 2.4×10^1시간이며, 1년은 365.24(3.65×10^2)일이다.
5. 이 두 숫자의 곱은 8.77×10^3 h/year이다.
6. 이 결과에 1.08×10^9 km/h를 곱하면, 1광년은 9.46×10^{12} km임을 알 수 있다.

이로써 빛은 1년에 거의 10조 km를 주파함을 알 수 있다. 1 LY 되는 끈은 지구 둘레를 2억 3,600만 번 감을 수 있다!

여러분은 어쩌면 이렇게 긴 단위는 가까운 별에 도달하고도 남을 것으로 생각할지도 모른다. 그러나 별은 우리의 상상[또는 드라마 스타트렉(star trek)] 이상으로 훨씬 멀리 있다. 가장 가까운 별도 40조 km가 넘는 4.3 LY 떨어져 있다. 육안으로 보이는 다른 별들은 수백 또는 수천 광년 떨어져 있다(그림 P.3). 이것이 바로 UFO가 광막한 거리를 건너와서 두 명의 시골 어부와 나무꾼을 잠시 잡아가려고 온 외계 우주선이라는 것을 천문학자들이 믿지 않는 이유다. 그렇게 큰 투자에 비해서 보상이 너무 작지 않은가!

6 빛 여행 시간의 결과

천문학자에게 빛의 속도가 자연스러운 거리 단위인 또 다른 이유가 있다. 우주의 정보는 대부분 다양한 형태의 빛을 통해 전달되며, 모든 빛은 광속으로 달린다.—즉 매년 1광

■ 그림 P.3

오리온 성운 오리온 성운이라 불리는 이 아름다운 우주의 원자재(새로운 별과 행성을 만들 수 있는 가스와 티끌)는 1,500 LY 떨어져 있다. 이 거리는 무척 큰 숫자인 대략 1.4×10^{16} km다! 우리가 보고 있는 이 그림은 실제로는 허블 우주 망원경으로 찍은 15개의 작은 사진들을 이음새 없이 이어 붙여 만든 것이다. 시야의 폭은 약 2.5 LY이고 대부분 어두운 물질인 엄청난 양의 저장고 일부를 보여준다. 이 영역의 가스와 티끌은 부근에 있는 적은 수의, 극도로 활발한 풋내기 별들로부터 나온 강력한 빛에 의해 밝혀진 것이다.

C. R. O'Dell and NASA

년을 간다. 이는 우주의 사건을 얼마나 빨리 알아낼 수 있는지에 대한 한계를 정해 준다. 만약 별이 100 LY 떨어져 있으면 오늘 밤에 보는 빛은 그 별을 100년 전에 떠나 이제야 우리에게 도달한 것이다. 예를 들면 그 별에서 폭발과 같은 변화를 가장 빠르게 알아낼 수 있는 시각은 그 사건 이후 100년이 지나고 나서다. 500 LY 떨어져 있는 별의 경우 오늘 우리가 검출하는 빛은 500년 전에 출발했으며, 500년 전 소식을 가지고 온 셈이다.

세계 뉴스를 보도하는 CNN과 기타 뉴스 매체에 익숙한 학생에게는 이 사실이 처음에는 좌절감을 가져다줄지도 모른다. '지금 저 위에 보이는 별에서 현재 무슨 일이 일어나는지 다음 500년간 알지 못한다는 뜻입니까?'라고 물어볼 것이다. 그러나 그것은 실제 상황에 대한 올바른 생각이 아니다. 천문학자에게 현재란 빛이 여기 지구에 도달한 때다. 빛이 도달하기 전까지는 우리가 별(또는 다른 천체)에 대해 알 수 있는 것은 아무것도 없다. 공상과학 소설가들이 가장 꿈꾸는 일이지만, 우주를 관통하는 즉각적인 통신은 불가능하다.

처음에는 큰 좌절감인 것처럼 보이는 것들이 실제로는 뜻밖의 엄청난 이득이 된다. 우주가 시작한 이래 어떤 일이 일어났는지를 풀어내려 한다면 과거의 여러 시기별로 어떤 일이 발생했는지에 대한 증거를 찾아야 한다. 수십억 년 전에 일어난 우주의 사건에 대한 증거를 오늘날 어디에서 찾을 수 있단 말인가? 불행히도 우주는 그 활동에 대해 기록된 역사를 남기지 않았다.

빛 도달의 지연이 그런 증거를 자동으로 제공한다. 우리가 우주에서 더 먼 곳을 볼수록 그 빛은 도달하는 데 더 오랜 시간이 걸리고 그 출발지로부터 더 오래전에 떠난 것이다. 수십억 광년 밖의 우주를 봄으로써 천문학자들은 실제로 수십억 년 전의 과거를 보는 셈이다. 이런 방법으로 우주의 역사를 재구성할 수 있으며, 시간에 따라 우주가 어떻게 진화해 왔는지에 대한 감을 잡을 수 있다.

이것이 바로 천문학자들이 우주가 우리에게 보내는 희미한 빛을 더 많이 모을 수 있는 망원경을 건설하려고 노력하는 이유다. 더 많은 빛을 모을수록 더 어두운 천체를 볼 수 있다. 평균적으로 어두운 천체일수록 더 멀리 있고 따라서 더 오랜 과거의 시기에 대해 말해줄 수 있다. 허블 우주 망원경(그림 P.4)과 하와이의 케크 망원경과 같은 현대 기기가 있어 천문학자들은 깊은 우주와 먼 시간의 광경을 이전보다 더 잘 볼 수 있다.

7 우주관광

이 교과서에서 마주치게 될 천체의 종류와 거리에 대해 익숙해지도록 천문학자들이 이해하고 있는 우주에 대한 개략적인 관광을 떠나 보자. 지름 약 13,000 km의 공 모양인 지구(그림 P.5)부터 시작한다. 우리 행성계에 진입하는 우주 여행자는 지구 표면의 약 2/3를 덮고 있는 많은 양의 물 때문에 지구를 쉽게 구별해낼 것이다. 만약 여행자가 라디오나 텔레비전 신호를 받을 수 있는 장비를 가지고 있거나, 밤에

■ **그림 P.4**
궤도에 있는 망원경 1993년 12월 우주 왕복선 엔데버에 실려 수리 중인 허블 우주 망원경은 우주 공간에 있는 새로운 세대 천문 기기다.

■ **그림 P.5**
인류의 고향 우주에서 본 행성 지구. 이 사진은 1990년 3월 지구 적도상공 높은 곳에서 미티오샛이라는 기상 위성이 찍은 것이다.

우리 도시의 불빛을 볼 수 있을 정도로 가까이 왔다면, 이 물의 행성에 지적 생명체가 있음을 곧 발견할 것이다. (물론 여행자가 어느 텔레비전 채널에 맞추는가에 따라 그 결론은 '지능이 절반밖에 없는' 생명으로 바뀔 수도 있다!)

우리의 가장 가까운 이웃은 흔히 달이라고 불리는 지구의 위성이다. 그림 P.6은 지구와 달을 동일 도표상에 크기 비례에 맞춰 그린 것이다. 비례에 맞추기 위해 이들 천체를 얼마나 작게 그려야 했는지에 유의하라. 지구로부터 달까지 거리는 지구 지름의 약 30배, 즉 384,000 km이고, 달이 지구 둘레를 한 바퀴 도는 데는 약 한 달이 걸린다. 달의 지름은 3,476 km로 지구 크기의 1/4이다.

빛(또는 전파)은 지구와 달 사이를 여행하는 데 1.3초 걸린다. 만약 달로 간 아폴로호의 영상을 보았으면 비행 통제관의 질문에 우주인이 답하기까지 약 3초의 지연이 있었음을 기억할 것이다. 이는 우주인이 천천히 생각하기 때문이 아니라 전파가 왕복하는 데 거의 3초가 걸리기 때문이다.

지구는 달까지 거리의 약 400배인 약 1억 5,000만 km 떨어진 별 태양 둘레를 돌고 있다. 지구-태양의 평균 거리는 천문학 초창기에 가장 중요한 거리 측정 단위였기 때문에 아직도 이를 천문단위(astronomical unit, AU)라고 부르고 있다. 1 AU는 빛으로 8분보다 약간 더 걸리고, 이는 태양의 가장 최신 소식이 항상 8분이 지난 것임을 의미한다. 지구는 태양을 한 바퀴 도는 데 1년(3×10^7초)이 걸린다. 대략 우리는 약 110,000 km/h의 속도로 여행하고 있는 셈이다. (만약 미국의 많은 학생처럼, 아직도 km보다 마일을 선호한다면 다음 비결이 유용할 것이다. km를 마일로 변환하기 위해 km에 0.6을 곱하면 된다. 따라서 110,000 km/h는 66,000 mi/h가 된다.) 어떤 단위를 사용하든 아주 빠른 속도다. 중력이 우리를 지구에 단단히 붙들고 있고 우주 진공 속에서 지구는 운동 저항이 없는 까닭에 우리는 그 사실을 느끼지

■ **그림 P.6**
실제의 비율로 그린 지구와 달

못한 채 매일매일 이렇게 목이 부러질 정도의 빠른 속도 여행에 동참하고 있는 것이다.

태양의 지름은 약 150만 km다. 지구는 우리 별 표면의 작은 구덩이 속으로 쉽게 들어갈 수 있는 정도다. 만약 태양을 농구공 정도 크기로 줄이면 지구는 그 공에서 약 30 m 떨어져 있는 작은 사과 씨에 불과하다.

지구는 태양 둘레를 돌고 있는 9개의 행성[1] 중 하나다. 이들 행성은 그들의 위성 그리고 더 작은 천체 무리와 함께 태양의 가족인 태양계(그림 P.7)를 구성한다. 행성(planet)은 태양 주위를 돌며 자체의 빛을 스스로 만들어내지 않는 상당한 크기의 천체로 정의된다. [만약 스스로 빛을 안정되게 만들어내면, 별(항성)이라고 부른다.] 이러한 간단한 정의가 이 책의 여행 시작 단계에서는 별문제가 없지만, 앞으로 약간 수정이 필요함을 알게 될 것이다. 천문학자들은 별과 행성 중간에 속하는 천체를 발견했는데 이를 갈색 왜성(brown dwarfs)이라 부른다. 이들은 상당량의 빛을 오랫동안 계속해서 생성할 수 없는 뜨거운 가스 공으로, 어느 면에서는 실패한 별이라 할 수 있다. 최근 우리 기술은 이들을 검출할 만큼 충분히 좋아졌다.

우리가 하늘에서 이와 같이 가까운 행성들만 볼 수 있는 것은 이들이 가장 가까운 별인 태양 빛을 반사하기 때문이다. 만약 행성이 훨씬 더 멀리 있었다면 그들이 반사하는 극히 적은 양의 빛은 쉽게 보이지 않을 것이다. 지금까지 발견된 다른 별 주위를 도는 행성들은 대부분 빛 때문이 아니라 그들 모성(母星)의 중력 때문에 발견될 수 있었다.

태양계에서 가장 큰 행성인 목성은 지름이 지구의 약 11배인 143,000 km 정도다(그림 P.8). 태양으로부터 거리는 지구 거리의 5배, 즉 5 AU다. 태양이 농구공만 하다면 목성은 농구공으로부터 약 150 m 떨어진 포도알 크기다. 명왕성은 상당히 일그러진 궤도를 가지고 있지만, 태양으로부터의 평균 거리는 40 AU, 즉 59억 km다. 우리의 농구공 척도에서 명왕성은 공으로부터 약 1 km 떨어진 모래알이다.

태양은 우리의 국지적 별이며, 모든 다른 별 역시 내부 깊은 곳에서 일어나는 핵반응으로 막대한 에너지를 만들고 있는 태양과 같은 빛나는 가스 공이다. 우리는 별을 빛나게 하는 매력적인 과정에 대해서 나중에 논의할 것이다. 다른 별들은 너무 멀리 있기 때문에 흐리게 보일 뿐이다. 만약 우

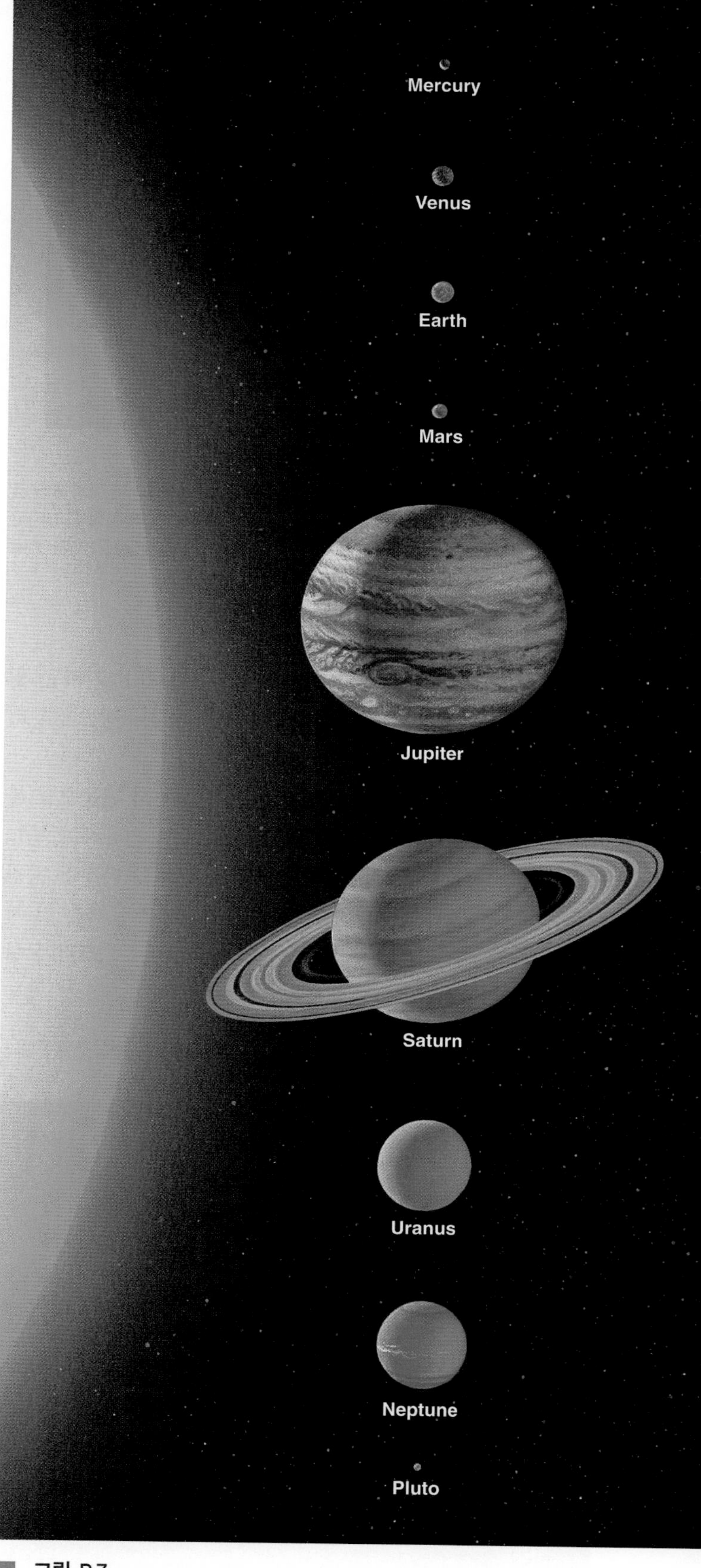

■ **그림 P.7**
태양의 식구 태양과 행성을 비례에 맞춰 축소해서 보여 주는 그림이다. 지구의 크기를 거대 행성과 비교해 보라.

[1] 역자 주-2006년 국제천문연맹(IAU)의 결의에 따라 명왕성을 이제는 행성이라 부르지 않기 때문에 태양계의 행성 숫자는 현재 8개다.

■ **그림 P.8**

목성 태양계에서 가장 큰 행성이다. 목성의 적도를 따라 11개의 지구를 한 줄로 늘어놓을 수 있고, 다른 모든 행성을 합친 것만큼의 질량을 가지고 있다. 목성의 가장 큰 위성도 함께 보여 주는 이 사진은 보이저 1호가 스쳐 지나가면서 1979년 2월에 찍은 것이다.

리의 농구공 비유를 계속한다면 태양 너머 가장 가까운 별인 4.3 AU 떨어진 프록시마센타우르스는 농구공으로부터 거의 7,000 km의 거리에 있다.

청명한 밤, 별이 촘촘히 박힌 시골 하늘에서 맨눈으로 볼 수 있는 모든 별은 은하수 은하, 간단히 우리은하라고 부르는 별의 집단에 속한 것임을 알 수 있다. (은하수 은하를 지칭할 때는 첫 자를 대문자로 하는 Galaxy를, 외부 은하는 첫 자를 소문자로 하는 galaxy를 사용한다.[2]) 태양은 그 크기가 상상을 초월하는 우리은하에 속한 수천억 개의 별 중 하나다.

이제 태양으로부터 10 LY 이내에 있는 별들을 보여주는 개략도를 만들어보자(그림 P.10). (a)라고 표시된 작은 원은 태양에 중심을 둔 반지름 10 LY의 공을 나타낸다. 우리는 이 공 안에서 대략 10개의 별을 찾는다. 이제 축척을 바꿔 보자. (b)라고 표시된 원은 반지름 100 LY의 공을 나타낸다. (a)에 있던 모든 것들은 중심의 작은 부분임을 유의하자. 공 (b)에는 너무 많아서 쉽게 세거나 적절한 이름을 붙이기 어려운 대략 10,000(10^4)개의 별이 들어있다. 그림에도 200 LY의 거리 밖까지 나가도 우리은하의 아주 작은 부분을 이동한 것에 불과하다.

이제 (c)에서처럼, 작은 부분에 지나지 않는 공 (b)를 가운데 두고 반지름 1,000 LY의 원을 그려 보자. 1000 LY 공 안에서 우리는 1,000만(10^7)개의 별을 발견한다. 척도를 바꿔서, 그림 (d)에서 가시 지름이 약 100,000 LY인 바퀴 모양(우리은하를 옆에서 본 모습)의 우리은하를 조사해 볼 수 있다. 우리은하는 가운데 작은 공을 가진 거대한 프리즈비(놀이용 플라스틱 원반) 같이 보인다. 우리은하를 벗어나 위에서 내려다보면 아마도 뜨겁고 어린 별들에 의해 나선 구조의 윤곽이 드러나는 그림 P.11의 은하와 닮았을 것이다.

태양은 우리은하의 중심에서 30,000 LY 조금 못 미친 거리의, 특별히 드러나지 않은 위치에 놓여 있다. 별 사이 공간은 완전히 비어 있지 않기 때문에 우리의 위치에서 (적어도 보통의 빛으로는) 은하의 먼 가장자리는 볼 수 없다. 성간 공간에는 성간 티끌이라 부르는 고체 입자들이 (대부분

[2] 역자 주–우리말로 표기할 때는 각각 '우리은하'와 '은하'로 구별한다.

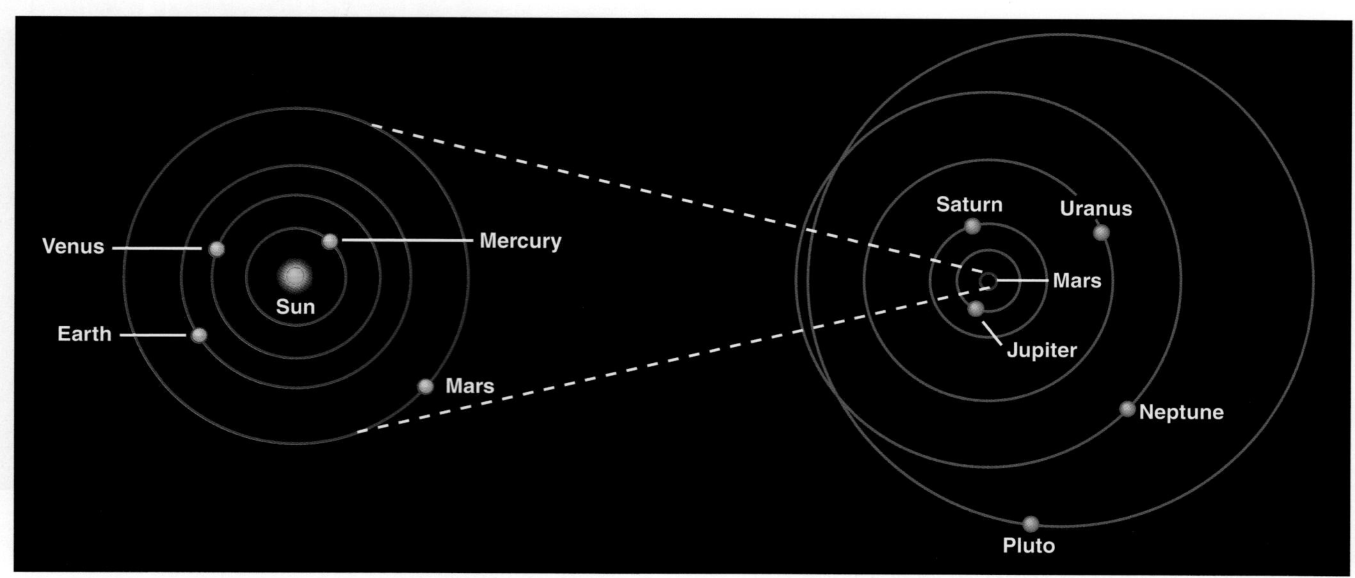

■ **그림 P.9**

우리 태양계 행성의 궤도 (왼쪽) 안쪽 행성들, (오른쪽) 바깥쪽 행성들(축척의 변화에 유의하라).

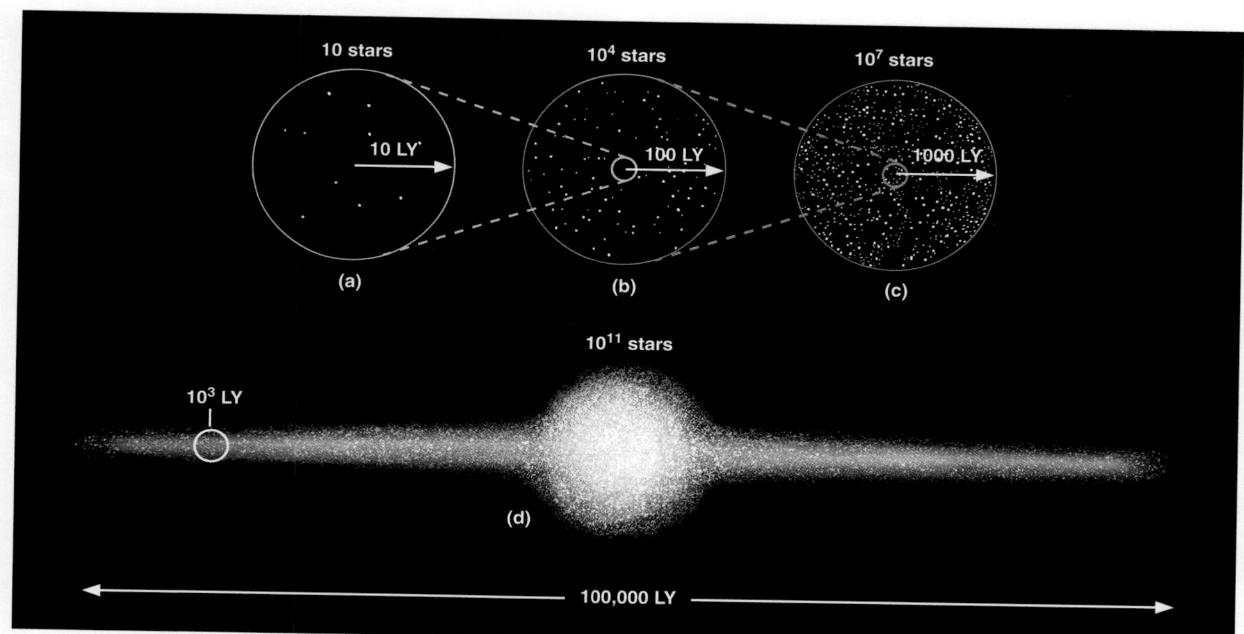

■ **그림 P.10**
별의 숫자 세기 태양 주위 (a) 10 LY, (b) 100 LY, (c) 1,000 LY 이내의 별 분포와 (d) (옆에서 본) 우리은하.

이 가장 간단한 원소, 즉 수소로 이루어진) 드문드문 분포하는 가스와 뒤섞여 있다. 가스와 티끌은 우리은하의 여러 곳에서 거대한 구름에 집중되어 차세대 별들의 원자재가 된다. 그림 P.12는 우리의 위치에서 바라본 우리은하 원반의 아름다운 모습이다.

전형적으로 성간 물질은 너무나 희박해서 별과 별 사이의 공간은 지구의 실험실에서 만들어낼 수 있는 것보다도 훨씬 좋은 진공이다. 그래도 먼지들이 수천 광년 거리 넘게 겹쳐지면 더 먼 별빛을 막을 수 있다. 마치 로스앤젤레스에서 스모그가 낀 날, 멀리 있는 건물이 우리 시야에서 사라지는 것처럼 우리은하의 더 먼 곳은 성간 스모그 층 뒤에 가려서 보이지 않는다. 다행히도 천문학자들은 별과 원자재에서 발생하는 스모그를 뚫고 지나갈 수 있는, 눈으로는 보이지 않는 여러 형태의 빛을 이용해서 우리은하의 상당히 좋은 지도를 만들 수 있었다.

그러나 최근의 관측은 더 놀랍고 충격적인 사실을 보여주었다. 은하 안에는 눈(또는 망원경)에 보이는 것보다 훨씬 더 많은 것들이 있는 것 같다. 여러 연구 결과, 은하의 많은 부분은 현재 (앞에서 언급한 우리가 볼 수 없는 형태의 빛을 검출하는 장비를 포함해) 우리의 장비로는 직접 관측할 수 없는 물질로 이루어져 있다는 증거를 얻었다. 따라서 이런 은하의 성분을 암흑물질(dark matter)이라 부른다. 암흑물질

■ **그림 P.11**
나선 은하 NGC 1232라는 목록 번호로 불리는 수십억 개의 별로 이루어진 이 은하는 약 1억 LY 떨어져 있고 우리은하와 비슷하다고 생각된다. 사진에서는 거대한 바퀴 모양의 계가 정면으로 보이는데, 뜨겁고 어리며 푸른 별로 윤곽 잡힌 나선 팔들이 내려다보인다.

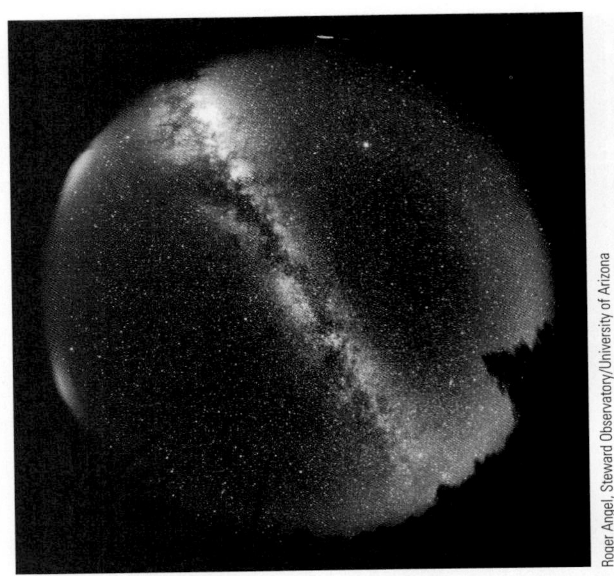

■ **그림 P.12**
은하수 은하 속에 있는 우리에게는 우리은하의 단면이 보이기 때문에 원반 모양이 아니라 하얀 길이 펼쳐진 듯 늘어선 별들의 모습이 보인다. 애리조나 주 남쪽 그레이엄 산 정상에서 특수 렌즈로 촬영한 이 하늘 광경은 무수한 별과 어두운 티끌의 '단층'과 함께 은하수를 보여준다.

■ **그림 P.13**
별의 보육원 장미 성운이라 불리는 우주의 원재료 구름 안에서 밝고 뜨거운 별들의 무리가 형성되는 것을 왼쪽 위에서 볼 수 있다.

의 존재는 우리가 관측하는 별이나 원재료에 그것들이 작용하는 중력의 끌림으로부터 알 수 있으나, 이 암흑물질이 무엇으로 만들어졌고 얼마나 많이 존재하는지는 수수께끼다. (앞으로 보게 되겠지만 이 암흑물질은 우리은하에만 있는 것이 아니라, 다른 별들의 집단에서도 중요한 부분인 것으로 보인다.)

그런데 모든 별은 태양처럼 혼자 사는 것은 아니다. 많은 것들은 이중 또는 삼중 계로 태어나 둘 또는 세 개의 별이 서로의 주위를 돈다. (그리고 더 많은 동반별도 가능하다.) 그렇게 가까운 계에서는 별들이 서로 영향을 주고받기 때문에 다중별에서는 혼자 있는 별의 관측에서는 알 수 없었던 특성을 측정할 수 있다. 많은 곳에서, 무리를 이룰 정도로 많은 별들이 동시에 만들어지는데, 이들을 성단이라고 한다(그림 P.13). 천문학자들이 목록에 담은 1,000개 이상의 성단 가운데 큰 것은 수십만 개의 별을 포함하고 있으며, 그 크기는 수백 광년의 공간을 차지한다.

별들은 (그들을 보기 좋아하는 사람보다) 오래 살기 때문에, 종종 별들이 '영생'한다는 말을 들었을 것이다. 별의 '사업'은 에너지를 만들어내는 것이고, 에너지를 생성하려면 어떤 종류의 연료를 사용해야 하므로 궁극적으로 모든 별은 연료가 떨어지면 폐업하게 된다. (이 얘기를 듣고 급히 뛰어나가 발열 내복을 사지 않아도 된다. 우리 태양은 적어도 70억 년은 더 갈 것이다.) 궁극적으로 태양과 모든 별은 죽게 되고, 그 죽음의 고통 속에는 우주가 보여주는 가장 흥미롭고 중요한 과정이 들어 있다. 예를 들어 우리는 우리 몸 속의 많은 원자가 한때 별 내부에 있었음을 알고 있다. 그 별은 생애의 마지막에 폭발해서 자신의 물질을 은하의 저장고 속으로 돌려보냈다. 이런 면에서 우리는 모두 '별의 먼지'로 만들어진 셈이다.

8 거대 규모의 우주

대략 보면 태양계는 집이나 아파트이고 우리은하는 많은 집과 건물로 이루어진 마을이다. 우리의 세상이 많고 많은 마을로 이루어진 것처럼 우주는 엄청난 수의 은하로 만들어졌음을 천문학자들은 20세기에 보일 수 있었다. [우리는 우주(universe)를 우리의 관측이 닿을 수 있는 곳에 존재하는 모든 것으로 정의한다.] 은하들은 우리가 망원경으로 볼 수 있는 우주의 가장 먼 곳까지 펼쳐져 있으며, 그들 중 수십억 개는 현대 장비로만 관측할 수 있다. 은하가 처음 발견되었을 때 일부 천문학자들은 '섬 우주'라고 불렀는데, 그 용어는 적절한 서술이었다. 은하는 은하 간 공간의 광대하고 어두

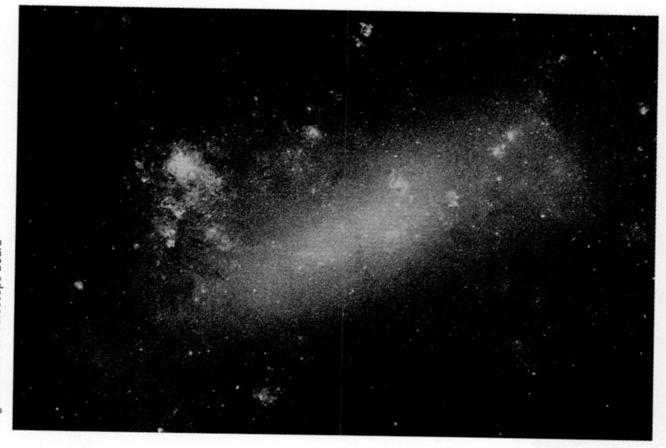
Photo taken with the U.K. Schmidt Telescope; Anglo-Australian Telescope Board

■ 그림 P.14
이웃 은하 160,000 LY 거리에 있는 대마젤란성운은 우리은하의 가장 가까운 이웃 은하 중 하나이고 수십억 개의 별을 가지고 있다. 불그스레한 영역은 에너지가 큰 젊은 별빛에 의해 가스와 티끌이 빛나고 있는 성운이다. 왼쪽 가운데 있는 가장 밝은 성운은 타란툴라(남이탈리아 지방에 서식하는 독거미)라는 별명을 가지고 있다.

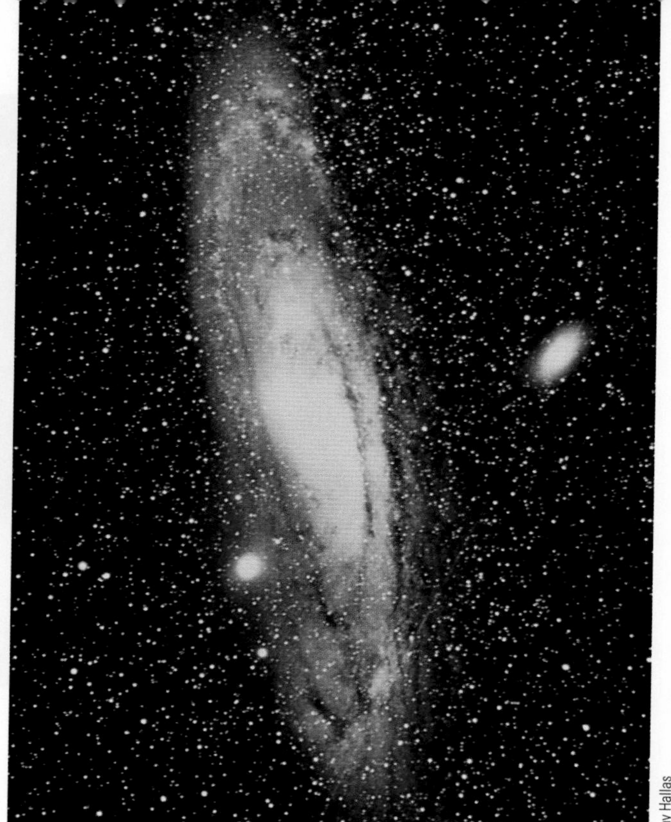
Tony Hallas

■ 그림 P.15
가장 가까운 나선 은하 안드로메다 은하(M31)는 우리은하와 비슷하게 나선 팔 모양을 한 별의 집단이다. 편평한 별의 원반은 뜨겁고 푸른 별들로부터 나오는 강력한 빛이 우세하기 때문에 푸르게 보인다. 반면 중앙의 팽대부는 주로 노랗고 붉은 늙은 별들을 포함하고 있다. M31의 양쪽에서는 두 개의 작은 은하가 보인다.

운 바다에 있는 별의 섬처럼 보인다.

1993년에 발견된 가장 가까운 은하는 태양으로부터 75,000 LY 떨어진 궁수자리 방향에 있는 작은 은하로, 그곳은 특히 우리은하의 스모그로 인해 식별하기가 어렵다. (별자리는 천문학자들이 하늘을 88개 구역으로 나누고, 그 안 별들의 놓인 형태에 따라 이름을 붙였음에 유념하자.) 이 궁수자리 왜소 은하의 존재는 사실 아직도 논쟁거리이며, 모든 천문학자들을 납득시키려면 다른 관측이 요구된다. 그 너머 약 160,000 LY 떨어진 곳에 두 개의 다른 작은 은하가 있다. 세계 일주 항해를 하던 마젤란의 선원들이 처음으로 기록해서 마젤란 성운(그림 P.14)이라 불린다. 이 작은 세 은하 모두는 중력에 의해 상호작용하고 있는 우리은하의 위성 은하들이다. 궁극적으로 훨씬 큰 우리은하가 이 셋을 모두 삼킬 것이다.

가장 가까운 대형 은하는 안드로메다자리 방향에 있어 흔히 안드로메다 은하라 부르는 나선 은하다. 이 은하는 목록 번호 M31로도 알려져 있다(그림 P.15). 어마어마한 은하의 숫자를 고려한다면 모든 은하에 적절한 이름을 붙이는 것을 제안하는 정상적인 사람은 없을 것이다. M31은 약 200만 LY 떨어져 있고, 우리은하와 함께 국부 은하군이라는 40개 이상의 은하들이 모인 작은 집단에 속한다.

1,000만에서 1,500만 LY의 거리에는 또 다른 소형 은하군들이 있으며, 약 5,000만 LY에는 수천 개의 은하로 구성된 처녀자리 은하단이라는 훨씬 더 인상적인 계가 있다. 우리는 대부분의 은하를 크고 작은 은하단에서 발견한다(그림 P.16). 은하단은 초은하단이라는 큰 집단을 형성한다.

처녀자리 은하단뿐만 아니라 우리 국부 은하군은 최소 지름이 6,000만 광년까지 뻗쳐 있는 초은하단 일부다. 우리는 이제 이런 엄청난 규모에서의 우주의 구조를 탐구하기 시작했고 이미 일부 기대하지 않았던 결과를 얻었다.

보통의 많은 은하들이 너무 흐려서 보이지 않을 만큼 먼 거리에서는 퀘이사가 발견된다. 이들은 은하의 밝은 중심부로, 비정상적으로 큰 에너지를 방출하는 과정을 통해 빛을 낸다. 이에 대해, 어떤 이론에서는 거대한 블랙홀이 주변에 있는 원료 물질을 삼키기 때문으로 보기도 한다. (우리는 별들의 일생에 대해 논의한 후 블랙홀이라 불리는 기이한 천체를 기술할 것이다. 지금은 블랙홀의 팬이 아니더라도 이 책을 끝낼 무렵에는 팬이 되어 있을 것으로 확신한다.) 퀘이사가 무엇이건 그들의 찬란함은 어두운 우주 바다에서 가장 멀리 볼 수 있는 등대인 셈이다. 퀘이사를 통해 우리는 100억 LY 이상의 거리에 있고, 그에 따라 100억 년 이상의 과거에 해당하는 우주를 탐구할 수 있다.

Image taken with the U.K. Schmidt Telescope, Anglo-Australian Observatory

그림 P.16
화로자리 은하단 이 사진에서는 약 6,000만 광년 떨어진 화로자리 방향에 있는 은하단을 볼 수 있다. 사진에서 점으로 보이지 않는 모든 천체는 수십억 개의 별로 이루어진 은하들이다.

우리는 퀘이사를 이용해서 시간이 시작된 대폭발의 가까운 영역을 상당 부분 되돌아볼 수 있다. 퀘이사 너머에서 우주를 채우고 있으면서 모든 방향으로부터 우리에게 오는 우주 자체의 폭발 잔해인 오직 희미한 빛만을 검출할 수 있다. 이 '창조 잔광'의 발견은 20세기 과학에서 가장 흥분되는 사건 중 하나였고, 우리는 아직도 이를 관측해서 우주가 우리에게 자신의 초창기에 대해 이야기하는 많은 것을 탐구하고 있다.

우선은 이러한 아이디어들을 말하는 것은 발견하기보다 훨씬 쉽다는 것에 유의해야 한다. 멀리 떨어진 은하와 퀘이사의 특성을 측정하는 데는 큰 망원경, 빛을 증폭하는 정교한 기기, 그리고 수고를 아끼지 않는 노력이 필요하다. 맑은 저녁마다 전 세계의 천문대에서 천문학자들과 학생들은 한 번에 하나의 별이나 은하를 관측하고 그 결과를 큰 그림에 짜 맞춤으로써 새로운 별의 탄생이나 우주의 거대 구조 같은 수수께끼를 해결하고 있다.

9 매우 작은 우주

앞의 논의에서 우주는 엄청나게 크고 엄청나게 비어 있다는 인상을 받았을 것이다. 평균 우주는 우리은하보다 10,000배 정도 더 비어 있다. 그럼에도 앞으로 보게 되듯이, 은하조차 대부분 거의 비어 있는 공간이다. 우리가 숨 쉬는 공기에는 매 세제곱센티미터의 부피 안에 10^{19}개의 원자가 있지만, 우리는 공기를 매우 비어 있다고 생각한다. 우리은하의 성간 가스에는 세제곱센티미터마다 대략 한 개의 원자가 있다. 은하 간 공간은 너무나 성기게 채워져 있어서 하나의 원자를 찾기 위해서는 평균 1세제곱미터를 뒤져야 한다. 이처럼 우주 대부분은 터무니없이 비어 있다. 우리 몸만큼이나 밀도가 높은 영역은 드물다.

이 책처럼 친숙한 고체 역시 대부분은 공간이다. 만약 이런 고체를 끝없이 조각내면 결국 이를 구성하는 분자와 만나게 될 것이다. 분자는 물질의 화학적 성질을 유지하면서 나눌 수 있는 가장 작은 입자다. 예를 들어 물 분자(H_2O)는 두 개의 수소 원자와 한 개의 산소 원자가 서로 결합한 것이다.

분자는 결국 원소의 가장 작은 입자인 원자로 만들어졌다. 예를 들어 (비록 금 원자 한 개로는 당신의 애인을 크게 감동시킬 수 없겠지만) 금 원자는 금의 가장 작은 조각이다. 거의 100가지 다른 원자(원소)가 자연계에 존재하지만, 대부분 매우 드물고 몇 가지만이 우리가 흔히 대하는 모든 물질의 99%를 차지하고 있다. 오늘날 우주에서 가장 흔한 원소를 표 P.1에 나열하였다. 원소의 입장에서 보면 이 표는 우주의 '최대 히트작품'을 나열한 것으로 생각할 수 있다.

모든 원자는 중심에 있는 양전하를 띤 핵을 음전하를 띤 전자가 둘러싸고 있다. 각 원자를 이루는 물질 대부분은 핵자에서 발견되는데, 핵자는 전기적으로 양성인 양성자와 중성인 중성자로 구성되며, 이들이 매우 좁은 영역에 단단

표 P.1 우주에 흔한 원소

원소*	기호	100만 개 수소 원자 하나당 원자의 수
수소	H	1,000,000
헬륨	He	80,000
탄소	C	450
질소	N	92
산소	O	740
네온	Ne	130
마그네슘	Mg	40
실리콘	Si	37
황	S	19
철	Fe	32

* 이 원소 명단은 핵자에 들어 있는 양성자의 개수인 원자 번호 순으로 배열하였다.

히 묶여 있다. 각 원소는 원자에 있는 양성자의 개수로 정의된다. 즉, 핵자에 6개의 양성자를 가진 모든 원자는 탄소라 부르고, 50개의 양성자는 주석, 70개의 양성자는 이테르븀이라 부른다. (짐작할 수 있듯이, 이테르븀은 우주의 원소 나열에서 성공적인 히트작은 아니지만, 그 이름은 아름답다. 원소의 명단은 부록 13에서 볼 수 있다.)

원자의 핵에서 전자까지의 거리는 전형적으로 핵자 크기의 약 100,000배다. 이것이 우리가 고체 물질조차도 거의 빈 공간이라고 말하는 이유다. 전형적인 원자는 명왕성까지 이르는 태양계보다 훨씬 더 비어 있다. (예를 들어, 지구로부터 태양까지의 거리는 태양 크기의 100배에 지나지 않는다.) 원자를 태양계의 축소판으로 볼 수 없는 또 다른 이유다.

놀랍게도 물리학자들은 우주에서 가장 작은 원자에서부터 가장 큰 초은하단까지 모든 것들이 오직 중력, (전기와 자기의 효과를 합친) 전자기력, 그리고 핵자의 수준에서 작용하는 두 개의 힘 등 네 가지 힘에 의한 효과로 설명됨을 발견했다. (백만도 아니고 하나도 아닌) 네 가지 힘이 있다는 사실은 물리학자들과 천문학자들을 오랫동안 수수께끼에 빠뜨렸으며, 이 힘들이 통일된 자연의 모습을 찾아보도록 만들었다.

10 결론과 시작

만약 천문학을 새로 시작하는 학생이라면, 이 서두의 관광을 마치면서 뒤섞인 감정을 느꼈을 것이다. 한편으로는 방금 읽은 새로운 생각에 매료되어 더 많이 배우기를 갈망할 것이고, 또 한편으로는 우리가 다룬 주제와 새로운 단어 그리고 소개된 아이디어의 개수에 압도되는 기분이었을 것이다. 천문학 학습은 새로운 언어를 배우는 것과 같다. 처음에는 전혀 알아들을 수 없을 정도로 수많은 새로운 표현이 있는 것 같지만, 연습할수록 곧 익숙해진다.

이 시점에서 어쩌면 우주의 거리나 시간 규모에 비해 자신이 조금은 왜소하고 중요하지 않게 느껴질지도 모른다. 가끔은 그렇게 느껴지는 것이 그리 나쁘지 않다. (더 많은 정치가나 영화배우가 그렇게 느꼈으면 한다.) 그리고 어려운 시험 직전이나 소중한 관계를 청산한 후, 우주적 관점에서 자신의 문제를 바라보는 것도 확실히 도움이 될 것이다. 그러나 우주와의 첫 대면에서 우리가 배운 것들을 보는 또 하나의 방법이 있다.

대폭발에서 현재까지의 우주 역사를 생각해보면서, 쉬운 이해를 위해 우주의 나이를 1년으로 압축해보자. [이 아이디어는 1977년 랜덤하우스에서 출간된 칼 세이건의 퓰리처상 수상작 에덴의 용(*The Dragon of Eden*)에서 빌려 왔다.] 이 축척에서 대폭발은 1월 1일의 첫 순간에 일어났고, 태양계는 대략 9월 10일경에 만들어지며, 지구에서 가장 오래된 암석은 9월의 세 번째 주에 만들어진다(그림 P.17).

이 '우주 년'에서 인류의 기원은 어디쯤일까? 그 답은 12월 31일 저녁이다! 알파벳의 발명은 12월 31일 오후 11시 59분 50초가 될 때까지 이루어지지 않았다. 그리고 현대 천문학은 새해가 오기 전 1초보다 훨씬 짧은 시간 전에 비로소 시작되었다. 우주의 문맥에서 보면 우리가 별을 연구할 수 있었던 시간은 아주 짧았고, 현재까지 거둔 것만큼 성공적으로 조각들을 모은 것도 놀랄 만한 일이다.

우리의 우주를 이해하려는 시도는 확실히 완결된 것이 아니다. 새로운 기기와 새로운 아이디어가 우주에 대한 보다 좋은 자료들을 얻게 해주고, 현재 우리가 가지고 있는 천문학에 대한 그림에 많은 변화를 주게 될 것이다. 사실 우리의 손자의 손자가 이 책의 내용이 약간 원시적임을 발견한다 해도 매우 놀라지 않을 것이다. 그렇지만 여러분이 우주 탐구에 대한 현재의 중간 보고서를 읽으면서, 가끔 벌써 얼마나 많은 것들을 배웠는지에 대해 몇 분씩 시간을 내서 음미해주기 바란다.

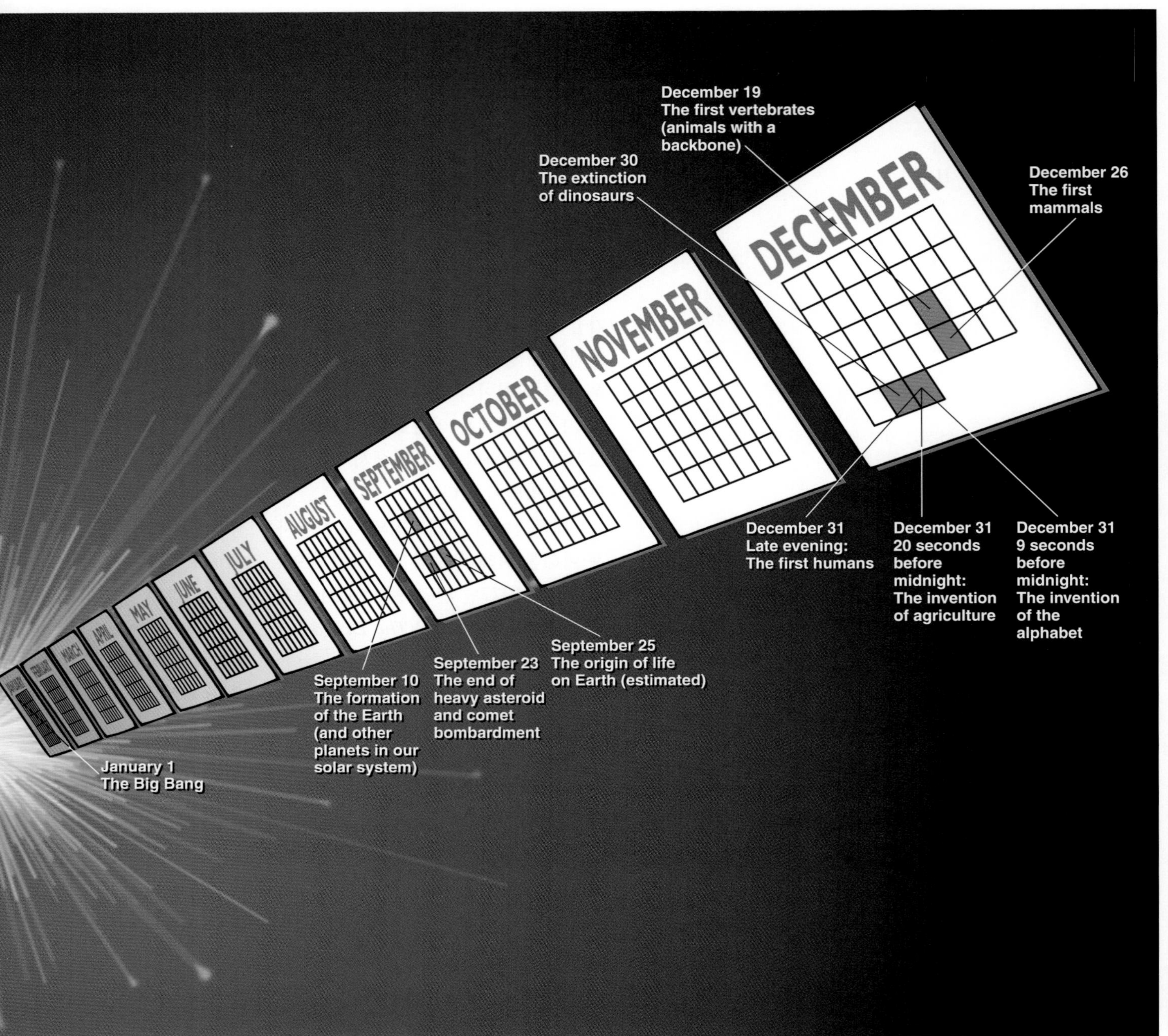

■ **그림 P.17**

우주 시간의 도표 만들기 대폭발 이후의 시간을 1년으로 압축한 우주의 달력에서, 인간이라 부르는 피조물은 12월 31일 저녁 이전에는 보이지 않았다.

인터넷 탐색

만약 이 도입부에 실린 멋진 사진들에 흥미가 있었다면, 다음 웹 사이트를 추천한다. 이들 웹 사이트에서는 천문학자들이 가지고 있는 가장 좋은 천체 사진들을 볼 수 있고, 그들이 입수하는 새로운 사진들을 확인할 수 있다.

허블 우주 망원경 사진:
hubblesite.org/newscenter/archive
허블 우주 망원경의 모든 멋진 사진들이 설명과 배경 정보, 새로운 연구 결과들과 함께 실려 있다. 최근의 사진들과 함께 허블 '최고의 인기작품'들을 훑어보거나 흥미로운 천체를 찾아보자.

미국 국립 광학 천문대 사진 전시관:
www.noao.edu/image_gallery
미국 국립천문대(NOAO)는 미국과 남반구에 여러 개의 주요 망원경을 보유하고 있다. NOAO 기기로 얻은 가장 좋은 사진 일부가 이 사이트에 수집되어 있다.

행성 사진 저널: photojournal.jpl.nasa.gov
이 사이트는 행성 탐사에서 나온 가장 좋은 수천 장의 사진을 자세한 설명 및 훌륭한 색인과 함께 보여준다.

오늘의 천문 사진:
antwrp.gsfc.nasa.gov/apod/astropix.html
천문학자 로버트 네미로프와 제리 보넬이 비교적 새로운 그림을 간단한 비전문적 설명과 함께 매일 보여준다. 특별히, 가장 좋은 천문학 사진 일부가 수년간 이곳에 게시되고 있다.

영국-호주 천문대 사진 모음:
www.aao.gov.au/images.html
호주의 대형 망원경으로 촬영한 (성운과 은하를 중심으로 한) 사진 도서실. 많은 것이, 우리 시대의 가장 뛰어난 천문 사진가라고 인정되는 데이비드 말린의 작품이다.

유럽 남부 천문대:
www.eso.org/outreach/gallery
이 앨범은 유럽 국가 협력체가 운영하고 있는 남반구의 대형 망원경으로 찍은 사진들을 포함하고 있으며, 자료가 계속 보강되고 있다.

University of Toronto

오리온 별자리(그리스 신화에 나오는 위대한 사냥꾼의 허리띠를 이루는 세 개의 별들이 눈에 띈다)가 칠레 라스캄파나스 산에 설치된 토론토대학 망원경의 오른쪽 위로 보인다. 별들 사이에서 길을 찾기 위해 우리가 알아볼 수 있는 모양을 한 별들의 집단을 이정표로 삼아 이 방향 저 방향을 가릴 수 있다.

1 하늘 바라보기: 천문학의 태동

전능하신 하느님이 창조에 나서기 전에 나에게 자문했다면, 나는 조금은 간단하게 하시라고 권했을 것이다.

카스티야 왕인 알폰소 10세가 행성 운동에 대한 프톨레마이오스 체계를 설명 듣고 한 말

미리 생각해보기

매우 놀랍게도 편평한 지구를 주장하는 협회 회원 한 사람이 이웃으로 이사 와서, 자기는 지구가 편평하다고 믿고 있으며 둥근 지구를 보여주는 모든 NASA 사진들은 위조된 것이거나 단지 편평한 지구의 원반을 멀리서 보는 것에 불과하다고 주장하면서 당신을 아주 놀라게 했다고 하자. 당신은 이 사람에게 지구가 진짜로 둥글다는 사실을 어떻게 증명하겠는가? (이 장의 내용과 본문의 글 상자에서 몇몇 답변을 접할 수 있지만, 그것을 들여다보기 전에 스스로 몇 가지 방법들을 생각해보기 바란다. 강의실에서 다른 학생들과 아이디어를 토의해도 좋겠다.)

요즘에는 극소수의 사람만이 많은 시간을 투자해서 밤하늘을 관측한다. 대부분의 사람은 어두워졌을 때 머리 위 밤하늘보다는 텔레비전이나 영화를 보고 지낸다. 그러나 전깃불과 텔레비전이 사람들로부터 하늘의 멋진 모습을 빼앗기 전 고대에는, 별과 행성이 모든 사람의 일상생활에서 중요한 대상이었다. 종이나 돌에 남겨진 모든 기록은 전 세계 고대인들이 하늘의 빛을 주시하고 숭배하며 이해하려 했으며, 또 그것들을 자신의 세계관에 맞추려고 애썼음을 보여준다. 이들 고대 관측자들은 하늘의 운동에서 엄청난 규칙성과 전대미문의 놀랄 만한 사실을 끊임없이 발견해냈다.

예를 들어 행성들을 신으로 믿었던 바빌로니아 사람들과 그리스 사람들은 행성 신들이 인간 생활에 미치는 영향을 이해하려는 희망을 품고 행성들의 운동을 연구했다. 그 결과 그들은 점성술을 발전시켰지만, 또한 행성에 대한 주의 깊은 연구를 통해 고대 그리스인과 그 후의 로마인을 위한 천문학의 기초가 준비되었다. 이 장에서는 맨눈으로 보는 밤하늘을 다루고, 동시에 우리의 머리 위 영역을 어떻게 이해하게 되었는지에 대한 몇 가지 재미있는 역사를 검토하려 한다.

1.1 머리 위 하늘

겉보기에는 지구가 우주의 중심에 있고 그 주위를 하늘이 돌고 있는 것처럼 보인다. 르네상스 이전까지 거의 모든 사람이 이런 **지구중심**(geocentric) 우주관을 믿었었다. 어쨌든 이런 우주관은 간단하고 합리적이며 겉보기에 자명한 것처럼 보인다. 더구나, 지구중심적 관점은 우주의 중심 초점으로서 인간의 불가사의한 역할을 가르치는 철학적, 종교적 사고 체계를 강화했다. 그러나 지구중심 우주관은 틀린 것으로 판명되었다. 인간 지성의 역사에서 가장 큰 주제 중의 하나는 지구중심 우주관을 뒤엎은 것이었다. 그러므로 우주의 질서에서 우리 세계가 차지하는 위치가 재평가되는 단계들을 살펴보자.

1.1.1 천구

우리가 야영하거나, 도시 불빛이 없는 시골에 산다면, 맑은 날 바라보는 밤하늘은 망원경이 개발되기 전, 세계 방방곡곡에 살았던 사람들이 보던 밤하늘과 똑같을 것이다. 밤하늘을 보노라면, 하늘은 커다란 오목한 돔이고, 우리는 그 중심에 있는 것처럼 느껴진다(그림 1.1). 그 돔의 꼭대기, 즉 우리 머리 바로 위를 **천정**(zenith)이라 부르고, 돔이 지평과 만나는 곳을 **지평선**(horizon)이라고 한다. 지평선은 바다나 넓은 초원에서는 주위를 둘러싼 원으로 보이지만, 오늘날 우리가 사는 곳에서 지평선은 산이나 나무, 빌딩 또는 안개에 의해 가려진다.

옛날 양치기나 여행자가 그랬듯이 들판에 드러누워 몇 시간 동안 밤하늘을 보면, 별들이 (태양과 달도) 동쪽 지평선에서 떠서, 밤이 깊어감에 따라 하늘 돔을 가로질러 서쪽 지평선으로 지는 것을 보게 된다. 밤하늘이 도는 것을 매일 밤 관찰한다면, 하늘 돔은 우리 주위를 돌면서 여러 별을 보여주는 큰 공의 일부라는 생각이 들게 된다. 고대 그리스인들은 하늘을 그런 성질을 지닌 **천구**(celestial sphere)라고 보았다(그림 1.2). 옛사람들은 천구는 실제로 투명한 수정으로 만들어진 공이며, 그 위에 항성들이 작은 보석처럼 박혀 있다고 생각했다.

오늘날 우리는 밤과 낮이 바뀌는 것은 천구가 돌기 때문이 아니라, 오히려 우리가 사는 지구의 자전 때문임을 알고

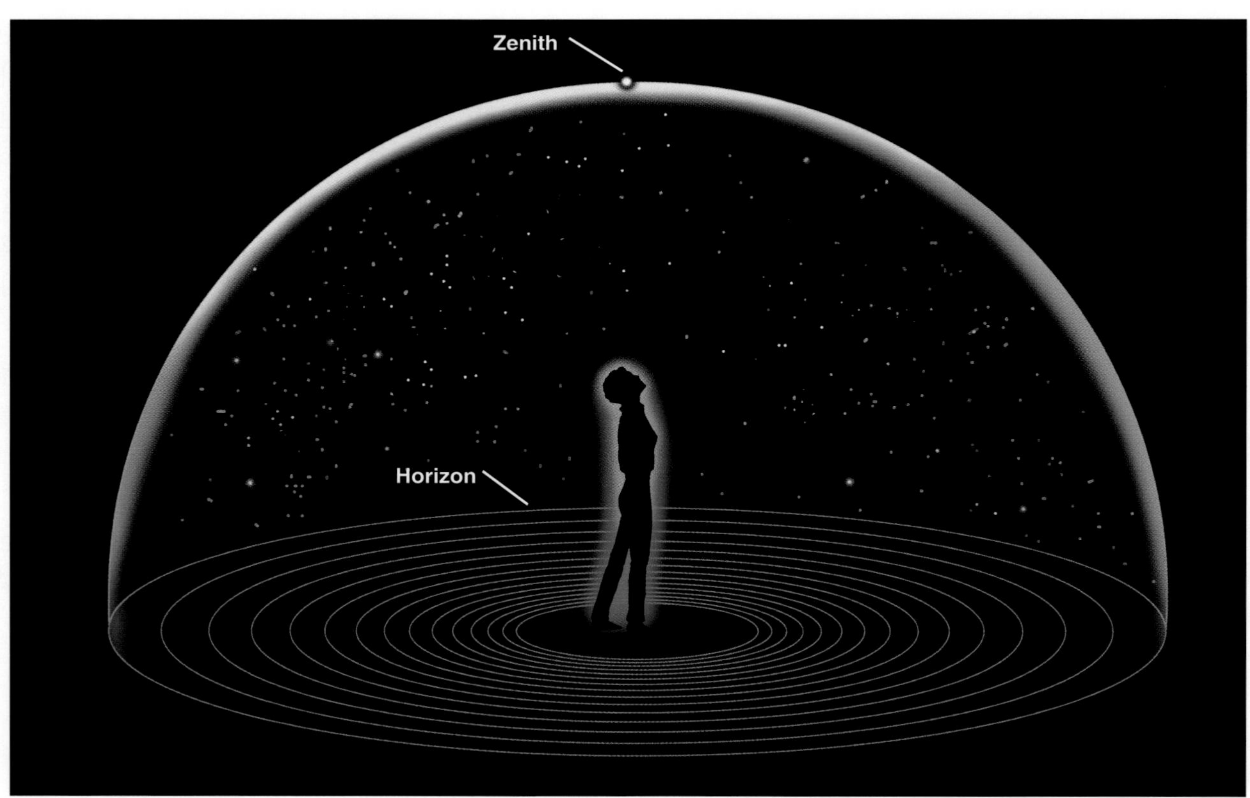

■ **그림 1.1**
우리 주위의 밤하늘 맨눈의 관측자에게 보이는 밤하늘의 돔. 지평선은 하늘이 땅과 만나는 곳이고, 관측자의 천정은 관측자의 머리 바로 위의 점이다.

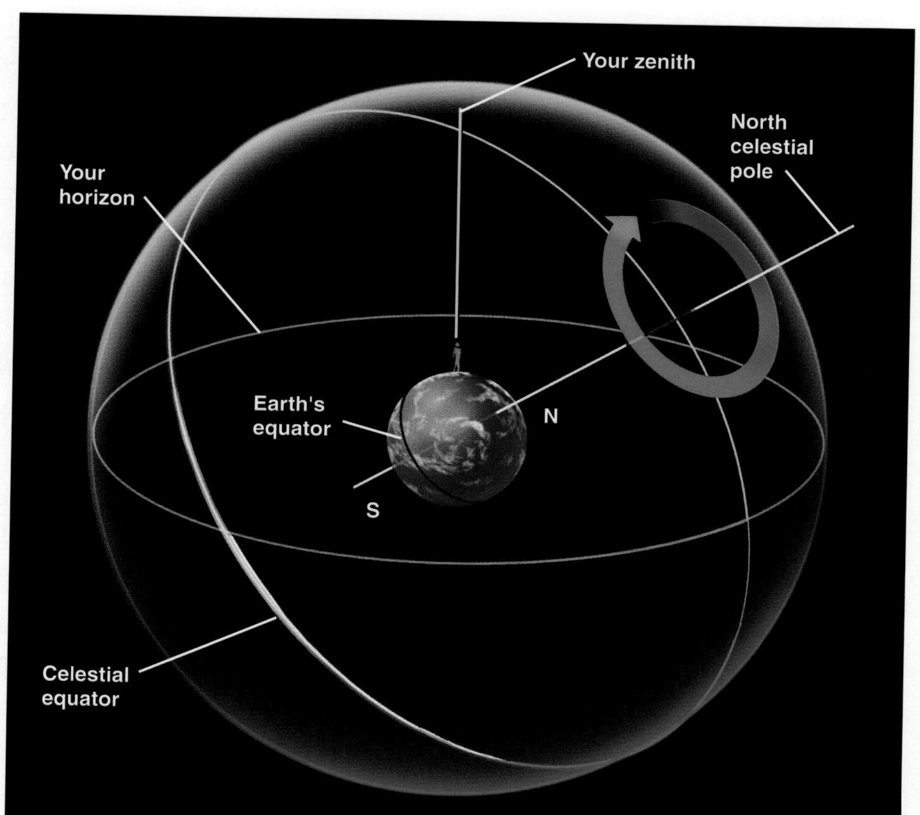

■ **그림 1.2**

천구의 대원들 그림은 지구를 둘러싸고 있는 (가상적인) 천구로, 이 위에서 천체들이 돌 수 있다. 지구를 통과하는 축에 주목하자. 실제로는 지구가 이 축 주위를 도는데, 우리는 하늘이 우리 주위를 돌고 있다고 오해하기 쉽다. 이 그림에서는 지구가 기울어져 있고 관측자는 지구의 꼭대기에 있다. 지구의 북극은 N에 있다.

있다. 지구에 북극과 남극을 관통하는 가상 축을 꽂아 보자. 이 막대를 **지축**(planet's axis)이라고 한다. 지구가 이 축을 중심으로 24시간마다 자전하기 때문에 해와 달 그리고 별들이 시계처럼 정확하게 떴다가 지게 된다. 이들 천체는 돔 표면에 붙어 있는 것이 아니라 우주 공간에서 우리로부터 다양한 거리에 위치한다. 그럼에도 불구하고 하늘에서 천체들을 찾기 위해 천체 돔, 즉 천구라는 개념을 사용하는 것이 아직도 편리하다. 플라네타륨(천체투영관, planetarium)이란 구형의 극장에서는 별과 행성들의 운동을 하얀 돔에다 투영시켜 보여주기도 한다.

천구가 회전하는 동안에 천구상의 천체들은 상대적인 위치를 계속 유지한다. 북두칠성 같은 별의 집단은, 하늘과 함께 돌지만 밤새 똑같은 모양을 유지한다. 하룻밤 동안에는, 가까운 행성처럼 상당한 운동을 보인다고 알려진 천체들조차도 별들에 대해서 상대적으로 고정된 것처럼 보인다. [오직 유성(meteors)—단 수 초 동안만 섬광처럼 빛나는 '별똥별'—만이 천구에서 눈에 띄게 움직인다. 이들은 별이 아니라 지구 대기에 부딪혀서 연소하는 우주의 작은 티끌 조각이다.] 우리는 천구 전체가 같이 돈다는 사실을 이용하여 하늘의 현상들을 추적하고, 주어진 시간에 어디에서 그 현상이 일어났는지를 알 수 있다.

1.1.2 천구의 극과 천구 적도

회전하는 하늘에서 천체를 찾기 위해, 천문학자들은 지구의 특정한 위치를 하늘까지 연장한 체계를 사용한다. 지축을 밖으로 연장해서 천구와 만나는 지점들을 **천구의 북극**(north celestial pole)과 **천구의 남극**(south celestial pole)으로 정의한다. 지구가 그 축을 중심으로 자전하면, 하늘은 천구의 양극을 중심으로 지구가 도는 방향과는 반대 방향으로 도는 것처럼 보인다(그림 1.3). 또한, 지구 적도를 천구까지 연장(우리 상상으로)한 것을 천구의 적도(celestial equator)라고 부른다. 지구 적도가 지구의 북극과 남극의 중간에 놓여 있듯이, 천구 적도도 천구의 북극과 남극 중간에 위치한다.

이제 자전하는 지구 위의 서로 다른 지점에서 하늘을 볼 때 어떻게 달리 보이는지 상상해 보자. 천구의 겉보기 운동은 관측자의 위도(관측자가 적도의 북쪽 또는 남쪽으로 얼마나 떨어져 있는지를 나타내는 각도)에 따라 달라진다. 지축이 천구의 양극을 향하고 있다는 점을 고려하면, 천구에서 이 두 점은 회전하지 않는 것처럼 보인다.

예를 들어, 당신이 지구의 북극에 서 있다면, 바로 머리

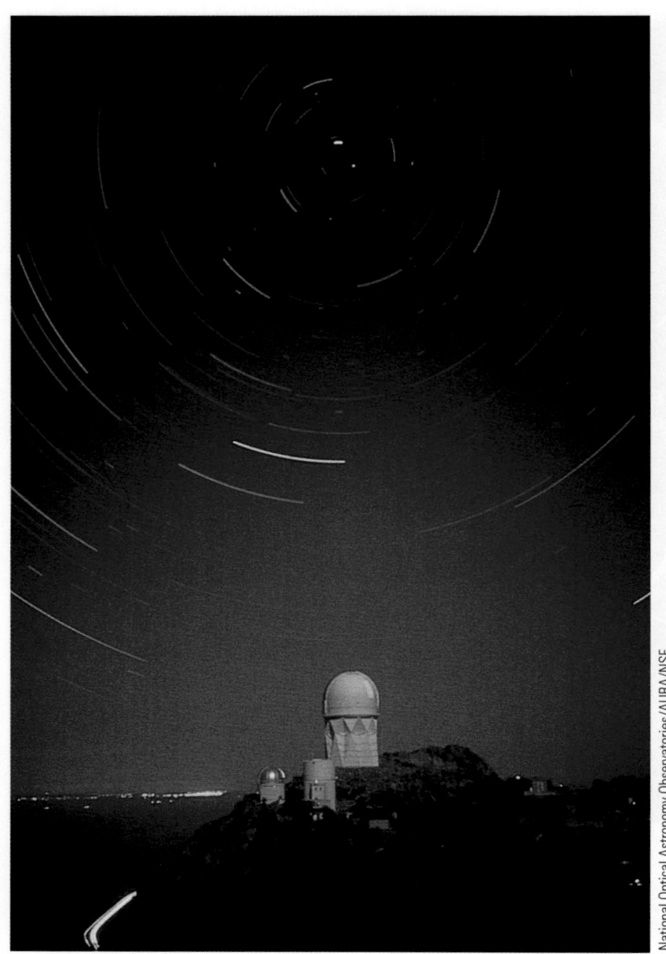

National Optical Astronomy Observatories/AURA/NSF

■ **그림 1.3**
천구의 북극 일주운동 천구의 겉보기 운동 결과로 생기는 별들의 궤적을 보여주는 장시간 노출 사진(실제로는 지구가 자전하는 것임). 위쪽의 중심에 있는 밝은 궤적은 북극성에 의해 생긴 것으로, 북극성은 천구의 북극에 아주 가까이 있다.

위인 천정에서 천구의 북극을 보게 될 것이다. 천구의 양극에서 90° 떨어진 천구의 적도는 지평선과 평행하게 놓인다. 밤새 하늘을 쳐다보면, 뜨는 별도, 지는 별도 없이 별들은 천구의 극 주위를 원 운동할 것이다(그림 1.4). 북극에 있는 관측자는 천구 적도의 북쪽에 있는 천구의 반쪽만 볼 수 있다. 또 천구의 남극에 있는 관측자 역시 천구의 남쪽 절반만 보게 될 것이다.

한편, 지구 적도의 관측자는 천구의 적도(지구의 적도를 천구까지 '확장'한 면)가 머리 바로 위의 천정을 통과하게 될 것이다. 천구의 적도에서 90° 떨어진 천구의 북극과 남극은 지평선의 북쪽과 남쪽에 놓이게 된다. 천구가 일주운동을 하면서, 모든 별이 떴다가 진다. 별들은 지평선의 동쪽에서 수직으로 떠서 서쪽으로 똑바로 진다. 24시간 중 모든 별은 정확히 절반의 시간 동안 지평선 위에 놓인다. (물론 이 시간 중 어떤 때는 해가 너무 밝아서 별이 보이지 않는다.)

미국이나 유럽같이 중위도 지방에 있는 관측자에게는 어떻게 보일까? 관측자는 지구의 북극도 남극도 아닌 그 사이에 있다는 점에 유의하자. 이 경우, 천구의 북극은 천정이나 지평선에 있지 않고 그 사이에 있다. 천구 북극의 지평선으로부터 고도는 관측자의 위도와 같다(그림 1.4). 예를 들어 샌프란시스코는 위도가 북위 30°이기 때문에, 천구의 북극은 북쪽 지평선 위 30°에 놓여 있다.

북위 38°에 있는 관측자에게 천구 남극은 지평선 남쪽 아래 38°에 놓인다. 지구가 자전하면서 하늘 전체는 천구의 북극을 중심으로 도는 것처럼 보인다. 이 관측자가 볼 때 북극에서 38° 안에 있는 별들은 전혀 지지 않는다. 이 별들은 밤이나 낮이나 지평선 위에 놓여 있다. 하늘의 이런 영역을 **북쪽 주극 영역**(north circumpolar zone)이라 부른다. 미국에 있는 관측자에게 큰곰자리, 작은곰자리, 카시오페이아자리는 북쪽 주극 영역에 있는 별들의 예가 된다. 반면 천구의 남극 주위 38° 내에 있는 별들은 절대 뜨지 않는다. 이런 하늘 영역을 **남쪽 주극 영역**(south circumpolar zone)이라 한다. 대부분 미국인이 볼 때 남십자성은 이 영역에 있다. (별의 집단에 익숙하지 않아도 걱정할 필요 없다. 나중에 정식으로 소개할 것이다.)

지구 역사상 현재 시점에서 천구의 북극에 아주 가까이 놓인 별이 있다. 이 별을 북극성이라 부르는데, 북쪽 하늘이 일주운동을 하는 동안 아주 조금 움직이는 특징이 있다. (예를 들어, 다른 별들은 많이 움직이지만, 이 별은 조금밖에 움직이지 않기 때문에 미국 원주민의 여러 신화에서 특별한 역할을 했었다. 그들은 이 별을 '하늘의 자물쇠'라고 불렀다.)

천문학의 기초지식
각도란 무엇인가?

천문학자들은 하늘에서 천체 사이의 거리를 각도로 측정한다. 정의에 의하면, 원은 360°로 표시되므로 천구 주위를 완전히 도는 대원은 360°가 된다. 천구의 반구는 한쪽 지평선에서 다른 지평선까지 180°가 된다. 그래서 두 별이 18° 떨어져 있다면 그 분리 거리는 천구의 1/10에 해당한다. 보름달의 지름이 0.5° 정도라는 것을 생각하면, 1°가 얼마나 큰지 짐작할 수 있을 것이다. 이 각은 팔을 쭉 펴고, 한쪽 눈만 뜨고 보았을 때 새끼손가락의 크기 정도다.

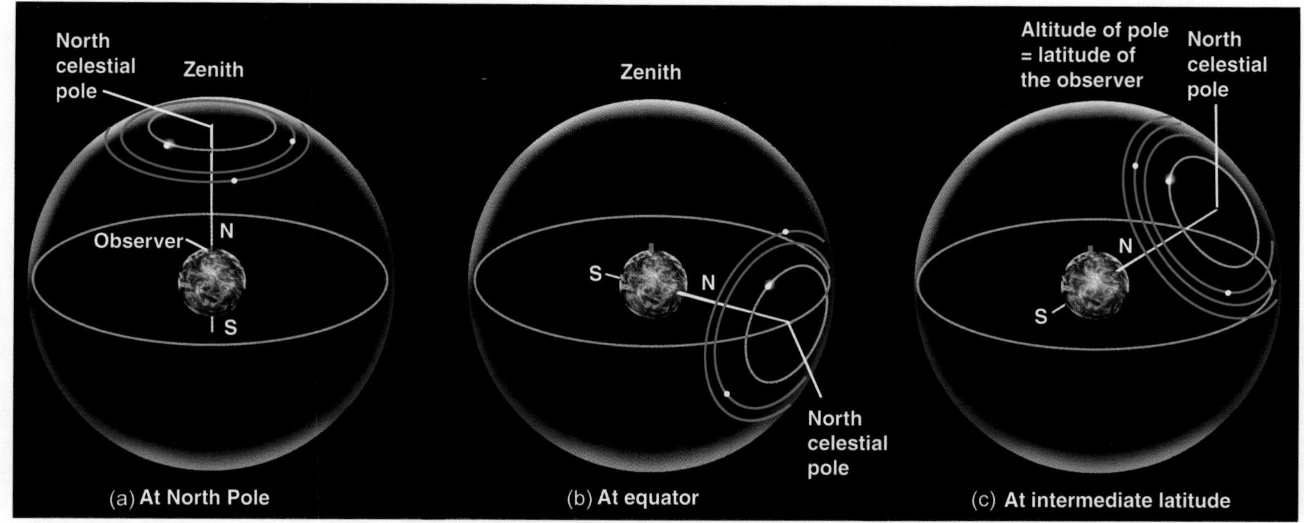

■ 그림 1.4

서로 다른 위도에서의 항성 일주운동 천구의 일주운동은 지구의 위도에 따라 다르게 보인다. (a) 북극에서는 별들이 천정 주위를 원운동을 하면서, 뜨거나 지는 일이 없다. (b) 적도에서는, 천구의 북극이 지평선에 놓여 있어서, 별들은 수직으로 떴다가 수직으로 지게 된다. (c) 중위도 지방에서는, 천구의 북극이 천정과 지평선 사이에 놓이게 된다. 그 각도는 관측자의 위도와 관련된다. 별들은 지평선과 일정한 각을 이루며 떴다가 진다.

1.1.3 일출과 일몰

지금까지 밤하늘에서 별들의 운동을 살펴보았다. 별은 낮에도 원운동을 하지만, 태양 빛 때문에 관측되지 않는다. (그러나 달은 낮에도 쉽게 보인다.) 어떤 날이든, 가상적 천구의 어떤 점에 태양이 있다고 생각할 수 있다. 태양이 뜰 때—즉, 지구의 자전 때문에 태양이 수평선 위로 올라올 때—태양 빛은 지구 대기의 분자에 의해 산란하면서, 하늘을 환하게 밝히므로, 수평선 위에 있는 별들이 보이지 않게 된다.

태양은 떴다 지는 것 외에 더 많은 일을 한다는 것을 천문학자들은 수천 년 전부터 알았다. 천구상에서 태양의 위치는 점차 변하는데, 다른 별들에 대해 매일 동쪽으로 약 1°씩 움직인다. 고대인들은 이런 운동은 태양이 천천히 지구 주위를 돌고 있음을 당연히 의미하며, 태양이 지구를 한 바퀴 도는 데 소위 1년이 걸린다고 생각했다. 물론, 오늘날 우리는 지구가 태양 주위를 돌고 있음을 알지만, 그 효과는 같다. 천구상에서 태양의 위치는 매일매일 변한다. 우리가 밤에 모닥불 주위를 돌 때 이와 비슷한 경험을 한다. 모닥불 주위를 돌면서 불꽃을 보면, 그 불꽃이 앉아 있는 사람들 앞을 지나가는 것처럼 보인다.

천구 주위를 태양이 1년 동안 움직이는 겉보기 경로를 **황도**(ecliptic)라고 부른다(그림 1.5). 황도에서 태양이 움직이기 때문에, 태양은 매일 별보다 4분 늦게 뜬다. 지구는 한 바퀴 돌아서 다시 태양을 만나려면 (별을 기준으로) 완전히 한 번 자전한 것보다 조금 더 돌아야 한다. 수개월이 지나서 다른 궤도에서 태양을 바라보면, 다른 별들을 배경으로 한 태양을 보게 될 것이다. 낮에도 별을 볼 수 있다면, 이런 현상은 쉽게 확인될 것이다. 실제로 태양 뒤에 어떤 별들이 있는가는 태양의 반대 방향에 보이는 별들을 밤에 관측해서 추론해야 한다. 지구가 1년 동안 태양 주위를 완전히 한 바퀴 돌면, 태양도 하늘에서 황도 위를 한 바퀴를 돌게 된다.

황도는 천구의 적도와 일치하지 않을 뿐 아니라, 적도와 약 23° 기울어져 있다. 다시 말해, 하늘에서 태양이 1년 동안 움직이는 경로는 지구 적도와 일치하지 않는다. 이는 지구의 자전축이 황도면에 수직인 선에서 약 23° 떨어져 있기 때문에 일어나는 현상이다(그림 1.6). 자전축이 기울어져 있는 현상은 행성에서는 이상한 현상이 아니다. 천왕성과 해왕성은 실제 너무 많이 기울어져서 옆으로 누워 태양 주위를 공전한다. 이런 황도의 기울어짐이 바로 계절이 바뀌면서 하늘에서의 태양이 북쪽과 남쪽으로 움직이는 이유다. 제3장에서 계절의 변화에 대해 자세히 다룰 것이다.

1.1.4 항성과 행성

태양은 항성을 배경으로 움직이는 유일한 천체가 아니다. 맨눈으로 보이는 달과 오행성(수성, 금성, 화성, 목성, 토성) 또한 날마다 그 위치가 약간씩 변한다. 하루 동안 태양과 별들이 뜨고 지는 것과 같이 달과 행성들도 모두 떴다가 지는데, 이는 지구의 자전 때문이다. 그러나 태양과 같이 달과 행성들도 별들을 배경으로 독립적으로 운동하고 있는데, 하루

Constellation on the Ecliptic	Dates When the Sun Crosses It	Constellation on the Ecliptic	Dates When the Sun Crosses It
Capricornus	Jan 21–Feb 16	Leo	Aug 10–Sept 16
Aquarius	Feb 16–Mar 11	Virgo	Sept 16–Oct 31
Pisces	Mar 11–Apr 18	Libra	Oct 31–Nov 23
Aries	Apr 18–May 13	Scorpius	Nov 23–Nov 29
Taurus	May 13–June 22	Ophiuchus	Nov 29–Dec 18
Gemini	June 22–July 21	Sagittarius	Dec 18–Jan 21
Cancer	July 21–Aug 10		

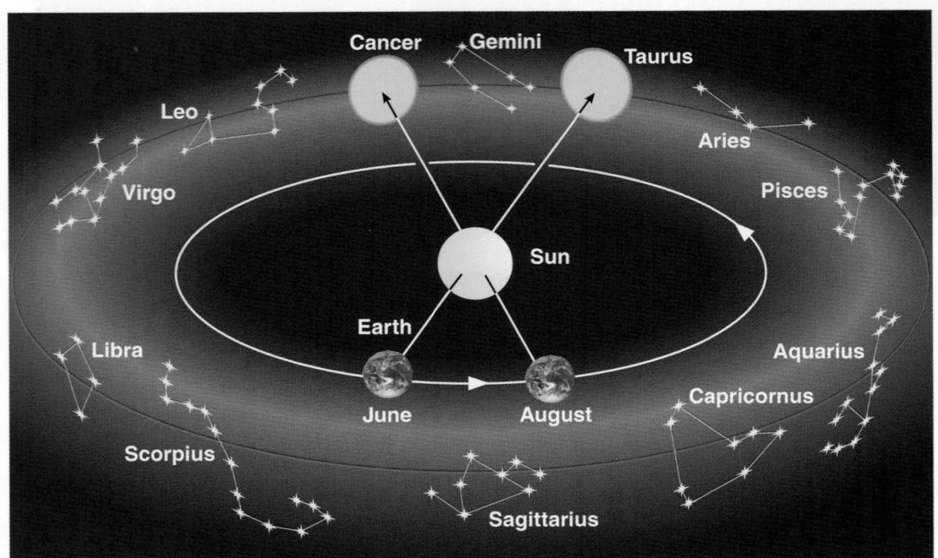

■ 그림 1.5

황도상에 있는 별자리 지구가 태양 주위를 돌기 때문에 우리는 지구라는 전망대에 앉아서 하늘 주위를 돌고 있는 태양을 보는 격이 된다. 겉보기에 태양이 1년 동안 우리 주위를 움직이며 그리는 하늘 위의 원을 황도라 부른다. 이 원은 일련의 별자리들을 통과한다. 옛날 사람들은 태양과 달 그리고 행성들이 지나가는 이런 별자리들이 아주 특별할 것으로 생각하고, 그들의 점성술 체계를 수립하는 데 포함시켰다(1.3절 참조). 1년 중 어떤 때는 황도를 지나가는 몇몇 별자리들이 밤에 보이고 다른 별자리들은 낮에 위치해서 밝은 태양 때문에 관측되지 않는다는 점에 유의하자. 이 장의 후반부에서 논의하겠지만, 오늘날 매달 태양이 위치하는 황도 12궁 별자리는 점성술사들이 사용하는 별자리와 그대로 일치하지는 않는다.

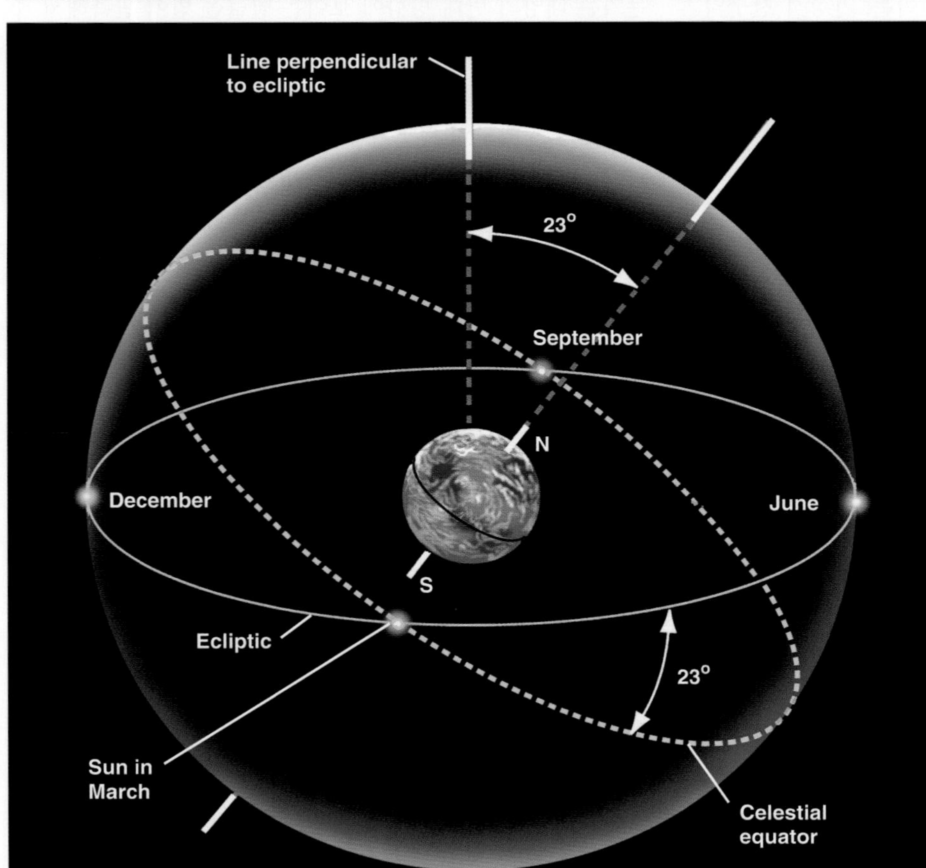

■ 그림 1.6

천구의 기울어짐 천구의 적도는 황도에 대해 23° 기울어져 있다. 6월에 북미와 유럽 사람들은 천구 적도의 북쪽에 떠 있는 태양을 보게 되는데, 높은 고도의 태양을 관측하게 되며, 12월에는 천구의 남쪽에 떠 있는 낮은 고도의 태양을 보게 된다.

에 한 번씩 회전하는 천구에 겹쳐 나타난다. 이런 운동을 인식하고, 2000년 전에 그리스 사람들은 항성이라 부르는 천체와 행성이라는 천체를 구별했다. 항성은 수세대를 거치는 동안 일정한 위치를 유지하는 천체이고, **행성**(planet)은 항성을 배경으로 방랑하는 천체다. 사실 '행성'이란 단어는 그리스어로 '방랑자'를 뜻한다.

오늘날 우리는 태양과 달을 행성으로 간주하지는 않지만, 옛날 사람들은 행성이란 용어를 하늘에서 움직이는 7개 천체 모두에 대해 사용하였다. 하늘을 방랑하는 이들 천체의 운동 관측과 예견은 고대 천문학의 많은 부분을 차지하고 있다. 지구에서 가장 가까운 달은 이들 중 가장 빠른 겉보기 운동을 하는 천체다. 달은 하늘에서 한 바퀴 돌고 제자리로 돌아오는 데 약 한 달이 걸린다. 달은 매일 12°씩 움직이는데, 이 거리는 달의 겉보기 각 크기의 24배다.

달과 행성들이 하늘에서 움직이는 경로는 황도와 정확히 일치하지 않지만 비교적 황도 가까이에 놓여 있다. 이는 태양 주위를 돌고 있는 행성의 경로와 지구 주위를 도는 달의 경로가 모두 거의 같은 평면에 놓여 있어서, 마치 커다란 종이에 그려진 원처럼 보이기 때문이다. 그래서 행성들과 달은 언제나 하늘에서 **황도대**(zodiac)라 불리는 18° 너비의 좁은 띠 안에서 발견되는데, 이 황도대의 중심을 황도라고 한다(그림 1.5 참조). [이 용어의 어원은 동물원(zoo)이란 의미에서 유래한다. 황도대에 놓인 많은 별자리가 고대인들에게 물고기나 염소 같은 동물들을 연상시켰다.]

한 달 동안 하늘에서 행성들이 어떻게 움직이는지는 그들의 실제 운동과 태양 주위를 도는 지구 운동의 조합으로 결정된다. 결과적으로 그 경로는 복잡해진다. 곧 알게 되겠지만, 이런 복잡성은 수 세기 동안 천문학자들을 괴롭혔고 또한 도전하게 하였다.

1.1.5 별자리

하늘에서 '방랑자'의 운동 배경에는 별들로 들어찬 하늘이 있다. 구름 한 점 없고 시야를 가리는 것도 없는 평지라면, 밤하늘에서 맨눈으로 약 3,000개의 별을 볼 수 있다. 그 엄청난 수의 별들 속에서 길을 찾기 위해 고대인들은 약간 친숙한 기하학적 형태나 (드물게는) 그들이 알고 있는 것과 닮은 별의 집단을 찾았다. 각각의 문명은 마치 일련의 잉크 번짐 무늬로부터 형태나 그림을 찾아낼 것을 요구하는 현대적 로르샤흐 검사(Rorschach test, 투사성격검사)처럼 자신들만의 형태(패턴)를 발견해냈다. 그중 고대 중국, 이집트, 그리스인들이 그들 나름의 별 무리 또는 **별자리**(constellation)를 고안하

■ **그림 1.7**
오리온 별자리 헤벨리우스가 만든 17세기 성도에 그려진 오리온 겨울 별자리(사냥꾼).

J. M. Pasachoff and the Chapin Library

여 항해에 이용했고 별들의 전설을 후손에게 전했다.

큰곰자리, 작은곰자리 또는 삼태성이 있는 사냥꾼인 오리온자리(그림 1.7) 등은 오늘날까지 사용하는 친숙한 별자리들이다. 그러나 우리가 보고 있는 많은 별은 이 같은 독특한 모양의 별자리를 이루지 않으며, 너무 희미해서 육안으로 보이지 않는 수백만 개의 별들이 망원경으로 드러난다. 그래서 20세기 초에 세계 각국의 천문학자들이 모여 하늘의 별들을 정리한 더욱 공식적인 체계를 만들기로 결의하였다.

미국을 50개의 주로 나눈 것처럼, 오늘날에는 하늘을 88개의 구역으로 나누어 각 영역에 별자리(constellation) 이름을 붙였다. 요즘 사용하는 별자리는 하늘의 북과 남 그리고 동과 서를 잇는 가상의 선으로 경계 짓는데, 천구상의 각 점은 어느 특정한 별자리에 속하게 된다. 부록 14에 모든 별자리를 정리해 놓았다. 오늘날 사용하는 별자리 이름은 가능한 한 그 별자리가 속했던 고대 그리스의 별자리 중 하나를 라틴어 이름으로 번역해서 정리하였다. 예로서 오리온자리는 하늘에서 상자 모양으로 보이는데, 이 별자리의 많은 별 중에 옛 사냥꾼 형상의 별들이 포함되어 있다. 어떤 사람은 별자리 내에서 특히 눈에 잘 띄는 형태를 나타내기 위해 성군(asterism)이란 용어를 사용한다. (어떤 때는 여러 별자리에 걸쳐 있기도 한다.) 예를 들어, 북두칠성은 큰곰자리의 성군이다.

학생들은 별자리가 그 이름이 붙여진 사람이나 동물을 거의 닮지 않아 때로 의아해한다. (워싱턴 주의 윤곽이 조지 워싱턴을 닮지 않은 것처럼) 그리스인들도 별들의 무리가

사람이나 동물을 닮았기 때문에 그런 이름을 붙이지는 않았다. 오히려, 신화 속의 인물을 기념하여 하늘의 일부분에 이름을 붙이고, 별들의 배치를 최선의 방법으로 동물이나 사람의 모습으로 짜 맞추었다.

1.2 고대 천문학

잠시 역사 속으로 거슬러 올라가 보자. 많은 서구 문명은 어느 정도 고대 그리스와 로마 사람들의 아이디어에서 유래했는데, 천문학 또한 마찬가지다. 그러나 그 밖의 다른 고대 문명들도 하늘을 관측하고 해석하기 위해 복잡한 시스템을 개발하였다.

1.2.1 세계의 천문학

고대 바빌로니아, 아시리아, 그리고 이집트의 천문학자들은 1년의 대략적인 길이를 알고 있었다. 예를 들어, 3000년 전 이집트 사람들은 1년이 365일인 달력을 사용하였다. 그들은 동트기 전 하늘에서 밝은 별인 시리우스가 뜨는 시간을 지속해서 추적하였는데, 그 주기는 나일 강의 범람 주기와 일치하였다. 중국 사람들 또한 거의 같은 시기에 달력을 사용하였으며, 1년을 길이로 측정하였다. 그들은 혜성(comet)과 밝은 유성(meteor) 및 태양 흑점을 기록하였다. (이 책의 머리말에서 여러 유형의 천체들을 소개하였다. 여러분이 그 이름에 익숙하지 않다면, 머리말을 보기 바란다.) 후에, 중국 천문학자들은 '객성'들을 세심하게 기록했는데, 객성은 보통 때 너무 희미해서 맨눈으로 보기 힘들지만, 갑자기 밝게 빛나면서 수주일 또는 수개월 동안 맨눈으로 볼 수 있을 정도가 되는 천체다. 아주 오래전에 폭발한 별들을 연구하는 데 이런 기록들이 아직도 유용하게 이용되고 있다.

중앙아메리카의 마야 문명은 1000년 전에 달력 개발을 위해 만든 천문대에서 천문 관측을 수행하여 금성을 기초로 정교한 달력을 개발하였다. 폴리네시아 사람들은 별을 이용하여 망망대해에서 수백 킬로미터를 항해하는 법을 알아냈는데, 이 항해법으로 그들은 항해를 시작한 곳에서 아주 멀리 떨어진 새로운 섬들을 식민지로 만들 수 있었다.

문자가 널리 퍼지기 전, 영국 제도에 살았던 고대인들은 태양과 달의 운동 궤적을 기록하기 위해 돌을 사용하였다. 그들이 이런 목적으로 건설한 거대한 원형 석조물들이 아직도 보존되어 있는데, 건축 연도는 기원전 2800년까지 거슬러 올라간다. 가장 유명한 석조건축물은 스톤헨지로 3장에서 논의할 것이다.

1.2.2 초기 그리스와 로마의 우주론

우주에 대한 우리의 개념—기본 구조와 기원—을 그리스어로 **우주론**(cosmology)이라고 한다. 망원경이 발명되기 전, 우주의 그림을 얻기 위해 인간은 단순한 감각적 증거에 의존해야만 했다. 고대인들은 하늘을 직접 관찰한 것과 다양한 철학적·종교적 상징을 결합해서 우주론을 개발했다.

동부 지중해에 살던 지식인들은 콜럼버스보다 적어도 2000년 전에 지구가 둥글다는 것을 알았다. 지구가 구형이라는 신념은 2500년 전에 살았던 철학자이자 수학자인 피타고라스 시대에서부터 유래한다. 그는 원과 구가 '완벽한 형태'라고 믿었고, 지구가 구형이어야 한다고 제안했다. 신들이 구형을 좋아한다는 확증으로서, 그리스인들은 달이 구형이라는 사실을 예로 들었는데, 이들이 사용한 증거들을 아래에서 다루어 본다.

알렉산더 대왕의 스승이었던 아리스토텔레스(Aristotle, 384~322 B.C.)의 저술들은 그 시대의 많은 사상을 요약하고 있다. 그들은 달의 위상—모양의 변화—은 태양이 비치는 달 반구의 다른 부분을 한 달 동안 보게 된 결과로 진행된다고 서술하였다(3장 참조). 또한, 아리스토텔레스는 태양이 달보다 지구로부터 더 멀리 떨어져 있다는 사실을 알았는데, 달이 지구와 태양 사이를 정확하게 지나갈 때 잠시 우리 시야에서 태양을 가리기 때문이다. 이런 현상을 일식이라고 부른다(3장 참조).

아리스토텔레스는 지구가 둥글다는 두 가지 논거를 제시하였다. 첫 번째는 월식이 진행되는 동안 달이 지구의 그림자 속으로 들어오거나 빠져나갈 때 달에 나타나는 지구의 그림자가 항상 둥글다는 것이다(그림 1.8). 단지 구형 천체만이 항상 둥그런 그림자를 만들어낸다. 예를 들어, 지구가 원반이라면, 태양 빛이 원반 옆을 비추는 경우가 있을 텐데, 이렇게 되면 달에 비친 지구의 그림자는 직선이 될 것이다.

두 번째로, 아리스토텔레스는 남쪽으로 아주 멀리 여행하는 사람은 북쪽에서 볼 수 없던 별들을 보게 됨을 설명하였다. 그리고 천구의 북극 가장 가까이 있는 별인 북극성의 고도는 여행자가 남쪽으로 갈수록 낮아진다. 편평한 지구에서라면, 모든 사람은 바로 머리 위에 같은 별들을 보게 될 것이다. 이를 직접 확인하는 유일한 방법은 여행자가 지구의 휘어진 표면을 따라 움직이는 것이다. 이렇게 하면 별들이 서로 다른 각도에서 보인다. (지구가 둥글다는 것을 입증하는 여러 아이디어에 대해서, "지구가 둥글다는 것을 어떻게 알

■ 그림 1.8

지구의 둥근 그림자 달이 지구의 그림자 속으로 들어갔다가 나오는 월식. 그림자가 굽어진 모습에 주목하자—이는 지구가 구형이라는 증거인데, 고대로부터 받아들여져 왔다.

아내는가?"라는 글 상자를 참고하라.)

용감한 그리스 사상가 사모스의 아리스타쿠스(Aristarchus 310~320 B.C.E.)는 지구가 태양 주위를 돌고 있다고 주장했다. 그러나 아리스토텔레스와 대부분 고대 그리스 학자들은 이 주장을 받아들이지 않았다. 그들이 그렇게 결론지은 이유 중 하나는 지구가 태양 주위를 돈다면, 지구가 궤도를 따라 움직일 때 별들도 다른 위치에서 관측될 것이라는 생각에서였다. 지구가 움직이면서 가까이 있는 별들은 더 먼 별들에 대해 상대적으로 하늘에서 위치가 변한다. (같은 방법으로, 우리가 움직일 때, 더 멀리 있는 배경에 대해 가까운 물체가 움직이는 것처럼 보인다. 기차를 타고 갈 때, 앞에 있는 나무는, 기차의 움직임에 따라 멀리 있는 언덕을 배경으로 뒤로 움직이는 것처럼 보이는 것과 같다. 무의식적으로 우리는 가까운 거리의 추정을 위해 항상 이 현상을 이용한다.)

관측자의 운동 결과로 생긴 어떤 물체의 겉보기 위치 변화를 시차라고 부른다. 지구의 궤도 운동에 의한 별의 겉보기 위치 변화를 항성 시차(stellar parallax)라고 부른다. 그리스인들은 항성 시차를 관측하기 위해 시력 좋은 병사를 모집하는 등 온갖 노력을 기울였으나, 실패하고 말았다. 그리스인들이 더 밝은(가까운) 별들을 봄에 관측하고 다시 가을에 보았을 때에도 전혀 움직임을 보이지 않았다.

이것은 지구가 움직이지 않았거나, 별들이 엄청나게 멀리 있어서 시차 변화가 극도로 작았음을 의미한다. 그런 엄청난 우주의 크기는 고대 철학자들에게 준비되지 않은 상상력의 도약을 요구했기 때문에 그들은 안전한 지구 중심 우주관으로 후퇴하였으며, 거의 2000년 동안 서구의 사상을 지배하게 되었다.

1.2.3 에라토스테네스의 지구 크기 측정

그리스인들은 지구가 둥글다는 사실을 알았을 뿐 아니라, 크기도 측정할 수 있었다. 지구 지름을 처음 정확하게 측정한 사람은 이집트의 알렉산드리아에 살았던 그리스인 에라토스테네스(Eratosthenes, 200B.C.E)였다. 그 방법은 태양 관측을 근거로 하는 기하학적 방법이었다.

태양은 지구로부터 멀리 떨어져 있기 때문에 지구에 도착하는 태양 빛은 거의 나란하다. 왜 그런지 보려면 그림 1.9를 참조하라. 지구 근처 A점에 있는 광원을 택해 보자. 거기에서 나온 빛은 끝이 퍼진 두 경로를 따라 지구의 서로 다른 지점에 도착한다. 더 멀리 떨어진 광원 B 또는 C로부터 지

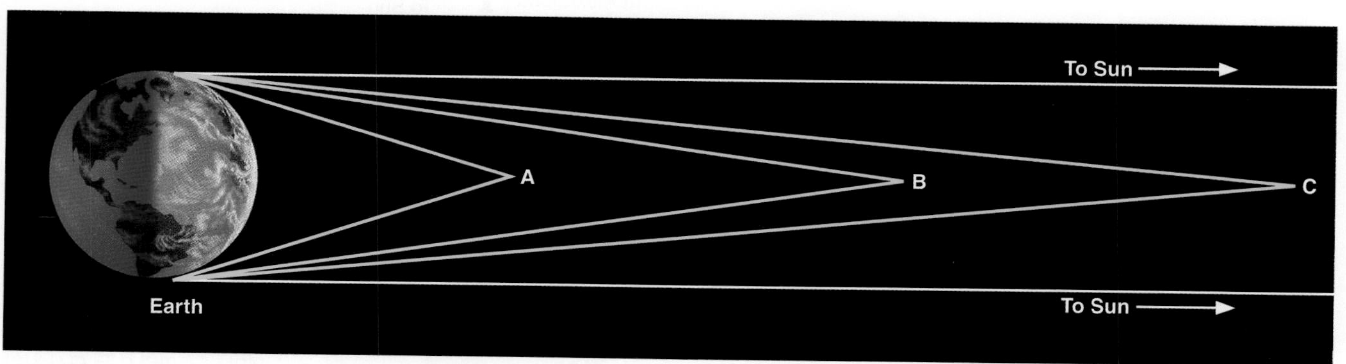

■ 그림 1.9

우주에서의 광선 천체가 멀리 떨어져 있을수록, 그 천체로부터 오는 빛의 경로가 평행선에 가까워진다.

지구가 둥글다는 것을 어떻게 알아내는가?

이 장에서 논의된 두 가지 방법(아리스토텔레스의 저서에서 발췌) 이외에 다음과 같이 설명할 수 있다.

1. 맑은 날 항구를 떠나 멀리 항해하는 배를 관찰해 보자. 지구가 편평하다면, 그 배가 항해를 계속할수록 더욱 작아지게 되는 것을 보게 될 것이다. 그러나 실제로 관측하는 것은 그런 현상이 아니다. 대신에 배는 수평선 아래로 가라앉게 되는데, 선체가 먼저 사라지고, 그다음에 돛대가 잠시 보이다가 없어진다. 결국, 배가 지구의 둥근 면을 따라 항해하면서, 돛대의 맨 꼭대기만 보이게 된다. 그 후 배는 완전히 사라져 버린다.
2. 우주선은 90분 정도에 한 번씩 지구를 돈다. 우주 왕복선이나 인공위성에서 찍은 사진들은 지구 어디를 바라보든지 둥근 모습을 보여준다.
3. 지구의 각 시간대에 사는 친구를 사귀었다고 가정해 보자. 동일한 시간에 친구에게 전화를 걸어 '태양이 어디에 있는가?'라고 물어볼 수 있다. 편평한 지구라면, 친구들의 대답은 거의 똑같을 것이다. 그러나 지구가 둥글다면, 어떤 사람에게는 태양이 높게 떠 있지만, 어떤 사람에게는 막 떠오르고 있거나 막 지고 있기도 하고, 아예 보이지 않는다고 대답하는 사람도 있을 것이다. (마지막 친구는 전화 때문에 잠을 깼다고 불평할 수도 있다.)

구의 서로 다른 두 지점에 도달하는 빛이 이루는 각은 더 작아진다. 광원이 더 멀수록 두 빛 사이의 각은 작아진다. 따라서 멀리 떨어진 곳의 광원에서 나온 빛은 평행선을 이루며 지구에 도착한다.

물론 태양은 무한히 멀리 떨어져 있지 않지만, 태양의 한 점으로부터 지구의 두 지점에 도달하는 빛들은 맨눈으로 인식하기 힘들 정도의 작은 각도로 퍼져 도달한다. 결과적으로, 태양을 볼 수 있는 지구의 어느 곳이든 사람들이 태양을 손으로 가리킨다면, 그 손가락들은 서로 평행을 이룰 것이다. (같은 이야기가 행성과 별에 대해서도 적용되는데, 이 아이디어는 망원경이 어떻게 작동하는지를 설명할 때도 사용될 것이다.)

에라토스테네스는 이집트의 시에네(지금의 아스완 근처)에서 여름의 첫날 정오 태양 빛이 우물 바닥에 수직으로 닿는 것을 알아차렸다. 이는 태양이 우물 바로 위에 있음을 의미한다. (즉, 시에네는 지구 중심으로부터 태양에 이르는 직선상에 있다.) 같은 날 같은 시간에 알렉산드리아에서는 태양은 바로 머리 위에 있지 않고, 천정에서 남쪽으로 약간 기울어져 있어서, 그 태양 빛이 수직선과 약 7°의 각(전체 원의 1/50)을 이루고 있음을 관측했다. 두 도시에 도달하는 태양 빛이 평행을 이루는데, 왜 지구에 도달하는 빛들은 그 표면에서 같은 각도로 관측되지 않을까? 에라토스테네스는 지구의 곡률 때문이라고 추론하였다. 그리고 알렉산드리아에서 그 각을 측정하면 지구 크기를 구할 수 있음을 알았다. 알렉산드리아가 시에네 북쪽으로 지구 둘레의 1/50 정도 떨어져 있음을 깨달은 것이다(그림 1.10). 알렉산드리아는 시에네 북쪽으로 5000스타디아 떨어진 것으로 측정되었다. [스타디아(stadia)의 단수인 스타디움(stadium)은 운동장의 트랙의 길이에서 유래한 그리스의 길이 단위다.] 에라토스테네스는 그래서 지구의 지름이 50×5000, 즉 250,000스타디아임을 알아냈다.

그리스에는 여러 종류의 스타디아가 사용되었는데, 그 중 어떤 단위가 에라토스테네스의 거리 단위로 사용되었는지 불확실하므로 그 계산에 대한 정확한 검증은 불가능하다. 일반적인 올림픽 경기장이라면, 그 결과는 실제 지구 지름보

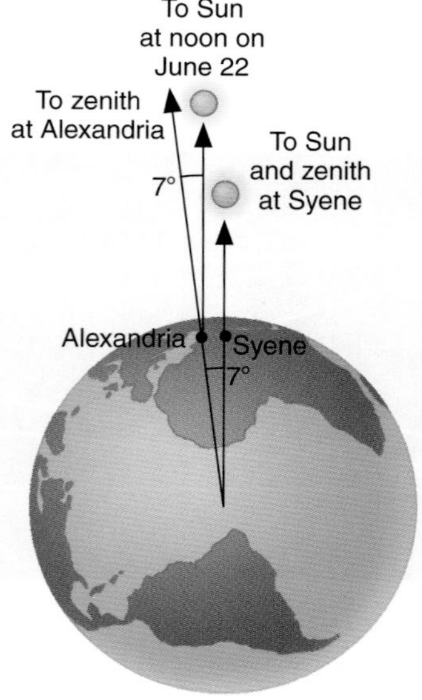

■ 그림 1.10
에라토스테네스가 지구 크기를 측정했던 방법 태양 빛은 지구에 평행하게 도달하지만, 지구 표면이 휘어져 있으므로 시에네에서 햇빛은 수직으로 비치지만, 알렉산드리아에서는 수직선과 7°의 각을 이룬다. 이것은 결국, 알렉산드리아는 시에네와 약 7° 정도 떨어진 곡선(원의 1/50)을 이룬다는 것을 의미한다. 따라서 두 도시 사이의 거리는 지구 둘레의 1/50이 된다.

다 약 20%가량 더 크다. 다른 해석에 의하면, 그가 1/6 km 단위의 스타디아 단위를 사용했다고 하는데, 이 경우 그 결과는 실제 지구 둘레인 40,000 km의 1% 내에 들어간다. 그 측정이 정확하지 않더라도, 그림자와 태양광 그리고 인간 사고만으로 지구의 크기 측정에서 성공을 거두었다는 점은 역사상 가장 위대한 지적 성취의 하나였다.

1.2.4 히파르쿠스와 세차

기원전 고대 천문학자 중 가장 위대한 사람은 터키 지역인 니카에아에서 태어난 히파르쿠스(Hipparchus)일 것이다. 그는 로마공화국이 지중해 전 지역에 큰 영향력을 미칠 때인 기원전 150년경에 로도스 섬에 천문대를 세웠다. 그는 하늘에서 천체 위치를 가능한 한 정확하게 측정하여, 약 850개의 천체에 대한 선구자적인 성표를 만들어 냈다. 그는 각 별에 좌표들을 부여하고, 하늘에서 그 위치를 자세히 기입하였는데, 마치 지구 위의 한 점을 위도와 경도로 나타내는 것 같은 방법을 썼다. 또한 별들을 겉보기 밝기에 따라서 6개의 **등급**(magnitude)으로 나눴다. 가장 밝은 별을 '1등급', 다음으로 밝은 별을 '2등급'으로 부르는 식이었다. 이 체계는 약간 변형된 형태이긴 하나 오늘날까지도 사용되고 있다.

별을 관측하고 그 자료를 옛날 관측 기록과 비교해 보면서, 히파르쿠스는 그의 가장 뛰어난 발견 중 하나를 성취하였다. 하늘의 북극 위치가 150여 년을 거치면서 변화한 사실을 발견한 것이다. 히파르쿠스는 이런 현상이 그가 관측한 시기 동안뿐만 아니라, 그 이전부터 항상 일어났음을 정확하게 추론했다. 하늘의 회전 중심 방향이 끊임없이 변하면서 회전이 이루어지는 것이다.

천구의 북극이 바로 지구 북극을 하늘로 연장한 선이라고 했던 1.1.2절을 기억할 것이다. 천구의 북극이 흔들린다면, 지구 역시 분명 흔들리게 된다. 오늘날 지구 축이 향하는 방향이 실제로 천천히 규칙적으로 변하는 것을 알고 있는데, 이런 운동을 **세차운동**(precession)이라고 한다. 아이들이 팽이 놀이를 할 때, 돌던 팽이가 흔들거리는 것을 본 적이 있다면, 여러분은 세차운동을 관측한 것이 된다. 지구의 중력이 팽이를 흔들거리게 하므로, 팽이 축은 깔때기 모양의 경로를 따라 비틀거린다(그림 1.11).

지구는 완전한 구가 아니고 적도 부분이 약간 부풀어 있기 때문에 태양과 달의 인력은 지구를 팽이처럼 흔들리게 한다. 지축이 세차운동의 한 주기를 완전히 도는 데는 26,000년이 걸린다. 세차운동 결과, 지축이 하늘을 가리키는 방향은 시간이 지나면서 변하게 된다. 오늘날 북극성은 천구 북극에 가장 가까이 있는 별인 반면(서기 2100년경에 가장 가까워짐), 14,000년에는 거문고자리의 직녀성이 북극성이 될 것이다.

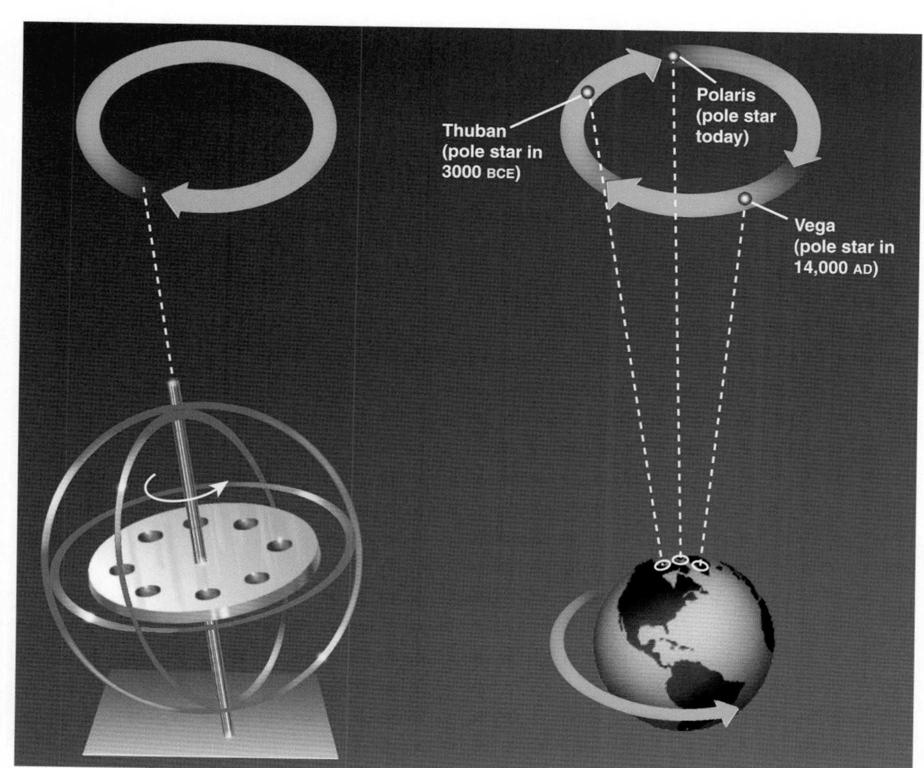

■ **그림 1.11**
세차 빨리 회전하는 팽이의 축이 천천히 원을 그리며 흔들리는 것과 마찬가지로, 지구의 축도 26,000년을 주기로 흔들린다. 오늘날 천구의 북극은 북극성 근처에 있지만, 약 5000년 전 천구의 북극은 투반이란 별에 가까이 있었고, 서기 14,000년에는 천구의 북극이 직녀성 근처에 놓이게 될 것이다.

1.2.5 프톨레마이오스의 태양계 모델

로마 시대 최후의 위대한 천문학자는 클라우디우스 프톨레마이오스(Claudius Ptolemy 또는 Ptolemaeus)였는데 그는 서기 140년에 알렉산드리아에서 왕성하게 활동했다. 그는 엄청난 천문지식을 집대성한 책을 집필하였는데, 오늘날 아랍어 제목인《알마게스트》(Almagest, '최고로 위대한 책'이란 뜻)로 불리고 있다.《알마게스트》는 프톨레마이오스의 연구만을 다룬 것이 아니라, 주로 히파르쿠스의 업적과 같은 과거 천문학 성과까지도 모아 놓았다. 오늘날《알마게스트》는 히파르쿠스와 다른 그리스 천문학자들에 대한 주요 정보원이 되고 있다.

프톨레마이오스의 가장 중요한 공헌은 원하는 날짜와 시간에 행성들의 운동을 예측하는 태양계의 기하학적인 서술이다. 스스로 문제를 풀 수 있을 만큼 충분한 자료를 가지고 있지 않았던 히파르쿠스는 대신 후세들이 사용할 수 있도록 관측 자료를 모아 놓았다. 프톨레마이오스는 이 자료에 새로운 자료들을 첨가해서 코페르니쿠스 시대까지 수천 년 동안 견뎌낸 우주 모형을 완성했다.

행성의 운동을 설명할 때 어려운 것은 하늘에서 방황하는 행성의 운동은 행성 자신의 운동과 지구 궤도 운동이 복합되어 나타난다는 것이다. 움직이는 지구에서 행성의 운동을 관찰하는 것은 마치 자동차 경주장 안쪽 트랙에 있는 한 자동차에서 다른 차들을 보는 것과 비슷하다. 어떤 때는 다른 차들이 앞지르기도 하고, 어떤 때는 다른 차를 앞서게 되어, 우리 관점에서 볼 때 마치 그 차가 거꾸로 움직이는 것처럼 보이기도 한다.

그림 1.12a는 지구와 태양에서 멀리 떨어진 화성이나 목성 같은 행성들의 운동을 보여준다. 지구는 다른 행성과 같은 방향으로 같은 평면에서 태양 주위를 공전하지만, 지구의 공전 속도가 더 빠르다. 결과적으로, 지구는 안쪽 트랙에서 더 빨리 달리는 경주 자동차처럼 주기적으로 다른 행성들을 앞지르게 된다. 그림은 하늘에 있는 행성들을 서로 다른 시간에 어디에서 관측하는지를 보여준다. 그림 1.12b는 별들 사이를 지나가는 행성의 겉보기 운동 경로를 보여준다.

몇 개월 동안 관찰하면, 행성들은 보통 동쪽으로 움직인다. 그러나 지구가 그림 1.12 *B*의 위치에서 *D*로 갈 때, 행성은 겉보기 뒤로 움직이는 운동을 한다. 실제로 행성이 동쪽으로 움직이지만, 보기에는 뒤로 후퇴하는 것처럼 보인다. 지구가 궤도를 따라 *E*로 움직이면 행성은 겉보기 하늘에서 동쪽으로 다시 움직인다. 지구가 한 행성과 태양 사이를 지날 때 행성이 일시적으로 서쪽으로 움직이는 겉보기 운동을 **역행**(retrograde motion)이라 한다. 이 역행 운동은 오늘날에는 쉽게 이해되는데, 지금 지구가 모든 창조물의 중심이 아닌 행성 중의 하나라는 사실을 알기 때문이다. 그러나 프톨레마이오스는 그 멈춰 있는 지구를 가정하고 설명해야 하는 엄청나게 복잡한 문제에 직면했다.

더구나, 그리스 사람들은 천체들이 원운동을 한다고 믿기 때문에, 프톨레마이오스는 원을 이용해서 모형을 구상해

■ **그림 1.12**

지구 궤도 밖에 있는 행성의 역행 운동 도표의 알파벳은 지구(파란색)와 다른 행성(노란색)이 서로 다른 시간에 어디에 있는지를 보여준다. (a) 행성과 지구의 실제 위치, (b) 별들을 배경으로 나타나는, 지구에서 본 행성의 겉보기 경로.

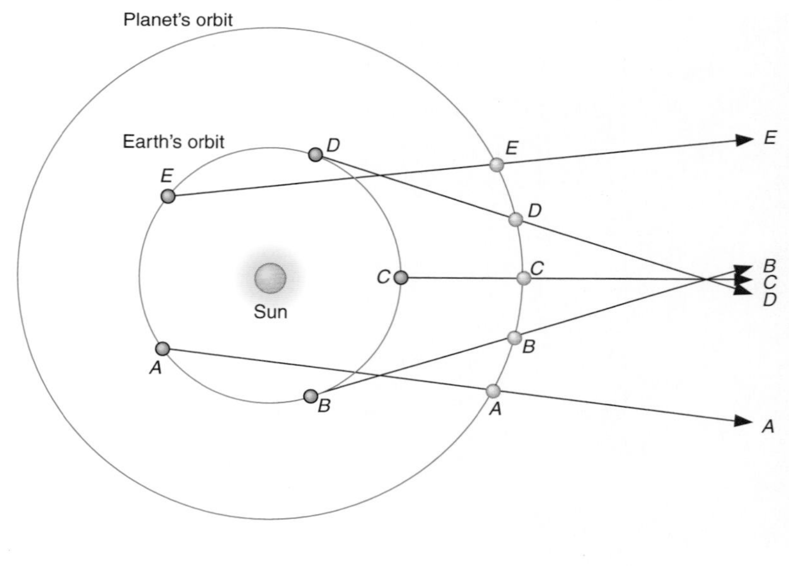

(a)

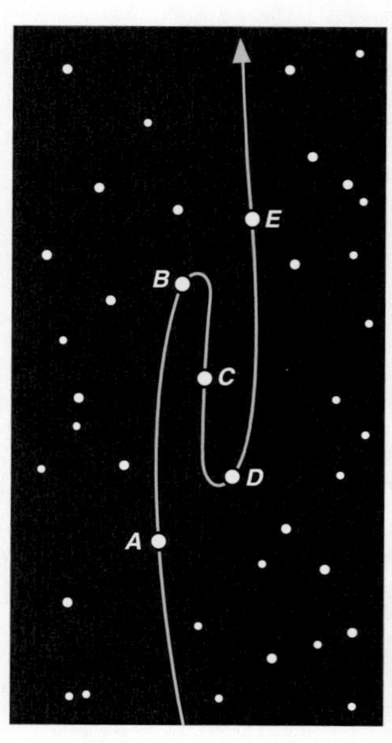

(b)

야 했었다. 그를 위해, 수십 개의 원이 필요했고, 어떤 원은 다른 원 주위를 도는 복잡한 구조로써, 현대인들이 보기에 현기증이 날 정도가 되었다. 그러나 우리의 판단이 프톨레마이오스의 업적에 대한 경탄을 가려서는 안 된다. 그 당시로는 지구 중심의 복잡한 우주가 아주 합리적이었으며 나름 매우 훌륭했었다. (이 장을 시작할 때 인용했던 글을 참고하라.)

프톨레마이오스는 각 행성이 **주전원**(epicycle)이라는 작은 궤도를 돈다고 설명함으로써 관측된 행성 운동의 문제를 풀어냈다. 주전원의 중심은 다시 이심원을 따라 지구 주위를 돌고 있다(그림 1.13). 그림 1.13에서 행성이 주전원 궤도 상의 위치 x에 있을 때, 그 행성은 주전원의 중심과 같은 방향으로 움직이고 있다. 지구에서 볼 때 행성은 동쪽으로 움직이는 것처럼 보인다. 그러나 행성이 y의 위치에 있을 때 그 행성은 지구 주위를 도는 주전원 중심의 운동과 반대 방향으로 움직인다. 속도와 거리를 적당히 선택해서, 프톨레마이오스는 행성이 y점에서 정확히 관측과 일치하는 시간 동안 정확한 속도로 서쪽으로 움직이도록 하는 데 성공함으로써 그 모형으로 역행 운동을 재현할 수 있었다.

그러나 다음 장에서 행성들은 지구처럼 원이 아니라 타원 궤도를 그리면서 태양 주위를 공전한다는 것을 알게 된다. 그들의 실제 운동 궤적은 균일한 원운동으로는 완벽하게 기술될 수 없다. 행성들의 관측된 운동을 잘 설명하기 위해, 프톨레마이오스는 그 모형에서 이심원의 중심을 지구에 두지 않고, 지구와 약간 떨어진 곳에 두어야 했다. 또한 이심점(equant point)이라 불리는 다른 축 주위를 도는 균일한 원운동을 도입했다. 이 모든 조건이 그의 모형을 상당히 복잡하게 만들었다.

그림 1.13

프톨레마이오스의 우주 모형 각 행성은 주전원이라 불리는 작은 원을 따라 움직인다. 프톨레마이오스 우주 모형의 중심은 정확히 지구에 놓이지 않고, 이심점이라 불리는 점에 있다. 그리스인들은 지구가 정지 상태에 있다고 믿었기에, 하늘에서 행성 운동을 설명하는 데 이렇게 복잡한 것이 필요했다.

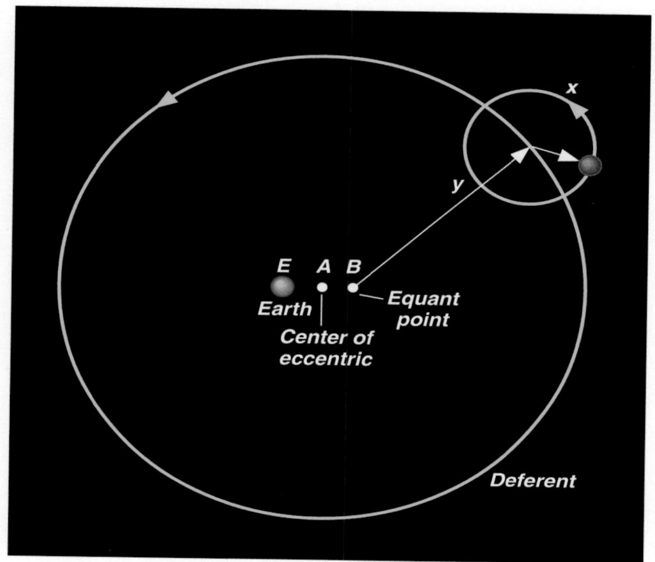

수학자로서, 관측된 행성들의 운동을 성공적으로 설명하는 복잡한 모형을 개발해 낼 수 있었던 것은 프톨레마이오스의 천재성에서 비롯되었다. 프톨레마이오스는 우주 모형으로 실제 현실을 서술하려 했던 것이 아니라, 단순히 임의의 시간에 행성 위치를 예견하는 수학적 표현을 하고 싶었던 것 같다. 생각이 어떠했든 간에, 그 모형은 약간의 수정을 거쳐 이슬람 세계와 이후 기독교계 유럽에서 절대적 권위로 받아들여졌다.

1.3 점성술과 천문학

많은 고대 문명은 행성과 별을 자신의 생활을 통제하는 신이나 다른 초자연적인 힘의 표상으로 간주했었다. 그들에게 하늘의 연구는 추상적 주제가 아니었다. 그 연구는 신들의 행동을 이해하고, 그들의 비위를 맞추는 생사에 관련되는 필수적인 것들과 직접 관련돼 있었다. 현재와 같은 과학 시대 이전에는, 기후에서부터 질병, 사고, 식 현상과 새로운 혜성의 출현 같은 천변 현상에 이르기까지 자연에서 일어나는 모든 일이 신들의 기분과 불만의 표현이라고 생각했었다. 신들이 어떤 마음인지 이해하는 데 도움이 되는 어떠한 징표도 사람들에게는 매우 중요한 것으로 여겨졌다.

하늘을 '방랑'하는 힘을 지니고 있던 7개의 천체(해와 달 그리고 맨눈으로 보이는 다섯 개 행성) 운동은 그런 생각을 하는 사람들에게 분명 특별한 의미가 있었을 것이다. 대부분의 고대 문명들은 이들 7개 천체를 자신들의 신전에 모신 여러 초자연적 지배자와 연관시켰고, 종교적인 필요에 따라 움직임을 추적하였다. 상당히 논리적이었던 고대 그리스 문화에서조차 행성들은 신의 이름을 가졌고, 그 이름을 딴 신들이 가진 힘이나 영향력을 지니고 있을 것으로 인정되었다. 그런 아이디어에서 **점성술**(astrology)이라는 고대의 시스템이 탄생해서 오늘날의 일부 사람들도 신봉하고 있는데, 점성술에서는 황도대에 있는 별 사이에 놓인 이 천체들의 위치가 인생에서 앞날을 이해하는 주요 관건이 된다고 생각한다.

1.3.1 점성술의 시작

점성술은 2500만 년 전 바빌로니아에서 시작되었다. 행성과 그 운동이 왕과 국가의 운명에 영향을 준다고 믿었던 바빌로니아 사람들은 천문학 지식을 이용하여 통치자들을 도와주었다. 바빌론 문명이 그리스에 흡수됨에 따라, 점성술은 점차 서구세계 전체에 영향을 주기 시작했고, 이후 동양세계에까지 퍼져 나갔다.

기원전 2세기, 그리스 사람들은 행성들이 모든 개인적인 일에 영향을 준다고 생각하면서 점성술을 일반화했다. 특히, 어떤 사람이 태어날 당시, 태양, 달, 행성의 위치가 그 사람의 성격과 운명에 영향을 준다고 믿었는데, 이런 믿음을 사주 점성술(natal astrology)이라 부른다. 사주 점성술은 주창된 지 400년이 지난 후 프톨레마이오스 시대에 최고 절정기에 이른다. 천문학에서뿐 아니라 점성술계에서도 유명했던 프톨레마이오스는, 아직도 점성술계의 고전으로 여겨지는《테트라비블로스》(사원의 수: *Tetrabiblos*)란 점성술책을 집대성하였다. 사주 점성술은 기독교나 이슬람교보다 더 오래된 고대 종교로서, 오늘날 점성가들도 여전히 사용하고 있다.

1.3.2 황도 12궁도

사주 점성술에서 가장 중요한 것은 황도 **12궁도**(horoscope)인데, 이것은 어느 한 사람이 태어날 때 하늘에서 행성들의 위치를 알려주는 지도다. 황도 12궁도가 만들어졌을 때, 행성(당시에는 해와 달도 행성으로 취급됨)들은 우선 황도대에 위치하였던 것 같다. 점성술 시스템이 만들어졌을 때, 점성술을 위해서 황도대는 궁이라 부르는 12개의 영역으로 나누어졌고, 궁들은 30°씩 떨어져 있다. 각각의 궁들은 태양과 달 및 행성이 지나갈 때 보이는 별자리 이름을 따서 명명되었다.—예를 들어 처녀 궁은 처녀자리의 이름을 딴 것이다.

오늘날 어떤 사람이 당신 별자리를 묻는다면, 태어날 때 태양이 황도대의 어느 별자리에 있었는지를 물어본 것이다. 그러나 별자리 이름이 12궁에 명명된 지가 이미 2000년이 넘었다. 세차운동 때문에 황도대의 별자리는 황도를 따라 서쪽으로 움직여서, 26,000년 후에는 제자리로 돌아온다. 그래서 오늘날 실제 별들은 황도대에서 약 1/12 정도—12궁에서 1개 궁 정도—위치 변화를 일으켰다(그림 1.5 참조).

그러나 대부분 점성술에서는 12궁의 자료를 원래대로 사용한다. 이것은 점성술의 12궁과 현재의 별자리가 약간 어긋나 있음을 의미한다. 예를 들면 양궁은 현재 물고기자리에 놓여 있다. 신문에 있는 점성술 난에서 여러분의 황도궁을 찾는다면, 생일에 해당하는 황도궁은 이제는 태어났을 때 태양이 있었던 별자리가 아니다. 자신의 올바른 별자리를 알려면, 생일에 해당하는 현재 황도궁 바로 전의 궁을 찾아야 한다.

완전한 황도 12궁도는 태양의 위치뿐 아니라 달과 각 행성의 위치를 보여주는데, 황도대에 상응하는 위치가 표시되어 있다. 그러나 천구가 움직이면서(지구가 자전하기 때문에) 전체 황도대는 하늘에서 서쪽으로 움직이고, 매일 한 바퀴를 돈다. 그래서 하늘에서의 위치 (또는 점성술에서 궁) 또한 다시 계산되어야 한다. 황도 12궁도를 해석하는 데는 다소 표준화된 법칙이 존재하는데, 대부분의 점성술은(적어도 유럽 점성술에서는) 프톨레마이오스의《테트라비블로스》에서 파생된 것이다. 점성술에서는 각각의 별자리, 궁 그리고 힘의 작용점 역할을 하는 행성들을 개개인의 삶에서 특별한 사건들과 연관 짓는다.

황도 12궁도의 자세한 해석은 아주 복잡하므로 어떻게 해석되는가에 따라 여러 점성술 유파가 존재한다. 몇몇 법칙들은 표준화될 수 있을지라도, 각각의 법칙에 어떻게 가중치를 주고 적용하는지를 판단하는 문제는 일종의 '예술'이라고 할 수 있다. 또한, 점성술을 이용해서 어떤 특별한 예견을 한다든가, 서로 다른 점성술사의 예견과 일치를 기대하기는 매우 어려운 일이다.

1.3.3 오늘날의 점성술

오늘날 점성술은 거의 2000년 전 프톨레마이오스가 주장한 기본 원칙을 그대로 사용하고 있다. 이들은 황도 12궁도를 계산해서(컴퓨터 프로그램이 개발되어 계산은 아주 간단해졌다.) 점을 치고 있다. 황도군 점성술(신문과 잡지에 게재되는 운세)은 현대적으로 단순화된 사주 점성술의 변형이다. 직업적인 점성가들조차 그런 단순화된 점성술(모든 사람을 단지 12개로 분류해서 운을 점치는 것)을 깊이 신뢰하지 않지만, 황도군 점성술은 많은 사람이 진지하게 받아들이고 있다. (아마 매스컴에서 자주 다루기 때문일 것이다.) 최근, 미국 십대들의 여론 조사에 의하면 절반 이상이 '점성술을 믿는다'고 대답하였다.

오늘날 우리는 고대인들보다 인간의 유전적 특징을 더 잘 이해하고 있을 뿐 아니라 물리적인 천체로서 행성의 성질에 대해 더 잘 알고 있다. 우리가 태어난 순간 태양이나 달 또는 행성들이 하늘에서 어떤 위치에 있는지가 사람의 인간성 또는 미래와 어떤 관련이 있는지에 대해 생각해보기는 쉽지 않다. 그런 효과를 일으킬 만한 어떤 힘도 알려지지 않다. (예를 들어, 간단히 계산해보면, 새로 태어난 아이의 분만을 도와주는 산부인과 의사의 중력적 인력은 화성의 인력보다 더 크다.) 그래서 점성가들은 행성에 의해 작용하는 알려지지 않는 힘이 존재한다고 주장하는데, 이 힘은 여러 행성의 상대적인 위치에 의존하며, 행성 간 거리와는 무관하다고 한다.—이 힘의 존재에 대해서는 어떠한 증거도 없다.

점성술의 또 다른 점은 탄생 시의 행성 배치를 강조하는 것이다. 수태 시 우리에게 영향을 주는 힘은 있는가? 사람 성격을 결정하는 데 중요한 것은 탄생 시의 주변 환경보다 유전자가 아닌가? 점성가들의 주장대로 몇 시간 일찍 태어났거나 늦게 태어났다면, 지금과는 아주 다른 사람이 되었을까? (점성술이 처음으로 태동했을 때로 돌아가 보면 탄생은 신비로운 의미가 있는 순간으로 생각되겠지만, 오늘날 우리는 탄생 그 이전에 벌어지는 많은 것들을 이해하고 있다.)

실제로, 오늘날 인간의 전체적 삶이 태어날 때 점성술의 영향으로 결정된다고 주장하는 몇몇 사람들을 제외하고 대부분의 사람들이 점성술을 친화력이나 인간성을 알아보는 지표로 이용될 수 있다고 믿고 있다. 그러나 놀랍게도 점성술의 정보에 근거하여 사람을 판단하는 경우도 종종 발견된다.—어떤 사람을 고용할 것인가, 누구와 가까이 지낼 것인가, 또는 누구와 결혼할 것인가 하는 것조차 점성술에 의지한다. 어려운 결정이므로 올바른 선택을 도와줄 수 있는 주요 정보로 이용할 수밖에 없다고 주장한다. 그러나 점성술이 인간의 성격에 대한 유용한 정보를 실제로 제공하는가? 이는 과학적 방법을 이용하여 확인해야 할 문제다('연결고리: 점성술의 시험' 참조).

수백 번의 시험 결과들은 모두 똑같다. 통계적으로 볼 때, 사주 점성술이 어떤 예측능력을 지니고 있다는 증거는 없다. 그렇다면 왜 사람들은 점성가가 자신을 도와주었다고 말하는가? 오늘날 점성가들은 황도대와 황도 12궁도에 관한 이야기를 실제로 그들의 기술을 알리는 도구로만 사용한다. 그들은 주로 아마추어 치료사의 역할을 하면서, 고객들이 듣기 좋아하거나 필요한 간단한 사실들을 제공해주고 있다. (최근의 연구는, 어떤 단기간의 치료는 환자들에게 약간 나아진 느낌을 준다는 것을 보여주었다. 이것은 우리 문제를 다른 사람에게 이야기하는 행위 자체가 유익하기 때문이다.)

그러나 점성술 자체는 과학적인 사실에 기본을 두지 않는다. 그것은 흥미로운 역사적 사고방식이며, 과학 시대 이전부터 전해 내려왔으며, 사람들에게 하늘의 주기성과 모습을 배우게 해준 자극제의 역할로서 가장 잘 기억될 것이다. 점성술로부터 천문학이란 과학이 성장했는데, 그 과학이 바로 우리가 다루고 있는 주제다.

1.4 현대 천문학의 탄생

갈등으로 분열되었던 중세 유럽에서 천문학은 큰 발전을 이루지 못했다. 7세기 이후 이슬람 문명의 태동과 확장은 아랍과 유대 문명을 꽃피웠고, 이 문명이 보존되고 번역되어 많은 그리스의 천문학적 아이디어에 첨가됐다. [예를 들어, 오늘날 많은 밝은 별의 이름이 아랍어에서 유래했는데, 천정(zenith)이란 천문학 용어도 아랍어다.]

■ 그림 1.14

코페르니쿠스 성직자이자 과학자인 니콜라우스 코페르니쿠스(1473~1543)는 현대 과학의 출현에 선도적인 역할을 하였다. 그는 지구가 태양 주위를 돌고 있다고 증명할 수는 없었지만, 강력한 논증을 제시하여 우주론적 사고를 바꾸어 놓았고, 갈릴레오와 케플러가 다음 세기에 성공적으로 완성한 태양중심설의 초석을 쌓았다.

유럽 문명은 기나 긴 암흑시대에서 벗어나, 아랍 국가들과의 교역으로 《알마게스트》 같은 고대 서적들을 재발견했고, 천문학 문제에 대한 관심을 새롭게 불러일으켰다. 이런 천문학의 재탄생(프랑스어로 '르네상스') 시기는 코페르니쿠스의 연구로 구체화되었다(그림 1.14).

1.4.1 코페르니쿠스

르네상스 시대의 중요한 사건 중 하나는 지구가 우주 중심에서 쫓겨난 일인데, 이는 16세기의 폴란드 출신 성직자에 의해 시작된 지식혁명이었다. 니콜라우스 코페르니쿠스(Nicolaus Copernisus 1473~1543)는 비스툴라 강변의 상업도시 토룬에서 태어났다. 그는 법학과 의학을 공부했지만, 주 관심거리는 천문학과 수학이었다. 과학에 대한 가장 큰 기여는 행성 운동에 대한 기존의 이론을 비판적으로 재평가해서 태양계에 대해 새로운 태양 중심[**일심**(heliocentric)] 모형을 개발한 것이다. 코페르니쿠스는 지구가 태양계의 여러 행성 중 하나에 불과하며 모든 행성은 태양을 중심으로 원운동을 한다고

점성술의 시험

현대에도 점성술에 대한 대중적인 관심이 크기 때문에, 과학자들은 폭넓은 통계학적 시험을 거쳐 실제로 점성술이 예측하는 능력을 갖췄는지 알아보았다. 이런 시험 중 가장 간단한 것은 황도궁 점성술을 살펴봐서—점성가들이 주장하는 대로—다른 궁에 비해 어떤 황도궁이 올림픽에서 금메달을 더 잘 획득한다든가, 봉급이 많이 오른다든가, 관직에 오른다든가 또는 군대에서 승진한다든가 하는 등의 객관적인 성공 척도들과 더 밀접히 관계되는지를 조사하는 것이다. (예를 들어 국회의원이나 미국 올림픽 대표 선수들의 생일을 찾아 시험해볼 수 있을 것이다.) 우리의 정치 지도자들은 태어날 때 미리 그들의 황도 12궁이, 예를 들어 전갈궁보다는 사자궁으로 선택되었는가?

이 시험에서는 구체적인 예측을 할 필요가 없다. 여러 점성술 유파들은 황도궁과 조화를 이루는 성격적 특징에 대해 서로 다른 의견을 내놓았다. 점성술적 가설의 타당성을 알아보려면, 지도자들의 생일이 통계학적으로 한 개 또는 두 개의 황도궁에 확실히 밀집되었는지 살펴보면 충분하다. 수십 차례의 이런 시험의 결과는 극히 부정적으로 나타났다. 조사된 모든 지도자는 황도궁에 무작위로 분포되는 모습을 보였다. 황도궁 점성술은 어떤 사람의 미래 직업이나 구체적인 인간 습성 같은 것에 대해서는 예견하지 않는다.

그 시험의 좋은 예로, 두 명의 통계학자가 미 해병대 재입대자들의 기록을 검토해 보았다. 해병대에 입대한 사람뿐 아니라 재입대한 사람들에게는 어떤 특정한 성격이 있을 것으로 기대할 것이다. 점성가들의 주장대로 황도궁으로 강한 성격을 예견할 수 있다면, (비슷한 성격을 지닌) 재입대자들은 주로 해병대를 좋아하는 사람들의 성격과 맞는 한두 개의 황도궁에 분포되어야 할 것이다. 그러나 실제로 조사한 재입대자들은 모든 황도궁에 무작위로 고르게 분포해 있었다.

더 복잡한 연구도 수행되었는데, 수천 명의 개개인의 황도 12궁도를 조사하는 것이었다. 이 연구 결과 또한 부정적이었다. 어떤 점성술도 인간의 성격이나 성공, 사랑하는 사람 찾기 등에 점성술적인 면을 효과적으로 연관시키지 못했다.

또 다른 시험은, 아주 모호하게 표현되고 또 어떤 주제가 자신을 위해 준비되었다고 느껴지면, 점성술이 어떻게 해석되든지 문제되어 보이지 않는다는 것을 보여 준다. 예를 들어, 프랑스 통계학자 고글랭(Michel Gaugelin)은 역사적으로 가장 악랄한 대량 학살자의 '점괘'를 150명에게 보내면서, 오로지 당신만을 위해 준비된 '점괘'라고 말했다. 그 결과를 본 사람들의 95%가 자신이 대량 학살자와 같다고 대답했다.

호주의 학자 딘(Geoffrey Dean)은 22개의 주제에 대해 점괘를 정반대로 뒤집어서 황도 12궁도가 실제로 예견한 것과 정반대로 바꿨다. 아직도 이 점괘들이, 진짜 점괘를 받은 사람들만큼이나 그들에게 자주(95%) 적용된다고 한다. 아마 점성가를 찾는 사람들은 바른 길잡이를 기대했기 때문에, 어떤 길잡이일지라도 그들에게는 의미가 있을 것이다.

결론지었다. 단지 달만이 지구 주위를 돈다(그림 1.15).

코페르니쿠스는 자신의 아이디어를 《천체 회전에 대하여(*De Revolutionibus Orbium Coelestium*)》라는 책에 자세히 서술하였는데, 이 책은 그가 세상을 뜨던 해인 1543년에 출판되었다. 이때까지, (낡아서 삐거덕거리는 기계와 같이) 오래된 프톨레마이오스 체계로 행성의 위치를 정확하게 예측하기 위해서는 상당한 수정이 필요했다. 코페르니쿠스는 향상된 이론을 개발해서 행성의 위치를 계산하길 원했지만, 그러기에는 그 자신도 모든 전통적인 편견에서 완전히 자

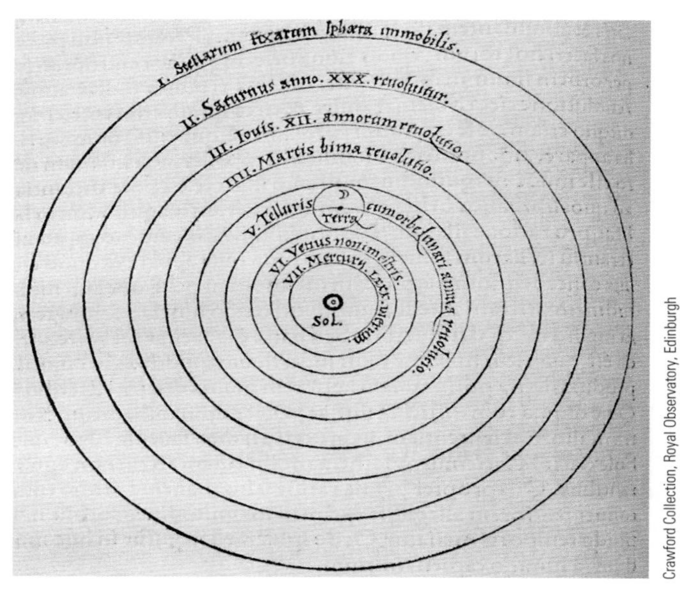

Crawford Collection, Royal Observatory, Edinburgh

■ **그림 1.15**
코페르니쿠스 체계 코페르니쿠스의 《천체 회전에 대하여》라는 책 초판에 있는 태양계의 일심 모형. 중심에 있는 태양을 뜻하는 'SOL'이란 단어에 주목하라.

유롭지 못했다.

그는 그 당시 일반적이었던 몇 가지 가정에서부터 시작했는데, 그중 하나는 천체의 운동이 균일한 원운동의 조합으로 이루어진다는 아이디어였다. 그러나 그는 (그 당시 대부분 사람이 생각했듯이) 지구가 우주의 중심에 놓여 있다고 보지 않고, 대신 멋지고 설득력 있는 태양중심설을 옹호하는 주장을 내놓았다. 그 아이디어는 그가 죽은 지 1세기가 지날 때까지도 널리 받아들여지지 않았지만, 학자들 사이에서 많은 토론이 이루어졌고, 결국 세계사에 큰 영향을 미치게 되었다.

태양중심설을 반대하는 이유 중 하나는, 만일 지구가 움직인다면 우리 모두 느껴야 한다는 것이었다. 고체 덩어리들은 표면에서 떨어져 나갈 것이고, 높은 곳에서 떨어진 공은 곧바로 아래로 떨어지지 않는다는 것이다. 그러나 움직이는 사람이 그런 운동을 꼭 느껴야 할 필요는 없다. 우리의 경험에 비추어 볼 때, 바로 옆에 있는 기차, 자동차 또는 선박이 움직이는 것처럼 보이지만, 움직이는 것은 우리임을 알 때가 있다.

코페르니쿠스는 지구에 대한 태양의 겉보기 연주 운동이 태양에 대한 지구의 운동을 그대로 나타낸다고 주장했다. 또 천구의 겉보기 회전에 대해서 천구는 멈춰 있으나 지구가 회전하기 때문에 발생한다고 설명했다. 만일 지구가 어떤 축에 대하여 회전한다면, 지구가 조각나서 날아가 버릴 것이라는 반론에 대해, 코페르니쿠스는 만일 운동이 지구를 분열시킨다면, 지구중심설에서 요구하는 더 큰 천구의 더 빠른 운동이 더 엄청난 파탄을 일으킬 것이라고 답하였다.

1.4.2 태양 중심 모형

코페르니쿠스의 책《천체의 회전에 대하여》에 실린 가장 중요한 아이디어는 지구가 태양을 돌고 있는 6개(그때까지 알려진)의 행성 중 하나라는 것이었다. 그는 이 개념을 이용하여 태양계에 대해 올바르고 일반적인 묘사를 할 수 있었다. 그는 행성들을 태양에서 가장 가까운 순서로 옳게 나열했다. 즉, 수성, 금성, 지구, 화성, 목성, 토성의 순으로 태양에서 멀어진다. 더 나아가, 행성이 태양과 가까이 있을수록, 그 궤도 속도가 빠르다는 것을 알아냈다. 그의 이론으로, 주전원을 도입하지 않고 행성의 복잡한 역행 운동을 설명해 낼 수 있었고, 태양계의 크기를 비교적 정확하게 알 수 있었다.

코페르니쿠스는 지구가 태양을 돌고 있다는 사실을 증명할 수 없었다. 사실, 약간의 수정을 거치면, 오래된 프톨레마이오스 체계도 하늘에서 행성의 운동에 대해 똑같이 잘 설명해낼 수 있었다. 그러나 코페르니쿠스는 프톨레마이오스 우주론은 세련되지 않았고 태양중심설에 비해 아름다움이나 대칭성이 부족하다고 지적하였다.

사실 코페르니쿠스 시대에는 태양중심설과 지구중심설 중 어느 것이 맞는지 판단할 수 있다고 생각하는 사람은 많지 않았다. 오랜 철학적 전통은 신의 계시와 결부된 순수한 인간 사유를 통해 진리를 알아낼 수 있다는 태도를 고수했는데, 이런 전통의 역사는 그리스 시대까지 거슬러 올라가고 가톨릭 교회에 의해 보호받고 있었다. 그러나 인간의 감각을 통해 드러난 자연은 의심스러웠다. 예를 들어 아리스토텔레스는 무거운 물체는 (그것을 무겁게 하는 본질을 더 많이 함유하고 있어서) 가벼운 것보다 더 빠르게 지구 쪽으로 떨어져야 한다고 주장했다. 이것은 서로 다른 무게를 가진 두 개의 공을 떨어뜨리는 간단한 실험이 보여주듯이 완전히 틀린 주장이었다. 그러나 코페르니쿠스 시대에는, (이런 표현이 적당한지 모르겠지만) 실험을 크게 중요하게 여기지 않았다. 아리스토텔레스의 멋진 논리가 더 설득력 있었다.

이 상황에서, 경합하는 우주론들을 분별해 내기 위해 관측과 실험을 수행하려는 움직임이 일기 시작했다. 태양중심설이, 그 타당성을 알아보기 위한 어떤 검증도 없이 반세기 넘게 논쟁의 대상이 되어 왔다는 사실은 놀랄 것도 못 된다. (사실, 미국 식민지 시대에는 하버드 대학에서도 1636년 개교 초기에 오래된 지구중심설을 가르쳤다.)

과학자들이 모든 새로운 이론을 급히 시험하고 그 결과가 인정되기 전까지는 어떤 아이디어도 받아들이지 않는 오늘날의 상황과 대비된다. 예를 들면, 유타대학의 두 연구자가 1989년 상온에서 핵융합(별들이 에너지를 만들어내는 물리 과정)을 일으키는 방법을 알아냈다고 발표했을 때, 미국 전역에 있는 25개 이상의 실험실에서 서로 다른 과학자들이 몇 주 동안 이런 엄청난 일을 재현하려고 시도했으나—성공될 수 없음이 판명되었다. 이로써 상온 핵융합 이론은 곧바로 파기되었다!

오늘날 코페르니쿠스의 모형을 어떻게 봐야 할까? 과학에서 새로운 가설이나 이론이 제안됐을 때, 그 이론은 이미 알려진 것들과 모순되지 않는가를 점검해야 한다. 코페르니쿠스의 태양중심설은 행성의 위치를 적어도 지구중심설에서 예견하는 정도까지는 계산할 수 있기 때문에 이 검증에 통과된다. 그다음 단계는 새로운 이론의 예견과 경쟁 이론의 예측이 어떻게 다른가를 알아보는 것이다. 코페르니쿠스의 경우, 그 한 가지 예로, 만일 금성이 태양 주위를 돈다면 달처럼 위상 변화를 일으켜야 하지만 태양 대신 지구 주위를 돈다

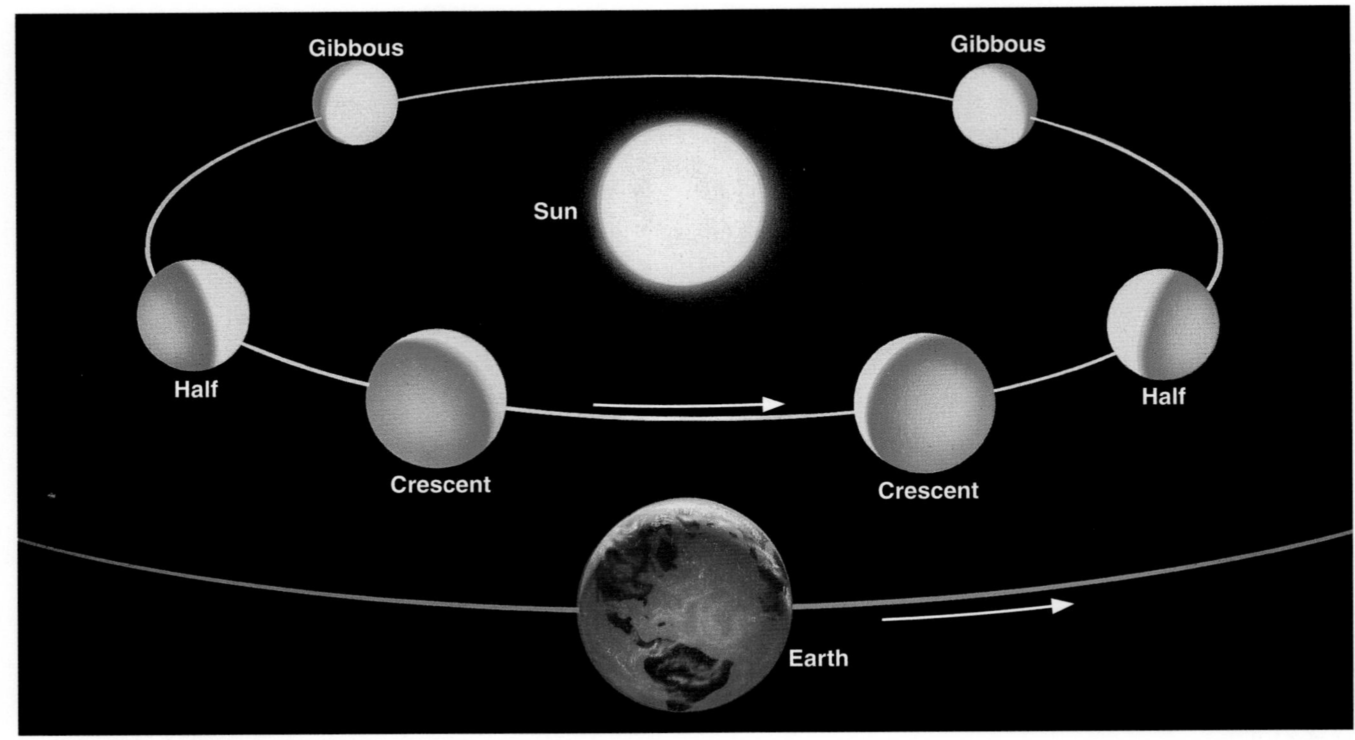

■ **그림 1.16**
금성의 위상 태양중심설에 따른 금성의 위상. 금성이 태양 주위를 돌면서, 태양 빛을 받는 표면이 변하는 것을 볼 수 있는데, 한 달이 지나는 동안 빛을 받는 표면이 바뀌어 달의 위상이 변하는 것과 같은 위상 변화를 보여준다.

면 그런 위상 변화가 일어나지 않을 것이라고(그림 1.16) 예측된다. 그러나 망원경이 없었던 당시에는 이 예측을 점검해 보려는 사람이 아무도 없었다.

1.4.3 갈릴레오 그리고 현대 과학의 시작

관측, 실험, 그리고 신중한 정량적 측정 등을 통한 가설의 검증과 같은 현대적 과학 개념은 코페르니쿠스보다 거의 1세기 후에 살았던 사람에 의해 창안되었다. 셰익스피어와 동시대인인 갈릴레오 갈릴레이(Galileo Galilei, 1564~1642)는 피사에서 태어났다(그림 1.17). 코페르니쿠스처럼 그는 의학 교육을 받았지만, 그 분야에는 관심이 없었고 후에 수학으로 전공을 바꾸었다. 그는 피사와 파두아 대학에서 교수로 활동했고, 그 후 피렌체에 있는 투스카니 대영주의 수학자가 되었다.

갈릴레오는 운동과 물체에 작용하는 힘에 대한 연구로 역학 분야에 큰 공헌을 하였다. 오늘날 우리가 알고 있듯이, 당시 사람들 역시 정지된 물체는 계속 그 상태를 유지하려 하고, 그 물체를 다시 운동하게 하려면 어떤 외부의 영향이 필요하다는 것을 알았다. 그래서 정지 상태를 물질의 자연적 상태라고 흔히 간주하였다. 그러나 갈릴레오는 정지 상태

■ **그림 1.17**
갈릴레오 갈릴레오 갈릴레이(Galileo Galilei, 1564~1642)는 자연의 진리를 이해하기 위해서 실험을 하거나 관측을 해야 한다고 주장했다. 망원경으로 바라보았을 때 하늘은 철학자들이 말했던 그런 모습이 아니었음을 발견했다.

가 운동 상태보다 더 자연적인 상태가 아님을 증명하였다.

한 물체가 울퉁불퉁한 마룻바닥에서 미끄러지듯 움직인다면, 물체와 마룻바닥 사이의 마찰이 억제력으로 작용하기 때문에, 물체는 곧바로 정지된다. 그러나 마룻바닥과 물체 모두를 광택이 나도록 매끄럽게 만든다면, 초기 속도가 같을 때 물체는 이전보다 더 멀리 나아가다 멈출 것이다. 미끄러운 얼음판에서는 물체가 더 멀리 밀려 나갈 것이다. 갈릴레오는 저항 효과가 제거된다면, 물체는 정상 상태(steady state)의 운동을 무한대로 계속할 것이라고 추론했다. 그는 한 물체를 정지 상태에서 움직이게 할 뿐만 아니라, 감속, 정지 또는 가속하고 운동 방향을 바꾸려면 힘이 필요하다고 주장했다. 이런 상황은 굴러가는 자동차를 몸으로 막아 정지시키거나, 움직이는 보트를 끈으로 잡아당길 때 쉽게 느낄 수 있다.

갈릴레오는 물체를 가속하는 방법에 대해 연구했는데, **가속**(accelerate)이라 함은 속도 또는 운동 방향을 변하게 하는 것이다. 갈릴레오는 물체가 자유 낙하하거나 경사로에서 아래로 굴러떨어질 때 어떻게 되는지를 관찰했다. 그는 물체들이 균일하게 가속됨을 발견했다. 즉, 같은 시간 동안 똑같은 크기의 속도 증가가 일어난다. 갈릴레오는 새로 발견된 법칙들을 수학 개념을 이용해서 자세하게 서술한 후에 여러 실험을 통해 물체가 다양한 시간 간격에서 얼마나 멀리 그리고 얼마나 빨리 움직이는지 예측할 수 있게 하였다.

1590년대에 갈릴레오는 태양중심 태양계에 대한 코페르니쿠스의 가설을 받아들였다. 태양중심설은 로마 가톨릭 체제의 이탈리아에서 널리 받아들여지던 철학은 아니었는데, 왜냐하면 교회의 권위가 아직도 아리스토텔레스와 프톨레마이오스의 아이디어를 지지하고 있었고, 그 아이디어들이 지구가 우주 만물의 중심에 놓여 있다고 주장하는 강력한 정치적 및 경제적 근거를 지니고 있었기 때문이다. 갈릴레오는 이런 사상에 이의를 제기했을 뿐만 아니라 라틴어 대신 당당하게 이태리어로 저술활동을 했으며 또 이들 주제에 대해 강연도 했다. 그에게는 종교와 도덕에 대한 교회의 권위와 과학의 문제에 대한 (실험으로 밝혀진) 자연의 권위 사이에 아무런 모순이 없었다. 이러한 갈릴레오의 '위험한' 견해 때문에, 교회는 결정적으로 1616년에 코페르니쿠스 학설은 '틀렸으며 불합리해서' 수용하거나 옹호하지 말라는 금지령을 내리게 되었다.

1.4.4 갈릴레오의 천문 관측들

두 개 이상의 유리를 조합하여 멀리 있는 천체들을 확대한 상을 만들어서, 더 가까이 보이게 하는 관측기구를 만드는 아이디어를 처음으로 고안한 사람이 누구인지는 확실하지

Istituto e Museo di Storia della Scienza di Firenze

■ **그림 1.18**
갈릴레오가 사용했던 망원경들 긴 망원경은 종이로 감싼 나무 대롱에 구경 26 mm의 렌즈를 장착하고 있다.

않다. 많은 주목을 모았던 최초의 망원경을 만든 사람은 1608년 네덜란드의 안경 제작자 한스 리퍼셰이(Hans Lippershey)였다. 갈릴레오는 그 발명 소식을 듣고, 조립된 망원경을 보지 않은 채 3배의 배율을 가진 망원경을 만들었는데, 이 망원경은 멀리 있는 물체를 3배 더 가까이 그리고 더 크게 볼 수 있었다(그림 1.18).

1609년 8월 25일, 갈릴레오는 베니스 시 당국 관료에게 배율 9배의 망원경을 보여주었다. 9배 확대라는 말은 보이는 물체의 길이가 실제보다 9배 더 크게 보이고, 9배 더 가깝게 보인다는 것을 뜻한다. 멀리 있는 물체를 가깝게 볼 수 있는 장비는 분명히 군사적으로 이점이 있다. 그 발명으로, 갈릴레오는 봉급이 거의 2배로 뛰었으며, 종신 교수직을 보장받았다. (그의 대학 동료들은 격분했는데, 특히 그의 발명이 엄밀히 말하면 독창적이지 않았기 때문이었다.)

갈릴레오 이전에도 여러 사람이 지상의 물체를 관찰하기 위해 망원경을 사용했었다. 그러나 천문학 역사를 바꾸어 놓은 번뜩이는 통찰력으로, 그는 망원경의 능력을 하늘로 향하게 할 수 있음을 알아차렸다. 천문 관측에 망원경을 사용하기 전, 갈릴레오는 안전한 가대를 고안했고, 배율 30배로 확대하는 광학계를 개발했다. 갈릴레오에게는 또한 망원경을 다루는 자신감의 고취가 필요했다.

당시에는 크기와 형태 그리고 색깔을 육안이 최종적으로 결정한다고 믿었다. 렌즈, 거울 그리고 프리즘은 확대·축소하거나 상을 반전시켜 찌그러지게 하는 것으로 알려졌다. 갈릴레오는 반복 실험을 통해서 망원경을 통해서 보이는 것이 가까이 다가가서 보는 것과 똑같다는 확신을 얻었다. 비로소 그는 망원경을 통해 하늘에서 보이는 경이적인 현상이 실제임을 믿기 시작했다.

1609년 천문학 연구를 시작한 갈릴레오는 맨눈으로 보

스스로 해보기

행성의 관측

계절과 관계없이 밤이면 어느 때나 하늘에서 한두 개의 밝은 행성을 찾아볼 수 있다. 고대인들에게 알려진 다섯 개의 행성은—수성, 금성, 화성, 목성, 토성—가장 밝은 어떤 별들보다도 더 밝게 보여, 언제 어디서 나타날지만 안다면 도시에서도 관측할 수 있다. 행성이 밝은 별들과 구분되는 한 가지 특성은 반짝임이 덜하다는 것이다.

지구에서 볼 때 태양 가까이에 놓여 있는 금성은 해가 지고 난 직후 서쪽에서 '초저녁별'로 보이든가, 일출 바로 직전 동쪽에 뜨는 '아침별'로 보인다. 금성은 태양과 달 다음으로 하늘에서 가장 밝은 천체다. 그 어떤 실제 별의 밝기를 훨씬 능가해서, 가장 좋은 조건에서는 그림자를 만들기도 한다. 어떤 젊은 신임병사는 금성을 접근하는 적 항공기 또는 UFO로 잘못 인식해서 격추 시도를 한 적도 있다고 한다.

행성이 밝은 별들과 구분되는 한 가지 특성은 반짝임이 덜하다는 것이다.

빨간색으로 구별되는 화성은 지구와 가까이 있을 때 금성과 비슷한 밝기를 갖지만, 일반적으로는 금성보다 아주 어둡다. 목성은 두 번째로 밝은 행성인데, 가장 밝은 별의 밝기와 거의 비슷하다. 토성은 밝기가 변하는데, 토성 고리를 거의 옆에서 보는지(어둡다) 또는 고리가 더 넓게 보이는지(밝다)에 따라 크게 변한다.

수성은 아주 밝지만, 태양에서 절대 멀리까지는 움직이지 않기 때문에(수성은 하늘에서 태양과 28° 이상 멀어지지 않는다.) 수성을 알아보는 사람이 많지 않으며, 또 항상 배경 하늘이 밝은 박명 시간에 관측된다.

행성들은 그 이름에 걸맞게 '항성'들을 배경에 놓고 '방랑'하고 있다. 그들의 겉보기 운동은 아주 복잡하지만, 이 장에서 토의했듯이, 태양중심설을 토대로 하는 법칙을 따르고 있다. 행성들의 위치는 자주 신문(어떤 때는 오늘의 날씨난)에 게재되고 있으며, 그들을 찾는 데 필요한 안내도나 성도는 *Sky & Telescope*나 *Astronomy* 같은 잡지에 매달 소개되고 있다. 또한 어느 날 밤 행성이 어디에 있는지를 계산해서 성도를 그려주는 (무료 또는 상용) 컴퓨터 프로그램들도 많이 있다.

스스로 해보기

1. 금성이나 수성이 보이면, 배경 별에 대해 그 위치를 표시하고 날짜를 기재하라. 하늘 일부분의 성도를 이용하거나, 주변의 밝은 별들의 위치 그림을 이용한다. 며칠 기다렸다가 이런 관측을 반복해 보자. 행성이 하루에 몇 도 움직였는지 추정하라. (팔을 쭉 뻗고, 엄지를 세워서 가려지는 폭은 약 1°에 해당한다. 주먹 너비는 약 10° 정도다.) 관측을 충분히 수행한다면, 각 행성이 태양에서 가장 멀리 떨어진 거리를 각도로 측정할 수 있다.
2. 쌍안경을 이용하여 금성의 모양을 관찰하자. 이 실험은 금성이 지구처럼 태양과 같은 쪽에 있을 때 쉽게 할 수 있다.
3. 어떤 외행성—화성, 목성, 토성—이 보이는지 맞춰 보자. 관측이 가능한 행성에 대해, 그 위치를 배경 별에 대해 상대적으로 그려 보고 날짜를 적는다. 여러 달 동안이나 행성들이 관측 가능한 동안, 며칠에 한 번씩 이런 실험을 반복해 보자. 행성이 동쪽으로 움직이는가, 아니면 서쪽으로 움직이는가? 방향이 바뀌는 것처럼 보이는가? 어떤 행성의 역행 운동을 관측했는가?

기에는 너무 희미해서 보이지 않는 많은 별이 망원경으로 보인다는 것을 알았다. 특히, 몇몇 안개 같은 덩어리들이 여러 개의 별로 분해되며, 은하수—밤하늘에 보이는 희미한 띠—또한 수많은 별로 구성되었음을 발견했다.

행성을 연구하면서, 갈릴레오는 목성을 돌고 있는 4개의 위성을 발견했는데, 그 주기는 2일이 채 안 되는 것부터 17일이 되는 것까지 있었다. 이런 발견은 매우 중요한데, 왜냐하면 모든 천체가 꼭 지구 주위를 돌 필요가 없음을 뜻하기 때문이다! 더구나, 이 발견은 천체들이 자신의 운동 중심을 가질 수 있음을 보여주었다. 지구중심설 옹호자들은 만일 지구가 움직인다면, 매우 빨리 움직이는 지구를 계속 따라갈 수 없으므로 달이 뒤처질 것이라고 주장했다. 그러나 여기 보듯이 목성의 위성들이 목성을 돌고 있지 않은가! (이 발견을 인정하고 그의 연구에 경의를 표하기 위해 NASA는 목성 탐사우주선에 갈릴레오라는 이름을 붙였다.)

갈릴레오는 이미 언급한 금성의 위상 변화를 근거로 코페르니쿠스의 이론을 망원경을 이용해서 검증할 수 있게 되었다. 몇 달 지나지 않아 금성이 달처럼 위성 변화를 하는 것을 발견했는데, 이는 금성이 태양 주위를 돌고 있기 때문에 시간에 따라 우리에게 보이는 낮 부분의 면적이 달라짐을 보여주는 것이다(그림 1.16 참조). 이 관측은 금성이 지구 주위를 돈다는 어느 모형에서도 재현될 수 없었다.

갈릴레오는 또한 달을 관측해서 분화구, 산맥, 계곡과 편평하고 어두운 영역들을 발견하였는데, 그는 이 어두운 곳에 물이 있다고 생각했다. 이 발견은 달이 지구와 다르지 않을 것임을 보여주었다.—이는 지구 역시 천체들의 세계에 속한다는 것을 암시한다.

갈릴레오의 연구가 발표된 후, 점차 코페르니쿠스의 세계관을 부정하기 어렵게 되었고, 서서히 지구는 우주의 중심에서 내몰려서 태양을 수행하는 여러 행성 중 하나로서 제자리를 찾게 되었다. 갈릴레오는 자신의 연구로 인해 이단으로 기소되어 종교 재판을 받아야 했으며, 그 결과 가택연금을 선고받았다. 로마 가톨릭 교회의 영향력이 약했던 나라에서 그의 저서는 널리 읽히고 토론되었지만, 1836년까지 교회법상 금서 목록에 올라 있었다. 1992년이 되어서야 비로소 가톨릭 교회가 갈릴레오의 아이디어 검열에서 실수를 범했음을 공식적으로 인정했다.

코페르니쿠스와 갈릴레오의 새로운 아이디어는 우주를 이해하는 데 있어서 혁명의 시작이었다. 우주는 광활한 영역이고, 결국 지구의 역할은 비교적 중요하지 않음이 확실해졌다. 지구가 다른 행성과 마찬가지로 태양 주위를 돈다는 아이디어는 다른 행성들 역시 또 다른 세계를 구성하며, 생명체가 존재할 수 있다는 가능성까지도 불러일으켰다. 이렇게 지구가 우주에서 중심의 위치로부터 밀려난 것과 마찬가지로, 인류도 중심의 위치에서 밀려나게 되었다. 우주는, 우리 소원이 어떠하든지 우리 주위를 돌고 있지 않으며, 따라서 우리는 우주 전체에서 좀 더 겸손한 위치를 찾아야 할 것이다.

오늘날 사람들은 이런 사실을 당연한 것으로 받아들이지만, 4세기 전에는 이 개념이 매우 놀랍고도 이단적이었으며, 어떤 이들에게는 아주 고무적이었다. 르네상스 시대의 선구자들은 오늘날 우리가 걷고 있는 과학 기술로 향하는 길로 유럽 세계를 들여놓았다. 그들에게 자연은 합리적이며 결국은 알아낼 수 있는 대상이었고, 관측과 실험은 자연의 비밀을 캐내는 수단이었다.

인터넷 탐색

별자리와 소속 별들:
www.astro.wisc.edu/~dolan/constellations/
크리스 돌란(Chris Dolan)이 운영하는 사이트로, 모든 별자리와 그 별자리들 내에서 관측될 수 있는 아주 중요한 항성들, 성운들, 성단들, 은하들에 대한 간단한 정보들을 모아놓았다.

갈릴레오 프로젝트: es.rice.edu/ES/humsoc/Galileo
미국 라이스 대학의 천문학 연구자인 앨버트 반헬덴(Albert VanHelden)이 갈릴레오의 삶과 연구, 그가 살았던 시대의 방대한 정보에 대한 글, 영상, 지도, 연대표 등을 제공하고 있다.

고대 천문 사이트:
www.astronomy.pomona.edu/archeo/INDEX.HTML
포모나대학의 브라이언 펜프레이스(Brian Penprase)와 그의 학생들이 고대 문명인들의 천문학에 대한 구전 지식과 정보를 소개하는 사이트다. 이 사이트는 대화형 지도책, 연대표, 투어, 영상 등을 제공하며, 관련 사이트도 링크되어 있다.

천문 역사 사이트:
www.astro.uni-bonn.de/~pbrosche/astoria.html
우프간 딕(Wofgan Dick)이 운영하는 종합적인 사이트로, 천문학사의 모든 관점에 관련된 많은 사이트를 연결해 주고 있다.

점성술에 대한 활동들:
www.astrosociety.org/education/astro/act3/astrology.html
이 사이트는 점성술의 가정을 '시험' 해보기 위한 체험활동과, 이 책의 공동저자 프랭크노이가 점성술을 믿는 사람들에게 질문하는 것을 포함한 글들 그리고 점성술이 틀렸다고 폭로하는 자료들에 대한 문헌정보들을 제공하고 있다.

요약

1.1 얼핏 느끼기에, 천구가 천구의 양극을 중심으로 하여 정지해 있는 지구 주위를 돌고 있다는 **지구중심적** 세계관이 맞는 것 같다. **수평선**에 의해 나뉘는 **천구**의 반쪽만 한 번에 보게 된다. 머리 바로 위쪽을 **천정**이라 한다. 천구상에서 태양이 1년간 움직이는 경로를 **황도**라고 하는데, 황도는 황도대의 중심을 통과하고, **황도대**는 달과 행성들이 위치하는 하늘의 영역으로서 너비 18°인 띠를 이룬다. 천구에는 88개의 **별자리**가 있다.

1.2 아리스토텔레스 같은 고대 그리스인들은 지구와 달이 구라는 것을 알아냈고, 달의 위상 변화를 이해했지만, 별의 시차를 관측할 수 없었기 때문에 지구가 움직이고 있다는 아이디어를 거부하였다. 에라토스테네스는 지구의 크기를 아주 놀랄 만큼 정확하게 측정하였다. 히파르쿠스는 많은 천문 관측을 수행해서 성도표를 제작하였고 별등급 체계를 정의하였으며 천구의 북극의 겉보기 위치가 달라지는 현상으로부터 세차를 발견하였다. 알렉산드리아의 프톨레마이오스는 저서《알마게스트》에서 고전 천문학을 요약하였다. 그는 지구를 중심에 놓은 모델을 이용하여 행성의 역행 운동을 포함한 행성 운동을 아주 정확하게 설명하였다. **주전원**을 이용해 균일한 원운동을 조합해서 만들어 낸 지구 중심 모델은 천 년 넘게 정설로 받아들여졌다.

1.3 **점성술**이라는 고대 종교는 메소포타미아에서 시작되었는데, 하늘에 큰 관심을 보였다는 것이 과학에 이바지한 공헌이라 하겠다. 이 점성술은 그리스 로마 시대에 절정기에 도달하였는데, 특히 프톨레마이오스의《테트라비브로스(*Tetrabiblos*)》라는 책에 잘 기록되어 있다. 사주 점성술은 사람이 태어날 때 행성들 배치를 **12궁도**로 묘사하는데, 이 12궁도가 어떤 사람의 운명을 결정짓는다고 가정한다. 그러나 현대적인 검증을 해보면 광범위한 통계학적 의미에서 보더라도 점성술을 지지해주는 증거가 없으며, 그런 점성술적 영향을 일으킬 수 있는 것을 설명하는 입증될 만한 이론은 존재하지 않는다.

1.4 니콜라우스 코페르니쿠스는《천체 회전에 대하여》란 책에서 유럽의 르네상스 시대에 태양 중심의 우주론을 소개하였다. 그는 균일한 원운동을 옹호하는 아리스토텔레스적 사고를 버리지 못했지만, 지구가 행성 중 하나이고, 모든 행성은 태양을 중심으로 원을 그리며 돌고 있다고 제안하여, 지구를 우주의 중심 위치에서 몰아내 버렸다. 갈릴레오 갈릴레이는 현대 실험 물리의 아버지요 망원경으로 보는 천문학의 아버지였다. 그는 움직이는 물체의 **가속** 현상을 연구하였고 1610년에는 망원경으로 관측을 시작하여 은하수의 본질과 달의 대규모 지형들, 금성의 위상 변화 및 목성의 위성들을 발견하였다. 태양중심적 우주론을 주장한다고 이단으로 몰리기는 했지만, 갈릴레오의 관측과 훌륭한 저서들은 그의 학문적 동료들에게 코페르니쿠스 이론의 실제성을 확신시켜주었다.

모둠 활동

(각 장에서 이 부분은, 강의 중 토론시간이나 독립적인 프로젝트로 활용할 수 있는 부분으로, 소그룹으로 서로 협동할 수 있는 활동이다. 강의자가 학생들에게 이 중 몇 개를 숙제로 내줄 수도 있고 또는 학생이 스터디 그룹에서 천문학의 이해를 넓히기 위해 이용할 수 있다.)

A 이 장을 시작하면서 했던 질문을 토론해 보자. 지구가 편평하다고 생각하는 사람들에게 지구가 실제 둥글다는 것을 증명하기 위해 생각할 수 있는 방법들은 몇 가지나 될까?

B 점성술은 여러분의 인생 여정이나 성격이, 태어나는 순간에 태양, 달 그리고 행성들의 위치에 따라 결정된다고 주장한다. 이런 점성술에 대한 믿음이 개인적으로 또는 사회 전체에 어떤 식으로 악영향을 미칠 수 있을지 그 목록을 작성해 보라.

C 그룹 구성원들과 밤하늘을 바라본 경험들을 이야기하며 비교해 보자. 은하수를 본 적이 있는가? 어떤 특정한 별자리를 찾을 수 있는가? 고대 그리스 시대보다 오늘날, 밤하늘에 대해 아는 사람이 적은 이유를 적어 보자. 오늘날 사람들이 밤하늘을 보면서 이

해하기를 원하는 것들이 무엇이라고 생각하는지 말해 보자.

D 별자리들은 전설 속에 나오는 위대한 영웅이나 악마, 사건들을 기념하여 이름이 붙여진다. 아무런 준비 없이 지금 이 순간 밤하늘의 별들의 패턴에 이름을 붙여야 한다고 가정해 보자. 무엇을 기념하여 별자리에 이름을 부여할 것인가? 그리고 그 이유를 말해 보자 (역사적인 인물부터 시작해 보자. 만일 시간적 여유가 있다면 현재 살아 있는 사람들도 포함해 보자). 어떤 선택에 구성원 모두가 다 동의할 수 있는가?

E 천문학적인 신화가 더 이상 현대적인 상상에 힘 있는 영향력을 미치지 않더라도, 우리는 천문학적인 이름을 지닌 물건이 시장에서 팔리는 것을 볼 때 천문학적 이미지들이 여전히 영향을 미치고 있다는 증거들을 발견할 수 있다. 여러분 그룹에서는 그런 물건을 몇 개나 찾을 수 있는가? ('Milky Way' 초코바, 'Saturn' 자동차, 'Comet' 세제 같은 것을 생각해 보자.)

복습 문제

1. 여러분이 1년 내내 모든 별을 관측할 수 있는 곳은 지구의 어느 위치인가? 북극에서는 하늘의 몇 % 정도를 볼 수 있는가?

2. 1년 중 어느 때 태양이 어느 별자리에 있는지 알 수 있는 실제적인 방법을 서술해 보라.

3. 천문학자들이 오늘날 정의하는 별자리는 무엇인가? "나는 지난밤 오리온자리에서 혜성을 보았다."라고 천문학자가 말할 때 이것은 무엇을 뜻하는가?

4. 지구가 둥글다는 것을 보여주는 네 가지 방법을 열거해 보라.

5. 행성들의 역행 운동이 관측되는 이유에 대해 지구중심적 관점과 태양중심적 관점에서 설명해 보라.

6. 금성이 달과 같은 위상 변화를 일으키는 이유를 태양중심적 관점으로 그림을 그려 설명하라. 지구에서 볼 때 목성도 위상 변화를 일으키는가? 그 답에 대한 이유를 말하라.

7. 코페르니쿠스와 갈릴레오의 연구가 고대 그리스 및 가톨릭 교회의 전통적인 관점과 다른 점은 무엇인가?

8. 과학에 중요하게 작용했던 갈릴레오의 발견 다섯 가지를 열거해 보라.

사고력 문제

9. 구형인 지구 위에서 배가 여러분으로부터 멀어져 가고 있을 때, 배의 아랫부분이 어떻게 사라지는지를 그림을 그려서 설명하라. 같은 그림을 이용하여, 옛날 항해선의 돛대가 갑판보다 더 오랫동안 보이는 이유를 설명하라. 만일 지구가 편평하다면 돛대가 갑판보다 더 오래 보이 겠는가? (지구가 둥글다는 것을 보여주는 이런 자연스러운 논증들은 콜럼버스와 그 시대 선원들에게 아주 당연한 것이었음에 주목하자.)

10. 고대 천문학자들은 별의 시차를 관측할 수 없었다. 어떻게 별의 시차가 태양중심 가설에 들어 맞는가?

11. 행성들의 운동이 인간 행동에 영향을 주는지, 그렇지 않은지를 검증할 수 있는 실험을 구상해 보라.

12. 많은 사람이 점성술을 믿고 있는 이유가 무엇이라고 생각하는가? 어떤 심리적인 필요에서 그런 신앙 체계를 갖게 되었는가?

13. 세 가지의 우주론을 고려해 보자. (1) 지구중심적 관점; (2) 태양중심적 관점; (3) 태양은 수십억의 은하 중 한 은하의 변두리에 있는 작은 별이라는 현대적 관점. 각 관점에 내포된 문화 및 철학적 함축성을 토론해 보라.

계산 문제

여기서는 천문계산을 수행하기 위한 기본적인 공식 몇 개를 제공하고 난 후 여러분 스스로 계산해볼 수 있는 몇 가지 예제들을 제공하려 한다.

원은 360°로 되어 있다. 하늘에서 움직이는 천체를 각도로 측정할 때, 우리는 '속도=움직인 거리/시간' 공식을 사용한다. 이 공식은 운동이 km/h 로 측정되든 °/h로 측정되든 사용할 수 있다. 다만 동일한 단위를 사용할 필요가 있다.

14. 달은 배경에 있는 별들에 대해서 상대적인 운동을 한다. 밤에 밖에 나가서, 주변 별들에 대해서 상대적인 달의 위치를 그려 보라. 수 시간 후에 같은 관측을 반복한다. 달이 얼마나 움직였는가? (참고로, 달의 지름은 0.5° 정도다.) 그런 달 운동 관측을 토대로 하여, 여러분이 달을 처음 관측한 위치까지 달이 되돌아오는 데 시간이 얼마나 걸릴지 추정해 보라.

15. 천구의 북극 고도는 관측자의 위도와 같다. 천구의 북극과 가장 가까이 있는 북극성을 찾아서 그 고도를 재보라. (각도기를 이용할 수 있다. 그렇지 않으며, 팔을 뻗었을 때 사람의 주먹은 약 10° 정도의 각거리와 맞먹는다.) 이렇게 추정한 고도를 여러분의 위도와 비교해 보라. (이 실험은 물론 남반구에서는 수행하기 어려운데, 그 이유는 북극성이 보이지 않을 뿐 아니라, 남극 주위에는 밝은 별들이 없기 때문이다.)

16. 에라토스테네스가 알렉산드리아에서 하짓날 정오에 태양 빛이 수직선과 30°를 이루었다는 것을 발견했다고 하자. 그러면, 발견한 지구의 둘레는 얼마인가?

17. 지구 둘레의 길이에 대한 에라토스테네스의 결과가 아주 정확하다고 가정하자. 지구의 지름이 12,740 km라면 그가 사용했던 단위인 스타디움의 길이를 km로 계산해 보라.

18. 작은 소행성이 지구에 가까이 스쳐 지나갔다. 가장 가까이 있었을 때, 이 소행성은 분당 1°의 속도로 하늘에서 움직이는 것으로 관측되었다. 대략 어느 정도 하늘에 떠 있을지 계산해 보자.

19. 여러분이 다른 행성에 가서, 밤에 별들이 뜨지도 않고 지지도 않으며 단지 수평선에 평행하게 원운동을 하는 것을 관측했다고 하자. 이제 한 방향으로 8,000마일을 걸어가 보니, 그곳에서는 모든 별이 수평선과는 직각을 이루면서, 동쪽에서 수직으로 뜨고 서쪽에서 수직으로 지고 있었다.

a. 다른 관측을 하지 않고 이 행성의 둘레를 어떻게 잴 수 있겠는가?

b. 그리스 사람들이 그렇게 했다고 생각하는 증거는 무엇인가?

c. 그 행성의 둘레는 마일을 단위로 할 때 얼마나 되는가?

심화 학습용 참고 문헌

Culver, B. and Ianna, P. *Astrology: True or False*. 1988, Prometheus Books. 점성술을 부정하는 책 중 가장 잘된 것이다.

Ferris, T. *Coming of Age in the Milky Way*. 1988, Morrow. 인간이 우주의 구성에 대해 알아온 과정의 역사를 다루고 있다.

Fraknoi, A. "Your Astrology Defense Kit" in *Sky & Telescope*, Aug. 1989, p. 146. 점성술의 교의와 그 테스트에 대한 개관서.

Gingerich, O. "From Aristarchus to Copernicus" in *Sky & Telescope*, Nov. 1983, p. 410.

Gingerich, O. "How Galileo Changed the Rules of Science" in *Sky & Telescope*, Mar. 1993, p. 32.

Gurshtein, A. "In Search of the First Constellations" in *Sky & Telescope*, June. 1997, p.47. 이 논문과 *Sky & Telescope* 1995년 10월호에 실린 논문은 고대에 항성들을 어떻게 그룹으로 나누었는지, 그 근원에 대한 흥미 있는 아이디어들을 제시하고 있다.

Krupp, E. *Beyond the Blue Horizon: Myths and Legends of the Sun, Moon, Stars, and Planets*. 1991, HarperCollins. 고대 문명권들에서 하늘에 대해 가졌던 전설들을 아주 잘 소개한 책.

Krupp, E. *Skywatchers, Shamans, and Kings*. 1997, Wiley. 고대 유적과 천문 시스템들에 대한 것으로, 그것들이 지상에서 어떤 목적으로 사용되었는지에 대해 말해주는 최고의 입문서.

Kuhn T. *The Copernican Revolution*. 1957, Harvard U. Press. 코페르니쿠스의 연구가 불러일으킨 변화들을 다룬 연구의 고전.

Reston, J. *Galileo: A Life*. 1994, HarperCollins. 대중 수준으로 잘 쓰인 전기로, 언론인이 집필하였다.

Sagan, C. *Cosmos*. 1980, Random House. 이 책의 'Backbone of Night'라는 장에서는 고대 그리스 천문학자들을 중점적으로 다루고 있다.

NASA

1984년 2월에 끈을 달고 우주 정거장 밖으로 나온 우주인 브루스 맥켄들리스(Bruce McCandless)는 지구 행성의 최초 인간 위성이 되었다. 이 사진은 유인 조정장치를 메고 있는 모습을 보여준다. 이 장치로 질소 가스를 분출해서 궤도에서 움직이면서 우주 왕복선으로 되돌아올 수 있었다. 그는 지구 주위를 돌면서 다른 모든 위성의 운동을 지배하는 것과 똑같은 기본 운동 법칙의 적용을 받았다.

모든 사람이 달은 떨어지지 않는다고 하지만, 달의 추락을 알려면 뉴턴이 되어야 한다.

발레리(Paul Valery), 〈명언집〉(*Collected Works*, Vol.14, 1966) 중에서

미리 생각해보기

너무 희미해서 맨눈으로 보기 힘들고, 또 너무 멀어서 별들을 배경으로 매우 느리게 움직이는 새로운 행성을 어떻게 찾을 수 있을까? 이는 우리 태양계 구성 천체 목록을 완벽하게 하려고 노력하고 있었던 19세기 천문학자의 당면 문제이다.

만약 우리가 행성 궤도면에서 멀리 떨어진 바깥 공간에서 태양계를 내려다볼 수 있다면, 행성의 운동 설명이 더 쉬워질 것이다. 그러나 현실은 움직이는 우리 행성에서 다른 모든 행성의 위치를 관찰해야 한다. 르네상스 시대 과학자들은 다른 행성의 궤도만큼이나 지구 궤도의 특성을 잘 몰랐다. 1장에서 살펴보았듯이, 그들이 당면했던 문제는 지구에서 본 하늘에 나타난 행성들의 위치만을 사용해서 모든 행성운동의 특성을 추론해야만 했다는 것이다. 이 복잡한 문제를 더욱 잘 풀기 위해서는 행성계를 더 잘 관측해서 모형을 만드는 것이 요구되었다.

2.1 행성의 운동 법칙

갈릴레오가 낙하 물체로 실험을 시작할 무렵, 다른 두 명의 과학자들의 노력으로 행성 운동에 대한 이해가 극적으로 발전되었다. 이 두 천문학자는 관측의 대가 티코 브라헤(Tycho Brahe)와 수학자 요하네스 케플러(Johannes Kepler)였다. 이들은 코페르니쿠스의 추측에 확고한 수학적 근거를 제시했으며, 다음 세기 아이작 뉴턴(Isaac Newton)의 연구를 위한 길을 열어 주었다.

2.1.1 티코 브라헤의 천문대

코페르니쿠스의《회전(*De Revolutionibus*)》이란 책이 출판된 지 3년 후에 티코 브라헤(1546~1601)가 덴마크 귀족 가문에서 태어났다. 그는 어려서부터 천문학에 관심을 키워왔으며 청년 시절에 중요한 천문 관측을 수행했다. 이 중 하나는 우리가 알고 있는 밤하늘에서 엄청나게 밝아지는 폭발하는 별에 대한 연구였다. 명성이 높아지면서, 그는 덴마크 왕 프레더릭 Ⅱ세의 후원을 받아, 30세 나이에 북해의 벤(Hven) 섬에 멋진 천문대를 세울 수 있었다(그림 2.1). 티코는 유럽에서 망원경 이전 시대 최후이며, 최고의 관측자였다.

벤 섬에서 티코는 거의 20년 동안 태양과 달 그리고 행성들의 위치를 꾸준하게 기록했다. 그는 광범위하고 정확한 관측을 통해서 행성들의 실제 위치가 프톨레마이오스의 연구에 기초해서 작성된 표에 주어진 위치와 다름을 알게 되었다. 그러나 티코는 사치스럽고 심성이 사나웠던 터라, 정부 관료들 사이에 점점 더 많은 적을 만들었다. 그의 후원자인 프레더릭 II세가 1597년에 죽자 티코는 정치적 기반을 잃어버려 덴마크를 떠나기로 했다. 그는 프라하 근처에 정착하고, 그곳에서 보헤미안의 황제 루돌프의 궁정 천문학자가 되었다. 그곳에서 죽기 일 년 전에 티코는 능력 있는 젊은 수학자 요하네스 케플러를 알게 되어 그의 엄청난 행성자료 분석을 돕게 했다.

■ **그림 2.1**

벤에서의 티코 티코 브라헤가 지평선 위의 천체 고도를 측정하기 위해 기구를 사용하는 모습을 보여주는 양식 판화. 이 그림은 웅장한 티코 천문대의 단면을 보여준다.

2.1.2 케플러

케플러(1571~1630, 그림 2.2)는 독일의 비르템베르그 시의 가난한 집안에서 태어나, 생애 대부분을 30년 전쟁 소용돌이 속에서 보냈다. 그는 튀빙겐에서 대학에 다니며 신학 공부를 했다. 그곳에서 그는 코페르니쿠스 체계의 원리를 배우면서 태양중심설 쪽으로 전향하게 되었다. 결국, 케플러는 티코의 조수로 일하기 위해 프라하로 가게 되는데, 티코는 케플러에게 행성 운동에 대해 만족할 만한 이론—벤에서 오랫동안 관측한 방대한 자료와 일치하는—을 찾는 작업을 하도록 했다.

티코는 케플러에게 한꺼번에 많은 자료를 주기를 꺼렸다. 왜냐하면, 케플러가 혼자 우주 운동의 비밀을 발견해서 티코가 차지할 영광을 빼앗길까 두려웠기 때문이었다. 1601년 티코가 죽고 나서야, 케플러는 아주 귀중한 기록들

■ **그림 2.2**

케플러 요하네스 케플러(1571~1630)는 독일의 수학자 겸 천문학자였다. 그가 발견한 행성 운동을 기술해주는 기본 법칙은 코페르니쿠스의 태양중심 우주론에 확고한 수학적 근거를 제시해 주었다.

을 손에 넣을 수 있었다. 케플러는 20년 넘게 자신의 시간 대부분을 투자해서 이 자료들을 연구했다.

화성에 대한 관측 자료가 가장 방대했기 때문에 케플러의 화성 연구는 그의 연구 중 가장 상세했다. 1609년 그는 《새로운 천문학》이란 책에 자신의 1차 연구 결과를 발표했다. 이 책에는 행성 운동에 관한 그의 첫 번째 법칙과 두 번째 법칙이 포함되었다. 이들 발견은 현대과학 발전에 뜻깊은 발판을 마련하였다.

2.1.3 화성 궤도

케플러는 행성 궤도를 원으로 가정하고 연구를 시작했지만, 관측 결과는 이 아이디어와 맞지 않았다. 화성 관측 자료를 연구하다가 결국 화성의 궤도는 약간 납작한 원 또는 **타원**(ellipse)임을 발견했다. 타원은 원 다음으로 가장 단순한 폐곡선으로, 원뿔곡선으로 알려진 곡선 족에 속한다(그림 2.3).

수학 시간에 원에서는 중심이라 부른 한 점과 원 둘레에 어느 지점까지의 거리가 항상 같다고 배웠을 것이다. 타원에서는 타원 안에 있는 특별한 두 점으로부터 타원의 모든 점 사이의 거리 합이 항상 일정하다. 타원 안에 있는 이 두 점을 타원의 **초점**(focus)이라 부르는데, 케플러가 화성을 연구하면서 만들어낸 용어다.

이런 성질을 이용하면 타원을 쉽게 그릴 수 있다(그림 2.4). 그림판 위의 종이에 2개의 압정을 박고 끈으로 양쪽을 느슨하게 묶어서 고리를 만든다. 연필로 줄을 팽팽하게 한 다음 압정 주위를 따라 계속해서 움직이면 타원이 만들어진다. 연필이 지나간 어느 점에서든, 연필로부터 두 압정 사이의 거리의 합은 항상 일정한 길이—줄의 길이 —가 된다. 이 압정들은 타원의 두 초점에 해당한다.

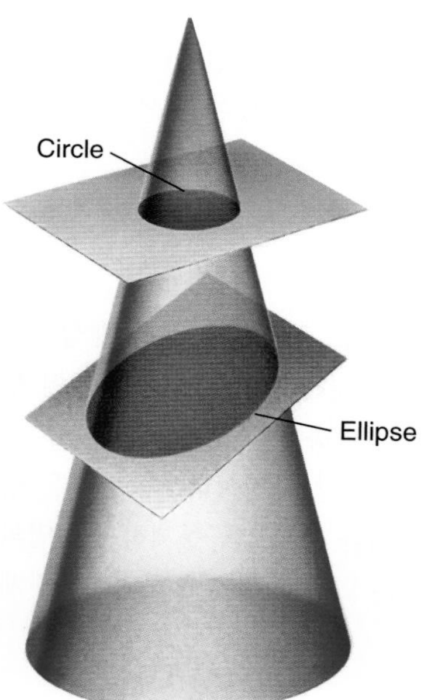

■ **그림 2.3**
원뿔곡선들 원과 타원은 모두 원뿔을 평면으로 잘랐을 때 생긴다. 그래서 이 곡선들을 원뿔(원추)곡선이라 부른다.

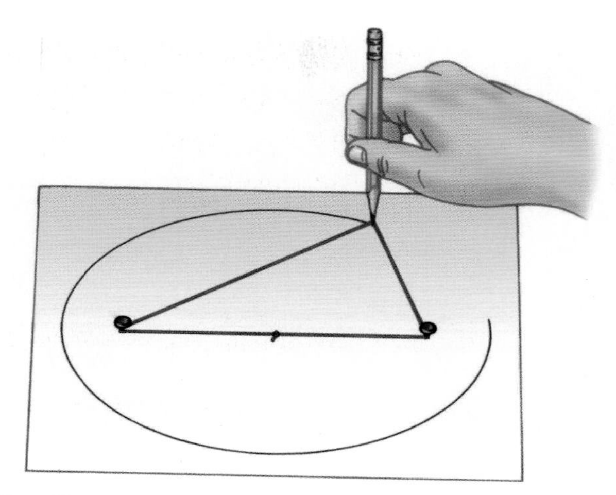

■ **그림 2.4**
타원 그리기 두 압정과 줄로 타원을 그릴 수 있는데, 여기서 압정들은 타원의 초점이 된다. 줄의 길이는 항상 똑같으므로 타원 위의 어느 점에서 두 초점까지 거리의 합은 항상 일정하다.

타원의 가장 긴 지름을 **장축**(major axis)이라고 부른다. 이 거리의 반—즉 타원의 중심에서 지름 끝까지 거리—이 **장반경**(semimajor axis)이며, 이는 일반적으로 타원의 크기를 나타낼 때 사용된다. 예를 들어 화성 궤도의 장반경은 태양으로부터 화성의 평균거리인데, 2억 2천8백만 km다.

장축과 비교할 때, 타원의 모양(둥근 정도)은 두 초점이 서로 얼마나 가까운지에 달려 있다. 두 초점 간의 거리와 장축 길이의 비를 타원의 **이심률**(eccentricity)이라 부른다.

만약 두 초점(또한 압정)이 같은 점에 있다면 이심률은 0이고, 타원은 바로 원이 된다. 따라서 원은 이심률이 0인 타원이다. 원의 장반경은 바로 반경이다. 두 압정 사이의 간격(줄의 길이보다 더 멀어지지 않는 범위 내에서)을 다양하게 변화시킴으로써 여러 형태의 타원을 만들 수 있다. 이심률이 큰 타원은 더 길쭉해지고, 이심률은 최대 1.0이 된다.

타원의 크기와 형태는 장반경과 이심률에 의해 확실하게 결정된다. 케플러는 화성이 태양을 하나의 초점(다른 초점에는 아무것도 없다)으로 하는 타원 궤도임을 발견했다. 화성 궤도의 이심률은 약 0.1이다. 이 궤도를 그려보면 원과 확실히 구별할 수 없을 정도다. 그렇지만 그 차이는 행성 운동을 이해하는 데 매우 중요하다.

케플러는 이 결과를 일반화시켜서 제1법칙을 만들었고, '모든 행성의 궤도는 타원이다.'라고 주장했다. 이는 인간 사고의 역사에서 결정적인 순간이었다. 수용 가능한 우주를 얻기 위해 꼭 원들을 고집할 필요는 없었다. 우주는 그리스 철

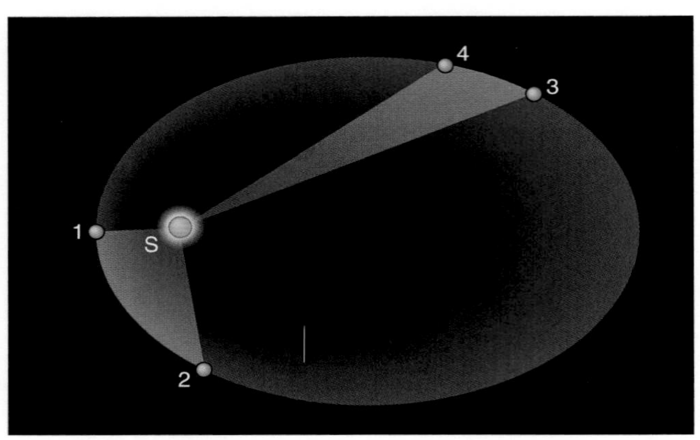

■ **그림 2.5**
케플러 제2법칙: 면적속도 일정의 법칙 행성은 타원의 한 초점에 있는 태양에 가장 가까운 1의 위치에 있을 때, 궤도 상에서 가장 빨리 움직인다. 같은 시간 간격에서 태양과 행성을 잇는 선은 똑같은 면적은 쓸고 지나가도록 행성의 궤도속도가 변화한다. 그래서 1에서 2로 쓸고 지나간 면적은 3에서 4로 쓸고 지나간 면적과 같다. 실제 행성 궤도의 이심률은 이 그림에서 보인 것보다 아주 작다는 점에 유의하자.

학자들이 원했던 것보다 약간 더 복잡했다.

케플러 제2법칙은 각 행성이 타원을 따라 움직이는 속도를 다룬다. 티코의 화성 관측자료를 연구하다가 케플러는 행성이 태양에 가까울수록 속도가 빨라지고, 태양에서 멀어질수록 속도가 느려진다는 것을 발견했다. 그는 태양과 화성이 신축성 있는 노끈으로 연결되어 있다고 봄으로써 이 관계의 정확한 표현을 발견해 냈다(그림 2.5). 화성이 태양에 더 가까이 있을 때(그림 위치 1과 2) 신축성 있는 노끈은 많이 늘어나지 않는다. 그리고 행성은 빨리 움직인다. 위치 3과 4처럼 태양에서 멀어지면, 노끈은 많이 늘어진다. 그래서 행성은 빨리 움직이지 못한다. 화성이 태양 주위를 타원 궤도를 따라 움직여갈 때 신축성 있는 노끈은 타원의 면적을 휩쓸고 간다(그림에서 색깔 있는 영역). 케플러는 같은 시간 간격 동안에 가상 노끈이 쓸고 간 면적은 항상 같음을 발견했다. 즉 위치 1에서 2까지의 면적은 3에서 4까지의 면적과 같다.

이것은 모든 행성 궤도의 일반적인 성질이다. 원 궤도를 도는 행성은 항상 같은 속도로 움직인다. 그러나 타원 궤도에서는 케플러가 발견한 규칙에 따라 행성의 속도가 변한다.

2.1.4 행성의 운동 법칙

케플러의 행성 운동 제1 및 제2법칙은 행성 궤도의 형태를 기술하고, 궤도 상의 한 점에서 운동 속도를 계산할 수 있게 해 준다. 케플러는 그러한 기본 법칙들을 발견하고 크게 기뻐했지만, 이것으로는 행성 운동을 이해하려는 그의 탐구욕을 만족하게 할 수 없었다. 그는 행성들의 궤도가 왜 현재처럼 그렇게 배열되었는지를 알고 싶어서 그 궤도 주기들의 수학적 패턴—그가 말한 '천구들의 조화'—을 찾고자 했다. 그는 여러 해 동안 태양 둘레를 도는 행성들의 간격과 공전 주기를 지배하는 수학적 관계를 찾고자 노력했다.

1619년 케플러는 행성 궤도의 장반경과 공전 주기를 연결하는 기본 관계를 발견하는 데 성공했다. 이것은 케플러의 제3법칙으로 알려졌다. 이 법칙은 지구를 포함한 모든 행성에 적용되며 또 태양으로부터 행성의 상대적 거리를 계산하는 수단으로 쓰인다.

태양계에 대해서, 케플러 제3법칙은 주기를 년(지구 공전 주기)으로, 궤도 장반경을 **천문단위**[astronomical unit(AU), 태양과 지구의 평균거리]로 표현할 때, 가장 간단하게 표현된다. 1 AU는 1억 5천만 km다. 그러면 케플러 제3법칙은 다음과 같이 주어진다.

$$(\text{거리})^3 = (\text{주기})^2$$

예를 들어 이 관계에 화성의 공전 주기 1.88년을 대입하면, 태양으로부터 화성의 평균거리(궤도의 장반경)가 얻어진다. 주기의 제곱은 $1.88 \times 1.88 = 3.53$이고, 장반경의 세제곱과 같은 값이 된다. 3.53의 세제곱근은 얼마일까? 답은 1.52이다($1.52 \times 1.52 \times 1.52 = 3.53$). 그래서, AU 단위로 주어진 행성의 장반경은 1.52다. 다시 말하면 태양 주위를 2년보다 약간 짧은 시간에 돌기 위해, 화성은 태양으로부터 지구보다 50% 더 멀리 떨어져 있어야 한다.

행성운동에 관한 케플러의 세 가지 법칙들은 다음과 같이 요약된다.

케플러의 제1법칙 각 행성은 태양이 한 초점에 위치한 타원궤도를 따라 태양 주위를 공전한다.

케플러의 제2법칙 행성과 태양을 잇는 직선은 같은 시간 간격에 같은 면적을 쓸고 지나간다.

케플러의 제3법칙 행성의 공전 주기의 제곱은 궤도 장반경의 세제곱에 비례한다.

이 세 가지 법칙은 코페르니쿠스 체계의 틀에서 행성들의 운동을 기하학적으로 정확히 설명해준다. 이 도구를 쓰면 행성의 위치를 놀라울 정도로 정확하게 계산해낼 수 있다. 그러나 케플러의 법칙들은 완전히 서술적이다. 이 법칙은 행성들이 이런 특정한 규칙 체계를 따르도록 통제하는 자연의 힘이 무엇인지 이해하는 데는 도움을 주지 못한다. 이 단계는 뉴턴의 몫으로 넘겨진다.

2.2 뉴턴의 위대한 통합

갈릴레오, 티코, 케플러와 다른 학자들에 의해 모아진 관측과 규칙을 완전하게 설명해 주는 개념 틀을 발견해 낸 것은 아이작 뉴턴(Issac Newton, 1643~1727)의 천재성이었다. 뉴턴은 갈릴레오가 죽은 다음 해에 영국 링컨셔에서 태어났다(그림 2.6). 집에 머물면서 가족 농장을 도와주기 바랐던 어머니의 충고를 뿌리치고, 그는 1661년 케임브리지에 있는 트리니티 대학에 들어갔으며, 8년 후 그 대학의 수학교수로 임명되었다. 뉴턴과 동시대의 영국인 중에는 건축가 크리스토퍼 렌(Christopher Wren), 작가 사무엘 피프스(Samuel Pepys)와 다니엘 디포(Daniel Defoe) 그리고 작곡가 헨델(G. F. Handel)이 있었다.

2.2.1 뉴턴의 운동 법칙

젊은 대학교수로서 뉴턴은 자연철학—그때는 과학을 그렇게 불렀다—에 관심을 가졌다. 페스트가 창궐하던 1665년과 1666년에 대학에서 학생들을 모두 귀가시켰는데, 이 기간 뉴턴은 수학과 광학에 관한 그의 초기 아이디어 몇 개에 대한 해결책을 찾아냈다. 변덕스럽고 까다로운 사람이었던 뉴턴은 홀로 그의 아이디어들에 대한 연구를 계속하면서, 그와 관련된 복잡함을 다루는 데 도움이 되는 새로운 수학 틀도 창안해 냈다. 결국, 그의 친구 에드먼드 핼리(Edmund Halley, 12장에 소개)는 운동과 중력에 관한 놀랄 만한 연구 결과를 모아

■ **그림 2.6**
뉴턴 아이작 뉴턴(1643~1727). 운동 법칙, 중력, 광학 그리고 수학 등에 관한 그의 연구는 여러 물리과학 분야의 초석을 마련해 주었다.

출판하라고 그를 설득했다. 그 결과 물리 세계의 근본 체계를 정리하는 한 질의 책이 완성되었는데, 제목은《자연철학의 수학적 원리(*Philosophiae Naturalis Principia Mathematica*)》다. 일반적으로 프린키피아(Principia)로 알려진 이 책은 1687년 핼리의 비용 부담으로 출판되었다.

프린키피아의 첫 부분에서 뉴턴은 모든 물체의 운동을 결정짓는 세 가지 법칙을 제안했다.

뉴턴의 제1법칙 모든 물체는 만약 외력에 의한 변화를 받지 않는다면, 기존의 상태—정지 상태이든지 또는 균일한 직선운동을 하든지—를 그대로 유지한다.

뉴턴의 제2법칙 물체의 운동 변화는 그에 작용하는 힘에 비례하고 또 그 힘이 작용하는 방향으로 변화가 일어난다.

뉴턴의 제3법칙 모든 작용에는 크기가 같고 방향이 반대인 반작용이 있다. (또는 두 물체 간에 서로 미치는 상호 작용은 항상 크기가 같으면서 반대 방향으로 작용한다.)

라틴어로 이 세 가지 법칙은 단지 59개 단어로 설명되었지만, 이들은 현대과학의 장을 열기에 충분했다. 이 법칙을 좀 더 자세히 살펴보자.

2.2.2 뉴턴 법칙의 해석

뉴턴의 제1법칙은 갈릴레오 발견 중 **운동량 보존**(conservation of momentum)을 수정한 것인데, 여기에서 운동량은 물체 운동의 단위다. 이 법칙은 외부 영향이 없다면, 물체의 운동량은 변함없이 계속 유지된다고 말한다. 이 운동량이란 단어를 다음과 같이 일상생활에서도 쓰고 있다. '의회에서 이 법안은 상당한 운동량을 지니고 있다. 그것을 제지할 수는 없을 것 같다.' 다시 말해 정지 상태의 물체는 놓인 상태 그대로를 유지하려 하고, 직선으로 움직이는 물체는 그 운동을 계속 유지하려 한다. 운동량은 세 가지 인자들에 따라 달라진다. 첫째는 속력(speed)—물체가 얼마나 빨리 움직이는가—이다. (정지 상태라면 0이다.) 둘째는 물체가 움직이는 방향이다. 과학자들은 속력과 방향이 모두 포함되는 속도(velocity)라는 용어를 사용한다. 예를 들어 정남으로 20 km/h라고 표현하면 속도고, 20 km/h는 속력이다. 세 번째는 뉴턴이 질량(mass)이라 명명한 물리량이다. 질량은 물체에 들어 있는 물질의 양적 척도이며, 아래에서 더 자세히 논의된다. 그러므로 운동량은 질량×속력이다.

1장에서 언급했듯이, 일상생활에서 이러한 작용의 규칙을

인식하기는 쉽지 않다. 지구에서, 움직이는 물체는 항상 외부의 힘이 미치기 때문에 운동 상태가 그대로 유지되지 못한다. 여기서 중요한 하나는 마찰력인데, 이것은 물체를 느리게 만든다. 만약 길에서 공을 굴리면 공은 길바닥에 끌리면서 힘을 받기 때문에 결국 멈춰진다. 그러나 마찰이 무시될 수 있는 성간 공간에서는 물체들이 끝없이 계속 움직일 수 있다. 뉴턴의 제1법칙은 관성의 법칙(law of inertia)이라고 부르는데, 관성은 기존 상태를 그대로 유지하려는 물체[그리고 계(系)]의 성질이다.

물체의 운동량은 외부 영향이 작용할 때만 변할 수 있다. 뉴턴의 제2법칙은 운동량을 변화시키는 능력을 힘(force)으로 정의한다. 힘(밀거나 당기는 힘)은 크기와 방향을 가진다. 힘이 물체에 가해질 때 운동량은 힘이 가해진 방향으로 변한다. 이는 물체의 속도나 방향 또는 두 물리량 모두 바꾸려면 힘이 필요함을 뜻하는 것이다.—즉, 물체를 움직이게 하거나 가속이나, 감속, 정지시키거나, 또는 운동의 방향을 바꾸려면 힘이 필요하다.

물체의 속도 변화율을 **가속도**(acceleration)라 부른다. 뉴턴은 물체의 가속도는 힘에 비례함을 증명했다. 어려운 시험을 치른 후, 매끈하고 긴 탁자 위에서 싫증 내면서 천문학 책을 밀어 버린다고 상상하자. 책을 세게 밀면 밀수록 책의 속도는 커질 것이다. 힘이 물체를 얼마나 많이 가속하는가의 정도는 물체의 질량에 의해 결정된다. 만약 책에 가하는 힘과 같은 힘으로 볼펜을 민다면, 더 작은 질량을 가진 볼펜은 더 큰 속도로 가속될 것이다. (위에서 탁자가 매끈하다고 이야기한 것은 마찰 효과를 최소화하길 원했기 때문이었음에 주목하자. 얼음 위에서 또는 우주 공간에서 책을 가속하는 것이 더 나을 것이다.)

뉴턴의 제3법칙은 가장 심오하다. 제3법칙은 근본적으로 제1법칙의 일반화이지만, 질량을 정의하는 방안을 제시해준다. 외부 영향과 단절된 2개 이상의 물체들로 구성된 계를 고려하면, 뉴턴의 제1법칙은 계의 총운동량은 일정하게 유지됨을 말해준다. 그래서 그 계 내의 어떤 운동량 변화는 그 변화와 크기가 같고 방향이 반대인 다른 변화와 평형을 이루어야 한다. 그래야 계 내에서 운동량은 변하지 않게 된다.

이는 자연에서 힘은 스스로 발생하지 않음을 의미한다. 모든 경우 크기가 같고 방향이 서로 반대인 한 쌍의 힘이 항상 존재한다. 만일 한 물체에 힘이 가해진다면, 분명히 다른 무언가에 의해 그 힘이 가해진 것이며, 그 물체는 크기가 같고 방향이 반대인 힘을 그 무언가에 작용하게 될 것이다.

앞에서와 같이 어려운 시험을 보는 도중에 한 학생이 방에서 소리를 지르면서 (아주 높지 않은) 창밖으로 뛰어넘었다고 하자. 점프한 다음 그를 잡아당기는 힘(다음 절에서 다루게 됨)은 지구 사이에서 작용하는 중력이다. 그와 지구 모두는 이 상호 작용하는 힘의 영향 때문에 같은 총운동량 변화를 겪어야 한다. 그래서 그 학생과 지구는 서로의 인력에 의해 가속된다. 그러나 학생이 더 많이 움직인다. 지구는 엄청나게 큰 질량을 가지기 때문에 똑같은 운동량의 변화를 겪지만 가속되는 양은 아주 적다. 물체들은 항상 지구 쪽으로 떨어지지만, 그 결과로 발생하는 지구의 가속도는 너무도 작아서 감지하거나 측정할 수 없을 정도다.

야구공을 쳐본 모든 사람이라면 물체들 사이에 작용하는 힘의 성질에 익숙할 것이다. 야구 방망이를 휘두를 때 느끼는 반동은 맞부딪힐 때 방망이가 공에 힘을 작용하는 것만큼 공도 방망이에 힘을 가한다는 것을 느끼게 해준다. 마찬가지로, 소총을 발사할 때 총구 밖으로 총알을 밀어내는 힘은 총과 총을 쏘는 사람의 어깨를 뒤로 밀어내는 힘과 같다.

이것은 실제로 제트 엔진과 로켓의 원리다. 로켓의 뒤쪽으로 연소된 가스를 배출하는 힘은 로켓을 앞으로 추진하는 힘을 발생시킨다. 배출가스가 공기나 지구를 뒤로 밀 필요는 없다. 로켓은 진공 상태에서 가장 잘 작동한다(그림 2.7).

2.2.3 질량, 부피, 밀도

뉴턴의 다른 연구를 다루기 전에, 몇 가지 중요한 용어를 살펴보고 이들을 분명히 구별해 보자. 먼저 질량(mass)은 물체에 들어 있는 물질의 양적 척도다.

부피(volume)는 물체가 점유하는 물리적 공간의 척도로, 세제곱센티미터나 리터로 잰다. 간략하게 부피는 물체의 '크기'다. 이것은 질량과 아무 상관이 없다. 100원짜리 동전과 부푼 풍선은 같은 질량을 가지지만, 부피는 서로 다르다.

100원짜리 동전과 풍선은 **밀도**(density)가 아주 다른데, 밀도는 단위 부피에 질량이 얼만큼 들어 있는지를 나타내는 척도다. 말하자면, 체적에 대한 질량의 비가 밀도다. 일상어에서 종종 '무거움'과 '가벼움'을 밀도(무게보다)로 지칭하는데, 예를 들면 철은 무겁고, 가루 반죽은 가볍다는 식으로 쓴다.

이 책에서 밀도의 단위로 세제곱센티미터당 g(g/cm^3)을 사용하게 될 것이다.[1] 어떤 물질이 300 g의 질량과 100 cm^{3}의 부피를 가졌다면, 그 밀도는 3 g/cm^{3}다. 잘 알려진 물질의 밀

[1] 이 책에서 우리는 일반적으로 표준미터법(SI)을 사용한다. 더 적절한 미터법 밀도 단위는 kg/m^{3}다. 그러나 물의 밀도가 1 g/cm^{3}이기 때문에 대부분 사람에게는 g/cm^{3}가 더 의미 있는 단위다. g/cm^3 단위로 표시된 밀도를 때로는 비밀도 또는 비중이라고 불린다.

■ **그림 2.7**
뉴턴의 제3법칙 시연 발사되고 있는 미국 우주 왕복선. 이것은 2개의 고체연료 추진기와 함께 액화 산소와 액화 수소를 태우는 3개의 액체연료 엔진에 의해 동력을 공급받는다.

도 범위는 플라스틱 절연 거품제와 같은 인공 물질(0.1 g/cm^3 보다 작다)에서 금(19 g/cm^3)에 이르기까지 널리 분포한다(표 2.1). 우주에서는 혜성 꼬리(10^{-16} g/cm^3)에서 중성자별(10^{15} g/cm^3)에 이르기까지 엄청나게 놀라운 밀도들이 발견된다.

요약하면 질량은 '얼마나 많은가', 부피는 '얼마나 큰가' 그리고 밀도는 '얼마나 단단한가'를 나타낸다.

표 2.1 물질의 밀도

물질	밀도(g/cm^3)
금	19.3
납	11.4
철	7.9
지구(천체)	5.6
암석(일반적인)	2.5
물	1.0
나무(일반적인)	0.8
절연 거품제	0.1
실리카 겔	0.02

2.2.4 각운동량

각운동량(angular momentum)의 개념은 복잡하지만, 많은 천체를 이해하는 데 매우 중요하다. 각운동량은 물체가 자전하거나 어떤 고정된 점 주위를 공전하는 물체가 지니는 운동량의 척도다. 행성에서 은하에 이르기까지 자전하는 물체의 공전을 다룰 때 언제나 각운동량을 고려해야 한다. 한 물체의 각운동량은 3개의 물리량 곱으로 정의된다. 질량과 속력, 그리고 그 주위를 도는 고정된 점으로부터의 거리다.

만약 이 세 물리량의 값이 일정하다면—즉 회전 중심으로부터 고정된 거리에서 일정한 속도로 운동한다면—각운동량도 일정하다. 그래서 공기 저항을 무시하고, 우리가 만약 천문학책을 줄에 묶어 머리 위에서 일정한 속도로 돌리면 일정한 각운동량을 지닌 계를 갖게 될 것이다.

일반적으로 말하면, 외력이 작용하지 않거나 회전의 중심 쪽이나 반대쪽으로 작용하는 힘이 존재하는 회전계에서 각운동량이 일정하거나 보존된다. 그러한 계의 한 예로 태양 주위를 공전하는 행성을 들 수 있다. 케플러 제2법칙은 각운동량 보존의 좋은 예다. 행성이 타원 궤도를 따라 태양에 접근할 때 공전 중심까지의 거리는 감소한다. 그러면 행성은 같은 각운동량을 유지하기 위해 속도가 커지게 된다. 마찬가지로 행성이 태양에서 멀어지면 행성은 더욱 천천히 회전하게 된다.

이 개념은 피겨 스케이팅 선수에게도 적용되는데, 더 빨리 회전하려면 팔과 다리를 모으고, 속도를 늦추려면 다리를 편다(그림 2.8). (이것을 재현해 보려면, 기름칠이 잘 된

■ **그림 2.8**
각운동량 보존 회전하는 피겨 스케이팅 선수가 팔을 모으면, 회전 중심으로부터의 거리가 짧아져서 회전 속도가 증가한다. 그러나 팔을 밖으로 펼치면 회전 중심거리가 길어져 회전 속도는 감소하게 된다.

등받이 없는 회전의자에 앉아서 팔을 쭉 뻗고 천천히 회전을 시작한 다음, 다시 팔을 안으로 잡아당겨 보라.) 마찬가지로 한 행성이 태양에 접근할 때 행성 공전 속도가 증가하듯이, 수축하는 티끌 구름이나 스스로 붕괴하는 별(앞으로 이 두 가지 상황이 다루어질 것이다)은 수축하면서 회전율이 더 커진다. 회전 중심까지의 거리가 짧아지면, 각운동량을 똑같이 유지하기 위해 속도는 증가해야 한다.

2.3 만유인력

2.3.1 중력 법칙

뉴턴의 운동 법칙들은, 물체를 두면, 정지한 물체는 그 상태를 그대로 유지하고, 움직이는 물체는 직선을 따라 균일하게 운동을 계속한다는 것을 보여 주었다. 따라서 가장 자연스러운 운동 상태는 원이 아닌 직선이다. 그런데 행성은 직선이 아니라 타원을 따라서 움직인다. 어떤 힘이 행성 경로가 직선이 아닌 타원으로 구부러지도록 작용했음이 틀림없다. 그 힘이 뉴턴이 제안한 **중력**(gravity)이다.

뉴턴시대에 중력은 단지 지구와 관련된 힘이었다. 일상 경험에서 보면, 지구가 그 표면에 있는 물체에 중력을 가하는 것을 알 수 있다. 만약 피사의 사탑에서 어떤 물체를 떨어뜨린다면, 그것은 지구 쪽으로 떨어지면서 가속될 것이다. 뉴턴의 통찰력은 지구 중력의 영향이 멀리 달까지 미쳐서, 달의 경로가 직선에서 곡선이 되는 데 필요한 가속도를 만들어 달이 궤도를 유지한다는 것이다. 더 나아가 중력은 지구에 한정되지 않고, 모든 물체 사이에 서로 끌어당기는 일반적인 힘이라는 가설을 세웠다. 이 가설이 성립한다면, 태양과 행성 간의 인력이 행성의 궤도를 유지할 수 있게 하는 셈이다.

뉴턴은 우주 공간 어디서나 모든 물체 간에 만유인력이 존재한다는 가정을 하면서, 인력의 엄밀한 본질이 무엇인지를 규명해야 했다. 중력의 수학적 표현은 케플러가 관측했던 정확한 행성의 운동(케플러 법칙들로 표현된 운동)을 설명해야 한다. 또한, 중력 법칙은 낙하하는 물체의 정확한 행태를 갈릴레오가 관측한 것과 같이 예측할 수 있어야 한다. 이 조건을 충족하려면 중력은 거리와 어떤 관계를 가져야 할까?

이 의문에 대답하려면 이제껏 개발되지 않은 수학적 도구가 필요했다. 그러나 그것은 뉴턴을 막을 수 없었는데, 이 문제를 다루기 위해 오늘날 미분적분학이라 부르는 수학적인 도구를 개발했다. 결국, 그는 태양과 행성(또는 두 물체 간의)의 거리가 증가함에 따라 중력은 그들 사이의 거리 제곱에 반비례하여 감소한다는 결론을 얻을 수 있었다. 다시 말하면 행성이 태양으로부터 두 배 멀리 떨어져 있다면 힘은 $(1/2)^2$ 또는 1/4 크기가 될 것이다. 행성이 세 배 더 멀리 있으면 힘의 세기는 $(1/3)^2$ 또는 1/9이 된다.

뉴턴은 또한 두 물체 간의 중력이 질량에 비례하는 것이 틀림없다고 결론지었다. 질량이 큰 물체일수록 잡아끄는 중력이 더 커진다. 어떤 두 물체 간의 중력은 모든 과학에서 가장 유명한 공식 중 하나인 다음과 같이 주어진다.

$$힘 = GM_1M_2/R^2$$

여기에서 M_1과 M_2는 두 물체의 질량이고, R은 그들 사이의 거리다. G는 중력 상수라 부른다. 이렇게 표현된 힘과 운동 법칙을 사용하여, 뉴턴은 행성의 가능한 궤도가 케플러 법칙으로 기술된 궤도라는 것을 수학적으로 보여줄 수 있었다.

뉴턴의 중력 법칙은 행성에 잘 적용되지만, 실제로 보편적인 법칙일까? 중력 이론은 또한 지표 근처로 떨어지는 물체(사과)처럼, 지구 쪽으로 향하는 달의 관측된 가속도도 예측해야 한다. 달은 지구 반경의 약 60배 정도의 거리에서 지구 주위를 돌고 있다. 사과의 낙하는 우리가 아주 쉽게 측정할 수 있지만, 이 법칙을 달의 운동 예측에도 이용할 수 있을까?

뉴턴의 이론에 의하면 지구 쪽으로 향하는 물체에 미치는 힘(즉 가속도)은 지구 중심 거리의 제곱에 반비례한다. 지표면(R=지구 반경, 지구 중심에서부터 거리)에서 사과와 같은 물체는 아래쪽으로 1초당 9.8 m/s (9.8 m/s^2)로 가속되고 있다.

따라서 이 법칙이 성립된다면, 지구 중심에서 지구 반경의 60배만큼 떨어져 있는 달은 지구 쪽으로 $(1/60)^2$ 또는 3,600배 더 작은 가속도—즉 약 0.00272 m/sec^2—를 받아야 한다. 이것은 정확히 달의 궤도에서 관측된 달의 가속도다. 얼마나 놀라운가! 뉴턴이 지구, 사과, 달 그리고 우리가 아는 우주의 모든 것에 대해 성립하는 법칙을 발견하고 그것을 입증한 후에 전율을 느끼면서 얼마나 황홀했을지 상상해보라!

중력은 질량에 내재된 성질이다. 질량이 있는 곳이라면 어디서나 중력을 통해 상호 작용을 하게 된다. 질량이 클수록 미치는 힘은 더 커진다. 여기 지구에서는 가장 큰 질량이 집중된 물체는 물론 우리가 서 있는 지구라는 행성이므로, 지구의 인력은 우리가 느끼는 모든 중력 상호 작용들을 능가한다. 그러나 질량을 가진 모든 물체는 우주의 어느 곳에 있든 질량을 지닌 모든 물체를 끌어당긴다.

예를 들어, 이 책(각각 질량을 가진)은 중력을 통해 서로 끌어당긴다. (그래서 이 책이 매력적이라고 느끼지만은 않기를 기대한다!) 그러나 만약 책을 떨어뜨린다면, 지구에 더욱 강하게 끌어당겨져 지구 쪽으로 떨어진다. 그러나 만약 우리와 책이 별이나 행성으로부터 멀리 떨어진 우주 공간에 존재한다면, 중력이 서로를 끌어당기기 시작하는 것을 발견하게 될 것이다.

뉴턴 법칙 또한 중력은 절대 0이 될 수 없음을 제안했다. 중력은 거리가 멀어지면서 빠르게 그 힘이 약해지지만, 얼마나 멀리 떨어지든 간에 어느 정도로는 계속 작용한다. 태양의 끌어당김은 명왕성에서보다 수성에서 더 강하다. 그러나 명왕성 너머(앞으로 곧 보게 될) 먼 곳에서도 중력을 느낄 수 있는데, 이곳에서 태양의 중력 때문에 엄청나게 많은 작은 천체들이 거대한 궤도를 그리며 태양 주위를 공전한다는 좋은 증거들이 있다. 그리고 이 인력은 수십억 개 별의 인력과 결합하여 우리가 사는 은하계의 중력을 만들어 낸다. 이 힘은 다시 더 작은 은하들로 하여금 은하계 주위를 돌게 하고 있다.

텔레비전에 보이는 우주 왕복선을 탄 우주인들은 '무중력' 상태에서 우주선 안을 떠다니는 이유에 의문을 가질 수 있다. 우주 왕복선의 우주인은 지구 표면에서 수백 km 위에 있는데, 지구 크기에 비하면 결코 먼 거리가 아니다. 훨씬 멀어지더라도 중력은 그렇게 많이 약해지지는 않는다. 케이블이 끊어진 엘리베이터 안이나 엔진이 더 이상 작동하지 않는 비행기 안의 승객들이 무중력을 느끼는 것과 같은 이유로 우주인들도 무중력을 느낀다(그림 2.9).[2] 그들은 떨어지고 있으며, 자유 낙하하는 상태에서, 그들은 우주선이나 지구 촬영을 위해 휴대하고 있던 카메라 등을 포함한 주변의 모든 것과 같은 비율로 가속되는 것이다. 그러므로 우주선에 대해 상대적으로, 우주인은 다른 부가적 힘을 느끼지 않게 되므로 '무중력'을 경험한다. 그러나 낙하하는 엘리베이터 승객과는 달리 우주인은 지구 쪽이 아니라 지구 주위로 떨어지고 있다. (지구 주위로 떨어지는 현상은 지속될 것이다.)

2.3.2 궤도 운동과 질량

케플러의 법칙은 뉴턴의 운동 법칙과 중력 법칙에 따라 움직이는 천체의 궤도에 대한 서술적 표현이다. 그러나 중력이 태양 쪽으로 행성들을 끌어당기는 힘이라는 것을 깨닫고 나서 뉴턴은 케플러 제3법칙을 재음미해 보았다. 케플러가 발견한 행성의 공전 주기와 태양까지의 거리 간의 관계를 음미해

NASA

■ 그림 2.9
자유 낙하하는 우주인 1997년 콜롬비아 우주 왕복선에 탑승했던 우주인 수산 스틸(Susan Still)은 우주실험실에서 떠다닌다. 그녀와 우주 왕복선은 지구 주위를 자유 낙하하며 떨어지고 있으며, 그녀는 우주선에 대해 상대적으로 아무런 힘도 경험하지 못한다. (마치 자유 낙하하는 엘리베이터 속의 사람이 살아있는 잠깐 동안 무중력을 느끼는 것과 같이)

보자. 뉴턴의 중력 법칙을 이용하면 그 관계는 수학적으로 아래와 같이 표현된다.

$$D^3=(M_1+M_2)\times P^2$$

2.1.4절에서 설명했듯이, 태양계에서는 거리 D를 AU 단위로, 주기 P를 년의 단위로 사용한다. 뉴턴의 공식에서는 태양 질량 단위로 태양(M_1)과 행성(M_2)의 질량이 추가적인 인자로 도입되었다.

케플러는 어떻게 이 인자를 빠뜨렸을까? 태양 질량의 단위로 표현할 때, 태양 질량은 1이고, 행성의 질량은 무시될 정도로 작다. 그래서 (M_1+M_2)는 거의 1에 가깝다. 따라서 케플러의 공식은 뉴턴의 공식과 거의 같게 된다. 행성의 질량은 아주 작아서 그 질량을 계산에 포함해야 한다는 것을 케플러는 알아차리지 못했다. 그러나 천문학에서 이 두 질량을 포함해야 하는 경우가 많다.—예를 들면 2개의 별이나 두 은하가 서로 공전 운동을 하고 있을 때 그들 질량이 포함돼야 한다.

질량 항을 포함하면 이 공식을 새로운 방식으로 이용할 수 있다. 만약 서로의 중력에 영향받는 천체의 운동(거리와 주기)을 관측하면, 이 공식을 써서 질량을 계산할 수 있다. 예를 들어 행성의 거리와 주기를 이용해서 태양의 질량을 계산할 수 있고, 또는 목성 위성의 운동을 조사해서 목성의 질량을 계산할 수 있다. 실제로 뉴턴에 의한 케플러 제3법칙의 재공식화는 천문학에서 가장 강력한 개념 중 하나가 되었다. 물체의 운동으로부터 질량을 추정할 수 있다는 것은

[2] 아폴로 13이란 영화에서, 우주인이 '무중력' 상태였던 장면은 실제 떨어지는 비행기 안에서 촬영한 것이다. 여러분이 상상할 수 있듯이, 비행기는 엔진이 다시 작동되기 전 짧은 동안만 비행기가 떨어졌었다.

많은 천체의 성질과 진화를 이해하는 열쇠다. 이 책 전체에 걸쳐서, 두 별의 상호 궤도를 연구하는 것에서부터 은하들의 상호 작용에 이르기까지, 다양한 분야의 계산 과정에서 이 법칙이 반복적으로 적용될 것이다.

2.4 태양계 내의 궤도

2.4.1 궤도의 설명

우주 공간에서 한 물체의 경로를 **궤도**(orbit)라 부르는데, 우주선이든 행성이든, 별이든 또는 은하든 모두 해당한다. 일단 궤도가 결정되면 그 물체의 미래 위치를 결정할 수 있다.

궤도상의 두 지점은 특별한 이름을 가진다. 행성이 태양(그리스어로 헬리오스, helios)에 가장 가까운 위치를 행성궤도의 **근일점**(perihelion)이라 하고, 태양에서 가장 멀고 가장 천천히 움직이는 위치를 **원일점**(aphelion)이라 한다. 지구(그리스어로 게오스, geos)를 도는 인공위성의 경우 이에 대응하는 용어는 **근지점**(perigee)과 **원지점**(apogee)이다.

2.4.2 행성의 궤도

뉴턴의 연구는 오늘날 놀라운 정확도로 행성의 궤도를 계산하고 예측할 수 있게 해주었다. 가장 가까운 수성에서 시작하여 명왕성까지 9개의 행성이 알려졌다. 행성들의 궤도 자료는 표 2.2에 요약되어 있다. (세레스는 가장 큰 소행성이다. 다음 절 참조)[3]

케플러 법칙에 따르면 수성은 가장 짧은 공전 주기(88일)를 지니고 있다. 그래서 수성은 가장 빠른 궤도 속도(평균 48 km/s)를 가진다. 반대의 극단적인 경우로 명왕성은 249년의 주기와 5 km/s의 평균 궤도 속도를 보인다.

모든 행성은 비교적 이심률이 작은 타원궤도를 운동한다. 가장 길쭉한 궤도는 수성(0.21)과 명왕성(0.25)이다. 나머지는 모두 0.1보다 작은 이심률을 가진다. 화성이 다른 행성보다 더 큰 이심률을 갖는 것은 과학 발전에 있어 행운이다. 그렇지 않다면, 망원경 이전 시대에 수집한 티코의 관측 자료를 이용해서 케플러가 화성 궤도 형태를 결정할 때, 원이 아니라 타원궤도라는 사실을 추론해내기 어려웠을 것이다.

행성들의 궤도는 지구 궤도(황도)면에 가까운 하나의 공통평면 위에 한정되어 있다. 명왕성 궤도는 특이하게 평균값에서 17° 정도 기울어져 있으나, 다른 행성들의 궤도는 태양계의 공통평면에 대해 10° 내에 들어 있다.

표 2.2 행성의 궤도 자료

행성	장반경(AU)	주기(yr)	이심률
수성	0.39	0.24	0.21
금성	0.72	0.62	0.01
지구	1.00	1.00	0.02
화성	1.52	1.88	0.09
(세레스)	2.77	4.60	0.08
목성	5.20	11.86	0.05
토성	9.54	29.46	0.06
천왕성	19.19	84.07	0.05
해왕성	30.06	164.80	0.01
명왕성	39.60	248.60	0.25

2.4.3 소행성과 혜성의 궤도

9개의 행성 외에 태양계는 작은 천체들이 많다. 이 중 일부는 수성과 금성을 제외한 모든 행성 주위를 도는 자연 위성들이다. 태양 중심 궤도를 도는 작은 천체들에는 소행성과 혜성 두 종류가 있다. 소행성(asteroid)과 혜성(comet) 모두는 태양계 생성 과정에서 남겨진 작은 덩어리들로 간주되고 있다.

일반적으로 소행성은 혜성보다 장반경이 작은 궤도를 지닌다(그림 2.10). 대부분은 소행성대로 알려진 2.2~3.3 AU

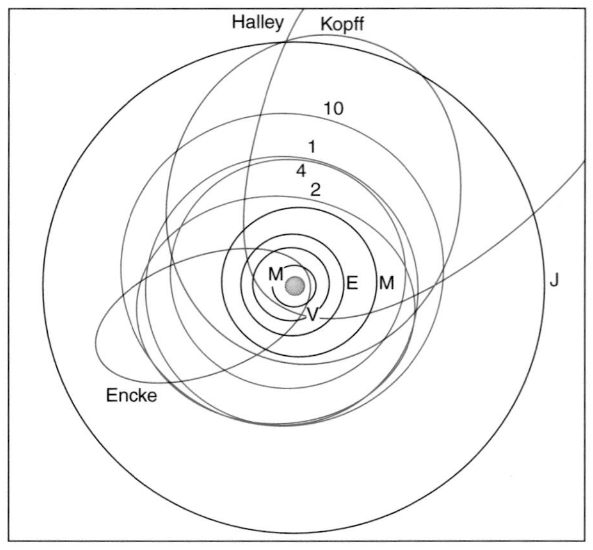

■ 그림 2.10
태양계의 궤도 수성, 금성, 지구, 화성, 목성(검은 원)의 궤도와 비교된 잘 알려진 혜성들과 소행성들의 궤도를 보여준다. 붉은색으로 나타낸 것은 핼리(Halley) 혜성, 코프(Kopff) 혜성, 엥케(Encke) 혜성의 궤도다. 푸른색은 4개의 가장 큰 소행성들인 1 세레스(Ceres), 2 팔라스(Pallas), 4 베스타(Vesta) 그리고 10 히게이아(Hygeia)의 궤도다.

[3] 역자 주-2006년 국제천문연맹(IAU) 총회에서 명왕성은 행성에서 퇴출당하여, 태양계의 행성은 모두 8개가 되었다. 명왕성은 왜소행성으로 분류된다.

천문학과 시인들

코페르니쿠스, 케플러, 갈릴레오, 뉴턴 등은 만물의 깔린 물리 세계의 기본 규칙을 공식화함으로 과학의 영역을 뛰어넘어 많은 것을 변화시켰다. 인간에게는 낡은 미신을 버리는 용기를 심어 주었고, 세상을 이성적이고 통제 가능한 것으로 볼 수 있게 해줬다. 다른 한편으로는 수 세기 동안 인류가 누려온 편안하고 조화로운 삶의 방식을 뒤엎고, 그들의 영향으로 시계처럼 돌아가는 기계적인 우주만 남겨 놓았다.

그 당시 시인들의 작품은 그러한 변화에 반응을 보이면서, 새로운 세계관이 매력적인지 또는 두려운 것인지에 대해 논쟁했다. 〈세계의 해부(*Anatomy of the World*)〉라는 시에서 존 던(John Donne, 1573~1631)은 옛 확신의 사라짐을 탄식했다.

> 새로운 철학[과학]은 모든 것을 의심하고,
> 불의 원소(element of fire)는 완전히 꺼졌네.
> 태양은 사라지고, 지구도, 그리고 인간의 유머도 없네
> 그를 찾을 곳으로 그이를 인도할 수는 있을까?

(여기서 '불의 원소'는 불의 천구로서 중세에는 지구와 달 사이에 있다고 생각했다.)

다음 세기에 포프(Alexander Pope)와 같은 시인들은 뉴턴과 뉴턴의 세계관을 칭송했다. 뉴턴의 죽음에 대해 쓴 유명한 포프의 2행시는 이렇다.

> 자연 그리고 자연의 법칙들이 밤 안에 숨었으니.
> 신이 말하기를, 뉴턴이 있게 하라! 그리하여 온 세상이 밝아졌네.

1733년의 시 〈인간에 대한 산문(*An Essay on Man*)〉에서, 포프는 비록 불완전 사상이긴 하나, 새로운 세계관의 복잡성을 노래했다.

> 우리가 보는 그 사람은, 여기 그의 자리일 뿐,
> 무엇으로 이유를 찾고, 무엇을 인용할까?
> 광대한 무한 공간을 꿰뚫을 수 있는 그는
> 세상에 세상이 모여 한 우주가 이루는 것을 보네,
> 세상 속의 세상이 어떻게 굴러가나 살펴보라.
> 어떤 다른 행성들이 다른 태양을 도는지,
> 모든 별에 여러 사람들이 있는지,
> 왜 하늘이 우리를 이렇게 만들었는지 말해주오...
> 전체 자연은 그대는 모르는 예술일 뿐,
> 그대가 알 수 없는 모든 우연, 방향,
> 이해할 수 없는 모든 부조화와 조화,
> 모든 편파적 악과 보편적 선:
> 그리고 자부심에도, 부정한 이성의 심술에서도 불구하고,
> 하나의 분명한 진리는, 무엇이 존재하든, 옳은 것이네.

시인과 철학자들은 새로운 과학관에 의해 인간성이 고양되는지 또는 저하되는지에 대한 논쟁을 계속했다. 19세기 시인 클라우프(Arthur Hugh Clough, 1819~1861)는 그의 시 〈새로운 시나이(*The New Sinai*)〉에서 다음과 같이 외쳤다.

> 그리고 그 옛날 시나이 산 꼭대기에서 신이 말씀하셨네, 신은 하나다.
> 엄격한 과학으로 이제 그분이 말하기를, 신은 없다!
> 지구는 연금술의 힘으로 움직이고, 하늘은 시계장치(mecanique celeste)!
> 그리고 인간의 심장과 여분의 시계!

(시계장치 'mecanique celeste'는 천체의 운동을 묘사하는 시계 모형이다.)

20세기 시인 제퍼스(Robinson Jeffers, 형이 천문학자였다)는 〈별의 소용돌이(*Star Swirls*)〉라는 시에서 그것을 다르게 보았다.

> 인간의 본성을 빼내는 데는 천문학만한 것이 없다.
> 그의 우둔한 꿈과 붉은 수탉의 오만으로
> 그에게 별 소용돌이를 헤아리게 하라.

사이 영역에 위치한다. 표 2.2에서 보듯이 **소행성대**(asteroid belt, 가장 큰 구성원은 세레스이다)는 화성과 목성 궤도 중간쯤에 있다. 왜냐하면, 화성과 목성은 서로 멀리 떨어져 있기 때문에 이 행성 사이에 작은 천체들의 안정된 궤도가 존재할 수 있다.

혜성의 궤도는 일반적으로 소행성의 궤도보다 크고 이심률이 더 크다. 이들 궤도 이심률은 보통 0.8 또는 그 이상이다. 따라서 케플러의 제2법칙에 따르면 혜성들은 태양에서 아주 먼 곳에서 대부분 시간을 보내는데, 그곳에서는 아주 천천히 움직인다. 혜성이 근일점에 접근하면서 속도가 빨라져서 안쪽 궤도를 아주 빠르게 지나간다.

2.5 인공위성과 우주 탐사선의 운동

2.5.1 우주 비행과 인공위성 궤도

중력 법칙과 케플러의 법칙은 행성과 마찬가지로 지구 위성과 행성 간 우주 탐사선의 운동을 설명해 준다. 최초 인공위성인 스푸트니크(Sputnik)는 1957년 10월 4일, 당시 소련에 의해 발사되었다. 그 이후 수천 개의 위성이 지구 주위의 궤도에 올려졌고 또한 우주 탐사선이 달, 금성, 화성 그리고 목성 주위를 선회했다.

인공위성이 일단 궤도에 올려지면 그 운동은 달처럼 자연위성의 경우와 다를 바 없다. 만약 인공위성이 대기 마찰이 없을 정도로 높이 올라가면, 거의 완벽하게 케플러의 법칙에 따라 영원히 궤도운동을 하게 될 것이다. 그러나 일단 궤도에 올려진 인공위성을 유지하는 데 별 어려움이 없다 하더라도 우주 탐사선을 지구로부터 쏘아 올려서 그 궤도 속도까지 가속하는 데 많은 에너지가 요구된다.

인공위성이 어떻게 발사되는지 알기 위해 높은 산꼭대기에서 수평으로 총을 발사하는 것을 상상해 보자(그림 2.11a—그림 2.11b에서 보인 뉴턴의 도표와 유사한 도표로부터 채택). 또 공기 마찰이 없고 총알의 경로에 방해되는 것이 없다고 가정하자. 그러면 총알이 총구를 떠난 뒤 총알에 미치는 힘은 총알과 지구 사이의 중력뿐이다.

만약 총알이 v_a의 속력으로 발사되었다면, 그 전진 속도를 가지고 앞으로 나가지만, 총알에 작용하는 중력은 총알을 지구 쪽으로 끌어당겨 지상의 a점에 총알이 떨어지게 만든다. 그러나 발사 속력을 v_b로 높이면 총알의 더 빠른 전진 속도는 총알이 더 멀리 움직인 후 땅에 떨어지게 할 것이다. 이것은 총알의 진행 속도에 무관하게 아래쪽으로 작용하는 중력은 일정하기 때문이다. 따라서 더 빠르게 움직이는 총알은 b점에 떨어지게 된다.

만약 총알에 빠른 발사 속력 v_c가 주어지면 지구의 곡면은 지면을 펴지게 하여, 총알이 땅으로부터 일정한 거리를 유지하면서 완전한 원을 따라 지구 주위를 돌게 된다. 이를 수행하는 데 필요한 속도—**인공위성의 원 궤도 속도**(circular satellite velocity)라 부름—는 약 8 km/s다.

매년 50개 이상의 인공위성이 러시아, 미국, 중국, 일본, 인도, 이스라엘 그리고 유럽국가 협력체인 유럽우주국(ESA) 등에 의해 궤도로 쏘아 올려진다(그림 2.12). 대부분 인공위성은 낮은 지구 궤도로 발사되는데, 이는 발사 에너지가 적게 들기 때문이다. 이들은 8 km/s의 궤도 속도로 약 90분마다 한 번씩 지구 주위를 돈다. 낮은 지구 궤도가 언제나 안정하지는 않은데, 왜냐하면 옅은 상층 대기와 위성의 마찰 때문에 생기는 끌림 현상이 결국 에너지 손실을 일으키고 '궤도 쇠퇴(decay)'를 일으키기 때문이다.

2.5.2 행성 탐사 우주선

태양계의 탐사 연구는 주로 로봇 우주 탐사선을 다른 행성에 보내서 수행하고 있다. 지구를 벗어나려면 우주 탐사선은 **이탈 속도**(escape velocity)에 도달해야 하는데, 이 속도는 영원히 지구를 벗어나는 데 필요한 속도로서 약 11 km/s다. 이 속도에 도달하면 우주선은 목표 천체에 관성으로 부드럽게 비행하게 되는데, 내장된 작은 분사 제어 로켓으로 진로를 조금씩 조정하게 된다. 행성 간 비행에서 이들 우주 탐사

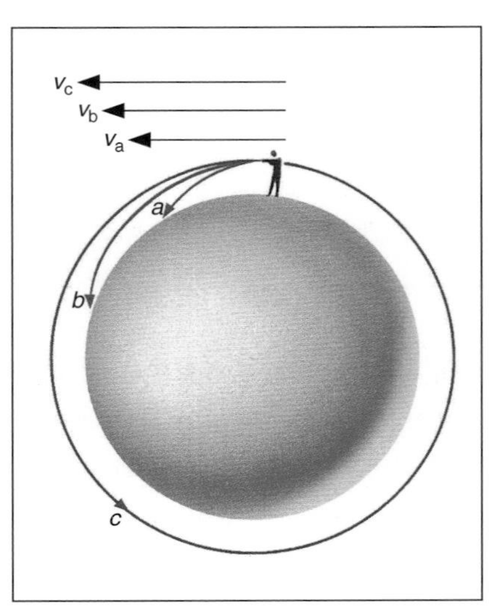

(a)

(b)

Crawford Collection, Royal Observatory, Edinburgh

■ **그림 2.11**
총알을 궤도에 쏘아 올리기 (a) 인공위성 궤도로의 총알 발사 궤적. a와 b의 경우에는 속력이 충분히 크지 못해 중력이 총알을 지면으로 끌어당기는 것을 저지할 수 없다. c의 경우는 속력이 커서 총알이 지구 주위를 완전히 돌게 한다. (b) 1731년 판, 우주의 체계(De Mundi Systematic)에서 뉴턴이 보여준 도표로 (a)와 같은 개념을 보여준다.

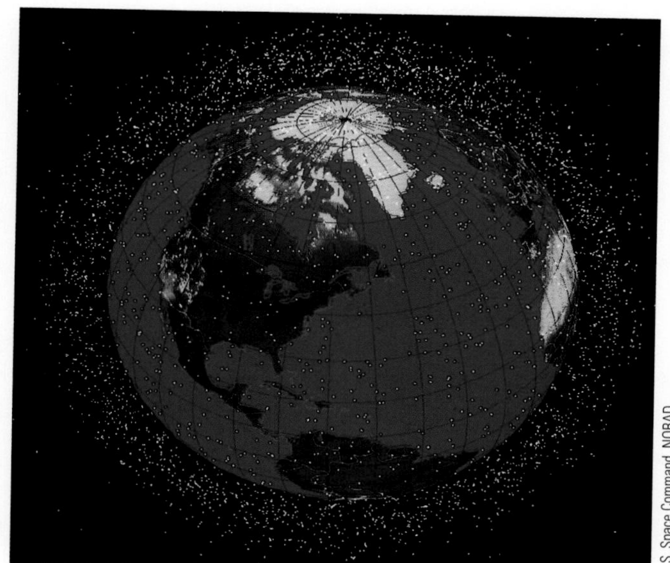

U.S. Space Command, NORAD

■ 그림 2.12

지구 궤도를 돌고 있는 인공위성들 현재까지 밝혀진 소프트볼 공보다 큰 규모의 미분류된 인공위성과 위성 잔해들의 모습.

선들은 태양 주위로 케플러 궤도를 따르게 되는데, 단지 행성 근처를 지날 때에는 케플러 궤도를 벗어나게 된다.

목표 행성에 가까워지면 우주 탐사선은 이 행성의 중력에 끌려서 궤도가 바뀌고, 이때 운동 에너지를 얻거나 잃게 된다. 행성을 만나는 목표 지점을 잘 선택함으로써, 그 행성의 중력을 이용해서 통과 우주 탐사선을 두 번째 목표물로 비행하도록 방향을 바꿀 수도 있다. 보이저2호는 중력을 이용하기 위한 일련의 근접 통과 항행을 통해 목성(1979), 토성(1980), 천왕성(1986) 그리고 해왕성(1989)에 차례차례 접근했다. 1989년 발사된 갈릴레오 우주 탐사선은 최종 목적지인 목성에 도달하는 데 필요한 에너지를 얻기 위해 금성을 한 번, 지구를 두 번 통과했다.

만약 행성 주위로 돌려면 우주선이 종착지에 가까워질 때 로켓 분사로 우주 탐사선을 감속시켜서, 행성의 중력에 잡혀 타원 궤도로 진입해야 한다. 탐사 로봇을 행성 표면으로 착륙시키려면, 로켓 추력이 필요하다. 마지막으로 지구로 귀환하도록 계획되었다면, 이륙 시 실려진 탑재체가 역과정을 밟을 만한 추진력을 제공할 수 있어야 한다.

2.6 2체 이상의 중력

지금까지는 태양과 한 개의 행성(또는 행성과 그의 위성 하나)이 서로의 주위를 회전하는 한 쌍의 천체만을 다루었다. 그러나 실제 모든 행성은 서로에게 중력을 미치고 있다. 이 행성들 사이에서 작용하는 인력을 무시한 경우와 실제의 궤도는 약간 달라진다. 불행히도 둘 또는 그 이상 천체들의 중력적 영향을 받는 천체의 운동을 예측하는 문제는 매우 복잡해서, 오직 대형 컴퓨터에서 적절하게 처리될 수 있다. 다행히도, 천문학자들은 그런 계산을 위해 도입된 대학과 정부 연구소의 컴퓨터들을 활용하고 있다.

2.6.1 다체 간의 상호 작용

예를 들어, 수천 개의 별이 공통 중심 주위로 회전하는 성단이 있다고 하자. (다음에 살펴보겠지만 성단은 우주에서 아주 흔하게 존재한다.) 어떤 순간에 각 별의 정확한 위치를 안다면, 성단 안의 어느 한 별에 미치는 전체 집단의 합성 중력을 계산할 수 있다. 그 별이 받고 있는 힘을 알면 그 별이 어떻게 가속될지 알 수 있다. 만약 그 별이 처음에 어떻게 움직이기 시작했는지 알면, 다음 순간 그 별이 어떻게 움직일지 계산할 수 있고, 이를 통해 그 별의 운동을 추적할 수 있다.

그러나 다른 별들도 움직이고 있으므로, 그로 인해 연구하는 별에 미치는 효과도 변한다는 사실이 문제를 더욱 복잡하게 만든다. 따라서 다른 모든 별의 합성 중력에 의해 생성되는 각 별들의 가속도를 동시에 계산해야 구성원 모두의 운동을 추적할 수 있고, 이를 통해 임의의 별의 운동추적도 가능해진다. 이러한 복잡한 계산은 최신 컴퓨터들을 이용해서 수행되고 있으며, 백만 개 정도의 별로 이루어진 가상적 성단의 진화를 추적하는 것이 가능하다(그림 2.13).

태양계 내에서 행성들과 우주 탐사선의 궤도를 계산하는 문제는 좀 더 간단하다. 우리는 케플러 법칙이 잘 적용되고 있음을 살펴보았는데, 케플러 법칙은 한 행성의 궤도에 대한 다른 행성들의 중력 효과를 고려하지 않는다. 이유는 이러한 외부 효과가 태양의 월등한 중력에 비해 매우 작기 때문이다. 그러한 상황에서는 다른 천체들의 효과를 태양 인력에 미치는 작은 섭동(perturbation, 또는 교란)으로 취급하고 있다. 18~19세기 동안 수학자들은 훌륭한 섭동 계산법들을 많이 개발해서 행성의 위치를 정확하게 예측했다. 실제로 그러한 계산을 통해 1846년에 새로운 행성이 발견되었다.

2.6.2 해왕성의 발견

8번째 행성인 해왕성의 발견은 중력이론 발전에서 최고의 정점을 보여주는 것이었다. 1781년 음악가이자 무보수 천문학자인 윌리엄 허셜(William Herschel)은 우연히 7번째 행성인 천왕성을 발견했다. 천왕성은 1세기 전에 이미 관측되었

NASA/ARC

■ **그림 2.13**
최신 컴퓨터의 힘 NASA 에임스(Ames) 연구 센터에 있는 슈퍼컴퓨터들은 상호 중력 작용하는 백만 개 이상 천체들의 운동을 추적할 수 있다.

지만, 초기 관측에서 행성으로 보지 않았다. 오히려 단순 별로 기록했다. 허셜의 발견은 너무 희미해서 맨눈으로는 보이지 않는 태양계에 있는 행성들을 미리 어디에 있는지 알게 되면 망원경으로 쉽게 찾을 수 있음을 보여주었다.

발견 이후 10년 동안 이루어진 천왕성 운동의 관측자료를 이용해서 1790년에 천왕성의 궤도가 계산되었다. 그러나 목성과 토성의 섭동 효과를 고려하더라도, 천왕성은 1690년 초기 이후 이루어진 관측과 정확히 일치하는 궤도를 보이지 않음이 확인되었다. 1840년, 천왕성의 관측된 위치와 계산으로 예측된 위치 사이에서 차이가 약 0.03°로 나타났다.—이 각은 육안으로 거의 구별할 수 없지만, 궤도 계산의 허용 오차보다 더 큰 값이다. 다시 말하면 천왕성은 뉴턴 이론으로 예측되는 궤도를 따르지 않았다.

(a)

(b)

a, Yerkes Observatory; b, Corbis/Bettmann

■ **그림 2.14**
새로운 행성을 발견한 수학자들 (a) 애덤스(John Couch Adams, 1819~1892)와 (b) 르베리에(Urbain J. J. Leverrier, 1811~1877)는 공동으로 해왕성을 발견한 공로를 인정받았다.

1843년, 케임브리지에서 공부를 마친 젊은 영국인 애덤스(John Couch Adams)는 천왕성 운동의 불규칙성이 미지의 행성 인력에 의해 생겨날 수 있는지에 대해 자세한 수학적 분석을 시작했다. 그 계산은 태양으로부터 천왕성보다 더 멀리 있는 한 행성의 존재를 암시하는 것이다. 1845년 10월 애덤스는 자신의 연구 결과를 영국 왕립천문학자인 에어리(George Airy)에게 전달하면서, 새로운 행성을 발견할 수 있는 하늘의 위치를 알려 주었다. 우리는 애덤스가 예측한 새로운 천체의 위치가 2° 범위에서 정확했다고 알고 있지만, 에어리는 여러 이유로 추적을 즉각 개시하지는 않았다.

그동안, 애덤스 연구에 대해 전혀 모르고 있던 프랑스 수학자 르베리에(Urbain Jean Joseph Leverrier)는 똑같은 문제를 풀고, 그 결과를 1846년 6월에 출판했다. 르베리에가 예측한 미지 행성의 위치는 애덤스의 결과와 1° 범위에서 일치한다는 것을 안 에어리는 케임브리지 천문대장인 찰리스(James Challis)에게 이 새로운 천체를 찾아볼 것을 제안했다. 그 행성이 있을 것으로 예측되는 하늘의 물병자리 영역에 대한 최신 성도가 없었던 이 케임브리지의 천문학자는 예측된 부근에 있는 망원경으로 관측 가능한 모든 별들의 위치를 기록해 나갔다. 그는 이 기록을 수일 간격으로 반복했는데, 그 과정에서 행성이 있었다면 움직이기 때문에 항성과 구별될 것으로 기대했다. 불행히도 관측 결과를 세밀하게 검토하지 못해서, 새로운 행성을 찾았음에도 불구하고, 그 사실을 인식하지 못했다.

약 한 달 후, 르베리에는 베를린 천문대의 천문학자인 갈레(Johann Galle)에게 행성을 찾아보도록 제안했다. 갈레는 1846년 9월 23일에 르베리에의 편지를 받고 바로 그날 늦은 밤에 물병자리 부근에 대한 최신 성도를 가지고 그 행성을 발견할 수 있었으며, 새로운 행성임을 확인했다. 그 행성은 르베리에가 예측한 위치에서 1° 이내에 있었다. 지금 해왕성(라틴어로 바다의 신)으로 알려진 8번째 행성의 발견은 중력 이론의 큰 개가였다. 왜냐하면, 뉴턴 법칙의 일반화를 극적으로 확인시켜 주었기 때문이다. 발견의 영광은 두 수학자 애덤스와 르베리에에게 똑같이 돌아갔다(그림 2.14).

'뉴턴 법칙에 따르지 않는' 천왕성 운동을 근거로 새로운 행성의 존재를 오랫동안 기대해 오던 천문학자들에게 해왕성의 발견은 크게 놀라운 일이 아니었음을 주목해야 한다.

1846년 9월 10일 해왕성이 실제로 발견되기 2주 전, 천왕성 발견자의 아들인 존 허셜(John Herschel)은 영국협회에서 행한 연설에서 '콜럼버스가 스페인 바닷가에서 아메리카를 보았듯이, 우리는 [새로운 행성]을 본다. 그 운동은 시각적 증명에 못지않은 확신을 하고, 멀리까지 뻗치는 우리 분석의 끈을 따라 흐르는 진동으로 느껴졌다'고 말했다.

이 발견은 뉴턴 이론을 어려운 관측과 결합하는 주요 진전이었다. 이러한 연구는 다른 항성 주위의 행성들을 찾는 우리 시대에도 진행 중인데—그 연구에 대해서는 다음 장에서 논의할 예정이다.

인터넷 탐색

티코 브라헤 사진 및 정보:
www.mhs.ox.ac.uk/tycho/index.htm
영국 옥스퍼드 과학사박물관의 가상전시관으로 티코와 동시대 학자들에 대한 사진과 정보들이 전시되고 있다.

수학적 행성 발견 사이트:
www-groups.dcs.stand.ac.uk/~history/HistTopics/Neptune_and_Pluto.html
해왕성이 예측되어 누구에 의해 어떻게 발견됐는지에 대한 전체적 이야기가 제공되어 있다. 누가 누구에게 무엇을 했는지에 대한 이야기가 담겨있는데, 채프먼(Alan Chapman)에 의해 기록된 에어리(George Airy, 여러 이야기에서 '악당'으로 등장한다)의 활발한 방어는 아래 사이트에 수록되어 있다. www.u-net.com/ph/lassel/adams-airy.htm

아이작 뉴턴:

- **수학 개인교사에 관한 전기:** www-groups.dcs.st-and.ac.uk/~history//Mathematicaians/Newton.html
- Luminarium Newton Page: www.luminarium.org/sevenlit/newton/index.html

지구 위성 관측 사이트:

- Visual Satellite Observer's Home Page: www.satellite.eu.org/satintro.html
  많은 설명서와 관련 사이트들이 소개되어 있다.
- The Satellite Observing Resources Page: www.znark.com/sat/sattrack.html
  많은 지도서와 관련 사이트들이 소개되어 있다.
- Orbitessera: www.mindspring.com/~n2wwd/
  더 고급의 사이트이다.
- Satellite Passes over North American Cites: www.bester.com/satpasses.html

요약

2.1 티코 브라헤는 망원경 이전의 천문 관측자 중 가장 기술이 좋은 사람이다. 그의 정밀한 행성위치 관측에서 얻은 자료를 케플러가 이용하여 행성 운동에 관한 세 가지 기본 법칙을 유도하였다. (1) 행성 궤도는 태양을 한 **초점**으로 하는 **타원**(모양은 **장반경**과 **이심률**로 결정)이다. (2) 같은 시간 간격에서 행성 궤도는 같은 면적을 쓸고 간다. (3) 만약 시간을 년 단위, 거리를 **천문단위**(astronomical unit)로 표시하면 주기(P)와 궤도의 장반경(D) 사이에는 $P^2=D^3$의 관계가 성립한다.

2.2 프린키피아라는 책에서 뉴턴은 물체의 운동을 결정하는 세 가지 법칙을 밝혀냈다. (1) 물체에 외부 힘이 작용하지 않으면 계속 정지 상태에 머물러 있거나 등속 운동을 계속한다. (2) 외부의 힘은 물체의 가속도를 일으킨다. [그리고 **운동량**(momentum)을 변화시킨다.] (3) 모든 작용에는 크기가 같고 방향이 반대인 반작용이 있다. 운동량은 물체 운동의 척도이고, 질량과 속도 모두에 관련된다. **각운동량**(angular momentum)은 스스로 돌거나 어떤 축 주위를 도는 물체가 지닌 회전 운동의 척도다. 물체의 **밀도**(density)는 질량을 부피로 나눈 것이다.

2.3 **중력**(gravity)은 질량이 다른 질량에 미치는 인력인데, 행성을 궤도 안에 붙잡아 두는 힘이다. 뉴턴의 중력 법칙은 중력을 질량과 거리에 관련시켜 준다 ($F=GM_1M_2/R^2$). 뉴턴은 지상의 중력(무게)이 우주에 있는 물체 간의 중력과 동등하다는 것을 보여줄 수 있었다. 케플러의 법칙을 중력 이론에 비춰 재검토해 보면, 태양과 행성의 두 질량이 $(M_1+M_2)P^2=D^3$인 제3법칙에서 중요하다는 것이 명백해진다. 상호 중력의 효과를 이용하여 혜성에서 은하에 이르기까지 다양한 천체의 질량을 계산할 수 있다.

2.4 인공위성 **궤도**(orbit)에서 지구와 가장 가까운 점은 **근지점**(perigee)이고, 가장 먼 점은 **원지점**(apogee)이다. (이들은 각각 태양 주위의 궤도에 대한 **근일점**, **원일점**에 대응한다.) 모든 행성은 같은 면에서 거의 원 궤도를 따라 태양 주위를 돈다. 대부분 소행성은 화성과 목성 사이에 있는 **소행성대**에서 발견되며, 혜성은 일반적으로 큰 이심률의 궤도를 따라 돈다.

2.5 인공위성의 궤도는 발사 상황에 따라 달라진다. 지표면에서 위성의 원 궤도 속도는 8 km/s이고, 이탈 속도는 11 km/s다. 행성 간 궤도에는 가능한 경우가 여러 가지 있는데, 거기에는 한 천체의 중력을 보조받아 근접 통과하여 다음 목표물 쪽으로 우주선의 비행을 조정하는 경우도 포함된다.

2.6 상호 작용하는 이체 이상의 천체에 관련된 중력 문제는 이체 문제보다 다루기가 훨씬 더 어렵다. 이런 문제들을 정확히 풀려면 대형 컴퓨터가 필요하다. 만약 한 천체의 중력이 월등히 크면 두 번째 천체의 효과를 작은 섭동으로 계산할 수 있다. 이러한 방법을 애덤스와 르베리에가 이용하여 천왕성 궤도 섭동으로부터 해왕성의 위치를 예측했으며, 그들은 수학적으로 새로운 행성을 발견하게 된 셈이다.

모둠 활동

A 여러분이 다니는 대학 선배 중 아주 부자인 괴짜 한 사람이 높은 급수탑의 꼭대기에서 구슬 하나와 볼링공을 떨어뜨릴 때 볼링공이 먼저 땅에 떨어질 것이라고 주장하면서 총장과 내기를 한다. 여러분의 선배가 맞는다는 편을 들 수 있는지 그룹에서 토론해 보았는가? 누가 맞는다고 생각하는가?

B 그룹 구성원 중 한 사람이 몸무게 때문에 행복하지 못하다고 가정해보자. 그의 현재 몸무게의 1/4 정도가 되는 몸무게를 느끼려면 어디에 가야 할까? 약간 몸무게가 덜 나가는 곳은 어디일까? 행복하지 않은 사람의 몸무게를 바꾸는 것이 그의 질량에 어떤 영향을 미치게 될까?

C 아폴로 우주인이 달에 도착했을 때, 어떤 중계방송 아나운서는 달의 신비와 '시적 우아함'이 파괴되었다고 (또 연인들은 보름달이 떴을 때 전과 같이 서로 바라볼 수 없게 되었다고) 불평하였다. 다른 사람들은 달에 대해 더 많은 것을 안다는 것은 지구에서 달을 볼 때처럼 우리에게 그 관심을 더 증가시켜 준다고 느꼈다. 여러분의 그룹은 어떻게 느끼는가? 왜 그렇게 느끼는가?

D 그림 2.12는 지구 주위를 궤도 운동하는 많은 인공위성을 보여주고 있다. 이 인공위성이 무엇을 하고 있다고 생각하는가? 지구의 인공위성이 수행하는 임무들을 분류해볼 때 그룹은 몇 가지로 분류해볼 수 있을까?

복습 문제

1. 케플러의 제3법칙을 말로 설명하라.
2. 케플러는 그의 법칙을 공식화하는 데 왜 브라헤의 자료가 필요했는가?
3. 어느 것이 더 많은 질량을 가졌는가? 한 아름의 깃털 또는 한 아름의 납? 어느 것이 부피가 더 큰가? 깃털 1 kg 또는 납 1 kg 중 어느 것이 밀도가 더 높은가? 깃털 1 kg 또는 납 1 kg.
4. 케플러는 태양 또는 행성의 질량에 의존하지 않은 행성 주기와 거리 사이의 관계(제3법칙)를 어떻게 알 수 있었는지를 설명하라.
5. 뉴턴의 운동 법칙 세 가지를 어떤 일들이 물체의 운동량과 관계되어 일어났는지 설명하라.

6. 아래에 답을 해보라.
   a. 장반경이 가장 큰 행성은 무엇인가?
   b. 태양 주위의 공전 속도가 가장 큰 행성은 무엇인가?
   c. 태양 주위의 공전 주기가 가장 큰 행성은 무엇인가?
   d. 이심률이 가장 큰 행성은 무엇인가?
7. 왜 해왕성은 수학을 이용해서 발견한 최초의 행성이라고 말하는가?

사고력 문제

8. 지구 주위의 궤도에 진입한 우주선이 지구 중력을 벗어나는 것이 가능한가? 국제 우주정거장(지표면 위쪽 500 km에서 지구 주위를 돌고 있다) 내에서 중력은 지상에서의 중력과 어떻게 비교되는가? (힌트: 지구 중력은 모든 질량이 지구 중심에 집중된 것처럼 작용한다. 우주 정거장은 지표면에서 지구 중심까지의 거리보다 훨씬 멀리 지구중심에서 떨어져 있는가?)
9. 속도가 영인 물체의 운동량은 얼마인가? 뉴턴의 첫 번째 운동 법칙은 정지해 있는 물체의 경우 어떻게 설명해 주는가?
10. 나쁜 우주 외계인이 당신과 천문학 교사를 어떤 별이나 행성에서 아주 멀리 떨어진 우주 공간에서 1 km 정도 떨어져 있도록 우주 밖에 던졌다. 각각에 미치는 중력의 효과를 논의하라.
11. 한 천체가 일정한 속도로 완전한 원 궤도를 따라 움직인다. 그러한 계에서 작용하는 힘이 있는가? 어떻게 그 사실을 알 수 있는가?
12. 공기 마찰로 인공위성은 지구 가까이 오면서 나선 운동을 하면서 궤도 속도가 증가한다. 그 이유는 무엇인가?
13. 뉴턴이 살았던 시대에 영국에서 어떤 일들이 일어났는지 역사책이나 백과사전을 통해 알아보고 또 그 시대의 어떠한 경향들이 그의 업적에 기여를 했으며 그의 연구 결과가 빨리 수용될 수 있게 되었는지 논의하라.

계산 문제

이 장에서는 여러 가지 공식들이 제시되었기 때문에 이 절에서는 그 공식들을 여러분들이 적용할 수 있는지 물어볼 것이다. 케플러 제3법칙 같은 공식들의 복습이 필요하다면 이 장 해당 절에서 복습해보라.

14. 지름 24 cm인 원의 장반경은 얼마인가? 그것의 이심률은?
15. 24 g의 물질이 한 면이 2 cm인 정육면체에 가득 차 있다면 그 물질의 밀도는?
16. 줄과 2개의 압정을 이용하여 책에 그려진 절차에 따라 타원을 그려라. 압정 간의 거리가 줄 길이의 1/10이 되도록 하라. 그려진 타원 모양에 관해 이야기하라. 이것은(만약 지시에 따라 그렸다면) 대략적인 화성의 궤도가 된다.
17. 태양으로부터 지구의 거리는 1억 4천7백만에서 1억 5천2백만 km 사이에서 변한다. 궤도의 이심률은 얼마인가? (힌트: 타원의 초점 간의 거리는 태양과 타원 중심간 거리의 두 배다. 이렇게 되는지 알아보기 위해 먼저 타원의 장축을 이등분함으로써 타원의 중심을 찾아보는 것이 필요하다. 이런 작업은 스스로 그림을 그려보는 것에 도움이 된다.)
18. 표 2.2에서 금성, 지구, 화성, 목성에 대해 태양으로부터의 거리와 공전 주기를 살펴보라. D^3과 P^2(본문에서 규정한 단위)을 계산하고, 케플러의 제3법칙을 따르는 것을 증명하라.
19. 궤도 장반경이 4 AU인 행성의 주기는 얼마인가? 10 AU인 소행성의 경우는?
20. 8년의 공전 주기를 갖는 소행성의 태양까지의 거리(천문 단위로)는 얼마인가? 45.66일의 주기를 가진 행성의 거리는 얼마인가?
21. 1996년 천문학자들은 명왕성 너머에 있는 얼음으로 구성된 왜행성을 발견하여 1996 TL66이라는 평범한 이름을 붙여주었다. 왜행성의 장반경은 84 AU다. 왜행성의 주기를 케플러 제3법칙으로 구해보라.

22. 뉴턴은 케플러의 제3법칙에서 주기와 거리는 물체의 질량에 따라 달라짐을 보여 주었다. 만약 태양의 질량이 현재의 두 배가 된다면 지구(태양으로부터 1 AU에 있는)의 공전 주기는 얼마가 되는가?

23. 만약 지구가 현재 질량을 유지하면서 부피만 8배가 커지면 지면에서 사람의 무게는 몇 배나 감소하는가? 현재의 크기에 질량이 현재의 1/3이 될 경우에는 어떠한가?

심화 학습용 참고 문헌

Christianson, G. "Newton's *Principia*: A Retrospective" in *Sky & Telescope*, July 1987, p. 18.

Christianson, G. "The Celestial Palace of Tycho Brahe" in *Scientific American*, Feb. 1961, p. 118.

Cohen, I. "Newton's Discovery of Gravity" in *Scientific American,* Mar. 1981, p. 166.

Gingerich, O. *The Eye of Heaven: Ptolemy, Copernicus and Kepler*. 1933, American Institute of Physics Press.

King-Hele, D. and Eberst, R. "Observing Artificial Satellites" in *Sky & Telescope*, May 1986, p. 457.

Koestler, A. *The Sleepwalkers: A History of Man's Changing Vision of the Universe*. 1959, Macmillan. 르네상스 시대의 천문학 발전을 기자의 입장에서 재조명.

Standage, T. *The Neptune File: Planet Detectives and the Discovery of Worlds Unseen*. 2000, Walker.

Thoren, V. *The Lord of Uraniborg*. 1990, Cambridge U. Press. 티코 브라헤의 일생과 업적에 관한 결정적 연구.

Wilson, C. "How Did Kepler Discover His First Two Laws" in *Scientific American,* Mar. 1972.

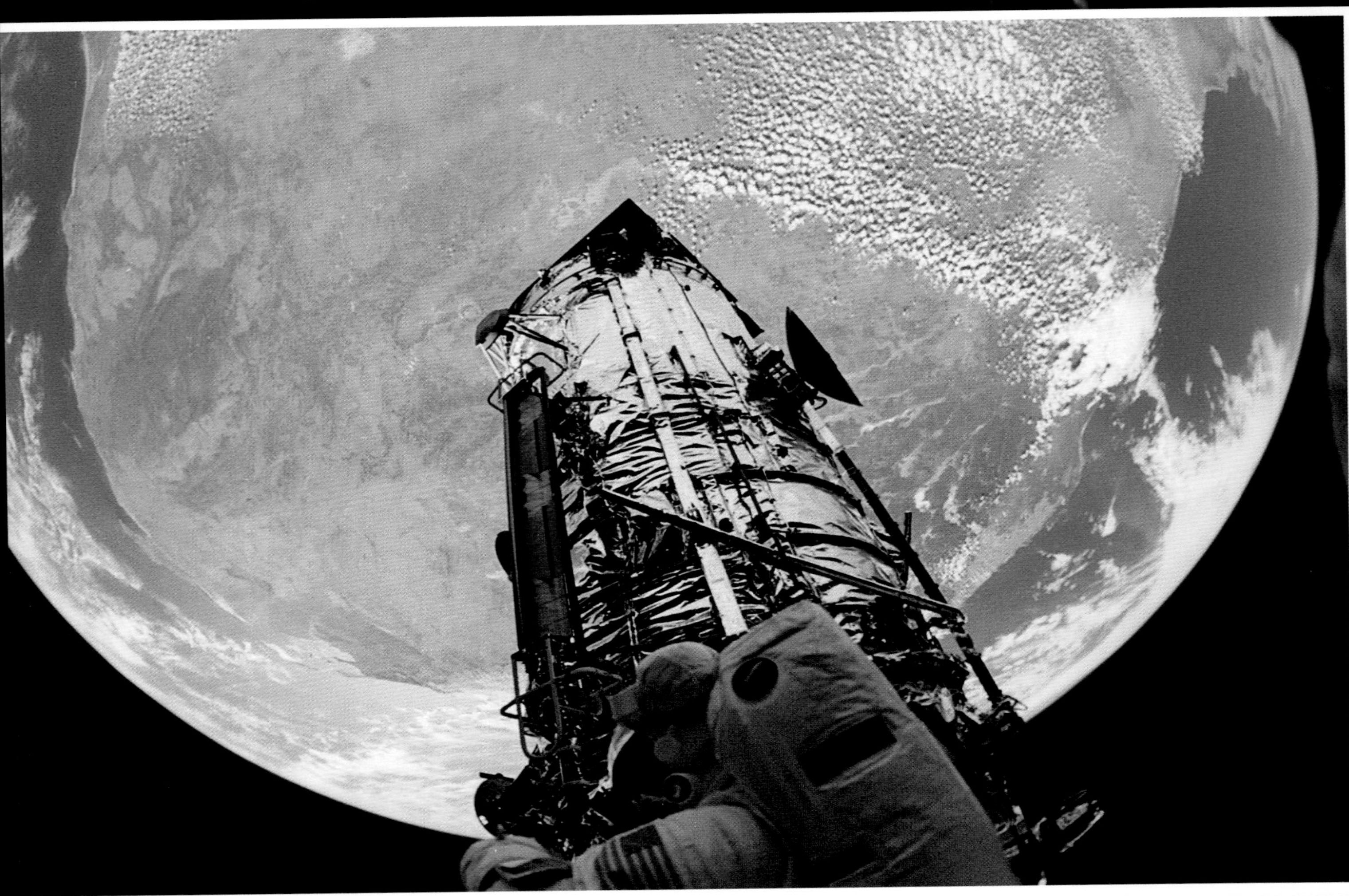

남반구의 여름 1993년 12월 9일, 우주 왕복선에 장착된 어안렌즈로 찍은 이 사진에서 지구는 수리된 허블 우주 망원경 위쪽에 걸려있다. 붉은 대륙은 호주이며, 그 크기와 모양은 특수 렌즈 때문에 왜곡돼 보인다. 남반구의 계절은 북반구와 반대이므로 12월인 이날 호주는 한여름이다.

3 지구, 달, 그리고 하늘

개기 일식을 목격한다는 것은 단지 소수에게 찾아오는 특권이다. 그러나 한 번 보고 나면 절대 잊혀지지 않는 현상이다…… 그들에게는 가장 강한 영향을 그 무엇이 숨어 있다……

루이스(Isabel Lewis), 《일식 편람(*A Handbook of Solar Eclipse*)》(1924) 중에서

미리 생각해보기

만약 지구 궤도가 거의 완전한 원이라면(우리가 앞장에서 살펴본 것처럼), 지구 전체에 걸친 많은 지역에서 왜 여름은 덥고 겨울은 추운가? 그리고 왜 호주나 페루의 계절은 미국이나 유럽과 반대인가?

갈릴레오가 지구는 자전하면서 태양 주위를 공전한다는 주장을 철회한 후, 종교 재판소를 나오면서 혼잣말로 '그래도 지구는 돈다.'라고 중얼거렸다고 역사는 말하고 있다. 역사가들은 이 이야기가 사실인지 확인하지 못하지만, 갈릴레오는 분명 가톨릭 교회가 뭐라고 했든 지구는 움직인다는 사실을 확실히 알고 있었다.

계절을 생기게 하고, 시간과 날짜를 측정할 수 있게 해주는 것은 바로 지구의 운동이다. 지구 주위를 움직이는 달의 운동은 한 달의 개념과 달의 위상 순환을 보여준다. 이 장에서 우리는 일상적으로 일어나는 기본 현상 몇 가지를 천문학과 관련지어 검토한다.

가상 실험실

천문학에서 조수와 조수의 힘

3.1 지구와 하늘

3.1.1 지구상의 위치 결정

지구 행성의 표면에서 우리의 위치를 정하는 작업부터 시작해 보자. 1장에서 논의했듯이 지구의 자전축은 남극과 북극의 위치 그리고 적도의 위치를 정의해 준다. 2개의 서로 반대 방향 또한 지구의 운동에 의해 결정된다. 동쪽은 지구의 자전 방향 쪽이고, 서쪽은 그 반대 방향이다. 우리의 행성 지구가 편평하지 않고 둥글다는 사실에도 불구하고, 지상 어디서나 4개의 방향—북, 남, 동, 서—이 잘 정의된다. 동, 서의 방향이 모호해지는 남극과 북극에서는 (극은 회전하지 않기 때문에) 예외적으로 방향이 결정되지 않는다.

이러한 아이디어를 지구의 좌표계를 정의하는 데 사용한다. 맨해튼이나 솔트레이크시의 거리 배치도는 우리가 현재 있는 곳이나 가고자 하는 장소를 찾는 데 도움이 된다. 그러나 구면상의 좌표는 평면의 경우보다 조금 더 복잡하다. 도시 지도에서 직사각형의 눈금과 같은 역할을 하는 원을 구면상에서 정의해야 한다.

대원(great circle)은 그 중심이 구의 중심과 같은, 구면에서 가장 큰 원이다. 예를 들면 지구의 적도는 북극과 남극의 중간을 자르는 지구 표면 위의 한 대원이다. 우리는 또한 북극과 남극을 지나는 대원들도 생각할 수 있다. 이 대원들을 **자오선**(meridians)이라고 부른다. 자오선은 적도를 직각으로 지난다.

지상의 어떤 점이라도 그 점을 통과하는 자오선을 가진다(그림 3.1). 이 자오선은 그 장소의 동—서 위치 즉, 경도(longitude)를 규정한다. (전 세계 국가들의 동의를 얻기 위해 많은 회의를 거친) 국제협약에 따라 경도는 그 지방을 지나는 자오선과 영국 그리니치 지방을 통과하는 자오선이 이루는 호의 각도(degrees of arc)로 정의된다.

왜 그리니치인지 물을 것이다. 모든 국가는 경도 0°가 자국의 수도를 통과하기를 원할 것이다. 옛 영국 왕립 천문대 장소인 그리니치(그림 3.2)가 선택된 것은 그곳이 유럽 대륙과 미국 사이에 있고 또 해상에서의 경도 측정법을 많이 발전시킨 곳이기 때문이었다. 경도는 그리니치 자오선에서 동쪽으로 또는 서쪽으로 0°에서 180°까지 측정된다. 예를 들어 워싱턴 DC의 미 해군 천문대의 시보 기준점의 경도는 서경 77.066°다.

위도(latitude, 또는 북쪽-남쪽 위치)는 자오선을 따라 적도로부터 떨어진 지점까지의 각 거리다. 위도는 적도의 남쪽이나 북쪽으로 0°에서 90°까지 잰다. 예를 들어 앞서 언급한 해군 천문대 기준점의 위도는 북위 38.921°다. 남극의 위도는 90°S이다.

3.1.2 하늘에서의 위치 결정

하늘에서의 위치는 지구 표면에 사용한 것과 매우 유사한 방법으로 측정된다. 그러나 위도와 경도 대신 천문학자들은 **적경**(declination)과 **적위**(right ascension)라고 부르는 좌표를 사용한다. 하늘에 있는 천체의 위치를 표시할 때, 가상

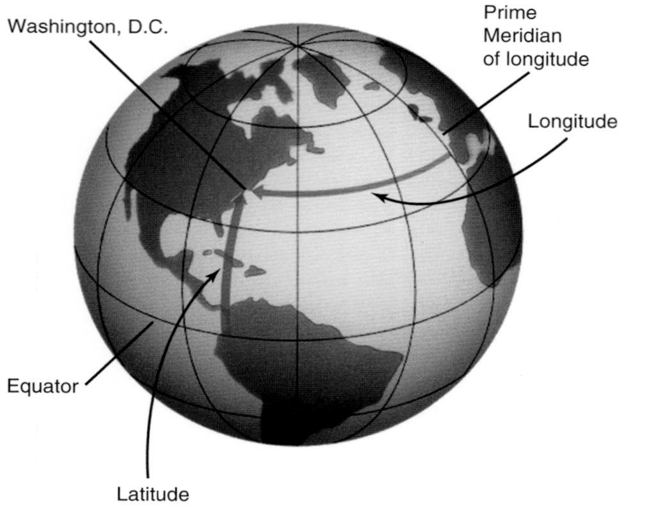

Washington, D.C.
Prime Meridian of longitude
Longitude
Equator
Latitude

■ **그림 3.1**
워싱턴 D.C의 위도와 경도

© 1993 Hal Berol/Visuals Unlimited

■ **그림 3.2**
영국의 왕립 그리니치 천문대 국제적으로 지구에서 경도 0°로 약속된 곳. 여기서 관광객들은 경도가 시작되는 정확한 선상에 서보거나 선을 따라 걸어보기도 한다.

적인 천구를 쓰는 것이 때로는 편리하다. 1장에서 하늘은 지구의 북극과 남극 위에 있는 두 점 주위로 회전한다는 것을 알았는데, 이 두 점을 천구의 북극과 천구의 남극이라 부른다. 천구의 양극 사이의 중간, 즉 각각으로부터 90° 떨어진 곳이 천구의 적도인데, 지구 적도와 동일 평면상에 있는 천구의 대원이다.

천구에서 적위는 지구 구면에서 위도를 정하는 것과 같은 방법으로 정의된다. 천구의 적도로부터 북쪽(+)으로 또는 남쪽(−)으로 측정한다. 천구의 북쪽 가까이 있는 북극성은 적위가 거의 90°다.

적경(RA)은 경도와 유사한데, 그리니치 대신 춘분점(vernal equinox)을 원점으로 택한다. 춘분점은 황도(태양의 행로)가 천구의 적도를 지나며 만나는 점이다. 적경은 각이나 시간의 단위로 표시된다. 왜냐하면, 천구가 하루에 한 번씩 지구 주위를 도는 것처럼 보이기 때문이다. 그래서 천구 주위를 한 번 지나는 데 걸리는 적경 360°는 24시간과 같도록 맞추었다. 따라서 호의 각 15°는 1시간과 같다. 시간은 분 단위로 세분된다. 예를 들어 밝은 직녀성의 천구 좌표는 적경이 18 h 36.2 m(=279.05°)이고, 적위는 +38.77°다.

하늘의 대원들을 시각화하기 위해 지구를 검은 페인트로 좌표(위도와 경도)를 표시한 투명구라고 상상하자. 우리를 둘러싼 천구를 안쪽이 흰 큰 공으로 상상해 보자. 우리가 지구의 중심에서 밝은 전등을 켜고 투명한 지구 표면을 통해 하늘을 내다본다고 하자. 지구의 양극, 적도, 그리고 자오선은 천구 위에 어두운 그림자로써 투영되어 천구의 좌표계를 이루게 될 것이다.

3.1.3 자전하는 지구

천구의 겉보기 자전은 정지된 지구 주위를 하늘이 매일 한 번씩 자전하거나 지구 자체가 자전하는 것으로 설명될 수 있음을 이미 살펴보았다. 17세기 이후부터 지구가 자전한다는 사실이 점차 인정되었지만, 19세기에 이르러 비로소 프랑스의 물리학자 푸코(Jean Foucault)가 확실하게 지구의 자전을 직접 증명했다. 1851년, 그는 파리의 판테온 사원 천정에 무게 약 25 kg인 60 m의 진자를 매달았다. 그리고 균일하게 진자를 진동시켰다. 만약 지구가 자전하지 않는다면, 진자의 진동면을 변화시키는 힘이 없으므로, 진자는 계속 같은 경로를 따를 것이다. 그러나 몇 분 후에 푸코는 진자의 진동면 회전을 보았다. 푸코는 회전하는 것은 흔들리고 있는 진자가 아니라 진자 아래에서 돌고 있는 지구라고 설명했다(그림 3.3). 전 세계 과학센터나 플라네타륨에서 이 진자를 볼 수 있다.

© Bob Emott, Photographer

■ **그림 3.3**
푸코진자

하늘이 자전하는 것이 아니라 지구가 자전한다는 것을 증명하기 위한 다른 방법이 있을까? (이 장 뒤에 있는 모둠활동 문제 A 참조)

3.2 계절

대부분이 사는 중위도에서 느끼는 자연 현상 중 하나는 태양으로부터 받는 열이 1년 동안 변화가 크다는 점이다. 따라서 햇빛 양의 차이에 따라 1년을 몇 개의 계절로 나눈다. 계절의 차이는 적도에서 북쪽으로 또는 남쪽으로 갈수록 더욱 뚜렷해지고, 또 남반구의 계절은 북반구와 반대다. 이 관측 사실을 염두에 두고 무엇이 계절 변화를 일으키는지 알아보자.

최근 조사에 따르면, 대부분 사람은 계절이 지구와 태양 사이의 거리가 변해서 생긴다고 믿고 있다고 한다. 이것은 처음에는 그럴듯하게 보인다. 지구가 태양으로부터 멀어질수록 더 추워져야 한다. 그러나 이 가설은 현실적이지 못하다. 태양 주위를 돌고 있는 지구 궤도는 타원이지만, 태양으로부터의 거리는 최대 3% 정도만 변화한다. 이것은 태양열

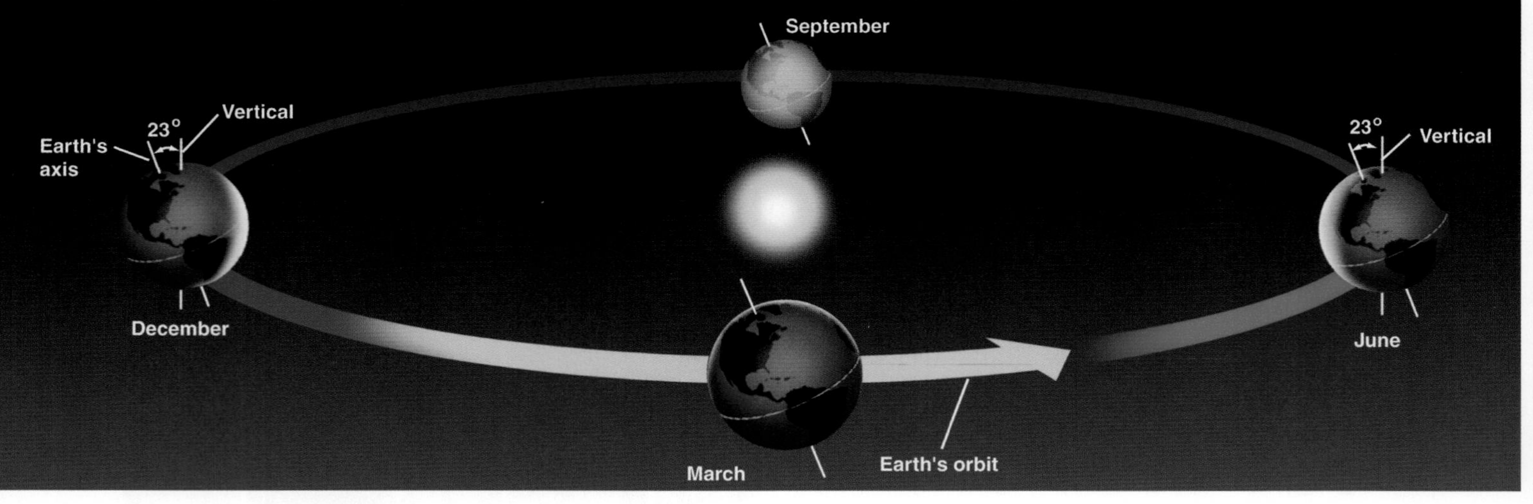

■ **그림 3.4**
계절 지구가 태양 주위를 돌면서 지구에는 서로 다른 계절이 생긴다. 북반구의 겨울에, 남반구는 태양 쪽으로 기울어져 있어 태양 빛이 더 수직에 가깝게 비친다. 여름에는 북반구가 태양 쪽으로 기울어져서 낮이 더 길어진다. 봄과 가을에는 남반구와 북반구에 비치는 태양 빛의 양이 똑같다.

의 상당한 변화를 만들기에는 충분치 않다. 이 가설은 북반구 사람들을 더욱 난처하게 만드는데, 실제로 지구는 1월에 태양에 가장 가까운데, 북반구는 한겨울이라는 점이다. 그리고 만약 거리가 지배적인 요인이라면, 왜 남반구와 북반구가 서로 반대되는 계절을 지닐까? 앞으로 살펴보겠지만, 태양 주위를 도는 지구의 궤도면에 수직인 축에 대해서 지구의 자전축이 23° 기울어졌기 때문에 계절이 생긴다.

3.2.1 계절과 일조량

그림 3.4는 지구가 자전축이 23° 기울어진 상태로 태양 주위를 1년 동안 돌고 있는 궤도를 보여준다. 자전축이 1년 동안 하늘의 같은 곳을 계속 향하고 있음에 주목하자. 지구가 태양 주위를 공전하면서, 6월에 북반구는 태양 쪽으로 기울어져서 더 직접 빛을 받는다. 12월에는 상황이 반대가 된다. 즉, 남반구가 태양 쪽으로 기울어지고 북반구는 반대로 기울어진다. 9월과 3월에는 지구가 옆으로 기울어서—태양쪽으로 또는 반대로 기울지 않으므로—북반구와 남반구가 같은 양의 태양 빛을 받는다.

태양이 한쪽 반구를 더 비추는 현상이 지구 표면에 있는 우리를 더 따뜻하게 만들까? 이때 고려해야 할 효과가 두 가지 있다. 태양 쪽으로 기울 때 빛은 더 수직에 가까이 비추어 지표면을 더 효과적으로 덥히게 된다(그림 3.5). 손전등을 벽에 비출 때 이와 유사한 효과를 경험할 수 있다. 손전등을 벽 쪽에 수직으로 비추면, 벽에 밝은 조명 반점이 나타난다. 그러나 손전등을 비스듬히 비추면(광선이 벽에 수직이 아니라면), 빛이 비치는 조명 반점이 더 퍼지게 된다. 이처럼, 6월의

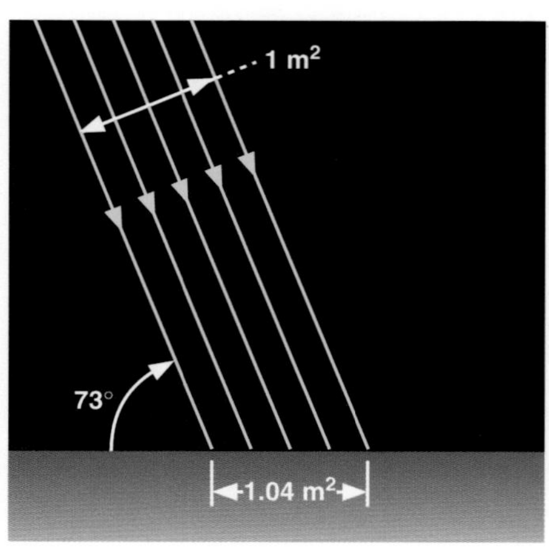

(a)

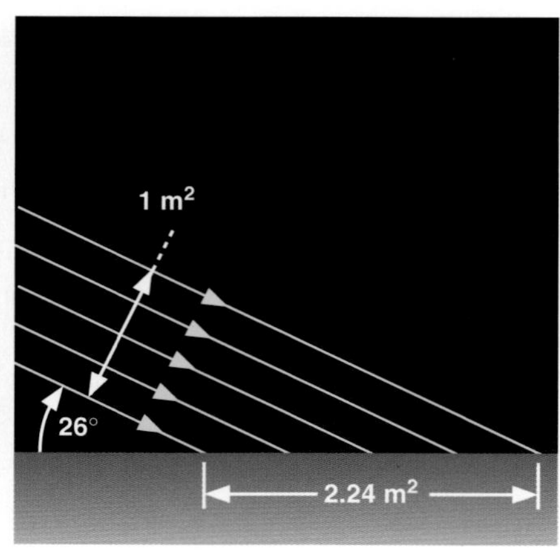

(b)

■ **그림 3.5**
여름과 겨울의 태양 광선 (a) 여름에는 태양이 하늘 높이 보여서, 태양 광선은 지구를 더욱 수직으로 비추고 빛이 지면에 덜 퍼지게 된다. (b) 겨울에는 태양이 낮게 떠 있고 광선은 더 넓은 영역의 땅을 가열하므로 지면 가열 효과가 줄어든다.

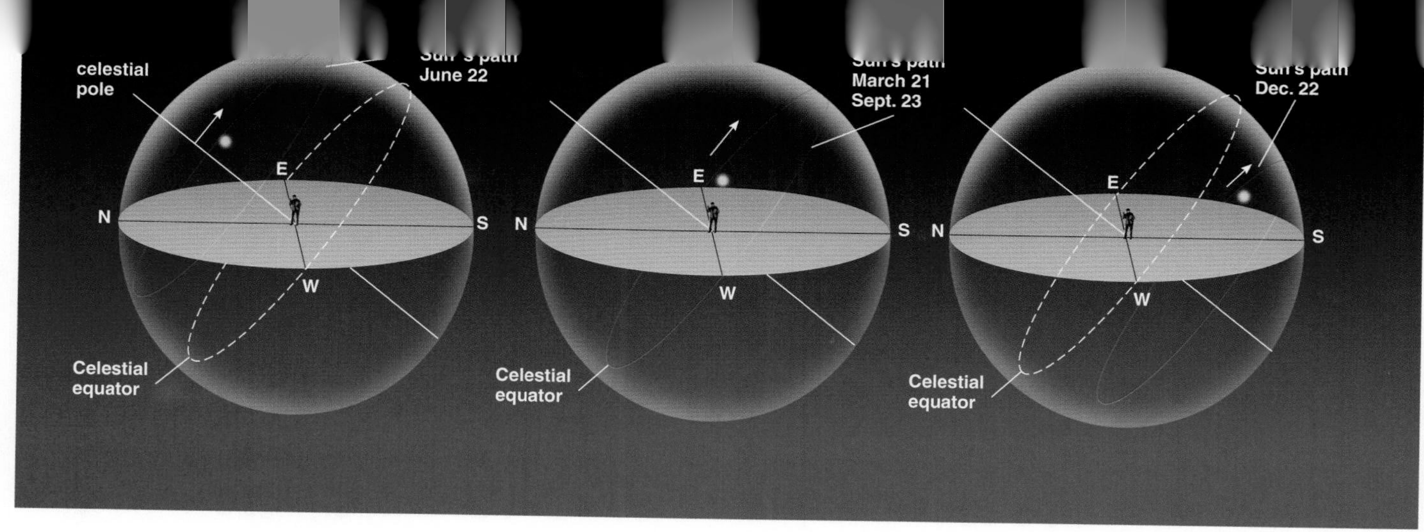

■ **그림 3.6**

계절에 따라 달라지는 태양의 겉보기 경로 6월 22일에, 태양은 동북쪽에서 뜨고 서북쪽으로 진다. 북반구 관측자들에게 태양은 대략 15시간 정도 지평선 위에 떠 있게 된다. 12월 22일에는, 태양이 동남쪽에서 떠서 서남쪽으로 진다. 태양은 대략 9시간 정도 지평선 위에 있고, 이는 낮이 짧고 밤이 길다는 것을 의미한다. (이를 축하하기 위해 사람들은 축제를 열기도 한다.) 3월 21일과 9월 21일에는 태양이 지평선 위와 아래에서 똑같은 시간을 머물게 된다.

햇빛은 북반구를 더 직각으로 강하게 비추어서 지면을 더 효과적으로 가열시킨다.

두 번째 효과는 태양이 지평선 위에 머무는 시간과 관련된다(그림 3.6). 비록 전에 천문학에 관심이 없었더라도, 여름에는 낮이 더 길고, 겨울에는 더 짧다는 것을 알고 있을 것이다. 왜 이런 일이 일어나는지 살펴보자.

1장에서 살펴본 바와 같이, 1년 동안 태양 주위를 도는 지구의 경로는 지구 주위를 태양이 움직이는 길(황도라는 원)과 동등하다고 생각할 수 있다. 지축이 기울어져 있기 때문에 황도는 천구의 적도에 대해 23° 정도 기울어져 있고(그림 3.6 참조), 하늘에 보이는 태양의 위치는 시간이 흐르면서 연 중 변하게 된다. 6월에 태양은 천구의 적도 북쪽에 있고, 북반구에 거주하는 사람들에게 더 많은 일조 시간을 제공한다. 태양은 하늘 높이 떠서, 북반구 중위도 지방에서는 지평선 위에 15시간 정도 머문다. 따라서 태양은 수직에 가깝게 비추어 따뜻하게 해 줄 뿐만 아니라, 더 오래 빛난다. (그림 3.6에서, 북반구의 에너지 이득은 남반구의 에너지 손실이 됨을 주목하자. 남반구에서 6월의 태양은 하늘에 낮게 떠 있으며, 일조 시간은 더 짧다. 예를 들면 칠레에서 6월은 1년 중 가장 춥고 밤이 긴 시간이다.) 태양이 천구 적도의 남쪽에 있는 12월에는 이런 상황이 반대가 된다.

이 효과가 최대에 이르는 특정한 날에 태양이 지구에 빛을 비추는 현상이 어떻게 보이는지 살펴보자. 6월 22일경(북반구에 거주하는 우리는 그날을 하지 또는 여름의 첫날이라고 부른다)에, 태양은 지구의 북반구를 가장 수직으로 비춘다. 태양은 적도 북쪽 23°에 나타나며, 북위 23°인 지방에서는 태양이 천정을 지나간다. 이 상황을 그림 3.7에 상세하게 제시했다. 북위 23°(예를 들면 하와이 근처)에 사는 사람들에게 태양은 정오에 바로 머리 위에 위치한다. 여름의 첫날 정오에 태양이 천정에서 보이는 곳의 위도를 북회귀선(tropic of cancer)이라 부른다.

그림 3.7은 하짓날 태양 광선이 북극 주위를 비추는 모습을 보여준다. 지구가 자전하는 동안 태양 광선은 지구의

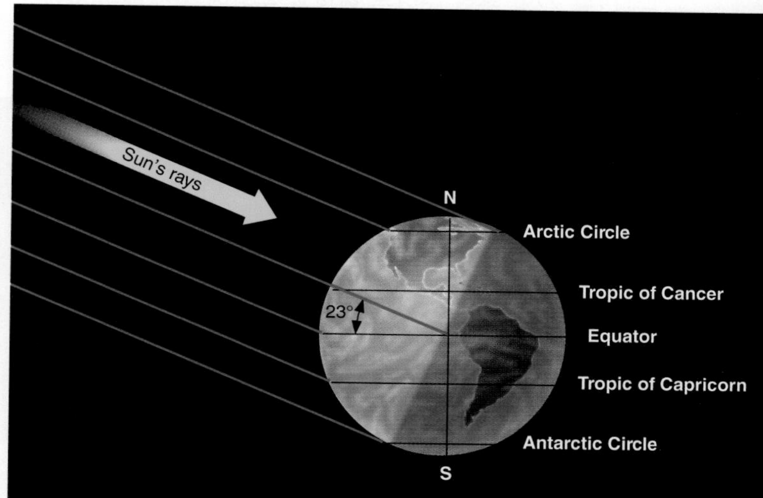

■ **그림 3.7**

6월 22일의 지구 이날은 북반구에서 하짓날이다. 지구가 자전축(북극과 남극을 연장한 직선)을 중심으로 자전하면서 북극은 계속해서 햇볕을 받고 있지만, 남극은 24시간 동안 가려져 있다. 북회귀선에 있는 관측자에게 태양은 천정에 있다.

북극을 연속으로 비춘다. 극에서 23° 이내에 있는 모든 지역은 24시간 동안 태양 광선을 받게 된다. 이날 태양은 최대로 북쪽으로 치우치게 된다. 90°−23°, 즉 67°N에서는 24시간 내내 태양을 볼 수 있는('백야 지역') 곳 중 가장 남쪽 지역의 위도다. 그러한 위도권을 북극권(arctic circle)이라 부른다.

고대 문화권에서는 하짓날 전후로 1년 중 낮이 가장 긴 날을 기념하고 날씨를 따뜻하게 해주는 신에게 감사하기 위해서 특별한 행사를 열었다. 정확한 '축제' 일자를 정하기 위해 하루의 길이와 태양이 북쪽으로 이동하는 경로를 추적해야 했다. (같은 관측 장소에서, 고정된 건물을 기준으로 태양이 뜨고 지는 위치를 수 주일 동안 관찰해보면 이런 추적을 할 수 있다. 봄부터, 태양이 점점 먼 동북쪽에서 뜨고, 저녁에는 점차 더 먼 서북쪽으로 지며, 하지점에서는 가장 멀어진다.)

이제 그림 3.7에서 남극을 살펴보자. 6월 22일 남극에서 23° 내에 있는 모든 지역—남극권이라 불리는 곳보다 남쪽 지역—에서는 24시간 동안 태양을 볼 수 없다.

그림 3.8에 보였듯이, 6개월 후인 12월 22일경[북반구에서 동지(winter solstice) 또는 겨울의 첫날]이 되면 상황은 반대가 된다. 이제 북극권은 24시간 동안 밤이 지속되고, 남극권은 백야가 된다. 남회귀선(tropic of capricorn)이라 불리는 남위 23°에서는 정오에 태양이 천정을 지난다. 낮의 길이는 남반구에서 더 길고 북반구에서는 더 짧다. 미국과 서유럽에서는, 하루 동안 단지 9~10시간 정도 태양 빛이 비친다. 북반구는 겨울이고 남반구는 여름이다.

적도 북쪽으로 멀리 떨어진 곳에서 발달한 문화권에서는 12월 22일 무렵 줄어든 햇빛과 추위에 고생하는 사람들을 돕기 위해 축제를 마련하고 있다. 원래는 친구와 가족이 모여 환담하면서, 모아둔 음식과 음료를 나누면서, 신에게 햇볕과 따뜻함을 돌려주고 계절의 순환을 돌게 해달라고 비는 종교의식이었다. 많은 문화권에서는 그해에 가장 짧은 낮이 오는 날을 예견할 수 있는 정교한 장치를 만들었다. 영국의 스톤헨지는 문자가 발명되기 전에 만들어졌는데, 아마도 그러한 장치일 것으로 보인다(3.4절 참조). 우리 시대에는, 다양한 연말연시 기념행사로 동지의 전통을 이어가고 있다. (희생 제물로 칠면조를 먹으면서 태양신께 하루 길이를 길게 해 달라고 기도하기 위해 잠시 하던 일을 멈춰야 할 필요성을 느끼는 사람은 거의 없지만, 그 전통은 이어지고 있다.)

하지와 동지의 중간인 3월 21일과 9월 23일 무렵에는 태양이 천구의 적도상에 있다. 지구에서 보면 태양은 지구 적도면 위에 나타나고, 남반구나 북반구 어느 쪽도 더 오래 비추지 않는다. 이때 지구의 모든 곳에서는 정확히 낮이 12시간, 밤이 12시간이 된다. 태양이 천구의 적도를 지나는 점을 춘분(봄)점과 추분(가을)점으로 부른다.

3.2.2 위도에 따른 계절

계절의 효과는 지상에서 위도에 따라 다르게 나타난다. 예를 들어 적도 근처에서는 모든 계절이 똑같다. 1년 중 매일 태양은 하루의 반은 떠 있어서 낮은 12시간, 밤도 12시간이 된다. 이 지역에서는 계절을 햇빛의 양보다 강우량으로 정의한다. 적도에서 남쪽이나 북쪽으로 갈수록 계절은 더욱 확연해지며, 극단적인 계절변화는 극에서 나타난다.

북극에서는 천구의 적도 북쪽에 있는 모든 천체는 항상

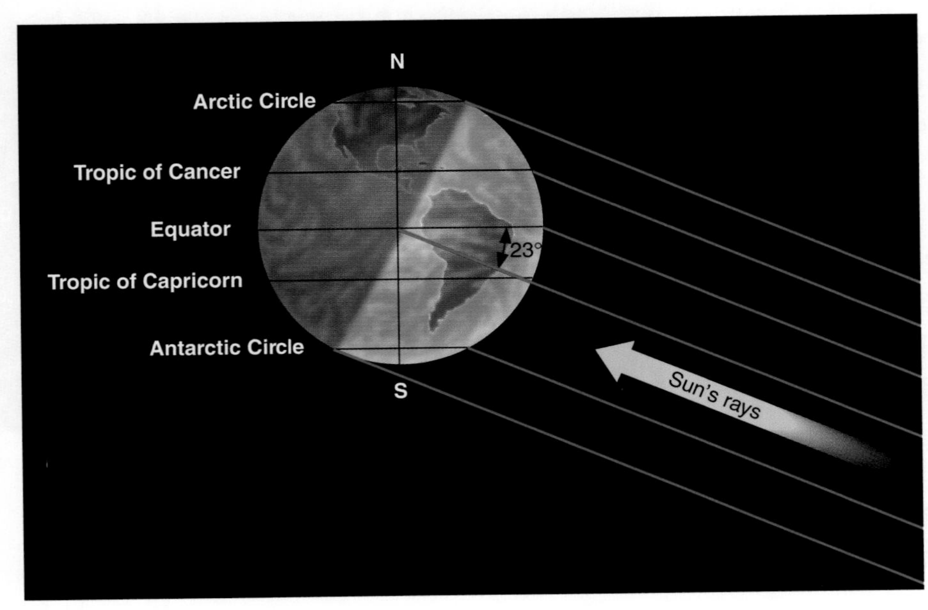

■ **그림 3.8**
12월 22일의 지구 이날은 북반구의 동짓날이다. 북극은 24시간 동안 밤이고 남극은 24시간 동안 낮이다. 남회귀선에 있는 관측자에게 태양은 천정에 있고, 그래서 미국과 캐나다에 사는 사람들에게 태양은 낮게 떠 있다. (이날에는 관례에 따라 칠면조를 잡고 소중한 사람들과 어울린다.)

지평선 위에 있고 지구가 자전함에 따라 지평선에 평행한 원을 그리며 돈다. 태양은 3월 21일~9월 23일까지는 태양이 천구의 적도 북쪽에 위치한다. 그래서 북극에서는 태양이 춘분점에 이를 때 뜨고, 추분점에 이를 때 진다. 매년 북극과 남극의 6개월 동안은 햇빛이 비치며, 나머지 6개월 동안은 어두운 밤이 된다.

3.2.3 실제의 세계

이제까지 논의에서, 우리는 만약 지구에 대기가 거의 없거나 아예 없다고 했을 때 태양과 별이 뜨고 지는 것이 어떻게 보이는지를 설명해 왔다. 그러나 대기는 실제로 '지평선 너머'를 약간 더 볼 수 있게 해주는 신기한 효과를 나타낸다. 이 효과는 대기 굴절현상의 결과인데, 굴절(refraction)은 빛이 물이나 공기 같은 매질을 통과할 때 구부러지는 현상으로 5장에서 다루게 될 것이다. 이 대기 굴절 때문에 태양은 대기가 없는 경우보다 더 일찍 뜨고 더 늦게 진다.

또한, 대기는 빛을 산란시켜서 태양이 지평선 아래 있을 때도 황혼의 빛을 내게 해 준다. 천문학자들은 태양이 지평선 아래 18°에 있을 때를 박명의 시작으로 정의하는데, 태양이 지평선 아래 18° 떨어질 때까지 박명이 지속된다.

계절에 대해 설명할 때 이런 대기효과를 보정할 필요가 있다. 예를 들어 춘분점과 추분점에서, 태양은 12시간보다 몇 분 더 오래 지평선 위에 머무르며, 지평선 아래에는 12시간보다 적게 머문다. 이러한 효과는 지구 북극과 남극에서 가장 심하게 나타나는데, 그곳에서는 태양이 실제로 천구의 적도에 이르기 일주일 전에 떠오르게 된다.

하지(6월 22일)는 낮의 길이가 가장 길지만, 1년 중 가장 더운 날이 아니라는 것을 알고 있을 것이다. 북반구에서 가장 더운 달은 7월과 8월이다. 그 이유는 날씨가 지표면을 덮고 있는 공기와 물에 관련되는데, 이 거대한 저장고는 즉시 더워지거나 추워지지 않기 때문이다. 예상과 달리, 수영장은 태양이 뜨는 순간 바로 더워지지 않고 태양열을 충분히 흡수하는 오후에 가장 더워진다. 마찬가지로 지구도 태양이 우리에게 주는 태양 빛을 충분히 흡수한 후에 더워진다. 겨울 중 가장 추운 날은 동지 이후 한 달 또는 그 이상의 지난 다음에 나타난다.

3.3 시간 측정

시간 측정은 지구 자전을 근거로 한다. 대부분의 인류 역사에서 시간은 하늘의 태양과 별들의 위치로 판단되었다. 최근에야 비로소 기계적 시계와 전자시계가 인간의 삶을 규제하는 역할을 넘겨받게 되었다.

3.3.1 낮의 길이

시간에서 가장 기본적인 천문학적 단위는 지구의 자전으로 측정되는 하루다. 그러나 하루의 정의는 여러 방법이 있다. 일반적인 방법은 태양에 대한 지구의 자전 주기인데, 이를 **태양일**(solar day)이라 부른다. 아르크투루스나 다른 별들이 떠오르는 시간보다, 태양이 뜨는 것이 사람들에게 더 중요하므로 시계는 태양에 맞춰진다. 그러나 천문학자들은 별을 기준으로 지구의 자전 주기인 **항성일**(sidereal day)을 사용하기도 한다.

태양일은 항성일보다 조금 더 길다. 왜냐하면 (그림 3.9에서 볼 수 있듯이) 지구는 태양 주위의 궤도를 따라 하루에 상당한 거리를 움직이기 때문이다. 지구 궤도의 위치가 A가 될 때 하루를 시작한다고 하자. 이때 태양과 상당히 멀리 떨어져 있는 별(C 방향에 있는)은 지구의 O점에 있는 관측자의 머리 위에 놓인다. 지구가 멀리 있는 그 별에 대해 완전히 한 바퀴 자전했을 때, C는 다시 O점 바로 위에 오게 된다. 그러나 지구가 궤도를 따라 A에서 B로 움직였기 때문에 태양은 아직 O점 바로 위에 도달하지 못했음에 유의하라. 1 태양일이 되려면 지구는 약간 더 자전해야 하는데, 즉 자전의 1/365에 해당하는 만큼 더 돌아야 한다. 이 추가 자전에 걸리는 시간은 하루의 1/365 또는 약 4분이다. 그래서 태양일이 항성일보다 약 4분 더 길다.

일상생활에서 사용하는 시계는 태양시에 맞춰졌기 때문에 별은 매일 4분 일찍 뜨는 셈이다. 천문학자들은 관측 계획을 짤 때 항성시를 더 잘 사용하는데, 이유는 항성시 체계에서 별이 뜨는 시간이 매일 같기 때문이다.

3.3.2 겉보기 태양시

겉보기 태양시(apparent solar time)는 하늘에서 보이는 실제 태양의 위치(밤에는 지평선 아래에 있는 태양의 위치)를 근거로 산출된다. 이는 해시계가 나타내는 시간인데, 아마도 고대 문명에서 최초로 측정한 시간이었을 것이다. 오늘날 우리는 하루의 시작을 자정으로 정하고, 이후에 지나는 시간을 '시'라는 단위로 측정한다.

하루의 처음 반 동안은, 태양이 자오선(하늘에서 천정을 지나는 대원)에 도달하지 못한다. 이 시간을 오전(ante meridiem, AM)으로 부른다. 통상적으로 정오 후에 시간을 반복해서

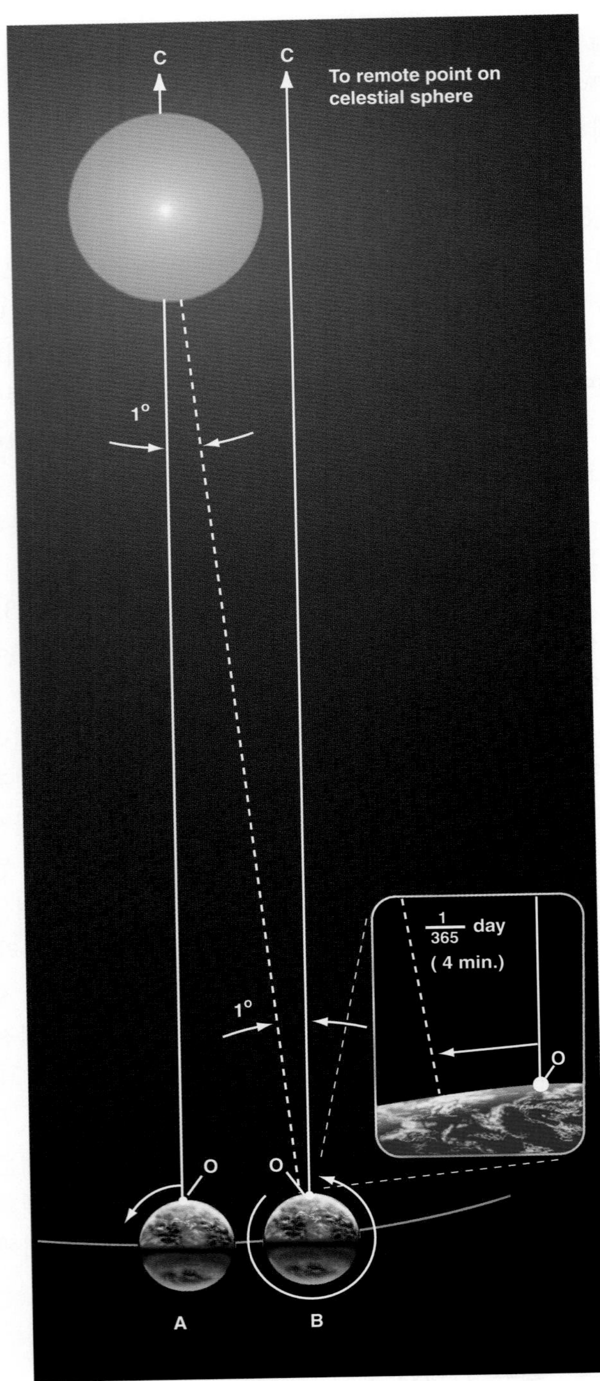

■ **그림 3.9**

항성일과 태양일 사이의 차이 지구가 태양 주위를 돌고 있는 모습을 위에서 바라본 그림이다. 지구가 태양 주위를 공전하기 때문에 (하루에 거의 1°) 별을 기준으로 볼 때 지구가 완전히 한번 자전했다 하더라도 우리는 태양을 같은 위치에서 볼 수 없다.

세며, 그 시간을 오후(post meridiem, PM)라고 한다.

겉보기 태양시는 간단해 보이지만 사용하기에 아주 불편하다. 겉보기 태양일의 정확한 길이는 1년 동안 약간씩 변한다. 천구상에서 태양이 1년 동안 동쪽으로 움직이는 속도는 일정하지 않은데, 그 이유는 지구의 공전 속도가 타원 궤도 상에서 조금씩 변하기 때문이다. 또 다른 이유는 지구의 자전축이 지구의 공전 면에 수직이지 않기 때문이다. 따라서 겉보기 태양시는 일정한 비율로 진행되지 않는다. 일정 비율로 움직이는 기계 시계가 발명된 후에, 기본 시간 단위로 겉보기 태양일을 사용하는 것을 포기해야 했다.

3.3.3 평균 태양시와 표준시

평균 태양시(mean solar time)는 1년에 걸친 태양일의 평균값을 근거로 한다. 평균 태양일은 정확히 24시간이며, 바로 우리가 상용 시간으로 사용하는 시간이다. 비록 평균 태양시가 일정한 비율로 진행한다는 장점은 있지만, 이것도 실제 쓰기에는 여전히 불편하다. 그 이유는 태양의 위치에 의해 시간이 결정되기 때문이다. 예를 들어 정오는 태양이 머리 위에 올 때다. 그러나 우리는 둥근 지구 위에 살고 있기 때문에 동쪽이나 서쪽으로 움직이며, 경도가 바뀌면 정확한 정오 시간이 달라진다.

만약 평균 태양시가 정확하게 관측된다 하더라도, 동쪽 또는 서쪽으로 여행하는 사람들은 경도가 바뀔 때마다 지방 평균시를 정확히 읽을 수 있도록 자신의 시계를 다시 맞춰야 한다. 예를 들어 롱아일랜드의 오이스터 베이에서 뉴욕으로 출근하는 사람은 이스터 리버 터널을 통과할 때 시간을 조정해야 한다. 왜냐하면, 오이스터 베이 시간은 실제로 맨해튼 시간보다 1.6분 이상 빨리 가기 때문이다. (그리고 승무원이 매분 구내방송으로 "여러분의 시계를 지방 평균시에 맞추세요."라고 말하는 비행기 여행을 상상해 보라.)

18세기가 끝날 무렵까지 미국의 모든 도시와 마을은 그 지역의 지방 평균시를 사용하였다. 그러나 철도와 전보의 발달로 어떤 표준 시간의 필요성이 대두되었다. 1883년에 미국은 4개의 표준 시간대를 채택했다. (지금은 하와이와 알래스카를 포함해서 5개이다.) 각 시간대 내의 모든 지역에서는 같은 표준시(standard time)를 쓴다. 이 시간은 그 지역의 중심 부근을 지나는 표준 경도선을 기준으로 하는 지방 평균 태양시다. 이제 여행자들은 단지 시간의 변화가 1시간에 이를 때만 그들의 시계를 다시 맞추면 된다. 태평양 표준시는 동부 표준시보다 3시간 빠르다. 동부 해안에 사는 사람이 이 사실을 잊고 아침 5시에 캘리포니아에 사는 친구에게 전화를 건다면 분명히 고통스러워할 것이다.

지역적 편의를 위해 미국에서 시간대의 경계는 각 주의

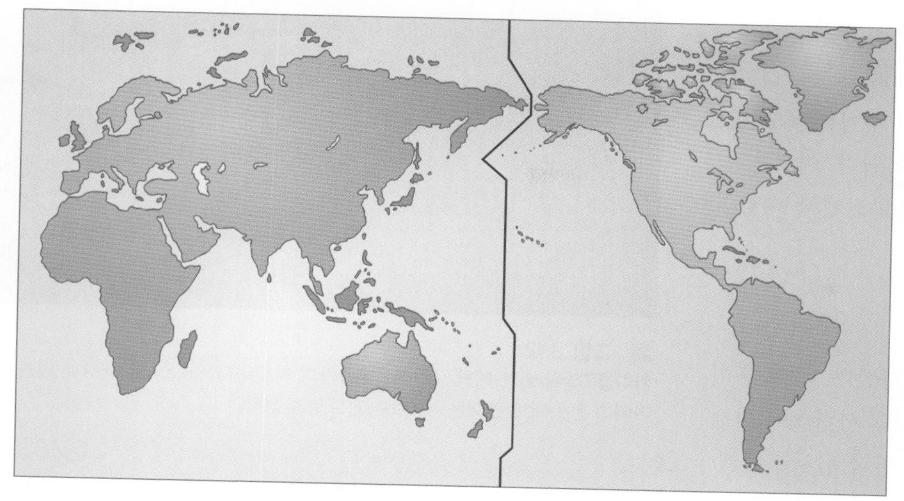

■ **그림 3.10**
날짜가 변경되는 곳 국제 날짜 변경선은 지상에서 임의로 그은 선으로, 이 선을 경계로 날짜가 바뀐다. 이웃이 서로 다른 날짜가 되지 않기 위해, 날짜 변경선은 주로 바다를 지난다

경계선에 맞추어 정해졌다. 1884년 이래 국제협약 (지구 전체를 24시간대로 나누었다)에 따라 세계적으로 표준시가 사용되고 있다. 가장 큰 국가 중 하나인 인도가 그리니치 표준으로부터 $5\frac{1}{2}$시간이 되는 반경도대(half-zone)의 시간을 사용하고 있지만, 대부분 국가는 하나 혹은 그 이상의 경도대 표준시를 채택하고 있다.

일광 절약 시간은 그 지역의 지방 표준시에 1시간을 더하면 된다. 일광 절약 시간은 미국 대부분 주와 많은 나라에서 봄과 가을에 태양이 떠 있는 오후 시간을 늘리기 위해 사용하고 있는데, 이 제도를 사용하는 이유는 개인이나 기업들의 계획에 맞추어 오후 시간을 늘려서 조정하기보다는 정부 방침에 따라 시간을 바꾸기가 더 쉽기 때문이다. 물론 일광을 절약하는 것은 결코 아니다. 왜냐하면, 일조량은 인간의 시계 조절로 변하지 않기 때문이다.

3.3.4 국제 날짜 변경선

시간은 항상 동쪽으로 갈수록 앞서 간다는 사실에서 문제가 발생한다. 우리가 동쪽으로 세계 여행을 한다고 가정해보자. 평균적으로 볼 때, 경도를 15° 지나칠 때마다 새로운 시간대를 만나게 되고, 그때마다 열심히 시계를 1시간씩 앞당겨야 한다. 여행을 마칠 때면 시계는 완전히 24시간 앞당겨지므로, 집에 머물러 있던 사람들에 비해 하루를 더 간 셈이 된다.

이 문제를 해결하기 위해 국제협약으로 대략 경도 180° 자오선을 따라 그어진 **국제 날짜 변경선**(international date line)을 도입했다. 이 날짜 변경선은 군도(群島)와 알래스카를 지나는 것을 피하기 위해 다소 들쑥날쑥하지만 거의 태평양의 중앙을 지난다(그림 3.10). 통상, 날짜선에서 달력의 날짜가 하루 달라진다. 서에서 동으로 날짜선을 지나면 시간을 앞당겨 날짜를 줄인다. 동에서 서로 지날 때는 하루를 늘이게 된다. 지구에서 합리적인 시간기록 방식을 위해, 같은 시간이라도 도시에 따라 날짜가 달라진다는 것을 받아들여야 한다. 제국주의 일본 해군이 하와이 진주만을 폭격한 날짜가 미국에서는 1941년 12월 7일 일요일로 알려졌지만 일본 학생들은 12월 8일 월요일로 배우는 것이 좋은 예다.

3.4 역법

3.4.1 역법의 난제

"오늘이 며칠이지?"라는 질문은 (흔히 수표를 쓰거나 다음 시험을 걱정할 때) 가장 통상적인 질문 중의 하나다. 날짜를 알려주는 디지털 시계를 사용하기 훨씬 전에는 시간의 경과를 측정하기 위해 달력을 썼다.

역법에는 두 가지 전통적 기능이 있다. 첫째, 역법은 오랜 기간에 걸친 시간 기록을 통해서, 사람들에게 계절의 순환을 예측할 수 있게 해주고 종교적 또는 개인적 기념일을 축하할 수 있도록 한다. 둘째, 여러 사람이 널리 쓰기 위해, 역법은 모든 이들이 동의하는 자연적 시간 간격—지구, 달 그리고 때로는 행성의 운동에 의해 정의되는 것—을 사용해야 한다. 오늘날 역법의 자연적 단위는 지구 자전 주기에 근거한 '하루(일, 日)', 달의 공전 주기에 근거한 '한 달(월, 月)', 그리고 지구의 공전 주기에 근거한 '일 년(년, 年)'이다. 그러나 문제는 이 세 가지 주기의 단위가 같지 않다는 사실에서 많은 어려움이 발생한다. 즉 한 단위를 다른 어떤 단위로 균등하게 나누기가 어렵다.

지구의 자전 주기는 하루(1.0000일)로 정의한다. 달의 위상이 한 번 순환하는 데 걸리는 주기를 음력의 한 달(lunar month, 태음월)이라 부르는데, 이는 29.5306일이다. 회귀년(tropical year)이라 불리는 지구의 기본 공전 주기는 365.2422일이다. 이러한 수들의 비는 계산하기가 어렵다. 이것은 역법이 풀어야 할 역사적 난제였고, 여러 문화권에서 다양한 방식으로 다뤄졌다.

3.4.2 초기의 역법

초기 문명도 시간 기록과 역법에 관심을 가졌다. 특히 흥미로운 것은 북서부 유럽 영국에서 청동기 시대 사람들에 의해 남겨진 유물이다. 가장 잘 보관된 유물은 영국 남서부에 있는 살리스버리(Salisbury)로부터 13 km 떨어진 곳에 있는 스톤헨지(Stonehenge)다(그림 3.11). 이 유물은 동심원으로 배치된 돌과 도랑 그리고 구멍들이 복잡하게 배열된 구조물이다. 탄소 연대 추정과 기타 연구에 따르면, 스톤헨지는 약 B.C. 2800년부터 B.C. 1500년에 걸친 기간에 건축된 것으로 보인다. 일부 돌들은 해가 뜨고 지는 동안 한 해의 특정한 시간(하지, 동지와 같은 시간)에 태양과 달을 향하도록 배열되어 있으며, 적어도 이러한 유물의 기능 중 하나가 역법을 기록하는 것과 관련 있다는 것이 일반적으로 인정되고 있다.

1000년 전에 번성했던 중앙아메리카의 마야인들 또한 시간 기록에 관심을 가졌다. 마야 역법은 현재 유럽의 역법처럼 정교했고, 더 복잡했다. 마야인의 역법에서는 한 해의 길이와 태음월을 정확히 관련짓지 않았다. 그들의 역은 오히려 하루하루의 경과를 기록하고 먼 과거 혹은 미래까지 시간을 헤아리기 위한 체계였다. 그 밖의 목적으로는 천문학적 사건—예를 들어 하늘에서 금성의 위치(그림 3.12)—를 예측하는 데 유용하게 사용되었다.

David Morrison

■ **그림 3.12**
카라콜(Caracol)의 폐허 멕시코 유카탄의 치첸이차(Chichen Itza)에 있는 마야의 천문대로 연대는 1000년 정도로 추정된다.

고대 중국에서는 아주 복잡한 역법이 특별히 허가된 몇몇 궁정 세습 천문학자들—점성술사—에 의해 개발되었다. 그들은 지구와 달의 운동뿐 아니라 목성의 12년 주기를 정확하게 맞출 수 있었는데, 이 주기는 점성술 체계의 중추였다. 중국인들은 아직도 이 체계의 일부 개념을 12간지—용의 해, 돼지의 해 등등—로 보존하고 있는데, 이 12년 주기는 황도에서 목성의 위치로 정의된다.

서양 역법은 기원전 8세기부터 날짜를 매겼던 그리스 역법에서 연유한다. 이 역법으로부터 마침내 율리우스 역이 탄생하였는데, 율리우스 카이사르(Julius Caesar)가 제정했고, 1년을 365.25일로 했으며, 실제 값 365.2422일에 아주

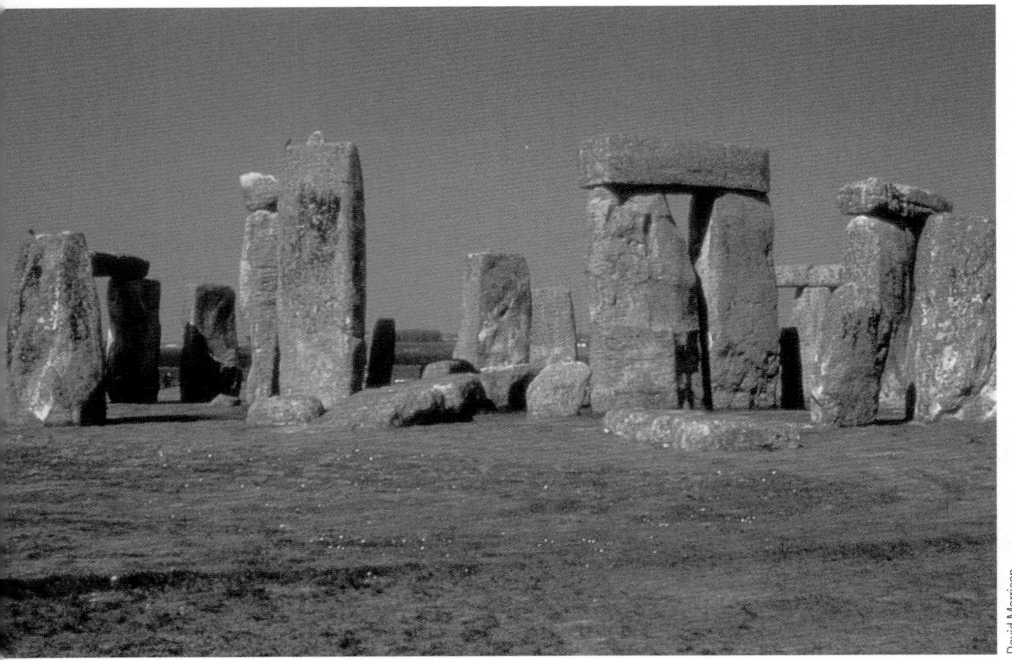

David Morrison

■ **그림 3.11**
스톤헨지의 일부 고대 유물인 스톤헨지는 B.C. 2800년에서 B.C. 1500년 사이에 세워졌으며 태양과 달의 운동을 추적하는 데 사용되었다. 부주의한 관광객들과 문화 파괴자들이 훼손해서, 오늘날에는 그 장소에 철책이 둘러쳐지고 입장이 제한되는 지경에 이르렀다.

근접해 있다. 로마인들은 4년마다 예외를 두어, 1년을 각 365일이 되도록 만들었다. 윤년에는 하루를 더 첨가해서 1년을 366일로 함으로써, 1년의 평균 길이가 365.25일이 되도록 만들었다.

한 달의 길이가 약 30일이라는 사실로부터 고대 음력 체계의 흔적을 엿볼 수는 있지만, 로마인들은 태양이나 달을 근거로 역을 만드는 일은 불가능한 것으로 보고 포기했었다. 그러나 음력은 다른 문화권에서 계속 사용됐으며, 이슬람 역은 근본적으로 양력이라기보다는 음력에 가깝다고 할 수 있다.

3.4.3 그레고리 역법

율리우스 역법(초기 그리스도 교회에서 채택)은 큰 발전을 보여주었지만, 1년의 평균 길이가 실제와 약 11분의 차이가 남으로 수 세기에 걸쳐 누적되면 상당한 오차가 생기게 된다. 매년 11분씩 누적된 결과 1582년경에는 봄의 첫째 날이 3월 21일 아닌 3월 11일이 되었다. 만약 누적이 계속되었다면, 결국 기독교의 부활절이 초겨울에 행해지게 되었을 것이다. 갈릴레오와 같은 시대에 살았던 교황 그레고리 13세는 더 나은 역법으로 개정할 필요성을 느꼈다.

그레고리의 역법 개정은 두 단계로 이루어졌다. 먼저 춘분점이 3월 21로 돌아오도록 하기 위해서 달력에서 10일을 떼어냈다. 1582년 10월 4일 다음 날을 10월 15일로 하도록 선포한 것이다. 새로운 그레고리 역법의 두 번째 특징은 윤년에 대한 규칙을 바꿔서, 1년의 평균 길이를 1회귀년에 더 가깝도록 한 것이다. 이를 위해서, 율리우스 역법에 따른다면 모두 윤년인 백 년이 시작되는 해(세기 년도)에 대해 4번 중 3번은 평년이 되도록 선포했다. 이 규칙에 따르면 400으로 나누어지는 해만 윤년이 된다. 그러므로 1700년, 1800년, 그리고 1900년은 모두 4로는 나눠지만 400으로는 나눠지 않기 때문에 그레고리 역법에서는 윤년이 아니다. 반면 1600년, 2000년은 모두 400으로 나누어지므로 윤년이 된다. 이 그레고리 역법에서는 1년의 평균 길이가 365.2425 평균 태양일이 되어, 3300년에 1일 정도의 오차가 발생한다.

가톨릭 국가들은 즉시 그레고리력으로 개정했지만, 동방 교회의 통제를 받는 나라들과 신교 국가들은 오랫동안 그레고리 역을 채택하지 않았다. 마침내 영국과 미국 식민지에서 변화가 일어났던 해는 1752년이었다. 의회 칙령으로 1752년 9월 2일 다음 날을 9월 14일이 되도록 했다. 지주들이 9월분 월세를 한 달 치로 쳐서 거두는 폐해를 막기 위해 특별법이 제정되지만, 폭동이 일어났고, 사람들은 12일을 돌려 달라고 요구했다. 러시아는 볼셰비키 혁명이 일어나고야 율리우스 역을 포기했다. 당시 러시아인들은 세계 다른 나라들과 함께 보조를 맞추기 위해 13일을 버려야 했다.

3.5 달의 위상과 운동

태양 다음으로, 하늘에서 가장 밝고 뚜렷한 천체는 달이다. 태양과 달리 달은 스스로 빛을 내지 못하고 단지 반사된 햇빛으로 밝게 빛난다. 한 달 동안 하늘에서 달의 변화를 추적해보면, 위상의 순환을 관측할 수 있다. 즉 달이 어둠에서 시작해서 약 2주에 걸쳐 햇빛으로 밝아지다가 완전히 둥근 원반으로 보인 다음 다시 어두워지기 시작해서 약 2주 후에는 어둠 속으로 되돌아간다. 이 변화는 초기 문명인들에게 황홀하고 신비스럽게 여겨져서, 달의 순환을 설명하는 괴이한 이야기와 전설을 떠오르게 하였다. 심지어 요즘도 달의 위상이 지구의 그림자와 관련이 있다고 생각하면서, 위상 변화를 일으키는 원인을 정확히 이해하지 못하는 사람이 많다. 이제 달의 위상이 태양계에서 밝은 광원인 태양에 대한 달의 상대적 운동으로 어떻게 설명되는지 살펴보자.

3.5.1 달의 위상

태양이 한 달 동안 천구상에서 1년간의 전체 행로에서 약 1/12을 움직이지만, 달의 위상을 설명하기 위해서, 달의 주기 4주 동안 햇빛은 거의 같은 방향에서 비춘다고 가정한다. 한편, 달은 그동안 지구 주위를 완전히 한 바퀴 돈다. 지구에서 달을 관측하기 때문에, 우리가 보는 햇빛의 조명을 받고 있는 달의 모습은 태양이 달과 이루는 각도에 따라 달라진다.

무슨 의미인지를 보여주는 간단한 실험을 해 보자. 완전히 캄캄한 방, 또는 어두운 밤 야외에서 밝은 전등으로 2 m 정도 떨어진 곳에 테니스공이나 오렌지 같은 둥근 물체를 손에 들고 서보자. 우리 머리는 지구이며, 빛은 태양, 그리고 공은 달을 나타낸다. 공을 머리 주위로 움직여 보자. (이때 머리로 빛을 가려서 공이 보이지 않는 식 현상이 일어나지 않도록 주의하자.) 공에서 달의 위상과 같은 위상 변화를 볼 수 있을 것이다. (달의 위상과 운동을 잘 알기 위해서 한두 달 동안 하늘에서 달을 추적해서 달의 모양, 태양과 이루는 달의 방향, 그리고 뜨고 지는 시간을 기록해 보는 것도 좋은 방법이다.)

한 달 동안 달이 변하는 모습을 보여주는 그림 3.13을 이용하여 달의 위상 주기를 살펴보자. 이 그림을 잘 이해하려면, 스스로 지구에 서서 그 위상을 보이는 달을 마주 보고 있다고 상상해야 한다. A의 위치에서는 지구의 오른쪽에 있

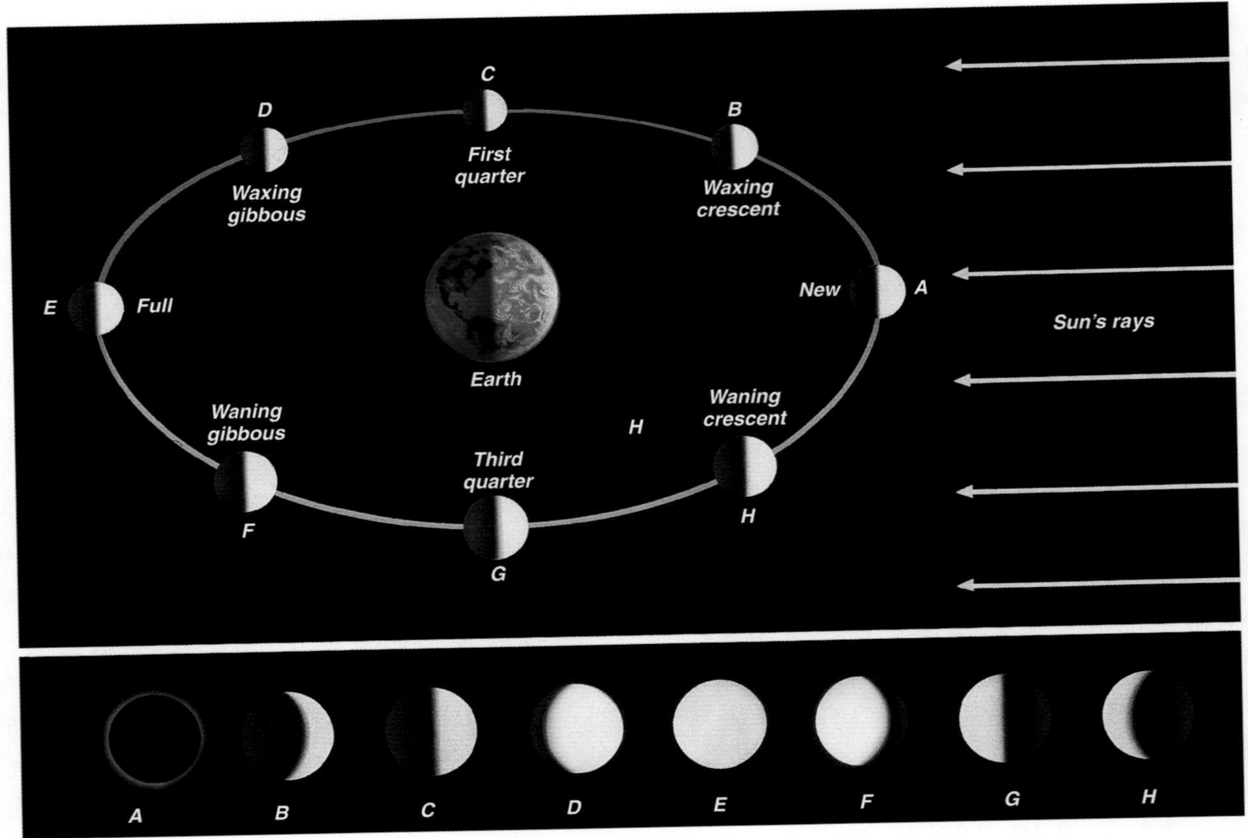

■ **그림 3.13**
달의 위상 완전한 위상 주기 동안 달의 겉보기 모습. 위의 그림은 우주 공간에서 내려다본 투시도이며 태양은 오른쪽에 고정되어 있다. 지구 위에 서서 지구 주위를 공전하는 달을 바라보고 있다고 상상하자. 예를 들어, *A* 위치에서 우리는 한낮에 지구의 오른편에 있는 달을 바라보고 있다. 아래 그림은 지구에서 본 달의 겉보기 모습을 보여주고 있는데, 각각 표시된 위치에서 우리가 보게 되는 모습이다. (이 그림에서 지구-달 사이의 거리 척도는 실제와 다름에 유의하라. 달은 우리로부터 지구 반경의 약 30배 정도 떨어져 있으므로 실제 척도로 그리려면 크고 비싼 전지를 사용해야 한다.)

고 정오 시간이다. *E*의 위치에서는 지구의 왼편 한밤중에 있다. 그림 3.13의 매 위치에서 달은 절반만 빛이 빛나고 절반은 어둡다는 것에 주의해 보자(햇빛은 공의 반만 빛이 비치듯이). 각 위치에서 보이는 달 모양의 차이는 달의 어떤 부분이 지구를 향하는지와 관련된다.

달이 하늘에서 태양과 같은 방향에 있을 때 (*A* 위치) 달을 삭(신월, new moon)이라고 부른다. 이때 달은 햇빛을 받는 (밝은) 면이 우리와 반대쪽에 있고, 어두운 면이 지구를 향하게 된다. 우리 측면에서 볼 때 태양은 달의 '엉뚱한' 면을 비추고 있다는 셈이다. 이 위상에서는 달을 볼 수 없다. 달의 어두운 암석질 표면은 그 자체로 어떤 빛도 내지 못한다. 삭은 태양과 같은 위치에 있기 때문에 해 뜰 때 뜨고 해질 때 진다.

그러나 달은 한 위상에 오래 머물지 않는다. 왜냐하면, 달은 지구 주위를 공전하면서 매일 동쪽으로 움직이기 때문이다. 지구를 한번 공전하는 데 약 30일이 걸리고, 원은 360°이므로 달은 하늘에서 매일 약 12°씩(달 반경의 24배 정도씩) 이동한다. 삭 이후 하루 이틀 지나면, 먼저 얇은 초승달 위상이 나타나는데, 햇빛이 비치는 달 반구의 작은 부분이 보이기 때문이다. 달은 이제 햇빛을 우리 쪽으로 더 많이 반사하는 위치로 움직여 간다. 달이 태양 쪽에서 점차 멀어질수록(*B* 위치), 밝은 초승달은 매일매일 점점 더 커진다. 달이 태양으로부터 멀어지면서 동쪽으로 이동하기 때문에 여름 방학 중의 학생들처럼 달은 매일 점점 늦게 뜨게 된다.

약 일주일이 지나면 달은 궤도의 1/4이 되는 곳에 오는데(*C* 위치), 이때 달의 위상을 상현이라고 한다. 이제 햇빛이 비치는 달의 절반 영역을 지구에서 볼 수 있다. 동쪽으로 이동하기 때문에 달은 이제 약 하루의 1/4 정도 태양으로부터 뒤처져서, 대략 정오에 떠서 자정에 진다.

상현 이후 일주일 동안은, 햇빛이 비친 달의 반구가 점차 커지게 되는데(*D* 위치) 이 위상을 차가는 (또는 커지는) 현망간(弦望間, waxing gibbous) 위상이라고 한다. 마침내 달은 하늘에서 태양과 정반대 위치인 *E*에 도달한다. 태양을 향하는 달의 표면이 지구 쪽으로 향하게 되므로 보름(望)의 위상을 보게 된다.

연결고리

천문학과 요일

비록 일주일의 길이는 달의 위상의 1/4에 근거를 두는 것으로 보이지만, 그 개념은 천체의 운동과 무관한 것 같다. 서구 문화권에서 요일은 고대인들이 하늘에서 보았던 7개 '방랑자'의 이름을 따서 명명되었다. 태양, 달, 그리고 육안으로 보이는 5행성(수성, 금성, 화성 목성, 토성).

태양-일요일(Sun-day), 달-월요일(Moon-day), 그리고 토성-토요일(Saturn-day)은 쉽게 알 수 있지만, 다른 요일들은 북유럽의 신들과 같은 로마 신들로 이름 붙여진 행성의 이름으로 따라 부른다. 라틴어로는 그 연관성이 더 분명해진다. 예를 들면 수요일(Wednesday)은 수성(Mercury)의 날로서 이탈리아어로 Mercoledi이다. 그리고 불어로는 Mercredi, 스페인어로 Miercoles이다. 화요일(Tuesday)은 화성(Mars, 스페인어로 Martes)로, 목요일(Thursday)은 목성(Jupiter 또는 Joev, 이탈리아어로 Giovedi), 그리고 금요일(Friday)은 금성 Venus, 불어로 Vendredi)과 연관된다.

1주일이 5일이나 8일이 아니라 반드시 7일이어야 할 이유는 없다. 만약 육안에 보이는 행성의 수가 현재보다 더 많다면, 비틀즈의 노래처럼 '일주는 8일'이 맞을 수도 있었다고 상상하는 것도 즐거운 일이다.

보름달일 때, 태양과 반대 위치에 있게 된다. 이때 달은 태양과 반대로, 태양이 질 때 뜨고, 뜰 때 지게 된다. 이것이 일상생활에서 어떤 의미를 지니는지 주목해보자. 전체가 빛나는(매우 잘 보이는) 달은 날이 어두워지자 곧 떠서 밤새 하늘에 머물다 새벽에 햇살이 보일 때쯤 지게 된다. 그런데 달이 하늘에 가장 높이 떠서 가장 잘 보일 때는 언제인가? 이 자정은 공포 소설이나 공포 영화로 유명해진 시간이다. (드라큘라 같은 흡혈귀는 보름달 행태와 어떻게 비슷한지 주목해 보자. 드라큘라는 해가 지면 일어나서 자정에 심한 장난을 하다가 해가 뜨면 다시 관 속에 들어간다. 오랜 전설들은 달의 행태를 의인화하는 방식으로, 도시의 불빛이나 텔레비전 이전 시대 사람들의 삶 속에서 아주 극적인 부분을 보여주고 있다.)

미친 행동은 보름일 때 더 잘 일어난다는 속설이 있다. [달은 심지어 미친 행동과 관련지어 '광기(lunacy)'라는 이름으로 사용] 사실, 병원 응급실이나 경찰 자료 등 수많은 기록을 통한 이러한 '가설'에 대한 통계적 분석 결과 달의 위상과 가설 사이에는 어떠한 연관성도 찾을 수 없었다. 보름만큼이나 삭이나 초승에도 많은 살인 사건이 발생한다. 대부분 연구자는 실제로 미친 행동이 보름날 밤에 더 많이 일어나기보다는 그러한 행동이 밤새 비치는 밝은 달빛의 도움으로 더 잘 목격되는 것이라고 믿는다.

보름 후 2주일 동안 달은 반대로 다시 같은 위상을 거치고(그림 3.13에서 F, G와 H), 약 29.5일 후에는 삭으로 다시 돌아온다. 예를 들어, 보름 후 약 1주일이 지나면 달의 위상은 하현이 된다.―이것은 달의 3/4이 비치는 것이 아니라 달이 순환 궤도의 3/4이 되는 곳에 있음을 의미한다. 실제로 보이는 달의 반은 다시 어두워진다. 이 위상에서 달은 자정쯤에 뜨고 정오 부근에서 진다.

그림 3.13에 잘못된 부분이 하나 있다. 만약 E 위치에 있는 달을 본다면, 이론적으로 보름달이지만 비치는 현상이 지구에 가려져 지구 그림자 외에는 달의 어떤 부분도 보지 못하게 될 것 같다. 실제로 달이 이 그림처럼 지구에 그렇게 가깝지 않다. (하늘에서 달의 궤도면이 태양 궤도면과 일치하지 않는다.) 이 그림은 (모든 교과서의 그림과 마찬가지로) 그렇게 믿도록 유도하고 있다. 그러나 실제로 달은 지구로부터 지구 직경의 30배 되는 거리만큼 떨어져 있다. 머리말에 두 천체의 크기를 비교해 주는 그림이 제시되었다. 달의 궤도가 하늘에서 태양의 궤도면에 기울어져 있기 때문에 지구 그림자는 대부분 달에 미치지 못한다. 그래서 우리가 규칙적으로 보름달을 보게 되는 것이다. 지구의 그림자가 달에 미칠 때를 월식이라 부르는데 이는 3.7절에서 다루게 된다.

이상에서 달의 위상과 뜨고 지는 시간에 대해 배웠기 때문에, '나는 아침에 태양을 가지고, 밤에는 달을 가진다.'라고 부르는 옛 노래의 작가는 대학 시절 천문학 강의를 거의 기억하지 못했음을 알 수 있다. 밤중 내내 보이는 달은 오직 보름달뿐이다. 다른 때에는 오전 내내(하현) 또는 오후 내내(상현) 낮 동안 하늘에서 볼 수 있다.

3.5.2 달의 공전과 자전

달의 항성주기―이것은 별을 기준으로 측정한 지구 주위를

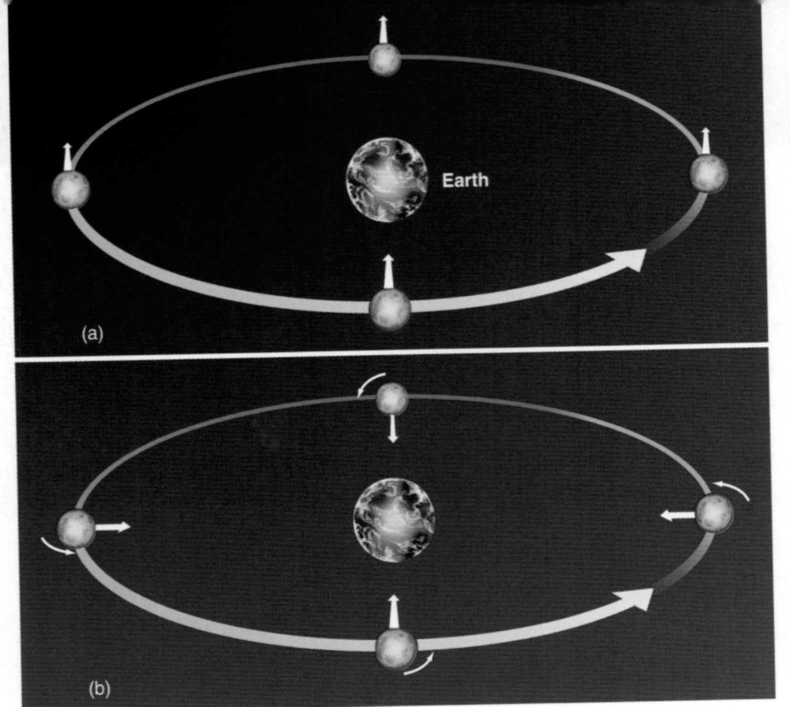

■ **그림 3.14**
자전하는 달과 자전하지 않는 달 이 그림에서 달의 한쪽 면을 추적하기 위해 그쪽의 한 점에 흰 화살표를 붙였다. (a) 만약 달이 지구 주위를 돌면서 자전하지 않는다면 우리는 달의 모든 면을 볼 수 있다. 따라서 흰 화살표는 그림에서 아래쪽에서만 지구를 향하게 된다. (b) 실제로 달은 공전 주기와 자전 주기가 같다. 그래서 우리는 항상 달의 같은 면만을 보게 된다. (흰 화살표는 언제나 지구를 향한다.)

도는 공전 주기이다—는 27일보다 조금 길다. 정확히 27.3217일이다. 위상이 반복되는 시간 간격—보름에서 보름까지—은 29.5306일이다. 이들 차이는 태양 주위를 도는 지구의 운동 때문에 생긴다. 달이 태양을 같은 위상으로 따라 잡으려면, 움직이는 지구 주위를 한 바퀴 이상 돌아야 한다. 이미 보았듯이, 천구에서 달의 위치는 오히려 빠르게 변한다. 심지어 하룻밤 사이에도 달이 동쪽으로 별들 사이를 천천히 지나가는 것을 확인할 수 있는데, 천구에서 달이 그 크기만큼 이동하는 데 약 1시간 정도 걸린다. 달은 동쪽으로 이동하기 때문에 매일 약 50분 정도 늦게 뜬다.

달은 공전 주기와 같은 주기로 자전한다. 그 결과, 달은 항상 같은 면을 지구 쪽으로 향하게 된다(그림 3.14). 이런 현상은 친구 주위를 '돌면서' 스스로 경험해볼 수 있다. 우선 친구와 마주 보면서 시작해보자. 친구 주위를 도는 것과 같은 시간에 한번 스스로 돈다면(자전) '궤도' 운동하는 내내 친구의 얼굴을 계속 보게 될 것이다.

밤이 바뀌면 나타나는 달의 모습 차이는 달의 자전 때문이 아니라 태양 빛이 비쳐서 밝게 보이는 면이 달라지기 때문이다. 때때로 달의 뒷면을 (우리가 결코 볼 수 없는) '암흑면'이라고 부르는 것을 듣게 된다. 이것은 실제상황을 잘못 이해한 것이다. 어느 쪽이 밝고 어두운가는 달이 지구를 공전하면서 달라진다. 앞면과 마찬가지로 뒷면도 항상 어둡지는 않다. 달이 자전하기 때문에 태양은 달의 어느 쪽에서나 뜨고 진다. 핑크 프로이드(Pink Floyd)라는 가수에게 미안하지만, 딱 정해진 '달의 암흑면'은 존재하지 않는다.

3.6 바다의 조석과 달

바다 근처에 사는 사람들은 하루에 두 번씩 일어나는 바닷물 상승과 하강에 익숙해 있다. 매일 일어나는 만조의 지연은 월출의 지연과 같아서 조석은 틀림없이 달과 관련 있다는 것이 이미 인류 역사 초기에 잘 알려졌다. 그러나 조석에 대한 만족할 만한 설명은 뉴턴의 중력 이론이 나온 이후에 비로소 가능했다.

3.6.1 지구에 미치는 달의 인력

지구 위의 여러 지점에 달이 미치는 중력들을 그림 3.15에 보였다. 이 힘은 지구가 한 점이 아니라 크기를 갖기 때문에 서로 조금씩 다르다. 모든 지점이 달로부터 같은 거리에 있지 않을 뿐 아니라 달을 향한 힘의 방향도 모두 같지 않다.

게다가 지구는 완전한 강체가 아니다. 따라서 지구의 여러 부분에 미치는 달의 인력 차이[차등인력(differential force)이라 부른다]는 지구를 약간 변형시킨다. 달에 가장 가까운 지구 표면은 지구 중심보다 더 강하게 달 쪽으로 끌리고, 그 반대쪽 표면보다 더 강한 인력을 받는다. 따라서 차등 인력은 지구를 약간 늘려서 긴 지름이 달을 향하는 길쭉한 타원체(럭비공 모양)가 되게 한다.

만약 지구가 물로 이루어졌다면, 지구 각 부분에 미치는 달의 차등 인력이 지구 중심으로 끌어당기는 지구 자체의 중력과 평형을 이룰 때까지 변형이 일어날 것이다. 계산

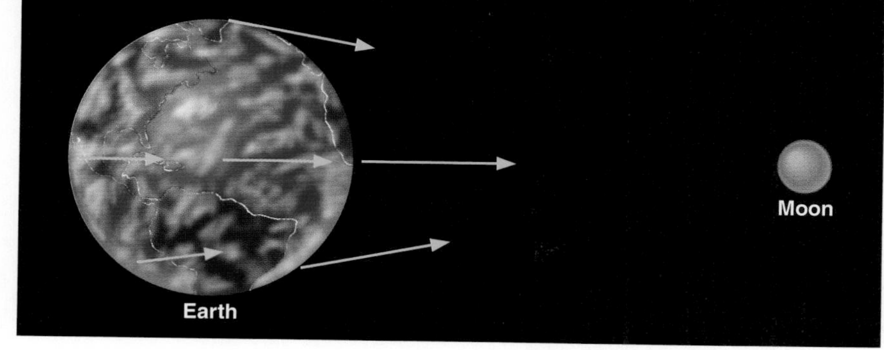

■ 그림 3.15
달의 인력 지상의 여러 곳에 미치는 달의 차등 인력. (차이는 편의상 과장되었음에 유의하자.)

에 의하면 이 경우에 지구는 구형에서 거의 1 m 정도만큼 변형된다. 실제 변형을 측정해 보면 고체인 지구도 변형되지만, 지구 내부가 아주 단단하므로 그 변형의 정도는 물로 이루어졌을 경우의 1/3 정도다.

고체 지구의 조석 변형은 최대 20 cm 정도밖에 되지 않기 때문에 달의 차등 인력이 지구 자체의 중력과 평형을 이룰 정도로 변형되지는 않는다. 따라서 지상의 물체는 수평적으로 작게 끌려서 미끄러지게 된다. 이러한 조석 상승력(tide-raising force)은 너무 미약해서 천문학을 배우는 학생들이나 지각의 암석과 같은 단단한 물체에는 영향을 주지 못하지만, 해수에는 영향을 미친다.

3.6.2 조석의 형성

몇 시간에 걸쳐 작용하는 조석 상승력은 해수 운동을 일으켜서 측정 가능한 조석 팽대부를 만든다. 달과 마주한 지표면의 해수는 달 쪽으로 끌리고, 달 바로 아래 지점에서 해수면의 높이가 최대가 된다. 달 반대편의 지표면에서도 역시 해수 운동으로 조석 팽대부가 생긴다(그림 3.16).

해양의 조석 팽대부는 달이 해수를 누르거나 팽창시켜 일어나는 것도 아니고, 해수를 지구로부터 들어 올려서 일어나는 현상도 아니다. 그보다는 실제로 해수가 달 바로 아래쪽과 그 반대쪽의 두 지역으로 흘러들어 가서 높이 쌓여 더 깊어지게 된다(그림 3.17).

■ 그림 3.16
'이상적' 해수면에 생기는 조석 팽대부

Courtesy Nova Scotia Tourism

■ 그림 3.17
마이나스 만(Minas Basin)의 만조와 간조 때 모습

앞서 설명한 이상적 모형에서는 (나중에 알게 되겠지만, 지나치게 단순화된 모형이다.) 조석의 높이는 단지 1 m 남짓에 불과하였다. 지구 자전 때문에 한 곳에 고정된 관측자는 물이 더 깊어지는 것과 더 얕아지는 것을 교대로 경험하게 된다. 해수가 깊어지는 달 아래쪽과 반대쪽 지역에 오게 되는 관측자는 '조석이 밀려온다.'고 할 것이고, 그 지역으로부터 멀어질 때는 '조석이 빠져나간다.'라고 할 것이다. 관측자에게 하루에 두 번 조석 팽대부가 지나가면서(지구의 양쪽 면에서 한 번씩) 두 번씩의 만조와 간조를 만나게 된다.

태양도 지구에 조석을 일으키는데, 조석 상승 요인으로 그 효과는 달의 반 이하다. 우리가 경험하는 조석은 달의 큰 효과와 태양의 작은 효과의 결합으로 나타난다. 태양과 달이

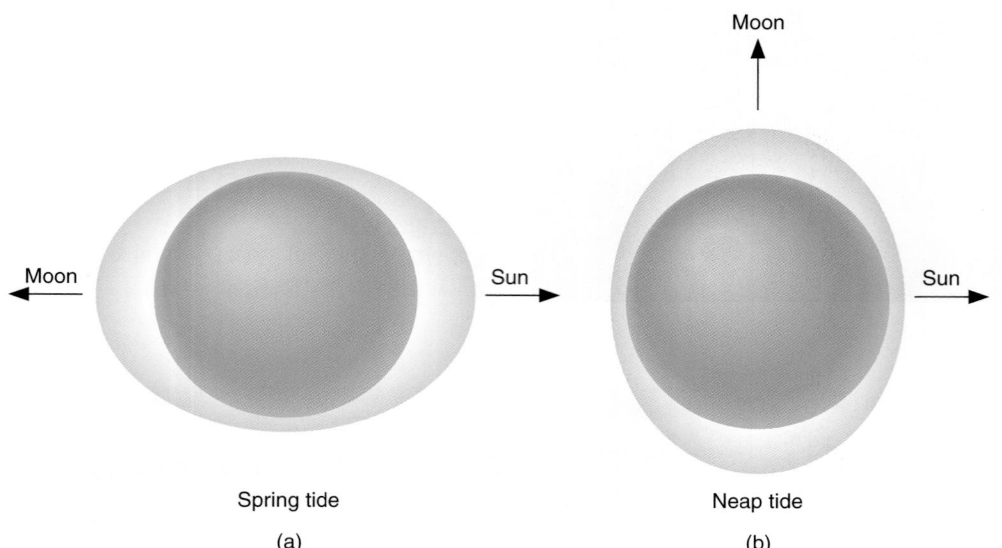

■ **그림 3.18**
태양과 달의 배열이 다를 때 생기는 조석 (a) 사리 때는 태양과 달의 인력이 서로 강화된다. (b) 조금 때는, 태양과 달은 서로 수직으로 인력을 작용해서 보통 때보다 낮은 조석을 일으키게 한다.

일직선 상에 있으면(삭 또는 보름) 태양과 달에 의한 조석은 서로 강화되어 평시보다 더 커진다(그림 3.18). 이를 사리(spring tides, 이 이름은 계절과 관계가 없고, 조수가 더 높이 '튀어 오른다'는 아이디어와 관련 있다)라고 부른다. 사리는 태양이 달과 같은 쪽에 있든지 반대쪽에 있든지 같다. 왜냐하면, 조석 팽대부는 지구 양쪽에 생기기 때문이다. 달이 상현 또는 하현일 때(태양 방향에 수직인) 조석은 태양에 의한 조석이 부분적으로 달의 조석을 상쇄시켜 보통 때보다 조금 더 낮게 만든다. 이것을 조금(neap tides)이라 부른다.

만약 지구가 매우 천천히 자전하고 또 아주 깊은 해수로 둘러싸여 있다면, 앞에서 설명한 '단순' 조석 이론으로 충분하다. 그러나 물의 흐름을 막는 땅덩어리의 존재, 해수 마찰 그리고 해수와 해저 사이의 마찰, 지구의 자전, 바람 그리고 해수 깊이의 변화 및 이외의 모든 요인이 조석 효과를 복잡하게 만든다. 이 때문에 실제로 어떤 곳에서는 매우 작은 조석이 생기고, 다른 곳에서는 거대한 조석이 생겨서 관광객들의 관심을 끌게 된다.

3.7 일식과 월식

오늘날 지구에 살면서 맛보는 우연한 행운 중 하나는 하늘에서 가장 눈에 띄는 두 천체인 해와 달이 거의 같은 크기로 보인다는 것이다. 비록 지름은 태양이 달보다 400배나 크지만, 태양은 달보다 400배 멀리 떨어져 있어 지구에서 바라볼 때 태양과 달의 각 크기는 약 0.5°로 거의 같다. 그 결과 달이 태양을 가릴 수 있게 되어, 자연에서 일어나는 가장 경이로운 사건이 발생한다.

태양계에 존재하는 단단한 천체는 햇빛을 차단해서 그 뒤쪽에 그림자를 만든다. 이 그림자는 우주 공간에서 다른 물체가 그 안으로 들어갈 때 드러난다. 일반적으로 **식**(eclipse)은 지구나 달의 어느 한 부분이 상대 천체의 그림자 안으로 들어갈 때마다 일어난다. 달의 그림자가 지구를 지날 때 그 그림자 안에 있는 관측자들은 달에 의해 적어도 일부분이 가려진 태양을 보게 된다. 즉 그들은 **일식**(solar eclipse)을 목격한다. 달이 지구의 그림자 속을 지날 때, 지구의 밤인 지역에 사는 사람들은 달이 어두워지는 것을 보게 되는데 이를 **월식**(lunar eclipse)이라고 한다.

지구와 달의 그림자는 두 부분으로 이루어진다. 그림자가 가장 어두운 검은 지역을 본영(umbra)이라 부르고, 약간 희미하게 보이는 지역을 반영(penumbra)이라 한다. 경험했듯이, 가장 멋진 식은 천체가 본영에 속으로 들어갈 때 일어난다. 그림 3.19는 달 그림자의 모습과 그 속 여러 지점에서 바라본 태양과 달의 모습을 나타내고 있다.

만약 하늘에서 달의 경로가 태양의 경로(황도)와 같다면, 달이 태양 앞에 오거나, 지구 그림자 안으로 들어갈 때 우리는 매달 일식과 월식을 볼 수 있을 것이다. 그러나 달의 궤도는 태양 궤도면에 대해 약 5° 기울어져 있다. (약간 기울어진 채로 공통 중심을 도는 두 개의 훌라후프를 상상해 보라.) 그 결과 달은 태양의 위쪽 또는 아래쪽으로 충분히 치우쳐 있게 되어 매달 일어나는 식을 피할 수 있게 된다. 그러나 두 경로가 서로 만날 때(1년에 두 번씩)는 '식의 계절'이 되어 식이 가능해진다.

천문학 여행

조지 다윈과 지구 자전의 감속

지구 표면에서 물의 마찰은 엄청난 양의 에너지를 수반한다. 오랜 기간에 걸친 조석 마찰은 실제로 지구의 자전을 느리게 만든다. 현재 지구 자전 주기는 100년에 약 0.002초의 비율로 길어지고 있다. 매우 작아 보이지만, 이 작은 변화는 수백만 년, 수십억 년에 걸쳐 쌓이게 된다.

비록 지구 자전이 늦어지고 있다고 해도, 지구-달 계에서 각운동량(2장 참조)은 변하지 않는다. 그러므로 감소된 지구 자전 각운동량은 다른 각운동량으로 대체되어 가속이 일어날 수 있다는 것이다. 이에 대한 자세한 연구는 박물학자였던 찰스 다윈의 아들인 조지 다윈(George Darwin, 1845~1912)에 의해 1세기 전에 이루어졌다. 조지 다윈은 과학에 강한 흥미를 느끼고 있었으나, 6년 동안 법률을 공부했고 변호사자격도 얻었다. 그러나 그는 결국 변호사로 활동하지 않았고, 대신 과학 쪽으로 돌아서서 결국 케임브리지 대학의 교수가 되었다. 그는 19세기 위대한 과학자 중 한 사람인 켈빈(Kelvin) 경의 제자였으며, 태양계의 장주기 진화에 관심을 가졌다. 그의 전공은 궤도와 운동이 지질학적 시간 동안 어떻게 변하는지를 상세한(그리고 어려운) 수학적 계산을 통해 연구하는 것이었다.

G. Darwin

다윈이 달-지구 계에 대해 계산한 것은 달이 바깥쪽으로 나선 운동을 하면서 지구로부터 멀어진다는 것이었다. 달이 멀리 이동함에 따라, 달은 덜 빠르게 지구 주위를 돌게 될 것이다(태양으로부터 멀리 있는 행성일수록 더 천천히 궤도 운동을 하는 것처럼). 그러므로 한 달은 더 길어지게 될 것이다. 또한, 달이 더 멀어지기 때문에 개기 일식(3.7절 참조)은 이제는 지구에서 볼 수 없게 될 것이다.

하루와 한 달의 길이가 늘어나는 현상은 물론 아주 조금씩이지만, 꾸준히 계속되게 될 것이다. 계산에 따르면 궁극적으로는—앞으로 수억 년 후에—하루와 한 달은 같은 길이(현재 단위로 47일)가 될 것이며, 달은 지상에서 볼 때 하늘에 정지한 것처럼 보일 것이다. 이런 정렬은 명왕성의 달 샤론(Charon)에서 실제로 일어난다. 샤론의 자전 주기와 공전 주기는 명왕성의 하루와 같다.

다윈은 달이 천천히 나선운동을 하면서 지구로부터 바깥쪽으로 멀리 떨어진다는 것을 계산해 냈다.

3.7.1 일식

지구로부터 태양과 달의 거리가 변하기 때문에, 이들 각 크기도 시간에 따라 약간씩 변한다. (그림 3.19에서 A, B, C, D 점에 있는 관측자 거리는 서로 다르지만, 태양과 달이 보이는 모습 변화에 대한 아이디어는 똑같다.) 달은 대체로 태양보다 조금 작게 보이며 두 천체가 일직선 상에 있다 해도 태양을 완전히 가리지 못한다. 그러나 달이 평균 거리보다 가까이 있을 때 일식이 일어난다면 달은 태양을 완전히 가려 개기 일식을 만들 수 있다. 개기 일식은 달그림자의 본영이 지구 표면에 도달할 때 일어난다.

개기 일식의 기하를 그림 3.20에 보였다. 만약 태양과 달이 거의 일렬로 배열된다면, 달의 가장 어두운 그림자는 지상의 좁은 지역과 교차한다. 달그림자 끝 부분 속에 들어 있는 좁은 지역 사람들은 잠깐 태양을 볼 수 없을 것이며, 이때 개기 일식을 목격하게 될 것이다. 동시에 반영석에 들어간 지상의 넓은 지역 관측자들은 달에 의해 가려진 태양의 일부분만을 볼 것이다. 이를 부분 일식(partial solar eclipse)이라 한다.

달이 궤도를 따라 동쪽으로 움직여 달그림자의 끝 부분에 생기는 지상에 드리워진 얇은 띠는 약 1500 km/h의 속도로 동쪽으로 움직인다. 개기 일식을 볼 수 있는(날씨가 허락되면) 이 얇은 띠를 식 경로(eclipse path)라고 한다. 식 경로의 어느 한쪽으로부터 약 3000 km 지역 내에서는 부분 일식을 볼 수 있다. 달그림자가 지상의 한 지점을 지나는 데는 시간이 오래 걸리지 않는다. 개기식의 지속 시간은 짧은

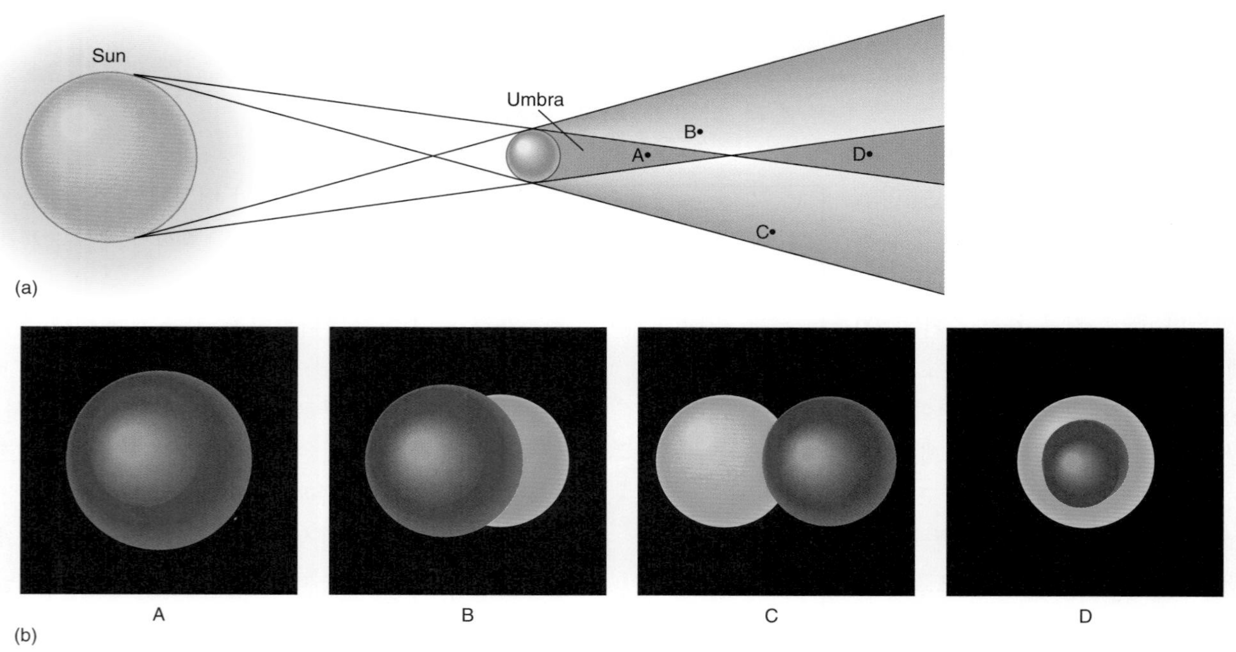

■ **그림 3.19**
일식의 설명 (a) 구형 천체(예를 들어 달)에 의해 만들어진 그림자. 어두운 본영과 조금 덜 어두운 반영을 보라. 그림자의 4지점에 표식을 붙였다 (b) 4지점에서 본 태양과 달의 모습.

순간이다. 그것은 결코 7분을 넘지 않는다.

개기 일식은 장관이기 때문에, 가능하다면 한번 볼 만한 충분한 가치가 있다. 취미가 '식 추적'이라는 사람들도 있고, 또 평생 얼마나 많은 식을 보았는지를 자랑하는 사람들도 있다. 지표면 대부분은 바다이기 때문에 식 추적을 위한 긴 보트 여행이 요구된다. (그리고 때로는 비행기 여행도 필요하다.) 따라서 식 추적이 일반 대학생의 예산으로는 쉽지 않을 것이다. 그렇지만 식 추적 여행에 참고하도록 미래의 식 목록을 부록 9에 실었다.

3.7.2 개기식의 모습

만약 운 좋게 개기식을 맞는다면 무엇을 볼 수 있을까? 태양 원반의 가장자리를 달이 가리기 시작하면서 일식이 일어난다. 달이 태양을 점점 많이 가리면서 부분식이 진행된다. 식이 일어난 후 1시간쯤 지나면 태양은 완전히 달 뒤에 가려지게 된다. 개기식이 일어나기 바로 몇 분 전에 하늘이 현저히 어두워진다. 어떤 꽃들은 꽃잎을 닫고, 닭들은 닭장 안으로 돌아간다. 대낮에 갑자기 기분 나쁜 박명이 깔리게 되면, 여러 동물들(그리고 사람들)은 어리둥절해진다. 개기식이 진

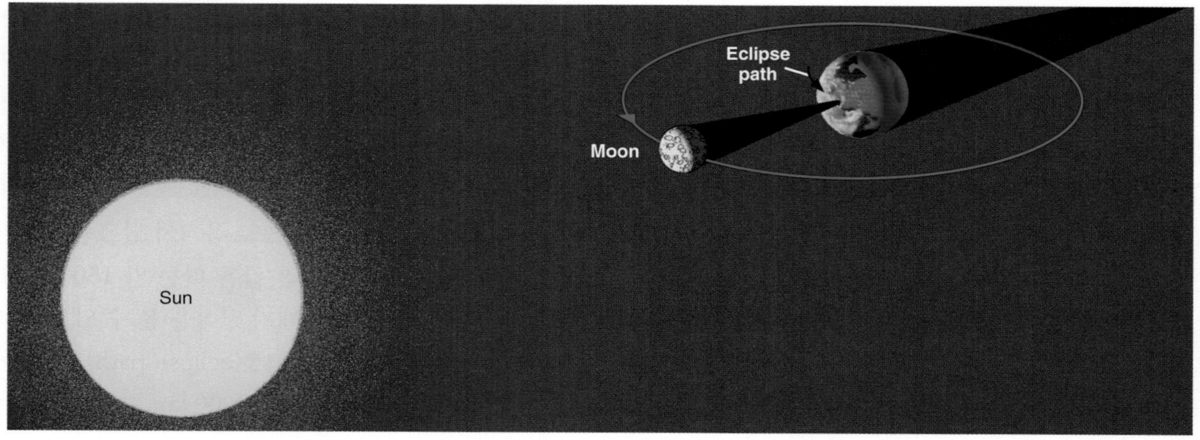

■ **그림 3.20**
개기 일식의 기하학 이 그림에서 척도는 실제 척도가 아님에 유의하자. 지구의 어떤 지역에서 볼 때, 달이 태양을 가려서 그림자를 만든다.

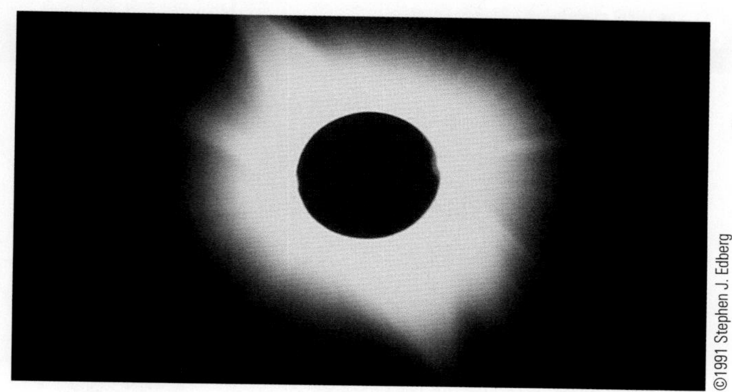

■ **그림 3.21**
태양의 코로나 1991년 7월 11일에 관측된 태양의 코로나(옅은 외곽대기). 멕시코 라파즈 근처에서 식 추적자의 노력으로 찍은 개기 일식 사진.

행되는 동안 하늘은 아주 어두워져 하늘에서 행성들이 보이고 밝은 별들도 잘 보이게 된다.

태양의 밝은 원반이 달 뒤로 완전히 가려지면서, 태양의 엄청난 **코로나**(corona) 섬광이 시야에 들어오게 된다(그림 3.21). 코로나는 태양의 바깥쪽 대기로서 태양의 겉보기 표면으로부터 사방으로 수백만 마일 펼쳐진 저밀도 가스로 구성되어 있다. 코로나의 빛은 태양 광구에서 나오는 빛에 비해 미약하므로 보통 때는 보이지 않는다. 단지 가시광선을 내는 태양 원반에서 나오는 밝은 빛이 달에 의해 가려지는 시간 동안만 흰 진줏빛 코로나를 볼 수 있다.

개기식은 시작 때와 마찬가지로, 태양이 달그림자에서 빠져나오기 시작하면서 갑자기 끝난다. 태양이 완전히 달에서 벗어날 때까지 식의 위상 변화는 점차 역순으로 반복된다.

3.7.3 월식

달이 지구 그림자 속으로 들어올 때 월식이 일어난다. 월식의 기하를 그림 3.22에 제시하였다. 어두운 지구 그림자의 길이는 약 140만 km 정도가 되어, 달의 거리(평균 384,000 km)에서 4개 정도의 보름달을 덮을 수 있다. 단지 지구의 특정 지역에서만 볼 수 있는 일식과 달리, 월식은 달을 볼 수 있는 사람이면 누구나 볼 수 있다. 월식은 지상에서 밤이 되는 모든 지역에서 볼 수 있기 때문에(날씨만 허락하면), 어느 고정된 한 장소에서는 일식보다 더 자주 관측된다.

개기 월식은 달이 지구 그림자의 본영을 지나갈 때만 일어난다. 만약 달이 완전히 본영에 들어가지 않으면, 우리는 부분 월식을 보게 된다.

월식은 태양, 지구, 그리고 달이 일직선 상에 있을 때 일어난다. 달이 태양 반대쪽에 위치하므로 달은 식이 일어나기 전에 보름달의 위상을 가지게 되어 더욱 극적인 암흑이 만들어진다. 달이 어두운 그림자에 도달하기 약 20초 전에, 지구가 햇빛 일부를 가리면서 달은 약간 흐려진다. 달이 그림자 안으로 들어가기 시작하면서 달에 비친 지구 그림자의 곡선 형태가 나타난다.

개기식이 끝나면, 달은 그림자를 빠져나오게 되고, 식은 시작과 반대의 순으로 진행된다. 식의 총 지속 시간은 달의 경로가 그림자 축에 얼마나 가까이 접근하는가에 달려 있다. 달이 지구 그림자의 중심을 지나가는 부분식에서 최소한 1시간이 걸리고 또 개기식에서 1시간 40분 정도 지속될 수 있다. 개기월식은 평균 2~3년에 한 번씩 일어난다.

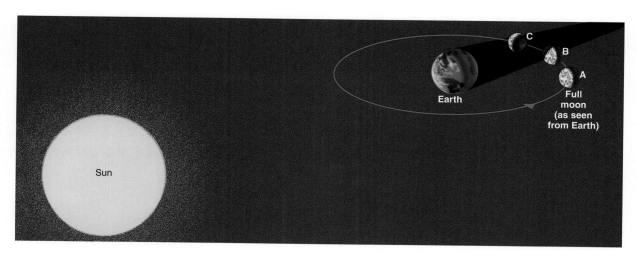

■ **그림 3.22**
월식의 기하학 지구의 A지점에서 달을 보름달이다. B지점에서 보면, 달은 지구 그림자 안으로 들어가기 시작했다. C지점에서 식은 끝나고, 달은 지구 그림자를 빠져나오게 된다. (그림에서의 척도는 실제가 아니며, 또 식이 진행되는 동안 달이 궤도에서 움직이는 거리는 편의상 과장되었음에 유의하라.)

스스로 해보기

일식의 관찰

태양을 바라보는 것은 극히 위험하다. 심지어 아주 잠깐만 태양을 바라보는 것도 눈에 해를 줄 수 있다. 정신이 멀쩡한 사람은 고통스럽기 때문에 그런 일을 시도하지 않는다(어머니가 절대 하지 말라고 당부했을 것이다!). 그러나 일식이 진행되는 동안, 태양을 보고 싶은 욕망이 커진다. 욕망에 끌리기 전에 우선 생각해 보자. 달이 태양 일부분을 가린다고 해서 가려지지 않은 부분을 보는 데 위험이 줄어드는 것은 아니다. 운 좋게 일식 경로에 있다면, 일식 과정을 추적해보는 안전한 방법들이 있다.

가장 쉬운 방법은 바늘 투광기를 만드는 것이다. 작은 구멍(1 mm)을 뚫은 마분지를 종이나 시멘트 바닥 같은 밝은 표면 위 1 m 정도 떨어진 곳에 설치한다. 그리고 마분지 구멍은 태양에 맞춘다. 그 구멍을 통해서 흐리지만, 식이 된 태양의 상이 만들어진다(그림 참조). 또 나뭇잎 사이의 작은 공간이 벽이나 인도에 다중 바늘구멍 이미지를 만들 수도 있다. 산들바람 속에 춤추고 있는 수백 개의 초승달 모양의 작은 태양을 관찰하는 것도 매우 흥미로울 것이다.

개기 일식이 일어났을 때는 직접 볼수 있으며, 심지어 쌍안경이나 망원경을 통해 직접 관측해도 괜찮다.

비록 태양을 직접 볼 수 있는 안전한 필터가 있더라도, 불완전한 필터(또는 필터 없이)로 눈에 손상을 입고 있다. 예를 들어, 중성-밀도의 사진 필터는 안전하지 않은데, 망막에 손상을 미칠 수 있는 적외선을 투과시키기 때문이다. 또한, 검게 그을린 안경, 빛이 들어간 칼라 필름, 그리고 집에서 만든 여러 필터도 위험하다.

개기식이 일어날 때는 태양을 직접 봐도 안전한데, 쌍안경이나 망원경을 통해 봐도 괜찮다. 앞서 살펴본 것처럼 개기 일식의 지속 시간은 너무 짧다. 그러나 개기식이 언제 시작되고 지나가는지를 안다면, 틀림없이 잊을 수 없는 아름다운 광경을 목격할 수 있을 것이다. 식이 일어날 때 밖에 나가면 위험하다고 생각했던 옛 풍습에도 불구하고, 부분식은—태양을 직접 쳐다보지 않는 한—야외에서 햇볕에 쬐는 것보다 위험하지 않다.

바늘구멍 투광기를 써서 부분 일식이 일어나는 동안 일식을 안전하게 관찰하는 방법.

과거에 식이 일어나는 동안에, 불필요한 공포는 무지한 관료들이 선의로 일으켰다. 20세기 호주에서는 두 번의 멋진 개기식이 있었는데, 그때 사람들은 머리를 보호하기 위해 신문지를 뒤집어썼고 교실에서 학생들은 책상 밑으로 들어가 겁에 질려 있었다. 일생 중 가장 기억에 남을 경험 하나를 놓친 것이니 얼마나 애석한가!

중력과 운동(2장 참조)에 대한 이해 덕분에, 월식과 일식은 이제 수백 년을 앞당겨 예측할 수 있다. 인류는 태양이나 달이 어두워지는 것에 놀라고 신들의 미움을 살까 봐 두려워하던 시대로부터 엄청난 발전을 이루었다. 오늘날 우리는 태양계를 움직이는 거대한 힘을 음미하면서 하늘이 보여주는 쇼를 즐기고 있다.

인터넷 탐색

달력, 역법: www.calendarzone.com/
달력과 역법에 대해 여러분들이 알고 싶고 묻고 싶었던 모든 것들이 수록되어 있으며, 특히 전 세계 관련 사이트들이 소개되어 있다.

달력, 역법의 역사:
astro.nmsu.edu/~lhuber/leaphist.html
서로 다른 각종 달력 시스템을 소개하고, 이들이 천체의 운동에 어떤 기반을 두고 있는지를 소개하는 사이트. 히브리, 이슬람, 인도와 중국 달력에 대한 설명이 포함되어 있다.

계절에 대한 요인들:
astroscociety.org/education/publications/tnl/29/29.html
계절을 야기하는 것이 무엇이고 서로 다른 효과들이 어떻게 조합되어 있는지에 대해 심층적으로 다루고 있는 천문교사들을 위한 소식지에 실린 한 논문.

일식, 월식 홈페이지:
sunearth.gsfc.nasa.gov/eclipse/eclipse.html
이 사이트는 NASA의 식 전문가 에스팬악(Fred Espenak)에 의해 운영되고 있는데, 월식과 일식에 대한 방대한 정보를 제공하고 있으며 이들을 관측하고 사진촬영을 하는 데 도움이 될 만한 조언들뿐만 아니라 과거와 미래의 월식과 일식에 대한 자료를 제공한다.

달의 위상 추적 사이트:

- **Googol Moon Phase Calendar: www.googol.com/moon/moonctrl.pl.cgi**
- **Moon Calendar: www.ameritech.net/users/paulcarlisle/MoonCalendar.html**
- **Phase of the Moon: www.shallowsky.com/moon.html**
- **U.S. Naval Observatory Phase Calculator: tycho.usno.navy.mil/vphase.html**
- **Earth and Moon: www.fourmilab.ch/earthview/vplanet.html**

온라인, 일, 월식 사이트:
Sky and Telescope.com/observing/objects/eclipses/
Sky & Telescope 잡지의 식 관련 사이트로서 월식과 일식을 위한 관광에 유용한 자료들, 관측하고 사진을 찍기 위한 조언들과 다양한 관련 사이트들의 소개가 잘 되어 있다.

천문 자료 서비스: aa.usno.navy.mil/AA/data
미국 해군 천문대에서 제공하는 방대한 사이트로서 지구, 달과 하늘에 대해 독자들이 많은 질문을 할 수 있도록 운영되고 있으며 관련 표들과 함께 화면에서 간단한 계산을 할 수 있도록 구성되어 있다.

요약

3.1 **경도**와 **위도**로 구성된 지평좌표계는 **자오선**이라고 불리는 대원을 사용한다. 지평좌표계와 대응되는 천구좌표계는 **적경**(RA)과 **적위**라 부르는데, 이들의 기준점(지상의 그리니치에 있는 본초 자오선과 같이)은 춘분점이다. 이 좌표계는 천구상에 천체의 위치를 정하는 데 유용하다. 푸코진자는 하늘이 돌기보다는 지구가 돈다는 것을 보여주는 실험 중 하나다.

3.2 우리에게 익숙한 계절의 순환은 지구의 자전축이 23.5° 기울어져 있기 때문에 일어난다. 하지점에서 태양은 더 높이 있고, 그리고 햇빛은 더 수직으로 지상에 내리쬔다. 태양은 반나절 이상 하늘에 있고 지구를 더 오래 가열할 수 있다. 동지점에서는 태양이 낮게 떠 있고, 지구를 가열하는 시간은 12시간 이하다. 춘분, 추분점에서는 태양이 천구의 적도상에 있고, 밤과 낮의 길이는 각각 12시간이다. 계절은 위도에 따라 달라진다.

3.3 천문학적 시간의 기본 단위는 하루이다(**태양일**을 사용하거나 **항성일**을 사용하던 모든 경우에). **겉보기 태양시**는 하늘에서 보이는 태양을 기준으로 한다. 한편 **평**

균 태양시는 1년 동안 태양일의 평균값을 기준으로 한다. 국제협약에 따라 전 세계를 24시간대로 정의하고, 각 시간대는 자신의 표준시를 가진다. **국제 날짜 변경선**을 사용하려면 지구 위 다른 지역에서 사용하는 시간의 조정이 필요하다.

3.4 역법의 기본적 문제는 공약수를 가지지 않는 일, 월, 년의 길이를 조정하는 것이다. B.C. 1세기 로마(율리우스)역에서 시작된 가장 현대적인 역은 한 달 길이의 문제를 무시하고, 윤년과 같은 약정을 사용하여 1년의 정확한 일수를 얻는 데 주력하고 있다. 오늘날 대부분의 세계는 1582년에 제정된 그레고리 역을 채택하고 있다.

3.5 달의 위상의 한 달 주기는 태양에 의해 비치는 각도의 변화에 기인한다. 보름달은 단지 밤에만 하늘에서 볼 수 있다. 다른 위상은 낮 동안에도 볼 수 있다. 달의 공전 주기는 자전 주기와 같아서 달은 항상 지구에 같은 면만을 보인다.

3.6 하루 두 번 일어나는 바다의 조석은 지구의 지각과 바다에 있는 물질에 미치는 달의 차등 중력에 기인한다. 이 조석력은 해수에 영향을 가해서, 지상에서 반대되는 양쪽에 두 개의 조석 팽대부를 형성하게 한다. 매일 지구는 이 팽대부를 지나며 자전한다. 실제 바다의 조석은 여기에 부가되는 태양의 효과와 해안과 바다 분지의 구조 때문에 복잡해진다.

3.7 태양과 달은 거의 같은 각 크기(약 0.5°)를 지닌다. **일식**은 달이 태양과 지구 사이에서 지상의 한 곳에 그림자를 비추면서 이동할 때 일어난다. 만약 개기식이라면 관측자는 달의 본영에 있게 된다. 이때 밝은 원반에서 나오는 빛이 완전히 가려지므로 태양 대기(**코로나**)를 볼 수 있다. 일식은 한 지역에서 볼 때 드물게 일어나지만, 자연에서 가장 장관인 현상 중 하나다. **월식**은 달이 지구 그림자에 들어올 때 일어나고(날씨가 허락하는 한), 지구에서 밤이 되는 반구 전체에서 관측되어질 수 있다.

모둠 활동

A 하늘이 우리 주위를 도는 것이 아니라 우리가 사는 지구가 하루에 한 번씩 자정한다는 것을 증명할 수 있는 다양한 방법들(푸코진자 이외에)에 대하여 자유스럽게 토론해보라. (힌트: 지구의 자전이 해수와 대기에 어떤 영향을 미치는가?)

B 지구의 자전축이 기울어져 있지 않다면 지구에서의 계절은 어떻게 될까? 이 경우 지구에서의 삶에 얼마나 많은 변화를 가져오게 될지에 대해 생각해보라.

C 대학과 대학원을 졸업하고 여러분 그룹의 구성원들이 뉴질랜드에 있는 학교에 근무하지 않겠냐는 요청을 받았다. 남반구에서의 학교 일정이 북반구에서 익숙해졌던 것들과 다르게 될지에 대해 다양하게 서술해보라.

D 미국의 전통적인 크리스마스 방학주간에 여러분은 남극 주변 탐사연구에 참여하게 되었다. (여러분의 천문학 중간시험 성적이 얼마나 좋은가에 따라 연구 보조원이 되든 즉석요리, 전문요리사가 되든 결정되겠지만!) 그곳의 낮과 밤이 어떻게 다를까 그리고 이런 다른 점들이 여러분들에게 어떤 영향을 미치게 될까 토론해보라.

E 달과 달에 대한 이상한 이야기를 들었던 모든 것들을 토론해보라. 사람들은 그런 이상한 이야기를 왜 달과 연관지었는지 생각해보라. 흡혈귀이야기 외에 달의 위상과 관련된 다른 전설들이 있는가?

F 여러분의 대학촌이 달을 경배하는 새롭고 이상한 문화의 중심지가 되었다 하자. 이것을 믿는 사람들이 정기적으로 일몰 때 모여서 팔을 달 방향으로 펼쳐야 하는 춤을 추고 있다. 그들의 팔이 일몰 시 어디로 향하게 될지 달이 신월일 때, 상현일 때, 보름달일 때 그리고 하현일 때의 경우를 주제로 토론해보라.

복습 문제

1. 지상의 경도와 위도가 하늘에서 적경과 적위와 어떻게 유사한지 토론해보라.
2. 북극의 위도는 얼마인가? 남극은? 북극과 남극에서는 왜 경도가 의미가 없는가?
3. 달의 주요한 위상과 각 위상에서 월출과 월몰의 대략적인 시간을 보여주는 표를 만들어라. 오전 중간에 달을 본다면 이날 달의 위상은? 오후 중간에 달을 본다면 그날 달의 위상은?
4. 겉보기 태양시의 장점과 단점은 무엇인가? 평균 태양시와 표준시를 도입함으로써 겉보기 태양시는 어떻게 개선되는가?
5. 지구 자전축의 경사가 미국의 여름을 겨울보다 더 따뜻하게 하는 두 가지 이유는 무엇인가?
6. 달의 위상 순환을 기준으로 한 실생활에 도움되는 달력을 만드는 것이 왜 어려운가?
7. 매일 두 번의 만조와 두 번의 간조가 생기는 이유를 설명하라. 엄밀히 말하자면 두 번의 만조가 일어나는 기간이 반드시 24시간 주기가 되어야 하는가를 설명해야 한다. 만일 그렇지 않다면 그 기간은 얼마가 되어야 하는가?
8. 개기 일식 때 달의 위상은 어떤가? 개기 월식 때는?

사고력 문제

9. 다음의 설명을 경험할 때 여러분들은 지구 어느 곳에 있는지 말해보라. (이 장뿐만 아니라 1장도 참조하라.)
   a. 별들은 지평선에서 수직으로 뜨고 진다.
   b. 별들은 지평선에 평행하게 하늘에 원을 그리며 돈다.
   c. 천구의 적도는 천정을 지난다.
   d. 1년 내내 모든 별을 볼 수 있다.
   e. 태양은 9월 23일에 떠서 3월 21일까지 지지 않는다 (이상적으로).
10. 북반구의 위도가 높은 지역에 있는 나라에서는 겨울철에 구름이 많아 천체 관측이 거의 불가능하다. 왜 그러한 지역에서는 여름철에도 천체 관측을 잘할 수 없을까 말해보라.
11. 아래 경우에 달의 위상은 어떠한가?
    a. 오후 3시에 뜬다면?
    b. 오전 7시에 가장 높이 떠 있다면?
    c. 오전 10시에 진다면?
12. 교통사고가 우연히 보름달이 뜬 밤 자정에 일어났다. 어찌할 바를 모르는 운전자는 동쪽 지평선에서 떠오르는 달 때문에 순간적으로 볼 수가 없었다고 주장했다. 경찰은 그를 믿어야 할까?
13. 점점 인기가 높아가는 채식 햄버거의 비밀 요리법이 대학 식당 사무장의 사무실 서랍 속에 숨겨져 있다. 두 명의 학생들이 사무실에 몰래 들어가 그것을 훔쳐 내오기로 하고, 달이 없는 밤중에 동이 트기 몇 시간 전에 그 일을 실행하고자 했다. 그래야 그들이 잡힐 가능성이 적기 때문이다. 그들의 계획에 알맞은 달의 위상을 말해보라.
14. 그의 생애에 일어난 일들을 과장해서 말하곤 하는 여러분의 종조부가 여러분에게 1900년 2월 29일 일어났던 무시무시한 모험에 대해 이야기한다. 왜 그의 이야기는 여러분을 의심이 가게 할까?
15. 이미 돈 같은 것이 문제가 되지 않는 삶을 살고 있던 어느 해, 생일을 잘 즐기고 있어서 생일을 한 번 더 맞이하고 싶어졌다. 당신은 자신의 초음속 제트기에 탑승한다. 당신과 당신의 축하객들은 어느 곳으로 여행해야 할까? 당신은 어느 방향에서 접근해야 하는가? 그 이유를 설명하라.
16. 지구와 마주 보는 지역에 있는 달의 코페르니쿠스 분화구에 여러분이 산다고 가정해보자.
    a. 얼마나 자주 태양은 뜨는가?
    b. 얼마나 자주 지구는 지는가?
    c. 여러분이 별들을 볼 수 있는 시간은 얼마나 되는가?

17. 월식 때 달은 지구의 그림자 속에 동쪽으로부터 들어가는가 아니면 서쪽으로부터 들어오는가? 그 이유를 설명하라.

18. 코페르니쿠스 분화구에 있는 관측자는 달에 식이 일어나는 동안 무엇을 볼 것인지 설명하라. 같은 관측자는 지구에서 볼 때 개기 일식이 일어나는 동안 무엇을 볼 것인가?

19. 화성에서의 하루 길이는 지구에서 하루 길이의 1.026배다. 화성에서의 1년은 686.98일이다. 화성의 두 위성이 화성을 공전하는 데는 0.32일(포보스)과 1.26일(데이모스)이 걸린다. 새로운 화성식민지를 위해 화성 달력을 만들어야 한다면 어떻게 해야 할지 말해보라.

계산 문제

우리가 사용하고 있는 시간과 달력시스템이 어떻게 돌아가고 있는지에 대해 약간 이해한 여러분은 이런 질문을 할 수 있다. 지상에서 사용하고 있는 시간과 달력들이 서로 다르다면 어떤 일이 벌어질까?

20. 지구 자전축의 기울기가 단지 16°밖에 안 된다고 가정해 보자. 그러면 북극권과 북회귀선 간의 위도 차는 얼마가 되는가? 실제 23°의 기울기 때문에 생기는 것에 비교되는 계절에 미치는 효과는 무엇인가?

21. 지구가 태양 주위를 도는데 정확하게 300.0일이 걸리고 다른 모든 것들(하루와 한 달)은 똑같다고 가정해보자. 우리가 사용하는 달력은 어떤 모습일까? 이것이 계절에 어떤 영향을 미칠까?

22. 하루와 한 달(보름달에서 보름달까지의 달의 주기)에 전적으로 근거한 달력을 생각해 보라. 한 달은 며칠로 구성될까? 이 달력이 잘 맞도록 윤년과 유사한 체계를 만들어낼 수 있는가? 또한, 여러분의 태음력에 일주일의 개념을 끼워 넣을 수 있는가?

23. **a.** 만약 별이 오늘 밤 오후 8시 30분에 떴다면 지금부터 두 달 후에는 이별은 대략 몇 시에 뜨게 되는가?
    b. 12월 22일 정오 북회귀선 상에 있는 한 곳에서 보이는 태양의 고도는 얼마인가?

24. 그레고리 역은 약 3300년에 하루의 오차가 있음을 보여라.

심화 학습용 참고 문헌

Aveni, A. *Empires of Time: Calendars, Clocks, and Cultures.* 1989, Basic Books.

Bartky, I. and Harrison, E. "Standard and Daylight Savings Time" in *Scientific American*, May 1979.

Brunier, S. & Luminet, J. *Glorious Eclipses: Their Present, Past and Future*. 2000, Cambridge U. Press.

Coco, M. "Not Just Another Pretty Phase" in *Astronomy,* July 1994, p. 76. 달의 위성에 관한 설명.

Gingerich, O. "Notes on the Gregorian Calendar Reform" in *Sky & Telescope*, Dec. 1982, p. 530.

Harris, J. and Talcott, R. *Chasting the Shadow: An Observer's Guide to Eclipses.* 1994, Kalmbach.

Kluepfel, C. "How Accurate Is the Gregorian Calendar?" in *Sky & Telescope,* Nov. 1982, p. 417.

Littmann, M. and Willcox, K. *Totality.* 1991, U. of Hawaii Press. 식의 과학과 전설에 대한 좋은 소개.

Krupp, E. "Behind the Curve" in Sky & Telescope, Sept. 2002, p. 68. 그레고리 13세의 달력 개혁에 대해 기술.

Pasachoff, J. "Solar Eclipse Science: Still Going Strong" in *Sky & Telescope*, Feb. 2001, p.40. 식들에 대해 우리가 무엇을 배웠고 지금 무엇을 배우고 있는가에 대한 기술.

Pasachoff, J. and Ressmeyer, R. "The Great Eclipse" in *National Geographic,* May 1992, p. 30. 1991년 7월에 있었던 일식과 관련된 근사한 사진.

Rey, H. *The Stars*: *A New Way to See Them.* 1976, Houghton Mifflin. 시간, 계절, 천구 좌표에 관한 좋은 소개.

Sobel, D. *Longitude*. 1995, Walker. 헤리슨(John Harrison)의 이야기인데 헤리슨은 바다에서 위도를 측정하는 문제를 해결한 사람이었다.

Steel, D. *Making Time: The Epic Quest to Invent the Perfect Calendar*, 2001, Wiley.

무지개와 함께, 뉴멕시코에 극대배열 전파망원경(VLA)이 보인다. 우리 대기에 물방울이 태양 빛을 무지개 색깔로 분산하는 것과 똑같이 소위 분광기라고 불리는 기기는 행성, 항성, 그리고 은하에서 오는 빛을 여러 색깔로 갈라지게 한다. 우리는 이러한 색깔들을 자세히 조사하여 빛이 오는 천체가 어떤 여건에 있는가를 판독할 수 있다.

4 복사와 스펙트럼

지난 백 년에 걸쳐 별빛에 숨겨진 많은 정보가 해독되었다. 이제 우리는 비로소 별과 소통할 수 있게 되었다.

윌리엄 브래그 경(Sir William Bragg), 《빛의 우주(*The Universe of Light*)》 (1933, G. Bell and Sons) 중에서

미리 생각해보기

가장 가까운 별조차도 최첨단 우주선으로 거의 10만 년이 걸려야 닿을 정도로 멀리 있다. 그렇지만 이 별들이 어떤 물질로 이루어져 있는지 태양과는 얼마나 다른지 우리는 알고 싶어 한다. 직접 탐사나 표본 탐사가 불가능한 별들의 화학적 구성을 어떻게 알 수 있을까?

천문학 연구의 대상들은 대부분 우리의 손길이 미치지 못하는 범주에 있다. 태양은 너무 뜨거워서 우주선은 접근하기도 전에 타버릴 것이다. 별까지의 거리는 너무 멀어서 현재의 기술로는 우리가 살아서 직접 방문하는 것은 불가능하다. 심지어 30만 km/s의 속도로 달리는 빛조차도 가장 가까운 별에서 출발하여 지구에 도달하기까지 4년 이상의 시간이 걸린다. 따라서 태양이나 별은 물론이고 대부분의 태양계 천체조차도 원격 분석기술을 사용하여 연구하는 수밖에 없다.

다행스럽게도 천체로부터 우리에게 도달하는 빛과 그 밖의 복사에는 그 천체의 특성에 대한 광범위한 정보가 숨겨져 있다. 이러한 '우주 암호'를 해독해서 그 의미를 파악할 수 있다면, 굳이 지구를 멀리 벗어나지 않고도 우주에 관한 다양한 지식을 얻을 수 있을 것이다.

가상 실험실

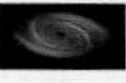 빛의 성질 그리고 물질과의 상호작용

 도플러 효과

별이나 행성이 방출하는 빛과 그 밖의 복사는 원자 수준에서 일어나는 과정, 즉 원자의 상호 작용이나 이동하는 방식의 변화로 생성된다. 따라서 빛이 어떻게 만들어지는지 알려면 원자의 세계부터 먼저 탐사해야 한다. 우주에서 가장 큰 구조를 이해하기 위해서는 우주에서 가장 작은 구조를 알아야 한다는 사실이 좀 뜻밖일 것이다.

앞에서 빛과 그 밖의 복사라는 구절을 두 번이나 사용했다는 점에 주목하자. 이 장에서 탐구할 핵심 개념 중 하나는 우리 눈에 보이는 빛, 즉 가시광은 홀로 존재하지 않는다는 것이다. 빛(가시광)은 복사라고 하는 훨씬 큰 집단의 일원인데 단지 우리에게 가장 친숙한 종류의 복사일 뿐이다.

복사(radiation)라는 용어는 자주 사용될 예정이므로 그 의미를 정확히 이해하는 것이 중요하다. 복사는 전자기파(빛 포함)를 뜻하는 일반 용어로써 태양계 너머 우주에 대한 정보를 우리에게 전달해 주는 주요 소통 수단이다.

■ **그림 4.1**
제임스 클럭 맥스웰(James Clerk Maxwell) 맥스웰(1831~1879)은 전기와 자기에 관련된 법칙들을 일관된 한 이론으로 통합했다.

Book's Hill Publishers

4.1 빛의 성질

앞 장에서 보았듯이 뉴턴의 중력 이론은 지상의 물체뿐만 아니라 행성의 운동도 설명할 수 있었다. 중력이론의 발표 이후 거의 2세기 동안 과학자들의 관심은 중력이론을 여러 다양한 문제에 적용하는 데 집중되었다. 19세기에 들어서 많은 물리학자가 전자기 연구로 관심을 돌리는데 전자기는 곧 알게 되겠지만, 빛의 생성과 밀접하게 연관되어 있다.

중력 연구에 뉴턴이 있었다면 전자기 연구에는 스코틀랜드 출신의 물리학자인 맥스웰(James Clerk Maxwell, 1831~1879)이 있었다(그림 4.1). 그는 전기와 자기 사이의 밀접한 관계를 보여주는 여러 독창적인 실험에서 영감을 받아 몇 개의 간결한 방정식들로 전기와 자기를 함께 설명하는 이론을 개발했다. 이 이론으로 빛의 특성을 이해하는 길이 열리게 되었다.

4.1.1 맥스웰의 전자기이론

4.4절에서 원자의 구조에 대해 좀 더 상세하게 공부하겠지만, 여기서 우선 일반적인 원자가 서너 종류의 입자들로 이루어져 있고, 이 입자 중 일부는 질량뿐 아니라 전하라고 부르는 부차적 성질을 갖는다는 점에 주목하자. 모든 원자의 핵(중심부분)에는 양전하를 갖는 양성자(proton)가 있고, 핵 외부에는 음전하를 갖는 전자(electron)들이 있다.

맥스웰의 이론은 전하뿐 아니라 무엇보다 전하가 운동할 때 나타나는 현상에 대해 설명하고 있다. 전하 주위에 있는 다른 전하는 인력 혹은 척력을 느낀다. 다른 전하끼리는 끌어당기고, 같은 전하끼리는 밀어낸다. 전하가 정지해 있을 때는 전기적 인력 혹은 척력만 나타난다. 그러나 전하가 운동하게 되면 (모든 원자의 내부나 전류가 흐르는 도선에서처럼) 자기력(magnetism)이라 불리는 또 다른 힘이 나타난다.

자기 현상은 인류 역사 초기부터 널리 알려졌지만 19세기에 와서 실험을 통해 자기가 전하의 운동에 의해 생성된다는 사실이 비로소 밝혀졌다. 그러나 산업용 전자석에 사용되는 대형 코일처럼 전하의 운동이 명백한 경우도 있지만, 항상 그렇지만은 않다. 문방구용 자석은 원자 내의 대부분 전자가 거의 같은 방향으로 도는 정렬된 운동으로 인해 물질이 자성을 띠게 된 경우다.

물리학에서는 한 물체가 멀리 떨어진 다른 물체에 미치는 힘의 작용을 기술하기 위해 장(field, 場)이라는 용어를 사용한다. 예를 들어 태양과 지구는 서로 직접 접촉하고 있지 않지만 지구 궤도는 태양이 생성한 중력장(gravitational field)에 의해 결정된다고 말할 수 있다. 같은 맥락으로, 정지한 전하는 전기장(electric field)을 생성하고, 운동하는 전하는 자기장(magnetic field)을 생성한다고 할 수 있다.

실제로 전기와 자기 간의 상호 관계는 훨씬 더 긴밀하다. 자기장이 변화하면 전류가 발생한다는 사실(즉, 전기장의 변화)은 실험으로 확인된다. 그리고 거꾸로 전류의 변화 역시 자기장을 변화시킬 수 있다. 따라서 시작만 하면 전기장과 자기장의 변화는 계속해서 서로의 변화를 유도하게 된다.

진동(oscillating, 왕복 운동)하는 전하를 연구한 맥스웰

© 1993, Comstock, Inc.

■ **그림 4.2**
파동 만들기 수면에서의 진동은 파동이라 하는 퍼져 나가는 교란을 발생시킨다.

은 이로부터 생성된 전기장과 자기장의 패턴이 공간 속으로 빠르게 퍼져간다는 사실을 발견했다. 물을 손가락으로 튕기거나 혹은 개구리가 물에 풍덩 뛰어들면서 물이 위아래로 움직이게 될 때에도 비슷한 현상이 관찰된다. 물에 발생한 이러한 움직임(교란)은 밖으로 퍼져 나가면서 소위 파동(wave)이라고 불리는 패턴을 만들어낸다(그림 4.2). 그런데 언뜻 자연에서 전하가 진동하는 경우가 흔치 않다고 생각할지 모른다. 하지만 하전 입자로 구성된 원자와 분자들은 항상 진동하고 있다. 그 결과로 생성되는 전자기적 교란은 우주에서 가장 흔한 현상 중의 하나다.

이러한 전자기적 교란이 공간에서 퍼져나가는 속도를 계산했던 맥스웰은 그 값이 실험실에서 측정한 빛의 속도와 같다는 사실을 발견했다. 이에 근거하여 그는 빛이 **전자기 복사**(electromagnetic radiation)라고 불리는 일련의 전자기적 교란의 한 형태로 추측했고 이는 실험으로 확인되었다. 예를 들어 이 책에서 반사된 빛이 우리 눈에 닿으면, 빛의 전자기장 변화가 말단 시신경을 자극해서 변화하는 장(場)에 담긴 정보를 뇌에 전달시킨다. 천문학 연구는 주로 먼 천체로부터 오는 복사를 분석하여 대상의 본질과 특성을 파악하려는 노력이므로 복사에 대한 이해가 매우 중요하다.

4.1.2 빛의 파동성

앞서 말한 것처럼 복사와 관련하여 변화하는 전기장과 자기장은 잔잔한 물에서 일어난 파동과 비슷하다. 두 경우 모두 시작점으로부터 교란이 빠르게 퍼져가면서 공간적으로 떨어진 다른 물체까지 영향을 미친다. (예를 들어 한쪽 수면에서 개구리가 일으킨 잔물결이 퍼져나가서 수면 다른 쪽에 있는 메뚜기의 평온한 낮잠을 방해할 수도 있다.) 마찬가지로 라디오 방송국의 송신 안테나 내의 하전 입자들이 발생시킨 전자기파가 우리 집 라디오 안테나에 도착해서 그 안의 전자들을 교란시키면 등교나 출근을 준비하는 동안 뉴스나 날씨를 청취할 수 있게 된다.

그러나 하전 입자에 의해 생성된 파동은 어떤 면에서 물에서 일어난 파동과 근본적으로 다르다. 물에서 생성된 파동은 전달 매질로써 물이 필요하다. 또 다른 예로써 압력의 교란인 음파는 전달 매질로서 공기가 필요하다. 그러나 전자기파는 공기나 물이 필요하지 않다. 전기장이나 자기장은 서로 상호 발생을 유도하기 때문에 (우주 공간과 같은) 진공을 통해서도 퍼져나갈 수 있다. 그러나 이러한 파격적인 개념을 받아들이기 힘들었던 19세기 과학자들은, 전혀 증거가 없음에도 불구하고 오로지 광파를 전달하는 매질로서 우주 공간 전체가 어떤 물질로 채워져 있다고 가정했다. 이 물질을 에테르(aether)라고 불렀다. 오늘날에는 에테르가 존재하지 않으며 전자기파는 텅 빈 우주 공간을 이동하는 데 아무 문제를 일으키지 않는다는 사실을 모두 잘 알고 있다(청명한 밤하늘에 보이는 모든 별빛이 우리 눈에 도달할 수 있는 것처럼).

또 다른 차이로 모든 전자기파는 진공에서 같은 속도(빛의 속도)로 운동한다는 것인데 빛의 속도는 우주에서 가장 빠른 속도다. 전자기파는 생성 기원이나 개별적 특성에 상관없이(물질과 상호작용하지 않는 한) 빛의 속도로 운동한다. 그러나 우리는 일상적 경험으로부터 빛(광파)이라고 해서 모두 똑같지는 않다는 사실을 잘 알고 있다. 예를 들어 색깔이라는 특성은 빛마다 다르다. 이러한 개별적 차이를 전자기파 전체에 대해 어떻게 표현할 수 있을지 알아보자.

파동의 좋은 점은 바로 반복되는 현상이라는 것이다. 수면파의 상하 운동에서든 또는 광파의 전기장과 자기장의

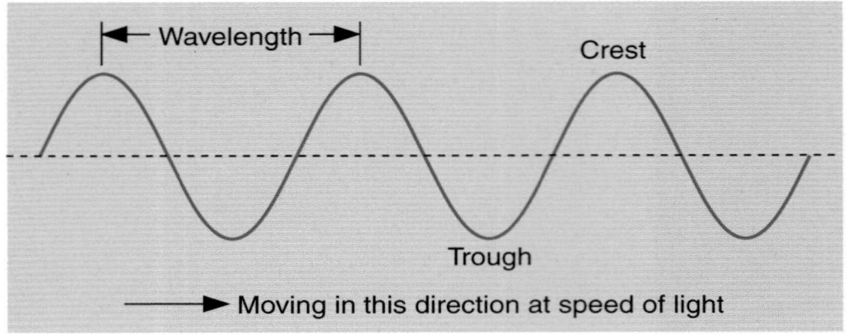

■ **그림 4.3**
파동의 묘사 전자기파(복사)는 파동적 특성을 가진다. 파장(λ)은 마루 간 거리이고, 진동수(*f*)는 1초당 진동 횟수이며, 속도(*c*)는 파동이 일정 시간 동안에 이동한 거리다.

변화에서든 교란의 형태가 주기적으로 반복된다. 따라서 어떤 파동이든 일련의 마루와 골로 그 운동을 특징지을 수 있다(그림 4.3). 가장 높은 마루를 지나서 가장 낮은 골까지 내려갔다가 오면 한 주기가 완성된다. 한 주기 동안 이동한 수평 거리—예를 들어, 마루에서 그다음 마루까지의 거리—를 **파장**(wavelength)이라 부른다. 파도의 예를 들면, 연속된 물마루 사이의 거리가 파장이다.

가시광에 대해 우리 눈(아울러 우리 마음)은 파장이 다르면 다른 색으로 인식한다. 예를 들어 빨간색은 파장이 가장 긴 가시광이고, 보라색은 파장이 가장 짧다. 가장 긴 파장에서 가장 짧은 파장까지 가시광의 주요 색상—빨간색(red), 주황색(orange), 노란색(yellow), 초록색(green), 파란색(blue), 남색(indigo), 보라색(violet)—은 영어 이름의 첫 글자만 따서 ROY G. BIV로 암기하면 기억하기 쉽다. 다음 장에서 다루어질, 가시광 외의 다른 전자기파 복사들 역시 각기 다른 파장을 가진다.

파동은 또한 1초 동안 지나가는 진동의 횟수인 **진동수**(frequency)로 구분할 수 있다. 예를 들어, 1초 동안 지나간 파의 마루가 10개이면 이 파동의 진동수는 1초당 10진동횟수(cps)다. cps는 맥스웰의 연구에서 영감을 받아 전파를 발견한 물리학자 헤르츠(Heinrich Hertz)를 기리기 위해 헤르츠(Hz)로도 불린다. 예를 들어 라디오 채널을 돌려보면 방송국마다 대개 KHz(킬로헤르츠, 1천 Hertz)나 MHz (메가헤르츠, 백만 Hertz) 단위로 진동수가 지정되어 있다.

전자기파의 파장과 진동수는 서로 상관관계가 있는데 이는 모든 전자기파의 속도가 같기 때문이다. 이를 이해하기 위해 모두가 정확히 같은 속도로 움직이는 행진을 상상해보자. 여러분은 길모퉁이에 서서 연속적으로 지나가는 행렬을 관찰하고 있다. 먼저 날씬한 모델들의 행렬이 지나간다면 한 열의 폭이 넓지 않으므로 1분 동안 많은 열이 지나갈 수 있다. 따라서 이 행렬은 높은 진동수를 가진다. 반면 같은 속도로 코끼리들의 행렬이 지나가면 코끼리의 거대한 몸집 때문에 1분 동안 지나가는 열의 개수는 적어질 수밖에 없다. 즉 열과 열 사이의 간격이 증가함에 따라 진동수는 감소하게 된다.

이 관계를 수학적으로 표현하면 다음과 같다.

$$c = \lambda f$$

여기서 그리스 문자 λ(람다)는 파장을 나타내고 c는 빛의 속도를 표시하는 기호다. 위의 공식을 다른 말로 설명하면, 파동의 진행속도는 진동수와 파장의 곱으로 주어진다. 즉, 파장이 커지면 진동수가 작아진다.

4.1.3 빛의 입자성

빛을 전자기파로 설명한 맥스웰의 이론은 19세기 과학이 이룩한 가장 위대한 성과 중의 하나다. 1887년 헤르츠가 실험실 한쪽에서 생성한 눈에 보이지 않는 전자기파(오늘날 전파라고 불리는)를 방 건너편에서 탐지에 성공하면서 현대의 원거리 통신시대의 서막이 올랐다. 그러나 20세기 초에 이르러서 좀 더 정밀한 실험들로 파동으로는 설명될 수 없는 빛의 특성들이 발견되었다. 결국 빛(그 밖의 다른 모든 전자기복사)이 때로 파동보다는 '입자'—혹은 최소한 자체적으로 뭉친 에너지 다발—처럼 행동한다는 사실을 인정할 수밖에 없었다. 이런 전자기 에너지 다발을 **광자**(photon)라고 한다.

빛이 어떤 실험에서는 파동처럼 행동하는 반면 다른 실험에서는 입자처럼 행동한다는 사실이 너무 놀랍고 믿기 힘들기 때문에 처음에는 물리학자들조차 혼란스러워했다. 상식적으로 생각할 때 파동과 입자는 서로 반대되는 개념이다. 파동은 교란이 반복되는 현상으로 본질적으로 한 장소에 위치가 고정될 수 없고 공간적으로 퍼져 있다. 반면에 입자는 어느 특정 시간에 반드시 어느 한 장소를 차지하고 있어야 한다. 그러나 수없이 많은 실험이 전자기복사가 때로는 파동처럼 때로는 입자처럼 행동한다는 기묘한 사실을 확인해 주었다.

달리 생각하면, 항시 우주가 허용하는 '최대 속도'로 여행하면서 전달 매질조차 필요로 하지 않는 그 무엇이 인간의 상식대로 행동하지 않는다고 해서 새삼 놀랄 필요가 어디 있겠는가. 이 같은 빛의 파동-입자 이중성이 물리학에 야기한 혼란은 결국 양자역학(quantum mechanics)이라 불리는 좀 더 복잡한 파동 입자 이론의 도입으로 해결되었다. (이는 현대과학에서 가장 흥미로운 분야 중의 하나지만 관련 개념의 대부분은 이 책의 범주를 벗어난다. 관심이 있다면 이번 장 뒤에 있는 참고자료들을 찾아볼 것.)

이제 여러분은 전자기복사를 파동의 집합체인 것처럼 말하다가 어떤 때는 연속적인 광자 흐름처럼 취급하더라도 헷갈리지 않아야 한다. 광자는 (에너지 다발로서) 일정량의 에너지를 가진다. 에너지 개념을 이용하면 상반되는 광자와 파동이 연결될 수 있다. 광자의 에너지는 빛을 파동으로 간주했을 때 진동수에 따라 달라진다. 저에너지 전파는 낮은 진동수의 파동에 해당하고 병원에서 사용되는 고에너지 x-선은 높은 진동수의 파동에 해당한다. 가시광의 색 중에서 보라색 광자의 에너지가 가장 크며, 빨간색은 에너지가 가장 작다.

4.1.4 빛의 전파

전구에서 나온 빛이 어떻게 공간 속을 진행하는지 생각해보자. 광파는 극히 민주적인 방식으로 나아간다. 단지 우리 눈으로만 향하는 것이 아니라 모든 방향으로 향한다. 따라서 빛이 차지하는 공간은 계속 커진다. 그러나 일단 빛이 전구를 떠난 뒤에는 총량은 변할 수 없다. 이에 따라 공간에서 빛이 차지하는 부피가 커질수록 단위 부피 내의 빛의 양은 적어진다. 빛은 다른 모든 전자기복사와 마찬가지로 광원에서 멀어질수록 약해진다.

복사가 통과하는 공간의 면적은 진행한 거리의 제곱에 비례하여 증가한다(그림 4.4). 만약 우리가 광원에서 2배 더 멀어지면 우리 눈에는 2의 제곱(2×2), 즉 4배 더 약한 빛이 들어오게 된다. 마찬가지로 광원에서 10배 더 멀어지면 빛은 10의 제곱 즉 100배 더 약해진다. 만약 광원이 천문학적으로 먼 거리에 있다면 얼마나 빛이 약해질지 아마 짐작할 수 있을 것이다. 우리에게 가장 가까운 별 중의 하나인 센타우르스자리 알파성은 태양과 거의 같은 양의 복사 에너지를 방출한다. 그러나 거리가 태양보다 약 27만 배 더 멀다 보니 730억 배쯤 더 어둡게 보인다. 따라서 가까이에 있다면 태양과 비슷해 보일 별들이 너무 멀리 있어서 희미한 광점처럼 보인다는 사실이 놀랄 일은 아니다.

위와 같이 광원의 겉보기 밝기(관찰자인 우리에게 보이는 밝기)가 거리에 따라 약화되는 현상을 복사 전파의 **역제곱 법칙**(inverse-square law)이라고 한다. 이 점에서 복사의 전파는 중력 현상과 비슷하다. 두 질량 간의 끌어당기는 중력이 상호 간 거리 제곱에 반비례한다는 사실을 상기해보자.

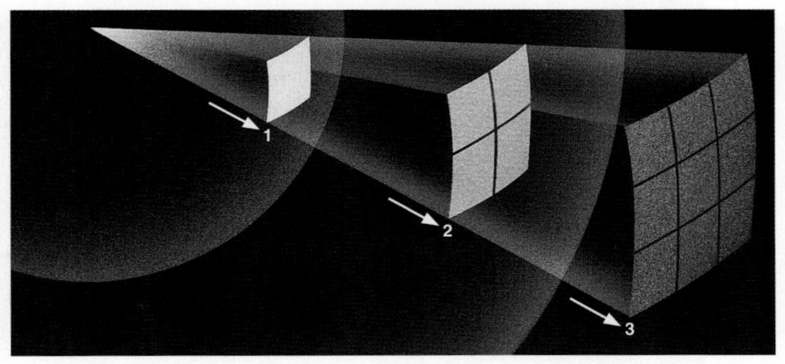

■ **그림 4.4**
빛의 역제곱 법칙 광원에서 방출된 복사 에너지는 공간으로 퍼져나가면서 광원으로부터 거리의 제곱에 비례하여 감소한다.

4.2 전자기 스펙트럼

우주에 있는 천체들은 광범위한 파장 영역에 걸쳐 전자기파를 방출한다. 이를 **전자기 스펙트럼**(electromagnetic spectrum)이라 하는데 파장에 따라 영역을 구분한다. 그림 4.5에 각 스펙트럼 영역에 대한 간략한 설명이 주어져 있다.

4.2.1 전자기복사의 유형

가장 짧은 파장의 전자기복사는 **감마선**(gamma ray)이라 부르며 파장은 0.01 나노미터(nm)보다 짧다(1 nm$=10^{-9}$ m, 부록 5 참조). 감마라는 이름은 그리스어 자모의 세 번째 문자에서 유래하는데 방사성 원소에서 방출되는 방사선 중에서 세 번째로 발견된 것이 감마선이었기 때문이다. 높은 에너지의 감마선은 생체조직에 해로울 수 있다. 이 책에서 나중에 감마선이 별 내부 깊숙이에서 생성된다는 사실을 배우게 될 것이다. 감마선은 또한 우주에서 가장 격렬한 현상 중의 하나인 별의 죽음이나 혹은 죽은 별의 잔해가 서로 합쳐지는 과정에서도 생성될 수 있다. 우주에서 오는 감마선은 지면에 도달하기 전에 지구 대기에 의해 흡수된다. (우리 건강을 위해서는 천만다행인 셈이다.) 따라서 감마선은 대기 밖 우주 공간에서만 연구될 수 있다.

파장이 0.01 nm에서 20 nm 사이의 전자기복사는 **x-선**(x-ray)이라고 부른다. 병원에 가본 사람이라면 친숙할 것이다. x-선은 빛보다 더 높은 에너지를 가지므로 연한 조직을 투과할 수 있어서 신체 내부 뼈의 그림자를 촬영할 수 있게 한다. x-선은 인간의 신체처럼 짧은 거리는 투과할 수 있지만, 엄청난 수의 원자들과 상호작용해야 하는 지구 대기는 투과하지 못한다. 그러므로 x-선 천문학은 감마선 천문학과 마찬가지로 대기 밖 우주 공간에 관측기기를 올릴 수 있게 되면서 비로소 시작되었다(그림 4.6).

x-선과 가시광 사이 중간에 있는 복사가 **자외선**(ultraviolet, 자색, 즉 보라색보다 더 큰 에너지를 가짐)이다. 과학계 외부

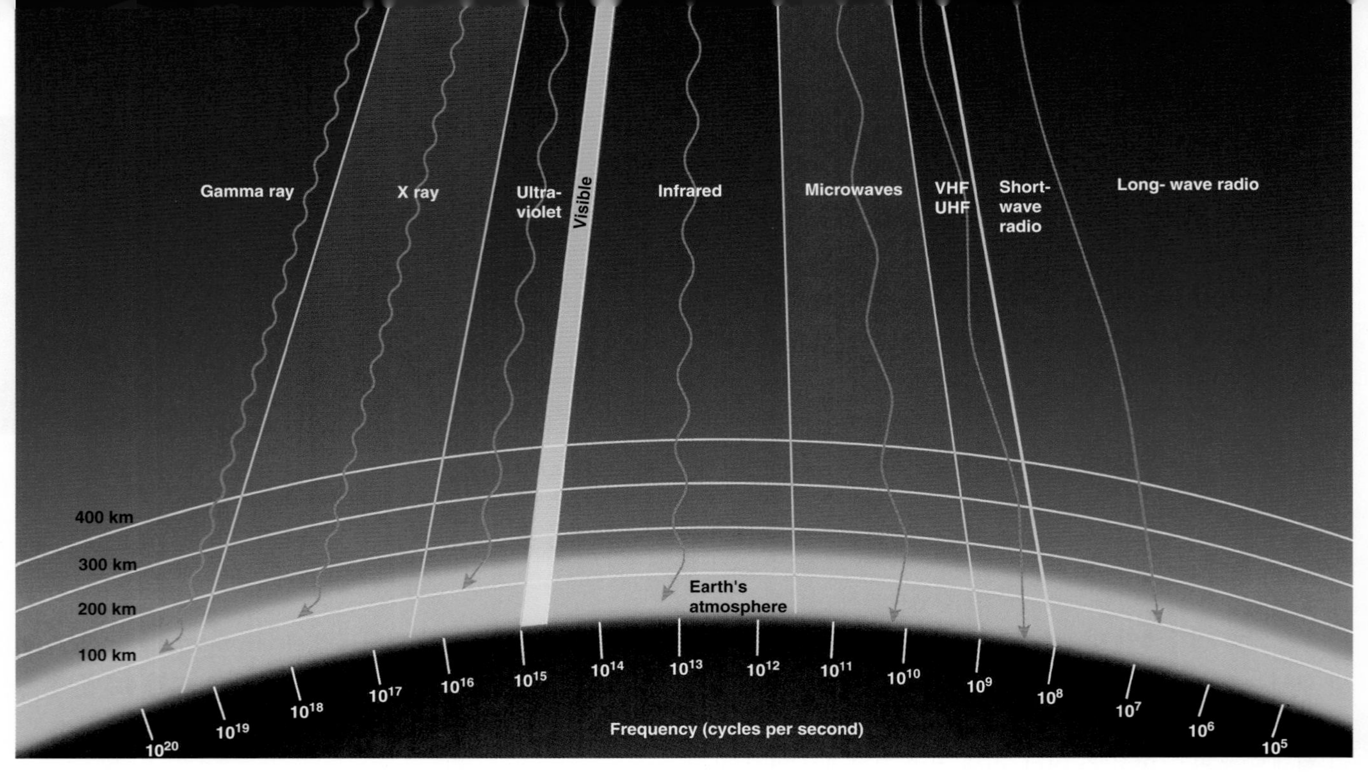

■ **그림 4.5**

복사와 지구대기 전자기 스펙트럼의 영역 및 지구대기의 투과 정도. 우주에서 들어오는 높은 진동수의 파동은 지표면까지 도달하지 못하므로 우주 공간에서 관측해야 한다. 일부 적외선과 마이크로파는 대기 중의 수증기에 의해 흡수되므로 높은 고도에서 관측하는 것이 최선이다. 낮은 진동수의 전파는 지구의 이온층에 의해 차단된다.

에서는 자외선을 때로 '흑선'이라고 부르는데 이는 우리 눈으로 자외선을 볼 수 없기 때문이다. 자외선은 오존(ozone)층이라 불리는 지구 대기의 한 구역에 의해 대부분 차단되지만, 소량의 태양 자외선이 대기를 투과해서 피부를 태우거나, 극단적인 경우에는 피부암을 유발할 수도 있다. 자외선 천문학 역시 우주 공간에서 연구하는 것이 최상이다.

파장이 대략 400에서 700 nm 사이인 전자기복사를 **가시광**(visible light)이라고 부르는데, 인간의 눈으로 감지할 수 있는 복사이기 때문이다. 나중에 알게 되겠지만, 가시광은 태양이 복사를 최대로 방출하는 파장 영역이기도 하다. 이 결과가 우연한 일치는 아니다. 인간의 눈은 태양이 가장 효율적으로 생산하는 빛을 감지할 수 있도록 진화해 왔다. 볼 수 있는 빛이 밝을수록 맹수를 더 잘 피할 수 있고, 따라서 죽기 전에 후손을 생산할 (표현이 좀 직설적이긴 하지만,

Max Planck Institute for Extraterrestrial Physics

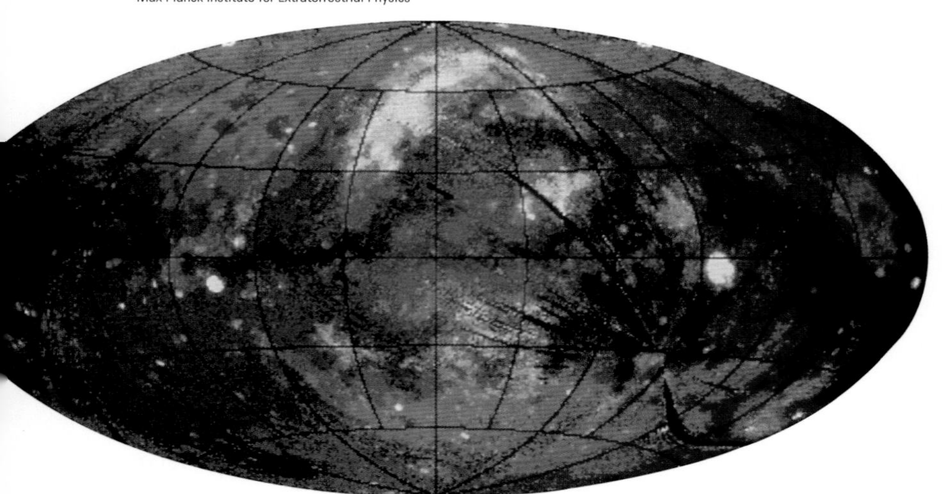

■ **그림 4.6**

x-선 우주 지구대기 밖에서 특정 진동수의 x-선으로만 관측했을 때의 우주. (우리은하 원반이 사진의 중앙을 가로지르는) 이 우주 지도는 유럽의 ROSAT 위성의 관측 자료를 근거로 만들어졌다. 각 색깔(빨강, 노랑, 파랑)은 각기 다른 진동수 혹은 에너지를 가진 x-선을 나타낸다. 빨간색은 태양 근방에서 폭발한 별에 의해 생성되어 현재는 태양계 주위의 국부 공간을 둘러싸고 있는 뜨거운 기체 거품이 만드는 빛의 윤곽을 보여준다. 노란색과 파란색은 폭발한 다른 별들의 잔해나 (사진의 중앙에 위치한) 우리은하 중심처럼 좀 더 먼 거리에 있는 x-선 광원들과 멀리 있는 수많은 광원에서 나오는 x-선이 뒤섞인 결과인데, 명확한 모양이 없는 무정형의 x-선 배경복사를 나타낸다.

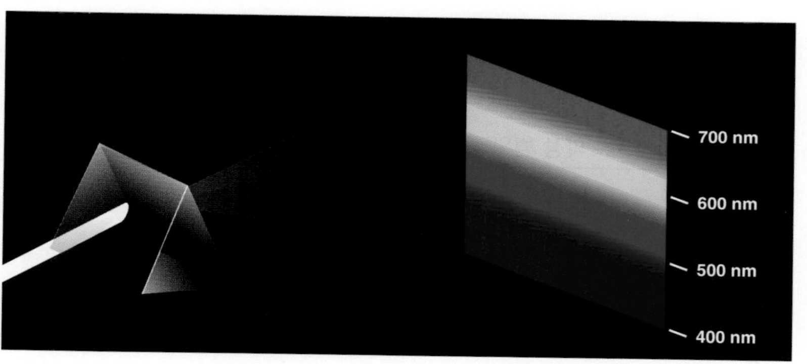

■ **그림 4.7**
프리즘의 역할 백색의 태양광을 프리즘에 통과시키면 연속 스펙트럼이라고 부르는 무지개색 빛의 띠를 볼 수 있다.

이것이야말로 유전자의 관점에서는 삶의 목적일 것이므로) 가능성도 커진다. 가시광은 지나가는 구름에 의해 잠시 차단되는 경우를 제외하면 지구 대기를 아주 잘 투과한다.

1672년 왕립학회에 제출한 첫 논문에서 뉴턴은 햇빛을 차례로 작은 구멍으로 통과시킨 후 이어서 프리즘으로 통과시키는 실험에 관해 기술했다. 그는 백색광처럼 보이는 햇빛에 실제로는 무지개의 모든 색이 포함되어 있다는 사실을 발견했다(그림 4.7). 그러나 물체에 모든 색깔의 빛이 입사했더라도 다 반사되는 것은 아니다. 태양이나 조명기구에서 나온 백색광이 청바지에 입사하면, 청바지의 염료가 청색을 제외한 모든 다른 색을 흡수한다. 그중 일부가 반사되어 우리 눈에 들어오면 뇌는 특정한 파장을 청색으로 인식하게 된다.

가시광과 전파 사이의 영역에는 **적외선**(infrared) 또는 열복사가 있다. 천문학자 허셜(William Herschel)은 태양광 스펙트럼에서 각기 다른 색깔에 해당하는 빛 온도를 측정하다가 1800년에 처음으로 적외선을 발견했다. 그가 우연히 온도계를 가장 진한 빨간색 너머로 밀어 넣었을 때 어떤 눈에 보이지 않는 태양 에너지로 인해 온도계가 여전히 열을 감지하고 있다는 사실을 알게 되었다. 비록 이 현상을 제대로 이해하기까지는 수십 년이 걸렸지만, 전자기 스펙트럼에 (눈에 보이지 않는) 다른 파장 영역들이 존재한다는 최초의 증거로는 충분했다.

'열 전구(heat lamp)'는 적외선 복사를 대부분 방출하는데, 우리 피부의 말초신경은 이 파장 대역에 민감하다. 적외선은 지구 대기 내의 물 분자와 이산화탄소 분자에 의해 흡수된다. 이러한 이유로 적외선 천문학 연구는 높은 산 정상이나 고공 비행기 또는 우주선에서 하는 것이 가장 좋다.

적외선보다 파장이 긴 모든 전자기파를 **전파**(radio wave)라고 부르지만, 너무 영역이 광범위하므로 일반적으로 그 안에서 다시 서너 영역으로 세분한다. 가장 잘 알려진 것으로는 단파 통신이나 전자레인지에서 사용되는 극초단파(microwaves), 공항이나 군대에서 사용되는 레이더파, 현대문화에서 빼놓을 수 없는 뉴스와 오락을 전달하는 FM과 TV파, 그리고 방송용으로 가장 먼저 개발된 AM전파가 있다. 이들 영역의 파장 범위는 수 mm에서 수백 m에 이른다. 또 다른 전파 영역에서는 파장이 수 km에 이르기도 한다.

이처럼 파장 영역이 광범위하다 보니 전파가 지구 대기와 상호작용하는 방식도 영역마다 다를 수밖에 없다. 극초단파는 수증기에 의해 흡수된다. (이런 성질은 전자레인지에서 수분이 많은 음식을 가열시킬 때 유용하다.) FM과 TV파는 대기에 흡수되지 않으므로 대기를 통해 쉽게 전파될 수 있다. AM전파는 이온층(ionosphere)이라 불리는 지구대기층에 의해 흡수되거나 반사된다. 요즘 AM 라디오 방송의 수준을 생각하면 이들 전파가 우리 지구대기를 못 벗어나는 것이 차라리 다행인지도 모른다.

이상 소개한 내용 중에서 한 가지만은 분명하게 명심해야 한다. 많은 사람이 천문학에서 가시광만 다룬다고 생각하지만 육안으로 볼 수 있는 빛은 우주에서 들어오는 광범위한 전자기파의 일부일 뿐이다. 육안으로 볼 수 있는 빛만으로 천문학적 현상을 판단하는 것은 마치 성대한 만찬석상의 식탁 밑에 숨어서 손님들의 신발만으로 손님들을 파악하겠다는 것과 같다. 식탁 밑에서 보는 것만으로는 한 인간의 전부를 알 수는 없다. 따라서 오늘날 천문학을 공부하는 사람이라면 가시광의 신봉자가 되지 않도록 주의해야 한다. 왜냐하면, 그런 사람들은 육안으로 보이는 정보만 중요시하고 기기로 측정해서 얻은 다른 스펙트럼영역에 대한 정보는 무시하기 때문이다.

표 4.1에는 전자기파 스펙트럼의 영역과 그 영역의 복사를 방출하는 온도와 천체들이 요약되어 있다. 이 표에 언급된 많은 천체에 대해 아직 낯설겠지만, 천문학 연구의 대상인 이 천체들을 배우고 난 뒤, 다시 이 표를 보면 좋을 것이다.

4.2.2 복사와 온도

대부분 천체는 적외선 복사를 주로 방출하지만, 가시광이나 자외선 복사를 주로 방출하는 천체도 있다. 태양이나 별, 그

표 4.1 전자기복사

복사 종류	파장 범위(nm)	복사 온도	광원
감마선	0.01 이하	10^8 K 이상	핵반응에서 생성. 극히 고에너지 과정이 필요.
x-선	0.01~20	10^6~10^8 K	은하단 내의 기체. 초신성 잔해. 태양의 코로나.
자외선	20~400	10^4~10^6 K	초신성 잔해. 초고온의 별.
가시광	400~700	10^3~10^4 K	별.
적외선	10^3~10^6	10~10^3 K	저온의 티끌과 기체 구름. 행성. 위성.
전파	10^6 이상	10 K 이하	이렇게 저온인 천체는 없음. 자기장에서 운동하는 전자에 의해 생성된 전파 복사(싱크로트론 복사).

밖의 다른 천체들이 전자기복사를 어떤 스펙트럼 영역에서 방출할지가 어떤 요인에 의해 결정될까? 그 답은 실제 천체의 온도(temperature)임이 밝혀졌다.

미시 세계에서는 모든 것이 움직인다. 고체(solid)는 끊임없이 진동하는 분자와 원자로 이루어져 있다. 제자리에서 앞뒤로만 움직이는데 운동의 규모가 너무 작아서 육안으로는 식별할 수 없다. 기체(gas)를 구성하는 분자들은 빠른 속도로 자유롭게 날아다니면서 계속 서로 부딪치며 주위 물체에 압력을 가한다. 무작위로 움직이는 이들 원자와 분자의 운동 에너지를 열(heat)이라 부른다. 온도가 높아질수록 고체나 기체를 이루는 원자와 분자의 운동은 빨라진다. 따라서 어떤 물체 온도는 바로 구성 입자들의 평균 운동에너지의 척도라고 할 수 있다.

이런 미시적 수준의 운동으로부터 지구나 우주에서 관측되는 전자기복사 대부분이 유래한다. 원자나 분자가 충돌하거나 제자리에서 진동할 때 원자나 분자 내의 하전 입자들은 전자기복사를 발생시킨다(4.1절 참조). 이 복사의 성질은 원자나 분자의 온도에 의해 결정된다. 예를 들어 뜨거운 고체나 기체를 이루는 입자들은 진동하거나 충돌할 때 빠른 속도로 움직이기 때문에 이로부터 방출된 전자기파는 평균적으로 더 큰 에너지를 가진다. 저온의 물질은 원자나 분자들의 운동에너지가 낮으므로 저에너지 복사를 방출한다.

4.2.3 복사 법칙

온도와 전자기복사의 관계를 정량적으로 이해하기 위해서, (여러분의 스웨터나 혹은 천문학 교수의 머리와는 달리) 복사를 산란시키거나 반사하지 않고 전자기파의 입사 에너지를 전부 흡수하는 이상적인 물체를 생각해보자. 흡수된 에너지는 내부의 원자나 분자를 더 빠른 속도로 진동시키거나 움직이게 한다. 온도가 상승하면 물체는 전자기파를 방출하는데 에너지의 흡수와 복사가 균형을 이룰 때까지 이 과정이 계속된다. 이러한 이상적인 물체에 대해 논의하는 이유는 별들이 그런 이상적인 물체에 가까운 특성을 보여주기 때문이다.[1]

이상적 물체가 방출하는 복사는 그림 4.8에 주어진 설명처럼 몇 가지 특성이 있다. 그림의 그래프는 각기 다른 온도의 물체가 각 파장에서 방출하는 일률을 보여준다. 과학용어로 일률(power)은 1초당 방출되는 에너지를 의미한다. [전구를 살 때 보았겠지만, 일률은 일반적으로 와트(watt)의 단위로 표시된다.]

첫 번째로, 흰색 곡선을 보면 온도마다 이상적 물체는 복사의 연속 스펙트럼(continuous spectrum)을 방출하고 있다. 즉, 모든 파장에 걸쳐 복사를 방출한다. 그 이유는 고체나 고밀도 기체에서 분자나 원자 중 일부는 평균보다 느린 속도로 진동하거나 충돌을 겪으며 이동하는 반면 또 다른 분자나 원자는 평균보다 빠른 속도로 운동하기 때문이다. 따라서 방출된 전자기파의 스펙트럼은 파장과 에너지가 넓은 범위에 걸쳐 있다. 대부분의 복사가 평균(average) 진동수(각 곡선의 최고점)에서 방출되지만, 원자나 분자 수가 아주 많다면 어느 파장에서나 복사가 방출될 수 있다.

두 번째로, 고온의 물체는 저온의 물체보다 모든 파장에서 더 많은 에너지를 방출한다. 예를 들어 고온 기체(그림 4.8에서 키 큰 곡선들)는 원자들 간의 충돌이 더 많아서 각 파장이나 에너지에서 더 많은 복사가 방출된다. 이는 실제 별의 경우 고온의 별이 모든 파장 영역에서 저온의 별보다 더 많은 에너지를 방출한다는 사실을 의미한다.

세 번째로, 그래프에서 보듯이 온도가 높을수록 최대 에너지를 방출하는 파장은 짧아진다. 짧은 파장일수록 더 높은

[1] 이러한 물체를 전공 수업에서 흑체(blackbody)라고 부르지만, 별처럼 자연에 존재하는 흑체들이 실제로 흑색이 아니므로 이 용어를 가능한 사용하지 않으려고 한다.

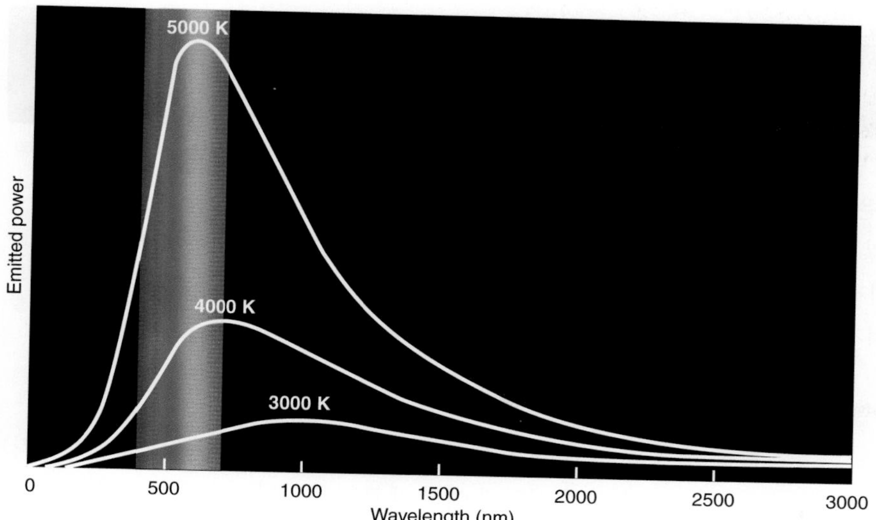

■ **그림 4.8**
복사법칙 이들 그래프는 3개의 각기 다른 온도를 가진 물체가 각 파장에서 1초당 방출하는 광자의 개수(혹은 총 일률)를 보여준다(3개의 흰색 곡선). 고온일수록 전 파장에 걸쳐 더 많은 에너지가 방출되고 있음에 주목하자. 고온일수록 최대 에너지가 더 짧은 파장에서 방출된다. (이를 빈의 법칙이라 한다.)

진동수 혹은 에너지에 해당한다는 점을 상기하자. 그렇다면, 고온의 물체는 저온의 물체에 비하여 더 짧은 파장에서(더 높은 에너지에서) 평균적 복사를 방출할 수밖에 없다. 일상 생활에서도 이 법칙의 예를 찾아볼 수 있다. 전열기 온도가 낮으면 적외선 복사에 해당하는 열만 낼 뿐, 육안으로 볼 수 있는 빛을 내지 못한다. 그러나 전열기 온도를 높이면, 희미한 적색의 빛이 보이기 시작한다. 좀 더 온도를 올리면, 적황색(더 짧은 파장)으로 변하면서 더 밝아진다. 일반 전열기로는 얻을 수 없는 더 높은 온도에서는 금속이 눈부신 황색이나 심지어 청백색으로 보이기까지 한다.

이러한 아이디어를 이용하면 별 온도를 측정하는 일종의 '온도계'를 고안할 수 있다. 많은 별이 대부분의 복사를 가시광 영역에서 방출하기 때문에 별빛의 색은 별 온도의 대략적인 척도가 된다. 만약 어느 별이 빨간색인데, 또 다른 별은 푸른색이라면 어떤 별 온도가 더 높을까? 푸른색의 파장이 더 짧으므로 별 온도는 더 높다. (과학에서 색과 온도의 연관성은 예술에서와 다르다. 예술에서는 빨간색을 대개 '뜨거운 색'으로, 푸른색을 '차가운 색'으로 표현하는데 자연에서는 정반대임을 주목하자.)

별이 각 파장에서 방출하는 에너지를 측정하여 그림 4.8과 같은 그래프를 만들면, 더욱 정밀한 별 온도계가 만들어질 수 있다. 각 별의 일률 곡선에서 극대점(혹은 최고점)의 위치가 바로 별 온도를 나타낸다. 태양에서 눈에 보이는 복사가 방출되는 표면층 온도는 5800 K로 알려졌다. (이 책에서 온도 척도로 절대 온도 혹은 켈빈, 즉 K를 사용하게 된다. 이 척도로 물은 273 K에서 얼고 373 K에서 끓는다. 모든 분자 운동은 0 K에서 멈춘다. 기타 다양한 온도 척도에 대해서는 부록 5에 설명되어 있다.) 별 중에는 태양보다 온도가 낮은 별도 있고, 태양보다 온도가 높은 별도 있다. 어떤 별은 온도가 너무 높아서 에너지가 자외선 파장 영역에서 방출되기도 한다.

최대 일률이 방출되는 파장은 다음 관계식을 이용하여 계산될 수 있다.

$$\lambda_{max} = \frac{3 \times 10^6}{T}$$

여기서 파장은 나노미터(nm, 1 m의 10억분의 1), 온도는 켈빈(K)으로 표시되었다. 이 식을 **빈의 법칙**(Wien's law)이라 부른다. 태양의 경우, 최대 에너지가 방출되는 파장은 520 nm인데, 이는 가시광 영역으로서 전자기파 스펙트럼 영역의 중간 정도에 위치한다. 표 4.1에 여러 천체들 온도와 최대 에너지가 방출되는 파장이 열거되어 있다.

아울러 물체 온도가 높을수록 전 파장에 걸쳐 더 많은 에너지가 방출된다는 사실도 수학적으로 표현될 수 있다. 전자기파 스펙트럼의 모든 파장 영역에서 방출되는 에너지를 모두 합하면, 흑체가 방출하는 총 에너지를 얻게 된다. 일반적으로 별과 같은 거대 물체에서 측정하는 것은 **에너지 플럭스**(energy flux)로서 1 m^2당 방출되는 일률이다. 여기서 플럭스(flux)는 '흐름'을 의미한다. 우리 관심은 어떤 면적(예를 들어, 망원경 거울의 면적)으로 들어오는 일률의 흐름에 있다. 절대온도 T의 흑체가 방출하는 에너지 플럭스는 그 절대 온도의 4승에 비례한다. 이 관계를 **슈테판-볼츠만의 법칙**(Stefan-Boltzmann law)이라 하며, 다음 방정식으로 표현된다.

$$F = \sigma T^4$$

여기서 F는 에너지 플럭스, 그리고 σ(그리스 문자, 시그마)는 상수다.

이 법칙의 결과가 얼마나 대단한지 알아보자. 별 온도가 증가하면 별이 방출하는 에너지가 엄청나게 변한다. 예를 들어, 태양이 현재보다 2배 더 뜨거워지면, 즉 온도가 11,600 K가 되면, 태양은 현재보다 2^4 혹은 16배 더 많은 에너지를 방출하게 된다. 온도를 세 배 증가시키면 에너지 방출이 81배나 증가한다. 고온의 별은 엄청난 양의 에너지를 복사로 방출하고 있다.

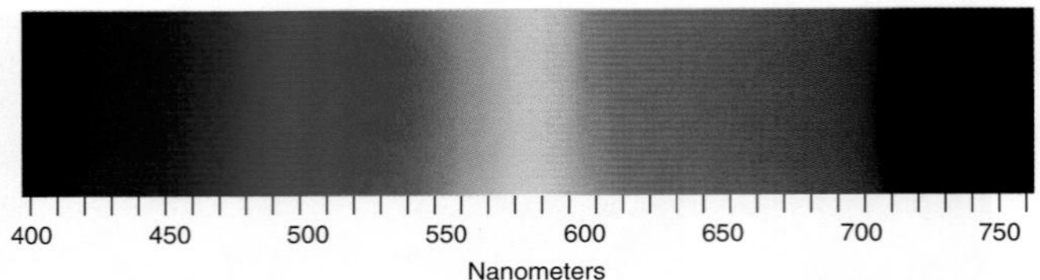

■ **그림 4.9**
연속 스펙트럼 백색광이 프리즘을 통과하면, 프리즘에 의한 분산으로 다양한 색깔의 연속 스펙트럼이 형성된다. 여기 주어진 사진에서는 잘 안 보이지만, 분산이 잘 된 스펙트럼에서는 한쪽 끝(보라색)에서 다른 쪽 끝(빨간색)까지 눈으로 훑어보면 색깔이 점진적으로 미세하게 변한다.

4.3 천문 분광학

4장 초반에서 언급했듯이, 전자기복사에는 별이나 그 밖의 천체에 관한 많은 정보가 포함되어 있다. 하지만 이러한 정보를 얻기 위해서는 가시광을 포함하는 여러 복사 영역에 파장별로 입사된 에너지를 상세하게 연구해야 한다. 그러면 어떤 방법으로 어떤 정보를 얻을 수 있는지 알아보기로 하자.

4.3.1 빛의 광학적 성질

가시광이나 여러 다른 형태의 전자기 에너지는 망원경이나 광학기기의 설계에 영향을 미치는 매우 중요한 특성을 지닌다. 예를 들어, 빛은 물체의 표면에서 반사될 수 있다. 거울처럼 매끄럽고 윤이 나는 표면에서는 반사면의 형태만 알면 반사광의 방향을 정확하게 계산할 수 있다. 또한, 빛은 한 투명물질에서 다른 투명물질로 이동할 때, 예컨대 대기로부터 유리 렌즈로 입사할 때 굽어진다. 즉 굴절된다.

반사와 굴절은 안경으로부터 대형 천체 망원경에 이르기까지 모든 광학기기의 기반이 되는 빛의 기본 성질이다. 광학기기는 일반적으로 굴절의 원리에 따라 빛의 방향을 바꾸어 주는 유리 렌즈와 반사의 성질을 활용하는 곡면 거울의 조합으로 이루어져 있다. 안경이나 쌍안경처럼 소형 광학기기는 일반적으로 렌즈를 사용하는 반면, 대형 망원경에서는 거울을 주요 광학 부품으로 이용한다. 5장에서 천문기기와 사용법에 대해 설명할 것이다. 지금은 빛의 또 다른 성질, 즉 빛에 포함된 정보의 해독에 필요한 성질에 대해 알아보자.

빛이 한 투명물질에서 다른 투명물질로 진입할 때, 단순 굴절 외에 또 다른 현상이 일어난다. 빛이 굽어지는 정도가 빛의 파장과 매질의 성질에 의존하기 때문에, 파장 혹은 색깔에 따라 빛이 굽어지는 정도가 달라지면서 색깔별로 빛의 분리가 일어난다. 이 현상을 **분산**(dispersion)이라고 한다.

그림 4.7은 빛이 프리즘(prism, 삼각형 형태의 유리 조각)에 의해 어떻게 여러 색깔로 분리되는지를 보여 준다. 빛이 프리즘의 한 면으로 진입할 때 한 번 굴절되는데, 이때 보라색 빛은 붉은색 빛보다 더 많이 굴절된다. 빛이 프리즘의 맞은편에서 빠져나갈 때, 또 한 번 굴절되면서 많은 분산이 일어난다. 프리즘을 통과한 빛을 스크린에 모으면, 백색광을 구성하는 다양한 파장 즉, 색깔이 무지개처럼 (실제로 무지개는 빗방울 내에서 빛의 분산에 의해 만들어진다. '연결고리: 무지개' 글상자 참조) 나란하게 정렬된다(그림 4.9). 이 같은 색깔의 정렬이 바로 빛의 스펙트럼임으로, 빛을 분산시켜 스펙트럼을 만드는 기기를 **분광기**(spectrometer)라고 부른다.

4.3.2 별의 스펙트럼의 유용성

태양이나 별의 백색광 스펙트럼이 단순히 여러 색깔의 나열에 불과하면, 대략적인 별 온도를 알고 난 뒤에는 별의 스펙트럼에 대해 더 이상 연구할 필요성이 없을지도 모른다. 광학의 굴절과 분산의 법칙을 최초로 발견했던 뉴턴이 태양 스펙트럼을 관찰했을 때 볼 수 있었던 것은 오로지 연속적으로 늘어선 색깔의 띠뿐이었다.

그런데 1802년 월러스톤(William Wallerston)이 태양 스펙트럼을 스크린에 투영시키기 위한 렌즈가 포함된 개량 분광계를 제작했다. 이 기기를 사용하여 태양을 관측했을 때, 그는 태양 스펙트럼의 색이 연속적이지 않고 일부 영역에서 색깔이 있던 자리가 검은 띠로 바뀌었음을 발견하였다. 그는 이런 검은 선이 색깔 간의 자연적 경계라고 잘못 결론지었다. 1815년 독일의 물리학자 프라운호퍼(Joseph Fraunhofer)가 태양 스펙트럼을 자세히 조사한 끝에 약 600개에 이르는 검은 선(없어진 색)을 발견하면서 색깔 간의 경계 가설은 오류였음이 판명되었다(그림 4.10).

당시 학자들은 없어진 색깔을 암선(dark line)이라고 불렀는데, 무지개 색깔의 연속 스펙트럼이 여러 파장에서 단절

무지개

무지개는 햇빛의 굴절을 설명해주는 아주 훌륭한 예다. 만약 여러분이 태양과 소나기 사이에 있다면 무지개를 볼 수 있는 확률이 높다. 이 상황은 그림 4A에 설명되어 있다. 빗방울이 마치 작은 프리즘과 같은 역할을 하여 백색광을 여러 색깔의 스펙트럼으로 분산시킨다. 한 태양 광선이 빗방울에 부딪혀 그 안을 통과하는 경우를 상상해보자. 빛이 대기 중에서 물방울 안으로 들어갈 때, 진행 방향을 바꾸게—굴절하게(그림 4B)—되는데, 파란색과 보라색이 빨간색보다 더 많이 굴절한다. 입사광 일부는 빗방울의 뒤쪽에서 전반사되어 다시 전면을 통해 나오게 되는데 여기에서 또 한 번 굴절을 겪게 된다. 결과적으로 백색광은 여러 색깔의 무지개로 나누어진다.

그림 4B에서 빛이 물방울에서 빠져나올 때, 보라색이 빨간색보다 위쪽에 있음을 주목하라. 하지만 무지개를 보았을 때 무지개의 빨간색이 하늘의 위쪽에 있다. 왜일까? 그림 4A를 다시 보자. 만약 관찰자가 하늘 높이 떠 있는 빗방울을 본다면, 보라색 빛은 관찰자의 머리 위로 스쳐 지나가지만 빨간색 빛은 눈에 들어오게 된다. 마찬가지로 만약 관찰자가 낮게 떠 있는 빗방울을 본다면 이번에는 보라색 빛이 관찰자의 눈에 들어오는 반면에 같은 빗방울에서 나온 빨간색 빛은 지면에 부딪혀서 눈에 들어오지 못한다. 중간에 있는 파장들의 빛은 각각 빨간색과 보라색으로 보이는 빗방울 사이의 중간 고도에 있는 빗방울에 의해 굴절되어 눈으로 들어오게 된다. 따라서 단일 무지개는 언제나 빨간색이 바깥쪽에 그리고 보라색이 안쪽에 있다.

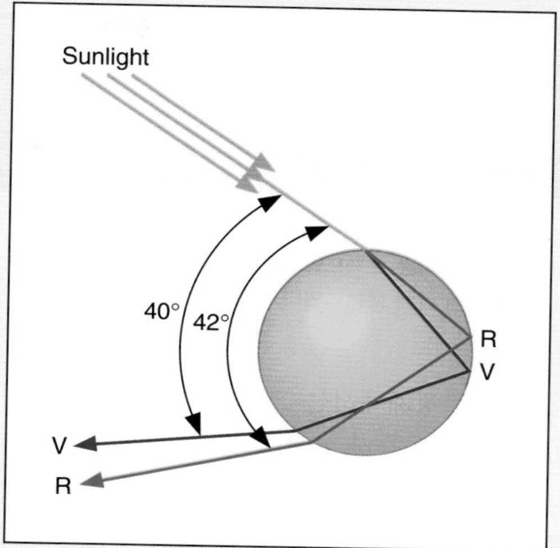

■ **그림 4B**
빗방울 안을 통과해가는 빛의 경로를 보여주는 그림. 굴절에 의해 백색광이 색깔별 빛으로 나누어진다.

이보다 더 간단한 굴절의 예로서, 물이 담긴 유리컵에 연필을 비스듬하게 넣어 보라. 어떻게 보이는가? 설명할 수 있는가?

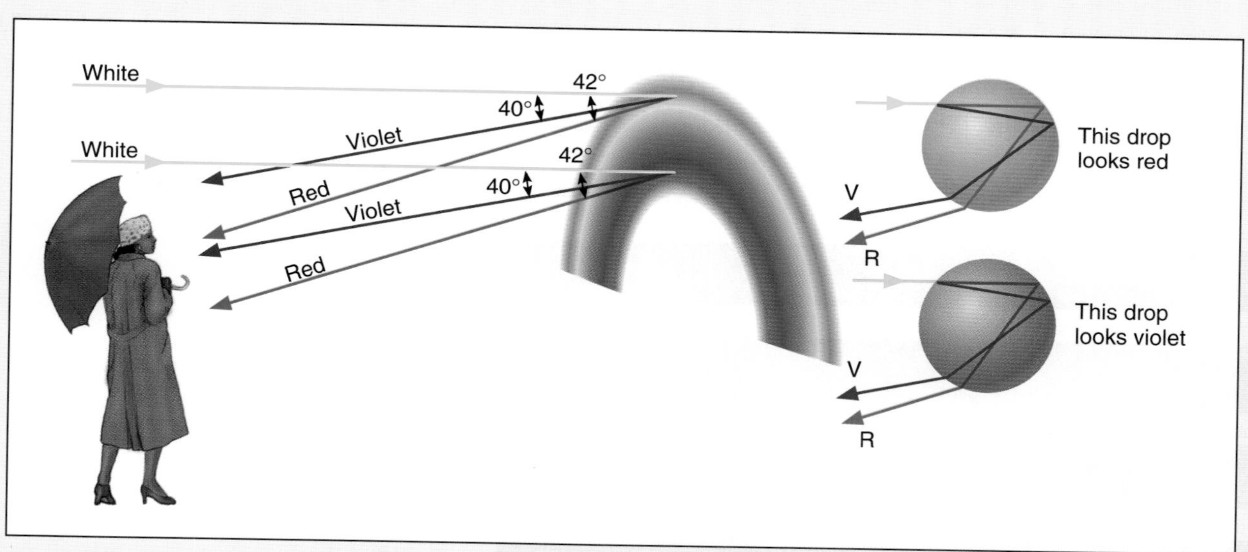

■ **그림 4A**
이 그림에서 관찰자 뒤에 위치한 태양에서 나온 빛이 빗방울에 의해 굴절되어 무지개를 만든다.

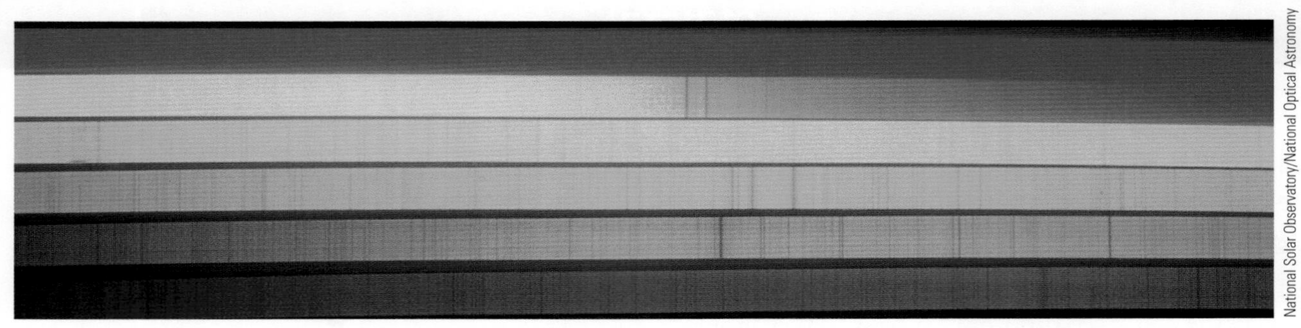

■ **그림 4.10**
태양의 가시광 스펙트럼 태양 스펙트럼에는 암선들이 가로지르고 있는데 이들 암선은 특정 파장의 빛을 흡수하는 태양 대기의 원자들에 의해 생성되었다.

되어 있었고 분광계에서는 그러한 단절이 암선처럼 보였기 때문이다. 그 후 비슷한 암선들이 인공 광원의 스펙트럼에서도 발견되었다. 그 같은 결과는 인공 광원의 빛을 겉보기에 투명해 보이는 여러 물질(대개는 미량의 희박한 기체가 들어 있는 용기) 속으로 통과시켜 얻어졌다.

그런데 이들 기체가 모든 색깔에서 투명하지 않은데다 몇몇 특정 파장에서는 불투명하다는 사실이 발견되었다. 각 기체 내의 무언가가 특정 색의 빛만 흡수하고 다른 색의 빛은 흡수하지 않음이 분명했다. 모든 기체에서 이런 현상이 나타났지만, 기체의 구성 원소에 따라 흡수하는 빛의 색이 달랐기 때문에 암선 역시 다르게 나타났다. 따라서 두 종류의 원소로 이루어진 기체를 통과한 빛에는 두 원소 각각에 연관된 색들이 모두 없어져 암선으로 나타났다. 즉, 스펙트럼의 특정 선은 특정 원소와 '연관되어' 있음이 분명했다. 이는 천문학 역사에서 가장 중요한 발견 중의 하나로 기록되었다.

그런데 기체가 빛을 흡수할 연속 스펙트럼이 없다면 어떻게 될까? 대신 그 기체를 가열시켜 스스로 빛을 내게 한다면 어떻게 될까? 기체가 가열되면 연속 스펙트럼은 나타나지 않지만, 여러 개의 분리된 휘선이 보인다. 즉, 고온의 기체들은 특정 파장 혹은 색에서만 빛을 방출했다. 그런데 이 기체들이 가열되었을 때 방출하는 빛의 색은 배경에 연속 광원이 있을 때 이들 기체가 흡수했던 빛의 색과 완전히 같았다.

기체가 순수한 수소라면 그에 해당하는 특정 그룹의 빛(색)만 방출하거나 흡수할 것이다. 나트륨 기체라면, 또 다른 그룹의 빛(색)만 방출하거나 흡수할 것이다. 수소와 나트륨의 혼합기체는 두 그룹의 스펙트럼선을 흡수하거나 방출할 것이다. 이처럼 각 물질이 가진 고유의 스펙트럼 지문(spectral signature)을 이용하여 물질의 성분을 아는 방법이 발견된 것이다(그림 4.11). 마치 각 개인을 지문으로 알 수 있듯이, 각 원자에 고유한 스펙트럼 패턴으로 기체가 어떤 원소로 이루어져 있는지 알 수 있다.

4.3.3 스펙트럼형

스펙트럼에는 서로 다른 세 종류가 있다. **연속 스펙트럼**(continuous spectrum, 고체나 고밀도의 기체가 복사를 방출할 때 형성)은 무지개처럼 모든 파장의 빛 혹은 색의 연속적

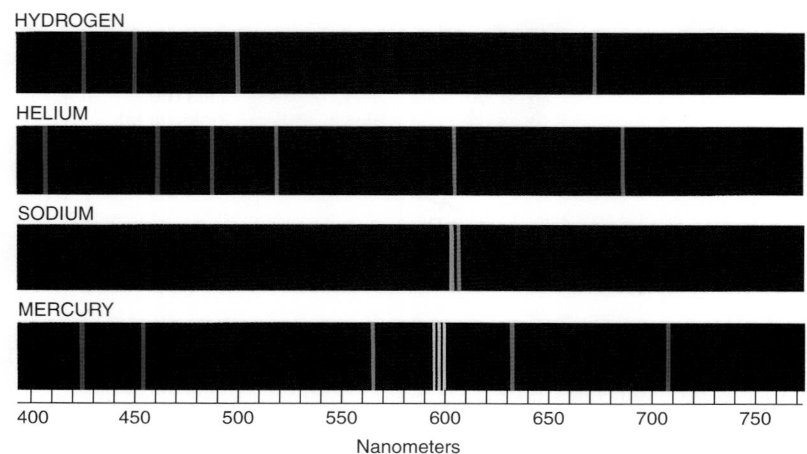

■ **그림 4.11**
여러 원소의 선 스펙트럼 빛을 내는 고온의 각 기체(원소)는 고유한 패턴의 선 스펙트럼을 생성하므로 각각의 스펙트럼에 의해 기체의 구성 성분을 알 수 있다.

모임이다. 연속 스펙트럼은 저밀도 기체의 원자들이 빛을 흡수할 수 있는 배경 광원의 역할을 한다. 암선 즉, **흡수선 스펙트럼**(absorption line spectrum)은 어느 광원의 연속 스펙트럼 위에 중첩된 일련의 암선들, 즉 없어진 색으로 구성되어 있다. 휘선 즉, **방출선 스펙트럼**(emission line spectrum)은 특정 파장에만 나타나는 일련의 휘선들로 이루어져 있다. (그림 4.18에 이들 각 스펙트럼의 예가 소개되어 있다.)

기체 상태의 화학 원소나 합성물질은 각 특징적인 스펙트럼선의 패턴, 즉 스펙트럼 지문을 보여준다. 어떤 두 패턴도 같지 않다. 다른 말로, 각 기체는 고유한 특정 파장의 빛만 방출하거나 흡수한다. 온도나 그 밖의 조건들은 그 선이 방출선이 될지 혹은 암선이 될지를 결정할 뿐이고, 어느 경우에서건 특정 원소에 관련된 파장은 같다. 이 같은 파장 패턴의 정밀성이 바로 각 원소의 스펙트럼 지문에 고유성을 부여하는 요인이다. (액체나 고체도 스펙트럼선이나 띠를 만들 수 있지만, 선의 폭이 넓고 명확하지 않아서 구분이 쉽지 않다.)

따라서 태양 스펙트럼의 암선들은, 지구와 태양 사이에 이들 파장의 빛을 흡수하는 특정 화학 원소들의 존재를 예측하게 했다. 하지만 지구와 태양 간의 우주 공간은 사실상 진공이므로 이 원자들은 태양을 둘러싼 상대적으로 저온인 희박한 대기층 내에 존재해야 했다. 그런데 태양은 전부 기체이므로 이 바깥층 대기가 상대적으로 밀도가 낮고 온도가 낮다는 점 외에는, 태양의 나머지 부분과 크게 다르지 않다고 가정할 수 있다. 따라서 태양의 바깥 대기의 구성 성분을 알면 태양 전체로 확대 적용할 수 있다. 마찬가지로 별이나 성간 기체 구름의 흡수선이나 방출선을 이용하여 해당 천체의 구성 성분에 대해 알아낼 수 있다.

이러한 스펙트럼 분석은 현대 천문학 연구의 바탕을 이룬다. 오직 이 방법으로만 거리가 너무 멀어서 직접 탐사가 불가능한 별들에 대한 '정보'를 얻을 수 있다. 천체들이 방출하는 전자기복사에 이들 천체의 화학 조성에 대한 정보가 들어 있기 때문이다. 별의 조성을 알아야 별이 왜 빛나는지 그리고 어떻게 진화하는지에 대한 이론이 수립될 수 있다.

1860년 독일 물리학자, 키르히호프(Gustav Kirchhoff)는 태양에서 나트륨 기체의 스펙트럼 지문을 확인함으로써, 태양의 구성 원소 중 하나를 분광학을 이용하여 처음 발견할 수 있었다. 그 후 많은 화학 원소들이 태양뿐 아니라 다른 별에서 발견되었다. 사실, 헬륨은 태양에서 처음 발견되었고, 지구에서 발견은 나중에 이루어졌다. [헬륨(helium)이란 단어는 그리스어로 태양을 뜻하는 헬리오스(helios)에서 유래했다.]

그런데 원소마다 왜 특정 선들이 형성되는 것일까? 이는 20세기에 들어와 원자 이론이 수립되고 나서야 비로소 대답이 주어졌다. 그러므로 이제부터 모든 물질을 구성하는 원자에 대해 좀 더 자세히 살펴보기로 하자.

4.4 원자구조

물질이 원자라는 작은 입자로 구성되었다는 생각은 적어도 2500년 이전부터 있었다. 하지만 20세기에 이르러서 원자의 내부 탐사가 가능한 기기가 발명되고 나서야 비로소 원자가 예상과는 달리, 견고하거나 쪼개질 수 없는 입자가 아니라는 사실을 알게 되었다. 대신에 원자는 그보다 더 작은 소립자들로 구성된 복잡한 구조로 되어 있다.

4.4.1 원자의 탐사

최초의 소립자는 1897년 영국 물리학자 톰슨(J. Thomson)에 의해 발견되었다. 전자로 명명된 이 입자는 음전하를 띤다. (가전제품의 전선이나 번개에서 흐르는 전류는 바로 이 전자들의 흐름이다.) 일반적으로 원자는 전기적으로 중성이기 때문에 원자 내의 각 전자는 같은 양의 양전하와 균형을 이루어야 한다.

그렇다면 원자 내에서 양전하와 음전하는 어떻게 분포할까? 1911년 영국 물리학자 러더포드(Ernest Rutherford)는 이 질문에 대한 답을 부분적으로 제시해주는 한 실험을 고안했다. 그는 약 400개 원자를 포갠 두께에 불과한 극도로 얇은 금박지에 방사성 물질에서 방출된 알파 입자(alpha particle)들을 통과시켰다(그림 4.12). 알파 입자는 전자를 모두 잃어서 양전하를 띠고 있는 헬륨 원자핵이다. 이 실험에서 대부분의 알파 입자들은 금박지나 금박지를 이루는 원자들이 마치 거의 텅 빈 공간이라도 되는 듯 곧장 통과해 버렸다 그러나 8,000개의 알파 입자 중 1개는 방향이 180° 바뀌어서 오던 방향으로 도로 튕겨 나갔다. 러더포드는 이 결과에 너무 놀란 나머지 '이는 마치 지름이 40 cm나 되는 포탄을 종이 한 장을 향해 발사했을 때, 포탄이 튕겨져 다시 돌아온 것만큼이나 믿기 힘든 사건'이라고 말했다.

금박지와 충돌했을 때 알파 입자의 진행 방향이 역전된 이유를 설명하는 유일한 방법은 금박지를 구성하는 개별 금 원자 거의 모든 질량 및 모든 양전하가 극히 작은 중심영역 혹은 **핵**(nucleus)에 밀집되어 있다고 가정하는 것이었다. 당구공이 또 다른 당구공과 충돌할 때 방향이 역전되는 것처럼, 알파 입자가 금 원자의 핵과 충돌하면 방향이 역전된다. 러

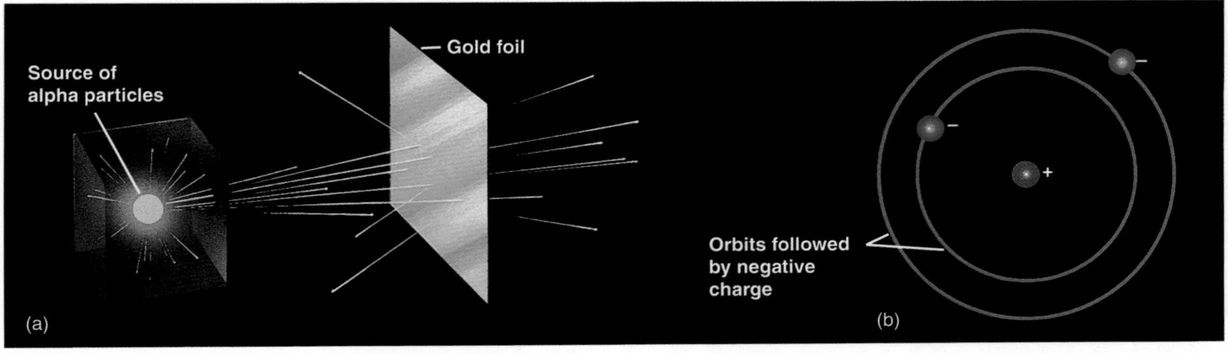

■ **그림 4.12**
러더포드의 실험 (a) 러더포드는 방사성 물질에서 방출된 알파 입자를 금박지에 충돌시켰을 때 대부분의 입자가 금박지를 그대로 통과했지만, 일부가 오던 방향으로 되돌아간 사실을 발견했다. (b) 이 실험으로부터 그는 원자가 마치 태양계의 축소판처럼 핵에 밀집된 양전하와 핵 주위의 넓은 공간을 도는 음전하로 이루어져 있다고 결론지었다.

더포드의 원자 모형은 음전하인 전자들을 핵 주위를 도는 궤도에 배치했다.

러더포드의 원자 모형에서 전자들은 계속해서 운동해야 한다. 양전하와 음전하는 서로 끌어당기므로, 정지 상태의 전자는 바로 핵 속으로 끌려들어가기 때문이다. 전자와 핵 모두 극히 작아서 원자가 차지하는 공간 대부분은 텅 비어 있다. 때문에 러더포드의 알파 입자들 대부분이 어떤 충돌도 겪지 않고 금박지를 곧장 통과할 수 있었다. 러더포드의 원자 모형은 당시 실험에 대한 설명으로서 성공적이었지만, 결국 핵도 구조로 되어 있다는 사실이 나중에 밝혀졌다.

4.4.2 원자핵

가장 단순한 (더불어 태양과 별 내부에 가장 흔한) 원자는 수소다. 일반적인 수소 핵은 양성자(proton)라고 부르는 양전하를 띤 단 하나의 입자만으로 이루어져 있다. 이 양성자 주위를 단 한 개의 전자(electron)가 돌고 있다. 전자의 질량은 양성자의 2000분의 1 정도에 불과하지만, 부호만 반대일 뿐 양성자와 같은 양의 전하를 지닌다(그림 4.13). 부호가 반대인 전하들은 서로 끌어당긴다. 행성이 태양 주위를 공전할 수 있게 하는 힘이 중력인 것처럼, 원자에서 양성자와 전자를 결속시키는 힘은 전자기력이다.

물론 다른 원자들도 있다. 예를 들어 헬륨은 태양에서 두 번째로 많은 원소다. 헬륨 핵은 수소 핵에 고유한 단일 양성자 대신 두 개의 양성자를 가진다. 또한, 헬륨 핵은 양성자와 질량은 비슷하지만, 전하를 띠지 않는 입자인 중성자(neutron)를 두 개 갖고 있다. 헬륨 핵 주위를 두 개의 전자가 돌고 있으므로 헬륨 원자의 총 전하량도 역시 0이다(그림 4.14).

수소와 헬륨에 대한 설명은 더 나아가 우주에 존재하는

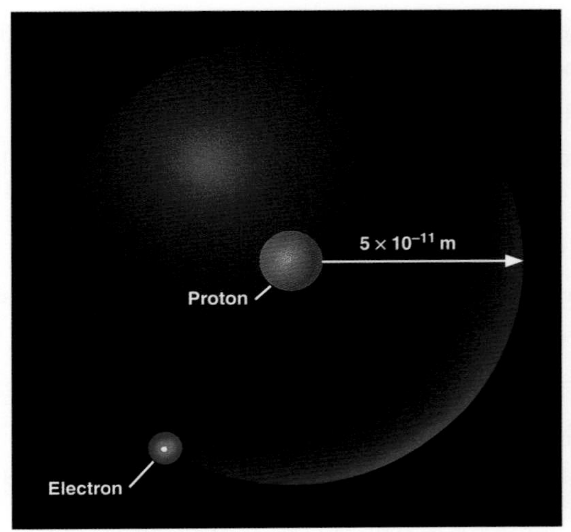

■ **그림 4.13**
수소 원자 가장 낮은 에너지 상태, 즉 바닥 상태에 있는 수소 원자의 대략적인 모습. 양성자와 전자는 크기는 같지만, 부호가 반대인 전하를 갖고 있으며, 이에 따른 전자기력이 수소 원자를 결속시키는 힘으로 작용한다. 이 그림에서 입자의 크기는 실제보다 과장되어 있으며 크기의 비도 실제와 다르다.

모든 다른 원소(다른 종류의 원자)들이 어떤 방식으로 구성되었는지를 짐작하게 한다. 원소의 종류는 그 원자핵 속에 들어 있는 양성자 수(number of proton)에 의해 결정된다. 예를 들어, 원자가 6개의 양성자를 가지면 탄소, 8개의 양성자를 가지면 산소, 26개를 가지면 철, 92개를 가지면 우라늄이다. 지구에서 원자는 일반적으로 같은 개수의 양성자와 전자를 가지는데, 전자들은 매우 복잡한 형태의 궤도를 그리며 핵 주위를 돈다. 하지만 별의 깊은 내부에서는 온도가 매우 높아서 전자들이 핵의 속박을 벗어나 자유로워진다.

일반적으로 핵 내의 중성자와 양성자의 수는 거의 같지만, 특정 원소의 모든 원자가 같은 개수의 중성자를 갖고 있

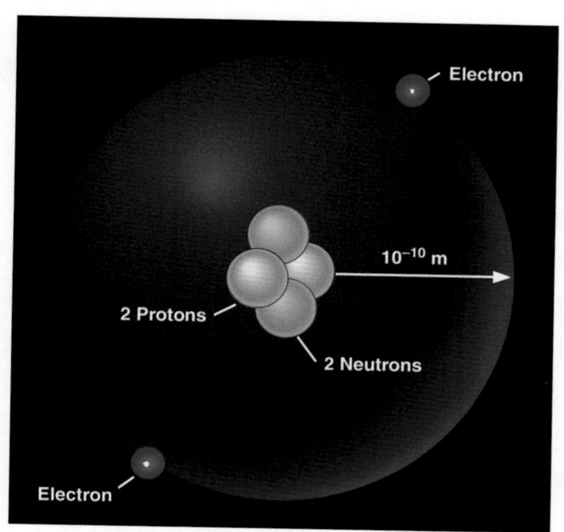

■ **그림 4.14**
헬륨 원자 가장 낮은 에너지 상태에 있는 헬륨 원자의 대략적인 모습. 모든 헬륨 핵은 두 개의 양성자를 가진다. 또한 일반적인 헬륨 핵은 두 개의 중성자도 포함하는데, 중성자는 질량에서 양성자와 거의 비슷하지만, 전하를 띠지 않는다. 핵 주위에는 두 개의 전자가 돌고 있다.

을 필요는 없다. 예를 들어, 대부분 수소에는 중성자가 없지만, 중성자 한 개를 갖는 수소도 있고, 두 개의 중성자를 갖는 수소도 있다. 이처럼 중성자 수가 각기 다른 수소 핵을 수소의 **동위원소**(isotope)라고 부르는데(그림 4.15), 다른 원소들에도 동위원소들이 있다. 동위원소는 가까운 '혈연'임에도 불구하고 성격과 행동은 딴판인 형제지간 정도로 간주할 수 있다.

4.4.3 보어 원자

러더포드의 원자모형에는 한 가지 심각한 문제가 있었다. 맥스웰의 전자기복사 이론에 의하면 전자의 속력이나 운동방향이 바뀌면 에너지가 방출된다. 궤도운동을 하는 전자는 운

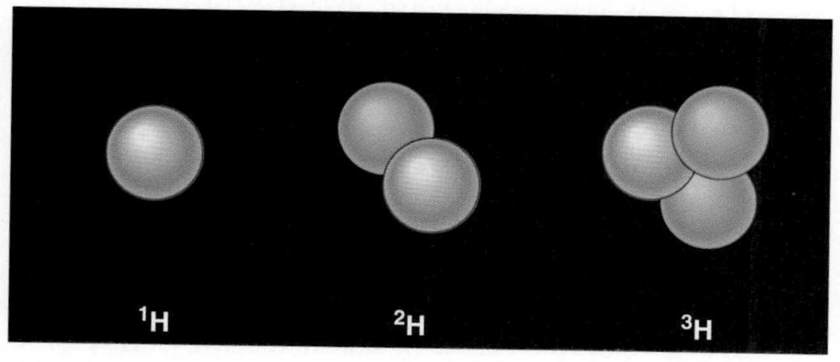

■ **그림 4.15**
수소의 동위원소 일단 핵 내에 단 한 개의 양성자만 있으므로 이 원자가 수소임을 알 수 있지만, 중성자는 0개이거나, 1개, 혹은 2개일 수 있다. 가장 흔한 수소의 동위원소는 오직 양성자만 갖는 경우다. 한 개의 중성자를 갖는 수소 핵을 중수소, 두 개의 중성자를 갖는 수소 핵을 삼중수소라고 한다. 수소는 기호 H로 표현하는데 왼쪽 위의 첨자는 핵 내에 들어 있는 모든 입자(중성자와 양성자)의 총 개수를 나타낸다.

동방향이 계속 변하므로 에너지가 계속 방출되어야 한다. 맥스웰 이론이 예측하는 바로는 에너지를 잃게 된 전자는 나선운동을 하며 원자핵 안으로 끌려들어 가게 되는데 불과 10^{-16}초 이내에 모든 상황이 종료된다.

전자가 어떻게 궤도운동을 계속할 수 있는지에 대한 수수께끼는 덴마크 물리학자 보어(Niels Bohr, 1889~1962)에 의해 해결되었다. 그는 수소 스펙트럼에서 관측되는 모종의 규칙성을 설명할 수 있는 원자모형을 개발하려던 중이었다(4.5절 참조). 그는 특정한 크기의 궤도들만 전자에게 허용된다고 가정하면 수소 스펙트럼이 이해될 수 있다고 생각했다. 또한, 전자가 어느 허용된 궤도에서만 머문다면 에너지의 변화가 없지만, 다른 허용된 궤도로 옮겨가게 되면 에너지가 변화하여 에너지의 방출이나 흡수가 일어난다고 가정했다.

보어의 이 제안은 과학사학자 피어스(Abraham Pias)의 말을 빌리자면, '물리학의 역사상 가장 파격적인 가설 중의 하나'였다. 일상생활에 이 개념을 적용하면, 우리가 산책할 때, 매분 2걸음, 5걸음, 또는 12걸음으로만 걸을 수 있고 그 중간에 해당하는 속도로는 걸을 수 없다는 것이다. 다리를 어떻게 움직이든지 간에, 오로지 특정 속도로만 걸을 수 있을 뿐이다. 더 이상한 사실은 어느 한 특정 속도로만 걸어가면 전혀 힘이 들지 않지만, 걷는 속도를 바꾸려면 엄청난 힘이 든다는 것이다. 다행히 그런 규칙이 인간세계에는 적용되지 않지만, 원자와 같은 미시세계에는 적용된다는 사실이 여러 실험을 통해 확인되면서 보어의 가설을 뒷받침했다. 후에 보어의 가설은 양자역학(quantum mechanics)이라고 부르는 아원자 세계의 새로운 (아울러 훨씬 더 정교한) 모형을 구축하는 데 있어 한 초석이 되었다.

보어 모형에서는 전자가 핵에 좀 더 가까운 궤도로 옮겨가게 되면 전자기복사의 형태로 에너지를 잃어야 한다. 하지만 전자가 핵에서 더 멀어지는 궤도로 옮겨가려면, 에너지가 추가로 필요하다. 에너지를 얻는 한 방법은 외부 광원의 전자기복사를 흡수하는 것이다.

보어 모형의 핵심적 특징의 하나는 원자 주위를 도는 전자의 각 궤도는 각기 일정한 에너지를 갖는다는 것이다. 한 궤도에서 또 다른 (그 궤도 고유의 특정 에너지를 갖는) 궤도로 이동하기 위해서는 전자의 에너지가 두 궤도 에너지의 차이만큼 변해야 한다. 전자가 더 낮은 에너지의 궤도(준위)로 내려가면 그 차이에 해당하는 에너지가 방출되고, 더 높은 에너지의 궤도(준위)로 올라가면 그 차이에 해당하는 에너지가 외부에서 유입되어야 한다. 따라서 다른 궤도로의 이동(천이)은 그에 해당하는 각기 일정한 에너지 변화를 동반한다.

이해를 돕기 위한 비유로서, 전망에 따라 집세가 달라지는 어느 호화 아파트 건물을 상상해 보자. 그 건물에는 아파트들이 위치한 한정된 수의 층이 있다. 5.37층이나 22.5층과 같은 층은 없으며, 층이 높아질수록 집세가 비싸진다. 만일 20층에 살다가 2층으로 이사한다면, 건물주로부터 집세의 차액을 돌려받게 될 것이다. 그러나 3층에서 25층으로 이사한다면 집세가 오를 것이므로 돈이 좀 더 필요할 것이다. 원자에서도 전자가 '가장 낮은' 집세로 머물 수 있는 곳은 가장 낮은 준위이며, 높은 준위로 이동하려면 에너지가 필요하다.

여기서는 전자기복사를 파동보다는 광자로 간주하는 것이 편리하다(4.1.3절 참조). 전자는 한 에너지 준위에서 다른 준위로 이동하면서 에너지 다발을 방출하거나 흡수한다. 더 높은 준위로 이동할 때 전자는 (에너지 공급이 가능한 경우) 필요한 적정량의 추가 에너지를 바로 흡수한다. 더 낮은 준위로 이동할 때는 잉여 에너지에 해당하는 광자가 방출된다.

광자와 파동은 어느 관점에서 보건 간에 상응할 수 있어야 한다. 빛은 어찌 됐건 빛이다. 광자는 상응하는 파동의 진동수에 비례하는 일정량의 에너지를 가진다. 광자의 에너지는 아래 방정식으로 주어진다.

$$E=h\times f$$

플랑크상수로 불리는 비례상수 h는 양자론의 창시자 중의 하나인 독일 물리학자 플랑크(Max Planck)의 이름을 딴 것이다. 미터법을 사용하면(즉, 에너지는 joule의 단위로 진동수는 Hz의 단위로 측정), 플랑크 상수는 $h=6.626\times10^{-34}$ joule/초의 값을 가진다. 광자의 에너지가 클수록 상응하는 파동의 진동수는 커지지만 파장은 더 짧아진다.

예로, 태양 대기에 존재하는 칼슘 원자의 전자가 낮은 준위에서 높은 준위로 천이하는 경우를 생각해보자. 이에 필요한 약 5×10^{-19} J의 에너지는 태양의 깊숙한 내부로부터 올라오는 광자를 흡수하여 얻을 수 있다. 이는 진동수가 약 7.5×10^{14} Hz이고 파장은 약 3.9×10^{-7} m(393 nm)인 가시광 스펙트럼의 진보라색 영역의 광파에 상응한다. 빛을 광자(혹은 에너지 다발)로 취급하다 파동으로 전환해서 다루는 것이 처음에는 이상할지 모르지만, 전환이 천문학에서는 일상적일 뿐 아니라 스펙트럼 계산 문제를 꽤 편리하게 만들기도 한다.

4.5 스펙트럼선의 형성

보어의 원자 모형은 스펙트럼선의 형성을 이해하는 데 사용될 수 있다. 원자 내 전자 궤도를 에너지 준위의 개념으로 이해하면 원자가 왜 특정 에너지나 파장을 가진 빛만을 흡수하거나 방출하는지가 설명될 수 있기 때문이다.

4.5.1 수소 스펙트럼

수소 원자를 보어 모형의 관점에서 살펴보자. 예를 들어 백색광(모든 파장의 광자들로 이루어진 빛)이 수소 원자 기체를 비추고 있다고 하자. 파장이 656 nm인 광자는 수소 원자의 전자를 두 번째 궤도에서 세 번째 궤도로 올려주는 데 필요한 만큼의 에너지를 갖고 있다. 따라서 에너지(혹은 파장이나 색깔)가 각기 다른 광자가 수소 원자 주변을 지나갈 때 이 특정 파장을 지닌 광자만 두 번째 궤도에 전자가 있는 수소 원자에 의해 흡수된다. 이들 광자가 흡수되면 두 번째 궤도에 있던 전자는 세 번째 궤도로 이동하고, 해당 파장이나 에너지를 갖는 일부 광자들이 이 백색광에서 빠져나가게 된다.

그 밖의 다른 광자 중에 전자 궤도를 두 번째에서 네 번째로, 혹은 첫 번째에서 다섯 번째, 등으로 올려주는 데 필요한 에너지를 지닌 광자들이 있을 수 있다. 즉, 궤도 이동에 필요한 딱 그만큼의 에너지를 갖는 광자만 흡수될 수 있다. 그 밖의 광자들은 원래 그대로 수소 원자를 지나쳐 간다. 이렇게 수소 원자가 빛을 흡수한 특정 파장들에서 스펙트럼은 암선을 형성하게 된다.

많은 광자가 수소기체를 통과하면서 전자들을 더 높은 에너지 준위로 올려주고 있다고 하자. 그런데 광원을 제거하면 전자는 높은 궤도에서 낮은 궤도로 되돌아 '떨어지면서' 광자를 방출한다. 그러나 이 경우에도 두 궤도 간 에너지 차이에 해당하는 에너지 혹은 파장을 가진 빛만이 방출된다. 그림 4.16은 수소 전자의 궤도 간 이동에 따라 스펙트럼선이 어떻게 형성되는지를 보여준다. (실제 수소 원자는 그림에서와는 달리 전자 궤도 간의 간격이 똑같지 않다.)

수소 이외의 원자들에 대해서도 이와 비슷한 도표를 만들 수 있다. 하지만 이들 원자는 보통 한 개 이상의 전자를 갖기 때문에 전자 궤도들이 훨씬 더 복잡하며, 스펙트럼 역시 마찬가지로 복잡하다. 현 단계에서 핵심적인 결론은 다음과 같다. 원자마다 고유한 전자궤도의 패턴이 존재하며, 어느 두 궤도 패턴도 같지 않다. 이는 원자에 고유한 궤도 패턴에 따라 전자가 이동하면서 형성되는 스펙트럼선의 패턴 역시 원자에 따라 고유함을 의미한다.

과학자들은 지구에 존재하는 원자들이 어떻게 빛을 방출하고 흡수하는지 알기 위해 각 원자의 스펙트럼선들을 연구했다. 나아가 그런 지식을 활용하여 우주의 천체들에 존재

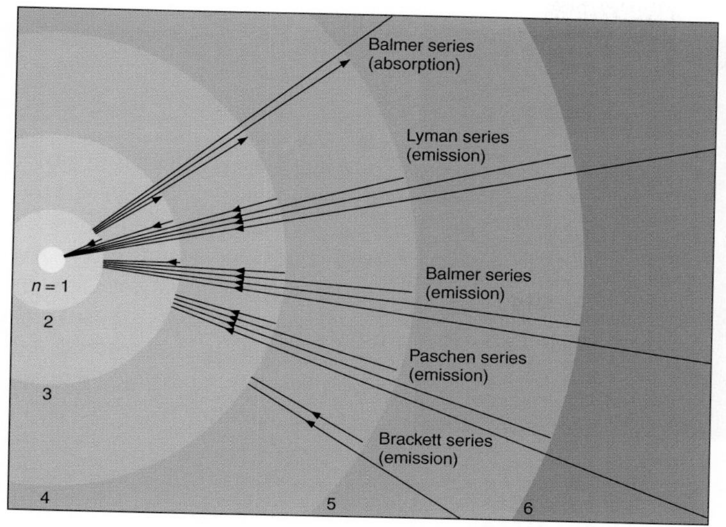

■ **그림 4.16**
수소의 보어 모형 수소 원자에서 보어 모형에 따라 광자가 흡수되고 방출되는 패턴이 주어져 있다. 또한, 특정 궤도 간의 전자 천이에 해당하는 여러 일련의 스펙트럼선들이 표시되어 있다. 천이가 원자 안쪽의 특정 궤도에서 시작하거나 끝나는 일련의 각 선은 관련 연구를 한 물리학자의 이름을 따라 명명되었다. 예를 들어, 맨 위의 발머 계열은 화살표가 보여주듯이, 전자가 두 번째 궤도(n=2)에서 세 번째, 네 번째, 다섯 번째, 여섯 번째 궤도로 뛰어오르는 경우에 해당한다. 낮은 궤도에 있는 전자들은 에너지를 흡수해야만 더 높은 궤도로 올라갈 수 있다. 필요한 에너지는 근처를 지나가는 파동(혹은 광자)으로부터 흡수될 수 있다. 두 번째로 주어진 또 다른 일련의 화살표들(라이만 계열)은 전자들이 여러 높은 궤도들로부터 첫 번째 궤도로 떨어지는 경우다. 전자가 더 낮은 에너지로 내려가게 되면 불필요한 에너지는 방출된다.

하는 원소들에 대해서도 확인할 수 있었다. 오늘날에는 지구가 형성되기 훨씬 전에 이미 빛을 방출했을 정도로 대단히 먼 거리에 있는 은하들의 화학 조성까지도 알게 되었다.

4.5.2 에너지 준위와 들뜸

보어의 수소 원자모형은 원자를 이해하는 데 있어 큰 공헌을 했다. 그러나 오늘날에는 원자가 그렇게 단순한 모형으로 설명될 수 없다는 사실이 알려졌다. 명확히 정의된 전자궤도의 개념조차 옳다고 볼 수 없다. 오직 원자마다 특정 에너지들만 허용된다는 개념만 아직도 유효하다. **에너지 준위**(energy level)라고 불리는 이들 에너지는 원자핵으로부터 어떤 가능한 전자궤도들까지의 평균거리를 나타낸다.

일반적으로 원자는 **바닥 상태**(ground state)라고 불리는 가장 낮은 에너지 상태에 있다. 보어 원자모형에서 바닥 상태는 전자가 가장 안쪽 궤도에 있는 경우에 해당한다. 원자는 에너지를 흡수하여 더 높은 에너지 준위로 상태가 바뀔(보어 모형에서 더 큰 궤도로 전자가 이동하는 경우에 해당) 수 있다. 이때의 원자를 **들뜸 상태**(excited state)에 있다고 말한다. 일반적으로 원자는 매우 짧은 시간 동안만 들뜸 상태에 있을 수 있다. 대체로 1억분의 1초 정도의 짧은 시간 후에 원자는 빛을 방출하면서 저절로 바닥 상태로 떨어진다. 그러나 원자는 가장 낮은 에너지 상태로 단번에 되돌아갈 수도 있고, 중간 단계들을 거쳐서 돌아갈 수도 있다. 단계마다 관련된 두 준위의 에너지 차이에 해당하는 파장의 광자가 방출된다.

그림 4.17은 수소 원자의 에너지 준위들과 그들 사이에 가능한 일부 천이들을 보여주는데, 이는 그림 4.16에 소개된 보어 모형에 의한 선들과 같은 방출선 계열들이다. 천이와 관련된 에너지를 측정해보면, 바닥 상태에서 시작되거나 끝나는 라이만 계열(Lyman series)의 천이에서는 자외선 광자의 흡수나 방출이 일어난다. 그러나 첫 번째 들뜸 상태(그림 4.16에서 n=2로 표시)에서 시작되거나 끝나는 천이인 발머 계열(Balmer series)은 가시광을 흡수하거나 방출한다. 사실, 보어가 그의 원자 모형을 처음 고안하게 된 계기가 바로 이 발머 계열을 설명하기 위해서였다.

앞에서, 주변 백색광으로부터 특정 파장의 광자를 흡수하여 들뜸 상태가 된 원자는 아주 짧은 시간 내에 빛을 재방출하면서 원래 상태로 되돌아간다고 했다. 그렇다면 어떻게

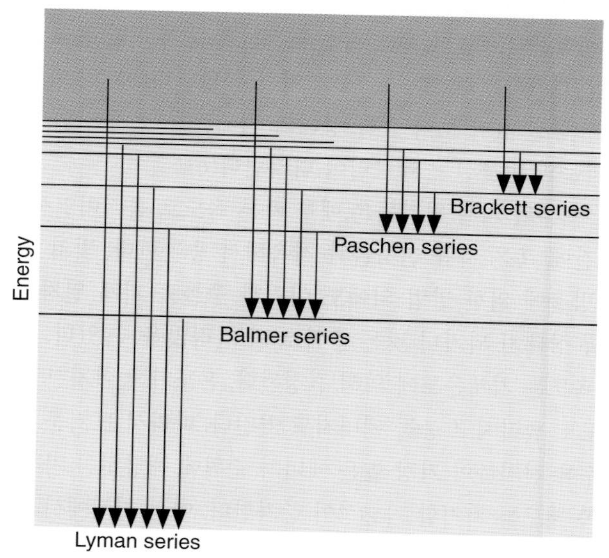

■ **그림 4.17**
수소의 에너지 준위모형 에너지 준위가 높아질수록 준위 간의 간격이 더욱 조밀해지면서 한계값에 접근하게 된다. 이 한계 너머의 어두운 영역은 원자가 이온화된(전자가 더 이상 원자에 종속되지 않은) 상태의 에너지를 나타낸다. 각 일련의 화살표들은 전자들이 높은 에너지 준위에서 낮은 준위로 떨어지면서 광자나 광파의 형태로 에너지를 방출하는 상황을 보여준다.

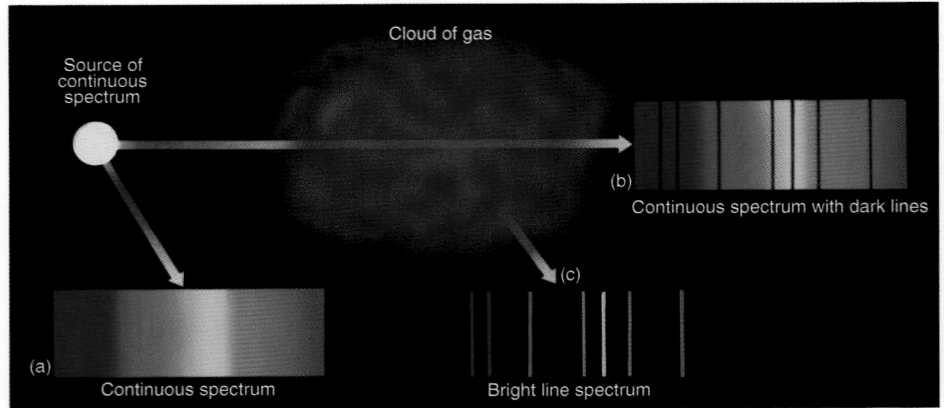

■ **그림 4.18**
세 종류의 스펙트럼 (a) 백열등과 같은 연속 복사의 광원에서는 모든 색이 존재하는 연속 스펙트럼이 관찰된다. (b) 희박한 기체를 통과한 연속 스펙트럼 상에는 기체 원자들이 생성한 흡수선들이 나타난다. (c) 뒤 배경에 연속 광원이 없는 기체가 들뜨게 되면 방출선들이 관찰된다. 따라서 흡수선이나 방출선의 패턴에 의해 기체를 이루는 원자들의 종류를 알 수 있다.

암선이 생길 수 있는지 궁금할 것이다. 다시 말해, 왜 재방출된 빛이 흡수선(암선)을 곧바로 '채우지' 않는 것일까?

백색광이 저온의 기체를 통과해서 우리 쪽으로 오는 경우를 생각해보자. 기체에 흡수되었다가 재방출된 빛 일부는 실제로 원래의 백색광으로 되돌아간다. 하지만 그 양은 흡수선을 약간만 채울 정도로 미미하다. 그 이유는, 원자에서 빛이 재방출될 때 모든 방향으로 방출되므로, 원래 백색광의 진행 방향, 즉 우리 쪽 방향으로 방출되는 양은 그중 극히 일부에 불과하기 때문이다. 별에서 재방출된 빛의 대부분 역시 별의 내부로 되돌아가기 때문에, 별 바깥에 있는 관측자가 보는 스펙트럼에는 실제로 아무런 변화가 없게 된다.

그림 4.18은 지금까지 설명한 각기 다른 스펙트럼에 대한 요약이다. 전구는 연속 스펙트럼을 생성한다(그림 4.18 a). 희박한 기체를 통해 연속 스펙트럼을 보게 되면 흡수 스펙트럼이 연속 스펙트럼 상에 겹쳐져 나타난다(b). 뒤 배경에 연속 광원 없이 오직 들뜸 상태의 기체들만 보게 되면 기체 원자들의 방출선 스펙트럼이 나타난다(c).

고온의 기체 원자들은 매우 빠른 속도로 움직이면서, 서로 간에 혹은 자유 전자들과 계속해서 충돌한다. 빛의 흡수나 방출에 의한 방법 외에도 이러한 충돌로 기체 원자들은 들뜸 상태가 되거나 낮은 준위로 되 가라앉을 수 있다. 원자의 속도는 기체온도에 의해 결정된다. 온도가 높아지면 기체 속도도 빨라지고 충돌 에너지도 커진다. 따라서 뜨거운 기체일수록 전자들이 가장 높은 에너지 준위에 해당하는 가장 바깥쪽 궤도를 차지할 가능성이 증가한다. 이는 기체에서 전자들이 더 높은 준위로 천이할 때, 출발 상태의 준위가 바로 기체 온도에 대한 척도로 사용될 수 있다는 의미다. 이처럼 스펙트럼의 흡수선들은 그 흡수선이 생성된 지역 온도에 관한 정보를 제공해준다.

4.5.3 이온화

앞에서 원자가 일정량의 에너지를 흡수할 때 전자가 들뜸 상태가 되면서 핵으로부터 멀어지게 되는가에 대해 설명했다. 만약 충분한 에너지가 흡수된다면 원자에서 전자를 완전히 떼어낼 수 있다. 이 상태의 원자를 **이온화**(ionized)되었다고 한다. 바닥 상태의 원자로부터 전자 한 개를 완전히 떼어내는 데 필요한 최소 에너지를 이온화 에너지(ionization energy)라고 한다.

이렇게 이온화된 원자(**이온**)로부터 원자 내에 더 깊숙이 자리 잡은 또 다른 전자를 떼어내려면 더 큰 에너지를 흡수해야 한다. 이어서 원자로부터 세 번째, 네 번째, 다섯 번째 전자를 떼어내려면 점점 더 큰 에너지가 필요해진다. 만약 에너지 공급이 충분하다면 원자는 모든 전자를 잃어버리고 완전히 이온화될 수 있다. 전자가 단 한 개인 수소는 단 한 번만 이온화될 수 있지만, 헬륨 원자는 두 번 이온화될 수 있고, 산소 원자는 여덟 번까지 이온화될 수 있다. 이제 막 뜨거운 젊은 별이 탄생한 지역처럼 많은 복사 에너지가 존재하는 우주 공간 영역에서는 이온화가 많이 일어난다.

이온화된 원자는 음전하(전자)를 잃어버렸으므로 결과적으로 양전하를 띤 상태가 된다. 따라서 자유 전자에 대해 강한 인력을 작용한다. 결국, 전자 한 개를 포획하면 다시 중성 상태(또는 한 단계 낮은 이온화 상태)가 된다. 전자를 포획하면서 원자는 광자를 방출한다. 전자가 단 한 번에 원자의 가장 낮은 에너지 준위로 포획되느냐, 아니면 중간단계의 에너지 준위를 거쳐서 바닥 상태까지 도달하는가에 따라 한 개 또는 그 이상의 광자가 방출된다.

원자가 다른 원자, 이온, 또는 전자와의 충돌 (일반적으로 전자와의 충돌이 가장 중요함)에 의해 들뜸 상태가 일어날 수 있듯이 이온화 역시 마찬가지다. 그러한 충돌 이온화가 일어나는 비율은 원자의 속도, 즉 기체 온도에 따라 달라진다.

이온과 전자가 재결합하는 비율 역시 서로의 상대속도, 즉 온도에 의존한다. 아울러 기체 밀도에 따라서도 달라지는데, 밀도가 높을수록, 입자들이 서로 가까워지므로 재결합할 가능성이 커진다. 따라서 기체의 밀도와 온도를 알면, 원자가 한 번, 두 번, 또는 그 이상 이온화된 비율을 각각 계산할 수 있다. 예를 들어, 태양 대기의 수소나 헬륨 원자의 대부분은 중성 상태이지만, 대부분의 칼슘 원자나 더 무거운 많은 다른 원소들은 한 번 이온화된 상태에 있다.

이온화된 원자의 에너지 준위는 중성 상태일 때와 전적으로 다르다. 원자에서 매번 전자를 떼어낼 때마다, 이온의 에너지 준위가 변하고, 이에 따라 생성되는 스펙트럼선의 파장이 변한다. 이를 이용하여 특정 원소의 여러 다른 이온들을 구분할 수 있다. 이온화된 수소는 전자가 없으므로, 스펙트럼선을 생성하지 못한다.

4.6 도플러 효과

앞 두 절에서 많은 새로운 개념들이 소개되었지만, 그중 어떤 것이 핵심적인지 파악해야 한다. 우리는 스펙트럼선에 숨겨진 정보를 해독하여 별이나 은하에 존재하는 원소들에 대해 알 수 있다. 그러나 별빛에 담긴 정보를 해독하는 과정에는 장애물이 존재한다. 별이 우리에게 다가오거나 혹은 멀어지고 있다면, 그 별의 스펙트럼선들은 정지 상태 때와는 약간 다른 파장에 있게 된다. 더군다나 우주 대부분의 천체가 태양에 대해 상대적 운동을 한다.

4.6.1 파동에 대한 운동 효과

1842년 도플러는 광원이 관측자에 대해 다가오거나 혹은 멀어진다면, 광파가 더 조밀해지거나 혹은 더 성겨진다고 예측했다. (실제 소리를 포함한 모든 종류의 파동에 적용된다. 도플러는 지붕 없는 기차에 음악가들을 태워 기차가 움직이는 동안 연주하도록 하여, 파동에 대한 운동 효과를 최초로 측정하였다.) 그림 4.19에 오늘날 **도플러 효과**(Doppler effect)로 알려진 이 일반적 원리가 그림으로 설명되어 있다.

그림 (a)에서 파원 S는 관측자에 대해 정지해 있다. 이 파원으로부터 일련의 파들이 방출되는데 각 파 마루에는 1, 2, 3, 4로 번호가 붙어 있다. 이들 파는 마치 연못에 이는 파문처럼 모든 방향으로 고르게 퍼져 나간다. 각 파 마루 간의 거리는 파장인 λ만큼 떨어져 있다. 아랫부분에 위치한 관측자는 한 파장만큼의 간격을 두고 오는 균일한 파들을 관측한다. 관측자가 다른 어느 곳에 있든 결과는 마찬가지다.

반면에, 그림 (b)에서 파원이 관측자에 대해 움직이고 있다면, 상황은 더 복잡해진다. 하나의 파 마루가 방출되고 나서 다음 파 마루가 방출되기 전에, 파원이 약간 이동했는데, 여기서는 책의 아래쪽, 즉 관측자가 있는 방향으로 이동했다. 파원의 이동으로 인해 파 마루 간의 거리가 약간 감소하게 되는데, 이는 마치 파 마루들을 압축시킨 것과 같다.

(b)에서 4개의 지점 S_1, S_2, S_3, S_4는 각 파 마루가 방출될 때의 파원 위치를 표시한 것이다. 관측자 A에게는 파들이 좀 더 조밀해진 것처럼 보이는데, 말하자면 파장은 짧아지고, 진동수는 증가한 것으로 보인다. (모든 광파는 어떤 경우든지 같은 광속도로 이동한다는 사실을 상기하자. 이는 파원의 운동이 파동의 진행 속도는 변화시키지 않고 오직 파장과 진동수만 변화시킨다는 것을 의미한다. 따라서 파장이 감소할수록 진동수는 증가해야 한다. 파장이 짧아지면 매초 더 많은 수의 파동이 지나갈 수 있다.)

그러나 상황이 모든 관측자에게 같지는 않다. 이제 관측

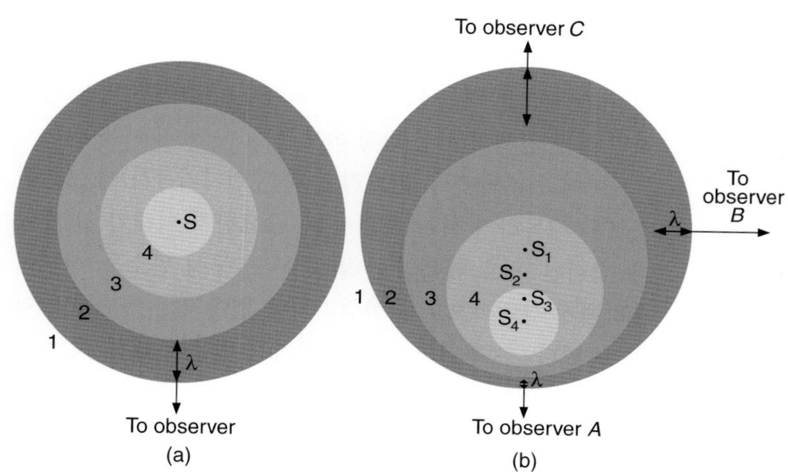

■ **그림 4.19**
도플러 효과 (a) 파원 *S*가 생성하는 일련번호가 붙여진 파 마루(1, 2, 3, 4)들이 정지 상태의 관측자를 지나간다. (b) 이제 파원 S는 관측자 *A*를 향해 다가가지만, 관측자 *C*로부터는 멀어져 간다. 관측자 *A*는 이 운동에 의해 압축된 파를 보게 되어 (파가 빛이라면) 청색 편이를 관찰하게 된다. 관측자 *C*는 이 운동에 의해 늘어난 파를 관찰하게 된다. 관측자 *B*는 시선 방향이 파원의 운동에 수직이므로 파의 변화를 전혀 관찰하지 못한다.

자 A의 반대편에 위치한 관측자 C의 관점에서 보기로 하자. 관측자 C에 대해서 파원은 멀어지고 있다. 이러한 파원의 운동으로 인해 파동은 압축되는 대신 늘어난다. 그 결과, 파장은 길어지고 진동수는 줄어든 파동이 관측자에게 도달한다. 그러나 파원의 운동 방향과 직각을 이루는 관측자 B에게는 아무런 변화가 관측되지 않는다. 파장과 진동수가 그림의 (a)에서처럼 변함이 없다.

그림으로부터, 도플러 효과가 관측자에 대해 멀어지거나 가까워지는 **시선 속도**(radial velocity)라고 부르는 운동에 의해서 발생한다는 것을 알 수 있다. A와 B 사이에 있거나 혹은 B와 C 사이에 있는 관측자는 각각의 시선 방향 속도 성분에 해당하는 양만큼 짧아지거나 늘어난 파를 관측하게 된다.

음파에 대한 도플러 효과는 아마 대부분 경험해본 적이 있을 것이다. 기차의 기적 소리나 경찰 순찰차의 사이렌 소리가 우리를 지나쳐 멀어져 갈 때, 음파의 높이(또는 진동수)가 감소하는 것을 느낄 수 있다. 음파의 진동수는 우리에게 접근할 때는 정지 상태에서보다 좀 더 증가하고 반대로 멀어질 경우에는 좀 더 감소한다. (좋은 예로, 그룹 Beach Boys의 *Pet Sounds*라는 음반에 수록된 노래 'Caroline, No'의 끝 부분에 나오는 기차의 기적 소리를 들 수 있다.)

4.6.2 색 편이

파원이 우리에게 다가오면 파장은 약간 감소한다. 이 파동이 가시광이라면 빛의 색깔이 좀 변할 것이다. 파장이 짧아지면 스펙트럼의 푸른색 쪽으로 이동하게 되므로, 이를 청색 편이(blue shift)라고 한다. (가시광 스펙트럼에서 가장 짧은 파장 빛은 보라색이므로 사실은 자색 편이라 해야겠지만, 청색이 좀 더 흔한 이유로 이렇게 부른다.) 파원이 우리에게서 멀어질 때 파장이 길어지면서 나타나는 색의 변화는 적색 편이(red shift)라고 한다. 천문학에서는 도플러 효과가 가시광 영역에서 처음 사용되었기 때문에 그 뒤로도 적색 편이 또는 청색 편이라는 용어가 그대로 정착되었다. 오늘날 전파나 x-선 영역에서 도플러 효과를 묘사할 때도 같은 용어가 사용된다.

관측자에 대해 다가오거나 멀어지는 속도가 증가할수록 도플러 편이가 크게 나타난다. 만약 관측자에 대한 파원의 상대적 운동이 전적으로 시선 방향을 따라 일어난다면, 빛에 대한 도플러 편이 공식은 다음과 같이 주어진다.

$$\frac{\Delta\lambda}{\lambda} = \frac{v}{c}$$

여기서 λ는 광원에서 방출될 때의 파장, $\Delta\lambda$는 관측자에 의해 측정된 파장과 λ의 차이, c는 광속, v는 관측자와 광원 간의 시선 방향의 상대 속도를 의미한다. v는 광원이 관측자에 대해 멀어지는 경우에는 양의 부호를, 다가오는 경우에는 음의 부호를 가진다. 이 식을 v에 대해 풀면 아래와 같다.

$$v = c \times \frac{\Delta\lambda}{\lambda}$$

어느 별이 우리게 다가오거나 멀어진다면 암선도 포함해서 연속 스펙트럼의 모든 파장이 짧아지거나 혹은 길어진다. 그러나 별의 속도가 초속 수만 km 정도가 아닌 한, 별의 색이 평소보다 눈에 띄게 푸르거나 혹은 붉어진 것처럼 보이지 않는다. 따라서 연속 스펙트럼에서 도플러 효과를 탐지하거나 정확히 측정하기는 어렵다. 반면에 흡수선들은 파장의 정확한 측정이 가능하므로 도플러 효과를 쉽게 탐지할 수 있다.

마지막으로 골치 아픈 질문을 하나 던져보겠다. 만약 모든 별이 운동하고, 모든 스펙트럼선의 파장을 변화시킨다면, 어떻게 천문학자들이 별에 존재하는 원소들을 알아낼 수 있을까? 정확한 파장(혹은 색)을 알아야 어느 스펙트럼선이 어느 원소에 속하는지를 알 수 있다. 이러한 원소들의 파장을 처음 측정할 때는 보통 실험실에서 이루어진다. 별의 스펙트럼에 있는 모든 선이 별의 운동에 의해 다른 파장(혹은 색)으로 편이 되었다면, 별의 운동 속도를 알지 않는 한 어느 선이 어느 원소에 해당하는지 어떻게 알 수 있을까?

너무 걱정하지 말라. 생각보다 절망적인 상황은 아니다. 천문학에서 하나의 스펙트럼선만으로 특정 원소의 존재 여부를 판단하는 경우는 매우 드물다. 그 대신 수소나 칼슘과 같은 특정 원소에 고유한 스펙트럼선의 패턴에 근거하여 관측하는 별이나 은하에 이들 원소가 존재하는지 아닌지를 결정한다. 도플러 효과는 특정 원소의 스펙트럼선의 패턴을 변화시키지 않는다. 단지 전체 패턴을 청색이나 적색 파장 쪽으로 이동시킬 뿐이다. 패턴에 편이가 일어났어도 알아보는 데는 별문제가 없다. 무엇보다 친숙한 원소의 패턴을 알아보게 되면 덤으로 얻는 이득이 있다. 패턴이 편이된 양을 측정하면 해당 천체의 시선 방향 속도를 알 수 있기 때문이다.

이제 천문학에서 빛(그리고 다른 전자기복사)에 포함된 정보를 해독하기 위한 훈련이 왜 중요한지 이해가 갈 것이다. 숙련된 '암호 해독자'는 별의 온도, 구성 원소들, 심지어 우리에게 상대적으로 가까워지거나 멀어지는 속도를 알아낼 수 있다. 수 광년의 거리에 떨어진 별들에 대해 그 정도 알아낼 수 있다는 것은 매우 감탄할 만하지 않은가!

인터넷 탐색

하늘 관측: skyview.gsfc.nasa.gov/
하늘의 아무 영역이나 선택해서 전자기 스펙트럼의 여러 파장 대역별로 우주의 모습을 볼 수 있는 다중 파장 '가상 천문대'.

온도 관련 해설:
www.unidata.ucar.edu/staff/blynds/tmp.html
온도의 개념 및 측정에 대한 소개와 아울러 역사적 배경 및 천문학 분야에서의 응용에 대한 유용한 설명 제공.

복사 관련 시범:
www-astro.phast.umass.edu/courseware/vrml/bb/
온도에 따른 흑체 곡선을 보여주고 이번 장에서 간략하게 언급만 하고 지나간 일부 복사법칙에 대한 심층 탐색. 전문적인 내용을 일부분 포함.

도플러 효과 관련 활동:
www.explorescience.com/news/june2001.cfm
도플러 효과에 대한 배경 설명 및 파원의 속력에 따른 가상 실험 시행.

보어 이론의 소개:
www.bclp.net/~kdrews/bohr/bohr.html
보어 이론의 다양한 측면 및 스펙트럼 관련 응용에 대한 유익한 정보 제공.

요약

4.1 맥스웰은 모든 원자와 분자가 그러하듯 하전 입자들의 운동 상태가 변할 때마다 에너지를 파동의 형태로 방출한다는 사실을 보여주었다. 빛은 이러한 전자기복사의 한 형태다. 빛의 파장은 가시광의 색을 결정한다. 파장(λ)은 방정식 $c=\lambda f$에 의해 진동수(f)와 빛의 속도(c)에 연관되어 있다. 전자기복사는 때로 파동처럼 행동하지만 어떤 경우에는 광자라고 불리는 작은 에너지 다발처럼 행동하기도 한다. 전자기 에너지 광원의 겉보기 밝기는 광원으로부터 거리가 증가함에 따라 거리의 제곱에 비례해서 감소하는데, 이를 **역제곱 법칙**이라고 한다.

4.2 **전자기 스펙트럼**은 **감마선**, **x-선**, **자외선**(가시광보다 파장이 짧은 형태의 전자기복사), 가시광, 적외선, 전파(마지막 두 종류는 가시광보다 긴 파장을 가진 복사)로 이루어져 있다. 이들 파장 대역의 다수가 지구 대기층을 통과하지 못하므로 우주 공간에서 관측되어야 한다. 전자기복사의 방출은 광원의 온도와 밀접하게 관련되어 있다. 이상적인 전자기복사 방출 물체의 온도가 높을수록 최대 복사가 방출되는 파장이 짧아진다. 이 관계를 나타내는 수학 방정식($\lambda_{max}=3\times10^6/T$)을 **빈의 법칙**이라고 한다. 제곱미터당 방출되는 총 일률은 온도의 증가에 따라 증가한다. 방출된 에너지 플럭스와 온도와의 관계($F=\sigma T^4$)를 **슈테판-볼츠만 법칙**이라고 한다.

4.3 **분광기**는 스펙트럼 관측기기로서 주로 **분산**이라는 광학적 현상을 활용한다. 천문학적 광원에서 오는 빛은 **연속 스펙트럼**, 휘선 혹은 **방출선 스펙트럼**, 암선 혹은 **흡수선 스펙트럼**으로 이루어질 수 있다. 원소마다 스펙트럼에서 관측되는 고유한 패턴의 분광학적 '지문'이 다르므로 스펙트럼 분석을 하면 태양이나 별들의 구성 성분을 알 수 있다.

4.4 원자는 양전하를 띤 양성자를 하나 혹은 그 이상 포함하는 **핵**을 가진다. 또한, 수소를 제외한 모든 원자는 핵에 하나 혹은 그 이상의 중성자를 포함한다. 음전하를 띤 전자들은 핵 주위를 공전한다. 원자가 어떤 원소(수소, 헬륨, 등)인지는 양성자의 개수로 결정된다. 양성자

수는 같지만, 중성자 수가 다른 핵들을 한 특정 원소에 대한 서로 다른 **동위원소**라고 부른다.

4.5 전자가 높은 **에너지 준위**에서 낮은 에너지 준위로 떨어질 때, 광자가 방출되면서 방출 스펙트럼선이 형성된다. 전자가 낮은 준위에서 높은 준위로 올라가면, 흡수선이 형성된다. 원자마다 고유한 에너지 준위들을 가지므로 스펙트럼선에도 고유한 패턴이 존재하게 된다. 원자가 가장 낮은 에너지 준위에 있을 때 **바닥 상태**에 있다고 한다. 전자가 가능한 가장 낮은 에너지 준위에 있지 않을 때, 원자는 **들뜸 상태**에 있다고 한다. 원자가 하나 혹은 그 이상의 전자를 잃게 되면 **이온화**되었다고 하고 **이온**이라고 부른다. 이온의 스펙트럼은 이온화된 정도에 따라 다르므로 광원의 온도에 대한 정보를 제공해준다.

4.6 전자가 다른 궤도로 천이하면서 스펙트럼선이 만들어질 때 원자가 우리에게 접근하고 있다면, 관측된 파장은 스펙트럼의 푸른색 쪽으로 약간 편이 된다. 반대로 원자가 우리에게 멀어지고 있다면, 붉은색 쪽으로 파장의 편이가 일어난다. 이러한 편이를 **도플러 효과**라고 하며, $v=c(\Delta\lambda/\lambda)$의 공식에 의해 먼 천체의 **시선속도**를 측정하는 데 사용될 수 있다.

모둠 활동

A 매일 사용하는 모든 전자기파 관련 기술의 목록을 조원들과 함께 작성하라.

B 당신의 조는 일상생활에서 얼마나 많이 도플러 효과가 응용되는지 생각해낼 수 있는가? 예를 들어, 왜 고속도로 순찰대에게 도플러 효과가 유용할까?

C 조원 각자가 집에 가서 라디오의 앞면을 '읽고' 결과를 서로 비교하라. 모든 단어와 기호들은 무슨 의미일까? 당신의 라디오는 어떤 진동수(주파수)에 맞출 수 있는가? 당신이 좋아하는 라디오 방송국의 진동수(주파수)는 얼마인가? 그에 해당하는 파장은 얼마인가?

D 수업에서 분광기가 주어진다면 당신 조는 다음 목록 각각에서 어떤 종류의 스펙트럼을 보게 될 것으로 생각하는가? (1) 가정용 전구, (2) 태양, (3) 거리의 네온사인, (4) 가정용 손전등, (5) 상업지역의 가로등.

E 천문학자들이 지구 대기와 매우 비슷한 대기를 지닌 어느 행성에 있는 외계문명에 신호를 보내려고 한다. 이 신호는 우주 공간을 가로질러 외계행성의 대기를 통과한 다음 그 행성에 사는 외계인들에게 탐지될 수 있어야 한다. 이 신호를 보낼 때 전자기 스펙트럼의 어느 파장 영역이 가장 적합할지 그리고 왜 그렇게 생각하는지 조원끼리 토론하라. (정치가들을 포함하는 일부 사람들은 혹시라도 적대적일지 모를 외계인들에게 우리 지구 문명의 존재가 알려질까 봐 과학자들에게 그러한 신호를 보내지 말라고 경고하기도 했다. 여러분은 이러한 염려에 동의하는가?)

복습 문제

1. 각기 다른 전자기복사를 구분하는 기준은 무엇인가? 전자기 스펙트럼의 주요 파장 영역(또는 파장 대역)에는 어떤 것들이 있는가?

2. 파동이란 무엇인가? 파장과 진동수의 용어들을 사용하여 정의하라.

3. 이 교재는 (4.2.3절에서 설명된) 입사하는 모든 복사를 흡수하는 이상적 물체에 해당하는가? 본인의 대답에 대해 설명하라. 함께 수업 듣는 친구가 입은 검정 스웨터는 어떠한가?

4. 원자 내 어디에서 전자, 양성자, 중성자를 발견할 수 있을까?

5. 방출선과 흡수선이 어떻게 형성되는지 설명하라. 어떤 종류의 천체에서 방출선이나 흡수선이 각각 발견될 수 있을까?

6. 음파에서 도플러 효과가 어떻게 나타나는지 설명하고 일상에서 친숙한 예를 들어보라.
7. 별이 어떤 운동을 할 때, 도플러 효과가 일어나지 않는가? 이유를 설명하라.
8. 보어가 원자모형을 만들 때, 어떻게 러더포드와 맥스웰의 연구결과를 활용했는지 설명하라. 왜 보어의 원자모형이 혁신적이라고 여겨졌을까?

사고력 문제

9. 맥스웰의 전자기파 이론에서 파생된 수많은 실용적 부산물(예를 들어, TV)의 일부에 대한 목록을 작성하라.
10. 태양이 우주 공간으로 방출하는 총 일률을 어떻게 계산할 수 있는지 설명하라. 이 계산을 하려면 태양에 대한 어떤 정보가 필요한가?
11. 아래에 주어진 각 물체를 관측하려면 어떤 종류의 전자기복사가 가장 적합한가?
    a. 5800 K 온도의 별
    b. 100만 K의 온도로 가열된 기체
    c. 캄캄한 밤에 사람
12. 왜 x-선에 노출되면 위험한데, 전파에 노출되면 위험하지 않은(혹은 최소한 훨씬 덜 위험한)가?
13. 맑은 날 밤에 밖으로 나가서 밝은 별들을 유심히 보라. 어떤 별은 약간 붉게 보이고 어떤 별은 약간 푸르게 보일 것이다. 별의 색을 결정하는 가장 주요한 요인은 온도다. 붉은 별과 푸른 별 중에 어떤 별이 더 뜨거운가? 이유를 설명하라.
14. 수도꼭지에서 대개 온수는 빨간색으로 냉수는 푸른색으로 표시한다. 빈의 법칙을 적용했을 때, 이러한 표시가 타당한가?
15. 목성은 노란색으로, 화성은 붉은색으로 보인다. 이러한 결과가 화성이 목성보다 온도가 낮다는 것을 의미하는가? 본인의 대답에 대해 설명하라.
16. 어떤 사람이 원형의 도로로 둘러싸인 공원의 중앙에서 있다고 가정하자. 구급차가 사이렌을 울리면서 이 도로를 한 바퀴 돌고 있다. 구급차가 이 사람 주위를 도는 동안, 사이렌 소리의 높이는 어떻게 변하겠는가?
17. 일 년 중 서로 다른 시기에 촬영한 어느 한 별의 스펙트럼들로부터 지구의 공전 속도를 어떻게 측정할 수 있는가? (힌트: 별이 지구의 공전 궤도면에 놓여 있다고 가정하라.)

계산 문제

파동의 속력과 기타 특성 간의 관계에 대해 4.1.2절에 주어진 공식은 운동에 대한 기본적 이해만 있으면 유도할 수 있다. 움직이는 어떤 물체든지, 속력은 아래와 같이 주어진다.

$$속력=\frac{움직인\ 거리}{소요\ 시간}$$

(즉, 예를 들어, 100 km/h의 속력으로 고속도로를 달리는 차는 1시간 동안에 100 km를 주파한다.) 따라서, 광속, c의 속력으로 파장 λ에 해당하는 거리를 t의 시간 동안 진행하는 전자기파에 대해서는 $c=\lambda/t$의 관계가 성립한다. 파동의 진동수는 1초 동안 일어나는 진동의 개수다. 예를 들어, 파동의 진동수가 초당 백만 번이라면 한 진동당 소요 시간은 백만분의 1초다. 따라서 $t=1/f$이다. 앞에서 파동 방정식에 대입하면 $c=\lambda\times f$의 관계가 얻어진다.

18. 97.2 Mhz(초당 100만 번)의 진동수(주파수)로 방송하는 학교 라디오 방송국의 전파 파장은 얼마인가?
19. 천문학 수업 시간에 교수가 사용하는 붉은색 레이저 지시기의 파장이 670 nm라면, 진동수는 얼마인가?
20. 천문학 중간시험이 끝나고 나이트클럽에 갔을 때, 클럽의 조명에서 나오는 자외선의 파장이 150 nm라면, 진동수는 얼마인가?
21. 20번 문제에서 계산한 진동수를 갖는 광자의 에너지는 얼마인가?

22. '조석파' 또는 해일은 지진에 의해 발생하며 바다를 통해 진행한다. 해일의 속력이 600 km/h이고 15분마다 하나의 파 마루가 해안에 도달한다면, 바다에서 파 마루 간의 거리는 얼마나 되겠는가?

23. 어느 별이 아래에 주어진 거리로 이동했다면, 이 별은 몇 배나 더 밝게 혹은 어둡게 보이겠는가?

a. 현재 거리의 두 배

b. 현재 거리의 10배

c. 현재 거리의 1/2배

24. 반경이 같은 두 별이 지구로부터 같은 거리에 있다. 한 별의 온도는 5800 K이고 다른 별 온도는 2900 K다. 어느 별이 더 밝은가? 이 별은 얼마나 더 밝은가?

25. 명왕성에서 방출되는 적외선 복사의 최대 강도가 50,000 nm(50 μm)의 파장에서 일어난다면, 명왕성 온도는 얼마인가(명왕성이 빈의 법칙을 따른다고 가정)?

26. 최대 복사를 방출하는 파장이 290 nm인 별 온도는 얼마인가?

27. 평소에 500 nm에서 관측되는 어떤 원소의 한 스펙트럼선이 어느 별의 스펙트럼에서는 500.1 nm에서 관측되었다고 하자. 이 별은 지구에 대해 얼마나 빨리 다가오거나 멀어지는가?

심화 학습용 참고 문헌

Augensen, H. and Woodbury, J. "The Electromagnetic Spectrum" in *Astronomy*, June 1982, p. 6.

Bova, B. *The Beauty of Light.* 1988, Wiley. 과학저술가에 의한, 빛의 생성 및 빛에 포함된 정보의 해석을 다양한 측면에서 읽기 쉽게 소개한 입문서.

Connes, P. "How Light Is Analyzed" in *Scientific American*, Sep. 1968.

Daring, D. "Spectral Visions: The Long Wavelengths" in *Astronomy,* Aug. 1984, p. 16; "The Short Wavelengths" in *Astronomy,* Sep. 1984, p. 14.

Gingerich, O. "Unlocking the Chemical Secrets of the Cosmos" in *Sky & Telescope*, July 1981, p. 13.

Gribbin, J. *In Search of Schroedinger's Cat*. 1984, Bantam; *Schroedinger's Kittens and the Search for Reality*. 1995, Little, Brown. 영국의 물리학자/과학저술가에 의한, 양자역학의 기본 개념들에 대한 명료하고 기초적인 입문서.

Hearnshaw, J. *The Analysis of Starlight*. 1986, Cambridge U. Press. 분광학의 역사.

Sobel, M. *Light*. 1987, U. of Chicago Press. 빛의 다양한 측면을 소개한 비전공자용 우수 저서.

Stencil, R. et al. "Astronomical Spectroscopy" in *Astronomy*, June 1978, p. 6.

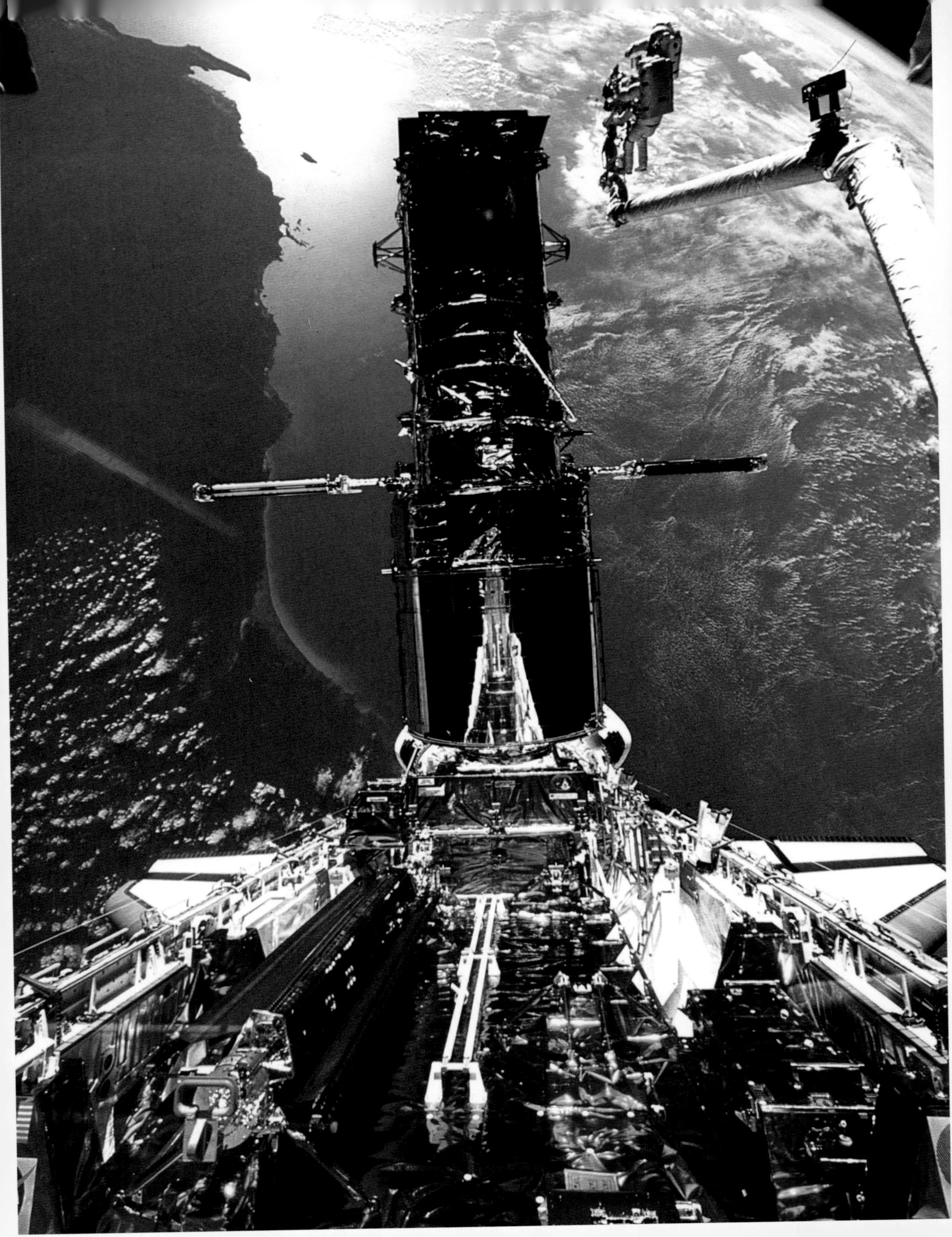

5 천문기기

[맨눈에 보이는 가장 희미한 별들] 너머에는 도움 없이는 절대 보이지 않았던, 너무 많아서 거의 믿기지 않는, 수많은 다른 별들이 망원경을 통해 나타났다……

갈릴레오(Galileo Galilei)가 망원경으로 처음 밤하늘을 관측한 경험에 대해 *Siderius Nuncius*(1610)에 기술한 글

미리 생각해보기

캠핑 여행을 떠나 도시를 벗어나 바라본 밤하늘은 무수히 많은 별로 가득 찬 듯하다. 그러나 육안에 보이는 별들은 6,000개 정도에 불과하다. 별에서 나오는 빛이 지구에 도달할 즈음이면 너무 희미해져서 대부분은 우리 눈에 보이지 않는다. 그렇다면 맨눈으로 도저히 볼 수 없는 천체들을 어떻게 알 수 있을까?

이 장에서는 우주를 보는 우리의 시야를 확장하기 위해서 천문학자들이 사용하는 도구들에 대해 설명한다. 현재까지 우주에 대해 아는 지식은 거의 전자기복사의 분석으로 얻었다(4장 참조). 20세기 우주시대가 열리면서, 감마선에서 전파에 이르는 모든 파장 대역에서 전자기복사 관측이 가능해졌다. 파장이 다른 전자기복사는 담긴 정보도 다르므로, 어떤 파장으로 관측하는가에 따라 관측대상의 겉모습도 달라져 보일 수 있다(그림 5.1).

천체에서 방출된 복사를 측정하는 현대적 기구는 세 가지 기본 성분으로 구성된다. 첫째, **망원경**(telescope)인데 가시광(다른 파장 영역의 복사)을 모으는 '양동이' 역할을 한다. 컵보다는 휴지통으로 더 많은 빗물을 받을 수 있듯이 큰 망원경은 우리 눈보다 더 많은 빛을 받아들인다. 둘째, 망원경에 부착해서 입사광을 여러 파장으로 분류하는 기기다. 파장의 분류는 때로 대략적일 수 있다. 예를 들어, 별의 색으로 온도를 추정하기 위해 단지 적색과 청색만으로 나누어서 측정하기도 한다. 하지만 어떤 경우에는 단일 스펙트럼선으로부터 구성 성분을 추정하기 위해(4장 참조), 아주 좁은 파장 영역만 들여다볼 수도 있다. 셋째는 **검출기**(detector)인데 지정된 파장 대역에서 검출된 복사를 기록하여 관측자료를 생성하는 장치다.

사실상, 천체망원경의 발전 역사는 새로운 기술의 발전을 통해 이 세 가지 기본 구성 성분인 망원경, 파장분류기, 검출기의 효율성이 어떻게 향상됐는지에 대한 이야기다. 이제 이들 각각에 대해 살펴보기로 하자.

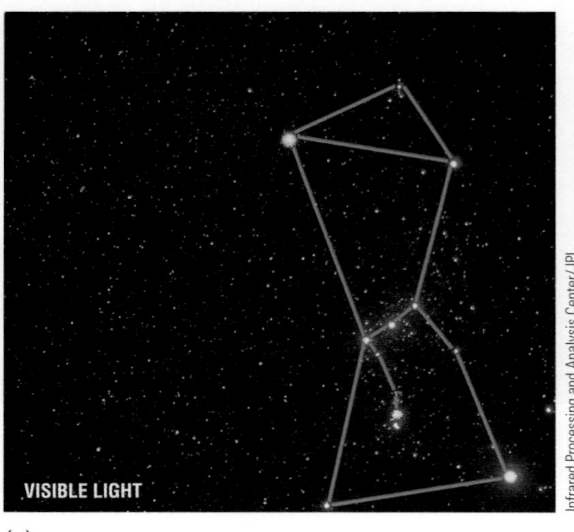

(a)

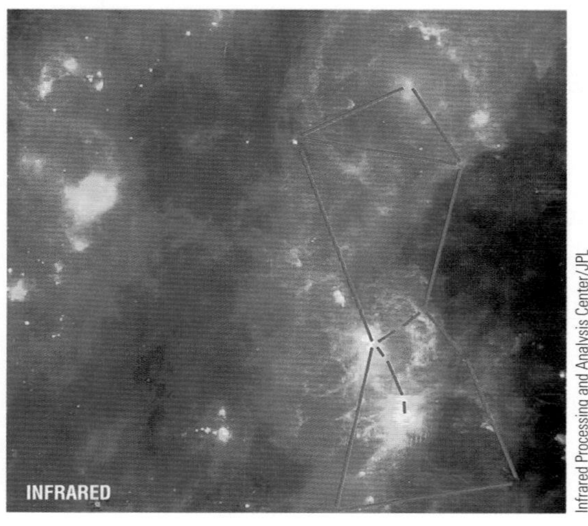

(c)

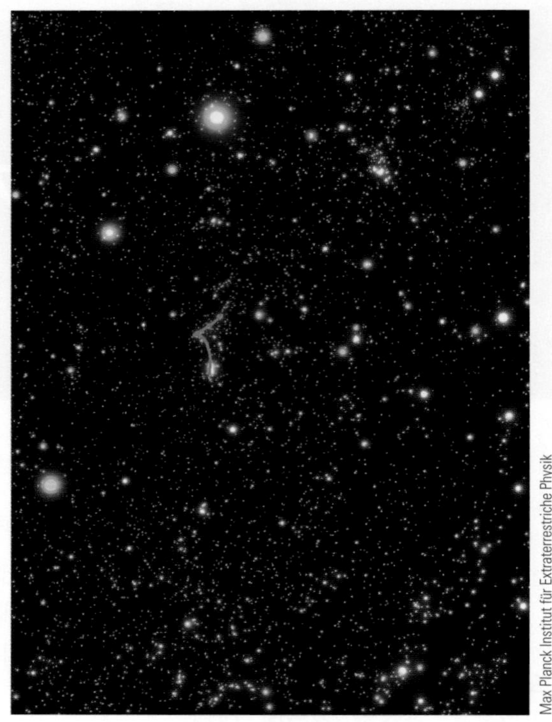

(b)

그림 5.1

다양한 파장으로 관측한 오리온자리 영역 하늘의 같은 영역이라도 스펙트럼의 다른 파장 대역으로 관측하면 다르게 보인다. (a) 가시광: 맨눈으로 볼 때처럼 오리온자리 일부가 보인다. 오리온자리(또는 사냥꾼자리)를 구성하는 별들에 주목하라. (b) x-선: 주변에 마치 점처럼 보이는 x-선 광원들이 특히 잘 보인다. 광원의 색깔은 x-선의 에너지가 클수록 노란색에서 흰색, 푸른색으로 변한다. 오리온자리의 밝고 뜨거운 별들도 여전히 보이지만, 저마다 매우 다른 거리에 있는 많은 다양한 천체들, 별들, 백색왜성들, 은하들, 관측 가능한 우주의 경계에 위치한 퀘이사들이 보인다. (비교를 위해 오리온의 허리띠와 칼이 표시되어 있다.) (ROSAT) (c) 적외선: 이 영역에 있는 먼지들이 밝게 빛나고 있다.

5.1 망원경

많은 고대문명은 하늘을 관측하기 위해 특별한 천문대를 세웠다(그림 5.2). 이들 고대 천문대(observatory)는 주로 날짜와 시간을 알기 위해 천체의 위치를 측정했다. 또한, 종교나 제례의식을 수행하기도 했다. 육안 관측만 가능했으므로 모든 색깔을 한꺼번에 관측했고 관측자료 역시 관측한 사람이 직접 그리거나 글로 쓴 기록만 남겨졌다.

1610년 갈릴레오는 렌즈가 부착된 단순한 경통을 손에 들고 처음으로 하늘을 관측해서 맨눈으로 볼 때보다 훨씬 많은 빛을 모을 수 있었다. 이런 단순한 망원경으로도 행성의 본질과 우주 안에서 지구의 위치에 대한 아이디어를 혁명적으로 바꾸어놓았고, 그 결과 갈릴레오는 교회 당국과 (1장에서 설명했듯이) 많은 갈등을 겪었다.

5.1.1 망원경의 원리

갈릴레오 이후 망원경은 많은 변화를 겪었다. 현대에 들어서 망원경은 거대해지고 있다. 그러다 보니 제작비가 수억 달러에 달하기도 한다. 망원경 크기가 자꾸 커지는 이유는 행성이나 별, 은하 같은 천체들은 인간의 눈이 (작은 동공으로) 받을 수 있는 것보다 훨씬 많은 빛을 보내기 때문이다. 우주는 별빛으로 가득하다. 친구들과 함께 밤하늘을 쳐다본 적이 있다면 친구마다 다른 별들을 본다는 사실을 알 것이다. 만약 수천 명이 함께 본다면, 사람마다 각각의 별이 내는 빛을 나눠 받게 된다. 그렇지만 내 입장에서 생각하면, 내 눈에 들어오지 않은 빛은 낭비된다고 볼 수 있다. 혹시 이렇게 '낭비되는' 빛을 좀 더 많이 모아서 내 눈에 들어오게 한다면 멋지지

(a)

(b)

■ **그림 5.2**
망원경 발명되기 이전의 두 천문대 (a) 1724년 인도 델리에 마하라자 자이 싱(Maharaja Jai Singh)이 세운 잔타르 만타르(Jantar Mantar). (b) 베이징에 있는 고대 중국 황실 천문대의 17세기 청동 관측기기.

않겠는가? 이런 역할을 해주는 것이 바로 망원경이다.

망원경의 가장 중요한 기능은 다음과 같다. (1) 천체가 방출하는 희미한 빛을 모아서, (2) 모인 모든 빛을 초점에 집중시켜 상을 맺게 한다. 천문학에서 관심을 두는 물체는 극도로 희미하다. 따라서 빛을 더 많이 모을수록 그 천체에 대해 더 잘 연구할 수 있다. (여기서 빛이라는 용어를 사용한다고 해서, 모든 망원경이 가시광만 모으는 것은 아니다. 다른 파장 대역의 전자기복사를 모으는 망원경도 있는 점에 유의하자.)

가시 복사를 모으는 망원경은 렌즈나 거울을 사용한다. 다른 유형의 망원경은 우리에게 친숙한 렌즈나 거울과는 다른 집광장치가 사용되지만, 그 기능은 같다. 모든 망원경에서 집광력은 빛을 모으는 양동이 역할을 하는 장치의 면적에 의해 결정된다. 대부분 망원경이 둥근 거울이나 렌즈를 사용하므로 그 **구경**(aperture, 지름)으로 집광력을 비교할 수 있다.

망원경이 모을 수 있는 빛의 양은 구경의 제곱에 비례하여 증가한다. 지름 4 m의 거울을 가진 망원경은 지름이 1 m인 망원경보다 16배나 많은 빛을 모을 수 있다. (지름을 제곱하는 이유는 지름이 d인 원의 면적이 $\pi d^2/4$이기 때문이다.)

일단 망원경에 상이 맺히면 측정하거나 재생하거나 다양하게 분석할 수 있도록 상을 검출하고 기록할 방법이 필요하다. 19세기 이전 천문학자들은 그저 육안으로 상을 관찰하고 그 결과를 기록했다. 이 방법은 매우 비효율적이었으며 믿을 만한 장기간의 기록이 되지 못했다. 목격자 증언은 부정확성으로 악명 높지 않은가!

19세기에 들어 사진기술의 활용이 일반화되었다. 그 당시의 사진은 특수 처리한 유리판에 화학적 방법으로 상을 기록하는 것이었다. 오늘날에는 일반적으로 디지털카메라의 감지 장치로 상을 검출해서 전자적 방법으로 기록한 다음, 컴퓨터에 저장한다. 이 같은 영구적 기록은 후에 더욱 상세한 연구를 위해 사용될 수 있다. 이제 천문학자들은 연구를 위해 대형 망원경을 직접 들여다보는 경우가 거의 없다.

5.1.2 렌즈나 거울에 의한 상의 형성

안경을 사용하든 안 하든, 우리는 렌즈를 통해서 세상을 본다. 렌즈가 우리 눈의 핵심 부품이기 때문이다. 투명한 물질인 렌즈는 통과하는 빛의 경로를 휘게 한다. 평행한 빛이 들어오면 렌즈는 그 빛을 한 점에 모아서 상을 맺게 한다(그림 5.3). 렌즈 표면의 곡률이 적절하면, 모든 (예를 들어, 별로부터 오는) 평행광선은 굴절되어 렌즈의 **초점**(focus)이라고 불리는 한 점에 집중된다. 그 결과, 초점에 광원의 상이 맺힌다. 평행광이 입사하는 경우에 렌즈에서 뒤로 초점, 즉 상까지의 거리를 렌즈의 초점거리(focal length)라고 한다.

그림 5.3을 보면, 같은 별에서 나온 두 광선이 왜 서로 평행한지 의아할 것이다. 실제로, 모든 방향으로 나오는 별빛을 그려보면 그 광선은 전혀 서로 평행해 보이지 않는다. 하지만 별들(그리고 다른 천체들) 모두 어마하게 멀리 떨어져 있다는 사실을 상기하자. 따라서 지구 쪽을 향한 광선이 지구에 도달할 즈음 서로 평행하다고 할 수 있다. 다시 말하면, 지구 쪽을 향한 광선 중 처음부터 평행하지 않았던 광선들은 우주의 아예 다른 방향을 향해 가고 있을 것이다.

망원경의 주 렌즈(대물렌즈)에 의해 형성된 상을 확대해서 보기 위해 접안렌즈(eyepiece)라고 하는 또 하나의 렌즈

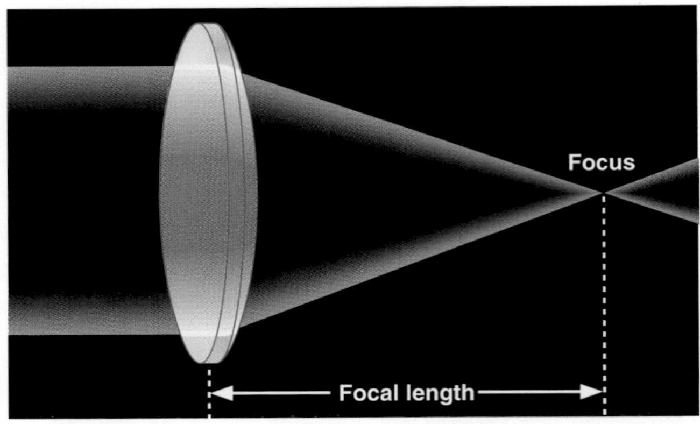

■ **그림 5.3**
단순 렌즈에 의한 상의 형성 먼 광원에서 오는 평행광선들은 볼록렌즈에 의해 휘어져서 모두 어느 한 점(초점)에 모여 상을 형성한다.

를 설치한다(그림 5.4). 이 렌즈는 상을 확대한다. 별은 점광원이라 상을 확대해도 거의 차이가 없지만, 행성이나 은하처럼 어느 정도 크기가 있는 천체들은 상을 확대해서 얻는 이점이 많다. 확대경을 사용해서 미세한 특징을 좀 더 명확히 볼 수 있듯이, 천체의 내부 구조를 확인할 수 있다. 다른 접안경으로 바꿔 끼우면 상의 배율 조정도 가능하다.

상을 맺기 위해 망원경은 구의 안쪽 표면처럼 오목하게 휜 곡면을 가진 오목거울(mirror)을 사용할 수 있다(그림 5.4). 망원경 거울은 반사율을 높이기 위해 광택이 나는 금속으로, 보통 은이나 알루미늄 때로는 금으로, 표면을 입힌다. 거울의 곡면이 정확하면 모든 평행광선은 반사되어 같은 점, 즉 거울의 초점에 모이게 된다. 따라서 렌즈를 사용할 때와 마찬가지로 거울에 의해서도 똑같은 상이 만들어진다.

망원경을 상상할 때, 많은 사람이 한쪽 끝에 큰 유리 렌즈가 달린 긴 경통을 떠올린다. 이런 형태의 망원경을 **굴절망원경**(refracting telescope)이라 한다. 갈릴레오의 망원경뿐 아니라 요즘 사용하는 쌍안경이나 오페라글라스 등이 이에 속한다(그림 5.5). 그러나 굴절망원경은 크기에 한계가 있다. 역사상 가장 큰 굴절망원경은 미국 위스콘신 주 여키스 천문대의 40인치 망원경이다. 가장 큰 문제점은 빛이 굴절망원경의 렌즈를 반드시 통과해야 한다는 것이다. 따라서 유리 전체가 완벽하게 균일해야 한다. 그러나 큰 덩어리의 유리를 흠이나 기포 없이 만드는 것은 실질적으로 불가능하다.

또 빛이 렌즈를 통과해야 하므로 렌즈 가장자리를 따라 무게를 지탱해야 한다. 중력으로 인해 대형 렌즈는 아래로 처져서 통과하는 빛의 경로가 변형될 수 있다. 마지막으로, 빛이 렌즈를 통과해야 하기 때문에, 선명한 상을 얻으려면 렌즈 양면 모두가 정확한 곡면을 가지도록 연마되어야 한다.

거울을 사용하는 망원경은 이런 모든 문제점들을 피할 수 있다. 거울 앞면으로만 빛의 반사가 이루어지므로 유리 내부의 흠이나 기포가 빛의 경로에 영향을 주지 않는다. 또한 오로지 앞면만 정확한 곡면을 가지면 되므로, 거울 바로 뒤에 지지대를 설치해도 된다. 이런 이유 때문에 (아마추어용이든 전문가용이든) 천체망원경 대부분은 주요 광학 부품으로 렌즈보다는 거울을 사용한다. 이 망원경을 **반사망원경**(reflecting telescope)이라고 한다(그림 5.4).

제대로 된 반사망원경은 1668년 뉴턴에 의해 처음으로 만들어졌다. 오목거울은 경통 하단부 또는 뼈대로 된 구조물의 하단에 설치된다. 거울은 경통 상단으로 다시 빛을 반사해서 경통 입구 근방의 주초점(prime focus)이라고 부르는 위치에 상을 형성한다. 주초점에서 상을 바로 관찰할 수도

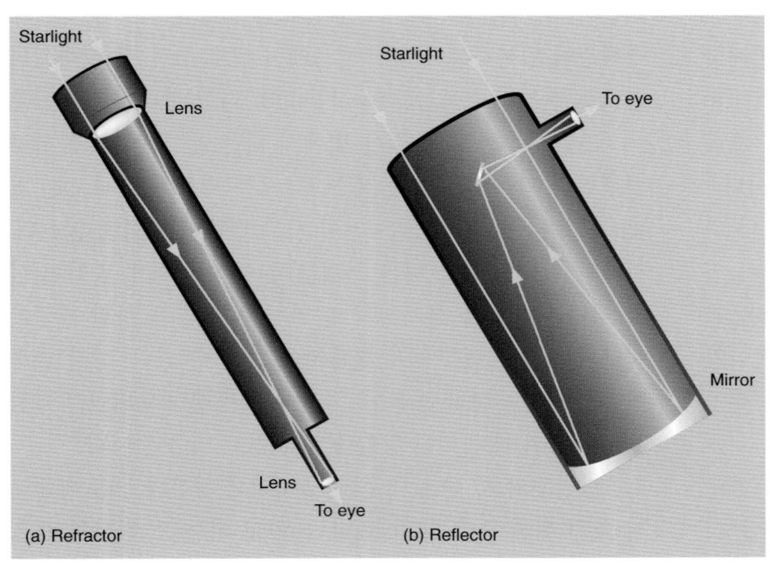

■ **그림 5.4**
굴절망원경과 반사망원경 (a) 굴절망원경으로 들어온 빛은 경통 입구의 렌즈를 통과한 다음 경통 하단 근방의 초점에 모인다. 다시 접안렌즈로 상을 확대해서 눈으로 보거나 혹은 초점에 사진 건판과 같은 검출기를 설치할 수 있다. (b) 반사망원경의 상단 입구는 열려 있으므로 빛은 경통의 하단에 위치한 주거울까지 곧바로 진행한다. 거울에 의해 반사된 빛은 경통 상단의 초점에 모이게 되어 검출될 수 있다. 또는 이 그림에서처럼 두 번째 거울이 경통 밖의 관찰하기 좀 더 편한 위치로 빛을 반사할 수 있다.

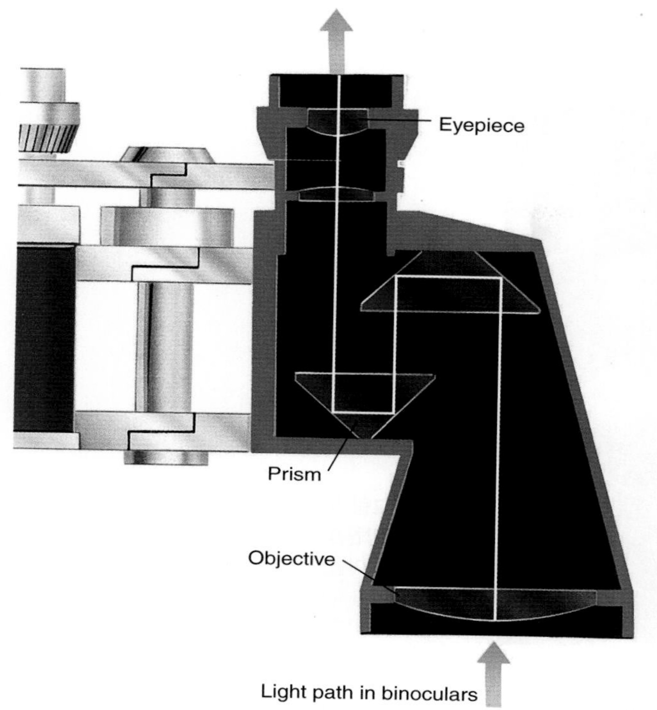

■ **그림 5.5**

쌍안경 쌍안경은 일상에서 접할 수 있는 굴절망원경의 예다. 양쪽 각각의 주요 집광요소는 대물렌즈다. 빛은 서너 개의 (빛의 경로를 휘게 하면서 동시에 쌍안경의 길이를 줄이기 위해 사용된) 프리즘을 통과한 다음 접안렌즈에 의해 확대되어 눈에 보이게 된다. 쌍안경은 상을 더 밝고 크게 만들어 주기 때문에 공연장에서 좋은 좌석에 있지 않더라도 무대나 야외에서 진행되는 상황을 잘 볼 수 있게 해준다.

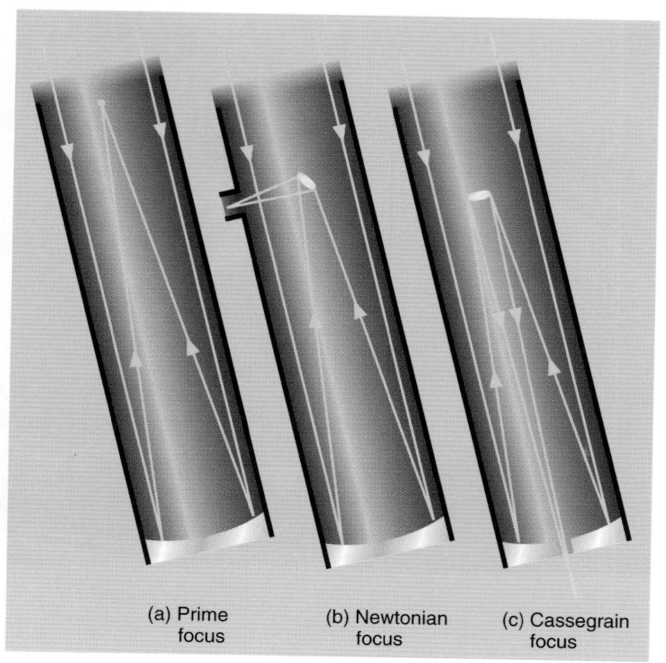

■ **그림 5.6**

반사망원경의 초점 배치 표준적 반사망원경에서 빛이 모이는 초점의 위치는 세 가지 종류가 있다. (a) 주초점: 빛은 주 거울에서 반사된 후에 초점에 모여 검출된다. (b) 뉴턴 초점: 빛은 작은 부 거울에 의해 경통의 측면 바깥으로 반사되어 검출된다(그림 5.4b 참조). (c) 카세그레인 초점: 빛은 작은 부경에 의해 다시 아래쪽으로 반사되어 주 거울에 있는 작은 구멍을 통과한 다음 경통 아래에서 검출된다.

있지만, 보조 거울들을 이용해서 빛의 방향을 바꿔 좀 더 편리한 위치에 상을 맺게 할 수도 있다(그림 5.6). 만약 천문학자가 주초점에서 상을 관찰하려면 주 거울로 들어오는 빛의 상당량이 차단되겠지만, 작은 부경[2차 거울(secondary mirror)]을 사용하면 더 많은 빛을 이용할 수 있다.

5.2 현대적 망원경

뉴턴이 살던 시절에 망원경 거울의 크기가 몇 인치 정도에 불과했지만, 그 후 반사망원경의 크기는 계속 커졌다. 1948년 거울 지름이 5 m(200인치)나 되는 망원경이 미국 캘리포니아 주 남부의 팔로마 산에 세워졌다. 이 망원경은 그 후 수십 년 동안 세계에서 가장 큰 광학망원경의 자리를 유지했다. 하지만 오늘날 대형 망원경 중에는 주경(망원경에서 가장 큰 거울)의 지름이 8~10 m에 이르는 것도 있다(그림 5.7).

5.2.1 현대적 광학망원경과 적외선 망원경

1990년대 전 세계에 걸쳐 유례없이 많은 수의 망원경이 건설되었다(표 5.1 참조. 망원경에 대해 더 알거나 방문하고 싶다면 표에 실린 웹페이지 참조). 기술적 혁신으로 인해 구경 5 m인 팔로마 망원경보다 훨씬 큰 망원경을 막대한 비용을 들이지 않고도 건설할 수 있게 되었다. 이들 최신 망원경은 광학 파장뿐 아니라 적외선도 탐색하도록 설계되었다.

그림 5.8은 팔로마 망원경과 북제미니 망원경의 차이를 보여준다. 팔로마 망원경은 14.5톤에 달하는 주 거울을 지탱하도록 설계된 거대한 철강 구조물이다. 유리는 자체 하중으로 점차 아래로 휘는데 이렇게 휜 망원경 거울은 상을 변형시킨다. 팔로마 망원경에 사용된 거울은 휨이 거의 일어나지 않도록 엄청나게 두껍고 단단하게 설계되었다. 그러나 두껍다는 것은 무겁다는 뜻이므로 거울을 지지하기 위해 거대한 철 구조물이 필요하다. 만약 같은 방식으로 지름 8 m인 거울을 만든다면 그 망원경보다 8배나 더 무거워져서 무게를 지탱하기 위해서는 엄청난 규모의 철 구조물이 필요해진다.

반면 8 m 북제미니 망원경은 날아갈 듯 가벼워 보이는데 실제 그렇다. 거울의 두께는 약 8인치에 불과하고, 무게는 팔로마 거울의 두 배가 채 안 되는 24.5톤이다. 이 거울은 휘어지지만 휨 정도를 매초 측정해서 거울 뒤편의 각각 다른

■ **그림 5.7**
거대 망원경의 거울 북제미니 망원경의 주 거울이 알루미늄으로 도금된 직후를 보여준다. 거울의 직경은 8 m다. 거울 중앙의 구멍에 있는 사람과 크기를 비교해 보라.

120군데의 위치에 컴퓨터로 힘을 작동시켜 휨 보정을 한다. 거울의 구조에 대한 이 같은 능동제어(active control)는 가벼운 무게의 거대 망원경 제작을 가능케 해서 1990년 이래로 지름이 6.5 m 이상인 망원경이 17개나 만들어졌다.

마우나 케아 산 정상에 있는 두 개의 10 m 케크 망원경은 이러한 신기술을 적용한 최초의 망원경인데, 완전히 새로운 방식으로 정밀 제어한다. 각각의 케크 망원경은 지름 10 m의 단일 주 거울 대신에 1.8 m 크기의 6각형 거울 36개에서 반사되는 빛을 통합하여 초대형 단일 구경과 같은 효과를 얻는다(그림 5.9). 컴퓨터로 제어되는 작동 장치가 끊임없이 이들 36개의 거울을 조정함으로써, 빛이 초점에 집중될 때 거울의 반사면 전체가 마치 단 하나의 거울인 것처럼 정확하게 작동되어 선명한 상을 얻을 수 있게 한다.

거울을 지탱하는 역할 외에 망원경의 철강 구조물은 하늘의 어느 천체를 향해서든 망원경 전체를 신속하게 방향 전환할 수 있도록 설계되었다. 지구가 자전하기 때문에 망원경에는 지구 자전과 속력이 같으면서 반대 방향으로 회전하는 자동추적장치를 설치해야 관측대상 천체를 계속해서 망원경 시야에 머물게 만들 수 있다. 이런 설비는 돔 안에 설치되어 자연 환경적 영향을 받지 않도록 한다. 그 돔에는 망원경이 향하는 전면에 개폐구를 만들어 망원경과 함께 회전하면서 관측대상 천체로부터 오는 빛만을 통과시키도록 한다.

5.2.2 최적의 천문대 부지 선정

제미니나 케크와 같은 망원경은 건설비가 대략 1억 달러쯤 소요된다. 이 정도 규모의 투자에 걸맞기 위해서는 가능한 한 최적의 망원경 설치 장소가 필요하다. 19세기 말 이래로 천문학자들은 최적의 천문대 부지는 도시의 불빛과 공해에서 멀리 떨어진 산 정상이라는 사실을 알고 있었다. 유럽의 큰 도시에 아직 몇몇 천문대가 남아있기는 하지만 관공서나 박물관의 역할만 할 뿐이다. 실질적인 연구 활동은 아주 먼 곳에서 수행하는데, 종종 사막지대의 고산이나 대서양 또는 태평양 상의 고립된 섬의 산 정상에 숙소와 컴퓨터, 전자부품, 기계실, 그리고 망원경을 설치하고 천문학을 연구한다. 오늘날 대형 천문대는 천문학자들 외에도 20~100여 명에 이르는 운영인력이 필요하다.

망원경의 성능은 거울의 크기뿐만 아니라 장소에 따라서도 달라진다. 지구대기는 생명체에게는 필수적이지만 관측 천문학자에게는 심각한 골칫거리다. 최소 4가지 측면에서 지구 대기는 망원경의 성능을 제한시킨다.

1. 가장 명백한 제한 요소는 구름, 바람, 비 같은 기상 조건이다. 최적 장소는 연중 최대 75%까지 날씨가 맑아야 한다.
2. 밤하늘이 맑을지라도 대기가 별빛 일부를 차단하는데, 특히 적외선 영역에서 수증기에 의한 흡수가 주된 원인이다. 따라서 천문학자들은 건조 지역을 선호하는데 일반적으로 고도가 높을수록 건조하다.
3. 밤하늘은 어두워야 한다. 도시 근방에서는 대기에 산란된 강렬한 조명 빛으로 인해 하늘이 밝아져 희미한 별빛이 묻혀버리기 때문에 망원경으로 관측 가능한 거리가 제한된다. [이 효과를 광해(light pollution)라고 한다.] 천문대는 큰 도시로부터 최소 150~200 km는 떨어져 있어야 한다.

표 5.1 건설 중이거나 가동 중인 대형 광학망원경

구경(m)	망원경 이름	위치	상태	웹 주소
16.4	VLT (4개의 8.2 m 망원경)	체로 파라날, 칠레*	4개의 망원경 완결	www.eso.org/vlt/
11.8	LBT (2개의 8.4 m 망원경)	그레이엄산, AZ, 미국	2004년 첫 관측	medusa.as.arizona.edu/ lbtwww/lbt.html
10.0	케크 I, II (2개의 10 m 망원경)	마우나케아, HI, 미국	1993~96년 완성	www2.keck.hawaii.edu
10.4	GTC	카나리아제도, 스페인	2004년	www.gte.iac.es/home.html
9.1	HET	로크산, TX, 미국	1997년 완성	www.as.utexas.edu/ mcdonald/het/het.html
9.1	SALT	서덜랜드, 남아공	2003년	www.salt.ac.za
8.3	수바루(플레아데스)	마우나케아, HI, 미국	1998년 첫 관측	www.naoj.org/
8.0	제미니(북)	마우나케아, HI, 미국†	1999년 첫 관측	www.gemini.edu
8.0	제미니(남)	체로 파촌, 칠레†	2000년 첫 관측	www.gemini.edu
6.5	다중-거울(MMT)	홉킨스산, AZ, 미국	1998년 첫 관측	sculptor.as.arizona.edu/ foltz/www/mmt.html
6.5	마젤란(2개 망원경)	라스 캄파나스, 칠레	1997년과 2002년 첫 관측	www.ociw.edu/ magelan_lco/
6.0	볼쇼이	파츄코프산, 러시아	1976년 완성	—
5.0	헤일	팔로마산, CA, 미국	1948년 완성	www.astro.caltech.edu/ paloma/
4.2	허셸	카나리아제도, 스페인	1987년 완성	www.ing.iac.es/Astronomy/ telescopes/wht/
4.2	SOAR	체로파촌, 칠레	2003년 첫 관측	www.soartelescope.org/
4.0	블랑코	체로톨롤로, 칠레†	1974년 완성	www.ctio.noao.edu/ telescopes/4m/base4m.html
4.0	Vista	체로파라날, 칠레	2006년	www.vista.ac.uk/
3.9	영국-호주(AAT)	사이딩스프링, 호주	1975년 완성	www.aao.gov.au/index.html
3.8	Mayall	키트 피크, AZ, 미국†	1973년 완성	www.noao.edu/kpno
3.8	영국 적외선(UKIRT)	마우나케아, HI, 미국	1979년 완성	www.jach.hawaii.edu/ JACpublic/UKIRT/home. html
3.7	AEOST	할레아칼라, HI, 미국	2000년 완성	—
3.6	TNG	카나리아제도, 스페인	1998년 완성	www.tng.iac.es
3.6	캐나다-프랑스-하와이	마우나케아, HI, 미국	1979년 완성	www.cfht.hawaii.edu/
3.6	ESO	체로라실랴, 칠레*	1976년 완성	www.ls.eso.org/
3.6	ESO NT	체로라실랴, 칠레*	1989년 완성	www.ls.eso.org/
3.5	막스플랑크 연구소	칼라알토, 스페인	1983년 완성	www.mpia-hd.mpg.de/ Public/CAHA/index.html
3.5	WIYN	키트 피크, AZ, 미국†	1993년 완성	www.noao.edu/wiyn/ wiyn.html
3.5	ARC	아파치 포인트, NM, 미국	1993년 완성	www.apo.nmsu.edu/
3.5	SOR	커틀랜드, NM, 미국	1994년 완성	www.de.afrl.af.mil/SOR/

* 유럽 남천문대(ESO) 산하

+ 미국 국립 광학천문대(NOAO) 산하

(a)

(b)

Gemini Observatory

■ **그림 5.8**

현대적 반사망원경 (a) 팔로마 5 m 반사망원경. 팔로마 산에 있는 헤일 망원경은 복잡한 제어 시스템으로 (이 사진에서 위를 향해 열린 '경통'에 설치된) 망원경을 어느 위치로든 쉽게 회전시킬 수 있다. 사진 하단의 전면에 있는 사람과 비교하면 그 규모를 실감한다. (b) 8 m 북제미니 망원경. 북제미니 망원경의 거울은 팔로마 거울보다 지름이 두 배 더 크지만, 전체적으로 얼마나 덜 무거운지 알아보자. 북제미니 망원경은 팔로마 망원경보다 약 50년 뒤에 건설되었다. 기술자들은 신기술을 이용하여 주 거울의 크기에 비해 상대적으로 무게가 훨씬 가벼운 망원경을 세울 수 있었다.

4. 마지막으로, 대기는 일반적으로 불안정하다. 빛이 난류 운동하는 대기를 통과하면 교란되어 별의 상이 흐려진다. 이 결과를 '나쁜 **시상**(seeing)'이라고 한다. 시상이 나쁠 때, 교란 대기로 인해 빛의 경로가 계속 휘어지거나 뒤틀려지므로 천체의 상이 변형된다.

따라서 최적의 천문대 부지는 높고 어두우며 건조해야 한다. 현재 지구에서 가장 큰 망원경들은 칠레의 안데스산맥(그림 5.10)이나 미국 애리조나 주의 사막, 대서양의 카나리아제도, 하와이제도의 높이 4,200 m의 휴화산인 마우나케아 산처럼 외딴 지역의 산 정상에 세워져 있다.

5.2.3 망원경의 분해능

천문학자들은 가능한 한 많은 빛을 모으는 것 외에도 가능한 한 가장 선명한 상을 얻기 위해 노력한다. **분해능**(resolution)은 상이 세밀한 정도를 가리킨다. 당연한 이야기이지만, 천문학자들은 목성의 날씨 변화를 추적하든, 이웃 은하를 잡아먹는 은하의 격렬한 중심부를 들여다보든 간에 언제나 대상 천체의 모습을 가능한 상세하게 보고 싶어 한다.

분해능을 결정짓는 한 가지 요소는 망원경의 크기다. 구경이 클수록 상이 선명해진다. 하지만 최근까지만 해도 지구의 광학망원경이나 적외선 망원경은 광학이론이 예측한 것만큼 선명한 상을 결코 얻을 수 없었다. 이유는 앞에서 설명했듯이 대기 때문이다. 천체에서 오는 빛은 수 센티미터에서 수 미터 크기의 수많은 공기덩어리를 통과해야 하는데, 각 덩어리는 주위와 약간씩 다른 온도를 가진다. 각각의 덩어리는 렌즈처럼 작용해서 빛의 경로를 조금씩 휘게(굴절하게) 한

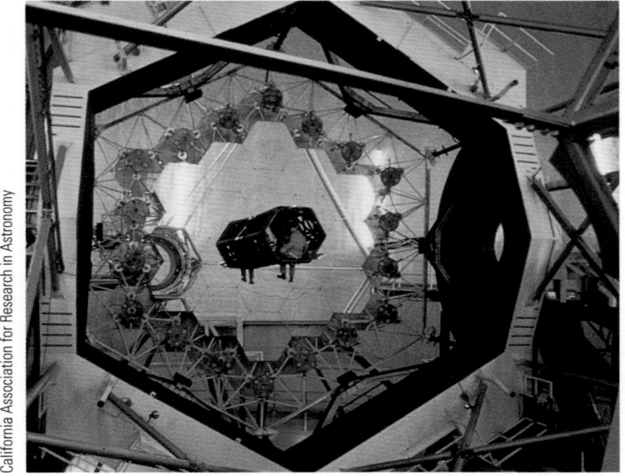

■ **그림 5.9**

1개의 눈보다 36개의 눈이 낫다 10 m 케크 망원경의 거울이 조립되는 근접 사진. 완성된 거울은 36개의 육각형 조각으로 구성된다. 이 사진에는 18개의 조각만 설치되어 있다. 거울 크기를 실감하려면, 거울 구조물의 중심에서 일하는 사람을 주목하라.

■ **그림 5.10**
높고 건조한 장소 체로 파라날은 칠레 아타카마 사막에 있는 해발고도 2.7 km의 산 정상으로, 유럽 남천문대의 초대형 망원경(VLT)이 설치된 장소다. 이 사진에 보이는 4개의 8 m 망원경 건물들은 망원경 설치 장소로서 높고 건조한 장소가 선호됨을 명확히 보여준다.

다. 그로 인해 별빛이 최종적으로 망원경 검출기에 도착하는 위치가 약간씩 변한다. 빛의 경로는 바람 방향으로 고도에 따라 제각기 다르게 움직이는 공기덩어리를 가로지른다. 그 결과, 빛의 경로는 계속해서 변한다.

비유하자면, 마천루의 고층 창문에서 축제 행진을 내려다보는 경우를 생각해보자. 행진하는 사람들을 향해 색종이 조각을 뿌린다고 하자. 한 주먹의 색종이 전부를 동시에 같은 방향으로 떨어뜨렸다고 해도 공기의 흐름이 조각들을 흩어버려서 각기 다른 위치에 떨어질 것이다. 앞에 설명했듯이, 별빛은 대기를 통과해가는 일련의 평행광선으로 간주할 수 있다. 각 광선의 경로가 서로 약간씩 다르므로 망원경 검출기에도 각기 조금씩 다른 위치에 도달한다. 그로 인해 상이 불분명해질 뿐만 아니라, 바람 부는 대로 날리는 공기덩어리들 때문에 1초 동안에도 여러 번 이런 불분명함조차 변한다. (지구에서 볼 때 이 효과를 별의 '반짝임(twinkling)'이라고 부른다는 것을 아마 들은 적이 있을 것이다. 빛이 우리 눈에 도달하기까지 많은 굴절을 겪다 보면, 그중 일부 빛은 사라지기도 하므로 별의 밝기가 변하는 것처럼 보인다. 그러나 우주 공간에서 별빛은 한결같다.)

천문학자들은 이러한 대기의 불안정성이 될 수 있으면 작은 장소를 찾기 위해 전 세계를 뒤진다. 그 결과, 최상의 장소는 해안의 산맥이나 대양 한복판에 홀로 서 있는 화산의 정상부로 밝혀졌다. 대지에 상륙하기까지 바다 위로 장거리를 이동해 온 공기가 특히 안정적이다.

상의 분해능은 각도 단위, 일반적으로 각초(arcsecond)의 단위로 측정된다. 1각초는 1°의 1/3600인데, 원 둘레를 한 바퀴 돌면 360°가 된다. 따라서 각초는 극히 작은 각도다. 얼마나 작은지 보려면, 1각초는 500원짜리 동전을 5 km 떨어진 거리에서 볼 때의 크기에 해당한다. 전통적인 기술로 지상에서 얻을 수 있는 최상의 상에서는 0.1각초의 서너 배에 해당하는 크기의 미세 구조를 구분할 수 있다. 이 정도면 대단히 좋은 분해능이다. 하지만 천문학자들이 이 정도로 결코 만족하지 못해서, 더 선명한 상을 얻고자 지구대기 밖으로 허블 우주 망원경을 발사하게 되었다.

최근 고성능 컴퓨터를 사용하여 대기에 의한 상의 흐림 현상을 해결하는 **적응광학**(adaptive optic)이라는 기술이 창안되었다. 이 기술은 (현재의 기술 수준에서는 적외선 스펙트럼 영역에서 가장 효과적임) 망원경 내 빛의 경로에 설치된 작고 잘 휘어지는 거울을 활용한다. 감지기가 매초 500번씩 대기로 인한 상의 변형 정도를 측정해서 거울로 신호를 보내면 그 변형을 정확하게 상쇄할 수 있도록 거울 형태를 변화시킨다. 이에 따라 재정렬된 빛은 검출기에서 거의 완벽한 수준의 선명도를 가지는 상을 만들게 된다. 그림 5.11은 이 신기술이 얼마나 효과적인지를 보여준다. 적응광학을 이용하면 지상망원경은 적외선에서 0.1각초 근방의 분해능을

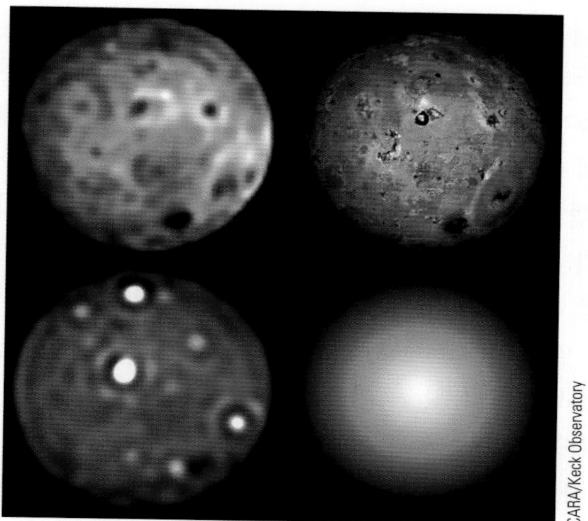

■ **그림 5.11**
적응광학의 위력 오른쪽 아래는 적응광학을 사용하지 않고 10 m 케크 망원경으로 목성의 위성 이오를 촬영한 사진인데, 지구 대기로 인해 상이 흐려져 있다. 비교를 위해, 갈릴레오 탐사선이 이오의 표면 가까이 지날 때 촬영한 사진이 오른쪽 위에 주어져 있다. 왼쪽 두 사진은 적외선 영역에서 적응광학을 사용하여 케크 망원경으로 촬영한 결과로, 적응광학은 지구대기로 인한 상의 흐림을 보정한다. 왼쪽 위 사진은 갈릴레오가 촬영한 사진과 매우 비슷하다. 왼쪽 아래 사진은 열에 매우 민감한 파장에서 촬영되었는데 이오의 화산에서 분출된 뜨거운 용암을 볼 수 있다.

달성할 수 있다. 이러한 성능은 허블 우주 망원경이 가시광 스펙트럼 영역에서 얻는 분해능에 필적하는 우수한 결과다.

천문학의 기초지식
천문학자들은 실제로 어떻게 망원경을 사용하나?

흔히, 천문학자는 추운 천문대에서 거의 밤을 지새우면서 망원경을 볼 것이라 여겨지지만, 한 세기 전이라면 몰라도 오늘날에는 전혀 그렇지 않다. 대부분 천문학자는 천문대가 아니라 자신들이 일하는 대학이나 연구소 근방에 거주한다. 그리고 매년 일주일 정도만 망원경으로 관측하고 나머지 시간에는 관측 자료를 검토하거나 분석하면서 보낸다. 전파망원경이나 우주 망원경을 사용하는 경우에는 낮에도 관측할 수 있다. 반면에 순수 이론문제를 (대개는 고성능 컴퓨터를 사용하여) 연구하는 천문학자들은 망원경을 전혀 사용하지 않는다.

대형 망원경을 이용해서 관측할 경우에 망원경을 직접 들여다보는 경우는 거의 없다. 천문학자 대신 전자 검출기가 관측 후의 상세 분석을 위한 자료를 영구적으로 기록한다. 심지어 일부 천문대에서는 망원경에서 수천 km 떨어진 천문학자의 연구실 컴퓨터를 이용해서 원격관측도 할 수 있다.

망원경의 사용시간은 경쟁이 치열해서 일반적으로 천문대는 매년 사용시간을 초과해서 사용 신청을 받는다. 따라서 천문학자는 망원경을 어떻게 사용할지, 자신의 관측이 천문학 발전에 어떤 기여를 하는지를 설득력 있게 설명하는 관측 제안서를 제출해야 한다. 천문학자로 구성된 선정위원회가 관측제안서를 평가하고 순위를 매겨서, 가장 우수한 제안에 대해 망원경 사용 시간을 배정한다. 하지만 막상 사용 허가를 받았다고 해도 자신의 차례가 오기까지 몇 달을 기다려야 한다. 그런데 자신에게 배정된 날에 하늘에 구름이 낀다면 다음 기회를 얻기까지 일 년 이상을 기다려야 할 수도 있다.

일부 나이 든 천문학자들은 심야 라디오 방송이나 녹음기에서 흘러나오는 음악을 벗 삼아서 천문대 돔에서 홀로 지새웠던 길고 추운 밤을 아직도 기억한다. 천문대 돔의 열린 틈 사이로 몇 시간 동안 바라보던 별들로 밝게 빛나는 밤하늘의 장관은 결코 잊지 못할 추억이다. 12시간 동안 지속된 긴 관측이 끝났음을 알리는 새벽 어스름에 느끼던 안도감 역시 마찬가지였다. 오늘날 천문학 연구는 관측자끼리 팀을 이루고 함께 연구하면서 난방이 잘 된 연구실에서 컴퓨터만 하면 되므로 훨씬 더 편해졌다고 할 수 있다. 그러나 천문학만의 고유한 낭만을 잃었다는 아쉬움도 있다.

■ ■ ■ ■ ■ ■ ■ ■ ■ ■ ■ ■ ■

5.3 가시광 검출기와 기기

일단 망원경으로 천체에서 오는 복사를 모으면 그 복사는 검출되고 측정되어야 한다. 천체관측의 역사에서 최초 검출기는 인간의 눈이었다. 하지만 눈은 정보의 기록과 재생 장치로는 절대 완벽하지 않은 뇌에 연결되어 있다는 문제점을 안고 있다. 사진술과 현대적 전자 검출기를 이용해서 우주로부터의 정보를 영구적으로 기록함으로써 인간의 기억이 가지는 문제점과 불합리성을 제거했다.

눈은 또한 적분 시간(integration time)이 극히 짧다는 문제점이 있다. 1초도 채 안 되는 시간 동안 빛에너지를 모아서 그 상을 뇌에 보낸다. 현대 검출기의 주요 장점 중 하나는 천체로부터 오는 빛을 오랜 시간에 걸쳐 검출기에 모은다는 것인데, 이 기술을 '긴 노출'이라고 부른다. 우주 저편의 극히 희미한 천체를 탐지하기 위해서 서너 시간의 노출이 필요하다.

빛이 검출기에 도달하기 전에, 일반적으로 파장에 따라 빛을 선별하는 기기가 사용된다. 가장 단순한 형태로는 일정 범위의 파장 빛만 투과시키는 색 필터가 있다. 주위에서 흔히 보는 빨간색 셀로판지는 오로지 빨간색만 투과시키는 필터의 한 예다. 빛이 필터를 통과하고 나면 상이 형성되는데 이로부터 천체의 밝기와 색깔이 측정된다. 이 책의 뒷부분에 이러한 상의 많은 예가 소개되어 있는데, 그로부터 어떤 정보들이 얻어질 수 있는지 배우게 될 것이다.

반면에 광학적으로 좀 더 복잡한 구조를 가진 기기들은 빛을 색깔별로 나눈 스펙트럼의 개별 선들을 측정할 수 있다. 이 같은 기기로 광원의 스펙트럼(분광)을 측정(측광)할 수 있으므로 분광측광기(spectrometer)라고 부른다. 어떤 종류의 파장 선별기이든지 빛의 특성을 측정하고 기록하기 위해서는 검출기를 사용해야 한다.

5.3.1 사진검출기와 전자검출기

20세기를 통틀어서 사진 필름 즉, 건판(plate)은 천체의 상이나 스펙트럼을 촬영하는 천문학 연구에서 가장 중요한 검출기였다. 빛에 민감한 화학 물질을 유리 표면 위에 얇게 바른 건판은 현상했을 때 영구적 기록으로 잔상을 남긴다. 전 세계의 천문대가 보유한 막대한 양의 사진에는 지난 100년간의 우주의 모습이 보존되어 있다. 사진은 인간의 눈에 비하면 성능이 월등하지만 그럼에도 불구하고 심각한 문제점이 있다. 사진 필름은 비효율적이다. 필름으로 들어오는 빛의 약 1%만 상의 형성에 기여하고 나머지는 낭비된다.

오늘날에는 훨씬 효율적인 전자검출기로 천체의 상을 기록한다. 주로 사용되는 **전하결합소자(CCD**: charge-coupled device)는 비디오 캠코더나 디지털카메라에 사용되는 검출기와 유사하다. CCD에서는 입사하는 광자에 의해 생성된 일련의 전하(전자)가 검출기에 저장되고 노출을 끝내면 저장된 전자의 개수가 측정된다. CCD는 입사광의 최대 60~70%까지 기록하므로 더 희미한 천체의 탐지가 가능하다. 그 천체 중에는 태양계 안에 외행성 주위를 도는 수많은 작은 위성들과 명왕성 너머의 얼음 소행성들, 그리고 별들로 이루어진 왜소 은하들이 포함된다. 또한, CCD는 천체의 밝기를 사진보다 더 정확하게 측정할 뿐 아니라 관측 결과를 곧바로 컴퓨터로 보내서 분석 작업을 할 수 있게 한다.

5.3.2 적외선 관측

우주를 적외선 스펙트럼 영역에서 관측하려면 더 많은 난관에 부딪힌다. 적외선 파장 대역은 CCD와 사진 모두의 장파장 감도 한계인 1마이크로미터(μm) 근방으로부터 100 μm 또는 그 이상까지 확대된다. 4장에서 적외선은 열복사라고 했음을 상기하자. 적외선 천문학의 가장 큰 난제는 별이나 은하로부터 지구에 도달하는 소량의 열과 지구대기나 망원경 자체가 방출하는 막대한 양의 열을 어떻게 구별해내는가다.

지표면 온도는 대략 300 K인데 별빛이 통과하는 지구대기 온도는 약간 낮은 정도에 불과하다. 빈의 법칙(4.2절 참조)에 따르면, 망원경과 천문대, 심지어 하늘조차 최대복사가 10 μm 근방인 적외선 에너지를 방출한다. 적외선으로 보면, 지구의 모든 사물은 밝게 빛난다. 문제는 어떻게 이러한 빛의 바닷속에서 상대적으로 희미한 우주 광원을 탐지해 내는가다. 적외선 관측천문학자는 마치 광학(가시광) 관측천문학자가 대낮처럼 밝게 빛나는 망원경과 광학기기를 사용해서 별을 관측하는 것과 비슷한 상황을 항상 감수해야 한다.

이 문제를 해결하기 위해서는 마치 대낮의 밝은 태양광으로부터 사진 필름을 보호하듯이 주위의 적외선 광원으로부터 적외선 검출기를 보호해야 한다. 따뜻한 물체는 어느 것이든 적외선 에너지를 방출하므로, 검출기 주위를 차갑게 만들어서 따로 고립시켜야 한다. 대개는 검출기를 액체 헬륨에 담가서 거의 절대 0도 근방(1~3 K)으로 유지한다. 그런 다음, 망원경 구조물과 광학계에서 방출되는 복사를 감소시켜서 이 열이 적외선 검출기에 도달하지 못하게 해야 한다.

적외선과 마찬가지로 전자기 스펙트럼의 각 파장 영역마다 모두 나름의 난관이 존재한다. 예를 들어, x-선이나 감마선처럼 투과도가 높은 복사는 물질을 투과하므로 이들 복사를 반사하는 '거울'의 설계는 어려운 과제다. 그러나 비록 설계의 기술적 세부사항은 복잡할지라도, 천문 관측계의 세 가지 기본 구성요소, 즉 복사를 모아들이는 망원경, 필터처럼 복사를 파장에 따라 분류하는 기기, 그리고 복사를 검출하고 영구적으로 기록하는 장치는 모든 파장 대역에 대해 같다.

5.3.3 분광학

분광학은 천문학의 가장 강력한 도구 중의 하나로서 천체의 구성 성분, 온도, 운동, 및 기타 여러 특성에 대한 정보를 제공해준다. 대부분 대형 망원경은 관측시간의 반 이상을 분광 관측에 사용된다.

빛에 포함된 수많은 파장은 분광측광기로 분산되어 스펙트럼을 형성한다. 간단한 분광측광기의 구조를 그림 5.12에 소개했다. 광원(망원경에 의해 모인 광원의 상)으로부터 오는 빛은 작은 구멍이나 좁은 틈(슬릿)을 통해 기기 안으로

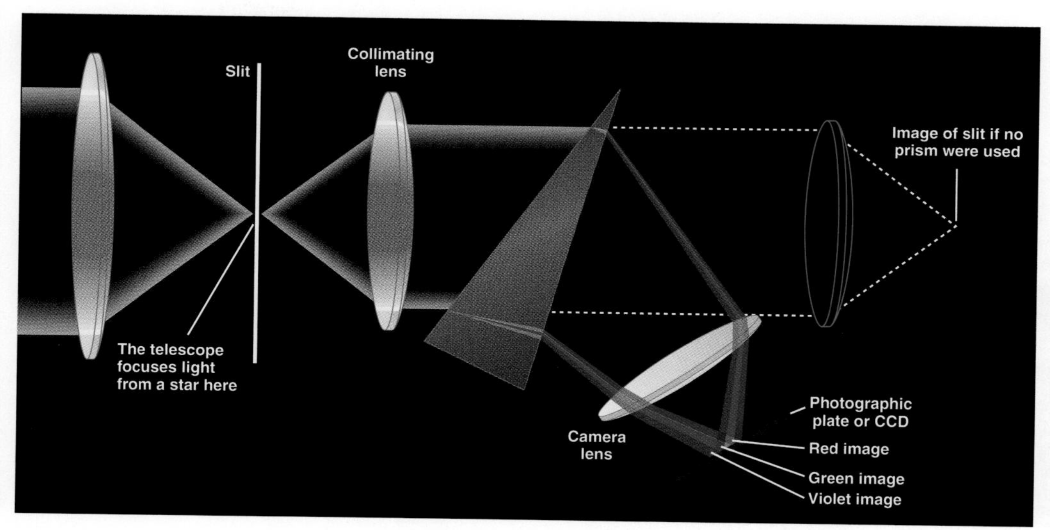

■ **그림 5.12**
프리즘 분광측광기 망원경에서 나온 빛이 슬릿에 상을 맺으므로 한 번에 천체 하나의 상이 분광기로 들어가게 된다. 프리즘(또는 회절격자)이 빛을 스펙트럼으로 분산시키면 스펙트럼을 사진으로 촬영하거나 전자적으로 기록한다.

들어와서 렌즈에 의해 정렬(평행광선)된다. 그리고 프리즘을 통과시키면 스펙트럼이 형성된다. 빛이 프리즘을 출입할 때, 파장에 따라 굽어지는 정도가 다르기 때문에 파장에 따라 프리즘에서 빛이 빠져나가는 방향이 달라진다. 프리즘 뒤에 배치된 또 다른 렌즈를 통과하면 구멍 즉, 슬릿의 여러 다른 상들이 CCD나 다른 검출기에 집중되어 상을 맺힌다. 이 (색에 따라 분류된) 상의 관측자료는 앞으로 이루어질 천문학 연구를 위해 이용될 수 있다.

오늘날 스펙트럼을 분산시키기 위해 회절격자라고 하는 또 다른 기기를 사용하는 경우가 더 많다. 회절격자는 표면에 수천 개의 홈이 파여져 있는 반사판이다. 프리즘처럼 회절격자도 빛을 스펙트럼으로 분산시킨다.

5.4 전파망원경

가시광과 적외선 외에 천체에서 오는 전파도 지구에서 탐지될 수 있다(4장 참조). 1930년대 초, 벨전화연구소의 기술자였던 잰스키는 장거리 전파통신을 위해 안테나를 가지고 실험하던 중 미지의 복사원에서 오는 정체불명의 전파 잡음을 포착했다(그림 5.13). 그런데 그 복사의 최대 강도는 매일같이 약 4분씩 앞당겨 일어난다는 사실을 발견했다. 이는 지구의 항성 자전 주기가 태양일보다 4분 짧아서(3.3절 참조) 일어나는 현상이므로, 이 복사가 천구에서 위치가 고정된 영역으로부터 기원한다고 올바르게 결론을 내렸다. 후속 연구로 이 복사원이 우리은하의 일부로 밝혀지면서 잰스키는 우주 전파원의 최초 발견자가 되었다.

1936년, 전파통신에 관심이 있던 아마추어 천문가 레버(Reber)는 아연 철판과 목재를 이용하여 오로지 우주전파 수신용으로 설계된 안테나를 최초로 제작했다. 몇 년에 걸쳐 그런 안테나를 여러 개 제작해서 전 하늘 영역에서 우주 전파원을 탐사하는 선구적인 연구를 수행했고, 그 후로도 30년 넘게 전파천문학을 연구했다. 첫 10년간 그는 사실상 홀로 연구할 수밖에 없었는데 천문학자들이 전파천문학의 막강한 잠재력을 미처 깨닫지 못했기 때문이었다.

5.4.1 우주 전파에너지의 탐지

전파는 '들을 수 없다'는 점을 아는 것이 중요하다. 전파는 집이나 차의 라디오에서 흘러나오는 음파가 아니다. 빛처럼 전파는 일종의 전자기복사지만 빛과 달리 인간의 오감으로 탐지되지 않기 때문에 전자기기를 사용해야 한다. 상업 라디오방송에서는 소리 정보(음악이나 뉴스진행자의 목소리)를 신호로 바꿔 전파에 싣는다. 그 전파 신호는 목적지에 도달하면 스피커나 헤드폰을 통해 다시 소리로 바뀌어 재생된다. 전파의 변조(modulate, 정보의 신호화)에는 널리 알려진 두 가지 방법이 있다. 파의 진동수를 변화시키거나(즉, 매초 도달하는 파동의 수를 변화시켜서), 혹은 진동수는 일정하지만, 파동의 형태를 변화시켜서 송출한다. 전자를 진동수변조(frequency modulation) 즉 FM이라고 하고 진폭변조(amplitude modulation) 즉 AM이라고 한다.

우주로부터 오는 전파에는 록음악이나 그 밖의 다른 프로그램 정보가 들어있지 않다. (그렇지만 우주 저편 외계문명이 라디오 방송을 보낸다면 청취하고 싶을 것이다.) 만약 우주 전파 신호를 소리로 바꾼다면 라디오 채널 간의 잡음처럼 들릴 것이다. 그렇지만 전파에는 정보, 즉, 파원의 물리적 상태나 화학적 성질에 관해 알 수 있는 정보가 들어 있다.

Bell Laboratories

■ **그림 5.13**
최초의 전파망원경 잰스키가 우리은하에서 나오는 전파복사를 우연히 발견할 때 사용했던 회전식 전파 안테나. 1998년 6월 8일, 이 망원경이 있던 장소인 미국 뉴저지주 홈델(Holmdel)에 기념 조각이 세워졌다.

천문학 여행

조지 엘러리 헤일: 망원경 건설의 대가

오늘날 사용되는 전 세계의 주요 연구용 망원경은 모두 20세기에 만들어졌다. 초기 망원경 건설의 거두는 헤일(1868~1938)을 손꼽을 수 있다. 당시 그는 세계 최대의 망원경 건설 사업을 한 번도 아닌 네 번이나 추진했다. 더구나 그는 이들 새 망원경의 건설을 재정적으로 지원할 부유한 후원자를 찾아내서 설득하는 귀재였다.

Caltech
George Ellery Hale

초반에 헤일이 배우고 연구한 분야는 태양 물리였다. 1892년 24살의 나이에 그는 시카고 대학 물리 천문학과 부교수이자 천문대 대장이 되었다. 당시 세계 최대 망원경은 캘리포니아 주 산호세 근처 리크 천문대에 있는 36인치 굴절망원경이었다. 그러나 40인치용 미가공 유리가 남아 있다는 사실에 착안한 그는 리크 망원경보다 더 큰 망원경의 건설 후원자를 물색하기 시작했다. 물망에 오른 후보였던 여키스(Charles T. Yerkes)는 여러 다른 사업 외에도 시카고의 트롤리 전차 노선을 운영하고 있었다.

헤일은 여키스에게 편지를 써서 '후원자에게 이보다 더한 불후의 기념물이 있을 수 없다. 리크의 아낌없는 후원 결과 수립된 그 유명한 천문대가 아니었다면 리크란 이름이 현재 그토록 널리 알려지지 못했을 것임은 분명하다'며 거대 망원경 건설을 후원해주기를 독려했다. 여키스도 여기에 동의했고, 1897년 5월에 새 망원경이 완공되었다. 이는 아직도 세계에서 가장 큰 굴절망원경으로 남아 있다.

여키스 굴절망원경이 완공되기 전부터 헤일은 이미 그보다 더 큰 망원경 건설을 꿈꾸고 있었고 목표 달성을 위한 구체적 행동을 개시하고 있었다. 1890년대에는 굴절망원경과 반사망원경의 상대적 장점을 둘러싼 논란이 크게 일어나고 있었다. 그는 40인치 정도가 굴절망원경으로 실현 가능한 최대 구경임을 깨달았다. 훨씬 더 큰 구경의 망원경을 건설하려면 반사망원경이어야 했다.

자신의 가족에게 빌린 자금을 사용하여 그는 60인치 망원경 건설에 나섰다. 건설 장소는 중서부가 아닌 훨씬 조건이 양호한 윌슨 산을 선택했는데, 당시 소도시에 불과했던 로스앤젤레스 시 너머 황야에 우뚝 솟은 산봉우리였다. 1904년 36세의 나이에 그는 윌슨 산 천문대 건립을 위한 재정지원을 카네기 재단으로부터 받게 되었다. 1908년 12월, 60인치 거울이 가대 위에 설치되었다.

2년 전인 1906년, 헤일은 100인치 망원경 건설 계획을 세우고 철물과 강철 도관 사업으로 재산을 모은 후커(John D. Hooker)에게 접근했다. 이 계획은 큰 모험이었다. 더구나 60인치 망원경도 완공되지 않은 상태에서 천문학 연구를 위한 대형 반사망원경이 필요한지에 대해 공감대조차 형성되어 있지 않았던 시기였다. 헤일의 가족은 그를 '지상 최고의 도박꾼'이라고 했다. 또다시 헤일은 재정지원을 받는 데 성공했고 100인치 망원경은 1917년 11월에 완공되었다. [이 망원경으로 나선 성운들이 은하수로부터 상당히 멀리 떨어져 있는 또 다른 별들의 섬 즉, 은하라는 사실을 입증할 수 있었다(25장 참조).]

헤일의 꿈은 끝나지 않았다. 1926년 하퍼 잡지에 보다 더 큰 망원경의 과학적 가치에 대한 글을 기고했다. 이 글이 록펠러재단의 관심을 끌게 되어 200인치 망원경 건설을 위한 6백만 달러(당시 엄청난 거액)의 지원을 받게 되었다. 그는 1938년에 사망했지만, 팔로만 산 정상에 10년 후에 완공된 200인치(5 m) 망원경은 헤일을 기려 그의 이름이 붙여졌다.

Yerkes Observatory
여키스 40인치(1 m) 굴절망원경

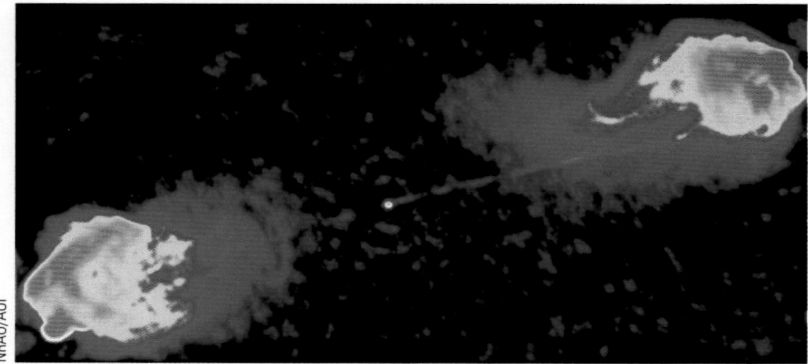

■ 그림 5.14

전파 이미지 이 사진은 백조자리 A 은하의 전파관측 결과다. 전파 강도가 서로 다른 영역을 구분하기 위해 색깔이 덧붙여졌다. 빨간색이 가장 강한 지역이고 푸른색이 가장 약한 지역이다. 광학망원경으로 관측하면 은하는 사진 중앙의 작은 점으로밖에 보이지 않는다. 전파관측 덕분에 은하 양쪽으로 분출된(길이가 160,000광년을 넘는) 물질의 제트를 볼 수 있다.

진동하는 하전 입자들이 전자기파를 생성하는 것처럼(4장 참조), 전자기파는 하전 입자들을 진동시킬 수 있다. 따라서 전파는 금속과 같은 전기 전도체에 전류를 흐르게 한다. 그런 전도체 중의 하나인 안테나에 전파가 붙잡히면 미약한 전류가 유도된다. 이 전류는 전파수신기에서 증폭되어 측정하거나 기록할 수 있을 정도로 강화된다. 텔레비전이나 라디오처럼 우주 전파수신기도 선택된 단일 진동수(채널)에 맞출 수 있다. 그러나 오늘날에는 고도의 자료 처리 기술을 이용하여 수천 개의 개별 진동수 대역의 동시 탐지가 가능하다. 따라서 천체 전파수신기는 마치 광학망원경에서 분광측광기와 같은 역할을 하며 각 파장 즉, 진동수에 대한 복사량의 정보를 제공해준다. 컴퓨터 처리를 거친 다음, 전파 신호는 연구를 위해 자기 디스크에 기록된다.

전파는 빛이 광택이 있는 금속표면에서 반사되듯이 전도체 표면에서 같은 광학 법칙에 따라 반사된다. 전파 반사 망원경은 망원경 거울과 비슷한 접시(dish) 모양의 오목한 금속 반사경으로 이루어져 있다. 접시로 들어온 전파는 반사되어 초점에 모인 다음 수신기로 보내져서 분석된다. 인간에게 눈으로 보는 것이 워낙 중요하다 보니 전파천문학자들 역시 관측대상 전파원을 시각적 이미지로 형상화하는 경향이 있다. 그림 5.14는 멀리 있는 한 은하의 전파 이미지로서, 가시광선으로 촬영한 사진에서는 전혀 나타나지 않는 거대한 제트와 전파 방출원이 전파 관측으로 드러나 있다.

전파천문학은 광학천문학보다 역사가 짧지만 최근 몇십 년 동안 엄청나게 성장했다. 하늘의 어느 지점으로든 방향을 돌릴 수 있는 전파망원경으로 세계에서 가장 큰 전파 반사경의 구경은 100 m에 달한다. 이들 망원경 중의 하나가 최근에 서버지니아 주에 위치한 미국 국립 전파천문대에 건설되었다(그림 5.15). 표 5.2는 세계의 주요 전파망원경 목록을 보여준다.

■ 그림 5.15

로버트 바이어드 그린뱅크 망원경 서 버지니아 주에 건설된 이 전파망원경은 어느 방향으로든 조종할 수 있으며, 2000년 8월부터 운영을 시작했다. 접시의 직경은 약 100 m다.

5.4.2 전파간섭계

앞서 논의했듯이, 관측대상의 미세 구조를 보여주는 망원경의 성능(분해능)은 구경에 따라 다르지만, 망원경에 들어오는 복사의 파장에 따라서도 달라진다. 파장이 길수록 영상이나 지도의 미세 특성을 분해하기 어려워진다. 전파는 파장이 아주 길어서 좋은 분해능을 얻기가 몹시 어렵다. 사실상 지구에서 가장 큰 구경의 전파망원경조차도 단독으로 운용할 때는 대학의 천문 실습 시간에 사용되는 일반적인 소형 광학망원경보다 분해능이 좋지 않다. 이 문제를 해결하기 위해 두 개 또는 그 이상의 망원경을 전자적으로 연결해서 전파 이미지를 명료하게 하는 방법이 개발되었다.

이 방식으로 연결된 망원경들을 **간섭계**(interferometer)라고 한다. 간섭계를 이루는 망원경들은 서로 간섭이 아니라 협동하므로 이 용어가 이상하게 들릴지도 모른다. 그러나 간섭(Interference)이란 단어는 약간 다른 시간에 기기에 도달한 파동들끼리 상호작용하는 방식에 대한 전문용어로 이 상

표 5.2 세계의 주요 전파 천문대

천문대	위치	크기/특성	웹페이지
단일 전파망원경			
아레시보 망원경 (국립천문학 및 이온권 연구센터)	아레시보, 푸에르토리코	305 m 고정	www.naic.edu
그린뱅크 망원경 (국립전파천문대)	그린 뱅크, 서 버지니아	110×100 m 조종 가능	www.gb.nrao.edu /GBT/GBT.html
에펠스베르그 망원경 (막스플랑크 전파천문연구소)	본, 독일	100 m 조종 가능	www.mpifr-bonn. mpg.de/index_e.html
로벨 망원경 (조드렐 뱅크 전파천문대)	맨체스터, 영국	76 m 조종 가능	www.jb.man.ac.uk/
골드스톤 추적소(NASA/JPL)	바스토우, 캘리포니아	70 m 조종 가능	gts.gdscc.nasa.gov/
호주 추적소(NASA/JPL)	티드빈빌라, 호주	70 m 조종 가능	www.cdscc.nasa.gov/
파크스 전파천문대	파크스, 호주	64 m 조종 가능	www.parkes.atnf. csiro.au/
전파망원경 배열			
호주 망원경	호주의 여러 곳	8개 배열(22 m 12개, 파크스 64 m)	www.atnf.csiro.au
MERLIN	케임브리지, 영국 그리고 영국의 여러 곳	7개 네트워크 (최대 32 m)	www.jb.man.ac.uk. /merlin/
웨스터보르크 전파천문대	웨스트보르크, 네덜란드	25 m 12개 배열 (1.6 km 기선)	www.astron.nl/wsrt
극대배열(NARO)	소코로, 뉴멕시코	25 m 27개 배열 (36 km 기선)	www.aoc.nrao.edu/ vla/html/
초장기선 배열(NRAO)	미국 10곳에 위치 (하와이~버진 군도)	25 m 10개 배열 (9000 km 기선)	www.aoc.nrao.edu/ vlba/html
밀리미터파 망원경			
IRAM	그라나다, 스페인	30 m 조종 가능	iram.fr/
제임스 클럭 맥스웰 망원경	마우나 케아, 하와이	15 m 조종 가능	www.jach.hawaii.edu/ JCMT/pages/intro.html
노베야마 우주전파천문대	미나미마끼-무라, 일본	10 m 6개 배열	www.nro.nao.ac.jp/ ~nma/index-e.html
햇 크릭 전파천문대 (캘리포니아 대학)	카셀, 캘리포니아	5 m 6개 배열	bima.astro.umd.edu/ bima

호작용을 잘 활용하면 더 많은 정보를 관측에서 얻을 수 있다. 간섭계의 분해능은 개별 망원경의 구경이 아니라 망원경 사이의 거리에 의해 결정된다. 서로 거리가 1 km 떨어진 두 망원경은 구경이 1 km인 단일 망원경과 같은 분해능을 가진다. (물론 이 두 망원경은 구경 1 km인 단일 전파망원경만큼 복사를 많이 모으지는 못한다.)

이보다 더 좋은 분해능을 얻으려면 많은 전파망원경들을 결합해서 **간섭계 배열**(interferometer array)을 형성하면 된다. 실제로 이 배열에 속한 망원경들은 하늘의 같은 영역을 함께 관측하기 때문에 마치 거대한 단일 망원경처럼 작동한다. 관측결과는 컴퓨터로 처리되어 높은 분해능을 가지는 영상으로 재구성된다. 이같은 대규모 배열의 예로는 미국 뉴멕시코 주의 소코로 근방에 있는 미국 국립전파천문대의 극대배열 전파망원경(very large array, VLA)을 들 수 있다(4장의 도입부 그림 참조). 이 배열은 개별 구경이 25 m인 27개의 (철로 궤도를 따라) 이동 가능한 전파망원경으로 구

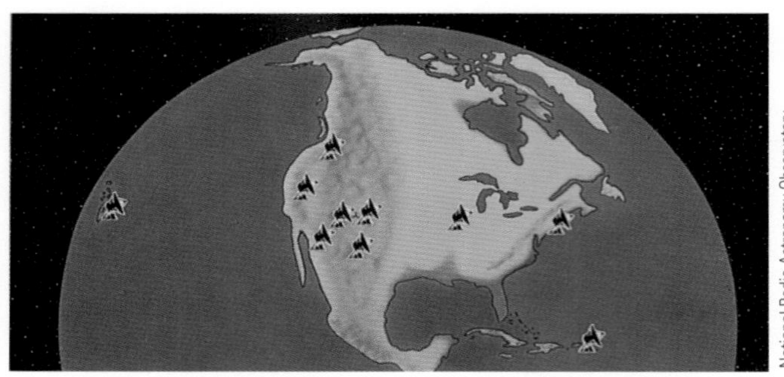

■ 그림 5.16

초장기 선배열 미국 전역에 걸쳐 설치된 전파망원경 배열을 구성하는 10개의 전파망원경 분포를 보여주는 지도.

성되어 있는데, 최대 약 36 km까지 확장 배치될 수 있다. 이 배열을 구성하는 모든 개별 망원경의 신호를 전자적으로 합성하면 전파 영역에서도 광학망원경에 견줄 만한 약 1각초의 분해능을 얻을 수 있다.

초기에는 간섭계 배열에 속한 모든 망원경이 서로 정확하게 연결되어 있어야 한다는 제약조건으로 인해 배열의 크기에 한계가 있었다. 따라서 최대 크기가 수십 km에 불과했다. 그러나 망원경들을 서로 물리적으로 연결할 필요가 없다면, 더 멀리 있어도 가능하다. 우주에서 오는 전자기파가 각 망원경에 도착하는 시간만 정확하게 안다면 관측 자료를 나중에 합성해도 되기 때문이다. 망원경들이 캘리포니아 주와 호주만큼 또는 서 버지니아 주와 우크라이나의 크리미아만큼 서로 떨어져 있게 되면, 최종 분해능은 광학망원경의 분해능을 훨씬 능가하게 된다.

미국은 버진 군도에서 하와이까지 분포한 10개의 망원경으로 구성된 초장기선배열(very long baseline array, VLBA)이 운영되고 있다(그림 5.16). 1993년에 완공된 VLBA는 천문 영상을 0.0001각초의 분해능으로 얻을 수 있기 때문에 은하 중심에 있는 크기가 10 천문단위(AU)밖에 안 되는 작은 구조도 분해해 볼 수 있다.

5.4.3 레이더 천문학

레이더(Radar)는 태양계 내의 천체에 전파를 쏘아 보내고, 그 천체에서 반사된 전파를 탐지하는 기술이다. 전파가 왕복하는 데 걸리는 시간은 전자적으로 아주 정밀한 측정이 가능하다. 전파의 진행속도(빛의 속도)는 알고 있으므로 그 천체까지 또는 그 천체의 표면에 있는 (산과 같은) 특정한 표적까지의 거리를 측정할 수 있다.

레이더 관측은 행성까지의 거리 결정에 이용되어 태양계 탐사 우주선의 항해에 중요한 역할을 수행해 왔다. 그 외에도 다음 장에서 설명하겠지만, 레이더 관측은 금성과 수성의 자전 주기 결정, 지구에 접근하는 극히 작은 소행성들의 탐사, 그리고 수성과 금성 및 목성의 큰 위성들에 대한 표면 연구에 활용된다.

어느 전파망원경이든 강력한 송신기와 수신기를 장착하고 있다면 레이더 망원경으로 사용될 수 있다. 레이더 천문학 연구용으로 세계에서 가장 거대한 시설은 푸에르토리코의 아레시보에 있는 305 m 망원경이다(그림 5.17). 아레시보 망원경은 너무 커서 하늘의 각 영역을 향해 방향을 바꿀 수 없다. 그 대신 여러 개의 언덕으로 형성된 거대한 자연적 (접시라기보다는) '그릇' 안에 금속 반사판을 깔아서 건설했다. 그릇 위 100 m 상공에 줄에 매달린 수신기를 움직여서 제한된 범위의 천체 추적이 가능하다.

5.5 지구대기 밖에서의 관측

지구대기가 가시광보다 짧은 파장의 복사를 대부분 차단하기 때문에 자외선, x-선, 감마선 관측은 오로지 우주에서만 가

■ 그림 5.17

가장 큰 전파 및 레이더 망원경 푸에르토리코의 한 계곡을 가득 채운 305 m 전파망원경을 가진 아레시보 천문대는 국립 천문학 및 이온권 연구센터 일부로서 미국 국립과학재단과의 협약으로 코넬대학이 운영하고 있다.

능하다. 대기의 왜곡 효과를 벗어나므로 가시광과 적외선 파장 영역에서도 유리하다. 우주에서는 별이 '반짝'이지 않으므로 분해능은 망원경의 크기에 의해서만 좌우된다. 반면에 망원경을 우주로 올리려면 큰 비용이 소요되고 수리 작업 역시 만만치 않다. 그런 이유로, 천문학자들은 우주뿐만 아니라 지상에서도 이용하기 위해 망원경 건설을 계속하고 있다.

5.5.1 항공 및 우주 적외선 망원경

적외선 관측에서 대기 방해의 주요 원인인 수증기는 지구대기 하부에 집중적으로 분포한다. 따라서 수백 미터만 고도를 높여도 천문대 입지 조건이 크게 향상될 수 있다. 대부분의 높은 산들이 구름이나 폭풍에 자주 휩싸이는 것을 생각해서, 항공기나 더 나아가 우주에서 적외선 관측 가능성을 천문학자들이 모색한 것은 당연한 일이다.

항공기에서 적외선 관측은 소형 리어제트(learjet) 비행기에 탑재된 15 cm 망원경을 시작으로 1960년대부터 이루어졌다. 1974년부터 1995년까지 미 우주항공국은 샌프란시스코 남쪽에 위치한 에임스 연구소에서 0.9 m 망원경을 이용한 항공관측을 정기적으로 수행했다. 관측이 이루어진 12 km 고도는 대기 내 수증기의 99%를 벗어난 상공이다. 현재 미 우주항공국은 개조된 보잉 747기에 탑재 비행할 수 있는 성층권 적외선 천문대(SOFIA)라는 이전 망원경보다 훨씬 큰 2.5 m 망원경을 (독일정부와 공동으로) 제작하고 있다.

이보다 더 높이 올라가 아예 우주에서 관측하면 적외선 천문학에서 주요 이점을 얻을 수 있다. 첫째로 모든 대기의 방해로부터 자유로워진다. 중요한 점은 망원경 자체에서 방출되는 적외선을 대부분 제거하기 위해 망원경 광학계 전체를 냉각시킬 수 있다는 것이다. 대기 중에서 망원경을 냉각시키면 표면에 곧바로 수증기가 응결되어 이슬이 서리게 되므로 소용이 없어진다. 진공 상태의 우주에서만 영하 수백도까지 냉각된 광학부품이 여전히 작동할 수 있다.

최초 적외선 우주 망원경은 1983년에 발사된 적외선 천문위성(IRAS)으로 미국, 네덜란드, 영국이 공동 제작했다. IRAS는 10 K 이하의 온도로 냉각된 0.6 m 망원경을 갖추고 있었다. 처음으로, 지구대기와 망원경이 방출하는 복사로 인해 적외선 하늘이 대낮처럼 환하지 않고 마치 밤에 관측하는 것처럼 보였다. IRAS는 10달 동안 하늘 전체에 걸쳐 빠르고 광범위한 측량을 수행해서 25만 개 이상의 적외선 광원 목록을 작성했다. 이후 적외선 검출기의 성능 개선 덕분에 훨씬 향상된 감도와 분해능을 갖춘 적외선 망원경 여러 개가 지구 주위 궤도에서 운영되었다. 이 적외선 망원경 중 가장 강력한 성능을 가진 것은 2003년에 발사된 SIRTF이다. 이 새로운 망원경으로부터 나오는 관측결과에 대해 주목할 필요가 있다.

5.5.2 허블 우주 망원경

1990년 4월, 허블 우주 망원경(HST) 발사는 천문학 역사상 위대한 도약이었다. 망원경 구경은 2.4 m로 발사된 우주 망원경 중에서 가장 컸다. (발사체인 우주 왕복선의 화물 격납고 크기 때문에 구경이 제한될 수밖에 없었다.) 망원경은 1920년대에 우주 팽창을 발견한 천문학자인 에드윈 허블의 이름을 따서 붙여졌다.

HST는 미 우주항공국 고다드 우주비행센터와 볼티모어에 위치한 우주 망원경 과학연구소가 공동운영한다. 우주 망원경은 우주 왕복선의 정비를 받을 수 있도록 설계된 최초의 망원경으로, 장비의 성능 개선이나 교체 그리고 우주선 운영 부품의 수리를 위해 그동안 우주 왕복선이 여러 차례 방문했다(이 장 도입부 사진 참조).

HST의 거울은 극도로 정밀하게 연마되었다. 그 거울 크기를 미국만큼 확대한다고 해도 균일한 표면에서 약 6 cm 이상 차이를 보이는 언덕이나 계곡이 전혀 나타나지 않을 정도였다. 유감스럽게도 발사 후, 주 거울의 형태에 사람 머리카락 두께의 약 1/50에 해당하는 미세 오류가 있음이 발견되었다. 별것 아닌 것처럼 들릴지 모르지만, 망원경으로 들어오는 빛의 상당량이 초점에 맺히지 못하면서 상이 흐려지는 결과가 초래되었다. 예산 절감 때문에 발사 전에 광학계에 대한 전면 점검이 이루어지지 않았던 탓에 HST가 궤도에 진입한 후에야 오류가 발견되었다.

이 해결책은 시력이 나쁜 학생에게 해주는 처방, 즉 눈에 시력교정용 렌즈를 씌워주는 것과 비슷했다. 1993년 12월, 역사상 가장 아슬아슬하고 어려운 우주 임무 중 하나를 수행하게 된 우주인들은 궤도 비행하는 망원경을 포획해서 우주 왕복선의 화물 격납고로 복귀시켰다. 그리고 망원경에 보정 광학계와 좋은 성능의 새 카메라를 포함하는 패키지를 설치한 다음, 다시 궤도로 귀환시켰다. 이제 허블 망원경은 원래 설계대로 작동하고 있다. 이 책의 여기저기에 허블 망원경이 촬영한 사진과 발견 성과를 포함했으므로 독자 여러분도 유용한 정보뿐만 아니라 그 아름다움도 같이 즐기기 바란다.

5.5.3 고에너지 천문대

자외선, x-선, 감마선 관측은 오로지 우주에서만 가능하다. 이

---

1 역자 주–우주 적외선 망원경 설비, 현재는 스피처 우주 망원경으로 개명됨.

개인용 망원경의 선택

천문학 수업을 들으면서 좀 더 하늘을 탐색해보고 싶다면 개인용 망원경 구입을 고려할 수 있다. 다행히 우수한 품질의 아마추어용 망원경이 시중에 많이 나와 있을 뿐 아니라 20년 전과 비교하면 가격도 훨씬 적절해졌다. 하지만 좋은 망원경은 좋은 카메라와 마찬가지로 가격이 만만치 않으므로 가장 적합한 망원경을 찾으려면 시간과 노력을 투자해야 한다. 개인용 망원경에 대한 정보를 얻을 수 있는 가장 좋은 출처는 아마추어 천문가를 대상으로 발간되는 두 종류의 대중 잡지, *Sky & Telescope* 및 *Astronomy*가 있다. 두 잡지 모두 정기적으로 소개나 논평, 미국 내의 이름 있는 망원경 판매상의 광고를 싣고 있다(이 장 뒤에 열거된 인터넷 탐색 참조).

어떤 의미로 망원경의 선택은 마치 자동차를 선택하는 것과 비슷하다. 결정에는 개인적 취향이 큰 영향을 발휘한다. 어떤 사람에게 자동차는 형태나 특정 회사의 제품인지가 중요하지만 다른 사람에게는 전혀 문제가 되지 않는다. 마찬가지로 어떤 망원경이 자신에게 적합한지를 결정하는 다음 항목 역시 본인의 취향에 따라 달라질 수 있다.

- 망원경을 한 장소에 설치해놓고 그 자리에서만 사용할지, 아니면 가지고 다니면서 사용할 생각인가? 일정 거리를 직접 들고 갈지, 아니면 차로 운반할 생각인가?
- 눈으로 하늘을 관측할지, 사진 촬영도 할 것인가? [예로, 장기 노출 촬영을 하려면 지구 자전 보정을 위해 망원경을 회전시키는 좋은 시계 구동장치(clock drive)가 필요하다.]
- 어떤 종류의 천체를 관측할 것인가? 혜성, 행성, 성단이나 은하에 관심이 있는가? 아니면 모든 종류의 천체를 관측하고 싶은가?

어떤 질문에 대해서는 답을 아직 모를 수 있다. 그래서, 여러 망원경을 '시험 사용'할 것을 권고한다. 대부분 어느 지역이나 대중을 상대로 공개되는 천체관측 행사를 후원하는 아마추어 천문 모임이 있다. 이런 모임의 회원들은 망원경에 대해 잘 알 뿐 아니라 질문에 대해서도 잘 답해준다. 천문학 담당 교수가 근방의 아마추어 천문 모임에 대한 정보를 알고 있을지도 모른다. 또는 *Sky & Telescope*(skyandtelescope.com)나 *Astronomy*(www.astronomy.com)의 홈페이지에서 미국 내 아마추어 천문 모임 명단을 찾아봐도 된다.

또는 집(혹은 친척이나 친구 집)에 망원경이 있을 수도 있다. 많은 아마추어 천문가들은 초보자들이 처음 하늘을 관측할 때 좋은 쌍안경으로 시작하기를 권유한다. 휴대도 간편하고 육안으로 잘 보이지(혹은 확실하지) 않는 많은 천체를 볼 수 있게 해주기 때문이다. 망원경을 구입할 준비가 되었다면 아래 열거한 사항들이 도움될 것이다.

- 망원경의 핵심 특성은 주 거울이나 렌즈의 구경이다. 6인치 혹은 8인치 망원경이라고 할 때, 이는 집광면의 지름을 의미한다. 구경이 클수록 더 많은 빛을 모을 수 있으므로 더 희미한 천체를 보거나 촬영할 수 있다.
- 같은 구경이라도 렌즈를 사용하는 망원경(굴절망원경)이 거울을 사용하는 망원경(반사망원경)보다 더 비싼데, 렌즈는 양면이 아주 정밀하게 연마되어야 하기 때문이다. 또한, 빛이 통과되므로 렌즈 전체가 고품질 유리여야 한다. 반면에 거울은 전면만 정밀히 연마하면 된다.
- 배율은 망원경의 선택 기준에 포함되지 않는다. 본문에서 설명했듯이 상의 배율은 접안경에 의해 결정되므로 접안경을 바꾸면 배율을 바꿀 수 있다. 그러나 망원경은 관측 대상 천체뿐 아니라 지구 대기의 교란도 확대한다. 배율이 너무 높으면 상이 가물거리거나 흔들려서 보기 어려워진다. 좋은 망원경이라면 적절한 배율 범위 내의 다양한 접안경을 같이 제공한다.
- 망원경 가대는 핵심 부품 중 하나다. 망원경 시야는 극도로 작은 데다 상당한 정도로 확대되므로 망원경에 아주 작은 진동이나 충격만으로도 관측대상인 천체가 시야에서 움직이거나 벗어날 수 있다. 제대로 된 관측이나 사진 촬영을 하려면 튼튼하고 안정적인 가대가 (비록 망원경의 휴대성에 분명히 영향을 주기는 하지만) 필수적이다.
- 망원경을 효율적으로 설치하고 사용하려면 어느 정도 연습이 필요하다. 첫술에 배부르려고 해서는 안 된다. 사용 안내서를 꼼꼼히 읽어보도록 하라. 가까운 곳에 아마추어 천문모임이 있다면 도움을 받는 것도 한 방법이다.

■ **그림 5.18**

찬드라 x-선 망원경 이 그림은 미 우주항공국의 x-선 우주천문대를 보여준다. 세계에서 가장 강력한 x-선 망원경인 찬드라는 1999년 7월에 궤도에 올려졌다.

러한 관측은 1946년 독일군으로부터 포획한 V2 로켓을 이용해서 처음으로 실행되었다. 미국 해군연구소는 이들 로켓에 관측 장비를 실어서 초기에는 태양이 방출하는 자외선 복사를 탐지하기 위해 일련의 선구적 비행을 시도했다. 그 후 태양의 자외선과 x-선 관측 외에 다른 천체들의 관측을 위해 많은 로켓이 발사되었다.

1960년대부터 고에너지 파장 대역 망원경이 지속적으로 우주로 발사되면서 단파장 대역에서 본격적인 우주 탐사가 이루어졌다. 최근에는 찬드라 x-선 망원경이 1999년에 발사되었다(그림 5.18). 찬드라는 유례없는 분해능과 감도로써 x-선 영상을 제공해주고 있다. 2002년의 노벨 물리학상은 정교한 x-선 관측기기의 제작과 발사 분야에 선구자였던 리카르도 지아코니(Riccardo Giacconi)에게 수여되었다. 표 5.3에 가장 중요한 우주천문대 목록의 일부가 주어져 있다.

5.6 대형 망원경의 미래

우주나 지상에 등장하는 새로운 세대의 대형 망원경은 과학자나 일반대중 모두의 욕망을 돋운다. 하이킹할 때, 길모퉁이를 돌면 무엇이 기다리고 있을지 조바심을 낸다. 과학자라고 다를 바 없으므로 지금도 천문학자와 엔지니어들은 먼 우주를 탐색하고 더 분명하게 볼 수 있게 하는 기술을 연구하고 있다.

앞으로 10년 이내에 계획된 최상의 우주 시설은 제임스 웹 우주 망원경인데, (전통과는 다르게) 과학자 대신 미 우주항공국 초기 역대 국장 중 한 명의 이름을 따서 명명되었다. 지름이 6 m에 달하는 망원경 거울은 케크 망원경처럼 36개의 작은 육각형 거울들로 구성된다. 2010년 발사 예정인 이 망원경은 우주 나이가 수억 년에 불과했을 때 태어난 태초의 제1세대 별들을 탐지하는 데 필요한 감도를 갖출 것이다.

지상에서 개별 지름이 12 m인 전파망원경 64개로 구성된 아타카마 대형 밀리미터 배열(atacama large millimeter array, ALMA)이 계획 중이다. 간섭계인 ALMA는 밀리미터 파장을 관측한다는 점을 제외하면 허블 우주 망원경보다 10배나 우수한 공간분해능을 얻을 수 있다. 이 배열은 지구에서 가장 건조한 지대 중 하나인 칠레 북부의 아타카마 사막에 있는 고도 5 km의 고원지대에 위치하게 된다. ALMA는 별 탄생이 일어나는 저온의 기체 영역에서 발견되는 분자들을 연구하는 데 특히 유용한 도구가 될 것으로 기대된다.

마지막으로, 전 세계 적외선과 광학천문학 분야의 몇몇 그룹이 거울 지름이 30~100 m인 지상 망원경의 건설 타당성을 조사하고 있다. 이 계획이 의미하는 바가 무엇인지 살펴보자. 100 m는 축구장보다 더 크다. 지름이 30 m 이상인 단일 거울을 제작하고 수송하는 것은 기술적으로 불가능하다. 이들 거대 망원경은 케크 망원경의 설계방식을 따라 천 개 이상의 더 작은 크기의 육각형 거울들로 이루어지며, 각각 모두 정확하게 제자리에 맞춰지기 때문에 실질적으로 연속적인 표면을 형성하게 된다.

이 중에서 가장 야심찬 계획은 유럽에서 추진되고 있는 OWL 프로젝트이다(그림 5.19). OWL은 압도적 거대 망원경(overwhelmingly large telescope)의 약자로 설계도에 따르면 주 거울의 지름이 100 m에 달한다. 건설비는 10억 달러를 넘을 전망이다. 이 거대 망원경은 고집광력과 고분해능 이미지를 결합해 많은 천문학적 주요 난제들을 해결하게 될 전망이다. 예를 들어, 언제 어디서 얼마나 외계 행성들이 다른 별 주위에서 형성되는지 알려 줄 것이다. 나아가 외계 행성의 영상과 스펙트럼까지 얻을 수 있다면, 외계 생명체의 존재에 대한 최초의 실질적인 증거를 제공해줄 것으로 기대된다.

표 5.3 최근에 발사된 일부 우주천문대

천문대	운영기간	스펙트럼 영역	비고	웹페이지
아인슈타인(HEAO-2)	1978~1981	x-선	최초의 x-선 이미지 촬영	heasarc.gsfac.nasa.gov/docs/einstein/heao2.html
국제 UV탐사선(IUE)	1978~1996	UV	자외선 분광학	www.vilspa.esa.es/iue/iue.html
적외선 천문학 위성(IRAS)	1983~1984	IR	25만 개 광원 지도 작성	irsa.ipac.caltech.edu/IRASdocs/
히파르코스	1989~1993	가시광	10만 개 이상 정밀 위치 측정	astro.esa.int/Hipparcos/hipparcos.html
우주배경탐사선(COBE)	1989~1993	IR, mm	3도 배경복사 관측	space.gsfc.nasa.gov/astro/cobe
콤프턴 감마선 천문대	1990~2000	감마선	감마선 광원/스펙트럼	cossc.gsfc.nasa.gov/
허블 우주 망원경(HST)	1990~	가시광, UV, IR	2.4 m 거울, 이미지/스펙트럼	hubblesite.org
뢴트겐 위성(ROSAT)	1990~1998	x-선	x-선 이미지/스펙트럼	wave.xray.mpe.mpg.de/rosat
적외선 우주천문대(ISO)	1995~1998	IR	적외선 이미지/스펙트럼	isowww.estec.esa.nl/
로시 x-선 타이밍 탐사선	1995~	x-선	x-선 광원의 변화성	heasarc.gsfc.nasa.gov/docs/xte/XTE.html
BeppoSAX	1996~2002	x-선	넓은 파장 범위에서 관측	bepposax/gsfc.nasa.gov/bepposax
HALCA	1997~2000	전파	8 m 전파망원경, 지상 망원경 배열	www.vsop.isas.ac.jp/
원자외선 분광탐사선(FUSE)	1998~	UV	원자외선 분광학	fuse.pha.jhu.edu/
찬드라 x-선 천문학 설비	1999~	x-선	x-선 이미지/스펙트럼	xrtpub.harvard.edu/
XMM 뉴턴	1999~	x-선	x-선 분광학	xmm.vilspa.esa.es
마이크로파 비등방성 탐사(MAP)	2001~	마이크로파	빅뱅 배경복사 탐사	map.gsfc.nasa.gov
국제 감마선 천체물리 실험실(INTEGRAL)	2002~	x-선, 감마선	고분해능 감마선 이미지	sci.esa.int/home/integral
우주 적외선 망원경 설비(SIRTF)	2003~	IR	0.85 m 우주 망원경	sirtf.caltech.edu
IR 천문학 성층권 천문대(SOFIA)	2004~	IR	공중 2.5 m IR 망원경	sofia.arc.nasa.gov/

■ 그림 5.19

압도적 거대 망원경의 상상도 현재 유럽에서 설계 중인 이 망원경의 거울 직경은 100 m인데 축구장의 길이보다 약간 더 크다. 이 망원경은 보호덮개 없이 야외에서 운영될 예정이다. 사용하지 않을 때, 주위 4개 건물에 배치된 보호덮개 조각들이 펼쳐져서 망원경을 보호하게 된다.

인터넷 탐색

지상과 우주의 주요 망원경과 천문대의 웹페이지는 표 5.1, 5.2, 5.3에 주어져 있다.

다파장 천문학:
www.ipac.caltech.edu/Outreach/Multiwave/multiwave.html
같은 천체를 여러 다른 파장 대역에서 망원경으로 관측하여 얻은 좋은 영상들. 전파, 가시광선, x-선 이미지를 나란히 볼 수 있다.

초기 전파천문학:
www.nrao.edu/intro/ham.connection.html
전파천문학 역사의 간략한 요약으로 아마추어(혹은 '햄') 라디오와의 연관성 강조.

우주의 속삭임:
www.ncsa.uiuc.edu/Cyberia/Bima/BimaHome.html
일반적인 전파천문학 및 개별적으로는 버클리-일리노이-메릴랜드 연합전파망원경배열에 대한 온라인 '전시회'.

우주천문대:
www.seds.org/~spider/oaos.html
다른 웹페이지들과 링크가 잘 되어 있고 주석이 잘 되어 있는, 지구 궤도 상 망원경들의 목록.

고에너지 천체물리학의 역사:
heasarc.gsfc.nasa.gov/docs/heasarc/headates/heahistory.html
우주에서의 감마선, x-선, 자외선 파장 대역의 연구와 관련 있는 모든 주요 실험이나 우주 탐사에 대해 상세하게 설명하는 웹페이지와 링크가 되어 있는 유용한 연대기.

개인용 망원경 구입에 관한 정보가 있는 웹페이지:

- ***Astronomy* 잡지:**
  www.astronomy.com/content/static/beginners/scopebuyingguide/sbg_1.asp
- ***Sky & Telescope* 잡지:**
  skyandtelescope.com/howto/scopes/article_241_1.asp
- **망원경 관련 논평 웹페이지:**
  www.weatherman.com/BEGINNER.HTM
- **웨버 주립 천체 투영관의 망원경 최초 구입에 대한 안내:**
  physics.weber.edu/planet/telescope.html
  이 웹페이지가 마음에 드는 이유는 망원경을 처음부터 바로 사지는 말라고 권고하기 때문이다.
- **망원경 최초 구입에 대한 이단자의 안내:**
  www.findscope.com

요약

5.1 **망원경**은 천체의 희미한 빛을 모아 **초점**에 맺히게 하고, 그곳에 설치한 기기(필터나 분광측광기)로 빛을 파장에 따라 분류한다. 그 다음에 빛을 **검출기**로 들여보내서 영구적으로 기록한다. 망원경의 집광력은 **구경**, 즉 가장 큰 주 렌즈나 거울의 면적에 의해 결정된다. **굴절망원경**에서는 볼록 렌즈를 **반사망원경**에서는 오목 거울을 사용하여 빛을 초점에 모은다. 대부분 대형 망원경은 반사망원경이다. 제작이 더 쉽고, 빛이 유리를 통과할 필요가 없으므로 거울 무게를 지탱하기도 쉽다.

5.2 경량 거울의 무게를 지탱하는 신기술의 등장으로 1990년 이래 여러 대형 망원경이 신설되었다. 천문대의 위치는 맑은 날씨, 어두운 밤하늘, 낮은 습도, 좋은 대기 **시상**(적은 대기 교란)을 갖추고 있는지를 고려하여 신중하게 선택해야 한다. 광학망원경이나 적외선 망원경의 **분해능**(상의 선명한 정도)은 지구 대기의 교란으로 저하된다. 그러나 **적응광학**이라는 신기술을 적용하면 실시간으로 교란 효과를 보정해서 향상된 상을 얻을 수 있다.

5.3 가시광 검출기로 인간의 눈, 사진 필름, **전하결합소자(CCD)** 등을 들 수 있다. 적외선 복사에 민감한 검출기는 초저온으로 냉각돼야 한다. 분광측광기는 빛을 스펙트럼으로 분산시켜 세밀한 연구를 위해 기록된다.

5.4 1930년대 전파천문학은 잰스키와 레버의 선구적 노력으로 시작되었다. 전파망원경은 수신기에 연결된 전파안테나(대개 곡면의 대형 접시)다. **간섭계**를 사용하여 분해능을 훨씬 향상할 수 있는데, 27개의 전파망원경으로 구성된 VLA와 같은 **간섭계 배열**도 포함된다. **초장기선 간섭계**로 대형화되면 전파 영역에서 0.0001각초 정도의 좋은 분해능을 얻을 수 있다. 레이더 천문학은 수신뿐 아니라 송신도 포함된다. 가장 큰 레이더 망원경은 아레시보에 있는 그릇 모양의 305 m 망원경이다.

5.5 적외선 관측은 건조한 산꼭대기에 위치한 지상천문대에서 망원경을 비행기에 싣거나 우주 공간에 띄어 올려서 이루어진다. 그 뿐만 아니라 자외선, x-선 그리고 감마선 관측은 대기도 벗어나서 수행된다. 지난 몇십 년간 이들 파장 대역에서 관측하기 위해 많은 우주 망원경이 발사되었다. 우주 망원경 중에서 허블 우주 망원경(HST)의 구경이 가장 크다. 가장 뛰어난 성능의 x-선 망원경은 찬드라다. 2003년에 발사된 우주 적외선 망원경 설비(SIRTF)는 새로운 관측결과를 쏟아내는 중이다.

5.6 새로운 더 큰 망원경들이 이미 구상되고 있다. 허블 망원경의 뒤를 잇는 6 m 제임스 웹 우주 망원경은 2010년 발사 예정이다. 전파천문학자들은 칠레 북쪽 아타카마 사막에 ALMA라고 부르는 밀리미터 전파 천문 간섭계 배열을 건설할 계획이다. 세계의 몇몇 연구팀이 주 거울 지름이 30~100 m인 광학 및 적외선 지상망원경의 설계안을 개발하고 있다.

모둠 활동

A 대부분 대형 망원경은 연중 가능한 야간관측시간을 훨씬 웃도는 많은 관측제안서를 받고 있다. 여러분이 천문대장 직속의 망원경 시간 배정위원회에서 일한다고 하자. 망원경 사용 시간을 배정할 때 어떤 기준을 적용하겠는가? 선정 절차의 공정성을 모든 사람이 인정할 수 있으려면 어떤 과정을 거쳐야 하겠는가?

B 칠레 안데스 산맥의 높고 건조한 사막에 세계 최대 망원경을 건설하는 프로젝트에 참여하기 위해 여러분이 속한 천문학 위원회가 유럽의 한 작은 나라에 사업지원 신청서를 제출하려 한다. 정부 각료들은 사업의 지원에 대해 회의적일 것으로 예상한다. 사업에 참여하도록 설득하려면 어떤 주장을 펼쳐야 하겠는가?

C 활동 B에서 만났던 같은 정부 각료들이 (유럽의 산 대신에) 칠레의 산맥에 세계 최대망원경을 건설할 경우에 대한 장단점을 열거한 목록을 작성해달라고 요청했다. 각 항목에 무엇을 열거하겠는가?

D 대형 광학망원경과 대형 전파망원경으로 각각 관측할 때 어떤 점이 서로 다를지에 대한 목록을 작성하라. (힌트: 태양은 대부분의 전파 파장 영역에서 특출하게 밝지 않으므로 낮 동안에도 종종 전파망원경으로 천체의 관측이 가능하다는 사실을 염두에 둘 것)

E 천문학에 대한 (광공해 외에) 또 다른 '환경적 위협'은 이전부터 전파천문학용으로 할당된 '채널' 즉, 주파수대로 지상 통신 신호가 넘치는 현상이다. 예를 들어, 휴대폰 사용량이 늘면서 더 많은 전파 채널이 이 목적을 위해 할당될 것이다. 우주전파원의 약한 신호는 지상 (전파로 전환되어 전달) 통화음의 바닷속으로 휩쓸려 들어갈 수 있다. 여러분이 국회위원회에 속하는데, 천문학 연구를 위해 잡음 없는 채널을 확보하려는 천문학자들과 휴대폰 사용 채널을 확장하여 수익을 올리려는 기업, 양측으로부터 압력을 받고 있다고 하자. 어떤 주장이 각각의 편으로 마음이 기울겠는가? (이 주제에 대한 토론이 진행되는 상황을 알고 싶다면 1997년 11월 28일자 *Science* 잡지의 1567쪽 참조.)

복습 문제

1. 지표면까지 쉽게 도달하는 전자기복사의 두 파장 대역 창은 무엇인가? 그리고 현재 각 창에서 사용하는 가장 큰 구경의 망원경을 기술하라.

2. 전자기 스펙트럼을 일반적으로 분류할 때 사용되는 여섯 개의 파장 대역을 열거하고, 각 파장 대역에서 현재 사용 중인 최대 구경의 망원경을 열거하라.

3. 망원경의 구경은 클수록 좋다고 한다. 왜 그런지 설명하라.

4. 세계에서 가장 큰 광학망원경은 왜 렌즈가 아닌 거울을 사용하여 제작되는가?

5. 빛 검출기로서 육안, 사진 필름 그리고 CCD를 비교하라. 각각의 장단점은 무엇인가?

6. 전파관측과 레이더 관측은 대개 같은 안테나를 사용하지만, 그 밖에는 완전히 다른 방식으로 운용된다. 필요 장비, 사용 방법 그리고 관측 결과에 대해 전파천문학과 레이더천문학이 서로 어떻게 다른지 비교 대조하라.

7. 왜 망원경을 지구 주위 궤도에 올려놓을까? 망원경이 우주에 있으면 각 스펙트럼 영역에서 어떤 장점이 있게 될까?

8. 허블 우주 망원경은 어떤 문제점이 있었는가? 그리고 그 문제는 어떻게 해결되었는가?

9. 광학천문학에 견줄만한 분해능을 얻기 위해 전파천문학에서는 어떤 방법을 사용하는가?

10. 미래에 어떤 종류의 광학 및 적외선 지상 망원경이 계획되고 있는가? 왜 이 망원경들이 우주가 아닌 지상에서 건설되는가?

11. 미래에 어떤 종류의 광학 및 적외선 망원경이 우주로 발사될 예정인가?

사고력 문제

12. 조리개, 즉 주변을 가리는 장치로 렌즈를 '좁힌'다면 렌즈에 의해 형성된 상은 어떻게 될까?

13. 이상적 천문 검출기는 어떤 특성을 가지는가? CCD의 실제 특성은 이러한 이상적 특성에 얼마나 근접해 있을까?

14. 50년 전만 해도 윌슨 산이나 팔로마 천문대 소속 천문학자들은 1년 중 60일 정도의 밤을 개인적 연구를 위한 천문 관측에 사용할 수 있었다. 오늘날 천문학자는 대형 망원경으로 1년에 10일 밤만 관측할 수 있어도 행운이라고 여긴다. 이 같은 변화의 이유는 무엇일까?

15. 세계 최대의 천문대 복합단지는 고도 4.2 km인 하와이의 마우나 케아 산 정상에 있다. 이 산이 지구에서 가장 높은 산이라고는 말할 수 없다. 천문학자들이 천문대 위치를 선정할 때 어떤 요건을 고려할까? 현실적인 요건들도 간과해서는 안 된다. 예를 들어 맥킨리(데날리) 산이나 에베레스트 산에 천문대 건설을 고려할 수 있을까?

16. 최근 천문학 연구를 위해 개발되는 또 다른 장소는 남극 고원이다. 그곳의 장단점을 설명하라.

17. 광학 천문대, 적외선 천문대 그리고 x-선 천문대로서 최적의 장소를 찾는다고 하자. 각 장소의 우수성을 결정하는 주요 기준은 무엇인가? 어디가 실제로 가장 좋다고 생각되는가?

18. 전파천문학은 가시광보다 훨씬 긴 파장을 다루지만,

다수의 우주천문대는 매우 짧은 파장 복사를 대상으로 우주를 탐사해왔다. 어떤 종류의 천체와 어떤 물리적 조건에서 매우 긴 파장과 매우 짧은 파장의 복사가 각각 방출되는가?

19. 바다 근처에 위치한 (학부에서 과학 전공이 아니었던) 어느 대학의 학장이 천문학자들이 추운 겨울밤을 편하게 지낼 수 있도록 캠퍼스의 난방이 잘 된 돔에 적외선 망원경을 세우자고 제안했다. 논리적으로 이 제안을 비판해 보라.

계산 문제

대형 망원경을 건설하는 첫 번째 이유는 더 큰 면적으로 빛을 모아서 더 희미한 천체를 관측하려는 것이다. 인간의 눈도 사실상 같은 원리로 작동한다. 어두운 곳에서 동공은 더 많은 빛을 얻기 위해 확대된다. 밤에 밝은 실내에서 어두운 야외로 나가면 조도의 변화에 대응해서 동공이 확대되는 데 수 초 정도 걸린다. 어둠에 적응하는 데 훨씬 더 중요한 사항은 눈의 원추체가 세포를 어둠에 좀 더 민감하게 만드는 로돕신이라는 화학물질을 점진적으로 배출한다는 점이다. 최대로 어둠에 적응하기까지는 약 30분이 소요된다. 예를 들어, 영화관에서 시간이 지나면서 우리 눈이 어둠 속을 점차 더 잘 볼 수 있게 됨을 느낀 적이 있는가?

빛을 모으는 면적이 클수록 더 많은 빛을 모아서 초점에 집중할 수 있다. 원의 면적 A는 아래와 같이 주어진다.

$$A = \frac{\pi d^2}{4}$$

여기에서 d는 원의 지름이다.

20. 대낮에 동공의 크기는 보통 3 mm며, 어두운 곳에서는 약 7 mm로 확대된다. 이 경우 동공은 얼마나 더 많은 빛을 모을 수 있을까?

21. 완전히 어둠에 적응된 육안과 비교하여 지름 8 m 망원경은 얼마나 더 많은 빛을 모을 수 있을까(로돕신에 의한 감도의 향상은 무시)?

22. 거울 지름이 25 cm(0.25 m)인 아마추어 망원경보다 (지름 10 m 거울의) 케크 망원경은 얼마나 더 많은 빛을 모을 수 있을까?

23. 사람들은 반사망원경은 중간에 부 거울을 설치해서 대형기기의 부착이 가능하며, 접근성이 좋은 초점으로 빛을 빼낸다는 사실에 종종 우려한다. '빛의 손실이 있지 않을까?'라는 의문을 가지는 것이다. 물론 빛을 잃지만, 더 나은 대안은 없다. 그런 배치를 하면 얼마나 빛이 손실되는지 추산할 수 있다. 북제미니 망원경의 주 거울(그림 5.6에서 아래에 있는 거울)의 지름은 8 m다. 그 위쪽에 부착된 부 거울은 지름이 약 1 m다. 원의 면적 공식을 사용하여 부 거울에 의해 빛이 어느 비율만큼 차단되는지 추산하라.

24. 지금은 따뜻한 실내에서 망원경을 원격 조종할 수 있지만, 약 25년 전까지만 해도 천문학자들은 망원경을 직접 조준해서 정확히 올바른 위치에 계속 향하게 해야 했다. 200인치 팔로마 망원경과 같은 대형 망원경에서는 그림 5.6에서처럼 부 거울이 위치한 망원경 상부의 승강기에 천문학자가 앉았다. 계산을 위해 이 승강기의 지름이 40인치라고 가정하자. 빛이 어느 비율만큼 차단되는가? 이들 승강기가 왜 그렇게 비좁고 불편하게 만들어졌는지 이제는 그 이유를 알 수 있겠지만, 그래도 한 번쯤 타볼 만하지 않겠는가!

25. HST는 건설에 약 17억 달러, 우주 왕복선을 이용한 발사에 3억 달러가 들었고, 또 연간 운영비로 2억 5천만 달러가 소요된다. 만약 이 망원경의 수명이 20년이라면, 연간 총 소요 경비는 얼마인가? 하루에는 얼마인가? 만약 실제 관측에 이 망원경을 30%의 시간만 사용한다면, 천체관측에서 시간당 그리고 분당 드는 비용은 얼마인가?

심화 학습용 참고 문헌

Bartusiak, M. "The Next Generation Space Telescope: Predicting the Past" in *Astronomy*, Feb. 2001, p. 40. 차세대 우주 망원경의 관측 결과에 대한 예측.

Chaisson, E. *The Hubble Wars.* 1994, HarperCollins. HST 건설을 둘러싼 논란.

Dyer, A. "What's the Best Telescope for You?" in *Sky & Telescope,* Dec. 1997, p. 28. 개인용 망원경 선택에 대한 안내.

Florence, R. *The Perfect Machine: Building the Palomar Telescope.* 1994, Harper Perennial. 200인치 망원경 건설에 관해 매우 이해하기 쉽게 쓴 해설서.

Geherls, N. et al. "The Compton Gamma-ray Observatory" in *Scientific American,* Dec. 1993, p. 68. 콤프턴 감마선 천문대에 대한 해설서.

Graham, R. "Astronomy's Archangel" in *Astronomy*, Nov. 1998, p. 56. 애리조나 대학의 거울제작 명인 로저 앤젤(Roger Angel)에 대한 이야기.

Graham, R. "High Tech Twin Towers" in *Astronomy*, Oct. 2000, p. 36. 제미니 망원경들에 대한 해설서.

Grumsfeld, J. "Remaking the Hubble" in *Sky & Telescope,* Mar. 2002, p. 30. 2002년 봄의 (직접 임무에 참가한 우주인에 의한) 허블 망원경의 성능개선 임무에 대한 이야기.

Harrington, P. "Back to Basics with Biniculars" in *Astronomy*, Aug. 2002, p. 64. 쌍안경의 원리와 관측대상에 대한 간단한 입문서.

Irion, R. "Prime Time" in *Astronomy*, Feb. 2001, p. 46. 주요 연구용 망원경의 관측시간 배정 방식에 대한 설명.

Janesick, J. and Blouke, M. "Sky on a Chip: The Fabulous CCD" in *Sky & Telescope,* Sep. 1987, p. 238. CCD에 대한 해설서.

Jayawardhana, R. "The Age of the Behemoths" in *Sky & Telescope,* Feb. 2002, p. 30. 거대 망원경 건설에 대한 이야기.

Junor, B. et al. "Seeing the Details of the Stars with Next Generation Telescopes" in *Mercury*, Sept./Oct. 1998, p. 26. 적응광학에 대한 이야기.

Krisciunas, K. *Astronomical Centers of the World.* 1988, Cambridge U. Press. 주요 천문대의 역사 및 소개.

Krisciunas, K. "Science with the Keck Telescope" in *Sky & Telescope,* Sep. 1994, p. 20. 케크 망원경은 어떻게 사용하는가? 그리고 그로부터 어떤 과학적 결과를 얻는가?

Pilachowski, C. and Trueblood, M. "Telescopes of the 21st Century" in *Mercury*, Sept./Oct. 1998, p. 10. 지상에 건설 중이거나 계획되고 있는 망원경들에 대한 이야기.

Schilling, G. "Adaptive Optics Comes of Age" in *Sky & Telescope,* Oct. 2001, p. 30. 적응광학에 대한 11쪽에 걸친 우수한 개관.

Shore, L. "VLA: The Telescope That Never Sleeps" in *Astronomy,* Aug, 1987, p. 15. 전파간섭계 배열 VLA에 대한 해설.

Tarenghi, M. "Eyewitness View: First Sight for a Glass Giant" in *Sky & Telescope,* Nov. 1998, p. 47. 초대형 망원경(Very Large Telescope)의 첫 관측에 대한 이야기.

Whitt, K. "Destination: La Palma" in *Astronomy,* Jan, 2001, p. 62. 라팔마 섬에 있는 뉴턴, 캡타인, 허셜, 기타 망원경의 사진 앨범과 간단한 소개.

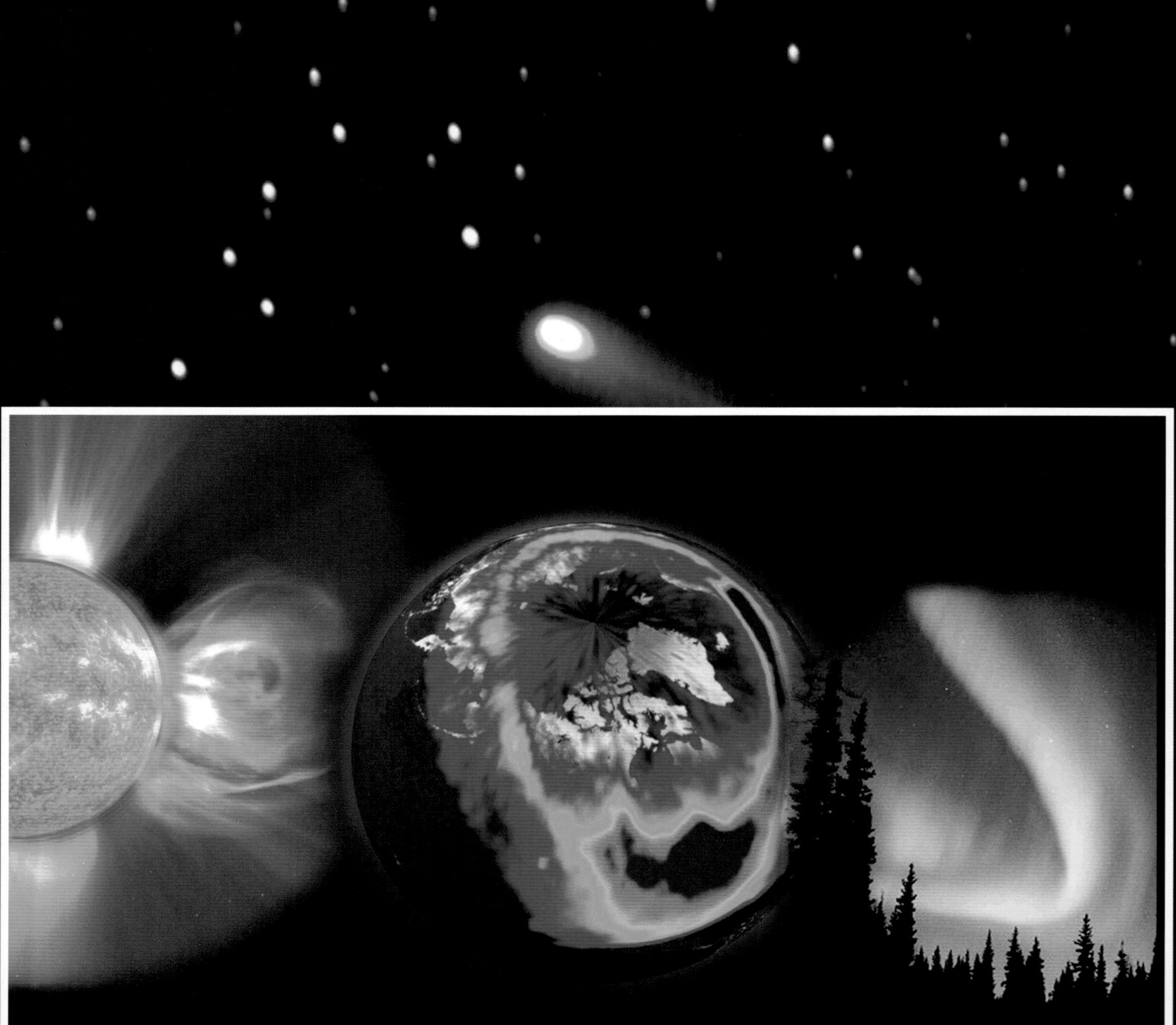

우주 기상과 지구에 영향 주로 수소 핵으로 이루어진 전하를 띤 입자들이 태양 폭풍(왼쪽 사진)에서 터져 나와, 일부가 지구와 충돌하여 지구 북반구 대기를 발광시킨 모습(중간 사진)이며 커티스(Jan Curtis)가 찍은 알래스카 하늘에 오로라(오른쪽 사진)는 우주 기상 영향을 가시적으로 보여준다.

태양의 모험은 그 자체로써 우리가 살아가는 위대한 자연의 드라마이니, 그에게서 기쁨과 두려움을 얻지 말고, 그에 참견하지 말지니, 그렇게 하는 것은 자연의 지속성과 시적 정신에 무딘 대문을 닫는 일이니까……

베스톤(Henry Beston)의 "Midwinter" (*The Outer Most House*, 1928) 중에서

미리 생각해보기

태양을 믿어도 될까? 수십억 년 동안 하루도 빠짐없이 태양은 동쪽에서 떠서 서쪽으로 졌으니 이 질문은 바보처럼 들릴지 모른다. 하지만 태양은 그동안 항상 같은 양의 열을 방출한 것은 아니다. 지금보다 더 뜨겁거나 차가운 적도 있었다. 지구의 모든 생명체는 태양의 빛과 열에 의존하기 때문에, 태양의 에너지 발산이 어떻게 바뀌는지 또 어떤 시간규모를 갖는지 하는 문제들은 태양의 이웃인 우리에게 중요한 질문이다.

태양은 모든 면에서 꽤 평범한 별이다. 너무 뜨겁지도 차갑지도 않고, 너무 어리지도 늙지도 않았으며, 너무 크거나 작지도 않다. 태양이 평범하다는 것은 우리에게는 참으로 행운이다. 태양을 공부함으로써 별에 대해 전반적으로 이해할 수 있기 때문이다. 지구를 공부하는 것이 멀리 떨어진 행성의 관측 결과를 이해하는 데 도움을 주듯이, 태양은 천문학자들에게 멀리 떨어진 별로부터 온 빛의 메시지 해석에서 안내자 역할을 한다.

이 장에서는 태양이 어떻게 생겼고, 시간에 따라 어떻게 변하며, 그런 변화가 지구에 어떤 영향을 미치는지를 설명한다. 아직은 여러 용어가 생소하게 느껴지겠지만, 태양의 기본적인 특징을 표 6.1에 실었다. 표 6.1은 만약 우리가 태양의 중심부에서 바깥 대기층까지 모두 본다면 태양이 어떻게 생겼을지 알게 해준다. 용어들은 앞으로 차츰 익숙해질 것이다.

표 6.1 태양 자료

자료	발견방법	값
평균거리	행성 간의 레이더 반사	1 AU(149,597,892 km)
지구로부터 최대거리		1.521×10^8 km
지구로부터 최소거리		1.471×10^8 km
질량	지구의 공전	333,400 지구 질량(1.99×10^{30} kg)
평균 각 지름	직접측정	31′59″.3
광구 지름	각도 크기와 거리	109.3×지구지름 (1.39×10^6 km)
평균밀도	질량/부피	1.41 g/cm^3(1400 kg/m^3)
광구에서의 중력 가속도(표면 중력)	GM/R^2	27.9×(지구 표면 중력=273 m/s^2)
태양상수	모든 파장의 복사를 측정하는 기기	1370 W/m^2
광도	태양상수×반지름 1 AU인 구의 표면적	3.8×10^{26} W
분광계급	스펙트럼	G2V
유효온도	태양의 반지름과 광도로 도출	5800 K
적도에서의 자전기간	흑점과 태양 가장자리 스펙트럼의 도플러 이동	24 d 16 h
적도와 황도 경사각	흑점의 운동	7°10′.5

6.1 눈에 보이는 태양

태양은 모든 별처럼 거대하고 뜨거운 기체구로서, 자체의 에너지로 빛을 발한다. 정말 거대하다. 태양의 부피는 넓은 공간을 차지하는데, 지구 130만 개를 담을 수 있을 정도다. 직접 보면 지구는 대기권과 표면만 보이듯이, 태양 대부분도 외부 층들로 가려져서 눈에 보이지 않는다. 태양은 고체 표면은 없지만 아주 두꺼운 대기권이 있다. 그리고 그것이 우리가 볼 수 있는 태양의 유일한 부분이다. 이 장에서는 태양의 대기권에 대해서 설명한다. 태양의 내부, 그리고 그 내부에서 지구를 따뜻하게 해주는 에너지 생산 역할이 다음 장의 주제다.

6.1.1 태양의 구성

우선 태양 대기가 무엇으로 이루어졌는지에 대한 질문부터 시작하자. 4장에서 설명했듯이, 우리는 흡수 스펙트럼선(absorption line spectrum)을 이용해서 어떤 원소들이 존재하는지 알아낼 수 있다. 태양은 지구에 존재하는 원소와

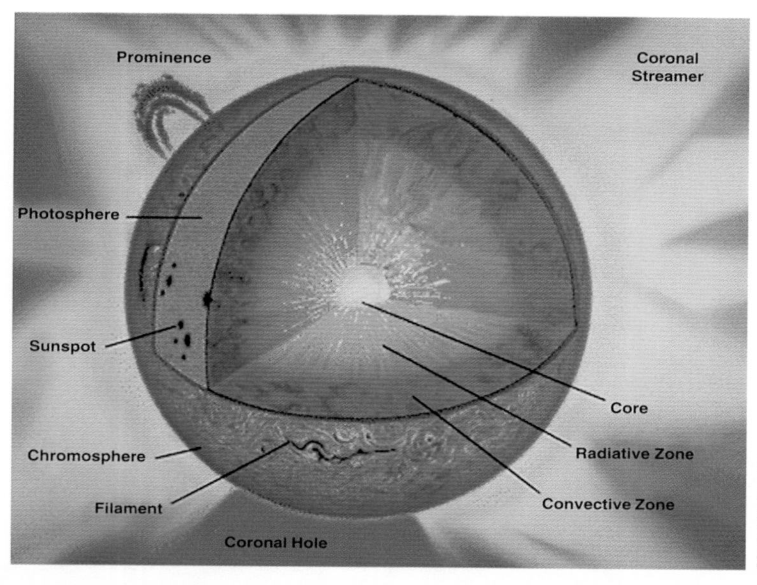

■ **그림 6.1**
태양의 각 부분 에너지가 발생하는 태양의 중심핵과 그 에너지가 밖으로 이동하면서 통과하는 여러 부분을 보여준다. 에너지는 처음 복사에 의해 그리고 다음에는 대류에 의해 태양 대기 밖으로 이동되는데, 태양 대기의 각 부분은 광구(光球, photosphere), 채층(彩層, chromosphere), 코로나(corona)라고 부른다. 이 그림은 또한 코로나 구멍, 홍염 같은 태양 대기의 대표적인 특징들도 보여주고 있다.

표 6.2 태양의 원소 함량

원소	원자 수의 백분율	질량의 백분율
수소	92.0	73.4
헬륨	7.8	25.0
탄소	0.02	0.20
질소	0.008	0.09
산소	0.06	0.8
네온	0.01	0.16
마그네슘	0.003	0.06
규소	0.004	0.09
황	0.002	0.05
철	0.003	0.14

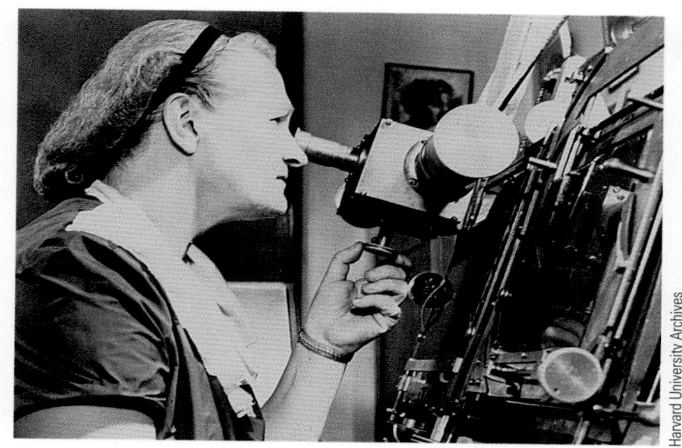
Harvard University Archives

■ **그림 6.2**
세실리아 페인 가포슈킨 페인 가포슈킨이 1925년에 쓴 박사학위 논문은 태양의 구성을 이해하는 초석이 되었다. 하지만 그녀는 1938년까지는 하버드에서 정식 임명도 받지 못한 채 재직했으며, 1956년에야 비로소 교수로 임명되었다.

똑같은 원소를 가지고 있지만, 똑같은 비율로 구성되지는 않았다. 태양 질량의 약 73%는 수소이고, 나머지 25%는 헬륨이다. 우리에게 매우 익숙하고 소중한, 우리의 몸을 이루는 탄소, 산소, 질소 같은 다른 모든 화학 원소들은 태양의 겨우 2%만 차지할 뿐이다. 우리가 볼 수 있는 태양 표면층에 있는 가장 풍부한 10가지 원소를 표 6.2에 실었다. 이 표를 자세히 살펴보면 우리가 사는 지구의 지각과 태양의 표면층 구성이 얼마나 다른지 알 수 있다. (지구의 지각에 가장 많은 3대 원소는 산소, 실리콘, 알루미늄이다.) 하지만 태양의 구성은 다른 대부분의 별과 비슷하다.

태양과 별들은 원소 구성이 비슷한데, 둘 다 대부분 수소와 헬륨으로 이루어졌다는 사실은, 1925년에 미국의 최초 여성 천문학자인 페인 가포슈킨(Cecilia Payne-Gaposchkin)이 쓴 뛰어난 논문에 최초로 기재되었다(그림 6.2). 그러나 별들에서 가장 풍부한 원소가 수소나 헬륨 같은 가장 단순하고 가벼운 기체라는 사실은 전혀 예상치 못했던 놀라운 일이라서, 그녀는 자신의 자료 분석에 뭔가 잘못이 있었으리라고 생각했다. 당시에 그녀는 '별의 대기층에 이런 원소들이 많다는 것은 아마도 사실이 아닐 것이다.'라고 썼다. 과학자들조차 때로는 우리가 옳다고 '알고 있는' 사실과 어긋나는 생각들을 받아들이기가 쉽지 않은 것이다.

페인의 발견 이전에는 태양과 별들 모두의 원소 구성은 지구와 비슷할 것으로 추측되었다. 그녀의 논문이 발표된 지 3년이 지나서야 다른 연구결과들도 태양이 대부분 수소와 헬륨으로 구성되었음을 명확히 입증해 주었다.(그리고 앞으로 알겠지만, 좀 더 무거운 원소들이 밀집된 특이한 지구보다는 별들의 이런 화학 조성이 전형적인 우주의 화학 조성에 가깝다.)

태양에서 발견되는 대부분 원소는 원자의 형태로 되어 있지만, 물, 수증기, 일산화탄소와 같은 몇몇 분자 형태들도 흑점처럼 태양의 서늘한 부분에서 방출된 빛에서 관측되었다(6.2절). 태양 안에 있는 모든 원자와 분자들은 기체 상태로 존재한다. 태양은 너무 뜨거워서 그 어떤 물질도 액체나 고체 상태로 남아 있을 수 없기 때문이다.

사실 태양은 너무 뜨거워서 그 안에 있는 많은 원자는 이온화(ionize), 즉 한 개 이상의 전자가 떨어져 나간 상태로 존재한다. 이 전자와 양성자의 분리는 태양이 전기를 띤 환경으로서, 이 책을 읽고 있는 중성적 환경과는 매우 다름을 뜻한다. 4장에서 보았듯이, 전기를 띤 입자가 흐를 때 자기장이 발생한다. 앞으로 배우겠지만, 태양의 강하고 복잡한 자기장은 태양의 외관을 형성하는 데에 결정적인 역할을 한다.

6.1.2 태양의 광구(光球)

지구의 대기는 대체로 투명하다. 하지만 흐린 날에는 대기가 불투명해져서 어느 정도 이상은 보이지 않는다. 태양에도 비슷한 현상이 일어난다. 태양의 표면 대기층은 투명하여 어느 정도 가까운 거리는 내부까지 볼 수 있다. 그러나 좀 더 깊은 대기 내부의 모습은 볼 수 없다(그림 6.3). **광구**(photosphere)는 태양이 불투명해지는 경계가 되는 층으로서, 우리는 그 이상을 볼 수가 없다.

광구에서 나오는 에너지는 원래 태양 깊숙한 곳에서 발생한다(7장에서 자세히 다룰 것이다). 에너지는 광자의 형태로 천천히 태양 표면으로 나오는데, 그 광자가 광구에 도달

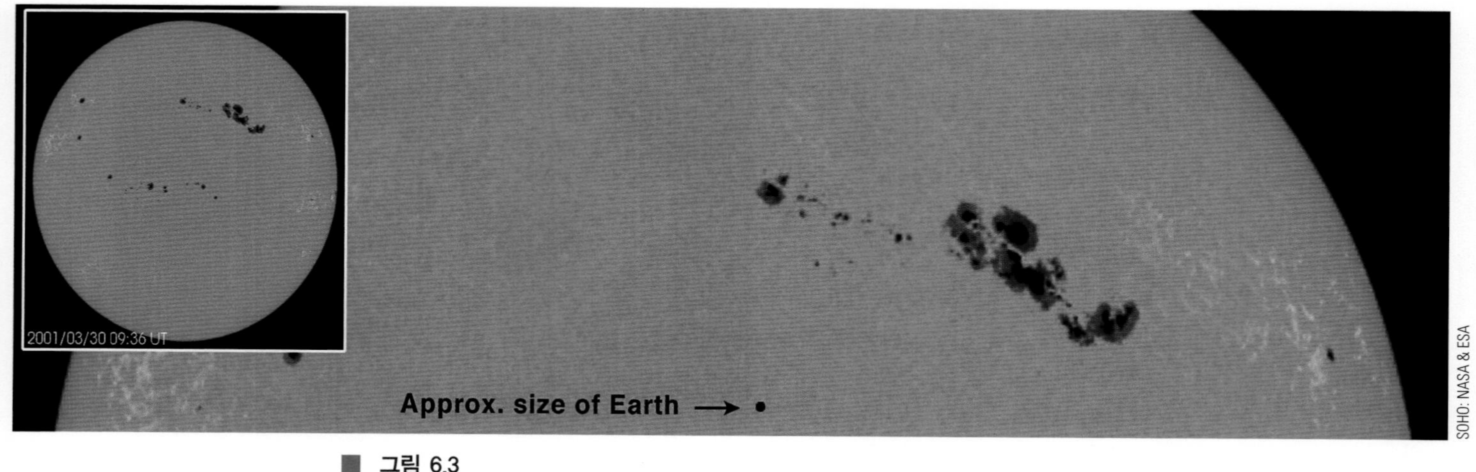

■ **그림 6.3**
태양의 광구와 흑점 태양의 광구, 눈에 보이는 태양의 표면을 보여준다. 그리고 확대된 사진을 통해 흑점들이 모여 있는 모습도 볼 수 있다. 비교를 위해 지구의 크기도 함께 제시해 놓았다. 흑점은 주변보다 차갑기 때문에 검게 보인다. 큰 흑점의 중심온도는 일반적으로 약 4000 K이며, 광구 온도는 약 5800 K다.

할 때까지 약 백만 년이 걸린다. 태양 내부에서 한 원자로부터 나온 광자 에너지는 곧 다른 원자에 흡수된다. 태양 밖에서는 광구에서 방출되는 광자들만 관측할 수 있는데 이는 광구의 원자 밀도가 낮아서 광자들이 흡수되지 않고 태양을 벗어날 수 있기 때문이다.

비유를 들기 위해 우리가 대규모 교내 집회에 참석했다고 상상해 보자. 당신은 그 집회의 중심부 근처에 있는 가장 좋은 자리를 잡았다. 그런데 늦게 도착한 친구가 휴대전화로 군중 집단의 맨 가장자리로 오라고 한다. 당신은 일등석보다는 우정이 더 가치가 있다고 생각하고 군중 사이를 비집고 친구를 만나러 간다. 다른 사람들과 부딪히면서 방향을 바꾸고, 다시 시도하면서 한 번에 짧은 거리만을 이동하며 천천히 가장자리를 향해 움직일 것이다. 가장자리에 가까워질 때까지 많은 사람에게 가려져 친구는 당신의 모습을 보지 못한다. 마찬가지로 광자도 원자와 부딪쳐서, 방향을 바꿔 가며, 바깥쪽으로 천천히 이동하는데, 원자의 밀도가 너무 낮아서 광자가 밖으로 나가는 것을 막을 수 없는 태양 대기까지 와야 비로소 광자가 보이기 시작한다.

천문학자들은 태양 대기가 완벽하게 투명한 층에서 완전히 불투명한 층으로 바뀌는 거리가 겨우 400 km가 넘는다는 것을 알아냈다. 바로 이 얇은 층을 우리는 광구라고 부르며, 광구(photosphere)라는 단어는 빛의 구(light sphere)를 의미하는 그리스어에서 왔다. 천문학자들이 말하는 태양의 지름이란 바로 이 광구로 둘러싸인 영역의 크기인 것이다.

광구는 먼 거리에서만 뚜렷이 보인다. 만일 우리가 태양 속으로 떨어진다면 태양의 표면은 전혀 느끼지 못한 채, 주변 기체의 밀도가 점점 더 증가한다는 것만을 감지할 것이다. 이는 지구 대기권에서 스카이다이빙을 할 때 구름층을 통과하며 하강하는 것과 매우 흡사하다. 멀리에서는 구름이 아주 뚜렷한 표면을 가지고 있는 것처럼 보이지만, 구름으로 들어가면 표면이 있다는 것을 느끼지 못한다. (여기서 한 가지 차이는 대기 온도일 것이다. 태양은 너무 뜨거워서 광구에 이르기도 전에 우리의 몸이 모두 증발해버릴 것이다. 그러니 지구 대기권에서 하는 스카이다이빙이 훨씬 안전하다!)

여기서 한 가지 주목할 것은 태양의 대기층은 일상생활에서 느끼는 대기에 비해 밀도가 그다지 높지 않다는 점이다. 일반적으로 어느 한 지점에서 광구의 기압은 지구 해수면 기압의 10%도 안 되며, 밀도는 약 10,000분의 1 정도다.

망원경으로 관측해보면, 광구는 검은 식탁보 위에 뿌려진 쌀알처럼 얼룩덜룩한 무늬를 갖고 있다. 광구의 이런 구조를 일반적으로 **쌀알무늬**(granulation, 그림 6.8 참조)라고 부른다. 이 알갱이(granule)의 직경은 대부분 700~1000 km 정도로, 좀 더 어둡고 좁은 부분들로 둘러싸여 있는 밝은 얼룩처럼 보인다. 알갱이 하나의 수명은 약 5분에서 10분이다.

알갱이들 바로 위에 있는 기체의 스펙트럼에서 도플러 이동을 조사하여 그 움직임을 연구할 수 있다(그림 4.6 참조). 밝은 알갱이들은 광구 아래에서 2 km/s에서 3 km/s의 속도로 올라오는 좀 더 뜨거운 기체 기둥들이다. 올라오는 기체가 광구에 도달하면 기체는 퍼져서 알갱이들 사이의 어두운 부분에서 다시 가라앉는다. 알갱이의 중심은 알갱이들 사이 부분들보다 50~100 K 정도 더 뜨겁다.

알갱이들은 광구를 통해 올라오는 기체의 상층부다. 대류(convection)에 의해 뜨거운 기체나 액체가 상승하여, 좀 더 뜨거운 아래층에서 다소 차가운 위층으로 에너지를 전달하는 것이다. 기체가 식으면 다시 내려가는데 그 부분을 위에서 보면 어두워 보인다. (여러분이 천문학 책을 읽다가 졸음을 쫓기 위해 커피를 끓일 때, 그 끓는 커피포트 속에서도 이와 똑같은 뜨거운 상승류를 볼 수 있다!)

6.1.3 채층

태양 외곽 기체는 광구 밖으로 널리 확산된다(그림 6.4). 이 태양 밖 기체들은 대부분 가시광 복사에 투명하며, 또한 방출되는 빛이 아주 적기 때문에 관측하기가 어렵다. 광구 바로 위에 있는 태양의 대기층 부분을 **채층**(chromosphere)이라고 부른다. 금세기까지도 채층은 개기 일식 때 달이 태양의 광구를 가리는 순간에만 볼 수 있었다(3.7절 참조). 17세기의 여러 관측자들은 태양의 광구가 달에 의해 가려진 후 잠시 동안, 달 가장자리에 얇고 가는 붉은색의 줄무늬가 보인다고 진술했다. 그리스어로 '색깔을 띤 구'를 의미하는 채층이라는 이름은 바로 이 붉은 줄무늬를 두고 명명된 것이다.

일식 동안 수행된 관측에 의하면 채층의 두께는 약 2000~3000 km이며, 그 스펙트럼을 보면 밝은 방출선들로 이루어져 있는데, 이는 채층이 불연속적인 파장으로 빛을 내는 고온의 투명 기체로 구성되어 있음을 가리킨다. 채층이 붉게 보이는 것은 채층 스펙트럼 중 가시 영역에서 가장 강한 방출선인 밝은 붉은 선 때문인데, 이는 태양의 화학 조성에서 가장 많은 원소인 수소에 의한 것이다.

1868년에 관측한 채층의 스펙트럼에는 그때까지 지구에서 알려진 어떤 원소와도 일치하지 않는 황색의 방출선이 나타났다. 당시 과학자들은 태양에서 하나의 새로운 원소를 발견했다고 믿고 그리스어로 태양을 뜻하는 **헬리오**(helio)를 따서 **헬륨**(helium)이라고 명명하였다. 헬륨이 지구에도 존재한다는 사실은 1895년에 밝혀졌다. 비록 헬륨은 우주 내에서 두 번째로 많은 원소이지만, 우리에게는 풍선을 부풀릴 때 사용되는 가벼운 기체로 더 많이 알려졌다.

채층 온도는 약 10,000 K다. 그러니까 채층이 광구보다 뜨겁다는 말인데, 이는 조금 의외로 여겨질 것이다. 우리가 지금껏 알아왔던 상황에서는 열원에서 멀어질수록 온도가 낮아진다. 그런데 채층은 광구보다 태양의 중심부에서 멀리 있는데도 불구하고 더 뜨겁다. 이 높은 온도에 대한 설명은 태양의 뜨거운 대기층에 대해서 공부한 후에 다시 하겠다.

6.1.4 천이영역

온도 상승은 채층에서 끝나지 않는다. 태양 대기에는 채층 위로, 일반적인 채층 온도인 10,000 K로부터 거의 백만 K로 바뀌는 층이 있다. 온도가 백만 K 이상이 되는, 태양 대기 중에서 가장 뜨거운 부분을 **코로나**(corona)라고 부른다. 태양에서 온도가 급상승하는 부분을 **천이영역**(transition region)이라고 부른다. 천이영역의 두께는 아마도 수십 km에 불과할 것이다. 그림 6.5는 광구에서부터 태양의 대기층 온도가 어떻게 바뀌는지를 단적으로 보여준다.

그림 6.5를 보면 태양이 마치 양파와도 같다. 즉 태양의 대기층이 각각 서로 다른 온도의 매끄러운 구형껍질들(shells)로 이루어진 것처럼 보인다. 사실 오랫동안 천문학자들은 태양을, 광구, 채층, 천이영역, 코로나 등의 층을 이루고 있다고 보았다. 그 생각은 태양의 전체 모습을 꽤 잘 드러내 주기는 하지만, 실제로 태양의 대기층은 여러 뜨거운 부분과 차가운 부분이 혼합돼서 이보다 훨씬 더 복잡하다. 예를 들어 온도가 4000 K 이하인 일산화탄소 구름이 훨씬 더 뜨거

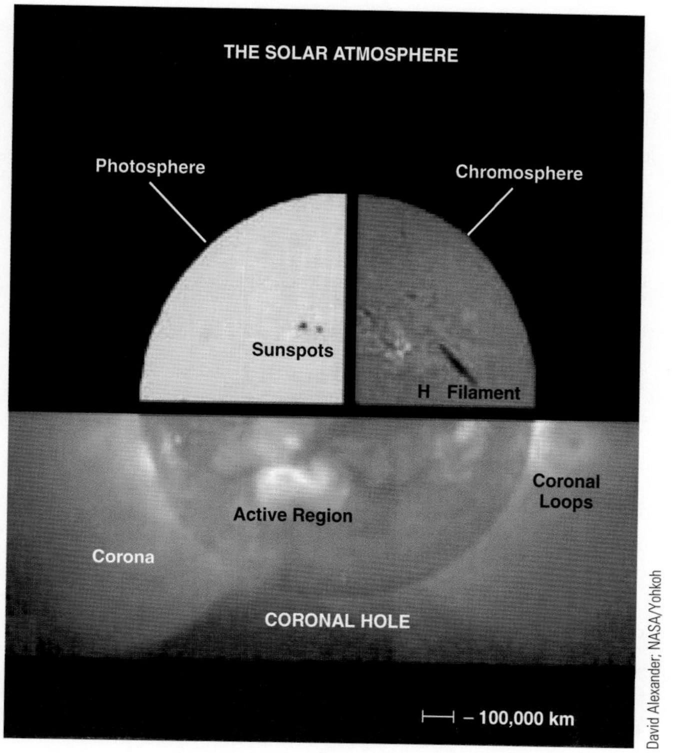

THE SOLAR ATMOSPHERE
Photosphere
Chromosphere
Sunspots
H Filament
Coronal Loops
Active Region
Corona
CORONAL HOLE
– 100,000 km
David Alexander; NASA/Yohkoh

■ **그림 6.4**
태양의 대기 태양의 대기를 이루는 세 부분을 보여준다. 즉 보통 빛으로 찍은 태양의 표면인 광구, 수소의 강한 붉은 선 스펙트럼(H-alpha)으로 찍은 채층, 그리고 x-선으로 찍은 코로나다.

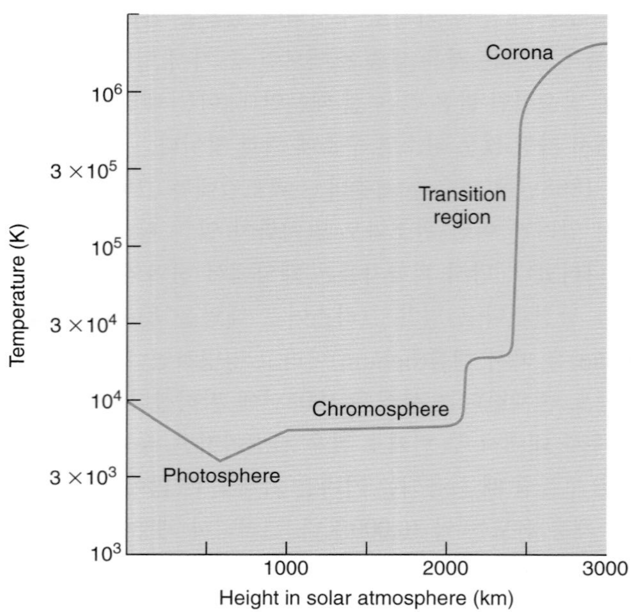

■ 그림 6.5
태양 대기의 온도 이 그래프에서 위로 올라갈수록 온도가 높아지고 오른쪽으로 갈수록 태양 대기 고도가 높아진다. 특히 채층과 코로나 사이의 매우 짧은 거리를 차지하는 천이영역에서 일어나는 급격한 온도 상승에 주목하라.

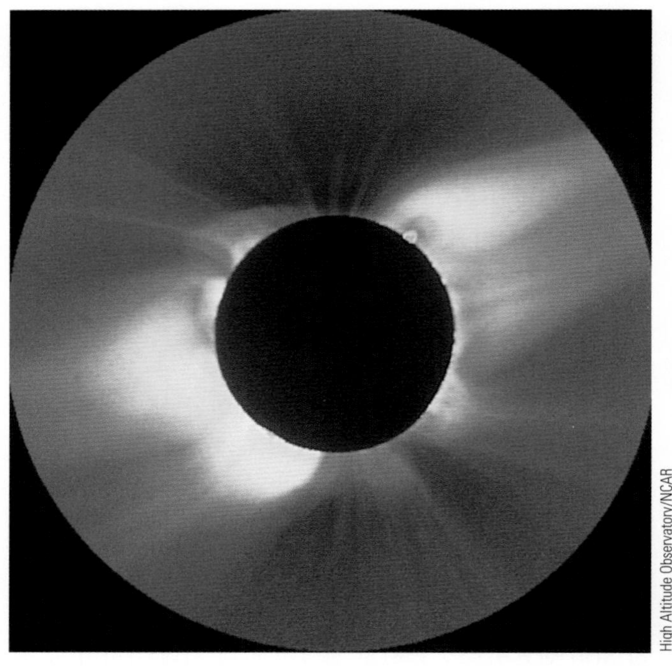

■ 그림 6.6
일식 중에 보이는 코로나 1988년 3월 18일에 있었던 일식 때 찍은 태양 사진이다. 태양의 밝은 표면인 광구의 빛이 달에 의해 가려지면서 희미한 태양의 외곽 대기를 볼 수 있는데, 이를 코로나라고 부른다.

운 채층가스처럼 광구 위에 같은 높이에서 발견되기도 한다.

이러한 복잡성은 놀랄 만한 일이 아니다. 지구의 대기층에서 고기압과 저기압 지역의 순환과 제트기류의 이동으로 온도가 바뀌는 현상을 배웠을 것이다. 마찬가지로 태양의 대기층에서도 물질이 위아래로 유동하면서 온도가 바뀐다. 다행스럽게도 지구의 극한 날씨도 태양의 난폭한 대기현상에 비하면 작다고 할 수 있다. 이 장 뒷부분에서 살펴보겠지만, 태풍조차도 '태양의 날씨'에 비하면 온순한 편이다.

6.1.5 코로나

태양 대기에서 가장 바깥 영역을 코로나라 부른다. 채층과 마찬가지로 코로나는 개기 일식 때 처음 관측되었다(그림 6.6). 하지만 채층과는 달리, 인류는 오래전부터 코로나에 대해서 알고 있었다. 로마의 역사학자 플루타르크(Plutarch)가 코로나에 대해서 언급했었고, 케플러는 코로나에 대해 자세히 논했다. 코로나는 광구 위 수백만 km에 펼쳐져 있으며 보름달의 반 정도에 해당하는 빛을 낸다. 일식이 일어나야 비로소 코로나의 빛을 볼 수 있는 이유는 광구가 너무 밝기 때문이다. 밤에 도시의 밝은 불빛 때문에 희미한 별빛을 찾기 어렵듯이, 광구에서 나오는 강렬한 빛이 희미한 코로나의 빛을 가리는 것이다. 코로나를 보려면 개기 일식이 가장 좋을 때이지만, 이제 코로나의 밝은 부분들은 개기 일식이 아닐 때라도 특수장비로 촬영이 가능해졌으며, 궤도를 선회하는 우주선에서도 쉽게 관측할 수 있다.

코로나의 스펙트럼을 조사해본 결과 그 밀도는 매우 낮다. 코로나 하층부는 1 cm^3당 10^9개의 원자가 있는데, 이는 1 cm^3당 10^{16}개의 원자가 있는 광구 상층부, 그리고 1 cm^3당 10^{19}개의 분자가 있는 지구 해수면 대기에 비하면 매우 낮은 것이다. 더 높은 고도에서는 밀도가 급속히 낮아지는데, 이는 실험실에서 만든 고도의 진공상태와 같다. 코로나는 매우 뜨겁다. 코로나에서 만들어지는 스펙트럼선은 고도로 이온화된 철, 알곤, 칼슘 같은 원소들로부터 생성되기 때문에, 우리는 코로나가 뜨겁다는 사실을 알 수 있다. 예를 들어 천문학자들은 코로나에서 전자를 16개나 잃은 철이온의 스펙트럼선을 관측하기도 한다. 이 정도로 높은 이온화는 수백만 K도 이상의 온도가 필요하다. 코로나는 높은 온도 때문에 x-선 파장으로도 매우 밝게 보인다.

왜 코로나는 그토록 뜨거울까? 관측과 이론을 통해서 이 높은 온도의 원인은 자기에너지라는 것이 확인됐다. 앞서 말했듯이 태양은 거대한 자석으로, 태양의 외곽 부분에

■ **그림 6.7**
코로나 고리들 코로나에서 백만 K 정도 되는 가스를 자외선으로 촬영한 사진이다. 아치 모양의 기체는 약 120,000 km 상공까지 올라간다. 뚜렷한 아치 모양은 강력한 자기장 때문에 뜨거운 이온가스가 루프를 따라 흐른다.

전기를 띤 얇은 기체의 움직임을 조종할 수 있는 복잡한 자기장을 갖고 있다. 태양의 표면은 카펫의 둥근 고리 무늬처럼 자기장 고리들(magnetic loops)로 덮여있으며, 전기를 띤 원자들은 이 고리들을 따라 흐른다.

만약 자기장에서 어떤 한 극성을 지닌 고리가 기류 변동에 떠밀려 반대 극성의 자기장 고리에 가까이 접근하면, 두 개의 막대 자석이 서로의 북극이 반대방향으로 놓여 붙듯이, 이 두 자기장 루프는 '재결합'된다. 이 태양 고리들의 재결합으로 인해 에너지가 방출되는데, 이 에너지가 코로나로 올라오는 물체를 가속해서 뜨겁게 만든다. 자기장은 또한 채층을 가열하는 중요한 역할을 한다.

6.1.6 태양풍

태양의 대기권에 관한 가장 놀라운 발견 중 하나는, 태양의 대기가 전하입자(주로 양성자와 전자로 이루어진)들의 흐름을 만든다는 것인데, 이를 **태양풍**(solar wind)이라고 부른다. 이 입자들은 태양으로부터 바깥 태양계로 400 km/s (약 900,000 mi/h)의 놀라운 속도로 퍼져 나간다. 태양풍이 생기는 이유는 코로나의 기체들이 너무나도 뜨겁고 빠르게 움직이기 때문에 태양의 중력으로는 그 기체들을 붙잡아 둘 수가 없기 때문이다. (사실 이 태양풍은 전하를 띤 혜성 꼬리에 영향을 주기 때문에 발견되었다. 창문을 열면 커튼이나 바람개비가 흔들리듯이, 혜성의 꼬리도 태양풍에 의해 흔들린다는 것을 알 수 있다.)

태양풍을 이루는 물질은 그 밀도가 극히 희박하지만, 태양의 표면적은 너무나도 크기 때문에 태양이 태양풍으로 인해 매해 약 백만 톤 이상의 입자들을 잃는 것으로 추정된다. 지구의 기준에서는 이 질량 손실이 매우 큰 것이지만, 태양을 기준으로 보면 아주 하찮은 양에 불과하다.

가시광 사진으로는 태양의 코로나가 꽤 고르고 균일하게 보이지만, x-선 사진으로 보면 코로나에는 루프, 플륨(plume), 그리고 어둡고 밝은 부분이 모두 다 있다(그림 6.10b 참조). 코로나에서 어둡게 보이는 넓은 부분들은 비교적 서늘하고 고요한 부분이며, **코로나 구멍**(coronal hole)이라고 한다. 이 부분에서는 자기력선들이 태양 표면으로 다시 구부러져 돌아오지 않고, 태양에서 계속 멀리 우주 공간으로 뻗어 나간다. 태양풍은 주로 코로나 구멍에서 나오는데, 그곳에서는 기체가 자기장의 방해를 받지 않고 우주 공간까지 흘러갈 수 있다. 반면 뜨거운 코로나 기체는 대부분 자기장이 기체를 붙잡아 가두는 곳에 있다.

지구의 대기층과 자기장은 태양풍으로부터 지구의 표면을 어느 정도 보호해준다. 하지만 자기력선들은 지구의 북쪽과 남쪽의 자기극으로 들어온다. 여기서 태양풍으로 가속된 하전(荷電: 전기를 띤) 입자들이 자기장을 따라 지구 대기층으로 들어올 수 있다. 바로 이 입자들이 공기의 분자들과 부딪칠 때 공기 분자들이 빛을 발함으로써, **오로라**(aurora, 북극광)라고 하는 아름다운 빛의 장막을 만든다. 오로라의 장관은 이장의 서두에 실린 그림에서 볼 수 있다.

6.2 변화하는 태양

망원경이 발명되기 전 태양은 불변하는 완벽한 구라고 생각됐지만 지금은 태양이 끊임없이 변하는 상태임을 알고 있다. 태양의 표면은 펄펄 끓으면서 부글거리는 뜨거운 기체 가마솥이다. 표면의 다른 곳에 비해 어둡고 서늘한 부분도 생겼다 없어진다. 거대한 기체 플룸이 채층과 코로나로 인해 폭발하기도 한다. 가끔 태양에서 지구를 향해 엄청난 하전 입자와 에너지의 격류를 내보내는 거대한 폭발도 있다. 이런 격류가 오면 지구에서는 정전이 일어나거나 다른 심각한 영향을 받는다.

6.2.1 흑점

태양의 변화를 시사하는 증거는 흑점 연구에서 나왔다. 흑점(黑點)은 태양 표면에 보이는 크고 검은 점이다(그림 6.8). 가끔 이 흑점들은 육안으로도 보일 만큼 커져서, 수천 년 전부터 태양이 엷은 안개나 아지랑이로 강렬한 빛이 가려졌을 때 이 흑점을 보았다는 기록이 있다. (다시 한 번 강조하는데, 어른들이 말했듯이 태양을 잠시라도 직접 보면 영구적으로 눈이 손상될 수 있다. 그러니 이 천문학 강사의 세심한 지시나 필터 없이 직접 보는 것은 절대로 권하지 않는다.)

오늘날 우리는 흑점들이 그 배경이 되는 광구보다 어둡다는 것을 안다. 이는 흑점에 있는 기체가 주위의 기체들보다 1,500 K나 차갑기 때문이다. 그럼에도 불구하고 흑점은 대다수 별의 표면보다 더 뜨겁다. 만약 흑점을 태양에서 분리해 낸다면, 밝게 빛날 것이다. 흑점들은 오직 주위의 더 뜨겁고 밝은 광구에 비해서 어두워 보일 뿐이다.

흑점의 개별적인 수명은 불과 몇 시간에서 몇 달까지다. 흑점이 지속해서 성장하면, 보통 두 부분 즉 안쪽에 더 어두운 중심핵인 암부(umbra)와 주변의 비교적 덜 어두운 부분인 반암부(penumbra)를 구성한다. 많은 흑점이 지구보다 훨씬 커지며, 몇몇 흑점들은 지름이 50,000 km에 이르기도 한다. 흑점이 2개에서 20개 이상으로 군집을 이루는 것도 흔하다. 가장 큰 흑점군은 매우 복잡하며, 100개 이상의 흑점들을 갖기도 한다. 지구의 폭풍처럼 흑점의 위치가 고정된 것은 아니지만, 태양의 자전에 비해 천천히 표류, 이동한다.

1612년 갈릴레오는 태양 표면을 가로질러 움직이는 것처럼 보이는 흑점의 모습을 기록함으로써 태양이 대략 한 달 정도의 주기로 자전한다는 사실을 증명했다(그림 6.9). 현대적 측정 결과, 태양의 자전 주기는 적도 부분에서는 약 25일, 위도 40°에서는 약 28일, 그리고 위도 80°에서는 약 36일이다. 태양은 행성들의 궤도 운동과 마찬가지로 서쪽에서 동쪽으로 돈다. 태양은 기체로 이루어졌기 때문에 고체 천체처럼 강체 회전을 하지 않음에 유의하라.

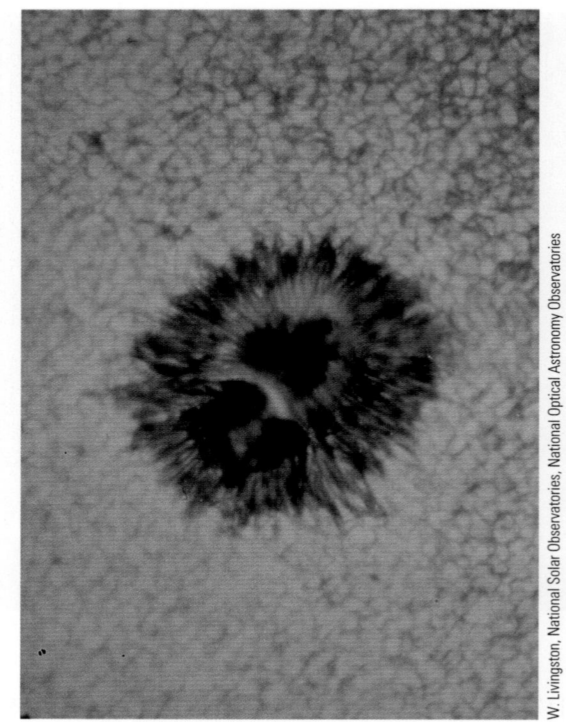
W. Livingston, National Solar Observatories, National Optical Astronomy Observatories

■ **그림 6.8**
흑점 맥매스-피어스(McMath-Pierce) 태양 망원경으로 찍은 태양의 비교적 서늘하고 어두운 부분인 흑점의 사진이다. 이 흑점은 어두운 중심부(암부)가 약간 덜 어두운 부분(반암부)으로 둘러싸여 있다. 흑점은 광구의 뜨거운 기체와 비교하면 어두워 보이지만, 평범한 흑점 하나를 태양에서 떼어내어 밤하늘에 놓는다면 보름달만큼 밝을 것이다. 이 사진에서는 태양 표면의 쌀알무늬도 볼 수 있다.

6.2.2 흑점주기

1826년과 1850년 사이 슈바베(Heinrich Schwabe)라는 독일 약사이자 아마추어 천문가는 몇몇 흑점에 대한 일지를 기록했다. 사실 그가 찾았던 것은 수성 궤도보다 안쪽에 있는 행성이었다. 그는 행성이 지구와 태양 사이를 지날 때 남길 어두운 그림자를 관찰함으로써 그 행성을 찾으리라 기대했다. 비록 그 행성을 발견하지는 못했지만, 성실한 기록으로 그는 **흑점주기**(sunspot cycle)라는 훨씬 더 중요한 현상을 발견함으로써 보상받았다. 그는 흑점 수가 약 10년 주기로 체계적으로 변한다는 사실을 발견한 것이다.

슈바베는 각각의 흑점 수명은 짧지만, 태양에 보이는 흑점의 총 개수가 어느 때는 훨씬 많고(흑점 최대기), 어느 때는 훨씬 적다(흑점 최소기)는 사실을 관찰했다. 지금은 흑점

천문학 여행

아트 워커: 우주에서 천문학을 하다

Art Walker

Courtesy of Stanford University

태양 코로나에는 고에너지 광자가 풍부하므로 x-선 파장으로 관측하면 별, 태양에 대해 더 많은 것을 배울 수 있다. 하지만 x-선은 지구의 대기를 관통하지 못하기 때문에 이런 관측은 인공위성이나 로켓으로 해야 한다. 아트 워커(Art Walker, 1936~2001)는 우주에서 태양을 관측하는 기계를 설계하고 운영한 개척자였다.

워커는 일리노이 대학에서 물리학 박사학위를 받았고, 대학원 재학 중 공군 학사장교 프로그램을 통해 학비를 지원받았다. 학위를 받은 후 공군 무기 실험실에 근무하면서, 태양 물리 우주연구 프로그램을 시작하게 되었다. (왜 군대가 태양에 관심을 두는지에 대해서는 '연결고리: 우주 기상'을 참조하라.) 그는 공군 인공위성에 특별히 설계한 분광측광기를 탑재해서 최초로 태양의 x-선 스펙트럼을 측정함으로써 새로운 방출선을 발견할 수 있었다. 이런 기구를 통해 그와 그의 동료들은 코로나의 온도, 조성과 구조를 조사했고, 태양 대기에 대한 이해를 넓혔다.

그 후, 워커는 천문학자가 지상에서 쓰는 망원경과 비슷한 새로운 x-선 망원경을 설계하려고 노력했다. 이 관측기기 덕분에 과학자들은 활동적인 태양의 모습을 고화질 x-선 사진으로 촬영할 수 있게 되었다. 또한, 이 기기들은 만들기도 쉬울 뿐 아니라 지표에서 100 km 이상까지 멋진 포물선을 그리며 비행하는 관측 로켓에 쉽게 탑재할 수도 있다.

한 인터뷰에서 워커는 우주에서 하는 천문학의 가장 큰 어려움 중 하나에 대해 이렇게 말했다. "실험실에서는 실험하다 잘못되면 제대로 작동될 때까지 수선하면 됩니다. 그러나 우주 관측에서는 모든 실패 요인들을 예측해서 실패의 가능성을 하나씩 제거해야 합니다. 일단 기기가 발사된 다음에는 손을 쓸 방법이 없으므로 사전에 모든 변수를 예측해냈기를 바랄 수밖에 없어요."

우주항공 회사에서 일한 후 그는 스탠퍼드 대학에서 교수와 대학원 학장으로 재직했다. 그는 과학 분야에서 여성과 소수 인종이 많이 참여할 수 있도록 힘썼다. 그의 제자 중에서 잘 알려진 인물은 스탠퍼드 대학에서 천체물리학 박사학위를 받고 미국 첫 여성 우주비행사가 된 샐리 라이드(Sally Ride)일 것이다. 워커는 또한 챌린저(challenger) 우주 왕복선의 사고를 조사했던 대통령 조사위원회에서도 활동했다.

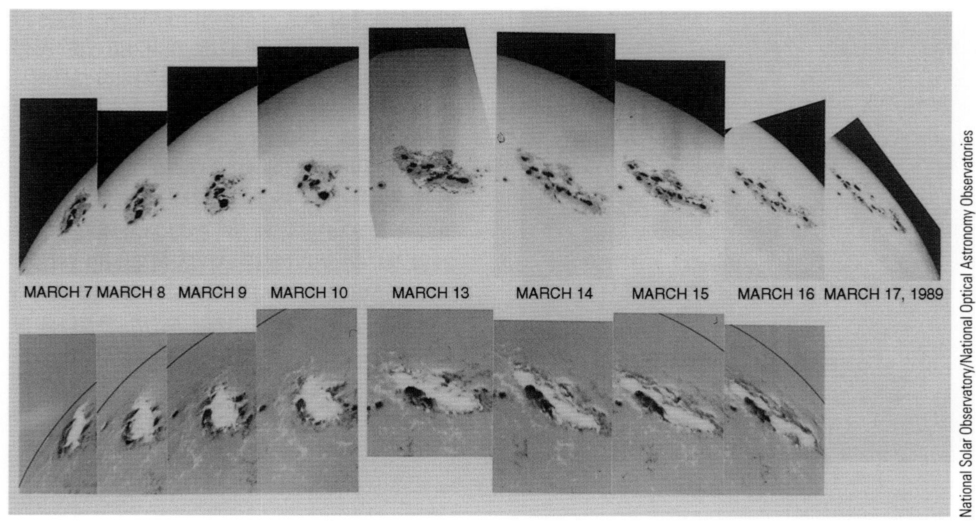

National Solar Observatory/National Optical Astronomy Observatories

■ **그림 6.9**
태양의 표면을 가로지르며 움직이는 흑점 이 일련의 태양 표면 사진들은 태양이 자전하는 동안 큰 흑점군의 궤적을 추적한 기록이다. 사진들은 태양의 가시적 반구를 가로지르며 회전하는 흑점을 추적한 것이다. 위 사진은 보통의 빛으로 본 태양이고, 아래 사진은 채층에서 방출된 빛을 보여준다.

최대기는 평균 11년에 한 번씩 온다는 것을 알지만, 최대기 사이의 기간은 짧게는 8년에서 길게는 16년 정도다. 흑점 최대기에는 태양에서 한 번에 100개 이상의 흑점을 볼 수 있지만, 대부분의 경우 흑점이 태양 표면을 차지하는 면적은 0.5% 이하다(그림 6.10). 흑점 최소기 동안 때로는 흑점을 하나도 볼 수 없다. 가장 최근에 온 흑점 최대기는 2001년이었다.

6.2.3 자성과 태양활동주기

흑점주기의 원인은 변화하는 태양자기장이다. 태양의 자기장은 제만효과(Zeeman effect)라고 불리는 원자의 성질을 이용하여 측정된다. 4장에서 설명했듯이, 원자는 많은 에너지준위가 있고 분광선은 전자가 한 에너지준위에서 다른 에너지준위로 이동할 때 생긴다. 만약 에너지준위가 정확히 정의가 되어있다면, 그 사이의 차이도 정확하다. 전자가 준위를 바꿀 때, 그 결과로 폭이 좁고 뚜렷한 분광선이 생긴다. (분광선은 전자의 에너지가 변할 때, 증가 또는 감소함에 따라 흡수선 또는 방출선이 된다.)

그러나 강한 자기장이 있을 때, 각 에너지준위는 서로 근접한 여러 준위로 쪼개진다. 준위의 분리는 자기장의 세기에 비례한다. 그 결과, 자기장이 있을 때 형성된 분광선은 단선이 아니라 원자 에너지준위의 분리에 상응하는 간격에 따라 매우 촘촘한 일련의 선들이 형성된다. 자기장으로 인해 분광선이 갈라지는 현상을 제만효과라고 부른다.

흑점 부위로부터 발생한 빛의 스펙트럼에서 제만효과를 측정해보면 흑점 부근에 강력한 자기장이 있음을 알 수 있다(그림 6.11). 한 쌍의 흑점 또는 두 개의 선행 흑점을 가지고 있는 군집들의 경우 일반적으로 한 흑점은 N극의 자기극성을 띠고 다른 흑점은 반대 자기극성을 띤다. 게다가

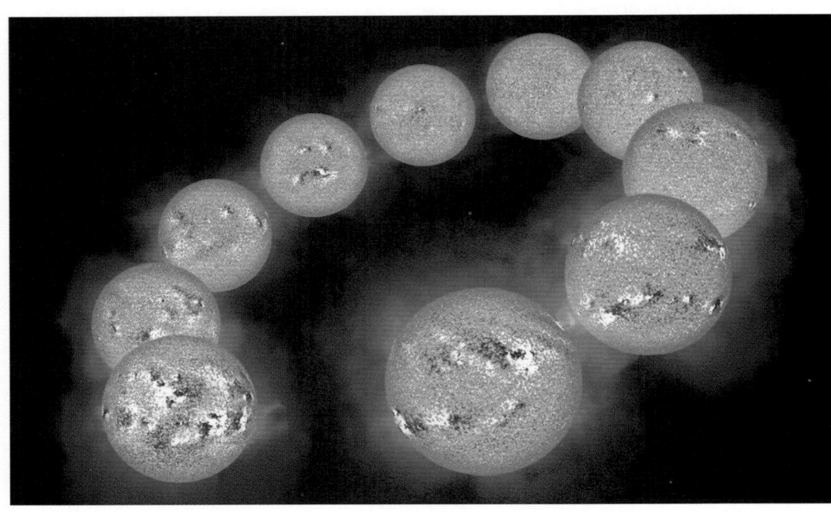

(a)

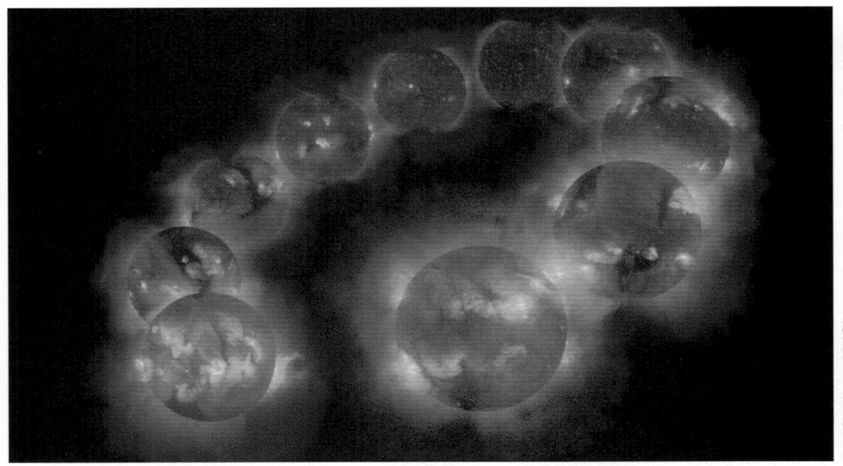

(b)

Karel Schrijver and NASA

■ **그림 6.10**

태양주기 이 역동적인 일련의 사진들은 태양활동주기를 보여준다. (a) 이 그림은 7년 반의 기간에 걸쳐 태양의 표면에서 관측된 10개의 자기장 도표들이다. 두 자기극성(N극과 S극)은 각각 파란색 원반 위에 남색에서 검은색으로, 하늘색에서 하얀색으로 각각 나타났다. 왼쪽 아래에 있는 사진이 1992년에 가장 먼저 찍은 사진인데, 흑점 최대기 직후의 모습이다. 이 아치 형태로 나열된 태양의 모습들은 한 주기가 쇠퇴하면서 다음 주기와 관련된 태양활동이 늘어나는 동안 자기장이 어떻게 바뀌는지를 보여준다. (각 사진은 호의 왼쪽부터 오른쪽으로 1년에서 1년 반 간격을 두고 찍은 사진들이다.) 마지막 사진은 가장 최근 태양이 흑점 최대기로 다가가고 있던 무렵인 1999년 7월 25일에 찍었다. 이 자기장 도표에서 몇 가지 주목해야 할 두드러진 양상들이 있다. 태양 남반구에서 흰 극성에서 검은 극성으로 변하는 방향이 태양 북반구에서와 반대다. 더욱이 각 반구에서 흰 극성에서 검은 극성으로 변하는 방향이 한 주기마다 번갈아 바뀐다. 태양의 전체 자기 주기는 평균 22년 정도다. 어디에서든 자기장이 강하면 태양 외곽 대기층에 열이 가해져서 온도가 수백만 도까지 이르게 한다. 그 뜨거운 기체는 태양의 코로나를 형성하면서 x-선을 방출한다. (b) 이 일련의 사진들은 YOHKOH 인공위성이 찍은 사진인데, 위의 (a) 사진과 같은 기간 동안 코로나의 x-선 방출 강도가 얼마나 변하는지를 보여준다.

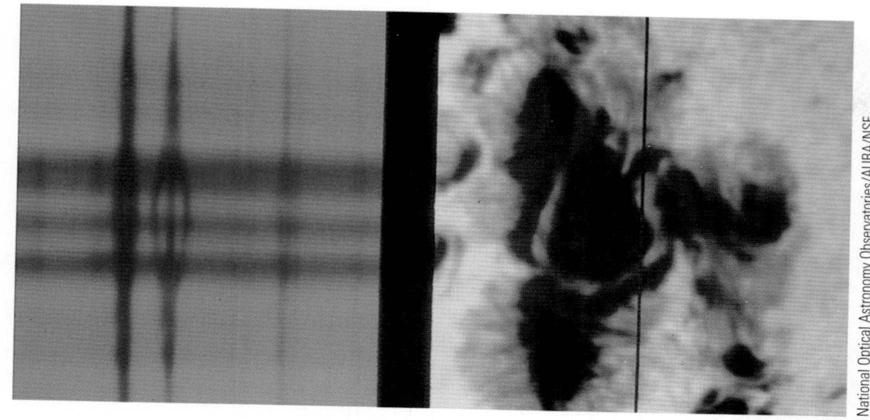

■ **그림 6.11**
제만효과 제만효과를 이용해서 흑점의 자기장을 어떻게 측정하는지를 보여준다. 오른쪽 사진 속 검은 수직선은 분광사진기 틈의 위치를 보여준다. 이 틈을 통과한 빛이 왼쪽의 스펙트럼 사진을 만든다. 왼쪽 사진에서 두 번째로 뚜렷한 분광선이 3등분이 되어있는데, 이는 강한 자기장이 있음을 뜻한다.

특정한 흑점주기 중에 북반구의 여러 쌍의 흑점 중 선행흑점들(또는 여러 흑점군들 중 선행하는 흑점들)은 같은 자기극성을 띄는 경향이 있고, 남반구에서는 그 반대의 자기극성을 띠는 경향이 있다.

그러나 그다음의 흑점주기에서는 각 반구에서 선행 흑점들의 자기극성이 뒤바뀐다. 예를 들어, 어느 흑점주기 동안 북반구의 선행 흑점들이 N극 자기극성을 띠었다면, 남반구의 선행 흑점들은 S극 자기극성을 띤다. 다음 흑점주기에는 북반구의 선행 흑점들은 S극 자기극성을 띠고, 남반구의 흑점들은 N극 자기극성을 띠게 된다. 그러므로 흑점 최대기가 두 번 지나가야만 비로소 흑점주기의 자기극성이 반복된다. 그래서 태양활동의 주기는 근본적으로 자기 주기로서 그 길이는 평균 11년이 아니라 22년이라고 할 수 있다.

왜 태양 자기장의 극과 그 세기는 이렇게 거의 규칙적으로 변화할까? 태양 작동의 원리에 대한 상세한 모형을 이용한 계산을 따르면, 태양 표면 바로 아래에서 회전과 대류가 자기장을 뒤틀리게 한다는 것이다. 이런 표면 아래의 활동은 자기장을 성장시키기도 또는 쇠퇴시키기도 하면서, 대략 11년마다 한 번씩 반대 극성으로 재생시킨다. 위의 계산은 또한 흑점 최대기가 다가오면 자기장이 점점 강해지면서 태양의 내부에서 표면으로 고리 형태로 흘러나옴을 보여준다. 뱀이 똬리를 틀듯이, 커다란 자기장 고리가 표면으로 떠오르면 흑점 활동부가 생성된다.

태양의 표면을 관통하는 자기장 고리의 '끝' 부분들은 서로 다른 자기극성을 띤다. 이 자기장 고리 개념은 왜 흑점 활동부위에서 선행 흑점과 후행 흑점이 서로 반대의 극성을 띠는지를 자연스럽게 설명해준다. 선행 흑점 고리는 '끝' 부분과 일치하고, 후행 흑점은 고리의 다른 '끝' 부분과 일치한다. 작은 고리는 앞서 설명한 '자기 융단(magnetic carpet)'을 형성하며 코로나를 뜨겁게 하는 주요 원인이 된다.

자기장은 또한 왜 흑점이 강력한 자기장이 없는 다른 부분보다 더 서늘하고 어두운지를 설명하는 중요한 단서가 된다. 자기장이 만드는 힘(자기력)은 위로 올라오며 부글거리는 뜨거운 기체 기둥의 움직임에 저항한다. 이 기둥을 통해서 태양 내부에서 외부로 대부분 열이 운반되기 때문에, 강한 자기장이 있는 곳에서는 열전달이 적다. 그 결과 이 부분은 더 어둡고 서늘한 흑점이 된다.

6.3 광구 위의 활동

태양활동주기 동안 변하는 것은 흑점만이 아니다. 채층과 코로나에서도 특이한 변화가 일어난다. 채층에서 무엇이 일어나는지 보려면 수소나 칼슘 같은 원소에서 나오는 방출선을 관측해야 한다. 반면에 뜨거운 코로나는 x-선 관측을 통해서 알 수 있다.

6.3.1 플라주와 홍염

수소와 칼슘의 방출선은 채층의 뜨거운 기체에서 만들어진다. 천문학자들은 정기적으로 이런 방출선과 일치하는 파장의 빛만 통과시키는 필터를 사용해서 태양 사진을 찍는다. 이런 특수 필터를 통해 찍은 사진들은 흑점 주변의 채층에서 밝은 '구름'을 보여준다. 바로 이 밝은 부분을 **플라주**(plage, 그림 6.12)라고 한다. 이 플라주는 채층 안에서 주위보다 온도와 밀도가 높은 부분이다. 사실 플라주 안에는 수소와 칼슘뿐만 아니라 태양의 모든 원소가 들어있다. 단지 이 구름을 이루는 원소 중에서 수소와 칼슘의 방출선이 밝고 관측하기 쉬울 뿐이다.

태양의 대기에서 더 높은 고도로 올라가면, 주로 흑점 근처에서 일어나는 **홍염**(prominences, 그림 6.13)이라 불

■ 그림 6.12
태양의 플라주 이온화 칼슘의 방출선만 통과시키는 필터를 사용해서 찍은 태양의 사진이다. 구름 모양의 밝은 부분이 플라주다.

리는 장관을 마주하게 된다. 일식 관측자들은 홍염을, 달에 가린 태양 표면 위로 올라와 코로나까지 치솟는 불꽃같이 붉은 용솟음으로 보았다. 몇몇 고요한 홍염들은 몇 시간에서 며칠까지 거의 안정된 상태를 유지하는 우아한 고리 모습이다. 비교적 희귀한 폭발형 홍염은 코로나 안으로 고속으로 물질을 쏘아 올리는 듯하고, 가장 활동적인 급등 홍염은 최고 1300 km/s 속도로 빠르게 움직인다. 몇몇 폭발형 홍염은 광구 위 백만 km 이상의 높이에 이르기도 한다. 이런 멋진 광경 옆에 나타난 지구는 보잘것없어 보인다(그림 6.14).

6.3.2 플레어

태양의 표면에서 가장 난폭한 현상은 **태양 플레어**(solar flare)라고 불리는 급속 폭발이다. 일반적인 플레어는 약 5분에서 10분 정도 지속되고 약 백만 개의 수소폭탄에 상응하는 에너지를 방출한다. 가장 큰 플레어는 몇 시간 동안 지속되고 현재 미국의 전력 소비량을 100,000년 동안 공급할 수 있는 막대한 에너지를 방출한다. 흑점 최대기가 다가오면 작은 플레어는 하루에도 몇 번씩 일어나고, 큰 플레어는 몇 주마다 한 번씩 일어난다.

플레어는 수소의 붉은 빛으로 자주 관측되는데, 가시광선 영역의 방출은 플레어가 폭발할 때 방출되는 에너지양의 극히 작은 일부분에 불과하다. 폭발 순간에 플레어와 관련된 물질은 최고 천만 K의 온도까지 올라간다. 이런 고온에서는 x-선과 자외선이 대량 방출된다.

플레어는 서로 반대 방향을 향하는 자기장들이 상호작용하고 파괴되면서 에너지가 발생하는 것으로 보인다. 마치 당겨진 고무줄이 끊어질 때, 큰 에너지가 발생하는 것처럼 말이다. 이런 개념은 코로나가 뜨거워지는 이유를 다룰 때에도 설명했었다. 플레어가 코로나와 다른 점은 자기 상호작용이 코로나 영역의 커다란 부피에 걸쳐 일어나고 엄청난 양의 전자기복사를 방출한다는 것이다. 어떤 경우에는 많은 양의 코로나 구성물질이 대부분 전자와 양성자가 빠른 속도로(500~1000 m/s)—행성 공간으로 방출된다.—이런 **코로나 질량방출**(coronal mass ejection)은 여러 방면에 걸쳐

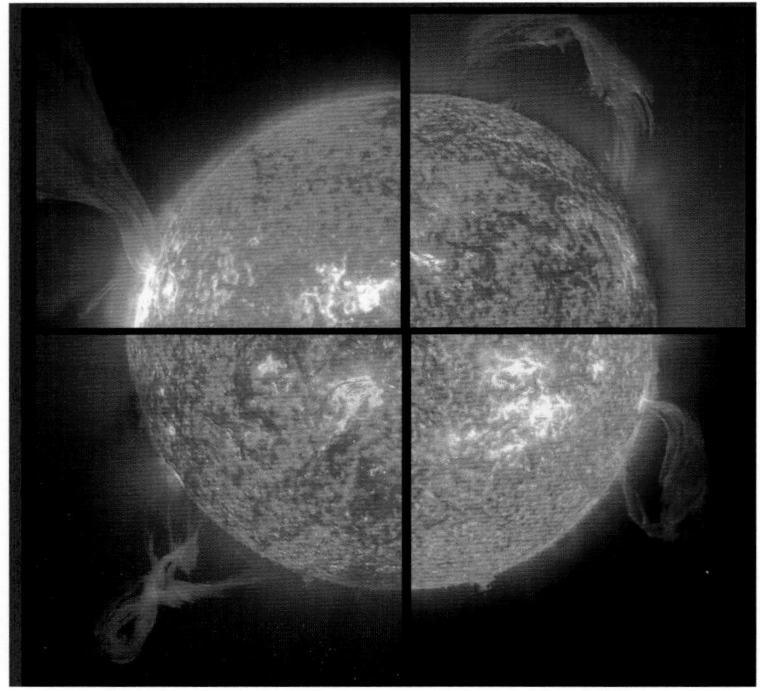

■ 그림 6.13
네 가지 홍염의 사진 홍염은 그보다 훨씬 더 뜨거운 코로나에 떠 있는 비교적 서늘하고 (이 경우 약 60,000 K 정도) 밀도가 매우 높은 거대 구름이다. 이 사진들은 색 분류로, 사진 속에서 하얀 부위는 가장 뜨거운 온도를 나타내며, 어두운 검은 색은 비교적 서늘한 부분을 나타낸다. 왼쪽 위 사진에서부터 시계방향으로 각 사진은 2001년 5월 15일, 2000년 3월 28일, 2000년 1월 18일 그리고 2001년 2월 2일에 찍었다.

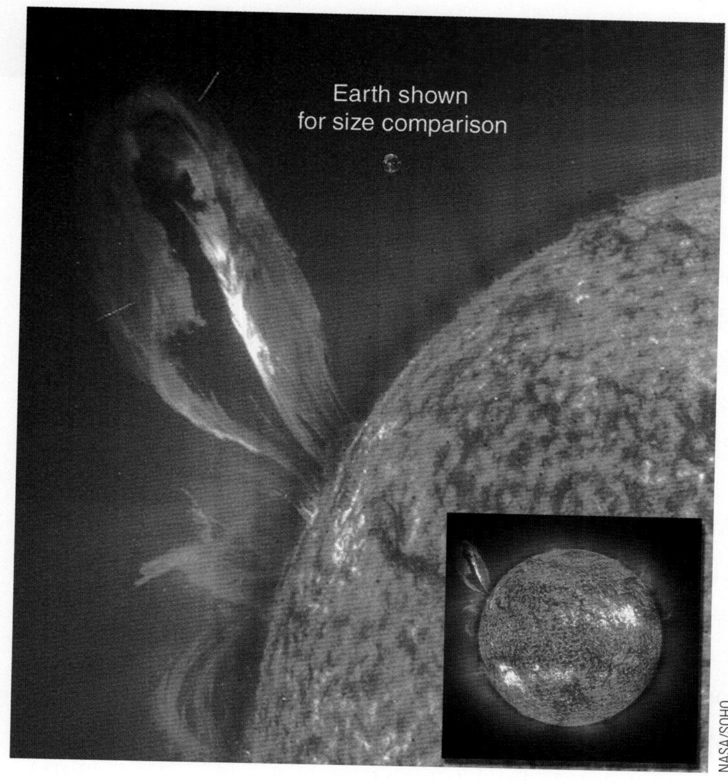

■ **그림 6.14**
폭발형 홍염 이 폭발형 홍염의 사진은 극자외선 영역의 한 번 이온화된 헬륨 방출선으로 찍은 사진이다. 1999년 7월 24일 일어난 이 홍염은 특별히 규모가 크다. 비교를 위해 같은 축적의 지구상이 보인다.

지구에 영향을 줄 수 있다('연결고리: 우주 기상' 참조).

6.3.3 활동성 영역

태양의 흑점, 플레어, 그리고 채층과 코로나의 밝은 부분들은 모두 함께 발생하는 경향이 있다. 다시 말해 이 모든 활동은 비슷한 위도와 경도에서 일어나지만 각기 다른 고도에 위치한다. 모두 함께 나타나는 현상이기 때문에, 흑점주기에 따라 변한다. 예를 들면 플레어는 흑점 극대기에 더 잘 발생하고 코로나는 그 시기에 훨씬 더 두두러지게 나타난다(그림 6.10 참조). 이러한 현상들인 보이는 태양 영역을 **활동영역**(active region, 그림 6.15)이라 부르며 이 활동영역은 항상 강한 자기장과 연관되어 있다.

6.4 태양은 변광성인가?

태양은 매일 정확히 계산할 수 있는 시간에 어김없이 뜬다. 매일 태양은 지구에 에너지를 공급하고 지구를 따뜻하게 해주며, 생명을 유지한다. 하지만 지난 10년간 과학자들이 수집한 증거에 따르면, 태양은 항상 한결같지 않고, 수세기에 걸쳐서 조금씩 변하고 있다. 아마도 1%도 되지 않는 작은 양이지만, 그 변화는 지구와 지구의 기후에 큰 영향을 끼친다.

6.4.1 흑점 수의 변화

11년이란 흑점 최대기 사이의 시간 동안 흑점 수가 변한다는 것은 이미 앞에서 설명했다. 하지만 흑점 최대기일 때에도 흑점의 수가 항상 같지는 않다. 1645년에서 1715년 사이에는 흑점 최대기일 때조차도 흑점의 수가 지금보다 훨씬 적었다는 많은 증거가 있다. 이 극히 활동성이 저조한 시기는 스포러(Gustav Sporer)에 의해 처음 발견되었고 그 후 1890년에 몬더(E.W. Maunder)에 의해 다시 주목받게 되었는데, 오늘날 우리는 이 시기를 **몬더 극소기**(maunder minimum)라고 부른다. 지난 3세기 동안에 있었던 흑점 수의 변화는 그림 6.16에 기재되어 있다. 17세기의 몬더 극소기뿐만 아니라, 19세기 초반에도 지금보다 흑점의 수가 약간 더 적었다. 이 기간을 소몬더 극소기라고 부른다.

흑점의 수가 많을 때 태양은 여러 방면으로 활동적이며, 이런 활동은 지구에 직접 영향을 끼친다. 예를 들어 흑점의 수가 많을 때 오로라 현상이 더 많아진다. 오로라는 태양으로부터 온 고에너지 입자가 지구의 자기권과 서로 작용할 때 생기는 현상인데, 태양이 활동적이고 흑점의 수가 많을 때는 이런 고에너지 입자를 방출할 가능성이 많아진다. 역사적 기록을 보면 몬더 극소기의 수십 년 동안에는 오로라 활동이 이례적으로 낮았다.

몬더 극소기 동안 유럽의 기온이 현저히 낮았다. 기온

연결고리

우주 기상

지구의 날씨 예측만으로 충분치 않았는지, 과학자들은 태양 폭풍이 지구에 미치는 영향을 예측하는 일에 도전했다. 이 새로운 연구 분야를 우주 기상(space weather)이라고 부른다. 수천 대의 인공위성이 궤도를 돌고 있으며, 우주 비행사들은 국제우주정거장에 장기간 거주하고, 휴대전화기와 무선통신을 수만 명이 사용하고, 모두 전기공급에 의존하는 상황이므로, 각국 정부는 태양폭풍이 언제 일어나고 그 폭풍이 지구에 얼마나 막대한 영향을 미칠지 예측하는 방법을 연구하고 있다.

코로나 구멍, 태양 플레어, 코로나 질량방출(CME), 이 세 가지 태양 현상이 우주기상 대부분을 일으킨다. 코로나 구멍은 태양풍이 태양 자기장에 방해받지 않고 태양으로부터 자유롭게 떨어져 나와 흐르게 해준다. 이 태양풍이 지구에 도달하면, 지구 자기권(하전 입자가 가득 찬 지구 주변 공간)이 수축하였다가 태양풍이 지나가면 다시 회복된다. 이런 변화는 지구에 (대부분 가벼운) 전자기 교란을 일으킨다.

태양 플레어는 더 심각하다. 플레어는 지구대기 상층부에 x-선, 고에너지 입자, 강력한 자외선 복사를 퍼붓는다. x-선과 자외선 복사는 대기 상층부의 원자를 이온화시키며, 이온화로 풀려난 자유전자는 우주선의 표면을 대전시킨다. 이 정전기가 방전될 때, 우주선에 있는 전자기기가 파손될 수 있다. 마치 건조한 스타킹을 신고 융단 위를 걷다가 금속 물체나 스위치를 만지면 정전기 충격을 받는 것과 같다.

가장 문제를 일으키는 것은 코로나 질량방출이다. 코로나 질량방출은 수천만 톤가량의 기체 거품이 폭발하면서 태양을 떠나 우주 공간으로 날아가는 현상이다. 이 거품이 태양을 떠난 며칠 뒤 지구에 도달하면 전리권을 가열시키고, 전리권은 팽창하여 우주 공간 멀리까지 확장된다. 그 결과 대기층과 우주선 사이의 마찰이 증가하고, 인공위성들을 낮은 고도로 끌어내린다. 1989년 3월 강력한 플레어가 일어났을 당시, 지구의 궤도를 공전하는 19,000개에 달하는 물체들의 위치 추적을 책임지는 시스템에서 11,000개의 물체의 위치를 일시적으로 놓쳤다. 지구 대기층의 팽창으로 인해 궤도가 달라졌기 때문이다. 태양활동 극대기에는 많은 인공위성이 고도가 너무 낮아지는 바람에 지구 대기층과의 마찰로 인해 파괴되었다. 허블 망원경과 국제우주정거장은 공전을 유지하기 위해 다시 높은 고도로 올리는 재발진이 필요했다.

코로나 질량방출이 지구에 도달하면, 지구의 자기장을 뒤틀리게 한다. 자기장이 바뀌면 전류가 생기기 때문에, CME는 전자를 엄청난 속도로 가속시킨다. 이 '살인 전자'는 인공위성 깊숙이 관통할 수 있어서, 위성의 전자기기를 파괴하고 영구적으로 작동을 불가능하게 만든다. 실제로 통신위성들에서 이런 일이 몇 번 일어났다.

지구 자기장의 문제가 통신에 생길 때 휴대전화기나 무선 시스템에 혼란이 온다. 사실 태양활동 극대기 동안 일 년에 몇 번씩 이런 식의 혼란을 충분히 예상할 수 있다. CME로 인한 자기장의 변화는 변압기를 과부하시킬 만큼의 전기 급류를 발생시켜 대규모 정전을 초래하기도 한다. 예를 들어 1989년 캐나다 몬트리올 시와 퀘벡주 일부에서 태양폭풍의 여파로 9시간 동안이나 전기공급이 끊겼다. CME로 인한 정전은 유럽보다는 북미에서 일어날 가능성이 더 크다. 그 이유는 북미가 유럽보다 지구의 지자기극에 가깝기 때문이다. 지자기극에 가까울수록 CME로 인해 생기는 전류가 강하다.

태양폭풍은 또한 우주비행사, 높은 고도를 비행하는 비행기 탑승객 그리고 지구 표면의 사람들마저 고에너지 입자 흐름에 드러낸다. 예를 들어 우주비행사들은 그들이 근무하면서 노출되는 방사선의 총량을 제한한다. 운이 나쁘면 단 한 번의 태양폭풍으로 우주비행사로의 경력이 끝날 수도 있다. 우주비행사가 우주에 체류하는 시간이 길어짐에 따라 이런 문제가 더욱 심각해지고 있다. 예를 들어 러시아의 미르(Mir) 우주선에 탑승해서 하루 동안 받는 방사능 수치는 약 8번의 흉부 x-선을 찍은 양과 같다. 화성 유인 탐사 계획에서 가장 큰 걸림돌 중 하나는 우주비행사를 고에너지 태양 방사능으로부터 보호하는 방법을 고안해내는 일이다.

태양폭풍 경보가 있다면 이런 파괴적 영향을 최소화할 수 있다. 전력망을 최대 용량 이하로 운영하면 사전에 전류 급류를 흡수할 수 있을 것이다. 통신망의 작동오류에 대비해서 대체 체제를 마련할 수도 있다. 우주인의 우주선 밖의 활동 또한 규모가 큰 태양 폭풍을 피해서 시간을 조정할 수 있다. 과학자들은 언제 어디서 플레어와 CME가 일어날지, 얼마나 크고 빠르게 일어날지, 아니면 지구에 거의 영향을 미치지 않는 규모로 작고 천천히 일어날지 예측하려고 한다. 대처 전략은 태양의 작은 부분에서 발생하는 변화와 태양의 자기장 변화 등을 그 후 일어날 폭발과 연관시키는 것이다. 하지만 현재 예측적중률이 낮아서, 실제로 할 수 있는 유일한 것은

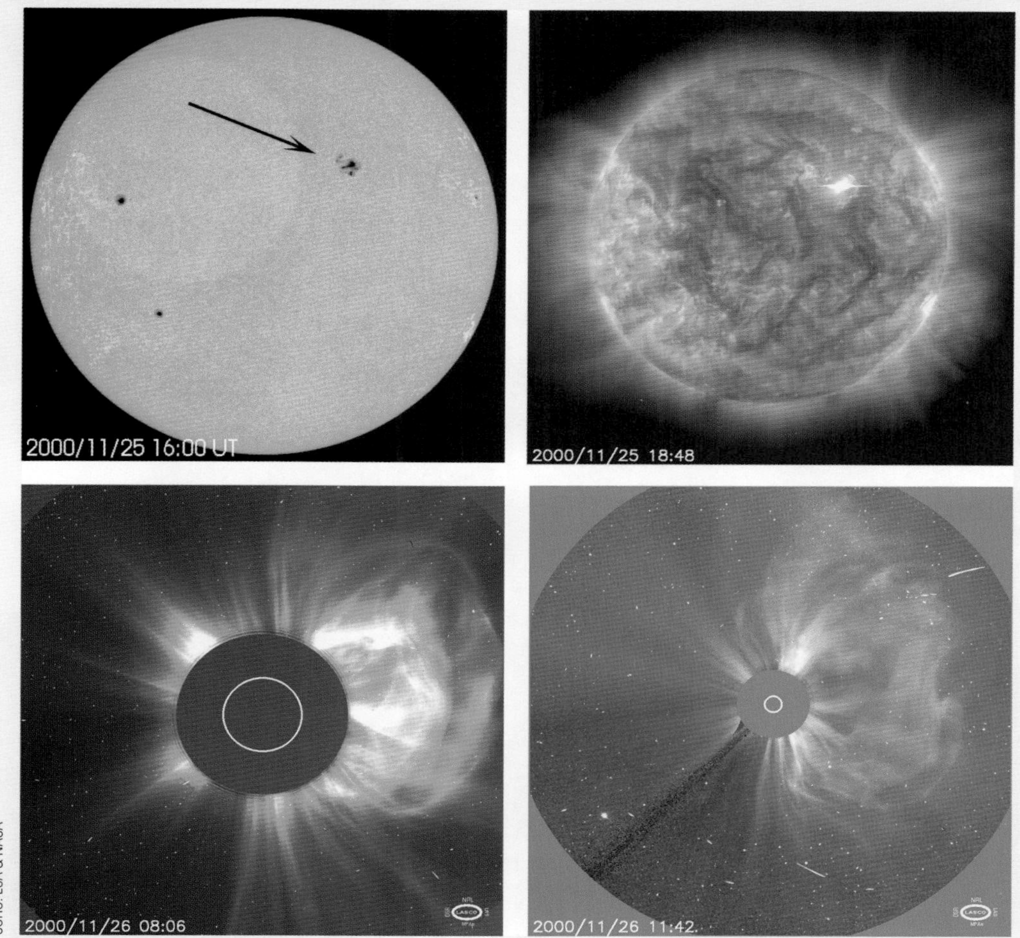

플레어와 코로나 질량방출 이 네 장의 연속된 사진들은 시간에 따라 태양의 대규모 폭발이 어떻게 진행되는지를 보여준다. 폭발한 흑점군의 위치에서 시작됐는데, 오른쪽 위의 사진에는 극자외선 빛으로 본 플레어가 보인다. 14시간 후 코로나 질량방출이 우주를 향해 날아가는 모습이 보인다. 3시간 후 이 코로나 질량방출은 팽창하여 태양을 탈출하는 거대한 구름을 형성하면서 태양계를 향한 여정을 시작한다. 아래에 있는 두 장의 사진 안의 하얀 원은 태양 광구의 지름을 보여준다. 하얀 선 주위의 어두운 부분은 코로나의 희미한 빛을 보기 위해 특별히 설계된 기기로 태양의 빛을 차단한 모습을 보여준다.

CME나 플레어의 발생을 관측하는 일뿐이다. CME는 약 300 km/s의 속도로 이동하므로 폭발을 관측하면 지구에 도달하기 전까지 며칠 간 대비할 여유가 있다. 하지만 지구에 미치는 영향의 강도는 CME에 포함된 자기장과 지구 자기장과의 관계에서 어느 쪽을 향하는가에 의해서 결정된다. 이 자기장의 방향은 CME가 관측 위성을 지나야만 측정할 수 있는데, 관측 위성은 지구에서 약 한 시간 거리에 위치한다.

우주기상 예측자료는 인터넷(www.noaa.gov/solar.html)에서 확인할 수 있다. 일주일 예보와 함께 대중이 관심을 가질만한 사건이 기재되며, 경보는 사건이 임박하거나 진행 중일 때 발령된다.

다행히도 앞으로 몇 년간은 고요한 우주 날씨를 기대할 수 있다. 최근 태양활동 최대기가 2001년이었으니 2005~2006년에는 태양활동 최소기다. 앞으로 더 많은 인공위성을 발사해서 CME가 지구를 향해오는지, 얼마나 큰지를 측정할 수 있을 것이다. 또한, 여러 모형들이 개발되어 과학자들은 CME에 대한 정보를 통해 지구에 대한 영향을 예측할 수 있다. 다음 태양활동 극대가 다가오기 전에, 지구의 기상학자들이 달성해 놓은 지구 날씨 예측적중률만큼, 우주기상이 예측적중률을 올릴 수 있기를 희망한다. 이는 가장 예측하기 어려운 사건으로서 가장 크고 파괴적인 폭풍이다. 지구에서의 태풍처럼 극도로 희귀한 태양 현상들이다. 그러므로 태양은 앞으로도 어김없이 늘 우리를 놀라게 할 것이다.

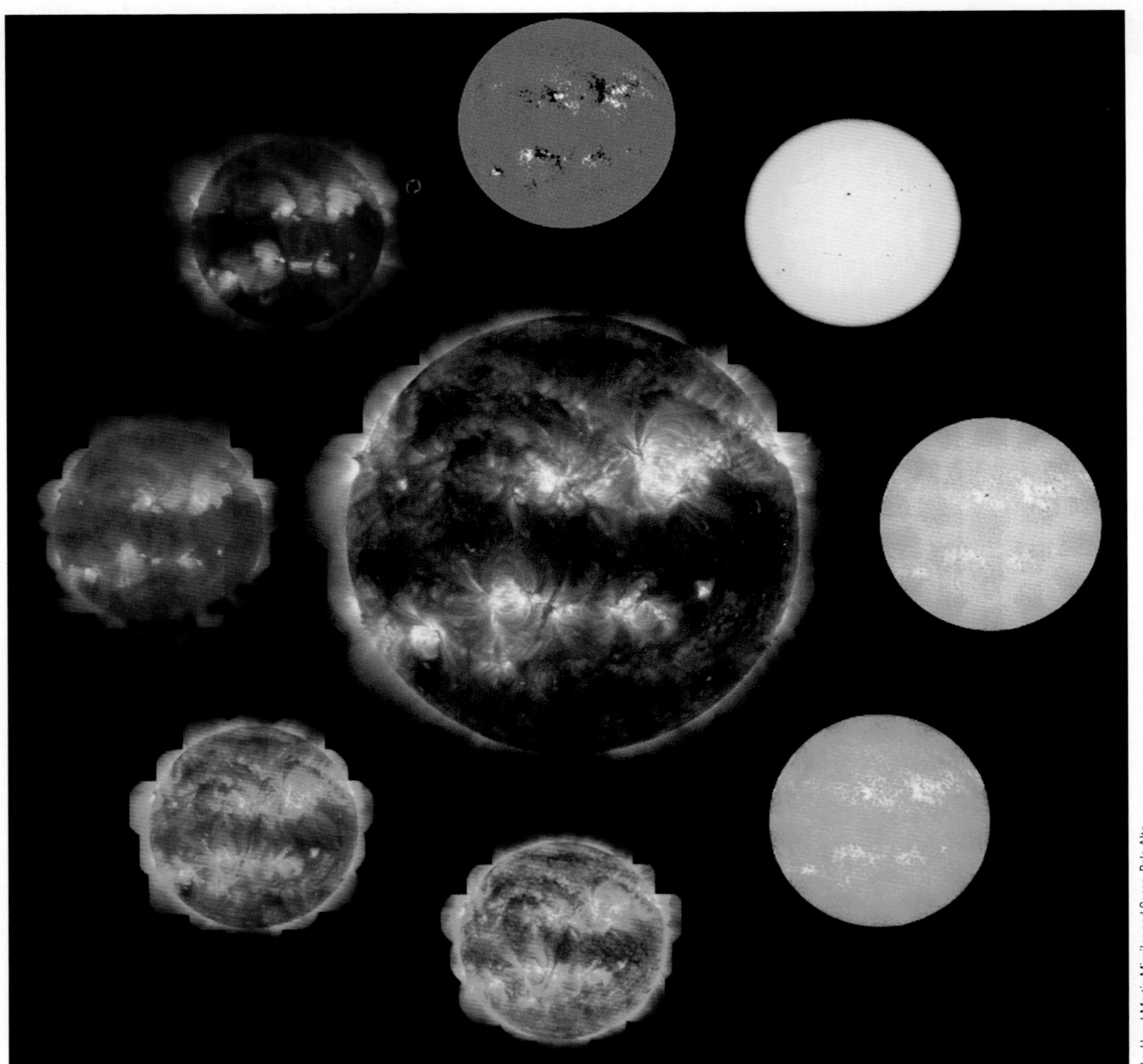

■ **그림 6.15**

태양 대기의 다양한 고도에서 나타나는 활동 영역들 태양을 여러 파장으로 관측하면, 태양 대기 온도가 다른 여러 부분과 여러 고도를 볼 수 있다. 중앙 사진은 태양의 코로나를 찍은 3색 복합 사진으로 천이영역 및 코로나탐색(TRACE) 인공위성이 극자외선 빛으로 촬영한 것이다. 사진의 색깔들은 각기 다른 온도를 나타낸다. 즉 100만 K의 기체는 초록색, 150만 K의 기체는 푸른색, 200만 K의 기체는 빨간색으로 나타냈다. 주위의 사진들은 위에서부터 시계 방향으로, 첫 번째 사진은 SOHO 인공위성이 찍은 자기장 도표로 반대 극성들은 검은색과 흰색으로 나타난다. 두 번째 사진은 보통의 흰빛으로 찍은 태양 광구 사진이다. 다음의 두 사진은 TRACE 인공위성이 자외선으로 찍은 채층 사진들이다. 그리고 중앙의 사진을 만들기 위해 코로나를 세 가지 다른 파장으로 찍은 네 개의 사진들이다. 사진을 보면, 코로나 x-선 방출, 채층 방출, 강한 자기장, 그리고 흑점이 모두 같은 위치, 즉 활동 영역들에서 일어나는 경향이 있음을 알 수 있다. 이 복합 사진은 코빙턴(Joe Covington)이 제작했다.

이 너무 낮아서 소빙하기라고 부를 정도였다. 런던의 템스강은 17세기 동안 최소 11번 얼어붙었고 영국 동남 해안에도 얼음이 나타나고, 낮은 여름 기온 때문에 성장 시기가 짧아져 농작물 수확량도 줄어들었다(그림 6.17).

기후의 변화는 인류 역사에 큰 영향을 끼친다. 예를 들어 노르웨이의 탐험가들은 986년 처음으로 아이슬란드에 식민지를 건설했으며, 그린란드로 갔다. 약 1000년과 1350년 사이에 북미대륙의 뉴펀들랜드를 비롯한 동북부 해안지역을 여러 차례 방문했다. (그 당시의 배들은 북미 대륙까지 직접 항해하지 못했고, 그린란드를 걸쳐서 여행했다. 그래서 그린란드는 추가 탐험을 위한 기착지 역할을 했다.)

그린란드 대부분은 얼음으로 덮여있어서 그린란드 항

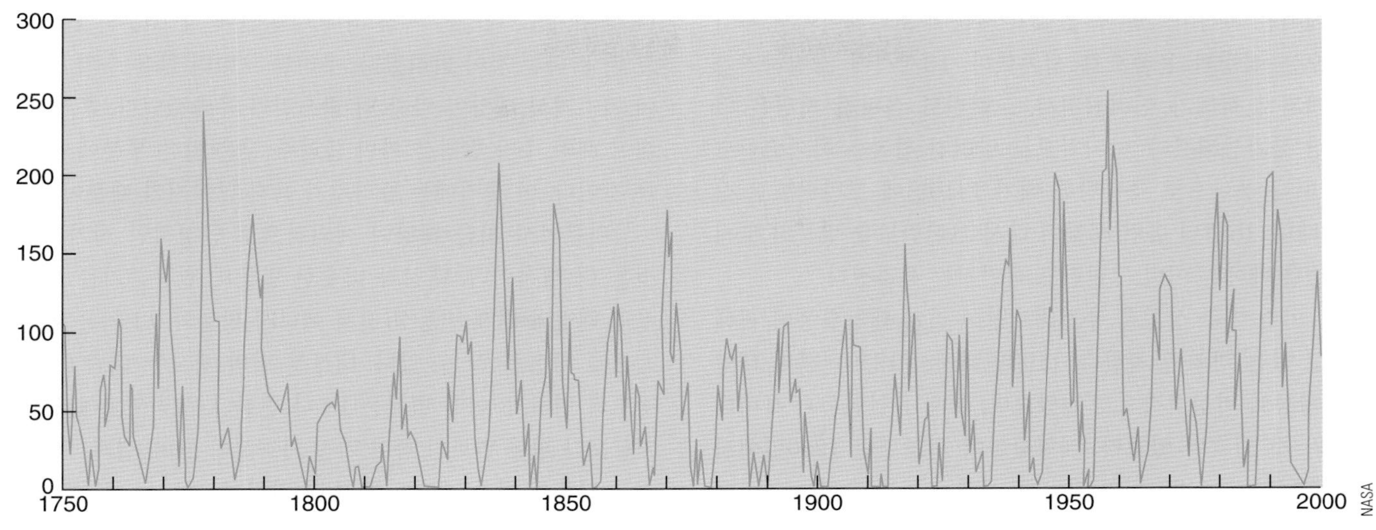

■ 그림 6.16

시간에 따라 변하는 흑점의 수 이 도표는 일정한 규격으로 흑점 수를 기록하기 시작한 이래 시간에 따라 흑점의 개수가 어떻게 변했는지를 보여준다. 19세기 초반에 흑점의 개수가 현저히 낮았다는 사실에 주목하라. 소몬더 극소기였다.

Kunsthistorisches Museum, Vienna; photo by Erich Lessing, Art Resources

■ 그림 6.17

유럽의 소빙하기 소빙하기 동안 유럽에서는 겨울마다 모든 물줄기가 얼어붙었다. 홰케(Robert van Hoecke)가 1649년에 그린 이 그림의 제목은 '브뤼셀 호수 마을에서 스케이트 타기'다.

구에서는 자급자족할 수 없었기 때문에 노르웨이에서 수입해오는 식량과 물품으로 생존했다. 13세기에 소빙하기가 시작되자 항해가 어려워져서, 그린란드 식민지 지원은 더 이상 불가능해졌다. 마지막으로 알려진 접촉은 아이슬란드를 떠나 풍랑으로 조난당한 배가 1410년에 그린란드로 갔을 때다. 1577년 유럽 배들이 다시 그린란드를 방문하기 시작했을 때에는 이미 그린란드 식민지는 사라졌다.

이런 이주 상황을 추정해보면 우리가 태양활동에 관해 알고 있는 바와 일치한다. 1100년대에서 1250년까지 태양의 활동이 비상식적으로 높았으며, 이때 유럽인들과 북미대륙의 첫 접촉이 있었다. 태양활동이 저조했던 1280년에서 1340년까지 소빙하기가 왔는데, 이때가 바로 유럽과 북아메리카 그린란드와의 정기적인 접촉이 끊긴 시기다.

6.4.2 지구의 기후에 대한 태양의 영향

역사 기록은 기후와 태양활동이 서로 관련이 있음을 보여준다. 하지만 이 상관성은 우연일까? 아니면 태양이 정말로 지구의 기후를 변화시킬까? 이 질문에 답을 찾는 일이 시급한 이유가 두 가지다. 첫째, 인류가 지구의 대기층에 온실가스양을 증가시켜서 지구의 기후에 영향을 주고 있는지에 대해 활발한 토론이 진행되고 있다. 만약 태양의 변광도 지구의 기후 변화를 초래한다면, 지구의 기후에 미치는 인간 활동의 영향 평가도 수정되야 할 것이다. 둘째, 대기층이 변하는 온도에 어떻게 반응하는지를 예측하는 모형을 시험할 수 있다. 우리는 수세기에 걸쳐서 태양의 변광과 기후변화에 관한 자료들을 가지고 있다. 이를 통해 태양에너지 방출량과 지구 기후의 관계를 대기모형으로 정확히 예측할 수 있는지를 알 수 있다. 이런 모형들이 태양의 변화에 대한 지구 대기권의 반응을 정확히 설명할 수 있다면, 온실가스의 결과예측에서 신뢰도를 높일 수 있을 것이다.

태양 광도의 변화가 지구 기후에 영향을 준다는 것을 증명하기 위해서는 두 단계를 거쳐야 한다. (1) 날씨와 태양에너지 방출량 사이 오래된 상관관계가 있다는 기록을 입증해야 하고, (2) 태양에너지 방출의 작은 변화가 지구의 기후에 중대한 변화를 일으킨다는 것을 뒷받침할 원리를 발견해야 한다. 한 단계씩 생각해 보자.

6.4.3 태양활동과 지구 기후: 상관관계

우주 시대가 열리면서 우리는 태양의 광도를 정확히 측정할 수 있게 되었다. 이제야 비로소 태양의 총 에너지 방출량이 태양의 활동량에 의해 바뀌는 것을 검증할 수 있게 된 것이다. 놀랍게도, 태양은 흑점 최대기 동안에 약 10분의 1% 정도 더 밝다는 것이 밝혀졌다. 우리는 오히려 많은 수의 흑점에 가려져서 태양이 약간 덜 밝으리라 추측했었다. 흑점 최대기 때의 추가 발광은 아마 플라주 같은 밝은 부분에서 나올 것이다. 이 시기에는 플라주가 특히 많아지기 때문이다.

덧붙여서 지금 태양이 예외적으로 안정적인 시기라는 것은 큰 행운이다. 태양과 비슷한 별들의 활동주기를 보면 우리 태양의 현재 변동성(전체 에너지 방출의 0.1%)은 이례적으로 작음을 알 수 있다. 대부분 별의 광도는 대략 0.3% 정도씩 변하고, 어떤 별들은 1%나 변한다. 그러므로 태양이 지금보다 활동 변화의 폭이 커질 가능성이 크며, 결과적으로 지구 기후에 대한 영향도 훨씬 더 커질 수 있다.

태양 광도에 대한 역사적 측정기록이 없기 때문에(최근까지의 측정은 변화가 매우 작음), 최근 인공위성 관측자료를 추적하여 태양활동 수준이 태양에너지 방출량의 지표라고 가정한다. 자연이 우리에게 수천 년 전의 태양활동 수준에 대한 추정치를 제공하는 셈이다.

태양활동 수준에서 장기적 변동성을 보여주는 최선의 정량적 증거는 방사능 동위원소 탄소-6의 연구에서 나온다. 지구에는 끊임없이 우주선(cosmic ray), 즉 중원소의 양성자와 핵을 포함한 고에너지 입자들이 쏟아져 들어온다(11.4절 참조). 이런 태양계 밖의 광원에서 오는 우주선이 지구 대기 상층부에 도달하는 비율은 태양활동 수준에 의해 결정된다. 태양이 활동적일 때, 태양계로 흘러나오는 태양의 하전 입자들은 태양의 강한 자기장을 운반한다. 이 자기장은 지구를 향해 돌진하는 우주선으로부터 지구를 보호한다. 태양활동이 낮은 시기에는 태양의 자기장이 역시 약해서 다수의 우주선이 지구까지 도달한다.

우주선 에너지 입자가 지구 대기의 상층부와 부딪칠 때, 여러 가지 방사능 동위원소가 생긴다(4.4절 참조). 이런 동위원소 중 하나가 탄소-14(carbon-14)로 질소가 고에너지 우주선과 부딪칠 때 생긴다. 탄소-14의 생성률은 태양활동이 저조해서 태양 자기장이 태양계 밖으로부터 쏟아져 들어오는 우주선으로부터 지구를 보호하지 못할 때 더 높다.

몇몇 방사성 탄소 원자는 그 후 이산화탄소 분자를 만들고 결국 광합성을 통해 나무속으로 흡수된다. 나무의 나이테에서 방사성 탄소를 측정함으로써 과거 태양활동수준을 추정할 수 있다. 지난 300년 동안의 가시적 흑점 개수 추정치와의 상관관계를 보면 탄소-14를 사용한 태양활동수준 추정계산은 매우 타당한 것으로 드러났다. 이산화탄소가 대기나 바다에서 식물로 흡수될 때까지 평균 약 10년이 걸리기 때문

스스로 해보기

태양 관측법

태양을 직접 보는 것은 매우 위험하다. 잠시라도 태양에 직접 노출되면 망막을 태우고 심각한 안구 손상을 일으킬 수 있다. 태양을 필터 없는 망원경으로 관측하는 것은 더욱 위험하다. 왜냐하면 망원경은 태양 빛을 한곳에 집중시키기 때문에 더 심각한 안구 손상을 더 빨리 일으킨다. 하지만 태양을 안전하고 유용하게 간접적으로 관측하는 방법도 있다.

갈릴레오가 그의 첫 망원경을 천체 관측에 사용하기 시작한 지 얼마 후에, 그의 조수이자 제자였던 베네데토 카스테리(Benedetto Castelli)는 그 당시 큰 논쟁거리였던 흑점을 관측하는 방법을 개발했다. 카스테리는 망원경으로 만들어진 태양의 모습을 종이에 투사했다. 그 종이에 흑점의 위치를 그림으로 그렸다. 이 기술을 사용해서 갈릴레오는 흑점이 태양의 빛을 가리는 작고 검은 행성이 아니라, 태양과 함께 자전하는 태양 자체의 어두운 부분임을 증명했다. 여러분도 직접 실험해 볼 수 있다.

안정적인 지지대 위에 작은 망원경을 태양 쪽을 향하도록 설치한다. 이 작업은 시행착오를 반복해야 한다. 확인하기 위해서 절대로 망원경을 통해 태양을 보지 말아야 한다. 대신 망원경의 그림자를 주목해서 보라. 망원경이 태양을 정확히 가리킬 때 망원경 그림자가 가장 작아질 것이다. 그러면 태양의 모습을 하얀 마분지나 다른 밝은 표면에 투사시킬 수 있다. 흑점이 있다면 위치를 표시하라. 이 관측을 일주일에서 2주일 동안 반복하고 같은 크기의 그림으로 흑점이 태양 표면에서 어떻게 움직이는지 기록하라.

망원경을 통해 태양을 보는 것은 매우 위험하지만 작은 망원경으로 하얀 마분지 위에 투영된 태양 이미지를 보는 것은 안전하다.

망원경의 주위에 마분지를 끼워 놓으면 그 그림자 덕분에 공모양의 태양이 더 뚜렷하게 보인다. 한동안 태양을 관측하면서 투사된 태양 모습이 천천히 종이를 가로질러 움직여도 놀랄 필요가 없다. 이것은 태양이 뜨고 지게 하는 지구의 자전 때문이다. 흑점을 보지 못해도 실망할 것은 없다. 특히 태양활동 극소기 때는 더욱 그렇다.

에 이 기술은 11년의 태양활동 주기에 관한 자료로 쓸 수는 없다. 하지만 태양활동 수준에서 장기간에 걸친 변화를 찾기 위해서 사용될 수 있다.

나무의 나이테에서 탄소-14를 이용한 추정에 의하면 태양활동 수준의 변화는 지난 몇 천 년에 걸쳐서 일어났으며, 어떤 시기에는 태양이 지금보다 활발할 때도 있었고, 저조한 때도 있었다. 이런 측정은 탄소-14의 양이 이례적으로 높을 때는 태양활동이 낮은 소몬더 극소기 및 몬더 극소기와 잘 일치함을 확인해주었다. 또한, 1410년부터 1530년 사이에, 그리고 1280년부터 1340년 사이에 태양활동 수준이 낮았다. 1100년부터 1250년대까지는 태양활동이 지금보다도 훨씬 높았을 수도 있다.

자연은 또한 수천 년간의 지구 평균기온을 추정하는 방법을 제공한다. 북쪽인 캐나다, 그린란드, 아이슬란드 해안가 주변의 얼음에는 대지 위를 이동하다 부착된 미세 바위 먼지가 있다. 이 얼음은 남쪽으로 내려가 북대서양으로 가서, 결국 녹으면서 그 바위 먼지를 대양 해저에 떨어뜨린다. 차가운 시기에는 이 얼음들은 훨씬 더 남쪽으로 내려가서 녹는데 가끔은 아일랜드까지 내려간다. 연구에 의하면 해저에서 발견되는 먼지양은 얼음이(일시적으로) 더 추운 대서양으로 내려감에 따라, 약 1500년에 한 번씩 높아진다고 한다.

경우마다, 먼지양의 최고점은 탄소-14량 최고점과 일치했다. 이 결과는 기온이 낮았던 시기가 태양활동이 낮았던 시기와 일치함을 의미한다. 측정결과 지난 12,000년 동안 기후는 따뜻하고 차갑기를 약 9번 반복했고, 각 변화는 매번 탄소-14에 의해 측정된 태양활동수준과 함께 변했다. 태양은 지구의 기후에 영향을 주는 것이다.

6.4.4 태양의 변광과 지구의 기후: 그 원리

태양활동이 저조할 때 지구가 평균적으로 더 서늘하다는 증거는 확실하다. 하지만 왜 그럴까?

지난 수백 년간에 걸친 태양의 광도 변화는 너무 작아서 지구 전체의 온도를 극심하게 변화시키지 않았다. 또한, 온도 변화가 모든 장소에 일정하게 적용되지도 않는다. 이를테면 소빙하기 때는 유럽이 다른 지역에 비해 더 큰 영향을 받았다. 지구의 대기모형을 계산하는 사람들은 태양의 작은 광도 차이가 증폭되는 원리를 알아내려고 한다. 최근한 모형에 의하면 바람이 주원인일 수도 있다. 측정 결과 태양이 방출한 자외선 에너지의 변화 폭은 스펙트럼의 가시광선 부분에서 방출되는 에너지의 10배에서 100배 이상이었다. 태양활동이 활발할 때 더 많은 자외선이 방출되었고, 그 결과 지구 대기층에 오존층이 더 두껍게 형성된다. 오존은 태양 빛을 흡수해서 성층권 온도를 높일 수 있다. 이것은 다시 높은 곳의 바람의 패턴을 바꾸고 폭풍의 방향을 바꾸며, 지구 대기 하층부의 온도를 위도에 따라 각기 다른 정도로 변화시킬 수 있다.

이런 대기 모형은 또한 태양활동이 저조할 때, 북반구의 서풍이 감소함을 보여준다. 겨울에는 물이 더 효과적으로 열을 보존하기 때문에 바다 온도가 육지보다 따뜻하다. 바람이 줄어들면, 태평양에서 북미대륙으로 가는 따뜻한 공기와 대서양에서 유럽으로 가는 따뜻한 공기가 줄어들어서 더욱더 추운 겨울이 된다. 이런 모형들은 몬더 극소기때 지구 전체의 평균온도는 약 0.3°~0.4°C 밖에 내려가지 않았지만, 유럽과 북미 대륙의 온도는 1.8°에서 2.7°C나 내려갔을 것이라고 예측하는데, 이는 북반구의 소빙하기를 설명하기에 충분하다.

지구의 기후를 바꾸는 또 다른 요인이 있다. 예를 들어 1991년에 일어난 피나투보(Pinatubo) 화산 폭발은 약 2천만 톤가량의 이산화황(SO_2)을 토해냈고, 이 이산화황은 지구 전체로 퍼져나갔다. 대기층에 이런 입자들의 존재는 폭발 후 2년간 북반구의 평균온도를 0.5°C나 내렸다. 이 화산으로 인해 지구온난화 진행이 늦추어졌을 뿐만 아니라 과학자들에게 기후에 대한 화산의 영향을 계산할 기회를 제공했다. 지난 세기에 일어난 0.6°C의 평균기온 상승은 태양의 변화와 화산폭발만으로는 설명할 수 없다. 이를 설명하기 위해서는 모형에 인간이 배출한 온실가스를 반드시 포함해야만 한다.

이런 개념들은 아직 새로운 생각들이라서 좀 더 진전된 관측과 모형 작업(modeling)을 통해 보강되어야 한다. 하지만 그 결과는 태양 행동과 지구에 끼치는 영향을 계속 연구할 동기를 부여할 것이다.

인터넷 탐색

태양에 대한 일반적인 정보:

- The Nine Planets Site: seds.lpl.arizona.edu/nineplanets/nineplanets/sol.html
- Views of the Solar System Site: www.solarviews.com/eng/sun.htm
- Stanford SOLAR Center: solar-center.stanford.edu/
- NASA's Sun-Earth Connection: sunearth.ssl.berkeley.edu

태양탐사 우주선:

- Ulysses: ulysses.jpl.nasa.gov
- SOHO: sohowww.nascom.nasa.gov/
- TRACE: vestige.lmsal.com/TRACE/
- Yohkoh: www.lmsal.com/SXT/homepage.html
- HESSI: hesperia.gsfc.nasa.gov/hessi/

다른 유효한 사이트:

- **오늘의 태양 이미지:** umbra.nascom.nasa.gov/images/latest.html
- **활동 태양:** www.bbso.njit.edu/arm/latest
- **우주 기상:** www.spaceweather.com
- **우주 환경 센터:** www.sec.noaa.gov
- **태양 플레어 이론:** hesperia.gsfc.nasa.gov/sftheory/index.htm
- **시간대 기후 툴(지구 기후 역사의 개요):** www.ngcd.noaa.gov/paleo/ctl/

요약

6.1 우리의 별, 태양은 대기를 이루는 몇 개의 층으로 둘러싸여 있다. 중심에서부터 거리가 멀어지는 순서로, 온도가 4500~6800 K인 **광구**, 온도가 10,000 K 정도인 **채층**, 두께는 수 km에 불과하지만, 온도가 1만 K에서 100만 K까지 변하는 **천이 영역**, 온도가 수백만 도에 이르는 **코로나**가 있다. 태양 표면은 뜨겁고 밝은 상승기류인 **쌀알무늬**로 뒤덮여 있다. **태양풍**은 **코로나 구멍**들에서 나와서 태양계로 퍼져 나가는 입자의 흐름이다. 이런 입자들이 지구 근처에 도달했을 때 **오로라** 현상을 만드는데, 이 오로라는 지구의 자기극 근처에서 가장 강하다. 수소와 헬륨이 태양 질량의 98%를 차지한다. 지구의 화학조성보다 이런 태양의 조성이 우주 대부분과 훨씬 더 가깝다.

6.2 흑점은 주변 광구보다 1500 K 정도까지 온도가 낮은 영역이다. 태양을 가로질러 움직이는 흑점의 운동으로 태양의 자전 주기를 구할 수 있다. 태양 적도 부근은 더 빨리 자전하며, 자전 주기는 약 25일이고, 태양의 극 부근의 자전 주기는 훨씬 더 긴 36일이다. 가시적 흑점 개수는 평균 약 11년 정도인 흑점주기에 따라 변한다. 흑점들은 자주 쌍으로 나타난다. 11년 주기 동안, 북반구의 모든 선행 흑점은 같은 자기극성을 띠지만, 남반구의 모든 선행 흑점은 북반구와 반대인 자기극성을 띤다. 그다음 11년 주기 동안에는 자기극성이 뒤바뀐다. 때로는 이러한 이유로 태양의 자기 활동주기는 22년 지속된다고 말하기도 한다.

6.3 흑점, **홍염,** 그리고 **플라주, 태양 플레어**와 **코로나 질량방출**을 포함하는 밝은 부분 모두는 **활동 영역**에서 주로 일어난다. 즉 이들 현상은 태양에서 같은 위도 같은 경도의 지점에 있지만, 서로 다른 태양 대기 고도에 위치한다. 태양 플레어와 코로나 질량방출은 오로라 현상을 발생시켜 통신 방해, 인공위성 훼손과 정전도 일으킬 수 있다.

6.4 태양활동 수준은 100년 이상의 오랜 기간에 걸쳐 변하며, 태양 극대기 동안에 보이는 흑점의 개수도 다르다. 예를 들어 1674년부터 1715년까지 흑점의 개수가 특히 낮았는데, 이를 **몬더 극소기**라고 부른다. 현재의 자료에 의하면 지구 온도와 태양의 에너지 방출량 사이에 상관관계가 성립한다. 모형에 의하면 자외선으로 가열된 태양 대기의 상층부가 바람의 패턴에 영향을 끼치며, 이로 인해 지구 표면의 날씨도 영향을 받는다. 하지만 지난 세기 동안 관측된 지구의 기온 상승은 태양의 변화, 심지어 화산 폭발의 영향까지 고려해도 쉽게 설명되지 않는다. 최근의 기온상승은 인간의 활동으로 배출된 온실가스까지 모형에 포함해야만 설명할 수 있다.

모둠 활동

A 모둠 구성원과 함께 태양이 지구에 있는 우리들의 인생에 어떤 영향을 끼치는지에 대한 목록을 작성해 보라. 얼마나 긴 목록을 작성할 수 있는가? (일상생활에 끼치는 영향뿐만 아니라 태양활동이 활발해서 생기는 특이한 현상들이 끼치는 영향도 고려하라.)

B 태양의 본질을 이해하기 전에 천문학자(그리고 행성 발견자) 윌리엄 허셜(William Herschel, 1738~1822)은 뜨거운 태양 내부에 차가운 곳이 있고 그 안에 생물이 살 수도 있다고 말했다. 이 의견에 대해 논의하고 그에 대해 현대적인 반대 주장을 제시하라.

C 앞에서 설명했듯이 유럽인들이 북미 대륙으로 이주한 것은 기후변화의 영향을 받았음이 명백하다. 지구 기온이 태양의 변화로 인해서든지 온실가스로 인해서든지 급격히 상승한다면, 그 영향 중의 하나는 극지방에서 빙하가 녹는 속도가 빨라지는 것이다. 이것이 현대 문명에 어떤 영향을 끼칠까?

D 몬더 극소기가 다시 찾아와서 지구의 평균 기온이 떨어지고 있다고 가정하자. 이것이 문명과 국제 정치에 어떤 영향을 미칠지에 대해 모둠별로 논의해 보라. 생각할 수 있는 가장 심각한 영향들에 대한 목록을 작성하라.

E 흑점이 태양 표면을 가로질러 움직이는 것은 태양의 자전을 보여주는 방법의 하나다. 모둠과 함께 태양의 자전을 보여줄 수 있는 다른 방법들을 생각해 보라.

복습 문제

1. 태양과 지구의 화학 조성에 나타난 주요 차이점은 무엇인지 설명하라.
2. 광구, 채층, 코로나의 위치를 표시하는 태양 대기권의 그림을 그려보자. 각 영역의 대략적인 온도는 각각 얼마나 되는가?
3. 왜 흑점은 검게 보이는가?
4. 제만효과란 무엇이며 이것은 태양에 대하여 우리에게 무엇을 알려주는가?
5. 태양활동의 세 가지 서로 다른 유형을 설명하라.
6. 태양의 활동은 어떤 형태로 지구에 영향을 미치는가?
7. 어떤 관점에서 태양활동 주기는 11년이라고 할 수 있는가? 약 22년의 간격을 두고 변하는 것에는 어떤 것이 있는가?
8. 태양활동 수준이 수십 년 혹은 그 이상에 걸쳐서 변한다는 사실을 보여주는 증거를 간단히 요약하라.

사고력 문제

9. 표 6.1에 의하면 태양의 밀도는 1.41 g/cm^{3}다. 이와 비슷한 밀도를 가지는 물체는 무엇이 있을까? 이런 밀도를 가지는 물체 중 하나는 얼음이다. 태양이 얼음으로 구성되어 있지 않음을 어떻게 증명할 것인가?
10. 태양의 자전 주기가 흑점의 운동으로 계산된다면, 지구의 공전도 고려해야 하는가? 그렇다면 어떻게 지구의 공전을 고려해서 계산할 것인가? 고려하지 않는다면 왜 지구의 공전이 영향을 미치지 않는지에 대해 설명하라. 그림을 그리면 도움이 될 것이다.
11. 태양의 위도 30°에서 40°까지 늘어난 매우 긴 형태의 흑점이(극도로 비현실적인) 한 경도에 평행하게 직선을 따라 존재한다고 가정하자. 태양이 자전하면서 이 흑점의 모습이 어떻게 변할까?
12. 북부 캐나다 지역에 살고 있으며 대규모 플레어가 관측되었다고 가정하자. 이를 대비해 어떤 조처를 할 것인가? 이런 문제에 대한 보상으로 무엇이 있을까?

13. 태양의 총 에너지 방출량의 작은 변화가 지구 기후에 끼치는 영향을 측정하기가 어려운 이유에 대해 말해 보라.

계산 문제

차로 이동할 때 걸리는 시간을 계산하기 위해 거의 자동으로 사용하는 이 공식은 태양에서 일어난 현상의 영향이 지구에 도달하기까지 걸리는 시간을 계산할 때도 쓰인다. 공식은

거리=속력×시간 즉, $D=v\times t$

양변을 v로 나누면 $t=\frac{D}{v}$

시속 90 km/h로 움직이는 차로 180 km를 이동하려면, 180/90=2시간이 걸린다.

이 공식을 사용할 때 예를 들어 속도에는 km/s, 거리에는 km, 그리고 시간에 초(s) 등의 단위를 사용해야 한다.

14. 우주비행사가 우주선을 타고 지구 궤도를 도는 동안, 규모가 큰 플레어가 관측되었다고 하자. 16.3절의 자료를 이용하여 플레어로부터 발생한 하전 입자들이 우주선에 도달하는 데 걸리는 시간을 계산하라.

15. 폭발하는 홍염이 150 km/s의 속도로 상승하고 있다. 홍염의 속도가 변하지 않는다면 3시간 후 홍염은 광구로부터 어느 높이까지 올라가 있을까? 이 높이는 지구의 지름보다 몇 배나 되는가?

16. 연결고리에 나오는 사진의 정보를 사용해서 마지막 두 사진의 코로나 질량방출 입자가 태양으로부터 날아가는 속도를 계산하라.

17. 태양의 동쪽과 서쪽 가장자리에서 관측되는 흡수선의 도플러 이동을 측정해본 결과, 두 가장자리에서 시선속도의 차이가 약 4 km/s인 것으로 밝혀졌다. 태양 자전 주기의 근삿값을 구하라.

밀도 공식: $\text{밀도}=\frac{\text{질량}}{\text{부피}}$

구의 부피 공식: $V=\left(\frac{4}{3}\right)\pi R^3$

R은 구의 반지름이다.

여기서도 단위를 일치시켜야만 한다.

18. 표 6.1에 나온 수치로 태양의 밀도를 계산하라. 태양의 밀도와 책에 나온 다른 물체들의 밀도를 비교해 보라(예를 들어 행성, 광석, 얼음). 밀도만 갖고 태양의 구성을 논할 수 있는가? 만약 그렇다면 태양의 구성에 대한 어떤 결론을 내릴 것인가?

19. 태양의 가장자리는 보기와 다르게 반드시 날카로울 필요가 없다. 그저 우리 눈으로 구별하지 못할 정도의 작은 거리 안에서 불투명에서 투명으로 바뀌게 된다. 5장에서 논했듯이 망원경의 해상도는 망원경의 크기에 비례한다. 망원경보다 사람의 눈동자는 매우 작기 때문에 해상도가 제한적이다. 사실 눈은 태양의 1/30보다 작은 물체를 (각도로 약 1분) 구별하지 못한다. 태양에서 오는 거의 모든 빛은 400 km 밖에 안 되는 얇은 층에서 나온다. 이것은 태양의 지름의 몇 분의 몇인가? 사람의 눈으로 구분할 수 있는 최소 크기에 비하면 그 크기는 어떠한가? 만약 태양 빛이 300,000 km 두께의 층에서 나온다면 태양 가장자리는 날카로워 보일까?

20. 표 6.2는 태양을 구성하는 원소 중 몇 %가 수소이고, 질량의 몇 %가 수소로 이루어져 있는지를 보여준다. 왜 이 두 숫자가 다른지 설명할 수 있는가? '원소들의 93%는 수소 원자다'와 '질량의 73%는 수소다'라는 두 표현이 같은 이유를 설명하라. (힌트: 사실이나 다름없는 간단한 가정을 하라. 태양은 오직 수소와 헬륨으로만 구성되어 있다.)

심화 학습용 참고 문헌

Akasofu, S. "The Shape of the Solar Corona" in *Sky & Telescope,* Nov. 1994, p. 24.

Baliunas, S. and Soon, W. "The Sun-Climate Connection" in *Sky & Telescope,* Dec. 1996, p. 38.

Eddy, J. "The Case of the Missing Sunspots" in *Scientific American,* May 1977, p. 80.

Emslie, A. "Explosions in the Solar Atmosphere" in *Astronomy,* Nov. 1987, p. 18. 태양 플레어 논의.

Frank, A. "Blowin' in the Solar Wind" in *Astronomy,* Oct. 1998, p. 60. 소호(SOHO) 우주선의 결과.

Freeman, J. *Storms in Space.* 2001, Cambridge U. Press. 태양 지구 관계.

Friedman, H. *Sun and Earth.* 1986, W. H. Freeman. 지구에 미치는 태양 영향에 대한 유용한 단원 포함.

Golub, L. "Heating the Sun's Million-Degree Corona" in *Astronomy,* May 1993, p. 27.

Golub, L. and Pasachoff, J. M. *Nearest Star: The Surprising Science of Our Sun.* 2001, Harvard U. Press. 일식과 태양 탐사에 대해 특히 좋은 단원이 있는 태양 입문서.

Hufbauer, K. *Exploring the Sun: Solar Science Since Galileo.* 1991, Johns Hopkins U. Press. 좋은 역사.

Jaroff, L. "Fury on the Sun" in *Time,* July 3, 1989, p. 46. 태양 활동과 태양 내부에 관한 멋진 입문서.

Kippenhahn, R. *Discovering the Secrets of the Sun.* 1994, John Wiley. 초보자용 탁월한 현대 입문서.

Lang, K. "SOHO Reveals the Secrets of the Sun" in *Scientific American,* Mar. 1997.

Nichols, R. "Solar Max: 1980—1989" in *Sky & Telescope,* Dec. 1989, p. 601.

Schaefer, B. "Sunspots That Changed the World" in *Sky & Telescope,* Apr. 1997, p. 34. 흑점 및 태양활동이 연관된 역사적 사건들.

Schrijver, C. and Title, A. "Today's Science of the Sun" in *Sky & Telescope,* Feb. 2001, p. 34 and Mar. 2001, p. 34. 태양 대기에 대한 최신 결과의 탁월한 정리.

Verschuur, G. "The Day the Sun Cut Loose" in *Astronomy,* Aug. 1989, p. 48. 한 거대 플레어를 둘러싼 활동들 조사.

Zirker, J. *Journey from the Center of the Sun.* 2001, Princeton U. Press. 태양 내부와 대기.

중성미자 감지기 이 사진은 캐나다에 땅속 깊이 건설된 태양으로부터 오는 중성미자를 감지하기 위한 장치를 보여준다. 감지기는 폭 12 m의 아크릴 구에 몇 톤이나 되는 물이 최종적으로 채워질 것이다. 이 사진은 구체를 둘러싼 9600개의 빛 감지기를 보여준다. 중성미자가 중수를 지나갈 때 섬광이 생긴다. 이 장 끝 부분에서 이 감지기가 측정한 결과에 대해 논한다.

7 태양: 핵발전소

우리는 별들이 이 과정(핵융합)을 할 만큼 뜨겁지 않다는 비판자들과 입씨름을 하고 싶지 않다. 그들에게 나가서 더 뜨거운 곳을 찾아보라고 말할 것이다.

에딩턴(Arthur Eddington), 《항성 내부구조》(1926) 중에서

미리 생각해보기

태양은 왜 빛나는 걸까? 인류가 처음 태양을 봤을 때부터 태양은 줄곧 놀라운 양의 에너지를 생성했다. 그리고 우리는 그 이전 수십 억 년 동안에도 태양은 그렇게 빛났음을 안다. 태양은 얼마나 오래 빛을 내고 있었을까? 그리고 그렇게 많은 에너지의 원천은 무엇일까?

태양은 9300만 마일이나 떨어졌음에도 사람이 볼 수 있는 것 중 가장 밝다. 제일 먼저 묻고 싶은 질문은 '도대체 얼마나 밝을까?'다.

현대 장비로 태양의 광도를 정확하게 측정해 본 결과, 태양은 약 4×10^{26} W를 방출한다(W에 대한 추가 내용은 '천문학의 기초지식' 참조). 이 숫자가 얼마나 큰지 실감할 수 있을까? 지구의 60억(6×10^{9}) 인구 모두가 100 W 전구 천 개를 동시에 켰다고 상상해 보자. 이 전구는 개봉 첫날밤의 할리우드 영화관처럼 밝게 비칠 것이다. 하지만 모든 사람을 에워싼 전구는 총 광도는 6×10^{14} W 밖에 되지 않는다. 태양이 생산하는 만큼의 에너지를 전구로 흉내 내려면, 지구와 같은 행성 6700억 개를 찾아서 모든 행성 주민들이 이처럼 전구를 켜야 한다.

그런데 태양이 1초 동안에 얼마나 많은 에너지를 생산하는지를 측정하는 것만으론 부족하다. 단 1초, 아니 1분 동안이라면 이 대규모의 에너지를 생산해내는 방법을 어쩌면 생각할 수도 있을 것이다. 하지만 이 엄청난 양의 에너지를 1년 또는 10억 년 동안 계속 생산하려면, 안정적이고 믿을만한 발전기가 필요할 것이다.

가상 실험실

태양지진학

태양은 도대체 얼마 동안이나 빛나고 있었을까? 태양은 대략 행성계와 같은 시기, 약 45억 년 전에 형성되었다는 여러 증거들이 있다. 그렇다면 태양이 어떻게 이 정도의 광도(W)를 생산하는지, 이것을 어떤 원리로 수십억 년 동안 유지했는지도 설명해야 한다. 19세기 후반에서 20세기 초반에 지질학자들과 생물학자들이 지구의 나이에 대한 단서를 발견하기 시작할 무렵, 태양을 설명하는 것은 불가능해 보였다.

과학자들은 태양을 설명하기 위해 우선 지구에 익숙한 에너지원을 연구했다. 이는 합리적인 전략인 것 같았다. 왜냐하면, 태양과 지구는 비록 조성 비율은 다르지만 같은 원자로 이루어졌기 때문이다. 하지만 차츰 알겠지만, 그 당시에 알려졌던 에너지원들은 태양의 장수를 설명할 수 없었다. 과학자들은 원자핵에 저장된 에너지를 사용하는 방법을 발견하고서야 비로소 태양에너지의 원천을 인식할 수 있었다.

천문학의 기초지식
와트는 무엇인가?

이 책에서 사용하는 단위에 대해 잠시 짚고 넘어가자. 와트(W)는 일률, 즉 단위 시간 동안에 사용되거나 방출된 에너지양의 단위다. 일상생활에서 경험했듯이, W는 단지 소비한 에너지의 양뿐만 아니라 그 에너지를 사용하는 데 걸린 시간도 알아야 한다. (10분 동안 10 cal를 소모하는 운동과 1시간 동안 10 cal를 소모하는 운동은 전혀 다르다.) 와트는 이처럼 에너지 소비 속도를 나타낸다. 예를 들어 100 W짜리 전구는 매초 100 J의 에너지를 소비한다.

1줄(J)은 얼마나 클까? 체중이 73 kg인 천문학 선생님이 수업에 늦어서 16 km/h(4.4 m/s)의 속도로 달려간다면 그의 운동에너지는 약 700 J이다.

7.1 열과 중력에너지

19세기의 과학자들은 태양의 에너지원으로 가능한 두 가지 원천을 알고 있었다. 즉 화학에너지와 중력에너지다. 우리에게 익숙한 화학에너지원은 나무, 석탄, 휘발유와 같은 연료의 연소다. [화학용어로는 산화(oxidation)] 이런 물질들이 연소해서 얼마나 많은 에너지가 생산되는지 정확하게 계산할 수 있다(그림 7.1). 만약 태양의 거대한 질량이 나무, 석탄과 같은 물질로 이루어졌다면, 태양이 현재 속도로 에

Visuals Unlimited/Doug Sokell

■ 그림 7.1
장작불

너지를 생산할 경우 몇천 년밖에 못 버틴다는 것을 계산할 수 있다. 이것은 지구에서 천문학도와 같은 복잡한 생명체는 말할 것도 없이, 간단한 바이러스 하나가 진화하기에도 부족한 시간이다. 게다가 지질학자들은 35억 년도 더 된 화석을 암석 속에서 발견했다. 35억 년 전에도 지구 온도는 (태양의 열 방출은) 생명을 유지할 만큼 따뜻했음이 틀림없다. 그리고 고체인 나무나 석탄은 오늘날 밝혀진 태양 온도를 견뎌낼 수 없었을 것이다.

7.1.1 에너지 보존

태양이 어떻게 빛나는지 알기 위해 19세기의 또 다른 과학자들은 에너지 보존의 법칙(conservation of energy)을 사용했다. 이 법칙은 에너지는 발생하거나 소멸하는 것이 아니라, 한 형태에서 다른 형태로 변화된다는 것이다. 예를 들어 열에너지에서 운동에너지로 바뀐다. 산업혁명의 핵심이었던 증기기관은 열에너지를 운동에너지로 변환하는 좋은 예다. 증기기관의 보일러에서 나오는 뜨거운 수증기가 피스톤을 움직이면서, 열에너지를 운동에너지로 바꾼다.

운동에너지도 열에너지로 전환될 수 있다. 훌륭한 천문학 강의를 듣고 나서 열렬히 박수를 칠 때, 손바닥이 뜨거워진다. 얼음으로 책상 표면을 문지르면 마찰로 생긴 열이 얼음을 녹인다.

19세기 과학자들은 태양의 열원은 태양으로 떨어지는 운석의 역학적 운동에너지라고 생각했다. 하지만 계산 결과, 태양이 방출하는 총 에너지를 생산하기 위해서는 지구 질량 정도의 운석이 100년에 한 번씩 떨어져야 한다. 그렇다면 태양의 질량은 계속 증가할 것이며, 케플러 제3법칙에 따르면, 이 질량 증가로 인해 지구의 공전 주기가 매년 2초

씩 변해야 한다. 이런 변화는 쉽게 측정될 수 있는데, 측정 결과 이런 변화는 실제로 일어나지 않았다. 그래서 이 태양 에너지원 이론은 배제되었다.

7.1.2 중력수축 에너지원

대안으로, 독일과학자 헤르만 폰 헬름홀츠(Herman von Helmholtz)와 영국 물리학자 켈빈 경(Lord Kelvin, 그림 7.2)은 19세기 중반에 태양이 중력에너지를 열에너지로 전환함으로써 에너지를 생산한다는 이론을 제시했다. 그들은 태양의 바깥층이 중력 때문에 태양 안쪽으로 '떨어진다'고 생각했다. 다시 말해 태양의 크기가 줄어들면서, 그 결과로 태양은 뜨겁고 밝게 유지된다고 생각했다.

태양의 바깥층이 안쪽으로 떨어지기 시작한다고 상상해 보자. 무슨 일이 벌어질까? 태양의 바깥층은 개별적인 원자로 이루어진 기체라서, 제각각 무작위 방향으로 움직인다. 저장된 열에너지를 측정하는 온도는 움직이는 원자의 속도로 결정된다. 빠른 속도는 곧 높은 온도다. 만약 이 바깥층이 떨어지기 시작한다면, 원자들은 낙하운동 때문에 가속될 것이다. 또한, 바깥층이 안쪽으로 떨어지면서 수축하게 된다. 그 결과 원자와 원자 사이의 공간이 줄어든다. 그러면 원자들 사이의 충돌이 일어날 가능성이 높아지고, 낙하 운동으로 생긴 가속도를 충돌을 통해 다른 원자에게 이전된다. 그리하여 이 원자들의 속도는 증가하고, 이 층의 온도가 높아진다. 충돌 때문에 원자 내의 전자를 더 높은 에너지 궤도로 올라가도록 자극할 수 있다. 고에너지 궤도로 올라간 입자가 다시 원래 궤도로 돌아올 때 광자를 방출하는데, 이런 광자는 태양으로부터 탈출할 수 있다(4장 참조).

켈빈과 헬름홀츠의 계산에 의하면, 태양은 매년 단지 40 m 정도의 수축만으로도 충분히 현재의 방출에너지를 생산할 수 있다. 이렇게 수축이 느리다면 인류의 역사 동안 태양의 크기 변화를 감지하기 힘들다.

만약 태양이 크고 분산된 기체 형태로 생을 시작했다고 가정한다면, 태양이 평생 크기를 현재의 크기로 수축하면서 방출한 에너지양을 계산할 수 있다. 이렇게 계산된 에너지는 약 10^{42} J이다. 태양의 광도가 4×10^{26} W, 다시 말해 1년 동안 약 10^{34} J이기 때문에 태양은 수축을 통해 현재 에너지 생산 속도를 유지하면서 대략 1억 년 동안 빛날 수 있다.

19세기에는 지구의 수명이 1억 년이 채 안 된다는 생각이 지배적이었기 때문에, 1억 년은 충분히 긴 시간이었다. 하지만 19세기 말과 20세기 초반에 걸쳐 지질학자들과 물리학자들은 지구(태양도)의 나이가 1억 년 이상이라는 것을 증명했다. 그래서 수축은 태양의 주 에너지원일 수 없다. (하지만 12장에서 수축은 별 탄생 과정에서 중요한 에너지원임을 배울 것이다.)

그래서 과학자들은 엄청난 수수께끼에 직면하게 됐다. 인류에게 가장 중요한 에너지원이 정체불명의 에너지 형태라는 것을 인정하든지, 아니면 측정된 태양과 태양계의 나이(그리고 지구 생명) 추정치를 수정해야 했다. 찰스 다윈(Charles Darwin)은 그의 진화론에서 진화과정이 당시 태양의 나이 추정치보다 더 긴 시간이 필요했기 때문에, 이런 결과에 크게 실망했고 1882년에 죽을 때까지 이에 대해 걱정했다.

20세기가 되서 비로소 태양의 진정한 에너지원이 밝혀졌다. 이 수수께끼를 푸는 데 필요한 두 가지 단서는 원자핵의 구조와 질량이 에너지로 전환될 수 있다는 사실이었다.

Book's Hill Publishers

Smithsonian Institution, courtesy AIP Emilio Segrè Visual Archives

■ **그림 7.2**

켈빈과 헬름홀츠 영국 물리학자 윌리엄 톰슨(William Thomson: 켈빈 경)과 독일 과학자 헤르만 폰 헬름홀츠(von Helmholz)는 자체의 중력으로 인한 태양의 수축으로 태양의 에너지를 설명할 수 있다는 이론을 제시했다.

천문학 여행

알베르트 아인슈타인

Albert Einstein

아인슈타인은 일생 대부분을 가장 저명한 유명인사로 지냈다. 길거리에서 낯선 이들이 그를 알아봤고, 세계 각지에서 그의 조언, 도움 또는 지지를 얻기 위해 편지를 썼다. 사실 그가 위대한 영화 스타 찰리 채플린과 만났을 때, 두 사람은 유명세 때문에 잃은 사생활에 대해 공감했다. 당시 대부분 사람은 그를 유명하게 만든 아이디어를 이해하지 못했음에도 불구하고, 아인슈타인의 이름은 널리 알려졌다.

아인슈타인은 1879년 독일 울름(Ulm)에서 태어났다. 전설에 의하면 그는 학교에서 좋은 성적을 거두지 못했다고 하는데(심지어 수학도), 이는 그 후 수천 명의 학생에게 나쁜 성적을 정당화시켜주는 변명으로 쓰였다. 하지만 전설이 흔히 그렇듯이, 이것은 사실이 아니다. 기록에 의하면 그는 그 당시 독일에서 유행했던 권위주의적 교육 방식에 반항적인 경향이 있으나, 훌륭한 학생이었다고 한다.

스위스 취리히의 연방 폴리테크닉 대학(Federal Polytechnic Institute)을 졸업한 후 첫 취업에 어려움을 겪었지만(심지어 고등학교 교사 자리도 구하지 못했다), 마침내 스위스 특허청에서 감사관으로 일하게 됐다. 근무하는 틈틈이 여가 시간에, 대학의 환경적 혜택을 누리기보다는 자신의 뛰어난 물리학적 직관을 활용해서, 1905년에 물리학자들의 세계관을 바꾸는 네 편의 논문을 썼다.

이 가운데 하나의 논문이 그에게 1921년에 노벨상을 안겨다 주었으며, 깊고 난해하고 놀라운 아원자(亞原子) 영역의 이론인 양자역학(quantum mechanics)의 기반을 세웠다. 하지만 그의 가장 중요한 논문은 시공간과 운동을 재해석하고, 그 개념을 한 단계 높은 차원으로 이해하게 해주는 특수상대성이론(special theory of relativity)을 소개한 논문이다. $E=mc^2$는 특수상대성이론의 속편으로 다음 논문에서 발표되었다.

1916년에 아인슈타인은 일반상대성이론(general theory of relativity)을 발표했는데 이 이론은 여러 의미가 있지만, 중력을 근본적으로 새롭게 설명했다(블랙홀에 관한 장 참조). 이 이론이 1919년 일식 동안에 측정한 '휘어지는 별빛'의 관측을 통해 증명되자(이때 뉴욕타임스의 표제는 '하늘의 모든 별빛은 휜다'였다), 아인슈타인은 세계적으로 유명해졌다.

1933년 아인슈타인은 나치 박해를 피해서 베를린의 교수직을 떠나 미국에 새로 세워진 프린스턴 고등연구원(Institute for Advanced Studies at Princeton)에 자리 잡게 되었다. 그는 1955년 죽을 때까지 그곳에 머물면서, 논문을 쓰고 강의도 하면서, 다양한 지적이고, 정치적인 주장을 지지했다. 예를 들어 그는 레오 질라드(Leo Szilard)와 다른 과학자들이 1939년에 루스벨트 대통령에게 쓴 편지에 공동 서명함으로써, 독일 나치 정권이 원자폭탄을 개발하는 위험에 대해 경고하는 것에 동의했다. 1952년에는 이스라엘이 아인슈타인에게 2대 대통령직을 권했다. 그는 대통령직을 거절하면서 "나는 자연에 대해서는 조금밖에 모르지만, 사람에 대해서는 전혀 모른다."라고 말했다.

7.2 질량, 에너지 그리고 상대성이론

앞서 말했듯이, 에너지는 발생하거나 소멸하는 것이 아니라 한 형태에서 다른 형태로 바뀔 뿐이다. 알베르트 아인슈타인이 상대성이론을 개발하면서 내린 놀라운 결론 중 하나는 (천문학 여행: 알베르트 아인슈타인 참조) 물체의 질량은 또 다른 에너지의 형태로 볼 수 있으며, 고로 에너지로 전환할 수 있다는 것이다.

7.2.1 질량을 에너지로 전환

이 놀라운 등가성은 과학에서 가장 유명한 방정식으로 표현된다.

$$E=mc^2$$

여기서 E는 에너지를, m은 질량을, 그리고 c는 이 둘을 연관시켜주는 빛의 속도를 나타내는 상수다. 이 공식은 다음 공식들과 형태가 같음에 유의해라.

인치=피트×12

또는

센트=달러×100

말하자면 이것은 변환 공식으로서, 질량을 에너지로 변환시켜준다. 여기에서 변환 비율은 12나 100과 같은 숫자가 아니라, 또 다른 상수인 광속의 제곱이다. 이러한 변환을 위해서 질량이 빛의 속도로 이동할 필요는 없다. (또는 빛의 속도 제곱으로, 또한 그것은 물리적으로 불가능하다.) 변환 비율인 c^2은 단지 아인슈타인이 질량과 에너지를 연관시킬 때 필요하다고 증명한 상수다.

센트의 공식이 어디에서 1달러 지폐를 센트 동전으로 바꿀 수 있는지는 알려주지 않듯이, 이 공식은 어떻게 질량을 에너지로 바꾸는지 알려주지 않는다. 만약 그 변환이 성공한다면, 이 공식은 단지 두 개의 등가가 무엇인지를 알려줄 뿐이다. 아인슈타인이 1905년에 처음으로 이 공식을 유도했을 때, 어떻게 어떤 실제적인 방법으로도 질량을 에너지로 전환할 수 있는지는 아무도 알지 못했다. 아인슈타인은 원자 질량을 에너지로 변환하는 것이 가까운 미래에 실현 가능하리라는 추론을 오히려 저지하는 입장이었다. 오늘날에는 핵물리학의 발전 결과, 발전소, 핵무기 그리고 입자가속기의 고에너지 물리학 실험에서 일상적으로 질량이 에너지로 변환되고 있다.

c^2은 광속의 제곱이므로 매우 큰 수이기 때문에, 아주 작은 질량일지라도 에너지로 변환하면 많은 양의 에너지를 생성한다. 예를 들어 1 g의 물질을(1/28온스) 완전히 에너지로 변환한다면 15,000배럴의 원유를 연소했을 때만큼의 에너지가 생성된다.

과학자들은 곧, 질량이 에너지로 변환되는 것이 태양열과 빛의 원천임을 깨달았다. 아인슈타인의 $E=mc^2$ 방정식으로, 태양이 방출하는 에너지양은 매초 4백만 톤가량의 태양 질량을 변환시킴으로써 생산될 수 있음을 계산해 냈다. 매초 4백만 톤의 질량을 소멸시키는 것은 지구의 기준으로 볼 때는 대단하지만, 태양은 엄청나게 큰 질량 저장소임을 기억하자. 사실 태양은 현재와 같은 속도로 질량을 소멸시켜도 수십억 년 동안 빛을 낼 만큼의 질량을 가지고 있다.

하지만 이런 사실이 아직도 어떻게 질량이 에너지로 전환될 수 있는지를 설명해주진 않는다. 태양에서 실제로 일어나는 이 과정을 이해하기 위해서는 원자의 구조에 대해 더 탐구해야 한다.

7.2.2 소립자

물질을 근본적으로 구성하는 요소를 **소립자**(elementary particles)라고 부른다. 사람들에게 가장 익숙한 소립자는 양성자, 중성자, 그리고 전자이며, 바로 이들 입자가 일반 원자를 구성한다(4.4절 참조).

현존하는 입자들이 모두 양성자, 중성자 그리고 전자인 것은 결코 아니다. 일단 모든 입자에는 그에 반대 성질을 가지는 반입자(antiparticle)가 존재한다. 한 입자가 전하를 띤다면 그의 반입자는 반대 전하를 띤다. 전자의 반입자는 전자와 질량은 같지만, 양전하를 띤 양전자(positron)다. 마찬가지로 양성자의 반입자는 음전하를 띤다. 이런 반물질(antimatter)에 대한 놀라운 사실은 입자가 반입자와 접촉하면 둘 다 소멸하면서 순수한 에너지로 바뀐다는 것이다.

세상의 모든 물질은 일반 입자로 이루어져 있기 때문에, 반물질은 오래 살아남지 못한다. 하지만 반입자 개체들은 우주선(우주로부터 날아와 지구 대기의 상층부로 들어오는 입자들)에서 발견되었고 입자가속기에서 만들 수도 있다. 사실 고에너지 물리실험실에서 에너지로 물질을 만들 때, 언제나 물질과 반물질이 각각 절반씩 생산된다.

공상과학 팬이라면 스타트랙과 같은 TV 드라마와 영화를 통해서 반물질에 대해 잘 알고 있을지도 모른다. 이 드라마에서 우주선 엔터프라이즈호는 기관실에서 물질과 반물질을 조심스럽게 결합함으로써 추진력을 얻는다. $E=mc^2$ 공식에 따르면, 물질과 반물질의 완전 소멸은 엄청난 양의 에너지를 생산할 수 있다. 하지만 반물질 연료를 사용하기 전까지는, 우주선과의 접촉을 차단하는 일은 매우 큰 문제다. 그러니 당연히 TV 드라마에서 기관장 스코티가 언제나 걱정스러운 모습을 보일 수밖에 없다.

1933년 물리학자 볼프강 파울리(Wolfgang Pauli)는 또 다른 형태의 소립자가 존재할 수 있다고 주장했다. 특정한 유형의 핵반응이 일어났을 때, 에너지가 사라지는 것 같았는데, 그것은 에너지 보존법칙과 어긋난다. 파울리는 물리학의 기본 법칙이 틀렸음을 인정할 수 없었으므로 '자포자기 해법'을 제안했다. 아직 찾지는 못했지만, **중성미자**(neutrino,

표 7.1 몇몇 소립자의 특성

입자	질량(kg)	전하
양성자	1.67265×10^{-27}	+1
중성자	1.67495×10^{-27}	0
전자	9.11×10^{-31}	−1
중성미자	?	0

작고 중성인 입자)라고 명명된 입자가 사라진 에너지를 운반한다는 것이다. 그는 이 중성미자는 질량이 없을 뿐만 아니라, 광자처럼 빛의 속도로 움직인다고 주장했다.

이 찾기 힘든 중성미자는 1956년에야 비로소 발견되었다. 중성미자를 발견하기 어려웠던 이유는 다른 물질과의 반응이 미약해서 어떤 감지기로도 포착하기 힘들기 때문이었다. 광자가 가장 맑고 투명한 유리를 통과하는 것보다 중성미자가 지구를 통과하기가 더 쉽다. 사실 중성미자는 흡수되지 않고 별이나 행성을 완벽히 통과할 수 있다. 차츰 알게 되겠지만, 이 중성미자는 그 '비 사교적' 성격 덕분에 태양을 연구하는 데 있어서 중요한 도구가 된다. 그리고 파울리는 중성미자의 존재에 대해서는 옳았지만, 중성미자의 질량에 대해선 틀렸다. 중성미자에 대해서는 이 장 뒷부분에서 다시 다룰 것이다.

양성자 전자, 중성자 그리고 중성미자의 몇 가지 특성을 표 7.1에 요약했다. (다른 아원자 입자들도 입자가속기 실험으로 생산되지만, 태양의 에너지 생성에서 아무런 역할도 하지 않는다.)

7.2.3 원자핵

원자의 핵은 단지 느슨한 소립자의 집합체가 아니다. 핵 내부의 입자들은 강한 핵력이라고 불리는 강력(強力: strong force)으로 뭉쳐있다. 이 힘은 원자의 핵 크기 정도의 근접거리에서 작용한다. 간단한 사고력 실험으로 이 힘이 얼마나 중요한지 보일 수 있다. 새끼손가락을 보면서 그 손가락을 구성하는 원자들에 대해 생각해 보자. 그중 하나는 생명의 기본 원소인 탄소다. 탄소핵을 한 번 집중적으로 상상해 보자. 탄소의 핵은 양전하를 띤 6개의 양성자와 중성인 중성자들로 이루어져 있다. 따라서 핵은 총 양 전하량 6을 띤다. 만약 전기력만 작용한다면 이 탄소뿐만 아니라 모든 탄소의 양성자들이 서로 밀어내서 분해될 것이다.

강한 핵력(강력)은 인력으로서, 전기력보다 강해서 핵 내부의 입자들을 단단하게 결합해 준다. 앞에서 살펴보았듯이, 만약 별이 중력의 힘으로 인해 수축한다면—원자들이 더욱 밀집되어—중력에너지가 방출된다. 같은 방식으로 만약 입자들이 강력으로 인해 밀집되고 결합하여 원자핵을 형성한다면, 핵에너지 일부가 방출된다. 이런 과정에서 사용된 에너지를 원자핵의 결합에너지라고 한다.

이런 결합에너지가 방출되면, 그 결과 핵은 각 구성 입자의 질량의 합보다 질량이 약간 낮아진다. 다시 말해 에너지는 질량의 소실에서 나온다. 이 작은 질량 결손은 양성자 질량의 일부 정도다. 하지만 작은 질량 결손도 엄청난 에너지를 낼 수 있다. ($E=mc^2$를 기억해라.) 이 핵에너지 방출은 엄청날 수 있다.

측정에 의하면 철 원자핵(양성자와 중성자의 총합계가 56인)은 원자들의 결합에너지가 가장 강력하며, 그보다 무겁거나 가벼운 원자들의 결합에너지는 조금 더 약하다. 그러므로 철이 가장 안정적인 원소다. (형성될 때 가장 많은 에너지를 방출하므로, '분해'하기는 가장 어려운 핵이다.)

이는 일반적으로 가벼운 원자핵이 모여서 더 무거운 핵을 형성할 때(철 원자핵 무게까지는) 질량이 소실되고 에너지가 방출됨을 의미한다. 이렇게 원자핵을 결합하는 것을 **핵융합**(fusion)이라고 한다.

또한 무거운 핵을 가벼운 핵으로(철의 핵 무게까지는) 분열시킴으로써 에너지를 생산할 수 있다. 이 과정을 핵분열(fission)이라고 한다(그림 7.3). 핵분열 과정을 사용하는 방법이 먼저 개발되었기 때문에 (원자폭탄과 전기를 생산

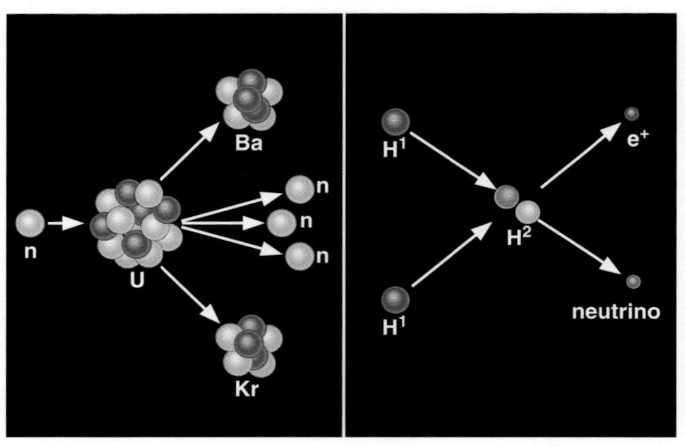

■ **그림 7.3**
분열과 융합 핵분열 과정에서는 큰 핵이 2개의 작은 구성요소로 분리된다. 이 그림은 92개의 양성자와 143개의 중성자로 이루어진 우라늄 핵이 더 작은 바륨 핵(56개의 양성자)과 크립톤 핵(36개의 양성자)으로 분열되는 과정을 보여준다. 융합 과정에서는 작은 핵이 결합해서 더 큰 핵을 형성한다. 여기서 2개의 수소 핵이(각자 양성자를 1개씩 가지고 있다.) 더 무거운 헬륨 핵으로(양성자 하나 중성자 하나를 가지는) 융합되고, 그 결과 양전자 하나와 중성미자 하나가 방출된다.

하기 위한 원자로가 이런 과정을 사용한다.) 더 익숙하게 느껴질 수 있다. 핵분열은 가끔 불안정한 핵에서 천연 방사성 과정을 통해 자발적으로 일어나기도 한다. 하지만 핵분열은 크고 복잡한 핵이 필요한데, 우리가 알고 있듯이 대부분 별은 작고 간단한 핵으로 이루어져 있다. 따라서 우리는 핵융합이 태양과 별들의 에너지를 설명해준다고 보아야 한다.

7.2.4 원자핵의 인력 대 전기적 척력

지금까지 내용을 보면 에너지 생산에 필요한 흡족한 처방전을 확보한 듯하다. 핵 몇 개를 굴려 핵융합으로 결합한다. 핵융합으로 질량이 결손되면서 에너지로 바뀐다. 하지만 모든 핵은 간단한 수소 핵일지라도, 그 안에 양성자가 있다. 그리고 양성자는 모두 양전하를 띤다. 같은 전하는 전기력으로 서로 밀어내기 때문에, 두 개의 핵을 서로 더 가까이 근접시킬수록, 더욱 세게 밀어낸다. 물론 그 둘을 핵의 인력이 작용하는 충돌 거리까지 붙이면, 더욱 강력한 인력으로 인해 융합될 것이다. 하지만 이 충돌 거리는 핵 정도 크기로서 매우 작다. 어떻게 핵들을 근접시켜서 융합에 참여시킬 수 있겠는가?

그 답은 엄청난 열이다. 열은 양성자들을 서로 떼어 놓으려고 하는 전기력을 이겨낼 만큼 입자의 속도를 높여준다. 앞에서 배웠듯이 태양 안에서 가장 흔한 원소는 수소인데, 수소 핵은 단 하나의 양성자로 이루어진다. 온도가 1000만 켈빈(K) 이상이면 양성자의 속도는 평균 1000 km/s 이상(이전 단위로는 200만 mi/h)이 되어 두 양성자는 융합될 수 있다.

태양의 중심 근처에서만 이런 극한온도까지 올라가는데, 그 온도는 약 1500만 K이다. 계산에 의하면 태양의 에너지는 중심부의 약 150,000 km 반경 내에서 생산된다. 이는 전체 부피의 10%밖에 되지 않는다.

이런 높은 온도에서 두 개의 양성자를 결합하는 것은 어렵다. 태양의 밀집된 중심부에서 한 개의 양성자는 평균적으로 매초 약 1억 번의 충돌을 겪으면서 140억 년 동안 한 양성자에서 다른 양성자로 퉁겨진 다음, 다른 양성자와 결합한다. 이는 단지 평균적인 대기 시간일 뿐이다. 태양 안의 엄청난 수의 양성자 중에서 일부 양성자는 운 좋게도 단지 몇 차례의 충돌 후에 바로 융합 반응을 이룰 수도 있다. 이런 양성자들이 태양이 방출하는 에너지를 생산하게 된다. 태양의 나이가 약 45억 년이기 때문에, 대부분 양성자는 아직 융합 반응에 참여하지 못했다.

7.2.5 태양 내부의 핵반응

태양은 핵융합을 통해 원자핵 안에 들어있는 에너지를 사용한다. 이 상황을 좀 더 상세히 알아보기로 하자. 태양 내부 깊숙한 곳에서 4개의 수소 원자가 융합해서 하나의 헬륨 원자핵을 형성한다. 헬륨 원자의 질량은 헬륨 원자를 형성하기 위해 융합된 4개의 수소 원자의 총 질량보다 약간 낮고, 그 결손 질량은 에너지로 변환된다.

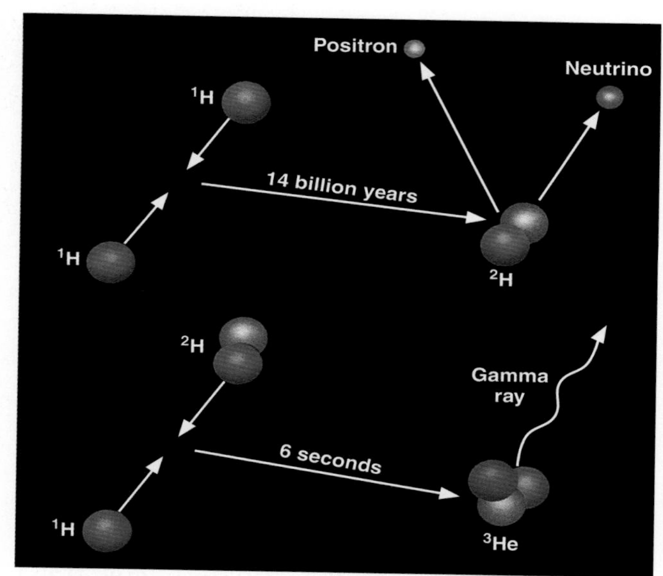

■ 그림 7.4
p-p 고리 첫째와 둘째 단계 이것이 태양에서 수소를 헬륨으로 융합하는 과정의 첫 두 단계다.

4개의 수소 원자핵으로부터 하나의 헬륨 원자핵을 형성하기 위한 초기 단계들을 그림 7.4에 보였다. 두 개의 양성자가 결합해서 중수소(deuterium) 핵이 형성된다. 중수소는 수소의 동위원소(isotope, 또는 변형)로서, 하나의 양성자와 하나의 중성자를 가진다. 실제로 양성자 중 하나는 융합 반응 과정에서 중성자로 변환되었다. 핵반응 과정에서 전하는 보존되어야 하는데, 이 과정에서 전하는 보존되었다. 이 반응에서 **양전자**(positron, 전자의 반물질)의 출현으로, 원래 두 개의 양성자 중 하나에 있었던 양전하를 가져갔다.

양전자는 반물질이기 때문에 근처의 전자와 즉시 충돌할 것이고, 그 결과 둘 다 소멸하면서, 감마선 광자의 형태로 순수한 전자기 에너지를 생성한다. 감마선은 태양의 중심부에서 만들어졌기 때문에, 빠르게 움직이는 핵과 전자로 가득 채워진 세계에 있게 된다. 감마선은 물질 입자와 충돌하면서 자신의 에너지를 입자에 전달한다. 일반적으로, 이 과정의 결과는 감마선 광자로부터 에너지를 가져가는 것이다.

감마선은 이런 상호작용을 계속 반복적으로 겪으면서 태양 외부 층을 향해 서서히 나아가다가, 결국은 에너지가 너무 감소하여 더 이상 감마선이 아니라 x-선이 된다(4.2절 참조). 나중에는 에너지를 더 잃고 자외선 광자가 된다. 태양은 입자들로(광자가 부딪칠 표적) 너무 가득 차서 보통의 광자가 태양 광구를 벗어나기 위해서는 거의 백만 년에 달하는 시간이 걸린다. 그때쯤이면 광자는 에너지를 많이 잃고 평범한 보통의 빛이 된다. 그리하여 사람들이 바라보는 햇빛이 만들어지는 것이다. (정확히 말하자면 각 감마선 광자는 결국 다수의 저에너지 광자들로 변환된 태양 빛이 된다.)

지금까지 배운 내용을 다시 상기해 보자. 어느 때나 사람들이 즐기는 태양에너지의 근원은 백만 년 전에 태양의 중심부 깊숙한 곳에서 발생한 핵반응을 통해서 생성된 감마선이다. 약 8분 전에 태양으로부터 나와서 지구에 도달한 태양 빛은 사람들을 따뜻하게 해주는 데 사용되는 에너지인 셈이다.

중수소를 형성하기 위한 두 수소 원자의 융합은 양전자뿐 아니라 중성미자도 배출한다. 중성미자는 일반 물질과 상호작용을 거의 하지 않기 때문에, 태양의 중심부 근처에서 융합 반응으로 생산된 중성미자는 곧장 태양의 표면을 향해 지구로 나아간다. 중성미자는 거의 광속으로 움직이므로 2초 만에 태양으로부터 벗어난다(그림 7.10 참조).

수소로 헬륨을 만들기 위한 다음 단계는 중수소 핵에 양성자 하나를 더해서 2개의 양성자와 하나의 중성자로 이루어진 헬륨 핵을 만드는 것이다. 이 과정에서 질량이 결손되면서 감마선이 더 방출된다. 이렇게 형성된 핵이 헬륨이다. 왜냐하면, 핵 속의 양성자 개수로 원소가 정해지기 때문에, 두 개의 양성자를 가지는 핵은 헬륨이라 부른다. 하지만 헬륨-3이라 부르는 이 형태의 헬륨은 태양의 대기층이나 지구에서 찾아볼 수 있는 동위원소가 아니다. 보통 헬륨은 2개의 중성자와 2개의 양성자를 갖고 있으며, 헬륨-4라고 부른다.

태양에서 헬륨-4를 생성하기 위한 세 번째 단계의 융합 과정에서 헬륨-3은 다른 헬륨-3과 결합한다(그림 7.5 참조). 이 과정에서 두 개의 고에너지 양성자가 남게 된다. 이 양성자들은 융합반응 결과로 생겨나서 또 다른 양성자와 충돌하는 융합의 첫 번째 단계를 다시 시작하게 된다.

7.2.6 p–p 고리(양성자–양성자 연쇄반응)

지금까지 설명한 태양에서의 핵반응은 다음 핵 공식으로 간략하게 설명할 수 있다.

$$^{1}\mathrm{H}+{}^{1}\mathrm{H} \rightarrow {}^{2}\mathrm{H}+e^{+}+\upsilon$$

$$^{2}\mathrm{H}+{}^{1}\mathrm{H} \rightarrow {}^{3}\mathrm{He}+\gamma$$

$$^{3}\mathrm{He}+{}^{3}\mathrm{He} \rightarrow {}^{4}\mathrm{He}+2\,{}^{1}\mathrm{H}$$

여기에서 글자 위의 숫자는 핵 안에 들어 있는 양성자와 중성자의 총 개수를 가리키며, e^{+}는 양전자를, υ는 중성미자, 그리고 γ는 방출된 감마선을 각각 가리킨다. 여기서 첫 두 단계를 두 번 거쳐야 세 번째 단계가 일어날 수 있음을 주목하라. 왜냐하면, 세 번째 단계에서는 처음부터 두 개의 헬륨-3핵이 필요하기 때문이다.

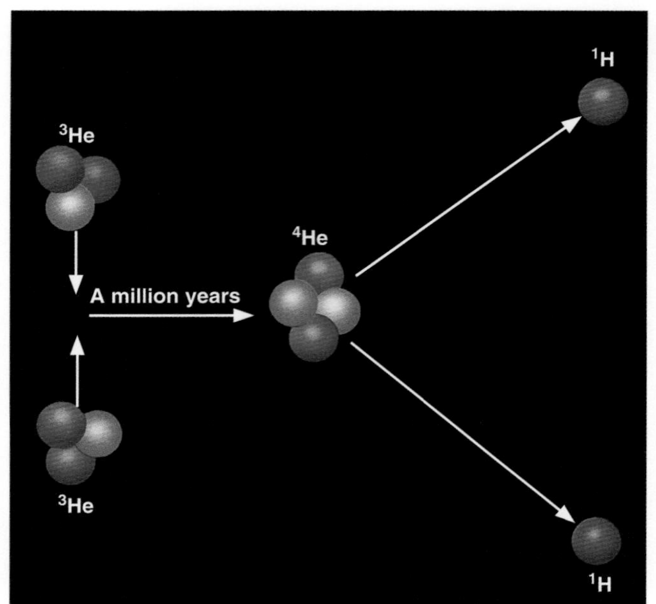

■ 그림 7.5
p–p 고리 세 번째 단계 이것은 태양에서 수소를 헬륨으로 융합하는 세 번째 단계를 보여준다. 앞서 두 번째 단계의(그림 7.4 참조) 결과물 두 개가 결합해야만 세 번째 단계가 가능함에 유의하라.

앞에서 말했듯이, 이 연쇄반응의 첫 번째 단계는 매우 어렵고 대체로 오래 걸리지만, 그다음 단계들은 훨씬 더 빨리 일어난다. 중수소 핵이 형성된 이후에는 ^{3}He로 바뀌기 전에 평균적으로 약 6초 동안 살아남는다. 백만 년 후에 ^{3}He 핵은 다른 ^{3}He 핵과 결합해서 ^{4}He을 형성한다.

초기 단계와 최종 단계의 질량 차이를 계산함으로써, 이 연쇄 반응이 생산하는 총 에너지양을 산출할 수 있다. 수소 원자와 헬륨 원자의 질량을 과학자들이 평소 사용하는 단위로 표현하면 각각 1.007825 u와 4.00268 u이다(원자 질량 단위 atomic mass unit, u는 탄소 원자의 질량의 1/12, 대략 양성자의 질량). 여기에서는 단지 원자핵의 질량뿐만 아니라, 원자의 전체 질량을 포함한다. 왜냐하면 전자도 이 과정에 관여되기 때문이다. 수소가 헬륨으로 변환될 때 두 개의 양전자가 생성된다. (이 첫 번째 단계는 두 번 일어남을 기억해라.) 그리고 이 두 개의 양전자는 두 개의 전자를 만나 소멸하면서, 추가 에너지를 생산한다.

연결고리

지구에서의 핵융합

지구에서 통제된 방법으로 태양의 에너지 생성 원리를 복제할 수 있다면 얼마나 좋을까? (지구에서는 이미 수소폭탄이라는, 전혀 통제되지 않는 방식으로 이를 이미 복제했지만, 저장고에 있는 이 무기들이 사용되기를 희망하는 사람은 결코 없을 것이다.) 융합 에너지는 여러 가지 장점이 있다. 일단 수소를 원료로 사용한다(또는 무거운 수소인 중수소). 게다가 지구의 호수와 바다에는 수소가 풍부하다. 물은 우라늄이나 원유보다 훨씬 더 전 세계에 고르게 분포되어 있기 때문에, 소수 국가가 에너지 때문에 다른 나라보다 더 유리한 입장은 아닐 것이다. 그리고 위험한 부산물을 남기는 핵분열과는 달리, 핵융합에서 나오는 핵은 극히 안전하다.

앞에서 살펴보았듯이, 핵이 전기적 척력을 이겨내고 융합하기 위해서는, 엄청나게 높은 온도가 필요하다는 것이 문제다. 1950년대에 처음으로 수소 핵폭탄 실험을 했을 때, 온도를 아주 뜨겁게 만드는 데 사용된 기폭제로 핵분열 폭탄을 사용했었다. 이런 온도에서 일어나는 상호작용은 지속되기도 통제되기도 매우 어렵다.

캐나다, 유럽, 일본 그리고 러시아는 통제된 융합의 실현 가능성을 보여주기 위한 프로젝트인, ITER에 협력하고 있다. ITER은 토카막(Tokamak) 설계를 토대로 하는데, 커다란 도넛 모양의 용기가 초전도 자석으로 둘러싸여 있어서 수소 원자핵을 강한 자기장으로 가두고 통제한다. ITER의 목표는 발전소 수준에 맞먹는 열에너지를 생산하는 최초의 융합 장치를 만드는 것이다. 가장 큰 문제는 융합 과정에 참여할 중수소와 삼중수소를 에너지 생성이 가능할 정도로 오래, 아주 뜨겁게, 높은 밀도를 유지하는 일이다. 이전의 융합 실험은 약 1500만 와트의 에너지를 생산했지만 불과 1, 2초밖에 유지하지 못했고, 융합을 이루기 위한 필수 조건을 조성하는데 1억 와트를 사용했다. 생산하는 것보다 더 많은 에너지가 필요한 제조법은 많은 투자자를 끌어들이지 못할 것이 불을 보듯 뻔한 일이 아닌가!

1989년에 유타대학 출신의 두 과학자가 융합에 대해 잘 알고 있는 천문학자들과 물리학자들을 놀라게 하는 발표를 했다. 두 사람은 실온에서, 그것도 고등학교 과학 실험실에서 쉽게 복제할 수 있을 정도의 간단한 기구를 사용해서 핵융합에 성공했다고 주장했다. 그들은 화학 전지를 사용했는데, 이것은 화학 용매를 통해서 전류를 한 금속 표면에서 다른 금속 표면으로 전달하는 것이다. 그 기구는 물리학자와 천문학자들이 융합에 필수라고 말하는 온도 근처에도 가지 못했지만, 유타의 과학자들은 이 장치에서 중수소 융합의 증거를 찾았다고 생각했다. 그 결과, '차가운 융합'이라는 이름이 붙여져서 언론의 집중을 받게 되었다.

안타깝게도 차가운 융합은 모든 과학적 아이디어와 강도 높은 정밀 검사를 통과하지 못했다. 전 세계의 다른 과학자들이 그 결과를 재현할 수 없었다. 심지어 실험들조차 융합과 관련된 다른 특징들을 보여주지 못했다. 유타의 과학자들이 확인한 것은 아마도 핵반응이 아니라 화학반응일 것이라는 결론과 함께, 초기 결과의 신빙성이 떨어졌다.

지구에서 융합을 복제하고 싶다면 태양이 하는 그대로 해야 할 것 같다. 수소 원자핵들을 서로 가까운 사이로 만들 수 있을 만큼의 높은 온도와 압력을 만드는 일이다. 아마도 다음 세대 또는 그다음 세대의 후손들의 천문학 수업에서는, 통제된 융합이 꿈이 아닌 현실이 되어있기를 기대한다.

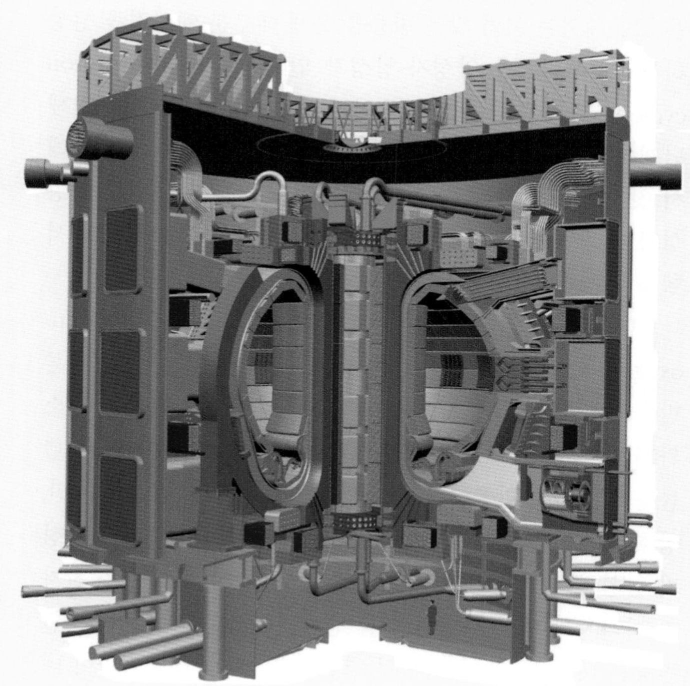

ITER의 설계 이 그림에서 금색으로 된 부분은 융합이 일어나는 방을 둘러싼 초전도 자석이 있는 곳을 표시한다. 거대한 자석이 전하를 띤 중수소의 핵을 가둬 놓을 것이다. 500 MW의 에너지를 생산하는 것이 ITER의 목적이다.

$$
\begin{aligned}
4\times1.007825 &= 4.03130\,u\text{(수소 원자의 초기 질량)}\\
&\underline{-4.00268\,u}\text{(헬륨 원자의 최종 질량)}\\
&\quad 0.02862\,u\text{ (변환 과정에서 결손된 질량)}
\end{aligned}
$$

결손 질량 0.02826 u는 처음 수소 질량의 0.71%다. 그러므로 만약 수소 1 kg이 헬륨으로 변환된다면, 헬륨의 질량은 단지 0.9929 kg이고, 0.0071 kg의 물질은 에너지로 변환된다. 빛의 속도(c)는 3×10^8 m/s이므로, 1 kg의 수소가 헬륨으로 변환하면서 방출하는 에너지양은 다음과 같다.

$$E=mc^2$$
$$E=0.0071\times(3\times10^8)^2=6.4\times10^{14}\text{ J}$$

단 1 kg(약 2.2 lb)의 수소를 융합시켰을 때 생기는 에너지양이지만, 이는 미국에서 사용되는 전기량을 2주일 동안 공급할 수 있는 양이다.

태양 광도 4×10^{26} W를 생산하기 위해서는, 매초 약 6억 톤의 수소가 헬륨으로 변환되어야 하는데, 이 중에서 약 4백만 톤이 물질에서 에너지로 바뀐다. 물론 매우 큰 수치이지만 태양에 저장된 수소의 양(곧 핵에너지)은 훨씬 더 엄청나서 태양은 오랫동안(사실 수십억 년 동안) 지속될 수 있다.

태양 질량의 1.2배 이하인(태양도 포함하는 범주) 별들은 고온에서는 이와 같은 반응을 통해 대부분 에너지를 생성하는데, 이 반응을 **양성자-양성자 연쇄반응**(proton-proton cycle)이라 부른다. 연쇄반응이라고 부르는 이유는 세 번째 단계에서 생성된 두 개의 양성자들이 다른 양성자와 융합해서 첫 번째 단계를 다시 시작할 수 있기 때문이다. 양성자-양성자 연쇄반응에서 양성자는 다른 양성자와 직접 충돌해서 헬륨 핵을 만든다.

더 뜨거운 별들에서는, 탄소-질소-산소(carbon-nitrogen-oxygen) CNO 순환반응(CNO cycle)이라 불리는 또 다른 반응으로 같은 결과를 얻는다. CNO 순환반응에서는 탄소와 수소의 핵이 충돌해서 질소, 산소, 그리고 최종적으로 헬륨을 형성하는 반응이다. 질소와 산소는 살아남지 못하지만, 상호작용을 통해 다시 탄소를 형성한다. 따라서 결과는 양성자-양성자 연쇄 작용과 같은 결과를 낸다. 네 개의 수소 원자가 사라지고 대신 하나의 헬륨 원자가 탄생한다. CNO 순환반응은 태양에서는 부차적인 역할을 할 뿐이지만, 질량이 태양 질량의 두 배 이상인 별에서는 주 에너지원이다.

이렇게 19세기 말 과학자들이 그토록 걱정했던 수수께끼는 풀렸다. 태양은 우주에서 가장 간단한 원소인 수소의 융합을 통해서 수십억 년 동안 높은 온도와 높은 에너지 생산량을 유지 할 수 있다. 태양의(그리고 다른 별들) 대부분은 수소로 이루어졌기 때문에, 수소는 별에게 동력을 제공하는 이상적인 '연료'이다. 뒤에서 다시 설명하겠지만, 별이란 수소 융합을 시작할 수 있을 만큼 중심핵이 뜨겁게 가열된 기체구(球)로 정의된다. 이런 일이 발생하기에 질량이 부족한 기체구도 있다(예, 목성). 할리우드에 있는 수많은 연예지망생처럼 이들은 절대 스타가 될 수 없다.

7.3 태양의 내부: 이론

양성자 융합은 태양 중심부의 온도가 1000만 K 이상이어야만 일어날 수 있다. 태양이 실제로 이만큼 뜨거운지를 어떻게 알까? 태양 내부가 어떤지를 알려면 복잡한 계산을 해야 한다. 쉽게 말해 천문학자들은 태양 내부에서 일어나는 물리 과정에 대해서 그들이 알고 있는 모든 지식을 컴퓨터에 입력한다. 그러면 컴퓨터가 태양 내부의 모든 위치에서의 압력과 온도를 계산하고, 만약 핵반응이 일어나고 있다면 어떤 핵반응인지를 계산한다. 컴퓨터는 또한 태양이 시간이 지남에 따라 어떻게 변할지도 계산할 수 있다.

어쨌든 태양은 변하고 있음이 틀림없다. 태양 중심에서 수소 비축량이 서서히 고갈되고 대신 헬륨이 생성된다. 이런 구조 변화가 측정 가능한 효과를 나타낼까? 태양이 더 뜨거워질까? 차가워질까? 커질까? 줄어들까? 밝아질까? 흐려질까? 궁극적으로, 태양 중심부의 변화는 큰 재해가 될 수도 있다. 왜냐하면, 융합할 만큼 뜨거운 수소가 결국 다 소모될 것이기 때문이다. 새로운 에너지원을 찾지 않으면 태양은 빛을 내지 못할 것이다. 다음 장에서는 태양의 운명을 다룰 것이다. 지금은 컴퓨터가 계산하도록 입력할 내용에 대해 알아보자.

7.3.1 태양은 기체다

태양은 너무 뜨거워서 태양을 구성하는 물질은 처음부터 끝까지 기체다. 천문학자들은 이 사실에 대단히 감사한다. 왜냐하면, 뜨거운 기체는 액체나 고체보다 수학적으로 표현하기 쉽기 때문이다. 기체를 구성하는 입자들은 빠르게 움직이면서 빈번하게 서로 충돌한다. 이 지속적인 충돌이 기체의 압력이다(그림 7.6). 주어진 부피 내에 입자 수가 많아질수록 압력이 증가한다. 이는 움직이는 입자의 전체 충격량이 입자의 수와 함께 증가하기 때문이다. 또한, 분자나 입자가 더 빠르게 움직일 때 압력이 훨씬 더 커진다. 온도가 더 높을 때 입자가 더 빨리 움직이므로, 온도가 높을수록 압

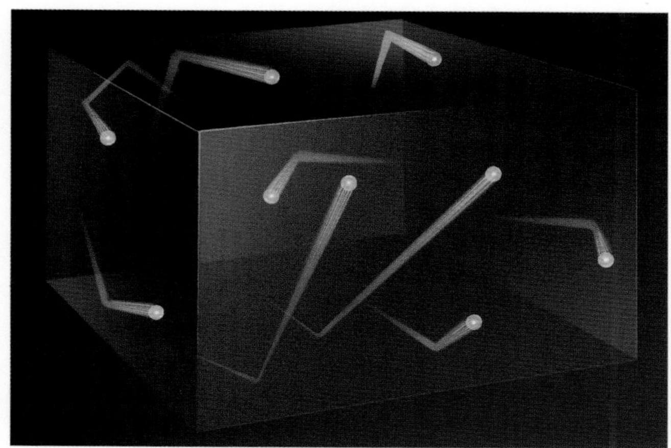

■ **그림 7.6**
기체 압력 기체 속의 입자들은 빠르게 운동을 하고 있으며 주위 물질과의 충돌을 통해 압력을 생성한다. 그림의 입자들은 가상 용기의 측면과 충돌하는 모습을 보여준다.

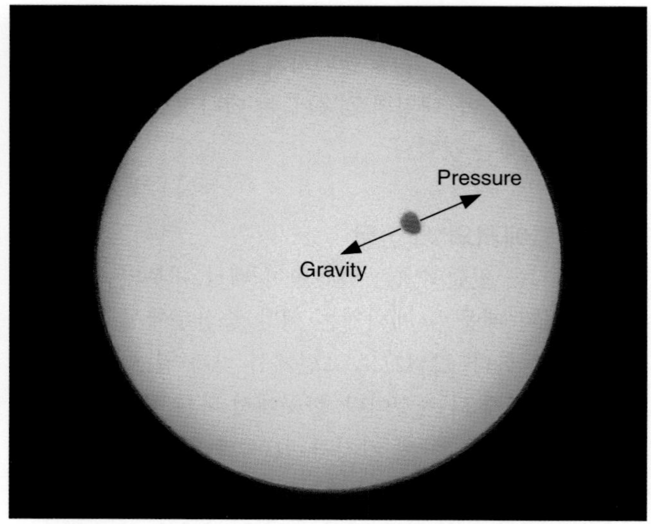

■ **그림 7.7**
정유체 평형 별 내부의 모든 지점에서는 안으로 향하는 중력이 밖으로 향하는 기체 압력의 힘과 균형을 이루고 있다.

력도 높아진다.

7.3.2 태양은 안정적이다

태양은 대부분 별처럼 안정적이다. 팽창하지도 않고 수축하지도 않는다. 이런 상태 별들은 평형 상태에 있다고 한다. 별 안에 있는 모든 힘이 균형을 이루고 있어서, 별 내부의 모든 지점에서 온도, 압력, 밀도나 이 밖의 것들이 일정하게 유지된다. 나중에 다루겠지만, 태양을 포함해서 이런 안정적인 별들조차도 진화하면서 변화한다. 하지만 이런 진화에 따른 변화는 천천히 일어나기 때문에 어느 곳, 어느 순간에나 평형 상태라고 가정할 수 있다.

태양 내부에서 다양한 부분들은 질량 사이의 상호 중력으로 인한 엄청난 힘 때문에 중심부를 향해 붕괴하는 경향을 보인다. 하지만 지구의 역사를 보면 알듯이, 태양은 수십억 년 동안 대략 같은 양의 에너지를 방출해왔으므로, 태양은 오랫동안 붕괴를 버텨냈음이 분명하다. 그러므로 이 중력의 힘은 다른 힘과 균형을 이룬 것이 틀림없다. 그 힘은 태양 내부의 기체 압력이다(그림 7.7). 계산에 의하면 태양이 중력에 의해 붕괴되는 것을 방지하려면, 중심부의 기체 온도가 1500만 K으로 유지되어야 한다. 이 의미를 생각해보자. 태양이 수축하지 않는다는 사실만으로, 중심부는 양성자 융합을 할 정도로 온도가 높다는 결론을 내릴 수 있다.

별의 내부 압력이 바깥층의 무게와 균형을 이룰 만큼 강력하지 않다면, 별은 조금씩 붕괴되고 수축하면서 내부 압력은 더 강해질 것이다. 만약 압력이 위에 있는 층들의 무게보다 강하다면 별은 팽창할 것이고, 따라서 내부 압력은 줄어들게 된다. 그러면 팽창은 멈추고, 다시 별 내부 모든 지점의 압력은 그보다 위에 있는 층들의 무게와 동등한 평형 상태에 이를 것이다. 부풀어 오른 풍선의 예를 들자면, 풍선은 내부 압력과 외부 압력 사이의 평형 상태에 이를 때까지 확장하거나 수축한다. 이 상태를 전문 용어로는 **정유체평형**(hydrostatic equilibrium)이라고 한다. 안정된 별들은 모두 정유체평형 상태다. 지구의 대기층뿐만 아니라 지구의 대양들도 이와 같은 상태다. 대기 자체의 압력은 대기가 땅으로 떨어지는 것을 막아준다.

7.3.3 태양은 차가워지지 않는다

추운 겨울밤에 창문을 열어 놓았던 적이 있다면, 열은 언제나 뜨거운 곳에서 차가운 곳으로 흐른다는 것을 경험했을 것이다. 에너지가 별 표면을 향해 밖으로 움직이므로, 에너지는 더 뜨거운 내부로부터 흘러나옴이 틀림없다. 정상적으로는 별의 내부로 갈수록 온도가 낮아질 수 없다. 그렇지 않다면 에너지가 내부로 흘러들어 외부 층만큼 뜨거워질 때까지 가열될 것이다. 결론적으로, 별의 중심은 온도가 가장 높고 표면으로 갈수록 온도가 떨어진다. (그런데 태양의 채층과 코로나의 높은 온도는 이와 모순되는 것처럼 보인다. 하지만 6장에서 배웠듯이, 이런 높은 온도는 태양 대기층의 현상으로서, 자기장에 의한 가열로 유지됨을 기억해라.)

외부로 향하는 에너지의 흐름은 별 내부의 열을 빼앗아 간다. 만약에 이 에너지를 보충하지 않으면, 별은 차가워질 것이다. 이를테면 플러그를 뽑아 전원을 차단하면, 뜨거웠던 다리미가 차가워지기 시작하는 것과 비슷하다. 그러므로 모든 별은 저마다 내부에 에너지의 원천이 존재해야만 한다. 이미 보았듯이, 태양의 경우에 이 에너지원은 수소를 헬륨으로 융합하는 것이다.

7.3.4 별에서의 열전달

태양에너지를 만들어내는 핵반응이 태양 내부의 심층부에서 일어나기 때문에, 에너지는 태양 중심부에서 표면까지 운반되어야 한다. 그러므로 표면에서 빛과 열 형태로 에너지를 볼 수 있게 되는 것이다. 한곳에서 다른 곳으로 에너지가 전달되는 방법은 세 가지가 있다. **전도**(conduction)는 원자나 분자가 다른 원자나 분자와 충돌함으로써 에너지를 전달하는 방법이다. 예를 들어 뜨거운 커피를 쇠 스푼으로 휘저을 때 숟가락 손잡이 부분이 뜨거워지는 현상이 전도이다. **대류**(convection)는 따뜻한 물질의 흐름이 올라오면서 차가운 층으로 에너지를 가지고 가는 방법이다. 그 예가 굴뚝으로 올라오는 뜨거운 공기다. **복사**(radiation)는 뜨거운 물질로부터 고에너지 광자가 나와서 다른 물질에 흡수되면서 에너지의 일부 또는 전부를 전달하는 방법이다. 전기 히터 코일에 손을 가까이 대면 적외선 광자가 손을 가열하는 것을 느낄 수 있다. 전도와 대류는 행성 내부에서 중요한 역할을 한다. 훨씬 더 투명한 별에서는 복사와 대류가 중요하고, 전도는 일반적으로 무시할 수 있다.

항성의 대류는 별 안에서 뜨거운 기류가 위아래로 흐르면서 일어난다(그림 7.8). 이런 기류는 적당한 속도로 움직이면서 별의 전반적인 안정성을 깨뜨리지 않는다. 또한, 안으로든 밖으로든 전체 질량의 변화도 초래하지 않는다. 예를 들면, 난로의 열이 방 밖이나 방안으로 공기를 몰아내지 않고 방안에서 기류를 일으키는 것과 같다. 대류는 기류를 통해 별 내부의 열을 바깥쪽으로 매우 효율적으로 운반한다. 태양에서 대류는 태양의 중심 부분과 표면 근처에서 중요한 역할을 한다.

대류가 일어나지 않는다면, 별의 내부에서 에너지를 이동시키는 중요한 수단은 전자기복사다. 별에서 복사는 효율적인 에너지 운반수단은 아니다. 왜냐하면, 태양 내부의 기체는 매우 불투명하기 때문이다. 즉 광자가 멀리 가지 못하고 곧 흡수된다(태양 내부에서 일반적으로 0.01 m). 원자나 이온들이 광자가 밖으로 움직이는 것을 막는 과정은 4.5절에 설명했다. 흡수된 에너지는 재방출 되지만, 재방출은 모든 방향으로 일어난다. 별 외부를 향해 움직이다 흡수된 광자가 중심부를 향해서 재방출될 확률은 표면을 향하는 확률만큼 크다.

상당한 에너지가 지그재그 형태로 거의 무작위 운동을 하므로, 별 중심부에서 표면까지 가는데 오랜 시간이 걸린다(그림 7.9). 태양의 경우 약 백만 년의 시간이 필요하다. 만약 광자가 도중에 흡수와 재방출 과정을 겪지 않는다면, 중성미자처럼 빛의 속도로 이동하면서 2초 만에 표면까지 도달할 수 있다(그림 7.10).

7.3.5 모형 별

과학자들은 앞서 설명했던 원리들을 이용해서 태양 내부가 어떤 형태인지를 추정한다. 물리 개념을 수학 방정식으로 기술하여 이 방정식들의 해를 구해 태양 전역의 온도, 압력, 밀도, 그리고 광구에서의 흡수 효율성과 다른 물리적 수치에 대

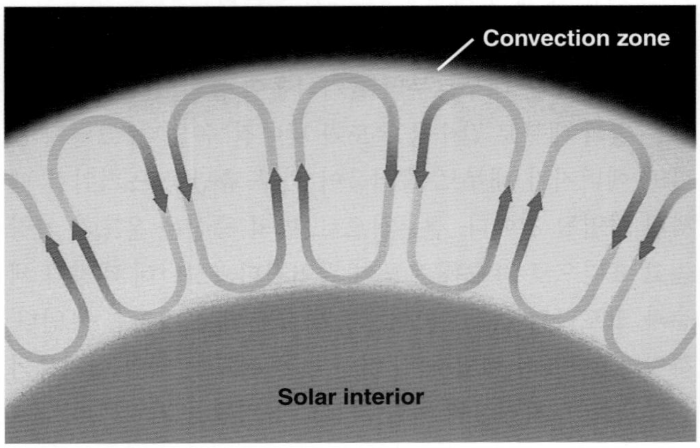

■ **그림 7.8**
대류 올라오는 대류 흐름은 태양의 내부에서 표면으로 열을 운반하며, 차가워진 물질은 아래쪽으로 가라앉는다. 물론 별에서 실제로 일어나는 현상은 교과서 그림처럼 간단하지는 않다.

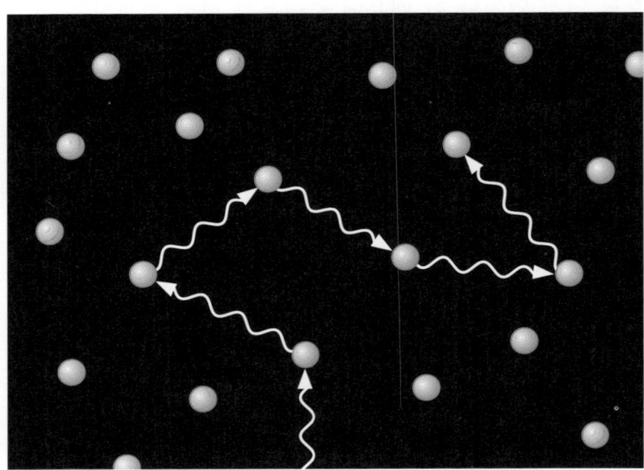

■ **그림 7.9**
태양 깊숙이 있는 광자 광자는 태양 내부의 밀집된 기체 사이에서 매우 짧은 거리를 이동하다가 곧 주위의 원자와 상호작용한다. 각각의 상호작용 후 광자의 에너지는 낮아지고 무작위 방향으로 움직인다.

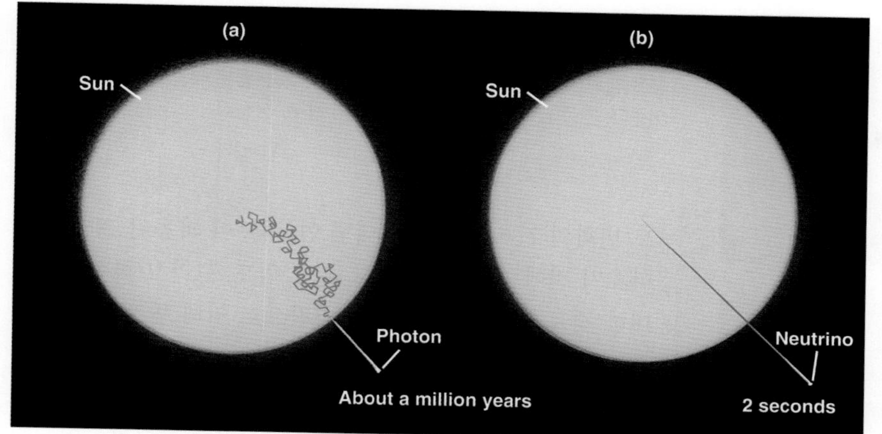

■ **그림 7.10**
태양에서 광자와 중성미자의 경로 (a) 태양 내부에서 핵반응으로 만들어진 광자는 매우 짧은 거리만을 이동하다가 원자에 의해 흡수되거나 사방으로 흩어지고 모든 방향으로 방출되기 때문에, 에너지가 태양의 중심부에서 표면까지 가는데 약 백만 년이 걸린다. (b) 이와는 대조적으로, 중성미자는 물질과 상호 작용을 거의 하지 않고 빛의 속도로 태양을 통과하여, 2초 남짓 만에 표면에 이른다.

해 값을 구한다. 특정한 물리적 가정과 조건을 토대로 구한 이런 값들을 태양 내부의 이론 모형이라고 부른다.

그림 7.11은 태양 내부에 대한 이론 모형을 체계적으로 묘사하고 있다. 태양 중심부에서 융합을 통해 에너지가 생성된다. 이 중심부는 단지 표면까지 거리의 4분의 1 정도만 펼쳐진다. 하지만 이 중심부는 태양 전체 질량의 3분의 1 정도를 차지한다. 중심부에서는 온도가 약 1500만 K까지 올라가며, 밀도는 물의 150배나 된다. 중심부에서 생성된 에너지는 복사를 통해서 표면을 향해 이동하다가, 마침내 태양 중심부에서 표면까지 거리의 약 70% 지점에 도달한다. 이 지점에서 대류가 시작되어, 에너지는 상승하는 뜨거운 기체 덩어리로 표면까지 이동한다.

그림 7.12는 태양 중심부에서 표면까지의 온도, 밀도, 에너지 생성율, 화학조성의 변화를 보여준다.

7.4 태양의 내부: 관측

태양의 광구를 관측할 때, 우리가 보는 것은 태양의 심층부가 아니며, 에너지가 생성되는 부분은 더욱 아니다. 그래서 '태양 내부 관측'이라는 제목이 의아하게 여겨질 수도 있다. 하지만 천문학자들은 태양 내부에 관한 정보를 얻기 위해 두 가지 측정 기술을 고안해 냈다. 첫째는 태양 표면의 작은 부근에서 일어나는 아주 미세한 움직임의 변화를 측정 분석하는 일이다. 둘째는 태양이 방출한 중성미자의 측정이다.

7.4.1 태양 진동

천문학자들은 태양이 진동한다는 사실을 발견했다. 즉 우리가 숨 쉴 때 가슴을 팽창하고 수축하듯이, 태양도 팽창과 수

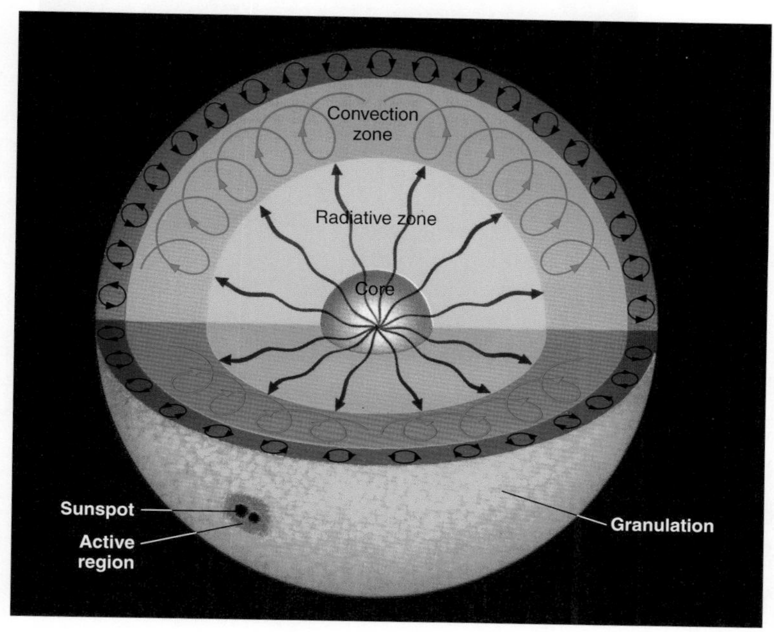

■ **그림 7.11**
태양 내부 구조 태양 중심부에서 수소가 헬륨으로 융합하여 에너지가 생산된다. 광자의 흡수와 재방출을 통해 에너지는 바깥 방향으로 복사 전달된다. 가장 바깥층에서 에너지는 주로 대류로 전달된다.

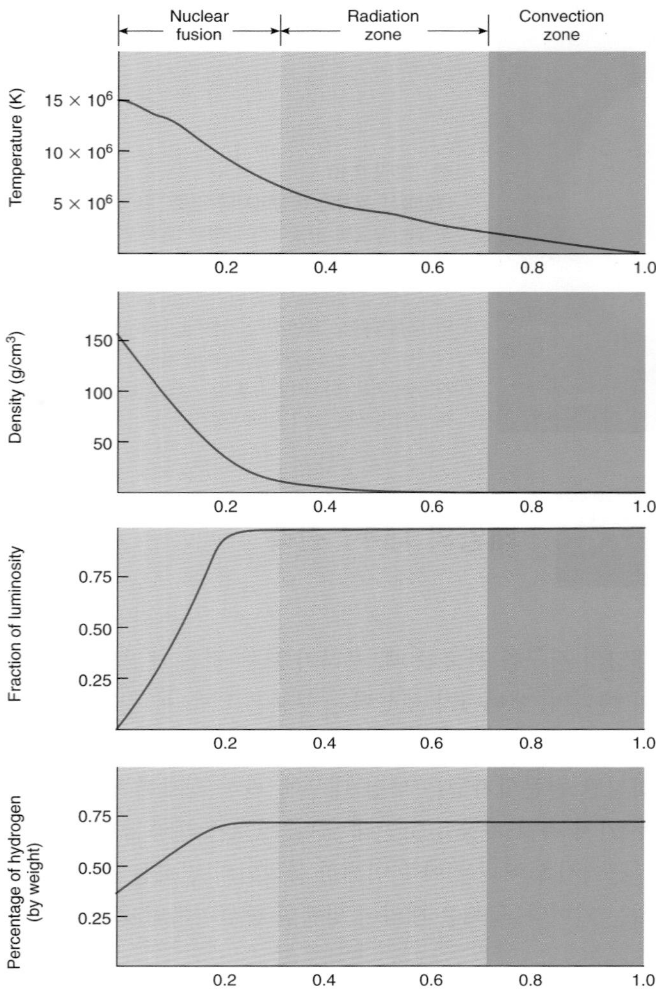

■ **그림 7.12**

태양 내부 이 도표는 태양 내의 온도, 밀도, 에너지 생산율, 그리고 수소의 백분율 함량(질량으로)의 변화를 보여준다. 수평 눈금은 태양 반경의 비율을 보여준다. 왼쪽 끝이 중심이고 오른쪽 끝이 광구.

축을 번갈아 한다. 이 진동은 매우 미세하지만, 태양 표면의 시선속도(radial velocity) 즉 우리로부터 가까워지거나 멀어지는 속도를 측정함으로써 감지할 수 있다. 태양의 작은 영역에 대한 시선속도가 규칙적으로 바뀌는 것이 관측되었다. 처음에는 지구를 향해서, 그다음에는 반대로, 다시 지구 쪽으로, 하는 식으로 반복된다. 마치 태양이 수천 개의 개별적인 허파를 통해 숨 쉬고 있는 것 같다. 즉 각각 4000 km에서 1500 km의 크기 범위 정도인 허파들이 저마다 앞뒤로 진동하는 것이다(그림 7.13).

태양에서 진동하는 영역의 일반적인 시선속도는 초속 수백 m에 불과하다. 그리고 최고 속도에서 최저 속도로 바뀌는 한 주기를 거치는데 약 5분이 걸릴 뿐이다. 어느 지점에서 든지 태양의 크기 변화를 측정하면 수백 km를 넘지 않는다.

놀랍게도 이 작은 시선속도의 변화를 사용하여 태양 내부가 어떤 형태인지를 판단할 수 있다. 태양 표면의 움직임은 심층부로부터 표면까지 이르는 파동에 기인한다. 시선속도 변화의 진폭과 주기에 대한 연구는, 이 파동이 표면에 다다르기 전에 거친 여러 층의 온도, 밀도, 그리고 화학조성에 대한 정보를 제공한다. 마치 지진으로 인해 발생한 지진파를 이용해서 지구 내부의 성질을 추론하는 것과 비슷하다. 이런 이유로 태양의 진동(앞뒤로 움직이는 운동)에 대한 연구를 **태양 지진학**(solar seismology)이라고 부른다.

파동이 중심에서부터 표면까지 가로지르는 데 약 한 시간 남짓 걸리기 때문에 파동은 중성미자처럼 현재 태양 내부가 어떤 형태인지에 대한 정보를 제공해 준다. 이와는 대조적으로 태양에서 방출되어, 오늘 우리가 보고 있는 햇빛은 사실 태양 중심부에서 백만 년 전에 만들어졌음을 기억하라.

태양 지진학은 대류 영역이 표면에서 안쪽으로 약 30% 정도의 거리까지 뻗어있음을 보여 주었다. 이 정보를 사용하여 그림 7.11의 그림을 그렸다. 또한, 진동 측정에 의하면 태양 표면에서 볼 수 있는 차등 회전, 즉 적도 부근에서 일어나는 가장 빠른 회전이 대류 영역까지 지속된다. 그러나 태양 전체는 기체 상태지만, 대류 영역 아래에서는 태양이 볼링공처럼 강체 회전을 한다. 태양 지진학은 또한 태양 내

National Optical Astronomy Observatories/AURA/NSF

■ **그림 7.13**

태양 진동 새로운 관측 기술로 천문학자들은 태양 내부 깊은 곳에서도 같을 것으로 추론되는 태양 표면에서의 작은 속도 변화를 측정할 수 있게 되었다. 이 컴퓨터 모의실험에서 붉은 색은 관측자에서 멀어져가는 표면 영역, 푸른색은 관측자로 향하는 영역을 나타낸다. 이 속도 변화가 태양 내부 깊숙한 곳까지 발생되고 있는 것을 보라.

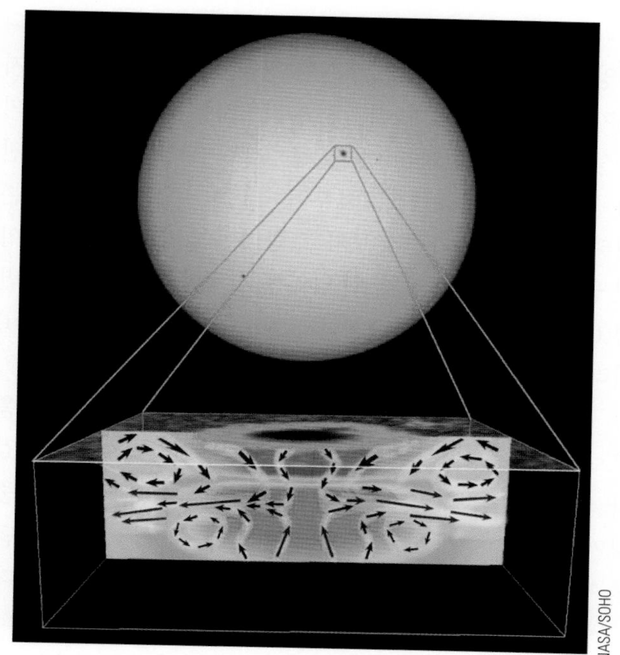

■ 그림 7.14

흑점의 구조 이 그림은 태양 지진학을 통해서 우리가 흑점 아래 무엇이 있는지를 새롭게 이해하게 되었음을 보여준다. 검은 화살표는 물질이 움직이는 방향을 나타낸다. 흑점과 연관된 강한 자기장은 위로 올라오는 뜨거운 물질의 흐름을 멈추게 하고 뜨거운 기체를 막는 일종의 마개를 형성한다. 마개 위의 물질이 차가워지면서(파란색으로 나타낸 부분) 더욱더 밀도가 높아지고 안쪽으로 추락하면, 더욱더 많은 기체와 자기장을 흑점 쪽으로 끌어당긴다. 집중된 자기장은 흑점을 차갑게 만들며 자가 영속적 순환을 조성함으로써, 흑점이 몇 주일 동안 지속될 수 있게 한다. 마개가 뜨거운 물질이 흑점 쪽으로 올라오는 것을 막기 때문에, 사진에서 빨간색으로 나타낸 마개 아래 지역은 더욱 뜨거워진다. 이 물질은 양옆으로 흐르다가, 결국 흑점 주변의 태양 표면으로 올라온다.

부에서 헬륨 함량(조성비)이, 핵반응이 일어나서 수소가 헬륨으로 바뀌는 중심지역을 제외하고는, 거의 표면과 같음을 밝혔다. 이 결과는 천문학자들에게 중요하다. 왜냐하면 태양 내부 모형을 만들 때 태양 대기에서 측정한 원소 함량을 사용한 것이 옳았기 때문이다.

태양 지진학은 또한 과학자들에게 흑점의 아래를 보게 해주고 흑점의 원리를 이해하게 해준다. 6장에서 배웠듯이, 흑점은 강한 자기장이 외부로 향하는 에너지 흐름을 막기 때문에 다른 곳보다 서늘하다. 그림 7.14는 흑점 바로 아래의 기체의 움직임을 보여준다. 흑점 자체는 목욕탕의 배수관 역할을 한다. 흑점으로부터 찬 물질이 약 4000 km/h 속도로 아래로 흐른다. 이 흑점을 둘러싼 물질은 흑점 안쪽으로 자기장을 가지고 끌려 들어가면서, 흑점 형성에 필요한 강한 자기장을 유지한다. 새로운 물질이 흑점 영역으로 들어가면, 이 역시 차가워지고 밀도가 높아져서 가라앉게 되며, 이렇게 만들어진 자가 영속적(self perpetuating) 순환은 몇 주씩 지속된다.

아래로 흐르는 차가운 물질은 위로 올라오는 뜨거운 물질의 흐름을 막는 마개 역할을 한다. 그러면 이 뜨거운 물질은 양옆으로 우회해서 흑점 주변의 태양 표면으로 올라온다. 밖으로 향하는 뜨거운 물질의 흐름이 지난 장에 언급했던 모순을 설명해준다. 즉 태양의 표면이 차가운 흑점으로 뒤덮였을 때 태양은 에너지를 조금 더 방출한다는 사실이다.

태양 지진학은 또한 지구에 영향을 주는 태양 폭풍을 예측하는 데 있어서 중요한 도구가 된다. 불과 며칠 안에 활동영역이 나타나 큰 규모로 커질 수 있다. 태양의 자전 주기는 약 28일이다. 그러므로 태양 플레어나 코로나 질량방출 같은 현상을 발생시킬 수 있는 영역은 우리가 볼 수 없는 쪽에서 형성될 수 있다. 하지만 음파는 자기장이 있는 영역에서 더 빨리 이동하고, 활동영역에서 생긴 파동은 활동이 미미한 영역에서 발생한 파동보다 약 6초 빠르게 태양을 가로질러 이동한다. 이 미세한 차이를 감지해냄으로써 과학자들은 인공위성이나 전력설비관리자들에게 잠재적으로 위험한 활동영역이 언제쯤 지구 쪽으로 돌아설지를 약 일주일 이상 사전 경고를 할 수 있다. 이런 경고를 통해서 중요한 기기는 안전 모드로, 그리고 우주비행사들을 보호하기 위한 우주 산책의 일정 변경, 혼란에 대비할 계획 등을 준비할 수 있다.

7.4.2 태양 중성미자

태양 내부에 대한 정보를 얻기 위한 두 번째 기술은 핵융합 과정에서 생성되지만 찾기가 힘든 중성미자를 탐지해내는 일이다. 앞에서 배웠듯이, 중성미자는 물질과 거의 상호작용을 하지 않는다. 태양 중심부에서 만들어진 중성미자 대부분은 태양을 바로 빠져 나와서 지구까지 빛의 속도로 이동한다. 중성미자들에게 있어서 태양은 투명한 천체다.

핵융합으로 생긴 총 에너지의 3%는 중성미자가 가지고 나간다. 너무 많은 양성자가 태양의 중심에서 반응을 일으키기 때문에, 과학자들의 계산에 의하면, 지구 표면 1 m^2당 매초 3경 5천조 개의(3.5×10^{16}) 태양 중성미자가 지나간다고 한다. 만약 이런 중성미자의 일부분만이라도 감지하는 방법을 고안해낸다면, 태양 중심부에서 일어나는 일에 대한 정보를 직접 얻을 수 있다. 하지만 이런 중성미자를 '포획'하려는 연구자들에게는 불행히도, 지구와 지구 표면의 모든 물체가 중성미자에는 태양만큼 쉽게 통과할 수 있는 투명체다.

하지만 지극히 드문 경우, 수백경($\sim 10^{18}$)개의 중성미자 가운데 하나가 다른 원자와 상호작용을 할 수 있다. 액체 세제(C_2Cl_4)를 사용해서 첫 번째 중성미자의 감지에 성공했다. 액체 세제 안의 염소(Cl)의 핵은 중성미자와 상호작용을 통해서 방사성 아르곤 핵으로 변한다. 아르곤의 방사성 덕분에 중성미자의 존재를 감지할 수 있다. 하지만 중성미자와 염소의 상호작용은 너무 드물게 일어나는 현상이므로, 많은 양의 염소가 필요하다.

국립 브룩헤이븐 연구소(Brookhaven National Laboratory)의 레이먼드 데이비스 주니어와 그의 동료들은 지구 표면 1.5 km 지하에 위치한 사우스다코다 주 리드 시의 금 광산 속에 400,000리터 가량의 액체 세제가 담긴 탱크를 설치했다. 광산을 선택한 이유는, 주변 지하 물질이 우주선 입자(우주로부터 오는 고에너지 입자)들을 세제에 닿지 못하도록 차단해 주기 때문에 혼동되는 신호가 만들어지는 것을 방지하기 위해서다. 지구의 두꺼운 지층 덕분에 우주선은 막을 수 있지만, 중성미자에게는 이런 지층이 그다지 대수로울 것이 없다. 계산에 의하면 중성미자가 하루에 약 한 개의 방사성 아르곤 원자를 생성해야 한다.

1970년에 시작된 데이비스의 실험은 지금까지 태양 모형이 예측한 중성미자 수의 단지 약 3분의 1 정도만을 감지했을 뿐이다. 이 결과는 천문학자들에게 충격을 주었다. 그들은 태양 내부와 중성미자에 대해 꽤 잘 파악하고 있다고 생각했기 때문이다. 과학 분야에서는 지금까지 얻은 성과에만 의존하지 않고, 가능하다면 언제라도 새로운 실험으로 검증하는 것이 얼마나 중요한지를 보여주는 단적인 예다. 다른 실험들 또한 최선의 태양 모형이 예측한 수보다 중성미자가 적게 감지됨을 확인했다. 데이비스는 그의 연구를 인정받아 2002년에 노벨 물리학상을 받았다.

이는 태양에 관한 최선의 모형들이 아직 태양을 설명하기에는 미흡하다는 뜻일까? 중성미자 부족 현상을 설명하기 위해 천문학자들은 태양모형을 수정해보았다. 이를테면 중심부 온도가 모형이 예상했던 것보다 약간 낮다거나, 아니면 내부 조성이 표면 조성과 다소 다르다면, 중성미자가 약간 더 적게 생성될지도 모른다. 태양진동 측정 전에 아주 기발한 모형들이 개발되어 이 문제가 거의 해결될 것으로 보였다. 하지만 진동 측정은 태양의 내부에 대해 매우 정확하게 알려주었기 때문에, 이제는 중성미자 부족 현상에 근거한 이런 모형들은 옳지 않다.

만약 초기의 태양 모형들이 옳았다면 이 '사라진' 중성미자는 무엇을 뜻하는 것일까? 중성미자들이 태양의 중심으로부터 사우스다코다 주까지 오는 도중에 예기치 못하게 '행방불명' 되었다는 것일까? 태양의 핵융합은 오직 전자 중성미자라 불리는 형태의 중성미자만 생산한다. 그래서 초기의 태양 중성미자 탐지 실험은 이런 형태의 중성미자만을 감지하기 위해 설계되었다. 하지만 물리학자들은 세 가지 형태의 중성미자가 존재한다는 사실을 증명했다. 태양에서 생성된 전자 중성미자가 태양 중심으로부터 지구까지 오는 도중에 다른 형태로 바뀐다고 가정해 보자. 그렇다면 초기의 실험들은 이런 중성미자들을 감지할 수 없었을 것이다. 어쨌든 이런 변형(transformation)을 중성미자 진동(neutrino oscillation)이라고 부른다.

최근 캐나다 서드버리 중성미자 관측소의 실험은 처음으로 세 가지 형태의 중성미자를 모두 감지하도록 설계되었다. 이 실험은 지하 2 km에 위치한 광산에서 이루어졌다. 중성미자 감지기는 1000입방 톤 가량의 중수(무거운 물)를 담은 지름 12 m의 투명 아크릴 플라스틱 구로 구성되어 있다(그림 7.15와 이 장의 표지 사진 참조). 보통 물은 두 개의 수소 원자와 산소 원자로 이루어졌음을 기억하라. 중수는 일반 수소 원자 대신 두 개의 중수소 원자와 하나의 산소 원자로 이루어져 있다. 그런데 들어오는 중성미자가 가끔 느슨하게 결합하여 중수소의 핵을 구성하는 양성자와 중성자를 분리한다. 중수가 가득 찬 플라스틱 구는 약 1700입방 톤 가

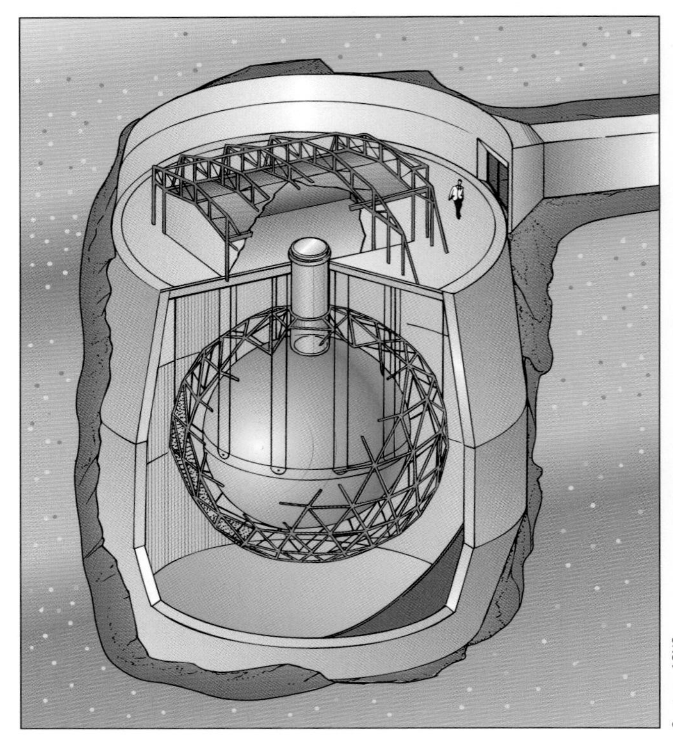

■ **그림 7.15**
서드버리 중성미자 검출기 서드버리 중성미자 검출기를 예술가가 그린 그림이다. 지하에 2 km (6800 피트) 이상의 구덩이는 10층 건물의 크기다. 푸른 구에 1000입방 톤의 중수가 담겨있다.

량의 순수한 물의 보호막으로 둘러싸여 있으며, 이 물은 9600개의 광전증배관이라는 장치로 싸여있는데, 이는 중성미자가 중수와 상호작용한 후 생기는 빛 섬광을 감지한다.

서드버리 실험은 한 시간에 한 개의 중성미자를 감지해서, 중수까지 도달하는 중성미자의 총 수는 태양 모형의 예측과 같다는 것을 보여줌으로써, 태양 모형을 만든 천문학자들을 안심시켜 주었다. 감지된 중성미자 중에서 3분의 1 정도만 전자 중성미자다. 태양에서 생성된 전자 중성미자의 3분의 2가 태양의 중심부에서 지구까지 오는 과정에서 다른 형태의 중성미자로 변형되는 것 같다. 이런 이유로 초기의 실험들이 예상된 중성미자 수의 3분의 1밖에 감지하지 못했다.

비록 직감적으로는 확실하진 않지만, 이런 중성미자 진동은 전자 중성미자의 질량이 0이 아닐 때만 일어날 수 있다. 다른 실험에 의하면 중성미자의 질량은 매우 작다고 한다(심지어 전자와 비교했을 때도). 하지만 중성미자가 질량을 갖는다는 사실은 물리학적으로나 천문학적으로나 의미하는 바가 크다. 예를 들어 전체 우주 질량의 조사목록에서 중성미자가 차지하는 역할을 20장에서 보게 될 것이다.

수영장을 채울 만한 양의 액체 세제를 오래된 금광의 갱도에 채우면서 시작된 일련의 실험들이 이제 태양의 에너지원과 물질의 특성에 대해 가르쳐주고 있다니 정말 놀라운 일이 아닌가! 이는 천문학에서도 실험 결과가 최선의 이론 모형과 함께 분석될 때, 자연에 대한 이해를 근본적으로 바꾸는 계기가 된다는 좋은 예다.

인터넷 탐색

알베르트 아인슈타인 온라인:
www.westegg.com/einstein/
펜실베이니아 대학교의 프리드먼이 정말 유용한 이 웹사이트를 만들었으며, 이 웹사이트는 모든 아인슈타인에 대한 웹사이트의 링크가 있다. 인생, 책, 논문, 명언 모음, 사진, 관련 과학 및 여러 가지 정보가 포함되어 있다.

프린스턴 플라스마 물리학 실험실 사이트:
ippex.pppl.gov/
지구에서 통제 가능한 핵융합을 위한 탐구에 대하여.

GONG 프로젝트 사이트:
www.gong.noao.edu/index.html
세계진동네트워크그룹(Global Oscillations Network Group, GONG)은 태양 지진학을 위한 국제 협력이다.

중성미자 문제에 대한 존 바콜(John Bahcall)의 기사:
www.sns.ias.edu/~jnb/Papers/Popular/popular.html
이곳에서 세계적인 전문가들이 태양으로부터 나오는 중성미자에 관한 문제에 대해 쓴 여러 기사를 다운로드할 수 있다. www.nobel.se/physics/articles/fusion/print.hml 참조.

슈퍼 카미오칸데 중성미자 질량 페이지:
www.ps.uci.edu/~superk/index.html
어바인 캘리포니아 대학의 데이브 캐스퍼(Dave Casper)가 만들었다. 중성미자를 과학자가 아닌 사람을 위해 설명한 좋은 사이트.

요약

7.1 태양은 매초 엄청난 양의 에너지를 생성한다. 지구의 나이가 45억 년이므로, 태양은 최소한 그만큼 동안 빛을 냈을 것이다. 화학적 연소나 중력 수축은 이렇게 오랫동안 방출되는 태양의 에너지를 설명할 수 없다.

7.2 태양에너지는 소립자의 상호작용으로 생산되는데, **소립자**는 양성자, 중성자, 전자, **양전자**, **중성미자**를 뜻한다. 구체적으로 태양의 에너지원은 수소 핵융합을 통해 헬륨을 형성하는 것이다. 수소를 헬륨으로 바꾸는 데 필요한 일련의 반응을 **양성자-양성자 연쇄반응**이라고 한다. 헬륨 원자는 헬륨 원자를 형성하기 위해 결합하는 네 개의 수소 원자의 총 질량보다 0.71%만큼 질량이 적고, 이때 결손된 질량은 에너지로 전환된다.

(이는 $E=mc^2$ 공식에 의해 주어진 에너지양만큼)

7.3 태양 내부를 볼 수는 없지만, 내부가 어떻게 생겼는지 계산을 통한 추정은 가능하다. 이런 계산을 위해 태양에 대해 알려진 것들을 입력한다. 태양 전체는 뜨거운 기체로 이루어져 있다. 극히 미세한 변화 외에는, 태양은 팽창하지도 수축하지도 않지만(태양은 정유체 평형 상태이다), 대신 일정한 비율로 에너지를 방출한다. 수소 핵융합은 태양 중심부에서 일어나며, 에너지는 복사와 대류를 통해 표면으로 운반된다. 태양 모형은 태양 내부구조를 묘사하며 압력, 온도, 질량, 그리고 광도가 어떻게 태양 중심부로부터의 거리에 따라 변화하는지를 구체적으로 보여준다.

7.4 태양 진동에 대한 연구(**태양 지진학**)와 중성미자는 태양 내부에 대한 관측 자료를 제공해 준다. 지금까지의 태양 지진학 기술은 태양 내부 조성이 표면과 거의 같다는 것과(수소들을 헬륨으로 전환하는 중심부는 제외) 대류 영역이 태양 표면에서 중심까지 거리의 30%를 차지함을 보여주었다. 또한 태양 지진학은 태양의 지구 반대쪽 활동 영역을 감지할 수 있고, 또한 지구에 영향을 끼칠 수 있는 태양 폭풍에 대해 더 정확하게 예측할 수 있다. 최근의 실험은 태양 모형이 태양 중심부에서 핵융합으로 인해 생기는 중성미자의 수를 정확하게 예측함을 보여주었다. 하지만 이 중성미자의 3분의 2는 태양에서 지구까지 오는 긴 여행과정 중에 다른 중성미자의 형태로 바뀐다. 이 결과는 중성미자가 질량이 없는 입자가 아님을 보여주는 것이다.

모둠 활동

A 태양의 질량이 증가하면 지구의 공전 주기가 매해 2초씩 길어지므로, 태양에 떨어지는 운석이 태양의 에너지원일 수가 없다고 한다. 수세기가 흐르면서 이 공전 주기 변화가 어떤 영향을 끼쳤을지 대해 논의해 보라.

B 태양 천문학자들이 매일 24시간 내내 태양 진동을 관측할 수 있다면, 태양 내부에 대해 더 많이 알게 될 것이다. 이는 관측이 밤낮의 순환에 방해를 받으면 안 된다는 의미다. GONG(세계진동네트워크그룹, Global Oscillation Network Group) 프로젝트라고 불리는 한 실험이 시작되었다. 비용을 아끼기 위해 이 실험은 최소 개수의 망원경을 사용하도록 설계되었다. 만약 관측 장소를 주의해서 선택한다면 6개의 관측소만으로 전체 시간의 10%만을 제외하고 태양을 계속 관측할 수 있다. 관측 장소를 고를 때 어떤 사항들을 고려해야 할까? 태양 관측 시간을 최대한 늘릴 수 있는 6개 장소의 지리적인 위치를 제안할 수 있는가? GONG 홈페이지에 접속해 답안을 확인해 보라.

C 만약 지구에서 통제된 핵융합이 경제적으로 가능하게 된다면 어떨까? 모둠과 함께 물의 수소가 대량의 에너지를 내는 원료가 된다면 세계 경제와 국제 정치에 어떤 영향을 끼칠지 논의해 보라. (현재의 국제 정세에서 원유와 천연가스 매장량의 역할에 대해 생각해 보라.)

D 당신의 모둠이 작은 광산 마을의 시의회에 왜 정부가 오래된 금광 갱도에 수영장 크기의 상업용 액체 세제 통을 설치하는지 설명하는 대표단이라고 하자. 이 회의를 어떤 방식으로 접근하겠는가? 시의회 의원들이 과학적 배경지식이 많지 않다는 가정하에 이 사업의 중요성을 어떻게 설명하겠는가? 사용할 수 있는 시각보조교재를 제안해 보라.

복습 문제

1. 어떻게 태양의 나이를 알 수 있는가?
2. 태양의 에너지가 화학 연소, 다시 말해 지구의 불, 또는 중력 수축(줄어드는 현상)으로 생기는 것이 아닌지를 어떻게 알 수 있는가?
3. 태양을 빛나게 하는 근본적인 에너지원은 무엇인가?
4. *p-p* 연쇄반응 즉 양성자-양성자 연쇄반응은 무엇인

가? 세 가지 단계를 쓰고, 각 단계에서 일어나는 현상을 설명해 보라.

5. 중성미자와 중성자의 차이점은 무엇인가? 생각나는 모든 차이점을 써라.
6. 태양이 정유체평형상태에 있다는 것이 무슨 뜻이지 직접 설명해 보라.
7. 두 천문학 학생이 사우스다코다 주로 여행을 간다. 한 학생은 지구 표면에 서서 햇빛을 즐긴다. 다른 학생은 중성미자가 감지되는 금광 아래로 내려가서 새로운 방사능 아르곤 핵이 생기는 모습을 목격한다. 지구 표면의 광자와 금광의 중성미자는 거의 같은 시기에 지구에 도착했지만, 이 두 입자는 전혀 다른 일생을 겪었다. 그 차이를 설명해 보라.
8. 왜 태양이 방출한 중성미자 개수 측정을 통해 태양 내부 조건에 대해 알 수 있는가?
9. 중성미자는 질량을 지녔는가? 이 문제의 답이 시간에 따라 어떻게 변해왔고 왜 그랬는지 설명해 보라.

사고력 문제

10. 태양은 지구보다 훨씬 크고 무겁다. 태양의 밀도는 지구보다 높다고 생각하는가, 낮다고 생각하는가? 밀도를 찾아보기 전에 답을 종이에 적어라. 이제 책 속에서 밀도 수치를 찾아보라. 당신의 답은 옳았는가? 질량과 밀도의 의미를 명백하게 설명하라.
11. 천문학 수업을 들어보지 못한 친구가 태양이 지금처럼 밝게 빛나기 위해서 태양은 타오르는 석탄으로 가득 차 있어야 한다고 주장한다. 이 가설에 반대하는 주장을 최대한 많이 적어보라.
12. 아래의 변환이 핵융합인지 핵분열인지를 구분하라(원소 목록은 부록 13 참조).
    a. 헬륨에서 탄소로
    b. 탄소에서 철로
    c. 우라늄에서 납으로
    d. 붕소에서 탄소로
    e. 산소에서 네온으로
13. 태양에서 일어나는 수소 동위원소와 헬륨만 관련된 핵융합 과정에 필요한 온도보다 CNO 순환과정으로 수소를 융합하는 데 필요한 온도가 왜 더 높아야 하는가?
14. 지구의 대기층은 정유체 평형 상태에 있다. 이는 대기층의 모든 지점의 기압은 그보다 위에 있는 공기의 무게를 견딜 만큼 높아야 함을 의미한다. 에베레스트 정상의 기압이 교실 기압과 어떻게 다를 것으로 생각하는가? 왜 그런지 설명해 보라.
15. 지구의 바다가 정유체 평형 상태에 있다고 말할 때, 이것이 뜻하는 바를 설명해 보라. 그리고 지금 잠수부가 되었다고 가정해 보자. 수면에서 수심 200피트 아래까지 잠수한다면 수압이 점점 증가할까 아니면 감소할까? 왜 그런가?
16. 달 표면의 열은 어떤 원리로 달 표면으로부터 밖으로 전달될까? 만약 달이 이런 방식으로 에너지를 잃고 있다면 왜 계속 차가워지고 있지 않을까?
17. 추운 가을 저녁에 모닥불에서 몇 m 떨어진 곳에 서 있다고 가정하자. 얼굴이 뜨거워지기 시작한다. 불에서 얼굴로 열이 전달되는 원리는 무엇인가? (힌트: 당신과 불 사이의 공기는 당신의 얼굴보다 뜨거운가, 차가운가.)
18. 일상생활에서 대류와 복사를 통해 열이 전달되는 예를 몇 가지 들어 보라.
19. 갑자기 태양의 양성자-양성자 연쇄반응이 느려져서 현재 에너지 생산율의 95%로 생산된다고 가정해 보자. 지구의 관측자는 즉시 태양의 밝기가 줄어드는 것을 볼 수 있을까? 관측자는 태양이 방출하는 중성미자의 수가 줄어드는 것을 관측할 수 있을까?
20. 핵융합이 항성의 대기층에서 일어난다고 생각하는가? 왜 그런지 또는 왜 그러하지 않은지에 대해 설명해 보라.
21. 왜 핵분열은 태양의 중요한 에너지원이 아닌가?
22. 왜 태양에너지 대부분이 중심 지역으로부터 온다고 생각하는가(그림 7.12 참조)? 태양 중심으로부터 태양 전체 반지름의 몇 % 정도의 거리 내에서 실질적으로 태양 전체 광도가 비롯될까? 태양 중심부에서 태양 반지름의 몇 % 정도 거리 내에서 수소가 일부 사용됐을까? 이 두 문제의 답의 연관성에 대해 논의해 보라.

계산 문제

이 장에서 배운 내용을 이용하여 태양이 얼마나 더 오랫동안 빛을 낼지 추정해 보고, 친구들에게 언제부터 걱정을 시작해야 할지를 알려줄 수 있다. 그러기 위해서는 일단 태양이 생성 가능한 총 에너지양을 계산해야 한다. 그리고 태양이 얼마나 빨리 에너지를 방출하는지를 알아야 한다. 생성할 수 있는 총 에너지양을 소비율(방출률)로 나누면 에너지 방출이 얼마나 오랫동안 지속하는지를 알 수 있다. (사람에 비유하자면, 일을 그만두고 은행 저축으로 살아간다고 하자. 은행에 저축해 놓은 모든 돈을 하루에 쓰는 비용으로 나누면 얼마나 오랫동안 벌지 않고 살 수 있는지를 계산할 수 있다.) 다음 문제들은 이 과정을 단계별로 안내해 줄 것이다..

23. 태양 질량의 75%가 수소이고, 수소의 질량 모두 아인슈타인 $E=mc^2$ 공식에 따라 에너지로 전환될 수 있다고 가정하자. 그렇다면 태양이 생산할 수 있는 총 에너지양은 얼마인가? 여기서 m은 kg, c의 단위는 m/s일 때 E는 J(줄)로 표현된다. (태양의 질량은 부록 6에 있다.)

24. 사실 태양은 100% 효율로 에너지를 변환하지 못한다. 앞에서 봤듯이 네 개의 수소 원자를 하나의 헬륨 원자로 바꿀 때 결과는 양성자의 질량의 0.02862배 정도의 질량이 에너지로 전환된다. 그러면 이러한 반응이 총 몇 J(줄)의 에너지를 생성하는가? (부록 6을 보면 수소 원자의 질량이 있고, 실질적으로 양성자의 질량과 같다.)

25. 태양의 모든 수소 원자가 헬륨으로 변환된다고 가정하자. 그러면 생성된 총 에너지양은 얼마인가? (답을 내기 위해서는 태양에 수소 원자가 몇 개 있는지 추정해야 한다. 이 계산에 필요한 숫자가 매우 크기 때문에 과학적 표기법 연습에 좋은 문제다. 과학적 표기법을 복습하려면 부록 4를 참조하라.)

26. 태양 모형에 의하면 태양 내의 총 수소 원자 중 오직 10%만이 핵융합 과정에 참여할 것이라고 한다. 왜냐하면 핵융합이 가능할 정도로 뜨거운 중심부 인근에 있는 수소가 그 정도밖에 안 되기 때문이다. 이 장에서 1초에 태양이 방출하는 총 에너지양을 찾아보라. 그리고 이 정보와 23번 문제의 답을 사용해서 태양의 수명을 계산하라. (힌트: 단위에 유의하라. 매초 방출되는 에너지 단위를 광도로 한다면 이 문제 답의 단위는 초가 될 것이므로, 더 의미 있는 단위인 년으로 바꾸라.)

27. 본문의 이 문장이 옳음을 증명하라. 매초 6억 톤가량의 수소가 헬륨으로 전환돼야 태양의 에너지 방출을 설명할 수 있다. (힌트: 아인슈타인의 가장 유명한 공식을 기억해 보라. 그리고 변환된 수소 1 kg마다 0.0071 kg의 질량이 에너지로 변환된다는 사실도 기억하라.) 그렇다면 태양의 수소 10%가 헬륨으로 변환되려면 얼마나 오래 걸리는가? 이 답은 26번 문제에서 구한 태양의 수명과 같은가?

28. 매초 태양은 약 4백만 톤의 질량을 에너지로 변환한다. 그렇다면 태양의 질량이 1% 감소하려면 얼마나 오래 걸리겠는가? 이 문제의 답과 지금까지 구했던 태양의 수명을 비교해 보라.

심화 학습용 참고 문헌

Badash, L. "The Age of the Earth Debate" in *Scientific American,* Aug. 1989, p. 90.

Bahcall, J. "How the Sun Shines" in *Mercury* (the magazine of the Astronomical Society of the Pacific), Sept. /Oct. 2001, p. 30.

Davies, P. "Particle Physics for Everybody" in *Sky & Telescope,* Dec. 1987, p. 582.

Fischer, D. "Closing In on the Solar Neutrino Problem" in *Sky & Telescope,* Oct. 1992, p. 378.

Goldsmith, D. *The Astronomers.* 1991, St. Martin's Press. 6장은 "별은 왜 빛나나."

Hathaway, D. "Journey to the Heart of the Sun" in *Astronomy,* Jan. 1995, p. 38.

Kennedy, J. "GONG: Probing the Sun's Hidden Heart" in *Sky & Telescope,* Oct. 1996, p. 20. 최신 태양지진학.

LoPresto, J. "Looking Inside the Sun" in *Astronomy,* Mar. 1989, p. 20. 태양지진학에 대하여.

Park, R. *Voodoo Science.* 2000, Oxford U. Press. 1장과 5장은 "차가운 융합" 대소란에 대한 내용 전부를 이야기 한다.

Rousseau, D. "Case Studies in Pathological Science" in *American Scientist,* Jan. /Feb. 1992, p. 54. "차가운 융합"에 관한 이야기 탐사.

Sutton, C. *Spaceship Neutrino.* 1992, Cambridge U. Press. 중성미자에 대한 결정판.

Trefil, J. "How Stars Shine" in *Astronomy,* Jan. 1998, p. 56.

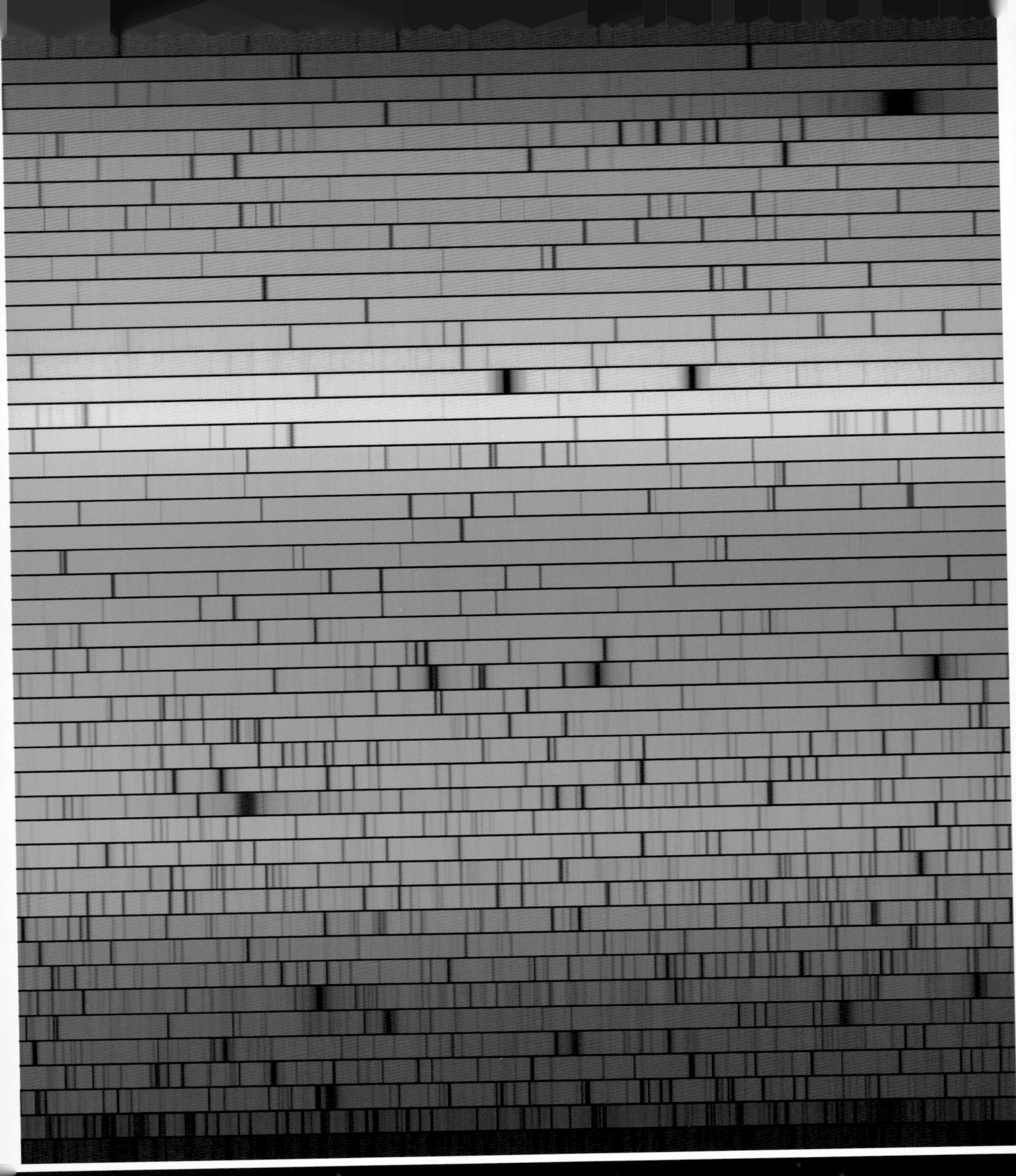

태양의 스펙트럼 이 그림은 가시광선 영역(400~700 nm)의 태양 스펙트럼을 보여준다. 색깔이 보여주듯이, 파장은 왼쪽에서 오른쪽으로 그리고 아래에서 위로 길어진다. 아래에서 위로 배치된 각각의 띠를 한 개로 이어 붙였다고 생각해 보자. 스펙트럼에 세로 선으로 나타난 검은 선들은 태양 광구에서 원자들이 빛을 흡수해서 생긴 것이다. 태양과 별들의 스펙트럼을 분석하면, 그것의 온도는 무엇으로 만들어졌는지, 얼마나 빨리 자전하는지, 얼마나 빨리 다가오거나 멀어지는지를 알 수 있다. 결국, 이런 정보들은 별이 탄생에서 죽

8 별빛 분석하기

반짝반짝 작은 별
네가 무엇인지 궁금하지 않아.
왜냐하면, 스펙트럼 분석으로
네가 수소라는 걸 알고 있기 때문이지.

작자 미상, 《과학과 영시》 (D. Bush, 1950) 중에서

미리 생각해보기

밤하늘에서 별들은 모두 빛나는 작은 점으로밖에 보이지 않는다. 가장 큰 망원경으로 보아도 별은 단지 점으로만 보인다는 사실에 놀랄 것이다. 별들은 너무 멀리 있어서 그 구조를 알아낼 수가 없다.[1] 별에 대한 모든 지식—어떻게 탄생하고, 무엇으로 이루어져 있으며, 얼마나 오래 살고, 어떻게 죽는지—은 지구까지 오는 미약한 별빛에 숨겨진 의미를 풀어서 얻어내야 한다. 만약 별에 관해 모든 것을 알아내라는 도전 과제를 받았다고 하자. 그러면 가장 먼저 묻고 싶은 질문은 무엇인가? 그리고 질문의 해답을 찾기 위해 어떻게 할 것인가?

20세기 과학의 가장 큰 성과 중 하나는 별들의 역사를 알아낸 것이다. 이 장에서는 사람들의 손길이 전혀 닿지 않는 먼 곳에 있는 별들을 연구하기 위해 사용한 기술을 설명한다.

과학자들이 새로운 종류의 물체를 연구해야 하는 과제에 직면했을 때, 먼저 해야 할 일은 올바르게 분류하는 것이다. 물체가 나비든, 인간의 질병이든, 아원자 입자든, 과학자들은 물체를 대표하는 기본적 성질을 구분해야 한다. 별들은 온도가 얼마인지, 얼마나 많은 물질(질량)을 가졌는지, 얼마나 많은 에너지를 만드는지에 따라 분류할 수 있다. 앞으로 이런 별들의 특징들을 사용하여 문제들을 해결하기 위한 단서들을 모을 것이다. 별들은 어떻게 형성되나? 얼마나 오래 사는가? 그들의 궁극적 운명은 어떠한가?

가상 실험실

 분광계열과 HR 도

[1] 특별히 큰 몇몇 항성의 원반은 특수한 기법으로 현재 연구되고 있다(13장 참조). 그러나 대부분의 항성들은 어떠한 방법을 이용하더라도 점광원으로 나타난다.

National Optical Astronomy Observatories/AURA/NSF

■ **그림 8.1**

별들의 색깔 이것은 장시간 노출 사진으로, 키트피크 국립 천문대 위로 떠오르는 오리온 별자리의 별들의 색깔을 보여준다. 흥미로운 사진을 촬영하기 위해 사진작가는 처음에 단기간 노출로 오른쪽에 있는 점을 촬영했다. 그 후 장시간 노출을 위해 카메라 셔터를 오랫동안 열어 놓았다. 그동안 지구의 자전운동으로 각각의 별빛은 긴 선으로 연장되었다. 이 다양한 별들의 색깔은 별들의 각기 다른 온도에 기인한다.

우선, 천문학자들이 어떻게 빛을 이용해서 별들의 특징을 구분하는지부터 우리의 여행을 시작하자. 간단한 관측으로 모든 별이 다 똑같지 않음을 알 수 있다. 이런 관측은 누구나 직접 할 수 있다. 특히 도시의 불빛에서 멀리 있거나 쌍안경만 있어도 가능하다. 밤하늘을 자세히 살펴보면 모든 별의 밝기는 다 똑같지 않음을 알 수 있다. 색깔도 모두 같지 않다. 대부분은 너무 희미해서 육안으로 색깔이 잘 구별되지 않지만, 몇몇 밝은 별들은 확연히 붉다. 반면 어떤 별들은 하얗거나 푸른 빛을 띤다. 겨울 하늘에서, 별 색깔을 살펴 보기에 알맞은 별자리는 사냥꾼을 뜻하는 오리온자리다(그림 8.1).

색깔은 뜨겁고 빛나는 기체 온도를 나타내는 좋은 징표다. 붉은색 별이 가장 차갑고, 푸른색이나 자주색 별이 가장 뜨겁다(4장 참조). 별들은 빛나는 거대한 기체 구이기 때문에 하얗거나 파랗게 보이는 항성들이, 붉게 보이는 별보다 뜨겁다는 것을 쉽게 추론할 수 있다(그림 8.2). 정량적 측정에 의하면 이 추론은 옳다. 태양은 가시광선 스펙트럼에서 중간에 위치하는 노란색으로 보인다. 그러므로 태양 온도는 뜨거운 별과 차가운 별의 중간 정도라고 추론할 수 있고, 또한 이 예측이 옳음이 밝혀졌다.

별들에 관한 다른 질문들은 거대 망원경을 통한 자세한 관측으로 답할 수 있다. 별들은 태양들이므로, 태양을 연구할 때 사용했던 분광기를 포함한 여러 기술을 별들이 어떤지 알아볼 때도 사용한다는 사실은 그다지 놀랄 일은 아니다.

8.1 별의 밝기

별의 가장 중요한 특징은 아마도 **광도**(luminosity), 즉 매초 모든 파장의 형태로 방출되는 총 에너지양일 것이다. 7장에서 태양이 (거대한 전구라고 묘사한다면) 매초 엄청난 양을 방출함을 배웠다. (그리고 태양보다 광도가 훨씬 높은 별들도 있다.) 차차 배우겠지만, 만약 우리가 별들이 얼마나 많은 에너지를 방출하는지 측정할 수 있고, 또 그 질량을 알고 있다면, 핵에너지가 고갈돼서 별이 죽을 때까지 얼마나 오래 빛을 낼 수 있는지를 계산할 수 있다.

8.1.1 밝기 표준화하기

광도는 지구에 있는 사람의 눈이나 망원경에 최종적으로 도달하는 에너지양이 아니라, 별이 매초 방출하는 에너지양임을 유의해야 한다. 별들이 에너지를 방출하는 방식은 매우 민주적이다. 모든 방향으로 똑같은 양의 에너지를 우주로 방출한다. 별이 방출한 총 에너지양 중 일부분만이 지구의 관측자에게 도달한다. 매초 지구의 특정한 면적에(예를 들어 1 m^2) 도달하는 별의 에너지양을 **겉보기 밝기**(apparent brightness)라고 부른다. 밤하늘을 보면 다양한 겉보기 밝기를 가진 별들을 볼 수 있다. 사실 별은 너무나도 희미해서 밝기를 측정하기 위해서는 망원경이 필요하다.

별들의 광도가 모두 같다면—만약 모두 같은 표준 전구라면—겉보기 밝기의 차이를 이용해서 우리가 정말 알고 싶은 정보, 즉 별들이 얼마나 멀리 있는지를 알 수 있을 것이다. 벽면에 몇십 개의 25 W짜리 전구만이 설치되어 있는 어두운 콘서트 홀이나 무도장을 상상해 보자. 모두 25 W짜리 전구이므로, 그 광도(에너지 방출량)는 같다. 하지만 한 구석에 서서 바라보면 전구들의 겉보기 밝기는 똑같지 않다. 가까이 있는 전구는 더 밝아 보이고(더 많은 빛이 눈에 들어오므로), 멀리 있는 전구는 희미해 보인다. (이 전구의 빛은 눈에 닿기 전에 더 많이 분산된다.) 그러므로 어느 전구가 가장 가까이 있는지 알 수 있다. 마찬가지로, 만약에 별들이 모두 같은 광도를 지닌다면, 밝게 보이는 별은 가까이 있고 희미해 보이는 별들은 멀리 있음을 즉시 알 수 있다.

이 아이디어를 더 정확하게 이해하기 위해서는 4장에

■ 그림 8.2

궁수자리의 별들 이 사진은 허블 우주 망원경으로 촬영한 중심 방향의 별들을 보여준다. 밝은 별들은 검은 벨벳을 배경으로 색깔 있는 보석처럼 반짝인다. 별들의 색깔은 온도를 나타낸다. 하얗거나 파란 별은 태양보다 훨씬 뜨겁고, 붉은 별들은 태양보다 차갑다. 평균적으로, 이 영역에 있는 별들은 지구로부터 약 25,000광년 정도 떨어져 있다. (이는 빛이 이 거리를 이동해서 지구까지 오려면 25,000년 걸린다는 뜻이다.) 그리고 이 영역의 폭은 약 13.3광년이다.

NASA & the Hubble Heritage Team

서 배웠듯이 거리가 멀어질수록 빛은 희미해진다는 사실을 기억해야 한다. 우리가 받는 에너지양은 거리의 제곱에 반비례한다. 예를 들어 두 별의 밝기가 같고 한 별이 다른 별보다 2배 멀리 있다면, 멀리 있는 별은 가까이 있는 별보다 4배나 희미하게 보일 것이다. 만약 3배 멀리 있다면 9(3의 제곱)배 어둡게 보인다.

그러나 별들은 하나의 표준 광도로 고르게 밝지 않다.(사실 이를 기뻐해야 한다. 왜냐하면, 여러 종류의 별들이 있어서 우주가 더 흥미로워지기 때문이다.) 하지만 이는 다음과 같은 사실을 의미한다. 만약 밤하늘에서 어느 별이 희미해 보인다면, 그 별이 광도는 높지만 멀리 있어서 어두운 것인지, 아니면 가까이 있지만 광도가 낮아서 희미한지 구분할 수 없다. (별들은 '표준 전구'가 아니지만, 천문학자들은 우주에서 같은 광도를 가지는 천체를 발견하려는 생각을 포기하지 않았다. 이 표준 전구를 찾기 위한 탐구는 우주에서 멀리 떨어진 영역을 다루는 장에서 다시 논의하겠다.)

별들은 표준 전구가 아니므로, 겉보기 밝기만으로 광도를 알아낼 수 없다. 일단 거리 때문에 빛이 어두워지는 효과를 고려해야 하는데, 그러기 위해서는 별이 얼마나 멀리 있는지 알아야 한다. 거리 측정은 천문학에서 가장 어려운 과제 중 하나다. 별에 대해서 좀 더 배우고 나서 거리 측정에 대한 주제로 돌아올 것이다. 지금은 더 쉬운 문제인 겉보기 밝기 측정에 대해 알아본다.

8.1.2 등급 척도

밝기는 별들의 가장 명백한 특징 중 하나이므로, 최초의 밝기 측정은 매우 오래전부터 이루어졌다. 현대 천문학자들은 측정기술이 달라졌음에도 불구하고 역사적 측정 체계를 유지하려고 노력해 왔다. 그 결과 별의 밝기를 설명하는 체계는 필요 이상으로 복잡해졌다. 이 체계[**등급**(magnitudes)이라고 함]는 아마추어 천문학자들의 별 지도(성도)에도 사용되고 뉴스 기사에도 자주 등장하므로, 설명이 필요할 것 같다. 비록 저자들은 이 구식 체계를 더 이상 가르치고 싶지 않은 유혹을 몹시 받고 있지만…….

겉보기 밝기를 측정하는 방법을 측광(photometry)이라 부른다. (그리스어로 '빛'을 뜻하는 photo와 '측정하다'를 뜻하는 metry에서 유래한다.) 1장에서 보았듯이 천문학적 측광은 히파르쿠스(Hipparchus)로부터 시작한다. 히파르쿠스는 기원전 150년에 지중해의 로드 섬에 천문대를 세웠다. 그곳에서 거의 1000개에 이르는 별들의 목록을 만들었는데, 별의 위치뿐 아니라 겉보기 밝기의 추정치까지 기록했다.

히파르쿠스는 정확하게 측정할 수 있는 사진 건판이나 도구 없이 육안으로 밝기를 추정했다. 그는 별들을 여섯 개의 밝기 항목으로 분류했고, 이를 등급(magnitude)이라 불렀다. 그리고 자신의 목록에서 가장 밝은 별을 1등급 별이라 하고, 너무 희미해서 육안으로 간신히 보이는 별들은 6등급 별이라고 정했다.

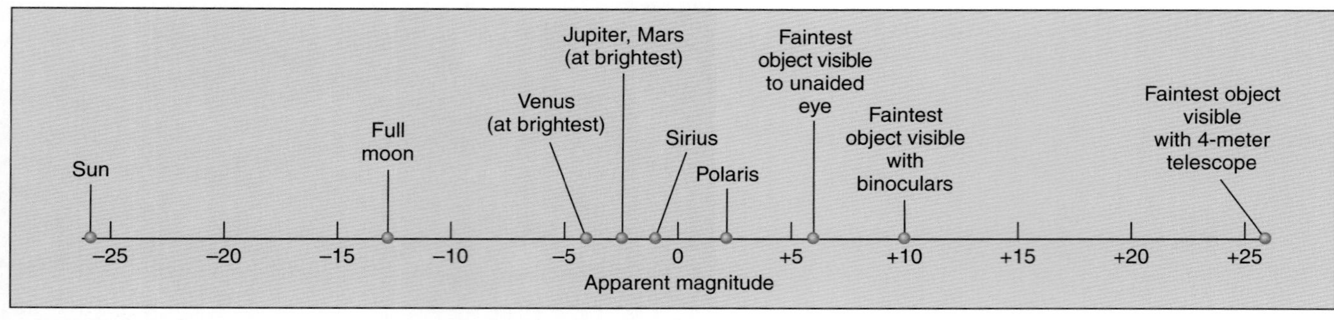

■ **그림 8.3**
잘 알려진 천체의 겉보기 밝기 등급 육안, 쌍안경, 그리고 거대 망원경으로 볼 수 있는 가장 희미한 천체의 등급이 실려 있다.

19세기에 천문학자들은 이 척도를 정확히 밝히기 위해, 1등급 별과 6등급 별의 겉보기 밝기가 얼마나 차이가 나는지를 결정하려고 했다. 측정 결과, 1등급 별에서 우리가 받는 빛은 6등급보다 100배 더 많음을 알게 되었다. 이 측정을 기준으로 천문학자들은 5등급의 차이가 별빛의 밝기 비율 100 : 1에 맞도록 정확한 등급 체계를 정의했다.

그러면 5번 곱하면 100이 나오는 지수는 무엇일까? 계산기를 사용해서 구해 보자. 답은 100의 5제곱근인 2.512다. 쉽게 2.5로 반올림하자. 이것은 한 등급 차이마다 별들의 밝기는 약 2.5배가 되는 셈이다. 그러니까 5등급 별은 6등급 별보다 2.5배 밝고, 4등급 별은 5등급 별보다 빛이 2.5배 더 들어오며, 나머지도 이처럼 계산된다.

이 이상한 체계에 익숙해지기 위한 몇 가지 경험 규칙이 있다. 만약 두 별의 밝기가 4등급 차이가 나면, 실제 밝기 차이는 40배다. 만약 2.5등급 차이 나면, 실제 밝기는 10배, 그리고 등급 차이 0.7은 2배의 밝기 비에 해당한다.

가장 밝은 별들을 전통적으로 1등성이라고 불렀지만, 실제의(정확하게 측정했을 때) 밝기는 똑같지 않았다. 예를 들어 밤하늘에서 가장 밝은 별인 시리우스는 다른 1등급 별보다 평균 10배가량 더 많은 빛을 지구에 보낸다. 현대 등급 체계에서 시리우스의 등급은 −1.5로 지정되었다. (1등급 별보다 10배 밝으므로, 앞에서 설명했듯이, 2.5등급 차이가 난다.) 여러 행성은 이보다 훨씬 밝게 보인다. 가장 밝을 때의 금성은 −4.4등급이고, 태양은 −26.2등급이다.

그림 8.3은 가장 밝은 것에서부터 가장 희미한 것까지 관측된 등급 범위와 잘 알려진 천체들의 실제 등급을 보여준다. 등급을 사용할 때 기억해야 할 중요한 사실은 등급 체계는 거꾸로 적용된다는 점이다. 즉, 등급이 클수록 관측되는 천체는 더 흐리다!

오늘날 여러 천문학자는 (그리고 천문학 학생들은) 덜 불편한 체계를 원한다. 그리고 많은 연구자는 등급을 전혀 쓰지 않기 시작했다. 하지만 전통은 인간활동의 다른 많은 분야에서와 마찬가지로, 천문학에서도 중요한 역할을 해서, 이 등급 체계는 여전히 존속되고 있다.

8.1.3 밝기의 다른 단위

안시 천문학(visual astronomy)에서는 아직도 등급 척도가 사용되고 있지만, 새로운 분야에서는 전혀 사용되지 않는다. 예를 들어 전파 천문학에서는 등급 체계에 해당하는 어떤 척도도 아직 정의되지 않았다(너무나 감사하게도!). 대신 전파 천문학자들은 매초 전파망원경의 제곱미터당 모이는 에너지양을 측정해서 각 광원의 밝기를 제곱미터당 와트 같은 단위로 표현한다.

마찬가지로, 적외선, x-선, 감마선, 천문학 분야에서 대부분 연구원은 등급 체계 대신 매초 특정한 면적에 들어오는 에너지양으로 측정 결과를 표현한다. 하지만 어느 분야를 막론하고 천문학자들은 광원의 전체 광도와 지구에 도달하는 에너지양을 신중하게 구분한다. 결국, 광도는 연구되는 천체에 대해 많은 것을 알려주는 중요한 특성이지만 지구에 도달하는 에너지양은 우연한 우주적 위치의 결과다.

별들을 쉽게 비교하기 위해서, 이 책에서는 등급 사용을 최대한 피하고 태양의 광도를 기준으로 별들의 광도를 표현하려고 한다. 예를 들어 시리우스의 광도는 태양 광도의 23배다. 앞으로는 태양의 광도를 L_{Sun}이라는 기호로 표기할 것이다. 따라서 시리우스의 광도는 23 L_{Sun}이다.

8.2 별의 색깔

별들은 온도가 똑같지 않으므로 색깔 또한 같지 않다. 별의 색깔을 온도와 연관시키는 공식이 빈의 법칙이다(4장 참조). 파란색은 뜨거운 별에서 방출되는 빛을 차지하지만, 차

스스로 생각하기: 등급

과학자들도 5의 제곱근을 암산으로 계산할 수 없다. 그래서 천문학자들은 서로 다른 등급의 밝기를 계산하기 위해서, 앞서 설명한 내용을 공식으로 요약했다. m_1과 m_2가 두 별의 등급을 나타낼 때, 두 별의 밝기 비율(b_2/b_1)을 이 공식을 사용해서 구할 수 있다.

$$m_1-m_2=2.5\log\left(\frac{b_2}{b_1}\right) \text{ 또는 } \frac{b_2}{b_1}=2.5^{m_1-m_2}$$

요즘에는 log, 즉 자연수가 아닌 지수를 기록하기 위한 수학 도구를 잘 알고 있는 학생이 거의 없다. 이런 계산은 대부분 로그 기능이 있는 계산기나 컴퓨터로 해야 한다.

이 공식을 다르게 표현하면,

$$\frac{b_2}{b_1}=(100^{1/5})^{m_1-m_2}$$

이 공식의 원리를 보여주기 위해 실제로 예제를 한번 풀어보자. 한 천문학자가 방금 희미한 별(등급 8.5)에 대해 무언가 특별한 점을 발견했다고 가정하자. 그녀는 학생들에게 이 별이 시리우스보다 얼마나 더 어두운지 알려주고 싶다. 공식에서 별 1은 희미한 별이고 별 2는 시리우스다. 시리우스의 등급은 −1.5임을 기억한다. 그렇다면

$$\frac{b_2}{b_1}=(100^{1/5})^{8.5-(-1.5)}=(100^{1/5})^{10}=100\times100=10{,}000.$$

가운 별들은 대부분 빛 에너지를 붉은 파장으로 방출한다. 색깔을 정확하게 정의하기 위해, 천문학자들은 별 색깔의 특성을 나타내는 정량적 방법을 개발했다. 그리고 그 색깔을 사용하여 별 온도를 추정했다. 불행히도 이 정량적 방법에 그 번거로운 등급을 끌어들였다. 잠시 이 과정을 설명하겠지만 다음 장에서 별들의 색깔보다는 온도를 쓸 것이다.

8.2.1 색깔과 온도

별의 색깔은 별의 고유한, 즉 실제 온도에 대한 측정치(measure)를 제공한다. (성간 먼지에 의해 붉어지는 현상을 무시할 경우, 그 영향에 관한 주제는 11장에서 다룰 것이다.) 그리고 이 색깔은 관측자의 위치에 영향을 받지 않는다. 이 개념은 상당히 합리적이다. 일상생활에서도 물체의 색깔은 거리와 상관없이 언제나 같다는 것을 경험했을 것이다. 만약에 항성을 가까이 가져와서 관측한 다음 다시 멀리 보낸다면, 겉보기 밝기(등급)는 바뀔 것이나, 그 변화는 모든 파장에 균일하게 적용되므로 색깔은 변하지 않는다.

가장 뜨거운 항성(13장에서 설명하는 행성상 성운의 핵)의 온도는 100,000 K이고 가장 차가운 실제 항성의 온도는 2000 K다. ('실패한 항성'으로 분류되는 갈색 왜성이라고 불리는 천체들은 이보다 더 차갑다.) 태양의 표면 온도는 약 6000 K다. 태양의 주된 색깔은 살짝 초록빛이 도는 노란색이다. 지구 표면에서 봤을 때는 지구 대기 입자가 태양 빛의 초록빛을 분산시키기 때문에 노란색 빛만 남겨서 노랗게 보이는 것이다.

8.2.2 색지수

천문학자들은 별의 정확한 색깔을 알아내기 위해 일반적으로 일정한 좁은 파장(색깔) 범위 내의 빛만을 통과시키는 필터를 사용해서 별의 밝기를 측정한다. 이와 비슷한 일상생활의 예는 붉은 셀로판지인데, 이 종이를 눈에 대고 보면 오직 붉은색 빛만 보인다.

천문학에 흔히 사용되는 필터 세트를 이용한 별의 밝기 측정에서 세 가지 파장대는 자외선, 파란색 빛 그리고 노란색이다. 이 필터들의 이름은 U(자외선, ultraviolet), B(파란색, blue), 그리고 V(노란색 가시광)이다. 이 필터들은 각각 360나노미터(nm), 420 nm 그리고 540 nm를 중심으로 하는 파장의 빛을 통과시킨다. 이들을 써서 측정된 밝기는 등급으로 표현된다. 그중 어떠한 두 가지 등급의 차이—예를 들어 파란색과 노란색 필터로 측정한 등급의 차이—를 (B-V) 색지수라고 한다.

천문학자들은 합의를 통해서 자외선, 파란색, 그리고 가시 등급을 나타내는 UBV 시스템은 표면 온도가 10,000 K인 별을 색지수 0으로 하도록 조정했다. 별들의 B-V 색지수 범위는 온도가 약 50,000 K인 별이 −0.4, 온도가 2000 K인 가장 붉은 별이 +2.0 사이의 값을 가진다. 태양의 B-V 지수는 약 +0.62다.

왜 이 색지수는 궁극적으로 온도를 뜻하며, 그대로 사용되고 있는가? 왜냐하면, 천문학자들이 실제로 측정하는 별의 밝기는 필터를 통해 보이는 밝기이며, 언제나 측정된 수치로 나타내기에 편리하기 때문이다.

8.3 별들의 스펙트럼

색깔 측정은 별빛 분석의 한 가지 방법일 뿐이다. 필터 대신 분광사진기를 사용해서 빛을 스펙트럼으로 분산시킬 수 있다(4, 5장 참조). 1823년부터 독일 물리학자 요제프 프라운호퍼는 별의 스펙트럼에서 연속된 색깔 띠 위를 가로지르는 검은 선이 있음을 관측했다. 1864년에 영국 천문학자 윌리엄 허긴스 경(그림 8.4)은 이 항성 스펙트럼의 일부 암선들은 지구에서 알려진 원소의 분광선들과 같음을 알아내서, 태양과 행성에서 찾은 화학 원소들이 별에도 존재함을 보였다. 그 후 천문학자들은 이 스펙트럼을 측정하고 분석하는 기술을 완벽하게 하기 위해 노력했고, 또 스펙트럼에서 배울 수 있는 것이 무엇인지에 대한 이론적 이해를 발전시켰다. 오늘날 분광분석은 천문학 연구의 초석 중 하나가 되었다.

8.3.1 항성 스펙트럼 형성

천문학자들은 여러 별들의 스펙트럼을 관측하고, 서로 같지 않음을 알게 되었다. 암선은 별에 존재하는 화학 원소로 인해 생성되므로 처음에 천문학자들은 별들이 같은 화학 원소로 이루어지지 않아서 스펙트럼이 다르게 나타난다고 생각했다. 그러나 이 가설은 옳지 않음이 곧 밝혀졌다. 항성 스펙트럼이 서로 다르게 보이는 주된 이유는 온도가 서로 다르기 때문이다. 몇몇 예외를 제외하고 대부분의 별들은 태양과 거의 같은 화학 조성을 지닌다.

예를 들어 수소는 모든 항성에서 가장 흔한 원소다. (나중에 보게 되듯이, 수명을 다한 후기 단계의 별들은 예외다.) 하지만 수소 선들은 몇몇 별의 스펙트럼에서 보이지 않는다. 가장 뜨거운 별들의 대기층 안에 있는 수소 원자는 완전히 이온화된다. 전자와 양성자가 분리되기 때문에 이온화된 수소는 흡수선을 만들지 못한다. (4장에서 핵을 공전하는 전자들의 에너지준위가 바뀔 때 이 선들이 만들어짐을 배운다.)

■ **그림 8.4**
윌리엄 허긴스(1824~1910) 허긴스는 태양 이외의 별에서 스펙트럼선들을 처음으로 식별한 사람이다. 그는 또한 첫 분광사진, 즉 항성 스펙트럼 사진을 촬영한 사람이다.

가장 차가운 별에서는 대기층의 수소 원자에 전자가 붙어 있어서 에너지준위가 바뀔 때 흡수선이 생긴다. 하지만 실제로 이런 항성에서 거의 모든 수소 원자는 가장 낮은 에너지준위(들뜨지 않음)에 있기 때문에 전자를 첫 에너지준위에서 더 높은 준위로 올릴 수 있는 광자만 흡수할 수 있다. 이때 흡수된 광자는 자외선 영역의 스펙트럼 흡수선을 생성하므로 지구 표면에서 관측할 수 없다. 따라서 지구 표면에 있는 일반적인 망원경을 통해서 매우 뜨거운 별이나 차가운 별의 스펙트럼을 관측하면, 가장 흔한 원소인 수소의 흡수선은 보이지 않는다.

가시광선 영역의 스펙트럼에서 수소 흡수선은[발머선(Balmer line)이라고 불린다. 4장 참조] 너무 뜨겁지도 않고 너무 차갑지도 않은 중간 온도를 지닌 항성에서 가장 강하다. 계산에 의하면 가시광선 영역에서 수소 흡수선을 생성하기에 가장 이상적인 온도는 10,000 K이다. 이 온도에서 상당히 많은 수소 원자는 두 번째 에너지준위로 들떠 있다. 이런 수소 원자는 추가로 광자를 흡수해서, 더 높은 들뜸 준위로 올라가면서 어두운 흡수선을 생성한다. 모든 별에서 수소는 거의 같이 풍부한 데도 불구하고, 수소선은 이보다 더 뜨거운 별과 더 차가운 별에서는 덜 뚜렷하다. 이와 비슷하게 거의 모든 화학 원소는, 각각 가능한 이온화 단계에서 스펙트럼의 어느 일정 부위에서 흡수선을 가장 효과적으로 생성할 수 있는 특성 온도를 지닌다.

8.3.2 항성 분광 분류

흡수선 스펙트럼은 항성 온도에 따라 결정되기 때문에 스펙트럼을 이용해서 표면 온도를 측정할 수 있다. 천문학자들은 스펙트럼선의 패턴에 따라 별들을 일곱 가지 주요 분광형으로 분류했다. 가장 뜨거운 별에서 가장 차가운 것까지의 순서로 이 일곱 가지 분광형은 각각 O, B, A, F, G, K, M으로 분류된다. 최근에는 더욱더 차가운 천체를 위해 두 개의 분광형을 추가했다.

여러분은 여기서 이 문자들을 보고 왜 천문학자들은 분광형을 A, B, C 순으로 하지 않았나 의문을 품을 것이다. 그 뒤에는 전통이 상식을 이긴 이야기(잠시 뒤에 그 일부를 설명)가 숨어 있다. 이 이해하기 힘든 알파벳 순서를 외우기 위해 여러 세대에 걸쳐 천문학도들은 연상 구호인 'Oh be a fine girl, kiss me. (오 착한 여자여, 키스해 줘요.)'를 외웠다. [요즘에는 천문학에도 여학생들이 많으므로 여자(girl) 대신 남자(guy)로 대체할 수 있겠다.] 해당 사항이 없기를 바라지만 이런 연상 구호도 있다. 'Oh brother astronomers frequently give killer midterms! (오 이런 천문학자들은 자주 살인적인 중간시험 문제를 내네!)' 그리고 'Oh boy an F grade kills me! (오 이런 F 학점이 나를 죽이네!)' 또 새로운 알파벳이 추가되면서 연상 구호 역시 하나 더 늘었다. 'Oh be a fine girl (guy) kiss my lips tenderly. [착한 여자(남자)여 내 입술에 부드럽게 키스해 줘.]'

아직 정확한 정의를 내리는 중인 T형을 제외하고, 이 분광형은 다시 0부터 9까지의 숫자로 지정된 10개로 하위 유형으로 세분된다. 이 하위 유형에서 B0형의 별은 가장 뜨거운 형태의 B형 별이고, B9형 별은 B형 별 중에는 가장 차갑고 A0형 별보다는 조금 더 뜨겁다. 여기에 용어로 추가할 단어가 있는데, 역사적인 이유로 천문학자들은 금속의 특성이 없더라도 헬륨보다 무거운 원소를 '금속'이라고 부른다. (천문학자들이 사용하는 이상한 전문용어에 거부감을 느낄지 모르지만, 모든 학문 분야는 그 분야만의 독특한 어휘를 발전시켰음을 명심하라. 오늘날에는 법을 공부하지 않고서도 신용카드 사용 동의서나 금전 대출문서를 읽지 않는가!)

그림 8.5에서 볼 수 있듯이 가장 뜨거운 O형 별의(온도가 28,000 K가 넘는 별들) 스펙트럼에서는 오직 이온화된 헬륨과 다른 고도로 이온화된 원소들의 흡수선만이 뚜렷하다. 수소 흡수선은 대기 온도가 약 10,000 K인 A형 별들에서 가장 강하게 나타난다. 이온화된 금속은 온도가 6000 K에서 7500 K 사이인 별들(분광형 F)에서 뚜렷한 선을 보인다. 가장 차가운 M형 별들에서는(온도가 3500 K 이하) 산화타이타늄(TiO)의 흡수선과 다른 분자들의 흡수선이 강하다. 이 일련의 분광형들을 표 8.1에 요약하였다. 태양의 분광형은 G2로 지정되었다.

분광형이 어떻게 분류되는지 알기 위해 그림 8.5를 살펴보자. 어떤 별의 스펙트럼에서 수소의 흡수선이 A형 별보다 반만큼 강하게 나타났다고 가정해 보자. 이 그림의 빨간 선들을 보면 이 별은 B형 또는 G형일 수 있다. 하지만 만약에 스펙트럼에 헬륨 흡수선이 있다면 B형이고, 이온화 철과 다른 금속의 흡수선이 있다면 분명 G형이다.

한 번 익숙해지면 스펙트럼의 차이는 명백해진다. 그림 8.7을 보면 아직 분광형이 알려지지 않은 별도 쉽게 분광형을 지정할 수 있음을 알 수 있다. 스펙트럼선의 모양을 이 그림에서 이미 분광형이 정해진 기준 별과 맞춰 보면 된다.

항성 분광 분류에 대한 대부분의 선구적 연구는 20세기 처음 10년 동안 하버드 대학에서 수행되었다. 이 연구의 기반이 되는 거의 백만 개에 달하는 엄청난 별들의 기념비적인 스펙트럼 사진 수집은 매사추세츠 주에 있는 하버드 대학 천문대, 남미와 남아프리카의 천문대에서 수년간 관측을 통해 얻었다.

이 자료를 바탕으로 애니 캐넌(Annie Cannon, 천문학 여행 참조)은 400,000개 가량의 별에 대한 스펙트럼을 직접 측정하고 이 별들에 분광형을 부여했다. 그 당시에는 온도가 별의 분광형을 결정하는 주요인임이 알려지지 않아서, 하버드 연구자들은 스펙트럼의 복잡성에 따라서 가장 간단한 스펙트럼을 가진 별을 알파벳 순서 A로 지정했다. 애니 캐넌이 초기에 더 좋은 분류 체계를 감지해서, 원래의 체제에서 몇 개의 알파벳에 주목했다. 지금은 분광형이 별의 온

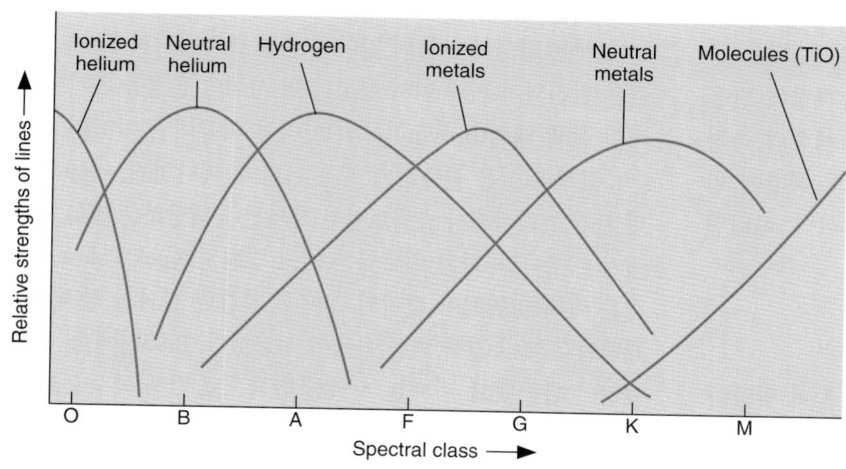

■ **그림 8.5**
온도가 다른 별들의 흡수선 고온(왼쪽)에서 저온(오른쪽)으로 분광형 계열을 따른 흡수선의 세기를 보여주는 그래프

표 8.1 별의 분광형

분광형	색깔	대략적 온도(K)	주요 특성	예
O	보라색	>28,000	비교적 흡수선이 적다. 이중 이온화된 질소 흡수선, 삼중 이온화된 실리콘 흡수선, 그리고 다른 고이온화된 원자들의 흡수선.	도마뱀자리 10
B	파란색	10,000~28,000	중성 헬륨의 강한 흡수선, 단일 이온화 및 이중 이온화된 실리콘, 이온화된 산소와 마그네슘들의 흡수선. 수소 흡수선이 O형 별보다 뚜렷하다.	리겔, 스피카
A	파란색	7500~10,000	강한 수소 흡수선, 이온화된 마그네슘, 실리콘 철, 타이타늄, 칼슘 등의 흡수선, 다른 중성 금속의 흡수선도 미약하게 나타난다.	시리우스, 베가
F	파란색에서 하얀색	6000~7500	수소 흡수선이 A형 별보다 약하게 나타나지만, 여전히 뚜렷하다. 이온화된 칼슘, 철, 크롬 등 중성 철, 크롬의 흡수선 또한 존재, 다른 중성 금속의 흡수선도 존재.	카노푸스, 프로시온
G	하얀색에서 노란색	5000~6000	이온화된 칼슘의 흡수선이 스펙트럼의 가장 뚜렷한 특징이다. 여러 이온화된 중성 금속의 흡수선이 존재한다. 수소의 흡수선이 F형 별보다 약하다. CH 분자 띠가 강하다.	태양, 카펠라
K	주황색에서 빨간색	3500~5000	중성 금속의 흡수선이 가장 중요한 특징이다. CH 띠도 여전히 존재한다.	아크투러스, 알데바란
M	빨간색	2000~3500	강한 중성 금속 흡수선과 타이타늄옥사이드 분자 띠가 가장 중요한 특징이다.	베텔지우스, 안타레스
L	적외선	1300~2000	수증기, 금속성 수소화물, 일산화탄소, 중성 나트륨, 포타슘, 세슘, 그리고 루비듐의 흡수선.	테이데 1
T	적외선*	700~1300	메탄 흡수선.	글리스 229B

*T형 왜성은 메탄 입자의 흡수 때문에 L 왜성보다 약간 덜 붉다.

도에 의존한다는 것을 이해하고 있기 때문에, 더 이상 보이는 선들의 개수로 스펙트럼을 분류하지 않고 뜨거운 별에서 차가운 별의 순서로 O, B, A, F, G, K, M, L, T로 나열한다.

온도를 추정할 때 색깔과 분광형을 모두 사용할 수 있다. 그러나 스펙트럼 측정은 더 어렵다. 왜냐하면, 빛을 무지개의 모든 색깔로 분산시켜야 하고, 각각의 파장에 반응할 만큼 민감한 측정기가 필요하기 때문이다. 색깔의 측정에 탑지기는 필터를 통과한 선별된 여러 파장의 색깔에 반응하기만 하면 된다. 다시 말해 모든 푸른색 빛이나, 아니면 모든 황록색 빛에 반응하면 되는 것이다.

8.3.3 분광형 L과 T

애니 캐넌이 고안한 방식은 1995년까지는 잘 들어 맞았다. 하지만 1995년에 천문학자들은 M9형 별보다 더 차가운 천체들을 발견하기 시작했다. 여기서 천체라는 단어를 쓰는 이유는 새로 발견된 천체들은 별이 아니기 때문이다. 별의 정의는 생애의 일정 기간 동안 수소 핵(양성자)을 헬륨으로 변환하는 과정(태양을 빛나게 하는 과정)을 통해 에너지를 만들어 내는 천체다. 질량이 태양의 7.2%(0.072 M_{Sun})가 안 되는 천체는 양성자 융합이 일어날 만큼 뜨거워지지 않는다. 이들은 발견되기 전에 이미 행성과 별 사이의 질량을 가지는 천체인 **갈색 왜성**(brown dwarf)이라는 이름이 주어졌다.

갈색 왜성은 관측하기 매우 어렵다. 왜냐하면, 이들은 극히 차갑고 희미해서 스펙트럼의 적외선에 해당하는 빛을 주로 내기 때문이다. 하와이에 있는 케크 망원경(Keck Telescope) 같은 거대 망원경이 건설되고 매우 민감한 적외선 감지기가 개발된 후에야 갈색 왜성 관측이 성공했다. 1995년에 첫 갈색 왜성이 발견됐고, 이제는 정밀한 탐색으로 갈색 왜성으로 판별되는 후보 천체가 100개 이상 알려졌다.

천문학 여행

애니 캐넌: 별 분류자

애니 점프 캐넌은 1863년에 델라웨어 주에서 태어났다. 1880년에 그녀는 젊은 여성을 교육하기 위해 개교한 웰즐리 대학(Wellesley College)에 입학했다. 그 당시 개교한 지 5년밖에 안 된 웰즐리 대학에는 미국에서 두 번째로 학생용 물리학 실험실이 있었으며, 기초과학 교육을 실시했다. 대학 졸업 후 애니 캐넌은 약 10년 동안 부모와 함께 살았는데, 그 삶에 대단히 불만족했다. 그녀는 과학 활동을 하길 바랐다. 1893년에 어머니가 사망한 후, 그녀는 보조 교사로서 웰즐리 대학에 돌아갈 수 있었고, 또한 하버드 부속 여자대학인 래드클리프(Radcliffe)에서 수업을 받았다.

Harvard College Observatory Archives

Annie Jump Cannon
(1863~1941)

당시 하버드 천문대 대장 에드워드 피커링(Edward C. Pickering)은 자신의 야심 찬 항성 스펙트럼 분류 프로그램을 도와줄 사람이 많이 필요했다. 피커링은 교육받은 젊은 여성들을 남자에게 주는 월급의 3분의 1 또는 4분의 1의 비용으로 고용할 수 있고, 또한 그들은 같은 수준의 교육을 받은 남자들이 절대로 견디기 힘든 반복적 업무와 근로조건을 참아낼 수 있음을 알고 있었다. (당시로서는, 여성들이 집 밖에서 일한다는 것은 혁신적인 생각이었고 이는 천문학자에 국한되지 않았음을 강조하고 싶다. 당시 여성들은 여러 분야에서 착취당하고 과소평가 받았다. 이는 현대 사회의 출현 이전에 행해졌던 구시대의 관행이었다.)

애니 캐넌은 천문학을 하고 싶었다. 그녀는 피커링의 분광 분류를 도와주는 역할로 고용됐다. 그로부터 얼마 후 그녀는 이 일을 너무나도 잘하게 돼서 한 시간에 몇백 개 별들의 스펙트럼형을 눈으로 판단하고 구분할 수 있게 되었다. (그녀는 조수에게 분류 결과를 받아쓰게 했다.) 그녀는 하버드의 사진 건판을 조사하던 중 수많은 기타 현상들도 발견했다. 그 발견 중에는 300개의 변광성(광도가 변하는 별)도 있다. 하지만 그녀의 주 업적은 수십만 개의 별들의 분광형에 대한 목록 작성이었다. 이는 20세기 전반에 걸쳐 천문학의 기초가 되었다.

1911년에 천문학자로 구성된 방문 위원회는 "이 세상에서 이 일을 가장 빠르고 정확하게 할 수 있는 사람은 오직 그녀뿐입니다."라고 보고했고 하버드 대학에 그녀를 명성과 실력에 알맞게 공식적으로 임용할 것을 촉구했다. 하지만 1938년이 돼서야 하버드 대학은 그녀를 대학 천문학자로 임용했다. 그 당시 나이가 75세였다.

캐넌은 여성으로서는 처음으로 옥스퍼드 대학으로부터 명예학위를 수여 받았고 미국천문학회 임원으로 당선되었다. 미국천문학회는 미국 천문학자들의 전문가 조직이다. 그녀는 자신이 받은 중요한 상의 상금을 여성 천문학자들을 위한 특별상 제정을 위해 흔쾌히 기부했다. 이 상은 애니 점프 캐넌 상으로 알려졌다. 그녀는 본업에 충실하면서 1941년 생을 마칠 때까지 항성 스펙트럼 분류를 계속했다.

처음 갈색 왜성은 M10+ 또는 'M9보다 훨씬 차가운' 같은 분광형을 지정받았다. 하지만 이제는 알려진 갈색 왜성이 너무나도 많아서 분광형을 지정하는 것이 가능해졌다. 더 뜨거운 갈색 왜성들은 L0~L9 계급을 지정받고(온도 범위는 2000~1300 K), 반면 차가운 왜성들은 T형 왜성이라 불린다(그림 8.6). L형에는 M형에서 강하게 나타났던 산화티타늄 흡수선이 안 나타난다. 왜냐하면, L형 별들은 너무나도 차갑기 때문에 별의 대기에서 원자와 분자가 먼지 입자로 함께 뭉쳐져서, 타이타늄이나 산화타이타늄 분자 대신 입자 알갱이에 갇히기 때문이다. 이 스펙트럼에는 뜨거운 수증기 흡수선, 일산화탄소, 그리고 중성 나트륨, 포타슘, 세슘과 루비듐 흡수선이 존재한다. T형 왜성에는 메탄(CH_4)의 흡수선이 강하게 나타나며 이는 태양계의 거대 행성 대기에서도 마찬가지다.

처음에는 대부분의 갈색 왜성의 대기 온도와 스펙트럼이 M형 왜성의 대기 온도와 스펙트럼과 비슷하게 관측되

University of Massachusetts and the Infrared Processing and Analysis Center/NASA

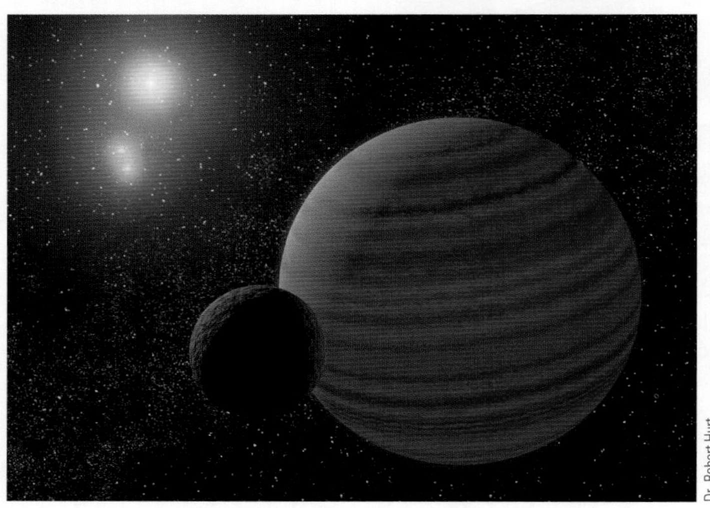

Dr. Robert Hurt

■ **그림 8.6**
차가운 T형 왜성 글리스(Gliese) 570D라고 불리는 이 갈색 왜성의 온도는 약 750 K로 추정된다. 그러므로 이 왜성의 분광형은 분명히 T형이다. 이 왜성은 4중성 항성계 일부로 다른 3개의 차가운 별들과 함께한다—이 중 한 별은 노란색이고, 다른 두 별은 빨간색이다. 이들은 19광년 떨어져 있다. 왼쪽 위 사진에서(화살표) 동반 별들 없이 찍힌 갈색 왜성의 사진을 볼 수 있고, 우측 단에서 2MASS 적외선 조사로 촬영된 행성인 해왕성과 해왕성의 위성인 트리톤(Trinton)을 볼 수 있다. 적외선으로 보면 이 둘은 비슷한 색깔을 띰에 유의하라. 이는 대기층에 메탄이 존재하기 때문에 그렇다. 아래 그림은 상상도다. 그림 왼쪽 위에 세 개의 별이 있고 앞부분에 갈색 왜성이 있다. 570D 왜성 주위를 공전하는 작은 위성도 상상해서 그려 넣은 것이다.

었다. 갈색 왜성 내부가 양성자를 융합할 만큼 뜨겁지 않음에도 불구하고 그렇게 나타난다. (몇몇 갈색 왜성 안에서는 중수소와 관련된 핵반응이 일어난다.) 갈색 왜성은 M형 왜성과는 달리 일생을 거치면서 서서히 차가워지며 L형 왜성 단계를 지나 10~20억 년 후에는 T형 왜성이 된다. 우리은하와 같은 은하들은 나이가 이보다 훨씬 많아서 이제까지 형성된 갈색 왜성 대부분은 현재 T형 왜성으로 존재한다.

8.4 분광학: 우주의 열쇠

별의 스펙트럼을 분석하면 온도뿐만 아니라 별에 대한 많은 것들을 알 수 있다. 별의 상세한 화학 조성과 대기 압력도 측정할 수 있다. 압력으로부터 별의 크기에 대한 힌트를 얻는다. 또한, 별들이 지구를 향하거나 멀어져 가는 운동과 자전 주기를 측정할 수 있다.

8.4.1 별의 크기에 대한 힌트

별들의 크기는 다양하다. 일생 중에 별들은 엄청난 크기로 팽창할 수 있다. 이렇게 크기가 부푼 별들을 **거성**(giant)이라고 부른다. 천문학자들은 스펙트럼을 이용해서 거성을 (태양 같은) 보통 별들과 구별할 수 있다.

별이 거성인지 아닌지를 구별하고 싶다고 하자. 정의상 거성은 확장된 광구를 가지고 있다. 광구가 크기 때문에 원자들은 큰 부피에 분산돼 있고, 그 밀도는 낮다. 별 외부층에서 원자들의 이온화는 주로 광자로 인해 일어난다. 그리고 광자가 운반하는 에너지양은 온도에 의해 결정된다. 하지만 원자가 얼마나 오랫동안 이온화 상태에 있는지는 압력에 의해 부분적으로 결정된다. 태양(비교적 밀집된 광구를 갖는)에 비하면, 거성의 광구에서 이온화된 원자들은 전자들과의 상호작용으로 다시 결합해서 중성 원자가 될 만큼 서로 가까워질 확률이 아주 낮다. 왜 이런지 보기 위해서 도로 교통량에 대해서 생각해 보자. 차들의 밀도가 높아지는 출퇴근 시간 때, 충돌이 일어날 확률이 훨씬 더 높지 않은가.

그러므로 밀도가 낮은 기체는 같은 온도의 고밀도 기체보다 이온화 정도가 평균적으로 더 높다. 그 차이는 스펙트럼선에 영향을 끼칠 만큼 크기 때문에, 스펙트럼을 주의 깊게 관찰하면 온도가 같은 두 별 중 어느 별의 압력이 높고(더 압축되었고) 어느 별이 낮은지(더 확장되었는지)를 구별할 수 있다.

8.4.2 원소 함량비

대부분의 알려진 원소들의 암선들은 태양과 별들의 스펙트럼에서 식별된다. 예를 들어 어느 별의 스펙트럼에서 철 흡수선이 보인다면, 그 별에는 철이 있음을 바로 안다.

원소 분광선의 부재는 꼭 그 별에 그 원소가 없음을 뜻하지는 않는다. 앞에서 보았듯이 별의 대기 온도와 압력은 어떤 형태의 원자들이 흡수선을 생성할 수 있을지를 결정한다. 어떤 별에서, 광구의 물리적 조건은 원소의 흡수선이 있어야 함(계산에 의해서)을 보였는데, 관측 결과 분광선이 없다면, 그 원소의 함량비가 낮음을 암시하는 것이다.

온도와 압력이 같은 두 별이 있다고 가정하면 한 별의 나트륨 흡수선이 다른 별보다 강하다. 강한 흡수선은 별의 광구 내에서 빛을 흡수하는 원자가 더 많다는 뜻이다. 그러므로 나트륨 흡수선이 강한 별은 나트륨 원소를 더 많이 가지고 있음을 알 수 있다(그림 8.7). 얼마나 더 많이 있는지를 알기 위해서는 어려운 계산이 필요하다. 하지만 이 계산은 관측되는 별들의 온도와 압력에 따라 모든 원소에 대해 적용될 수 있다. 이러한 상세한 분석은 태양의 여러 화학 원소의 상대적 함량비가 대부분의 별들과 비슷함을 증명했다(표 6.2).

물론 천문학 교과서는 실제보다 더 쉽게 설명한다. 이 장의 표지에 있는 태양 스펙트럼을 본다면 수천 개의 흡수선에 내포된 정보를 해독하는 것이 얼마나 어려운지 느꼈을 것이다. 우선, 뜨거운 기체가 각 원소의 어느 파장에서 분광선을 만드는지 알아내기 위해 실험실에서 수년간 깊은 연구를 해야 한다. 그 결과 여러 온도에서 나타날 수 있는 분광선들을 보여주는 두꺼운 책들과 컴퓨터 데이터베이스가 만들어진다.

둘째, 항성 스펙트럼은 일반적으로 각 원소에 대해 여러 흡수선을 가지고 있고 우리는 이들을 정리 분류해야 한다. 자연은 때로는 친절하지 않으므로 다른 원소들의 흡수선들과 같은 파장을 보여 주기도 해서 더욱 혼돈을 준다. 셋째, 4장에서 보듯이, 별들의 움직임으로 인해 각 흡수선은 위치를 바꾸며, 관측된 파장은 실험실 측정 결과와 정확히 일치하지 않을 수도 있다. 그러므로 항성 스펙트럼의 분석은 힘들고 불만스러우며 실력과 훈련이 요구되는 작업이다.

항성 스펙트럼에 대한 연구에서, 대부분의 별에서 별 질량의 4분의 3을 수소가 차지함이 알려졌다. 수소는 헬륨과 함께 질량의 96~99%를 차지한다. 어떤 별들에서는 99.9% 이상을 차지한다. 나머지 4% 이하의 중원소들 중에는 네온, 산소, 질소, 탄소, 마그네슘, 아르곤, 실리콘, 유황, 철, 그리고 염소가 가장 풍부하다. 예외는 있지만, 일반적으로 원자량이 낮은 원소들이 원자량이 높은 원소보다 풍부하다.

이 원소 목록을 유의해서 살펴보자. 가장 풍부한 원소 둘은 수소와 산소다. (이 원소는 물을 구성한다.) 그리고 탄소와 질소를 더하면 천문학도(즉, 사람)를 구성하는 화학 재료의 처방전이 된다. 사람은 우주에서 흔한 원소로 이루어져 있다. 그저 별보다 훨씬 더 복잡한 형태로 섞여 있을 뿐이다(더 차가운 환경에서).

부록 13은 우주에서 각 원소가 (수소에 비해) 얼마나 흔한지를 알려준다. 이 추정치는 보통 별인 태양에 대한 조사에 주로 기반을 두었다. 몇몇 아주 희소한 원소들은 태양에서 감지되지 않았다. 우주에 이런 원소들의 양에 대한 추정치는 원시 운석을 실험실에서 측정한 결과에 기반해서 얻은 것이다. 그 운석은 태양 성운으로부터 응결된 후 변하지 않은 물질을 대표한다고 여겨진다.

8.4.3 시선속도

별들의 스펙트럼 측정에서는 각 선의 파장(wavelength)을 결정한다. 만약 태양에 대해 상대적으로 별들이 움직이지 않는다면 각 원소에 해당하는 파장은 지구 실험실에서 측

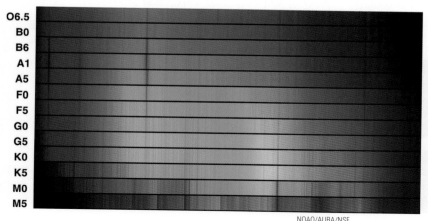

■ **그림 8.7**
다른 분광형을 가진 별들의 스펙트럼 이 항성 스펙트럼에 이름 붙여진 분광형은 사진 좌측에 기재되어 있다. A1형에서 보이는 가장 강한 4개의 선(빨간색에 한 개, 파랑초록 색에 한 개 그리고 파란색에 두 개)은 수소의 발머선이다. 이 선들이 더 높은 온도와 더 낮은 온도에서는 약해짐에 유의하라. 그림 8.5의 그래프도 이를 나타낸다. 노란색 영역에서 서로 가까이 붙어 있는 한 쌍의 선들은 중성 나트륨으로 인해 생성된다(그림 8.5의 중성 '금속' 중 하나).

정된 파장들과 일치할 것이다. 하지만 만약에 지구를 향하거나 지구로부터 멀어진다면, 도플러 효과(Doppler effect)를 고려해야 한다(4.6절 참조). 만약에 별이 지구로부터 멀어진다면 모든 분광선들이 붉은색 쪽으로 이동해야 하고, 별이 지구를 향해 움직인다면 분광선들은 푸른색(보라색) 영역으로 이동해야 한다. 이동이 클수록 별들이 빠르게 움직임을 뜻한다. 관측자와 별을 연결하는 가상의 선을 따르는 운동을 **시선속도**(radial velocity)라고 부르고, 일반적으로 초속 몇 km로 측정한다.

윌리엄 허긴스(Williams Huggins)는 이 분야에서 선구적으로 1868년에 별의 시선속도를 처음으로 측정했다. 그는 시리우스(Sirius)의 스펙트럼 중 한 수소 흡수선에서 도플러 이동을 관찰했고, 이 별이 태양계를 향해 움직임을 알아냈다. 오늘날에는 스펙트럼을 관측할 수 있을 만큼 밝은 별에서 시선속도를 측정할 수 있다. 다음 장에서 보겠지만, 이중성의 시선속도 측정은 항성 질량을 구하는 데 매우 중요하다.

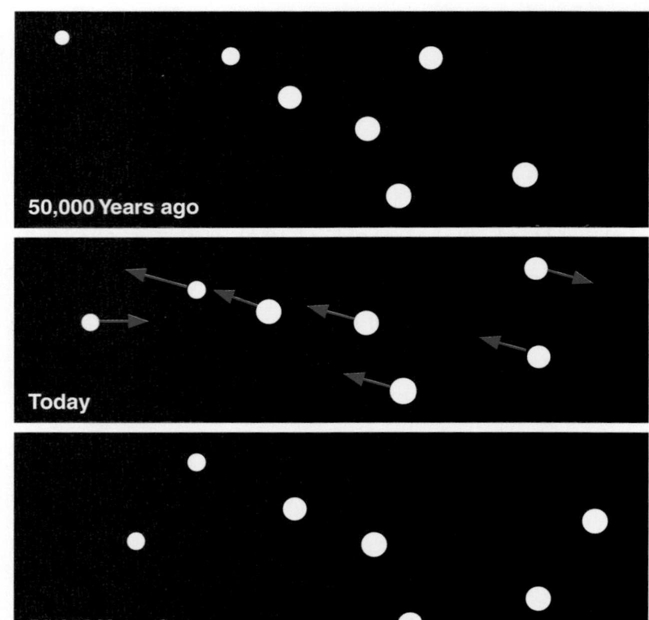

■ 그림 8.9
북두칠성의 변화 고유운동으로 인해 100,000년에 걸쳐 변하는 북두칠성의 모습.

8.4.4 고유운동

지식의 완성을 위해, 스펙트럼으로 알 수 없는 다른 형태의 항성의 움직임도 있음을 언급하려고 한다. 별들은 관측자를 향해 다가오거나 관측자에게서 멀어질 수도 있지만, (관측자의 시선 방향에 수직으로) 하늘을 가로질러 움직일 수도 있다. 하늘을 가로질러 움직이는 운동을 고유운동(proper motion)이라고 부른다. 만약에 이 수직 방향의 움직임이 있다면 지구 관측자의 입장에서는 하늘의 '돔'에 나타난 별들의 상대적 위치가 변한다(그림 8.8). 이런 변화는 매우 느리다. 가장 큰 고유운동을 가진 별도 하늘에서의 위치가 보름달의 폭 정도만큼 변하려면 대략 200년이 걸리고, 다른 별들의 움직임은 이보다 훨씬 더 작다.

이런 이유로 사람의 일생 동안에는 밝은 별들의 위치 변화를 알아차리지 못한다. 만약 오래 살 수 있다면 이런 변화는 명백해질 것이다. 예를 들어, 지금으로부터 약 50,000년 후에는 (그때까지 인류가 스스로 멸종하지 않고 살아남는다면) 지구의 관측자들은 국자 모양인 북두칠성의 손잡이 부분이 지금보다 더 구부러진 모습을 보게 될 것이다(그림 8.9).

고유운동은 일 년 동안 별이 하늘에서 각도로 몇 초 움직이는지로 측정된다. 다시 말해, 고유운동 측정은 매해 별의 위치가 하늘에서 각도로 얼마나 변하는지 알려준다. 이 각 운동을 실제 속도로 전환하기 위해서 별이 얼마나 멀리 떨어져 있는지 알아야 한다. 서로 다른 거리에 있는 두 별이 같은 속도로 관측자의 시선에 수직 방향으로 움직인다면, 가까이 있는 별이 일 년 동안 하늘을 가로질러 더 멀리 이동할 것이다. 비유하면, 우리가 고속도로에 서 있다고 상상해 보자. 눈앞에서 자동차들은 순식간에 지나갈 것이다. 그러나 1 km 떨어진 곳에서 차들이 움직이는 모습을 바라보면 시선을 가로

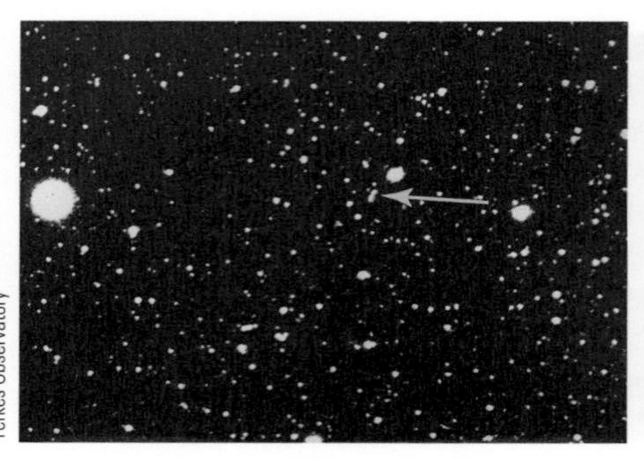

Yerkes Observatory

■ 그림 8.8
큰 고유운동 고유운동이 가장 큰 버나드별의 두 사진. 22년 동안 이 어두운 별이 얼마나 움직였는지를 보여준다.

천문학과 자선사업

천문학의 역사 동안 후원자들의 기부는 새 기기를 만들고 장기간에 걸친 연구사업의 운영 등에 큰 변화를 가져다 주었다. 에드워드 피커링의 분류 프로젝트는 수십 년에 걸쳐 이루어졌다. 이는 애나 드래이퍼(Anna Draper) 덕분에 가능했다. 그녀는, 19세기 아마추어 천문가 중 가장 기량이 뛰어났으며 의사였고 성공적으로 별의 스펙트럼을 촬영했던 헨리 드래이퍼(Henry Draper)의 미망인이었다. 애나 드래이퍼는 하버드 천문대에 수십만 달러를 기부했다. (당시 가치로는 지금보다 훨씬 큰 돈이었다.) 그 결과 출간된 분광 조사 기록은 헨리 드래이퍼 기념총서(Henry Draper Memorial)라는 이름으로 알려졌고, 아직도 많은 별은 그 조사목록번호인 'HD' 숫자로 불린다(예, HD 209458).

James Lick

1870년대 괴짜 피아노 제작자이자 부동산 거부였던 제임스 리크(James Lick)가 자신의 재산 일부를 가장 큰 망원경 건립을 위해 남겨 두기로 했다. (이는 그의 두 번째 기념사업 계획이었다. 다행스럽게도 그는 자신을 기념하기 위해 샌프란시스코에 가장 큰 피라미드를 건설하려는 첫 번째 계획을 포기했다.) 1887년에 망원경을 설치할 거치대가 완성되자 리크의 시신도 그 속에 안장되었다. 그 기반 위에 36인치 굴절망원경이 세워졌다. 그리고 이 망원경은 수년간 산호세(San Jose) 근교에 있는 리크 천문대의 주 기기가 되었다.

리크 망원경은 1897년 조지 엘러리 헤일(George Ellery Hale)이 철도사업 백만장자 찰스 여키스(Charles Yerkes)를 설득해서 시카고 근처에 40인치 망원경을 건설할 때까지 세상에서 가장 큰 망원경이었다(5장 참조).

최근 석유사업으로 큰 돈을 번 하워드 케크(Howard Keck) 가문이 하와이의 마우나 케아산 정상의 고도 4200 m 봉우리에 가장 큰 망원경 건설을 돕기 위해 케크 재단의 7000만 달러를 캘리포니아 공과대학교(California Institute for Technology)에 기부했다. 케크 재단은 케크 망원경에 만족해 또 10 m 반사망원경을 같은 화산 봉우리에 케크 II라는 이름으로 건설하기 위해 7,400만 달러를 추가로 기부했다.

여러분이 백만장자나 억만장자가 되고 천문학이 자신의 흥미를 유발했다면, 유서를 작성할 때 천문학 기기나 사업을 염두에 두기를 기대한다. 하지만 개인 자선사업은 천문학 연구사업 전체를 지원할 수는 없다. 미국의 경우, 우주 탐험에서 대부분 자금은 미국 국립과학재단(National science foundation)과 항공우주국(NASA) 같은 연방 기관의 지원을 받고 있으며, 다른 나라에서도 정부기관이 지원을 한다. 이런 식으로 세금 일부를 사용함으로써, 우리 자신도 천문학을 위한 자선사업가로 참여하고 있는 셈이다.

지르는 자동차들의 움직임은 더욱 느리게 보일 것이다.

별의 실제 속력—즉, 전체 속도와 우주 공간에서 움직이는 방향—을 알기 위해서는 시선속도와 고유운동 그리고 거리를 알아야 한다. 또 별들의 움직임으로 인해서 관측자로부터의 거리까지도 바뀐다. 이 변화는 역시 천천히 일어나지만 수십만 년이라면 가까이 있는 별들의 밝기도 확실히 바뀔 만큼 긴 시간이다. 예를 들어 300,000년 전에는 황소자리(Taurus)의 밝은 별인 알데바란이 밤하늘에서 가장 밝았다. 이제는 시리우스가 가장 밝은 별이지만 지금으로부터 300,000년 후에는 시리우스가 더 멀어지고 거문고자리의 밝은 푸른색 별인 직녀성(Vega)이 지구의 하늘에서 가장 밝은 별의 명예를 차지하게 될 것이다.

8.4.5 자전

도플러 효과를 이용해서 별이 얼마나 빨리 자전하는지를 측정할 수 있다. 만약에 한 물체가 자전한다면(자전축이 관측자를 향하지만 않는다면) 한쪽 면은 관측자에 가까워질 것이고 다른 쪽은 관측자에게서 멀어질 것이다. 이는 태양과 행성들의 경우에서도 명백하다. 또한, 가까운 천체들의 경우에도 멀어지는 부분과 가까워지는 부분의 빛을 관측해서 자전으로 인해 생기는 도플러 효과를 직접 측정할 수 있다.

하지만 별은 너무 멀리 있기 때문에 구분되지 않는 점

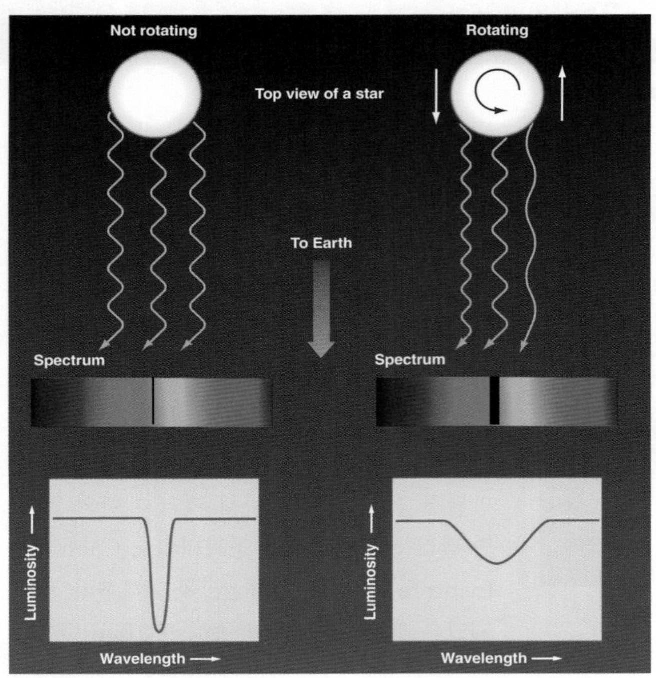

■ 그림 8.10
스펙트럼을 사용한 항성 자전 측정 별의 자전은 분광선들의 폭을 증가시킨다.

으로 보인다. 최선책은 별 전체에서 오는 빛을 분석하는 것이다. 육안이나 사진으로 구분할 수는 없지만, 지구를 향해 회전하는 쪽은 더 짧은 파장으로 편이(이동)되고 반대쪽은 더 긴 파장으로 편이될 것이다. 관측되는 각 분광선은 지구를 기준으로 각기 다른 속도로 움직이는 별 표면의 각기 다른 지점에서 오는 빛들의 합성물이라고 생각할 수 있다. 각 지점은 자신만의 도플러 이동을 하고 있다. 그러므로 별이 자전하지 않을 때 생성될 흡수선보다 자전하는 별 전체로부터 오는 흡수선들은 훨씬 폭이 넓어진다. 사실상 천문학자들은 이 효과를 선폭 증대(line broaden)라고 부르며, 이 증대의 정도가 별의 자전 속도를 말해 준다(그림 8.10).

분광선 선폭의 측정으로부터 태양보다 뜨거운 별들의 자전 주기는 하루나 이틀밖에 안 됨을 알 수 있다. 자전 주기가 한 달인 태양은 꽤 느리게 자전하는 편이다. 태양보다 차가운 별들의 자전은 이보다 더 느리고, 현재 기술로 측정할 수 없을 때가 종종 있다.

앞에서 보았듯이 분광학은 다른 방법으로는 도저히 구할 수 없었던 별들의 여러 가지 정보를 가르쳐 주는 강력한 도구다. 다음 장에서는 이런 기술들이 관측할 수 있는 천체 중 가장 멀리 떨어진 은하계에 대해서도 알게 해 준다는 것을 볼 것이다. 분광학이 없었다면 우리는 태양계 너머의 우주에 대해 아무것도 알지 못했을 것이다.

인터넷 탐색

분광형 분류:
zebu.uoregon.edu/~imamura/208/jan18/mk.html
분광형 체계에 대한 간략한 지도서. 다양한 종류의 별들의 스펙트럼에 대한 시각자료 첨부.

등급척도에 대한 지도서:
www.physics.uq.edu.au/people/ross/ph227/survey.mags.htm
등급 척도와 색지수에 대한 안내.

2Mass Page:
www.ipac.caltech.edu/2MASS
적외선 원천들을 목록화해서 L형 및 T형 별들의 발견을 이끈 2마이크론 전천 조사(2Micron All Sky Survey: 2Mass) 작업을 설명한다. 이 웹사이트는 전문적 정보와 비전문적 정보를 함께 제공한다.

천문학에 종사하는 여성들 웹사이트:
www.astrosociety.org/education/resources/womenast_bib.html
천문학에 대한 여성들의 공로에 관한 인터넷 자료와 문서를 함께 제공하며, 배경지식을 위한 독서 목록, 특정 여성들에 대한 문헌 목록도 링크되어 있다.

요약

8.1 별이 매초 방출하는 총 에너지양을 **광도**라 한다. 별이 지구의 관측자에게 얼마나 밝게 보이는지는 **겉보기 밝기**라고 한다. 역사적인 이유로 겉보기 밝기는 **등급 척도**의 단위로 표현된다. 한 별이 다른 별보다 5등급

밝으면 에너지는 100배 더 방출한다. 겉보기 밝기는 광도와 거리에 의존하므로 겉보기 밝기 측정과 별까지의 거리 측정은 별의 광도를 계산할 수 있는 정보를 제공한다.

8.2 별들은 서로 색깔이 다르며, 색깔은 별들 온도를 나타낸다. 가장 뜨거운 별은 푸른색 또는 청백색으로 보인다. 반면에 차가운 별들은 붉다. 별의 색지수는 두 파장에서 측정된 등급의 차이다.

8.3 별 스펙트럼 차이의 주원인은 화학 조성이 아니라 온도가 다르기 때문이다. 별의 스펙트럼들은 **분광형**으로 표현된다. 분광형은 높은 온도에서 낮은 온도 순으로 O, B, A, F, G, K, M, L, T가 있다. L과 T형은 M9형보다 차가운 천체가—주로 **갈색 왜성**들—발견되면서 추가되었다.

8.4 온도는 같지만, 압력이 다른 별들의 스펙트럼은 미세한 차이를 보인다. 그러므로 스펙트럼은 별의 반지름이 크고 압력이 낮은지(**거성**) 또는 반지름이 작으면서 압력이 높은지를 구분하는 데 이용될 수 있다. 항성 스펙트럼은 또한 별들의 화학 조성을 알아내는 데 사용될 수 있다. 모든 별의 질량 대부분은 수소와 헬륨으로 이루어진다(태양과 마찬가지로). 도플러 효과로 인해 생기는 분광선 편이의 측정은 별의 **시선속도**를 나타낸다. 도플러 효과로 인한 분광선의 선폭 증대로 자전 속도를 측정한다.

모둠 활동

A 애니 캐넌에 관한 '천문학 여행'은 20세기 전반에 천문학을 공부하고 싶어했던 여성들이 겪은 어려움에 대해 설명한다. 오늘날 여성들의 상황에 대해 어떻게 생각하는가? 토론하라. 남성과 여성들은 과학자가 될 평등한 기회를 얻는가? 학교에서 남학생 여학생 차별 없이 과학과 수학을 독려했는지 모둠별로 논의해 보라.

B 앞의 모둠 활동을 마친 후, 작은 연극을 시도해 보자. 모둠 중 한 명은 유명한 여성 천문학자 역할을 맡는다. 이 천문학자는 대형 망원경으로 관측할 시간을 지정받았다. (8개월 전에 예약했다.) 그리고 대학원 학생들과 함께 천문대로 비행기를 타고 갈 것이다. 그녀의 남편은 대기업에서 일하는데 내일 고객과 중요한 회의가 있다. 그들에게는 4살, 10살짜리 아이가 두 명이 있다. 부부의 부모는 근처에 살지 않는다. 아이를 주로 돌봐주는 사람이 내일 아파서 못 나온다고 연락이 왔다. 두 부모는 어떻게 해야 할지에 대해 의논하는 중이다. 원한다면 모둠 모두 이 두 역할을 돌아가면서 해 보라.

C 분광선이 하나인 별을 관측한다고 하자. 이 분광선이 어느 원소로부터 나오는지 알 수 있는가? 모둠에서 대답한 답, 예 또는 아니오에 대한 이유를 모아서 목록을 만들어 보라.

D 아주 부유한 졸업 선배가 별의 특성에 대해 더 많은 것을 배울 수 있는 세계 수준의 천문대를 만들도록 대학 천문학과에 5,000만 달러를 기부하기로 했다. 천문대에 어떤 기기를 설치해야 하는지 논의해 보라. 천문대를 어디에 건설해야 할까? 답을 정당화할 이유를 설명하라. (5장의 망원경에 대한 내용을 참조하라. 그리고 이후의 장에서 별에 대해 더 배운 다음에 이 문제를 한 번 더 풀어 보라.)

E 몇몇 천문학자들은 새로운 분광형(본문에서 설명한 L형 T형 같은)을 도입하는 것은 전화번호에 새로운 지역 번호를 도입하는 것과 비슷하다고 한다. 그 누구도 오래된 제도를 흐트러트리는 것을 원하지 않지만, 필요한 순간이 있다. 천문학자가 동료들에게 새로운 분광형이 필요하다고 설득할 때 거쳐야 할 단계들을 모둠과 토론해서 적어 보라.

복습 문제

1. 별이 밤하늘에 얼마나 밝게 보이는지를 결정하는 두 가지 요인은 무엇인가?

2. 색깔이 왜 별의 온도를 나타내는지 설명해 보라.

3. 모든 별의 스펙트럼이 같지 않은 가장 큰 이유를 말하라.

4. 별들은 주로 무슨 원소로 이루어졌는가? 그것을 어떻게 아는가?

5. 항성 스펙트럼에 대한 연구에서 애니 캐넌의 공로는 무엇인가?
6. 스펙트럼을 측정함으로써 알아낼 수 있는 별의 세 가지 특성을 말하라. 이 세 특성을 알아내기 위해 스펙트럼을 어떻게 사용할지 설명해 보라.
7. 분광형 L형, T형 천체들은 다른 분광형의 천체들과 어떻게 다른가?

사고력 문제

8. 시리우스는 태양보다 에너지를 23배나 더 방출하는데, 왜 하늘에서는 태양이 더 밝아 보일까?
9. 광도가 같은 두 별은—하나는 푸른색, 다른 하나는 빨간색—다음 두 사진에 어떻게 나타날까? 한 사진은 주로 푸른빛만 통과시키는 필터를 통해 촬영되었고, 다른 사진은 주로 붉은빛만 통과시키는 필터로 촬영되었다.
10. 표 8.1은 각 분광형에 해당하는 온도 범위를 보여준다. 이 온도는 별의 어떤 부위의 온도인가? 왜 그런가?
11. 세 가지 필터를 통해 부록 11에 있는 별들의 색깔을 측정하는 작업이 주어졌다. 첫 번째 필터는 푸른색 빛을 통과시키고, 두 번째 필터는 노란색 빛만 통과시키고 세 번째 필터는 빨간색 빛만 통과시킨다. 색깔의 정의상 직녀성을 관측한다면 세 가지 필터를 사용해도 언제나 같은 밝기다. 어떤 별이 파란색 필터를 통해 관측했을 때 빨간색 필터로 관측했을 때보다 더 밝아 보일까? 어떤 별이 빨간색 필터로 관측했을 때 더 밝아 보일까? 어떤 별이 직녀성과 가장 유사한 색깔을 가졌을까?
12. 별 X의 스펙트럼에는 이온화된 헬륨 흡수선들이 있고 별 Y의 스펙트럼에는 산화타이타늄 흡수선들이 있다. 별 Z의 스펙트럼은 이온화된 헬륨과 산화타이타늄 분자 띠가 보인다. 이 스펙트럼에 대해 이상한 점은 무엇인가? 이를 설명할 수 있는가?
13. 태양의 스펙트럼에는 수백 개의 강한 이온화되지 않은 철 흡수선이 있지만, 헬륨 흡수선은 조금밖에 없고 미세하다. 분광형 B형 별의 스펙트럼은 강한 헬륨 흡수선들을 가지고 있지만, 철 흡수선은 약하다. 이 차이는 태양이 B형 별보다 철이 더 많고 헬륨이 더 적다는 뜻인가? 설명해 보라.
14. 다음 특성을 지닌 분광형은 무엇인가?
    - **a.** 수소의 발머선이 매우 강하다. 이온화된 금속 흡수선도 존재한다.
    - **b.** 이온화된 헬륨 흡수선들이 가장 강하다.
    - **c.** 스펙트럼에서 이온화된 칼슘 흡수선들이 가장 강하며, 수소 흡수선들은 약간 강하다. 중성 및 이온화 금속의 흡수선들도 존재한다.
    - **d.** 중성 금속의 흡수선들과 산화타이타늄 흡수 띠가 강하다.
15. 부록 13을 한 번 보라. 원소의 함량비와 원자량 사이의 관계를 알 수 있는가? 이 관계에 명백한 예외도 있는가? (13장과 14장에서 패턴이 왜 존재하는지에 대해 배울 것이다.)
16. 부록 10은 가장 가까운 별들에 대한 목록이다. 이들 대부분은 태양보다 뜨거운가? 태양보다 에너지를 더 방출하는 별도 있는가? 어떤 별이 그러한가?
17. 부록 11은 밤하늘에 가장 밝게 보이는 별들을 적어놓은 목록이다. 이들은 태양보다 뜨거운가 아니면 차가운가? 이 문제의 답과 16번 문제의 답에 차이가 있는 이유를 말해 보라. (힌트: 광도에 주목하라.) 광도와 온도의 상관관계가 있는가? 이 상관관계에 예외도 있는가? (상관관계에서 예외를 보이는 이유는 다음 장에서 다룰 것이다.)
18. 부록 11의 가장 밝은 별은 가장 희미한 별보다 몇 배 더 밝은가?
19. 하늘에서 가장 밝은 별은 무엇인가(태양은 제외)? 두 번째로 밝은 별은 무엇인가? 베텔지우스는 무슨 색인가? 답을 알기 위해 부록 11을 사용하라.
20. 백만 년 전의 사람들이 천체 관측지도를 남겼다고 가정하자. 이 지도는 오늘날의 밤하늘을 정확하게 나타낼까? 아니면 왜 그렇지 않은지 설명하라.
21. 선폭증대를 통한 자전 주기의 측정에서 왜 실제 항성 자전 주기가 아닌 최소 항성 자전 주기만 알 수 있는가 (그림 8.10 참조)?
22. 천문학자들은 왜 갈색 왜성을 위해 두 가지 다른 (L형, T형) 분광형으로 지정했을까? 왜 한 가지 형으로는 부족했을까?

계산 문제

등급과 겉보기 밝기를 연관시켜 주는 방정식(8.12절)을 사용하라. 23~28번 문제는 '스스로 생각하기: 등급'을 사용하라.

23. 두 별의 등급 차이가 5라면 광도의 차이는 100배에 해당함을 보여라. 그리고 2.5등급의 차이는 광도 10배의 차이, 0.7등급 차이는 광도 2배 차이에 해당함을 보여라.

24. 지구에서 태양의 등급은 −26이다. 약 10천문단위(AU) 떨어진 목성에서 봤을 때, 태양의 등급은 얼마인가? (1 AU는 지구에서 태양까지의 거리를 나타내고, 밝기는 거리의 제곱에 반비례함을 상기하라.)

25. 천문학자가 고감도 전천 조사에서 최근 발견된 희미한 별을 조사 중이다. 별은 8등급이다. 대략 1등급인 안타레스보다 얼마나 덜 밝은가?

26. 희미하지만 활발한 은하계 중심부의 밝기 등급은 26이다. 육안으로 볼 수 있는 가장 희미한 별의 등급이 대략 6일 때 이 은하계는 얼마나 덜 밝은가?

27. 이 장에는 겉보기 밝기 등급이 −1이고 두 번째 가까운 별인 센터우르스자리 알파별(Alpha Centauri)까지 거리를 추정할 만큼의 정보가 있다. 이 별은 태양처럼 G2형 별이기 때문에 태양과 광도가 같고 등급의 차이는 거리 때문에 난다고 가정하라. 센터우르스자리 알파별이 얼마나 멀리 있는지 추정해 보라. 거쳐야 할 단계를 글로 쓰고 계산해 보라. (10장에서 보겠지만, 분광형이 같은 별들은 같은 양의 에너지를 방출한다는 가정을 별까지의 거리를 추정할 때 사용한다. 만약 태양까지의 거리를 AU로 표현하면 답도 AU로 나올 것이다.)

28. 27번 문제를 다시 보자. 이번에는 태양이 9,300만 마일 떨어져 있다는 정보를 사용하라. 답으로 마일 단위의 큰 수가 나올 것이다. 이 두 해답을 비교하기 위해 빛의 속도인 186,000 mi/s를 곱해서 빛이 태양에서 지구까지 그리고 센터우르스자리 알파별에서 지구까지 가려면 얼마나 걸리는지 계산해 보라. 센터우르스자리 알파별의 경우에는 초뿐만 아니라 년 단위로도 계산해 보라. (10장에서는 천문학자들이 먼 거리를 빛이 이동하는 데 걸리는 시간으로 표현함을 보게 될 것이다.)

심화 학습용 참고 문헌

Berman, B. "Magnitude Cum Laude" in *Astronomy*, Dec. 1998, p. 92. 별의 겉보기 측정방법.

Fraknoi, A. and Freitag, R. "Women in Astronomy: A Resource Guide" in *Mercury* (the magazine of the Astronomical Society of the Pacific), Jan./Feb. 1992, p. 27. 여성 천문학자를 소개하는 글.

Hearnshaw, J. "Origins of the Stellar Magnitude Scale" in *Sky & Telescope*, Nov. 1992, p. 494. 다루기 힘든 등급 체계의 역사를 소개.

Hearnshaw, J. *The Analysis of Starlight*. 1986, Cambridge U. Press. 천체분광학의 역사.

Hirshfeld, A. "The Absolute Magnitude of Stars" in *Sky & Telescope*, Sept. 1994, p. 35.

Kaler, J. "Stars in the Cellar: Classes Lost and Found" in *Sky & Telescope*, Sept. 2000, p. 39. 분광형과 새로운 L형 및 T형을 소개.

Kaler, J. "Origins of the Spectral Sequence" in *Sky & Telescope*, Feb. 1986, p. 129.

Kaler, J. *Stars*. 1992, Scientific American Library/W. H. Freeman. 항성 연구를 개관하는 글.

Kaler, J. *Stars and Their Spectra*. 1989, Cambridge U. Press. 분광학 분야와 그로써 별에 대해 무엇을 알 수 있는지를 자세히 소개.

Kidwell, P. "Three Women of American Astronomy" in *American Scientist*, May/June 1990, p. 244. 애니 캐넌과 세실리아 페인을 집중해서 다룬 글.

Skrutskie, M. "2MASS:Unveiling the Infrared Universe" in *Sky & Telescope*, July 2001, p. 34. 2마이크론 전천 조사에 대하여.

Sneden, C. "Reading the Colors of the Stars" in *Astronomy*, Apr. 1989, p. 36. 분광학으로 알 수 있는 것을 논의.

Steffey, P. "The Truth about Star Colors" in *Sky & Telescope*, Sept. 1992, p. 266. 색지수와 눈과 필름으로 어떻게 색깔을 '보는가'에 대하여.

Tomkins, J. "Once and Future Celestial Kings" in *Sky & Telescope*, Apr. 1998, p. 59. 항성 운동의 계산 및 하늘에서 과거, 현재, 미래에 가장 밝은 별을 결정하는 방법.

SUN

Low-mass star

Brown dwarf

Jupiter

Earth

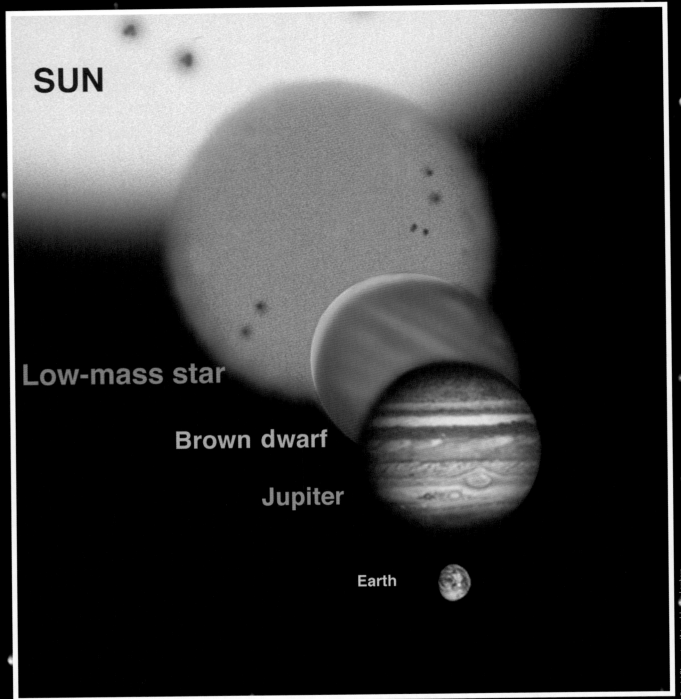

이 상상도는 몇몇 천체들의 상대적인 크기를 보여준다. 이 장에서는 별의 지름과 질량을 어떻게 알아보는지를 논의할 것이다. 별의 크기는 별의 진화에 대한 실마리를 가지고 있다.

항성: 하늘의 센서스

곤궁한 이 땅 지구 핼쑥한 역사가 되짚어 보이듯,
가라앉을 줄 모르고 미쳐 날뛰는 정치란
수억의 수만에 이르는 태양들의 반짝거림에 비춰보면
그저, 개미들의 걱정거리밖에 더 무엇이랴?

알프레드 테니슨 경(Alfred Lord Tennyson)의 시 《광대무변》(1889) 중에서

미리 생각해보기

별은 어떻게 태어나서, 얼마나 살다가 어떤 식으로 생을 마감하는지 속 시원한 답이 쉽게 찾아질 문제는 아니다. 누구도 자신의 생애에서 별이 조금이라도 변하는 걸 본 적이 없지 않은가? 게다가 별의 탄생과 사멸은 목격하기 어려운 신비스런 천상의 사건이다. 관찰 시간을 한 사람의 수명에서 인류의 역사로 확장해도, 이 문제에 관한 큰 도움이 되지 않을 것이다. 실로 인류의 하늘 관측 역사는 어느 별이든 진화의 모든 단계를 끝까지 따라가 볼 정도로 길지 않았다.

그렇다고 방법이 없는 건 아니다. 자신이 외계문명이 쏘아 올린 우주선의 선장이라고 상상해 보자. 물론 우수한 장비가 갖춰진 우주선이다. 임무는 다른 별 주위의 문명권에 사는 생명의 형태와 행태를 연구해 오는 것이다.(당신은 지적 능력을 갖추고 팔과 다리가 달린 콜리플라워(꽃양배추)를 닮았다. 승무원 중에는 유능한 과학자도 포함돼 있다.) 그러나 지구에 도착해서 활동할 수 있는 시간은 단 하루뿐이다. 지구에 많이 사는 생명체에 대해 하루 만에 알아내야 한다.[1] 그렇다면 선장으로 착륙 대원들에게 어떤 지시를 내릴 것인가?

승무원들은 여러 전략을 세울 것이다. 콜리플라워 외계인이 지구인을 한 명씩 맡아 행동을 관찰하여 라이프 사이클에 어떤 변화가 있는지 조사할 수 있다. 그러나 무작위로 선정한 지구인들에게 이 방법을 적용하면 결과는 실망일 것이다. 더 나은 방법이 있다. 승무원들로 하여금 광범위한 표본 조사를 통해 가능한 한 여러 개의 부류로 지구인을 먼저 분류하고, 부류 사이의 차이를 조사하여 인간이라는 생명체의 일생이 어떤 단계로 구성돼 있는지 알아볼 수도 있다.

가상 실험실

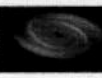 분광계열과 H-R 도

쌍성계, 강착원반, 케플러의 법칙

[1] 지구에 처음 도착한 외계 지적 존재는 지구에서 가장 흔한 생명체의 형태가 인간이라고 바로 알아차릴 수 없을지도 모른다. 사람보다 자동차가 지구를 지배한다는 결론이 더 합리적이라는 주장도 있다. 어쨌든 외계인의 눈에는 자동차가 인간과 여러 다른 동물들을 삼켰다가 토해내는 것처럼 보일 것이다. 그래서 인간은 확실히 자동차의 하인이 된다.—아주 정기적으로 닦아주고, 먹이를 주며, 또 광택까지 내주는 자동차의 '가정부'라 생각할지도 모른다.

(a)

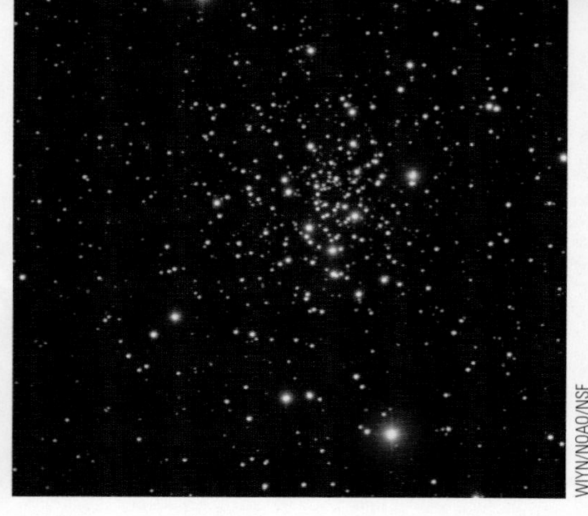

(b)

■ **그림 9.1**
별과 사람의 다양성 (a) 별들도 사람들같이 여러 가지 색깔을 지닌다. (b) 성단 NGC 2420의 이미지다. 1천여 개의 별들이 지름 30광년의 구형 공간 안에 촘촘히 들어차 있다. 이 별들의 나이는 대략 태양의 1/3인 17억 년 정도다.

당신은 지적인 콜리플라워일 뿐, 지구인에 대해 아무것도 아는 게 없다고 하자. 사정이 이러하니 각 종족에서 볼 수 있는 차이의 의미를 파악하기 어려웠을 것이다. 한 종족을 이루는 구성원들의 단순한 개인별 편차는 물론, 종족 간 편차도 구별하기 어렵기는 마찬가지였을 것이다. 예를 들어 피부색 차이만 놓고 봐도 그렇다. 태어날 때는 짙은 흑갈색이다가 나이가 들면서 점점 옅은 연갈색으로 변한다고 가정할 수도 있다. 이 가정을 받아들인다면 어두운 피부를 가진 인간이 가장 젊다는 결론에 이른다. 흥미로운 아이디어이지만 틀린 생각이었음이 곧 밝혀질 것이다. 또 지구인의 머리에 흰머리가 많이 생긴다는 사실을 놓고 새치의 길이가 아주 좋은 나이의 척도가 된다는 그럴듯한 제안을 할 수 있다. 그러나 이 역시 콜리플라워 노벨상과는 거리가 먼 얘기다.

그렇지만 지구인의 성장 과정을 구체화하는 데 도움이 되고 쉽게 이해될 수 있는 인간의 특징들이 있다. 인생 초반에는 몸무게와 키가 나이의 좋은 척도다. 어렸을 때 부드러웠던 피부도 나이가 들면서 거칠어지는 경향이 있다. 이처럼 미세한 차이들을 제대로 이해하기 위해서 여러 종류의 인간 특징을 폭넓게 수집하고 또 수집한 특징들을 수년간 주의 깊게 연구해야 한다. 비록 하루에 수집한 자료라고 해도 긴 시간의 연구가 필요하다는 말이다.

천문학자도 별을 가지고 비슷한 고민을 하게 된다(그림 9.1). 별의 수명이 길기 때문에 한 사람이 별을 평생 관찰한다 해도 별의 진화 과정에 대해서 알아낼 수 있는 것은 별로 없다. 별의 센서스를 효율적으로 수행하기 위해 많은 별에 대해 각종 특징을 면밀하게 측정하고 그 특징 중 무엇이 별의 생애를 이해하는 데 결정적인 자료인지 가늠할 수 있어야 한다. 위에서 예로 든 지적 콜리플라워처럼, 천문학자도 별의 진화를 완전히 이해하게 될 때까지 별의 진화에 관한 다양한 가설들을 시험해 왔다. 그러나 중요한 사실은 우리 주위에 있는 별들에 대한 철저한 센서스가 먼저다.

9.1 별의 센서스

별에 관한 조사를 시작하기 전에, 대상 천체의 거리를 어떤 단위로 잴 것인가부터 정해둘 필요가 있다. 별은 너무 멀리 떨어져 있어서 거리를 나타내는 데는 km, 심지어 AU조차 편리한 단위가 아니다. 그래서—머리말에서 언급한 바와 같이—천문학자는 광년(light year, LY)이라는 아주 큰 '잣대'를 사용한다. 1광년은 우리가 알고 있는 가장 빠른 신호인 빛이 1년 동안 움직인 거리다. 빛은 초당 300,000 km라는 엄청난 거리를 움직이고, 1년은 수많은 초이기 때문에, 1광년은 실로 어마어마한 거리다. 굳이 말하자면 9조 5천억 km, 즉 9.5×10^{12} km다. 단위로서 시간을 나타내는 '년'이 포함되어 있지만, 광년은 시간이 아니라 거리의 단위임을 명심하기 바란다. 먹거나 쉬지 않고 속도 규정을 준수하면서 고속도로를 질주할 경우, 1200만 년을 달려야 1광년이란 거리에 가까스로 도달할 수 있다. 그런데 가장 가까운 별까지 거리가 4광년이 조금 넘는다.

이렇게 엄청난 거리를 어떻게 측정할지에 대해서는 아직 아무런 언급도 하지 않았다. 천체의 거리 측정이 복잡한 문제인데, 다음 장에서 이 문제를 집중적으로 다룰 계획이다. 이 장에서는, 적어도 우리 주위에 있는 별들의 거리는 이미 알려져 있어서 항성 센서스를 수행하는 데 문제가 없다고 하자.

9.1.1 작은 게 아름답다—적어도 더 흔하다

미국에서는 인구 센서스를 할 때 마을 단위로 주민 수를 헤아린다. 항성 센서스도 같은 방식을 택해 태양에 가까운 이웃 별들부터 조사하겠다. 그렇더라도 인구 조사에서와 마찬가지로 두 가지 문제에 봉착한다. 첫째는 전체 주민이 조사에 포함됐는지 확신하기 어렵다는 점이다. 둘째는 인류의 모든 종족이 이웃에 포함되지 않을 수도 있다는 우려다.

그림 9.2는 태양에서 26광년 이내에 있는 별들에 대해 추정한 결과다. 은하수 은하의 지름이 대략 10만 광년에 이른다는 점을 고려한다면, 26광년 안에 들어 있는 별이라고 해봤자 은하 전체에 비하면 말도 못할 정도로 적은 수일 것이다. 별의 질량을 공의 크기로 표현했다. 질량이 큰 별보다 작은 별들이 더 많다. 우리 태양계 '동네'에는 태양보다 질량이 월등히 큰 별이 다섯 개 존재한다. 이러한 현실을 두고 다윗의 승리라고 해도 좋을지 모르겠지만, 적어도 수에서는 작은 것들이 큰 것과의 싸움에서 이긴 것이다.

태양 근방에서 L형 왜성과 T형 왜성들이 발견됐지만, 천문학자들은, 그림 9.2의 오른쪽에 심홍색 공들로 표현된 바와 같이, T형 왜성이 앞으로 수백 개는 더 발견될 것으로 믿는다. 그중 상당수는, 현재까지 알려진 최저온의 T형 왜성보다 표면 온도가 더 낮을 것으로 예상한다. 질량이 작은 별들을 찾기 어려운 이유가 따로 있다. 질량이 작을수록 내놓는 빛의 양이 적기 때문이다. 이 광도는 태양의 수십만에서 백만 분의 1로 매우 낮다. 최근에 와서 인간의 기술이 저온의 어두운 천체들도 검출할 수 있는 수준에 이르렀다.

Dr. Robert Hurt of the Infrared Processing and Analysis Center/NASA

■ **그림 9.2**

태양 근방의 별과 갈색 왜성들 알쏭달쏭한 이 저울 그림은 태양에서 26광년 이내에 있으면서 북반구에서 관측이 가능한 별들에 관한 정보를 바탕으로 만든 것이다. 앞으로 발견이 예상되는 별들에 대한 정보도 활용했다. 왼쪽 접시에 별을, 오른쪽엔 갈색 왜성을 담았다. A형 별이 네 개(파랑), F형 별이 하나(초록), G형 별이 다섯(노랑) 개 있다. G형 중 하나가 바로 우리 태양이다. 여기에 백색 왜성이 아홉 개 있다. 오른쪽 접시에 갈색 왜성이 왼쪽 별들의 수만큼 들어 있지만, 질량 면에서 갈색 왜성이 태양 근방에서 차지하는 비중은 이웃 별에 많이 못 미친다. 천문학자들의 예측에 의하면, 아직 발견되지 않은 극저온의 T형 왜성이 220여 개 더 있을 것이라고 한다. 우리의 이웃을 모두 찾아냈을 경우, 그중 2/3 정도가 L형과 T형 왜성일 것으로 예상한다.

한마디로 태양보다 어두운 천체들은 가까이 있지 않다면 육안으로 알아볼 수 없다. 더 구체적으로 따져 보자. 태양의 광도를 L_{Sun}라 할 때, 우주에는 10^{-4}~$10^{-2}\,L_{\mathrm{Sun}}$인 별들이 매우 흔하다. 그렇지만 광도가 (1/100) L_{Sun}인 별이면 5광년 이내의 것이어야 육안으로 겨우 알아볼 수 있다. 단지 3개가 이 정도로 가까운 거리에 있다. 그런데 이 셋이 하나의 계를 이룬다. 셋 중에서 가장 가까운 센타우르스자리 프록시마는 너무 어두워서 망원경 없이 맨눈으로는 볼 수 없다.

오늘날 천문학자들은 태양 근방의 별에 대한 센서스를 위해 노력하는 중이다. 예를 들어, 2002년 초에 33광년 이내의 거리에서 M형 별 열두 개를 새로 발견했다. 그러나 근처에 있다고 확신하는 T형 왜성 중 표면 온도가 매우 낮은 것들은 아직 발견하지 못했다. 이러한 별들은 현재 동원 가능한 기법으로 검출되기엔 너무 어둡기 때문이다. 발견은 아마 여러 해를 더 기다린 다음에야 가능하지 싶다.

9.1.2 밝다고 꼭 가깝지는 않다

센서스 대상을 태양 근방 별들로 제한한다면 별 중에서 재미있는 것들은 놓치고 말 것이다. 당신 동네에 모든 부류의 사람들이 다 산다고 할 수 없지 않은가! 연령, 교육, 수입, 인종 등의 측면에서 말이다. 예를 들면, 사람이 100년 이상 살기는 어려우므로 당신이 사는 곳에서 10여 km 이내에서 이런 연령층의 사람은 찾기 쉽지 않을 것이다. 모든 연령층의 사람들을 센서스에 다 포함하려면 조사 대상 지역을 훨씬 더 넓게 잡아야 한다. 별들의 세계에서도 마찬가지다. 근처에서는 찾을 수 없는 부류의 별들이 있기 마련이다.

센서스 대상 지역을 태양 근방으로 제한함으로써 뭔가를 놓치고 있다는 불안을 떨쳐버릴 수 없는 이유가 있다. 밤하늘에서 가장 밝은 20개의 별 중에서, 시리우스(천랑성), 직녀성, 알타이어, 센타우르스자리 알파별, 포말하우트, 프로시온, 이렇게 6개만 26광년 이내에 있기 때문이다(그림 9.2와 부록 11 참조). 센서스 대상을 태양 근방의 별로 제한할 경우, 이 여섯 개를 제외한 대부분의 밝은 별들이 센서스 결과에 포함되지 않는 이유는 무엇인가?

가장 밝게 보이는 별이 가장 가까운 별이 아니라는 사실에 답이 숨어 있다. 밤하늘에서 가장 밝게 보이는 별들이 그럴 수밖에 없는 이유는, 이들은 멀리 있어도 밝게 보일 정도로 많은 양의 에너지를 방출하기 때문이다. 부록 12를 보면 쉽게 확인된다. 가장 밝은 별 20개의 거리를 비교해 보기 바란다. 또 한 가지 유의할 점이 있다. 부록 11에는 분광형이 B인 별들이 몇 개 있는데, 그림 9.2에는 이러한 종류의 별들이 빠져 있다. 부록 11에 실린 20개의 별 중에서 가장 밝은 것은 광도가 태양의 10만 배에 이른다. 이렇게 밝은 별은 태양 근방에서 찾아볼 수 없는데, 그 정도로 높은 광도의 별은 원래 수가 적기 때문이다. 희귀하니 태양 근방의 좁은 영역에서 그들이 들어 있을 확률은 낮을 수밖에 없다. 그림 9.2에는 이 좁은 영역의 별들에 관한 정보만 담겨 있다.

이제 광도가 높은, 즉 태양의 100배 이상인 별들만 고려해 보자. 이 정도로 밝은 별들은 그 수가 얼마 되지 않지만, 수백에서 수천 광년 떨어져 있어도 맨눈으로 알아볼 수 있다. 예를 들어, $10^4 L_{\text{Sun}}$인 별은 5000광년 거리에 있어도 망원경 없이 관측할 수 있다. 그런 별들은 아주 드물기 때문에 주위에서 흔히 발견될 것으로 기대할 수 없다. 그러나 반경이 5000광년인 구의 체적은 엄청나다. 희귀한 별이라도 이렇게 거대한 체적 안이라면 많은 수가 들어 있을 수 있다. 이런 별들은 망원경의 도움 없이도 육안으로 알아볼 수 있다.

이 두 표본—가까이 있는 별들과 맨눈으로 볼 수 있는 별들의 표본—을 대조해 보면 선택 효과의 한 예를 직시하게 된다. 모집단이 아주 다양한 부류로 구성돼 있으면, 어떤 특별한 소집단을 검토하여 얻은 결론을 받아들일 때 각별한 주의가 필요하다. 맨눈에 보이는 별들로 구성된 모집단이 일반적인 별들의 특성을 지니고 있다고 가정한다면, 분명히 우리 자신을 속이는 셈이다. 이런 소집단은 아주 밝은 별들에 높은 가중치가 주어지게 마련이다. 대부분의 이웃 별들은 너무 희미해서 망원경의 도움이 없다면 관측할 수 없으므로, 이웃 별들에 대한 완전한 자료를 얻기 위해 많은 노력이 필요하다. 이런 작업이 수행된 다음 태양보다 질량이 훨씬 작고 흐릿한 별들의 성질을 제대로 연구할 수 있다. 이제 별의 다양한 성질을 측정하는 방법을 알아보자.

9.2 별의 질량 측정방법

항성의 몇 가지 중요한 특성 중 하나가 질량—별 안에 들어 있는 물질의 총량—이다. 질량을 알면 그 별의 수명이 얼마나 길지, 그리고 진화의 마지막 단계에서 그 별이 어떤 과정을 밟을지 추정할 수 있다. 그럼에도 질량의 직접 측정은 매우 어려운 문제다. 질량을 재려면 어떻게 해서든지 별을 저울에 올려놓아야 하지 않겠는가. 그런데 그 저울은 우주에서 사용할 수 있어야 한다.

다행히 모든 별이 다 태양처럼 외톨이로 살지는 않는다. 별들의 약 반이 **쌍성계**(binary star)를 이룬다. 두 개의 별이 중력으로 묶여서 서로 마주 보며 궤도 운동을 한다. 쌍성계를 이루는 별들의 경우, 그들의 궤도 정보에서 질량을 계산해 낼 수 있다(2장 참조). 이는 태양 주위를 공전하는 행성 궤도로부터 태양의 질량을 도출하는 것과 같은 원리다.

9.2.1 쌍성

항성의 질량 측정방법을 자세히 논의하기 전에, 우선 쌍으로 나타나는 별들을 주의 깊게 들여다볼 필요가 있다. 쌍성은 1650년에 처음 발견되었다. 이는 갈릴레오가 망원경으로 하늘을 관측하고 나서 반세기가 채 안 된 시점이었다. 이탈리아의 천문학자 리치올리(John Baptiste Riccioli)는 큰곰자리의 북두칠성 손잡이 중간에 있는 미자르가 망원경으로 보면 두 개로 보인다고 지적했다. 이 발견 이후 수천 개의 쌍성이 목록에 쌓이게 되었다. (천문학자들은 하늘에서 서로 가까이 있는 별들의 쌍을 이중성이라 부르는데, 이 별들은 모두가 물리적으로 서로 연결된 것은 아니다. 서로 아주 멀리 떨어져 있는 두 별이 우연히 같은 방향에 놓여 있어 짝을 이루는 듯 보일 뿐인 것들도 있다.) 별들은 흔히 쌍으로 나타나지만, 삼중성이나 사중성 계도 있다.

잘 알려진 쌍성 중 하나가 쌍둥이자리의 카스터(Castor)다. 1804년 천왕성을 발견한 천문학자 윌리엄 허셜(William Hershel)이 카스터의 두 성분 별 중에서 희미한 것이 밝은 것에 대해 상대 위치가 약간 변한 것을 알아냈다. (성분 별이란 쌍성계를 이루는 각각의 별을 뜻하는 용어다.) 이 관측을 통해 한 별이 다른 별 주위를 돌고 있다는 확증을 얻게 된 셈이다. 중력의 영향이 태양계 밖에서도 작동함을 최초로 확증해 준 발견이었다. 쌍성 크루거(Kruger) 60의 궤도 운동을 그림 9.3에 예시했다. 망원경 시야에서 두 성분 별이 분해돼 보이는 쌍성계를 **안시쌍성**(visual binary)이라 부른다.

1889년 하버드 대학의 에드워드 피커링(Edward C. Pickering)이 두 성분 중에서 하나만 보이는 새로운 부류의 쌍성계를 발견하였다. 미자르의 스펙트럼을 검토하던 중이었는데, 밝은 별의 스펙트럼에 나타나는 흡수선이 이중선이라는 사실을 처음 알아냈다. 하나의 흡수선이 통례였는데, 두 개의 흡수선이 보일 뿐 아니라 두 흡수선 사이의 파장 간격도 계속 변하는 것이었다. 두 선이 때로는 하나가 되기도 했다. 피커링은 미자르의 밝은 성분 별인 미자르 A 자체가

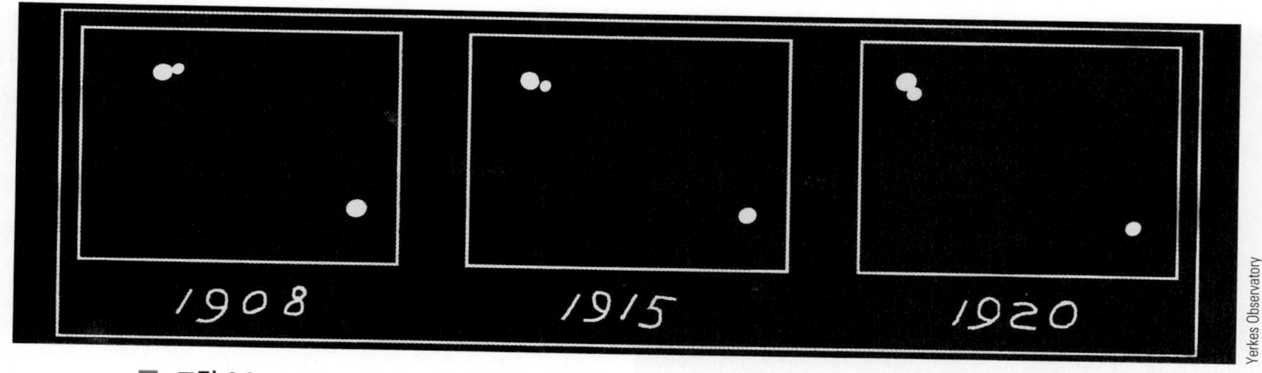

■ 그림 9.3

쌍성의 공전 운동 12년에 걸쳐 찍은 이 세 장의 사진에서 태양 가까이 있는 쌍성계 크루거 60을 구성하는 두 별의 상호 공전 운동을 알아볼 수 있다. 이 쌍성계의 공전 주기는 약 12년이다.

실은 104일 주기로 서로 궤도 운동하고 있는 두 개의 별로 구성된 쌍성계라고 정확하게 추론하였다. 사진 관측을 하거나 망원경으로 안시 관측을 할 때는 홑별로 보이지만, 분광 관측에서는 쌍성의 성질을 드러내는 미자르 A와 같은 별을 우리는 **분광쌍성**(spectroscopic binary)이라 부른다.

그런데 미자르는 그런 구조를 하는 항성계가 얼마나 복잡해질 수 있는지를 보여주는 좋은 예이기도 하다. 미자르는 망원경 없이도 볼 수 있는 알코르라는 희미한 동반성을 지니고 있는 것으로 수 세기 동안 알려져 왔었다. 실제로 미자르와 알코르는 광학적 쌍성계다. 광학적 쌍성계란 하늘에서는 가깝게 보이지만 서로 궤도 운동을 하지 않는 별개의 두 별을 의미한다. 그런데 미자르는 망원경으로 보면, 서로 궤도 운동을 하는 또 다른 근접 성분을 확인할 수 있다. 1650년에 리치올리가 처음으로 밝힌 사실이다. 즉 미자르는 안시쌍성이기도 하다. 그런데 안시쌍성을 이루는 두 성분 별, 미자르 A와 미자르 B가 모두 분광쌍성이다. 이렇게 미자르는 실제 4중성 구조를 하는 항성계다.

쌍성계에서 이뤄지는 운동을 기술할 때 흔히들 '한 별이 다른 별 주위를 돈다'고 하는데, 이것은 엄밀한 의미에서 정확한 표현이 아니다. 중력은 서로에게 작용하는 인력이다. 각 성분 별이 상대에게 중력을 미치고, 두 별은 두 별 사이에 위치한 질량중심이라는 한 점을 중심으로 늘 마주 보면서 각각의 궤도를 따라 움직인다. 두 별이 시소의 양쪽 끝에 놓여 있다고 상상해 보자. 시소의 균형을 잡기 위해 지레 받침대가 놓여야 할 곳이 질량중심이고, 이 점은 항상 질량이 큰 별 쪽에 가깝다(그림 9.4).

그림 9.5는 질량중심 주위를 각각 궤도 운동하는 별 A와 B의 궤도상 위치와 그에 따른 스펙트럼선의 이동을 보여준다. 서로 다른 시기에 관측한 쌍성 각각의 스펙트럼선

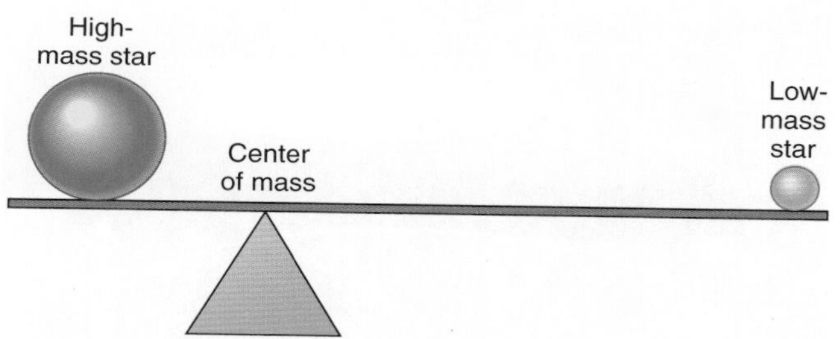

■ 그림 9.4

쌍성계 하나의 쌍성계를 이루는 두 별이 서로 마주 보며 계의 질량중심 주위를 돈다. 질량이 큰 별은 질량중심에 더 가까운 곳에서 균형을 이루지만, 질량이 작은 별은 멀리 떨어진 곳에서 상대와 균형을 이룬다.

을 같이 나타냈다. 한 별이 질량중심에 대해 우리 쪽으로 접근할 때, 다른 별은 우리한테서 멀어진다. 맨 위 그림에서는 별 A가 우리 쪽으로 움직이는 중이므로, 스펙트럼선이 청색 편이를 겪게 된다. 별 B는 이때 우리 쪽에서 멀어지므로 적색 편이를 일으킨다. 두 별의 합성 스펙트럼에는 두 개의 선이 별개로 나타날 것이다. 그러나 두 별이 모두 우리 시선 방향을 가로질러 움직인다면, 다시 말해서 우리에게서 멀어지거나 가까워지지도 않는다면, 그 스펙트럼선들은 같은 값의 시선속도, 즉 질량중심의 시선속도를 띠게 될 것이다. 그래서 두 별의 스펙트럼선이 한 선으로 중첩돼 나타난다. 이 현상을 그림 9.5의 두 번째와 네 번째 그림에 설명해 놓았다. 별들의 궤도 운동에 따른 시선속도가 시간에 따라 변하는 모습을 나타내는 그림을 시선속도 곡선(radial-velocity curve)이라 부른다. 그림 9.5에서 다른 쌍성계의 시선속도 곡선이 그림 9.6에 예시돼 있다.

9.2.2 쌍성 궤도로부터 질량 계산

케플러 제3법칙을 뉴턴의 방식으로 재구성한 식을 이용하

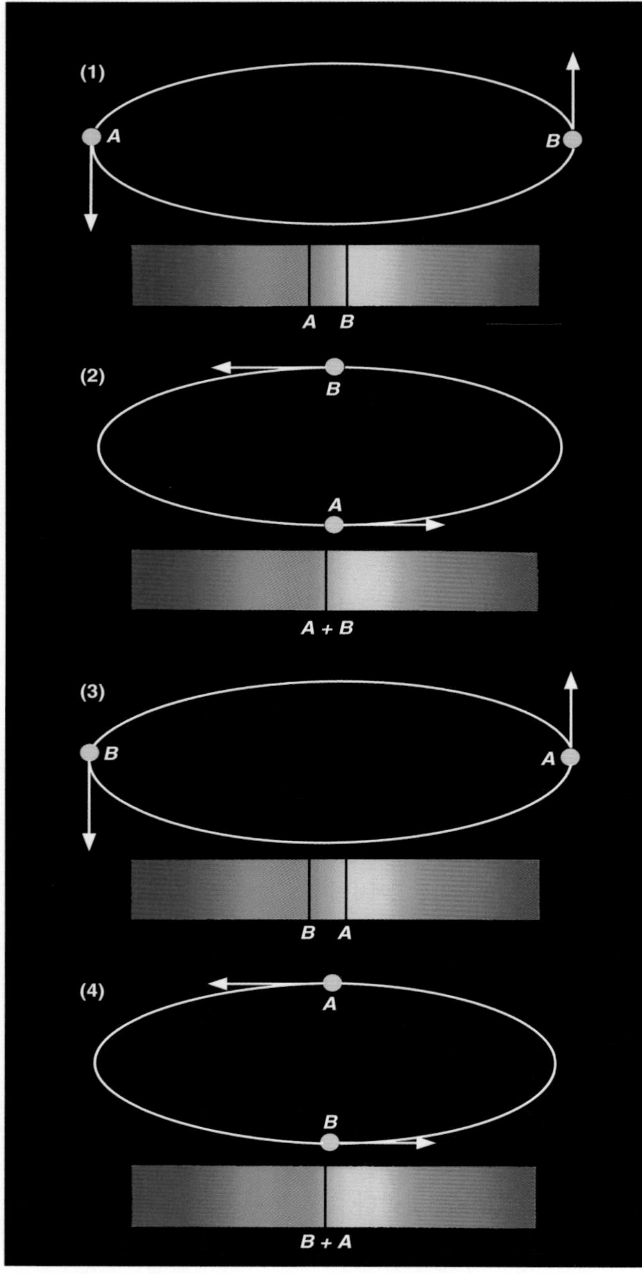

■ **그림 9.5**

서로 마주 보며 궤도 운동 중인 쌍성계의 두 성분 별 쌍성계의 궤도면이 이 책의 지면(紙面)에 대하여 실제로는 약간 기울어져 있다. 그림에 보인 궤도는 실제 궤도면이 지면에 투영된 것이다. 그림의 궤도가 천구상에 투영된 궤도라면 우리 시선 방향에 대해 궤도면은 약간 기울어져 있어야 한다. 만약 궤도면이 지면 또는 천구면과 평행하다면, 천구면이나 지면에 투영된 궤도는 거의 원이어야 한다. 그럴 경우 우리는 시선속도의 변화를 알아볼 수 없을 것이다. 만약 궤도면이 지면 또는 천구면과 수직이라면 구성 별들은 직선으로 앞뒤로 움직일 것이다. 시선속도의 변화폭은 이 경우에 최대가 된다. 한 별이 지구 쪽으로 움직이면, 다른 별은 멀어지기 때문에 시선속도의 변화가 나타난다. 이 상황이 주기의 반이 지난 후에 역전될 터이므로 시선속도의 변화는 주기적으로 반복된다. 도플러 효과 때문에 분광선이 스펙트럼 사진에서 좌우로 이동한다. 때로는 두 별로부터의 스펙트럼선이 둘로 잘 분리돼서 나타난다. 두 별이 시선 방향에 대해서 수직으로 움직이게 되는 특별한 때, 두 선은 정확하게 포개져 한 개의 스펙트럼선으로 관측된다.

면(2.3절) 쌍성계의 질량을 어림할 수 있다. 케플러는 행성이 태양을 한 바퀴 도는 데 걸리는 시간과 태양까지 거리 사이에 특별한 수학적 관계가 성립함을 발견했다. 케플러의 발견을 쌍성계에도 적용할 수 있다. 두 별이 서로 마주 보고 한 바퀴 도는 데 걸리는 주기 P는 한 별에 대한 다른 별이 갖는 상대 운동의 궤도 장반경 D와 다음 관계를 만족한다.

$$D^3=(M_1+M_2)P^2$$

여기서 D의 측정 단위는 AU이고, P는 년이다. 그리고 M_1+M_2는 태양 질량을 단위로 성분 별들의 질량의 합이다. 그래서 한 별에 대한 다른 별의 상대 궤도의 크기와 두 별의 상호 공전 운동의 주기를 알아내면, 질량의 합을 계산할 수 있다.

대부분 분광쌍성들은 며칠에서 몇 달 정도의 주기를 가지며, 두 성분 별 사이의 거리는 1 AU보다 약간 짧다. 1 AU가 지구와 태양 사이의 거리라는 사실에 비춰 보면, 이 거리는 아주 짧은 편이다. 따라서 지구에서 멀리 떨어진 분광쌍성계의 경우, 관측으로 두 별을 직접 분해해 보기는 매우 어렵다. 이 때문에 분광쌍성들은 스펙트럼의 자세한 연구가 이뤄진 후에야 비로소 그 존재가 알려지게 됐다.

시선속도 곡선(그림 9.6의 속도 곡선과 비슷한)을 수학적으로 분석하여 분광쌍성의 질량을 결정할 수 있다. 그 과정은 복잡하지만, 원칙적으로 어렵지는 않다. 별의 속도는 도플러 효과를 이용하여 측정할 수 있다. 속도 곡선에서 주기—별이 궤도 한 바퀴를 도는 데 걸리는 시간—를 구할 수 있다. 별들이 얼마나 빨리 움직이는가와 궤도를 완주하는 데 걸리는 시간을 알면 궤도 지름을 계산할 수 있다. 즉 두 별 사이의 거리를 km나 AU 단위로 나타낼 수 있다. 이어서 케플러 제3법칙에 구한 주기와 성분 별 사이의 거리를 대입하면 별들의 질량의 합이 계산된다.

물론 합보다 각 별의 질량을 따로따로 아는 것이 더 유용하다. 한편 두 별 각각의 궤도 속도는 전체 질량 중 한 별이 차지하는 비를 알려준다. 무거운 별이 작은 궤도를 지니게 되어, 질량이 작은 별보다 더 천천히 움직인다. 실제로는 쌍성계가 하늘에서 우리의 시선 방향에 대해 어떻게 놓여 있는가를 알아야 한다. 그러나 위에 기술된 단계들을 조심스럽게 수행한다면, 그 과정에서 우리는 쌍성계를 구성하는 두 별 각각의 질량을 측정할 수 있다.

간단히 질량중심 주위에서 이뤄지는 두 별 각각의 궤도 운동을 이해하고, 중력 법칙을 잘 활용하면 쌍성계 구성원의 질량을 따로 구할 수 있다. 별의 질량 측정은 항성 진화 이론을 구축하는 데 결정적인 정보를 제공해 왔다. 이 방법

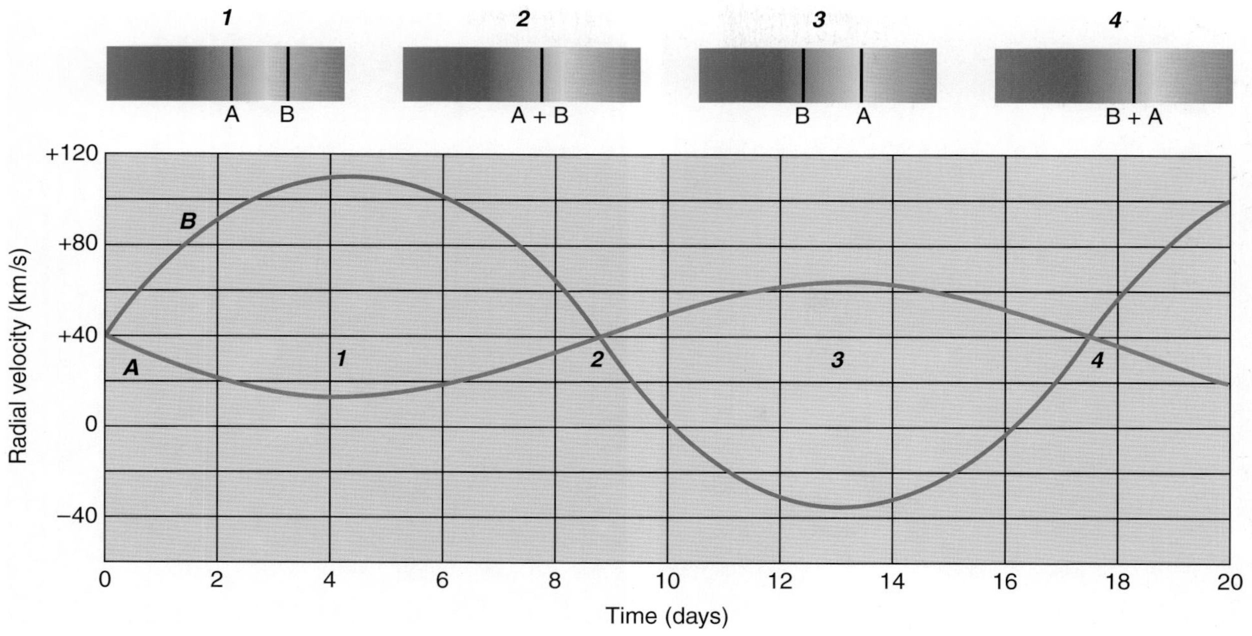

■ **그림 9.6**
분광쌍성계의 시선속도 곡선 두 성분 별이 번갈아 가면서 지구 쪽으로 접근하다가 멀어지는 운동을 반복하고 있음을 보여준다. 그림 9.5의 네 개의 그림에 상응하는 위치를 시선속도 곡선에 추가로 표시해 놓았다.

의 최대 장점 중 하나는 쌍성의 위치에 무관하게 성립한다는 사실이다. 이 방법은 우리 주변에 있는 쌍성들뿐 아니라, 예를 들어, 1000광년 이상 떨어진 쌍성에도 그대로 적용된다.

9.2.3 별의 질량 범위

얼마나 큰 질량의 별이 존재할 수 있을까? 질량이 태양보다 큰 별은 드문 편이다. 태양 주위 30광년 내에는 태양 질량의 4배 이상 되는 별을 찾아볼 수 없다. 태양에서 아주 먼 곳까지 탐색의 범위를 넓혀서 질량이 큰 별들을 집중적으로 찾아본 결과, 태양 질량의 약 100배 되는 별을 몇 개 발견할 수 있었다. 태양의 200배가 넘는 별도 발견되긴 했지만, 고작 대여섯 개 정도였다. 은하에 별이 수천억 개나 있다는 사실을 고려하면 대여섯은 극소수임에 틀림이 없다.

이론 계산에 의하면, 별이 될 수 있는 최소 질량이 태양의 1/12 수준이라고 한다. 7장에서 논의했듯이, 별이라면 수소 융합에서 헬륨이 만들어지는 핵융합 반응을 일으킬 정도로 내부가 뜨거워야 한다. 태양 질량의 1/100에서 1/12 사이의 질량을 지닌 천체들은 중수소가 관련된 핵반응으로 에너지를 잠깐 생성할 수 있지만, 양성자를 헬륨으로 묶을 만큼 내부가 아주 뜨겁지는 않다. 질량이 행성에서 항성 규모 사이에 드는 그런 천체들을 8장에서 설명했듯이, **갈색 왜성**(brown dwarf)이라고 부른다(그림 9.7). 갈색 왜성은 지름이 목성과 비슷하고 질량은 목성의 10~15배에서 80배에 이른다.[2]

질량이 태양의 1/100, 즉 목성의 10~15배 이하인 작은 천체는 행성이라 부른다. 이들은 내부 방사성 물질의 붕괴에서 생성되는 에너지와 느린 중력 수축에서 생기는 열에너지를 방출한다. 그러나 그 내부는 어떤 핵융합반응, 즉 중수소 관련 핵반응조차 촉발되기에 충분히 높은 온도에 이르지 못한다. 예를 들어, 태양 질량의 1/1000 정도인 목성은 의심할 나위 없는 행성이다. 1990년대까지만 해도 행성은 태양계 안에서 알려진 천체였으나, 현재는 태양 이외의 별들 주위에서도 많은 행성이 발견된다. 외계 행성의 발견과 관련된 흥미진진한 관측 얘기는 12장에서 다루기로 한다.

9.2.4 질량–광도 관계

관측을 통해 다양한 종류의 별에 대한 특성을 알게 됐으므로, 이제 그 특성들 사이에 성립하는 관계를 찾아볼 단계다.

---

[2] 행성과 갈색 왜성을 가르는 질량의 정확한 경계는 이 책을 서술하는 현재도 열띤 논쟁의 대상이다. 행성과 갈색 왜성의 정의조차 잘 정립되지 않은 상태다. 중수소 융합이 갈색 왜성을 정의할 수 있는 결정적인 요소라고 믿는 과학자들도, 별의 화학 조성과 그 이외의 여러 요인에 따라서 갈색 왜성의 최소 질량이 목성의 10배에서 15배 사이 어디에든 올 수 있다고 인정한다. 질량 경계의 폭이 이렇게 넓다.

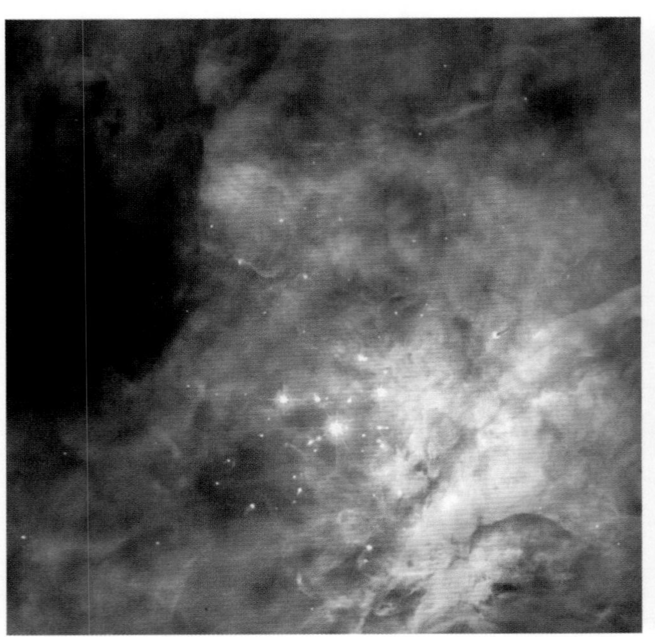

■ **그림 9.7**

오리온 성운의 갈색 왜성 이 두 장의 이미지에 오리온 성운에 있는 별 탄생 지역의 사다리꼴 성단 주위 상황을 담아 놓았다. 왼쪽 가시광 이미지에는 갈색 왜성이 보이지 않는다. 갈색 왜성이 방출하는 가시광이 성운 내부의 티끌 구름 사이를 뚫고 나오는 동안에 워낙 심하게 소광됐기 때문이다. 오른쪽 이미지는 동일 지역을 적외선으로 촬영한 것이다. 적외선은 티끌 구름을 쉽게 빠져나올 수 있다. 여기서 볼 수 있는 가장 흐린 천체의 질량이 목성에 비해 10에서 80배에 해당하는 갈색 왜성이다.

예를 들어, 별의 질량과 광도 사이에 어떤 관계가 성립하지 않을까 궁금하다. 대부분 별에 대해서 별의 질량과 광도 사이에 특별한 관계가 성립한다. 질량이 큰 별일수록 더 많은 빛을 낸다. **질량-광도 관계**(mass-luminosity relation)로 알려진 이 관계를 그림 9.8에 그래프의 형태로 표현해 놓았다. 각 점이 질량과 광도가 모두 알려진 별을 나타낸다. 그래프의 x축은 태양 질량을 단위로 나타낸 해당 별의 질량이고, y축은 태양 광도의 단위로 측정한 그 별의 광도다.

질량-광도 관계를 수식으로 표현하면

$$L/L_{\text{Sun}} \sim [M/M_{\text{Sun}}]^{3.9}$$

와 같이 쓸 수 있다. 별의 광도가 질량의 네제곱에 비례한다고 근사해도 좋을 것이다. 두 별의 질량 사이에 2배의 차이가 있다면, 질량이 큰 별의 광도가 작은 별의 약 16배가 되는 셈이다. 한 별의 질량이 다른 별의 1/3이라면 광도는 1/81로 예상된다.

이 관계의 이론적 근거가 얼마나 튼실한지 주목할 필요가 있다. 대부분 별이 왼쪽 아래(낮은 질량, 낮은 광도)에서 시작해서 오른쪽 위(큰 질량, 높은 광도)의 구석에까지 이르는 하나의 직선 위에 놓인다. 모든 별의 90% 정도가 그림 9.8에 보인 질량-광도 관계를 만족하는 것으로 알려졌다.

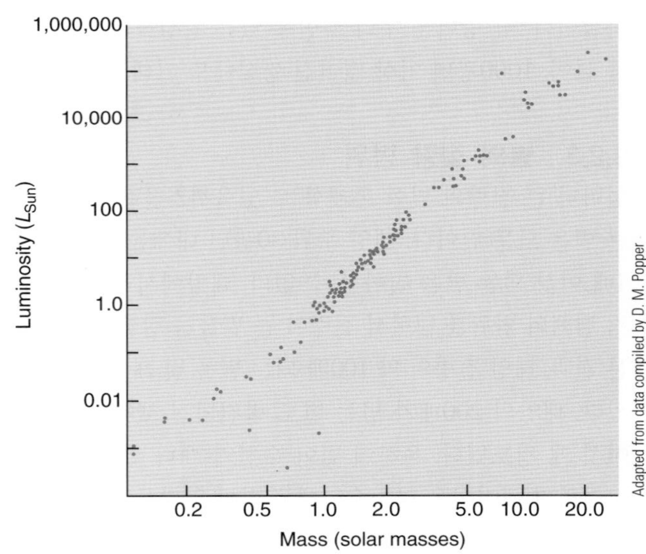

■ **그림 9.8**

질량–광도 관계 각 점의 x축과 y축 좌푯값이 각각 질량과 광도를 나타낸다. 직선 아래에 놓인 3개의 점은 모두 백색 왜성이다.

그렇다면 왜 이런 관계가 성립하는지 그 배경이 궁금하다. 그뿐 아니라 질량-광도 관계를 따르지 않는 나머지 10%의 별들로부터 또 무엇을 배울 수 있는지도 궁금하다.

9.3 별의 지름

태양의 지름은 쉽게 측정할 수 있다. 태양의 각 지름—하늘에서의 겉보기 크기—는 대략 0.5°다. 태양이 하늘에서 차지하는 각 크기와 우리에게서 얼마나 떨어져 있는지를 알면, 실제의 (선형) 지름을 계산할 수 있다. 그렇게 계산된 태양의 지름이 139만 km다. 지구의 대략 109배가 된다.

아쉽게도 지름은 태양만 직접 잴 수 있다. 다른 별은 너무 멀리 떨어져 있어서 가장 큰 지상 망원경을 이용하더라도 그저 하나의 빛을 내는 바늘 끝같이 보일 뿐이다. 별들이 때로는 바늘 끝보다 더 크게 보이기도 하지만, 이는 지구 대기의 난류 현상에서 비롯하는 단순한 일그러짐에 불과하다.

그렇지만 천문학자들은 운 좋게도 별의 크기 추정에 사용 가능한 방법을 몇 가지 갖고 있다. 하나는 4장에서 다룬 슈테판-볼츠만의 법칙을 이용하는 것이다. 단위 시간에 복사의 형태로 방출되는 에너지의 총량이 물체의 표면 온도의 네제곱에 비례한다는 광도와 온도 사이에 성립하는 관계다. 이 장 끝에도 이 관계식이 설명돼 있다. 그 외에도 크기 측정에 사용하는 방법으로 여러 가지가 더 있지만 여기서는 그중 둘만 다루기로 한다.

9.3.1 달가림을 이용한 별의 지름 측정법

달가림 현상을 이용한 방법은 지름을 정확히 측정할 수 있는 장점은 있지만, 적용 가능한 별의 수가 얼마 되지 않는다는 단점이 문제다. 달이 별 앞을 통과할 때 별빛의 밝기가 흐려지는 것을 관측하는 것이다. 관측자는 달의 가장자리가 별 앞을 지나갈 때 별빛의 세기가 떨어져서 영이 될 때까지 걸리는 시간을 아주 정밀하게 측정해야 한다. 달이 얼마나 빨리 지구 주위를 도는지 알기 때문에 위에서 측정한 시간 간격에서 별의 지름이 정확하게 결정된다. 별의 거리를 알면 각 지름을 km 단위의 실제 지름으로 환산할 수 있다. 이 방법은 황도대 근방에 자리하는 밝은 별 몇몇에만 적용할 수 있다. 지구에서 보았을 때 달이 황도대 근방의 밝은 별을 가리는 현상은 종종 발생할 뿐 아니라 달이 별을 가리기 시작하는 시간을 예측할 수 있다. 달가림보다 드물게 일어나지만, 행성에 의해 별이 가려지는 현상도 별의 지름 측정에 이용된다.

9.3.2 식쌍성

식쌍성을 이루는 별들의 지름을 정확하게 측정할 방법이 있다. **식쌍성**(eclipsing binary)은 많으므로 별의 지름 측정에 이 방법이 중요한 역할을 해 왔다. 이 장의 주제에서는 약간 비켜나지만 여기서 식쌍성을 잠깐 돌아보도록 한다. 몇몇 쌍성들은 지구에서 볼 때 거의 한 줄로 늘어서 있어서, 구성원 별들이 상호 궤도 운동하는 중에 한 별이 다른 별의 앞을 지나게 된다(그림 9.9). 주어진 쌍성계의 궤도면이 관측자의 시선 방향에 가까이 놓일 경우, 별과 별이 서로 가리는 현상이 일어날 확률이 높다. 한 별이 다른 별에 막히면 그 별의 빛은 지구에 도달할 수 없으므로, 쌍성계 전체의 광도가 감소한다. 천문학자들은 이를 두고 식이 일어났다고 한다.

식쌍성의 발견으로 천문학에서 오랫동안 난제로 남아 있었던 알골 문제의 해결 실마리를 찾게 됐다. 페르세우스자리 알골의 밝기는 주기적으로 특유한 변화를 보인다. 평시에 알골은 2등급으로 밝은 별에 속한다. 그런데 2일 20시간 49분의 주기로 알골의 밝기가 평시 밝기의 1/3 수준으로 떨어졌다가 다시 밝아지곤 한다. 알골이 하늘 어디에 있는지 알고 있다면 알골의 밝기 변화를 육안으로도 확인할 수도 있다. 도시광에 의한 광공해가 아주 심한 지역이 아니고 알골을 찾아 며칠 동안 지속적으로 관찰하면, 알골 고유의 광도 변화를 육안으로 확인할 수 있다(‘연결고리: 천문학과 신화’ 참조).

1783년 영국 천문학자 존 구드릭(John Goodricke, 10장에 소개)은 알골을 철저하게 연구하였다. 구드릭은 듣지

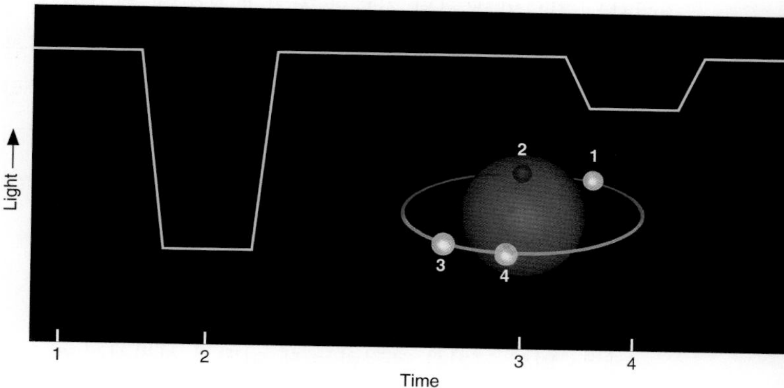

■ **그림 9.9**

식쌍성의 광도곡선 가상의 식쌍성계에서 개기식이 일어날 때 예상되는 광도곡선의 한 예시다. 여기서 개기식이란 한 별이 정확하게 다른 별의 앞이나 뒤를 지나게 되는 상황을 일컫는다. 광도곡선의 특징적 변화는 쌍성계를 구성하는 두 별 중에서 작은 것이 궤도상 어느 위치에 오느냐에 따라 크게 다르다. 그래서 궤도상에서의 위치와 그때 대응되는 광도곡선의 변화 부위를 같은 숫자로 표시하여 둘을 연계시켰다. 작은 별이 큰 별 뒤로 들어가서 완전히 가려지면 작은 별의 빛은 통째로 관측자에게 도달하지 못한다. 그런데 표면 밝기로 말하면 작은 별이 큰 별보다 더 밝은 게 통례다. 따라서 작은 별이 가려질 때 밝기의 감소 폭이 큰 별이 가려질 때보다 더 크다. 한편 작은 별이 큰 별 앞에 오면, 표면 밝기가 낮은 큰 별이 가려지므로 계 전체의 광도 변화는 앞의 경우보다 작게 마련이다.

도 못하고 말을 할 수도 없었지만, 21년이란 짧은 생애에 중요한 발견을 많이 했다. 그는 알골의 이상한 밝기 변화는 밝은 별 앞을 규칙적으로 지나가면서 빛을 차단하는 보이지 않는 동반성에 기인할 것이라고 제안했다. 안타깝게도 당시의 관측 기기는 알골의 스펙트럼을 측정하기에 불충분했기 때문에, 구드릭은 자신의 아이디어를 검증할 수 없었다. 알골의 스펙트럼 관측은 그보다 100년을 더 기다려야 했다.

1889년 독일 천문학자 헤르만 포겔(Hermann Vogel)이 알골 역시 미자르처럼 분광쌍성임을 입증해 보였다. 쌍성에서 희미한 별이 방출하는 빛의 양이 밝은 별에 비해 너무 적기 때문에, 합성 스펙트럼에 흐린 별의 존재가 드러나지 않는다. 이것이 알골 스펙트럼에 이중선이 잘 관측되지 않는 이유다. 그럼에도 밝은 별의 스펙트럼선이 나타나는 위치가 스펙트럼상에서 좌우로, 주기적으로 변화한다는 사실은 이 별이 보이지 않은 성분 별 주위를 돌고 있다는 증거다. (그러므로 분광쌍성으로 분류되기 위해서 두 성분 별의 스펙트럼선이 모두 관측돼야 할 필요는 없는 것이다.)

알골이 분광쌍성이라는 사실의 발견이 구드릭의 가설을 증명해 주었다. 이 쌍성계를 구성하는 별들의 공전면은 우리 시선 방향과 거의 나란하게 놓인 것으로 알려졌다. 그러므로 각각의 별들은 공전할 때마다 다른 별의 앞을 지나게 된다. [알골 쌍성에서, 더 희미한 별의 식(蝕)은 감지되기 아주 힘든데, 왜냐하면 가려지는 별이 쌍성계의 전체 광도에 기여하는 정도가 무시될 정도로 적기 때문이다. 하지만 정밀 관측에서는 부식(副蝕)이 일어날 때의 광도 변화도 알아볼 수 있다.] 어떤 쌍성이라도 궤도 평면이 관측자의 시선 방향과 일치하면 한 별이 다른 별 앞을 지나갈 때 식이 일어나게 마련이다(그림 9.9 참조). 그러나 관측자의 시선 방향과 쌍성계의 궤도면이 일치하는 경우가 그렇게 흔치는 않다.

9.3.3 식쌍성 구성 별들의 지름

이제 두 별의 크기를 측정하는 데 어떻게 식쌍성이 이용될 수 있는지 이야기를 더 풀어가 보자. 우선 식쌍성의 광도곡선(light curve)부터 관측해서 식쌍성의 밝기가 시간에 따라 어떻게 변하는지 꼼꼼하게 그려 봐야 한다. 그림 9.10에 예시했듯이 두 별의 크기가 서로 다른 가상의 쌍성계를 생각해 보자. 필요 이상의 복잡성을 제거하기 위해 궤도 평면이 시선 방향과 나란하다고 가정하겠다. 그런 쌍성계에서 두 별을 분리해서 관측할 수는 없더라도, 광도곡선은 계에서 무슨 일이 일어나는지 우리에게 들려준다. 작은 별이 큰 별 뒤로 들어가려고 할 때(1차 접촉점), 밝기가 감소하기 시작한다. 2차 접촉이라 부르는 점에서 개기식(작은 별이 완전히 가려짐)이 일어난다. 개기식이 끝나는 점(3차 접촉점)에서부터 작은 별이 큰 별 뒤에서 서서히 빠져나오기 시작한다. 작은 별이 마지막 접촉점에 도달하면 식은 완전히 끝난다.

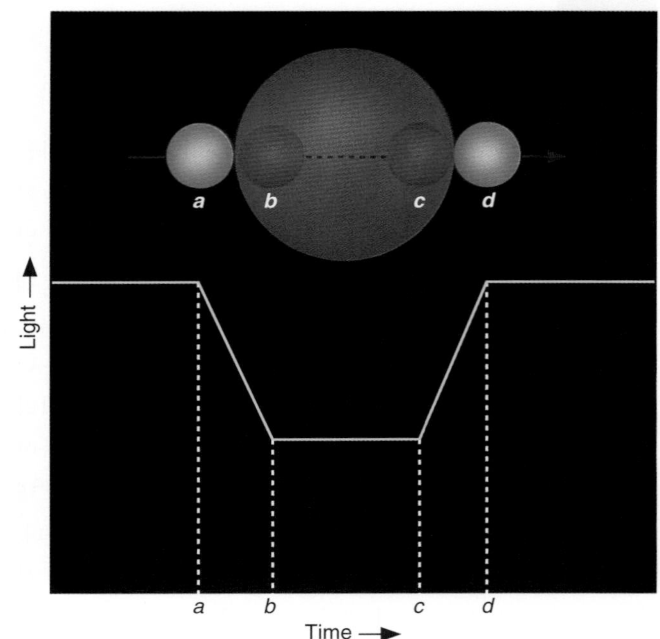

■ **그림 9.10**
관측자의 시선 방향이 궤도면과 완전히 일치하는 가상의 식쌍성 광도곡선 궤도면과 시선의 방향이 완전히 일치할 때 식쌍성의 구성원 사이에 개기식이 일어난다. 접촉 사이의 시간 간격과 궤도 속도에서 두 별의 지름이 계산된다.

이와 같은 광도곡선에서 어떻게 지름을 측정할 수 있는지 이해하려면 그림 9.10을 주의 깊게 살펴볼 필요가 있다. 1차 접촉에서 2차 접촉으로 이어질 때까지 작은 별은 자신의 지름만큼 움직인다. 한편 1차와 3차 접촉 사이에는 작은 별이 큰 별의 지름만큼 이동한다. 두 별의 스펙트럼선들이 쌍성 스펙트럼에 모두 나타난다면, 큰 별에 대한 작은 별의 상대적인 속력을 도플러 이동으로부터 구할 수 있다. 그러나 작은 별이 움직이는 속력과 정해진 거리를 움직이는 데 걸린 시간을 알면, 움직인 그 거리—이 경우 별들의 지름—를 계산할 수 있다. 1차와 2차 접촉 사이의 시차에다 속력을 곱해 주면 작은 별의 지름이 나온다. 1차와 3차 접촉의 시차에다 속력을 곱해 주면 큰 별의 지름이 계산된다.

실제로 궤도면은 시선과 정확하게 일치하지는 않을 것이다. 그러므로 각 별이 상대 별을 부분적으로 가리게 되는 경우가 허다하다. 또 행성의 궤도에서와 같이 쌍성 궤도 역시 원이 아니라 타원일 확률이 높다. 그러나 궤도 경사와 궤

연결고리

천문학과 신화: 악마별 알골과 영웅 페르세우스

알골은 '악마의 머리'라는 뜻의 아랍어 *Ras al Ghul*에서 유래했다. 영어에서 *ghoul*이란 단어도 같은 어원에서 왔다. 1장에서 논의했듯이 중세 유럽의 긴 암흑기에, 하늘에 관한 그리스와 로마의 지식을 보존하고 확장했던 학자들은 아랍 천문학자들이었기 때문에 밝은 별들에 아랍식 이름이 주어진 경우가 많다. 이 악마 이야기는 영웅 페르세우스에 관한 고대 그리스의 전설에서 찾아볼 수 있다. 알골이 발견된 별자리에 페르세우스란 이름이 붙게 된 것도 따지고 보면 자연스러운 선택이었다. 그의 모험은 북쪽 별자리와 관련된 많은 인물과 연계돼 있다.

페르세우스는 제우스의 여러 반신(半神) 영웅 아들 중 한 사람이었다. 제우스는 로마 신화에서 주피터다. 그리스 신화에서 제우스는 신들의 왕이었다. 우아하게 표현해서 그는 두리번거리는 눈을 가졌다고나 할까, 항상 자기 마음에 드는 아가씨와 자식을 낳았다. (페르세우스라는 이름은 '제우스의 아들'이란 뜻의 *Per Zeus*에서 유래했다.) 당연히 화가 난 페르세우스의 의붓아버지는 그를 어머니와 함께 물에 떠내려 보냈고, 페르세우스는 에게 해에 있는 한 섬에서 자라났다. 그곳의 왕은 페르세우스의 어머니에게 관심이 있었기 때문에, 페르세우스에게 아주 어려운 일을 맡겨서 이 젊은 청년을 죽이려 했다.

한편, 극도로 자만에 빠진 젊은 미모의 여인 메두사는 그의 금발 머리를 여신 아테나(로마 신화에서 미네르바)의 금발과 비교했다. 그리스의 신들은 유한한 생명의 인간과 비교되는 것을 좋아하지 않았다. 그래서 아테나는 메두사를 '고르곤'으로 변하게 했다. 고르곤은 머리털이 꿈틀거리는 뱀이어서 끔찍하고 흉측한 형상을 하고 있고, 그를 본 누구라도 얼굴을 돌로 바꿔 버린다. 페르세우스에게 그 악마를 죽이는 임무를 줬는데, 이는 페르세우스를 제거하는 아주 확실한 방법 같았다.

그러나 페르세우스는 아버지가 신이기 때문에, 몇몇 다른 신들이 그가 임무를 수행하는 데 필요한 몇 가지 장비를 마련해 주었다. 그중에는 아테나의 반사 방패와 헤르메스(로마 신화에서 머큐리)의 날개 돋친 가죽신이 있었다. 페르세우스는 메두사의 위를 나르면서 거울에 반사된 모습을 보며 메두사를 바로 보지 않고도 그녀의 머리를 자를 수 있었다. 페르세우스는 (몸에서 떨어져 나갔지만, 그 얼굴을 본 사람을 여전히 돌로 변화시킬 수 있는) 메두사의 머리를 가지고 다니면서 다른 모험을 계속했다.

그는 이어서 바위투성이의 해안으로 갔다. 그곳에서는 또 다른 가족이 허풍 때문에 신들과 심한 말썽이 나 있었다. 여왕 카시오페이아는 감히 자신의 아름다움을 네레이드의 미와 비교했는데, 네레이드는 바다의 왕 포세이돈(로마 신화에서 넵튠)의 딸인 바다 요정이었다. (오늘날 네레이드는 해왕성의 위성 중 하나다.) 포세이돈은 몹시 화가 나서 씨투스라는 바다 괴물을 만들어서 왕국을 황폐화하려 했다. 카시오페이아의 남편 세페우스가 무척 괴로워서 예언자와 상담했는데, 그 예언자는 세페우스의 아름다운 딸 안드로메다를 그 바다 괴물에게 제물로 바치라고 했다.

페르세우스가 길을 지나가다가 바다 근처의 바위에 쇠사슬로 묶인 채 죽음을 기다리는 안드로메다를 발견하고, 바다 괴물을 돌로 변하게 해서 그녀를 구출했다. (신화를 연구하는 학자들은 이 이야기의 근원이 고대 메소포타미아에서부터 생긴 아주 오래된 전설임을 밝혀냈는데, 이 전설에서는 영웅신 마덕이 티아맛이란 괴물을 없애버린다. 상징적으로 페르세우스나 마덕 같은 영웅은 보통 태양, 밤의 힘을 가진 괴물 및 새벽녘의 연약한 아름다움을 지닌 미모의 소녀와 연관이 지어지는데, 태양은 새벽녘의 아름다움을 밤새 걸친 어둠과의 싸움에서 해방시키는 것이다.)

그리스 신화에 등장하는 많은 인물을 밤하늘의 별자리에서 발견할 수 있다. 별과 별의 연결이 등장인물과 꼭 닮지는 않았지만, 신화를 상기시켜 주는 역할은 하고 있다(부록 뒤 10월의 성도 참조). 예를 들어, 허영심이 강한 카시오페이아는 천구의 북극에 아주 가까이 놓이도록 하고, 밤하늘을 끊임없이 돌면서 매년 겨울마다 거꾸로 매달려 있어야 한다. 옛 사람들은 안드로메다가 아직도 바위에 쇠사슬로 묶여 있다고 상상했다. (이 별자리에서는 미모의 소녀보다 별들의 사슬이 훨씬 더 쉽게 보인다.) 페르세우스는 허리띠에 메두사의 머리를 매달고 안드로메다 옆에 있다. 알골은 이 고르곤의 머리를 의미하여 이런 종류의 이야기에서 오랫동안 불길하고 나쁜 운명과 연관된 것으로 여겨졌다. 몇몇 해설가들은 이를 두고 (맨눈으로 볼 수 있는) 별의 밝기 변화를 사악한 '깜박임'으로 여겼던 고대인들의 편견과 함께 밝기가 변하는 별들의 나쁜 평판 때문일 것으로 추정한다.

도 이심률이 지름 측정에 미치는 효과는 광도곡선을 면밀하게 조사·분석함으로써 거의 완벽하게 보정할 수 있다.

9.3.4 별의 지름

별의 크기를 측정해 보면 가까운 별들은 대부분 크기가 태양 정도—백만 km—임을 알 수 있다. 예상대로 어두운 별들은 대체로 크기가 밝은 별보다 작다. 그러나 이 단순한 일반화에는 약간의 극적인 예외가 존재한다.

색깔이 적색이며 광도가 아주 높은 몇몇 별들은 실제로 지름도 아주 크다고 알려졌다. 여기서 붉은색은 표면 온도가 상대적으로 낮은 별이라는 뜻이다. 그럼에도 광도가 높으니까 표면적이 넓을 수밖에 없다. 반경이 아주 큰 별이라고 해석되는 대목이다. 이렇게 큰 별들을 거성(giant) 또는 초거성(supergiant)이라 부른다. 그중 한 예가 오리온자리에서 두 번째로 밝으며, 하늘에 가장 밝은 별 축에 드는 베텔게우스라는 이름의 별이다. 이 별은 지름이 10 AU보다 크다. 그러므로 태양에서 목성까지의 공간을 이 별 하나가 꽉 채울 수 있다는 계산이 나온다. 13장에서 거성과 초거성의 형성에 이르는 별의 진화 과정을 자세히 다룰 것이다.

9.4 H-R 도

이 장과 앞 장에서는 별을 분류하는 기준이 되는 몇몇 성질을 관측으로 어떻게 알아내는지 알아보았다. 그 방법과 기본 아이디어들을 표 9.1에 요약해 놓았다. 이렇게 구해진 성질들 사이에 성립하는 관계식도 알아보았다. 질량-광도 관계가 좋은 예다. 20세기 초에 들어와서 측정을 통해 수많은 별의 여러 가지 물리·화학적 성질들이 알려졌다. 천문학자들은 이들 성질이 보이는 특정 패턴을 깊이 조사하고 한 성질과 다른 성질 사이에 성립하는 관계를 연구하기 시작했다.

어떤 종류의 관계들이 성립할 수 있는지 알아보기 위해, 지구인에 대한 자료를 이해하려 시도했던 지적 존재인 콜리플라워로 돌아가 보자. 좋은 과학자들이 선원에 포함돼 있으니, 그들은 채집한 자료들을 여러 도표의 형태로 만들어 정리하고 분석했을 것이다. 예를 들어 인간 표본 집단의 키와 몸무게를 비교할 수도 있었을 것이다. 그와 같은 비교를 그림 9.11에 나타내 보았는데 몇 가지 흥미로운 특징이 시선을 사로잡는다. 자료를 소개하기 위해 택한 방법은, y축에 키를, x축에 몸무게를 대응시키는 것이었다. 인간 표본 집단은(몸무게, 키) 좌표 평면에 임의로 분포하지 않는다. 키와 몸무게로 대표된

표 9.1 별들의 물리량 측정

물리량	측정방법
표면 온도	1. 대략적인 색을 결정한다. 2. 스펙트럼을 측정해서 분광형을 결정한다.
화학 성분비	스펙트럼에 어떤 원소의 선들이 나타나는지 알아본다.
광도	겉보기 밝기를 측정하고 거리 보정을 한다.
시선속도	스펙트럼선의 도플러 이동을 측정한다.
자전	스펙트럼선의 선폭을 측정한다.
질량	분광쌍성의 주기를 측정하고 시선속도 곡선을 구한다.
지름	1. 달가림에 의한 별빛의 밝기 변화를 시간의 함수로 조사한다. 2. 식쌍성의 광도곡선과 도플러 이동을 측정한다.

사람은 하나의 직선을 따라 분포한다. 그 직선은 왼쪽 위에서 시작하여 오른쪽 아래로 뻗어 내려갈 것이다.

이 그림에서 일반적으로 키가 큰 사람의 몸무게가 작은 사람보다 더 무겁고, 키가 작을수록 몸무게가 가볍다는 결론을 내릴 수 있겠다. 인간의 신체 구조를 알고 있다면 위의 결론을 쉽게 받아들일 것이다. 전형적으로 뼈가 굵으면, 더 큰 골격 구조를 채우기 위해 더 많은 살이 필요하다. 수학적으로는 정확하지 않지만—변화의 폭이 너무 크다.—전체적인 경험 법칙으로는 나쁘지 않은 결론이다. 물론 예외가 몇 개 존

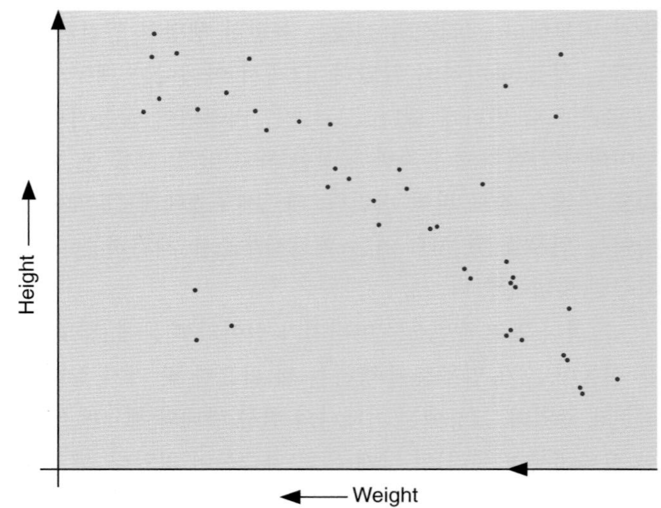

■ **그림 9.11**
키 대 몸무게 관계 인간의 표본 집단이 보이는 키와 몸무게의 관계가 대략 이 그림과 같이 나타날 것이다. 점 대부분이 보통 사람을 나타내는 '주계열'에 놓이게 되겠지만, 몇 개의 예외도 있다.

Sterrewacht Leiden and Princeton University Archives

■ **그림 9.12**

헤르츠스프룽과 러셀 헤르츠스프룽(1873~1967)과 러셀(1877~1957)은 독자적으로 별의 광도와 표면 온도 사이에 성립하는 관계를 하나의 도표로 요약할 수 있었다. 이 도표가 'H-R 도'다.

재한다. 몸무게가 아주 무거운데 키는 작은 사람들이 더러 있는데, 이들은 보통 사람들의 평균점보다 왼쪽 아래에 속하게 될 것이다. 또는, 키는 큰데 피골이 상접하여 몸무게가 매우 가벼운 사람들은 이 그림의 오른쪽 위에 속하게 될 것이다.

이와 비슷한 그림이 별의 생애를 이해하는 데 아주 유용하게 쓰여 왔다. 1913년 미국 천문학자 러셀(Henry Norris Russell)이 별들의 광도와 분광형(별의 표면 온도를 나타내는 지표)의 관계를 그래프로 그려 보았다. 미국에서의 연구와는 독립적이나 이 비슷한 연구를 덴마크 출신 천문학자 헤르츠스프룽(Ejnar Hertzsprung)이 1911년에 수행했다. 이 두 연구를 통해 별의 광도와 온도 사이에 성립하는 아주 중요한 관계가 알려지게 되었다(그림 9.12).

9.4.1 H-R 도의 특징

우리도 헤르츠스프룽과 러셀의 방법대로 가까이 있는 별들을 골라 광도, 온도 또는 분광형과 대비되는 하나의 도표를 작성해 보았다. 별의 표면 온도 또는 분광형을 횡축, 광도를 종축으로 하는 좌표 평면에서 개개의 별은 하나의 점으로 표현된다. 이 점들의 분포가 의미하는 바는 앞으로 곧 살펴보겠지만(그림 9.13), 이 도표를 흔히들 **'헤르츠스프룽-러셀 도** (Hertzsprung-Russell Diagram)'라 부른다. 그냥 '**H-R 도**'라고 간략하게 부르기도 한다. 이 도표는 1세기 전, 작성 당시

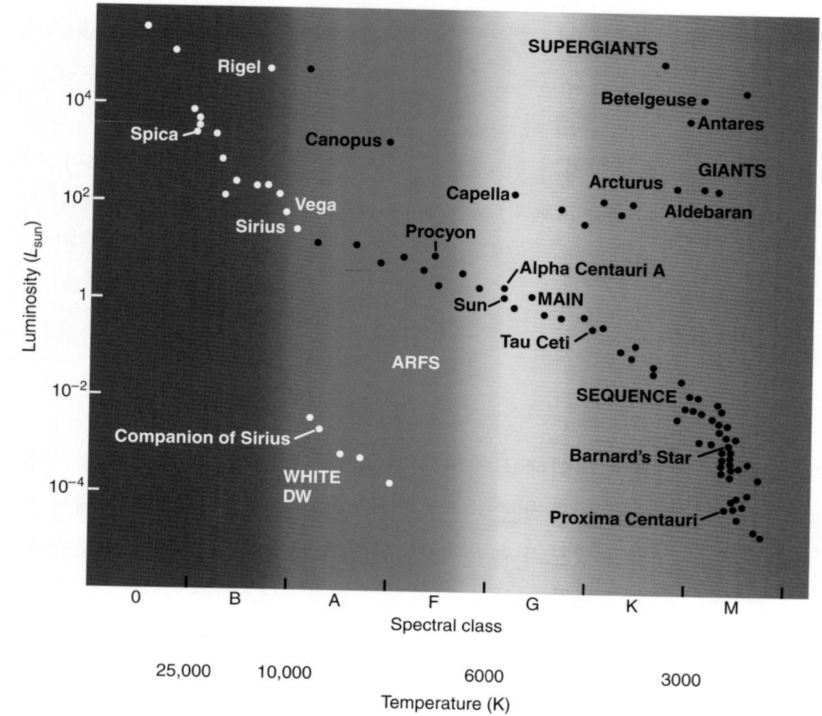

■ **그림 9.13**

몇몇 별들을 골라서 그려본 H-R 도 종축을 따라서 별의 광도를, 횡축엔 표면 온도 또는 분광형을 나타내도록 만든 좌표 평면에 선별된 몇 개의 별들을 점으로 표시하였다. 특별히 밝은 여남은 개의 별에는 고유명을 병기하였다. 대부분 별이 주계열 위에 놓인다.

천문학 여행

헨리 노리스 러셀

러셀이 프린스턴 대학을 졸업할 때 이야기다. 그는 성적이 뛰어나서 학과에서는 그를 위해 최우등상(summa cum laude)을 상회하는 새로운 상을 따로 만들었다고 한다. 제자들의 얘기를 들어 보면, 그의 사고 능력은 보통 사람보다 3배는 빨랐다고 한다. 기억력 또한 놀라웠다. 엄청나게 많은 시와 5행시, 성경 전체, 수많은 수학공식 등을 외웠다. 또 자신이 배운 천문학 지식을 정확하고 자유롭게 인용할 수 있었다. 그는 신경이 예민하고 활동적이며 경쟁심이 강했고, 비판적이며 조리 있게 말을 할 줄 알았다. 러셀은 자신이 참석하는 모든 회의를 주도하려는 성향이었다. 겉보기에는 굽이 높은 구두를 신고, 빳빳하게 풀 먹인 옷깃에, 매일 우산을 들고 다니는 19세기의 구식 신사였다. 그가 발표한 총 264편의 논문은 천문학의 많은 분야에 엄청난 영향을 미쳤다.

1877년 개신교 목사의 아들로 태어난 러셀은 일찍부터 남다른 가능성을 보여주었다. 12살이 되자 부모는 그를 프린스턴에 사는 이모에게 보내 최고의 예비학교에 다닐 수 있도록 했다. 졸업 논문을 준비하기 위해 잠시 유럽에 가서 머문 기간을 제외하고, 1957년에 사망할 때까지 그는 같은 집에서 계속해서 살았다. 그는 자신의 어머니와 외할머니가 모두 수학 상을 받았다고, 자신의 이 방면에 지닌 재능이 외가 쪽에서 물려받은 것 같다는 얘기를 즐겨했다.

러셀 이전의 미국 천문학자들은 하늘을 탐사해서 되도록 많은 수의 별들의 성질—특히 스펙트럼(8장 참조)—을 수록한 방대한 목록을 만드는 데 많은 시간을 투자했었다. 일찍이 러셀은 별의 스펙트럼을 해석하려면 아주 복잡한 원자물리학의 이해가 필요함을 알아차렸다. 원자물리학은 1910년대와 1920년대에 유럽 물리학자들이 개발하기 시작한 물리학의 분야다. 러셀은 별의 스펙트럼에 나타나는 특징들로부터 별 내부의 물리적 상황을 알아내기 위한 연구에 평생 몰두하였다. 그의 연구는 학계에 새바람을 일으켜서, 여러 세대에 걸쳐 천문학자들의 눈이 열리게 만들었고, 그와 그 동료의 연구는 다음 세대에 의해 계승·확장됐다.

천문학의 여러 분야 중 러셀은 특히 쌍성계, 항성의 질량 측정, 태양계의 기원, 행성 대기, 천체의 거리 측정 등에 지대한 공헌을 했다. 그는 영향력 있는 교수였을 뿐 아니라 천문학의 대중화에도 앞장선 과학자였다. 〈사이언티픽 아메리칸(*Scientific American*)〉에 천문학 칼럼을 40년 넘게 집필했으니 말이다. 러셀은 동료 두 명과 같이 천문학 대학교재도 집필했는데, 이 책은 수십 년 동안 많은 천문학자를 키워내는 데 결정적인 역할을 했다. 또 이 책은 많은 이들에게 천문학에 몰입할 수 있는 단초를 제공하기도 했다. 여러분이 읽고 있는 이 책을 집필하는 과정에서 러셀의 저서가 하나의 전범(典範)이었음을 여기서 밝혀둔다. 그의 책은 천문학적 사실을 지식으로 전달해 줄 뿐 아니라 그 사실들이 어떻게 서로 조화를 이루는지 설명해 주었다. 후학에게 천문학을 하나의 구조적 지식 체계로 제시했다. 러셀은 전국을 돌아다니며 대중강연을 했다. 그는 강연에서 천문학의 최전선에서 무엇이 진행 중인지 파악하려면 현대물리학에 대한 이해가 필수라고 힘주어 얘기하곤 했다.

하버드 대학 천문대 대장 섀플리(Harlow Shapley)는 러셀을 '미국 천문학자들의 대장'이라 불렀다. 그는 수년 동안 이 분야 최고의 지도자였으며, 그래서 전 세계로부터 많은 천문학자가 다양한 문제에 관해 그에게 자문을 구했다. 미국 천문학회가 러셀을 기리기 위해 제정한 러셀상은 천문학자가 받을 수 있는 가장 영예로운 학술상 중 하나가 됐다.

의 목적을 뛰어넘어 그동안 광범위한 분야에서 천문학 발전에 대단히 중요한, 어쩌면 가장 중요한 역할을 해왔다.

전통적으로 H-R 도에서 온도의 증가 방향을 횡축의 왼쪽으로 잡는다. 그러나 광도는 종축의 위쪽으로 증가하게 택한다. 앞에서 사람의 키를 몸무게에 대비해 그릴 때도 이와 같게 각 축의 증가 방향을 잡았다. 별들도, 사람처럼 좌표면 전역에 무작위로 분포하지 않고, H-R 도의 특정 부분에만 집중적으로 분포한다. 대부분 별이 H-R 도상에서 뜨겁고 광도가 높은 왼쪽 위에서 시작해서 차갑고 광도가 낮은 오른쪽 아래로 이어지는 좁은 띠를 따라 늘어서 있다. 이 띠를 **주계열**(main sequence)이라 부른다. 그러니까 이 띠가 대다수 별이 따르는 광도와 온도의 관계인 것이다.

뜨거운 별은 차가운 별보다 더 많은 에너지를 방출한다. 그러나 주계열을 벗어난 오른쪽 위에도 적지 않은 수의 별들이 자리한다. 저온이지만 고광도의 별이 있다는 뜻이다. 표면 온도는 같지만, 광도에 커다란 차이가 있는 두 부류의 별이 존재한다. 어떻게 이런 일이 가능할까? 주계열의 별은 그곳에서 어느 정도 수직 상방으로 떨어진 위치에 자리하는 별과 표면 온도가 서로 같을 것이니, 단위 면적에서 단위 시간에 방출하는 에너지 양 역시 같을 것이다. 그럼에도 다른 하나보다 광도가 높은 이유는 무엇일까? 답은 한 가지밖에 없을 것이다. 높은 광도의 별이 낮은 광도의 별보다 표면적이 더 넓으면 된다. 다시 말해 무척 큰 별이다. 왜 이들에게 초거성과 거성이란 이름이 붙게 됐는지 이제 알 만하다.

반면 H-R 도의 왼쪽 아래 구석을 차지하는 별들의 표면 온도는 주계열별과 비슷하게 높지만, 광도는 크게 못 미친다. 표면 온도가 높으면 별 표면의 단위 면적에서 단위 시간에 방출되는 에너지 양 역시 대단할 텐데, 광도가 매우 낮은 것은 이 별의 반경이 지극히 작다는 뜻이 아니겠는가! 그렇다면 H-R 도의 왼쪽 아래 구석, 즉 주계열의 하방에 있는 별은 표면적이 아주 작은 별임에 틀림이 없다. 그런 별을 우리는 **백색 왜성**(white dwarf)이라 부른다. 백색이란 수식어가 붙은 것은, 이런 별들은 표면 온도가 너무 높아서 색깔이 청백색을 띠기 때문이다. 이 영문 모를 천체는 앞으로 좀 더 자세히 살펴볼 계획이다. H-R 도의 특징을 잘 드러내도록 이번에는 별의 개수를 확 늘려 봤다. 그림 9.14를 보면 우주에 여러 부류의 별들이 존재함을 확연히 알 수 있다.

다시 전 하늘(전천)의 별 탐사를 생각해 보자. 대부분 별이 너무 멀리 있으므로, 이웃이 아닌 별들은 흐려서 잘 관측되지 않는다. 그러므로 모든 부류의 별을 다 포함하는 H-R 도를 작성하기는 쉬운 일이 아니다. 그림 9.13에 넣은 별들은 거리가 알려졌기 때문에 선택된 것들이다. 가까이 있지만 흐려서 거리를 측정할 수 없는 별들은 이 표본에서 제외될 수밖에 없다. 그러므로 '잘 그려진' H-R 도에서보다 그림 9.13에 보인 주계열은 오른쪽 끝 어두운 부분이 좀 엉성하다는 느낌이 든다. 별의 모집단을 대표할 수 있는 표본이라면, 원래 밝거나 어둡거나 간에 특정 거리 안에 있는 모든 부류의 별들을 충분히 포함하고 있어야 한다. 그와 같은 표본에 근거한 H-R 도여야 우주의 사실을 제대로 전해 줄 수 있다. 그렇지만 우리는 태양으로부터 10~20광년 이내의 별들에 대해서 비교적 충실하게 알고 있는 편이다. 그런데 안타깝게도 10~20광년 이내에는 거성이나 초거성이 하나도 없다. 앞으로 성능이 좋은 망원경으로 전천 탐사가 이뤄지겠지만, 지금 대략 90%가 주계열별이고, 나머지 10% 정도가 백색 왜성, 그리고 1% 이하가 거성과 초거성인 것으로 추정된다.

이런 관측 결과와 함께 우리는 H-R 도를 별의 일생을 이해하는 데 직접 활용할 수 있다. 별을 인간에 비유해 보자. 지적 콜리플라워들이 당신이 사는 마을에 다시 와서, 이번에는 6세에서 18세까지의 젊은 사람들에게만 초점을 맞춰 그들이 어디에 있는가를 조사했다고 하자. 그들의 전천 탐사팀이 사방으로 흩어져서 이 연령대의 젊은이가 하루 중 어느 시간대에 어떤 장소에서 지내는지 조사한다. 몇몇은 피자집

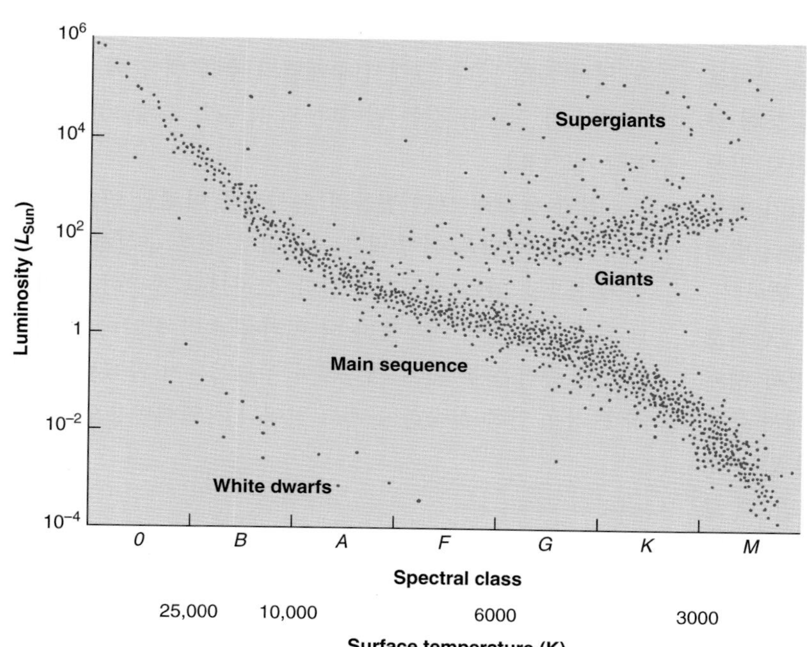

■ **그림 9.14**
많은 수의 별들에 대한 H–R 도 우리가 주계열이라 부르는 좁은 대각선의 띠 안에 전체의 90%에 이르는 별들이 집중적으로 분포한다. 물론 주계열에서 떨어져 그 오른쪽 윗부분을 차지하는 별들도 있다. 이들은 표면 온도는 낮지만 광도가 높은 것으로 보아, 매우 큰 별이다. 주계열을 벗어난 왼쪽 아랫부분에도 별이 보인다. 이들은 표면 온도는 높지만 광도가 낮으니까, 매우 작은 별임에 틀림이 없다.

에서, 몇 명은 집에서, 어떤 아이들은 극장에서 발견될 것이다. 그러나 대부분 아이는 학교에서 긴 시간을 보낸다. 아주 많은 수의 아이들을 조사한 후, 콜리플라워 과학자들이 함께 모여 24시간에 걸쳐 조사한 결과의 평균을 내본다. 그러고 이런 결론을 내린다. 6~18세까지 연령대의 사람 중에서 약 1/3이 학교에서 발견된다.

이 표본 조사 결과를 어떻게 해석할 것인가? 학생들의 2/3가 무단결석을 하고 나머지 1/3만이 자신의 시간을 학교에서 보낸다는 뜻으로 해석해도 좋을까! 그러나 이건 물론 틀린 해석이다. 조사가 청소년을 대상으로 24시간 이뤄졌다는 점을 명심해야 할 것이다. 어떤 팀은 청소년들이 대부분 집에서 잠자고 있을 한밤중에 조사했을 것이고, 또 다른 팀은 학교에서 집으로 오는 늦은 오후에 했을 수도 있다. 후자의 경우, 저들은 피자집에 들러 피자를 즐겼기 십상이지 않은가. 이 조사가 실제 상황을 대표한다면, 아래와 같은 결론이 사실을 제대로 표현할 것이다. 평균적으로 1/3에 이르는 청소년이 학교에서 발견되었다면, 6~18세에 이르는 청소년은 시간의 1/3을 학교에서 보낸다.

별에 대해서도 비슷한 얘기를 할 수 있다. 주계열이 별의 어떤 활동이나 성장 단계를 나타내는 실체성을 갖고 있다면, 우리는 '모든 별의 약 90%가 H-R 도의 주계열에 분포한다'는 관측적 사실을 다음과 같이 해석할 수 있다. 즉, 별은 생애의 90%를 그런 활동을 하는 데 쓰거나 특정한 성장 단계에서 보낸다.

9.4.2 주계열에 대한 이해

7장에서 우리는 태양을 별의 대표격이라 했다. 태양과 같은 별들이 '평생 무엇을 먹고 사는가?'라는 질문에 답을 찾아보았다. 별 내부 깊숙한 곳에서 일어나는 열핵반응을 통해 양성자가 헬륨으로 바뀌는 과정에서 얻어내는 에너지로 일생을 먹고산다. 별 대부분이 수소 원자로 구성되어 있기 때문에, 수소의 핵인 양성자가 헬륨으로 융합되는 핵반응이 별에게는 오래 사용할 수 있는 훌륭한 에너지의 원천인 셈이다.

별의 진화에 관한 이론 모형 연구에 의하면, 일반적으로 별은 중심핵에 있는 수소를 헬륨으로 융합하면서 생애의 약 90%를 보낸다. 왜 별의 약 90%가 H-R 도에서 주계열에 분포하는지 이해할 만하다. 그러나 주계열에 있는 모든 별이 하나같이 수소 핵융합 반응에만 전념한다면, 왜 그들은 주계열이라는 하나의 긴 띠를 이루게 되는가? 예를 들어, 한 점에 모여 있을 수도 있지 않겠는가? 어떻게 해서 대부분 별이, H-R 도에서와 같은 광도와 온도의 관계를 유지하게 되는지 알고 싶다.

주계열별이라고 해도 주계열 어디에 자리하느냐에 따라 그 내부 구조가 다를 것이다. 천체 물리학자들이 컴퓨터를 이용해서 수행한 많은 이론 모형 연구에 의하면, 주계열의 별들은 하나같이 핵융합 반응으로 광도에 필요한 에너지를 생산하면서 내부를 평형상태로 유지한다고 한다. 그런데 별의 내부 구조는 질량과 화학 성분 단 두 가지 요소만으로 완전히 그리고 유일하게 결정된다. 이 사실로부터 우리는 H-R 도의 여러 가지 특징을 이해할 수 있다.

화학 조성이 태양과 비슷한 '원료 물질'의 성간운에서 태어난 별들의 집단을 상상해 보자. 이 성간운 어디에서나 그곳의 화학 성분이 태양과 비슷하다는 말이다. (성간운에서의 별 생성 과정은 12장에서 다룰 예정이다.) 그러므로 이 성간운에서 별로 응결된 덩어리들의 화학 성분은 같겠지만, 질량은 각기 다를 수 있다. 이와 같은 덩어리들이 중력 수축을 거쳐 내부에서 핵융합 반응이 개시되면 내부 구조가 안정한 상태를 유지하게 된다. 이때부터 별로서의 일생을 시작하는 것이다. 이 순간에 이른 별의 내부 구조를 우리는 모형 계산으로 알아낼 수 있다.[3] 별 내부의 온도와 밀도의 분포에서 광도, 표면 온도, 반경 등이 바로 계산된다. 계산된 광도와 온도 값이 H-R 도상에서는 하나의 점으로 나타난다. 질량을 달리하면서 같은 계산을 수행하여 점들을 찍어 보면, 이들이 H-R 도에서 분포하는 양상이 실제 성단에서 관측되는 주계열과 일치함을 알 수 있다.

모형 계산 결과를 정리하면 다음과 같다. 질량이 가장 큰 별이 가장 뜨겁고 밝다. 이러한 별이 주계열의 왼쪽 위를 차지한다. 질량이 가장 작은 별은 표면 온도가 가장 낮고 광도 역시 가장 낮다. 그래서 주계열의 우측 맨 끝에 오는 별이 최소의 질량을 갖는 별이다. H-R 도의 주계열이 항성의 질량 계열이다.

잠깐 생각해 보면 별들의 속사정을 이해할 만하다. 질량이 가장 큰 별은 센 중력을 자아내서, 별을 구성하는 물질을 중심으로 잔뜩 짓눌리게 한다. 그러므로 질량이 큰 별의 내부가 작은 별의 내부보다 더 뜨거울 수밖에 없다. 뜨겁지 않으면 중력을 못 이겨 계속해서 쭈그러들지 않겠는가? 가장 뜨거운 안쪽 깊숙한 곳에서 일어나는 열핵반응으로부터

[3] 역자 주-온도, 밀도, 화학 조성의 중심거리에 따른 분포가 구체적으로 계산된다는 말이다. 이 성단 별들의 내부 구조는 별마다 조금씩 다를 것이다. 질량이 다르기 때문이다. 시간이 지남에 따라 핵융합 반응이 일어나는 중심핵의 화학 조성은 변해 가겠지만, 그 변화가 워낙 느려서 상당 기간 초기 화학 조성에는 이렇다 할 변화가 없다.

표 9.2 주계열별의 물리적 특성

분광형	질량 (태양 = 1)	광도 (태양 = 1)	온도	반경 (태양 = 1)
O5	40	7×10^5	40,000 K	18
B0	16	2.7×10^5	28,000 K	7
A0	3.3	55	10,000 K	2.5
F0	1.7	5	7,500 K	1.4
G0	1.1	1.4	6,000 K	1.1
K0	0.8	0.35	5,000 K	0.8
M0	0.4	0.05	3,500 K	0.6

에너지가 발생하기 때문에, 질량이 가장 큰 별이 가장 큰 광도로, 그래서 가장 뜨거운 표면 온도에 대응하는 빛을 내게 된다. 한편 가장 작은 질량의 별은 가장 차갑고, 그래서 가장 낮은 광도를 갖게 된다. 그림 9.13에서 확인할 수 있듯이 태양은 이들 두 극한의 중간쯤을 차지한다. 참고로 갈색 왜성을 제외한 주계열별의 각종 물리적 특성을 표 9.2에 요약해 놓았다. 그리고 갈색 왜성은 엄밀한 의미에서 항성이 아니라는 점을 기억하기 바란다.

위 사실은, 9.2절에서 질량-광도 관계를 검토할 때 이미 확인했다(그림 9.8 참조). 관측된 사실로부터 우리는 별의 약 90%가 이 관계를 따른다고 알고 있다. 이들이 모든 별의 90%에 해당하는 H-R 도에서 주계열을 차지하는 별이란 얘기다. 관측과 모형 계산 결과가 잘 일치한다.

실제로 H-R 도에 나타나는 다른 부류의 별들, 즉 거성과 초거성 그리고 백색 왜성에 대해서 무슨 얘기를 할 수 있을까? 이 문제는 다음 몇 개의 장에서 심도 있게 다루겠지만, 여기서는 주계열별이 나이를 먹으면 거성, 초거성, 백색 왜성 등으로 변한다고 하겠다. 이들은 생애 마지막 단계에 다다른 존재다. 별이 자신이 갖고 있던 수소 성분의 핵연료를 적정 수준 이상으로 소진하면 중심핵 부분의 화학 조성이 탄생 초기 상황에서 멀어지게 된다. 따라서 핵융합 반응에 참여하는 원소의 종류가 변할 것이며 에너지의 원천도 변하게 마련이다. 이런 변화들이 별의 광도와 표면 온도에 영향을 주어, 주계열별이 나이가 어느 정도 이상으로 많아지면 주계열에 더 이상 남아 있지 못하고 주계열을 떠나게 된다.

9.4.3 별의 광도, 지름, 밀도의 극한값

별의 크기, 광도 및 밀도의 극한값을 탐구하는 데 H-R 도가 멋지게 활용될 수 있다. 극한 상태에 있는 별이, 기네스 세계기록(Guinness Book of World Records) 팬들에게는 흥미로운 주제가 아니겠지만, 별의 내부 구조와 구조 변화의 작동 원리를 이해할 수 있는 정보를 우리에게 많이 제공한다. 예를 들어, 질량이 가장 큰 주계열별의 광도가 가장 높다. 광도가 태양의 백만 배인 별은 질량이 태양의 100배 정도다. H-R 도 왼쪽 위에 놓여 있는 초고광도의 항성은 분광형이 O형으로 표면 온도가 매우 높고 색깔이 청백색이다. 이런 별들은 우주에서 아주 먼 거리에 있어도 쉽게 알아볼 수 있다.

H-R 도 오른쪽 위에 놓인 차가운 초거성들은 태양보다 10,000배 정도의 높은 광도를 자랑한다. 또 이런 별들은 지름이 태양보다 아주 크다. 앞에서 논의했듯이, 몇몇 초거성들은 지름이 너무 커서, 태양을 그 별의 중심에 가져다 놓는다면 별의 거죽이 화성 궤도 바깥으로 삐져 나갈 정도다. 다음 장에서 별이 어떤 물리적 원리에 의해서 엄청난 크기로 부풀어 오르는지 알게 될 것이다. 또 이렇게 부푼 별이 팽창 상태를 얼마나 오래 유지할 수 있을지도 알아볼 계획이다.

이와 대조적으로 주계열의 아래쪽 끝에 오는 빨갛고 차가우며 낮은 광도의 별들은 태양보다 지름은 훨씬 작지만 밀도가 무척 높다. 그런 적색 왜성의 한 예가 로스(Ross) 614B인데, 표면 온도가 2700 K이고 광도는 태양의 1/2000배 정도밖에 되지 않는다. 반경이 태양의 대략 1/10이기 때문에 이런 별을 왜성(矮星)이라 부른다. 광도가 낮으니 질량 역시 작아 태양의 1/12 정도에 불과하다. 질량과 지름의 이런 조합에서 별의 평균 밀도를 계산해 보면 태양의 80배에 이른다. 이 밀도는 사실상 지표에서 발견되는 그 어떤 고체의 밀도보다 높은 값이다. 그럼에도 이 별은 중심부가 너무 뜨겁기 때문에 순전히 가스로 구성되어 있다. 그러나 아주 흐릿한 적색 주계열별은 극한의 밀도로 치닫지는 않는다.

문제는 H-R 도의 왼쪽 밑에 있는 백색 왜성이다. 곧 알게 되겠지만, 백색 왜성의 밀도는 우리의 상상을 초월하는 수준이다.

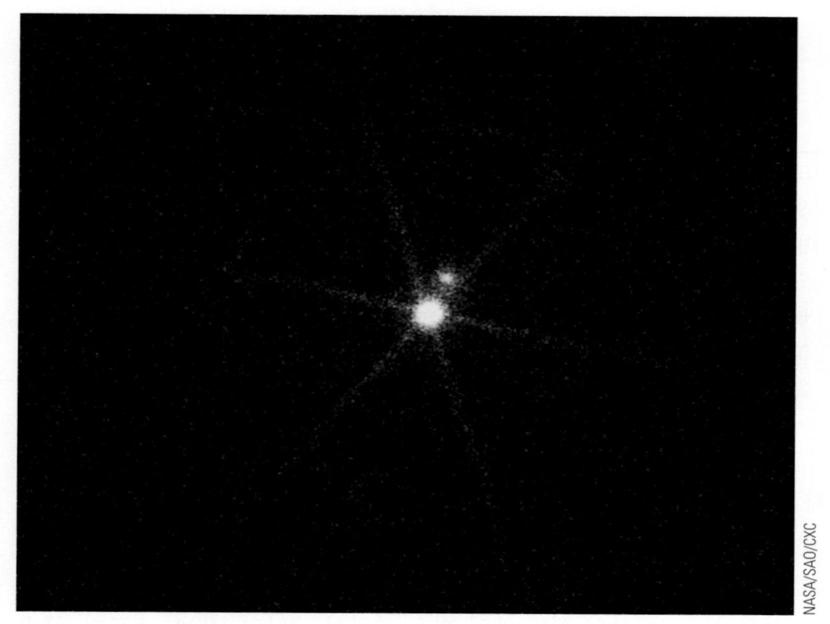

■ **그림 9.15**
x-선으로 본 시리우스의 백색 왜성 동반성 시리우스 쌍성계를 찬드라 x-선 망원경으로 촬영한 영상이다. 영상 중앙의 밝은 천체가 백색 왜성 동반성이다. 그 옆에 보이는 흐린 천체가 주성인 시리우스다. 시리우스를 드러내 보이는 빛은 x-선 복사가 아니라 검출기로 새어 들어온 자외선일 확률이 높다. 주성과 동반성의 밝기 대비가 x-선 영역에서는 가시광에서의 상황과 완전히 반대다. 시리우스의 가시광 광도가 동반성인 백색 왜성의 8200배나 되므로, 가시광 영역에서는 주성이 쏟아내는 광자의 흐름에 반성이 완전히 파묻히고 만다.

9.4.4 백색 왜성

1862년에 백색 왜성이 처음 관측되긴 했지만, 스펙트럼은 1914년에 와서야 겨우 얻을 수 있었다. 이 별이 시리우스 B다. 최초로 발견된 백색 왜성이다. 시리우스와 같이 있는 B는, 하늘에서 가장 밝은 시리우스와 쌍성계를 이루는 시리우스의 동반성이란 뜻이다. 이 별은 너무 어두워서 오랫동안 발견되지 않았다. 따라서 심층 분석의 대상이 되지 못했다. 거리가 8광년밖에 되지 않지만, 시리우스의 백색 왜성 동반성은 큰 망원경의 도움 없이는 관측하기가 매우 어렵다(그림 9.15). 참고로, 시리우스는 큰개자리의 별이기 때문에 자주 개의 별(dog star)이라고도 불려 왔다.[4] 같은 맥락에서 시리우스 B는 강아지(pup)라는 별명을 갖고 있다.

현재까지 수백 개의 백색 왜성이 알려졌다. 그림 9.2를 설명하면서 우리는 태양 근방에 있는 O형에서 M형에 이르는 별 중 약 7%가 백색 왜성이라고 얘기했다. 백색 왜성의 한 전형적인 예로 40 에리다니(Eridani) B가 있다. 태양 근방의 별이다. 이 별의 표면 온도는 12,000 K로 비교적 뜨거운 편이지만, 그 광도는 1/275 L_{Sun}에 불과하다. 계산에 의하면, 이 별은 반경이 태양의 1.4%, 즉 지구 정도밖에 되지 않는다. 체적은 태양의 2.5×10^{-6}에 불과하다. 그러나 질량은 태양의 절반에 조금 못 미치는 0.43배다. 이렇게나 큰 질량을 아주 작은 체적에 밀어 넣으려면, 밀도를 태양의 170,000배, 다시 말해서 200,000 g/cm^{3}으로 유지해야 한다. 이 별을 구성하는 물질 한 스푼의 질량이 50톤은 넘는다는 계산이다. 그런 밀도에서 물질은 보통의 상태로는 존재할 수 없을 것이다. 14장에서 이런 상태의 물질이 보이는 특이한 현상을 검토할 예정이다. 그러나 당장은, 백색 왜성이 죽어가는 별이며 생산적인 삶의 마지막 단계에서 자신의 생애를 완전히 마칠 준비를 하는 별이라고만 해두자.

영국의 천체물리학자이며 대중 과학자이기도 했던 에딩턴(Arthur Eddington)은 처음 발견된 백색 왜성에 대해 이런 언급을 했다. "시리우스의 동반성이 우리에게 보낸 암호를 풀어 보면 다음과 같다. '나는 여러분이 알고 있는 그 어떤 것의 밀도보다 3000배 이상 되는 밀집 물질로 만들어졌습니다. 비록 무게가 1톤에 이르는 물량이라도 성냥갑 속에 집어넣을 수 있는 작은 덩어리에 불과합니다.' 이런 얘기를 들었을 때 1914년도의 우리는 '말도 되지 않는 소리 그만하고 당장 입을 닫으시오!'라고 반응했을 것이다." 그러나 오늘날 천문학자들은 밀도가 이처럼 높은 별들이 존재한다고 인정한다. 여러 종류의 별들의 진화를 연구하는 과정에서 우리는 밀도가 이보다 훨씬 더 높은 천체와 만나게 될 것이다.

---
[4] 역자 주-Sirius의 우리말 이름은 천랑성이다.

인터넷 탐색

금주의 스타 사이트:
www.astro.uiuc.edu/~kaler/sow/sow.html
천문학자인 저자 케일러(James Kaler)가 운영하는 사이트다. 유명한 '스타'들만 골라서 각각에게 자전적 서술을 부여했다. 자전이라고 해서, 할리우드의 영화배우를 연상할 게 아니다. 이 사이트는 배우가 아니라 실제로 하늘에 떠 있는 별에 관한 정보로 그득하다. 별의 위치, 이름에 얽힌 전설, 특징, 동반성 등에 관한 이야기를 들려준다.

'저 별은 얼마나 큰가?' 체험활동 사이트:
imagine.gsfc.nasa.gov/docs/teachers/lessons/star_size/star_size_cover.html
식쌍성의 실제 x-선 관측 자료를 주고 해당 별의 지름을 알아내게 하는 초급 수준의 활동에 참여할 수 있다.

식쌍성 사이트:
www.physcis.sfasu.edu/astro/bnstar.html
오스틴 주립대학교(Austin State University)의 브루톤(Dan Bruton)이 식쌍성의 광도곡선이 천문학에서 어떻게 활용되는지 알려준다. 일련의 동영상과 논문 자료 등이 게시되어 있으며, 관련 사이트도 링크되어 있다.

헨리 노리스 러셀의 업적:
mondrian.princeton.edu/cgi-bin/mfs/05/Companionrussell_henry.html
프린스턴 대학의 역사 사이트에 들어가면 잘 정리된 러셀의 업적을 볼 수 있다.

요약

9.1 별의 기본 성질을 이해하려면 전천 탐사를 광범위한 영역에 걸쳐 수행할 필요가 있다. 우리 눈에 가장 밝게 보인다고 해서 그 별이 가장 가깝다고 단정할 수는 없다. 원래 광도가 높은 별이기 때문에 밝게 보일 확률이 더 높다. 대부분 가까운 별들은 광도가 낮아서 망원경 없이는 보기 어렵다. 별의 광도는 낮게는 $10^{-4} L_{\text{Sun}}$에서 높게는 $10^{6} L_{\text{Sun}}$의 범위에 걸쳐 분포한다. 우주에는 광도가 높은 별보다 낮은 별들이 훨씬 더 흔하다.

9.2 별의 질량은 **쌍성계**를 구성하는 두 별의 궤도를 분석해서 측정한다. 상호 중력 작용으로 질량중심을 마주 보면서 궤도 운동을 하는 두 별을 **쌍성** 또는 **쌍성계**라고 한다. **안시쌍성**은 망원경으로 보았을 때 두 별이 각각 분해돼서 보이는 쌍성(계)이다. **분광쌍성**은 두 별의 존재를 스펙트럼을 통해서만 유추할 수 있는 쌍성(계)이다. 별의 질량은 태양 질량의 1/12배에서 (드물게) 100배 이상까지의 범위에 걸쳐 분포한다. 질량이 양성자가 핵융합 반응을 일으킬 정도는 못 되지만 중수소의 핵융합 반응은 가능한 천체를 **갈색 왜성**이라 한다. 핵반응이 일어날 수 없는 천체가 행성이다. 질량이 가장 큰 별이 대부분의 경우 광도 역시 가장 높은데, 이런 관계를 **질량-광도 관계**라고 한다.

9.3 천체 A가 다른 천체 B를 지나는 경우가 발생한다. 이때 A가 B를 통과하는 데 걸리는 시간과 A의 궤도 운동 속도를 시간에 곱하여 B의 지름을 추정할 수 있다. 달, 행성, 동반성 등이 천체 A의 역할을 할 수 있다. 전면 통과에 걸리는 시간은, 전면 통과가 일어날 때 밝기가 변하기 때문에, 측정이 가능하다. **식쌍성**의 두 성분별 사이에도 전면 통과 현상을 볼 수 있으므로, 두 성분 별의 궤도를 분석하여 별의 지름을 측정한다.

9.4 **헤르츠스프룽-러셀 도**는 별의 광도와 표면 온도의 관계를 나타내는 그림이다. 간단히 **H-R 도**라 부르기도 한다. 대부분 별이 **주계열** 위에 놓인다. 주계열은 H-R 도에서 높은 온도와 광도를 나타내는 왼쪽 위에서 낮은 온도와 광도에 해당하는 오른쪽 아래로 이어지는 대각선을 그린다. 한 별이 주계열에서 차지하는 위치는 질량에 의해 결정된다. 질량이 큰 별이 작은 별보다 더 많은 에너지 양을 방출한다. 그래서 표면 온도 역시 질량이 큰 별이 더 뜨겁다. 주계열별이 방출하는 에너지는 수소 핵융합 반응에서 비롯한다. 별의 약 90%가 주계열별이다. 10%만 **백색 왜성**이고, 나머지 1% 미만이 거성이나 초거성이다.

모둠 활동

A 하늘에서 가까이 보이는 두 별이 단순한 기하학적 이중성인지 또는 물리적 쌍성인지 구별하라는 임무가 당신이 속한 팀에게 떨어졌다. 단순 이중성과 쌍성을 구별하는 관측 방법들을 나열하고 각각을 설명하라.

B 밤하늘에서 가장 밝게 보이지만 거리는 먼 별 5개에 대한 정보가 당신 팀에게 주어졌다. 이 별들이 H-R 도에서 어디에 놓일지 예측하고 그 이유를 설명하라. 다른 팀에게는 태양 근방에서 흔히 볼 수 있는 주계열별 5개에 대한 정보가 주어졌다고 한다. 이 별들의 H-R 도상의 위치를 예상하고, 그 근거를 제시하라.

C 당신의 대학 동창 중에, 성격은 괴팍하지만 대단한 재력가가 있다고 하자. 그가 갈색 왜성 탐색 자금으로 엄청난 액수의 기금을 내놓았다. 당신 팀에게 이 기금의 운영 책임이 주어졌다. 이 돈의 사용 계획을 세워라. 갈색 왜성 탐색을 위한 관측 계획을 먼저 세우고 그 관측에 필요한 장비 목록을 구체적으로 작성하여 각각이 왜 필요한지 설명하라.

복습 문제

1. 태양의 질량을 근방의 다른 별들과 비교하여 논하라. 태양 근방에는 갈색 왜성이 가장 많다. 그럼에도 태양 근방 천체들의 총 질량 중 갈색 왜성이 차지하는 비중이 낮다고 한다. 그 이유가 무엇인지 설명하라.

2. 쌍성에는 크게 세 가지 종류가 있다. 세 종류의 이름과 각각의 특징을 서술하라.

3. 별의 지름을 결정하는 방법을 두 가지만 설명하라.

4. 별의 질량, 광도, 표면 온도와 지름에 대해 알려진 값 중 최대와 최솟값을 각각 제시하여 각 물리량의 변화 범위가 얼마나 되는지 말하라.

5. 하나의 식쌍성계를 구성하는 두 별에 대해 각각의 스펙트럼을 찍을 수 있다고 하자. 이 분광사진들과 광도곡선으로부터 도출할 수 있는 별의 물리량은 어떤 것들인지 나열해 보라.

6. H-R 도를 하나 그리고, 각 축에 해당하는 물리량을 말하라. 차가운 초거성, 백색 왜성, 태양, 그리고 주계열별이 놓일 위치를 방금 그린 H-R 도 위에 표시하라.

사고력 문제

7. 태양은 평균적인 별인가, 아니면 매우 특수한 별인가? 자신의 답이 무엇이든, 어떤 근거에서 그런 판단을 하게 됐는지 설명하라.

8. 전국적으로 평균 교육을 받은 사람을 결정하려고 한다. 국민 모두를 조사하기는 너무 엄청난 일이므로, 조사를 대학 캠퍼스에 있는 사람들에게만 질문하는 방식으로 추진하기로 했다. 출제자는 당신이 이런 방식의 조사에서 정확한 결과를 얻어낼 수 있다고 생각하는지 알고 싶다. 정확하지 않을 것으로 판단한다면, 선택 효과가 조사 결과에 어떻게 나타난다고 생각하는지 설명하라.

9. 잘 알려진 안시쌍성들은 주기가 상당히 길다. 그런데 이와 대조적으로 분광쌍성들은 대부분 주기가 짧다. 그 이유가 무엇인지 설명하라.

10. 그림 9.10은 한 별에서 나오는 빛이 다른 별에 의해 완전히 가려지는 가상의 식쌍성이 보여준 광도곡선이다. 작은 별이 큰 별에 의해 부분적으로 가려지는 쌍성계에서 광도곡선이 어떤 모습을 띠게 될지 설명하라. 일반적으로 작은 별이 큰 별보다 표면 온도가 더 높다고 한다. 광도곡선의 여러 부분에 상응하는 두 별의 상대적 위치를 각각 지적하라.

11. 우리은하에는 분광쌍성보다 식쌍성이 드물다고 한다. 그 이유를 설명하라. 태양으로부터 50광년 이내에는 안시쌍성이 식쌍성에 대해 수적으로 우세하다고 알려졌다. 그 이유는 무엇인지 설명하라. 먼 거리에 있는

분광쌍성과 안시쌍성 중에서 어느 쪽을 더 쉽게 관측할 수 있는지 설명하라.

12. 식쌍성 알골은 약 4시간 안에 최고 밝기에서 최저 밝기로 떨어져서, 약 20분 동안 최저 밝기를 유지한 다음, 4시간 만에 최고 밝기로 다시 돌아간다. 이 쌍성계는 궤도면이 정확하게 우리의 시선 방향과 일치하기 때문에 한 별이 다른 별의 정면을 통과하는 것으로 지구에서 관측된다. 두 별의 크기가 같은지 또는 다른지 설명하라.

13. 다음은 별 5개에 대한 측광 및 분광 자료다.

별	겉보기 등급	분광형
1	12	G, 주계열성
2	8	K, 거성
3	12	K, 주계열성
4	15	O, 주계열성
5	5	M, 주계열성

a. 가장 뜨거운 별은?
b. 가장 차가운 별은?
c. 광도가 가장 높은 별은?
d. 광도가 가장 낮은 별은?
e. 가장 멀리 있는 별은?

각각의 경우에 대해 자신의 답을 지지하는 증거들을 말하라. 겉보기 등급은 겉보기 밝기를 가늠하는 척도다. 이 등급의 값이 클수록 어둡게 보이는 별이다.

14. 분광형이 O형에서 M형에 걸친 주계열별들의 질량, 광도, 반경 중에서 상대적으로 가장 넓은 폭으로 변하는 물리량은 무엇인가?

15. 우주 망원경을 이용하여 작은 질량의 주계열별을 관측하려 한다. 스펙트럼 중 자외선 영역의 빛을 탐지하는 망원경을 설계해야 할지 아니면 적외선 영역의 빛에 민감한 망원경을 설계해야 할지 망설여진다. 어떤 선택을 할 것인지 설명하라. 그 선택을 하게 된 근거를 제시하라.

16. 한 천문학도가 광도가 아주 높은 M형 별을 발견했다고 한다. 가능한 일이라 생각한다면 그 이유를 말하라. 어떤 종류의 별에서 이런 일이 일어날 수 있는지 설명하라.

17. 망원경 없이 맨눈으로 알아볼 정도로 밝은 별이 하늘에 6000개 정도 있다고 한다. 이 별들에 백색 왜성도 들어 있을지 얘기해 보라. 이 장에 주어진 정보를 이용하여 자신의 답의 타당성을 입증하라.

18. 부록 11에 가장 밝은 20개의 별에 관한 관측 자료가 정리돼 있다. 이 자료를 이용하여 이들의 H-R 도를 작성하라. 표 9.2에 실려 있는 자료를 이용하여 주계열의 위치를 찾아보라. 가장 밝은 20개의 별 중에서 90%가 과연 주계열상에 놓이는지 아니면 주계열 가까이에 흩어져 있는지 밝혀라. 또 그 이유가 무엇인지 설명하라.

19. 위 문제에서 그린 H-R 도를 이용하여 다음 질문에 답하라. 시리우스와 센타우르스자리 알파 중 어느 것의 질량이 더 크다고 생각하는가? 리겔과 레굴루스는 분광형이 거의 비슷하다고 한다. 둘 중에서 어느 것이 지름이 더 큰가? 리겔과 베텔게우스는 광도가 서로 비슷하다. 그렇다면 어느 별이 더 큰 별인가? 또 어느 별이 더 붉다고 생각하는가?

20. 부록 10에 실린 태양 근방 별들에 관한 자료를 이용하여 H-R 도를 작성하고, 문제 18에 작성한 것과 비교하라. 두 H-R 도 사이의 차이가 무엇 때문인지 설명하라.

계산 문제

이 장에서 배운 지식을 이용하면 별의 지름, 질량, 밀도를 추산할 수 있다. 여러분의 추산 방법이 직업 천문학자가 사용하는 방법과 실질적으로 같다. 좀 더 정확한 측정을 원한다면 모형 계산이 필요하다. 그러나 천문학자들은 모형 계산을 시작하기 전에, 앞으로 수행할 복잡한 계산 과정에서 자신들이 실수나 하지 않을까 하는 우려에서, 해당 물리량을 여러분이 방금 사용한 방법과 같이 알아보곤 한다.

부록 11에 실린 밤하늘에서 가장 밝은 20개의 별에 대한 광도와 분광형을 눈여겨보기 바란다. 이 표에는 별의 광도가 태양에 대한 비로 주어져 있다. 다음 문제를 통해 여러분은 광도와 분광형, 이렇게 단 두 가지 정보로부터 별에 관한 정보를 얼마나 많이 도출할 수 있는지를 확인할 수 있을 것이다.

21. 계산하려면 우선 숫자가 필요하다. 별의 분광형을 표

면 온도의 지표로 사용하려면, 분광형을 온도 값으로 환산할 수 있어야 한다. 부록 11에 있는 20개의 별 중 앞 10개의 분광형을 표면 온도로 환산해 보라. 온도 환산 과정에서 9장의 도표와 그림에 실린 정보가 어떻게 활용됐는지 설명하라.

22. 그림 9.8에 주어진 질량-광도 관계로부터 부록 11에 실린 별의 질량을 추산할 수 있다. 하지만 이 관계식이 주계열의 별들에게만 성립한다는 사실을 기억할 필요가 있다. 부록 11의 처음부터 10번째까지 10개의 별 중에서 어느 것이 주계열별인지 지적하라. 그리고 그 별들의 질량을 추산하여 하나의 도표에 정리해 보라.

23. 별의 질량을 좀 더 정확히 결정하려면 케플러의 제3법칙을 이용하는 게 좋다.

$$D^3=(M_1+M_2)P^2$$

위 식에서 D는 AU 단위로 잰 두 별 사이의 거리, M은 태양의 질량을 단위로 해서 잰 별의 질량, P는 년 단위로 표현한 공전 주기다. 부록 11에 실려 있는 별 중에서 시리우스는, 케플러 제3법칙에 의한 질량 측정방법에 필요한 정보를 다 가지고 있다. 시리우스와 그 동반성 사이의 거리가 20 AU이고 공전 주기는 50년이다. 두 별의 질량 합을 추산하라. 시리우스는 분광형이 A인 전형적 주계열별이므로, 질량-광도 관계식을 이용하여 질량을 결정할 수 있을 것이다. 문제 22에서의 경험을 살리기 바란다. 그렇다면 시리우스보다 훨씬 더 흐린 동반성의 질량을 따로 알아낼 수 있을 것이다. 동반성의 질량을 계산해 보라.

24. 시리우스의 동반성은 밝기가 시리우스의 1/8200에 불과할 정도로 매우 흐린 별이다. 하지만 둘의 표면 온도는 비슷하다. 이 정보를 이용하여 두 별의 지름의 비를 구하라. 4장에서 슈테판-볼츠만 법칙을 다루었다. 여기서 에너지 플럭스 F란 완전흑체의 표면 1 m^2에서 단위시간당, 즉 1초마다 내놓는 에너지의 총량을 의미한다. 그런데 이 F가 흑체의 온도 T의 네제곱에 비례한다는 게 슈테판-볼츠만의 법칙이다.

$$F=\sigma T^4$$

위 식에서 σ는 F와 T^4의 관계를 맺어주는 비례상수로서 흔히 슈테판-볼츠만 상수라고 불린다. T는 물론 온도를 의미한다. 한편 반경이 R인 구의 표면적 A는

$$A=4\pi R^2$$

로 주어진다. 별의 광도 L이란, 별이 자신의 표면적을 통해서 1초 동안에 내놓는 복사 에너지의 총량이므로, 표면적 A와 플럭스 F의 곱으로 계산된다. 즉, $L=A\times F$의 관계가 성립한다. 이제 시리우스의 광도가 동반성의 8200배라는 사실을 이용하여, 시리우스의 크기가 동반성의 몇 배나 되는지 추산할 수 있다. 이 문제를 풀면서 쌍성계를 이루는 시리우스와 그 동반성의 크기 비를 알게 됐다. 동반성의 지름을 시리우스와의 비가 아니라 뭔가 확실한 단위의 절댓값으로 환산할 필요가 있다.

25. 이때 태양에 관한 정보를 이용한다. 우리는 태양의 표면 온도가 5800 K인 데 비해서 시리우스는 10,000 K라고 알고 있다. 이 책의 정보를 이용하여 시리우스의 광도를 추산하라.

26. 이제 우리는 시리우스의 반경이 태양의 몇 배나 되는지 계산할 수 있게 됐다. 시리우스의 반경을 계산했다면, 시리우스 동반성의 반경도 추산하라. 그 결과를 지구의 반경과 비교해 보라.

27. 문제를 여기까지 풀어 왔다면, 시리우스의 동반성이 태양에 맞먹는 양의 질량을 지구만 한 부피 안에 갖고 있음이 확인됐을 것이다. 시리우스의 동반성을 이루는 물질의 평균밀도를 계산하여 태양의 평균밀도와 비교하라. 이미 알고 있듯이 평균밀도 ρ란 질량 M을 부피 V로 나눈 값이다. 반경 R인 구의 부피 V가 $(4\pi/3)R^3$으로 주어지므로 평균밀도는 $\rho=(3M/4\pi R^3)$으로 계산될 수 있다. 이렇게 찾아낸 동반성의 밀도를 물의 밀도와 비교하라. 물뿐 아니라 이 책에 언급된 여타 종류의 물질의 밀도와 비교해 보라. 밀도의 비교를 통해서 자신이 느낀 바를 얘기하라. 시리우스와 그 동반성의 크기를 최초로 비교해 본 천문학자들의 심경이 어떠했을지 이제 감히 짐작할 수 있을 것이다.

28. 갑자기 시리우스의 동반성에 가서 살게 된다면, 그곳에서 자신의 몸무게가 얼마나 될지 추산해 보라. 지구에서의 몸무게를 모르거나 그 값을 사용하기 싫다면, 그저 70 kg이라고 가정해도 좋다. 시리우스의 동반성은 질량이 태양과 비슷하고, 그 크기는 지구와 같다고 하자. 뉴턴의 중력 법칙에 의하면, 질량이 M_1, M_2인 두 물체가 거리 R만큼 떨어져 있을 때 서로가 느끼는 힘의 세기 F는 두 물체의 질량의 곱에 비례하고 거리

의 제곱에 반비례한다. 즉,

$F=GM_1M_2/R^2$

가 성립한다. 여기서 G는 위의 비례관계를 맺어주는 중력 상수다. 참고로 지구에서의 몸무게란 자신과 지구 사이에 작용하는 힘, 중력의 세기와 같다. 몸무게의 증가가 아니라 몸무게의 감소를 느끼려면 어떤 종류의 별로 이주하는 게 좋을지 말해 보라.

29. 베텔게우스는 표면 온도 3000 K에, 광도가 태양의 10^5 배에 이르는 밝은 별이다. 이 별의 반경이 태양의 몇 배가 되는지 추산해 보라.

심화 학습용 참고 문헌

Croswell, K. "The Grand Illusion: What We See Is Not Necessarily Representative of the Universe" in *Astronomy*, Nov. 1992, p. 44.

Davis, J. "Measuring the Stars" in *Sky & Telescope*, Oct. 1991, p. 361. 별 지름의 직접 측정법을 설명한다.

DeVorkin, D. "Henry Norris Russell" in *Scientific American*, May 1989.

Henry, T. "Brown Dwarfs: Revealed at Last" in *Sky & Telescope*, Apr. 1996, p. 24.

Kaler, J. *Stars*. 1992, Scientific American Library/W. H. Freeman. 훌륭한 입문서.

Kaler, J. *The One Hundred Greatest Stars*. 2002, Springer-Verlag. 100개의 가장 흥미로운 별들의 특성에 대한 안내서.

Kaler, J. "Journeys on the H-R Diagram" in *Sky & Telescope*, May 1988, p. 483.

Kopal, Z. "Eclipsing Binary Stars: Algol and Its Celestial Relations" in *Mercury* (the magazine of the Astronomical Society of the Pacific), May/June 1990, p. 88.

McAllister, H. "Twenty Years of Seeing Double" in *Sky & Telescope*, Nov. 1996, p. 28. 최근의 현대적 쌍성 연구.

Nielsen, A. "E. Hertzsprung-Measurer of Stars" in *Sky & Telescope*, Jan. 1968, p. 4.

Parker, B. "Those Amazing White Dwarfs" in *Astronomy*, July 1984, p. 15. 백색 왜성 발견 역사에 초점을 둔 글.

Phillip, A. and Green, L. "Henry N. Russell and the H-R Diagram" in *Sky & Telescope*, Apr. 1978, p. 306.

Roth, J. and Sinnott, R. "Our Studies of Celestial Neighbors" in *Sky & Telescope*, Oct. 1996, p. 32. 가장 가까운 별 찾기.

Tanguay, R. "Observing Double Stars for Fun and Science" in *Sky & Telescope*, Feb. 1999, p. 116. 아마추어 천문가들이 쌍성 연구에 어떻게 공헌할지를 다룬 글.

Hubble Heritage Team/AURA/STScI/NASA

구상성단 M 80(NGC 6093) 이 아름다운 영상은 지구로부터 28,000광년 떨어져 있는 메시에 80(M 80)이란 이름의 거대한 구상성단을 찍은 것이다. 구상성단이란 수십만 개의 별들이 조밀하게 모여 있는 구형의 별 집단이다. 이 별 중에는 거리 측정에서 특별한 역할을 하는 거문고자리 RR형의 변광성도 포함돼 있다. 이 사진에 유난히 밝게 보이는 별은 질량이 태양과 비슷하지만 벌써 생애의 마지막 단계에 가까이 들어선 적색거성이다.

10 천체의 거리

"당신이 우주를 너무 크게 만들어 놓으셨습니다."라고 그녀가 말했다. 나는…… 그런 게 아니라고 그녀에게 항의했다. 생각해 보세요. 구중천(九重天)의 궁륭이 별이 박힌 작고 푸른 아치였을 때, 나는 우주가 너무 좁고 갑갑하다고 느꼈습니다.
공기가 모자라 거의 헐떡이며 숨을 쉬어야 했고요.
그러나 우주의 높이와 깊이가 이렇게 열리고 깊어지자…… 나도 이제 훨씬 자유롭게 쉴 수 있게 됐습니다.
어디 그뿐인 줄 아십니까.
나는 우주가 이전과 비교도 할 수 없을 정도로 장엄해졌다고 생각합니다.

퐁트넬(Bernard de Fontenelle), 《세상의 다양성에 관한 대화》(1686) 중에서

미리 생각해보기

우주가 얼마나 크며 우리가 볼 수 있는 가장 먼 곳엔 무엇이 도사리고 있는지 알고 싶다. 이 궁금증이 천문학자가 우주에 관해 던질 수 있는 근본적인 질문 가운데 가장 중요한 몫을 차지할 것이다. 우주여행 중인 우리에게 천체의 거리는 꼭 짚고 넘어가야 할 문제다. 갓난쟁이가 뛰려면 우선 네발로 기는 것부터 해야 하듯이, 비교적 쉬운 질문부터 시작한다. 별들은 얼마나 멀리 있나? 이런 질문조차도 답하기 매우 어렵다. 우리가 뭘하든 별은 점광원이기 때문이다. 칠흑의 시골길을 운전하는 중 빛을 보게 된다면, 그 점광원이 근처에 날고 있는 개똥벌레인지, 멀리서 달려오는 모터사이클의 전조등인지, 길이 끝날 즈음에 있을지 모르는 어느 집 현관 등불인지 구별하기 쉽지 않다. 천문학자도 멀리 있는 별들의 거리를 측정하려 할 때 비슷한 어려움을 겪는다. 아니, 별의 거리 측정은 이보다 훨씬 더 어려운 문제로 남아 있다.

거리는 별의 정체를 밝히는 데 무엇보다 중요한 정보지만 거리를 정확히 측정하기란 결코 쉬운 일이 아니다. 생각해 보라. 우리 재간으로는 줄자를 은하까지, 가장 가까운 별까지도 늘어놓을 수 없지 않은가! 여러 해 동안 천문학자들이 인간을 별에서 떼어놓는 저 광막한 거리를 알아내기 위해 각종 영리한 방법을 다 고안해 놓았다. 가까이 있는 별에 대해서는 지구에서 측량사들이 사용하는 것과 비슷한 삼각측량법을 쓸 수 있다. 더욱 멀리 있는 천체들의 경우, 앞의 두 장에서 기술한 별의 기본 성질을 활용해야 한다. 어떤 의미에서 자연은 우리를 위해 일련의 이정표들을 세워 놓았다. 밝기가 특별한 방식으로 변하는 별이 바로 그런 이정표가 되어 준다.

가상 실험실

천문학적 거리척도

천문학자들은 여러 거리 측정법을 하나로 연결한 긴 사슬을 갖고 있다. 그 사슬을 이용하면 지구에서 별, 별에서 가까운 은하, 또 은하에서 우주의 먼 변방까지 거리를 차례로 재 나갈 수 있다. 이 사슬의 특징은 고리 하나하나가 구사하는 거리 측정방법이 전 단계 고리의 방법에 전적으로 의존한다는 점이다. 멀리 있는 은하까지의 거리를 측정하는 방법은 은하 안에 있는 별까지의 거리를 측정하는 방법에 달려 있다. 은하수 별들의 거리를 정확히 알아야 외부 은하의 거리를 잴 수 있다는 말이다. 별의 거리를 알아내려면 먼저 태양계 천체의 거리를 정확하게 측정할 수 있어야 한다. 하나의 긴 사슬이 견딜 수 있는 최대 장력은 고리 중에서 가장 약한 것이 견딜 수 있는 장력으로 결정된다. 그러므로 거리 측정 사슬이 제 기능을 발휘하게 하려면 사슬을 구성하는 고리들 하나하나가 최대한으로 정확한 결과를 낼 수 있어야 한다.

이 장에서는 지구에서 다루는 거리의 기본 정의부터 알아보고 이후 멀리 있는 별에까지 확장·적용하기로 한다.

10.1 거리의 기본 단위

최초의 거리 측정은 인간 신체의 치수에 바탕을 두었다. 예를 들어 인치는 손가락 마디의 길이고, 야드는 영국 왕이 팔을 폈을 때 집게손가락부터 코끝까지 거리였다. 후에 상업적 목적에서 이런 단위들 사이에 표준화 작업이 요구됐으나, 나라마다 표준 체계를 고수하려 했다. 그러나 18세기 중반에 국제 공동 표준을 정하기 위한 실질적인 노력이 시작됐다.

10.1.1 미터법

나폴레옹 시대부터 전해오는 여러 유산 중 하나가 미터법(metric system)이다. 미터법은 1799년 프랑스에서 처음 도입한 이래, 현재 대부분 나라에서 통용된다. 미터법에서 채택한 길이의 기본 단위인 미터(meter)는 원래 지구의 극에서 적도까지 천만분의 1에 해당하는 길이로 정의되었다. 지구의 크기를 조사하는 데 17세기와 18세기 프랑스의 천문학자들이 선구적 역할을 했고, 그러다 보니 새로운 단위계를 설정하는 데 자신이 갖고 있던 정보를 기본으로 하는 것은 당연한 것이었다.

지구의 크기를 근거로 한 정의에서 실질적인 문제가 없었던 것은 아니다. 한 지점에서 다른 지점까지의 거리를 정하기로 원했다고 해서 누가 지구 행성을 다시 측량하러 나서리라 기대할 수 없기 때문이다. 따라서 백금-이리듐 합금 막대로 잠정적인 미터원기를 만들어 파리에 설치하였다. 1889년 국제적 동의를 얻어 이 막대의 길이를 1 m로 정의하고, 다른 나라의 미터 표준 원기는 이 막대의 정확한 복제품으로 대신하기로 했다.

미터로부터 길이의 다른 단위들을 정의하였다. 1 km는 1000 m로, 1 cm는 10^{-2} m로 했다. 이제 인치와 마일과 같이 영국과 미국에서 오랫동안 사용해 온 길이의 단위들도 미터법으로 환산한 길이로 정한다.

10.1.2 미터의 현대적 정의

미터의 정의가 1960년에 바뀌었다. 파장이 정확히 알려진 스펙트럼선을 재현할 수 있는 기술이 발달함에 따라, 미터를 크립톤-86 원자의 한 천이선 파장의 1,650,763.73배로 다시 정의하였다. 이런 정의를 택하면, 웬만한 수준의 실험실에서는 특별히 제작한 금속 막대와 비교하지 않고도 표준 미터를 재생할 수 있는 장점이 있다.

1983년에 미터의 정의가 다시 바뀐다. 이번엔 기준을 빛의 속도에 두기로 했다. 빛은 진공에서 1/299,792,458.6초에 1 m의 거리를 이동한다. 진공에서의 광속이 299,792,458.6 m/sec란 말이다. 현대는 시간을 길이의 기본 단위로 삼는 시대다. 표현을 달리해서 1광초(光秒, light second, LS), 즉 빛이 1초 동안에 움직인 거리를 299,792,458.6 m로 정의한다는 뜻이다. 물론 1광초 자체를 길이의 단위로 삼을 수도 있다. 그러나 전통을 존중한다는 뜻에서 광초의 아주 작은 일부로 미터를 정의키로 한 것이다.

10.1.3 태양계 안에서의 거리

우리는 코페르니쿠스와 케플러의 연구로 행성들이 태양에서 얼마나 멀리 떨어져 있는지 알게 됐다(1장과 2장). 태양을 중심으로 한 행성들의 상대 거리가 알려졌다. 그러나 코페르니쿠스와 케플러의 연구가 행성의 절대 거리를 알려준 것은 아니다. 행성의 태양 중심 거리를 광초, 미터, 아니면 다른 어떤 길이의 표준 단위로 표기할 수는 없었다. 이는 우리 반 학생들의 키를 천문학 강사의 키와 비교해서는 알 수 있지만, 인치나 센티미터로는 모르는 것과 마찬가지다.

절대 거리를 확립하기 위해 천문학자들은 적어도 하나의 행성에 대해서는 태양 중심 거리를 직접 측정해야만 했다. 1761년과 1769년 금성이 태양 면을 통과할 때 금성의 거리를 측정할 수 있었으며, 1930년대 초 지구로 다가오는 소행성 에로스의 거리를 측정하기 위한 국제 공동 캠페인이 조직·운영됐었다. 그러나 행성 거리의 정확한 측정은 최

■ **그림 10.1**
레이더 망원경 이 접시 모양의 안테나가 캘리포니아 주 모하비 사막에 있는 NASA Deep Space Network에 속한 전파 송수신 장비다. 이 안테나로 레이더를 송수신하여 행성, 위성, 소행성들의 거리를 정확하게 측정한다.

NASA/JPL

근 30년 동안에 비로소 가능해졌다. 참고로 금성의 최근 통과는 2004년과 2012년에 이루어 졌다.

태양계 크기에 대한 현대적 측정방법의 열쇠는 전파 레이더가 쥐고 있다. 그림 10.1에서와 같은 레이더를 이용하여 거리를 재고자 하는 천체에 전파를 발사하고, 해당 천체의 표면에서 반사돼 돌아오는 신호를 수신하여, 전파가 해당 천체까지 왕복하는 데 걸린 시간을 정확히 측정한다. 그리고 왕복 시간을 거리로 환산한다. 전파도 빛의 속도로 이동하기 때문에 시간을 거리로 환산할 수 있다. 1961년 처음으로 금성의 전파 반사를 검출하여 지구와 금성 간의 거리를 광초 단위로 측정할 수 있었다. 그 후 레이더를 이용하여 수성, 화성, 목성의 위성, 토성의 고리 그리고 여러 개의 소행성 등까지의 거리를 정확하게 측정했다. 태양의 거리는 이 방법으로 측정할 수 없다. 전파가 태양 대기에서 잘 반사되지 않기 때문이다. 그렇지만 태양계에는 레이더로 거리 측정이 가능한 천체들이 많이 있으므로 여러 천체의 거리 정보에 케플러의 법칙을 적용하면 태양까지의 거리를 정확하게 알아낼 수 있다.

천문학자들은 태양계의 여러 천체까지의 거리 중에서 지구와 태양 사이의 평균 거리를 거리 측정의 '잣대'로 삼기로 했다. 지구-태양 간 평균 거리를 천문단위(astronomical unit, AU)라는 이름으로 부른다. 태양계에서 모든 거리는 천문단위를 단위로 쓴다. 레이더 측정 결과를 여러 해 동안 분석한 결과, 천문단위를 십억 분의 1 이내의 정확도로 결정할 수 있게 되었다. 빛이 움직이는 데 걸리는 시간으로 1 AU를 표현하면 499.004854광초(LS), 즉 대략 8.3광분(LM)이 된다. 우리가 정의한 미터로는 1 AU=149,597,892,000 m다.

물론 위에 기술한 거리 정보는 우리에게 필요한 것보다 훨씬 더 정확한 값이다. 이 책에서는 유효 숫자 두 자리로 반올림한 것으로 충분하다.

광속: $c=3.00\times10^{8}$ m/s = 3.00×10^{5} km/s

광초의 길이: LS$=3.00\times10^{8}$ m$=3.00\times10^{5}$ km

천문단위: AU$=1.50\times10^{11}$ m$=1.50\times10^{8}$ km$=500$ LS

이제 태양계 내에서 사용할 길이의 척도를 환상적인 정확도로 알게 됐다. 이것으로 우주의 거리 측정에 사용할 긴 사슬의 첫 번째 고리가 채워진 셈이다.

10.2 별의 삼각측량

행성계에서 항성계로 건너뛰려면 엄청난 보폭이 요구된다. 가장 가까운 별이라고 해도 지구에서 수십만 천문단위나 떨어져 있기 때문이다. 토목측량기사는 직접 다가갈 수 없는 산이나 나무까지의 거리를 측정하는 데 삼각측량법을 이용한다. 원리적으로는 삼각측량과 같은 기법이 별의 거리 측정에도 그대로 사용된다.

10.2.1 삼각측량법

삼각측량의 기본 원리를 우리 눈의 깊이 감각에서 이해할 수 있다. 매일 아침 우리가 거울을 들여다볼 때마다 알 수 있듯이, 두 눈이 서로 약간 떨어져 있어서 두 개의 다른 관점에서 세상을 볼 수 있게 해 준다. 이중 시선으로 비롯된 원근감이 거리를 가늠하는 실질적인 방편을 제공한다.

무슨 뜻인지 알기 위해 우선 펜을 얼굴에서 몇 인치 떨어진 곳에 두고, 한쪽 눈은 감은 채 다른 쪽 눈으로만 바라본 다음, 다시 눈을 바꿔 같은 펜을 바라본다. 방 안에 좀 더 멀리 있는 물체에 대한 펜의 상대 위치가 눈을 바꿀 때마다 바뀔 것이다. 이제 펜을 한쪽 팔 정도 떨어진 곳에 놓고 같은 실험을 반복한다. 상대 위치의 변화 정도와 비교해서 어떻게 됐는가? 펜을 얼굴 가까이 뒀을 때보다 변화의 폭이 훨씬 줄었다. 펜이 눈에서 멀리 떨어져 있을수록 상대 위치의 변화 폭은 감소한다. 뇌가 이러한 비교를 자동으로 수행하여 물체가 얼마나 멀리 떨어져 있는지를 정확하게 알려준다.

팔이 고무로 만들어졌다면 펜을 원하는 거리에 마음대로 갖다 놓을 수 있을 것이다. 펜이 눈에서 어느 정도 이상 멀리 떨어지면, 펜의 상대 위치가 변하는 것을 감지할 수 없게 된다. 깊이 감각은 수십 미터 이상 떨어진 물체에 대해서는 작동하지 않기 때문이다. 도시의 한 구역이나 그 이상 떨어져 있는 물체에 대해 거리감을 가지려면 두 눈 사이의 간격보다 더 멀리 떨어진 두 개의 관측 지점이 필요하다.

측량기사가 이 아이디어를 어떻게 활용하는지 알아보자. 깊은 강 건너에 서 있는 나무까지의 거리를 재고자 한다(그림 10.2). 먼저 적정한 거리만큼 떨어져 있는 두 개의 관측 지점을 설정한다. 두 지점 간의 거리, 즉 그림 10.2의 AB를 우리는 기선(baseline)이라 부른다. 이 기선에 대해 나무(그림에서 C)가 보이는 방향을 각각의 관측 지점에서 측정한다. 나무 C는 관측점마다 서로 다른 방향에 있는 것처럼 보인다는 사실에 유의하라. 관측자의 위치에 따라 멀리 있는 물체가 보이는 방향의 차이를 **시차**(parallax)라고 부른다.

시차는 선분 AC와 BC가 이루는 각—수학적으로 말하면 기선의 대응각—을 의미한다. 점 A와 B에서 C가 만드는 각도와 기선 AB의 길이를 알면 삼각형 ABC의 어느 길이—말하자면 AC 또는 BC—든 구할 수 있다. 그 해답은 비례 척도나 수치 계산을 통한 삼각법으로 얻는다. 멀리 있는 나무일수록 두 점과 나무가 만드는 삼각형은 꼭지각이 예리한 긴 삼각형이 된다. 다시 말해서 시차가 작아지는 것이다. 그러므로 시차가 작은 물체일수록 멀리 있는 것이다.

측량기사가 지구에서 거리를 측정하는 데 사용하는 기선은 우주의 거리 측정에는 아무런 소용이 없다. 멀리 있는 천체일수록 기선이 길어야 한다. 천체라면 우리에게서 아주 멀리 떨어져 있기 때문에 거리 측정에 어느 정도 정확도를 확보하려면 천문학적 삼각측량에 동원할 기선은 그 길이가 길어야 하고, 각도 측정의 정밀도 역시 높을수록 좋다. 달은 망원경 없이도 어느 정도 정확하게 거리를 잴 수 있는 유일한 천체다. 프톨레마이오스는 달까지 거리를 수 퍼센트 이내로 정확하게 알아낼 수 있었다. 그는 지구의 크기를 기선으로 사용하여, 같은 날 밤 다른 두 시각(時刻)에 배경 별들에 대한 달의 상대 위치를 측정하는 방식으로 달까지의 거리를 추정했다.

하지만 망원경의 도움을 받을 수 있었던, 프톨레마이오스 이후의 천문학자들은 지구의 지름을 기선으로 활용하여 가까운 행성이나 소행성까지의 거리를 측정했다. 이렇게 해

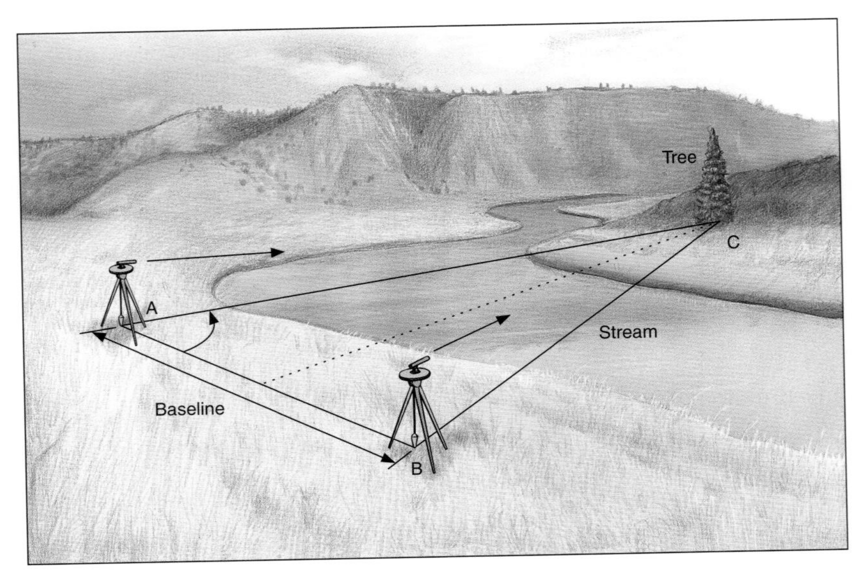

■ **그림 10.2**
삼각측량법 삼각측량법을 이용하면 직접 걸어가 닿을 수 없는 물체까지의 거리를 잴 수 있다. 두 개의 관측 시점에서 나무를 바라본 각도를 재고 관측점과 나무가 이루는 삼각형을 풀어서 나무까지의 거리를 계산할 수 있다.

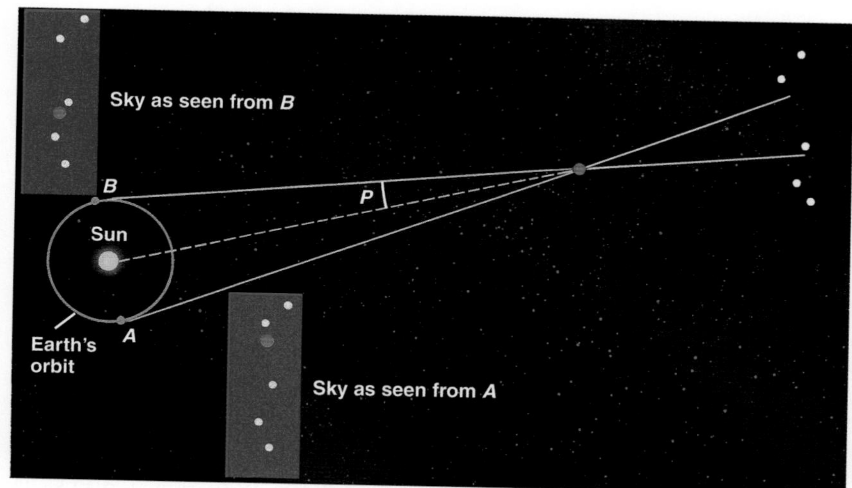

■ 그림 10.3
별의 시차 지구가 태양 주위를 공전하면서 가까운 별을 바라보면, 멀리 있는 별들에 대한 이 별의 상대 위치 변화가 관측된다. 배경 별에 대한 상대 위치의 전체 변화량을 반으로 나눈 값으로 그 별의 시차를 정의한다. 일반적으로 별의 시차는 각초(角秒)의 단위로 잰다.

서 천문단위의 구체적인 값이 알려지게 되었다. 그러나 별까지의 거리를 삼각측량법으로 결정하려면 지구의 지름보다 훨씬 긴 기선과 극도로 정밀한 각 측정 기술이 필요했다. 원하던 긴 기선은 지구의 태양 주위 연주 운동에서 얻을 수 있었다.

10.2.2 별까지의 거리

지구가 궤도의 한쪽 끝에서 다른 쪽 끝까지 움직이면 2 AU, 즉 3억 km나 되는 긴 기선을 '무상으로' 제공하는 셈이다. 지상에서 구현할 수 있는 최장 기선은 기껏 지구의 지름 정도이므로, 2 AU는 지구 지름에 비하면 엄청나게 긴 기선임에 틀림이 없다. 그러나 별은 워낙 멀리 있어서 별의 시차는 이 정도로 긴 기선을 가지고도 맨눈으로 측정할 수 없다. 이러한 사정은 가장 가까운 별이라고 해도 예외가 아니다.

1장에서 이 사실이 태양계의 중심은 태양이고 지구는 그 주위를 돌고 있다고 제안한 일부 고대 그리스인들을 얼마나 당황하게 했는지 논의하였다. 아리스토텔레스와 다른 학자들은 지구가 태양 주위를 돈다고 할 수 없다고 주장했다. 지구가 돈다면 가까운 별의, 먼 별들에 대한 시차가 지구 궤도의 서로 다른 두 지점에서 측정되어야 한다. 당시 지식인들이라도 우주의 크기에 대한 개념이 없었을 터이니, 이러한 논증이 틀렸다고 탓할 수 없다(그림 10.3). 심지어 티코 브라헤 같은 이도, 별의 위치에 대한 자신의 세심한 관측이 시차를 보여주지 않자 거의 2000년이나 된 그리스 시대 사람들과 같은 주장을 되풀이했다.

그러나 티코 브라헤를 비롯한 당시 천문학자들은 별들이 얼마나 멀리 떨어져 있는지 몰랐을 뿐 아니라, 지구의 궤도 장반경을 기선으로 하는 시차라고 해도 그 값이 도대체 얼마나 될지 예상조차 할 수 없었다. 그 당시 천문학자들에게는 육안 식별이 불가능할 정도로 작은 시차를 측정할 만한 도구가 없었던 것이다.

지구의 공전 운동에 대한 더 이상의 의심이 사라진 18세기에 와서 별들이 극도로 멀리 떨어져 있다는 사실이 명백해졌다. 망원경으로 무장한 천문학자들은 천구상에서 위치의 변화를 보이지 않는 별들을 배경으로 가까운 별의 겉보기 위치 변화를 측정할 장비를 개발했다. 가장 가까운 별이라도 시차가 각도로 1″보다 작아서 이러한 정밀기기의 개발은 대단한 도전이었다. 1″는 1°의 1/3600이라는 사실을 기억하기 바란다(1장 참조). 미국에서 통용되는 25센트짜리 동전이 5 km 밖에 서 있는 사람에게 각지름이 1″인 원으로 보일 것이다![1] 인류가 이렇게 미세한 각을 측정할 수 있게 되기까지 천문학자들은 오랜 기간을 기다려야 했다.

별의 성공적인 첫 시차 측정에는 세 명의 위대한 천문학자가 거명된다. 1838년 독일의 프레드리히 베셀과(그림 10.4), 희망봉에서 일하던 스코틀랜드 출신의 천문학자 토마스 헨더슨, 그리고 러시아의 프리드리히 스트루베가 독립적으로 각각 백조자리 61, 센타우르스자리 알파, 그리고 직녀성의 시차 측정에 성공하였다. 가장 가까운 센타우르스자리 알파조차 1년 동안에 보인 시차가 겨우 1.5″였을 뿐이다.

그림 10.3을 보면 시차 측정의 과정을 이해할 수 있다. 비교적 가까운 거리에 있는 별을 지구 궤도의 양 끝에서 관측하면 더 멀리 있는 별들을 배경으로 그 위치가 바뀌게 된다. 천문학에서는 위치 변화의 전체 폭이 아니라 그 반을 시차로 삼는다. 즉, 그림 10.3의 각 P가 시차를 나타낸다. 이렇게 하면

[1] 역자 주-눈으로는 이 정도의 작은 각을 분해해 볼 수 없다. 육안의 분해능은 1′ 정도다.

■ **그림 10.4**

베셀, 최초로 시차를 측정하다 베셀(Friedrich Wilhelm Bessel, 1784~1846)이 백조자리 61까지의 거리를 1838년에 최초로 측정하였다. 베셀 이전에는 거의 1세기 동안이나 많은 천문학자가 거리 측정에 전념했지만 성공하지 못했다. 이 난제를 베셀이 최초로 해결했다.

기선이 2 AU가 아니라 1 AU가 되어 계산하기에 편리하다.

10.2.3 별의 거리 측정 단위

기선을 1 AU로 한 어느 별의 시차가 1″라면 그 별은 우리로부터 얼마나 멀리 떨어져 있을까? 대답은 206,265 AU, 즉 3.1×10^{13} km다. 말하자면 31조 km에 해당하는 어마어마한 거리다. 이 단위에 '시차(**par**allax)가 1각초(**sec**ond of arc)'라는 말에서 유래한 파섹(parsec, pc로 약칭)이라는 특별한 이름을 붙여 편리하게 사용한다. 파섹으로 나타낸 별까지의 거리 r은 각초의 단위로 나타낸 그 별의 시차 p의 역수로 주어진다. 즉,

$$D=\frac{1}{p}$$

따라서 시차가 0.1″인 별은 10 pc의 거리에서 발견될 것이며, 0.05″라면 20 pc 떨어져 있는 별이다.

별의 거리 정보를 시차에서 얻던 과거에는 pc이 거리 측정의 유용한 단위였으나, 9.1절에서 정의한 **광년**(light year)보다 직관적이지 못하다. 광년을 사용하면, 공간적으로 먼 곳의 상황을 시간상으로 먼 과거에 일어난 현상으로 편하게 해석할 수 있기 때문이다. 우리로부터 100광년 거리에 있는 별의 존재를, 그 별에서 100년 전에 출발한 빛을 통해서 알아내는 것이다. 그러니까 별의 현재 상태가 아니라 과거의 모습을 지금 보는 셈이다. 우리 망원경에 오늘 도달한 어떤 은하의 빛은 지구가 태어나기 이전에 그 은하를 출발했을 수도 있다.

이 책에서 거리의 단위로 광년을 사용하지만, 많은 천문학자는 기술적 논문이나 학술회의장, 또는 자기들끼리 하는 강연 등에서 아직도 파섹을 쓰기 좋아한다. 이 두 거리 단위의 변환은 다음과 같이 간단하다.

1 pc=3.26 LY, 1 LY=0.31 pc

천문학의 기초지식
별 이름 붙이기

이미 여러분은 여러 가지 이름으로 별을 부르고 있다는 사실을 알게 됐을 것이다. 처음 시차가 측정된 별들의 이름만 봐도 그렇다. 백조자리 61, 센타우르스자리 알파, 그리고 베가(직녀성)는 각기 다른 전통에서 그 이름이 나왔다.

가장 밝은 별들은 고대로부터 내려오던 이름으로 부른다. 어떤 것은 그리스 말인데, 시리우스는 그 밝음과 관련되어 '까맣게 그슬린 것'을 뜻한다. 몇몇 이름은 라틴어에서 왔으나 가장 잘 알려진 별들의 이름은 아랍어가 많다. 왜냐하면 1장에서 논의한 바와 같이 대부분의 그리스와 로마 천문학이 중세 암흑기 이후 아랍어 번역을 통해 유럽에서 '재발견'됐기 때문이다. 예를 들어 베가는 '내리 덮치는 독수리'라는 뜻이고, 영미권에서 비틀쥬스라고 발음되는 베텔게우스는 '중심부의 오른쪽'이란 뜻이다.

1603년, 독일 천문학자 요한 바이어(Johan Bayer)가 별의 이름을 더 체계적으로 짓자고 제안했다. 그는 각각의 별자리를 구성하는 밝은 별들에는 대략 밝기 순으로 그리스 문자를 배당하기로 했다. 예를 들어 오리온자리에서는 베텔게우스가 가장 밝은 별이다. 그래서 그리스 알파벳의 첫 글자인 알파를 붙여 알파 오리오니스로 부르기로 했다. 영어로는 'Alpha Orionis'로 적는다. 여기서 Orionis는 Orion의 소유격이기 때문에 'Alpha Orionis'는 '오리온자리에서 밝기로 으뜸인 별'이라는 뜻이다. 이 별자리에서 두 번째로 밝은 별인 리겔은 당연히 베타 오리오니스라는 이름을 갖고 있다. 그리스 알파벳에는 모두 24개의 글자밖에 없으므로 이 방법으로는 각 별자리에서 24개까지만 이름을 붙일 수 있다. 그러나 별자리 하나에 속한 별은 24개보다 훨씬 더 많다.

1725년에 영국 왕실의 천문학자 존 플램스티드(John Flamsteed)는 위치에 따라 번호를 부여하는 방식을 제안하였다. 비교적 밝은 별들에 적경 순으로 별자리 앞에 번호를 부여하는 방식이다. 적경을 포함한 천구 좌표에 대해서는 3

장을 참조하기 바란다. 이 방법으로 베텔게우스는 58 오리오니스(즉, 오리온자리 58번 별)로 불리고, 61 시그니는 백조자리의 61번 별이란 뜻이다.

상황은 악화되기 마련이다. 천문학자들은 별에 대해 많이 알게 될수록 특별한 목적의 천체 목록들을 편찬하였고, 그러한 목록을 만든 연구자들은 해당 목록의 번호로 별들을 부르기 시작했다. 가장 가까이 있는 별의 명단인 부록 10을 보면 이러한 목록들이 들어있음을 알 수 있다. (부록에 실린 별 중 상당수는 옛날 관측기술로는 너무 어두운 것이어서 고대 이름이나 바이어 문자, 플램스티드 번호를 얻지 못했다.) 예를 하나 들어보자. 'Bonner Durchmusterung'을 뜻하는 BD 번호가 붙어 있는 별이 있을 것이다. 1850년대와 1860년대에 독일 본(Bonn) 천문대에서 전 하늘을 일련의 구역들로 분할하였다. 그리고 총 324,000개의 별에 대한 정보를 구역별로 집대성한 BD 목록을 작성했다. 이 목록은 사진술이 활용되거나 컴퓨터가 사용되기 이전에 만들어졌기 때문에 각 별의 위치를 최소 두 번 이상 육안 측정하여 작성한 것이다—얼마나 진력나는 작업이었을지 상상하기 바란다.

밝기가 변하는 별들은 완전히 다른 명명법을 따른다. 예측할 수 없는 시기에 갑자기 폭발적으로 밝아지는 별에 대해서 또 다른 방법이 적용된다. 천문학자들은 별을 부르는 여러 다른 방법에 익숙해져 있으나, 학생들에게는 이런 방식들이 당혹스럽게 느껴질 것이다. 한 가지 방법으로 정리됐으면, 하고 속으로 바랄 것이다. 숨을 죽이고 기다릴 필요는 없다. 인간 사유의 다른 분야와 마찬가지로 천문학에서도 전통이 강력한 매력을 유지한다. 그래도 인간의 기억을 도와주기 위한 고속 컴퓨터의 데이터베이스 덕분에 이름은 앞으로 점점 덜 필요하게 될 것이다. 오늘날의 천문학자들은 별을 이름이나 목록 번호로 부르는 대신에 하늘에서의 정확한 위치로 나타내기를 더 좋아한다. 그러니까 별의 명명법이 통일될 날이 곧 오고 말 것이다.

■ ■ ■ ■ ■ ■ ■ ■ ■ ■ ■ ■ ■

10.2.4 가까운 별들

태양을 제외하면, 지구로부터 1광년 심지어 1 pc까지 확장해도, 그 안에 별은 단 하나도 없다. 태양에 가장 가까운 이웃은 센타우르스자리에서 하나의 다중성 계를 구성하고 있는 세 개의 별 무리다. 육안으로는 센타우르스자리 알파별 하나로만 보인다. 천구의 남극으로부터 30°밖에 떨어져 있지 않아서 북반구에서는 망원경으로도 볼 수 없다. 그런데 이 알파 별은 홑 별이 아닌 쌍성이다. 두 성분 별이 너무 가까워서 망원경의 도움 없이는 둘을 구별해 볼 수 없다. 이 두 별은 우리로부터 4.4광년 떨어져 있다. 근처에는 센타우르스자리 프록시마라는 제3의 흐린 별이 있다. 프록시마의 거리가 4.3광년이니 다른 두 별에 비해 프록시마가 우리에게 약간 더 가까이 있는 셈이다.[2] 그런데 프록시마가 알파 쌍성계에 소속되었음을 의심하는 천문학자들도 있다. 몇 가지 정황으로 미루어 보아, 프록시마는 어쩌다가 센타우르스자리 알파별 근처를 지나가게 된 별이지 싶다.

망원경의 도움 없이 볼 수 있는 모든 별 중에서 겉보기 밝기가 가장 밝은 것은 시리우스인데 우리로부터 8광년밖에 떨어져 있지 않다. 앞 장에서 얘기했듯이 시리우스 역시 쌍성계다. 이 쌍성계는 흐린 백색 왜성과 푸른 주계열별이 중력으로 서로 맞물려 돌고 있다. 태양 빛이 지구에 도달하는 데 8분이 걸리는데, 시리우스의 빛은 8년이나 걸린다. 8분과 8년의 대비에서 별과 별 사이가 행성 간 공간에 비해서 얼마나 넓게 비어 있는지 실감할 수 있다.

인공위성 히파르코스(Hipparcos)의 발사와 더불어 항성의 시차 측정에 대변혁이 일어났다. 히파르코스는 300광년 이내에 있는 별들의 거리를 10~20%의 정확도로 측정했다. 이 위성에 관한 더 자세한 내용은 '연결고리: 시차와 우주천문학'을 참조하기 바란다. 은하의 거리에서 300광년이란 먼 거리는 아니다. 우리은하 원반 크기의 1%에 불과하니 말이다. 일련의 방법을 총동원하여 거리 측정 대상을 태양계 근방 천체에서 아주 멀리 있는 천체로 확장하려면 완전히 새로운 거리 측정기법이 개발돼야 한다.

10.3 변광성: 우주적 거리에 이르는 열쇠

10.3.1 표준 광원 다시 보기

별의 거리 측정이 얼마나 악전고투를 거듭하는 난제인지 잠시 살펴보자. 우리가 8.1절에서 논의한 바와 같이, 거리 측정에 관련된 문제는 별의 본래 밝기가 넓은 범위에 걸쳐 분포한다는 사실에서 연유한다. 시중에서 판매되는 전구의 밝기는 넓은 범위의 와트 수로 구분된다. 별 또한 그러하다. 하지만 논리 전개의 편의상 우리는 별이 모두 같은 와트의 밝기를 갖는다고 가정하자. 이 경우 멀리 있는 별일수록 더 어둡게 보일 것이다. 그러므로 별의 어두운 정도에 따라서

[2] 역자 주-'proximal'은 '가장 가까운'이란 뜻의 형용사다.

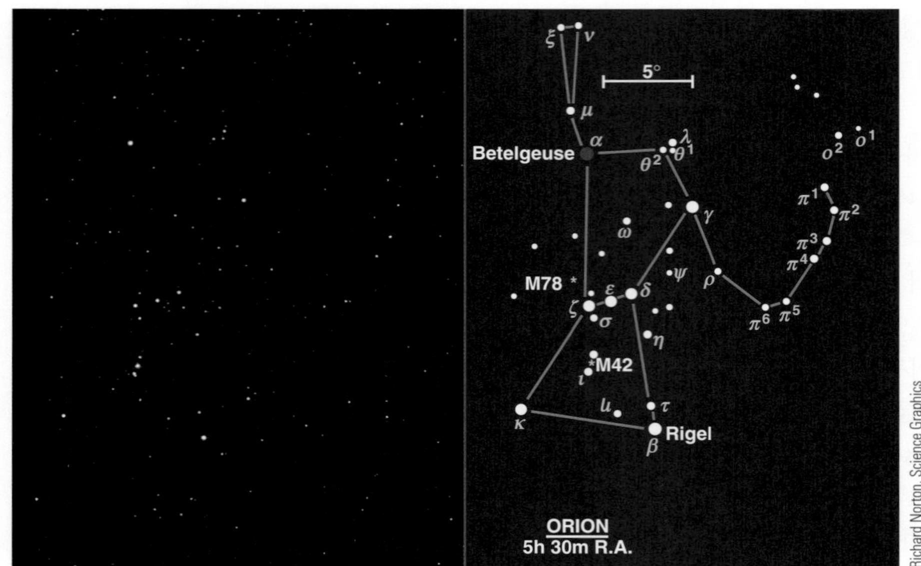

■ **그림 10.5**
오리온자리 천체들 밤하늘 오리온자리의 실제 모습을 찍은 사진과 가장 밝은 별들을 연결하여 그리스 신화의 사냥꾼 오리온을 형상화한 도형을 나란히 놓고 서로 비교해 볼 수 있도록 했다. 노란색 글씨는 바이어 체계의 그리스 문자다. M42와 M78은 별이 아니라 가스와 티끌로 이뤄진 성운으로, 영문자 M 다음에 나오는 숫자는 1781년 찰스 메시에(Charles Messier)가 만든 '퍼진 천체 목록'에 등재된 순서를 나타내는 번호다.

그 거리를 추산할 수 있을 것이다. 그러나 실제 우주 상황에서는 문제가 그렇게 간단하지 않다. 어느 별의 겉보기 밝기가 어둡다고 해서, 그 별이 특별히 멀다고 단언할 수는 없다. 본래 '와트 수가 낮은 전구'에 해당하는 별이라면 가까이 있어도 어둡게 보이기 때문이다. 물론 본래 흐린 별은 멀리 있어도 어둡게 보인다. 별의 겉보기 밝기는 거리와 본래의 밝기, 두 가지 요인에 의해 결정된다.

우리는 별의 진짜 와트 수를 알려 주는, 즉 본래 밝기를 '읽을 수 있는' 다른 어떤 방편이 필요하다. 별의 본래 밝기를 나타내는 와트 수와 겉보기 밝기에서 거리를 추산할 수 있다. 겉보기 밝기가 거리의 제곱에 반비례하기 때문이다. 원래 같은 밝기인 두 별 중 하나의 거리가 다른 하나의 3배라면 밝기에는 9배의 차이가 생긴다. 멀리 있는 것이 가까운 것의 1/9 밝기다. 따라서 광도와 겉보기 밝기를 알면 거리를 계산할 수 있다.

천문학자들은 별의 광도를 측정할 수 있는 기법을 오랫동안 찾아왔다. 이제 그 기법에 어떤 것들이 있는지 알아보자.

10.3.2 변광성

우리은하의 저 변방 구석진 곳은 물론, 외부 은하들까지의 거리를 측정하는 데 있어서 하나의 극적 돌파구가 변광성 연구로 열리기 시작했다. 별의 광도는 기껏 1~2% 정도 변하는 게 통례다. 대부분 별이 태양처럼 내부 중심핵에서 한결같은 흐름으로 에너지를 생성한다. 그러나 어떤 별들은 밝기가 눈에 띄게 변하는데 바로 그 이유 때문에 변광성이라 불린다. 이런 별들의 밝기는 크리스마스 연휴 기간 동안 상점이나 집을 장식하는 반짝이 전구처럼, 일정한 주기를 갖고 규칙적으로 변한다.

별의 밝기 변화를 추적하는 데 도움이 될 만한 몇 가지 도구를 정의하자. 변광성 밝기의 시간에 따른 변화를 보여 주는 그래프를 **광도곡선**(light curve, 그림 10.6)이라 부른다. 광도곡선의 극대점(maximum)과 극소점(minimum)은 각각 가장 밝을 때와 가장 어두울 때에 해당하는 점이다. 만약 광도 변화가 주기적이면 연속적인 두 극대점 사이의 시간 차이가 그 별의 변광주기다. 우리는 그림 9.3에서 이와 같은 형태의 광도곡선을 이미 본 적이 있다.

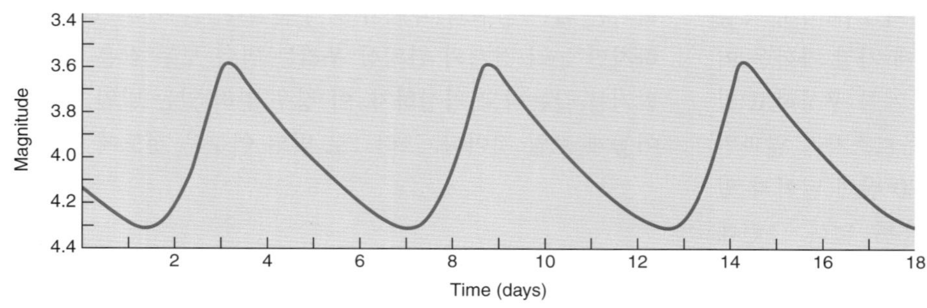

■ **그림 10.6**
세페이드 변광성의 광도곡선 세페이드 변광성의 전형적인 광도 변화를 보여준다.

시차와 우주 천문학

별의 시차는 아주 작다. 지상에서 작은 시차를 정확히 측정하는 과정에서 가장 어려운 문제는 별빛이 지구 대기를 통과하기 때문에 생긴다. 5장에서 보았듯이, 대기가 별빛을 희미한 원반 형태로 퍼뜨려서 별의 정확한 위치 측정을 방해한다. 그렇기 때문에 많은 천문학자들은 시차를 우주 공간에서 측정할 수 있었으면 하고 염원해 왔다. 최근 지구를 선회하는 우주선이 천문학자의 꿈을 현실로 만들어 줬다.

1989년 유럽 우주국(European Space Agency)에서 별의 시차를 측정하기 위해 위성을 발사했다. 히파르코스(Hipparcos)라는 이 위성의 이름은, '고정밀 시차 수집 위성'을 의미하는 '**Hi**gh **P**recision **Par**allax **Co**llecting **S**atellite'의 첫 글자를 조합해서 만든 것이다. 히파르코스라는 이름은 1장에서 업적을 논의한 바 있는 그리스의 선구자적인 천문학자 히파르쿠스에 대한 경외심의 표현이기도 하다. 히파르코스 위성은 지표로부터 36,000 km 고공에서 별의 시차를 인류 역사상 가장 정확히 측정할 수 있도록 설계했다. 그러나 로켓 모터의 실패로 충분한 추진력을 받지 못해 원하던 고도에까지 도달하지는 못했다. 그 결과 고도 500~36,000 km 사이를 움직이는 타원 궤도에 머물면서 수명 4년을 다 채워야 했다. 이 궤도에서 위성은 5시간에 한 번씩 지구의 복사 벨트 안으로 들어오곤 했다. 복사 벨트에 진입할 때마다 태양 전지판이 손상되었고 전력 공급에 문제가 생겨 측정 장비들이 제 기능을 다 발휘할 수 없었다.

그럼에도 히파르코스 미션은 성공적이었으며 지금까지 두 개의 목록집이 발간됐다. 하나는 120,000개의 별에 대한 위치를 0.001″의 정확도로 알려 준다. 뉴욕 시에 있는 골프공을 유럽에서 보면 크기가 각으로 대략 1/1000″가 될 것이다. 두 번째 목록집에는 무려 백만 개 이상의 별들에 대한 위치 정보가 1/30,000″의 정확도로 주어져 별의 시차를 300광년까지 측정할 수 있었다. 지상 망원경이라면 60광년까지였을 것이다.

또 태양 근방에서 200여 개의 별을 새로 발견했다. 그중 가장 가까운 것이 18광년 떨어져 있었다. 태양으로부터 75광년 이내에 별이 수백 개 정도 있을 것으로 원래 추정했었지만, 그보다 훨씬 더 멀리까지 나가야 그만 한 수의 별을 기대할 수 있게 된 것이다. 우주의 크기와 나이에 관한 정량적 정보는 우주적 규모의 거리 추정에 사용되는 일련의 방법들이 측정의 정밀도에 크게 영향을 받기 때문에, 히파르코스의 측정 결과 또한 우주의 크기와 나이 결정에 영향을 미친다. 측정 결과 우주에서 가장 늙은 별의 나이는 120~140억 년쯤일 것으로 보인다. 지상에서 측정한 결과에서 유추한 가장 늙은 별의 나이는 이보다 훨씬 많은 180억 년이었다.

오랫동안 천체의 정확한 시차와 위치 측정은 천문학 연구 현장에서 뒷방 신세를 면치 못했다. 이렇게 된 데에는 지난 100여 년 동안 측정 기술의 진보가 거의 없었다는 현실적인 이유가 있었다. 그러나 우주로 나가서 측정할 수 있는 새로운 길이 열리자 측성학(測星學) 분야에 일대 혁명이 일어난 것이다. 현재 유럽 우주국은 수억 개에 이르는 별들의 위치를 수천 만분의 1″ 이내의 정밀도로 측정할 새로운 우주선 계획을 구상 중이다. 이 구상이 실현되면 우리은하수 은하의 상당 부분에 대한 3차원 지도가 구축될 것이다. 그뿐 아니라 일련의 우주적 거리 측정방법들의 긴 사슬에서 현재 끊긴 몇몇 고리들이 연결될 것으로 기대된다.

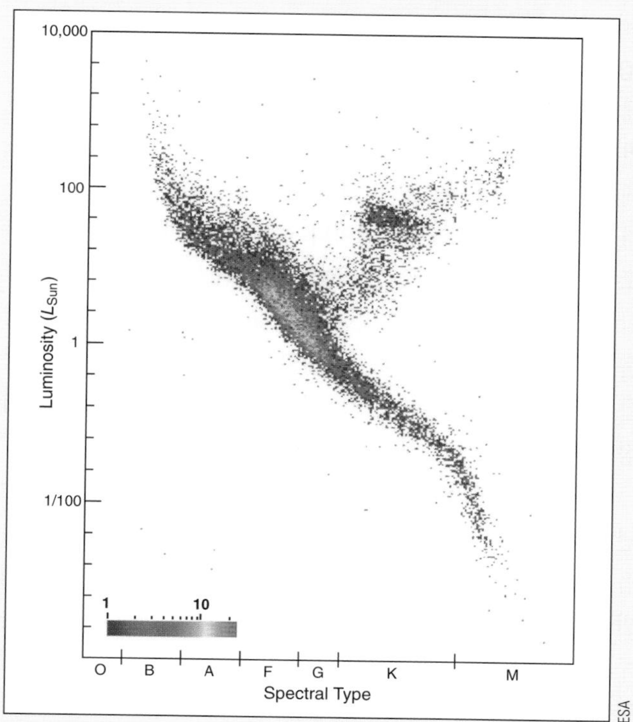

히파르코스가 측정한 별들에 관한 거리 정보로 만들어 본 H–R 도 히파르코스가 상대오차 10% 이내의 정확도로 측정한 16,631개의 별에 관한 정보가 이 H–R 도에 들어 있다. 각 점에 색깔을 부여하여 점을 포함하는 별의 개수를 나타내기로 했다. 빨간 별의 숫자가 가장 많고 파란 별이 가장 적다. 현재까지 알려진 시차 중에서 가장 정확하게 측정된 별들이지만, 이 정도 개수의 별에도 초거성은 포함되지 않는다(그림 9.13과 9.14 참조). 거리 측정의 한계를 훨씬 더 멀리 확장해야 할 필요가 절실하다.

10.3.3 맥동 변광성

앞으로 좀 더 자세히 얘기하겠지만, 광도곡선으로부터 정확한 거리를 도출할 수 있는 두 가지 유형의 변광성이 있다. **세페이드 변광성**과 **거문고자리 RR형 변광성**이 바로 그것인데, 둘 다 맥동 변광성이다. 맥동 변광성은 지름이 시간에 따라 실제로 변한다.—숨을 쉴 때 가슴이 그러하듯이, 별의 반경이 팽창하고 수축하기를 주기적으로 반복한다. 이 맥동 변광성은 별의 긴 생애의 마지막 단계에서 잠깐 불안정한 시기를 지나는 중으로 이해되고 있다.

맥동 변광성의 팽창과 수축은 도플러 효과를 이용하여 측정할 수 있다. 별 표면이 우리 쪽으로 다가올 때 스펙트럼선은 청색 이동(편이)되고, 수축할 때는 적색으로 이동된다. 즉, 스펙트럼선이 나타나는 파장이 팽창할 때 짧은 쪽으로, 수축할 때는 긴 쪽으로 이동한다. 별이 맥동할 때 전체적인 색깔이 변하는 것으로 보아 표면 온도 역시 변한다고 하겠다. 그러나 거리 측정의 관점에서 볼 때 맥동 변광성의 가장 중요한 성질은, 이 별이 팽창, 수축과 더불어 광도가 규칙적으로 변한다는 점이다.

10.3.4 세페이드 변광성

세페이드 변광성의 '세페이드'는 이런 부류의 변광성으로 첫 번째로 발견된 세페우스자리 델타별의 이름에서 온 것이다. 세페이드는 일반적으로 반경이 크고 색깔이 노란 별로, 팽창과 수축을 반복하는 변광성이다. '세페이드 변광성'이란 표현도 천문학에서 이름 짓기가 얼마나 혼란스러운지 다시 실감할 수 있다. 특정 성질의 별들을 한데 묶어 하나의 종류로 삼을 때, 그런 성질을 가지는 천체로서 최초로 발견된 별의 이름을 그대로 사용하니, 혼란스러워진다. 이 책의 저자들은 이 점에 대해 여러분께 양해를 구한다.

세페우스자리 델타별의 밝기가 변한다는 사실은 1784년 영국의 젊은 천문학자 존 구드릭(John Goodricke)이 처음 알아냈다('천문학 여행: 존 구드릭' 참조). 이 별은 빠르게 밝아졌다가 느리게 어두워진다. 밝기 변화의 순환이 5.4일을 주기로 진행된다. 그림 10.6의 광도곡선은 세페우스자리 델타의 것이다.

우리은하에서는 수백 개의 세페이드 변광성이 알려졌다. 대부분은 3일부터 50일 사이의 변광주기와 태양의 1000배에서 10,000배에 이르는 광도를 가진다. 광도 변화의 상대적 폭은 수 퍼센트부터 10배까지 다양하다.

누구에게나 친숙한 북극성도 세페이드 변광성이다. 광도 변화의 주기가 4일에 조금 못 미치고, 변광 폭이 등급으로는 0.1등급이며 백분율로는 약 10% 수준이다. 여기서 광도란 가시광 광도를 뜻한다. 북극성은 이런 식의 밝기 변화를 오랫동안 유지해 왔다. 최근의 관측 결과는 북극성의 밝기 변화 폭이 점차 감소하고 북극성이 맥동 단계를 곧 벗어날 조짐을 보여준다. 이는 실제로 별이 나이를 먹으면서 진화해서 내부 구조가 변해간다는 증거를 북극성이 보여주는 셈이다.

10.3.5 주기-광도 관계

세페이드 변광성의 중요성은 주기와 평균 광도 사이에 성립하는 관계에서 비롯된다. 변광주기가 길수록 광도는 높다. 세페이드의 **주기-광도 관계**(period luminosity relation)는 주목할 만한 발견이었다. 천문학자들이 아직도 이 행운의 별에 감사하고 있다. 이런 별의 변광주기는 측정하기 쉽다.—좋은 망원경과 좋은 시계만 있으면 된다. 일단 주기를 알면 수식으로 정확히 기술되는 관계식에 주기 값을 대입하여 별의 광도를 얻어낼 수 있다. 천문학자들은 이렇게 유도된 별의 본래 밝기를 겉보기 밝기와 비교한다. 원래 광도와 겉보기 광도의 차이로부터 별까지의 거리를 계산할 수 있다.

주기와 광도 사이의 관계는 1908년 하버드 대학 천문대의 계산 부서의 직원이던 헨리에타 리비트(Henrietta Leavitt, 그림 10.7)가 발견하였다. 리비트는 낮은 임금을 받으며 당시 천문대 대장이던 피커링의 연구를 돕던 여성 직원 중 한 명이었다(8장 '천문학 여행: 애니 캐넌' 참조).

■ **그림 10.7**
헨리에타 리비트 헨리에타 리비트(Henritta Swan Leavitt, 1868~1921)는 하버드 천문대에서 낮은 임금으로 일하던 '여성 컴퓨터 부대'의 일원이었다. 대·소마젤란운의 사진 건판을 조사하여 1700개의 변광성을 발견했고, 이 중에서 세페이드 변광성을 20개나 찾아냈다. 마젤란운의 세페이드 변광성들은 모두 우리로부터 거의 같은 거리에 있는 셈이므로, 리비트는 20여 개의 세페이드 변광성의 겉보기 밝기 변화로부터 광도와 변광주기 사이에 성립하는 관계를 찾을 수 있었다. 이 관계식에 힘입어 인류는 비로소 우주적 척도로 저 멀리 펼쳐진 새로운 세상으로 그 발을 성큼 내디딜 수 있게 되었다.

천문학 여행

존 구드릭(John Goodricke: 1764~1786)

우리는 존 구드릭의 짧은 생애에서 인간 정신의 위대한 승리를 본다. 청각장애인으로 태어나 말을 할 수 없었던 구드릭은 끈기를 갖고 밤하늘을 열심히 관측해서 천문학 발전사의 위대한 선구자로서 많은 발견을 해냈다.

Courtesy of the San Diego State University special collections library

화가 J. Scouler가 그린 J. Goodricke의 초상화. 현재 런던에 있는 왕립천문학회에 걸려 있다. 이 작품이 구드릭과 실제로 닮았는지, 아니면 가족들 마음에 들게 하느라 손질이 된 것인지에 대해서는 논란이 분분하다.

아버지가 외교관 임무를 수행하던 네덜란드에서 태어난 구드릭은, 여덟 살이 되던 해에 청각장애인을 위한 특수학교에서 공부하기 위해 영국으로 왔다. 그는 장애를 가진 학생에게 특별 배려를 하지 않는 중등학교인 워링턴 아카데미에 입학할 수 있을 정도로 모든 면에서 뛰어났다. 수학 교사의 영향으로 구드릭은 1781년, 나이 17살에 천문학에 큰 관심을 갖게 된다. 구드릭은 잉글랜드 요크에 있는 집에서 천문관측을 시작했다. 일 년 만에 그는 알골의 밝기가 변한다는 사실을 발견했고(9장 참조), 그 원인은 100년 이후에나 증명될 이론인 보이지 않는 동반별이 이 변화를 일으키는 숨은 요인이라고 제안하였다. 1783년 그는 이 제안을 영국의 중요 학술 단체인 왕립학회에 처음 발표했다. 그 공로를 인정해서 이 학술단체는 그에게 메달을 수여했다.

그동안 구드릭은 밝기가 규칙적으로 변하는 별인 거문고자리 베타와 세페우스자리 델타를 추가로 발견하였다. 두 별 모두 오랫동안 천문학자들의 관심거리로 남아 있었다. 구드릭은 관측에 대한 관심을 사촌 형인 에드워드 피고트(Edward Pigot)와 함께 나누었다. 피고트는 구드릭보다 훨씬 오래 살면서 여러 변광성을 발견하였다. 구드릭의 시간은 일찍 마감되고 있었다. 21살 나이에 왕립학회의 회원으로 선출된 지 두 주 후에 관측을 하다가 감기에 걸렸다. 그리곤 영영 회복하지 못했다.

오늘날 요크 대학에 가면 구드릭 기념관과 과학에 대한 그의 공헌을 기리는 기념 명판을 볼 수 있다. 그렇지만 그가 묻혀 있는 교회 묘지에는 달랑 'J. G.'라는 머리글자만 적힌 묘비가 웃자란 풀 사이에 초라하게 서 있을 뿐이다. 구드릭의 생애를 조사한 천문학자 즈데네크 코팔(Zdenek Kopal)은 묘비명이 초라할 수밖에 없는 이유를 다음과 같이 유추했다. 구드릭의 친척들은 가족 중에 '농아'가 있었다는 사실을 부끄러워했을 것이다. 그들은 듣지도 못하는 사람이 얼마나 많은 것들을 보았는지를 충분히 깨닫지 못한 셈이다.

리비트는 은하의 이웃인 두 개의 거대 항성계, 즉 대마젤란운과 소마젤란운(그림 10.8)에서 변광성을 많이 발견했다. 당시는 대·소마젤란운이 은하인 줄도 모르던 시절이었다.

이들 두 거대 항성계로 변광성의 변광 행태를 연구할 좋은 기회가 열렸다. 그 어떤 실질적인 이유로든 마젤란운들은 너무 멀리 떨어져 있으므로, 그 안에 있는 모든 별들이 우리로부터 같은 거리에 있다고 가정해도 좋다. 비유하자면, 로스앤젤레스의 교외 주택 지역들은 모두 뉴욕 시로부터 같은 거리에 있는 셈이다. 물론 로스앤젤레스에 사는 사람은 그 지역 내에서의 거리를 인지할 수 있을 것이다. 그러나 뉴욕 시까지의 거리에 비해 그 차이는 무시해도 좋을 정도다. 이 비유를 따른다면, 마젤란 구름 안에 있는 모든 별은 우리로부터 같은 거리에 있는 셈이다. 같은 거리에 있는 변광성들이라면 그들의 겉보기 밝기의 차이는 틀림없이 원래 밝기의 차이에서 비롯했을 것이다.

리비트는 밝게 보이는 세페이드일수록 광도 변화의 주기가 길다는 사실을 알았다. 따라서 그녀는 변광주기와 광도 사이에 일정한 관계가 성립한다고 추론할 수 있었다. 리비트가 이 일을 하고 있을 당시 마젤란운까지의 거리는 실제 알려지지 않았다. 그래서 주기에 따른 광도의 차이만 확인할 수 있었지만 세페이드의 절대 광도는 계산할 수 없었다. 실제 수식으로 주기-광도 관계를 정의하면 소위 눈금 조정이라는

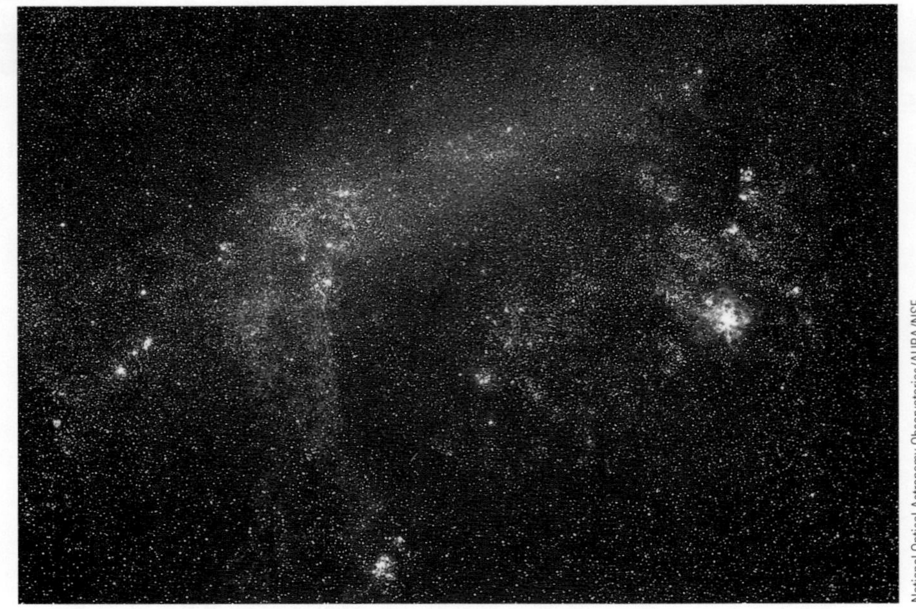

National Optical Astronomy Observatories/AURA/NSF

■ **그림 10.8**
대마젤란운 대마젤란 구름은 소형의 불규칙 은하로서 은하수 은하의 이웃이다. 기록에 의하면, 유럽인으로서 이 남반구 천체를 최초로 언급한 이가 대 항해사 마젤란 휘하의 선원들이었다고 한다. 그래서 마젤란의 이름이 붙은 것이다. 헨리에타 리비트가 마젤란 구름에서 발견한 세페이드로부터 주기-광도 관계를 최초로 정립할 수 있었다.

것부터 해야 한다. 천문학자들은 가까이 있는 세페이드 몇 개의 거리를 다른 방법으로 측정했다. 세페이드가 다른 별들과 함께 성단을 이루는 경우, 세페이드가 아닌 별들의 거리는 그들의 스펙트럼으로부터 추산할 수 있다. (구체적인 내용은 다음 절에서 다룰 예정이다.) 따라서 그 성단 안에 들어 있는 세페이드의 거리도 알려진다. 거리가 알려지면 겉보기 밝기에서 원래 광도가 계산된다. 그러므로 우리는 변광주기와 거리가 다 알려진 은하수 은하의 세페이드를 이용해서, 마젤란 은하에서 발견된 주기와 겉보기 밝기의 관계를 주기-광도 관계로 바꿀 수 있다. 주기-상대 밝기 관계가 광도의 눈금 조정을 거치면서 주기-절대 광도 관계로 다시 태어난 것이다. 세페이드 변광성이 발견되는 곳이라면 어디든지 그 거리를 결정할 수 있게 됐다(그림 10.9).

이 방법으로 천문학자들은 삼각시차 측정법의 한계를 훌쩍 뛰어넘을 수 있었다. 천문학자들이 그렇게 오랫동안 갈망해오던 거리 측정의 새로운 시대가 열리는 순간이었다. 세페이드가 우리은하 곳곳에서 발견됐다. 외부 은하들 여기저기에서도 찾을 수 있었다. 에냐 헤르츠스프룽(Ejnar

세페이드 변광성을 찾아서 그 주기를 측정한다. | 주기-광도 관계를 이용해서 별의 광도를 계산한다. | 별의 겉보기 밝기를 측정한다. | 겉보기 밝기와 광도를 비교해서 거리를 계산한다.

■ **그림 10.9**
세페이드를 이용한 거리 측정방법 세페이드 변광성을 찾아 광도 변화의 주기를 측정한다. 주기-광도 관계를 이용하여 광도를 계산한다. 그 별의 겉보기 밝기를 측정한다. 계산된 광도와 측정된 겉보기 밝기를 비교하여 거리를 계산한다.

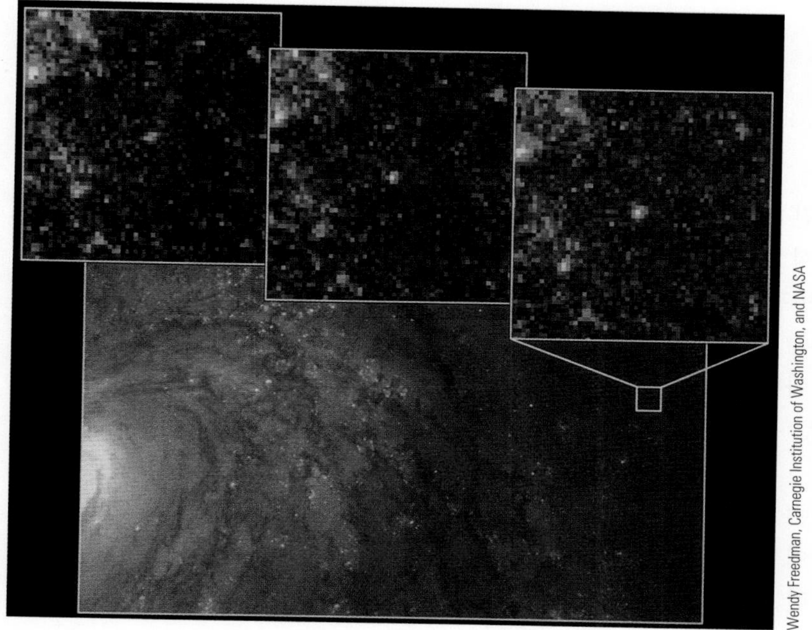

Wendy Freedman, Carnegie Institution of Washington, and NASA

■ **그림 10.10**

정말로 먼 세페이드 1994년에 허블 우주 망원경이 찍은 은하 M100의 일부가 담겨 있는 이미지다. 삽입된 3장의 작은 사진들이 M100에서 발견된 세페이드 변광성이 겪는 밝기 변화의 일부를 보여준다. 이 사진이 특별한 의미를 지니는 것은, M100의 거리가 5100만 광년이나 된다는 사실 때문이다. 세페이드를 분해해 볼 수 있고 광도 변화가 측정되는 가장 먼 은하 중 하나가 M100이다. 사각형 화소들이 드러난 것으로 보아 이렇게 먼 별의 이미지 확보가 얼마나 어려운 관측인지 실감할 수 있다.

Hertzsprung)과 하버드의 할로 섀플리(Harlow Sharpley) 같은 천문학자들은 이 새로운 거리 측정법의 잠재 역량을 알아챘다. 그들을 포함한 많은 학자가 세페이드를 우주 먼 곳까지 안내하는 길잡이로 사용해서 탐사 연구에 착수했다. 앞으로 곧 알게 되겠지만 이러한 연구는 현재도 진행 중이다. 허블 우주 망원경과 다양한 현대 장비들이 더욱더 멀리 있는 은하에서 세페이드를 하나하나 찾아내서 각각의 광도 곡선을 구축하는 중이다(그림 10.10).

10.3.6 거문고자리 RR형 별

세페이드와 관련된 별로서 거문고자리 RR형 변광성이라 불리는 한 종류의 별들이 있다. 거문고자리 RR 역시 맥동성이라는 사실은 세페이드보다 나중에 밝혀졌다. 거문고자리의 RR 별의 이름을 따서 이 종류의 명칭을 정했다. 거문고자리 RR형은 세페이드보다 개수는 흔하지만, 광도가 낮은 맥동 변광성이다. 우리은하에 수천 개가 알려졌다. 변광주기가 하루 미만이며 밝기 변화의 폭은 2배에 못 미친다.

천문학자들은 어느 성단에서건 거문고자리 RR형 변광성들은 겉보기 등급의 평균이 거의 일정한 것을 관측했다. 한 성단을 구성하는 별들은 모두 같은 거리에 있는 셈이므로 거문고자리 RR형 변광성들은 고유 광도가 거의 같을 것으로 판단된다. 실제로 고유 광도는 50 L_{Sun} 정도인 것으로 밝혀졌다. 이런 점에서 거문고자리 RR형 변광성은 표준 전구의 역할을 톡톡히 해낼 수 있다. 그림 10.11을 보면, 세페이드와 거문고자리 RR형의 주기와 광도 변화 범위를 알 수 있다.

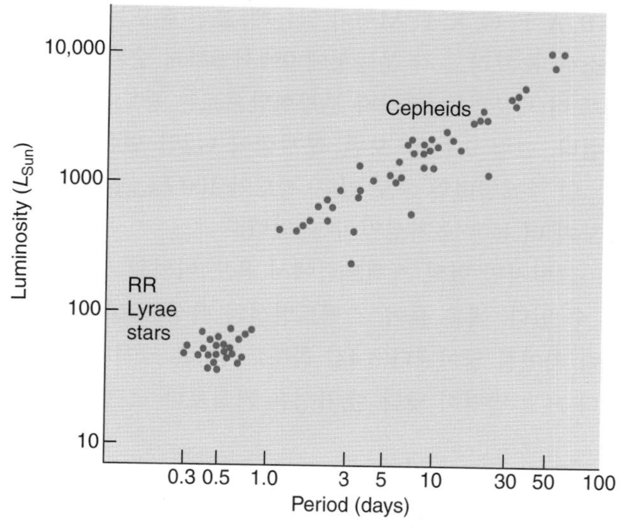

■ **그림 10.11**

세페이드 변광성의 주기–광도 관계 이 부류에 속하는 변광성들은 광도 변화의 주기와 평균 광도 사이의 일정한 관계를 만족시킨다. 변광주기가 길면 길수록 더 밝은 별이다. 거문고자리 RR형 변광성의 주기–광도 관계도 함께 볼 수 있다.

거문고자리 RR형의 경우 대략 200만 광년 떨어진 거리를 관측할 수 있다. 그러나 세페이드 변광성은 6000만 광년까지 알아볼 수 있다. 지구의 대기층을 벗어나 우주로 나간다 해도 직접 잴 수 있는 거리는 수백 광년을 넘지 못한다. 우주적 거리의 측정 범위를 멀리 확장하려는 천문학자들에게는 주기-광도 관계가 대단히 강력한 거리 측정 도구인 셈이다.

10.4 H-R 도와 우주적 거리 측정

10.4.1 분광형을 이용한 거리 측정

변광성이 거리 측정에 만족스럽고 유익한 결과를 주긴 하지만, 그 수가 많지 않을뿐더러 거리를 측정하고자 하는 항성계 근처에 반드시 이같은 변광성이 있는 것도 아니다. 변광을 하지 않는 별까지의 거리를 측정할 필요가 있다거나, 거리를 알고자 하는 성단의 구성원 중 어떤 별도 변광성이 아니라면, 변광성을 이용한 거리 측정법은 무용지물이 되고 말 것이다. 이 경우 H-R 도 쪽에서도 측정법을 찾을 수 있다.

별의 스펙트럼이 확보되면 H-R 도에 관한 기존 지식을 이용해서 그 별의 거리를 쉽게 추정할 수 있다. 8장에서 논의했듯이, 주어진 별의 스펙트럼을 자세히 조사해보면 분광형을 알 수 있다. 분광형을 알면 표면 온도가 알려진다. 분광형이 표면 온도에 따른 분류 체계이기 때문이다. 분광형에는 O, B, A, F, G, K, L, M형이 있는데, 표면 온도는 이 순서로 감소한다. 그리고 각 분광형에 0에서 9까지 숫자를 붙여 한 단계 더 세분한다. 그러나 분광형만으로는 광도를 결정하기 어렵다. 그림 9.14를 보면, 분광형이 G2인 별은 광도가 1 L_{Sun}인 주계열별일 수도 있고, 광도가 100 L_{Sun}인 거성 또는 광도가 더 높은 초거성일 수도 있다.

그렇지만 별의 스펙트럼에서 온도 이외의 정보도 끌어낼 수 있다. 예를 들어, 스펙트럼선의 특성으로부터 별들의 압력 차이를 알아낸다(8.4절 참조). 거성은 크기가 주계열별보다 크고 압력이 낮다. 초거성은 거성보다 크므로, 표면 압력 역시 더 낮을 것이다. 이런 사실을 근거로 별의 스펙트럼에서 매우 유용한 정보를 얻어낸다. 주어진 별의 스펙트럼을 자세히 보면, 그 별이 주계열별인지 거성인지 아니면 초거성인지를 결정할 수 있다는 말이다.

예를 들어 멀리 떨어진 어떤 G2형 별이, 스펙트럼, 색깔, 그리고 그 이외의 성질 등에서 태양과 정확히 같다고 가정해 보자. 그러면 이 별은 태양과 같은 주계열별이고 태양과 같은 광도를 가질 가능성이 높다.

가장 널리 사용되는 별의 분류 체계에서는 하나의 분광형을 광도에 따라 여섯 개의 범주, 즉 **광도계급**(luminosity class)으로 나눈다. 광도계급은 다음과 같이 로마 숫자로 표기된다.

- Ia: 가장 밝은 초거성
- Ib: 덜 밝은 초거성
- II: 밝은 거성
- III: 거성
- IV: 준거성(거성과 주계열별의 중간)
- V: 주계열성

별의 분광 특성을 제대로 기술하려면 분광형과 광도계급이 필요하다. 예를 들어 분광형이 F3인 주계열별의 분광 특성은 F3 V로 표현한다. M2 III는 M2형의 거성이란 뜻이다. 그림 10.12를 보면 주어진 광도계급의 별들이 H-R 도에서 어디에 분포하는지 알 수 있다. 점선으로 표현된 부분에 점들이 없는 것은 그와 같은 광도와 분광형의 별이 매우 드물기 때문이다.

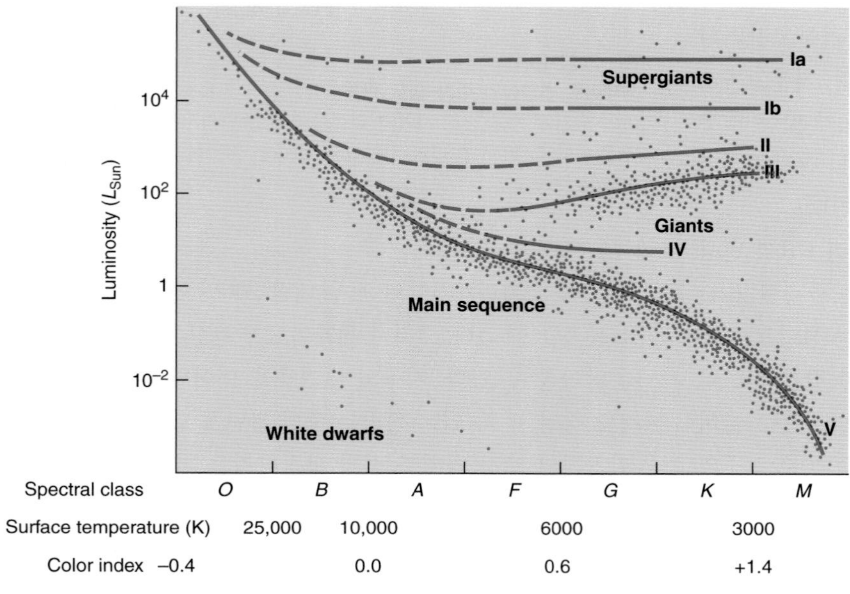

■ **그림 10.12**
광도계급 같은 온도(즉, 분광형)의 별들은 헤르츠스프룽-러셀 도에서 서로 다른 광도계급을 차지한다. 각 별의 스펙트럼을 자세히 조사해 보면 어느 분광계급에 속하는지를(그 별들이 주계열성, 거성, 초거성인지) 알 수 있다.

별의 분광형과 광도계급이 알려지면 그 별은 H-R 도상에서 위치가 유일하게 결정된다. 그러므로 H-R 도에서 별의 고유 광도를 읽어 낼 수 있다. 만약 어느 별의 광도가 알려졌고, 그 별의 겉보기 밝기가 측정됐다면, 이 둘의 차이에서 거리를 계산할 수 있다. 천문학에서 이런 방식의 거리 결정법을 역사적인 이유로 분광시차(spectroscopic parallax) 방법이라 부른다. 분광시차는 실제 삼각측량으로 결정되는 시차와는 아무런 관계가 없으므로 때로는 오해를 불러오지만, 천문학에서 시차는 거리와 같은 의미로 쓰일 때가 많다.

10.4.2 실제 세계에 관한 몇 마디

이 책처럼 개론 수준의 교과서에서는 자료를 되도록 직설적이고 간명하게 표현한다. 그러나 그러한 단순화로 인해 모든 과학적 기법은 아무 힘도 들이지 않고도 활용된다고 독자의 오해를 일으킬 위험이 있다. 실제 상황은 전혀 그렇지 못하다. 우리가 방금 기술한 기법으로 필요한 관측 자료를 구하고 또 그 관측 자료를 분석하는 과정은 매우 복잡하고, 지저분하고, 어렵다. 그래서 천문학자들에게 끊임없는 골칫거리가 되기도 한다.

예를 들어, 방금 기술한 주기-광도 관계와 같은 관계식도 그래프상에서 정확한 직선이 아니다. 별을 나타내는 점들이 넓게 산재하므로 이들로부터 얻은 거리 역시 내재된 산란, 즉 불확실성을 갖고 있다.

따라서 우리가 논의한 방법으로 측정하는 거리는 어떤 오차 한계—어떤 경우에는 10%, 어떤 때는 25%, 또 어떤 경우에는 50% 이상—안에서 정확하다. 10,000광년 떨어진 별의 경우 25%의 오차는 그 별이 7,500광년부터 12,500광년 사이 어디엔가 있다는 뜻이다. 당신이 그 별로 여행할 목적으로 우주선에 연료를 채우는 중이라면 받아들일 수 없겠지만, 지구에 속박돼 있는 천문학자들에게는 이러한 측정치가 다음 단계를 위해 우선적으로 사용되는 숫자일 수밖에 없다.

H-R 도의 작성도 생각만큼 쉬운 일이 아니다. 우선 많은 수의 별들에 대한 특성을 측정해야 하는데, 이는 시간이 많이 걸리는 작업이다. 학계의 현 지식수준을 한 단계 끌어올릴 생각으로 연구 중이라면, 측정 대상은 현재까지 연구된 것들보다 훨씬 멀리 떨어져 있을 것이다. 따라서 스펙트럼을 얻기가 어렵다. 천문학자와 대학원생들은 거리를 구하기까지 여러날 밤을 망원경 옆에서 지새워야 한다. 이것으로 끝나지 않는다. 연구실로 돌아가 또 많은 날을 자료와 씨름해야 한다. 그다음에야 거리를 알게 될 것이다. 그것도 제한된 오차 범위 안에서!

이러한 도구—가장 가까운 별에 대해서는 시차, 우리은하의 성단이나 근접 은하에 대해서는 거문고자리 RR형 변광성과 H-R 도, 그리고 최장 6000만 광년까지 세페이드—등을 이용해서 은하 전체와 그 너머 항성계까지의 거리를 측정할 수 있다. 이렇게 알아낸 거리와 함께, 8장과 9장에 소개한 기술을 활용해서 측정한 화학조성, 광도, 온도 등을 조합하며, 다음 장에서 다룰 별의 탄생에서 죽음에 이르는 진화과정을 추적하는 데 필요한 '정보의 무기고'를 채우게 된다.

인터넷 탐색

거리 측정의 가나다:

www.astro.ucla.edu/~wright/distance..htm

UCLA 천문학자 라이트(Ned Wright)가 천체의 거리 측정에 관하여 입문 수준으로 간결하게 소개하는 페이지다. 전반적으로 이 책보다는 수준이 높지만, 천문학에 관한 배경지식이 어느 정도 있는 독자라면 아주 훌륭한 개관서가 될 것이다.

금성의 태양면 통과와 태양의 시차:

www.dsellers.demon.co.uk/venus/ven_ch1.htm

셀러스(David Sellers)가 들려주는 금성의 일면통과 이야기다. 천문학자들이 금성의 태양면 통과 현상을 관측하여 어떻게 1천문단위를 측정할 수 있었는지를 간단한 삼각함수와 대수 연산만으로 설명하고 있다.

F. W. Bessel 사이트:

www-groups.dcs.st-and.ac.uk/~history/Mathematicians/Bessel.html

별의 시차를 처음 측정한 인물을 소개한다. 참고 문헌을 안내 받을 수 있으며 관련 사이트도 링크되어 있다.

히파르코스 미션 사이트:

astro.estec.esa.nl/Hipparcos/

우주에서 시차를 측정하기 위한 미션의 구상 배경, 결과, 데

이터 목록, 교육 자료 등을 찾아볼 수 있다. 전문가 수준의 몇몇 장만 제외하면 학생들도 쉽게 볼 할 수 있다.

미국 변광성 관측자 협회:
www.aavso.org

아마추어 조직이 운영하는 사이트로, 변광성의 변광 특성을 모니터링하는 데 필요한 모든 정보를 제공한다. 배경지식 자료, 관측 방법 설명, 여러 가지 도표 등을 볼 수 있다. 다른 기관과 프로그램도 링크돼 있다.

먼 세페이드의 거리 측정을 위한 허블 계획:
hubblesite.org/newscenter/archive/1999/19/

17장에서 좀 더 깊이 있게 다루겠지만, 세페이드는 우리은하 너머 국부 은하군까지의 거리를 측정하는 데 혁혁한 공을 세웠다. 우주의 기본 성질을 밝히는 데에도 세페이드의 기여는 대단하다. 허블 우주 망원경을 이용하는 다국적 천문학자들로 구성된 연구팀이 외부 은하의 거리 측정 노력에서 거둔 그간의 성과를 잘 정리하고 있다.

요약

10.1 과거에는 길이의 측정 단위로 신체 특정 부위를 활용했으나, 오늘날에는 미터와 같은 세계 공통의 표준 단위를 사용한다. 태양계 천체의 거리 측정에는 레이더를 활용한다. 지구에서 보낸 전파가 행성이나 다른 태양계 천체에 반사돼서 돌아오는 데 걸리는 시간을 측정하여, 빛이 왕복하는 데 걸린 시간을 거리로 환산한다.

10.2 한 별을 지구 궤도 양 끝 지점에서 보았을 때 나타나는, 먼 별들을 배경으로 한 그 별의 상대 위치의 변화폭을 측정한다. **시차**는 전체 변화폭을 반으로 나눈 값이다. 지구의 태양 주위 궤도 운동에서 기선을 확보하고, 이 기선을 밑변으로 하고 시차를 꼭지각으로 하는 직각삼각형을 풀어서 그 별까지의 거리를 측정한다. 별의 거리 측정에 사용하는 단위는 빛이 1년 동안에 움직이는 거리에 해당하는 **광년(LY)**을 쓰거나, 시차가 1″인 별까지의 거리에 해당하는 **파섹(pc)**을 사용한다. 참고로 1 pc=3.26 LY이다. 1838년에 와서야 비로소 시차 측정이 성공적으로 이뤄졌다. 태양에 가장 가까운 센타우르스자리 알파는 실제로 세 개의 별로 이뤄진 다중성 계로서 우리로부터 약 4.4 광년 떨어져 있다. 시차의 측정은, 일련의 우주 거리를 측정하는 방법까지로 연결된 긴 사슬의 가장 밑바닥인 기본 고리다. 히파르코스 위성이 시차 측정의 한계 거리를 300 LY으로 확장해 놓았다.

10.3 **맥동 변광성**은 **세페이드**와 **거문고자리 RR형**의 두 가지 종류가 있다. 이 별들의 **광도곡선**에서 밝기는 규칙적으로 반복해서 변함을 알 수 있다. 두 종류 모두 **주기-광도 관계**를 따르기 때문에 변광주기에서 광도를 알 수 있다. 광도와 겉보기 밝기를 비교하면 거리가 계산된다. 천문학자들은 이 방법으로 6,000만 광년까지의 거리를 측정할 수 있다.

10.4 온도는 같지만 압력과 밀도가 다른 별들은, 스펙트럼의 특성이 서로 약간씩 다르게 나타난다. 그러므로 별의 스펙트럼을 잘 분석하면 온도와 **광도계급**을 결정할 수 있다. 따라서 분광 관측을 통해 해당 별이 H-R 도상 어디에 놓이는지 결정할 수 있고, 그 결과 해당 별의 광도계급이 알려진다. 광도와 겉보기 밝기에서 거리가 계산된다.

모둠 활동

A 우리는 이 장에서 미터원기를 정하는 데 사용된 여러 가지 측정에 관한 설명을 들었다. 과학에서 왜 측정 단위를 때때로 바꿔야 하는지 토의하라. 현대 사회에서 과학기술의 발전을 추동하는 요인은 무엇인가? 기술이 과학의 발전을 '견인'하는가, 아니면 과학이 기술의 발전을 '추동'하는가? 어쩌면 둘이 서로 너무 긴밀하게 얽혀 있어서 어느 한쪽이 다른 한쪽의 발전으로 이어지는지 가늠할 수 없은가? 이러한 판단의 근거가 되는 예를 모둠 토의를 통해 발굴해 보라.

B 세페이드 변광성은 은하 곳곳에 흩어져 있다. 그럼에도 주기-광도 관계는 16만 광년이나 떨어져 있는 우리 은하인 마젤란운의 관측 결과에서 정립되었다. 왜 주기-광도 관계가 은하수 은하에 있는 세페이드의 관측 결과에서 먼저 유도될 수 없는지 설명하라. 그 이유와 배경은 무엇이라고 생각하는가? 우리은하 안에 세페이드를 20개쯤 포함한 작은 성단이 있었다면 주기-광도 관계의 발견 역사가 어떠했을지 추측해 보라.

C 허블 우주 망원경(HST)의 사용 제안서를 내고자 한다. 외부 은하 M100에 있는 밝은 세페이드들의 광도를 HST로 측정하려면 어떤 관측을 해야 하는가? 이 관측이 처음 생각했던 것보다 어려운 과제일 수밖에 없는 모든 이유를 열거하라.

D 별 이름 짓기에 다양한 방법이 쓰이게 된 역사적 배경을 주제로 모둠과 토의하라. 요즘 전자우편과 웹이 사람과 사람을 아주 쉽게 연결해준다. 그 이전 상황이 어떠했는지 돌아보라. 다른 분야에서 이름을 임의로 짓거나 붙여준 이름들이 혼란을 일으킨 경우가 있었는가? 이름을 짓는 작업은 천문학 이외의 분야에서도 필요하다. 과학을 포함한 다른 모든 분야와 별을 비교했을 때 이 작업에서 어떤 차이가 있는지 설명하라.

E 세페이드와 거문고자리 RR형 변광성의 경우 광도 변화가 매우 규칙적이다. 물론 맥동 변광성은 진화 과정에서 이런 식의 변화를 겪게 되는 특별한 단계에 놓인 별이다. 그러나 별 중에는 변화를 예측할 수 없을 정도로 불규칙한 변화를 보이는 변광성도 꽤 있다. 인간 생애보다 짧은 기간 안에 밝기가 변하는 별들도 있다. 전 세계 구석구석에서 별들의 이런 광도 변화를 큰 인내심으로 장기간 열심히 추적하는 아마추어 천문가들이 있다. 이들이 밤마다 관측한 결과는 거대한 데이타베이스로 보내진다. 이렇게 모인 자료를 통해서 우리는 수많은 별의 행태를 깊이 있게 연구할 수 있다. 밤을 새우며 수행하는 그들의 관측 활동이 인류의 과학 발전에 지대한 공헌을 하고 있음에는 의심의 여지가 없다. 아마추어 천문가들은 이러한 취미 활동으로 금전적인 보상을 받는 일도 없는데, 왜 '고통'을 동반하는 이런 활동을 할까? 이에 대해 모둠과 의견을 나누어라. 아마추어 천문가들만큼 긴 시간을 투자해서 많은 일을, 그것도 밤을 꼬박 새워가며 하는 취미 활동이 또 있는지 주위를 둘러보라. 아마추어의 관측 활동은 주말과 주중을 가리지 않고 진행되는 특징이 있다. 우리는 변광성 관측에 아무런 흥미를 느끼지 않을 수 있다. 그렇다면 높은 흥미와 관심을 자아내게 하는 봉사활동은 무엇인가? 왜 자신은 그런 봉사활동에 깊은 관심을 두는지 설명하라.

F '연결고리'에 실린 그림을 보면 별들이 주계열 한복판에 가장 많이 모여 있다. 팀원과 토의를 거쳐 그 이유가 무엇인지 알아보라. H-R 도상에 매우 뜨거운 별과 차가운 별들의 수는 왜 이렇게 적은지, 그 이유를 설명하라.

복습 문제

1. 시차를 측정하여 어떻게 별까지의 거리를 결정할 수 있는지 설명하라. 적정 거리 바깥의 별은 시차 측정으로 거리를 결정할 수 없는 이유가 무엇인지 설명하라.

2. 천문학에서 거리의 단위로 쓰일 수 있는 다음 길이들 사이의 관계를 표로 만들어 비교하라. 킬로미터, 지구 반지름, 태양 반지름, 천문단위, 광년, 파섹.

3. 당신이 거문고자리 RR형 변광성을 하나 새로 발견했다면, 이 별의 거리를 결정하기 위해 어떤 과정의 관측과 분석 작업을 벌일 것인가?

4. 별의 스펙트럼을 이용해서 별까지 거리를 추정하는 방법을 설명하라.

5. 다음 천체들까지의 거리 측정에 사용할 방법이 무엇인지 설명하라.

a. 지구 궤도를 지나는 소행성

b. 천문학자들이 태양으로부터 50 LY 이상 떨어져 있다고 믿는 별

c. 많은 변광성을 포함하는 우리은하 내의 별 무리

d. 변광성은 아니지만, 명확히 정의된 스펙트럼을 얻을 수 있는 별

사고력 문제

6. 별의 시차를 지구가 아니라 명왕성에서 측정한다면 어떤 장점이 있을까? 이 경우 또 단점은 무엇인가?

7. 시차는 보통 몇 분의 1″ 수준이다. 1″는 1″/60′이고, 1′은 1/60°이다. 1°가 얼마나 큰 각인가는 다음과 같이 하면 쉽게 체험할 수 있다. 우선 밤하늘에서 북두칠성을 찾는다. 국자의 한쪽 면을 이루는 두 별을 잇는 선을 연장하면 북극성에 이르는데, 이 두 별을 지시별(pointer)이라 한다. 지시별은 서로 5.5° 떨어져 있다. 또 국자 입구의 양 끝에 있는 두 별은 10°쯤 떨어져 있다. 참고로 10°는 팔을 펴고 바라본 주먹의 각 크기에 해당한다. 북두칠성 국자의 손잡이 끝에서 두 번째 별인 미자르를 주의 깊게 보면 쌍성으로 보일 것이다. 흐린 별인 알코르는 미자르로부터 약 12′ 떨어져 있다. 참고로 보름달은 지름이 30′이다. 사냥꾼 오리온이 찬 허리띠 길이는 약 3°다. 그렇다면 가장 가까운 별임에도 그 시차가 1838년에 와서야 겨우 측정될 수밖에 없었던 사정은 무엇이라고 생각하는가?

8. 수 세기 동안 천문학자들은 혜성이 행성이나 별처럼 멀리 있는 천체인지 지구 대기에서 일어나는 기상 현상인지 알고 싶어했다. 둘 중 어느 쪽이 실제에 부합하는지 결정할 수 있는 실험을 설계하여 제시하라.

9. 태양은 가장 가까운 별보다 지구에 훨씬 더 가깝다. 그럼에도 배경 별들에 대한 태양의 상대 위치를 측정하는 방식으로는 태양의 시차를 구할 수 없다. 그 이유가 무엇인지 설명하라.

10. 별의 시차를 측정할 때, 은하나 퀘이사와 같이 멀리 떨어진 천체들을 배경 별로 삼는 경우가 종종 있다. 왜 먼 천체들을 배경 별로 선택하는 것이 좋은지 그 이유를 설명하라.

11. 그림 11.6은 세페이드 변광성의 대표격인 세페우스자리 델타별의 광도곡선이다. 이 별의 평균 광도를 태양의 광도와 비교하라.

12. 부록 10과 11에 실린 별의 면면을 살펴본 다음, 목록에 있는 별 중에서 몇 %가 주계열별인지 말하라. 답을 할 때 별의 광도계급도 고려해야 한다. 두 목록에서 주계열별이 차지하는 백분율에 차이가 있을 것이다. 그 차이가 어디서 연유하는지 설명하라.

13. 어느 별의 표면 온도가 태양과 같게 측정되었다. 이 정보만 가지고 그 별의 거리가 결정될 수 있는가? 아니라면 거리 측정을 위해 어떤 정보가 더 필요한가?

14. 시선속도, 표면 온도, 겉보기 등급, 광도 중에서 별의 거리를 몰라도 결정할 수 있는 것은 무엇인가? 또 그 이유를 설명하라.

15. 어느 G2 별의 광도가 태양의 100배인 것으로 측정됐다. 이 별이 어떤 종류인지 말하라. 그리고 이 별의 반경과 태양의 반경을 비교해 보라.

16. 표면 온도가 10,000 K이고 광도가 태양의 1/100인 별의 크기를 태양의 크기와 비교하라. 이 별이 어떤 종류의 별이라고 생각하는가?

계산 문제

천문학자에게는 멀리 있는 천체의 거리를 정확하게 재는 일이 가장 도전적인 과제 중 하나다. 연구 대상을 점점 더 먼 거리에 있는 천체로 확장해 갈수록 그 이전까지 사용해 오던 거리 측정법들은 차례로 무용지물이 되고 만다. 몇 가지 방법을 예로 들어, 거리 측정이 주는 도전의 심각성을 가늠해 보자.

태양계 천체들에 대해서는 거리의 직접 측정이 가능하다. 레이더를 이용해서, 거리를 재고자 하는 태양계 천체를 향해 전파를 발사한다. 그런 다음 그 천체에 반사돼서 돌아오는 전파를 수신하여 왕복에 걸린 시간을 측정한다. 전파(電波)가 빛의 속도로 전파(傳播)되므로, 왕복 시간에서 거리를 환산할 수 있다. 그러나 이 방법은 가까이 있는 행성과 지구 근접 소행성들에나 유효하다. 또 우주선에 명령을 보내고, 우주선이 지구에서 보낸 명령을 받았다는 통보를 해 올 때까지 걸리는 시간을 측정한다. 이 경우에도 이동 시간을 거리로 환산할 수 있다. 거리=속도×시간, 즉 $D=v\times t$의 관계를 알고 있으니 말이다.

17. 어느 천문학자가 자신의 레이더를 이용해서 목성에 전

파를 보냈더니, 보낸 전파 신호의 메아리를 48분 후에 수신할 수 있었다고 한다. 이 사람의 주장을 믿어도 좋은지 판단의 근거를 제시하라.

18. 광년이란 빛이 1년 동안 움직인 거리로 정의한다. 광속이 30만 km/s라는 사실을 이용하여 1광년이 몇 km인지 계산해 보라. 이런 문제를 풀 때 특히 조심해야 할 것은 한 가지 단위체계를 사용해야 한다는 점이다. 예를 들어 한 식에서 시간의 단위로 년과 초를 혼용하지 말아야 한다.

19. 파섹의 정의로부터 1 pc이 3.086×10^{13} km에 해당하는 거리이며, 동시에 3.26 LY와 같음을 계산으로 확인하라.

가까이 있는 별의 경우, 지구가 태양 주위를 궤도 운동함에 따라, 먼 배경 별들에 대하여 별의 위치가 계속 변하는 것으로 관측된다. 앞에서 우리는 시차가 1″인 별까지의 거리가 206,265 AU임을 확인할 수 있었다. 얼른 보기에 206,265라는 숫자가 좀 이상하다고 느껴지겠지만, 조금만 생각하면 이 숫자의 출처를 알아낼 수 있다. 먼저 태양까지의 거리를 추산하고, 그때 사용한 아이디어를 시차가 1″인 별에 적용해 보기로 한다. 사고의 원활한 흐름을 위하여 상황을 간단한 스케치로 표현해 볼 필요가 있다. 태양을 나타내는 작은 원을 하나 그린다. 그 태양으로부터 적당히 떨어진 곳에 지구를 그려 놓고, 관측자가 서 있다고 하자. 관측자의 위치에서부터 태양 표면의 양 측면을 연결하는 두 개의 직선을 그린다. 이번에는 중심을 지구에 두고 반지름이 지구-태양 간 거리와 같은 원을 그린다. 이 원이 태양의 중심을 지날 것이다. 이 스케치를 앞에 놓고 아래의 비례관계를 생각해 보자.

20. 태양이 천구상에 드리우는 상의 지름은 대략 0.5°다. 한편 원은 360°인 호다. 그러므로 지구에 중심을 두고 태양을 지나는 원의 둘레는 다음 식으로 주어진다.

원 둘레$=2\pi \times 1.5 \times 10^8$ km

그렇다면 다음의 비례 관계가 성립함을 알 수 있다.

0.5° : 360°=태양의 지름 : $2\pi \times 1.5 \times 10^8$ km

위의 비례 관계를 이용해서 태양의 지름을 계산하라. 자신이 추산한 태양의 지름 값을 실제 값과 비교하라.

21. 위에 전개한 아이디어를 이제 시차가 1″인 별의 거리 추정에 적용해볼 수 있다. 앞의 문제를 해결할 때와 비슷한 그림을 그려서 이 별의 거리를 AU의 단위로 계산해 보라. 계산 결과는 206,265 AU인가? 이 거리를 광년으로 환산하라.

22. 현재까지 수행된 시차 측정 중에서 정밀도가 1/1000″인 히파르코스의 결과가 가장 정확하다. 별의 거리를 정밀도 10%로 측정하려면 시차 값이 시차의 통상 오차보다 적어도 10배는 돼야 한다. 그렇다면 히파르코스의 자료를 이용하여 거리를 10%의 정밀도로 측정할 수 있는 별까지의 최장 거리는 얼마인가? 우리은하는 지름이 10만 광년이라고 한다. 정확한 시차 측정이 가능한 가장 먼 별까지의 거리를 우리은하의 반경과 비교해 보라.

23. 천문학자들은 천문학적 측정을 우리의 일상 경험과 비교하기를 좋아한다. 예를 들어, 히파르코스 웹 사이트에 들어가 보면, 다음과 같은 비유가 당신을 반길 것이다. 히파르코스가 시차 측정에서 구현한 정밀도 1/1000″는 대서양 건너편에 있는 골프공의 각 크기와 같다. 달 표면에 서 있는 사람을 지구에서 보면, 그 사람의 키가 각도로 1/1000″ 정도일 것이다. 사람의 머리카락이 10초 동안 자란 길이는 10 m 바깥에서 1/1000″로 보인다. 20번 문제에서 논한 아이디어를 이용해서 위의 비유가 정량적으로 얼마나 적절한지 확인해 보라. 이 문제를 푸는 과정에서 얻은 정보를 근거로, 사람의 머리카락이 10초 동안에 얼마나 자라는지 추산하라.

24. 비유를 통해서 히파르코스가 구현한 시차 측정의 정밀도가 얼마나 대단한 수준인지 실감했을 것이다. 그럼에도 정밀 시차 측정이 가능한 별의 수는 우리은하 안에 있는 별의 총수에 비하면 초라하기 이를 데 없다. 그러니까 시차 측정을 좀 더 멀리 있는 별까지 확대하려면 새로운 측정 기법이 개발돼야 한다. 그래서 세페이드 변광성의 역할이 그만큼 중요하게 인식되는 것이다. 세페이드 변광성은 아주 멀리 있어도 관측할 수 있다고 하는데 도대체 얼마나 멀리까지인지 알고 싶다. 궁금증 해소에 세 가지 지식이 필요하다. (1) 등급으로 5등급 차이가 광도의 비로는 100배에 해당한다. 두 별의 밝기에 5등급의 차이가 있다면, 단위 시간에 한 별이 방출하는 복사 에너지의 양이 다른 별의 100배가 된다는 뜻이다. (2) 세페이드의 겉보기 밝기는 거리의

제곱에 반비례한다. 즉 멀리 있을수록 어둡게 보인다. (3) 지상 망원경으로 광도곡선을 겨우 추적할 정도로 어두운 별이 있다면, 그 별의 밝기는 실시등급으로 대략 25등이다. 광도가 태양의 10만 배인 세페이드라면, 얼마나 멀리까지 지상 망원경으로 관측할 수 있을까?

a. 이 세페이드 변광성이 우리로부터 태양과 같은 거리에 있다면 그 겉보기 등급이 얼마일지 추산하라. 참고로 태양은 실시등급이 −26등인 주계열별이다 (그림 8.3 참조).

b. 지구에서 1 AU 떨어져 있는 세페이드의 겉보기 등급을 추산하라. 그리고 최대 구경의 지상 망원경으로 관측 가능한 가장 어두운 세페이드의 겉보기 등급을 추산하라. 위의 두 세페이드의 겉보기 등급은 서로 얼마나 차이가 나는가?

c. 위의 질문에 대한 답은 60등급 정도일 것이다. 두 세페이드의 밝기 비를 계산해 보라. 참고로 5등급의 차이가 광도로 100배에 대응한다. 두 세페이드까지 이르는 거리의 비가 얼마인지 계산해 보라.

d. 1 pc이 206,265 AU라는 점에 유의하면서 앞에서 얘기한 아주 흐린 세페이드가 몇 pc이나 떨어져 있는지 계산해 보라. 또 이 거리를 LY 단위로 표현하면 얼마인가? 그다음 이 거리를 우리은하의 지름과 비교하라. 천문학자들은 세페이드를 이용하면 측정 가능한 거리의 한계를 은하수 은하의 경계 훨씬 너머까지 확장할 수 있다고 한다. 답이 천문학자의 예측과 일치하는지 논하라.

심화 학습용 참고 문헌

Adams, A. "The Triumph of Hipparcos" in *Astronomy*, Dec. 1997, p. 60. 간략한 소개 글.

Ferris, T. *Coming of Age in the Milky* Way. 1988, Morrow. 우주의 크기 측정 역사.

Hirshfeld, A. "The Absolute Magnitude of Stars" in *Sky & Telescope*, Sep. 1994, p. 35. 성도와 함께 밝기 측정법을 개관한 글.

Hirshfeld, A. "The Race to Measure the Cosmos" in *Sky & Telescope*, Nov. 2001, p. 38. 시차에 관하여.

Hodge, P. "How Far Away Are the Hyades?" in *Sky & Telescope*, Feb. 1988, p. 138. 중요한 성단의 거리 측정 역사를 소개.

Marschall, L. et al. "Parallax You Can See" in *Sky & Telescope*, Dec. 1992, p. 626. 시차 측정하기.

Maunder, M. and Moore, P. *Transit: When Planets Cross the Sun*. 1999, Springer-Verlag. 행성의 태양 전면 통과 관측 역사.

Reddy, F. "How Far the Stars" in *Astronomy*, June 1983, p. 6. 전체 거리 사슬에 대한 멋진 요약.

Rowan-Robinson, M. *The Cosmological Distance Ladder*. 1985, W. H. Freeman. 우주의 거리 측정을 약간 기술적으로 소개한 책.

Trefil, J. "Puzzling Out Parallax" in *Astronomy*, Sep. 1998, p. 46. 시차의 개념과 역사.

Turon, C. "Measuring the Universe" in *Sky & Telescope*, July 1997, p. 28. 탐사선 히파르코스의 임무와 그 결과.

Webb, S. *Measuring the Universe: The Cosmological Distance Ladder*. 1999, Praxis/Springer-Verlag.

Zimmerman, R. "Polaris: The Code-Blue Star" in *Astronomy*, Mar. 1995, p. 45. 유명한 세페이드 변광성과 그 변광을 다룬 글.

태양에서 약 400 LY 떨어진 좀생이(플레이아데스) 성단에는 수백 개의 별이 있다(육안으로 보이는 것은 몇 개 안 됨). 사진에 나타난 푸른 성운끼는 마침 이 성단이 통과 중인 성간운에 존재하는 먼지들이 반사한 별빛이다. 별과 별 사이에서 물질의 존재를 알아내는 중요한 방법 중 하나는 별 가까이 있는 가스와 먼지에 의한 별빛 복사의 영향을 관측하는 것이다.

11 별과 별 사이: 성간기체와 성간 티끌

좀생이(플레이아데스) 성단의 별 모두를 몇 장의 사진에 담아 보았다. 얼기설기 뿌연 젖빛의 빛줄기가 여기저기 흩어져 있는 별들을 신비의 꽃목걸이인 양 껴안고…… 가장 민감한 눈과 가장 강력한 성능의 망원경에게도 내면의 모습을 철저히 숨긴다.

바너드(E. E. Barnard), 《대중 천문학(*Popular Astronomy*)》(1898, Vol. 6, p. 439) 중에서

미리 생각해보기

별은 어디서 와서 우리를 내려다보고 있는가? 별들에도 수명이 있다고 배웠다. 핵연료가 고갈되면 별도 자신의 삶을 마친다. 죽는 별이 있다면 태어나는 별도 있을 것이다. 새로운 별을 만들기 위해서는 원료가 필요하다. 도대체 어떤 물질로 별을 만들 수 있단 말인가? 또 우주 어디에서 그런 물질을 찾을 수 있을까? 별로 만들어지기 이전이라면 그 물질 스스로는 에너지를 생성하지 못할 것이다. 그렇다면 원료 물질의 존재는 어떻게 확인할 수 있는가?

20세기에 와서 현대 천문학이 밝혀낸 여러 흥미로운 발견 가운데 하나는 우리은하에는 별만 있는 것이 아니라 별이 만드는 데 쓰이는 '원료 물질'도 다량으로 존재한다는 사실이다. 원자와 분자의 형태로 존재하는 성간기체와 미세 고체 입자인 성간 티끌이 별을 형성하는 원료 물질인 것이다. 이러한 원료 물질을 연구함으로써 우리는 별의 탄생 과정을 알 수 있을 뿐만 아니라, 태양계가 태동하던 수십억 년 전의 상황도 엿볼 수 있다.

가상 실험실

 우주선 입자들

11.1 성간매질

천문학자들은 별과 별 사이에 존재하는 온갖 종류의 물질을 **성간 물질**(interstellar matter)이라 부른다. 그러나 이들을 총체적으로 언급할 필요가 있을 때는 성간매질(interstellar medium)이란 표현을 쓴다. 성간 물질 일부는 **성운**(nebula, '구름'을 뜻하는 라틴어), 또는 **성간운**이라 불리는 거대한 구름 덩어리 형태로 군데군데 뭉쳐 있다.[1] 우리에게 잘 알려진 성운 중에는 가시광을 스스로 방출하거나 옆에서 오는 별빛을 반사하는 것들이 있다. 이와 같은 발광 성운의 사진을 이 장에서 볼 수 있을 것이다.[2] 성간운의 수명은 우주의 나이만큼 길지는 않다. 성간운들은 충돌하면서 서로 깨지기도 하고 서로 들러붙어 자라기도 한다. 어떤 성간운 안에서는 별이 태어나기도 하는데, 이때 새로 생긴 별이 많은 양의 에너지를 방출하면서 남겨진 성간운 물질을 사방으로 흩어버리는 경우도 있다. 별들은 죽을 때 내부의 일부 물질을 다시 성간 공간으로 방출한다. 그리고 죽어가는 별에서 방출된 물질이 한데 모여서 구름을 새로 만들고 그곳에서 다시 새로운 별이 탄생한다. 그러므로 별의 탄생과 사멸의 대순환이 성간운을 중심으로 대를 이어 연거푸 이뤄지는 것이다.

성간 공간을 차지하는 성간 물질 중 약 99%는 기체로 존재한다. 기체란 원자나 분자들이 따로따로 떨어져 있는 상태다. 성간기체에서 가장 흔한 원소는 수소와 헬륨이다. 이 점은 별에서도 마찬가지다. 극미량이지만 성간에는 수소와 헬륨 이외의 원소도 존재한다. 성간기체의 상당 부분은 원자들의 결합한 분자의 형태로 존재한다. 나머지 1%는 고체로 존재한다. 수많은 원자와 분자들이 한데 달라붙어 미세한 고체 알갱이를 형성한다. 천문학에서 이런 미세 고체 입자를 **성간 티끌**(interstellar grain) 또는 **성간 먼지**(interstellar dust)라고 부른다(그림 11.1).

성간기체를 성간 공간에 균일하게 흩어 놓는다면 1 cm^3에 수소 원자가 평균 한 개씩 들어가는 셈이 된다. 여러분이 현재 책을 읽고 있는 이 방에는 1 cm^3 부피 공간에 공기 분자가 대략 10^{19}개나 들어 있다. 밀도 면에서 성간기체는 이 지구대기와 대조를 이룬다. 성간 티끌의 밀도는 기체보다 훨씬 희박해서, 1 km^3에 겨우 수백에서 수천 개가 들어 있

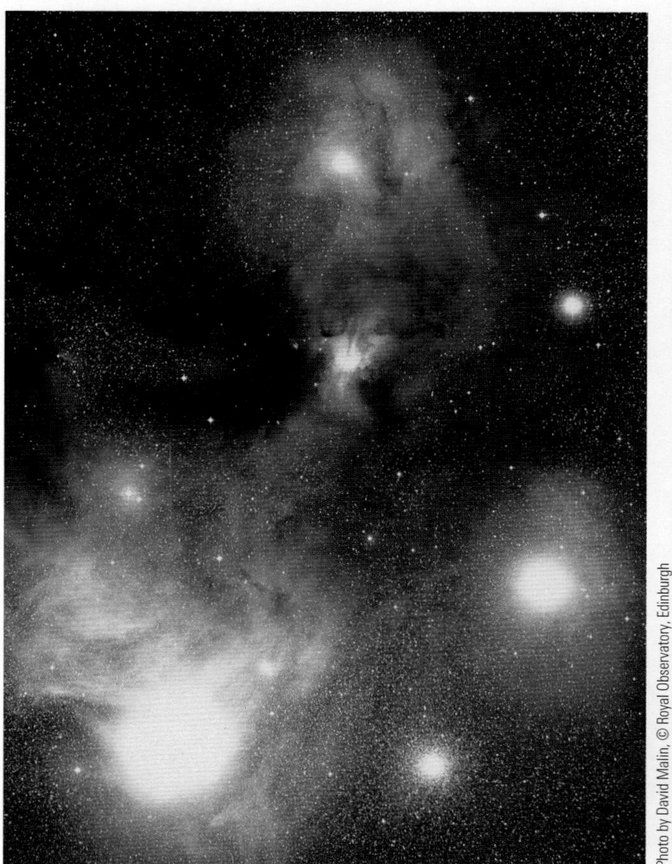

Photo by David Malin, © Royal Observatory, Edinburgh

■ **그림 11.1**

성간 물질의 종류 이 사진에서 볼 수 있는 불그스레한 성운은 수소 원자가 방출하는 특정 파장의 빛 때문에 그런 색상을 띠게 된 것이다. 사진의 몇몇 지역이 아주 검게 보이는 이유는 따로 있다. 그곳에 미세 고체입자를 포함한 성간운이 자리하기 때문이다. 성간운 뒤에서 관측자를 향해 오던 빛이 성간운의 티끌에 의해서 차단되기 때문에 특별히 검게 보이는 것이다. 사진 윗부분 여기저기는 푸른 색깔의 반사 성운들이 차지하고 있다. 거대한 저온 성간운의 외각에 파묻혀 있는 고온 항성에서 방출된 빛이 성간 티끌에 의해 산란된 결과가 이와 같은 반사 성운으로 나타나는 것이다. 사진 좌측 하단부에 있는 밝은 별은 저온의 초거성 안타레스다. 안타레스는 현재 자신의 외각 대기층을 우주 공간으로 잃어버리는 중이다. 이렇게 별에서 불려 나와서 팽창 중에 식은 기체 물질이 별 자체를 둘러싸면서, 중심별이 내놓는 붉은색 계통의 빛을 반사한다. 사진 중앙에서 우측으로 반쯤 떨어진 곳에 자리한 붉은 색상의 성운이 우리 눈에 무척 밝게 들어온다. 이 성운의 일부가 전갈자리 시그마 별을 둘러싸고 있다. 안타레스 오른쪽에 자리한 천체가 늙은 별들의 집단인 구상성단 M4다. 사실 M4는 이 사진의 다른 성운들보다 훨씬 더 멀리 떨어져 있는 배경 천체다.

---

[1] 역자 주-우리는 nebula를 성운(星雲)이라 옮기지만, '별들이 모여 이룬 구름'으로 오해될 수 있다. 가스와 티끌의 구름이란 뜻이라면 성운보다 성간운(星間雲, interstellar cloud)이 올바른 표현이다. 은하수 은하에서 발견되는 발광 성운과 외부 은하의 정체를 구별할 줄 모르던 과거에는 이 둘을 모두 성운이라 불렀다. 일찍부터 널리 알려진 유명한 외부 은하들에는 아직도 성운이란 표현이 따라붙는다. 이 경우 '별 구름'이란 뜻의 성운은 정확한 표현이라 하겠다. 그러므로 성운을 성간운의 줄인 말로는 사용하지 말아야 할 것이며, 역사적 이유에서가 아니라면 외부 은하에도 성운이란 표현은 쓰지 말아야 할 것이다.

[2] 역자 주-발광 성운을 암흑 성운의 반대가 되는 표현으로 사용할 것을 제안한다. 특정 원소가 내놓는 선복사가 검출되는 발광 성운은 따로 방출 성운(emission nebula)이라 부르겠다. 반사 성운 역시 밝은 빛을 내보이니 발광 성운이란 얘기다. 그러므로 발광 성운은 방출 성운과 반사 성운을 아우르는 개념으로 보아야 할 것이다.

을 뿐이다. 티끌 하나의 크기는 대략 0.1 μm이다. 여기 언급된 숫자는 모두 평균값이다. 기체와 티끌은 성간 공간에 고르게 분포하지 않는다. 수증기가 지구대기에서 구름을 이루듯이, 성간기체와 티끌이 뭉쳐 여기저기에 불규칙하게 분포한다. 그래서 성간에서 밀도가 높은 영역을 '성간운'이라고 부르는 것이다.

기체와 고체의 부피 밀도가 국지적으로 평균값의 천 배 이상인 고밀도의 성간운이 있다. 고밀도 영역이라고 했지만, 이 상태는 지구에서 구현 가능한 최상의 진공보다도 훨씬 희박한 상태이다. 얼마나 희박한지 실감하기 위하여 상상 실험을 해 보자. 밑넓이가 1 m^2인 긴 대롱을 지표면에 수직으로 세워 그 끝이 대기층을 관통했을 때, 이 대롱 안에 들어오는 공기 분자의 총 수가 있을 것이다. 같은 밑넓이의 대롱을 대기층 상단에서 가시 우주의 끝까지 십억 광년 너머로 길게 연장하여 내밀었을 때 그 안에 들어오는 원자의 총 수도 계산할 수 있다. 대롱의 길이만 생각하면 후자가 전자에 비해 엄청 길지만, 분자/원자의 개수로는 후자가 전자에 크게 못 미친다. 성간과 은하 사이의 공간이 그 정도로 희박하다.

성간 물질의 밀도는 극히 낮지만, 물질이 차지하는 공간의 부피는 엄청나게 크므로 전체 질량은 결코 무시될 정도가 아니다. 이를 더 잘 이해하려면, 별들이 차지하는 공간의 부피가 우리은하의 부피에 비하여 지극히 미미하다는 사실을 인식할 필요가 있다. 예를 들어, 태양 반지름 정도의 거리를 빛이 지나가는 데 겨우 2초가 걸리는 것에 비해, 태양에서 가장 가까운 별까지는 무려 4년 이상 필요하다. 공간에서 별들의 분포는 이 정도로 작더라도(희박해도), 그 부피는 엄청나게 크다.

우리은하의 성간기체와 티끌의 총질량은 별들의 질량의 20%로 추산된다. 이는 성간 물질의 질량이 태양 70억 개와 맞먹는다는 뜻이다. 성간 공간에는 별과 행성을 계속해서 만들어낼 충분한 양의 물질이 있는 셈이다. 여기에는 천문학을 공부하는 학생 여러분도 모두 포함돼 있다.

천문학의 기초지식
성운 이름 짓기

이 장과 다음 장에서 휘황찬란한 성운 사진을 여러 장 보게 될 것이다. 설명을 읽으면서 성운의 이름이 매우 다양하다고 느끼는 사람이 많을 것이다. 작은 구경의 망원경으로 본 성운의 모습이 지상의 어느 물체와 비슷한 경우 성운의 이름은 그 물체의 이름을 따서 짓는다. 게 성운, 독거미 성운, 열쇠 구멍 성운 등이 이러한 예다. 그러나 대부분 성운에는 그저 숫자가 달랑 붙어 있을 뿐이다. 이 숫자는 주어진 해당 천체가 목록에 등재된 순서를 의미한다.

성운 목록은 프랑스 천문학자 샤를 메시에(Charles Messier, 1730~1817)가 만든 것이 유명하다. 이 목록에는 성운뿐 아니라 성단과 외부 은하도 실려 있다. 메시에의 취미는 혜성 발견이었다. 이 일에 얼마나 열성적이었는지, 루이 15세는 그를 '혜성 탐색자'라고 부를 정도였다. 태양계 외곽에서 태양을 향해 달려오던 혜성이 눈에 띌 때쯤이면 흐릿한 반점의 모습을 띤다. 성운과 성단도 흐릿한 반점으로 보이기는 마찬가지이나 아주 멀리 떨어져 있는 성단의 경우, 소구경 망원경으로는 성단 구성원 별들이 따로따로 분해되지 않고 서로 뭉쳐져 보인다. 대구경 망원경이 없던 시절, 관측자는 성운이나 성단을 혜성으로 곧잘 오인하곤 했다. 혜성을 또 하나 발견했구나 하는 기쁨의 순간도 잠시, 그것이 이미 알려진 성단이나 외부 은하로 판명될 경우, 메시가 느끼는 낭패감은 감당하기 어려울 정도였을 것이다.

거듭되는 낭패 끝에 메시에는 혜성으로 오인될 소지가 있는 100여 개 이상의 퍼진 천체 하나하나의 위치와 모양을 기록하여 목록을 만들기로 했다. 예를 들어, 이 장의 첫머리를 장식한 그림 11.1의 M4는 메시에 목록에 네 번째로 실려 있는 천체이다. 그에게는 혜성의 탐색이 가장 중요한 목적이었고, '혜성이 아닌 흐릿한 반점 모양의 천체 목록' 작성은 그의 목적을 달성하기 위한 하나의 준비 단계였다. 그런데 그가 발견한 혜성은 오늘날 아무도 기억해 주지 않는다. 대신에 혜성 발견을 위한 단순한 보조 도구에 불과했던 '혜성이 아닌 흐릿한 반점 모양의 천체 목록'이 현대 천문학의 여러 분야에서 혜성보다 훨씬 더 중요한 가치를 발휘한다. 만약 메시에가 이 세상에 다시 와서 이 사실을 알게 된다면 얼마나 놀랄까?

메시에 목록보다 더 자세한 NGC가 1888년에 출판되었다. '신판 성운과 성단의 일반 목록(*New General Catalog of Nebulae and Star Clusters*)'이라는 이름의 NGC는 아일랜드 아르마(Armagh) 천문대의 존 드라이어(John Dreyer)가 윌리엄 허셜(William Herschel)과 그의 아들 존 허셜(John Herschel), 그리고 그 후 여러 관측 천문학자들이 마련한 목록들을 집대성한 것이다. 그 후에 추가된 2편의 색인 목록(*Index Catalog*)을 포함하여 드라이어의 NGC에는 모두 13,000개의 퍼진 천체에 관한 정보가 수록돼 있다. 오늘날에도 성단과 성운을 지칭할 때 대부분 드라이어의 NGC 번호를 사용한다.

■ ■ ■ ■ ■ ■ ■ ■ ■ ■ ■ ■ ■

11.2 성간기체

성간기체의 뜨거운 정도는 은하 어디에 위치하느냐에 따라 절대온도 영도에 가까운 극저온부터, 절대온도 수백만 도를 넘는 경우까지 이른다. 우리는 성간기체 탐사를 시작으로 성간매질을 두루 돌아보는 여행을 시작하고자 한다.

11.2.1 전리수소 영역–뜨거운 별 근처의 기체

천체 사진 중 백미는 고온의 항성 근처에 자리하는 성간기체에서 찾을 수 있다(그림 11.2). 가시광 대역의 빨간 발머선은 수소가 내놓는 가장 강력한 스펙트럼선이다(4.5절 참조). 그렇기 때문에 그림 11.2와 같은 이미지의 특징적 색상이 빨간색일 수밖에 없다.

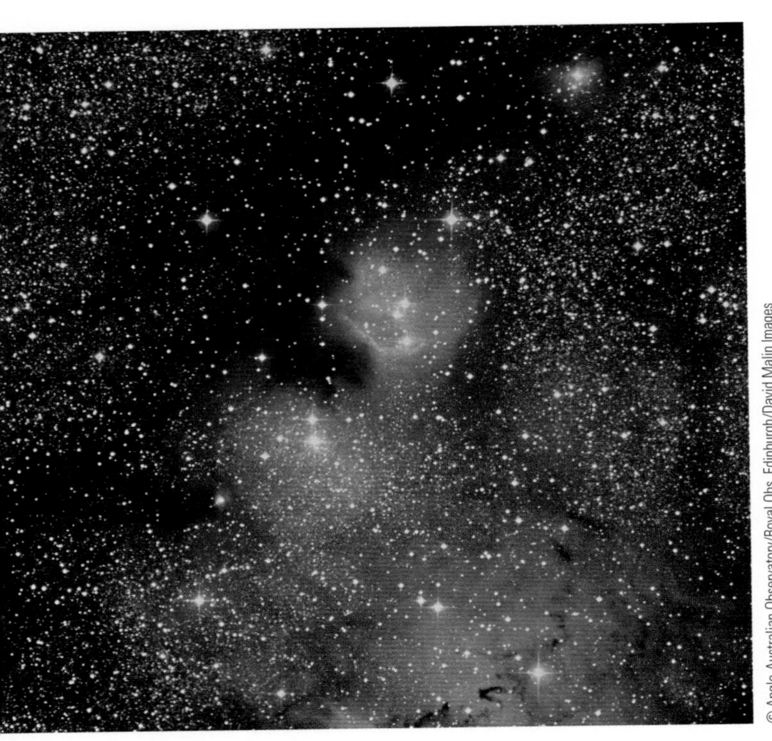

© Anglo-Australian Observatory/Royal Obs. Edinburgh/David Malin Images

■ **그림 11.2**
티끌의 존재를 드러낸 성간운 궁수자리의 영역이 불그스레한 색조를 띠게 된 것은 수소의 발마계열 첫 번째 선이 빨간빛이기 때문이다. 수소의 방출선이 보인다는 사실은 수소 구름을 전리시킬 정도로 강력한 자외선 방출원들이 인근에 있다는 얘기다. 중성 수소에서 전리된 자유전자가 양성자와 결합하여 여러 에너지준위를 거쳐 최종 바닥 상태로 가라앉는 동안, 파장을 달리하는 다양한 색깔의 빛이 방출된다. 한편 몇몇 성운의 가장자리가 푸르게 보이는 것은 작은 고체 입자들에 의해 산란된 빛 때문이다. 성간 티끌이 반사 성운을 통해 자신의 존재를 드러낸 것이다. 빛을 내는 기체 덩어리들 앞에 그림자를 드리워서 자신의 존재를 드러내는 티끌은 특히 우리은하 중심 방향에 많이 분포하는 나이 먹은 노란색 별들로부터 오는 빛을 차단하기도 한다.

뜨거운 별들은 인근 기체의 온도를 10,000 K 수준으로 올려놓는다. 고온 항성에서 방출되는 자외선 복사는 수소를 전리시킬 수 있다. 수소의 **전리**란 고에너지 자외선 복사를 흡수한 수소 원자에서 전기적 인력으로 양성자에게 붙잡혀 있던 전자가 떨어져 나가는 현상이다. 홀로 된 양성자라고 해서 영원히 홀로 남아 있는 것은 아니다. 주위에 전자들이 떠돌아다니기 때문이다. 양성자가 떠돌아다니는 자유전자와 전기적 인력으로 결합하면 다시 전기적으로 중성인 수소가 된다. 이 과정을 **재결합**이라고 한다. 중심별로부터 자외선이 공급되지 않는다면 이 수소 원자는 중성인 상태로 그대로 남아 있을 것이다. 그러나 중심별이 끊임없이 자외선 복사를 내놓고 있으므로, 수소 원자는 다시 높은 에너지의 광자를 흡수해서 전자와 양성자로 분리된다. 이렇게 전리와 재결합의 순환이 지속된다. 뜨거운 별 주위의 기체는 대부분 완전한 전리 상태에 놓이게 된다. 재결합이 일어나는 즉시 중심별의 복사에 의해 전리가 일어나기 때문이다.

수소가 성간기체의 주성분이므로 성간 영역은 수소의 전리 여부도 구분된다. 전리된 수소 구름을 **H II 영역**(H II region)이라 부른다. 참고로 분광학에서는 로마숫자 I은 중성의 상태를 나타내고, 숫자가 커질수록 전리 정도가 높은 상태다. 예를 들어 Fe III는 전자를 두 개 잃은 철 원자 이온이다. H II는 물론 전자를 하나 잃은 수소 원자를 의미한다. H I 영역은 중성 수소 구름이란 뜻이다.

자유전자가 양성자에게 붙잡힐 때 빛이 방출된다. 어떤 에너지준위로 포획된 전자는 이보다 낮은 준위로 차례차례 내려가서 결국에는 가장 낮은 준위인 바닥 상태까지 이른다. 높은 에너지준위에서 낮은 준위로 천이가 일어날 때마다 두 준위의 에너지 차에 해당하는 에너지를 갖고 광자가 튀어나온다(4장 참조). 이 과정을 통해서 자외선 복사가 가시광으로 바뀌는 셈인데, 우리는 이 과정을 **형광 현상**이라 한다. 이런 식으로 방출되는 빛이 **형광**이다. 성간기체에는 수소 이외의 원자도 존재한다. 이들도 뜨거운 별에서 나오는 자외선 복사를 흡수하여 전리되었다가 자유전자를 포획할 때마다, 수소와 마찬가지로 빛을 내놓으며 이 빛도 관측 가능하다. 붉은 수소선이 가장 강하므로 H II 영역이 붉게 보이게 된다.

우리가 사용하는 형광등도 H II 영역에서 벌어지는 형광의 원리를 그대로 따른다. 형광등 안에 있는 전자가 고온으로 가열된 다음, 증기 상태의 수은 원자와 충돌하면서 수은을 높은 에너지준위로 올려놓는다. 높은 준위에 올라간 수은 원자는 다시 낮은 준위로 떨어지면서 자외선 광자를 방출하고, 자외선 광자는 인광(燐光) 물질을 얇게 바른 형광등 벽을 때리면서 그곳 원자들에 흡수되어 앞에서 설명한 형광 현상의 전 과정을 거쳐 가시광의 광자로 바뀌는 것이다. (그렇더라도 차이가 전혀 없는 것은 아니다. 수은과 인광 물질에서 나오는 광자는 다양한 색깔, 즉 파장 범위에 걸쳐 있다. 여러 색깔의 빛들이 서로 섞여서 형광등의 전형적인 색상인 흰색 계통의 빛을 보이게 된다. 그러나 H II 영역에서 수소가 내놓은 빛은 이보다는 훨씬 제한된 색상의 빛이다.)

11.2.2 중성 수소 구름

자신의 주변의 전리 수소 영역으로 둘러싸일 정도로 뜨거운 별은 드물다. 성간 물질의 일부만이 그런 별 가까이 자리할 수 있다. 그렇다면 차가운 성간 물질은 어떻게 찾아낼 수 있을까?

고온의 별에서 멀리 떨어져 있는 차가운 수소 기체는 가시광 영역에서 스펙트럼선을 내지 않는다. 그래서 아주 오랫동안 이러한 기체를 찾아낼 수 없었던 것이다. 다행인 것은, 수소 이외의 원소들은 저온 상태에서도 강한 스펙트럼선을 만든다. Ca, Na, 그리고 몇 가지 원소들에 의한 스펙트럼선들이 특히 강하다. 이러한 스펙트럼선은 방출선이 아니라 흡수선으로 나타난다. Ca과 Na에 몇 종이 추가될 수도 있는데, 이들은 배후의 별빛을 흡수해서 그 별의 스펙트럼에 검은 흡수선들을 추가시킨다(4장 참조).

성간운에 의한 흡수선은 분광쌍성의 스펙트럼에서 최초로 발견됐다(9장 참조). 두 별이 서로 마주 보며 둘 사이의 질량중심 주위를 공전하면, 도플러 효과에 의해 주어진 원소의 스펙트럼선을 나타내는 파장이 주기적으로 변하게 된다. 어떤 분광쌍성의 경우, 스펙트럼선 대부분이 이와 같은 주기적 변화를 보이는 데 반해, 몇몇 분광선들은 파장의 변화를 전혀 보이지 않았다. 쌍성계를 이루는 두 별은 공전할 것이므로, 천문학자들에게는 이러한 관측적 사실은 하나의 수수께끼였다. 후속 연구로 우리는 고정 파장에 나타나는 흡수선은 별의 대기에서 만들어진 것이 아니라 지구와 그 쌍성계 사이에 있는 저온의 성간기체에 의한 것임을 알게 되었다.

수소가 우주에서 가장 흔한 원소이긴 하지만, 저온의 수소는 가시광 스펙트럼에서 볼 수 있는 어떤 흡수선이나 방출선도 만들어내지 않는다. 저온 수소 기체의 직접 검출을 위해서는 수신 감도가 좋은 전파망원경의 출현을 기다려야 했다(전파 검출 방법은 5.4절 참조).

네덜란드 천문학자 헐스트(H. C. Van de Hulst)는, 수소가 파장 21 cm에서 강한 전파선을 낼 것이라고 예측했다. 파장으로서 21 cm는 매우 긴 값이다. 파장이 길다는 것은 주파수가 낮다는 얘기다. 따라서 21 cm 선복사와 관련된 준위 사이의 에너지 차이가 매우 작다는 뜻이다. 21 cm 방출선을 4장에 설명한 전자 궤도의 천이로 이해하기에는 관련 에너지값이 너무 작다. 이렇게 낮은 에너지 파동이 어떻게 수소 원자에서 방출될 수 있을까? 이는 전자의 궤도 천이에 의한 것이 아니다. 서커스단의 곡예사가 머리를 땅에 대고 거꾸로 있다가 자신의 몸을 튕겨 똑바로 서듯이, 전자도 자전축 뒤집기를 한다.

전자의 자전 방향 뒤집기는 이렇게 이루어진다. 수소 원자의 구성원은 자전한다고 볼 수 있다. 미약하지만 전자의 자전 운동과 에너지와 양성자 주위를 도는 전자의 운동 에너지를 상정할 수 있다. 여기에 양성자도 자전하므로 그에 상응하는 에너지가 있다. 양성자와 전자의 자전이 반대 방향이면, 원자로서 수소가 갖는 전체 에너지는 같은 방향일 때보다 약간 낮다(그림 11.3). 양성자와 전자가 서로 반대 방향으로 자

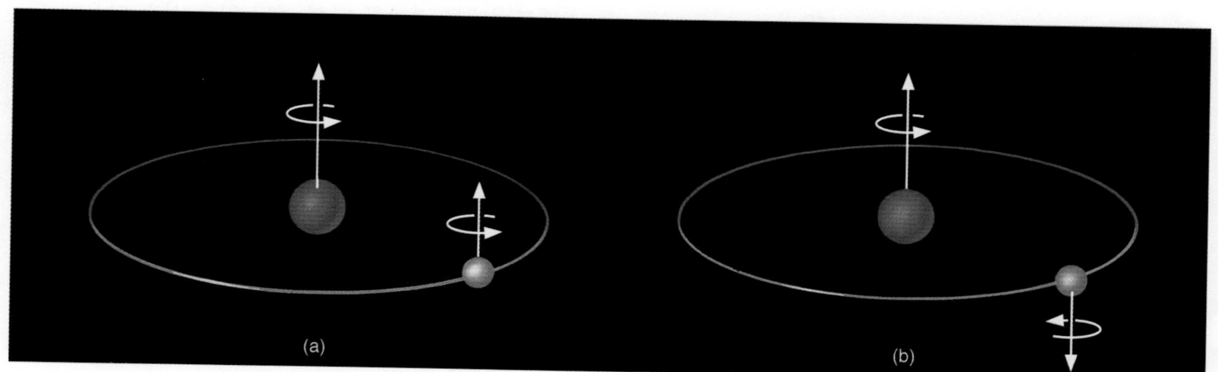

■ **그림 11.3**

수소 21 cm 선의 형성 수소 원자의 전자가 핵에 가장 가까운 궤도에 있을 때, 양성자와 전자의 자전이 (a) 같은 방향이거나 (b) 반대 방향일 수 있다. 전자의 자전 방향이 뒤집힐 때가 있다. 바닥 상태에 있던 수소가 파장 21 cm의 전자기파를 흡수하면, 양성자와 전자의 자전 방향이 일치하면서 높은 에너지 상태로 돌입한다. 그러나 파장 21 cm의 전자기파를 방출할 때는 둘의 자전 방향이 반대가 되면서 낮은 에너지 상태로 내려간다.

전하던 수소 원자에 외부로부터 에너지가 유입되면, 둘이 같은 방향으로 자전하게 되면서, 먼저보다 약간 높은 에너지 들뜸 상태로 옮겨간다. 그후 원래 상태로 다시 내려오면서 파장 21 cm의 전자기 파동이 발생한다.

중성 수소 원자들은 전자나 다른 원자와의 충돌을 통해서도 적은 양의 에너지를 얻게 되어 약간 높은 에너지 상태로 들뜬다. 그렇지만 이런 충돌은 성간 공간에서는 극히 드물게 일어난다. 밀도가 워낙 낮기 때문이다. 충돌을 통해서 전자와 양성자의 자전 방향이 같아지게 될 때까지 원자 하나하나는 아주 오랜 시간을 기다려야 한다. 그러나 수백만 년의 세월을 기다리면 충돌로 높은 에너지 상태에 이를 수 있는 기회를 얻는다. 밀도가 희박하고 온도가 낮은 성간 공간에서 수소가 전자나 기타 원자들과 충돌해서 높은 에너지 상태로 올라가려면 적어도 이렇게 긴 세월을 기다려야 한다.

들뜬 상태의 수소 원자는 초과 에너지를 다른 입자와 충돌이나 21 cm 전파 방출을 통해 잃어버린다. 충돌에 의한 에너지 방출이 일어나지 않으면, 평균 1천만 년 후에 파장 21 cm의 광자를 방출하고 가장 낮은 바닥 상태로 가라앉는다.

Photos courtesy of E. M. Purcell and Harvard University

■ **그림 11.4**
이웬과 퍼셀 1952년 이웬(Harold Ewen)이 나팔형 안테나에서 일하는 모습이다. 당시 하버드 대학 라이만 물리학 실험실 옥상에 자리 잡고 있던 이 전파 안테나가 21 cm 수소선을 최초로 검출하였다. 사진은 1952년도 노벨 물리학상 수상자 퍼셀(Edward Purcell)의 수상 이후 수년이 지났을 때의 모습이다.

중성 수소가 방출하는 21 cm 선을 검출할 고감도의 전파 수신 장비는 1951년에 개발되었다. 네덜란드 과학자들이 21 cm 전파 복사를 검출할 장비를 개발했지만, 불이 나는 바람에 실제 검출에는 실패했다. 그래서 21 cm 파 최초 검출의 영광은 하버드의 물리학자 해럴드 이웬(Harold Ewen)과 에드워드 퍼셀(Edward Purcell)에게 돌아갔다(그림 19.4). 그리고 네덜란드와 호주의 학자들이 확인했다. 이 관측을 통해 21 cm 선을 방출하는 성간운의 온도가 대략 100 K인 것으로 밝혀졌다. 참고로 절대온도 척도로 100 K는 섭씨로는 영하 173°C다. 인간의 기준으로는 말 못할 정도로 추운 세상이다.

저온 성간 수소는 은하수 은하에서 두께가 300광년에 불과한 얇은 층을 이루면서 은하 원반 전체에 걸쳐 분포한다. 21 cm 전파선이 검출된 이래, 다양한 원자와 분자들이 방출하는 전파선들이 발견되었다(다음 절 참조). 천문학자들은 이들 전파선의 관측을 통해 은하 전역에 걸쳐 저온 중성 기체가 어떻게 분포하는지를 알아볼 수 있는 지도를 작성하게 됐다.

11.2.3 초고온 성간기체

뜨거운 별에서 멀리 떨어져 있다고 해서 모든 수소가 다 이렇게 저온 상태인 것은 아니다. 온도가 100만 도에 이르는 초고온 성간기체도 성간에 존재한다. 그렇다고 주위에 가열원이 있는 것도 아니다. 성간에서 초고온 기체의 존재가 알려지자 많은 천문학자가 매우 놀랐다. 천문 관측 우주선이 우주 공간으로 띄워지기 전까지는 성간 공간의 대부분이 저온의 수소 기체로 채워져 있다고 믿고 있었기 때문이다. 대기층 밖에 망원경을 설치한 다음 드디어 자외선 영역의 관측을 시작하게 되자, 고도로 전리된 각종 중원소 이온들의 성간 흡수선이 속속 발견되기 시작했다. 예를 들어, 성간 물질의 스펙트럼에는 전자를 다섯 개나 잃은 산소 이온에 의한 흡수선이 강하게 나타났다. 전자를 다섯 개씩이나 떼어내려면 상당한 수준의 에너지가 필요하다. 이렇게 고도로 전리된 이온이 성간에 존재한다는 사실은 그 이온을 포함하는 성간 물질 온도가 대략 100만 도는 되어야 함을 뜻한다.

■ **그림 11.5**
돛자리(Vela) 초신성 잔해 지금으로부터 12,000년 전 일생을 마치는 중이던 돛자리의 어느 별이 폭발하면서 갑자기 지구의 밤하늘을 밝혔다. 보름달이 하나 더 뜬 정도였을 것이다. 이 사진에서 우리는 폭발 지점에서 밖으로 팽창 중인 기체 구각(球殼)의 일부를 보고 있다.

이론가들의 연구에 의하면, 초고온 상태를 유지할 에너지 공급은 질량이 큰 항성이 진화의 마지막 단계에서 겪는 거대한 규모의 폭발에서 비롯한다고 한다(그림 11.5). 이와 같은 폭발을 **초신성 폭발**이라 하는데, 그 구체적 내용은 14장에서 자세히 다룰 예정이다. 여기서는 중량급 항성이 생애의 마지막 단계에서 폭발을 일으킨다고만 아는 것으로 만족하고 넘어가도록 하자. 이러한 폭발을 통해서 극도로 뜨거운 기체가 성간 공간으로 수천 km/s 심지어는 수만 km/s의 속도로 고속 팽창하면서 주변 물질을 초고온의 상태로 가열한다.

천문학자들에 의하면 우리은하에서는 평균 25년에 한 번꼴로 초신성이 폭발한다. 그리고 은하 어느 지점이든 200만 년에 한 번꼴로 고온의 초신성 폭발 물질이 휩쓸고 지나간다. 초신성이 이 정도의 빈도로 폭발한다면, 성간 공간은 100만 도의 고온 상태를 계속해서 유지할 수 있을 것이며 온도가 수천 도에 이르는 성간 물질도 존재한다. 초고온의 전리 기체와 저온의 중성 기체가 만나는 경계 지역의 온도는 이 정도일 것으로 추산된다.

11.2.4 성간분자

우주 공간에 CN이나 CH와 같은 몇몇 종류의 간단한 분자가 존재한다는 사실은 이미 지상관측을 통해 수십 년 전부터 알려졌다. 배경 별 스펙트럼의 흡수선들은 이러한 분자들의 존재에 대한 증거다. 적외선과 전파 영역의 복사를 검출할 수 있는 고감도의 관측 장비가 개발됨에 따라, 성간운에서 복잡한 형태의 분자들이 속속 발견되기 시작할 때마다 모두 놀라지 않을 수 없었다.

각종 원자가 자신의 '지문'을 가시광 스펙트럼에 남겨놓듯이, 분자를 구성하는 원자들의 진동과 회전 운동은 스펙트럼의 전파와 적외선 영역에 자신의 존재를 알리는 흔적을 곳곳에 남긴다. 가시광의 좁은 창에 국한되었던 스펙트럼 파장 대역을 전파로 넓혀가면서 우리는 다양한 분자들의 여러 가지 방출선과 흡수선을 보게 되었다. 한편 오랜 실험실 연구를 통해서 각종 분자의 진동과 회전에 관련된 에너지준위가 자세히 알려졌으며 천이의 에너지준위에 따라 방출 또는 흡수되는 빛의 파장을 계산할 수 있다. 이것이 성간 물질에서 관측되는 스펙트럼의 흡수선들을 분자의 지문으로 활용할 수 있게 된 배경이다.

성간 공간에는 120여 종 이상의 분자가 존재하는 것으로 알려졌다. 이 분자들은 기체와 티끌로 구성된 거대한 질량의 성간운에서 주로 발견된다. 수소분자(H_2), 누구에게나 익숙한 물 분자(H_2O), 집 청소용 세제의 원료인 암모니아(NH_3) 등과 같이 매우 간단한 분자들이 많다. 수소, 산소,

표 11.1 몇 가지 흥미로운 성간분자

이름	분자식	용도
암모니아	NH_3	집 안 청소용 세제
포름알데히드	H_2CO	생체 조직 방부제
아세틸렌	HC_2H	용접 토치용 연료
초산	$C_2H_2O_4$	식초 원료
에틸알코올	CH_3CH_2OH	알코올성 음료
에틸렌그리콜	$HOCH_2CH_2OH$	부동액 원료
벤젠	C_6H_6	탄소 고리, 니스와 물감 원료

탄소, 질소, 황 등이 결합된 훨씬 더 복잡한 구조의 분자들도 발견된다.

상당수가 지구에서 잘 알려진 탄소화합물과 관련된 유기분자다. 몇 가지 재미있는 예로, 생체 조직을 보존하는 데 쓰이는 포름알데히드(H_2CO), 알코올('연결고리: 우주 칵테일' 참조), 부동액 분자 등을 들 수 있다. 1996년에 식초의 주성분인 초산 분자가 궁수자리 방향에 있는 성간운에서 발견됐다. 신맛과 단맛의 균형을 생각해서인지 간단한 당 분자인 글리콜알데히드가 이어서 발견됐다. 긴 탄소 고리를 가진 HC_9N, $HC_{11}N$ 등 비교적 무거운 분자들은 저온의 성간운에서 주로 발견된다. 최근에는 탄소 6개와 수소 6개가 이어진 고리 구조의 벤젠 분자가 발견됐다. 벤젠을 근간으로 해서 점점 더 복잡한 유기분자들이 만들어질 수 있다. 적외선 스펙트럼에는 탄소가 50개나 들어 있는 고리형의 매우 복잡한 분자의 특징들이 드러나기도 했다. 현재까지 발견된 성간분자 중, 우리의 흥미를 끄는 몇 가지 예를 표 11.1에 정리해 놓았다.

저온 성간운에는 흔히 아미노산 형성의 시발점으로 간주하는 시아노아세틸렌(HC_3N)과 아세트알데히드(CH_3CHO)도 존재하는 것으로 밝혀졌다. 이는 단백질을 구성하는 기본 단위로 지상의 생명 현상을 가능케 하는 데 가장 기본이 되는 화합물이다. 이런 분자의 발견으로 우주 생명의 존재를 주장할 수는 없지만, 생명체 구성의 기본 단위가 다양한 우주적 환경에서도 형성될 수 있음을 보여 준다. 성간운에서 복잡한 구조의 분자들이 어떻게 만들어지는가에 대해 더 많은 사실이 알려지면, 지금부터 수십억 년 전 지구에서 생명체가 태어날 당시의 상황과 생명 진화의 과정도 좀 더 깊게 이해할 수 있을 것이다.

이렇게 복잡한 분자들이 우주 공간에서 만들어졌다고 하더라도 살아남기란 큰 도전일 것이다. 다소 복잡한 구조를 하는 대부분 분자는 별에서 방출되는 높은 에너지의 빛을 받으면 구성 원자들로 쉽게 해리된다. 그러므로 분자들은 별빛이 차단되는 환경에서만 살아남을 수 있을 것이다. 고밀도의 거대한 암흑 성간운이 이러한 환경을 만들어 준다. 성간 스모그라고 부르는 성간 티끌의 두꺼운 층이 자외선 투과를 막는 담요 구실을 하므로, 티끌을 다량 함유한 거대 암흑 성간운은 그 안의 복잡한 구조를 가지는 성간분자를 자외선의 위협에서 보호할 수 있다. 성간 티끌이 자외선 투과는 차단하지만, 전파는 통과시키므로 분자의 존재를 '통보'해 주는 셈이다. 이들 구름에서 분자들이 발견되는데, 엄청난 양의 성간 물질을 품고 있는 이들 거대한 덩어리를 **성간분자운**이라고 부르고 있다.

성간 물질로 이루어진 거대 구름 속에서 새로운 별들이 태어나 별의 생명 순환을 시작하는데, 그에 관해서는 다음 몇 개의 장에서 다루게 되지만, 여기서는 이들 구름에 포함된 먼지에 대해 더 배우기로 한다.

11.3 우주 먼지

그림 11.6은 대형 망원경에서 흔히 볼 수 있는 하늘의 실제 모습이다. 놀랄 정도로 어두운 영역이 우리의 시선을 사로잡는다. 그 방향으로는 별이 하나도 없는 속이 텅 빈 구멍이 하늘에 뚫어진 듯하다. 이 암흑 영역들이 정말로 텅 빈 구멍이라면 우리는 이 '터널'들을 통해서 은하수 은하 바깥의 세상인 은하 간 공간까지 훤히 내다볼 수 있지 않겠는가! 그게 아니라면 우리의 시선 방향에 놓인 모종의 소광 물질이 더 먼 데서 오는 별빛을 차단하기 때문에 마치 하늘에 구멍이 뚫린 것처럼 보일 수도 있다. 천문학자들은 이 두 가지 가능성을 놓고 논쟁을 벌여왔다. 암흑 영역의 정체를 처음으로 밝힌 이가 미국 천문학자 바너드(E. E. Barnard, '천문학 여행' 참조)였다. 에드워드 바너드는 성운을 수없이 많이 촬영해서 성간 공간에 별빛을 차단하는 소광 물질이 존재함을 입증하는 데 학문적으로 큰 기여를 했다.

성간 티끌은 다양한 방식으로 자신의 존재를 드러낸다. 멀리 있는 별에서 오는 빛의 통과를 가로막고, 스펙트럼의 적외선 파장 영역에서 에너지를 방출하며, 근처 별에서 오는 빛을 반사하고, 멀리 있는 별의 색깔을 실제보다 더 붉게 보이게도 한다.

우주 칵테일

천문학자들이 성간 공간에서 찾아낸 여러 종류의 분자 중에는 알코올도 있다. 알코올에는 메틸(또는 나무)알코올과 에틸알코올(칵테일을 만드는) 두 종류가 있다. 에틸알코올은 복잡한 구조의 분자이며 C_2H_5OH로 표기한다. 에틸알코올이 검출될 정도의 고밀도 성간운에는 이 분자가 1 m^3에 한 개꼴로 들어 있다. 그러므로 성간에도 술은 풍부하게 마련된 셈이다. 가장 큰 성간운의 지름이 수백 광년이므로, 이 안에 들어 있을 에틸알코올, 즉 술의 총량이 약 2×10^{27}리터나 된다는 계산이 나온다.

그렇다고 해서 미래에 우주여행을 할 부부 중 남편이나 아내 어느 한 사람이 알코올 중독이 될 걱정은 없다. 지름이 1 km에 이르는 거대한 깔때기를 우주선에 부착한 채 성간운 속을 빛의 속도로 질주하더라도, 마티니 한 잔 분의 알코올을 모으는 데 약 일천 년의 세월이 필요하기 때문이다.

더구나 성간운에서는 H_2O 분자도 발견된다. 물은 에틸알코올보다 훨씬 간단한 분자이므로, 성간 상황에서 그만큼 만들기가 쉬울 것이다. 따라서 많은 양의 물이 에틸알코올과 함께 깔때기를 통해 들어와 알코올의 농도를 낮출 것이니, 성간 술은 무척이나 순한 맛일 것이다. 재미삼아 어느 천문학자가 성간운의 알코올 도수를 계산해서 논문으로 낸 적이 있다. 술의 도수(proof)란 물의 양에 대한 알코올의 비율을 의미한다. 0도면 순수한 물이란 뜻이고, 100도의 술에는 물과 술이 반반씩 들어 있으며, 200도의 술은 전량이 알코올이다. 그런데 성간운의 알코올 도수가 겨우 0.2도라는 계산이 나왔다. 이 정도라면 중차대한 천문학 시험을 앞두고 한 잔했더라도 외워둔 내용이 가물가물해지지 않을까 염려할 필요는 없을 것이다.

11.3.1 성간 티끌의 검출

바너드 86이란 이름의 암흑 성간운(그림 11.6)이 뒤에서 오는 별빛을 가로막아 그곳에 별이 전혀 없는 것처럼 보이게 만든다. 그런데 암흑 성간운 옆에는 많은 별이 빽빽하게 자리 잡고 있다. 별의 분포에서 보면 두 영역은 극명한 대조를 이루며 바너드 86 방향에 보이는 몇 개의 별은 이 성운의 전방, 즉 성운과 우리 사이에 놓여 있는 것이다. 바너드 86은 비교적 밀도가 높은 암흑 성운(dark nebula)이다. 기체와 잘 섞여 있는 미세 고체 알갱이들이 뒤에서 오는 별빛의 통과를 방해해서, 자신이 속한 구름 덩어리의 존재를 암흑 구덩이처럼 보이게 만드는 것이다. 미세한 이 고체 알갱이들을 **성간 티끌**이라고 부른다. 은하수의 전경 사진에도 **암흑 성간운**의 존재가 뚜렷하게 드러난다(16장 그림들 참조). 한여름에 밤하늘을 길게 가로지르는 은하수의 한복판은 반으로 갈라진 듯하다. 그 이유는 이곳에 성간 티끌을 포함한 암흑 성간운들이 몰려 있기 때문이다.

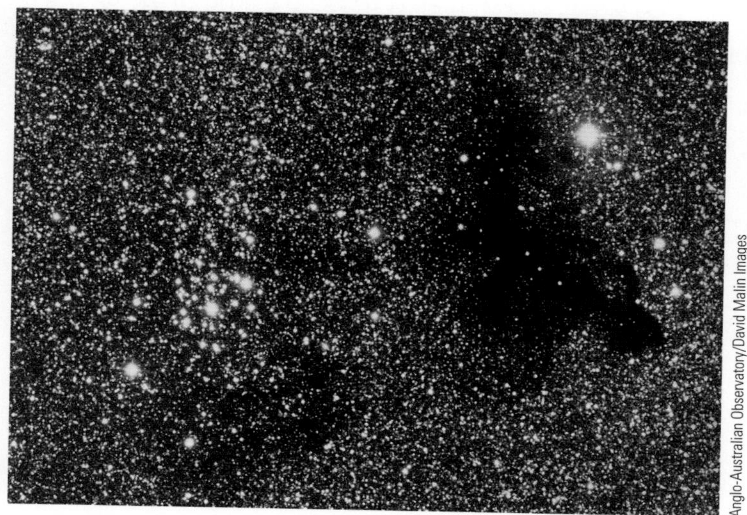

Anglo-Australian Observatory/David Malin Images

■ **그림 11.6**

암흑 성간운 티끌을 품은 암흑 성간운 바너드 86에 인접한 산개성단 NGC 6520. 젊은 별들이 청백색 보석처럼 점점이 빛을 발한다. 이와는 대조적으로 노랑 색깔의 늙은 별들이 그 주위를 빼곡히 채우고 있다. 우리은하에서 밝게 보이는 영역은 주로 나이 많은 노란 별들이 차지하고 있다. 암흑 성간운은 별빛의 통과를 방해함으로써 자신의 존재를 드러내는 셈이다. 앞에서 얘기한 몇 안 되는 청백색 별들로 이루어진 집단도 수백만 년 전에는 암흑 성간운이었을 것이다.

천문학 여행

에드워드 에머슨 바너드

바너드(Edward Emerson Barnard, 1857~1923)는 1857년 미국 테네시주 내쉬빌 시에서 부친이 돌아간 지 두 달 후에 태어났다. 가난한 환경 때문에 아홉 살이 되던 해에 학교를 그만두고 병고에 시달리는 어머니를 부양해야 했다. 곧 동네 사진사의 조수가 되면서 사진술과 천문학을 좋아하게 된다. 그의 일생을 따라다니던 이중 직업의 운명은 이때부터 시작된 셈이다. 그는 17년 동안이 사진사 조수의 역할을 하면서 독학으로 천문학을 공부했다. 그러다가 1881년 반더빌트(Vanderbilt) 대학 천문대에 조수로 취직하게 되어 천문학의 몇 강좌를 정식으로 듣게 되었다.

리크 천문대 36인치 굴절망원경과 함께한 바너드

그 해에 결혼하고 집을 지어야 했지만, 수입은 가족조차 부양할 수 없을 정도였다. 마침 한 특허 약 제약회사가 혜성 하나를 발견하는 데 200달러씩의 상금을 걸었다. 당시로써는 큰 액수의 상금이었다. 바너드는 마음을 굳게 먹고 맑은 밤이면 하루도 거르지 않고 혜성 탐색에 나섰다. 그렇게 해서 1881년~1887년 사이에 혜성을 7개나 발견할 수 있었으며, 집 짓는 데 필요한 경비를 충당할 수 있었다. 참고로 바너드는 죽을 때까지 모두 17개의 혜성을 발견했다고 한다. 이 '혜성이 지어준 집'이 나중에 그 지방의 명소가 된다.

1887년 바너드는 새로 리크 천문대(Lick Observatory)에 자리를 잡아 직장을 옮겼지만, 대장 홀든(Edward Holden)과 부딪치며 살아야 했다. 성격이 거친 홀든은 바너드에게 마음 고생을 많이 시켰고 바너드도 홀든을 못살게 굴었다. 망원경 사용 신청이 부당하게 자주 거절당하는 역경에서도, 바너드는 1892년 목성에서 새 위성을 발견하는 개가를 올린다. 갈릴레오 이후 처음 있는 발견이라 즉시 세계적인 명성을 얻었다. 이제 망원경 사용의 정당성을 충분히 확보하게 된 바너드는 자신의 장기인 사진기술을 활용하여 최상의 은하수 사진집을 출간한다. 이 과정에서 그는 별들로 채워진 은하수 군데군데 보이는 암흑 영역에 관심을 갖게 된다. 암흑 영역이 하늘에 뚫린 '구멍'이 아니라, 빛의 통과를 차단하는 구름 때문에 생겼음을 깨닫게 된다.

천문학자며 역사학자인 오스터브록(Donald Osterbrock)은 바너드를 '관측 중독자'라고 부른다. 그의 하루 기분은 그 날 밤 관측 예상 조건에 따라 좌우되는 듯했다. 자신이 정규 교육을 받지 못했음을 늘 의식하며 살았다. 이 때문에 누가 자기를 멸시할까 걱정했으며, 과거 자격 부족으로 실직해서 겪었던 가난의 구렁으로 다시 빠져들까 두려워했다. 바너드는 이런 마음의 짐 때문에 일에만 몰두하게 되는 일종의 신경쇠약 증세에 시달리면서 살았다. 휴가의 즐거움도 없었고, 오로지 몸이 아플 때만 천체 관측에서 스스로를 떼어놓을 수 있었다.

리크 천문대에서 지칠 대로 지친 바너드는 1895년에 시카고 근교에 있는 여키스 천문대(Yerkes Observatory)로 직장을 옮겨 그곳에서 나머지 생애를 보내고 1923년에 세상을 하직한다. 여키스에서도 사진 일을 계속하여, 많은 천체 사진을 출판했으며, 자신이 찍은 사진에 나타난 다양한 종류의 성운들을 연구했다. 이 사진들은 모두 사진 천문도의 고전으로서 높은 가치를 지닌다. 바너드는 행성 표면의 특징적 구조들을 자세히 관찰하고 행성과 그 구조들의 크기를 측정했으며, 일식원정대에 여러 차례 참여했고, 암흑 성운의 목록을 만들었다(그림 11.6). 1916년에는 고유운동이 가장 큰 별을 발견했다(8장 참조). 이 별은 태양에서 두 번째로 가까이 있는 항성계로서 **바너드의 별**이라고 불린다.

성간 티끌은 온도가 매우 낮아서 가시광 영역에서는 이렇다 할 세기의 빛을 방출하지 않는다. 그렇지만 가시광 영역에서 암흑이었던 티끌 구름은 적외선 영역에서는 밝게 빛을 낸다(그림 11.7). 미세 고체 입자들이 가시광과 자외선을 흡수해서, 온도를 20 K에서 550 K 수준으로 유지할 수 있기 때문이다. 티끌은 자신의 온도에 해당하는 적외선을 방출해서, 가시광에서 암흑이었던 성간운은 적외선에서는 발광하는 구름 덩이로 변신하게 된다.

빈의 법칙(4.2절 참조)을 이용하면 티끌이 방출하는 복사가 전자기 스펙트럼의 어느 파장 대역에 분포하는지 추정할 수 있다. 온도가 100 K인 경우, 가장 강한 복사 파장이 30 μm다. 온도가 20 K인 티끌이라면 파장 150 μm에서 복사가 가장 강하다. 참고로 1 μm는 1 m의 100만 분의 1이란 뜻이다. 즉 10^{-4} cm가 1 μm이다. 이 정도의 적외선 복사는 지구 대기를 통과할 수 없다. 그러므로 성간 티끌의 적외선 복사를 검출하려면 지구 대기 밖으로 나가야 한다.

T. A. Rector (NOAO/AURA/NSF) and Hubble Heritage Team (STScI/AURA/NASA)

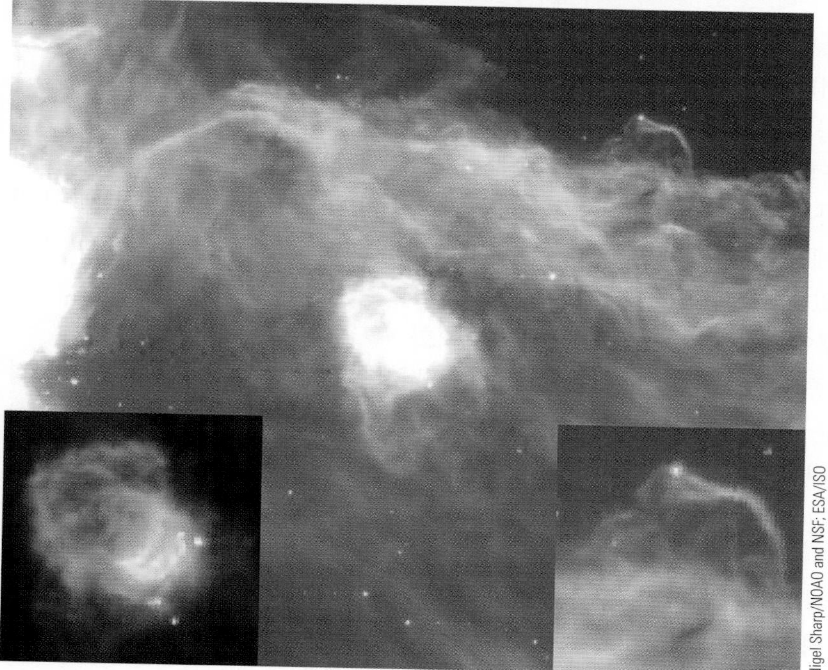

Nigel Sharp/NOAO and NSF; ESA/ISO

그림 11.7

오리온자리 말머리 성운의 가시광과 적외선 이미지 비교 여기 보인 암흑 성운이 가장 유명한 천체 영상 중 하나인 말머리 성운의 가시광 영상이다. 말머리를 이만큼 빼어 닮은 천체를 찾기 어려울 것이다. 말의 머리 부분은 사진 하부를 가득 채울 정도로 거대한 성간 티끌 구름에서 연장돼 나온 일부다. 티끌 구름의 존재는 이 사진에서와 같이 배경 하늘이 밝을 때 알아보기 쉽다. 아래 사진은 같은 말머리 성운을 적외선으로 찍은 것으로 유럽 적외선 우주천문대(Europe Infrared Space Observatory)의 작품이다. 가시광에서 암흑이었던 영역이 적외선 영상으로는 밝게 빛난다. 가까운 별에서 방출된 가시광과 자외선을 흡수해서 가열된 티끌들이 자신의 열에너지를 적외선 복사로 내놓기 때문이다. 아래 사진에는 말머리의 끄트머리만 실려 있다. 성운의 밑 부분과 말머리의 왼쪽과 위쪽의 밝은 점들이 새로 태어난 별이다. 아래 이미지에 붙인 두 장의 삽화가 말머리와 밝은 성운의 세세한 부분을 보여준다.

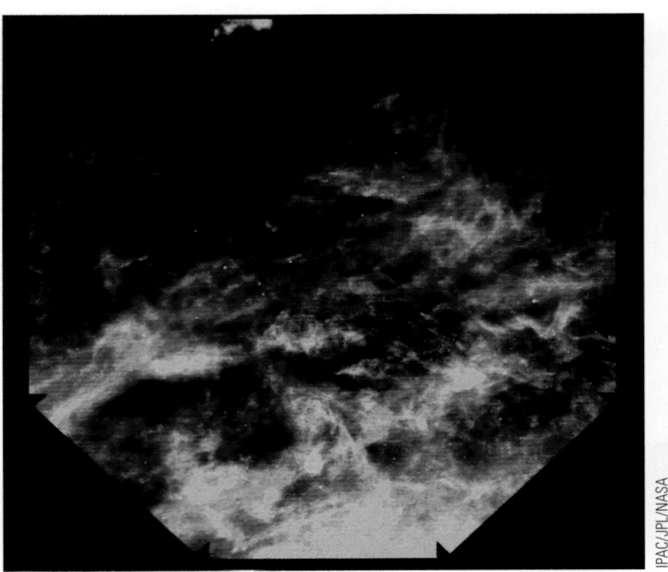

IPAC/JPL/NASA

■ **그림 11.8**

적외선 권운 이 적외선 영상은 하늘의 남극 근처에 있는 크기 12.5°×12.5° 규모의 적외선 권운의 모습이다. 적외선 권운은 내부의 미세한 고체 입자들이 별빛을 흡수해서 가열된 다음 자신의 열에너지를 적외선 복사로 방출해서 이런 모습을 보인다. 이 영상은 IRAS에서 12 μm, 25 μm, 60 μm 파장 대역의 적외선 세기를 측정하여 각각의 세기를 청, 록, 적색으로 변환하여 합성한 결과다. 별은 위의 세 파장 중에서 제일 짧은 12 μm에서 가장 밝게 보일 것이다. 그러므로 별은 파란 점으로 나타난다.

NASA and the Hubble Heritage Team (STScI)

■ **그림 11.9**

성간 티끌에 의한 산란 위 사진에서 푸르스름한 빛은 반사 성운(NGC 1999)의 한 예다. 가로등을 둘러싼 안개처럼, 반사 성운은 티끌 근처에 있는 밝은 별빛을 산란하므로 빛나는 것이다. 이 성운은 최근에 태어난 별빛을 받아서 자신의 모습을 밝게 드러내고 있다. 사진 중앙에서 살짝 왼쪽에서 그 신생별을 찾아볼 수 있다. 성운 중앙에 새까만 T자 형의 구조가 보일 것이다. 저온의 기체와 분자, 그리고 티끌의 집합체인 이 성간운은 밀도가 매우 높아서 뒤에 오는 빛을 완전히 차단하기 때문에 생긴 것이다. 이 영역은 오리온 성운에 가까이 있으며, 지구로부터의 거리는 약 1,500광년이다.

적외선 천문 위성 IRAS(Infrared Astronomical Satellite)를 이용한 지구 대기 밖에서의 관측을 통해서, 은하수 은하의 원반 전면에 분포하는 티끌 구름을 관측할 수 있다(그림 11.8). 적외선 영역에서 밝게 빛을 발하며 여기저기 널려 있는 구름 조각을 **적외선 권운**(infrared cirrus)이라고 하는데, 그 모양이 지구 대기권에서 볼 수 있는 권운(cirrus)을 닮았기 때문이다. 가장 가까운 적외선 권운은 약 300광년의 거리에 있다.

밝은 별 근처에 있는 고밀도의 성간 티끌 구름 중에는 내부 티끌이 그 별빛을 산란시켜서 눈에 보일 정도의 빛을 발하는 경우가 있다. 이렇게 별빛을 받아 밝게 빛나는 성간 티끌 구름을 반사 성운이라 부른다. 별빛이 티끌에 반사되어서 우리 눈에 들어오기 때문에 이런 이름이 붙었다. 좀생이(플레이아데스) 성단의 밝은 별들 주위에는 희뿌연 성운 상태가 발달해 있다. 이 장 도입부의 사진이 바로 좀생이 성단의 반사 성운이다. 산란 입자의 크기가 적정 수준 이하일 경우, 파장이 짧은 푸른 색깔의 빛이 긴 파장의 빨간빛보다 더 잘 산란한다. 이 때문에 반사 성운은 그를 비추는 별빛의 색깔보다 더 푸르게 보인다(그림 11.9).

티끌 대 기체의 혼합비가 은하 어디에서나 다 같지는 않지만, 비슷한 비율로 섞여 있다. 티끌의 존재는 방출 성운의 사진에서 쉽게 알아볼 수 있다. 그림 11.10은 궁수자리 방향에 보이는 아름다운 삼렬 성운인데, 푸른 색깔의 반사 성운이 중앙의 H II 영역을 둘러싸고 있다. 반사 성운과 H II 영역 중 어느 것이 더 밝은가는 광원의 종류에 따라 결정된다. 그 광원이 표면온도 25,000 K보다 낮은 별이라면, 수소의 전리에 필요한 91.2 nm보다 짧은 파장의 빛을 거의 내지 못하므로, 이 경우 반사 성운은 방출 성운 즉 H II 영역보다 훨씬 더 밝게 나타난다. 참고로 수소를 전리시킬 수 있는 최저 에너지 자외선의 파장은 91.2 nm다. 광원이 표면 온도 25,000 K보다 뜨거운 별이라면 충분한 양의 자외선을 방출하므로 H II 영역이 반사 성운 쪽보다 더 밝게 보인다.

11.3.2 성간 적색화

미세 고체 입자는 입사된 별빛 일부를 흡수한다. 그러나 입사광의 반 이상은 입자에 의해서 산란하여 입사할 때와는 다른 방향으로 흩어진다. 흡수된 빛이나 산란한 빛이나 관측자에게 도달하지 못하기는 마찬가지이므로, 티끌에 의한 별빛의 흡수와 산란이 모두 별의 밝기를 흐리게 만든다. 그래서 흡수와 산란을 합해서 **소광**이라 부른다. 성간 티끌에 의한 별빛의 소광이 **성간소광**(interstellar extinction)이다.

■ **그림 11.10**

궁수자리 삼렬 성운 중앙의 H II 영역이 불그스레하게 보이는 것은, 수소가 고온의 중심별에서 방출되는 자외선을 흡수하여 전리된 다음, 재결합하면서 형광효과로 빨강 계통의 빛을 방출하기 때문이다. H II 영역을 둘러싼 푸르스름한 색상의 영역이 반사 성운이다. 삼렬 성운 M20은 직경이 대략 30광년이고, 태양에서 약 3,000광년의 거리다. 이 사진은 천문 사진작가 말린(David Malin)이 어두운 부분의 세세한 모습도 잘 드러나도록 특수 기법을 동원하여 처리한 결과다.

20세기 초반, 스펙트럼에 나타나는 선의 세기를 비교해 볼 때 고온의 젊고 푸른 별임에 틀림없는데도 스펙트럼 전반에 걸친 에너지 분포는 저온의 늙고 붉은 별같이 보이는 이상한 별들이 발견됐다. 지금부터 약 70년 전에야 이 모순을 해결할 수 있었다. 고온의 젊은 별에서 오는 빛이 성간 공간을 통과하는 과정에서 밝기가 감소할 뿐 아니라, 색깔이 더 붉게 변한 것이었다. 이런 티끌에 의한 별빛의 적색화 현상을 **성간 적색화**(reddening)라고 부른다.

티끌과 가시광은 똑같은 방식으로 상호작용하지 않는다. 별이 방출하는 보라, 파랑, 초록 계통의 빛은 대부분 티끌에 의해 산란, 흡수돼서 일부만 지구에 도달한다. 반면 파장이 긴 주황과 빨강 계통의 빛은 중간에 있는 티끌 층을 쉽게 통과해서 상당량이 지상 망원경에 도달할 수 있다(그림 11.11). 그래서 별의 색깔이 원래보다 붉게 변하는 것이다. 멀리 있는 별일수록 붉게 변하는 정도가 심하다. 적색화란 색깔의 변화를 기술하는 정확한 표현이 아니다. 빨간색이 추가로 더해진 것이 아니라 단지 빨간색이 파란색보다 덜 감소했을 뿐이다. 그러므로 위에서 얘기한 '적색화'는 '청색 제거'로 이해하는 것이 마땅하다.

일상에서 적색화는 누구나 경험하는 현상으로 석양이 한낮의 태양보다 더 붉게 보이는 것이다. 고도가 낮을수록 태양 빛이 통과하는 대기층의 두께가 증가하기 때문에 태양 빛이 산란할 확률도 높아진다. 그런데 파장이 긴 빛일수록 산란 효율이 떨어지므로 태양이 지평선에 가까워질수록 점점 더 붉게 보인다.

공기가 투명해지면 하늘이 파랗게 보이는 이유도 산란의 근본 성질에서 찾을 수 있다. 태양광이 대기로 들어오면 공기 분자에 의해서 산란된다. 공기 분자의 크기를 고려하면, 청색 빛이 녹색, 황색, 적색보다 더 효율적으로 산란된다. 태양의 백색광 중에서 청색 계통의 빛이 다른 색 계통의 빛보다 더 많이 산란된다. 태양광 중 청색빛이 하늘에서 산란하기 때문에 결과적으로 하늘 높이 떠 있는 태양은 노란색을 띠게 되는 것이다. 그리하여 지구에서 보는 태양이 우주에서 보는 태양보다 약간 더 노랗게 보인다.

별빛이 성간 공간을 지나는 동안 그 색깔은 본래보다 더 붉어진다는 사실은 파장이 긴 빛이 짧은 빛보다 티끌 층을 더 효율적으로 통과할 수 있음을 뜻한다. 그러므로 빛의 통과를 방해하는 물질이 들어 있는 공간을 관통해서 멀리까지 내다보려면 파장이 긴 빛을 이용하는 것이 현명하다. 이 단

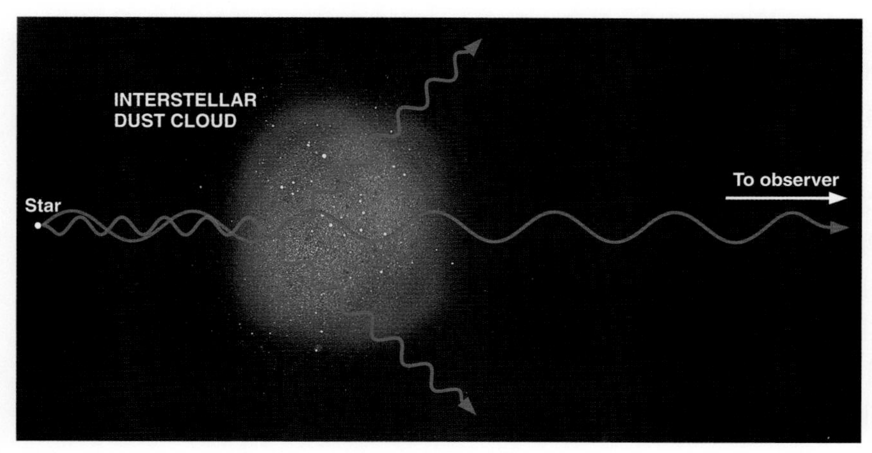

■ **그림 11.11**

티끌에 의한 빛의 산란 청색 계통의 빛이 적색 계통보다 성간 티끌에 의해서 더 잘 산란한다. 그래서 멀리 있는 별들이 실제보다 더 붉게 보이는 것이다. 동시에 별 가까이 자리한 성간운은 푸른색 계통의 빛을 띠게 된다. 별에서 출발한 빨간색 빛은 관측자에게 그대로 오지만, 푸른색 빛은 티끌에 의해서 다른 방향으로 산란한다. 비슷한 현상이 지구 대기에서도 일어나기 때문에 하늘이 파란색을 띠는 것이다.

순한 사실이 적외선 천문학의 개발을 촉진했다. 파장이 2 μm (2,000 nm)인 적외선에서의 성간소광은 가시광(500 nm)의 1/4에 불과하므로, 적외선으로는 가시광으로 보이는 최대 거리보다 두 배까지 멀리 볼 수 있다. 우리은하의 구조, 특히 수수께끼의 중심핵을 연구하면 멀리까지 볼 수 있는 적외선의 특성이 대단한 장점으로 작용한다(16장 참조).

11.3.3 성간 티끌

기체(gas)는 왜 고체와 달리 멀리 있는 별의 색깔을 붉게 변화시키지 못하는가? 원자와 분자로 된 기체는 특정 파장의 선복사만 흡수하고 그 이외의 빛에는 거의 투명하다. 지구 대기를 생각해 보자. 대기는 성간에 비해 밀도가 높은데 공기는 우리 눈에 보이지 않는다. 순전히 기체만으로 눈에 띌 정도의 성간소광을 일으키려면 엄청난 양이 필요할 것이다. 이만한 질량의 기체 덩어리가 성간 공간에 존재한다면, 그의 중력 효과가 충분히 커서 다른 별에 미치는 영향이 검출될 텐데, 그 효과가 성간에서 실제로 검출된 적은 없다. 그러므로 성간소광은 기체에 의한 것이 아니다.

기체 대신 미세한 고체 입자나 액체 방울은 빛을 아주 효율적으로 잘 흡수한다. 이 사실은 모두 경험으로 알고 있다. 공기 중의 수증기는 눈에 보이지 않는다. 그렇지만 수증기 일부가 응결해서 작은 물방울로 변하면 구름이나 안개의 형태로 우리 눈에 드러난다. 기체 상태의 수증기는 빛을 흡수하지 않지만, 수증기가 응결하여 작은 물방울이 되면 빛을 잘 흡수하고 산란시키기 때문이다. 모래 폭풍, 연기, 스모그 등이 있을 때의 상황을 상상해보면, 작은 고체 입자가 효율적인 빛의 흡수 요인이라는 사실을 쉽게 받아들일 수 있을 것이다. 이러한 근거로써, 천문학자들은 성간소광이 성간에 널리 흩어져 있는 미세 고체 입자들에 의한 현상이라고 결론지을 수 있었다. 이 고체 입자의 성분은 무엇이며, 또 이들은 어떻게 만들어지는가?

이 장의 사진들은 성간 티끌이 많이 존재함을 보여준다. 그러므로 성간 티끌은 우주와 성간 물질에 특별 흔한 원소들로 만들어졌음에 틀림이 없다. 수소와 헬륨 다음으로 흔한 원소가 산소, 탄소, 질소 등이다. 이 세 종류의 원소와 마그네슘, 규소, 철, 수소 등이 결합한 분자가 성간 티끌을 구성하는 주요 성분으로 밝혀졌다. 성간 티끌의 상당 부분은 주로 탄소로 만들어진 숯검정의 특성을 가지는가 하면, 규소와 산소를 포함한 모래 성분으로 되어 있다. 성간 티끌을 이루는 알갱이들이 우주로부터 지표에 떨어진 돌멩이, 즉 운석 내부에서 발견된다. 동위원소의 함량비를 조사해보면

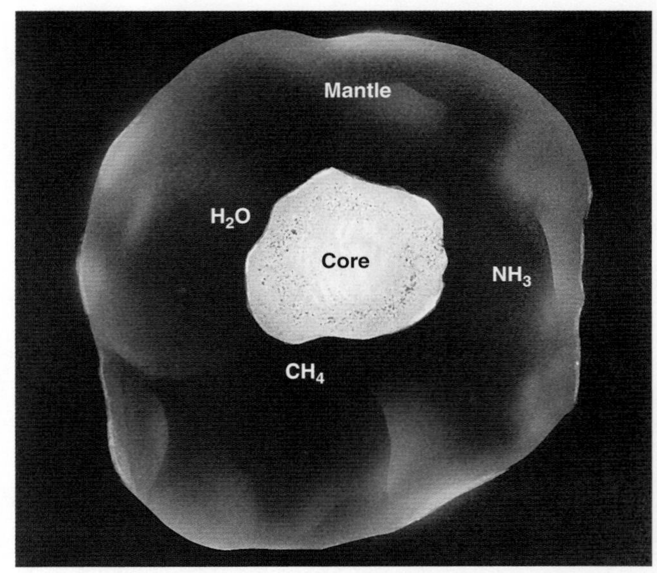

■ **그림 11.12**
성간 티끌 모형 성간 티끌은 암석 성분의 중심핵을 얼음층이 둘러싸고 있는 형국이다. 암석으로는 규산염과 흑연이 거론되며, 얼음층은 물, 메탄, 암모니아의 성분일 것으로 보인다. 성간 티끌의 크기는 대략 10^{-8} m에서 10^{-7} m에 걸쳐 분포한다.

성간 기원의 입자인지 태양계인지 구별할 수 있다. 실험실 연구를 통하여 성간 티끌의 성분으로 밝혀진 광물 종이 몇 가지 있다. 그중에 흑연과 다이아몬드가 포함된다. (다이아몬드라 해서 크게 흥분할 건 못 된다. 크기로 말하자면 10억 분의 1 m 수준이기 때문에 이 정도로는 약혼자를 깜짝 놀라게 할 다이아몬드 반지는 만들 수 없다.)

학계에서 인정받는 성간 티끌의 모형은 코아-맨틀 구조이다(그림 11.12). 코아라 불리는 중심핵은 주로 탄소로 만들어진 숯과 규소를 많이 함유한 모래가 차지한다. 앞에서 맨틀이라고 한 중심핵의 거죽을 H_2O, CH_4, NH_3 성분의 얼음층이 둘러싸고 있다. 물, 메탄, 암모니아는 별들의 세계에서 흔하게 마련될 수 있는 원소 종류로 만들어진 분자다.

전형적인 성간 티끌 크기는 가시광의 파장보다 약간 작다. 티끌 알갱이들이 이보다 더 작다면 별빛을 효율적으로 차폐하지 못한다. 그림 11.9를 비롯한 이 장의 여러 사진이 암시할 정도의 소광 효과를 기대하려면 성간 티끌의 소광효율은 적정 수준 이상이어야 하는데, 티끌의 크기가 너무 작을 경우 그러한 기대가 충족될 수 없다. 비유로써, 볼링공들로 이루어진 벽을 생각하자. 실제로 볼링공의 지름은 전파의 파장보다 훨씬 작다. 볼링 레인 안쪽에서 발사된 전파는 볼링공으로 만들어진 벽을 뚫고 나와 손에 공을 잡고 서 있는 내게 도달한다.

반대로 성간 티끌이 가시광 파장보다 월등히 크면 이번에는 성간 적색화 현상을 기대할 수 없다. 예를 들어, 볼링공은 붉은빛이나 푸른빛 모두를 같은 효율로 차단한다. 이런 식으로 티끌의 구체적 크기를 추산하면 10 또는 100 nm이며, 티끌 하나에 100만 또는 10억 개의 원자가 들어 있는 것으로 예상된다. 성간 티끌은, 천문학 공부에 바빠서 청소를 미루었을 때 책상에 쌓이는 먼지보다 훨씬 더 작다. 먼지라기보다 담배 연기 알갱이에 더 가깝다.

11.4 우주선

성간에는 기체와 티끌뿐만 아니라 우주선이라는 제3의 성분이 있다. **우주선** 입자들은 매우 빠른 속도로 움직인다는 점에서 특이하다. 1911년 오스트리아 물리학자 헤스(Victor Hess)가 처음 발견하였다. 헤스는 아주 간단한 측정기를 풍선에 실어 올려 고속 입자들이 우주로부터 지구로 들어온다는 사실을 입증했다(그림 11.13). 우주선의 성분비를 조사해보면 성간기체와 같다. 그러나 이들의 물리적 성질은 성간의 일반적 기체 원자와는 판이하게 다르다.

■ **그림 11.13**
우주선 연구의 선구자 1912년 헤스가, 풍선을 $5\frac{1}{3}$ km 고공에 올리는 우주선 실험에서 돌아온 모습이다. 헤스는 이 과정에서 우주선을 최초로 발견했다.

11.4.1 우주선의 정체

우주선 입자는 광속의 90%에 이르는 초고속으로 움직이는 원자핵과 전자들이다. 전자가 떨어져 나간 수소의 원자핵인 양성자가 우주선의 대부분 차지한다. 그리고 헬륨과 그보다 무거운 원자의 핵이 전체 우주선의 약 9%를 차지한다. 질량이 전자와 같은 우주선 입자 중 10~20%는, 전하의 절댓값은 전자와 같지만, 부호가 양인 **양전자**(positron)가 차지한다. 양전자는 반물질의 한 가지 형태이다(7.2.2절 참조).

우주선을 이루는 각종 원자핵의 함량비는 한 가지 중요한 예외를 제외하면, 별이나 성간 물질의 함량비를 반영한다. 그것은 리튬, 베릴륨, 붕소 원자핵들이 별이나 태양보다 우주선에 더 많다는 점이다. 이들 가벼운 우주선 입자들은, 고속의 우주선인 탄소, 질소, 산소의 원자핵이 성간에서 양성자와 충돌해서 깨진 것으로 보고 있다. (대부분이 그러하듯이, 각종 원소의 원자번호와 주기율표의 내용을 구체적으로 기억하지 못하는 독자는 부록 13을 참조하기 바란다. 이 표에 원자핵에 있는 양성자의 개수 순서로 각종 원소가 나열돼 있다.)

많은 개수의 우주선이 지구에 매일 떨어진다. 우주선의 성질을 연구하려면 우주선을 직접 포획하거나 고층대기에서 이루어지는 다른 원자들과의 충돌 반응을 자세히 조사하면 된다. 우주선이 지구에 퍼붓는 에너지는 태양의 약 10억 분의 1에 불과할 정도로 아주 미미하지만, 별빛이 지구에 주는 에너지와는 같은 수준이다. 우주선 중에는 태양에서 오는 것도 있다. 그러나 대부분은—곧 알게 되겠지만—태양계 밖에서부터 온다.

11.4.2 우주선의 기원

우주선의 기원은 아직도 미결 문제로 남아 있다. 빛은 직진하므로 입사 방향만으로도 그 빛이 어느 쪽에서 온 것인지 알 수 있다. 그러나 우주선은 전하를 띤 입자이므로, 그 운동은 자기장의 영향을 받는다. 우주선의 이동 경로가 성간 자기장과 지구 자기장의 영향으로 굽어진다는 얘기다. 이론 계산을 해보면 낮은 에너지의 우주선들은 지구 대기층으로 들어오기 이전에 지구 주위를, 나선을 그리면서 여러 차례 돈다. 비행기가 착륙하기 전에 비행장 주위를 여러 번 선회한다면, 착륙 순간의 방향으로부터 출발지의 방향과 지명을 알아내기는 쉽지 않을 것이다. 똑같은 이유로, 검출 순간의 진입 방향만으로는 우주선의 출발지를 추정할 수 없다.

그렇지만 우주선의 출처를 알아낼 만한 단서가 몇 가지 있다. 우선 성간 자기장이 강하기 때문에, 에너지가 극적으로 높은 우주선이 아니라면, 자기력선에 붙잡혀 우리은하를 이탈할 수 없다. 그러므로 우주선은 우리은하 어디에선가 생성된 것임이 틀림없다. 예외가 있다면 극히 높은 에너지를 가지는 우주선일 것이다. 초고속으로 움직이는 우주선은 성간 자기장의 영향을 거의 받지 않으므로 일부는 우리은하를 탈출할 수도 있다. 이 이야기는 뒤집어 생각할 필요가 있다. 이 정도로 고에너지의 우주선이 어느 외부 은하에서 생성되었다면, 그 은하를 탈출할 수 있었을 것이다. 그러므로 지구에서 검출된 초 고에너지 우주선의 일부는 먼 외부 은하로부터 온 것일 수 있다. 그렇지만 대부분 우주선은 우리은하에서 생긴 다음 광속에 가까운 속도로 가속된 전하일 것이다.

우주선이 지구에 도달하기까지 이동한 거리를 가늠할 수 있다. 이때 리튬, 베릴륨, 붕소 등의 핵종이 결정적인 단서를 쥐고 있다. 이 가벼운 원자핵 우주선은, 탄소, 질소, 산소 원자가 성간 양성자와 충돌해서 깨진 것들이다. 그러므로 리튬을 포함한 가벼운 원자핵들의 상대 개수비를 설명하려면, 얼마나 많은 충돌이 일어나는지를 계산해야 한다. 한편 성간 양성자의 밀도와 우주선 입자의 속도를 알고 있으므로 충돌의 총 회수에서 이동 거리를 추정할 수 있다. 계산에 의하면, 그 이동 거리가 우리은하 둘레의 30배에 이른다. 광속에 가까운 속력으로 이 거리를 움직이려면 300만~1,000만 년의 세월이 걸린다. 그러나 이 시간은 은하나 우주의 나이에 비하면 무척 짧은 기간이므로, 우주선 입자들은 우주적 시간 척도에서 볼 때 최근에 생성되었을 것이다.

우주선 기원의 가장 그럴듯한 후보는 중량급 항성의 최후를 장식하는 초신성 폭발에서 찾아야 한다. 초신성의 폭발 빈도가 높고, 폭발할 때마다 충분한 양의 에너지가 방출되므로, 초신성 폭발로써 관측되는 우주선의 개수를 설명할 수 있다. 그러나 어떤 과정을 거쳐서 양성자와 그 이외의 원자핵들이 고속으로 가속되는지를 설명하는 기작은 구체적으로 알려져 있지 않다. 초신성 폭발 시 중심에 남는 중성자별과 같은 붕괴의 잔해들도 적정 조건에서는 입자 가속기의 역할을 할 수 있다. 별 생성 재료인 성간 물질에는 항성 진화의 결과로 생성되는 중원소가 계속해서 첨가된다. 성간 물질에 중원소가 첨가되는 과정을 좀 더 자세히 들여다 보자.

11.5 우주 물질의 대순환

지구의 생명과 무생물을 구성하는 물질은 장구한 세월에 걸쳐 서로 순환하듯이, 원자 수준에서 본 우주의 구성 물질 역시 세대를 이어가는 별과 함께 끊임없이 순환한다.

11.5.1 성간 물질의 생명순환

우리은하 성간 물질의 상당량은 나이가 들어 생애를 마치는 별들에서 성간 공간으로 방출된 것이다. 이 문제는 13장과 14장에서 더 심도 있게 다룰 계획이며, 여기서는 7장에서 배운 내용을 새겨두는 것으로 충분하다. 별은 스스로 '먹고 살기 위해' 가벼운 원소들을 융합해서 무거운 원소로 변환하면서 에너지를 생산한다. 별은 나이 먹고 성숙해짐에 따라 새로 만들어진 원소 중 일부를 성간 물질이라는 저장고에 반환한다. 천문학자들의 추산에 의하면, 별을 만드는 데 들어간 총 질량의 약 17%가 결국 성간 물질로 되돌아간다.

예를 들어, 고밀도 저온 영역에서 중원소 기체는 광물 결정을 응결해서 미세 고체 입자를 만든다. 응결 조건이 제대로 갖춰진 영역 중 하나가 죽어가는 별의 외피층이다. 여기서 죽어가는 별이란 9장에서 논의한 적색거성과 초거성을 의미하는데, 이 별에서는 항성풍의 형태로 나온 물질이 외피층에서 광물로 응결되어 미세 고체 입자로 성장한다.

중심별의 종류에 따라서 외피층에서 형성되는 티끌 알갱이의 종류는 두 가지로 나뉜다. 탄소를 많이 함유한 숯과 비슷한 성분의 티끌 알갱이가 그 하나다. 중심핵에 탄소가 많은 별이 그 합성된 탄소를 대기층까지 끌어올려서 항성풍의 형태로 외부에 방출하는 경우, 숯검정과 같은 탄소 입자가 형성된다. 규산염 성분의 모래와 같은 티끌 알갱이는, 화학 조성이 태양과 비슷한 별에서 항성풍의 형태로 내보낸 물질이다.

질량이 큰 축에 속하는 별들은 조용히 죽지 않는다. 초신성 폭발로 요란하게 생을 마감한다. 별이 초신성으로 폭발하면, 별의 외피층은 터지면서 빠른 속도로 우주 공간으로 날아간다. 이때 충격파가 형성되면서 많은 양의 에너지가 성간 공간에 공급되며 이때 좁은 영역에서 별들이 한꺼번에 태어난다. 같은 영역에서 초신성이 수백만 년 동안에 수차례에 걸쳐서 연속적으로 폭발할 수 있다. 이렇게 만들어진 수퍼버블(superbubble, 초거품)이 팽창하면서 공간을 채워간다. 이 과정에는 엄청난 양의 에너지가 관여하므로 초거품 내부 온도는 10^6 K 수준으로 상승한다. 별과 별 사이 공간의 50% 정도를 초고온의 기체가 차지하고 있다.

우리은하의 물질 분포와 관련해서 알아야 할 것은 긴 시간척도로 볼 때 기체와 티끌 성분의 성간운은 정적 상태가 아니라는 사실이다. 성간운의 개수와 공간 분포는 시간에 따라 계속해서 변한다. 예를 들어 거품은 팽창하다 저온 성간운을 덮칠 때가 있다. 이때 성간운은 뜨거운 거품 안에 갇히게 된다(그림 11.14). 또 거품이 팽창하면서 넉가래 같이 성간

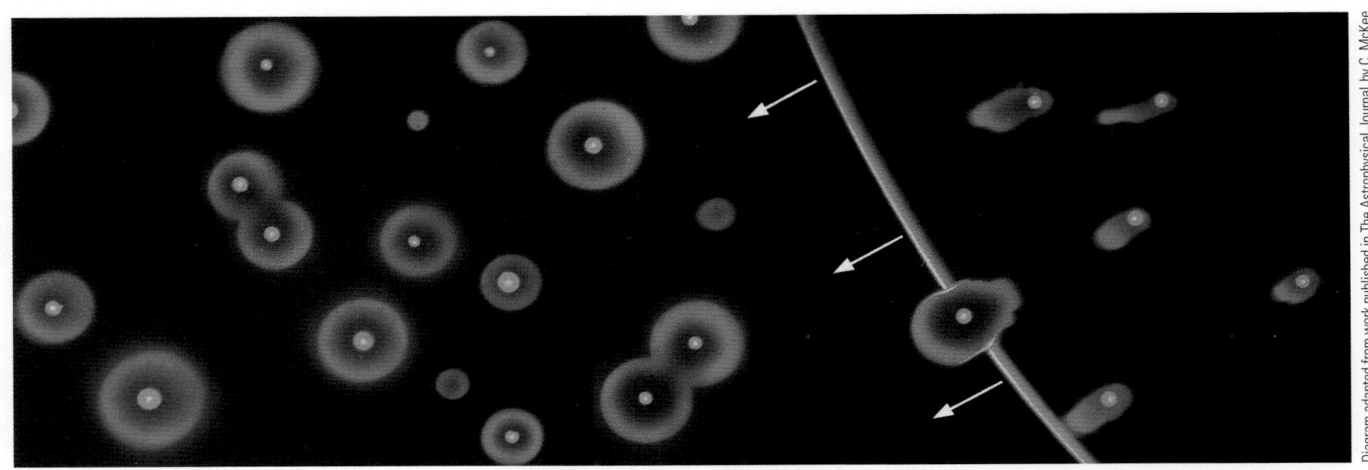

Diagram adapted from work published in The Astrophysical Journal by C. McKee and J. Ostriker

■ **그림 11.14**
성간 물질의 분포 초신성 폭발로 10^6 K로 가열된 저밀도 기체 안에 성간운들이 파묻히게 된다. 그림 오른쪽 윗부분에 팽창 중인 초신성 잔해가 성간 공간을 휩쓸어 가는 모습을 묘사해 놓았다.

물질을 휩쓸고 지나간다. 이 과정에서 넉가래 앞에 눈이 쌓이듯이, 팽창하는 거품에 휩쓸린 성간 물질이 거품 전면에 많이 쌓인다. 또는 초거품이 저온의 성간운을 치고 지나갈 때 고온의 기체 터널들이 고밀도의 중성 기체 벽으로 둘러싸이게 될 수 있다. 이것뿐이 아니다. 고온 기체의 일부는 저온의 기체 주머니 안으로 들어가 새로운 구름 덩어리로 다시 태어나기도 한다. 이렇게 태어난 구름 덩어리들이 서로 엉겨 붙으면서 거대한 성간분자운으로 성장하고, 그 안에서 별들이 새로 태어난다. 성간 공간은 순환의 격동의 현장이다.

성간분자운에는 별에서 항성풍이 방출될 때 응결된 티끌 알갱이들이 들어 있다. 저온 고밀도의 상황이므로, 성간분자운 내부에서 고체 결정이 추가로 응결되기도 한다. 이렇게 만들어진 고체 알갱이들 표면에 주위의 기체 원자들이 아주 천천히 들러붙는다. 하루에 원자 하나 정도의 속도로 원자의 강착 즉, 포획은 아주 느리게 진행된다. 그러나 수백만 년에서 수십억 년의 세월이 흐르면서, 하나씩 긁어모은 원자의 수가 엄청난 규모로 불어난다.

원자 하나의 관점에서 볼 때 티끌 표면은 거대한 운동장과 같다고 하겠다(11.3절 참조). 그러므로 티끌 표면에는 '아늑한 구석과 틈새'가 분명히 널려 있을 것이다. 일단 어떤 원자 하나가 그런 구석에 갇히면, 그곳에 오랫동안 머물 수밖에 없으며 그동안에 또 다른 원자와 만나 분자를 형성할 수도 있다. 성간 티끌을 '성간 사교 클럽'쯤으로 생각해도 좋을 것이다. 외로운 원자끼리 서로 만나 둘 사이에 의미 있는 관계가 형성되는 그런 사교장이다. 이렇게 해서 티끌 알갱이 표면에 얼음층이 형성된다. 티끌의 존재는 성간운을 자외선과 우주선의 위협에서 건져주는 방패 역할을 한다. 그러므로 티끌은 구름 내부의 성간분자를 보호할 뿐만 아니라 분자의 형성을 적극적으로 지원한다. 티끌은 이렇게 자신의 표면에 분자들이 형성되는 것을 도우면서 자신의 성장을 도모한다.

별이 성간운에서 태어나기 시작하면, 새로 태어난 별이 방출하는 복사가 티끌을 가열해서 티끌 표면의 얼음이 증발된다. 한편 신생 별들의 중력 작용으로 주변 성간운의 밀도도 증가한다. 또 신생 항성을 둘러싼 기체 매질에서 다양한 화학 반응이 일어나서 여러 종류의 유기 분자가 합성된다. 이 유기물질은 새로 태동하는 행성계에 공급된다. 초기 지구에도 아마 이런 식으로 생명 발현에 필요한 유기화합물의 '씨앗'들이 뿌려졌을 것이다.

과학자들은 지구에 존재하는 물의 상당 부분은 성간 티끌에서 왔을 것으로 추론한다. 최근 우주선 관측에 의하면, 고밀도 성간운의 물 함량이 대단히 높은 것으로 밝혀졌다. 별들이 이렇게 많은 양의 물을 포함하고 있는 성간운에서 태어나므로, 지구를 포함한 태양계가 태동될 당시부터 원시 태양계 성운에 물이 다량으로 존재했을 것이다. 대양과 호수의 원천은, 따지고 보면 지구 형성에 쓰인 암석에 수화물의 형태로 숨어있던 바로 그 물이라고 생각된다. 지구 물의 기원이 소행성과 혜성이라는 주장도 있다. 과학자들은, 원시 태양계 성운에서 지구가 형성되던 초기 10억 년 동안에 혜성이 10^3년에 한 번꼴로 지구와 충돌했다면 지구에 현존하는 물의 양을 충분히 설명할 수 있다고 주장한다.

새로 태어나는 별의 원료 물질로 참여한 성간 티끌들은 별이 탄생되던 고온의 상황에서 모두 파괴되고 말았을 것이

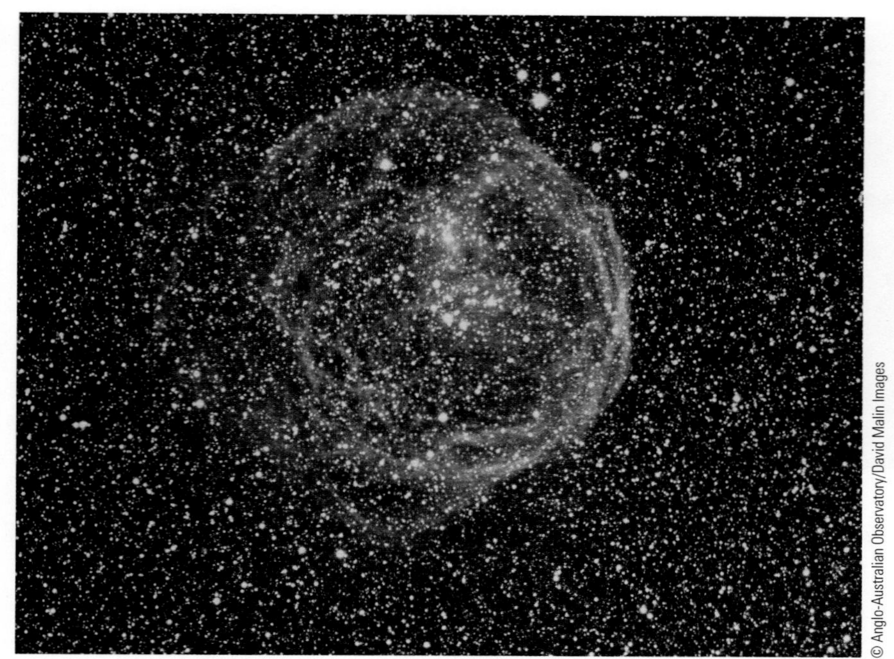

© Anglo-Australian Observatory/David Malin Images

■ **그림 11.15**
팽창 중인 성간거품 극도로 뜨거운 별들의 집단인 성단 하나가 풍선같이 팽창하는 고온 가스의 거대한 구각 중심에 자리를 잡고 있다. 중앙에 있는 별들에서 강력한 항성풍이 불어나 온다. 주로 양성자 성분의 고에너지 입자들이 별 표면에서 4000 km/s의 속력으로 뿜어져 나오는 중이다. 외부로 분출하는 고에너지 입자의 흐름이 주위에 정지해 있던 성간기체를 구각 전면에 쌓아 놓는다. 이 과정에서 많은 양의 에너지가 수소의 운동에너지 형태로 성간 공간에 공급된다. 지름 400광년의 이 거품은 은하수 은하의 이웃 은하인 대마젤란운에서 발견된 것이다.

다. 그러나 새로 태어난 신생 별들도 종국에는 적색거성 단계를 거치면서, 자신 내부의 물질을 항성풍의 형태로 외부로 방출한다. 새로 태어난 별 가운데 어떤 것들은 초신성으로 폭발할 것이다. 이처럼 우주의 물질은 별의 탄생과 소멸에 이르는 순환과 더불어 끊임없이 재활용된다.

11.5.2 태양계 근방의 성간 물질

성간 물질에 관한 논의를 태양계 근방의 상황을 알아보는 것으로 마치려고 한다. 태양은 밀도가 아주 낮은 영역에 위치한다. 너무 낮아서 천문학자들이 이 지역을 국부거품(Local Bubble)이라고 부를 정도다. 이렇게 밀도가 낮게 된 데에는 두 가지 이유가 있다. 첫째, 태양이 우리은하의 나선 팔이 아니라 나선 팔과 팔 사이에 자리한다는 사실에서 찾을 수 있다(16장 참조). 성간 물질은 나선 팔에 모이는 성향이 있다. 둘째, 앞에서 설명한 아주 뜨거운 초거품 안에 있기 때문일 것이다. 태양계 근방의 저밀도 기체는 온도가 대략 10^6 K인 것으로 알려졌다. 이 상황은 은하수 은하의 원반 전역에서 발견되는 초거품과 일치한다. 하지만 안에 들어 있는 고온 기체의 양이 적기 때문에, 온도가 이렇게 높아도 초거품의 물질은 이 영역의 별이나 행성들에는 아무 영향도 미치지 못한다.

전갈자리와 센타우르스자리 방향에는 약 1,500만 년 전에 별 탄생이 활발히 진행됐던 영역이 있다. 이때 탄생한 별들이 내뿜은 항성풍과 당시의 초신성 폭발이 이 별들 주변의 성간 물질을 밖으로 밀려나게 했다(그림 11.15 참조). (질량이 아주 큰 별은 핵융합 반응에 사용할 핵연료가 다 떨어지면 초신성으로 폭발한다.) 그 결과로 성간기체와 성간 티끌이 현재 태양이 있는 나선 팔과 나선 팔 사이의 저밀도 영역으로 밀려들어 온 것이다. 팽창 중이던 초거품의 가장자리가 태양에 도달한 게 지금으로부터 약 760만 년 전이었고, 지금은 태양을 지나서 오리온자리, 페르세우스자리, 마차부자리 쪽으로 200광년쯤 떨어진 곳에 이르고 있다.

이 영역에서 일어난 초신성 폭발이 지구 생명의 멸종을 이끌었다고 하는 과학자들도 일부 있다. 이때 사라진 종의 수는 공룡 멸종으로 이어진 대량 멸종 사건 때보다는 훨씬 작았을 것이다. 앞에서 얘기했듯이 초신성 폭발에서는 초고속의 우주선들이 만들어진다. 충분한 양의 우주선 입자들이 지구 표면에 꽂혔다면 지구대기의 보호막인 오존층이 파괴됐을 것이다. 그리되면 태양의 자외선 광자들이 대양의 상층부에까지 들어와서 해수면 근처에 사는 식물성 플랑크톤 같은 현미경적 척도의 미소 식물군을 파괴한다. 재앙의 고리는 이것으로 끝나지 않는다. 미소 식물군의 멸종으로, 이들을 먹이로 삼는 생명 종들이 기아에 허덕일 수밖에 없기 때문이다.

약 2백만 년 전 조개나 굴 같은 쌍각류의 수많은 종이 열대와 온대 지방의 바다에서 갑자기 사라진 사건이 있었다. 일부 천문학자들이 쌍각류의 멸종과 초신성 폭발의 연계 가능성을 조사하는 중이다. 태양에서 120광년 거리에 떨어져 있는 전갈-센타우르스 성단에서 2백만 년 전에 초신성이 폭발했다면 오존층이 파괴될 정도로 충분한 양의 우주선이 지구에 유입될 수 있었기 때문이다.

성간운은 국부거품 안에도 몇 개 존재한다. 1만 년 전쯤 태양이, 온도 7500 K에 밀도 0.1 H/cm^{3}인 성간운 내부로 들어온 듯하다. 따뜻하지만 밀도가 매우 희박한 성간운이다. 그렇지만 0.1 H/cm^{3}의 밀도는 국부거품에서 매우 높은 편으로 천문학에서는 이 구름을 '국부솜털(Local Fluff)'이라 부른다. (때로는 천체의 이름 짓기도 재미있다.) 태양풍이 행성 간 물질에 기여하는 양보다 50~100배나 많은 성간 입자들이 국부솜털로부터 행성 간 공간에 유입되고 있다. 최근에 행성 간 공간을 비행한 우주선을 이용하여 성간에서 유입되는 입자들의 개수를 구체적으로 헤아릴 수 있었다.

과학자들이 성간 입자 수집기를 우주로 들고 나가서, 온전한 성간입자들을 지구로 가져와서 이들 우주의 전령사들을 실험실 안에서 직접 만져보게 될 것이다.

인터넷 탐색

메시에 목록: www.seds.org/messier/
메시에의 '성운과 은하 목록'에 수록된 천체 하나하나에 대한 정보, 이미지, 배경 지식, 관련된 최근 연구 주제, 웹 링크 등을 알아볼 수 있다.

유명 성운을 찾아볼 수 있는 웹 사이트:

- Anglo-Australian Observatory Image Collection: www.aao.go.au/images.html
- European Southern Observatory Images: www.eso.org/outreach/gallery/
- National Optical Astronomy Observatories Images Gallery: www.noao.edu/image_gallery/
- Hubble Space Telescope Images: hubblesite.org/newscenter/archive

웹에서 만나는 성운들: www.seds.org/billa/twn
널리 알려진 성운들에 관한 각종 정보와 이미지를 찾아볼 수 있는 사이트다.

성간매질 온라인 안내서:
www-ssg.sr.unh.edu/tof/Outreach/Interstellar/index.html?Interdepth.html
성간매질(ISM)에 관한 질문란이 있고 성간매질의 연구 방법 등이 소개되어 있다.

국부 성간매질의 3차원 지도:
spacsun.rice.edu/~twg/lism.html
태양계 근방 지역에서 성간기체가 분포하는 양상을 예술적 감각을 동원하여 실감나게 표현해 놓았다. 특히 국부거품의 3차원 영상이 인상적이며 일부 내용은 전문가 수준이다.

우주선 학습 사이트:
helios.gsfc.nasa.gov/cosmic.html
NASA에서 운영하는 'Cosmic and Heliospheric Learning Center'의 일부로서 우주선에 관한 설명과 최근 뉴스거리를 찾아볼 수 있고 관련 사이트에 링크도 돼 있다.

요약

11.1 은하수 은하에서 관측 가능한 물질 중 20%는 신생 항성의 원료인 기체와 티끌이 차지한다. **성간 물질**의 약 99%는 원자와 분자 성분의 기체로 존재한다. 수소와 헬륨은 성간기체에서 가장 흔한 원소다. 성간 물질의 약 1%를 **성간 티끌 알갱이**들이 차지한다.

11.2 성간기체에는 뜨거운 것과 차가운 것이 있다. 고온 항성에 인접한 성간기체는 **형광** 효과로 밝은 빛을 방출한다. 이 빛은 자유전자가 이온에 붙잡혀서 낮은 에너지준위로 내려올 때 내놓은 것이다. 밝게 빛을 내는 전리 수소 기체 구름, 즉 **성운**을 **H II 영역**이라 부르며, 그 내부 온도는 약 10^4 K에 이른다. 성간 수소 기체는 대부분이 중성의 상태로 존재한다. 천문학에서 중성 수소는 파장 21 cm의 전파 선을 이용하여 연구한다. 성간에는 온도가 10^6 K가 넘는 초고온의 지역이

있다. 뜨거운 별에서 멀리 떨어져 있음에도 온도가 이렇게 높은 것은 초신성 폭발 때 분출된 높은 운동에너지의 기체가 공간을 휩쓸고 지나면서 성간기체를 가열했기 때문이다. 거대한 구름 덩어리는 분자들로 채워져 있다. 성간에서 현재까지 120여 종 이상의 분자가 발견됐다. 그중에는 단백질을 구성하는 기본 단위들이 포함돼 있는데, 아마도 이들이 지구 생명 출현에 모종의 근본적인 역할을 했을 것이다.

11.3 성간 티끌은 다음과 같은 조건에서 검출될 수 있다. (1) 티끌 배후에 있는 별빛의 통과를 차단하는 경우, (2) 가까이 있는 별빛을 산란할 경우, (3) 멀리 있는 별빛의 세기를 약화하는 동시에 색깔을 실제보다 더 붉게 만들 경우. 별빛의 세기 감소를 **성간소광**, 색깔 변화를 **성간 적색화**라고 한다. 티끌도 열복사를 내기 때문에 적외선으로 검출이 가능하다. 성간 티끌의 상당량이 **적외선 권운**이라고 불리는 성간운에 들어 있다. 티끌은 크기가 가시광 파장 수준이며, 탄소를 포함한 숯이나 규산염 모래 성분의 중심핵 주위를 물, 암모니아, 메탄 성분의 얼음층이 둘러싼 형태다.

11.4 **우주선**은 성간을 광속의 90%에 육박하는 고속으로 질주하는 하전 입자들이다. 우주선에서 가장 흔한 입자는 수소와 헬륨의 핵이지만 개중에는 **양전자**도 있다. 우주선 입자의 상당 부분은 초신성 폭발에서 만들어졌다고 판단된다.

11.5 항성이 생을 마감할 때 초신성 폭발이나 항성풍으로 내부 물질을 성간 공간으로 내뿜는다. 이렇게 방출된 물질이 성간 물질의 상당 부분을 차지한다. 초신성이나 항성풍이 공간으로 팽창하면서 일부는 거대한 **초거품**을 형성하여 성간을 휩쓸고 지나면서 거품 표면에 성간 물질을 쓸어 모아 성간운을 형성하고 여기에서 새로운 별이 태어난다. 그러므로 기체와 티끌들은 지속적으로 이어지는 별의 세대를 통해 재순환된다. 태양은 국부솜털이라 불리는 저밀 성간운의 경계부에 위치한다. 태양과 국부솜털은 폭이 작아도 300광년인 국부거품 속에 있다. 국부거품 안에 들어 있는 성간 물질은 밀도가 지극히 낮은 편이다.

모둠 활동

A 태양은 성간 물질이 매우 희박한 영역에 자리한다. 그렇지만 태양이 지름 20광년의 고밀도 성간운 안에 들어 있다고 가정하고, 다음 활동을 하자. 어느 구름 안에 들어 있는 성간 티끌들에 의한 소광 효과 때문에, 별의 밝기가 원래 밝기의 1/100로 관측됐다. 이런 상황이라면 지구의 문명 발상 역사가 어떻게 달라졌을지 토의하라. 예를 들어, 성간 물질의 존재 때문에 초기 항해자들이 겪어야 했던 특별한 문제가 무엇이었는지 토의하라.

B **모둠**과 함께 이 장에 실린 각종 사진을 먼저 주의 깊게 살펴보고, 사진에 드러난 성운들의 크기가 얼마인지 추산하라. 크기에 대한 힌트를 그림 자체 또는 설명문에서 찾을 수 있는가? 성간운들이 눈에 드러난 부분보다 월등히 크다고 생각하는가? 성간운의 크기는 어떻게 결정할 수 있는가?

C **모둠** 구성원들은, 천문학자가 우리은하 안에 있는 성운까지의 거리를 어떤 방식으로 알아낸다고 생각하는가? (힌트: 먼저 사진을 자세히 보라. 우리와 성운 사이에서 무언가의 존재를 알아볼 수 있는가? 필요하다면 10장을 다시 공부하기 바란다. 천문학에서 사용하는 거리 측정방법을 자세히 알아보자.)

D 교재에서 지구 대기층을 관통하는 대롱에 들어가는 원자의 개수가 같은 밑넓이의 대롱을 대기층 표면에서 우주 끝까지 늘어놓았을 때 그 안에 들어오는 원자의 개수보다 많다고 배웠다. 과학자는 '편지봉투 뒷면 계산'이란 걸 종종 한다. 이는, 어떤 아이디어나 주장이 합리적인가를 알아보기 위해서 편지봉투 같은 종이에 급히 해보는 계산이다. 모둠과 같이 대롱 실험의 진위를 가르기 위한 '빠르지만 엉성한' 근사계산을 해 보라. 대롱에 들어가는 원자 수를 가늠하기 위해서 어떤 절차의 계산이 필요한지, 또 어떤 정보가 필요한지 모둠과 토의해 보라. 그 정보를 이 책에서 찾을 수 있다고 생각하는가? 교재의 주장은 받아들일 만한가?

E 이 장을 공부하기 전에 태양계에 대해서 공부한 적이

있다면, 성간운 이외의 곳에서 유기분자를 찾아보려면 어디부터 시작해야 할지 토의하라. 여기서 유기분자는 생명의 기본이 되는 화학 물질이란 뜻이다. 그런 유기분자를 우리 태양계 내에서 찾을 수 있었다면, 이들이 성간운에서 발견되는 유기분자와는 어떤 관계에 있는지 논의하라. 성간운의 유기분자는 이 장에서 논의한 바 있다.

F 불그스레한 색깔의 별 둘이 망원경 시야에 들어왔다. 하나는 원래부터 붉은 별이지만 다른 하나는 성간 티끌에 의해서 실제보다 더 붉게 보이게 됐다고 한다. 두 별의 붉은 색상이 무슨 요인에 의한 것인지를 알려면 어떤 관측을 해야 할까? 모둠과 토의하고, 그 내용을 설명하라.

G 당신은 동생의 중학교 천문학 수업에 강연을 요청받고, 자연에서 어떻게 가스와 먼지가 순환하는지를 이야기하려고 마음먹었다. 그 강연에서 이 교과서의 어느 그림을 보여 줄지를 토론하라. 어떤 순서로 할 것인가? 수업이 끝난 다음 학생들이 기억해야할 한 가지 중요한 아이디어는 무엇인가?

복습 문제

1. 이 책 여기저기의 사진에서 암흑 성간운의 예를 몇 개 찾아서, 그림 번호와 함께 그 사진 어디에서 암흑 성간운이 보이는지 구체적으로 지적하라. 사진은 이 장에서만 찾을 필요는 없다. 책 전체에서 찾아보기 바란다.

2. 고온의 항성에 인접해 있는 성운이 붉게 보이는 까닭은 무엇인가? 왜 어떤 종류의 별들 가까이에 생기는 성간운은 푸르스름한 색깔을 띠게 되는가?

3. 각종 성간기체 구름의 특성을 설명하라.

4. 성간 공간에 있는 티끌과 기체를 검출하는 방법을 각각 도표로 정리하여 설명하라.

5. 수소 원자에서 어떻게 파장 21 cm의 전파 선이 방출되는지 설명하라. 성간매질을 이해하는 데 수소 21 cm 선이 중요한 의미가 있게 된 배경을 설명하라.

6. 성간 공간에서 형성되는 티끌 알갱이들의 특성을 설명하라.

7. 우주선 입자들의 출처를 알아내기가 무척 어려운 이유는 무엇인가?

8. 별빛이 실제보다 더 붉게 보이는 이유를 설명하라. 해가 서쪽 지평선으로 내려갈 즈음 태양 광구가 붉게 보이게 되는 과정을 성간 적색화의 관점에서 설명하라.

사고력 문제

9. 그림 11.1을 보면 안타레스 주위를 불그스레한 광채가 둘러싸고 있다. 사진 설명은 티끌 구름에 의한 것이라고 한다. 붉은 광채가 티끌에 의한 것인지, 아니면 H II 영역 때문인지 알고 싶다. 이 궁금증을 해소해 줄 수 있는 관측 프로그램을 구상하여 설명하라.

10. 안타레스를 둘러싸고 있는 붉은 광채는 안타레스가 내놓는 빛을 성간 티끌이 반사해서 생긴 현상이라고 한다. 그 색상으로부터 안타레스의 표면 온도에 대하여 어떤 얘기를 할 수 있는가? 부록 11에서 안타레스의 스펙트럼형을 찾아볼 수 있다. 자신의 온도 추산이 실제와 부합한다고 생각하는가? 대부분 사진에서 붉은 색상의 광채는 전리 수소와 모종의 연계가 있는 듯하다. 안타레스 주위에서 H II 영역을 볼 수 있다고 생각하는가? 자신의 답을 뒷받침할 합리적인 설명이 따라야 한다.

11. 성간 물질에는 중성 수소가 풍부하지만, 중성 수소의 발견은 광학망원경이 아니라 전파망원경으로 이뤄졌다. 왜 그렇게 됐는지 설명하라. 수소의 함량비가 크다고 별의 스펙트럼에서 수소선이 가장 강하게 나타나는 것은 아니다(8장). 그 이유를 생각하면 이 문제를 푸는 데 도움이 될 것이다.

12. 전리된 수소를 의미하는 H II와 수소 분자 H_2가 모두 'H two'로 발음된다. 누가 알데바란 주위에서 H II를 발견했다고 하면, 주장을 받아들이겠는가? H III라는 것도 있을 수 있는가? 그렇지 않다면 왜 그런지 설명하라.

13. 다음과 관련된 스펙트럼의 특성을 기술하라.

a. 성간 티끌에 의해서 반사된 별빛

b. 보이지 않는 성간기체 층의 배후에 있는 별

c. 방출 성운, 즉 방출선을 보이는 성운

14. 교재에 의하면, 주위에 H II 영역이 형성되려면 중심별의 표면 온도가 25,000 K 이상이어야 한다. 가장 뜨거운 백색 왜성과 분광형이 O형인 주계열별의 표면 온도가 모두 25,000 K 이상이다. 수소는 백색 왜성과 O형 항성 중 어느 별에 의해서 더 많이 전리될 수 있을까? 그 이유를 설명하라.

15. 교재에서 별의 종류에 따라 그 주위에 생기는 성운의 종류가 다르다고 배웠다. 크게 방출 성운과 반사 성운으로 갈린다. 좀생이 성단을 구성하는 별들의 표면 온도를 추정하라. 추정의 근거를 제시하라. 이 장 서두에서 보인 사진을 참조할 수 있다.

16. 은하수 은하의 크기를 계산하는 방법은 흐린 별까지의 거리를 실시등급으로 추산한 다음, 그 별이 더 이상 관측될 수 없을 정도로 흐리게 보이는 거리를 알아내는 것이다. 그러나 이 방법을 최초 사용했던 천문학자들은 성간 티끌에 의한 별빛의 소광 현상을 모르고 있었다. 은하의 크기 측정에 성간소광이 미치는 영향을 논의하라.

17. 지구 대기는 짧은 파장의 빛을 긴 파장의 것보다 잘 흡수한다. 여름철 피부에 화상을 입히는 주범은 태양광 중에서 파장이 280~320 nm인 빛이라 한다. 그러나 우리가 뜨겁다고 느끼는 것은 적외선 때문이다. 우리가 느끼는 태양의 열기는 정오든 오후 4시경이든 비슷하다. 그럼에도 늦은 오후보다 대낮에 화상의 위험이 더 크다. 그 이유를 설명하라. (힌트: 대기층으로 둘러싸인 지구를 그린 다음, 대낮과 늦은 오후에 태양이 화상 환자에 대하여 어느 위치에 오게 되는지 생각해 보라.)

18. 별은 기체와 티끌의 밀도가 높은 영역에서 탄생한다. 최근 탄생한 별을 찾아보려면, 가시광과 적외선 중 어느 파장 대역에서 관측하는 게 유리한가? 그 이유가 무엇인지 설명하라.

19. 대도시에서 스모그가 없는 날이면 있는 날보다 더 멀리까지 보이는 이유를 설명하라.

계산 문제

은하에 있는 성간 물질의 양은 다음과 같이 추산할 수 있다. 은하의 부피를 알아낸 후 평균 밀도를 곱하면 된다. 즉,

전체 질량=부피×밀도

의 관계를 이용하면 된다. 주의할 점은 동일 단위계의 사용이다. 은하의 모양을 원기둥으로 대신하면, 원통의 부피 V는 밑넓이에 높이를 곱하여

$$V=\pi r^2 h$$

로 계산된다. 여기서 r과 h는 원기둥의 반지름과 높이를 의미한다. 단위계와 기본 물리량의 값은 부록을 참조하기 바란다. 아래 문제에 답하라.

20. 은하의 성간기체는 1세제곱센티미터당 수소 원자가 평균 한 개꼴로 들어 있다. 은하를 반지름 10만 광년, 높이 200광년의 원기둥으로 놓고, 성간기체에 포함된 수소 원자의 총 개수를 추산하고 그 질량을 계산하라. 답을 킬로그램이나 그램으로 적을 경우 숫자가 커서 다루기 불편하다. 그래서 수소의 총 질량을 태양의 질량과 비교해 볼 필요가 있다. 성간 수소 기체의 질량이 태양의 몇 배인지 계산해 보라. 교재에 있는 질량 정보는 많은 양의 관측 자료를 근거로 복잡한 계산을 한 결과다.

21. H II 영역은 수소를 전리시킬 높은 에너지의 광자를 방출하는 뜨거운 별이 있어야 만들어질 수 있다. 수소는 파장이 91.2 nm보다 짧은 복사에 의해서만 전리될 수 있다. 필요하다면 4장에서 설명한 빈의 법칙을 활용할 수 있다. H II 영역이 만들어질 수 있도록 충분한 강도와 양의 자외선이 방출되는 별의 분광형은 무엇인가?.

22. 성단의 구성원 별들이 예상보다 너무 흐리게 관측되자 천문학자들은 성간 티끌의 존재를 의심하기 시작했다. 예를 들어, 티끌 때문에 별의 밝기가 실제의 1/100로 관측된 별이 있다고 하자. 그러나 티끌 때문이라는 사실을 그 당시에는 모르고 있었다. 이 경우 실시등급으로 거리를 추정하면, 성간 티끌에 의한 소광 때문에 생기는 거리 측정 오차는 얼마나 될까? 티끌의 존재를 확인할 수 있는 관측 계획을 세워 토론하라.

성간운과 10^6 K 기체의 경계에서 양쪽의 압력이 같아야

할 것이다. 성간운 쪽의 압력이 더 높다면, 성간운은 주위의 낮은 압력과 평형을 이룰 때까지 팽창할 것이다. 반대로 10^6 K 기체 매질의 압력이 안에 있는 성간운의 압력보다 높은 경우라면, 초고온 기체가 저온의 성간운을 압축해서 성간운 내부 상황을 압력이 높아지는 쪽으로 몰아간다. 그러다 성간운과 초고온 기체의 압력이 서로 비슷해질 때, 성간운은 더 이상의 수축을 멈추고 초고온 기체와 압력 평형에 이르게 된다. 비유로 풍선을 머릿속에 그려보자. 풍선에 공기를 주입하여 내부의 압력이 점점 높아지면, 풍선은 점차 팽창한다. 풍선을 손으로 누르면, 외부에서 주어지는 압력의 증가로 풍선은 수축한다.

기체의 압력 P는, 온도 T와 기체를 구성하는 입자의 개수 밀도 n 양쪽에 다 비례해서 증가한다. 즉

$$P=nkT$$

의 관계가 성립한다. 여기서 볼츠만 상수 k는 비례 관계를 등식 관계로 맺어 주는 비례상수다. 높은 온도의 기체라면 기체를 구성하는 입자들의 운동에너지가 클 것이고, 입자들이 격렬하게 충돌한다. 한편 밀도가 높아질 경우에 충돌의 빈도가 증가하므로 압력도 상승할 것이다. 그러므로 위 등식은 우리 추측과 일치한다. 사람이 모여 있는 방이 있다고 하자. 이 방에 많은 사람이 들어가게 되면 움직이기가 힘들어진다. 칵테일 파티 현장을 연상하면 된다. 그러나 왈츠를 출 경우라면, 충돌이 빈번해진다. 이 아이디어를 성간 물질에 적용해 보자.

23. 차가운 10 K의 성간운이 10^6 K 초고온 성간기체와 서로 이웃하고 있다. 접촉면을 경계로 둘이 압력 평형을 이룰 경우, 양쪽의 밀도 비를 계산해 보라. 차가운 성간운을 둘러싸고 있는 초고온의 기체가 성간운을 가열할 수 있다. 그러면 성간운 온도가 올라가며 보호막 구실을 하는 물질이 있어서 성간운 온도를 10 K 수준으로 유지할 수 있다고 가정하여 문제의 복잡성을 피하기 바란다. 둘 중 어느 별이 탄생하기 쉬울까? 이유를 제시하라.

24. 교재의 설명에 의하면, 태양을 둘러싸고 있는 국부솜털의 상황은 온도 7500 K에 밀도 0.1 H/ cm^3이라고 한다. 한편 국부솜털은 온도 10^6 K에 밀도 5×10^{-3} H/ cm^3인 국부거품 안에 묻혀 있다고 한다. 그렇다면 국부솜털과 국부거품 사이에는 압력 평형이 이뤄진 상태인가? 또 앞으로 국부솜털에 어떤 일이 생길지 토론하라.

심화 학습용 참고 문헌

Bowyer, S. et al. "Observing a Partly Cloudy Universe" in *Sky & Telescope*, Dec. 1994, p. 36. 극자외선 탐색 미션과 그 결과 ISM에 대해 무엇이 밝혀졌는지를 개관하는 글.

Friedlander, M. *A Thin Cosmic Rain: Particles from Outer Space*. 2000, Harvard U. Press. 우주선에 대한 훌륭한 소개.

Goodman, A. "Recycling in the Universe" in *Sky & Telescope*, Nov. 2000, p. 44. 항성진화, ISM, 초신성이 우주물질의 재순환에 한 기여에 대하여.

Helfand, D. "Fleet Messengers from the Cosmos" in *Sky & Telescope*, Mar. 1988, p. 265. 우주선의 최신 이해를 훌륭히 요약한 글.

Knapp, G. "The Stuff Between the Stars" in *Sky & Telescope*, May. 1995, p. 20.

Nadis, S. "Searching for the Molecules of Life in Space" in *Sky & Telescope*, Jan. 2002, p. 32. 위성망원경에 의한 ISM에서 물의 관측을 개관.

Reynolds, R. "The Gas Between the Stars" in *Scientific American*, Jan. 2002, p. 34. 성간 매질에 대하여.

Sheehan, W. *The Immortal Fire Within: The Life and Work of E. E. Barnard*. 1995, Cambridge U. Press. 훌륭한 전기.

Shore, L. and Shore, S. "The Chaotic Material Between the Stars" in *Astronomy*, June. 1988, p. 6.

Teske, R. "The Star That Blew a Hole in Space" in *Astronomy*, Dec. 1993, p. 31. 국부 거품에 대하여.

Trefil, J. "Discovering Cosmic Rays" in *Astronomy*, Jan. 2001, p. 36. 우주선의 간단한 역사와 현재의 그 이해.

Verschuur, G. "Interstellar Molecules" in *Sky & Telescope*, Apr. 1992, p. 379.

Verschuur, G. "Barnard's Dark Dilemma" in *Astronomy*, Feb. 1989, p. 30.

Verschuur, G. *Interstellar Matters*. 1989, Springer-Verlag. 성간 먼지와 성간 물질에 대한 수필, 역사적 과제와 현재의 토픽을 개관한 책.

Whitman, A. "Seeking Summer's Dark Nebulae" in *Sky & Telescope*, Aug. 1998, p. 114. 소형망원경으로 성간 먼지구름 찾기.

Wynn-Williams, G. "Bubbles, Tunnels, Onions, Sheets: The Diffuse Interstellar Medium" in *Mercury* (the magazine of the Astronomical Society of the Pacific), Jan./Feb. 1993, p. 2.

T. A. Rector, B. A. Wolpa, and NOAO/NRAO/AURA/NSF

독수리 성운 M16 별은 기체와 티끌로 구성된 거대한 성간운 안에서 주로 태어난다. 이 사진은 별 형성에 필요한 물질이 풍부하게 널려 있는 어느 한 지역의 모습을 보여준다. 여기에 있는 기체 물질이 빛을 낼 수 있는 것은, 약 200만 년 전 하나의 집단으로 태어난 밝은 별들의 무리가 자외선을 방출하여 이 지역의 수소 기체를 전리 상태로 유지하기 때문이다. 젊고 밝은 별들은 이미지 중앙을 차지한 암흑 기둥의 오른쪽에서 약간 위쪽에 자리 잡고 있다. '코끼리 코'라는 별명으로 널리 알려진 이 암흑의 기둥들을 좀 더 자세히 들여다 보려면 그림 12.1과 12.2를 참조하는 게 좋다. 이 사진은 수소, 산소, 질소가 방출하는 특정 파장의 빛만 걸러내는 필터를 이용하여 촬영한 다음 각각의 필터 이미지에 녹색, 청색, 적색을 따로 입혀서 합성한 것이다.

12 별의 탄생과 외계행성 발견

이 모든 빛나는 세상,
그리고 더 많은 것들,
망원경으로 천문학자들이
탐구하는 것들은……
태양들, 중심들,
그 우월적 지배력에 다양한
행성들이 복종하며.

블랙모어 경(Sir Richard Blackmore)의 시 〈창조〉, 제2권. 메도스(A. Meadows)의 저서 《높은 창공(*The High Firmament*)》(1969, Leicester University Press)에 인용.

미리 생각해보기

다른 별 주위에도 행성이 있을까? 아니면 태양계가 유일한 행성계일까? 천문학자들은 수 세기 동안 이 문제에 대한 해답을 추구해왔다. 지난 수십 년간 발전된 관측 기술 덕분에 그 해답을 얻게 되었다. 이제 태양계에 있는 행성의 수보다 더 많은 행성들이 태양계 밖에서 발견되었고, 그 수는 점점 더 증가하고 있다. 그러나 외계행성이 관측되기 이전부터 천문학자들은 항성생성 과정의 부산물로 탄생되는 행성계를 예측했다. 이 장에서는 성간 물질에서 별과 행성이 생성되는 과정을 들여다보려고 한다.

별 탄생은 단순히 역사적 흥밋거리의 주제가 아니라 현재 진행형의 연속적 과정이다. 우리은하에서는 매년 태양질량 3배 정도의 성간 가스와 먼지가 별로 바뀌는 것으로 추정된다. 이는 매우 적은 양처럼 들리겠지만 매해 태양질량의 3배의 물질이라면 십억 년 동안에는 엄청난 별들이 만들어지는 셈이다.

별의 탄생에 대한 공부를 시작하기 전에 지금까지 배워왔던 주요 사항들을 기억하는 것이 유용하다. 표 12.1에 이전 장들에서 배운 별에 대한 여러 중요한 지식을 요약해 놓았다.

가상 실험실

 태양계 밖의 행성들

표 12.1 앞 장에서 나온 별의 기본 사항들

- 태양같이 안정된(주계열) 별은 중심부에서 핵융합 반응을 통해 에너지를 발생시킴으로써 평형을 유지한다. 항성, 즉 별은 핵융합을 통해 에너지를 발생하는 천체로 정의된다(7.2절, 7.3절).
- 매초 태양에서 대략 6억 톤의 수소가 헬륨으로 융합되어, 그 과정에서 약 4백만 톤이 에너지로 바뀐다. 이 수소 사용률은 태양이 (그리고 다른 별들) 중심 연료를 소진해 감을 의미한다(7.2절).
- 별은 1/12 M_{Sun}부터 대략 100 M_{Sun}까지 다양한 질량을 가진다. 질량이 큰 별보다 질량이 작은 별이 훨씬 더 많다(9.2절).
- 가장 질량이 큰 주계열별(분광형 O형)은 밝기도 가장 밝으며 가장 높은 표면 온도를 가진다. 주계열에서 가장 질량이 작은 별은 (분광형 M형 또는 L형) 가장 어둡고 차갑다(9.4절).
- 우리은하와 같은 은하는 엄청난 양—수십억 개의 태양 같은 별을 만들 만큼—의 가스와 티끌을 가지고 있다(11.1절).

Jeff Hester and Paul Scowen, Arizona State University, and NASA

■ **그림 12.1**
M16(독수리 성운)에 먼지 기둥 허블 우주 망원경이 관측한 M16 중심 영역의 화상은 수소 분자(H_2)와 먼지를 포함한 차가운 가스의 거대한 기둥들을 보여준다. 이 기둥들은 주변보다 밀도가 높으며 이 화상의 오른쪽 윗부분 너머에 있는 뜨거운 별들로 이루어진 성단에서 오는 자외선 복사에 의한 증발을 이겨낼 수 있다. 가장 큰 기둥은 길이가 1광년이나 되며 M16 영역은 대략 7000광년 거리에 있다.

12.1 별 탄생

만약 지금 생성 단계에 있는 별을 찾고 싶다면 별을 만드는 데 필요한 물질이 많은 영역을 살펴봐야 한다. 별은 가스로 만들어지기 때문에 우리의 관심을 (그리고 망원경을) 은하수 형태를 만드는 밀집된 가스 구름에 집중해야 한다(이 장 처음의 화면과 그림 12.1과 12.2를 보라).

12.1.1 분자운: 별들의 보육원

11장에서 보았듯이 성간 물질을 가장 많이 보유하는 곳—그리고 은하에서 가장 무거운 천체들 중 하나—은 **거대 분자운**(giant molecular cloud)들이다. 그 이름이 반영하듯이 거대 분자운의 내부는 차갑다. 대표적인 온도는 단지 10~20 K 대부분의 가스 원자들은 분자상태다. 이러한 구름들이 우리은하에서 대부분의 별들이 탄생하는 영역이다.

이 거대 분자운의 질량은 태양질량의 수천 배부터 3백만 배까지 이른다. 분자운은 지구의 새털구름과 같이 복잡한 필라멘트 구조를 갖고 있다. 분자운 필라멘트 구조는 길이가 천 광년까지 된다. 분자운 안의 높은 밀도 영역을 덩어리라 부르며 그곳에서 대부분의 별 생성이 일어난다.

이러한 덩어리 내부의—온도가 낮고 밀도가 높은—환경은 새 별이 만들어지는 데 필요한 조건을 갖추고 있다. 7장에서 배운 것을 기억하라—어떤 별이든지 평생 지속되는 본질적 특성은 두 개의 힘, 중력과 압력 사이의 경쟁이다. 안쪽으로 끌어당기는 중력의 힘은 별을 수축시킨다. 반면 원자 가스들의 운동으로 발생되는 밖으로 밀어내는 내부 압력은 별을 팽창하게 한다. 별이 처음 만들어질 때는, 낮은 온도(따라서 낮은 압력)와 높은 밀도(따라서 보다 큰 중력에 의한 끌림) 때문에 중력이 우세하게 작용한다. 별이 되기 위해—밀도가 높고, 온도가 높은 물질 덩어리의 안쪽 깊은 곳에서 핵반응이 시작될 수 있으려면—성간 원자와 분자 덩어리의 반경은 수축되어서, 밀도가 거의 10^{20}배 가깝게 증가되어야 한다. 이처럼 급격한 수축을 일으키는 요인은 중력이다.

12.1.2 오리온 분자 구름

가장 가깝고 가장 많이 연구된 별들의 보육원은 약 1500광년 떨어졌으며, 사냥꾼인 오리온자리에 위치한다(그림 12.3a). 이 사냥꾼의 허리에 있는 세 개의 별로 돋보이는 허리띠를 쉽게 찾아볼 수 있다. 오리온 분자운은 참으로 인상적인 구조를 보인다. 분자운의 크기는 긴 부분이 약 100광년이고,

■ 그림 그림 12.2

M16의 고밀도 구상체 그림 12.1의 한 기둥에 대한 근접 사진에서 태아 별들이 잠복되어 있는 극히 고밀도의 구상체들을 볼 수 있다. 천문학자들이 이 구조로부터 증발하는 가스 구상체들이라는 용어를 만들었기 때문에 사실, 독수리 성운(Eagle Nebula) 안에서 알들을 발견했다고도 말할 수 있다. 이 배아체 또는 알들은 근처 뜨거운 별이 내고 있는 복사에 무방비 상태로 노출되어 있어 별을 만들기에 충분한 물질이 모이지 않은 어떤 것들은 '무산'될 수도 있다.

전체 분자 가스의 양은 태양질량의 20만 배나 된다. 대부분의 분자 구름은 가시광선에서 빛을 내지 않으므로 적외선과 전파 영역에서 방출되는 복사로 탐지된다(그림 12.3b).

사냥꾼의 서쪽 어깨 근처에 있는 이 분자운의 한쪽 가장자리에는 새로 생성되는 별 무리를 뒤에 남기면서, 약 2500만 년 전에 시작된 별 생성이 서서히 구름을 통과하면서 진행된다. 오리온 허리띠의 별들은 800만 년쯤 되었으며, 허리띠에 걸쳐진 칼의 중간 지점에 있는 별들은 30만 년 내지 100만 년 정도가 되었다. 이러한 별들은 쌍안경으로도 쉽게 찾을 수 있으며, 작은 망원경으로는 그 주변을 둘러싸고 있는—오리온 성운으로 불리는—발광 가스를 볼 수 있다.

아직도 별 생성이 진행되고 있는 사냥꾼의 칼 주변 영역을 오리온 성운 성단, 또는 사다리꼴(트라페지움) 성단이라 부른다(그림 12.4). 지름이 십여 광년보다 약간 더 큰 이 영역에서 약 2200개의 별이 발견된다. 별과 별 사이의 전형적인 간격이 3광년인 태양 근방과 비교해 보라. 가시 영역에서는 오리온 성단에서 몇 개 안 되는 별만 볼 수 있으나—먼지를 보다 잘 뚫고 볼 수 있는—적외선 화상으로는 2000개 이상의 별들을 검출할 수 있다(그림 12.5).

별 생성이 일어나는 전형적인 덩어리는 모체 분자 구름의 1,000분의 1 정도의 질량을 가지며 수백에서 수천 개 정도의 별들을 만들기에 충분한 질량에 해당한다. 각각의 별은 심(코어)으로 불리는 작은 물질 덩어리 안에서 형성된다. 별 생성은 아주 효율적인 과정이 아니다. 오리온에서도 겨우 1%에 해당하는 물질이 별로 만들어진다. 이 때문에 사다리꼴 성단별 영역에는 아직도 상당량의 가스와 먼지가 남아있게 된다. 남은 물질들은 생성된 뜨거운 별들에서 나오는 복사나 항성풍으로 가열되거나 아주 무거운 별의 폭발에 의해 가열된다. (다음 장에서 아주 무거운 별들은 짧은 일생을 살고, 폭발로 종말을 맞이하게 됨을 알게 될 것이다.) 새 별 주변에 있던 물질들은(11장에서 미리 본 것처럼) 서서히 또는 폭발적으로 성간 물질로 퍼져 들어간다. 좀 더 오래전에 만들어진 별들과 성단 별들은 이제 가시 영역으로도 쉽게 보이는데, 더 이상 먼지와 가스로 가려지지 않기 때문이다(그림 12.6). 다음 장에서는 성단에 대해 논의한다.

별의 나이와 오리온 영역에서의 위치 사이의 좋은 상관관계로부터 우리는 별 탄생이 이 분자 구름을 가로지르며 점진적으로 진행됨을 알 수 있다. 우리는 무엇이 별 탄생을 처음 일으켰는지 모르지만 제1세대의 별이 추가적인 별의 탄생을 유발했고 그로부터 또 더 많은 별 생성을 이끌어냈다는 증거를 가지고 있다(그림 12.7).

기본적인 생각은 다음과 같다. 무거운 별이 만들어지면 많은 양의 자외선이 방출하면서, 고속 입자들을 항성풍으로 방출한다. 이 방출에너지 때문에 별 주변 분자 구름 가스는 가열되어 팽창한다. 무거운 별은 연료가 떨어지면서 폭발하게 되고, 폭발에너지 역시 가스를 가열시킨다. 가열된 뜨거

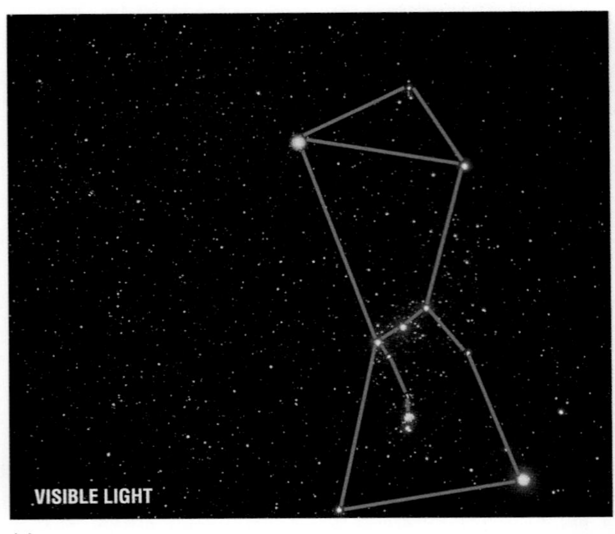

(a)

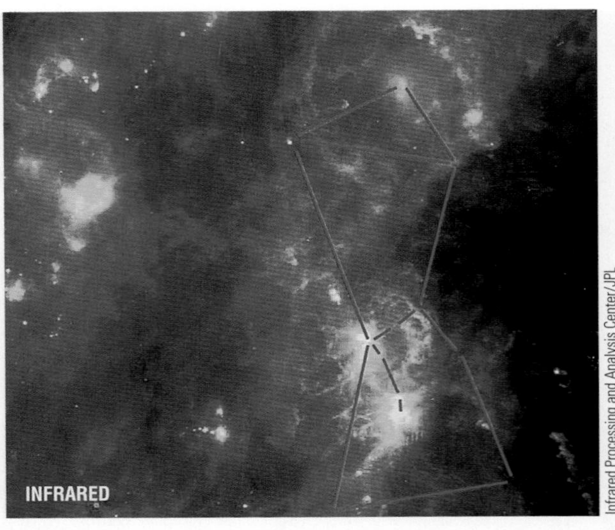

(b)

■ **그림 12.3**

가시 영역과 적외선으로 본 오리온 (a) 오리온 별자리의 이름은 그리스 신화의 전설적인 사냥꾼을 따서 지어졌다. 한 줄로 인접해 있는 세 개의 별은 오리온의 허리띠를 나타낸다. 고대인들은 이 허리띠에 칼이 달린 것으로 상상했다. 이 칼의 푸른선 끝에 있는 천체가 오리온 성운이다. (b) 같은 영역을 적외선 천문 위성에서 찍은 광시야 사진. 인위적인 색깔의 사진에서 뜨거운 티끌 구름이 지배적으로 나타나는 반면 (a)에서 두드러지게 보이던 많은 별들은 보이지 않는다. 예외적으로 푸른 삼각형(오리온의 왼쪽 겨드랑이에 해당)의 왼쪽 꼭짓점에 차가운 적색거성 베텔지우스가 노르스름한 점으로 보인다. 베텔지우스의 오른쪽의 커다란 노란 고리는 폭발 별의 잔해다. 적외선 사진으로 오리온 분자 구름이 얼마나 큰가를 알 수 있다. 그림 12.4에서 두 개의 화려한 색깔의 영역은 오리온 벨트의 왼쪽 끝과 밑에 있는 두 개의 노랗고 밝은 얼룩이다. 벨트 밑에 있는 것이 오리온 성운이고 위에 있는 것이 말머리 먼지 성운 영역이다.

■ **그림 12.4**

오리온에 별 탄생 영역 오리온의 허리띠와 칼을 포함한 광시야 사진. 오리온 성운은 사진의 바닥 근처에 보송보송한 솜털 같은 하얀 천체다. 말머리와 유사한 먼지 구름이 사진의 왼쪽 위에 수소에 의한 붉은빛에 대비되어 보인다. 말머리 위의 밝고 과다 노출된 별과 사진의 중앙에 맨 위에 있는 별이 오리온 허리띠 별 중 두 개의 별이다. 가스와 티끌로 보이는 모양들은 이들 뒤로도, 그리고 (전파 파장으로) 여기서 보이는 대부분의 영역을 다 채우고 있는 보다 큰 분자 구름의 증거들이다.

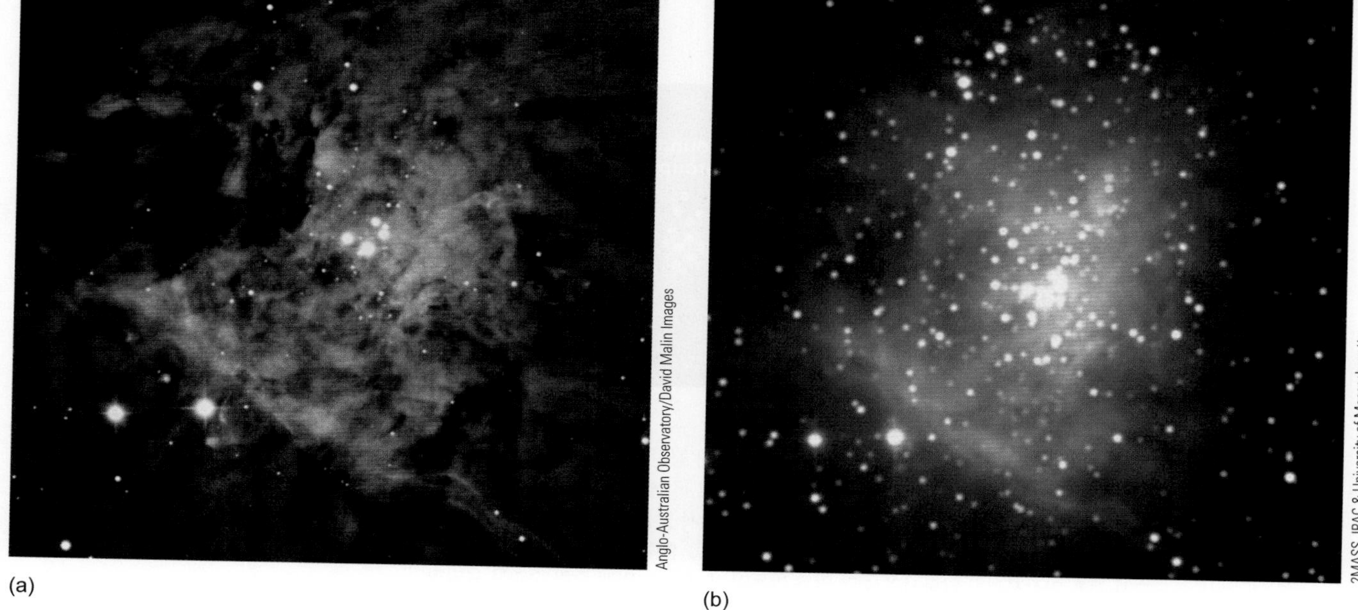

■ **그림 12.5**
오리온 성운의 중심 영역 오리온 성운은 태양계 부근에서 가장 어린 별들이 잠복되어 있는 곳이다. 성운의 심장에는 4개의 매우 밝은 별들을 포함하고 있는 사다리 성단이 있다. 이 별들은 성운이 밝게 빛나도록 많은 에너지를 제공한다. (a)는 가시 영역, (b)는 적외선 사진이다. 가시 영역 사진의 중심에 4개의 밝은 별들이 사다리 별들이다. 적외선 사진에 보이는 대부분의 별들이 왼쪽 사진에서는 먼지에 의해 완전히 가려져 있다.

운 가스는 주변의 차가운 성간운으로 퍼져 나가면서 차가운 가스를 압축시켜 밀도를 높인다. 밀도가 충분히 증가하면 중력이 압력을 능가하게 되고, 압축된 가스에서 별 생성이 시작된다. 이처럼 한 영역의 가장 밝고 뜨거운 별들은 그 '이웃'에 별 탄생을 유발하는 연쇄반응을 오리온뿐만 아니라 다른 분자 구름에서도 흔히 일어나는 것을 볼 수 있다.

12.1.3 별의 탄생

오리온 영역은 별들이 어떻게 만들어지기 시작했는지를 알려주는 실마리가 되지만, 그 다음 단계는 아직 신비 속(그리

■ **그림 12.6**
로제타 성운 이 성운 중심에 최근에 탄생한 별들의 성단이 있다. 항성풍과 뜨거운 별에서 나오는 복사에 의해 만들어진 압력 때문에 성단의 가스와 먼지는 날아가서, 새로 탄생한 별들을 가시 영역에서도 쉽게 볼 수 있게 되었다. 이 성운은 아직도 많은 티끌 구상체를 갖고 있다. 이 별 탄생 영역은 보름달이 차지하는 영역의 6배나 큰 하늘 영역을 차지하고 있다. 사진의 색깔은 우리 눈에 보이는 색이 아니다. 수소 알파선(적색), 산소(초록색), 그리고 황(파란색)으로 나오는 방출선 사진을 조합하여 만든 것이다.

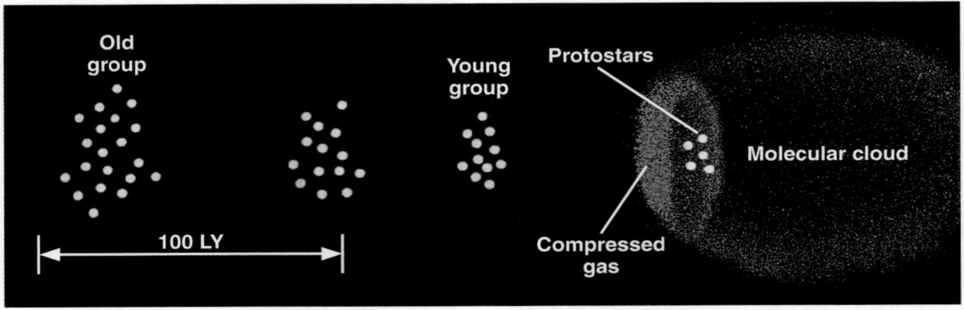

■ **그림 12.7**

별 탄생의 전파 어떻게 별 탄생이 분자 구름을 통해 점진적으로 진행되어 나가는지를 보여주는 도식도. 가장 나이가 오래된 별 무리는 이 그림의 왼쪽에 놓여 있고, 각 별의 운동 때문에 팽창하고 있다. 궁극적으로 이 무리에 있는 별들은 퍼져나가서 더 이상 성단으로 인식되지 않을 것이다. 가장 어린 별은 오른쪽 분자 구름 옆에 놓여 있다. 이 별 무리는 겨우 백만에서 2백만 년 되었을 뿐이다. 이 별들을 둘러싼 뜨겁고 이온화된 가스는 근처 분자 구름 가장자리를 압축시켜서 더 많은 별들이 생성될 수 있게 중력 수축을 유발한다.

고 많은 티끌 속)에 싸여 있다. 분자 구름 중심부의 밀도와 관측되는 젊은 별의 밀도 사이에는 큰 차이가 있다. 이처럼 높은 밀도로 수축하는 것을 직접 관측하는 것은 다음 3가지 이유에서 불가능하다. 첫째로 별 탄생이 일어나는 티끌로 쌓인 분자 구름의 내부는 가시광선으로 관측할 수 없다. 우리가 조금이라도 알 수 있었던 것은 적외선이나 밀리미터 전파천문학 등의 신기술 때문이다. 둘째로 수천 년이 걸리는 초기 수축의 시간척도는 천문학적으로는 매우 짧다. 수축하는 별들은 이렇게 짧은 기간 동안 이 단계를 지나기 때문에 주어진 관측기간 동안에는 상대적으로 적은 수의 별들만이 수축 과정을 보여주게 된다.

셋째로 새 별의 수축은 대부분 현존하는 기술로 분해할 수 없을 정도로 작은 영역(0.3 LY)에서 일어난다.

그럼에도 불구하고, 이론적 계산과 성공적으로 이루어진 제한된 관측의 결합을 통해서 천문학자들은 별 진화의 가장 이른 단계가 어떻게 진행되는지에 대한 그림을 짜 맞출 수 있었다.

별 생성의 첫 단계는 비록 완전히 이해하고 있지 못하지만, 앞서 논의한 성간운(그림 12.8a) 속에서 일어나는 고밀도 중심핵의 가스와 먼지 덩어리에서 별 생성이 진행되고 있다. 고밀도 중심핵은 주변을 싸고 있는 성간운 물질에서 많은 물질을 끌어들여 별을 형성한다. 궁극적으로 떨어져 쌓이는 가스의 중력은 매우 커져서 중심핵을 형성한 밀도는 높고 차가운 물질의 압력을 뛰어넘게 된다. 그러면 물질은 급속히 붕괴되고 그 결과 중심부의 밀도가 크게 증가한다. 이 동안 고밀도 중심핵은 수축해서 진짜 별이 되지만, 양성자 융합으로 헬륨이 만들어지기 전까지는 이 천체를 원시별이라 부른다.

덩어리 안에서의 자연적인 와류의 일부가(아주 느릴지라도) 초기 회전운동을 만들기 때문에 그 결과 수축하는 모든 덩어리는 회전할 것으로 기대된다. 각운동량의 보존(2장에서 논의)에 의하면 회전하는 물체는 그 크기가 줄어들면서 더 빨리 돈다. 다르게 말하면, 물체를 이루는 물질이 더 작은 원을 따라 돌면, 피겨 스케이트 선수가 팔을 몸쪽에 붙이면서 더 빨리 도는 것처럼 더 빠르게 돌게 된다. 중심핵이 수축하면서 원시별이 만들어질 때 정확히 이런 일이 일어난다. 수축이 진행됨에 따라 회전 속도는 빨라진다.

그러나 물질 수축이 회전하는 공 위에서 모든 방향으로 동등하게 이루어지지는 않는다. 원시별이 회전함에 따라 적도 방향(물질이 가장 빠르게 회전)보다는 회전축 방향(가장 느리게 회전)으로 더 많은 물질이 떨어진다. 그러므로 원시별의 적도면으로 떨어지는 가스와 먼지는 회전에 의해 방해 받아서 적도 주변을 선회하는 넓은 원반(그림 12.8b)을 형성하게 된다. 이 같은 '적도효과'는 놀이 공원에서 점점 빨리 돌아가는 원통기둥 벽에 등을 대고 경험한 적이 있을 것이다. 정말 빨리 돌게 되면 원통기둥 벽으로 너무 강하게 밀쳐져 원통의 중심 쪽으로는 갈 수 없다. 반면, 별의 적도면에서 멀리 떨어진 방향으로는 가스들이 원시별로부터 쉽게 벗어날 수 있다.

이 단계에서 원시별과 원반은 티끌과 가스로 이루어진 껍데기로 싸이게 되며, 아직도 물질은 원시별로 떨어진다. 이 티끌 많은 껍데기는 가시광선을 차단하지만, 적외선은 통과시킨다. 그 결과 이 단계의 원시별 본체는 적외선 영역에서 관측된다. 일단 가용 물질이 거의 모두 부착되어 중심 원시별이 최종 질량이 정해지면 특정한 이름이 붙여진다. 황소자리에서 발견된 이와 같은 종류의 별 중에서 가장 밝고 가장

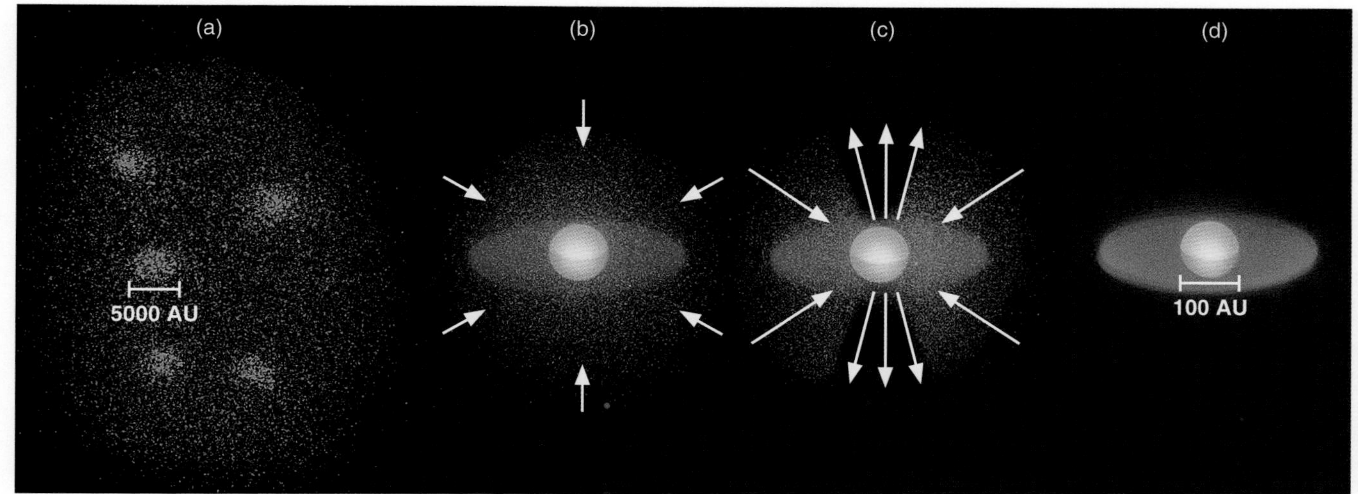

■ **그림 12.8**

별 생성 (a) 분자 구름 안에서 고밀도의 중심핵이 형성. (b) 고밀도 핵 한가운데에 물질 원반을 동반하고 중력에 의해 분자 구름 물질을 계속 끌어당겨서 자신의 질량을 키워가는 원시별이 자리함. (c) 항성풍이 나오지만, 원반 때문에 별의 양극 쪽으로만 항성풍이 빠져나감. (d) 궁극적으로 이 항성풍은 구름 물질을 휩쓸고 지나가서 더 이상의 물질이 쌓이는 것을 막고, 그 결과 원반으로 둘러싸인 신생 별이 눈에 보이게 됨. 이 그림은 같은 스케일로 그린 것이 아니다. 전형적인 부착 껍질 덩어리의 크기는 5000 AU고, 전형적인 원반의 구경은 약 100 AU로써, 명왕성 궤도의 지름보다 약간 크다.

많이 연구된 별의 이름을 따서 황소자리 T형(T Tauri, 티타우리) 별이라 한다. (천문학자들은 종종 처음 발견해서 알려진 별의 이름을 따서 부르고 있다. 별로 우아하지는 않지만, 아직도 그 방식이 쓰이고 있다.)

12.1.4 항성풍과 제트

황소자리 T형 별들은 표면에서 입자들을 강력하게 방출하는 것으로 관측된다. 이러한 **항성풍**(stellar wind)은 주로 별 표면에서 수백 km/s(시속 수십만 km)의 속도로 방출되는 양성자(수소 핵)와 전자로 이루어진다. 처음 항성풍이 시작될 때, 별의 적도를 둘러싸고 있는 원반물질은 원반 방향에서 나오는 항성풍을 막는다. 그러므로 항성풍 입자가 가장 효율적으로 빠져나갈 수 있는 방향은 극 방향이다(그림 12.8c). 천문학자들은 실제로, 새로 형성된 별의 양극쪽으로 서로 반대 방향으로 뿜어 나가는 이러한 입자 빔(빗살)의 증거를 관측했다. 대부분의 경우, 이 빔을 거슬러 올라가서 원시성의 위치를 추적해 보면 그 별은 여전히 우리가 볼 수 없을 만큼 아직도 완벽하게 먼지로 둘러쌓였음을 알 수 있다.

이런 물질 분출의 이중 빔(빗살, 또는 제트)은 때로는 상당히 넓지만 아래 사진에는 기가 막히게 좁은 제트(그림 12.9)가 보인다. 때때로 제트는 근처의 비교적 밀도가 높은 덩어리와 부딪쳐 가스 원자들이 빛을 내도록 자극한다. 이렇게 빛나고 있는 영역은 처음 발견한 두 천문학자의 이름을 따서 허빅-아로(Herbig-Haro, HH로 약칭함) 천체라고 부르는데, 제트를 만들어낸 별로부터 일 광년 이상의 거리까지 제트가 진행하는 과정을 추적할 수 있다. 그림 12.10은 허블 망원경으로 촬영한 장엄한 두 개의 허빅-아로 천체의 사진이다. 이 사진은 제트와 제트에 에너지를 제공해주는 물질 구름이 아주 놀랄 만큼 복잡한 구조를 가지고 있음을 생생하게 보여준다.

생성되는 별로부터 나오는 항성풍은 궁극적으로 별을 가리고 있던 티끌과 가스 껍데기를 밀어내서, 가시광선으로 보이는 벌거숭이 원반과 원시별을 남겨놓는다(그림 12.8d). 이때에도 원시별은 서서히 수축하며, 아직 H-R 도(9장에 소개한 개념)에서 주계열에는 다다르지 않았음에 유념해야 한다. 그러나 원반은 이때 적외선으로 직접 관측되며 밝은 배경에 대해 검은 윤곽으로 나타난다(그림 12.11).

티끌과 가스로 된 회전 원반으로 싸여 있는 원시별의 생성은 태양과 지구가 만들어지는 경우와 매우 흡사하다. 실제로 20세기 마지막 10년 동안 이루어진 별 생성 연구에서 밝혀진 가장 중요한 발견으로 원반은 별생성과 불가분의 부산물이라는 것이다. 천문학자들이 그 다음으로 해결해야 할 문제들은 다음과 같다. 원시별 주변의 원반에서 행성이 만들어지는 것인가? 이 질문은 이 장의 끝에서 다시 다룰 것이다.

문제를 단순화하기 위해 단독별의 생성을 이야기해왔다. 그러나 많은 경우 여러 별들은 동시에 탄생한 쌍성계,

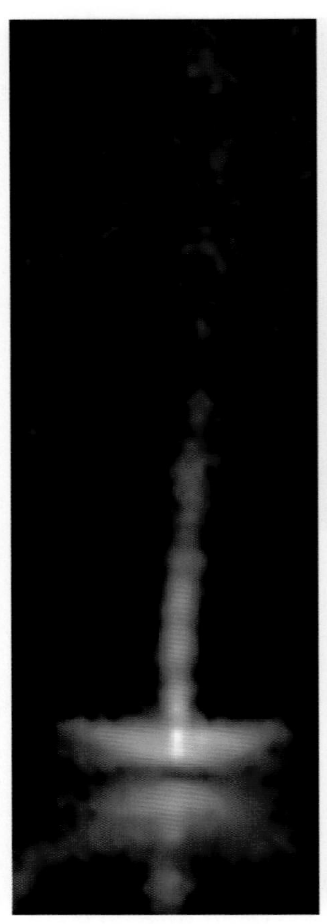
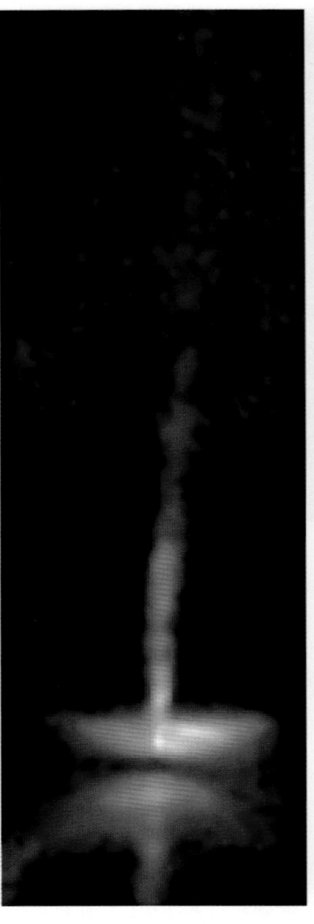
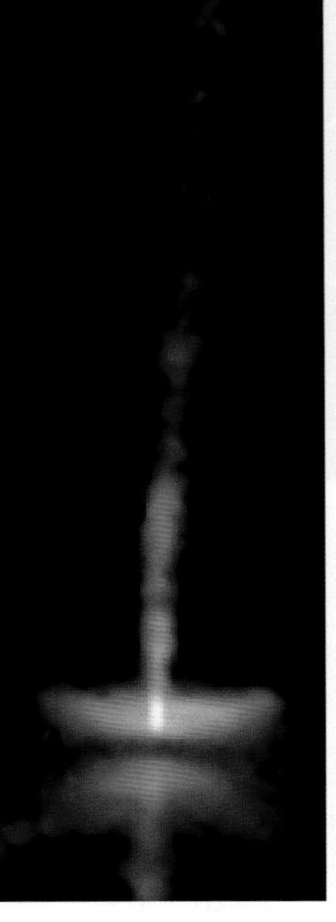

A. Watson, K. Stapelfeldt, J. Krist, and C. Burrows & NASA

■ **그림 12.9**
원시별에서 흘러나가는 가스 제트의 허블 사진 허빅-아로 천체, HH 30으로 알려진 원시별로 450광년 거리에 있으며 나이가 약 백만 년이다. 별에서 나오는 빛의 구경이 대략 6백억 km보다 큰 원반에 의해 차단되어 거의 측면도(edge-on)처럼 보인다. 원반 중심부의 아래와 위로 희박한 물질이 빛을 반사시켜 보인다. 제트는 원반에 수직으로 양방향으로 나간다. 이 제트 물질은 960,000 km/h 속도로 흘러나가고 있다. 연속된 세 사진은 6년 동안의 변화를 보여준다. 수개월마다 단단한 가스 덩어리가 방출되어 밖으로 빠져 나간다. 원반의 밝기 변화는 원반에 있는 구름의 운동으로 빛이 차단되거나 통과됨에 따라 일어난다. 이 사진은 그림 12.8c에 보인 원시성 단계에 해당한다.

또는 삼중성계의 일원이다. 이 경우 생성 과정은 거의 같다. 상당히 멀리 떨어진 쌍성을 이루는 별들은 각각의 원반을 가지며, 인접한 쌍성은 단일 원반을 공유한다(그림 12.11 참조).

12.2 H–R 도와 별의 진화 연구

별이나 원시별이 시간에 따라 어떻게 변하는지를 상세히 요약하는 가장 좋은 방법은 헤르츠스프룽-러셀(Hertsprung-Russell, H-R) 도를 사용하는 것이다. 별이 그 생애의 여러 단계를 지나는 동안, 별의 광도와 온도는 변한다. 그러므로 광도가 온도에 따라 표시되는 H-R 도에서 별들의 위치 역시 변한다. 별이 나이 들어감에 따라 H-R 도에서 다른 위치에 표시된다. 따라서 천문학자들은 종종 별이 H-R 도에서 움직인다거나 별의 진화가 H-R 도에서 경로를 그린다고 말한다. 물론 '경로를 그린다'는 말은 별의 공간 운동과는 전혀 무관하며, 단지 별이 진화하면서 온도와 광도가 변한다는 사실을 간단히 나타낸 것이다. (그림 9.11에 보여준 키와 몸무게 도표에서 사람의 '움직임'을 생각해 볼 수 있다. 한 사람의 키와 몸무게의 변화를 나타내는 점들의 위치는 태어나서부터 나이들 때까지 어떻게 될 것인가?)

별이 나이가 들어감에 따라 광도와 온도가 얼마나 변하는지에 대한 예측은 계산에 의존하는 수밖에 없다. 별 진화의 이론적 연구에서 우리는 각각의 점들이 서로 다른 시점을 나타내는 일련의 별 모형을 계산해야 한다. 별들은 여러 이유로 변한다. 예를 들어 원시성은 수축하기 때문에 크기가 변하고, 동시에 온도와 광도도 변한다. 핵융합 반응(7장 참조)이 별 중심부에서 일어나기 시작한 후 주계열별은 핵연료를 사용하기 때문에 변한다.

진화의 한 단계에 있는 별을 대변하는 모형이 주어지면, 약간 시간이 지난 다음에는 어떻게 될지 추산할 수 있다. 각 단계에서의 모형은 별의 광도와 크기를 예측하고 이로부터 표면 온도를 알아낼 수 있다. 이런 식으로 계산한 H-R 도 위의 일련의 점들은 별들의 생애 변화를 추적할 수 있게 해주므로 이를 진화 경로(evolutionary track)라고 부른다.

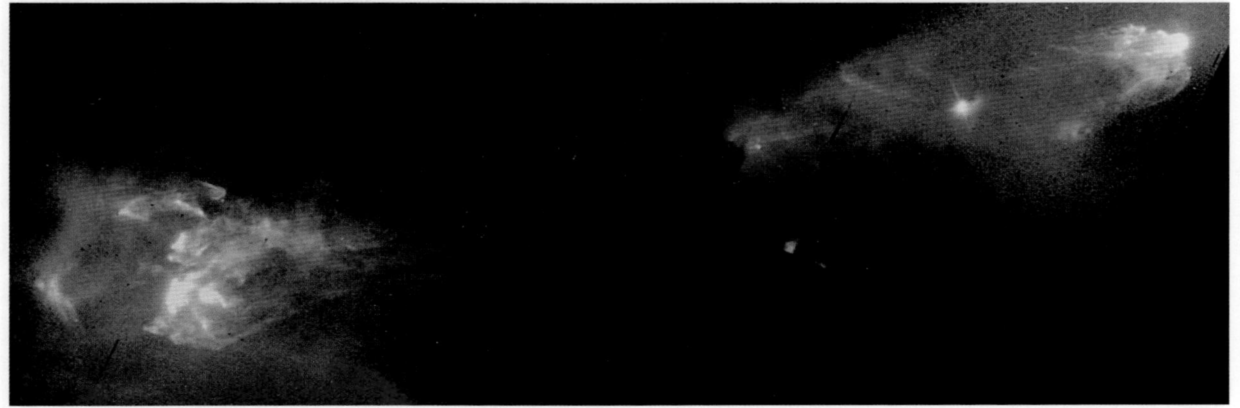

■ **그림 12.10**

원시별의 물질유출 허블 우주 망원경으로 얻은 사진들로 새로 탄생한 별에서 나오는 제트를 보여준다. 위에 사진은 1500광년 떨어진 원시별 HH 47(사진의 좌측 가장에 티끌원반 안은 보이지 않는다)로 매우 복잡한 제트를 만들고 있다. 실제 동반성이 있어 별은 흔들리고 있다. 별빛은 (제트와 마찬가지로) 원반에 수직으로 나오기 때문에 왼쪽에 하얀 영역이 밝아진다. 오른쪽에는 제트가 성간에 존재하는 가스 덩어리를 밀어내어 화살촉을 닮은 충격파를 만든다. 하얀 막대의 크기는 1000 AU(지구—태양 거리의 1000배)다. 아래 사진은 오리온 성좌에 있는 원시 별에서 고전적인 이중 다발 제트(HH 1과 HH 2)가 나가는 것(중앙 부분은 티끌 원반 때문에 가려졌다)을 보여 준다. 이 제트는 끝에서 끝까지 1광년 이상이 된다. 밝은 영역(처음 허빅과 아로가 발견한)은 제트가 성간 가스 덩어리에 부딪친 영역이다.

12.2.1 진화 경로

그러한 아이디어를 활용해서 주계열별이 되는 과정의 원시성 진화를 따라가 보자. 여러 질량의 다른 새로 만들어진 별들의 진화 경로를 그림 12.12에 보였다. 이 젊은 별들은 아직 핵융합 반응으로 에너지를 발생시키지는 않지만 지난 세기에 헬름홀츠와 켈빈이 태양의 에너지원으로 제안했던 중력 수축(7장 참조)으로부터 에너지를 얻고 있다.

반지름이 매우 크고, 밀도가 낮았던 초기의 원시성은 상당히 차갑다. 이 별은 적외선에 대해서는 투명해서 중력 수축에 의해 만들어진 열이 공간으로 쉽게 빠져나간다. 원시성 안쪽에서 열은 천천히 만들어지기 때문에 가스압력은 낮은 상태를 유지하므로 바깥층은 거의 방해받지 않은 채로 중심으로 낙하한다. 따라서 원시성은 그림 12.12의 오른편으로 거의 수직선에 해당하는 경로를 따라서 아주 빠르게 수축한다. 별이 오그라듦에 따라 표면적은 작아지고, 전체 광도도 줄어든다. 원시별의 밀도가 높아져서 중력 수축으로 만들어진 열이 별 내부에 붙잡혀 있을 만큼 불투명해졌을 때 비로소 급속 수축이 멈추어진다.

별이 그 열 에너지를 유지하기 시작할 즈음, 수축은 훨씬 느려지고, 우리 태양처럼 광도가 일정하게 유지하면서 수축하는 별 내부에서 변화가 일어난다. 표면온도는 높아지기 시작해서 별은 HR 도에서 왼쪽으로 '움직인다'. 별은 앞서 기술한 항성풍이 주변의 티끌과 가스를 날려 보낸 후에야 처음으로 보이게 된다. 질량이 작은 별의 경우 이러한 일이 빠른 수축 단계에서 일어나지만, 질량이 큰 별은 **주계열**(main sequence, 그림 12.12의 점선)에 도달할 때까지 먼지에 싸여 있다.

별 생애의 여러 단계를 추적하기 위해 별의 성장을 사람과 비교하는 것이 유용하다. (정확한 대응을 찾는 것은 분명히 불가능하나 인간의 성장 단계를 생각하는 것은 우리가 강조하려는 몇몇 개념을 기억하는 데 도움이 된다.) 원시별은 인간의 태아와 비교할 수 있다—스스로 살아갈 수 없으나, 자라남에 따라 주변으로부터 자원을 끌어들인다. 아기의 탄생은 사는 데 필요한 에너지를 (먹고 숨 쉬는) 얻을 것을 요구

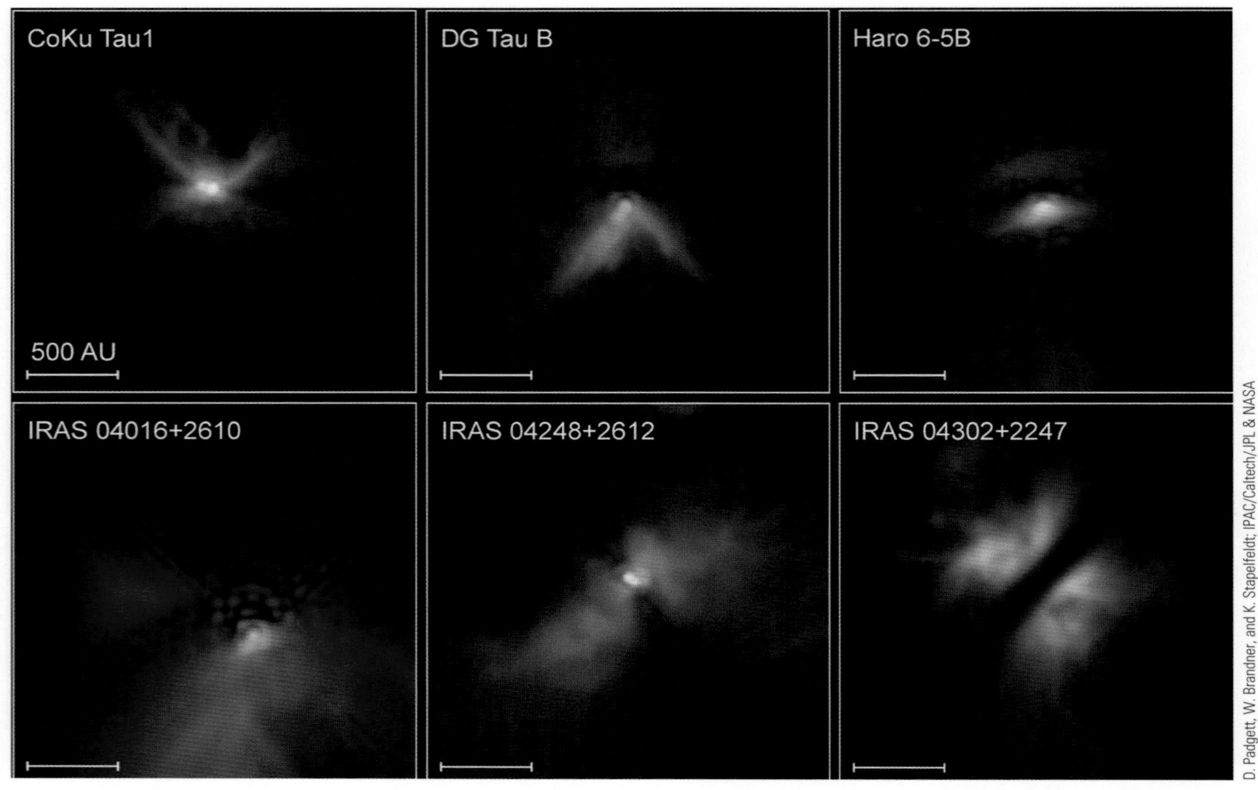

■ **그림 12.11**

원시별 주위에 원반 이 허블 우주 망원경으로 얻은 적외선 사진들은 450광년 떨어진 영역에 있는 황소자리에 젊은 별들 주변에 원반들을 보여준다. 중심별(또는 별들 — 어떤 것은 쌍성)이 보이는 경우도 있고, 때로는 묻혀 있는 별에서 나오는 적외선 복사조차도 빠져 나올 수 없을 정도로 티끌 원반이 두꺼운 검은 수평 띠가 보인다. 밝게 빛나는 영역은 중심영역보다 희박한 원반의 아래와 윗면에서 별빛이 반사된 것이다.

하는 순간이듯이, 천문학자들은 별이 스스로 핵반응에 의해 자신을 유지할 수 있을 때 별이 탄생되었다고 말한다.

별의 중심 온도가 수소를 헬륨으로 융합할 수 있을 만큼 높은 온도(약 1000만 K)로 가열되었을 때 별이 H-R 도 위의 주계열에 도달했다고 말한다. (천문학자들은 H-R 도에 관한 논의가 아닌 경우라도 이런 별을 주계열별이라 한다.) 이렇게 충분히 성장한 별은 대체로 평형에 도달하며, 변화율은 극적으로 감소한다. 중심에서 수소가 헬륨으로 변환됨에 따라 점진적인 수소의 소모로 인해 별의 성질은 서서히 변한다.

별의 질량은 주계열 위의 어느 곳에 있을지를 정확히 결정한다. 그림 12.12에서 보듯이, 주계열에서 질량이 큰 별은 높은 온도와 높은 광도를 가진다. 낮은 질량의 별은 낮은 온도와 낮은 광도를 가진다.

극단적으로 질량이 작은 별의 중심 온도는 핵융합 반응을 점화시킬 만큼 올라가지 않는다. 주계열의 가장 아래쪽은 중력 수축을 겨우 막을 정도의 핵융합 반응을 유지할 만큼의 질량을 가진다. 이 임계 질량은 대략 태양질량의 0.072배 정도로 계산된다. 9장에서 논의했듯이 이 임계 질량보다 낮은 천체들을 갈색왜성 또는 행성이라고 부른다. 또 다른 극단인 주계열의 위쪽 끝은 새로 만들어진 별로부터 복사되는 에너지가 물질을 추가로 끌어 들이지 못하게 만들 정도로 강한 질량을 가진다. 이 질량 상한은 약 100배 내지 200배의 태양질량 사이일 것으로 보인다.

12.2.2 진화 시간 척도

별의 생성 기간은 얼마나 걸리는가는 별의 질량에 달려 있다. 그림 12.12에서 여러 점들에 표시된 숫자는 아기별이 이런 수축 단계에 이르는 데 걸리는 시간을 연 단위로 표시한 것이다. 그림에서 보듯이 전체 진화 과정의 소요 기간은 별의 질량에 의존한다. 태양보다 훨씬 무거운 별은 수천 년에서 수백만 년만에 주계열에 도달한다. 태양은 태어나는 데 수백만 년이 걸린다. 더 작은 질량의 별이 주계열 하단부에 이르는 데는 수천만 년이 걸린다. (우리는 질량이 큰 별이 질량이 작은 별보다 전체 진화 과정을 빨리 진행하는 것을 보게 될 것이다.)

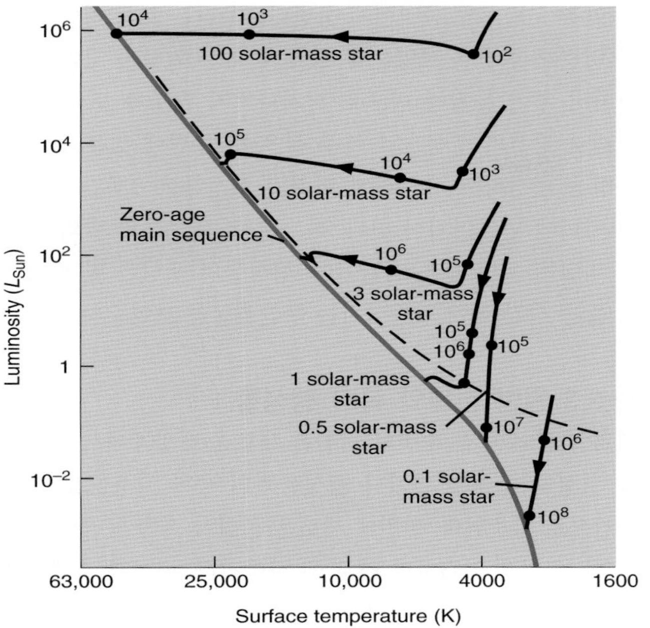

■ **그림 12.12**

수축하는 원시별의 진화경로 별의 초기 생애에서 질량에 따른 H-R 도 위에 나타낸 진화 경로. 경로 위의 숫자는 태아 상태의 별에서 그 지점에 이르는 데 걸리는 대략적인 시간을 년으로 표시한 것이다. 별의 질량이 클수록 각 단계를 지나는 데 걸리는 시간이 짧음을 알 수 있다. 점선으로 표시된 선 위쪽에 있는 별은 대체로 낙하하는 물질로 둘러싸여 가려져 있다.

다음 장에서, 별이 주계열에 다다른 다음 어떤 일이 일어나는가를 조사하고, 수소를 헬륨으로 융합시키는 '기나긴 청년기'를 시작한 다음 별 생애의 여러 단계에서 어떤 일이 일어나는지를 공부할 것이다. 그렇지만 지금은 별과 행성의 생성 사이의 관계를 먼저 조사하려고 한다.

12.3 행성들이 별 주변에서 만들어지는 증거

인간은 행성에서 발달하였고, 우리의 존재에 대해 행성은 필수적이라는 사실을 알기 때문에 우리는 행성에 대해 특별한 흥미를 느낀다. 그렇지만 태양계 밖에서 행성을 발견하기는 아주 어렵다. 태양계 안의 행성들은 가까이에서 태양 빛을 반사하기 때문에 볼 수 있음을 기억하라. 외계 행성들의 경우, 모체별의 빛을 반사하는 양은 별빛의 극히 일부분에 지나지 않는다. 더군다나 멀리에서 보면 훨씬 밝은 모체별의 눈부신 빛 때문에 행성들이 가려져 버린다.

별 주변을 궤도 운동하는 행성은 시장 입구의 거대한 조명등 주변을 날고 있는 모기에 비유될 수 있을 것이다. 가까이에서 보면, 기름기로 인해 번쩍번쩍 반사되는 배를 가진 모기를 확인할 수 있을 것이다. 그러나 예를 들어 비행기와 같이 먼 거리에서 이 광경을 바라본다고 상상해보자. 조명등은 보이겠지만, 모기에서 반사된 빛을 잡을 수 있을 확률은 얼마나 될까?

비록 천문학자들이 다른 별 주위를 돌고 있는 행성을 아직 직접 찾지는 못했으나, 간접적으로—행성으로 만들어질 물질로 이루어진 원반을 발견했으며, 모체별에 나타나는 행성의 영향 등을 관측하여—외계의 행성들을 검출하고 있다.

12.3.1 원시성 주변의 원반: 형성 중인 행성계?

완성된 행성보다 행성이 될 넓게 퍼진 원료 물질을 찾는 것이 훨씬 쉽다. 태양계 연구로부터, 새로 생성된 별 주변을 돌고 있는 가스와 티끌 입들이 서로 뭉쳐져서 행성들이 만들어짐을 알았다. 각 티끌 입자는 젊은 원시성에서 나오는 복사에 의해 가열되어 적외선 영역에서 빛을 낸다. 행성들이 만들어지기 전에 우리는 행성의 일부분이 될 각각의 티끌 입자들 전체에서 방출되는 빛을 검출할 수 있다. 또한 이 원반이 뒤에서 오는 빛을 차단할 경우 원반의 검은 윤곽을 검출할 수도 있다(그림 12.13).

그러나 이 입자들이 모여 몇 개의 새로운 행성들(및 위성들)이 되면 대부분의 티끌은 우리가 직접 볼 수 없는 행성 내부에 숨겨진다. 이제 우리가 검출할 수 있는 것은 행성이 만들어지는 거대한 티끌 원반에 비해 엄청나게 작은 면적의 바깥 표면에서 나오는 복사뿐이다. 그러므로 적외선 복사량은 티끌 입자들이 행성으로 결합하기 전에 가장 많다. 이런 이유로 우리의 행성 탐사는 행성을 만드는 데 요구되는 물질로부터 나오는 빛을 찾는 데서 시작된다.

가스와 티끌로 된 원반의 존재는 별 형성에 필수적인 부분이다. 모든 젊은 원시성은 크기 10~1000 AU의 원반을 가질 것으로 관측된다. (비교: 우리 행성계의 대략적인 크기인 명왕성 궤도의 평균 지름은 80 AU이다.) 이들 원반에 포함된 질량은 일반적으로 태양질량의 1~10%인데 이는 우리 태양계의 모든 행성의 질량 합보다 많다. 따라서 관측은 많은 원시성들이 행성계를 형성하기에 알맞은 위치에 충분히 많은 물질을 가지고 형성되기 시작했음을 보여준다.

12.3.2 행성 생성기간

행성이 생성되는 데 걸리는 시간을 추정하기 위해 시간에 따른 원반의 변화를 관측한다. 만약 원시별의 온도와 광도가 측정되면 그림 12.12에 보였듯이 별을 H-R 도 위에 표시할 수 있다. 실제 별과 원시성의 시간에 따른 진화 모형을

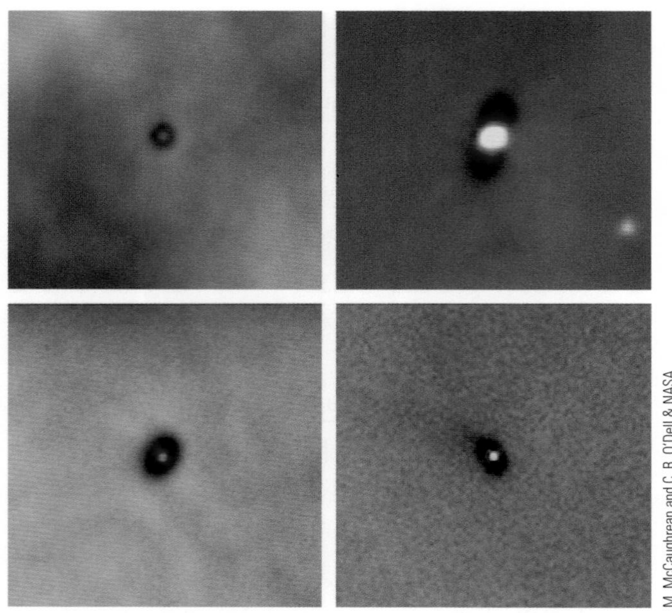
M. McCaughrean and C. R. O'Dell & NASA

■ **그림 12.13**

원시별 주위에 원반 이 허블 우주 망원경 사진은 오리온 성운에 있는 4개의 젊은 별 주위에 원반을 보여준다. 검은 티끌 원반이 성운에 밝은 발광가스를 배경으로 검은 윤곽으로 나타났다. 각 사진에 크기는 우리 행성계 구경의 30배가 되며 이는 우리가 지금 보고 있는 원반들은 명왕성 궤도의 2~8배가 되는 크기 범위에 있다. 각 원반 중심에 붉은 광점은 나이가 백만 년이 되지 않은 젊은 별이다. 이 사진들은 그림 12.18d에 보여준 원시별 단계에 해당된다.

비교함으로써 우리는 그 나이를 추산할 수 있다. 그러면 원반에 둘러싸인 관측된 별의 나이에 따른 변화를 볼 수 있다.

관측에 의하면 원시성이 100만에서 300만 년보다 오래되지 않았다면 그 원반은 별의 표면에 매우 인접된 지역에서부터 수십 내지 수백 천문단위 밖까지 넓게 퍼져 있다는 것이다. 별이 나이가 들게 되면서 원반의 바깥 부분은 여전히 많은 티끌을 갖고 있으나 안쪽 영역은 대부분의 티끌을 잃게 된다. 이러한 단계에서 원반은 중심 구멍에 원시성이 있는 도넛 모양을 한다. 대부분 원반의 안쪽 밀집된 부문은 원시성이 천만 년 정도 나이가 될 때 사라진다.

모형계산에 의하면, 도넛 모양의 티끌원반은 하나 이상의 행성이 생성되면서 만들어진다. 원반에서 얻은 물질을 뭉쳐서 원시성에서 수 천문단위가 떨어진 데서 행성이 생성되었다고 하면 행성의 질량이 증가함에 따라 바로 근처를 티끌 없는 영역으로 말끔하게 만들 것이다. 계산에 의하면 처음에 원시성과 행성 사이에 있었으나, 행성에 의해 쓸려가지 않은 작은 티끌 입자와 가스는, 약 50,000년 이내에 원시성으로 빨려 들어간다.

반면 행성 궤도 바깥쪽에 있는 물질은 행성의 중력 때문에 안쪽 구멍으로 움직이지 못한다. (우리는 토성 띠에서 이와 비슷한 현상을 보았는데, 토성의 목자 위성은 고리의 가장자리 부근 물질이 밖으로 퍼져나가지 않도록 도와준다.) 실제로 행성의 생성으로 아주 젊은 별 주변에 있는 원반에 구멍을 형성하고 유지하게 되려면 행성들은 3백만~3천만 년 사이에 만들어져야 한다. 이 시간은 대부분의 별의 수명과 비교해 보면 짧은 기간이며, 행성들의 생성은 별 탄생에서 짧은 시간 안에 만들어지는 부산물임을 보여준다.

12.3.3 원반 잔해와 목자 행성들

새로 만들어진 별 주변의 티끌은 새로운 태양계에서 행성들을 형성하는 데 쓰이거나 행성들과의 중력 작용으로 우주공간으로 방출된다. 원반에 새로운 물질이 계속 공급되지 않는 한, 원반은 약 3천만 년 후에 사라진다. 혜성과 소행성들은 새로운 티끌 공급처다. 행성 크기의 천체들이 커지면서 작은 천체들의 궤도를 흔들어 놓는다. 이런 작은 천체들은 고속 충돌로 부서져서 원반에 충돌 부스러기를 공급해서 규소 티끌과 작은 얼음 입자들이 만들어진다.

수억 년이 지나면, 혜성과 소행성은 그 수가 점차 감소하여 충돌 횟수가 감소하고 티끌의 공급도 감소한다. 우리는 태양이 대략 5억 년이 되었을 때, 초기 태양계의 강력한 폭격이 끝났음을 안다. 관측 결과 다른 별 주변의 티끌잔해 원반은 별이 4~5억 년이 되면 검출되지 않음을 보여준다. 그러나 태양계에서 해왕성 궤도 밖에서 적은 양의 혜성 물질들이, 마치 카이퍼 대(Kuiper belt)처럼, 얼음 덩어리로 이루어진 납작한 원반을 이루면서 궤도를 유지하고 있다.

이러한 잔해 원반은 태양계 밖에도 행성이 존재한다는 증거를 제공한다. 행성 차체는 볼 수 없지만 티끌 잔해에 나타나는 그들의 영향은 알아낼 수 있다. 토성의 목자 위성들이 고리 안으로 입자들을 인도하는 것처럼, 새로 만들어진 행성 역시 티끌 입자들을 덩어리와 활 모양으로 집중시킨다.

잔해 원반은, 약 천만년 된 HR 4796A(그림 12.14)를 포함하여, 거의 한 다스나 되는 별 주변에서 발견되었다. 좁은 티끌 고리는 중심별에서 70 AU(천문단위)에 있으며 폭은 17 AU에 불과하다. 어떤 별은 고리의 밝기가 위치에 따라 변화하며, 또 다른 별은 고리에 밝은 호 부분과 잘려나간 부분을 갖고 있다. 우리는 고리에 있는 티끌 입자에서 나오는 적외선(열복사)을 보는 것이므로 밝기는 티끌의 상대적인 집중도를 나타낸다. 티끌이 많을수록 복사를 더 내므로 더 밝다.

주계열별인 에리다누스자리의 엡실론(Epsilon Eridani) 별 주변에 있는 뭉쳐진 원반의 예를 보자. 이 별은 아주 가까

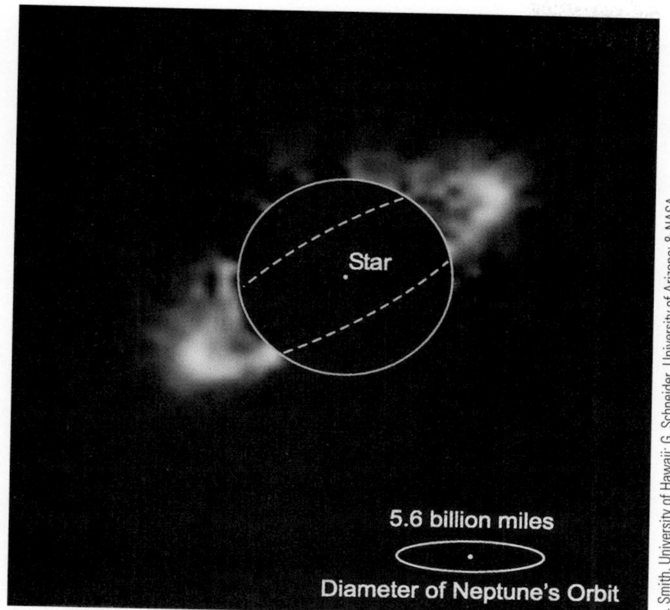

■ **그림 12.14**

젊은 별 주위에 티끌 고리 허블 우주 망원경으로 얻은 적외선 사진으로 센타우르스자리에 있는 220광년 거리의 아주 젊은 별, HR 4796A 둘레에 있는 좁은 티끌 고리를 보여준다. 우리 태양계의 천왕성과 화성 사이에의 거리에 해당하는 영역에 퍼진 아주 좁은 고리다. (그러나 고리는 별에서는 훨씬 멀리 떨어져 있어, 태양에서 명왕성 거리의 2배나 되는 지역에 있다.) 이 사진은 코로나 사진기로 얻은 것이며, 코로나 사진기는 밝은 별을 보이지 않게 가려서 주변의 희미한 구조를 촬영할 수 있게 만든 관측기기다.

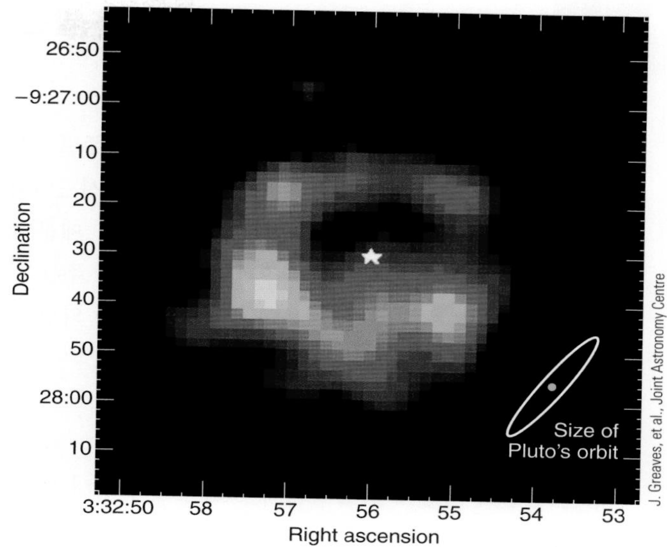

■ **그림 12.15**

엡실론 에리다니 주위의 원반 이 영상은 mm 파장으로 찍은(하와이 마우나 케아 천문대에 15 m 맥스웰 망원경 사용) 근접 별 엡실론 에리다니를 둘러 싼 티끌 원반이다. 원반의 8시 방향에 있는 밝은 매듭이 행성의 존재를 암시한다. 하얀 별 표가 별의 위치를 나타낸다. 이 파장 영역에서 이 같은 별은 별로 밝지 않다. 대략 5억~10억 년 정도의 나이가 되었을 것으로 추정하며, 고리는 별에서 약 60 AU 거리에 있다고 추측한다.

운 별들 중 하나로, 단지 10광년의 거리에 있으며 태양보다 약간 차가운 별(분광형 K2 V)이고 태양 나이의 1/10 정도 밖에 되지 않는다. 밀리미터 파장으로 관측한 결과 에리다누스자리의 엡실론은 여러 밝은 덩어리로 이루어진 도넛 모양(그림 12.15)의 티끌 고리로 둘러싸여 있다. 이 엡실론 별 주변의 고리 지름은 대략 카이퍼 대의 지름과 같다.

엡실론 별의 고리의 밝은 지점들은 도넛 내부에 형성된 행성 주변에 포획된 뜨거운 티끌들 때문일 것이다. 다시 말해서 고리 내부에서 돌고 있는 행성들의 중력적 영향으로 끌려 들어온 티끌들이 집중된 지역이다. 원반 안쪽으로는 티끌에서 형성된 행성들이 이 지역 물질을 싹 쓸어 버렸기 때문에 아마도 물질은 매우 조금만 남아 있을 것이다.

여러 연구그룹의 관측 결과 엡실론 별 주변에 하나의 행성이 대략 3.3 AU(우리 태양계의 화성과 목성 사이의 거리에 해당하며, 티끌 고리보다는 모체별에 훨씬 더 가깝다)의 궤도를 돌고 있는 것으로 밝혀졌다. 이 내행성은 적어도 0.9배의 목성 질량을 갖고 있다. 이 행성은 다음 절에서 논의하려는, 다른 별 주변에서 발견된 100여 개의 그와 비슷한 행성들 중 하나이다[1]. 그러나 이 행성의 고리 구조를 밝히기에는 고리가 너무 멀리 떨어져 있다.

티끌 고리의 구조는, 이론천문학자들의 계산에 의하면 대략 55~65 AU의 거리에서 모체별 주위를 도는 목성 질량의 0.2배 만큼의 행성 정도는 되어야 가능하다. 이 예측이 맞다면 해마다 1° 이상씩 별 주위를 움직이는 밝은 점이 관측될 것이다. 이 행성은 현재 사용 가능한 행성 탐색기술(다음 절 참조)로는 검출될 수 없으나, 밝은 점의 예측된 위치 변화가 충분히 크기 때문에 수년 안에 측정이 가능하므로 시도해 볼 만한 연구과제다.

북반구에서 두 번째로 밝은 별인 직녀성(Vega)에서 남서 방향으로 약 60 AU 떨어진 곳에 하나의 티끌 덩어리와 북동 방향으로 약 75 AU에 두 번째 티끌 덩어리가 있다. 계산에 의하면, 두 티끌 덩어리는 수 배의 목성 질량을 가지며, 장반경이 대략 30 AU인 행성이 직녀성 주변을 돌고 있어야 한다. 천문학자들은 실제로 그러한 행성이 존재하는지를 알아내는 데 필요한 영상 관측 기술을 개발하고 있다.

[1] 이 행성이 우리가 앞으로 논의한 다른 행성들에 비해 확인하기 어려운 이유는 에리다누스 엡실론 별이 젊고 강한 자기장을 가지며 빠르게 자전하기 때문이다. (우리 태양의 흑점처럼) 이 별에도 흑점이 있으며 그 결과 스펙트럼 해석이 더욱 어렵다.

12.4 태양계 너머의 행성들: 탐색과 발견

최근 천문학자들은 원반이 사라져버린 성숙한 별 주변에서 행성 존재의 증거를 찾기 위한 다양한 기술 개발을 시도하여 성공을 거두었다. 행성의 영상을 얻는 것은 어렵기 때문에, 현재 기술로써 가능한 다양한 방법은 모체별이 보여 주는 주변 행성의 영향을 찾는 것이다. 특히 주변 행성들에 의한 끌림 때문에 나타내는 모체별 움직임의 변화 측정이다.

12.4.1 궤도 운동 탐사

이 접근 방법이 어떻게 작동하는지를 이해하기 위해 별 주변을 돌고 있는 목성과 같은 행성을 생각하자. 이런 계에서 행성과 별은 공통 질량 중심에 대해 따로따로 공전한다. 중력은 서로 잡아당기는 힘이라는 2장에서의 논의를 상기하자. 별과 행성은 서로에게 힘을 작용하며 둘 사이의 안정 지점인 질량 중심점을 중심으로 돌게 된다. 이와 같은 계에서는 질량이 작은 것이 더 큰 궤도를 돌게 된다. 따라서 질량이 큰 별은 질량중심에 대해 겨우 흔들거릴 정도인 반면, 질량이 작은 행성은 아주 크게 돈다.

행성이 목성처럼 별 질량의 1/1000 정도라고 하자. 그러면 별의 궤도는 행성 궤도의 1/1000에 지나지 않는다. 이같은 움직임을 관측하기가 얼마나 어려운지, 가까운 별에서 목성을 관측하는 것이 어려운지도 알아보자. 가장 가까운 별인 센타우르스자리 알파 별(alpha Centauri, 거리 약 4.3광년)에서 외계 천문학자가 우리 태양계를 관측한다고 하자. 현재 우리가 사용하는 최고 성능의 망원경으로도 이 외계 천문학자는 어두운 목성을 직접 관측할 수 없다. 그러나 태양의 궤도 운동을 검출할 수 있는 두 가지 방법이 있다. 하나는 태양 위치 변화를 찾는 것이고, 두 번째 방법은 그 속도의 변화를 도플러 효과를 이용해서 찾는 것이다.

센타우르스자리 알파 별에서 본 목성 궤도의 지름은 10초이고, 태양의 궤도 지름은 0.010초(1초=1/3600°)다. 만약 외계 천문학자들이 (밝고 관측하기 쉬운) 태양의 겉보기 위치를 정밀하게 측정할 수 있다면 12년의 목성 주기와 같으며, 지름이 0.010초인 궤도를 그릴 수 있을 것이다. 달리 말해, 그들이 태양을 12년 동안 바라본다면 태양이 극히 미미한 각도로 앞뒤로 꿈틀대는 것을 보게 될 것이다. 이 관측된 운동과 주기로부터 케플러의 법칙을 이용해서 목성의 질량과 궤도를 추정할 수 있을 것이다. 하늘에서 위치를 정확히 측정하는 것은 극히 어렵기 때문에 지금까지 지상 천문학자들의 기술로는 행성 검출을 확신할 수 없었다. 그러나 언젠가 우주 공간에서 그와 같은 측정이 가능하도록 NASA는 새로운 미션이 계획되고 있다.

별과 행성이 서로 궤도를 하는 경우, 운동의 일부가 우리의 시선(우리에게 다가오거나 멀어지는) 방향에 놓이게 된다. 그와 같은 운동(4장에서 논의한 것처럼)은 도플러 효과로써 별의 스펙트럼에 나타난다. 궤도 운동을 하는 행성의 중력적 인력의 영향으로, 별이 질량 중심에 대해 운동하면 스펙트럼선 역시 위치 변동을 보이게 된다(그림 12.16).

다시 태양의 예를 생각해보자. 태양의 시선속도는 목성의 중력 때문에 12년의 주기로 약 13 m/s만큼 변한다(토성의

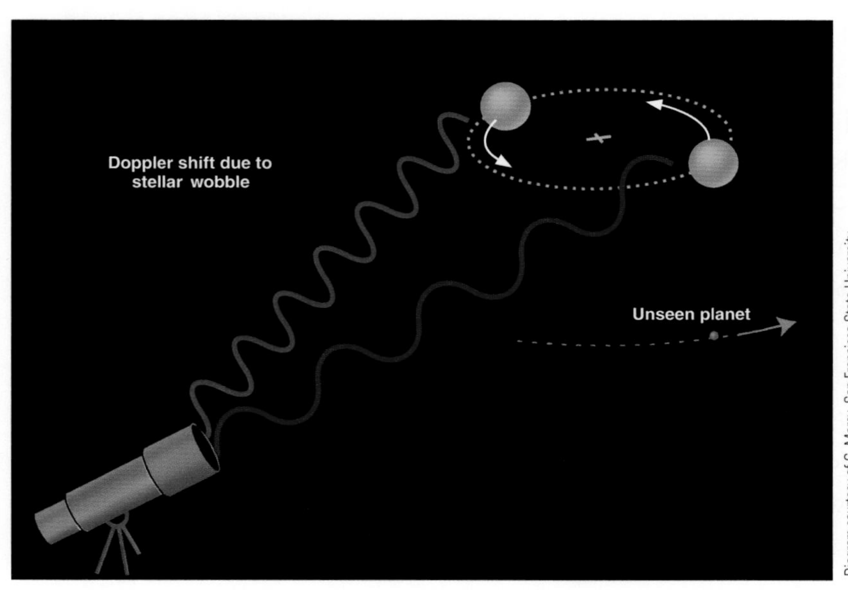

■ **그림 12.16**
도플러 방법에 의한 행성탐사 공통 질량 중심점에 대한 별과 동반 행성의 운동은 별의 도플러 이동의 주기적인 변화로 검출된다. 별이 우리에게서 멀어지면, 별의 스펙트럼선이 아주 미세하게 적색편이 되고, 우리에게 다가오면 아주 미세하게 청색편이 된다. 교육적 목적으로 여기서는 색(파장)의 변화를 과장했으나, 실제로 우리가 측정하는 도플러편이는 극히 작기 때문에 검출하려면 잘 고안된 기기가 요구된다.

효과까지 더하면 약 15 m/s만큼 변한다). 이는 대략 50 km/h로써, 자동차 운행 속도에 해당한다. 별 스펙트럼에서 이 정도 수준의 운동을 감지하는 것은 엄청난 기술적 도전이지만, 최근 전 세계의 여러 천문학자들이 이런 목적으로 특별히 고안된 분광기를 사용해서 행성 탐사에 성공하고 있다.

12.4.2 행성의 발견

제네바 천문대의 미셸 마이어(Michel Mayor)와 디디어 퀼로즈(Didier Queloz)는 1995년에 정밀한 도플러 속도 측정으로 첫 행성을 발견했다(그림 12.17). 그 행성은 약 40광년 떨어진 51페가수스라 불리는 태양과 비슷한 주계열별의 주위를 돌고 있다. (이 별은 그리스 신화의 날개 달린 말인 페가수스자리에서 가장 쉽게 찾을 수 있는 형상인 큰 정사각형 부근에서 찾을 수 있다.) 이 행성이 별 주변을 궤도 운동하는데는 겨우 4.2일 걸린다. 대조적으로 우리 태양계의 가장 가까운 행성인 수성은 한 바퀴 도는데 88일이 걸린다.

이 행성은 51페가수스에 아주 가까이, 즉 약 700만 km의 거리에서 돌고 있다(그림 12.18). 이 거리에서는 별의 에너지 때문에 행성 표면이 약 1000 K 이상(장래 관광을 하기에는 무척 뜨거운 온도)으로 가열된다. 이 행성의 운동으로부터 계산된 질량은 최소 목성 질량의 절반으로, 이는 분명히 목성형 행성이지 지구형 행성은 아니다.

첫 발견 이후 놀랄만한 진전이 이루어지고 있다. 이 글을 쓰고 있는 지금까지 100개 이상의 거대 행성이 다른 별 주변을 돌고 있는 것이 발견되었다.[2] 대부분은 지오프리 마시(Geoffrey Marcy), 폴 버틀러(Paul Butler), 스티븐 복트(Steven Vogt)와 그들의 공동연구자들이 주로 캘리포니아 리크 천문대의 3 m 망원경과 하와이에 10 m 케크 망원경(그림 12.19)으로 수행한 관측으로 발견되었다. 대략 매달 하나씩 새로운 행성이 발견되고 있는 셈이기 때문에 최신의 정보는 이 장의 끝에 기록된 웹 사이트를 참고하기 바란다. 그러나 잠시 우리의 논의를 음미해 보자. 첫 행성 발견 이후 10년이 채 못돼서 우리는 태양계 밖에서 태양계 안에 있는 행성 수의 열 배나 되는 많은 행성을 알게 되었다.

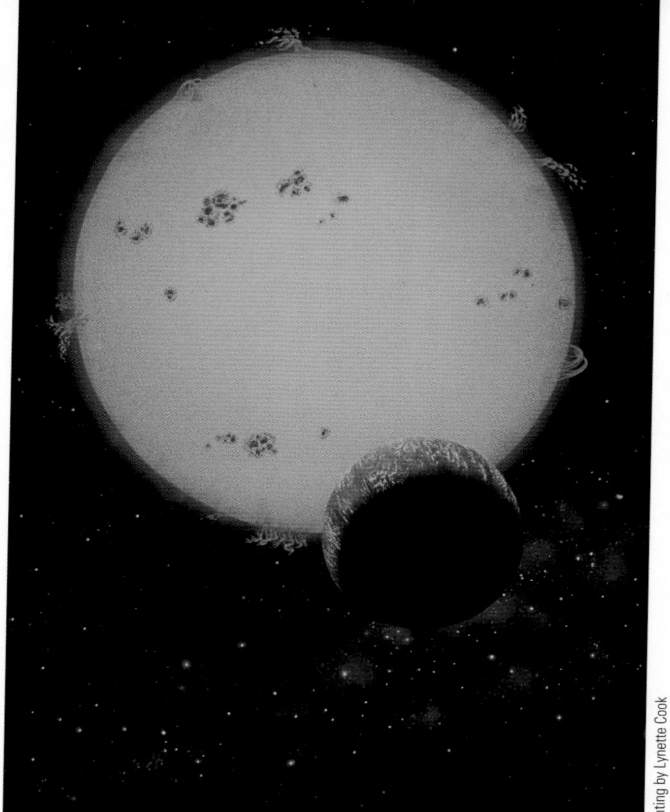

■ **그림 12.18**

태양과 유사한 별에 가깝게 도는 거대 행성 이 예술가의 상상도는 거대 행성이 51페가시를 근접해서 돌고 있는 모습을 보여준다. 본문에서 설명했듯이 이 행성은, 우리 태양계 수성의 궤도보다도 작은 궤도로 별 주위를 돌고 있는 12개 이상의 행성들 중에서도 처음으로 발견된 행성이다. 이 행성은 51페가시를 7백만 km 떨어져 한 바퀴 도는데 겨우 4.2일 걸린다. 그런 거리에서는 행성의 표면 온도가 너무 뜨거워져(천문학자 지오프 마시가 풍자한 것처럼) '마이크로초 이내에 통닭구이'가 된다. 예술가는 거대행성에 큰 영향을 미칠 수 있는, 별의 활동성 대기의 증거로서, 51페가시에 홍염과 흑점도 표시했다. 비록 우리의 관측은 행성의 밀도가 아니라 질량 추정에만 국한되므로 행성이 어떤 물질로 구성되었는지에 대한 개념은 없지만, 그녀는 행성에도 목성처럼 띠를 그렸다.

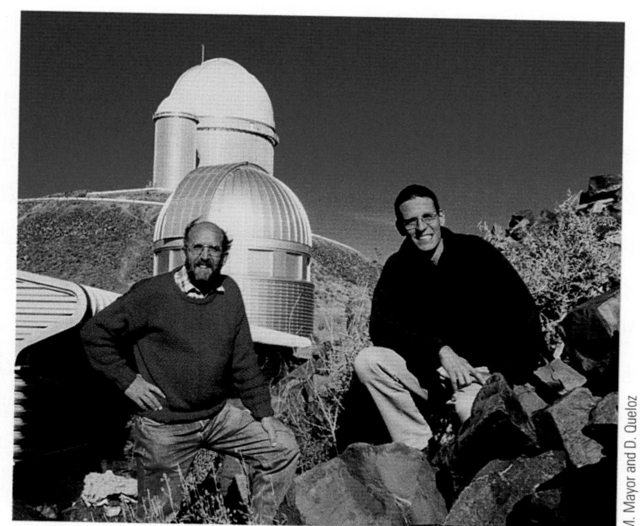

■ **그림 12.17**

유럽의 행성-사냥 팀 제네바 천문대의 마이클 메이어(Michel Mayor)와 디디어 큐엘로즈(Didier Queloz)는 태양과 유사한 별에 있는 거대 행성을 처음 발견했다. 이들은 유럽과 칠레에 있는 망원경을 사용하여 이 연구를 계속 수행하고 있으며, 1995년 이후 여러 개의 행성들을 발견했다.

[2] 역자 주-2013년 7월 현재 723개의 외계행성이 확인되었으며, 케플러 우주 망원경에 의한 트랜짓 관측으로 외계행성 후보가 3160개 발견되었다.

■ **그림 12.19**
미국의 행성-사냥팀 폴 버틀러(Paul Butler)와 지오프 마시(Geoff Marcy)는 샌프란시스코 주립대학에 있을 당시 51페가시 주위에서 행성의 발견을 확인했다. 지금까지 다른 별 주위에서 대부분의 행성들을 발견해 왔다. 그들은 그 후 헤어져서, 버틀러는 남반부 하늘에서 행성을 찾기 위해 앵글로 오스트레일리아 천문대(Anglo-Australian Observatory)로 가고, 마시는 계속 북반구 하늘의 탐사를 하고 있다.

표 12.2 처음 발견된 101개 외계행성의 특성

발견된 수	특성
1	삼중 행성계
8	이중 행성계
16	10일 보다 짧은 주기를 갖는 행성
33	수성보다 모항성에 가까운 행성
40	지구 궤도 1 AU보다 가까운 행성
49	1년 이상의 주기를 갖는 행성
54	태양계에서 가장 큰 이심률을 갖는 명왕성보다 이심률이 큰 행성
6	토성보다 작은 최소 질량의 행성: 모두 수성보다 모항성에 가까운 행성

초기에 발견된 많은 행성들은 그들 별의 주위를 아주 가깝게 돌거나 또는 무거운(목성 질량이나 그보다 더 큰) 행성들이다. 천문학자들은 이들을 '뜨거운 목성(hot Jupiter)'이라고 한다. 거대 행성이 그들 별 주변에 이렇게 가깝게 존재하는 것은 놀라운 일이다. 이 관측은 행성계 형성에 대한 생각을 재고하게 만든다. 그러나 지금으로는—행성의 끌림에 의해 질량 중심점을 주위로 별을 앞뒤로 꿈틀대게 만드는—도플러 변위 측정이 별 주변을 가깝게 도는 무거운 행성을 찾는 데 가장 효율적이다. 결국 이들이 별의 꿈틀대는 운동을 가장 크게 만들고 궤도를 완전히 한 바퀴 도는 시간을 가장 짧게 한다. 그래서 행성들이 존재한다면, 가장 먼저 발견될 것으로 기대된다. (과학자들은 이를 선택 효과—즉, 우리의 발견 기술은 '쉽게 발견할 수 있는' 천체 종류를 선택적으로 선호한다—라고 말한다.) 대상 별들을 더 오래 동안 관측하고, 보다 적은 도플러 변위까지 측정할 수 있는 능력이 생긴다면, 그 기술로 더 먼 거리에 있고 보다 질량이 적은 행성들 까지도 찾아낼 수 있을 것이다. 우리 태양계와 비슷한 태양계—즉 별 주위를 목성 크기의 행성이 일 년 이상의 주기로 돌고 있는 태양계들을 발견한 것은 아주 극히 최근의 일이다.

2002년 중반까지 발견된 행성들의 특성을 그림 12.20과 표 12.2에 요약했다. (표에 기술된 궤도 용어에 대해서는 2장의 논의를 참조하라.) 지금까지 발견된 행성의 질량은 목성 질량의 십 분의 일에서부터 13배 이상까지 된다.[3] 우리는 단지 행성들의 최소 질량을 알 뿐이다. 도플러 변위와 케플러 법칙을 이용해서 행성의 정확한 질량을 결정하려면—대부분의 경우 독자적인 방법으로 알기 어려운—행성의 궤도면이 우리의 시선 방향과 기울어진 각도를 알아야만 한다. 그래도 표에 기록된 것처럼 최소 질량이 크다면, 분명히 지구보다 훨씬 무거운 행성들을 다루고 있을 것이다.

가장 무거운 동반성은 진화 단계 초기에 중수소를 연소했을 것이며, 이 교재에서 사용한 정의에 따르면, 아마도 이 별은 갈색왜성이라고 부르는 게 더 적절한 표현일 것이다. 일부 천문학자들은 행성에 대해 다르게 정의한다. 즉 주변 원반에서 미세 행성체의 응집을 통해 바위 중심핵을 가지는 천체를 의미한다. 그러나 그림 12.20에 기록된 대부분의 천체들은 핵융합이 일어날 정도로 중심 온도가 높지 않으며, 어떤 정의를 따르더라도 진정한 행성들로 볼 수 있다.

태양과 같은 분광형을 가지는 별 주위를 돌고 있는 첫 다중 행성계가 44광년 떨어진 거리에 있는 대략 30억 년 된 별인 엡실론 안드로메다(Upsilon Andromeda)에서 발견되었다. 이 계에서 처음 발견된 행성은 궤도 주기가 4.6일이고 질량이 목성의 70%인 행성이었다. 그러나 이 별의 속도는 별의 운동이 또 다른 행성의 영향 때문에 발생하는 것으로 보이는 완만한 곡선에서 벗어난 변화를 나타낸다. 이러한 섭동은 모두 목성보다 큰 질량을 갖는 두 개의 행성 때문에 생긴 것이다. 가장 먼 행성의 궤도는 화성 궤도 보다 약간 더

[3] 역자 주-2013년 4월 NASA는 케플러 62항성 주위를 돌고 있는 케플러 62-e와 케플러 62-f가 지구보다 질량이 큰 슈퍼지구라고 발표했다. 또한 유럽 남반부 천문대에서 2013년 6월 글리제 667 주변을 돌고 있는 슈퍼지구행성 글리제 667-c를 포함하여 이 항성계에 추가로 3개의 슈퍼지구가 돌고 있는 것을 발견했다. 한편 질량이 목성 질량의 20배 이상이나 되는 행성들도 상당수 발견되었다.

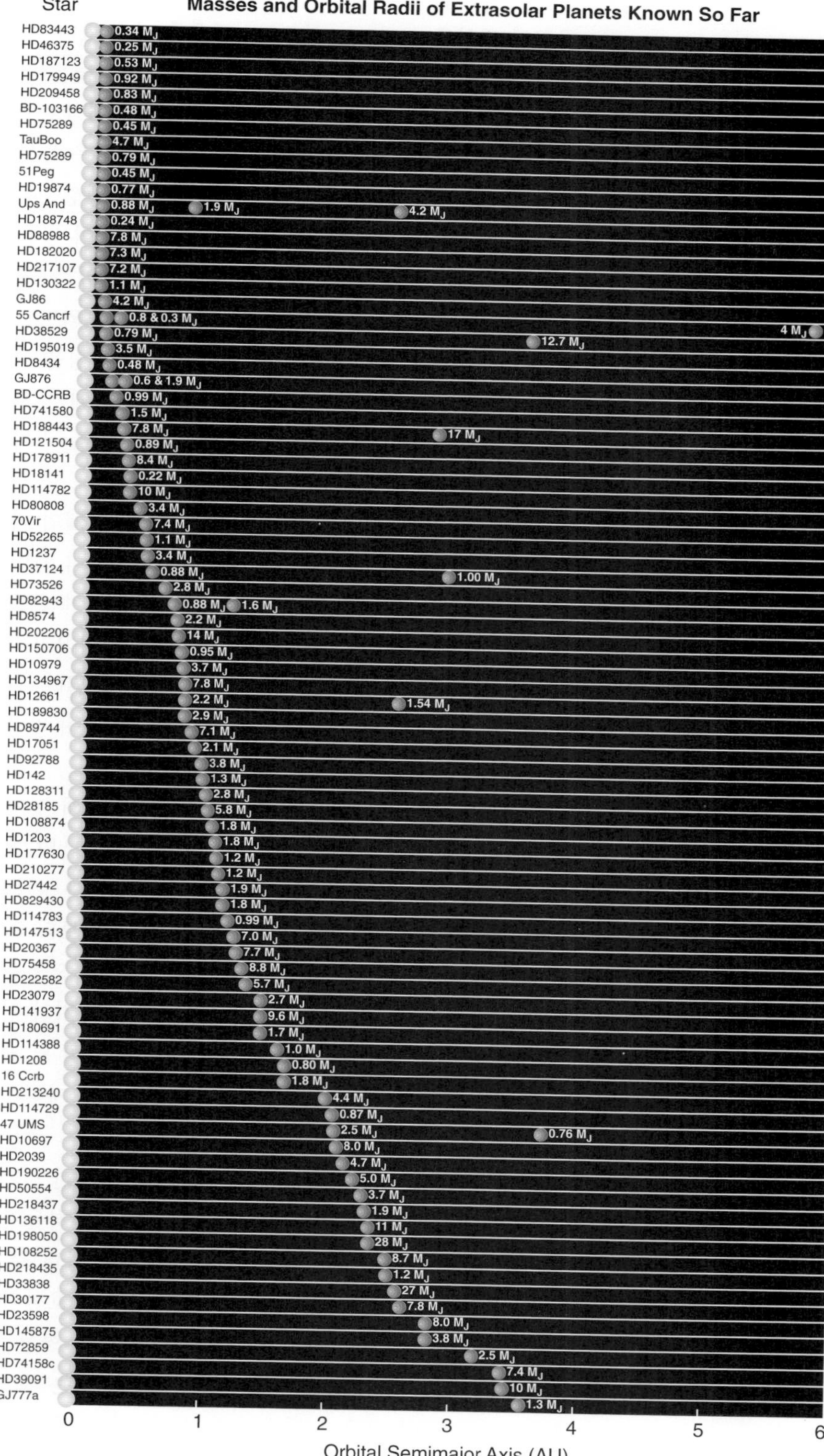

■ **그림 12.20**

알려진 외계행성의 질량과 궤도 반경 2002년 여름까지 발견된 외계 행성계의 질량과 궤도 반경을 보여주는 도표. 행성 질량은 목성의 질량 단위로, 궤도 반경은 천문단위를 사용했다. 9개의 항성들이 한 개 이상의 동반 행성들을 갖고 있음을 주목하라. [자료는 California & Carnegie Planet Search website: exoplanet.org (Marcy, Butler, et al.)]에서 채택.

멀다. 지금은 다중 계가 몇 개 더 알려졌다.[4]

또 다른 재미있는 행성은 HD 209458 별 주위를 돌고 있는 행성이다. 이 행성은 지구에서 볼 때 3.5일 마다 3시간씩 모체별 앞을 가리면서 지나간다. 이 행성이 별 표면을 가리기 때문에 생기는 아주 작은 별빛의 변화를 세심히 관측하면 행성이 얼마나 큰지를 알 수 있다. (이는 9.3절에서 설명한, 식쌍성에서 별의 크기를 재는 것과 유사하다.) 사실 허블 우주 망원경을 사용하여 천문학자들은 이 행성 주위를 도는 지구보다 1.2배 큰 위성의 존재를 배제했는데, 그 정도의 위성이라면 가려지는 빛이 측정 가능할 만큼 클 것이기 때문이다. 또한 이 행성에서 뜨거운 대기가 증발하는 것도 검출했다.

HD 209458 주위를 돌고 있는 이 행성의 질량은 목성의 70%지만, 반경은 목성보다 35% 이상 크다. 아마도 너무 뜨거웠기 때문에 행성이 부풀어 오른 것 같다. 4일 보다 짧은 주기로 돌고 있는 것을 보면, 이 행성은 모체별에 가까워서 행성의 표면온도가 1500℃ 이상으로 높아진 것으로 추정된다. 어떻든 측정치는 이 행성이 가스로 구성된 거대행성임을 확인시켜 준다. 행성이 HD 209458 앞을 지날 때 행성 대기의 원자들이 별빛을 흡수한다. 이 흡수선은 황색 나트륨 선으로 관측되었고, 행성대기에 나트륨이 존재함을 보여주었다. 다른 원소들, 메탄, 수증기 및 포타슘 등에 대한 탐사가 앞으로 이루어질 것이다.

탐사를 통해서 목성과 유사한 질량의 행성들이 목성보다 큰 질량의 행성보다 더 일반적임을 보였다(문제 17 참조). 보다 큰 질량의 행성이 더 쉽게 검출되기 때문에 이러한 결과는 선택 효과가 아닌 실제 경향인 것 같다. 자연은 행성이 너무 크게 성장하지 않는 것을 선호하는 것 같은데 우리는 아직 그 이유를 이해하려고 노력하고 있다.

천문학자들은 도플러 관측이 더 진행되고 시간이 더 지난다면, 모체별에서 더 멀리 떨어진, 우리 태양계의 거대 행성들보다 더 긴 주기로 도는 행성들을 발견할 수 있을 것으로 기대한다. 목성과 같은 궤도와 질량을 가지는 행성을 찾으려면 10년 이상의 관측기간이 필요하고 3 m/s 정도까지 정확한 속도 측정을 해야 한다. 현재 행성탐사를 위한 2000개의 목표 별 대부분은 6년 또는 그 보다 짧은 기간 동안 관측되었을 뿐이다.[5]

12.4.3 발견한 행성들에 대한 설명

새로 발견된 행성들의 궤도는 천문학자들을 놀라게 했다. 이런 발견 이전에 천문학자들은 다른 행성계가—행성들은 원 궤도를 돌고 있으며 질량이 큰 행성들이 그들의 모체별로부터 수 배의 천문단위 거리에 있는—우리 태양계와 매우 유사할 것으로 기대했다. 그러나 새로 발견된 대부분의 행성들은 우리 태양계의 행성들과 아주 달랐다. 앞서 보았듯이 많은 행성들이 수성보다 더 그들의 태양에 가깝게 돌고 있는 '뜨거운 목성'이다. 이 명칭이 우습기는 하지만 중요한 의미를 가진다. 태양계에서는 태양에서 멀리 떨어져 있는 목성을 차가운 세계로 생각한다. 그리고 놀라운 것은 모체별에서 수십 분의 일 천문단위의 거리에 있는 대부분 행성들은 (원이 아닌) 매우 찌그러진 타원 궤도를 돈다는 점이다.

전통적으로 태양계의 행성들은 태양으로부터 현재의 거리에서 생성되었으며, 지금까지 그 자리에 그대로 남아 있다고 가정해 왔다. 거대행성 생성의 첫 단계는 고체 핵이 만들어지는 것으로, 이는 미세 행성체(작은 고체 물질 덩어리—어름과 티끌 입자들)들이 충돌하고 달라붙어서 생성된다. 결국 이 중심핵이 원반에 남아 있는 가스 물질을 끌어모아 질량이 커짐에 따라 거대 가스 목성과 토성을 만들게 된다.

그러나 이러한 모형은 거대 행성들이 중심별에서 상당히 멀리 떨어져서(대략 5~10 AU) 원반이 충분히 차가워지고 고체 물질들이 매우 높은 밀도를 가질 때만 성립된다. 이는 어떤 바위 물질이라도 완전히 증발되는, 수성 궤도보다 안쪽에 위치한 뜨거운 목성을 설명할 수 없다. 또한 이 모형은 타원궤도를 설명할 수 없는데, 원시행성의 궤도는 초기의 형태에 상관없이 주변 원반 물질과의 상호작용으로 금방 원 궤도로 바뀌며, 추가로 물질을 끌어들여서 행성으로 자라는 동안에도 그대로 유지되기 때문이다.

따라서 두 가지 선택이 가능하다. 모체별의 혹독한 열기 근방에서 행성 생성이 일어나는 새로운 모형을 고안하든가, 차가운 목성들이 생성된 뒤 안쪽으로 이동하는 행성궤도의 변경 방법을 찾아야 한다. 많은 학자들은 후자를 선호한다. 원반에 상당량의 가스가 남아 있는 상태에서 행성이 형성된다면 행성의 궤도각운동량 일부가 원반으로 이전되는 것으로 계산된다. 행성이(마찰 효과로 인해) 운동량을 잃게 되면 행성은 나선운동을 하면서 안쪽으로 들어오게 된다. 이 과정으로 초기 원반의 차가운 영역에서 생성된 거대 행성들은 중심별에 가깝게 이동한다—이것으로 뜨거운 목성을 설명할 수 있다.

끌려 들어오는 행성 중 일부가 별로 떨어질 수도 있으

[4] 다중 계의 숫자는 관측이 정밀해질수록 계속 늘어 가고 있다.

[5] 2013년까지 16년 넘게 다양한 방법으로 관측이 수행되고 있다.

므로 별에는 무거운 원소가 풍부해질 것이다. 지금까지 알려진 행성을 가진 대부분의 별들은 실제로 태양보다 무거운 원소를 더 많이 가지고 있다. 천문학자들은 이들 행성들을 마치 식사하듯이 먹어버렸는지 또는 처음부터 무거운 원소가 풍부한 물질에서 만들어졌는지를 알아내려고 노력하고 있다. 이 두 가능성의 결과는 약간 서로 다른 함량을 나타낼 것이므로 지금 이 순간에도 관측적 검증이 이루어지고 있다.

행성 생성과정에는 '상향식(bottom-up)' 모형이 있다. 행성은 작은 중심핵부터 만들어지기 시작해서 점진적으로 원반물질을 부착하는 과정을 통해 형성된다. 문제는 이 과정이 천만년 내지 이천만 년 걸리고, 그 후 행성들이 안쪽으로 충분히 이동하려면 원반은 오래 유지되어야 한다는 것이다. (앞서 논의한 것처럼) 관측에서는 원반의 안쪽 부분이 대부분 천만년 이내로 모두 사라지기 때문에, 일부 이론천문학자들은 이 기간이 너무 길다고 주장한다. 대안으로 '하향식(top-down)' 행성 생성이 제시되는데, 이 모형에서 원반 물질은 불안정해져서 커다란 덩어리로 쪼개지고 그것이 다시 붕괴되어 단지 수십만 년 내에 행성을 생성한다.

먼 곳에서 발견되는 거대행성들의 타원궤도는 어떻게 형성된 것인가? 같은 별 주변에 여러 개의 거대 행성이 생성된다면 그들 모두는 상대적으로 인접해 있어 중력 상호작용을 하게 된다. 그 결과 그들의 궤도는 변할 것이다. 일부 행성들은 우주 공간으로 달아나고 어떤 행성들은 별 근처에 함께 남을 것이다. 오리온 거대분자운 영역에 있는 성단에서 목성의 8배 내지 15배 질량의 자유롭게 떠도는 행성들이 발견되었다. 그러나 이들이 행성계에서 뛰쳐 나온 것인지 또는 별이 생성될 때처럼 홀로 만들어진 것인지 구분할 수는 없다.

별 주변에 남겨진 행성들은 그들이 처음에 시작했던 원 궤도보다는 오히려 타원궤도를 돌 것이다. 이런 일들이 일어날 즈음 대부분의 원반 물질은 이미 여러 개의 거대 가스 행성을 생성하는 데 다 소모돼서 행성의 궤도를 원 궤도로 만들기에 가스들이 충분치 못했을 것이다.

새로운 모형은 과거 생각한 것보다 훨씬 더 심한 혼돈 속에서 행성계가 생성된다는 것이다. 생성되는 행성들을 스케이트장의 선수들처럼 생각해 보자. 원래의 모형은 우리의 태양계만을 모델로 삼아서, 행성들은 얌전한 선수들처럼 모두 규칙을 잘 따르고, 모두가 거의 같은 방향으로 대략 원 궤도를 따라 도는 것으로 가정했다. 그러나 새로운 모형에서는 롤러스케이트 경주선수들이 서로 부딪치고 방향을 바꾸며, 때로는 완전히 경기장 밖으로 나가떨어지는 일도 일어난다.

이 혼란스러운 행태가 우리 태양계에도 일부 영향을 주었을 것이다. 천왕성과 해왕성은 아마도 현재 태양으로부터의 거리에서 생성되지 않았을 것이다. 오히려 목성과 토성이 위치하고 있는 거리 가까운 곳에서 생성되었을 것이다. 그 이유는 행성이 생성될 때 태양을 둘러싸고 있는 원반 물질의 밀도가 토성 궤도 밖은 너무 희박해서 천왕성과 해왕성을 형성하려면 수십억 년이 걸려야 했기 때문이다. 그러나 우리는 다른 별들의 관측에서 원시별 주변 원반은 단지 수백만 년 동안만 유지된다는 사실을 알았다. 그러므로 천문학자들은 천왕성과 해왕성이 현재의 목성과 토성의 위치에서 생성된 다음 주변 행성들과의 상호 중력작용에 의해 더 먼 거리로 떨어져 나갔는지를 계산하는 모형을 개발하고 있다.

이 모든 새로운 관측들은 과학에서 단지 하나의 예가 있을 경우, 어떤 현상에 대한 결론(이 경우 어떻게 행성계가 형성되어 배치되는가)을 내리는 것이 얼마나 위험한지를 보여 준다. 1995년까지 우리는 단지 하나의 행성계—우리 태양계—만을 알고 있었다. 현재 행성을 가지는 100개 이상의 항성계가 알려졌고, 계속 더 발견되고 있으며 이에 대한 이해와 가정들이 보다 더 정교하게 개발되고 있다.

12.4.4 다른 별 주변을 도는 주거 가능한 행성

만일 행성계 생성 초기에 거대 행성들이 수 천문단위 밖으로부터 나선을 그리며 들어와서 모체별에 먹혀 버렸다면, 모체별에 가까이에서 생성된 지구형 행성들은 보다 쉽게 파괴되었을 것이다. 이는 분명히 천문학자들에게 태양계, 특히 지구와 같은 행성이 희박할 것이라는 의구심을 갖게 만든다. 원시 태양을 둘러싸고 있는 원반 물질이 사라질 즈음에 목성과 토성이 만들어졌고 왜 이들은 원래의 궤도를 유지하면서 안쪽으로 들어오지 않았는가? 따라서 초기 사건들이 잘 짜 맞추듯이 일어나는 경우에만 행성계에서 주거 가능한 지구형 행성이 살아남을 것인가?

이같은 질문에 대한 대답은 다른 별 주위에 지구와 견줄 만한 질량을 가지는 행성들을 발견할 때까지 기다려야 할 것이다. 천문학자들은 이미 다른 별 주위에 돌고 있는 지구를 찾는 관측을 위한 새로운 기기와 기술을 계획하고 있다.

그 한 가지는 천체면 통과 측광(transit photometry)이라고 하는 간접 측정방법을 이용하는 것이다.[6] 행성이 돌고 있는 많은 별들 중에는, 지구에서 바라보는 시선과 행성의 궤도면이 일치되어 행성이 모체별 앞을 지나가는 경우가 있다. 그 예로서, 이 장의 앞부분에서 HD 209458을 설명했다. 별

[6] 미국 NASA에서는 2009년 2월 케플러 우주 망원경을 쏘아 올려서 별 표면 통과 측광 방법으로 우리은하의 일부 영역에 있는 항성 주변에서 주거 가능한 영역에 존재하는 지구형 행성을 찾는 탐사를 수행하고 있다.

의 밝기를 아주 정밀하게 측정할 수 있다면, 행성의 항성 전면 통과로 인해 항성의 복사가 아주 조금 차단되어 미미한 밝기 감소가 일어날 수 있다. (아주 높은 정밀도를 얻을 수 있는) 우주 공간에서 이루어진 관측을 통해서 언젠가는 이 방법으로 지구같이 작은 행성들을 발견하고 행성의 크기와 궤도 분포를 결정할 수 있을 것이다.

외계에 지구와 같은 행성이 존재를 보여주는 최선의 증거는 화상 촬영이다. 결국 '보는 것을 믿는다'는 인간들의 편견이다. 멀리 있는 행성의 화상을 얻는 것은 엄청난 도전이다. 한 예로 상당히 먼 거리에서 지구에서 반사되는 태양 빛을 검출하려면, 지구는 태양 복사를 받아서 그의 10억 분의 1도 안 되는 양을 반사하므로, 가시 영역에서 겉보기 밝기는 태양 밝기의 10억 분에 1도 못 된다. 그러나 잠재적 행성의 어두운 빛만이 가장 큰 문제는 아니다.

진짜 어려움은 행성에서 나오는 희미한 빛이 모체별에서 나오는 밝은 빛에 의해 뒤덮이는 것이다. 만일 근시인 경우 밤에 안경을 벗고 가로등을 보라. (시력이 좋다면 눈을 가늘게 뜨면 같은 효과를 얻을 것이다.) 이때 등불을 둘러싸고 있는 후광이 보일 것이다. 망원경을 통해서 보는 밝은 별도 후광으로 둘러싸인 것처럼 보인다. 이 경우 망원경이 근시이기 때문이 아니라, 광학계가 완벽하지 못해서 대기의 흔들림으로 빛을 완전히 선명하게 한 점에 초점을 맺지 못하기 때문이다. 존재할지도 모르는 행성들은 이 후광 속에 있고, 흐린 빛은 밝은 빛 속에서 묻혀서 보이지 않을 것이다.

이 문제를 해결하는 것이 21세기 NASA의 중점 목표 중 하나다. 한 가지 기술은 우주에 적외선 간섭계(5장에 전파 간섭계에 대한 논의 참조)를 설치하는 것이다. 다시 지구 대기의 흔들림 효과(시상 효과)를 벗어나려면 우주로 나가야 한다. 행성들은 적외선에서 밝은 반면, 별은 어두우므로 별빛에 대비한 행성 검출이 쉬워지기 때문에 적외선은 가장 적합한 관측 파장영역이다. 간섭계는 별과 인근에 있는 행성을 두 개의 천체로 관측할 수 있게 만드는 고분해능(high resolution, 보다 세밀하게 보이게 만드는 것)을 얻는 효율적인 방법이다. 특별한 기술을 사용하여 중심별에서 오는 빛을 인위적으로 줄여서, 행성 자체를 보다 쉽게 볼 수 있게도 할 수도 있다.

우주에 나간다 하더라도 지구 근처에서 이런 화상을 성공적으로 얻을 수 있을지는 분명치 않다. 우리는 태양계 생성에서 남겨진 얇은 티끌 층인 태양의 황도 구름(zodiacal cloud) 안에 깊숙이 놓여 있다. 이 구름이 별 빛을 산란시키고 확산시켜서 선명한 화상을 얻기 어렵게 만들기 때문이다. 별로부터 오는 빛의 산란을 최소화하기 위해 관측을 태양에서 먼 곳—예를 들어 목성 궤도—에서 하는 것이 필요할 수도 있다.

일단 지구와 같은 행성의 화상을 실제로 관측하고 나면 다음 단계는 스펙트럼을 얻어서 행성 대기의 조성을 구하는 것이다. 스펙트럼은 생명의 존재를 암시할 수 있다. 지구 대기 중의 산소는 광합성에 의해 만들어지고, 메탄은 유기물의 부식에서 생성된다. 생명이 존재하지 않았다면, 그와 같은 원소는 우리 대기에 없을 것이다.

따라서 지구와 같은 행성 대기로부터 메탄과 산소의 발견은 생명의 존재에 대한 강력한 증거이다. (현재의 우리의 상상을 뛰어넘는 다른 형태의 생명체들은 다른 가스를 생성할 것이므로 산소와 메탄의 부재가 곧 생명의 부재를 의미하는 것은 물론 아니다.)

천문학자들이 먼 세계에서 생명을 찾기 위해 우주 공간에 띄워 올릴 기기에 대해 실제로 계획하고 개발하기 시작한다고 생각하니 놀라울 뿐이다. 다음 세기까지는 죽어 가는 행성들 역시 흔한지 또는 생명과 조화를 이루는 다른 행성들이 있는지에 대한 해답을 얻을 수 있게 될 것이다. 태양계 밖 행성들의 발견은 다시 21장의 주제로서, 우주의 생명 탐사에 낙관적인 활기를 불어 넣을 것이다.

인터넷 탐색

허빅-아로 천체에 대한 정보:

- **HH 천체 목록:** www-astro.phast.umass.edu/catalogs/HHcat/HHintro.html
- **허블 이미지:** hubblesite.org/newscenter/archive/1995/24/

허블 영상: hubblesite.org/newscenter/srchive

다른 별 주위에 티끌 원반 이미지는 허블 우주 망원경 영상 갤러리 참조.

태양계 밖 행성 백과사전:

www.aospm.fr/encycl/encycl.html

파리 천문대 장 슈나이더(Jean Schneider)는 확인된 새 행성 및 미확인 새 행성에 대한 기본 자료, 유효한 배경 정보 및 참고자료를 세세히 목록화 함.

외계행성탐사:

exoplanets.org/exoplanets_pub.html

지오프 마시(Geoff Marcy) 팀 사이트로 행성 탐사를 위한 도표, 요약, 논문, 대중을 위한 글, 관련 링크, 및 아주 유효한 그림으로 된 요약이 있다.

전 세계에 행성 탐사 프로그램 리스트:

- **다윈 사이트: ast.star.rl.ac.uk/darwin/searches.html**
- **태양계 밖 백과사전 사이트: www.obspm.fr/encycl/searches.html**

태양계 밖 행성 탐사를 하거나 수행하려고 제안한 모든 프로그램에 대한 링크 리스트가 있다. 이 장에서 제한된 지면 때문에 논의되지 못한 것들은 포함하여 탁월한 주석이 붙어 있는 링크 리스트다.

요약

12.1 **거대 분자운**은 질량이 태양의 3×10^6배, 지름이 50~1000광년이며 대부분 별들이 그 속에서 만들어진다. 오리온 성운은 가장 잘 연구된 분자운으로, 약 1200만 년 전에 별 탄생이 시작되어 구름 속을 옮겨가면서 별 탄생 활동이 점진적으로 진행되고 있다. 최근 생성된 뜨거운 별들은 오리온에서 별 탄생 과정의 여러 단계를 보여주고 있다. 분자 구름 속에서의 별 탄생은 주변보다 밀도가 높은 가스와 티끌 덩어리 물질에서 수백 개가 그룹으로 만들어지는데, 이 덩어리에서 고밀도의 중심핵은 중력에 의해 물질을 끌어당기고 수축해서 별이 된다. **원시별**에서 강한 **항성풍**이 만들기 시작할 때 물질 축적이 멈추어진다. 구름에 있는 와류 때문에 적도 원반 물질은 회전하는 별로 만들어진다. 항성풍은 원시별의 극 방향으로 쉽게 빠져나가 별에서 관측되는 물질의 제트를 만든다. 이 물질들은 별 주변의 물질과 충돌하여 방출선을 방출하는 영역을 만들며, 이를 처음 설명했던 천문학자의 이름을 따서, 허빅-아로 천체라고 부른다.

12.2 별 진화는 온도와 광도의 변화로 기술될 수 있으며, 그 변화 양상을 H-R 도에 점으로 표시해서 따라갈 수 있다. 원시별은 중력수축을 통해 에너지를 발생시킨다. 초기의 중력수축은 수천 년 정도 걸리고, 그 후 별이 주계열에 도달해서 핵융합 반응이 시작되는 때까지 전형적으로 수백만 년 지속된다. 질량이 클수록 진화의 각 단계에서 머무는 시간은 짧다. 별의 질량은 태양질량의 0.072배부터 100~200배의 범위에 있다.

12.3 관측적 증거에 의하면, 대부분 원시별은 큰 지름과 행성을 만들 만큼 충분한 질량(최대 태양질량의 10%)을 가진 원반에 둘러싸여 있다. 비록 이 원반의 몇 분의 일이 행성들을 만들지는 모르나, 원반의 성질은 시간이 감에 따라 체계적으로 변한다. 초기에는 불투명한 원반이 원시별의 표면까지 퍼져 있다. 수백만 년 후 원반 안쪽 부분은 티끌이 없어지고 원반은 중심 구멍에 원시별이 들어있는 도넛 모양이 된다. 가운데 그와 같은 구멍이 발달하는 현상은 그 가장자리에 만들어진 큰 행성으로 설명된다. 대략 3천만 년 정도가 지나면, 물질들은 별에 축적되고, 행성들에 합병되거나 행성계에서 축출되기 때문에 별을 만들려던 구름 물질들은 별 근처에서 모두 사라진다. 이보다 조금 더 나이 든 별 주변에서는 작은 천체(혜성과 소행성)들이 서로 충돌하여 생성된 잔해로 만들어진 원반을 볼 수 있다. 이 잔해 원반들은 얇은 고리들이고 고리 물질 밀도는 그 위치에 따라 변화한다. 고리의 물질 분포는 토성의 목자 위성들이 고리 물질의 궤도에 영향을 주는 것처럼 목자 행성에 의해 달라진다.

12.4 현재 인근 별 주변 행성에 대한 탐사는 별과 행성의 공통 질량 중심에 대한 별의 운동을 관측해서 찾아낸다. 이는 하늘에서 시간에 따른 별 위치의 변화나 (스펙트럼선의 도플러 이동에 의해 보이는) 시선속도를 찾아봄으로써 가능하다. 지난 5년 동안 시선속도 탐사는 놀라울 정도로 성공적이었다. 현재 우리 태양계 안에 있는 행성 수의 열 배 이상의 외계행성들을 알아냈

고, 더 많은 행성들이 한 달에 하나의 비율로 발견되고 있다. 놀랍게도 이 행성들은 우리 태양계의 행성들과는 전혀 다르다. '뜨거운 목성'들이 모체별에 아주 가까운 곳에서 발견되었으며 중심별에서 수 천문단위의 거리에 있는 많은 행성들은 타원궤도를 돌고 있다. 천문학자들은 행성들이 다른 인근 행성들과의 중력 상호작용으로, 처음 만들어진 영역에서 이동하여 어떤 행성은 모체별 근처로 들어오거나 심지어는 별로 떨어지고, 어떤 행성은 우주 공간으로 축출되었다고 생각한다. 태양계 밖에 있는, 지구 같은 행성들의 사진을 찍고 스펙트럼까지 얻어낼 수 있는 야심적인 우주 실험이 계획 중에 있다. 산소는 생물학적 활동의 명백한 증거가 될 것이다.

모둠 활동

A 다른 항성 주변에 존재하는 행성 탐사는 그 결론이 맞는지를 결정하는 데 선택 효과를 고려해야 하는 하나의 예로서 좋은 연구 과제다. '선택 효과'란 관측이 어느 방식으로 편향되었거나 실제 상황을 진실성 있게 대표하지 않음을 표현한 것이다. 다음 질문에 답하는 데 어떻게 선택 효과가 관련되었는지를 논의해 보라.

1. 시선속도 측정방법을 통해서 아직까지 지구형(지구와 같은) 행성이 발견되지 않았다. 그러므로 여러분 친구는 우주에 지구 외에 주거 가능한 행성이 존재하지 않는다고 확신한다. 그 친구가 옳은가?
2. 지금까지 다른 별 주변에 5 AU보다 작은 궤도를 돌고 있는 갈색왜성(질량이 목성 질량의 20~100배인 천체)이 발견되지 않았다. 그러므로 여러분 친구가 다른 별 주변의 가까운 궤도에는 갈색왜성이 발견될 것 같지 않다고 말한다. 그 친구가 옳은가?

B 모둠이 '뜨거운 목성'(태양계에 수성보다 모체별에 가깝게 돌고 있는 거대 행성들)에 또는 그 근처에 생명이 있는지를 조사하는 과학자 소위원회라고 하자. 그 행성에 또는 그 행성 근처에서 생명이 발전하거나 생명 형태가 살아남을 수 있다고 말할 수 있는가?

C 단과대학 또는 대학의 돈 많은 동창생 부부가 그들의 의지에 따라, 가능한 최선의 방법으로 '우리가 있는 영역 우리은하에서 아기별들'을 탐사하는 데 쓰라고 수백만 달러를 남겼다. 당신 모둠이 그 돈을 사용하는 최상의 방법을 학장에게 조언해주는 일을 배정받았다면 어떤 종류의 기기와 탐사 프로그램을 추천할 것인가? 그 이유는 무엇인가?

D 지구와 같은 행성이 발견되기도 전에 사람들은 다른 별 주변에 어떤 행성(뜨거운 목성조차)이든 발견할 수 있었던 것은 천문학연구 역사상 가장 중요한 사건 중의 하나로 생각한다. 일부 천문학자들은 행성 발견에 대해 일반인들이 흥분하지 않는 데 놀랐다. 이러한 일반인의 흥분과 놀람의 결여를 설명한 이유는 과학 소설때문에 이미 다른 별 주위의 행성 존재에 대해 준비되어 왔기 때문이라는 것이다. (The Starship Enterprise의 Star Trek TV 시리즈에서는 거의 매주의 에피소드마다 행성을 발견한다.) 여러분은 어떻게 생각하는가? 이 과목을 선택하기 전에 행성의 발견에 대해 알았는가? 여러분은 흥분되는가? 이것을 듣고 놀랐는가? 일반적으로 과학 소설, 영화나 책들이 천문학 교육에 좋은지 또는 나쁜지, 여러분은 어떻게 생각하는가?

E 만일 미래 우주 기기로 다른 별 주변을 돌고 있으며 그 대기에 산소와 메탄이 있는 지구와 같은 행성을 찾으면 어떻게 될까? 여러분은 그 시대의 천문학자들에게 무엇을 하라고 제안할 것인가? 그 행성에 대해 더 많은 것을 알아내기 위하여 어떻게 노력하고 투자할 것을 추천하겠는가? 그리고 왜 그렇게 했는가?

복습 문제

1. 오리온 분자 구름이 별 형성 단계를 연구하는 데 유용한 '실험실'인 이유 여러 가지를 예로 들라.
2. 왜 별 형성이 온도 수십만 도인 성간 물질에서보다 차가운 분자 구름에서 일어날 확률이 높은가?
3. 적외선에 민감한 검출기를 발명한 이후 별 형성에 대해서 많은 것을 배우게 된 이유는 무엇인가?
4. 별이 만들어질 때 어떤 일이 일어나는지 기술하라. 분자 구름의 고밀도 핵으로부터 새로 생긴 별이 주계열에 도달할 때까지의 진화를 추적하라.
5. 왜 다른 별 주변의 행성들은 보기 어렵고 우리 태양계 행성들은 보기 쉬운가?
6. 어떤 기술이 다른 별 주변의 행성들을 찾는 데 사용되었는가?
7. 어떻게 태양과 같은 별 주변에서 행성이 처음으로 발견되었는가?
8. 다른 별 주변에 '뜨거운 목성'이 생성되는 현대적 개념을 설명하라.
9. 왜 별 주변의 행성 사진을 찍는 것이 그렇게 어려운지와, 어떻게 천문학자들이 이런 어려움을 극복할 수 있다는 희망을 가지고 있는지를 설명하라.

사고력 문제

10. 천문학을 잘 못하는 당신의 친구는 당신에게 모든 별은 늙고 현재 아무 별도 탄생하지 않는다고 주장한다. 당신은 어떤 논거로, 별은 우리 생애 동안에도 은하의 어느 곳에선가 만들어지고 있다고 그녀를 설득할 수 있겠는가?
11. 그림 12.8에 보인 별 탄생의 네 단계를 보자. 어떤 단계에서 별이 가시광선으로 보이겠는가? 적외선에서는? 어떤 단계에서 별이 수소를 헬륨으로 변환시키면서 에너지를 내는가?
12. 관측은 원시별을 둘러싸고 있는 원반의 안쪽에서 티끌이 없어지는 데 약 3백만 년이 걸린다는 것을 암시한다. 이것이 행성을 만드는 데 걸리는 최소의 시간이라 하자. 당신은 태양질량의 10배인 별 주변에서 행성을 발견할 수 있으리라 기대하는가? (그림 12.12 참조)
13. 질량이 태양 정도인 별의 진화 경로는 H-R 도에서 상당 기간 수직선을 그리는 상태로 남아 있다(그림 12.12). 이 시간 동안 광도는 어떻게 변하는가? 온도는? 반경은? 에너지의 원천은 무엇인가?
14. 당신이 다른 별 주변의 행성 사진을 찍고 싶어 한다고 가정하자. 당신이 시도하려는 관측은 가시광선에서인가 아니면 적외선에서인가? 그 이유는? 행성이 중심별에서 1 AU의 거리일 때와 5 AU일 때 중 어느 때가 더 쉽게 보이는가?
15. 왜 별 가까이 있는 거대 행성들이 처음으로 발견된 행성들일까? 왜 같은 기술을 토성 거리에 있는 행성들을 발견하는 데 사용하지 못하는가?

계산 문제

16. 이 장에 제시된 성간 물질이 별로 바뀌는 비율을 사용하고, 11장의 자료에서 우리은하 안에 포함되어 있는 성간 물질의 양을 이용하여 항성 생성이 얼마나 오래 갈 것인지를 계산하라. 그 결과를 우주의 나이(대략 100억 내지 150억 년)와 비교하라. 항성생성이 연장될 수 있는 요소들을 생각해보라. 이러한 결과는 항성생성에 관한 한, 우리가 특별한 시기에 살고 있다고 말한다. 수십억 년 내로 천문학자들은 직접 이런 과정을 연구할 수 없게 될 것이고, 이 책 뒷부분에서 논의할 은하 관측에서 항성 생성이 수십억 년 전에 더 활발했었음을 암시한다.
17. 그림 12.20의 자료를 사용하여 얼마나 많은 행성들이 관측된 가장 큰 질량에서부터 목성 질량보다 작은 질량 범위의 질량을 가졌는지를 보여주는 막대그래프(바그래프)를 그려라. 목성 질량의 2~3배, 3~4배, 등을 각각 한 칸으로 해서 그 안에 포함된 행성의 수를

세라. 구해진 막대그래프를 설명하라. 보이는 경향성이 사실인가 선택 효과의 결과인가? 왜 많은 수의 질량이 큰 행성들을 빠뜨렸는가? 왜 질량이 작은 행성들이 빠졌는가? 일반적으로 다음 십 년 동안에 더 좋은 관측이 이루어진다면 이 막대그래프가 어떻게 변화할 것으로 기대하는가?

18. 처음 천문학자들이 단지 수일의 주기를 갖는 궤도를 돌고 있는 거대 행성을 발견했을 때, 그들은 이 행성들이 목성처럼 가스와 액체로 되어 있는지 또는 수성처럼 바위로 되어 있는지 몰랐다. HD 209458의 관측으로 이 문제가 해결되었다. 행성에 의해 발생하는 식의 관측으로 행성의 반경을 결정하는 것이 가능해 졌기 때문이다. 교재에 있는 자료를 이용하여 이 행성의 밀도를 계산하고, 그 정보를 사용하여 왜 이 행성이 거대 가스 행성이어야만 하는가를 설명하라.

심화 학습용 참고 문헌

Cailhault, J. et al. "The New Stars of M42", in *Astronomy*, Nov. 1994, p. 40. 오리온자리의 별 주변 원반에 대한 연구.

Frank, A. "Starmaker: The New Story of Stellar Birth" in *Astronomy*, July. 1996, p. 52

Jayawardhana, R. "Spying on Stellar Nurseries" in *Astronomy*, Nov. 1998, p. 62. 원시행성 원반에 관한 논문.

Lada, C. "Deciphering the Mysteries of Stellar Origins", in *Sky & Telescope*, May. 1993. p. 18. 초보자용으로 훌륭한 논문.

MacRobert, A. "A Star Hop in the Heart of Orion" in *Sky & Telescope*, Jan. 1998, p. 90. 작은 망원경으로 항성생성 영역 관측에 관한 논문.

O'Dell, C. R., "Exploring the Orion Nebula", in *Sky & Telescope*, Dec. 1994, p. 20. 허블 우주 망원경의 최근 결과를 곁들인 좋은 개관.

Reipurth, B. and Heathcote, S. "Herbig-Haro Objects and the Birth of Stars" in *Sky & Telescope*, Oct. 1995, p. 38.

Stahler, S. "The Early Life of Stars", in *Scientific American*, July. 1991, p. 48.

외계 행성 탐사에 관하여

Boss, A. *Looking for Earth: The Race To Find New Solar Systems*. 1998, Wiley.

Doyle, L. "Searching for Shadows of Other Earths" in *Scientific American* , Sept. 2000, p. 58.

Fischer, D. "Prowling for Planets" in *Mercury*(The Astronomical Society of the Pacific의 잡지), July/Aug. 2000, p. 13. 행성 발견을 위한 역사상 첫 여성에 의한 개관.

Kaisler, D. "The Puzzles of Planethood" in *Sky & Telescope*, Aug. 2002, p. 33. 갈색왜성과 행성을 구별하는 것에 관한 논문.

Marcy, G. and Butler, R. "The Diversity of Planetary Systems" in *Sky & Telescope*, Mar. 1998, p. 30. 선두 팀에 의한 행성 발견에 대한 진행 보고서. ("Huting Planets Beyond" in *Astronomy*, Mar. 2000, p. 43. 참조)

McInnis, D. "Wanted: Life-Bearing Planets" in *Astronomy*, Apr. 1998, p. 38. 보다 지구와 같은 행성들을 발견하기 위한 매래 기기들에 관한 논문.

Schilling, G. "The Race to the Epsilon Eridani" in *Sky & Telescope*, June. 2001, p. 34. 별과 그 주변에 가능한 행성들에 관한 논문.

Stephens, S. "Planet Hunters" in *Astronomy*, July. 1998, p. 58. 수 많은 외계행성을 발견한 지오프 마시(Geoff Marcy)와 폴 버틀러(Paul Butler)를 소개하는 글.

NASA, ESA, and The Hubble Heritage Team

항성 진화의 마지막 단계에서 별은 질량 일부를 분출하여 새로운 별이 생성될 수 있는 성간 물질로 환원된다. 허블 우주 망원경이 찍은 별이 질량을 잃고 있는 아름다운 사진은 Mz 3 또는 개미 성운으로 알려진 행성상 성운으로, 태양에서 300광년 거리에 있는 천체다. 반대 두 방향으로 물질을 뿜어내고 있는 중심별이 보이고 그 길이는 대략 1.6광년이나 된다. 사진은 황 방출선은 적색, 질소는 초록색, 수소는 청색, 산소는 청/보라색으로 조합하여 만들어진 것이다.

13 별: 청년기에서 노년기까지

푸른 신록과 장엄한 규모의 숲은 작은 나뭇잎이 떨어짐으로 해서 고통을 전혀 겪지 않듯이, 전체 우주는 그 장엄함과 다양성에서 우리 행성의 파괴에 의해 아무런 고통도 겪지 않을 것이다.

차머스(Thomas Chalmers), 《현대 천문학에서 본 기독교 계시에 대한 담론》(1817) 중에서

미리 생각해보기

태양은 영원할 수 없다는 것을 안다. 조만간 (바라건대 아주아주 오래 뒤에) 핵연료를 모두 소모해서 빛을 내는 것이 멈춰질 것이다. 그러나 별들은 아주 긴 수명 동안 어떤 변화를 겪을 것인가? 그리고 그러한 변화는 지구의 미래에 어떤 의미를 주겠는가?

우리는 이제 별과 행성의 탄생으로부터 그들의 나머지 생애로 화제를 돌리려고 한다. 별은 천문학자보다 훨씬 오래 살기 때문에 이는 쉬운 과제가 아니다. 따라서 우리의 눈이나 망원경 앞에 펼쳐지는 어느 한 별로부터 그 생애를 알 수 있으리라 기대하지는 않는다. 9장에서 상상했듯이, 우주선을 탄 (지구 원주민의 생활을 하루밖에 연구할 수밖에 없는) 조급한 승무원들과 같이, 우리는 은하에 가능한 한 많은 별들을 조사해야 한다. 만약 운이 좋다면 (그리고 철저히 조사한다면) 생애의 각 단계에 머물러 있는 최소 몇 개의 별이라도 찾을 수 있을 것이다.

우리의 이웃과 그 너머에 있는 별들을 조사함으로써 여러 특성을 가지는 별의 존재를 알게 될 것이다(그림 13.1). 어떤 차이는 별이 서로 다른 질량을 가지며 그에 따른 온도 그리고 광도 때문에 나타난다. 그러나 다른 것들은 별이 나이를 먹어감에 따라 일어나는 변화의 결과다. 관측, 이론 그리고 현명한 통찰력의 결합과 더불어 이러한 차이들을 이용하여 별의 생애에 관한 이야기를 짜 맞출 수 있을 것이다.

© Anglo-Australian Telescope Board

■ 그림 13.1
궁수자리의 별들 궁수자리의 스냅 사진에는 뒤에 있는 별빛을 차단하고 있는 암흑 성운(버나드 86)뿐만 아니라 젊고 푸른 별의 작은 성단(NGC 6520)과 함께 나이 많은 노란 별들이 나타난다.

13.1 주계열성에서 거성으로의 진화

어느 별 무리의 '사진'을 보여주는 가장 좋은 방법의 하나는 그들의 성질을 H-R 도 위에 점으로 찍어서 나타내는 것이다. 우리는 원시별이 주계열에 이르기까지 그 진화를 추적하기 위해 H-R 도를 사용했었다. 이제 그 다음에 어떤 일이 일어나는지 들여다보자.

별이 주계열 단계에 이르면 에너지의 대부분을 핵융합을(7장 참조) 통해 수소를 헬륨으로 변환시키면서 만들어낸다. 수소는 별에서 가장 흔한 원소이므로, 이 과정은 오랫동안 별의 평형 상태를 유지해 준다. 따라서 모든 별은 생애의 대부분을 주계열에서 보낸다. 어떤 천문학자는 이 단계를 (인간의 생애와 계속 비교하기 위해서) 별들의 '연장된 청년기' 또는 '성인 시기'라고 부른다.

H-R 도상 주계열의 왼쪽 테두리를 **영년 주계열**(zero-age main sequence, 그림 9.14 참조)이라 부른다. 우리는 각 별이 주계열에 도달해서 수소 핵융합 반응을 막 시작한 시각을 영년이란 용어로 사용한다. 영년 주계열은 각각 질량은 다르지만 유사한 화학조성을 가지는 별들이 수소 융합을 시작하는 지점을 나타내는 H-R 도상의 연속적인 선이다.

융합에 관여하는 수소 질량의 0.7%만이 에너지로 바뀌기 때문에 긴 기간 동안 별의 전체 질량은 거의 변하지 않는다고 볼 수 있다. 그러나 핵반응이 일어나는 중심핵에서는 화학 조성의 변화가 발생한다. 수소는 점차 고갈되고 헬륨이 누적된다. 이런 성분 변화는 광도, 온도, 크기를 포함한 별의 내부 구조에 변화를 일으킨다. 별의 광도와 온도가 변하기 시작할 때, H-R 도상에 별을 나타내는 점은 영년 주계열을 벗어나게 된다.

별 중심에 헬륨이 누적됨에 따라 안쪽 영역의 온도와 밀도는 천천히 증가한다. 온도가 증가함에 따라 양성자들은 평균적으로 더 많은 운동에너지를 가진다. 이는 양성자가 다른 양성자와 상호작용할 확률과 융합을 일으킬 확률이 높아짐을 의미한다. (7장에서 기술한 양성자-양성자 순환 반응의 경우, 융합률은 대략 온도의 네 제곱에 비례한다. 만약 온도가 2배 된다면 융합 비율은 2^4배, 즉 16배 높아진다.)

융합률이 높아지면 에너지 생성률 역시 증가해서 별의 광도가 점차 높아진다. 그러나 초기의 이러한 변화는 매우 작아서 별은 생애의 대부분을 H-R 도의 주계열 띠(band)에 머물게 된다.

13.1.1 주계열성의 수명

별이 주계열에 남아 있는 기간이 몇 년이나 되는지는 별의 질량에 좌우된다. 더 많은 연료를 가지는 큰 질량의 별이 더 오래갈 것 같으나, 그리 간단하지 않다. 특정 진화 단계에 있는 별의 수명은 얼마나 많은 연료를 가지고 있으며 또 얼마나 빨리 연료를 소모하는가에 달려 있다. (우리가 사용할 돈을 얼마나 오래 유지하는가는, 가진 돈이 얼마나 많은가뿐만 아니라 얼마나 빨리 소비하는가에 따라 달라진다. 이는 흥청망청 소비하는 복권 당첨자들이 다시 금방 가난해지는 이유와 같다.) 별의 경우 질량이 큰 별은 작은 별보다 훨씬 빨리 연료를 소모한다.

질량이 큰 별의 소모가 심한 이유는 융합률이 별 내부 온도에 아주 강하게 의존하기 때문이다. 별 중심이 얼마나 뜨거워지는가를 결정하는 요인은 무엇인가? 그것은 중심에 압력이 얼마나 높아지는가를 결정하는―즉, 위에 쌓인 층의 무게―별의 질량이다. 질량이 클수록 균형을 유지하는 데 높은 압력이 요구된다. 결과적으로 높은 압력은 높은 온도에서 얻어진다. 중심영역의 온도가 높을수록 중심 수소 연료 창고에서 수소를 더 빨리 소모한다. 비록 무거운 별은 많은 연료를 가지고 있지만 엄청나게 많은 양을 태워야 하기 때문에 그들

표 13.1 주계열별의 수명

분광형	질량 태양질량=1	수계열 수명 (년)
O5	40	1만
B0	16	10만
A0	3.3	500만
F0	1.7	2.7억
G0	1.1	9억
K0	0.8	14억
M0	0.4	200억

의 수명은 질량이 작은 것에 비해 오히려 짧다. 이제 주계열에서 가장 질량이 큰 별이 가장 밝은 이유를 이해할 수 있을 것이다. 처음으로 백금 앨범을 낸 새로 등장한 록스타들처럼 그들은 놀라운 속도로 자원을 소모한다.

여러 질량 별들의 주계열 수명을 표 13.1에 수록했다. 이 표에 보이듯이 가장 질량이 큰 별은 주계열에서 수백만 년밖에 지내지 않는다. 태양질량의 별은 주계열에 약 100억 년 살지만, 0.4배의 태양질량의 별은 현재 우주 나이보다 훨씬 더 긴 2000억 년의 주계열 수명을 가진다. (모든 별은 전체 생애의 대부분을 주계열에서 보낸다는 점을 염두에 두자. 별은 평균 생애의 90% 동안을 수소를 헬륨으로 평화롭게 융합시키면서 보낸다.)

이 결과는 단순히 학구적 흥밋거리가 아님에 유념하라. 인간은, 안정된 주계열 수명이 아주 길어서, 생명이 진화할 수 있는 시간적 여유가 충분한 G형 별 주변의 행성에서 발전하였다. 만약 우리가 다른 별 주변에서 우리와 같은 지능이 있는 생명체를 탐사하려고 한다면, O형이나 B형 별 주변에서 행성을 찾는 것은 시간 낭비일 뿐일 것이다. 그들의 안정기는 천문학 강좌를 수강할 수 있을 만큼 복잡한 창조물을 발전시키기에는 너무 짧다.

13.1.2 주계열성에서 붉은거성으로

융합을 일으킬 만큼 충분히 뜨거운 별 중심부에서 궁극적으로 수소는 모두 소진된다. 이제 중심부에는 별이 원래 가지고 있던 아주 작은 양의 '오염된' 중원소를 포함해서 헬륨만이 있을 뿐이다. 이 중심핵에 남겨진 헬륨은 주계열 단계에서 수소의 '핵 연소'에 의해 축적된 '재'라고 생각할 수 있다.

수소가 모두 소모되었기 때문에 수소 융합에 의한 에너지는 더 이상 만들어질 수 없으므로, 앞으로 알게 되듯이, 헬륨이 융합하려면 훨씬 높은 온도가 필요하다. 중심 온도는 헬륨을 연소하기에 아직 충분히 높지 않으며, 또 별의 중심 영역을 가열하기 위한 핵에너지원도 없다. 다시 중력이 우위를 점하기 시작하여 장기간의 안정기 이후 중심은 다시 수축하기 시작한다. 별의 에너지는 다시 한 번 켈빈과 헬름홀츠가 기술한 대로(7.1절 참조), 부분적으로 중력 에너지에 의해 공급된다. 중심핵이 수축함에 따라, 안으로 떨어지는 물질의 에너지는 열로 바뀐다.

이렇게 만들어진 열은, 다소 차가운 바깥 영역으로 흐른다. 이 과정에서 열은 기나긴 주계열 시간 동안을 중심핵 바로 밖에 있었던 수소의 온도를 높인다. 명예와 영광의 기회를 엿보면서 인기 연극장 주변을 서성이며 기다리던 대역 배우들처럼, 이 수소는 융합하기에 거의 충분히 뜨거워져 별을 지탱하는 (충분치는 않으나) 주요 활동에 참여한다. 이제 수축하는 중심핵에서 나오는 추가적인 열이 이 수소의 온도를 '한계 이상'으로 올려놓아 중심 바로 바깥의 수소층이 핵융합을 시작할 정도로 충분히 뜨거워진다.

이제 이 껍질 밖으로 쏟아져 나온 열은, 에너지가 늘 그러하듯 더 차가운 바깥 부분으로 흘러나간다. 이는 바깥층을 가열시켜 약간 팽창하게 만든다. 한편 헬륨 중심핵은 수축을 계속 일으켜서 중심에 더 많은 열이 공급되고, 또한 신선한 수소 껍질층에서 더 많은 융합이 일어나도록 만든다. 융합은 더 많은 에너지를 내면서 별 상층부로 퍼져나간다.

이 껍질층의 융합으로 생산된 새 에너지는 위층으로 흘러나가 별의 상층부를 가열시켜서 팽창을 일으킨다. 반면에 헬륨 중심핵은 계속 수축하여 주변을 더 가열하기 때문에 중심핵 바깥에 신선한 수소가 있는 껍질층에서 융합이 더 활발해진다. 더 많은 에너지가 추가 융합으로 발생되어 별의 상층부로 전달된다.

수소 융합이 중심핵에 국한되었던 시절보다 오히려 더 많은 에너지를 내게 되므로 대부분의 별들은 이 단계에서 실제로 광도가 증가한다. 이처럼 많은 양의 새 에너지가 바깥층으로 전달됨에 따라 별의 바깥층이 팽창하기 시작하고 별은 결국 엄청난 크기로 커지고, 또 커진다(그림 13.2).

끓고 있는 주전자 뚜껑을 갑자기 열면 증기는 팽창하고 냉각된다. 같은 방법으로 별의 바깥층 팽창으로 별의 표면 온도는 낮아지고, 그에 따라 별의 전체적인 색깔은 붉어진다. (4장에서 붉은색이 낮은 온도에 해당되는 것을 보았다.) 결국 별은 더 밝아지는 동시에 더 차가워진다. 그러므로 H-R 도상에서 별은 주계열 띠를 떠나 오른쪽 위로 이동한다. 별은 9장에서 처음 논의한 적색거성(red giant)이나 초거성이 된다. 이들 별에서는 중심은 수축하는 반면 바깥층은 팽창하는

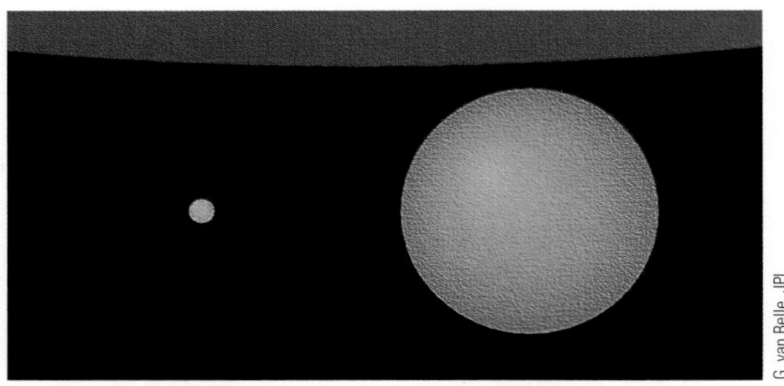

■ **그림 13.2**

별의 상대적인 크기 이 그림은 태양(노랑), 거성인 목자자리 델타별(오렌지), 초거성인 백조자리 카이별(빨강) 등의 크기를 비교하기 위해 컴퓨터로 만든 것이다. 다른 두 별의 크기는 두 개의 망원경을 110 m 떨어뜨려 설치해서, 아주 세밀하고 미세하게 크기(즉, 높은 분해능)를 측정할 수 있도록 고안된 기기인 팔로마 시험 간섭계를 활용하여 얻은 것들이다.

표 13.2 태양과 비교한 초거성

성질	태양	베텔지우스
질량(2×10^{33} g)	1	16
반경(km)	700,000	500,000,000
표면온도(K)	5,800	3,600
중심온도(K)	15,000,000	160,000,000
광도(4×10^{26} W)	1	46,000
평균밀도(g/cm^3)	1.4	1.3×10^{-7}
나이(백만 년)	4,500	10

출처: G. J. Mathews, G. Herezeg와 D. Dearborn의 연구 자료.

'이중적 성격'을 띤다고도 말할 수 있다. (거성은 모두 검붉은 것은 아니다. 거성의 전체적인 색깔은 그 당시의 표면온도에 달려 있다.)

적색거성과 초거성은 어떻게 다른가? 표 13.2는 오리온 허리띠 위 사냥꾼의 겨드랑이에 있는 밝은 적색 별인 적색 초거성 베텔지우스를 태양과 비교한 것이다. 태양에 비해 적색 초거성은 아주 큰 반경, 매우 낮은 밀도, 낮은 표면온도, 그리고 아주 높은 중심핵 온도를 가진다.

이 거성들은 너무 커서 태양의 위치에 가져다 놓으면 외부대기층이 화성이나 그 바깥쪽까지 펼쳐진다(그림 13.3). 이 별이 (인간 생애와 비교를 계속하자면) 긴 청년기에서 중년기로 옮겨가는 별 생애의 다음 단계에 해당한다. (오늘날 많은 사람들 역시 중년기에 뚱뚱해지는 것처럼.)

13.1.3 붉은거성으로의 진화 모형

앞서 논의했듯이 천문학자들은 별이 일생을 통해 어떻게 변하는지 알기 위해 질량과 성분이 다른 별들의 컴퓨터 모형을 만든다. 일리노이 대학 천문학자 이코 이벤(Icko Iben)의 이론적 계산에 바탕을 둔 그림 13.4는 주계열에서 붉은거성으로 진화하는 여러 개의 경로를 H-R 도에 보여준다. 화학 조성이 태양과 비슷하고 질량이 다른 여러 별들의 경로를 그려 놓았다. 붉은 선은 초기 즉, 영년 주계열이다. 그림 13.4의 경로를 따라 표시된 숫자는 주계열을 떠난 후 그 점에 도달하는 데 걸리는 시간을 단위로 표시한 것이다. 다시 한 번, 별의 질량이 클수록 생애의 각 진화 단계에 더 빨리 도달하는 것을 알 수 있다.

그림에서 가장 질량이 큰 별의 모형은 베텔지우스와 유

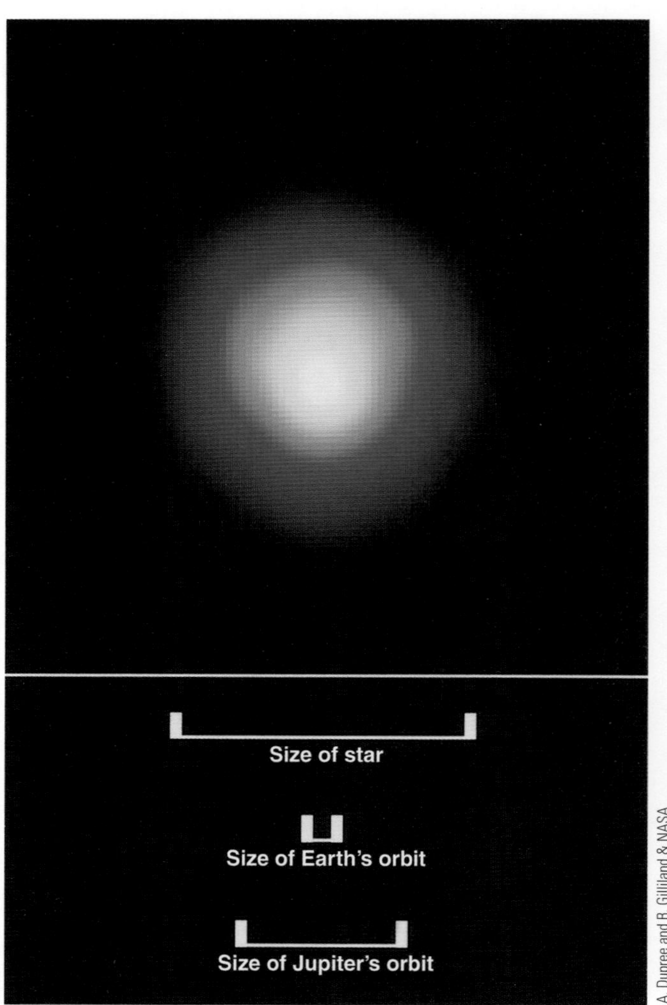

■ **그림 13.3**

초거성 베텔지우스 이 별은 오리온 별자리에 있다(그림 12.3 참조). 이 사진은 허블 우주 망원경에서 자외선으로 찍은 것으로 태양을 제외하고는 최초로 얻은 별 표면의 사진이다. 아래에 막대로 표시한 것처럼 베텔지우스는 아주 넓게 퍼진 대기를 가지고 있어서 우리 태양계 가운데에 있었다면 목성 궤도 너머까지 차지했을 것이다.

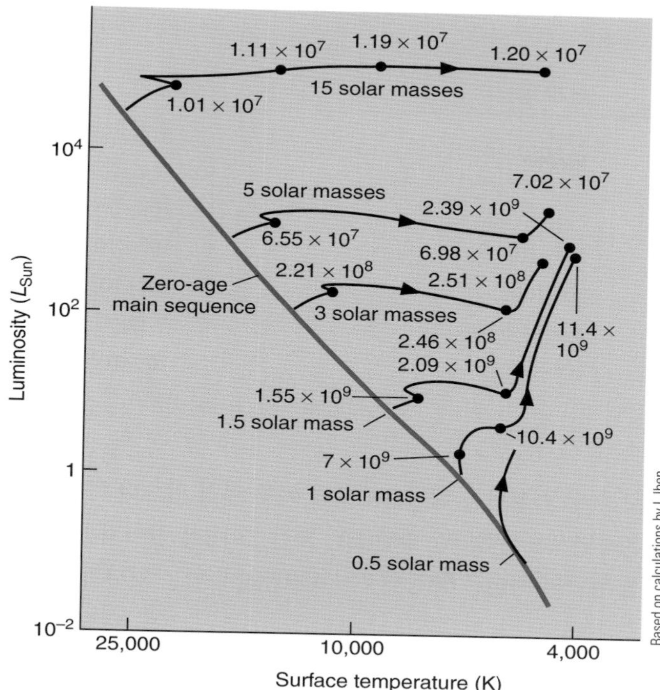

■ **그림 13.4**

질량이 다른 별들의 진화 경로 H-R 도상의 검은 선들은 주계열에서 적색거성, 또는 초거성 단계로 가는 예측된 진화경로를 보여준다. 각 경로에는 그 경로를 지나는 별들의 질량이 표시되어 있다. 숫자는 주계열을 떠난 후 적색거성 단계에 도달하는 데 걸리는 시간을 년 단위로 표시한 것이다.

사한 질량의 모형이므로 그 진화 경로에서 베텔지우스가 진화해 온 역사를 볼 수 있다. 태양질량 별 모형은 우리 태양이 45억 년이므로 아직 주계열에 머물고 있음을 알 수 있다. 태양이 주계열을 떠나 거성 경로를 따라서 올라가려면—적색거성이 되기 위해 바깥층이 팽창하려면—아직 수십 억 년이 더 남아 있음을 알 수 있다.

13.2 성단

지금 설명한 별의 진화는 계산에 바탕을 둔 것이다. 어떤 별도 우리가 그 구조 변화의 모습을 관측할 수 있을 만큼 빨리 주계열 수명을 마치거나, 붉은거성으로 진화하지 않는다. 그러나 다행히 자연은 우리의 계산을 검증할 수 있는 방법을 제공해 주고 있다.

한 별만의 진화를 관측하는 대신 우리는 별 무리 즉, 성단(cluster)을 조사할 수 있다. 만약 별 무리가 중력에 의해 묶여 있고 공간상에서 서로 가까이 있다면, 이 별들은 거의 같은 시기에 같은 구름에서 같은 성분을 가지고 만들어졌다고 가정할 수 있다. 따라서 이 별들은 단지 질량만 서로 다르며, 그 질량은 그들이 얼마나 빨리 자신의 진화 단계에 도달하는지를 알려준다고 할 수 있다.

질량이 큰 별은 보다 빨리 진화하기 때문에, 주계열 단계를 이미 마치고 붉은거성이 된 반면, 질량이 작은 별은 아직 주계열에 머물러 있든지 아니면 전 주계열의 중력 수축 단계에 있는 성단에서 발견된다. 한 성단의 구성별이 여러 진화 단계에 있는 것을 볼 수 있기 때문에 나이가 다른 성단들의 H-R 도가 서로 다르게 보이는 이유를 진화모형의 계산을 통해 설명하는 것이 가능하다.

성단에는 구상 성단, 산개 성단 그리고 성협 등의 세 가지 유형이 있다. 그들의 성질을 표 13.3에 요약했다. 앞으로 알게 되듯이, 구상 성단은 나이가 많은 별만을 가지고 있는 반면 산개 성단과 성협은 젊은 별들로 이루어진다.

13.2.1 구상 성단

구상 성단(globular cluster)은 전형적으로 수십만 개의 별로 이루어져 있고, 그 모양이 거의 대칭인 구형이기 때문에 그런 이름을 가지게 되었다. 우리은하에서 가장 질량이 큰 구상 성단은 대략 17,000광년 떨어져 있고, 수백만 개의 별로 구성된 센타우르스자리의 오메가이다(그림 13.5). 이 성단에서 가장 밝은 별들은 이미 진화해서 주계열을 완전히 떠나 거성이 된 열은 노란색 별들이다. 이 별들의 전형적인 온도는 대략 2500 K로 텅스텐 전구와 유사한 색깔을 띤다.

만약 이런 성단에서 산다면 어떨까? 밀도가 높은 중심 영역의 별들은 우리 이웃에 비해 약 100만 배 더 밀집되어

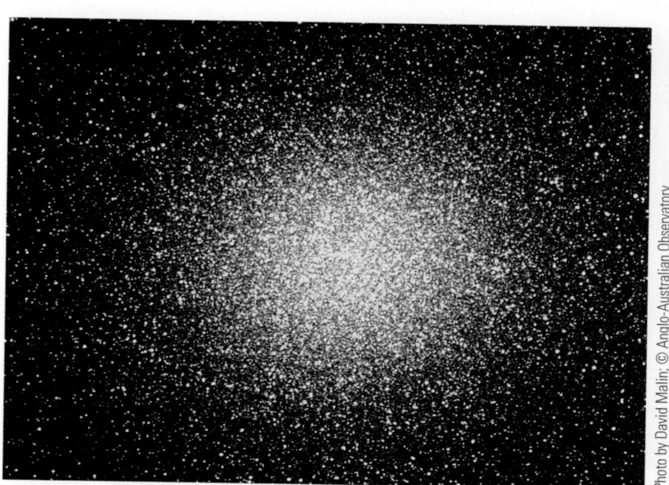

■ **그림 13.5**

센타우르스자리 오메가 성단 센타우르스자리 오메가는 17,000광년 거리에 있으며, 우리은하에서 가장 질량이 큰 구상 성단이다.

표 13.3 성단의 특성

	구상 성단	산개 성단	성협
은하 내의 수	150	수천	수천
은하 내의 위치	헤일로와 중앙 팽대부	원반(그리고 나선 팔)	나선 팔
지름(LY)	50~450	<30	100~500
질량(태양질량)	10^4~10^6	10^2~10^3	10^2~ 10^3
별의 수	10^4~10^6	50~1000	10^2~10^4
가장 밝은 별 색깔	붉음	붉거나 푸름	푸름
성단의 광도(L_{Sun})	10^4~10^6	10^2~10^6	10^4~10^7

있다(그림 13.6). 지구가 성단 안쪽에 있는 별을 돌고 있다면, 가장 가까운 별은 수 광년이 아닌, 수 광월(光月, light month) 떨어져 있을 것이다. 그들은 여전히 한 점으로 보이겠지만, 우리가 지금 하늘에서 볼 수 있는 어느 별보다도 밝을 것이다. 성단 별들이 만들어 내는 밝은 불빛 연무 때문에 은하수는 보이지 않을 것이다.

우리은하에는 약 150개의 구상 성단이 알려졌다. 구상 성단은 별과 성간 물질로 이루어진 편평한 원반을 둘러싸고 있는 둥근 모양의 헤일로(또는 구름)에 대부분 놓여 있다. 모든 구상 성단은 태양으로부터 아주 멀리 있으며 어떤 것은 은하면으로부터 6만 광년(LY) 또는 그 이상 떨어져 있다. 구상 성단의 지름은 50광년부터 450광년이 넘는 것까지 있다.

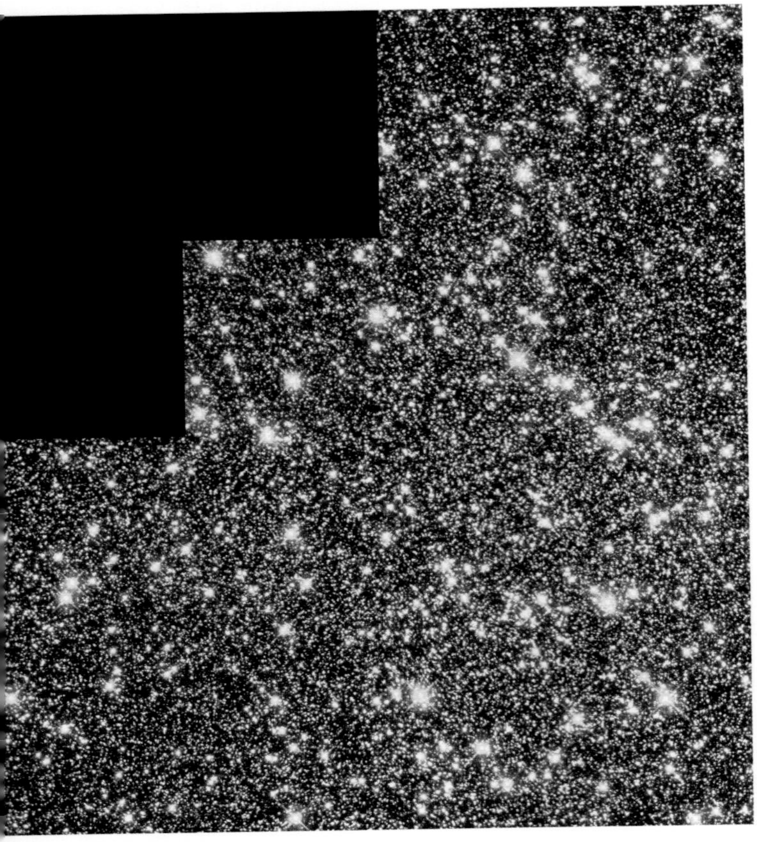

13.2.2 산개 성단

산개 성단(open cluster)은 은하 원반에서 발견되며 종종 성간 물질과 함께 존재한다. 산개 성단은 구상 성단보다 크기가 작아서 일반적으로 지름이 30광년 이하이고, 전형적으로 수십~수백 개의 별을 가진다(그림 13.7). 산개 성단에 있는 별은 보통 중심부에서도 서로 상당히 떨어져 있어서 그런 이름을 가지게 되었다. 우리은하에는 수천 개의 산개 성단이 있지만, 우리는 그중 일부만 볼 수 있다. 은하 원반에 집중 분포된 성간 티끌이 더 멀리 있는 성단의 빛을 매우 어둡게 만들기 때문이다(11장 참조).

몇몇 산개 성단들은 맨눈으로도 보인다. 그중 유명한 것은 황소자리에 국자 모양으로 배열을 이룬 여섯 개(사람에 따라 더 많이 보임)의 작은 별 무리인 좀생이(플레이아데스) 성단이다(11장 도입부 사진 참조). 좋은 쌍안경으로는 이 성단에서 수십 개의 별을 볼 수 있으며, 망원경으로는 수백 개를 볼 수 있다. (자동차 회사인 스바루가 이 성단의 일본 이름이다. 그 차 뒤쪽의 잠금장치에 이 별 무리가 그려져 있다.)

히아데스는 황소자리에 있는 또 하나의 유명한 성단이

NASA and the Hubble Heritage Team; STScI and AURA

그림 13.6
센타우르스자리 오메가 구상 성단의 중심부 영역 센타우르스자리 오메가의 밀집된 중심부 영역을 개개 별들로 분리해 보려면 허블 우주 망원경이 필요하다. 가로 대략 7광년의 시야에 50,000개의 별이 포함되어 있다. 사진 속 대부분의 별들은 태양과 같이 어둡고 노란 주계열별들이다. 밝고 노란 주황 별들은 핵 연료를 소모하고 태양보다 100배나 큰 구경을 가진 적색거성들이다. 어둡고 푸른 별들은 적색거성을 지나 백색왜성으로 진화되는 과정에 있는 별들이다.

■ **그림 13.7**
보석상자 성단 NGC 4755 이 젊고 밝은 별들로 구성된 산개 성단은 태양으로부터 8000광년 떨어져 있다. 밝고 노란 초거성과 뜨겁고 파란 주계열 별들의 색 대조를 보라. 성단 이름은 존 허셜이 '여러 색깔의 귀중한 돌이 들어 있는 작은 상자'라고 기술한 데서 유래되었다.

다. 맨눈으로는 황소 얼굴을 표시하는 V자 모양의 흐린 별무리로 보인다. 망원경으로 보면 히아데스는 실제로 200개 이상의 별들로 이루어진 것을 알 수 있다.

13.2.3 성협

성협(association)은 지름 100광년부터 약 500광년의 영역에 산재된 5~50개의 뜨겁고 밝은 O형과 B형 별을 포함하는 무리로 극히 젊은 별들로 이루어졌다. 성협도 수백에서 수천 개의 질량이 작은 별을 가지고 있으나, 이들은 매우 어두워서 잘 보이지 않는다. 뜨겁고 밝은 별이 성협에 있다는 것은 성협 내에서 별들의 탄생이 지난 100만 년 전쯤 해서 일어났음을 의미한다. O형 별은 단지 수백만 년을 살기 때문에 아주 최근에 생성되지 않았다면 보이지 않기 때문이다. 따라서 대개 새로운 별이 형성되는 데 필요한 가스와 티끌이 풍부한 영역에서 성협이 발견되는 것은 놀라운 일이 아니다. 성협은 보통의 산개 성단과 마찬가지로 성간 물질로 채워진 영역에 있기 때문에 대부분은 잘 볼 수가 없다.

13.3 이론의 점검

산개 성단은 구상 성단보다 젊고, 성협은 그보다 훨씬 더 젊다. 성단의 종류에 따라 H-R 도에서 별들이 차지하는 영역이 다르므로, 이론적인 계산과 별들의 H-R 도의 위치를 비교하여 나이를 추산할 수 있다.

13.3.1 젊은 성단의 H–R 도

성간 구름으로부터 방금 뭉쳐진 별들로 이루어진 성단의 H-R 도에 대한 이론적 예측은 무엇인가? (천문학자들에게는 '최근'인) 수백만 년 후, 가장 질량이 큰 별은 중력 수축 단계를 마치고 주계열에 올라있는 반면, 더 작은 질량의 별은 아직 주계열로 향하는 오른쪽에 놓여 있다. 이런 개념이 그림 13.8에 묘사되어 있다. 이 그림은 뮌헨의 R. 키펜한(R. Kippenhan)과 그 동료들이 나이 300만 년의 가상적인 성단에 대해 이론적으로 계산한 H-R 도를 보여준다.

이와 잘 맞는 실제 성단들이 있다. 제일 처음 연구된 이

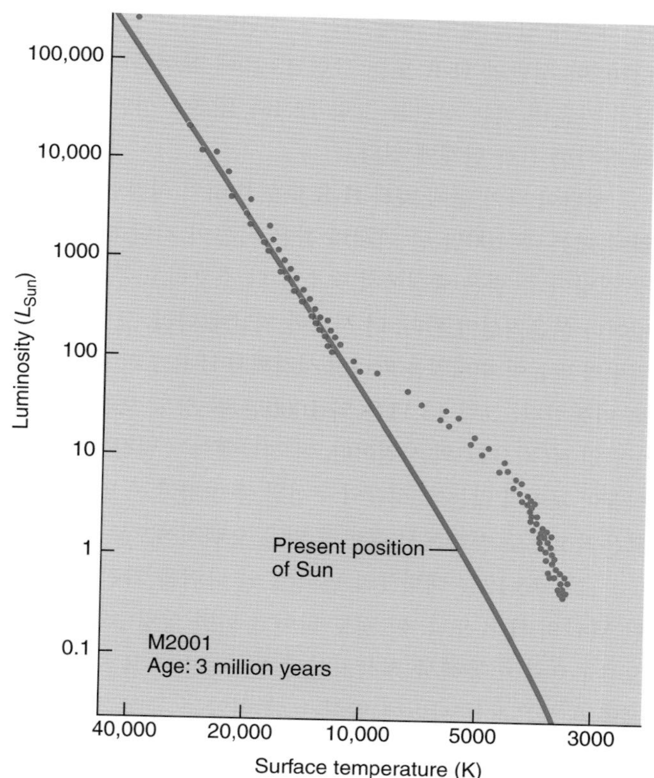

■ **그림 13.8**
젊은 성단의 H–R 도 나이 300만 년인 가상 성단의 H–R 도다. 질량이 큰(광도가 높은) 별은 주계열 단계에 이미 도달했지만, 질량이 작은(광도가 낮은) 별들은 아직 영년 주계열의 오른쪽에 있고 중심부에서 수소 융합이 시작될 정도로 충분히 뜨겁게 달궈지지 않았다는 점에 유의하라.

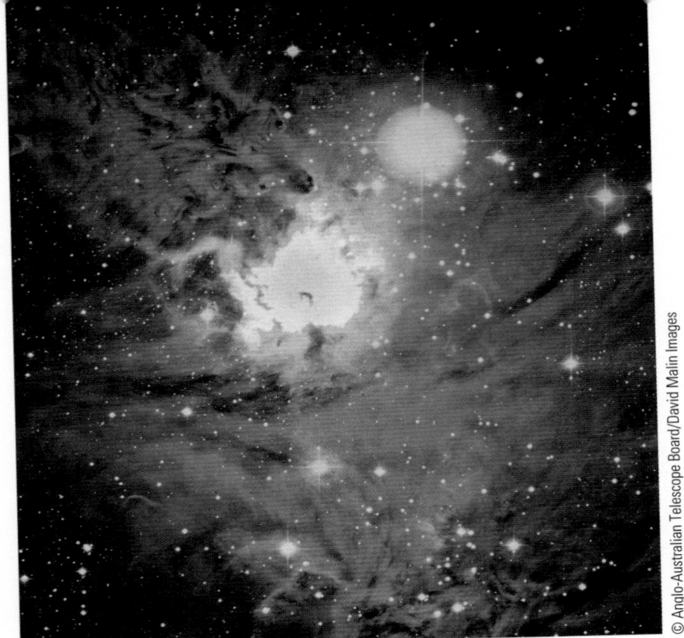

■ **그림 13.9**
젊은 성단 NGC 2264 2500광년 떨어진, 새로 별이 태어나는 이 영역은 숨겨진 뜨거운 별에 의해 이온화된 붉은 수소 가스, 빛을 차단하는 검은 티끌 층, 그리고 밝은 젊은 별들로 이루어진 복잡한 혼합체다.

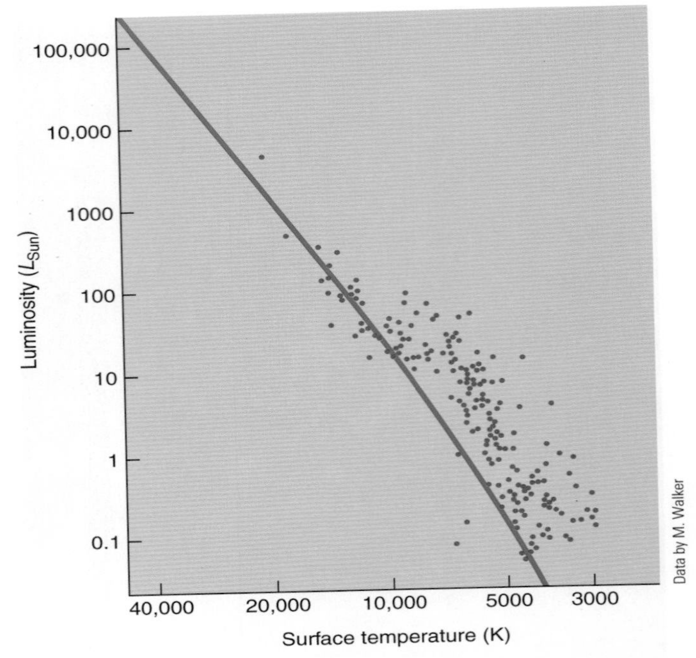

■ **그림 13.10**
성단 NGC 2264의 H–R 도 그림 13.8과 비교해 보라. 여기의 점들은 약간 더 퍼져 있지만, 이론적인 그림과 관측으로부터 얻은 그림이 기막히게—그리고 만족스럽게—비슷하다.

같은 성단은(1950년경에) NGC 2264로서, 생성될 때 있었던 가스와 티끌 영역 속에 아직도 성단이 뒤섞여 있다(그림 13.9). 이 성단의 H-R 도는 그림 13.10에 보여준다. 오리온 성운 가운데 있는 성단들(그림 12.4와 12.5에 성단들)도 이와 유사한 진화 단계에 있다.

성단이 나이 듦에 따라 H-R 도도 변하기 시작한다. 주계열에 이른 후 100만 년 이내의 짧은 시간이 지난 다음에 가장 질량이 큰 별은 중심에서 수소를 다 소모하고 주계열에서 벗어나 붉은거성이 된다. 더 시간이 지남에 따라, 그보다 작은 질량의 별들이 주계열을 떠나기 시작해서 H-R 도의 오른쪽 위로 이동한다. 그림 13.11은 약 1000만 년 정도 오래된 산개성단인 NGC 3293의 사진이다. 이 성단에서는 밀집된 가스와 티끌이 보이지 않는다. 성단의 구성원 중 질량이 큰 별 한 개가 붉은거성으로 진화해서 특별히 밝은 오렌지색으로 보인다.

그림 13.12는 대략 1억 년 정도의 나이를 가진 산개 성단 M41의 H-R 도다. 이 정도 나이가 되면 상당수의 별들은 오른쪽으로 이동해서 적색거성이 된다. 이 H-R 도에는 주계열과 붉은거성 사이에 별이 보이지 않는 공백 지역이 보이는 것에 유의하라. 이런 공백은 반드시 별이 기피하는 온도와 광도의 영역을 나타내는 것은 아니다. 이는 단순히 별이 진화하면서 아주 빨리 지나가는 온도와 광도의 영역을 의미할 뿐이다. 우리는 현재 이 특정 순간의 H-R 도에서 이 공백은 급하게 진화하면서 지나가는 별을 잡지 못했기 때문에 생긴 것임을 이해할 수 있다.

13.3.2 늙은 성단의 H–R 도

시간이 40억 년쯤 지나면 태양보다 단지 몇 배 더 무거운 별들을 포함해서 훨씬 많은 수의 별들이 주계열을 떠난다(그림 13.13). 이는 주계열 상단부에는 아무 별도 남아 있지 않음을 의미하고, 단지 주계열의 아래쪽에 질량이 작은 별들만 남아 있다. 성단의 나이가 오래될수록 별들이 주계열에서 적색거성 쪽으로 옮겨가기 시작하는 위치가 낮아진다. 가장 나이 많은 성단들은 모두 구상 성단들이다. 그림 13.14는 구상 성단 47투카니의 H-R 도다. 이 장의 다른 H-R 도와 비교해 볼 때 광도와 온도의 범위가 다른 것에 유의하라. 그림 13.13을 예를 들어 보면, H-R 도의 왼쪽 광도 범위는 태양 광도의 1/10에서 10만 배까지 간다. 그러나 그림 13.14의 경우는 광도 범위가 상당히 좁은 것을 확대한 것이다. 따라서 늙은 성단의 많은 별들은 주계열에서 전향할 수 있는 시간을 가졌고, 단지 주계열 아주 아래에 놓인 별들만 남아 있다.

우리가 논의해 온 여러 성단들의 나이는 얼마나 될까? 실제 나이(년 단위)를 구하기 위해서 나이에 따라 이론적으로 계산한 H-R 도의 모양과 실제 H-R 도를 비교해야 한다. 천문학자들은 성단 나이의 관측에서 남아 있는 주계열의 맨 위 지점

© Anglo-Australian Telescope Board/David Malin Images

■ 그림 13.11
산개 성단 NGC 3293 이런 성단의 모든 별은 대략 같은 시기에 동시에 태어났다. 그러나 가장 무거운 별은 핵연료를 더 빨리 소모하여 작은 질량의 별보다 빨리 진화하고, 별이 진화함에 따라 붉어진다. NGC 3293의 밝은 오렌지색 별은 가장 빨리 진화한 성단의 구성원이다.

(즉, 별들이 적색거성이 되기 위해 주계열을 떠나기 시작한 지점의 광도)을 이용한다. 한 예로, 그림 13.10과 13.13에서 아직 주계열에 남아 있는 가장 밝은 별의 광도를 비교해 보라.

어떤 성협과 산개 성단은 나이가 백만 년 정도로 젊지만, 다른 것들은 수십억 년이나 된다. 성단을 둘러싸고 있던 성간 물질 모두를 별 생성을 위해 소모했거나, 또는 성단에서 빠져나갔다면, 별 생성은 멈춰지고, 그림 13.10, 13.12, 그리고 13.13에서처럼 점진적으로 질량이 작은 별들이 주계열을 떠난다.

우리은하의 구상 성단 중 가장 젊은 것도 가장 늙은 산개 성단보다 나이가 많다. 구상 성단 모두는 태양 광도보다 낮은 광도에서 전향한 주계열을 가진다. 이런 성단에서 별 탄생은 분명히 수십억 년 전에 멈춰졌을 것이므로, 주계열을 떠난 별들을 대체하는 새로운 별들은 만들어지지 않는다.

실제로 구상 성단은 우리은하에서 (다른 은하에서도 마찬가지로) 가장 오래된 구조다. 가장 늙은 구상 성단의 나이는 대략 130억 년이다. 이들이 우리가 알고 있는 가장 늙은 천체이므로, 이 나이는 우리 우주 자체의 나이가—적어도 130억 년은 되어야만 한다는—가장 좋은 예 중 하나이다.

13.4 그 이후의 별 진화

별 생애에 대한 지금까지의 이야기는 모든 별에 적용된다. 모든 별이 수축하는 원시별로 시작해서, 안정된 주계열에서 대부분의 생애를 지낸 다음, 궁극적으로 붉은거성 영역을 향해 주계열을 떠난다. 물론 별들이 각 단계를 지나는 속도는, 알고 있듯이 더 무거운 별이 더 빨리 진화하는 식으로 질량에 의존한다. 그러나 그 이후에는 질량이 다른 별들의 생애가 질량, 화학 조성 그리고 가까운 짝별의 존재 등에 따라 넓은 범위에 걸치는 다양한 진화 경로로 갈라진다.

이 책은 처음으로 천문학 강좌를 택한 비과학 전공 학생들을 위해 썼기 때문에 별 생애의 마지막 단계에서 어떤 일이 일어나는지를 단순하게 기술하려고 한다. 여기서 (여러분들이 정말로 안심하도록) 별의 모든 상태를 자세히 탐구하지는 않는다. 그 대신 각 별 진화의 주요 단계에 초점을 맞출 것이며, 질량이 큰 별의 진화가 태양같이 질량이 작은 것과 어떻게 다른지를 보일 것이다.

13.4.1 헬륨 융합

우선 초기 질량이 태양의 2배 또는 3배를 넘지 않는 비교적

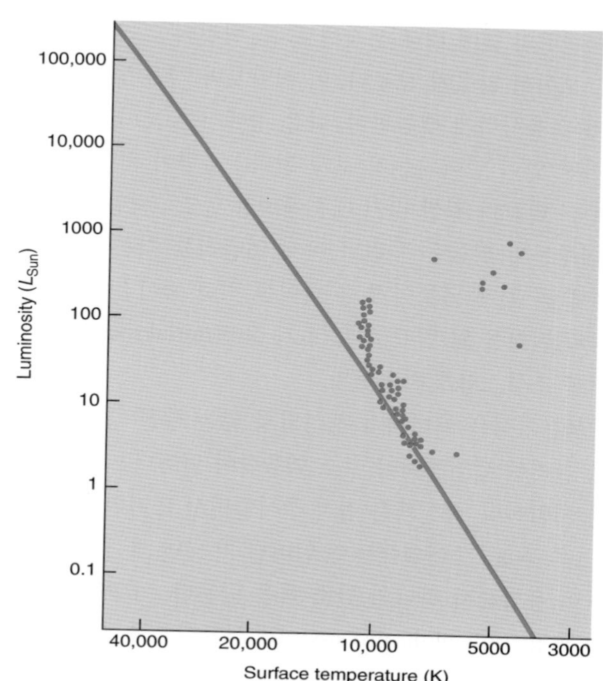

■ 그림 13.12
성단 M41의 H–R 도 NGC 2264(그림 13.10 참조)보다 오래된 성단인 M41은 여러 개의 붉은거성을 가지고 있고 더 무거운 별은 더 이상 영년 주계열(푸른 선)에 가깝지 않음을 유의하라.

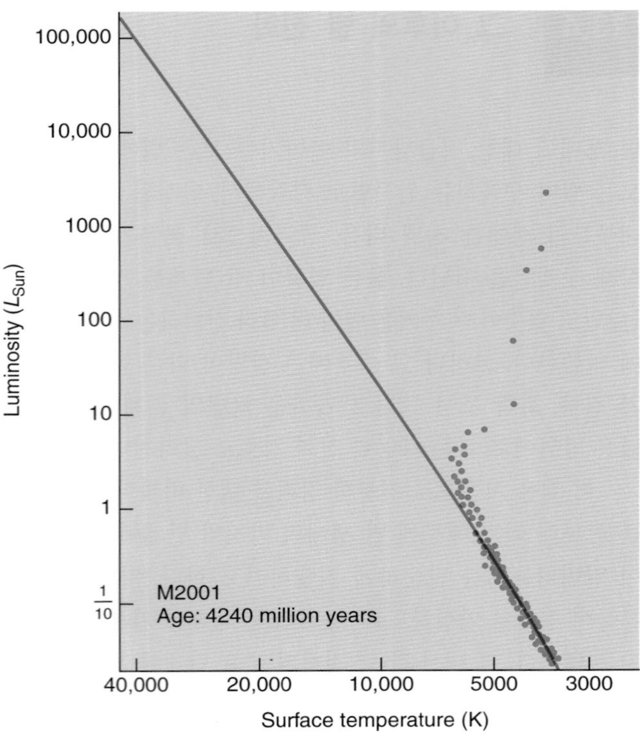

■ **그림 13.13**

늙은 산개 성단의 H–R 도 42.4억 년이 된 가상 성단의 H–R 도다. 주계열의 윗부분에 있던 대부분의 별들은 붉은거성 영역으로 옮겨갔음에 유의하라.

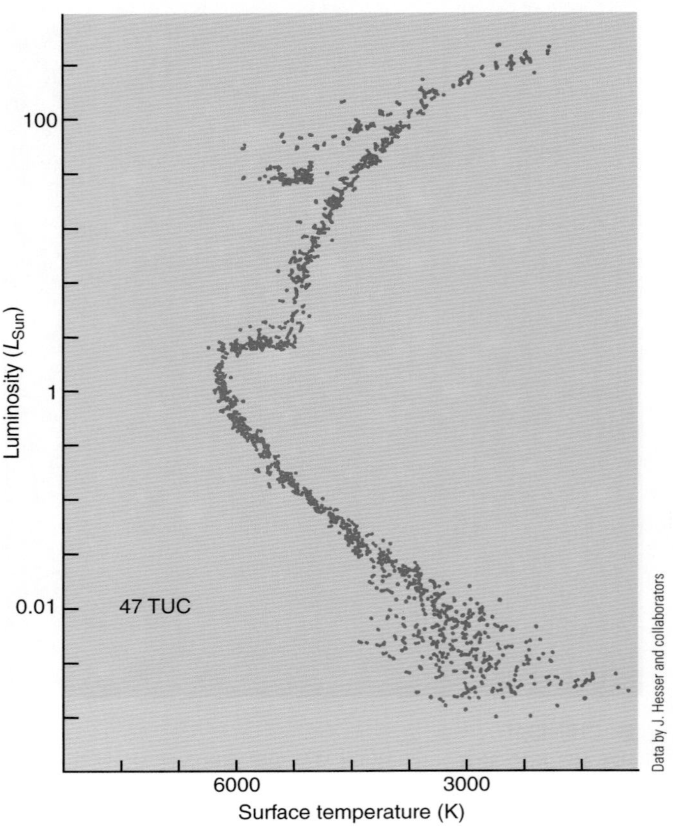

■ **그림 13.14**

구상 성단 47투카니의 H–R 도 구상 성단 47투카니(그림 20.3 참조)의 H–R 도로 이 장의 다른 H–R 도와 광도 범위와 다른 점에 유의하라. 우리는 이 늙은 성단에서 별이 아직 주계열에 남아 있는 부분인 아랫부분에 주목한다.

작은 질량의 별에 대해 생각해보자. (이것이 그리 작은 질량으로 보이지 않을지 모르나, 이 질량보다 작은 별들은 모두가 거의 유사하게 행동한다. 다음 장에서는 보다 큰 질량에서 어떤 일이 일어나는지 보게 된다.) 질량이 작은 별이 질량이 큰 별보다 훨씬 많기 때문에(9장 참조), 태양을 포함하는 대부분의 별들은 우리가 이제 언급하는 각본을 따른다. 그런데 곧 알게 되듯이 별은 나이를 먹고 죽어감에 따라 상당량의 질량을 잃기 때문에, '초기 질량(initial mass)'이라는 용어를 조심스럽게 사용했다.

붉은거성은 에너지가 생성되지 않는 헬륨 중심핵과 그것을 둘러싼 껍질층에서 수소 핵융합이 일어나고 있는 천체임을 기억하라. 중심핵은 점차 줄어들면서 뜨거워진다. 일단 1억 도의 온도(그 이전에는 안 일어남)가 되면 세 개의 헬륨 원자핵이 융합해서 하나의 탄소 핵을 만든다. 이 과정을 **삼중 알파 과정**(triple-alpha process)이라 부른다. 이는 핵물리학자들이 헬륨 원자핵을 알파 입자라 부르는 데서 연유한다.

계산에 의하면 삼중 알파 과정이 작은 질량의 별에서 일어나기 시작할 때, 전체 중심핵이 **헬륨 섬광**(helium flash)이라 부르는 빠른 폭발적 핵융합으로 점화된다. 온도가 삼중 알파 과정이 일어날 만큼 충분히 높아지자 방출된 여분의 에너지가 중심핵 전체로 빨리 전달되어 중심핵 안의 모든 헬륨을 급히 가열한다. 이 가열로 핵반응이 빨라지고, 그 결과 열이 더 발생되어 핵반응이 가속된다. 중심핵 전체가 섬광으로 재점화되는 폭주(runaway) 에너지 발생이 일어난 셈이다.

이제 별에서 두 번째로 중요한 핵융합 과정에서 두 개가 아닌 세 개의 헬륨 핵이 융합하는 것에 의구심을 가질 것이다. 두 개가 충돌하는 것이 훨씬 쉽겠지만 충돌 산출물이 안정적이지 못해서 아주 빨리 서로 떨어져 버리므로, 세 개의 헬륨 핵이 충돌해야만 안정적인 핵 구조를 이룰 수 있기 때문이다. 헬륨 핵은 두 개의 양성자를 갖고 있고 양성자들은 서로 밀어낸다는 것을 고려하면 이 문제점을 이해할 수 있을 것이다. 헬륨 핵들이 꽝 부딪쳐서 여섯 개의 양성자가 자연적으로 서로서로 밀어내는 것을 극복하고 서로 꼭 들러붙기 위해서는 1억 도의 온도가 필요하다. 이를 통해, 탄소 원자핵이 만들어진다.

천문학의 기초지식
새끼손가락에 있는 별

잠깐 읽는 것을 멈추고 새끼손가락을 보자. 탄소가 지구 생명의 기본 화학물질이기 때문에 손가락은 탄소 원자로 가득 차 있다. 이 모든 탄소 원자는 과거 붉은거성 안에 있었던 것으로, 삼중 알파 과정을 거쳐서 헬륨 핵이 융합된 것이다. 지구의 모든 탄소—당신의 몸, 바비큐 할 때 쓰는 숯 그리고 약혼자와 교환하는 다이아몬드 반지 등등—는 이전 세대의 별에서 '요리된' 것이다. 탄소 (그리고 다른 원소)가 어떤 경로로 이런 별 안에 있다가 지구의 일부가 되었는지는 다음 장에서 다룰 내용이다. 지금은 별 진화에 대한 기술이 진실로 우리 자신의 우주적 '뿌리'에 대한 이야기—별에서 기원한 우리 몸을 이루는 원자들에 대한 역사라는 것을 강조하고 싶다. 우리의 소중한 몸은 별에서 만들어진 물질로 이루어졌다.

13.4.2 다시 거성으로

헬륨 섬광이 일어난 후, 주계열이 끝난 이후 찾아온 에너지 위기에서 살아남은 별은, 다시 평형을 찾는다. 삼중 알파 과정에서 방출된 에너지를 재조정함에 따라 중심부는 그 내부 구조가 한 번 더 변한다. 표면 온도는 증가하는 반면, 별의 전체적인 광도는 다소 감소된다. 따라서 H-R 도에서 별을 나타내는 점은 붉은거성 위치에서 왼편 약간 아래의 새 위치로 이동한다(그림 13.15). 그리고 한동안 중심부에서 헬륨 융합을 지속하면서 주계열 단계의 특징인 압력과 중력이 평형을 이루는 상태로 돌아간다. 이 기간에 새로 만들어진 탄소는 가끔 다른 헬륨 핵과 결합해서 산소 핵을 만든다.

그런데 온도가 1억 도가 되면 중심핵은 빠른 속도로 헬륨 연료를 탄소(그리고 산소)로 변환시킨다. 따라서 새롭게 안정을 찾은 시기는 그리 오래가지 못한다. 이 기간은 주계열 단계보다 훨씬 짧다. 융합을 일으키는 헬륨은 곧 고갈되고, 다시 안쪽 중심핵에서는 융합을 통해 만들어지는 에너지 생성이 중지된다. 따라서 다시 한 번 중력이 주도권을 잡는다.

이 상황은 별 중심에서 수소가 고갈되는 주계열 마지막 단계(중심부 수소가 전부 소모된)와 비슷하지만, 별은 좀 더 복잡한 구조를 가진다. 다시 별 중심핵은 자신의 무게에 의해 수축하기 시작한다. 탄소와 산소로 이루어진 중심핵이 줄어들면서 방출되는 열은 중심핵 바로 위의 헬륨 껍질로 흘러나간다. 좀 전까지도 탄소로 융합할 수 있는 충분한 온도를 가지지 못했던 이 헬륨 껍질은 에너지를 발생시킬 수 있

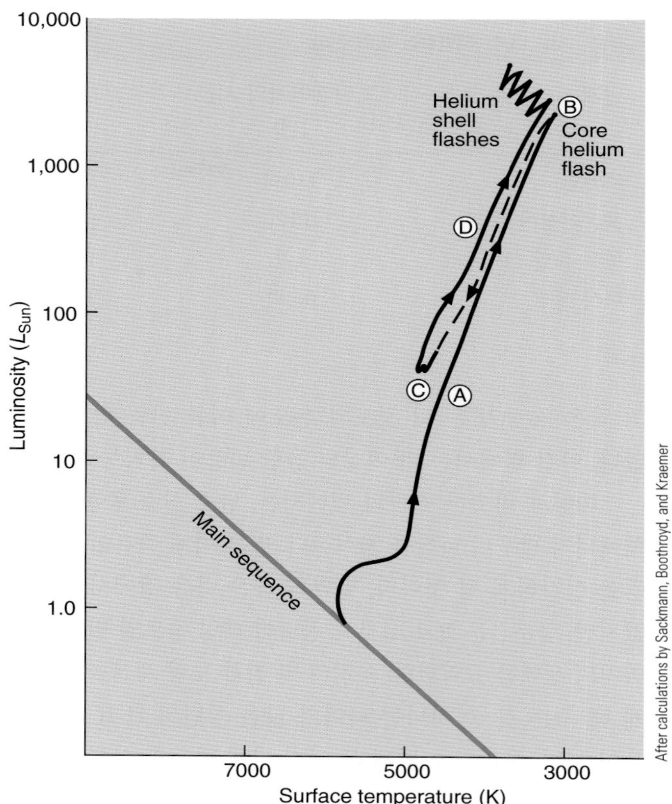

그림 13.15
태양 같은 별의 H-R 도 위에서의 진화 경로 각 단계는 글자로 표시되어 있다. (A) 별은 주계열에서 진화하여 표면 온도가 낮아지고 광도가 높아지는 붉은거성이 된다. (B) 이 점에서 헬륨 섬광이 일어나고, 이에 의한 별의 내부 구조가 재조정되고, (C) 헬륨이 중심핵에서 탄소와 산소로 융합하는(이 과정에서 별은 붉은거성 때보다 뜨거워지고 덜 밝다.) 짧은 안정된 시기로 진화한다. (D) 중심의 헬륨이 소진된 후 별은 다시 거성이 되어 더 높은 광도와 낮은 온도로 옮겨간다. 그러나 이때까지 별은 내부 핵에너지 자원을 모두 소모하고 곧 죽기 시작한다. 점선을 따르는 진화 경로는 변화가 너무 빨라 모형화하기 어려운 단계다.

는 온도로 데워진다.

더 바깥쪽에는 신선한 수소가 헬륨으로 융합되기에 충분히 가열된 또 다른 껍질이 있다. 두 껍질에서 에너지가 흘러 나감에 따라 별의 바깥 영역은 한 번 더 팽창한다. 짧은 안정된 시기가 끝나고, 별은 H-R 도 위의 적색거성 영역으로 짧은 시간 동안에 되돌아간다(그림 13.15). 이 단계에서 별은 거성의 첫 번째 시기보다 약간 더 밝아지지만, 이는 아주 짧은 마지막 영광스런 불꽃에 지나지 않는다.

지난번 궁지에 빠졌을 때 헬륨 융합이 구조에 나섰음을 상기하라. 별 중심 온도는 궁극적으로 과거 단계의 융합 결과물(헬륨)이 다음 단계(헬륨이 탄소로 융합하는)의 연료가 될 정도로 충분히 높아진다. 그러나 헬륨 핵 융합의 다음 단계는 너무 높은 온도가 요구돼서 우리가 지금 논의하는 종류

표 13.4 태양질량 별의 진화

단계	그 단계에서의 시간 (년)	표면 온도 (K)	광도 (L)	지름 (태양 지름)
주계열	110억	6000	1	1
붉은거성이 됨	13억	3100까지 떨어짐	2300까지 올라감	165
헬륨 융합	1억	4800	50	10
다시 거성	0.2억	3100	5200	180

의 작은 질량 별은 이 정도의 온도에 이를 만큼 압축될 수 없다. 이런 별에서는 더 이상의 융합 반응이 불가능하다.

태양과 비슷한 질량의 별에서는, 탄소-산소 중심핵으로 핵에너지 발생이 마감을 장식한다. 별은 이제 죽음이 가까워짐을 실감하게 될 것이다. 별의 죽음은 다음 장에서 논의하겠지만, 당분간은 표 13.4로써 질량이 태양 정도인 별의 지금까지의 생애를 요약한다. 우리의 별 진화 모형 계산을 확신하게 해 주는 것 중 하나는 나이가 많은 성단의 H-R 도를 만들어 보면, 우리가 논의해 온 여러 단계 별들의 실체가 나타난다는 것이다.

13.4.3 거성으로부터의 질량 손실과 행성상 성운 생성

별들이 거성이 되면, 그들 질량의 상당 부분이 공간으로 달아나기 시작한다. 천문학자들은 예를 들어, 태양과 같은 별에서 헬륨 섬광이 일어나기까지 최대 25%의 질량을 잃는다고 추산한다. 그리고 두 번째로 적색거성 열로 올라갈 때, 보다 많은 질량을 잃을 수 있다고 한다. 그 결과 늙은 별 주변은 하나 또는 그 이상의 팽창하는 가스 껍질로 둘러싸여 있으며, 각 껍질에는 태양질량의 0.1~0.2(태양질량의 10~20%)배의 물질이 존재한다.

탄소-산소 중심핵에서 핵에너지 생성이 멈추면, 별의 중심부는 다시 수축하기 시작하고, 더욱 압축되어 가열이 시작된다. 별 전체가 압축되고 아주 뜨거워져서—표면온도는 10만 도에 이르게 된다. 이같이 뜨거운 별은 매우 강한 항성풍과 자외선복사의 원천으로서 별이 거성이었을 때 빠져나갔던 주변 껍질 물질도 휩쓸려 빠져나간다. 항성풍과 자외선복사는 주변 껍질을 가열시키고, 이온화하여 발광을 일으킨다(뜨겁고 젊은 별에서 나오는 자외선 복사가 H II 영역을 만드는 것처럼, 11장 참조).

그 결과 우주에서 가장 아름다운 천체를 만들어낸다(그림 13.16에 갤러리와 13장 첫 페이지 사진 참조). 이 천체들은 처음 발견되었을 때 **행성상 성운**(planetary nebulae)이라는 매우 잘못된 이름이 붙여졌다. 이 이름은 몇몇 행성상 성운을 작은 망원경으로 보았을 때, 겉모습이 행성들과 유사하게 보인다고 붙여진 것이다. 실제로 이 천체들은 행성과 무관하지만, 정식으로 사용되다 보니, 변경하기는 매우 어렵게 되었다. 비록 많은 행성상 성운이 성간 띠끌의 흡수로 인해 감춰지지만, 우리은하 안에 수만 개의 행성상 성운이 있다.

그림 13.16에 보이는 것처럼 어떤 행성상 성운은 단순히 고리로 보이고, 또 어떤 것들은 적색거성일 때 발행된 여러 차례의 질량 손실을 입증하는 희미한 껍질들이 밝은 고리를 둘러싸고 있는 것을 볼 수 있다(그림 13.16d 참조). 몇 개의 경우 반대 방향으로 흘러가는 열편 모양의 물질을 볼 수 있다. 많은 천문학자들은 모든 행성상 성운은 근본적으로는 같지만 나타난 모양은 보는 각도에 따라 다르다고 생각한다(그림 13.17). 이 생각에 따르면 죽어가는 별은 밀도가 높은 도넛 모양의 가스 원반으로 둘러싸여 있다. (이론적으로는 죽어가는 별 주변에 이런 모양이 만들어지는 것을 설명할 수 없으나, 실제의 관측이 그러하므로 별은 그리될 것으로 보인다.)

별이 계속 질량을 잃어감에 따라 별에서 나온 보다 희박한 가스는 이 두꺼운 도넛을 통과할 수 없게 된다. 따라서 가스는 도넛 원반의 수직 방향으로 흘러 나간다. 가스가 분출되는 방향에서 수직으로 볼 경우 우리는 원반과 두 방향으로 흘러 나가는 가스를 보게 된다(그림 13.16b). 만일 흐름을 '내려다' 보면, 고리 모습으로 보일 것이다(그림 13.16a). 그리고 중간 정도의 각도에서 비스듬히 보면 멋지고 복잡한 구조가 보일 것이다.

일반적으로 행성상 성운 껍질들은 20~30 km/s의 속도로 팽창하며, 전형적인 지름은 1광년이다. 이 가스 껍질이 일정한 속도로 팽창한다고 가정하면, 우리가 볼 수 있는 모든 행성상 성운 껍질들은 50,000년쯤 전에 방출된 것들이다. 이 정도의 시간이 더 지나면 껍질들은 너무 많이 팽창해서 보이지 않을 정도로 엷고 희박해진다. 각 행성상 성운이 관측

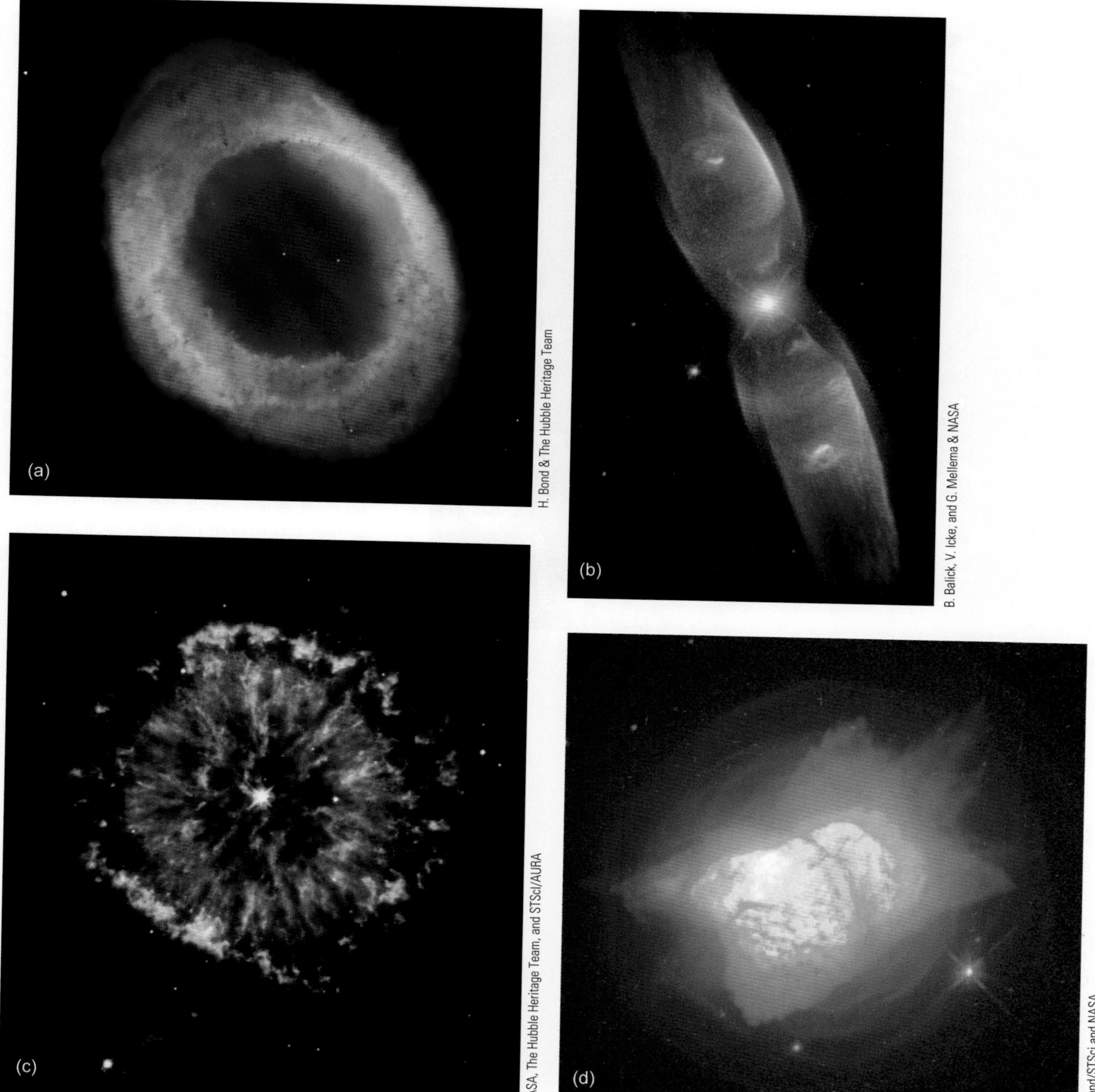

■ **그림 13.16**

행성상 성운 갤러리 아주 흥미로운 행성상 성운을 보여주는 아름다운 화상을 통해 허블 우주 망원경의 성능을 알 수 있다. (a) 아마도 가장 잘 알려진 행성상 성운은 고리 행성상 성운(Ring Nebula, M57)으로 용자리에 있으며 2000광년 거리에 있다. 고리는 대략 1광년의 지름을 가지며 중심별의 온도는 대략 120,000°C다. 이 화상을 자세히 연구한 과학자들은 죽어가는 별 주변을 구형으로 둘러싼 껍질이 보이는 것이 아니라, 튜브나 깔때기 통을 내려다보고 있음을 밝혔다. 푸른색은 별에서 아주 가깝게 위치한 아주 뜨거운 헬륨가스에서 나오는 방출선이고, 적색은 별에서 가장 멀리 떨어진 가장 차가운 가스에서 방출되는 이온 질소의 방출선이고, 초록색은 중간 정도의 온도와 중간 정도 거리에서 생성되는 산소 방출선을 나타낸다. (b) 이 행성상 성운에서 중심별(쌍성계의 일부)은 주로 양쪽 반대 방향으로 물질을 방출한다. 다른 화상에서는 두 개의 긴 가스 줄기에 수직인 원반이 중심 두 별 주변에 보인다. 물질 축출이 발생한 항성 폭발은 대략 1200년 전에 일어났다. 중성 산소는 적색, 한번 이온화된 질소는 초록색, 두 번 이온화된 산소는 파란색으로 보인다. 이 행성상 성운은 땅꾼자리에 있으며, 2100광년 거리에 있다. (c) 행성상 성운 NGC 6751의 화상에서 푸른 영역은 중심별을 둘러싼 고리 형태로 가장 뜨거운 가스를 나타낸다. 오렌지와 적색은 보다 온도가 낮은 가스의 위치를 나타낸다. 이 차가운 흐름의 기원은 알려지지 않았으나, 그 모양은 중심에 뜨거운 별의 복사와 항성풍의 영향을 받았음을 암시한다. 중심별의 온도는 대략 140,000°C이며 성운의 지름은 우리 태양계의 지름보다 600배 더 크다. 이 성운은 독수리자리에 있으며 6500광년 거리에 있다. (d) 행성상 성운 NGC 7027의 화상은 여러 단계의 질량 손실을 보여 준다. 중심영역을 둘러싸고 있는 희미하고 푸른 동심원의 껍질들은 별이 적색거성이 되었을 때, 별의 표면에서 서서히 흘러나온 질량이다. 좀 더 지난 후에 남겨진 바깥층은 비구대칭으로 방출되었다. 이 후자의 분출에 의해 만들어진 고밀도의 구름은 밝은 안쪽 영역을 만든다. 뜨거운 중심별이 성운의 중심부 근처에서 희미하게 보인다. NGC 7027은 백조자리에 있으며 3000광년 거리에 있다.

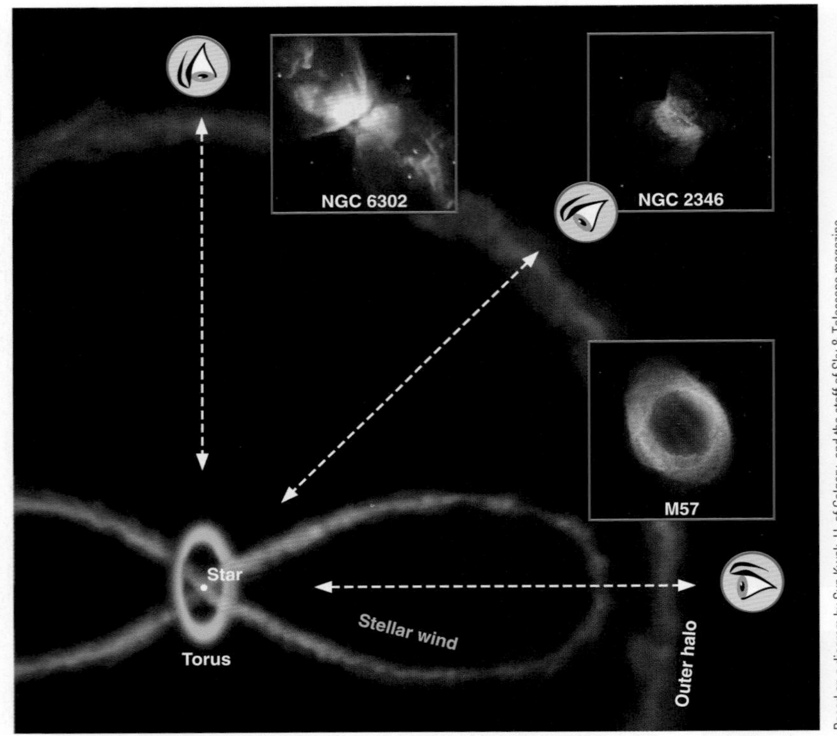

■ **그림 13.17**
행성상 성운의 여러 모양을 설명하는 모형 행성상 성운 갤러리에서 본 여러 다양한 모양은 단일 모형을 여러 다른 각도에서 바라본 것으로 설명될 수도 있다. 이 모형에서는 뜨거운 중심별이 가스로 된 두꺼운 테두리(도넛)로 둘러싸여 있다. 항성풍은 이 테두리 방향으로는 흘러 나갈 수 없으나, 그에 수직인 방향으로는 자유로이 빠져나간다. 만일 흐름의 방향을 따라서 나란하게 본다면 구형의 가스 껍질(빈 아이스크림콘을 직접 위에서 내려다보듯이)을 보게 될 것이다. 만일 테두리 적도면을 따라 본다면, 양방향의 흐름이 보일 것이다. 이 두 시각 사이의 비스듬한 방향에서 볼 경우 매우 복잡한 구조가 나타날 것이다.

될 수 있는 기간은 (별의 전 생애와 비교할 때) 매우 짧다. 어떻든 그 같은 행성상 성운의 수로 보아, 모든 별들 대부분이 행성상 성운의 진화단계를 거친다고 결론지어야 한다. 이는 행성상 성운이 작은 별들의 진화에서 일종의 '마지막 임종의 순간'이라는 우리의 견해를 확신시킨다.

13.4.4 우주적 순환

죽어가는 별들의 질량 방출은 11장에서 논의한 거대 규모의 우주적 순환의 핵심이다. 별들은 가스와 티끌의 거대한 구름에서 생성됨을 기억하라. 별들이 생을 마감할 때, 자신의 일부는 은하의 새로운 물질 저장고로 반환된다. 결국 늙어가는 별에서 방출된 물질의 일부는 새로운 항성계를 만드는 데 이용될 것이다.

그러나 죽어가는 별에서 은하로 반환되는 원자들은 처음 별을 만들었던 것과 똑같은 원자들일 필요는 없다. 결국, 별은 그 생애를 통해서 새로운 원소들을 합성해 왔다. 그리고 적색거성 단계에서 별의 중심 영역에 있던 물질을 끌어올려 바깥층 물질들과 혼합한다. 그 결과 별에서 불려 나가는 항성풍에는 별의 중심에서 '새로 주조된' 원자들이 포함된다. (이런 과정은 질량이 큰 별에서 더욱 효율적이지만, 태양과 같은 질량의 별에서도 작동된다.) 이 방법을 통해 은하에 별을 만드는 원료 물질이 재공급될 뿐만 아니라 새로운 원소의 주입이 이루어지게 된다. 이로써 우주는 언제나 한층 더 '흥미로워진다'고 말할 수 있다.

13.5 질량이 큰 별의 진화

만약 지금까지 기술한 것이 별과 원소 진화의 전부라면 우리는 큰 문제를 안게 된다. 다음 장에서 알게 되듯이, 우주의 최초 몇 분 동안에 대한 최신 모형에 의하면 모든 물질은 가장 단순한 2가지의 원소-수소와 헬륨(그리고 극미량의 리튬)으로부터 시작되었다. 모형의 모든 예측은 태초에 중원소들이 생성되지 않았음을 암시한다. 그러나 우리 지구의 주변을 둘러볼 때, 수소와 헬륨 이외에도 많은 원소를 보게 된다. 이 원소들은 우주 어디에선가 만들어졌으며, 이들을 만들 정도로 뜨거운 곳은 별 내부뿐이다. 20세기 천문학의 기본적인 발견 중 하나는 별이 우리가 사는 세계와 생명을 특징 짓는 모든 화학적 다양성의 근원이라는 것이다.

우리는 이미 탄소와 산소가 붉은거성이 되고 있는 별 내부에서의 융합 결과라는 것을 보았다. 그러나 우리가 알고 있고 또 갖고 싶어 하는 원소들은 (지구 내부의 규소나 철 그리고 보석류의 금, 은 등) 어디에서 왔을까? 지금까지 논의해 온 그런 종류의 별들은 이런 무거운 원소들을 만들 만큼 온도가 높지 않았다. 그 무거운 원소들은 더 무거운 별들의 마지막 진화단계에서만 만들어지는 것으로 밝혀졌다.

13.5.1 무거운 별에서 새로운 원소 만들기

무거운 별은 탄소-산소 중심핵이 만들어지는 단계까지는 태양과 같은 방법으로 (그러나 항상 더 빨리) 진화한다. 한 가지 차이는 태양질량의 두 배 이상인 별에서는 헬륨의 융합이 갑작스러운 섬광이 아니라 더 서서히 발생한다. 또, 더 무거운 별이 붉은거성이 될 때, 이들은 너무 밝고 커서 초거성(supergiant)이라고 부른다. 이런 별은 허블 우주 망원경으로 베텔지우스를 보았듯이(그림 13.3 참조), 바깥 부분이 목성 궤도에 이를 때까지 팽창한다. 이들은 또 질량을 아주 효율적으로 방출해서, 나이가 들어감에 따라 더 극적인 항성풍과 폭발적 분출을 일으킨다. 그림 13.18은 질량이 매우 큰 별 에타 카리나의 멋진 화상인데, 많은 양의 분출된 물질을 확연히 볼 수 있다.

그러나 무거운 별들이 지금까지 기술했던 개요와 결정적으로 다른 점은 이들이 중심에서 더 높은 단계의 핵융합을 시작할 수 있다는 것이다. 태양질량의 여덟 배가 넘는 별의 바깥층은 탄소-산소 중심핵을 탄소가 연소할 수 있는 온도로 압축시킬 만한 무게를 지니고 있다. 탄소는 더 많은 산소로 융합되고, 네온, 나트륨, 마그네슘 그리고 결국은 규소로 융합될 수 있다. 각각의 핵 연료원이 고갈된 후, 중심핵은 더 무거운 핵융합을 일으킬 정도의 충분한 온도에 이를 때까지 수축한다.

이제 이론가들은 더 무거운 붉은거성의 중심에서 이루어진 **핵합성**(nucleosynthesis, 새로운 원자핵을 만드는 것)으로 결국은 원자 질량이 철에 이르기까지 모든 화학 원소들이 만들어지는 기작을 발견했다. 그러나 이는 여전히 철보다 더 무거운 원소들이 어디에서 만들어지는가라는 의문을 남긴다. 다음 장에서 질량이 큰 별에서 핵연료가 고갈되었을 때, 이들이 장엄한 폭발로 죽음을 맞는 것을 보게 될 것이다. 무거운 원소들은 이처럼 말로 표현할 수 없는 극렬한 폭발을 통해서 합성될 수 있다.

별 내부의 핵합성 이론으로 자연에 존재하는 원소들과 그들의 상대적인 함량 비율을 예측할 수 있다는 것은 놀라운 일이다. 즉, 별들이 여러 융합 반응을 통해서 원소를 만들어 내는 방법이 실제로 왜 어떤 원소가 흔하고 어떤 것은 귀한지를 설명할 수 있는 점이다.

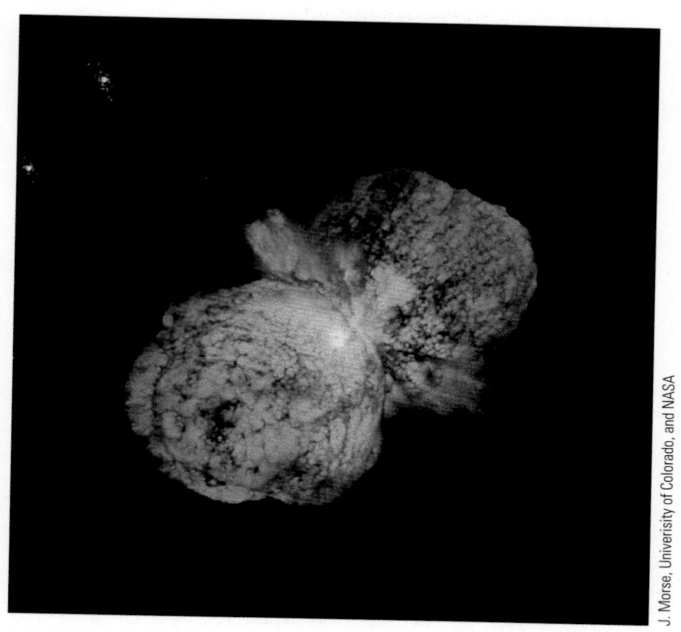
J. Morse, University of Colorado, and NASA

■ **그림 13.18**
에타 카리나 적어도 태양질량의 100배가 되는 뜨거운 초거성 에타 카리나는 현재까지 알려진 별들 중에서 가장 무거운 별이다. 고도로 컴퓨터 처리된 허블 우주 망원경 화상은 진화 과정에서 뿜어낸 물질에 의한 두 개의 거대한 로브와 적도 원반을 보여준다. 핑크색의 바깥 영역은 가장 큰 질량 방출 사건으로부터 별이 살아남은 것으로 알려진, 1841년의 폭발적 분출에 의해 방출된 물질이다. 약 1000 km/s의 속도로 별로부터 멀어져 가는 이 물질에는 질소와 이 무거운 별에서 만들어진 여러 원소들이 많이 담겨 있다. 안쪽의 푸르고 흰 영역은 낮은 속도로 방출된 물질이며 따라서 아직 별에 가까이 있다. 여기에는 티끌들이 포함되어 있어서 빛을 반사하기 때문에 푸르고 희게 보인다.

13.5.2 구상 성단과 산개 성단의 화학 성분의 차이

원소가 오랜 기간에 걸쳐 별에서 합성되었다는 사실은, 구상 성단과 산개 성단에 대한 중요한 차이를 설명해준다. 태양 인근 별들에 있는 가장 풍부한 원소인 수소와 헬륨은 두 종류 성단의 별에서도 역시 가장 풍부한 구성 성분이다. 그러나 헬륨보다 무거운 원소들의 함량은 매우 다르다.

태양과 그 이웃 대부분 별에서 무거운 원소의 함량(질량)은 별 질량의 1~4% 정도가 된다. 산개 성단에 있는 대부분의 별 역시 질량의 1~4%가 무거운 원소로 이루어졌음을 스펙트럼이 보여준다. 그러나 구상 성단은 다르다. 전형적인 구상 성단 별의 중원소 함량은 태양의 1/10~1/100밖에 되지 않는다.

이러한 화학 성분의 차이는 별이 만들어진 시기와 직접 연관된다. 우주에서 제일 첫 세대의 별은 수소와 헬륨만으로 만들어졌다. 이런 별들이 에너지를 발생시키기 위해 내부에서 무거운 원소를 만들어 냈음을 알았다. 삶의 마지막 단계에서 그들은, 별과 별 사이의 원료 물질 저장고로 중원소가 풍부한 물질을 방출한다. 이런 물질이 새로운 세대의 별에

적색거성 태양과 지구의 운명

태양의 진화가 어떻게 지구의 상태에 영향을 미칠까? 태양은 비록 인간의 역사 기록에서는 크기와 광도가 상당히 안정된 것으로 보이지만, 그 짧은 기간은 우리가 논하고 있는 시간척도에 비하면 의미가 없다. 우리 행성을 장기적으로 전망해보자.

태양은 약 45억 년 전에 영년 주계열에 자리 잡았다. 그 당시 태양은 현재 뿜어내는 에너지의 약 70%를 방출했다. 당시 지구의 바다는 얼어 있었으며, 지금보다 훨씬 더 차가웠을 것으로 예상된다. 그렇다면 지구가 10억 년이 채 되기도 전에 어떤 이유에서 단순한 생명이 존재하게 되었는가를 설명하기가 매우 어려워진다. 과학자들은 지구가 젊었을 때, 이산화탄소가 지구대기에 더 많이 존재해서 지구를 덥히는 온실효과가 훨씬 더 강했다고 생각한다. (온실효과는 이산화탄소와 같은 가스가 태양 빛은 들어오게 하지만, 지면에서 우주 공간 밖으로 나가는 적외선 복사는 차단하기 때문에 지표면 근처의 온도가 올라가는 현상이다.)

태양의 광도가 증가함에 따라 이산화탄소는 그 후 계속 감소한다. 밝아진 태양이 지구의 온도를 높일수록 암석은 이산화탄소와 반응해서 풍화가 빨라지고, 지구대기의 이산화탄소를 제거하게 된다. 보다 따듯한 태양과 보다 약해진 온실효과 때문에 지구는 대부분의 생애 동안 거의 일정한 온도를 유지한다. 이러한 놀라운 우연은 상당히 안정된 기후 조건을 가져다 주었으며, 우리 행성에 매우 복잡한 생명-형태들이 발전하는 관건이 되었다.

헬륨 축적에 의한 중심핵 변화의 결과, 태양 광도는 나이가 들어감에 따라 차츰 증가한다. 더욱더 많은 에너지가 지구에 도달하게 된 것이다. 한동안은 이산화탄소 양이 계속 감소할 것이다. (이는 인간의 활동으로 인해 발생하는 이산화탄소의 증가를 상쇄하겠지만 다음 100년 안에 일어날 것 같은 기후 변화를 막기에는 그 감소 속도가 너무나 느리다.)

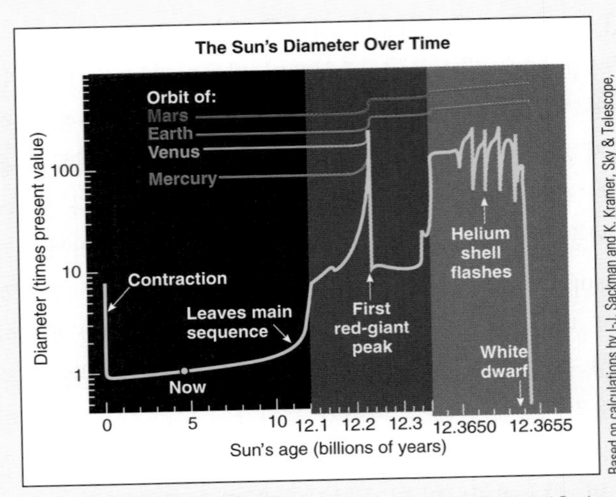

태양의 지름과 나이 사이의 관계 이 도표는 최선의 모형으로 예측된 오랜 기간 동안 태양 반경의 변화 양상을 보여준다. 같은 축척으로 지구형 행성들의 궤도 크기를 나타냈다. 도표 밑의 시간 척도가 단계마다 변화함에 유의하라. 태양이 질량을 잃으면 행성들의 궤도는 커진다. 지구는 태양 밖에 있으나, 수성과 금성은 삼켜져 버린다.

결국 지구 가열은 극관을 녹이고 대양 증발을 가속할 것이다. 물 분자 역시 효율적인 온실가스로서 이산화탄소 감소에 의한 효과를 능가할 것이다. 대기모형이 아직 충분하지 않아서 정확히 언제라고는 말할 수 없겠으나 5억 년에서 20억 년 사이로 추정되는 때쯤에 늘어난 수증기 양은 걷잡을 수 없는 온실효과를 초래할 것이다.

포함된다.

이러한 사실은 무거운 원소의 상대적인 함량이 과거로 더 접근할수록 적었음을 의미한다. 우리는 구상 성단이 산개 성단보다 훨씬 나이가 많음을 알았다. 구상 성단의 별은 산개 성단의 별에 비해 훨씬 전에 만들어졌으므로, 수소와 헬륨에 비해 비교적 적은 양의 무거운 원소들을 가진다.

시간이 지남에 따라, 무거운 원소의 비율은 증가한다. 이는 우리은하에서 만들어진 첫 세대의 별에는 규소, 철, 그리고 다른 무거운 원소로 가득 찬 지구같은 행성이 동반되지 않았음을 의미한다. 이런 행성들은 (그리고 천문학을 배우는 학생들이 사는 곳) 별에서 무거운 원소들이 만들어진 다음에 그 원소들이 다시 성간 물질로 순환된 후에나 가능했다.

13.5.3 죽음으로의 접근

별의 주계열 수명에 비해 별 진화의 마지막 단계를 특징짓는 사건은 아주 빨리 지나간다. 별의 광도가 증가함에 따라,

지금부터 약 35억 년쯤 되면 지구는 수증기를 모두 잃을 것이다. 상층대기에서 태양 빛이 수증기를 수소와 산소로 갈라놓으면 빠르게 움직이는 수소 원자들은 우주 공간으로 날아가 버린다. 망가진 험프티-덤프티(humpty-dumpty, 한번 쓰러지면 못 일어나는 사람)처럼, 물 분자로 다시 만들어지지 않는다. 지구는 곧 금성과 같아지기 시작해서 온도는 현재 우리가 알고 있는 생명이 살 수 없을 정도로 높아진다.

이런 일은 태양이 적색거성이 되기 전이라도 발생한다. 이때 정말로 나쁜 뉴스가 시작된다. 대부분 천문학자들은 팽창하는 태양이 지구를 집어삼켜 소각시켜서 그 운명을 마감시킨다고 생각해 왔다. 실제 태양은 수성과 아마도 금성까지 삼켜서, 태양 바깥 대기와의 마찰로 나선을 그리며 안쪽으로 빨아들여서 완전히 증발시킨다. 그러나 지구는 태양이 적색거성이 되면서 발생하는 질량 손실 때문에 이런 운명을 피하게 될 것이다. 질량 손실로 태양의 중력이 감소함에 따라 지구의 궤도 크기는 증가한다. (케플러 제3법칙을 기억하라.) 모형 계산에 의하면 이러한 질량 손실이 지구가 태양 표면에(그림 참조) 놓일 정도로 충분히 발생한다. 그러나 그 정도로 별에 가까워지면 지구에 모든 생명은 소각될 것이다.

그렇다면 우리가 아는 지구의 생명 보전을 위한 제안은 무엇인가? 첫째 전략은 인류를 좀 더 멀고 차가운 행성으로 이동시키는 것을 생각할 수 있다. 그러나 계산에 의하면, 어떤 행성에도 생명이 살아 남을 수 없는 오랜 기간(수억 년)이 존재한다. 한 예로 화성이 생명이 살기에 충분히 따듯해지려면, 지구는 생명이 살기에 너무 뜨거운 오랜 기간을 견뎌야 한다.

보다 좋은 방법은 지구를 태양으로부터 점진적으로 멀리 떨어뜨리는 것이다. 이 개념은 NASA가 먼 행성으로 우주선을 보낼 때 사용해온 것과 같은 방법으로 중력을 이용하는 것이다. 우주선이 행성 근처에 접근하면 행성을 우주선의 가속이나 감속, 또는 방향 변경에 사용할 수 있다. 만일 우리가 소행성의 방향을 바꾸어 지구와 목성 사이의 궤도를 따르게 만들 수 있다면, 매번 근접비행을 통해서 목성으로부터 지구로 궤도 에너지를 전환시켜서, 지구를 서서히 바깥쪽으로 이동시켜 팽창하는 태양에서 멀어지게 할 수 있다고 계산된다. 수억 년 동안에 지구 궤도를 변화시키는 것이므로 매번 근접비행 효과는 클 필요가 없을 것이다. 물론 소행성의 방향을 올바른 궤도로 조종해서 지구와 충돌하지 않게 해야 한다.

행성 전체를 다른 궤도로 이동시키는 계획은 미친 짓처럼 보일 것이다. 그러나 우리는 상당히 먼 미래를 이야기하고 있음을 상기하라. 기적적으로 인류가 그 오랜 기간을 살아남을 수 있고, 스스로 자멸하는 길을 걷지 않는다면, 우리의 기술은 오늘날보다 훨씬 더 정교해질 것이다. 만일 앞으로 인류가 수억 년을 살아남는다면, 우리는 다른 행성들과 다른 항성 주변의 거주 가능 영역으로 넓게 퍼져나가게 될 것이다. 실제로 그때 지구는 다른 행성의 젊은이들이 자신들의 기원을 배우러 오는 박물관이 될지도 모른다. 또한 아주 다른 환경에서 살아남을 수 있도록 진화를 통해 우리 자신을 바꾸었을 가능성도 있다. 이 모든 세월이 지난 후 인류의 이야기가 어떻게 전개될지를 상상해 보는 것도 매우 흥미로운 일이 아니겠는가?

연료 공급이 중단되기 시작하는 바로 그 시점에, 핵연료의 소모율은 급격히 증가한다. 이는 마치 죽음을 재촉하는 사람이 과식, 과음 그리고 담배를 굴뚝처럼 피우기 등 모든 가능한 일들을 갑자기 한꺼번에 저지르는 것과 같다.

주 연료인 수소가 별 중심핵에서 소진된 후, 별에는 그 밖의 핵 에너지원이 존재한다.—처음에는 헬륨 그리고 다음에는 더 복잡한 원소 등이 그것이다. 그러나 그들의 에너지 생성률은 수소가 헬륨으로 융합하는 것에 비해 훨씬 적다. 그리고 핵반응을 시작하기 위해서는, 수소를 헬륨으로 융합할 때보다 훨씬 높은 중심 온도가 요구되며 더 빠르게 연료가 소모된다. 이것은 명백히 이길 수 없는 게임이므로, 별은 아주 빨리 종말을 맞게 된다. 그럼에도 불구하고, 다음 장에서 보게 되듯이 그 과정에서 별은 아주 기가 막히는 현상을 일으킨다.

인터넷 탐색

오리온 영역 관광:
www.gb.nrao.edu/~rmaddale/Education/OrionTourCenter/index.htm
천문학자 로널드 마달레나가 만든 다양한 여러 파장에서 본 오리온 분자 구름 영역의 웹 관광.

초거성 베텔지우스에 대한 최신 연구:
- hubblesite.org/newscenter/archive/1996/04/
(허블 관측과 측정)
- www.nrao.edu/pr/betel/
(전파망원경배열 관측)
- cfa-www.harvard.edu/cfa/ep/pressrel/betel97.htm
(별의 맥동에 관해)

초거성 에타 카리나에 대한 최신 연구:
- www.etacarinae.iag.usp.br
(정보, 화상, 기술적, 접근성)
- hubblesite.org/newscenter/archive/1996/23/
(극적인 허블 관측)
- chandra.harvard.edu/press/99_releases/press_100899.html
(Chandra X-ray Obervatory 관측)

메시어 목록 성단들:
www.seds.org/messier/objects.html#cluster
11장에 추천한 좋은 메시어 목록 사이트는 가장 잘 알려진 산개 성단과 구상 성단에 대한 목록과 정보 그리고 많은 유용한 링크를 포함한다.

행성상 성운 화상에 대한 갤러리와 논의:
- hubblesite.org/newscenter/archive/category/nebula/planetary/
(허블 화상들)
- Hubblesite.org/newscenter/archive/1997/38/
(최상의 허블 화상과 배경 정보)
- www.noao.edu/image_gallery/planetary_nebulae.html
(지상과 우주에서 망원경으로 얻은 화상들)
- www.blackskies.com
(작은 망원경으로 관측한 행성상 성운에 대한 아마추어 천문학자 더그 신더의 페이지)

행성상 성운과 태양계의 미래:
www.astro.washington.edu/balick/WFPC2
천문학자 브루스 바릭(워싱턴 대학)은 허블 우주 망원경과 그 기기로 행성상 성운을 연구한 팀의 일원으로 팀의 연구 결과와 태양의 미래에 대한 이해를 함축 기술한 정보 페이지를 함께 제공.

요약

13.1 별이 처음으로 수소를 헬륨으로 합성하기 시작할 때, 이들은 **영년 주계열**에 위치한다. 별이 주계열 단계에서 보내는 시간은 질량에 의해 결정된다. 질량이 큰 별은 질량이 작은 별보다 각 진화단계를 훨씬 빨리 마친다. 헬륨을 만들기 위한 수소의 융합은 별 내부 성분을 바꾸며, 온도, 광도 그리고 반지름의 변화를 초래한다. 궁극적으로 별이 나이 들어감에 따라 주계열에서 적색거성으로 진화해 나간다. 적색거성의 중심핵은 수축하지만 바깥층은 중심핵 바깥 껍질의 핵융합 결과로 팽창한다. 별이 팽창하고, 표면 온도가 낮아짐에 따라 크기는 더 커지고 붉어진다.

13.2 별이 나이 들어감에 따라 어떤 일이 일어나는지를 보여주는 계산은 성단을 구성하는 별들의 성질을 측정함으로써 점검할 수 있다. 주어진 성단을 구성하는 별들은 대략 같은 시기에 같은 성분의 물질에서 형성되었기 때문에, 이들은 질량이 다를 뿐이고, 각 생애에 도달하는 시기가 다를 뿐이다. 성단에는 세 가지 종류가 있다. **구상 성단**은 지름이 50~300광년이고, 수십만 개의 나이가 많은 별들을 가지고 있으며, 은하를 둘러싼 헤일로에 분포하고 있다. **산개 성단**은

젊은 별부터 중간 정도 나이의 별을 수백 개 가지고 있고, 은하 평면에 위치하며, 지름이 30광년 이하다. **성협**은 가스와 티끌이 있는 곳에서 발견되고 아주 어린 별들을 가지고 있다.

13.3 성단의 H-R 도는 성단의 나이에 따라 체계적으로 변한다. 가장 질량이 큰 별은 가장 빨리 진화한다. 가장 젊은 성단과 성협에서는 아주 밝고 푸른 별들이 주계열에 놓여 있다. 반면에 질량이 가장 작은 별들은 주계열의 오른쪽에 있으며 아직도 주계열을 향해 수축하고 있다. 시간이 지나면서 점점 작은 질량의 별들이 주계열에서 벗어나 진화해 나간다. 나이가 대략 130억 년인 구상 성단에는 밝고 푸른 별은 전혀 없다. 천문학자는 성단의 나이를 결정하는 데 주계열의 전향점을 이용한다.

13.4 별이 붉은거성이 된 후, 중심핵은 결국 헬륨을 융합하여 탄소와 산소를 만들어낼 정도로 뜨거워진다. 세 개의 헬륨 핵융합은 **삼중 알파 과정**을 통해 탄소를 만들어내는 핵반응 과정이다. 질량이 작은 별의 중심핵에서의 급속한 헬륨 융합의 시작을 **헬륨 섬광**이라 부른다. 그 이후, 별은 안정되고 잠시 광도와 크기가 줄어든다. 태양질량의 2배보다 작은 질량의 별에서는 중심핵에서 헬륨이 소진된 후 핵융합을 멈춘다. 수축하는 중심핵을 둘러싼 껍질층에서의 수소와 헬륨의 핵융합은 별을 짧은 시간 동안, 다시 한 번 밝은 거성으로 만든다.

13.5 태양질량의 8배가 넘는 별에서는 탄소, 산소, 그리고 더 무거운 원소가 관여하는 핵반응을 통해서 철처럼 무거운 원소를 만들어낸다. 이보다 더 무거운 원소는 초신성 폭발 동안에 생성될 수 있다. 이러한 원소의 생성 과정은 **핵합성**이라 불린다. 이런 후기 진화는 아주 빨리 일어난다. 궁극적으로 모든 별들은 가능한 에너지 자원을 전부 사용하게 된다. 죽어가는 과정에서 대개의 별은 무거운 원소가 풍성해진 물질을, 새로운 별을 만들어지는 성간 공간으로 방출한다. 연속되는 별의 세대마다 수소와 헬륨보다 무거운 원소가 더 많이 포함되어 있다. 이런 점진적인 중원소의 풍부화는 왜 산개 성단 별들이 구성 성단 별들보다 무거운 원소를 더 많이 가졌는지를 설명해주며, 지구와 우리 몸을 이루는 대부분 원자가 어디서 왔는지를 설명해 준다.

모둠 활동

A 부록 11에 있는 하늘에서 가장 밝은 별들의 리스트를 한번 보라. 그중 몇 분에 일이 주계열 진화 단계를 지났는가? 책에서는 별들이 수명의 90%를 주계열 진화 단계에서 지낸다고 했다. 이는 우리가 적당한 샘플 별들을 갖고 있다면 그중 90%는 주계열별이어야 함을 시사한다. 여러분은 왜 가장 밝은 별들의 90%가 주계열 진화단계에 있지 않은가에 대한 묘안을 생각해 내야 한다.

B H-R 도를 판독하는 것은 까다로울 수도 있다. 여러분 앞에 성단의 H-R 도가 주어졌다고 하자. 주계열 오른쪽 위에 있는 별들은 진화하여 주계열을 떠난 적색거성이거나 아직도 주계열로 진화해 오고 있는 아주 젊은 별들일 수 있다. 이들이 어떤 별들인지를 어떻게 결정할 것인지에 대해 논의하라.

C 21장에서 우리는 다른 별 주변에 있을 가능성이 있는 지적 문명체로부터 온 전파 신호를 찾기 위해 지금 진행 중인 일부 노력에 대해 논의한다. 그 탐사를 수행하기 위한 현재 우리의 자원은 매우 제한되어 있고, 우리은하에는 수많은 별들이 있다. 여러분은 그와 같은 탐사를 시작해야 할, 가능한 별들의 명단을 만들기 위해 국제천문연맹에 의해 결성된 위원회라고 하자. 명단에 들어갈 별들을 선정하기 위한 판별 조건을 목록으로 만들고, 그 판별 목록의 숨겨진 이유를 설명하라.

D 우주가 시작되자마자(빅뱅 이후 곧) 만들어진 별은 (비록 이 별이 우리 태양과 같은 질량을 갖고 있다 하더라도) 천문학 교재를 읽고 있는 천문학도들이 사는 행성을 만들 수 없다는 이유를 나열하라.

E 태양이 거성이 될 때, 지상의 모든 생명은 말살될 것이라고 확신하기 때문에 어떤 준비라도 해야 하지 않

을까? 천문학 강좌의 상당 부분 동안을 졸고 있던 한 정치 지도자가 갑자기 후한 기증자로부터 이 문제를 듣고 지구 종말을 대비하기 위해 여러분을 대책위원으로 임명했다고 하자. 왜 그와 같은 대책위원회가 실제로 불필요한지에 대한 주장들을 나열하라.

복습 문제

1. 인간과 별의 생애 중 다음 단계들을 비교하라. 출산 전, 탄생, 장기적인 청년, 중년, 노년. 질량이 태양 정도인 별은 이들 각 단계에서 어떤 일을 하는가?
2. 별이 주계열에서 어느 곳에 위치하게 되는지를 결정하는 주요인은 무엇인가?
3. 별이 중심핵에서 수소를 소진하여, 수소에서 헬륨으로의 융합이 멈출 때 어떤 일이 일어나는가?
4. 태양과 비슷한 질량을 갖는 별의 진화를 원시별 단계에서 적색거성이 될 때까지 기술하라. 먼저 말로 기술하고, 진화 경로를 H-R 도에 대략 그려라.
5. 태양과 비슷한 질량을 갖는 별의 진화를 처음으로 붉은 거성이 된 직후부터 중심핵에서 융합을 할 수 있는 최후의 연료가 소진되는 때까지 기술하라. 먼저 말하고 진화를 H-R 도에 대략 그려라.
6. 새로운 성단을 발견했다고 가정하자. 이것이 산개 성단인지 구상 성단인지를 어떻게 결정할 것인가? 결정하는 데 도움이 될 여러 특성들을 열거하라.
7. 어떻게 H-R 도가 성단의 나이를 결정하는 데 사용될 수 있는지 설명하라.
8. 여러분 대학캠퍼스의 나무줄기에 있는 탄소 원자는 어디에서 왔는가? 전설적인 '브로드웨이의 네온 빛'의 네온은 어디에서 왔는가?
9. 행성상 성운은 무엇인가? 태양 주변에도 있을 것인가? 대략 언제인가?

사고력 문제

10. 성도를 이용해서 이 시기에 볼 수 있는 산개 성단을 적어도 하나 찾아보라. (이런 성도는 매달 치 *Sky & Telescope*나 *Astronomy* 잡지에서 찾을 수 있다.) 플레이아데스와 히아데스는 가을 하늘에서 잘 보이는 천체이고, 프레세페는 봄에 잘 보인다. 밖으로 나가서 쌍안경으로 관측하고 그 결과를 기술하라.
11. 태양은 영년 주계열에 있는가? 답을 설명하라.
12. 표 13.2에 수록된 베텔지우스의 광구 반경보다 적은 궤도를 돌고 있는 태양계 행성들은?
13. 구상 성단의 생애가 시작되는 그 시기에 만들어진 작은 질량의 별 주변에서 지구 같은 행성을 발견하리라 기대하는가? 설명하라.
14. 젊은 성단의 H-R 도에서는 아주 흐린 별과 아주 밝은 별 모두가 주계열의 오른쪽에 떨어져 있지만, 중간 광도의 별은 주계열에 놓여 있다. 설명할 수 있는가? 이런 성단의 H-R 도를 그려보라.
15. 태양이 NGC 2264 성단의 구성별이라면 여전히 주계열에 있겠는가? 그 이유는?
16. 만약 성단의 모든 별이 거의 **같은 나이**를 가지고 있다면, 성단이 왜 진화 효과(별들의 생애 중 여러 단계)를 연구하는 데 유용한가?
17. 망원경으로 볼 때 분해되지 않는 한 점으로 보일 정도로 성단이 멀리 있다고 가정하자. 이 점이 성단이 만들어진 직후의 화상이었다면, 전체적인 색깔은 어떨 것으로 기대하는가? 그 색깔은 10^{10}년 이후에는 어떻게 달라질까? 그 이유는?
18. 익살을 잘 부리는 천문학자가 당신에게 헬륨보다 무거운 원소가 없는 O형의 주계열별을 발견했다고 말했다고 하자. 그를 믿겠는가? 그 이유는?

계산 문제

과학이 멋있는 이유 중 하나는 무엇이든 다른 사람의 말을 그대로 받아들이지 않아도 된다는 것이다. 우리는 스스로 검증하고 확인할 수 있다. (비록 때로는 아주 고가의 장비와 많은 훈련이 필요할 수도 있지만.) 결과를 독립적으로 입증할 수 없는 것은 과학이라 할 수 없다. 이 장에 나온 몇 가지 주장과 이미 배워 온 것은 단지 펜과 종이로 검증할 수 있다. 우리가 말한 것들이 옳은지를 살펴보라.

19. 책에서는 별이 주계열 단계를 지내는 동안에는 별의 질량이 크게 변하지 않는다고 말한다. 반면 주계열에서 별은 초기에 있었던 수소의 약 10%를 헬륨으로 변환시킨다. 핵융합에 관련된 수소 질량의 몇 %가 에너지로 변환되어 빠져나가는지를 알아내기 위해 앞의 장들을 보라. 핵융합 결과로 전체 별 질량의 얼마가 변화하는가? 그렇다면 별이 주계열에 있는 동안, 별의 질량이 크게 변하지 않는다는 말이 옳은 것인가?

20. 책에서는 질량이 큰 별은 질량이 작은 별보다 수명이 짧다고 한다. 비록 질량이 큰 별은 소모할 연료를 더 많이 가지고 있지만, 질량이 작은 별보다 더 빨리 연료를 소모한다. 이 말이 옳은가를 검증으로 확인할 수 있다. 별의 수명은 별의 질량(연료)에 정비례하고, 연료를 소모하는 비율(즉 그 광도에)에 반비례한다. 태양의 수명이 대략 10^{10}년이므로 다음 관계식이 성립한다.

$T = 10^{10}\ M/L$년

여기서 T는 주계열별의 수명이고, M은 태양질량 단위로 쓴 별의 질량, 그리고 L은 별의 광도를 태양광도 단위로 기술한 것이다.

a. 왜 이 공식이 타당한지 설명하라.

b. 표 9.2의 자료를 사용하여 수록된 주계열별들의 나이를 계산하라.

c. 질량이 작은 별들이 더 긴 주계열 수명을 갖는가?

d. 표 13.1에 있는 것과 같은 답을 얻었는가?

21. 문제 20의 식을 사용하여 그림 13.10, 13.12, 13.13, 13.14에 있는 성단들의 대략적인 나이를 구하라. 그림의 정보를 이용하여 아직도 주계열에 있는 가장 질량이 큰 별의 광도를 구하라. 이제 표 9.2의 자료를 사용하여 이 별의 질량을 구하라. 그리고 성단의 나이를 계산하라. 이 방법은 천문학자들이 성단의 나이를 구하는 데 사용하는 과정과 유사하다. 단지 그들은 실제 자료를 사용하고, 그림에서 단순히 추정하기보다는 모형 계산을 이용한다. 여러분이 구한 나이와 책에 있는 나이를 비교하라.

22. 자세한 모형 계산에서 태양이 두 번째로 거성열 꼭대기에 도달할 때, 질량은 단지 0.68 M_{sun}에 불과하고 그 지름은 1억 7천 2백만 km가 되는 것으로 얻어진다.

a. 케플러 법칙

$(M_1 + M_2)P^2 = D^3$

을 사용하여 지구 궤도의 크기를 구하라. (2장에서 이 공식에 대한 설명을 찾을 수 있다.) 이 크기를 바로 이때의 태양 지름과 비교할 때 어느 것이 더 큰가 또는 더 작은가?

b. 만일 태양이 질량 손실이 없고 그래서 지구가 현재의 궤도에 그대로 머물고 있다면 지구의 운명에 대해 어떤 결론을 내릴 수 있겠는가?

23. 그림 13.16c에서 행성상 성운의 나이를 추정할 수 있다. 성운의 지름은 우리 태양계 지름의 600배, 즉 대략 0.8광년이다. 가스는 별로부터 40 km/초의 속도로 퍼져 나간다. 거리는 속도×시간임을 기억하고 이 속도로 계속 일정하게 퍼져 나갔다면, 언제부터 가스 팽창이 시작되었는지 계산하라. 시간, 속도, 거리에 대해 확실히 똑같은 단위체계를 사용하라.

심화 학습용 참고 문헌

Chaboyer, B. "Rip Van Twinkle: The Oldest Stars Have Been Growing Younger" in *Scientific American*, May. 2001, p. 44. 구상 성단에서 나이 많은 별들의 나이 결정.

Darling, D. "Breeses, Bands, and Blowouts: Stellar Evolution Through Mass Loss" in *Astronomy*, Sept. 1985, p. 78. Nov. 1985, p. 94.

Davidson, K. "Crisis at Eta Carinae?" in *Sky & Telescope*, Jan. 1998, p. 36.

Djorgovsky, G. "The Dynamic Lives of Globular Clusters" in *Sky & Telescope*, Oct. 1998, p. 38. 성단 진화와 청색 낙오성.

Frank, A. "Angry Giants of the Universe" in *Astronomy*, Oct. 1997, p. 32. 에타 카리나와 같은 밝은 청색 변광성.

Garlick, M. "The Fate of the Earth" in *Sky & Telescope*, Oct. 2002, p. 30. 태양이 적색거성이 되면 어떤 일이 발생하는가?

Iben, I. and Tutukov, A. "The Lives of the Staars: From Birth to Dearth and Beyond" in *Sky & Telscope*, Dec. 1997, p. 36.

Kaler, J. *Stars*. 1992, Scienrific American Library/W. H. Freeman. 좋은 현대 항성진화 서론.

Kaler, J. "The Largest Stars in the Galaxy" in *Astronomy*, Oct. 1990, p. 30. 적색 초거성.

Kwok, S. *Cosmic Butterflies: The Colorful Mysteries of Planetary Nebulae*. 2001. Cambridge U. Press. 100개 이상의 화상을 포함한 서론.

Kwok, S. "What is the Real Shape of the Ring Nebular?" in *Sky & Telescope*, July. 2000, p. 33. 다른 각도에서 본 행성상 성운.

Kwok, S. "Stellar Metamorphosis" in *Sky & Telescope*, Oct. 1998, p. 30. 행성상 성운의 생성.

Mullan, D. "Caution! High Winds Beyond This Point" in *Astronomy*, Jan. 1982, p. 74. 항성풍과 질량손실.

Wolfgang Brandner, JPL/IPAC; Eva K. Grebel, University of Washington; You-Hua Chu, University of Illinois at Urbana-Champaign; and NASA

항성 생명 순환 NGC 3603의 놀라운 화상은 허블 우주 망원경으로 얻은 것으로 질량이 큰 별의 탄생부터 거의 죽음에 이르기까지 별들의 생명 순환을 보여준다. 오른쪽 위 구석에 충분한 먼지로 인해 뒤에서 들어오는 빛을 차단하는 작고 밀집된 구름이 보인다. 화상의 거의 중앙에는 나이가 단지 수백만 년밖에 안되었으며, 질량이 크고 뜨거운 별들로 이루어진 성단이 있다. 이 질량이 큰 별들에서 마구 쏟아져 나오는 이온화 복사와 빠른 항성풍은 성단 주변에 커다란 동공을 만든다. 화상 밑 근처, 중심에서 왼쪽으로 두 개의 작은 올챙이 모양의 방출 성운이 있다. 여기서 우리가 보고 있는 것은 아마도 원시행성 원반에서 증발되어 나오는 가스와 먼지일 것이다. 중심 왼쪽 위의 두드러지게 푸른 모양들은 발광 가스 고리의 중앙에 위치한 청색 초거성과 관련된 것이다. 이 고리와 그에 수직인 2개의 발광 청색 가스 로브는 별에서 분출되었으며 핵융합 반응에 의해 별의 내부에서 만들어진 무거운 원소들이 풍부하다. 이 고리는 1987년 폭발한 별, 초신성 1987A 주변과 유사하다. 아마도 이 별 역시 언젠가는 초신성이 될 것이다.

14 별들의 죽음

'내 손의 일부가 상상할 수 없을 정도로 오래 전에 폭발한 별에서 왔으니 내 손을 보시오'라고 그는 말했다.

진델(Paul Zindel)의 희곡《달에 있는 사람 매리골드(Marigolds)에 미치는 감마선의 영향》중에서

미리 생각해보기

별들은 쾅 소리를 내며 죽을까 아니면 조용히 소멸할까? 앞의 두 장에서 우리는 별들이 태어나는 과정으로부터 죽음 직전에 이르기까지, 별들의 일생에 관한 이야기를 추적했다. 이제 우리는 별들이 그들의 삶을 끝내는 과정에 대해 탐구할 때가 되었다. 각각의 별은 자신이 가진 핵에너지를 빠르게 또는 느리게 소진한다. 내부 에너지원이 없어지면 모든 별은 끊임없는 중력의 잡아당김으로 자신의 무게를 이기지 못하고 결국 붕괴하고 만다.

앞 장에서 사용한 대략적인 구분에 따라, 별들이 생애를 마치는 진화 과정을 높고 낮은 질량으로 구분해서 논의하려고 한다. 별이 격렬한 과정으로 죽느냐 아니면 조용하게 죽느냐를 결정하는 것은 태어날 때가 아니라 죽을 준비가 되었을 때의 질량이다. 바로 앞 장에서 주목했듯이 별은 중년기와 노년기에 상당량의 질량을 잃을 수 있다.

가상 실험실

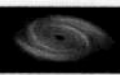 백색왜성, 신성, 초신성

 중성자별과 펄서

14.1 낮은 질량 별들의 죽음

죽기 직전의 질량이 태양질량의 약 1.4배 이하인 별로부터 시작하자. (이것이 왜 결정적 분기점인지는 곧 설명한다.) 우주에 있는 대부분 별들이 이 범주에 속한다는 점에 주목하자. 질량이 증가함에 따라 별의 개수는 감소한다(9장 참조). 음악 세계와 마찬가지로 오직 적은 수의 별 만이 슈퍼스타가 된다. 더군나 초기 질량이 태양질량(M_{Sun})의 1.4배 이상이었던 별도 죽을 때는 그 정도의 질량으로 줄어든다. 탄생할 때의 질량이 적어도 7.5 M_{Sun}, 어쩌면 10 M_{Sun}로 큰 별도 이 범주에 들만큼 질량을 잃는다.[1]

14.1.1 위기의 별

앞 장에서 별의 일생 중 H-R 도에서 두 번째로 적색거성 영역으로 올라간 다음 행성상 성운이 되기 위해 가장 바깥층의 일부를 털어내면서 질량이 태양 정도로 줄어드는 것으로 이야기를 끝냈다. 이 기간 동안 별의 중심핵은 '에너지 위기'를 겪음을 기억하자. 초기의 짧은 안정기에 중심핵에서 헬륨은 탄소(산소)로 융합할 만큼 뜨거워진다. 그러나 헬륨이 소진된 후, 별의 중심핵은 또 한 번 중력과 균형을 이룰 압력의 원천(源泉)이 없어지고 따라서 수축하기 시작한다.

이러한 붕괴는 별 중심핵의 역사에서 최종적 사건이다. 별의 질량이 상대적으로 낮기 때문에, (더 큰 질량의 별이 할 수 있는) 또 다른 융합을 시작하기에 충분할 만큼 내부 온도가 높아지지 못한다. 중심핵은 계속 수축해서 거의 물 밀도의 100만 배에 이르게 된다! 이 극한적인 밀도에서는 이전과는 다른 새로운 방식으로 마지막 균형 상태가 이루어진다. 이 과정에서 별의 잔해는 우리가 이미 9장에서 만나 본 이상한 천체인 백색왜성(white dwarf)이 된다.

14.1.2 축퇴 별

백색왜성은 지구의 어느 물질보다 밀도가 훨씬 높으므로, 백색왜성을 구성하는 물질은 우리가 일상 경험에서 알고 있는 어느 것과도 판이하게 다른 이상한 행동을 한다. 이렇게 높은 밀도로 인한 압축때문에 서로 근접하게 된 전자(electron)들의 저항 때문에 별의 중심핵에 강력한 압력이 발생한다. 이 압력은 전자의 행태를 지배하는 기본 규칙의 결과이다. 전자들의 행태에 관한 실험 연구를 통해서 규명된 이 규칙에 따르면, 어느 두 개의 전자도 동시에 같은 곳에서 같은 행태를 보일 수 없다. 전자의 위치는 공간에서 정확한 위치로 명시되고, 전자의 행동은 운동과 스핀으로 명시된다.

별 내부의 온도는 너무 높아서 전자들은 원자로부터 대부분 떨어져 나간다. 별의 일생 대부분을 통해서 별 내부의 물질 밀도는 상대적으로 낮으며, 전자는 빠르게 움직인다. 어느 두 전자도 같은 시간, 같은 위치에서 정확히 똑같은 운동을 할 가능성은 거의 없다. 그러나 핵에너지 창고가 고갈되어 별이 마지막 수축을 시작할 즈음에는 상황이 완전히 바뀐다.

별의 중심핵이 수축하면 전자는 점점 더 가까이 밀착된다. 궁극적으로 태양질량 정도의 별들은 밀도가 매우 높아져서, 더 이상의 수축이 일어나면 두 개 또는 그 이상의 전자들이 같은 운동을 하면서 같은 위치를 차지할 수 없다는 규칙을 위반하게 된다. 이러한 뜨겁고 밀집된 가스의 상태를 **축퇴**(degeneracy)되었다고 한다.[2] 축퇴 가스 속 전자는 놀랄 만한 압력으로 더 이상의 압축에 저항한다. (마치 전자가 '안으로 누르고 싶으면 더 눌러라. 그러나 우리의 존재 규칙을 어기지 않고는 더 이상 다른 전자와 밀착할 공간이 없소이다.'라고 말하는 것과 같다.)

축퇴 전자들은 그 압력을 유지하기 위해 열의 유입을 필요로 하지 않으므로, 이러한 종류의 물질 구조를 가진 별은 특별한 방해 요인이 없는 한 본질적으로 영구히 존재할 수 있다. (축퇴 전자들 사이의 반발력은 같은 전하를 가진 정상적인 전기적 반발과는 다르며 훨씬 더 강하다.)

축퇴 가스는 어느 가스에서와 마찬가지로 움직이기는 하지만 자유도는 많지 않다. 어느 한 전자는 인접한 다른 전자가 길을 비켜줄 때까지 위치와 운동량을 변경할 수 없다. 이는 큰 축구 경기가 끝난 후의 주차장과 비슷하다. 자동차가 빽빽히 주차되어 있으면 앞에 있는 차가 움직여서 공간을 내줄 때까지 움직일 수 없다. 물론 죽어가는 별 안에는 전자뿐만 아니라 원자핵도 있지만 이 단계에서 별 중심핵의 붕괴를 막아주는 것은 전자의 압력이다.

14.1.3 백색왜성

백색왜성은 더 이상 수축할 수 없는 축퇴 전자로 이루어진 중심핵을 가진 별이다. 낮은 질량 별의 최후 상태가 백색왜성임을 보여주는 계산은 인도계 미국인 천체물리학자인 찬드라세카르(S. Chandrasekhar)가 처음으로 수행했다('천문학 여행: 서브라마얀 찬드라세카르' 참조). 그는 축퇴 전자가

[1] 역자 주-체중 감량 프로그램인 제니 크레이그(Jenny Craig)의 고객도 선망할만한 성취도다. 제니 크레이그는 인기 체중감량 프로그램이다.

[2] 역자 주-이 말은 물리학자들이 만든 용어로 전자의 윤리적인 성격과는 관련이 없다. degenerate는 퇴폐적이라는 나쁜 뜻도 가지고 있다.

천문학 여행

서브라마얀 찬드라세카르

Courtesy of Emilio Segrè Visual Archives, Physics Today Collection

S. Chandrasekhar
(1910~1995)

1910년 인도 라호어에서 태어난 서브라마얀 찬드라세카르(친구와 동료들 사이에는 찬드라로 알려짐)는 학문과 과학에 대한 흥미를 강조하는 환경의 집안에서 자랐다. 그의 삼촌 라만(C.V. Raman)은 1930년에 노벨상을 탄 물리학자였다. 조숙한 학생이었던 찬드라는 당시 인도에서 이과 서적을 구하는 것이 어려웠지만, 물리학과 천문학의 최신 아이디어를 다룬 책들을 최대한 많이 읽으려고 노력했다. 그는 19살에 대학을 마치고 영국에서 공부할 장학금을 받았다. 그가 백색왜성의 구조에 관한 계산을 처음 시작한 것은 대학원에 가기 위한 기나긴 선박 여행 동안이었다.

찬드라는 대학원 시절과 그 후에 자신의 아이디어를 발전시켜 이미 논의한 태양질량보다 1.4배 이상인 백색왜성은 존재할 수 없음을 보였다. 그의 이론은 별들의 시신에 또 다른 종류가 존재함을 암시한다. 이 기간에 그는 수줍고 외로웠으며, 다른 학생들로부터 소외되어 자신의 주장을 내기 두려워했고, 인도에서 읽었던 글을 통해 알게 된 유명한 교수와 면담하기 위해 시간을 기다리며 지냈다. 그의 계산 결과는 그의 아이디어를 조롱했던 아더 에딩턴(Arthur Eddington) 경과 같은 저명한 천문학자들과 대립되는 위치에 놓이게 만들었다. 여러 천문학 학술대회에서 헨리 노리스 러셀(Henry Norris Russell) 같은 그 분야의 선도자들은 찬드라에게는 자신의 아이디어를 방어할 기회를 주지 않고, 그를 비판하는 다른 학자들에게는 충분한 시간을 내 주었다.

그러나 찬드라는 자신의 이론을 명백하게 밝히는 책과 논문을 써서 올바른 주장으로 인정받았을 뿐만 아니라 별의 죽음에 대한 현대적 이해의 기틀을 마련했다. 이 초기 연구로 1983년에 그는 노벨 물리학상을 받았다.

1937년 찬드라는 미국으로 건너가 시카고 대학의 교수가 되었고, 평생을 그곳에서 보냈다. 그는 연구와 교수에 헌신하여 은하 내 별들의 운동으로부터 블랙홀이라는 기이한 천체의 행태에 이르기까지 여러 천문학 분야에서 주요 공헌을 하였다(15장 참조). 1999년 NASA는 지구 궤도를 도는 고성능의 x-선 망원경(별들의 주검을 탐사하도록 디자인되었음)을 찬드라 천문대로 명명했다.

찬드라는 대부분의 시간을 대학원 학생들과 함께 보내면서 그의 생애 동안 50명 이상의 박사를 지도했다. 그는 강의에 대한 의무를 아주 중요하게 생각했다. 1940년대 여키스 천문대에 머물면서 그는 매주 몇 명에 불과한 학생의 수업을 위해 대학까지 160 km 이상을 운전하기도 했다.

찬드라는 음악, 예술, 그리고 철학에도 깊은 열정을 가져 인간과 과학 사이의 관계에 대한 논문과 책들을 썼다. 그는 "사람들이 음악이나 미술을 즐기는 것과 같이 과학 또한 그렇게 배울 수 있다. 하이젠버그(Heisenberg)는 '아름다움 앞에서의 전율'이라는 훌륭한 말을 했다. 이것이 내가 가지고 있는 느낌이다."라고 썼다.

수축을 멈추기 전까지 별이 얼마나 작아지며, 최후의 지름은 얼마나 되는지를 보였다(그림 14.1). 별의 질량이 크면 클수록 그 반경은 더 작아진다.

태양과 같은 질량의 백색왜성은 대략 지구 정도의 지름을 가지고 있다. 이는 별로서는 극히 작은 크기이며 물질의 밀도가 엄청나게 높음을 의미한다. 찻숟가락 하나 정도의 백색왜성 물질은 (만약 압축된 상태로 지구로 가져올 수 있다면) 쓰레기가 가득 실린 트럭보다도 무거울 것이다.

찬드라세카르가 백색왜성에 대한 계산을 했을 때 그는 그림 14.1에 확실하게 보여준 아주 놀라운 것을 발견했다. 백색왜성의 크기는 별의 질량이 증가함에 따라 줄어든다는 것이다. 가장 성공적인 이론 모형으로는, 약 1.4 M_{Sun} 또는 그보다 큰 질량의 백색왜성은 반지름이 0이 된다! 이 계산이 우리에게 말하는 것은, 이보다 질량이 큰 별의 수축은 축퇴 전자의

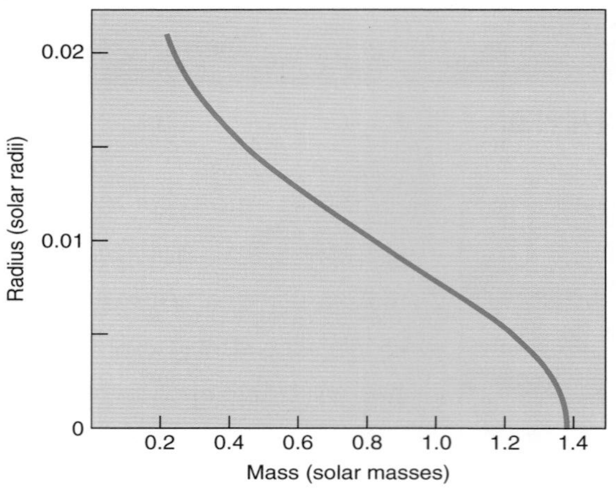

■ **그림 14.1**
백색왜성의 질량과 반지름의 관계 백색왜성의 구조 모델로서 별의 질량이 증가하면(오른쪽) 별은 점점 작아짐을 보여준다.

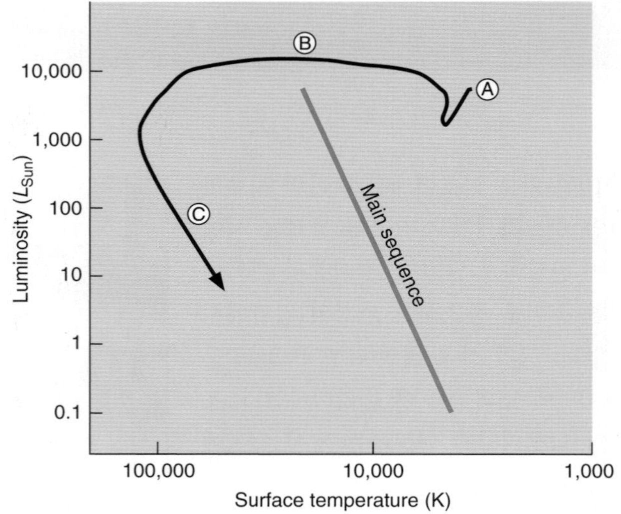

■ **그림 14.2**
태양과 같은 별에 대한 진화 경로 이 그림은 생애의 거의 마지막에 다다른 태양 정도 질량의 별에 대한 광도와 표면온도 변화를 보여준다. 별이 다시 거성이 된 후(그림에서 점 A) 중심핵이 수축을 시작하면서 점점 많은 질량을 잃는다. 질량 손실은 뜨거운 안쪽 중심핵을 노출해 그것이 행성상 성운의 중심에 나타나게 한다. 이 단계에서 별은 수축하는 동안 점점 뜨거워져 그림에서 왼쪽으로 가로질러 지나간다(점 B). 처음에는 광도가 일정한 수준에 남아 있으나 별이 줄어들면서 점점 어두워진다(점 C). 이제 이 별은 백색왜성이고 나머지 에너지 재고가 모두 방출될 때까지 수십억 년 동안 천천히 식는다. [이 모형은 태양이 거성 단계에서 약 46%의 질량을 잃는다고 가정했다. 이는 색크만(Sackmann), 부드로이드(Boothroyd), 그리고 크레머(Kraemer) 등의 계산에 근거한 것이다.]

힘으로도 막지 못한다는 것이다. 별이 백색왜성이 될 수 있는 최대 질량—1.4 M_{Sun}—을 **찬드라세카르 한계**(Chandrasekhar limit)라 부른다. 이 한계를 넘어서는 질량의 별은 다음 절에서 탐구할 다른 종류의 종말을 맞는다.

14.1.4 백색왜성의 궁극적 운명

주계열별의 탄생을 핵융합 반응의 시작으로 정의한다면, 핵융합 반응의 끝은 별의 죽음으로 봐야 한다. 중심핵이 축퇴 압력에 의해 안정됨에 따라 마지막 핵융합의 발생 영역은 별 바깥쪽으로 퍼져 나가서, 그곳에 아직 남은 아주 적은 양의 수소가 소모된다. 이제 별은 진정한 백색왜성이 되었다. 더 이상의 에너지원이 없다. (그림 14.2는 태양과 같은 별의 H-R 도상에서의 경로 진화를 보여준다.)

백색왜성이 더 이상 수축할 수 없기 때문에(핵융합을 통해 에너지를 발생하지 못하기 때문에), 유일한 에너지원은 별 내부의 원자핵들의 운동으로 발생되는 열이다. 백색왜성이 방출하는 빛은 내부에 저장된 상당량의 열로부터 나온다. 그러나 백색왜성은 모든 열을 서서히 우주 공간으로 방출한다. 수십억 년 후에는 열이 없어지고 원자핵들은 훨씬 천천히 움직이게 되며 백색왜성은 더 이상 빛을 내지 못한다. 그렇게 되면 이 별의 질량은 별과 같지만 크기는 행성 정도인 차가운 별의 시신(屍身)인 검은왜성(black dwarf)이 된다. 이러한 별은 탄소와 산소로 이루어지는데, 이 물질들은 별 내부에서 발생하는 최후의 핵융합 반응에서 생성된 것이다.

이제 낮은 질량 별을 떠나면서, 마지막으로 놀라운 일을 경험하게 된다. 계산에 의하면 축퇴 별이 식어감에 따라 별의 내부에서 원자들은 고도로 압축된 거대한 격자(수정 속에서와 같이 원자들이 정돈된 줄로)로 '고형화'된다. 탄소는 이렇게 압축되어 결정화되면 다이아몬드가 된다. 백색왜성 내부에서 다이아몬드 같은 물질을 채취해서 사랑하는 애인에게 주려고 한다면 몸뚱이가 먼저 부서져 버리겠지만, 그래도 백색왜성은 눈으로 보여줄 수 있는 가장 인상적인 약혼 선물이 될 것이다.

14.1.5 별들이 진화하면서 많은 양의 질량을 방출하는 증거

별이 백색왜성이 되느냐 마느냐는 그 별이 적색거성과 그 이전의 진화 단계에서 얼마나 많은 질량을 방출하는가에 달려 있다. 찬드라세카르 한계보다 질량이 작은 별들은 연료가 떨어지면 처음에 어떤 질량으로 태어났느냐에 상관없이 모두 백색왜성이 된다. 그러면 어떤 별들이 이 한계에 도달하기에 충분할 정도의 질량을 방출하는가?

이 질문에 대한 답을 얻기 위한 한 가지 전략은 젊은 산개 성단을 주목하는 것이다. 예로써 우리 이웃 은하인 대마젤

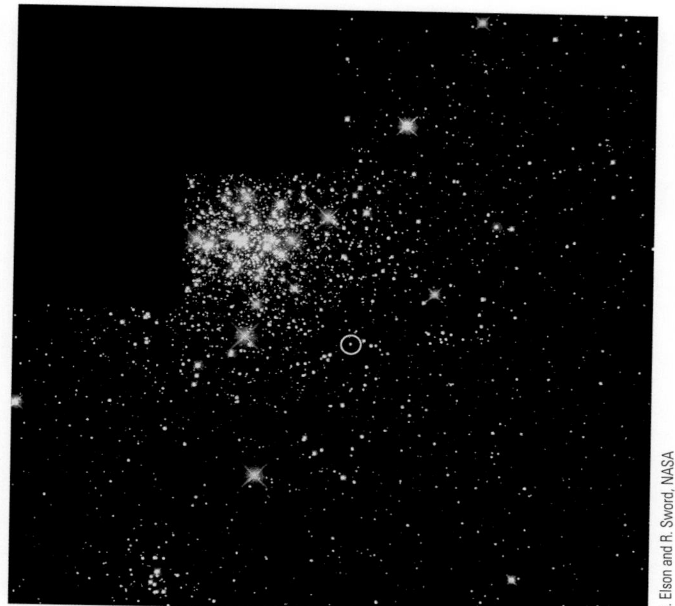

■ 그림 14.3

젊은 성단 내 백색왜성 이 허블 망원경이 찍은 사진에 보이는 성단은 거리가 약 160,000광년인 대마젤란운이라 불리는 이웃 은하에 있다. 이 성단은 나이가 약 4천만 년이다. 천문학자들이 H–R 도를 그려서 질량이 약 7.5 M_{Sun}인 별들이 주계열을 떠나는 진화를 시작함을 알아냈다. 그런데 원 속의 별은 이 성단에 속하는 백색왜성이다. 별은 질량이 1.4 M_{Sun}보다 작아야 백색왜성이 될 수 있으므로 이 별은 진화에서 주계열을 떠난 시간과 거성 단계를 마무리 짓는 시간 사이에 6 M_{Sun} 이상을 상실했어야 한다.

란운에 속한 젊은 성단 NGC 1818을 주의 깊게 관측해 보면, 7.5 M_{Sun}의 질량을 가진 성단에 속한 별들이 아직 주계열에 머물러있음을 알 수 있다. 이는 이보다 큰 질량을 가진 별들이 핵에너지의 공급이 끝나면서 백색왜성의 단계로 진화를 마무리했음을 의미한다. 그런데 이 성단에는 적어도 하나의 백색왜성이 포함되어 있다(그림 14.3). 백색왜성이 된 별은 7.5 M_{Sun}보다 더 큰 주계열 질량을 가졌음을 의미한다. 그 이유는 이보다 작은 질량의 별들은 핵에너지를 다 사용해 버릴 만큼 충분한 시간을 갖지 못했기 때문이다. 그러니까 이 별은 6 M_{Sun} 이상의 질량을 방출해서 핵에너지 생성이 멈추어졌을 때 질량이 1.4 M_{Sun}보다 작아졌던 것이다. 이는 탄생 초기에는 태양을 가볍게 보이게 했던 무거운 별들도 태양과 같은 방식으로 최후를 마무리지을 수 있음을 뜻한다.

14.2 무거운 별의 진화: 폭발적인 종말

질량 방출 덕분에 질량이 적어도 7.5 M_{Sun}(이보다 더 클 수도 있음)까지의 별들은 그의 생애를 백색왜성으로 끝낸다. 그러나 우리는 별들이 150 M_{Sun}의 큰 질량을 가질 수 있음을 알고 있다. 이들은 폭발적으로 죽는 별이다.

14.2.1 중원소의 핵융합

질량이 큰 별의 중심핵에서 헬륨이 고갈된 이후(13.5절 참조)에 진행되는 진화는 질량이 작은 별의 진화와 완전히 다른 과정을 걷는다. 무거운 별에서 바깥층의 무게는 탄소와 산소의 중심핵이 수축을 일으켜서 탄소가 산소, 네온, 그리고 마그네슘으로 융합되기에 충분할 만큼 가열된다. 이런 방식의 수축과 가열 그리고 다른 핵연료의 점화 순환은 여러 차례 더 반복된다. 각각 가능한 핵연료가 소진된 후 별의 중심핵은 더 무거운 핵을 융합시킬 정도로 높은 온도에 도달할 때까지 수축한다. 탄소의 연소로 규소, 황, 칼슘, 그리고 아르곤 등이 만들어진다. 이런 원소들이 더 높은 온도로 가열되면 철로 융합될 수 있다. 무거운 별들에서 이런 단계는 너무나 빠르게 진행된다. 정말 무거운 별에서는 가장 최후의 융합 단계가 수 개월 또는 수 일 정도밖에 걸리지 않는다.

마지막 진화 단계에서 무거운 별은 철 중심핵을 가진 양파와 비슷하다. 중심에서 바깥쪽으로 나가면서 점진적으로 온도가 낮아지는 껍질이 형성되는데 여기서 점진적으로 낮은 질량의 핵들—규소와 황, 산소, 네온, 탄소, 헬륨 그리고 마지막으로 수소—이 융합 반응을 일으킨다(그림 14.4).

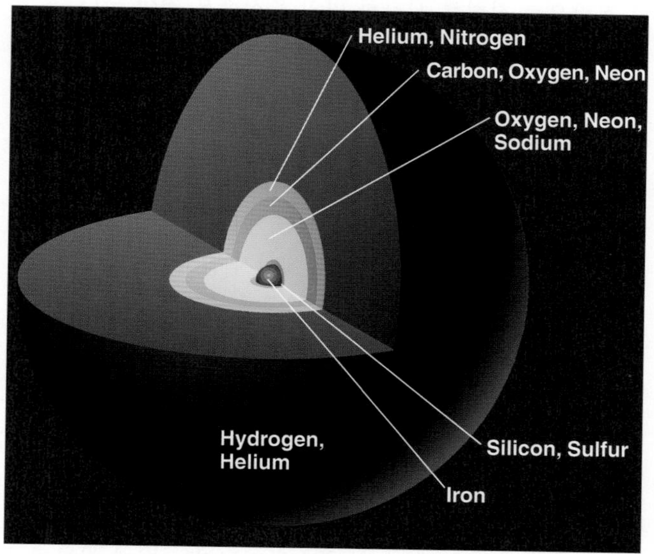

■ 그림 14.4

늙고 무거운 별의 구조 최후의 중력 붕괴가 일어나기 바로 전에 무거운 별의 내부 구조는 양파를 닮는다. 철 중심핵은 규소와 황, 산소, 네온, 일부 산소와 혼합된 탄소, 헬륨, 그리고 마지막으로 수소의 층으로 둘러싸인다. (이 그림은 규격이 정확하지는 않지만 그러한 별이 어떤 모습일까를 보여주는 일반적인 개념을 나타낸다.)

그러나 핵융합으로 원소가 합성되면서 평화로운 과정이 지속되는 기간은 한계가 있다. 규소가 철로 되는 융합 과정은 평화로운 원소 생성 계열의 마지막 단계다. 이때까지 핵융합 반응을 통해 에너지가 생산되는데, 그 이유는 각 원소의 융합으로 만들어지는 핵이 원래의 원자핵들보다 더 안정되어 있기 때문이다. 7장에서 논의한 대로 가벼운 핵들은 더 단단히 묶인 무거운 핵으로 융합하는 과정에서 결합에너지의 일부를 방출한다. 이 방출된 에너지로 인해 별의 중심핵에 압력이 유지되어 별이 붕괴되는 것을 막아준다. 그러나 알려진 모든 핵들 중, 철이 가장 단단히 묶인 안정된 원자이다.

다음과 같이 생각할 수도 있다. 작은 질량의 원자핵들은 철로 '성장'하는 것을 목표로 하고 있으며, 그를 위해 대가를 지불할(에너지를 방출할) 각오가 되어 있다. 그러나 철은 자존심 강한 원자핵으로 자신의 존재에 만족한다. 이런 안정한 원자핵 구조를 변화시키려면 보상(에너지의 흡수)이 필요하다. 지금까지 일어났던 여러 단계의 핵반응과는 반대의 상황이다. 이제 안쪽으로 끌어 잡아당기는 중력과 균형을 이루기 위해 필요한 에너지를 스스로 생산하지 못하는 별들은 대재앙을 맞게 된다.

14.2.2 중성자 공으로의 붕괴

핵반응이 정지되면 무거운 별의 중심핵은 백색왜성에서와 같이 축퇴 전자에 의해서 압력이 유지된다. 적어도 10 M_{Sun}의 질량으로 진화를 시작한 별의 중심핵은 철이 된다. 초기 질량이 8~10 M_{Sun}의 범위인 별의 경우, 철같이 무거운 원소를 만들 정도로 온도가 뜨거워지지 않기 때문에 중심핵은 산소, 네온 또는 마그네슘이 된다.

백색왜성의 중심핵에서는 에너지가 생성되지 않지만, 중심핵을 둘러싸고 있는 껍질에서는 핵융합이 계속 일어난다. 껍질에서 핵융합 반응이 끝나고 에너지 발생이 멈춰지면, 마지막 핵반응으로 생성된 재는 백색왜성 중심핵으로 떨어져서 중심핵의 질량을 증가시킨다. 그림 14.1에서처럼 질량이 커질수록 중심핵은 작아진다. 축퇴 가스라도 공간은 대부분 비어있기 때문에 수축이 가능하다. 전자와 원자핵은 극히 작다. 별의 중심부에 있는 전자와 핵은 우리가 사는 방 안의 공기에 비하면 빽빽하지만 그 사이에는 아직 넓은 공간이 남아있다. 처음에는 전자들이 서로 더 가깝게 접근되는 것에 저항해서 중심핵은 조금 줄어든다. 그러나 궁극적으로 철로 이루어진 별 중심핵의 질량이 더 커져서 축퇴 전자조차도 더 이상의 중력 수축을 지탱할 수 없게 된다. 밀도가 4×10^{11} g/cm^3 (물 밀도의 4,000억 배)에 이르면, 전자의 일부는 실제로 원자핵 속으로 밀려 들어가서 양성자와 결합하여 중성자가 된다. (붕괴하는 별의 엄청난 밀도에서 가능하다.) 전자들 중 일부가 사라짐에 따라 중심핵은 별의 위 껍질층이 안으로 밀려드는 것을 더 이상 지탱할 수 없게 된다. 따라서 중심핵은 빠르게 수축하기 시작한다. 이제 원자핵은 전자들을 더 이상 붙잡아 둘 수 없게 되어 더 많은 전자들이 원자핵 속으로 빨려 들어가 궁극적으로 중성자로 포화된 상태를 이룬다.

이 시점에서 중심핵에서 압축된 중성자들은 새로운 힘을 낸다. 전자에서 그러했듯이, 중성자도 같은 위치에서 같은 운동을 하는 것에 대해 강하게 저항한다. 이러한 축퇴 중성자(degenerate neutron)에 의해 만들어진 힘은 축퇴 전자에 의한 것보다 훨씬 강력해서 궁극적으로 별의 수축을 막는다. 계산에 의하면 중성자로만 이루어진 별의 질량 상한은 약 3 M_{Sun}이다.

다시 말해, 붕괴하는 중심핵이 3 M_{Sun}보다 작은 질량을 가지고 있다면, 중성자로 만들어진 압착된 공은 안정 상태에 도달하는데, 천문학자들은 이를 **중성자별**(neutron star)이라 부른다. 그러나 중심핵의 질량이 이 한계 질량보다 크면, 중성자의 축퇴조차 중심핵이 붕괴하는 것을 막을 수 없으며, 결국 별은 믿을 수 없을 정도로 압축된 블랙홀(black hole)로 바뀐다. 블랙홀은 다음 장의 주제다. 지금의 주제는 중심핵의 붕괴가 축퇴 중성자에 의해 멈춰진 별로 제한한다.

14.2.3 붕괴와 폭발

축퇴 중성자에 의해서 붕괴가 정지되면 중심핵은 더 이상 파괴되지 않으나, 별의 나머지 부분은 그대로 폭파되면서 흩어진다. 이 일이 어떻게 일어나는지를 여기에서 설명한다.

전자가 핵에 흡수되면서 일어나는 별의 붕괴는 매우 빠르다. 지구와 같은 크기의 별 중심핵은 1초 이내에 지름이 20 km 이하로 작아진다. 물질이 안쪽으로 떨어지는 속도는 광속의 1/4에 이른다. 수축은 중심핵의 밀도가 (우리가 아는 물질 중 가장 밀도가 높은 상태인) 원자핵 밀도를 능가할 즈음에 멈춘다. 전형적인 중성자별은 너무 압축되어 그 밀도가 이 세상 모든 사람들을 빗방울 하나 크기로 뭉쳐 놓은 밀도와 같다. 사람들은 중성자별의 빗방울 하나 만큼의 가치를 가진 셈이다.

중성자의 축퇴 때문에 밀집된 별의 중심핵은 수축에 대해 강력하게 저항하여 수축을 갑자기 멈추게 만든다. 갑작스러운 멈춤에 의한 충격은 외부로 전파되는 충격파를 일으킨다. 그러나 이 충격만으로는 별이 폭파되기에 충분치 않다. 충격에 의해 생기는 에너지는 위에 놓인 짙은 가스층에서 원자핵에 빠르게 흡수되어 핵이 각각 중성자와 양성자로 깨진다.

핵반응 과정에 대한 지식으로부터 우리는 별의 중심핵에서 전자와 양성자가 합쳐져 중성자를 만들 때마다 중성미자(neutrino)가 방출됨을 알고 있다. 7장에서 소개된 이 유령과 같은 소립자는 핵에너지 일부를 가지고 달아난다. 별이 최후의 처참한 폭발을 일으키는 것도 이들 때문이다. 중성미자 전체가 가진 에너지는 엄청나다. 폭발후 처음 1초 동안 중성미자가 가지고 달아나는 에너지(10^{46} W)는 우리가 볼 수 있는 모든 은하 내의 별들이 방출하는 에너지보다 더 크다.

정상적인 중성미자는 보통의 물질과 상호작용을 잘 일으키지 않지만(7장에서 이들은 전적으로 반사회적이라 비난했다), 붕괴하는 별 중심 근처에 있는 물질은 아주 밀도가 높아서 중성미자가 이 물질과 상호작용을 일으킨다. 중성미자들은 별 중심핵 바로 바깥층에 에너지의 일부를 쏟아 놓는다. 거대한 에너지의 갑작스러운 투입으로 인해 이 층은 별 내부로부터 떨어져 나와서 외부로 내몰린다. 이때 엄청난 양의 물질이 우주 공간으로 흩어진다.

그 결과로 생기는 폭발을 **초신성**(supernova, 그림 14.5)이라 한다. 이러한 폭발이 가까운 곳에서 일어난다면, 다음 절에서 논의하는 것과 같이, 엄청난 장관을 이루는 사건이 하늘에서 벌어질 것이다. (실제로는 적어도 두 가지의 서로 다른 초신성 폭발이 있다. 우리가 설명한 종류, 즉 무거운 별의 붕괴는 역사적인 이유로 제II형 초신성이라 불린다. 14.5절에서 그 특성이 어떻게 다른지 서술할 것이다.)

표 14.1에 여러 다른 초기 질량을 가진 별들의 생애 종말에 어떤 일이 일어나는가에 대해 현재까지의 연구 결과를 요약해 놓았다. 다른 여러 과학적 지식과 마찬가지로, 이 목록은 진행 보고서다. 여기 보인 것은 현재의 모형과 관측으로부터 얻을 수 있는 최선의 결과다. 모형이 개선되면 여러 결과를 만들어내는 질량 한계는 어느 정도 바뀌게 될 것이다. 별들이 죽을 때 구체적으로 어떤 일이 일어나는지 아직도 이해하지 못하는 부분이 많이 남아 있다.

■ **그림 14.5**
별의 폭발 대마젤란운에 있는 초신성 1987A 부근의 폭발 이전과 이후를 보여준다. 화살표는 폭발한 별을 나타낸다. 폭발 이후에 이런 화살표를 찍는 것은 쉬운 일이다. 천문학자는 어느 별이 다음에 폭발할지를 미리 알려주는 이런 화살표가 나타나도록 기원하는 수밖에 없다. 이 두 사진 사이의 화상의 질적 차이는 지구 대기효과 때문이다. 폭발 전의 사진이 찍힐 때 대기가 더 안정되어 있었다.

표 14.1 다른 질량을 가진 별들의 궁극적인 운명

초기 질량(태양질량=1)	별 생애 끝에 마지막 상태
<0.01	행성
0.01부터 0.08	갈색왜성
0.08부터 0.25	주로 헬륨으로 이루어진 백색왜성
0.25부터 8~10	주로 탄소와 산소로 이루어진 백색왜성
8~10부터 12*	산소-네온-마그네슘의 백색왜성
12부터 40	중성자별을 남기는 초신성 폭발
>40	블랙홀을 남기는 초신성 폭발

* 이 질량 범위의 별은 지금 우리가 논의한 것과 다른 형태의 초신성을 만들 수도 있다.

14.2.4 초신성이 주는 것과 빼앗아 가는 것

초신성 폭발 후 질량이 큰 별은 일생의 종말을 맞는다. 그러므로 무거운 별 하나하나의 죽음은 그것이 속한 은하의 역사에서 매우 중요한 사건이다. 그들이 생애에 걸쳐 융합한 원소는 폭발과 함께 공간으로 방출되고 '재생'되어 새로운 별과 행성들을 만드는 재료가 된다. 초신성과 행성상 성운

연결고리

역사 속의 초신성

우리은하에서 많은 초신성 폭발은 주목받지 못한 채 지나갔지만, 몇몇은 엄청난 장관으로 선명히 보였고, 당시의 관측자와 역사가에 의해서 기록되었다. 2000년 전의 기록을 이용해서 우리는 폭발한 별이 어디에 있는지 그리고 오늘날 그 잔해가 어디 있는지를 찾는 데 도움을 얻는다.

가장 극적인 초신성은 AD 1006년에 관측되었다. 이 초신성은 5월 대낮에도 보일 정도의 밝은 점으로 나타났으며, 아마 금성보다 100배는 밝았다. 이 별은 밤에 그림자를 만들 정도로 밝았으며, 유럽과 아시아 모두에서 경외심과 두려움을 갖게 했던 천체로 기록되었다. 이전에는 이 같은 천체를 보지 못했었다. 중국 천문학자는 일시적으로 장관을 이루는 점에 주목하여 이를 '손님별(객성)'이라 불렀다.

천문학자 데이비드 클라크(David Clark)와 리처드 스티븐슨(Richard Stephenson)은 전 세계를 다니며 1006년 초신성에 대한 기록을 20개 이상 찾아냈다. 이 기록들로부터 초신성이 하늘의 어느 곳에서 폭발했는지를 비교적 정확하게 추정할 수 있었다. 그들은 그 위치를 현재의 이리자리(Lupus)로 정했다. 그들이 결정한 자리 근처에서 상당히 어두운 초신성 잔해가 발견된다. 그것의 필라멘트가 팽창하는 것으로 보아 실제 약 1000년 정도 오래된 것으로 보인다.

또 다른 손님별은 AD 1054년 중국에 기록되어 있다. 게 성운이라 불리는 이 별의 잔해는 그림 14.11에 보였다. 이는 놀라울 정도로 복잡한 천체로 이에 대한 연구가 질량이 큰 별의 죽음을 이해하는 데 열쇠가 되었다. 우리는 이 초신성이 목성 정도의 밝기였을 것으로 추정하며 1006년 사건과는 비교할 수 없을 정도였으나 그래도 하늘에서 이 천체를 추적한 사람에게는 상당히 극적인 것이었음을 알 수 있다. 예를 들어 뉴멕시코의 아메리카 원주민은 의식을 행할 때 동굴 벽화에 이 새로운 별을 초승달과 함께 기록하였다. 또 다른 희미한 초신성은 AD 1181년에도 보였다.

그다음의 초신성은 1572년 11월에 보였고, 금성보다 밝아서 젊은 티코 브라헤(Tycho Brahe, 2장 참조)를 포함해서 여러 관측자의 눈에 띄었다. 티코는 1년 반 이상 별에 대한 주의 깊은 관측에서 이 별이 다른 항성들에 비해 움직이지 않는 점으로 보여 혜성이나 지구 대기에 의한 현상이 아님을 알았다. 그는 이것이 별들의 영역에 속하는 현상인 것으로 추정했다. 티코의 초신성 잔해(현재 불리는 이름)는 아직도 전자기파 스펙트럼의 여러 파장대로 관측된다.

이에 티코 브라헤의 과학적인 상속자 요하네스 케플러(Johannes Kepler)도 1604년에 초신성을 발견하였다. 이것으로부터의 질량 방출이 없었다면 이 책의 저자나 독자들도 이 세상에 존재하지 못했을 것이다.

그러나 초신성 폭발은 앞 장에서 우리의 보석을 이루는 원자들이 어디서 왔는지 질문하면서 암시한 또 다른 창조적인 공헌을 하고 있다. 초신성 폭발은 팽창하는 물질과 함께 에너지가 높은 중성자의 홍수를 만들어 낸다. 이 중성자는 철이나 다른 원자핵에 흡수되면서 양성자로 바뀐다. 따라서 이들은 지상의 인기 품목인 금이나 은을 포함한 철보다 더 무거운 원소를 만들어 내게 된다. 금이나 우라늄 같은 원자를 만들어 내는 유일한 장소가 바로 초신성인 것이다. 우리가 금이나 보석을 착용할 때(또는 애인에게 선물할 때), 그 보석 원자 하나하나는 한 때 폭발하는 별의 일부였다는 사실을 마음에 새기기 바란다!

초신성이 폭발할 때 만들어진 원소들(별이 더 안정된 시기에 만들어진 원소들을 포함해서)은 성간 가스 속으로 방출되어 뒤섞인다. 그러므로 초신성은 우주에 다양한 화학 원소를 공급하는 중요한 역할을 한다(그림 14.6).

더구나 초신성은 11.4절에서 논의한 높은 에너지의 우주선(cosmic-ray) 입자를 만들어 내는 곳이다. 폭발한 별로부터 나온 입자들은 우리은하의 자기장에 붙잡혀 거대한 은하수의 나선 팔 주변을 계속 돈다. 과학자들은 지난 수십억 년 동안 지구 생명체의 유전자 물질을 때리는 고속 우주선이 행성에 사는 생명체의 진화를 이끈 지속적 돌연변이(mutations)—유전자 암호의 미묘한 변화—에 공헌했을 것으로 추측한다. 이런 여러 방식으로 초신성은 별, 행성, 그리고 생명체들이 새로운 세대로 발전하는 데 부분적인 역할을 담당했다.

그러나 초신성은 어두운 면도 가진다. 불행히도 초신성이 될 운명인 질량이 큰 별 주변에 생명체가 존재한다고 가정하자. 이 생명체는 폭발로부터 나오는 혹독한 복사와 높은 에너지 입자들이 그들 세계에 도달할 때 소멸할지도 모른다. 일

Newe Zeitung.
Von dem wunderbaren neuwen/vnnd vor nicht mehr gesehenen Sternen/welcher sich noch auff heutigen tag erzeigt vnd sehen lasst/in disem 1573. Jar den zwentzigsten Januarij/wirt hie auff das aller kürtzest angezeigt vnnd beschriben.

(a)

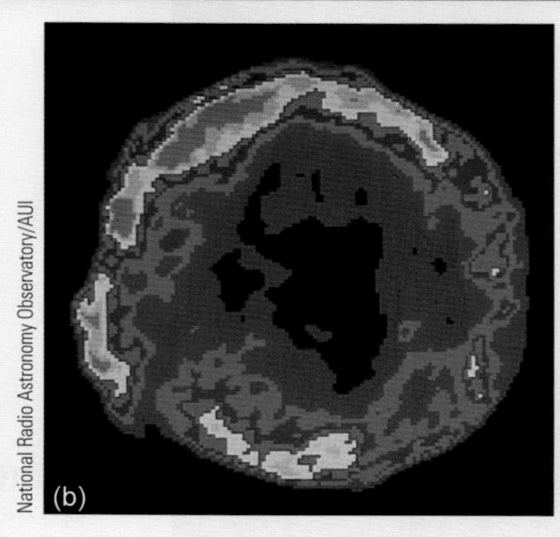

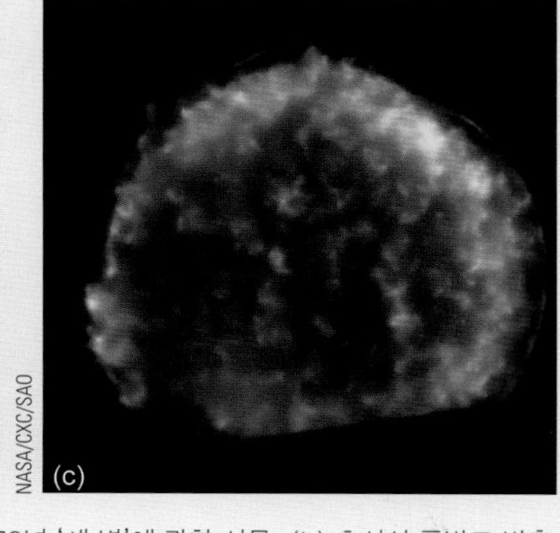

1572년 티코 브라헤 초신성의 여러 모습 (a) 1573년 '새 별'에 관한 신문. (b) 초신성 폭발로 방출된 가스의 팽창하는 껍질이 방출하는 전파의 최근 지도. 다른 색깔은 자기장 내를 회전하는 극히 높은 에너지의 전자가 만들어내는 전파 방출의 다른 강도를 나타낸다. 중심 방출원은 발견되지 않았다. 폭발한 별의 잔해는 남아있지 않다. (c) 폭발에서 나온 물질이 팽창하면서 주변의 성간 가스 속으로 빨려 들어가서 아주 높은 온도를 만든다. 여기 찬드라 x-선 위성이 찍은 영상에 보인 것과 같이 충격받은 물질은 x-선으로 빛을 낸다. 적색, 녹색, 그리고 청색은 각각 낮은, 중간 정도, 그리고 높은 에너지를 나타낸다. 이 영상의 아래쪽이 잘렸는데 그 이유는 이 초신성 잔해의 가장 남쪽 영역은 탐지기의 시야를 벗어났기 때문이다.

은 티코의 것에 비해 어둡지만 역시 약 1년 동안 보였다. 케플러는 관측에 관한 책을 저술했는데, 갈릴레오를 비롯한 하늘에 관심이 많은 사람에 의해서 흥미롭게 읽혔다.

지난 300년 동안에 우리은하에서 어떤 초신성도 발견되지 않았다. 눈에 보이는 초신성은 우연히 일어나는 것이므로 다음이 언제 나타날지 예언하는 방법은 없다. 전 세계에서 수십 명의 전문가와 아마추어 천문가가 하늘에서 손님별을 발견하는 첫 사람이 되어 작은 역사를 만들기 위해 밤중에 일어나는 '새로운' 별을 찾으려고 하늘을 감시하고 있다.

부 천문학자들이 추측하듯이, 만약 생명체가 수명이 긴(낮은 질량) 별 주위에 있는 행성에서 살아간다고 해도 장기적인 진화와 생존은 태어나서 살고 있는 별과 행성의 적합성에만 달려 있다고 할 수는 없다. 쾌적하고 안정된 별 주위에 생명체가 형성되겠지만, 근처에서 무거운 별이 초신성으로 폭발하게 되면 주변의 생명체는 곧 소멸할 것이다. 전장에서 태어난 아이들이 폭력이 넘치는 이웃의 희생자가 되듯이 초신성이 될 별 가까운 곳에 사는 생명체는 잘못된 시간과 잘못된 장소를 선택한 죄의 희생양이 될 수 있다.

초신성 폭발로부터 안전한 거리는 얼마인가? 폭발의 세기, 초신성의 유형(14.5절 참조), 그리고 파괴를 받아들이는 능력 등에 관계될 것이다. 우리로부터 50광년(LY) 이내 거리의 초신성은 확실하게 지구의 생명을 끝낼 수 있으며, 100광년의 거리에서조차 복사 세기가 지구에 심각한 결과를 초래한다.

좋은 소식은 현재 태양으로부터 50광년 이내에는 초신성이 될 정도로 무거운 별이 없다는 것이다. (이유는 초신성이 될 정도로 무거운 별이 원래 아주 드물기 때문이다.) 우리에게 가장 가까운 무거운 별인(처녀자리의) 스피카(Spica)는 거의 안전한 250광년의 거리에 있다.

14.3 초신성 관측

초신성은 그 대격변이 별의 죽음을 나타낸다는 사실을 천문학자들이 밝혀내기 훨씬 전에 발견되었다('연결 고리: 역사 속의 초신성' 참조). 신성(nova)이란 말은 라틴어에서 '새로움'을 의미한다. 너무 어두워서 망원경 없이 맨눈으로 볼 수 없었던 별이 갑자기 밝아지면 폭발적으로 빛나는 것을 본 관측자는 완전히 새로운 별이 태어난 것으로 결론지었을 것이다. 20세기 천문학자들은 가장 높은 광도의 폭발을 초신성

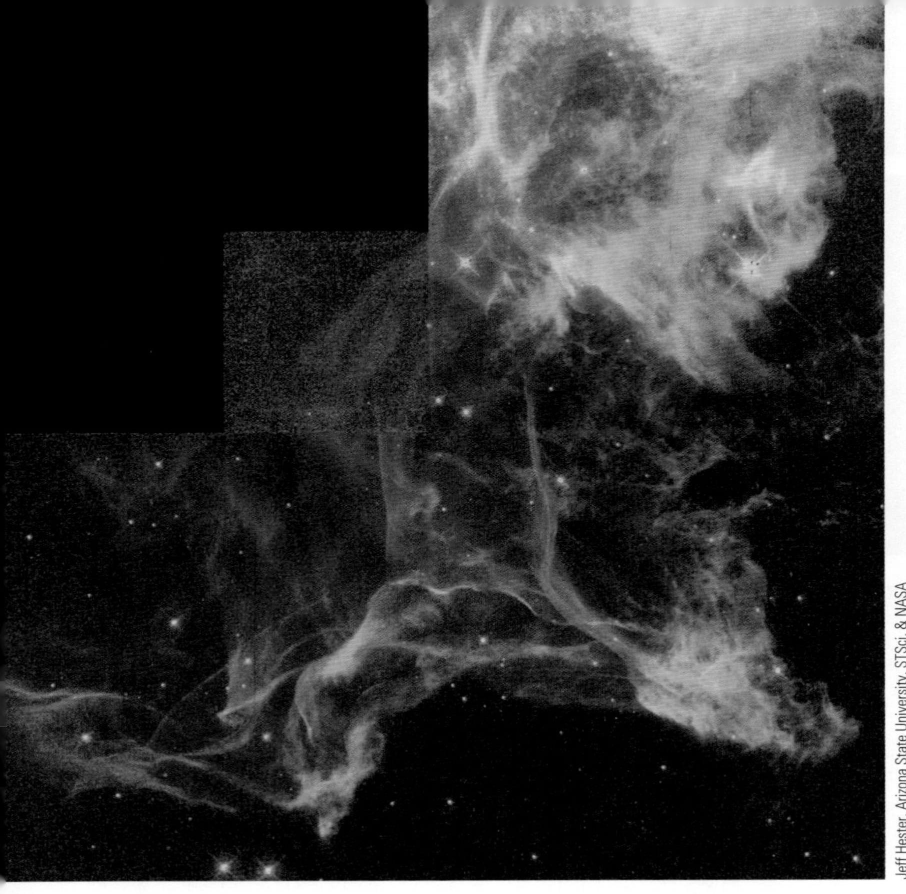

Jeff Hester, Arizona State University, STScI, & NASA

■ **그림 14.6**
백조자리 고리 초신성 잔해 이 가스의 고리는 백조자리 방향에서 15,000년보다 더 이전에 폭발한 초신성 잔해의 작은 부분이다. 우리들의 시야에서 왼쪽으로부터 오른쪽으로 가로질러 움직이는 초신성 폭발에서 나온 물질은 부근의 성간 가스 속으로 돌진한다. 충돌의 충격은 이 물질이 빛을 내게 한다. 초신성 물질은 폭발한 별의 내부에서 일어나는 핵융합 과정에서 만들어진 무거운 원소가 많이 들어있다. 결국, 이 가스가 성간 공간의 다른 물질과 결합하고 새로운 세대의 별로 통합된다. 이 영상의 색깔은 직접 눈에 보이는 색깔은 아니다. 각각은 하나의 특수 원자의 빛을 보여 준다. 청색은 이중 전리 산소, 적색은 단일 전리 유황, 그리고 녹색은 수소다.

(supernova)이라고 재분류했다.

역사적 기록과 우리은하의 초신성 잔해 그리고 다른 은하에서의 초신성 분석으로부터, 초신성 폭발이 우리은하에서 평균적으로 25년에서 100년 사이에 하나씩 일어난다고 추산한다. 그러나 불행히도 망원경이 발명된 후에는 우리은하에서 초신성 폭발이 탐지되지 않았다. 우리가 예외적으로 불운하거나, 아니면 최근 우리은하의 어느 곳에서 폭발이 일어났지만 별빛이 성간 먼지에 가로막혀서 우리에게 도달되지 못했을 수도 있다.

가장 밝은 초신성은 태양광도의 약 100억 배에 이르는 최대 광도를 보인다. 그렇기 때문에 초신성은 잠깐이지만 자신이 속한 은하 전체보다도 더 밝게 빛난다. 최대 밝기가 지나면 별빛은 차츰 어두워지고 몇 달 또는 몇 년 이내에 망원경으로도 보이지 않게 된다. 폭발할 때 초신성은 전형적으로 10,000 km/s(두 배로 높은 속도도 관측됨)의 속도로 물질을 방출한다. 20,000 km/s는 시속 약 7200만 km에 해당하는 상상하기 힘들 정도의 속력으로써, 실로 엄청나게 격렬한 우주적 사건을 보여주는 것이다.

14.3.1 초신성 1987A

초신성이 폭발할 때 어떤 일이 일어나는가에 관한 가장 상세한 정보는 1987년의 관측에서 얻어졌다. 1987년 2월 24일 동트기 전, 칠레의 천문대에서 일하던 캐나다 천문학자 이언 쉘턴(Ian Shelton)은 사진 현상 장치에서 사진 건반을 꺼냈다. 이틀 전부터 그는 우주에서 우리은하에 가장 가까운 은하 중의 하나인 대마젤란운의 탐사를 시작했다. 희미한 별들만이 관측되리라 기대했던 곳에서 그는 크고 밝은 점을 보았다. 사진이 잘못되었을 것 같다는 생각에 쉘턴은 대마젤란운을 보러 밖으로 나갔고—그는 실제로 하늘에 나타난 새 천체를 눈으로 확인했다(그림 14.5 참조). 약 160,000광년 떨어져 있음에도 불구하고 맨눈으로도 볼 수 있는 초신성을 발견했음을 곧 알아차렸다.

1987년에 발견된 최초의 초신성이기 때문에 SN 1987A로 알려진 남반구 하늘의 이 눈부신 신출내기는 천문학자들에게 비교적 가까운 별의 죽음을 최신 장비로 관측할 수 있는 첫 기회를 가져다 주었다. 또한 이 별은 초신성으로 되기 이전에 천문학자들이 관측한 최초의 별이다. 폭발한 별은 과거 대마젤란운 탐사에도 나타나 있었으므로 그 결과로부터 폭발 이전에 푸른 초거성이었다는 사실을 알게 되었다.

여러 다른 파장에서 이론과 관측을 결합해서 천문학자들은 SN 1987A로 명명된 이 별의 일생에 관한 이야기를 재구성하였다. 약 1,000만 년 전에 형성된 이 별은 원래는 약

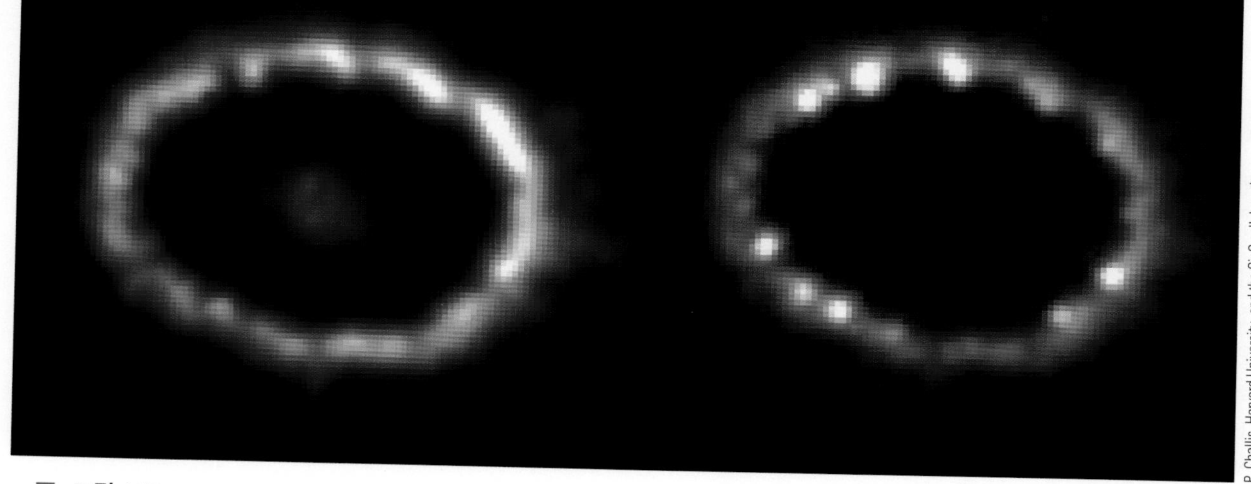

P. Challis, Harvard University, and the SinS collaboration

■ **그림 14.7**

초신성 1987A 주변의 고리 이 두 개의 사진은 1987년에 폭발한 별이 적색거성일 때인 약 30,000년 전에 방출된 가스 고리를 보여준다. 인위적으로 어둡게 만든 초신성이 고리의 중앙에 있다. 왼쪽 사진은 1996~1997년에 그리고 오른쪽 것은 2002년에 찍은 것이다. 밝은 점의 개수가 이 시간 간격 동안 1개에서 17개로 늘어났다. 이러한 점들은 초신성에서 방출된 고속의 가스가 시속 수백만 km로 움직이면서 폭발적으로 고리로 끌려들어 갈 때 생긴다. 충돌은 고리의 가스를 가열시켜서 가스를 더 밝게 빛나게 한다. 우리가 각각의 점들을 본다는 사실은 초신성에서 방출된 물질이 이 매끄럽지 않은 고리의 좁은 안쪽으로 뻗친 가스 기둥을 때리고 있음을 의미한다. 이 뜨거운 점들은 다음 수년 간 계속될 새로운 물질과 오래된 물질 사이에 극적이고 격렬한 충돌의 최초 신호다. 이러한 밝은 점들을 연구하여 천문학자들은 고리의 구성 성분을 측정할 수 있고 질량이 큰 별들의 내부에서 무거운 원소가 만들어지는 핵 과정을 알 수 있다.

20 M_{Sun}의 질량을 가졌었다. 수명의 90%를 수소를 헬륨으로 변환시키면서 주계열에서 조용히 지냈다. 이 시기 이 별의 광도는 태양광도(L_{Sun})의 약 60,000배였고, 분광형은 O형이었다. 별의 중심부에서 수소가 소진되었을 때, 중심핵의 수축이 일어났고 결국 헬륨을 융합하기에 충분할 정도로 뜨겁게 되었다. 이때 별은 태양의 약 100,000배의 에너지를 방출하는 적색거성이었다. 이 단계에 있는 동안 이 별은 질량을 잃었다. 그 물질이 허블 우주 망원경의 관측으로 실제로 탐지되었다(그림 14.7). 초신성 폭발로 인해 우주 공간으로 흩어진 가스는 별이 적색거성이었을 때에 방출했던 물질과 충돌을 일으킨 것이다.

헬륨 융합은 약 100만 년 동안 지속되었다. 별의 중심부에서 헬륨이 소진되었을 때, 중심핵은 다시 수축하고, 표면 반지름도 줄어들며, 별의 광도는 아직도 약 100,000 L_{Sun}인 청색 초신성이 되었다.

초신성 SN 1987A가 된 별의 진화 단계가 헬륨 소진 단계를 포함해서 표 14.2에 실려 있다. 숫자들을 모두 기억하기를 바라지 않지만, 표의 흐름을 주목하기 바란다. 진화의 단계는 이전 단계보다 더 빠르게 진행되고, 중심핵의 온도와 압력은 증가하며, 점진적으로 더 무거운 원소들이 핵융합 에너지의 원천이 된다. 일단 철이 만들어지자 붕괴가 시작되었다. 이 붕괴는 수십 분의 1초 동안 일어나는 대 격변적 붕괴다. 철로 이루어진 별 중심핵의 바깥 부분이 안쪽으로 떨어지는 속도는 광속의 약 1/4인 70,000 km/s에 달했다.

반면, 별의 바깥층인 네온, 헬륨, 그리고 수소 껍질은 아직 수축을 알지 못한다. 다른 층에서 일어나는 물리적 운동에 대한 정보는 음속으로 전달되기 때문에 중심 수축이 일어나는 시간인 10분의 수 초 동안에는 표면까지 도달할 수 없다. 따라서 별의 표면층은 마치 만화 영화의 등장인물이 절벽 끝을 지나쳐서 달려가다가 더 이상 받쳐주는 것이 없음을 깨닫게 될 때까지 순간적으로 공간에 붕 떠 있는 것과 같이 잠시 정지한 상태로 떠 있게 된다.

중심핵의 수축은 밀도가 원자핵 밀도의 몇 배가 될 때까지 계속된다. 더 이상의 수축에 대한 저항이 아주 커져서 이제 중심핵은 다시 튀어 오른다. 떨어지는 물질은 되 튀어 오르는 중심핵의 '벽돌 벽'과 부딪쳐서 강력한 충격 파동과 함께 밖으로 밀쳐진다. 충격 파동이 별을 산산 조각내는 것을 도와주는 중성미자들이 중심핵으로부터 쏟아져 나온다. 충격은 몇 시간 후에 별의 표면까지 도달하고, 그 별은 1987년 이언 쉘턴이 관측한 초신성으로 밝아지기 시작한다.

14.3.2 무거운 원소의 합성

그림 14.8에 보인 SN 1987A의 밝기 변화는 중원소 생성에 대한 우리들의 아이디어를 확인하는 데 도움을 주었다. 하루만에 이 별의 밝기는 1000배 밝아졌고, 망원경 없이도 볼 수 있게 되었다. 그 후 이 별은 겉보기 등급이 소북두(Little Dipper, 작은곰자리)의 별과 비슷해질 때까지 밝기가 계속해서 서서히 증가했다. 폭발 후 약 40일까지 방출 에너지는 폭

표 14.2 SN 1987A로 폭발한 별의 진화

단계	중심부 온도(K)	중심부 밀도(g/cm^3)	이 단계에서 소비한 시간
수소 융합	40×10^6	5	9×10^6년
헬륨 융합	170×10^6	900	10^6년
탄소 융합	700×10^6	150,000	10^3년
네온 융합	1.5×10^9	10^7	수년
산소 융합	2.1×10^9	10^7	수년
규소 융합	3.5×10^9	10^8	수일
중심핵 붕괴	200×10^9	2×10^{14}	수십 분의 1초

발 그 자체에서 나왔다. 그러나 그 이후로 SN 1987A는 폭발로부터 예상되던 대로 빛이 계속해서 어두워지지는 않았다. 대신 새로 형성된 방사성 원소에서 나오는 에너지가 제 역할을 하면서 밝게 빛났다.

초신성 폭발로 형성되는 원소 중 하나는 원자량 56(핵속의 중성자와 양성자를 더한 총수가 56)인 방사성 니켈이다. 니켈-56은 불안정하며 약 6일의 반감기를 가지고 스스로 코발트-56으로 바뀐다. (반감기란 방사성 붕괴를 일으키는 표본 물질 중 질량의 절반이 붕괴하는 데 걸리는 시간임을 상기하라.) 코발트-56은 다시 반감기 약 77일 만에 안정된 철-56으로 붕괴된다. 이 방사성 핵이 붕괴될 때 에너지가 큰 감마선이 방출된다. 이 감마선은 팽창하는 외피층의 새로운 에너지원이 된다. 감마선은 그 위층에 가로놓인 가스에 의해 흡수되고 다시 가시광선으로 방출돼 별 잔해를 밝게 빛나게 한다.

그림 14.8에서 보듯이, 천문학자들은 초신성 폭발 후 첫 몇 달 동안 방사성 원소에 의한 방출과 핵이 안정된 철로 붕괴되면서 여분의 빛이 없어지는 현상을 관측했다. 감마선 가열은 SN 1987A의 폭발 40일 이후 검출되는 대부분 복사의 원천이다. 어떤 감마선은 흡수되지 않고 곧장 탈출한다. 이 감마선들은 지구 궤도를 돌고 있는 망원경들에 의해 방사능 니켈과 코발트의 붕괴에서 기대되는 파장으로 검출되어 이 새로운 원소들이 초신성 도가니에서 형성된다는 이론을 확인시켜 주었다.

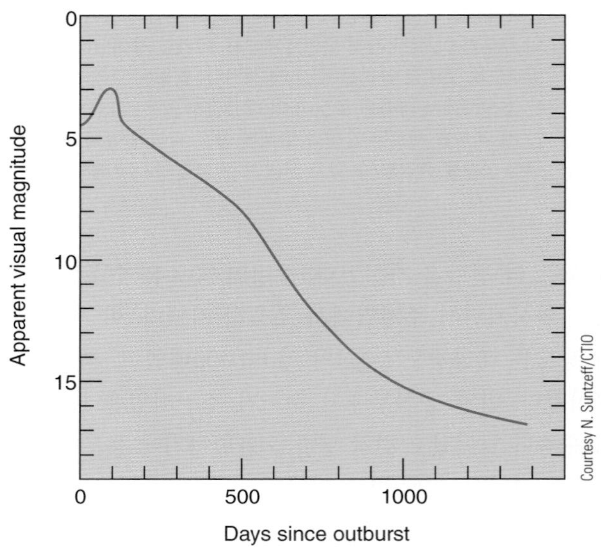

■ **그림 14.8**
SN 1987A의 밝기가 시간에 따른 변화 40~500일 사이에 초신성 빛의 감소율이 어떻게 느려졌는가를 주목하라. 이 기간에 주로 새로 형성된 (그리고 빠르게 붕괴된) 방사성 원소가 방출한 에너지로 밝게 빛난다.

14.3.3 SN 1987A로부터의 중성미자

만약 160,000년 전 대마젤란운에 인간 관측자가 있었다면, 우리가 SN 1987A라 부르는 폭발은 하늘에서 눈부신 장관을 보였을 것이다. 게다가 우리는 폭발 에너지의 1/10% 이하만이 가시광선으로 나타남을 알고 있다. 에너지의 약 1%가 별을 파괴하는 데 사용되었고 나머지는 중성미자에 의해서 별 밖으로 빠져나간 것이다. 이들 중성미자의 전체 에너지는 실로 놀라울 정도다. 전에 초신성의 일반적인 논의에서 주목했듯이 첫 1초 이내에 전체 광도는 우리가 관측할 수 있는 은하에 있는 모든 별 전체의 광도를 합친 것보다 더 크다. 그리고 초신성은 이 에너지를 지름 50 km 이하의 작은 부피 속에서 만들어 낸다. 초신성은 지금까지 우주에서 발견된 가장 격렬한 사건으로, 방출되는 빛은 전체 폭발 중에서 노출된 빙산의 일각에 불과하다.

SN 1987A에서 나오는 중성미자는 쉘턴의 관측 이전 '중성미자 망원경'이라 불리는 두 개의 기기에 의해 탐지되었다. (이는 중성미자가 폭발하는 별에서 빛보다 더 쉽게 빠져 나가며, 이를 탐지하기 위해 밤까지 기다리지 않아도 되기 때문

(a)

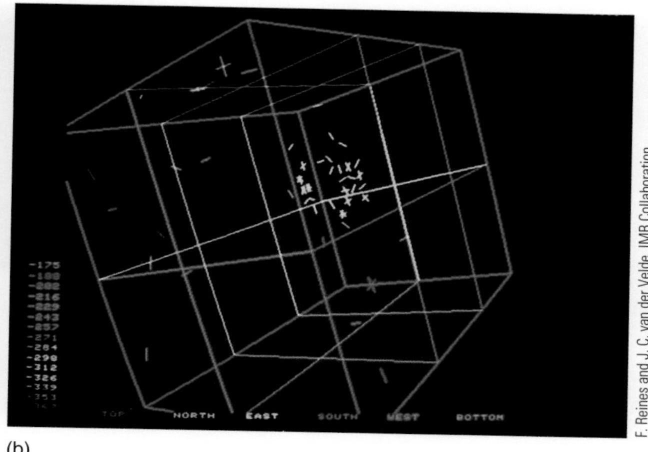

(b)

F. Reines and J. C. van der Velde, IMB Collaboration

■ **그림 14.9**

중성미자 탐지기 (a) 이리(Erie) 호수 밑에 있는 중성미자 검출기에는 8000톤의 순수한 물이 들어 있는 탱크 주변에 분포된 2048개의 빛에 민감한 진공관이 있다. (b) 이 컴퓨터 그림은 1987년 2월 23일 검출된 중성미자 중 하나를 보여준다. 중심 부근의 노란 십자 모양과 사선들은 어느 진공관이 중성미자의 통과에 의해서 자극을 받았는지를 보여준다.

이다.) 이 두 개의 중성미자 망원경들 중 하나는 일본의 깊은 광산에 있고, 다른 하나는 이리 호수[3] 밑에 있다. 이 망원경은 수천 톤의 순수한 물을 둘러싼 수백 개의 민감한 감광기로 이루어져 있다. 들어오는 중성미자는 물과 작용하여 양전자와 전자를 만들고, 이들은 물속에서 빠르게 움직이면서 심청색의 빛을 방출한다(그림 14.9).

모두 19개의 중성미자가 탐지되었다. 중성미자 망원경이 북반구에 있었고 초신성은 남반구에서 발생했으므로, 검출된 중성미자가 탐지될 당시 이들은 지구 내부를 통과해서 우주로 다시 빠져나가는 순간이었다.

중성미자가 보통 물질과 상호작용할 확률은 극히 낮기 때문에 검출된 중성미자는 몇 개에 지나지 않는다. 초신성은 실제로 10^{58}개의 중성미자를 방출한 것으로 추정된다. 이들 중 지구 표면 매 제곱센티미터를 통과한 수는 극히 일부분인 500억 개에 지나지 않는다. 약 1백만 명의 사람들이 초신성 폭발로 생겨난 중성미자와 상호 작용을 실제로 몸으로 경험했을 것이다. 이런 상호 작용은 한 사람당 하나의 핵에서만 일어났고, 따라서 생물학적인 효과는 전혀 없었을 것이다. 당한 사람 모두 전혀 모른 채 지나친 셈이다.

중성미자가 초신성의 심장부에서 직접 나오므로, 그 에너지는 별이 폭발할 때 중심핵의 온도를 측정할 수 있게 해준다. 별의 중심 온도는 약 2000억 K였고, 이는 지구에서 비교 불가능한 높은 값이다. 중성미자 망원경으로 무거운 별들의 생애에서 마지막 순간의 이야기를 자세히 들을 수 있으며, 인류의 모든 경험을 초월하는 상태를 관측할 수 있게 해 준다. 더욱이 우리의 기원에 관한 확실한 힌트를 얻게 된 것이다.

[3] 역자 주-Lake Erie, 미국과 캐나다 국경에 있는 오대호 중 하나.

14.4 펄서와 중성자별의 발견

초신성이 폭발하고 어두워진 다음에는 중성자별만이 남는다. 중성자별은 우주에서 가장 밀도가 높은 천체이다. 표면 중력은 우리가 지구 표면에서 경험하는 것보다 10^{11}배나 크다. 별 내부의 약 95%는 중성자로 되어 있고, 적은 수의 양성자와 전자가 섞여 있다. 실제로 중성자별은 양성자 질량의 약 10^{57}배인 거대한 원자핵이라고 할 수 있다. 지름은 별이라기보다는 작은 마을이나 운석 정도의 크기다. (표 14.3은 중성자별과 백색왜성의 성질을 비교한다.) 중성자별은 너무 작아서 아마도 수천 광년 떨어진 곳에서는 관측될 가능성이 가장 낮은 천체다. 그럼에도 불구하고 중성자별은 광대한 우

표 14.3 전형적인 백색왜성과 중성자별의 성질

성질	백색왜성	중성자별
질량(태양=1)	1.0(항상 <1.4)	항상 >1.4 그리고 <3
반지름	5000 km	10 km
밀도	5×10^5 g/cm^3	10^{14} g/cm^3

Courtesy, AIP Emilio Segrè Visual Archives, Weber Collection

■ 그림 14.10
앤터니 휴이시와 조슬린 벨

주를 가로질러 자신의 존재를 알리는 신호를 보내고 있다.

14.4.1 중성자별의 발견

1967년 영국 케임브리지 대학의 연구 학생이던 조슬린 벨(Jocelyn Bell)은 전파 신호의 빠른 변화를 찾기 위해 그녀의 지도교수인 앤터니 휴이시(Antony Hewish)가 디자인하고 제작한 특수 탐지기로 멀리 있는 전파원(電波源)을 연구하고 있었다(그림 14.10). 이 연구계획에 사용된 컴퓨터는 망원경이 하늘의 어느 영역을 탐사했는지를 보여주는 여러 다발의 종이 인쇄물을 출력했고, 휴이시의 대학원생들의 임무는 이들 모두를 자세히 살피면서 흥미로운 현상을 찾아내는 것이었다. 1967년 9월 벨은 '약간은 지저분한 것'이라고 자신이 말한 과거에 보지 못했던 이상한 전파 신호를 발견했다.

벨이 작은 여우자리에서 발견한 것은, 빠르고 날카롭고 강하면서 극도로 규칙적인 맥동(펄스)을 보이는 전파 복사의 방출원이었다. 보통 시계의 째깍거림처럼 펄스는 정확히 1.33728초마다 도착하였다. 이런 정확성은 과학자들로 하여금 아마도 지적(知的) 문명이 우리에게 보내는 신호라는 추측을 낳게 했다. 전파천문학자들은 반농담조로 이 광원을 '작은 초록 인간(little green men)'의 약자인 'LGM'이라고 이름 붙였다. 그러나 곧 먼 간격으로 떨어진 다른 망원경에서 세 개의 비슷한 전파원들이 발견되었다.

이런 종류의 전파원이 상당히 보편적이라는 사실이 명백해지자 천문학자들은 이 신호가 다른 문명으로부터 올 가능성이 거의 없다고 결론지었다. 지금까지 수백 개의 이런 전파원이 발견되었고, 지금은 이들을 맥동하는 전파원이라는 말을 줄여서 **펄서**(pulsar)라고 부른다.

펄서들의 맥동 주기는 1/1,000초보다 약간 긴 것에서 거의 10초에 이르는 넓은 범위에 있다. 처음 가시광선으로 찍은 사진에는 펄서의 위치에 아무것도 보이지 않았기 때문에 특별히 신비스럽게 여겼다. 그러나 그 후 서기 1054년 중국인에 의해서 기록된 초신성이 만들어 낸 가스 성운인 게 성운(Crab Nebula)의 바로 중심에서 펄서가 발견되었다(그림 14.11). 게 성운 펄서에서 나오는 에너지는 스위스 시계 제작자들도 선망할 만큼 규칙적으로 매초 30번 날카로운 돌출 신호를 보낸다. 또한 게 성운에서 전파 에너지의 맥동과 더불어 가시광선과 x-선에서도 맥동을 관측할 수 있다.

게 성운은 여러 가지로 환상적인 천체다. 성운 전체가 여러 파장에서 복사를 방출하며 전체 에너지 방출은 태양의 10만 배나 된다—이는 지금부터 거의 1000년 전에 폭발한 초신성의 잔해로서 특별한 것은 아니다. 천문학자들은 펄서와 주변 성운의 에너지 방출 사이의 관계를 탐사하고 있다.

14.4.2 회전하는 등대 모형

이론과 관측을 결합해서 천문학자들은 펄서는 회전하는 중성자별(spinning neutron star)이라고 결론지었다. 이 모형에서 중성자별은 바위투성이인 해안가에 세워진 등대와 같다. 모든 방향으로 선박들을 향해 경고하는 운영비용을 줄이기 위해서 현대식 등대는 등불을 회전시키면서 빛줄기를 어두운 바다로 보낸다. 배의 입장에서 보면, 빛줄기가 배를 향할 때마다 빛의 펄스를 보게 된다. 똑같은 방법으로 중성자별의 한 부분에서 나오는 복사가 우주 공간이라는 바다를 휩쓸고 지나가면서 그 빛다발이 지구를 향할 때마다 우리는 빛의 펄스 즉 맥동을 보게 되는 셈이다.

중성자별은 붕괴로 인해 매우 작아져서 빠르게 회전하기 때문에, 빠른 회전이 특히 인상적인 천체다. 2.2절에서 각운동량의 보존 원리(conservation of angular momentum)를 상기하자. 한 물체가 작아질수록 그 물체는 더 빠르게 회

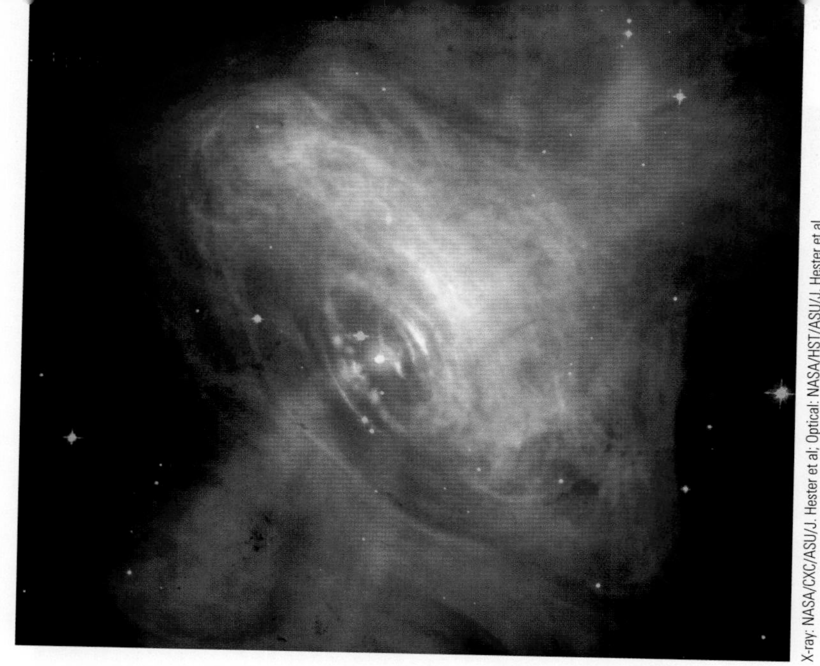
X-ray: NASA/CXC/ASU/J. Hester et al; Optical: NASA/HST/ASU/J. Hester et al.

■ **그림 14.11**

게 성운 약 6000광년 떨어진 게 성운에서 방출된 x-선(청색)과 가시광선(적색)을 보여주는 복합 사진. 펄서는 동심원 고리의 중심에 있는 밝은 점이다. x-선은 빛보다 더 작은 크기에서 나오는데, 그 이유는 x-선을 방출하는 고에너지 전자들은 펄서에서 멀어지면 빠르게 에너지를 잃기 때문이다. 약 1년 동안 얻은 데이터는 입자들이 광속의 절반 정도의 속도로 안쪽 고리에서 흘러나가는 것을 보여준다. 안쪽 고리는 펄서에서 나온 고속의 바람이 성운 내 입자를 가속하는 장소임이 명백하다. 고리에 수직인 제트는 물질의 흐름이고 반물질 전자들도 광속의 반에 해당하는 속도로 움직인다.

전할 수 있다. 비록 중성자별이 된 원래의 별이 주계열일 때 아주 느리게 회전하였더라도 중성자별이 되기 위해 붕괴하면서 회전은 빨라진다. 지름이 겨우 10~20 km인 중성자별은 몇 분의 1초 만에 한 차례씩 회전할 수 있다. 이는 현재 우리가 관측하는 펄서의 맥동 주기에 해당하는 시간이다.

원래의 별에 있던 자기장은 중심핵이 중성자별로 수축할 때 크게 압축된다. 중성자별 표면에서 양성자와 전자는 회전하는 자기장에 묶여 거의 빛의 속도로 가속된다. 별의 북극과 남극 두 곳에서만 이 포획된 입자가 강한 자기장으로부터 이탈할 수 있다(그림 14.12). 같은 효과를 지구에서도 볼 수 있는데(이 경우는 반대임), 지구에서는 우주에서 들어오는 하전 입자가 양극 근처를 제외한 모든 곳에서 지구의 자기장에 의해 지구 표면으로 들어오지 못한다. 그 결과 지구의 오로라(하전 입자가 고속으로 대기와 충돌할 때 생김)는 양극 근처에서만 보인다.

중성자별에서 자기장의 북극과 남극은 별 회전에 의해 정의되는 북극과 남극에 가까울 필요는 없다. 이 같은 현상은 행성에서도 볼 수 있는데, 천왕성과 해왕성에서도 자기장의 극이 자전축과 일치하지 않는다. 그림 14.12는 자전축에 수직인 자기장의 극을 보여주지만 이 두 종류의 극들은 어떤 큰 각도로 벌어질 수 있다.

자기장의 두 극에서 중성자별로부터 나온 입자들은 폭이 좁은 다발로 모이고 엄청난 속도로 선회하면서 흘러나간다. 이들은 광범위한 전자기 스펙트럼의 에너지를 발생시킨다. 복사 자체도 좁은 다발에 제한되므로 펄서가 등대와 같이 행동하는 이유를 설명할 수 있다. 회전에 의해 자기장의 첫 번째 극과 다음 극이 차례로 우리 시야로 들어오면서 우리는 그때마다 복사의 맥동을 보게 된다.

14.4.3 모형의 시험

자기장이 강하고, 빠르게 회전하는 중성자별로부터 나오는 빛다발로 펄서를 설명하는 것은 매우 현명한 아이디어다. 그러나 이것이 올바른 모형이라는 증거는 있는가? 첫째 몇몇 펄서의 질량을 측정할 수 있는데, 이론가들이 중성자별의 질량으로 예언했던 태양질량의 1.4~1.8배 사이로 밝혀졌다. 이 질량은 쌍성계를 이루는 몇 안 되는 펄서에 케플러의 법칙을 적용해서 구한 것이다.

또한 이를 확인시켜주는 더 좋은 증거가 있는데 그것은 게 성운과 그의 막대한 에너지 방출이다. 초신성에서 방출된 천천히 움직이는 물질들을 중성자별 펄서에서 튀어나온 고에너지 하전 입자들이 때릴 때, 이들 물질의 에너지를 높여주게 되어 게 성운에서 관측되는 여러 다른 파장의 빛을 방출한다(그림 14.11 참조). 성운을 만든 별이 최초로 폭발한 지 한참 후에 펄서의 빛다발이 성운에 '불을 밝히는' 동력원이 되는 셈이다.

게 성운 같은 초신성 잔해에서 나오는 모든 에너지에 대한 '대금'은 누가 지불하는가? 에너지가 한곳에서 나올 때 다른 곳에서는 결국 고갈이 일어난다. 우리 모형에서 궁극적인 에너지원은 하전 입자를 밖으로 밀어내고 자기장을 엄청나게 빠른 속도로 회전시키는 중성자별의 자전이다. 자전 에너지가 게 성운이 빛을 내는 데 사용되면서 시간이 지남에 따라 펄서의 자전은 느려지게 된다. 펄서가 느려지면서 맥동이 나

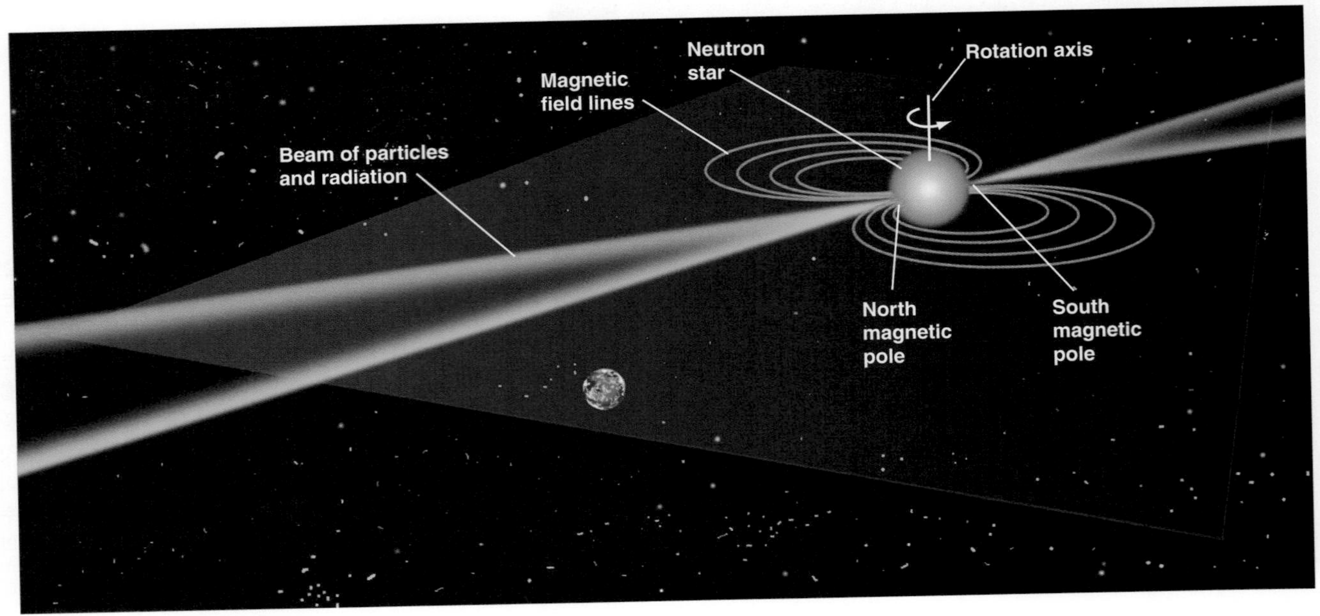

■ **그림 14.12**
펄서의 모형 중성자별의 자기극(磁氣極)에서 나온 복사 다발이 별이 회전함에 따라 어떻게 맥동을 일으킬 수 있는지를 보여주는 그림. 멀리 있는 배 위를 등대의 빛다발이 휩쓸고 지나가듯 각 복사의 다발이 지구를 휩쓸고 지나가면서 우리는 복사의 짧은 맥동을 본다. 이 모형은 자기극이 회전극과 다른 곳에 있어야 됨을 보여준다.

오는 시간 간격이 조금 더 길어지고, 더 느려진 중성자별이 빛다발을 다시 보이는 데 걸리는 시간도 늘어난다.

수십 년 동안의 섬세한 관측을 통해서 우리는 게 성운 펄서가 처음에 생각했던 것처럼 맥동 간격이 시계와 같이 완벽하게 규칙적이지 않음을 알 수 있었다. 사실 서서히 느려지고 있다. 펄서가 얼마나 느려지는가를 측정함으로써 우리는 중성자별이 얼마나 많은 회전 에너지를 잃는지를 계산할 수 있다. 중성자별은 밀도가 매우 높고 빠르게 자전한다. 회전 속도가 조금만 느려져도 엄청난 양의 에너지 상실을 의미한다.

천문학자들에게는 만족스럽게도, 펄서가 상실하는 회전 에너지의 양은 펄서를 둘러싸고 있는 성운에서 방출되는 에너지의 양과 같은 것으로 판명되었다. 달리 말하면, 게 성운은 자전하는 중성자별이 느려지는 것만큼의 에너지를 빛으로 우리에게 보내주는 셈이다.

14.4.4 펄서의 진화

지금까지 발견된 펄서의 관측으로부터 추정되는 초신성 발생빈도와 동일하게 새로운 펄서 또한 우리운하에서 25~100년마다 하나씩 만들어진다고 천문학자들은 결론지었다. 전형적인 펄서의 수명은 약 1000만 년임이 계산으로 알려졌다. 이 기간이 지나면 중성자별은 많은 양의 입자 다발과 에너지를 만들기에 충분할 만큼 빠른 자전을 하지 못한다. 우리은하에는 약 1억 개의 중성자별이 있을 것으로 추산한다.

게 성운 펄서는 꽤 젊고(약 900살 밖에 되지 않음) 짧은 주기를 가졌지만, 그 밖의 오래된 펄서는 이미 주기가 길어졌다. 수천 년 된 펄서는 가시광선과 x-선 파장에서 복사를 방출하기에는 에너지를 너무 많이 잃어서 전파 펄서로만 관측된다. 이들의 주기는 대략 1초이거나 그보다도 길다.

우리은하에서 극히 일부분의 펄서만을 볼 수 있는 또 다른 이유가 있다. 등대 모형을 생각해보자. 지구에서 모든 배는 같은 평면—대양의 표면—에서 있으므로 등대의 빛다발은 같은 표면을 휩쓸도록 만들 수 있다. 그러나 우주에서 천체는 3차원의 어느 곳에나 있을 수 있다. 주어진 펄서의 빛다발이 공간에서 원을 그리면, 이 원에 지구 방향이 포함되란 보장은 확실치 않다. 이를 고려하면 공간의 많은 원은 지구를 포함하지 않으므로, 따라서 펄서의 빛다발이 우리를 완전히 비켜나가는 많은 수의 중성자별들은 관측 불가능하게 된다.

동시에 현재까지 발견된 펄서들 가운데 몇 개만이 눈에 보이는 가스 구름인 초신성 잔해 속에 묻혀 있는 것으로 판명되었다. 처음에는 이상해 보이겠지만, 그 이유는 초신성이 중성자별을 만들고 각 펄서는 그 생애를 초신성 폭발로부터 시작하기 때문이다. 그러나 펄서의 수명은 팽창하는 초신성 잔해의 가스가 성간 공간으로 흩어져 버리는 데 걸리는 시간보다 100배 정도 긴 것으로 판명되었다. 따라서 대부분의 펄

연결고리

중성자별과의 접촉

1998년 8월 27일 미국 태평양 표준시로 오전 3시 22분 경, 약 20,000광년 거리에 있는 중성자별에서 나온 x-선과 감마선의 흐름 속에 지구가 잠겼다. 이 사건이 주목을 받게 된 이유는 먼 거리의 방출원임에도 불구하고, 이 전자파동의 조석력이 지구 대기에 측정 가능한 영향을 주었기 때문이다. 고에너지 서지(surge, 급증)가 약 5분 동안 지속됐으며, 대기 최상층에서 그 세기는 치과 x-선 복사의 약 1/10이나 되었다.

복사는 이온층(ionosphere, 전리층)이라고 하는 지구 대기 상층에 영향을 미친다. 밤에는 이온층의 높이가 정상적으로 약 85 km이나, 낮 동안에는 태양에너지가 더 많은 분자를 전리시켜서 이온층의 경계를 약 60 km의 높이로 낮춘다. x-선과 감마선의 맥동 복사가 낮 동안의 태양과 같은 정도로 전리 수준을 높였다! 이로 인해 대기 밖을 도는 위성의 일부 민감한 전자 기기가 차단되었다.

우주 망원경의 관측을 통해서 복사의 근원은 마그네타(magnetar)라고 불리는 빠르게 자전하는 중성자별의 특수한 형태임이 알려졌다. 천문학자 로버트 던컨(Robert Duncan)과 크리스토퍼 톰슨(Christopher Thomson)이 그 이름을 지었는데, 이유는 이러한 별들의 자기장이 다른 형태의 전자파 방출 천체보다 더 강력했기 때문이다—이 경우에는 지구의 자기장보다 약 8천조 배 강하다.

마그네타는 중성자별의 초고밀도 중심핵으로 이루어지는데, 그 핵은 원자로 이루어진 약 1.6 km 두께의 단단한 껍질과 철 표면으로 둘러싸여 있다고 생각된다. 마그네타 별의 자기장은 강력해서 내부에 거대한 스트레스가 생겨나 종종 별의 단단한 껍질에 균열을 일으키는 지진이 발생할 수도 있다. 진동하는 껍질은 엄청난 양의 복사를 방출하면서 폭발을 일으킨다. 이 특수한 천체인 마그네타에서 0.1광년의 거리에 우주인이 있다면 그는 1초 이내에 폭발에서 오는 치명적인 양의 복사를 받게 될 것이다.

다행히도 우리는 안전을 염려하지 않아도 될 정도로 멀리 떨어져 있다. 마그네타가 지구에 실제로 위험을 초래한 일이 있었을까? 지구의 오존층을 교란시키기에 충분한 에너지를 만들려면 마그네타가 태양계를 둘러싸고 있는 혜성 구름 내에 있어야 하는데, 우리는 그렇게 가까운 곳에 마그네타가 없다고 알고 있다. 그럼에도 불구하고 멀리 있는 별의 시신에서 일어나는 사건이 지구에 측정 가능한 영향을 미칠 수 있다는 것은 흥미로운 발견이다.

서는 그들을 만들어 낸 폭발의 흔적 없이 발견된다.

추가로 어떤 펄서는 초신성 폭발로 인해 제 자리에서 내쫓기는데, 그 쫓기는 방향이 모두 똑같지 않다. (일부 천문학자들은 이것을 '탄생의 발길질'이라 부른다.) 이러한 발길질에 관해서 우리가 알게 된 것은 우리의 가까운 이웃 은하에 여러 개의 젊은 초신성 잔해가 보이는데, 그곳의 펄서는 폭발 잔해의 한쪽으로 치우쳐져 있고, 또 초속 수백 km의 속도로 멀어지는 것을 관측했기 때문이다(그림 14.13).

14.5 쌍성계의 진화

지금까지 소개한 별의 생애에 대한 설명은 '단독별 국수주의' 라는 편견에 치우쳤다고 볼 수 있다. 우리는 홀로 사는 별 주변에서 살아왔기 때문에 대부분의 별이 고립돼 있다고 생각하는 경향이 있다. 그러나 9장에서 보듯이, 모든 별의 반 정도가 중력으로 서로를 껴안고 태어나며, 공통 질량 중심에 대해 궤도 운동을 하면서 살아가는 쌍성계에서 진화한다.

쌍성계에서 동반성의 존재는 서로의 진화에 깊은 영향을 미친다. 특히 두 별 중 하나가 거성이나 초거성으로 부풀어 오르거나 강력한 항성풍이 있을 때처럼 적절한 환경이 갖추어지면 두 별은 물질교환을 일으킨다. 이 경우 동반성이 가까이 있을 때 물질이 한 별에서 다른 별로 옮겨지면서 물질을 주는 별은 질량이 감소하고, 받는 별에서는 질량이 증가한다. 이런 질량 전달(mass transfer)은 받는 별이 백색왜성이나 중성자별과 같은 별 잔해인 경우 특히 극적일 수 있다. 쌍성이 어떻게 진화하는가에 대한 자세한 설명은 이 책의 범주를 벗어나지만, 한 시스템에 두 별이 있을 때 이미 서술한 진화 단계가 어떻게 변하는지 몇 가지의 예를 언급하려고 한다.

14.5.1 백색왜성 폭발: 온화한 종류

두 개의 별로 이루어진 별의 체계를 생각하자. 한 별은 백색

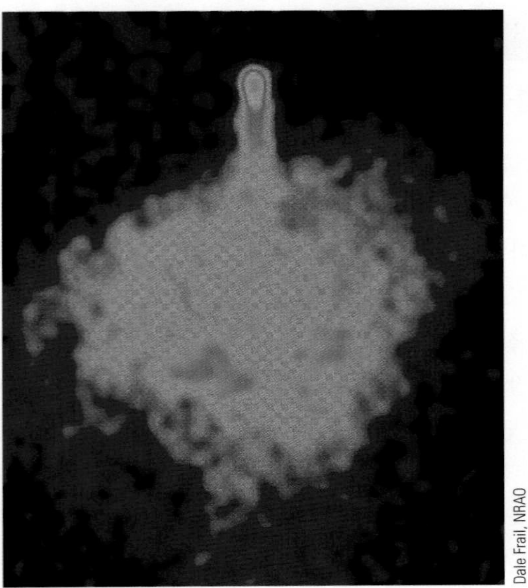

■ **그림 14.13**
빠른 펄서 이 전파 지도는 오리 성운(Duck Nebula)이라 이름 붙여진 우리은하 내 먼 곳에 있는 초신성 잔해를 보여준다. 폭발로 팽창하는 물질을 따라잡은 빠른 운동을 하는 펄서(노란색 부분)가 보인다. 이 지도는 초대형 배열 전파망원경(Very Large Array)으로 만들어졌다.

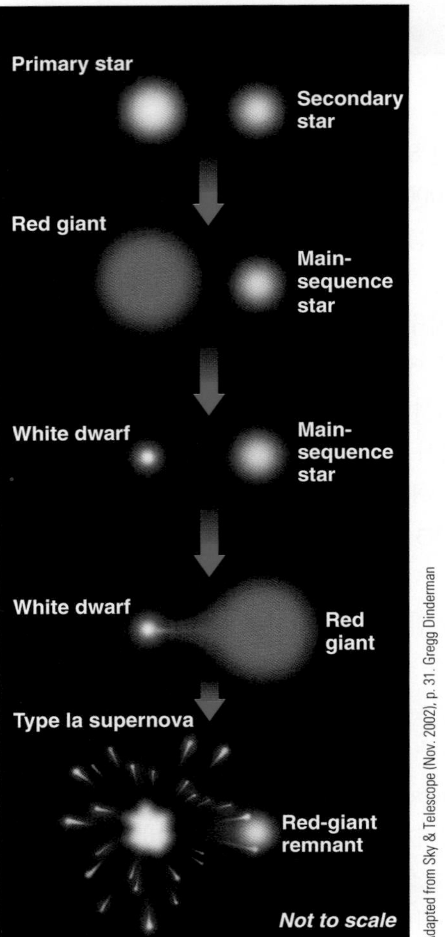

■ **그림 14.14**
쌍성계의 진화 두 별 중 더 큰 질량의 별이 먼저 적색거성이 된 후 백색왜성이 된다. 백색왜성은 동반성으로부터 물질을 끌어들이기 시작하고 동반성은 적색거성으로 진화한다. 너무 많은 질량을 축적한 백색왜성은 결국 찬드라세카르 한계를 넘어서게 되어 제Ia형의 초신성이 된다.

왜성이며, 다른 별은 이 백색왜성에 계속 질량을 전달한다. 동반성의 바깥층에서 전달된 신선한 수소가 뜨거운 백색왜성의 표면에 쌓이면서 수소로 이루어진 층을 형성한다. 축퇴 별의 표면에 더 많은 수소가 쌓이고 뜨거워지면, 새로운 층의 온도가 높아져서 핵융합이 갑자기 폭발적으로 일어나 새로운 물질 대부분을 날려 보낸다. 이때 백색왜성은 빠르게(그러나 잠깐만) 밝아진다. 망원경 발명 이전의 관측자에게는 새로운 별이 갑자기 나타난 것으로 여겨져서 이를 **신성**(Nova)이라 불렀다. 신성은 몇 달이나 몇 년만에 어두워진다.

그동안 수백 개의 신성이 관측됐는데 이들은 쌍성계에서 발생한 다음 방출된 물질로 이루어진 껍질이 보여준다. 대부분 별에서, 신성 현상이 발생하는 과정은 한 번에 그치지 않고, 물질이 백색왜성에 쌓이면서 전 과정이 다시 반복 발생한다. 신성 과정에서 백색왜성의 질량이 (많은 질량이 전달) 찬드라세카르 한계 이상으로 증가하지 않는 한, 밀도 높은 백색왜성 본체는 표면의 폭발에 거의 영향을 받지 않은 상태로 남는다.

14.5.2 백색왜성의 폭발: 격렬한 종류

만약 백색왜성이 동반성으로부터 받는 물질을 훨씬 더 빠른 속도로 축적한다면, 이 별은 찬드라세카르 한계 이상으로 될 수 있다. 그러한 쌍성계의 진화를 그림 14.14에 보였다. 별의 질량이 1.4 $M_{\rm Sun}$을 초과하게 되면 백색왜성은 스스로 지탱할 수 없게 되어 붕괴하기 시작한다. 별은 붕괴하면서 뜨거워지고 축퇴 상태의 중심핵에서 새로운 핵반응이 시작된다. 단 1초 이내에 엄청난 양의 핵융합이 일어나고, 에너지 방출이 커져서 백색왜성은 완전히 파괴된다. 가스가 초속 수천 km의 속도로 날아가고, 중심에는 아무것도 남겨지지 않는다.

이런 폭발을 초신성이라 불리는데, 질량이 큰 별이 폭발할 때처럼 아주 짧은 시간에 엄청난 양의 에너지가 발생되면서 별은 완전히 파괴된다. 우리는 이렇게 주변으로부터 물질을 너무 많이 축적한 백색왜성을 제Ia형 초신성이라 부른다(앞서 논의한 바 있는 질량이 큰 별들의 죽음을 알리는 제II형 초신성과 구별해서). 티코의 초신성('연결 고리: 역사 속의 초신성' 참조)은 너무 많은 물질을 백색왜성에게 제공한 동반성에 의해 일어난 것이다. (천문학자들이 이 현상이 어떻게 일어나는지에 대한 상세한 모형을 아직 가지고 있지 않지만, 아주 최근의 관측은 쌍성계에서 질량이 1.4 M_{Sun} 이하인 백색왜성도 마찬가지로 격렬하게 폭발하게 만드는 기작이 있음을 제안하고 있다.)

14.5.3 동반성을 가진 중성자별

쌍성계는 두 별 중 하나가 폭발하더라도 살아남는다. 일반적으로 쌍성계는 중성자별과 한 체계를 이룬다. 만약 '살아있는' 별에서 '죽은' (그리고 극도로 압축된) 동반성으로 물질이 전달되면 중성자별의 강력한 중력에 의해 끌려들어 간다. 이렇게 끌려 떨어지는 가스는 압축되고 믿을 수 없을 정도의 온도로 뜨거워진다. 물질의 온도는 빠르게 매우 높게 올라가서 폭발적인 핵융합을 일으킨다. 이런 핵융합에서 나오는 에너지는 너무 커서 많은 양의 복사가 x-선으로 방출된다. 실제로 지구 대기 밖에 있는 고에너지 천문대(5장 참조)가 바로 이런 형태의 x-선 폭발을 일으키는 천체 여러 개를 관측했다.

만약 중성자별과 그 동반성이 적절한 위치에 있다면, 상당량의 물질이 중성자별로 전달되어 (회전 에너지가 전달) 그 별을 더 빨리 자전하게 만들 수 있다. 천문학자들은 매초 거의 1000번 회전하는 쌍성계의 펄서를 여러 개 발견했다. 이렇게 빠른 회전은 중성자별의 탄생 때부터 생겨날 수는 없다—그것은 외부 원인에 의해 생긴 것이다. (가장 젊은 펄서 중 하나인 게 성운 펄서가 1초에 30번 회전한다는 것을 상기하라.) 실제로 빠른 펄서의 일부는 쌍성계의 일원으로 관측되었고, 그렇지 않고 단독별인 경우에는 과거에 쌍성이었으나 질량 전달 과정에서 동반성을 '완전히 소모'시켜 버렸기 때문에 홀로 남게 되었을 것이다.

이제 별의 마지막 상태에 대한 설명을 마무리 지을 단계에 도달했다. 그러나 아직 한 가지가 남아있다. 연료가 고갈될 때의 질량이 1.4 M_{Sun} 이하인 별은 생애를 백색왜성으로 끝맺는다는 사실을 알았다. 질량이 1.4~3 M_{Sun} 사이에서 죽는 별은 중성자별이 된다. 그러나 연료 공급이 끝날 때의 질량이 3 M_{Sun} 이상으로 큰 별도 있다. 그런 별들은 어떻게 될까? 그렇게 질량이 큰 중심핵을 갖는 별의 죽음에 대한 매우 기이한 이야기가 바로 다음 장에서 다룰 주제다.

인터넷 탐색

게 성운 이야기:
xrtpub.harvard.edu/xray_sources/crab/crab.html
가장 잘 알려진 초신성 잔해의 역사와 과학에 관한 소개로 짤막하고 다채롭게 쓰여졌다.

게 성운: 영화:
hubblesite.org/newscenter/archive/2002/24
게 성운 중심영역의 허블과 찬드라 우주 망원경들이 찍은 영화. 펄서가 주변 환경에 어떻게 영향을 미치는가를 보여주는 애니메이션을 곁들인 아주 짧은 영화. 유용한 배경 자료와 함께 보여준다.

초신성 1987A의 허블 관측:
hubblesite.org/newscenter/archive/2000/11/
hubblesite.org/newscenter/archive/1998/08/
이웃 은하 내 1987 초신성의 허블 영상 역사, 배경 정보, 그리고 새로운 결과와 함께 보여준다.

마이클의 초신성 페이지:
stupendous.rit.edu/richmond/sne/sne.html
로체스터 공과대학의 마이클 리치몬드(Michael Richmond)가 만든 초신성에 관한 가장 유용한 정보를 주는 웹사이트 중 하나. 이곳에는 다른 은하에서 관측된 최근의 모든 초신성 목록과 함께, 우리은하 내의 역사적인 초신성, 다른 사이트와의 연결, 그리고 초신성의 다른 형태에 대한 명확한 설명 등을 포함하고 있다.

중성자별의 소개:
www.astro.umd.edu/miller/nstar.html
메릴랜드 대학의 콜만 밀러(Coleman Miller)의 사이트로서 여기는 쉬운 것에서부터 어려운 것으로 소개되는데 질량이 큰 별의 시신에 관한 좋은 정보를 많이 제공한다.

마그네스타 페이지:

solomon.as.utexas.edu/duncan/magnetar.html

마그네타의 아이디어를 제일 먼저 낸 사람 중 하나인 로버트 던캔(Robert Duncan)은 2000년에 이 유용한 사이트를 만들었는데 이곳에는 배경 정보, 아이디어의 짧은 역사, 그리고 이것을 옹호해 주는 관측에 관한 설명이 들어 있다.

요약

14.1 진화가 진행되는 동안, 별들의 바깥층이 벗겨져 초기 질량의 상당량을 잃는다. 질량이 적어도 7.5 M_{Sun}인 별은 **찬드라세카르 한계**(약 1.4 M_{Sun})보다 작은 질량을 가진 백색왜성이 되기에 충분할 만큼 질량을 잃는다. 전형적인 백색왜성은 태양과 같은 질량을 가지며 지름은 지구와 비슷하다. **축퇴 전자**가 작용하는 압력은 백색왜성이 더 이상 지름이 작아지지 않도록 지켜준다. 궁극적으로 백색왜성은 주로 탄소와 산소로 이루어진 별의 잔해인 흑색왜성으로 식어간다.

14.2 무거운 별의 중심핵에서 수소 융합 후에 더 무거운 원소가 합성되는 여러 핵융합 반응이 일어난다. 무거운 별은 모든 에너지원이 고갈되기 직전에 규소, 황, 산소, 네온, 탄소, 헬륨 그리고 수소의 껍질로 둘러싸인 철의 중심핵을 가진다. 철의 융합은 에너지를 (방출하는 대신) 필요로 한다. 만약 철 중심핵의 질량이 찬드라세카르 한계를 넘어서면(3 M_{Sun} 이하), 중심핵은 밀도가 원자핵 밀도보다 높아질 때까지 수축해서 전형적으로 지름이 20 km인 **중성자별**을 형성한다. 중심핵은 제II형 초신성 폭발을 일으켜 중심핵은 다시 커져서 에너지를 밖으로 내어 보낸다.

14.3 초신성은 우리은하에서 평균 매 25년에서 100년마다 한 번씩 폭발한다. 그럼에도 불구하고, 망원경이 발명된 이후 하나의 밝은 초신성만이 관측되었는데, 그것이 이웃 은하인 대마젤란운에서 일어난 초신성(SN 1987A)이다. SN 1987A가 된 별은 청색 초거성으로 시작해서, 적색 초거성으로 진화하고 폭발 때는 다시 청색 거성으로 돌아갔다. SN 1987A의 연구로 중성미자를 탐지했고, 철보다 무거운 원소의 형성을 포함해서 그 폭발 동안 무엇이 일어나는가에 관한 이론적인 계산을 확인했다. 초신성은 고 에너지 우주선의 주된 방출원이고 근처에 있는 어떤 생명체에게도 위험할 수 있다.

14.4 적어도 어떤 초신성은 강한 자기장을 가진 빨리 도는 중성자별을 남기는데, 만약 탈출하는 입자와 집중된 복사의 빛다발이 우리를 향할 경우에는 **펄서**로 관측될 수 있다. 펄서들은 빠르게 맥동하는 복사를 규칙적인 간격으로 방출하는데, 그들의 주기는 0.001~10초 사이에 있다. 회전하는 중성자별은 등대와 같아서 빛다발이 원을 휩쓸며 나가 지구를 지나칠 때 우리는 복사의 맥동을 관측한다.

14.5 백색왜성이나 중성자별이 근접 쌍성계의 일원이면 그 별의 동반성에서 질량의 전달이 발생한다. 백색왜성으로 서서히 끌려서 떨어지는 물질은 갑작스럽고 폭발적인 핵융합을 일으켜 **신성**을 형성한다. 만약 백색왜성으로 물질이 빠르게 떨어지면 그 별이 찬드라세카르 한계를 넘게 되어 제I형 초신성으로 완전히 폭발한다. 중성자별로 떨어지는 물질은 x-선 복사의 강력한 폭발을 일으킬 수 있다.

모둠 활동

A 그룹 중 어느 누가 가스의 팽창하는 껍질을 관측하기 위해서 큰 망원경을 사용한다. 당신이 행성상 성운이나 초신성 폭발의 잔해를 발견했는가를 결정하기 위해서 어떤 측정을 할 수 있는가를 논하라.

B 별 시리우스(우리들의 북반구 하늘에서 가장 밝은 별)는 백색왜성 동반성을 가지고 있다. 시리우스는 약 2 M_{Sun}의 질량을 가졌고 아직 주계열에 있다. 반면, 그 동반성은 이미 별의 시신이다. 백색왜성은 질량이 1.4 M_{Sun}보다 더 클 수 없다. 이 두 별들이 동시에 형성되었다고 가정하고 당신의 그룹은 어떻게 시리우스가 백색왜성 동반성을 가질 수 있는가를 논의하라. (힌트:

백색왜성의 초기 질량이 시리우스의 질량보다 더 컸을까 작았을까?)

C 밝은 별이 갑자기 대낮에 보일 수 있게 되었다면 오늘날의 사람들은 무엇을 할 것인가? 하늘에서 진짜 밝은 초신성이 나타난다면 어떤 종류의 공포와 미신이 생겨날 것인가? 당신의 그룹이 슈퍼마켓에서 파는 타블로이드판 신문에 특종으로 실릴 표제를 발견하라.

D 초신성이 지구에서 40광년 거리에서 폭발했다고 가정하자. 당신의 그룹이 복사가 우리들에게 도착하고 그보다 좀 늦게 입자가 우리에게 도착할 때 지구에 미칠 효과가 무엇일지 논의하라. 초신성 효과로부터 사람들을 보호하는 어떤 방법이 있겠는가?

E 펄서가 발견되었을 때 그런 발견에 참여한 천문학자들은 '작은 녹색의 인간'의 발견에 관해서 말하고 있다. 만약 당신이 그 자리에 있었다면 그러한 맥동하는 전파원이 자연적으로 생긴 것인지 아니면 외계의 고등 문명체가 보낸 것인지를 알아내기 위해서 어떤 테스트를 수행할 것인가? 오늘날 전 세계에서 몇몇 그룹은 고등 문명체가 보낼지도 모르는 전파 신호를 활발하게 탐색하고 있다. 이러한 신호가 펄서의 신호와 어떻게 다를 것으로 당신은 예상하는가?

F 천문학 강의를 들을 기회가 없었던 당신의 동생이 잡지에서 백색왜성과 중성자별에 관해서 읽고 이 별들 근처에 가거나 그곳에 착륙을 시도하는 것이 재미있을 것이라고 결정한다. 이것이 미래의 관광으로 좋은 아이디어인가? 당신의 그룹은 백색왜성과 중성자별 근처에 가는 것이 아이들(또는 어른)에게 안전하지 않을 것이라는 이유의 목록을 만들어라.

복습 문제

1. 백색왜성은 중성자별과 어떻게 다른가? 이들이 각각 어떻게 만들어지는가? 무엇이 각각을 자체 무게에 의한 붕괴로부터 막아주는가?
2. 태양과 같은 질량을 가진 별의 진화를 진화의 주계열 단계에서부터 백색왜성이 될 때까지 기술하라.
3. 무거운 별(태양의 약 20배 질량이라 하자)의 진화를 초신성이 될 때까지 기술하라. 무거운 별의 진화는 태양과 어떻게 다른가? 그 이유는?
4. 이 장에서 논의한 두 종류의 초신성이 어떻게 다른가? 어떤 종류의 별이 각 유형으로 되는가?
5. 한 별이 질량 5 M_{Sun}으로 태어났으나 질량 0.8 M_{Sun}의 백색왜성으로 생을 마감한다. 태어날 때 가졌던 질량의 일부를 잃을 가능성이 가장 높은 일생에서의 단계를 나열하라. 각 단계에서 질량 손실이 어떻게 일어났는가?
6. 만약 중성자별의 형성이 초신성 폭발로 이어진다면, 왜 수백 개의 알려진 펄서 중 세 개만이 초신성 잔해에서 발견되는가를 설명하라.
7. 게 성운에서 성운을 만든 별이 약 1000년 전에 폭발했을 때 어떻게 이 성운이 약 10만 배의 태양 에너지로 밝게 빛날 수 있는가? 오늘날 이 성운으로부터 나오는 것으로 보이는 그 많은 복사에 대한 '대금'을 치르는가?
8. 어떻게 신성이 제I형 초신성과 다른가? 어떻게 제II형 초신성과 다른가?

사고력 문제

9. 다음 별들을 그들의 진화 순서대로 배열하라.
   a. 주로 탄소와 산소로 만들어진 중심핵에서 핵반응이 일어나지 않는 별.
   b. 중심에서 표면까지 균일한 성분을 가진 별, 이 별은 수소를 가지고 있으나 중심핵에서 핵융합이 일어나지 않는다.
   c. 중심핵에서 수소를 헬륨으로 융합시키는 별.
   d. 중심핵에서 헬륨을 탄소로 융합하고 중심핵을 둘러싸고 있는 껍질에서 수소를 헬륨으로 융합시키는 별.
   e. 중심핵에서 핵반응이 일어나지 않지만 중심핵을 둘

러싼 껍질에서 수소를 헬륨으로 융합시키는 별.

10. 당신은 오리온 성운에서 백색왜성을 관측할 것으로 기대하는가? (그 특성을 기억해 내기 위해서 12장을 참조하라.) 그런 이유 또는 그렇지 않은 이유는?

11. 약 2 M_{Sun}보다 무거운 별은 아예 형성되지 않았다고 가정하자. 우리가 아는 형태의 생명이 발달할 수 있었겠는가? 그런 이유 또는 그렇지 않은 이유는?

12. 제II형 초신성(무거운 별의 폭발)을 관측할 가능성은 구상 성단에서 더 높은가, 아니면 산개 성단에서 더 높은가? 이유는?

13. 천문학자들은 우리은하에 약 1억 개의 중성자별이 있다고 믿고 있다. 그렇지만 약 1000여 개의 펄서만 발견되었다. 이 숫자들이 이렇게 다른 이유를 몇 개만 들어라. 각 이유를 설명하라.

14. 우리은하에서 나타나는 **모든** 초신성을 발견할 것으로 기대하는가? 그런 이유 또는 그렇지 않은 이유는?

15. 대마젤란운은 우리은하에서 발견되는 별 숫자의 약 1/10을 가지고 있다. 질량이 큰 별과 작은 별이 두 은하에서 정확히 같게 섞여 있다고 가정하자. 근사적으로 대마젤란운에서는 얼마나 자주 초신성이 생기겠는가?

16. 부록 10의 가장 가까운 별 목록을 보자. 이들 중 어느 것이 초신성이 되리라 믿는가? 그런 이유나 그렇지 않은 이유는?

17. 만약 대부분 별이 백색왜성이 되고, 백색왜성의 형성이 행성상 성운의 발생을 수반한다면 우리은하에서 현재 관측하는 것보다 왜 훨씬 더 많이 볼 수 없는가?

18. 우리은하에서 백색왜성과 중성자별 중 어느 것이 더 많은가? 당신의 답을 설명하라.

계산 문제

별의 시신에서 당신의 몸무게는?

백색왜성이나 중성자별 근처에서는 실제로 어떨까를 계산하자.

우선, 중력이 얼마나 강력한 중력으로 당신의 몸을 가속시키는가 묻자(표면에서 얼마나 강력하게 끌리는가를 측정). 2장에서 두 개의 물체 사이의 중력 F는 다음 식에서 계산된다.

$$F=\frac{GM_1M_2}{R^2}$$

여기서 G는 중력 상수로-6.67×10^{-11} Nm^2/kg^2, M_1과 M_2는 두 물체의 질량이고, R은 그들 사이의 거리다. 또한 뉴턴의 제2법칙으로부터,

$$F=M\times a$$

이다. 여기서 a는 질량 M인 물체의 가속도다. 이제 당신이 지구나 백색왜성과 같은 천체 위에 서 있을 때 질량이 어떻게 되는가를 생각해 보자. 당신이 M_1이고 당신이 서 있는 천체가 M_2이다. 당신과 당신이 서 있는 천체의 중력 중심 사이의 거리가 바로 반지름 R이다. 당신에게 미치는 힘은

$$F=M_1\times a=\frac{GM_1M_2}{R^2}$$

이다. 문자 g로 표시되는 중력가속도는 $(G\times M)/R^2$이다. 이제 행성 지구의 중력가속도를 계산할 수 있다(숫자는 부록 6 참조).

$$g=\frac{6.67\times10^{-11}\,\text{Nm}^2/\text{kg}^2\times6\times10^{24}\,\text{kg}}{(6.4\times10^6\,\text{m})^2}$$
$$=\frac{4.0\times10^{14}}{4.1\times10^{13}}=9.8\text{ m s}^2$$

[단위가 어떻게 된 건지 이상하게 생각할 것이다. 뉴턴(N)은 어디로 간 것일까? N=kg×m/s^2]

어떤 천체에서 벗어나는 데 필요한 속도는 이탈속도(escape velocity)라고 불린다. 이탈속도는

$$v_{\text{esc}}^2=\frac{2GM}{R}$$

이다. 지구에서 $v_{\text{esc}}^2=2\times(6.67\times10^{-11}$ Nm^2/kg$^2\times6\times10^{24}$ kg$)/6.4\times10^6$ m$=1.25\times10^8$이다. 이것이 이탈속도의 자승임을 기억하라. 제곱근을 취하면 1.12×10^4 m/s= 11.2 km/s이다. 이것이 당신이 지구 중력을 벗어나려면 견뎌야 하는 속도다. 물체의 밀도는 질량을 부피로 나눈 값이다. 공의 부피는 $V=(4/3)\pi R^3$이므로

$$\text{밀도}=\frac{M}{(4/3)\pi R^3}$$

이다. 지구에 대한 평균 밀도는

$$\frac{6 \times 10^{24}\,\mathrm{kg}}{1.33 \times 3.14 \times (6.4 \times 10^{6}\,\mathrm{m})^{3}} = 5500\,\mathrm{kg/m^3}$$

이다. 물의 밀도가 1000 $\mathrm{kg/m^3}$이므로 지구는 물의 밀도의 5.5배다.

19. 태양 표면에서 중력 가속도는 얼마인가? (태양의 주요 특성에 대해서는 부록 6 참조) 이 값은 지구 표면에서 얼마나 더 큰가? 당신이 태양의 표면에서는 무게가 얼마나 갈까 계산하라. 당신의 무게는 지구에서의 무게에서 중력 가속도에 대한 태양에서 중력 가속도의 비를 곱한 값이 된다. (태양은 당신이 서 있을 만한 고체의 표면을 가지지 않고 태양의 광구에 있다면 증발해 버릴 것을 알고 있다. 이 계산을 하기 위한 우스갯 소리도 해 보자.)

20. 태양에서의 이탈속도는 얼마인가? 지구에서의 이탈속도와는 어떻게 비교되는가?

21. 태양의 평균 밀도는 얼마인가? 지구의 평균 밀도와는 어떻게 비교되는가?

22. 특수한 백색왜성이 태양질량과 지구 반경을 가졌다고 하자. 이 백색왜성의 표면에서 중력 가속도는 얼마인가? 지구 표면에서 g보다 이 값은 얼마나 더 큰가? 이 백색왜성의 표면에서 당신의 무게는 얼마일까(다시 거기서 살아남을 수 있다는 믿어지지 않는 생각을 한다면)?

23. 22번 문제에서 백색왜성으로부터 이탈속도는 얼마인가? 이것은 지구로부터 이탈속도보다 얼마나 더 큰가?

24. 22번 문제에서 백색왜성의 평균 밀도는 얼마인가? 이것은 지구의 평균 밀도와 어떻게 비교되는가?

25. 질량이 태양의 2배이나 반지름은 10 km인 중성자별이 있다고 하자. 이 중성자별의 표면에서 중력가속도는 얼마인가? 이것은 지구 표면에서 g보다 얼마나 더 큰가? 중성자별의 표면에서 당신의 무게는 얼마일까(당신이 세포의 원형질 덩어리로 되지 않는다면)?

26. 25번 문제에서 중성자별로부터 이탈속도는 얼마인가? 이것은 지구로부터의 이탈속도보다 얼마나 더 큰가?

27. 25번 문제에서 중성자별의 평균 밀도는 얼마인가? 이것은 지구의 평균 밀도와 어떻게 비교되는가?

관측의 한 세트를 설명하는 과학적인 가정은 다른 독립적인 관측과 부합하는가를 결정하여 시험될 수 있다. 이 교재는 낮은 질량의 별들은 적색거성 단계로부터 진화하여 행성상 성운의 중심별이 되고 그 후 이 별들은 시간이 지나면서 백색왜성이 된다고 기술하고 있다. 그러한 별들은 축퇴 전자에 의해서 지탱되고, 행성상 성운의 중심별이 백색왜성 상태로 넘어가는 동안 크기가 변하지 않는다. 그래서 행성상 성운 내 전형적인 별의 크기가 백색왜성의 크기와 어떻게 비교되는가를 알아보자.

28. 별의 반지름을 계산하는 한 가지 방법(9장 24번 사고력 문제 참조)은 별이 흑체복사를 한다고 가정하고 그 별의 광도와 온도를 이용하는 것이다. 천문학자들은 항성상 성운의 중심별 특성을 측정해서 전형적인 중심별의 광도는 태양의 16배이며 온도는 20배 뜨거움(약 110,000 K)을 알아냈다. 그 반지름을 태양의 단위로 구하라. 이 반지름을 원형적인 백색왜성과 비교하라.

29. 이 교과서에 기술된 모형에 따르면 중성자별은 약 10 km의 반지름을 가졌다. 맥동은 한 번의 회전마다 한 번씩 생긴다. 아인슈타인의 상대성이론에 따르면 아무것도 빛의 속도보다 더 빠르게 움직일 수는 없다. 이 펄서 모형이 상대론을 거슬리지 않는지 확실하게 검색하라. 자전 주기가 0.033초로 하고 게 성운 펄서의 적도에서 자전 속도를 계산하라. (거리는 속도×시간이고 원주의 길이는 $2\pi R$임을 기억하라.)

30. 1초에 1000번 자전하는 펄서에 대해서 29번 문제에서와 같이 계산하라.

심화 학습용 참고 문헌

앞 장에 주어진 참고 문헌의 일부를 참조하고, 덧붙여서:

Filippenko, A. "A Supernova with an Identity Crisis" in *Sky & Telescope*, Dec. 1993, p. 30. 초신성 일반과 초신성 1993 J에 관한 좋은 보고서.

Graham-Smith, F. "Pulsars Today" in *Sky & Telescope*, Sept. 1990, p. 240.

Greenstein, G. "Neutron Stars and the Discovery of Pulsars" in *Mercury*, Mar./Apr. 1985, p. 34; May/June 1985, p. 66.

Gribbin, J. *Stardust: Supernova and Life—the Cosmic Connection*. 2000, Yale U. Press. 원소의 기원과 원소들이 어떻게 초신성에 의하여 재활용 되는가에 관해서.

Iben, I. and Tutukov, A. "The Lives of Binary Stars: From Birth to Death and Beyond" in *Sky & Telescope*, Jan. 1998, p. 42.

Irion, R. "Pursuing the Most Extreme Stars" in *Astronomy*, Jan. 1999, p. 48. 펄서에 관하여.

Kaler, J. "The Smallest Stars in the Universe" in *Astronomy*, Nov. 1991, p. 50. 백색왜성, 중성자별, 그리고 펄서에 관하여.

Kawaler, S. and Winget, D. "White Dwarfs: Fossil Stars" in *Sky & Telescope*, Aug. 1987, p. 132.

Kirshner, R. "Supernova: The Death of a Star" in *National Geographic*, May 1988, p. 618. 초보자를 위한 SN 1987A의 훌륭한 소개.

Kirshner, R. "Supernova 1987A: The First Ten Years" in *Sky & Telescope*, Feb. 1997, p. 35.

Marschall, L. *The Supernova Story*, 2nd ed. 1994, Princeton U. Press. 초신성의 선택과 SN 1987A의 소개.

Maurer, S. "Taking the Pulse of Neutron Stars" in *Sky & Telescope*, Aug. 2001, p. 32. Review of recent ideas and observations of pulsars.

Nadis, S. "Neutron Stars with Attitude" in *Astronomy*, Mar. 1999, p. 52. 마그네타에 관하여.

Naeye, R. "Ka-Boom: How Stars Explode" in *Astronomy*, July 1997, p. 44. 초신성 모형 작성에 관하여.

Robinson, L. "Supernova, Neutrinos, and Amateur Astronomers" in *Sky & Telescope*, Aug. 1999, p. 31. 당신이 초신성을 발견하는 데 어떻게 도움을 줄 수 있는가에 관하여.

Wheeler, J. C. *Cosmic Catastrophes: Supernova, Gamma-ray Bursts, and Adventures in Hyperspace*. 2000, Cambridge U. Press. 쌍성의 진화, 초신성, 백색왜성, 블랙홀, 그리고 이들이 폭발할 때 무엇이 일어나는가.

Zimmerman, R. "Into the Maelstrom" in *Astronomy*, Nov. 1998, p. 44. 게 성운에 관하여.

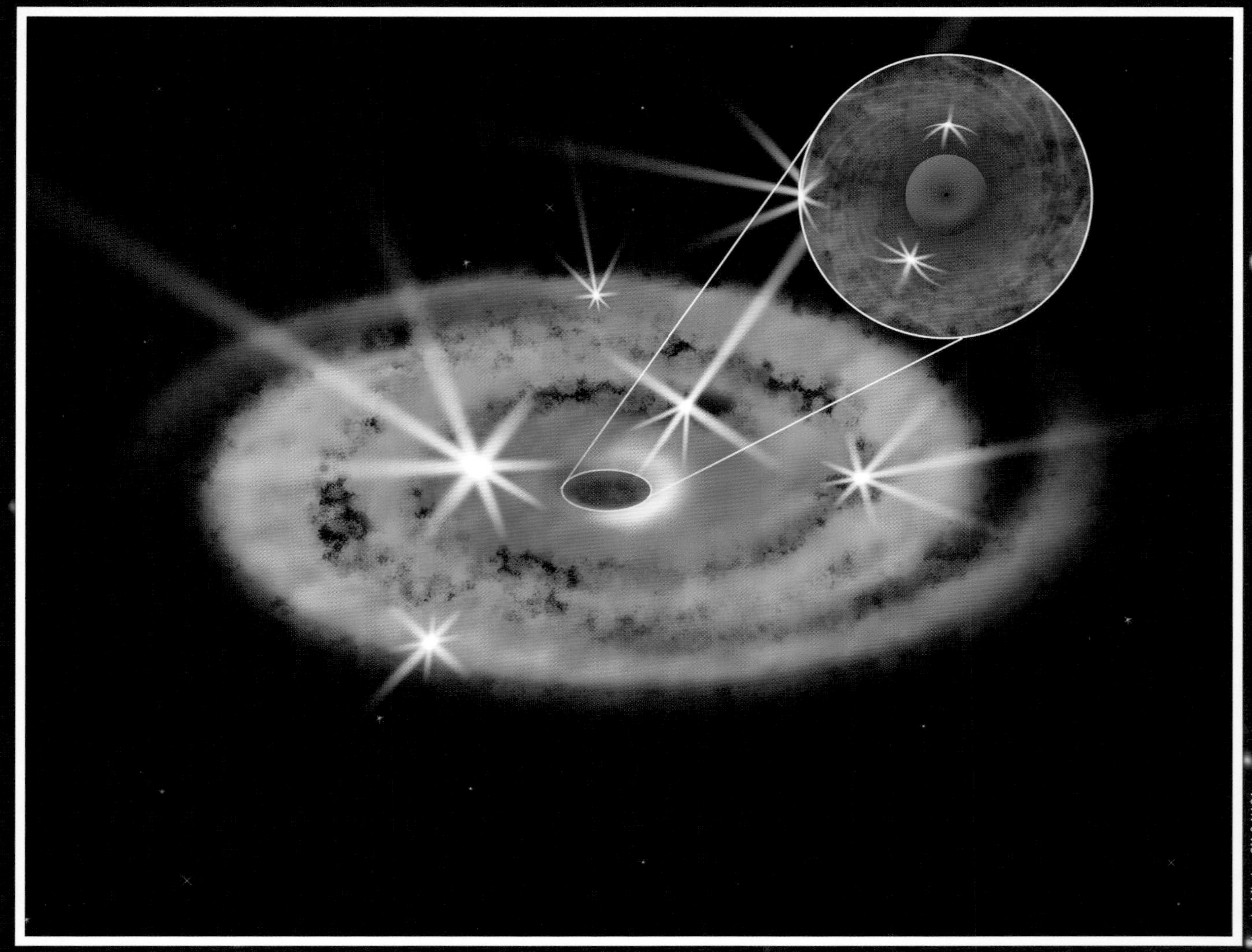

Chandra Mission, CfA & NASA

블랙홀의 포식 이것은 블랙홀 근처에서 무엇이 일어나는지를 나타내는 예술인의 개념도이다. 블랙홀은 아주 무거운 별이 삶을 끝내고 폭발하여 안쪽으로 붕괴할 때 남는 모든 것이다. 이 그림에서 동반성에서 나온 가스(여기에는 보이지 않음)가 블랙홀에 끌려서 다시는 보이지 않는 사건지평선 내로 떨어지기 전에 블랙홀 주위를 소용돌이친다. 가스가 블랙홀에 더 가깝게 소용돌이치면서 더 뜨거워져서 안쪽 끝에서는 수백만 도에 이른다. 이 온도에서는 가스가 x-선을 방출한다. 원반의 안쪽 끝이 오른쪽에서는 흰색이고 왼쪽에서는 붉은색으로 보인다. 이것은 오른쪽의 가스는 관측자를 향해서 움직여 복사가 더 높은 에너지로 변하고, 반대로 왼쪽의 가스는 관측자로부터 멀어져서 복사는 더 낮은 에너지로 변하기 때문이다. 그림의 오른쪽 위의 삽화는 블랙홀에 아주 가까운 가스를 나타내는데, 이 물질은 궤도에 머물 수 없고 결국은 블랙홀로 떨어진다. 사건지평선에 아주 가까운 곳에서는 중력 적색이동(큰 중력장 부근에서 시간이 느려짐)이 복사를 더 긴(더 붉은) 파장으로 변화시킨다. 사건지평선 내부(검은 영역)에서는 극도로 휘어진 시공간이 빛을 블랙홀 속으로 다시 들어가도록 휘게 하여 빛도 빠져나오지 못한다.

15 블랙홀과 굽은 시공간

한 가지는 확실하지만, 그 나머지는 논쟁거리로 남는다—태양 근처에서 빛살은 직선으로 움직이지 않는다.

에딩턴(Arthur S. Eddington, 1920)

미리 생각해보기

블랙홀(완전히 붕괴된 별)은 실제로 존재하는가? 금세기에 걸쳐서 블랙홀은 대부분 공상 과학 소설의 소재였을 뿐이다. 소설에서 블랙홀은 주위의 모든 물질을 빨아들이는 괴물 진공청소기나 또는 우주에서 다른 우주로 가는 터널로 그려지고 있다. 이 장에서 우리는 소설에서보다 더 이상한 블랙홀의 진실을 발견할 것이다. 이 책의 후반에서는 우리들이 은하 우주여행을 하면서, 블랙홀이 여러 신비스럽고 놀라운 천체들을 설명하는 열쇠라는 사실을 발견할 것이다.

대부분의 별은 백색왜성이나 중성자별로 그 일생을 마친다. 그러나 질량이 매우 큰 별들은 생애의 마지막 순간에 이르러 붕괴될 때 축퇴 상태의 중성자로 이루어진 중심핵조차도 자신의 무게를 지탱할 수 없게 된다. 중심핵의 질량이 태양질량(M_{sun})의 약 3배 이상인 경우, 우리의 이론은 영원한 붕괴를 저지할 수 있는 힘은 존재하지 않는다고 예측한다. 중력은 단순하게 다른 모든 힘들을 압도하고 중심핵을 무한히 작아질 때까지 압착시킨다. 이론으로 예측한 가장 이상한 천체 중의 하나가 이러한 일이 발생하는 별, 즉 **블랙홀**(black hole, **검은 구멍**이라고도 함)이다.

블랙홀을 이해하려면, 극한 환경에서 중력 작용을 서술하는 이론이 필요하다. 이를 위한 최선의 중력 이론은 1916년에 알베르트 아인슈타인이 제시한 **일반상대성이론**(general relativity)이다.

가상 실험실

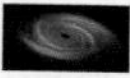 쌍성, 강착원반, 그리고 케플러의 법칙들

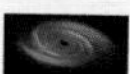 일반상대성이론, 블랙홀, 그리고 중력렌즈

Photo courtesy of the archives, Caltech

■ **그림 15.1**
알베르트 아인슈타인 이 유명한 과학자는 대중문화에서 지식인의 상징이 되었다. 이 이탈리아 광고의 표제는 '본능은 맥주라 말하고 이성은 칼스버그라 말한다.'로 번역된다.

일반상대론은 20세기의 주요 지적(知的) 성과 중 하나로 그것이 음악이었다면 베토벤이나 밀러의 위대한 교향곡에 견줄 만할 것이다. 최근까지 과학자들에게 더 나은 중력 이론이 필요하지 않았다. 아이작 뉴턴(Isaac Newton)의 아이디어(2장 참조)는 우리가 일상에서 다루는 대부분의 천체를 설명하기에 충분하였다. 그러나 지난 40년 동안 일반상대론은 멋진 아이디어 이상의 것이 되었으며, 이제는 펄사, 퀘이사(18장에서 논의할 예정) 그리고 블랙홀을 포함한 많은 천체와 천문학적 사건을 이해하는 데에 꼭 필요하게 되었다.

지금쯤 천문학 과목을 수강하는 학생들은 조금씩 불안을 느끼기 시작할 것이다. (학생들은 과학 필수 과목으로 생물학이나 기타 지구 안에서 일어나는 일들을 다루는 과목을 택해야 했다고 느낄지 모른다.) 이것은 대중문화에서 아인슈타인이 대부분의 사람들이 도달하는 범위를 훨씬 초월하는 수학적 천재성의 상징으로 알려졌기 때문이다(그림 15.1).

그래서 일반상대성이론이 아인슈타인의 업적이라고 말하면, 아인슈타인이 한 일은 무엇이었던 간에, 많은 다른 학생들처럼 이해할 수 없을 것으로 단정해서 조금은 걱정하게 될 것이다. 이러한 통속적 견해는 불행한 일이며 오해일 뿐이다. 일반상대론의 자세한 계산에는 많은 고등수학이 관련되기는 하지만, 기본 아이디어는 이해하기 그리 어렵지 않다. [실제로 어떤 면에서는 세상에 대한 새로운 전망을 제공하는 방법으로 거의 시(詩)적 수준이다.]

15.1 등가원리

일반상대성이론의 형성 바탕이 된 기본적 통찰력은 극히 단순한 생각에서 시작된다. 만일 당신이 고층 건물에서 뛰어내려 자유 낙하한다면, 자신의 몸무게를 느끼지 못할 것이다. 이 장에서는 아인슈타인이 공간과 시간 그 자체가 서로 얽혀 있다는 획기적인 결론에 도달하는 아이디어를 어떻게 얻게 되었는가를 기술할 것이다. 그는 이를 '내 생애에 가장 행복한 아이디어'라고 했다.

아인슈타인은 스스로 이런 효과를 예시하는 일상적인 실례를 들었다. 고속 엘리베이터가 정지했다가 가속적으로 빠르게 하강할 때 우리는 몸무게가 감소한 것처럼 느낀다. 이와 비슷하게 빠르게 상승하는 엘리베이터에서는 몸무게가 증가한 것처럼 느낀다. 이러한 효과는 단지 우리 느낌인 것만은 아니다. 만일 엘리베이터에 있는 체중계로 몸무게를 잰다면, 무게의 변화를 측정할 수 있을 것이다. (실제 그러한 실험을 실행하는 과학관도 있다.)

공기의 저항 없이 자유 낙하(freely falling)하는 엘리베이터에서는 몸무게를 모두 잃게 된다. 비행기를 타고 높이 올라간 다음 잠깐 빠르게 떨어지면, 무중력 상태에 접근할 수 있다. 이런 식으로 NASA(미 항공우주국)는 우주인들에게 우주에서의 자유낙하를 경험시키고 있으며, 영화 아폴로 13호의 무중력 장면도 그와 같은 방법으로 촬영되었다.

더욱 공식적으로 아인슈타인의 아이디어를 설명하자면 다음과 같다. 과학 실험을 수행하는 데 필요한 모든 장치를 갖춘 창문 없는 실험실이 우주선 속에 밀폐되어 있다고 하자. 미래의 어느 날, 획기적인 과학적 진전을 축하하는 기나 긴 밤을 지낸 후에, 잠에서 깨어난 여성 천문학자는 자신이 실험실에 갇혀 있음을 알게 된다. 그녀는 어떻게 이런 일이 일어났는지 도무지 알 수 없었지만, 몸무게가 없어졌음을 깨닫는다. 모든 중력원(重力源)에서 멀리 떨어져 정지해 있거나, 또는 등속으로 공간을 움직일 때만 이런 일이 가능하다. (그 경우 그녀가 깨어나기까지 오랜 시간이 흘렀을 것이다.) 그러나 이런 일은 그녀가 지구 같은 행성을 향하여 자유 낙하하기 때문일 수도 있다. (이 경우 그녀는 커피를 만들기 전에 먼저 지표까지 거리를 점검해보려고 했을 것이다.)

아인슈타인의 가설은 그녀가 공간에 떠 있는지 또는 중

력장에서 자유 낙하하고 있는지를 밀폐된 실험실에서 실험을 통해서 알아낼 수 없다는 것이다.[1] 그녀가 관련되는 한, 그 두 가지의 경우는 완전히 동등하다. 자유 낙하하는 실험실 안에 있는 생명체와 무중력 상태에 있는 생명체를 구별해 낼 수 없으므로, 이 두 경우를 동등하다고 보는 아이디어를 **등가원리**(equivalence principle)라고 부른다.

15.1.1 중력 또는 가속도?

이 간단한 아이디어는 큰 결과를 낳는다. 양쪽 절벽에서 바닥 없는 심연으로 동시에 뛰어내리는 대담한 소년과 소녀에게 무슨 일이 일어나는지 상상하는 것으로 시작하자(그림 15.2). 공기 저항을 무시하면 떨어지는 동안 이들 두 사람은 똑같은 비율로 아래쪽으로 가속을 받고 아무런 외부 힘의 작용도 느끼지 않는다고 말할 수 있다. 이들은 중력이 없을 때처럼 서로 향해서 똑바로 공을 던지며 주고받기를 할 수 있다. 공은 이들과 같은 비율로 떨어지므로 항상 두 사람을 잇는 직선 위에 있을 수 있다.

이러한 공 받기 게임은 지구 표면에서의 공 받기 게임과는 매우 다르다. 중력을 느끼며 자란 모든 사람은 일단 공을 던지면 공이 땅에 떨어진다는 것을 안다. 그래서 다른 사람과 공 받기를 하려면 상대방이 공을 잡을 때까지 공이 원호를 따라 앞으로 움직이면서 올라갔다가 내려가도록 위쪽으로 조준해서 던져야 한다.

이제 자유 낙하하는 소년, 소녀, 그리고 공을 그들과 함께 떨어지는 큰 상자 안에 고립시켜 보자. 이 상자 안에 있는 누구도 어떤 중력을 알지 못한다. 만약 이 아이들이 공을 놓아 버린다 해도 공은 상자의 밑이나 그 외에 어느 곳으로도 떨어지지 않고, 어떤 운동이 주어졌느냐에 따라 그 자리에 머물러 있거나 직선으로 움직인다.

지구를 선회하는 우주 왕복선을 타고 있는 우주인들은 자유 낙하 상자 안에 갇힌 것과 같은 환경에서 생활한다(그림 15.3). 궤도를 도는 왕복선은 지구 둘레를 자유 낙하하고 있다(2.3절에서 설명한 바와 같이). 자유 낙하하는 동안 우주인들은 중력이 없어 보이는 마술의 세계에 산다. 렌치를 밀어내면 그것은 일정한 속도로 궤도 실험실을 가로질러 움직인다. 허공에 놓인 연필은 아무런 힘이 작용하지 않는 한 그 자리에 머물러 있게 된다.

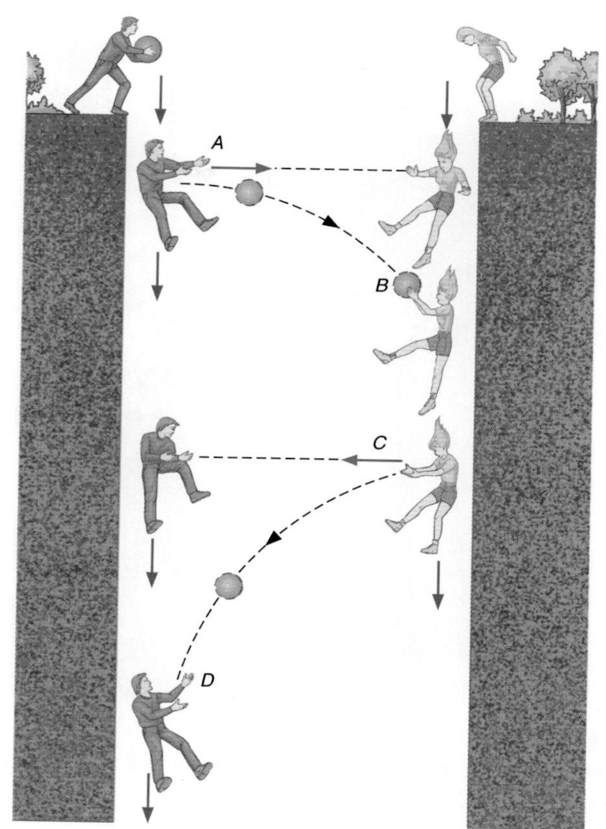

■ **그림 15.2**
자유 낙하 바닥이 없는 심연으로 떨어지면서 한 쌍의 용감한 남녀가 공 받기를 하고 있다. 소년, 소녀 그리고 공은 같은 속력으로 떨어지므로, 그들이 보기에는 서로 똑바로 던지면서 공을 주고받는다. 그들의 세계에서는 중력이 없는 것 같이 보인다.

그러나 겉보기는 오류일 수 있다. 이 경우에도 힘은 존재한다. 왕복선이나 우주인들은 중력에 이끌려 지구 주위에서 계속 떨어지고 있다. 왕복선, 우주인, 렌치 그리고 연필—모두 함께 떨어지기 때문에 왕복선 안에 중력이 없는 것처럼 보이는 것이다.

따라서 우주 왕복선은 국지적인 중력 효과가 그에 알맞은 가속도로 어떻게 완벽하게 보상받을 수 있는가를 보여주는 등가원리의 훌륭한 예를 제공한다. 우주인들에게는 지구 주위를 낙하하는 것이 모든 중력 영향에서 멀리 떨어진 우주 공간에 있는 것과 똑같은 효과를 나타낸다.

15.1.2 빛과 물질의 경로

아인슈타인은 등가원리가 자연의 기본 성질이며, 우주선 내에서 무중력이 머나먼 우주 공간에 떠 있기 때문에 생긴 것

---

[1] 엄격히 말하면, 이것은 실험실이 무한하게 작을 때만 성립한다. 실제 실험실에서의 위치에 따라 중력을 일으키는 물체로부터 거리는 모두 같지 않으므로 중력으로 인한 자유 낙하는 같을 수 없다. 이 경우 다른 위치에 있는 물체는 약간 다른 가속도를 가질 것이다. 모든 중력으로부터 먼 공간에 떠 있는 실험실에 있는 물체는 서로의 거리를 유지할 것이다. 그러나 이 점은 아인슈타인이 이러한 사고로부터 구한 등가원리가 틀렸음을 입증하지는 못한다.

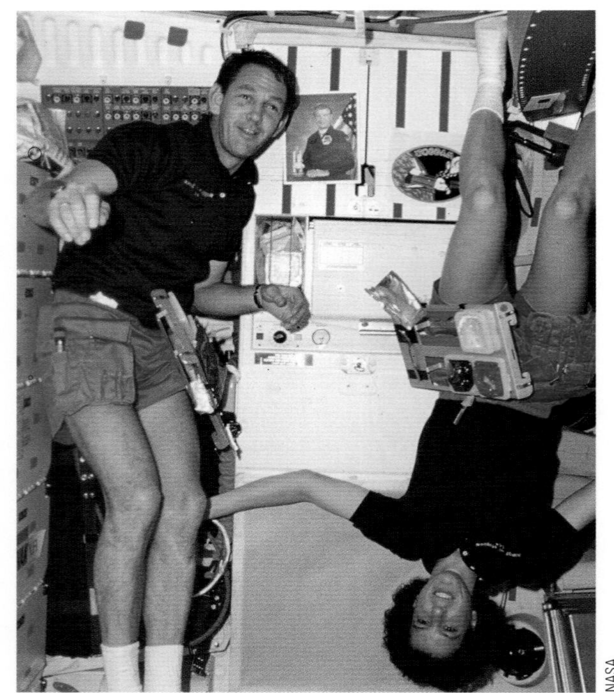

■ **그림 15.3**
우주 공간에 있는 우주인 궤도에서 우주 왕복선이 자유 낙하할 때, 그 속의 모든 것들은 그대로 놓여 있거나 균일하게 움직인다. 왜냐하면 우주선 안에서는 중력이 작용하지 않기 때문이다.

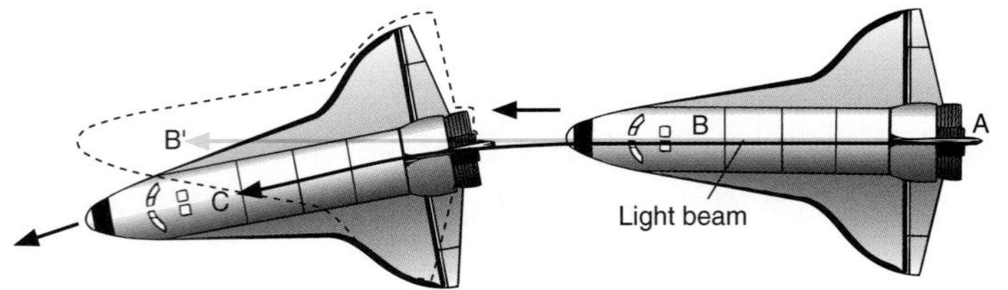

■ **그림 15.4**
구부러진 빛의 경로 어느 행성 주변의 궤도에서 왼쪽으로 움직이는 우주선(이 그림에 보이듯이)의 뒤편 A에서 앞쪽 B를 향해서 빛을 비추었다. 그 동안 우주선은 그의 직선 궤적에서 낙하했다. (그림에서는 낙하한 양을 과장해서 표현했다.) 따라서 우리는 빛이 우주선 안의 표적보다 높은 B′를 때릴 것을 예상한다. 그러나 빛은 중력에 의해 굴절되어서 구부러진 경로를 따라서 C에 다다른다.

인지 또는 지구와 같은 행성 부근에서 자유 낙하로 인해 생긴 것인지를 분간하는 실험을 우주인들이 할 수 없다고 보았다. 이것은 빛다발로 하는 실험에도 적용된다. 그러나 실험에서 빛을 사용하는 순간 우리는 매우 혼란스런 결론에 이르게 되는데—결론적으로 우리를 일반상대론으로 이끈다.

빛다발이 직진하는 것은 일상에서 볼 수 있는 기본적 관측 사실이다. 모든 중력원에서 멀리 떨어진 빈 공간을 우주 왕복선이 움직인다고 상상해 보자. 우주선의 뒤쪽에서 앞쪽으로 레이저 빔을 보내면 빛살은 직선을 따라 그 빛이 출발한 후면 벽의 반대 지점인 전면 벽에 도달한다. 만약 등가원리가 실제로 우주적으로 적용된다면, 지구 주변의 자유 낙하에서 수행되는 같은 실험에서도 정확히 같은 결과가 나와야 할 것이다.

우주인들이 우주선의 긴 쪽을 따라 빛다발을 비춘다고 상상해 보자. 그림 15.4에 보였듯이 왕복선이 자유 낙하할 때, 빛이 후면 벽을 떠나 전면 벽에 도달하는 시간 동안 우주선은 조금 낙하한다. (그림 15.4에서는 이 효과를 설명하기 위해서 낙하량이 많이 과장되었다.) 빛다발은 직선을 따라가지만 우주선의 경로가 아래로 구부러진다면, 빛은 출발 때 보다 전면 벽의 더 높은 점을 때려야 한다.

그러나 이것은 등가원리를 위배한다—두 실험 결과가 다르다. 따라서 두 가지 가정 중 하나를 포기하지 않으면 안 된다. 등가원리가 옳지 않거나, 또는 빛이 항상 직진하지는 않는다는 것이다. 당시로써는 웃기는 것으로 보이던 아이디어를 버리는 대신, 아인슈타인은 만약 빛이 때때로 직선 경로를 따르지 않는다면 무슨 일이 일어날 것인지를 생각했다.

등가원리가 맞는다고 가정하자. 그러면 빛다발은 우주선에서 출발한 점의 정반대 편에 도달해야 한다. 아이들이 공을 주고받을 때처럼, 빛이 우주선의 지구 선회 궤도에 있다면 우주선과 같이 낙하해야 한다(그림 15.4 참조). 그 경로는 공의 경로처럼 아래로 굽게 되며, 빛은 출발했던 지점의 정반대 쪽 벽면을 때리게 된다.

다시 생각해보면, 이것은 그리 큰 문제가 아니라는 결론을 쉽게 얻을 수 있다. 왜 빛이라고 공처럼 떨어질 수 없는가. 그러나 4장에서 논의했듯이, 빛은 공과 매우 다르다. 공은 질량을 가지지만 빛은 그렇지 않다.

여기서 바로 아인슈타인의 직관과 천재성이 발휘된 커다란 도약이 이루어진다. 그는 우리들의 사고 실험에서 이상한 결과에 대한 물리적 의미를 제공했다. 아인슈타인은 지구의 중력이 실제로 시간과 공간의 구조를 구부려 놓았기 때문에 빛이 휘어져서 왕복선의 전면에 닿았다고 제안했다. 이제부터 설명하게 될 이러한 혁신적인 아이디어는 빛의 행태가 빈 공간에서나 자유 낙하에서 모두 같으며, 그동안 가장 기본적이고 소중한 것으로 여겨졌던 시간과 공간에 대한 우리들의 생각을 바꿔야 한다는 것이다. 아인슈타인의 제안을 진지하게 받아들이는 이유는, 실험 결과들이 그의 직관적 도약이 옳았음을 분명하게 보이고 있기 때문이다.

15.2 시공간과 중력

실제로 빛의 직선 경로가 지구의 중력에 의해서 휘어지는가? 시공간은 중력에 의해 직접적으로 영향을 받는다고 아인슈타인은 생각했다. 빛다발, 시공간을 움직이는 빛뿐만 아니라 모든 것이 그 경로에 영향을 받는다. 빛은 항상 가장 짧은 경로를 따른다—그러나 그 경로가 항상 직선인 것은 아니다. 이것은 인간의 여행에도 맞는 이야기다. 지구 행성의 곡면을 따라 시카고에서 로마까지 비행하려면 최단 거리는 직선이 아니라 대원(great circle, 3장 첫 부분에서 정의하였음)의 원호를 따르는 길이다.

15.2.1 연결짓기: 질량, 공간, 그리고 시간

아인슈타인의 통찰력이 가지는 실제적 의미를 보여주기 위해 먼저 시공간에서 사건의 위치를 나타내는 방법을 생각해 보자. 예를 들어, 같은 방을 쓰는 친구가 기숙사의 난로에 시시케밥[1]을 구워먹으려다 불을 낸 상황을 학교 직원에게 설명한다고 상상하자. 기숙사가 대학로 6400번지에 있다고 설명한 것은 좌우 방향으로 방의 위치를 말하는 것이고, 5층이라는 설명은 상하 방향의 위치이고, 엘리베이터 뒤쪽 6번째 방이란 말은 전후 방향의 위치를 나타낸다. 그리고 불이 오후 6시 23분에 났다고 설명한다. (곧 불은 잡혔다.) 우주에서 일어난 모든 사건은 가까이에서건 먼 곳에서건 3차원의 공간과 1차원의 시간을 사용하여 그 위치를 정확히 짚어낼 수 있다.

뉴턴은 공간과 시간을 완전히 독립적인 것으로 여겼으며, 이 같은 견해가 20세기 초까지 그대로 받아들여져 왔다. 그러나 아인슈타인은 공간과 시간이 밀접히 관련되며, 그 둘을—**시공간**(spacetime)이라 부른 것으로—함께 생각해야만 물질 세계의 개념을 올바로 정립할 수 있음을 보였다. 다음 절에서 시공에 대해 좀 더 상세히 알아본다.

시공간이 굽는 양은 질량과 그 질량이 얼마나 조밀하게 집중되었는가에 달려 있다. 우리가 읽고 있는 책과 같은 지구의 물체는 질량이 너무 작아서 시공을 분간할 정도로 구부리지 못한다. (대부분의 사람들이 시공의 구부러짐에 대해 전혀 들어보지 못했다면 이것이 바로 그 이유이다. 그것은 일상생활에서 전혀 역할을 못 한다. 뉴턴의 중력 이론은 다리나 고층 건물 또는 놀이 공원의 타고 노는 기구를 만드는 데 충분하다.) 측정 가능할 만큼 구부러짐이 일어나려면 별 정도의 질량이 필요하며, 같은 질량의 적색거성보다는 백색왜

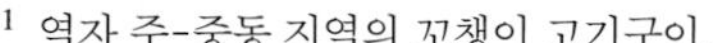

[1] 역자 주-중동 지역의 꼬챙이 고기구이.

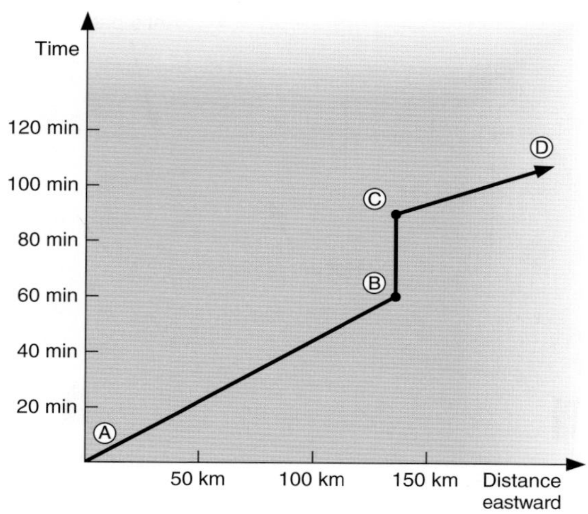

■ **그림 15.5**

시공 그림 캔자스 평원을 가로질러 가는 자동차 여행자의 진행 상태. 수평축은 움직인 거리를 나타내며, 수직축은 자동차 여행자가 출발 지점을 떠난 이후의 경과 시간을 나타낸다.

성의 표면 바로 위에서 더 많이 구부러진다. 그래서 결국 다시 붕괴하는 별에 대해 이야기하겠지만, 그보다 먼저 아인슈타인의 아이디어(그리고 그 증거)를 알아본다.

15.2.2 시공간의 예

어느 정도(상당량)의 질량 존재에 따라 시공간이 구부러지는 것을 어떻게 이해할 수 있을까? 다음과 같이 비유해보자. 뉴욕과 같은 3차원의 고층 건물이 즐비한 도시를 평편한 종이 위에 압축시켜 놓은 여행 지도는 여행객들이 길을 잃지 않을 만큼 충분한 정보를 담고 있다. 시공간의 도표도 그와 비슷하다.

한 예로 그림 15.5는 평편한 미국 캔자스 주의 시골에서 곧게 뻗은 길을 따라 동쪽으로 달리는 자동차 여행자의 진행 상황을 보여준다. 이 여행자는 동-서 방향으로만 움직이며 땅은 평편하므로 공간의 다른 2차원은 무시할 수 있다. 집을 떠난 이후의 경과 시간은 수직축에 표시되어 있고, 동쪽으로 움직인 거리는 수평축에 나타나 있다. A에서 B까지 그는 일정한 속도로 차를 몰았는데, 불행하게도 그 속도가 너무 빨라서 경찰차에 적발됐다. B에서 C까지는 딱지를 받기 위해 정지해 있었으므로, 공간 이동 없이 시간만 지났다. C에서 D까지 경찰차가 그의 뒤를 쫓아왔으므로 차를 천천히 운전할 수밖에 없었다.

이와 같이 우주에서도 4차원의 시공간을 (우리 상상 속에서) 평면에 압축시켜 보자. 그러나 구부러짐을 나타내기 위해서는 그 위에 물체를 놓을 때 늘어나거나 뒤틀 수 있는 고무 시트를 이용해야 한다. 동네 병원에서 고무 시트를 빌려와

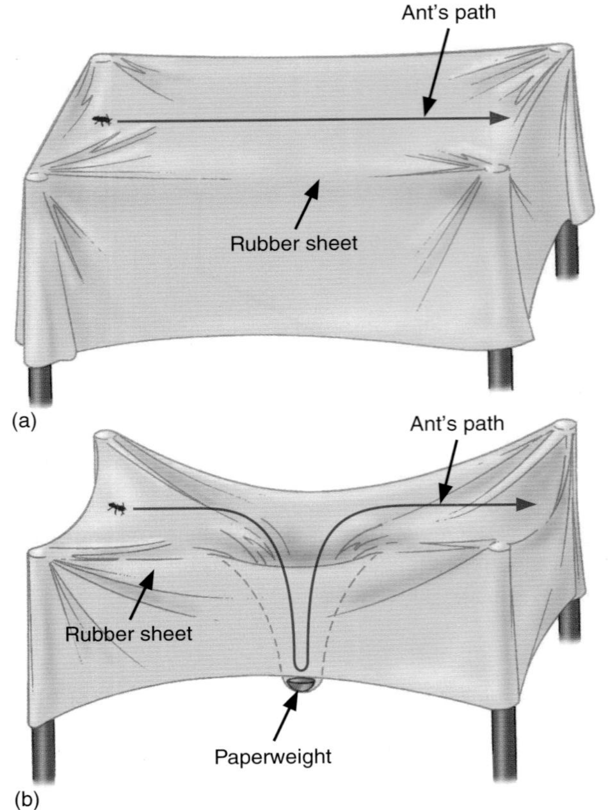

■ **그림 15.6**
시공간의 3차원 비유 (a) 훈련된 개미는 평편한 고무 시트 위에서 직선을 걷는 데 아무런 불편이 없다. (b) 그러나 질량이 큰 물체가 시트에 큰 함몰을 만들어 놓았다면, 시트 위에서 직선 경로를 걸어야 하는 개미는 자신의 경로가 극적으로 변화된(휘어진) 것을 알게 된다.

서 네 개의 기둥 위에 팽팽하게 펼쳐 놓았다고 상상해보자.

이 비유를 완성하기 위해서는 (빛처럼) 직선으로 움직이는 것이 필요하다. 직선으로만 가도록 숙련된 심리학자에게 훈련받은 고도의 지적인 개미가 있다고 하자. 개미의 행동 욕구를 높이기 위해 달리고 난 후 매번 설탕 조각을 상으로 주기로 한다.

질량이 없는 빈 공간을 가정해서 고무 시트와 개미만으로 시작한다. 개미를 시트 한쪽 가장자리에 놓으면 개미는 직선으로 반대쪽 가장자리까지 걸어간다(그림 15.6a). 다음에는 작은 모래 입자를 고무 시트 위에 놓는다. 모래가 시트를 조금 구부리겠지만 사람이나 개미가 측정할 수 있을 정도는 아니다. 개미를 모래 입자 바로 위가 아닌 그 곁을 지나도록 보내더라도 개미는 전혀 불편 없이 직선을 따라 보행한 다음, 설탕을 보상받게 될 것이다.

이번에는 좀 더 무거운 것, 예를 들면 작은 자갈을 올려놓는다. 자갈 바로 주위의 시트는 약간 굽고 변형될 것이다. 그곳으로 개미를 보내면 시트의 변형으로 약간 달라진 길을 발견한다. 변형은 그리 크지 않지만 개미가 지나는 길을 세밀하게 추적해보면 직선에서 약간 벗어났음을 알 수 있다.

시트 위에 놓는 물체의 질량을 증가시키면, 그 효과는 더욱 크게 나타난다. 이제 무거운 종이 누르개를 올려놓는다고 하자. 그렇게 무거운 물체는 고무 시트를 효과적으로 구부려서 뒤틀리거나 푹 꺼지게 만든다. 우리가 보기에도 종이 누르개 근처의 시트는 더 이상 직선으로 이루어지지 않았음을 알 수 있다.

종이 누르개 바로 위가 아니라 그 곁을 지나도록 개미를 다시 보낸다(그림 15.6b). 개미가 종이 누르개에서 멀리 떨어져 있을 때에는 직선으로 보이는 길을 아무런 불편 없이 걷는다. 그러나 종이 누르개에 가까이 가면 개미는 푹 꺼진 곳으로 떨어지게 된다. 그러면 다시 시트의 구부러지지 않은 부분으로 기어 올라온다. 이 모든 과정에서 개미는 취할 수 있는 가장 짧은 경로를 따라서 자신의 실수 때문이 아니라 (결국 개미는 날지 못해서 시트 위에만 머물러 있어야 하므로) 시트 자체의 변형으로 인해 곡선을 이룬 경로를 따르게 된다.

아인슈타인의 이론에 의하면, 이와 같은 방식으로 빛은 항상 시공간에서 가장 짧은 경로를 따른다. 그러므로 큰 질량의 집합체는 시공간을 변형시키며, 가장 짧고 가장 곧은 경로는 더 이상 직선이 아닌 곡선이다.

시공간의 변형이 측정되려면 질량은 얼마나 커야 하는가? 1916년 아인슈타인의 이론이 처음 제안되었을 때 지구 표면에서는 어떤 변형도 탐지되지 않았다. (지구는 앞서 했던 비유에서 모래 입자의 역할을 했다.) 아인슈타인의 효과를 탐지하기 위해서는 태양질량만큼의 질량이 필요하다. 이 효과가 태양을 이용해 어떻게 측정되었는가는 다음 절에서 논한다.

우리 비유에 나온 종이 누르개는 백색왜성이나 중성자별에 해당한다. 이러한 큰 질량의 압축 천체 주위에서 시공간의 변형은 태양 주위에서보다 훨씬 더 현저하다. 이 장의 처음에서 설명한 상황으로 되돌아가서, 태양질량의 3배가 넘는 별의 중심핵은 끝없는 붕괴를 일으켜서 시공간을 실로 믿기지 않을 정도로 변형시키게 될 것이다!

15.3 일반상대론의 시험

아인슈타인의 제안은 시간과 공간에 대한 우리들의 지식에 적지 않은 혁신을 일으켰다. 그것은 중력을 힘이 아닌 시공간의 기하를 변화시키는 것으로 보는 새로운 모형이다. 누가 했던지 간에 모든 새로운 과학 이론처럼, 아인슈타인의 이론도 예측과 실험적 증거를 비교하여 시험되어야 했다. 질량이 매우 큰 경우에만 중력에 대한 새로운 견해를 입증하는 효과가 나타나기 때문에 그 시험은 결코 쉬운 일이 아니었다. (질량이 작은 경우에는 수십 년 후에야 활용 가능한 측정 기술이 요구되었다.)

변형을 일으키는 질량이 작을 때에는, 일반상대론의 예측은 우주 탐사선을 다른 행성으로 가게 했던 우리들의 기술에 훌륭하게 적용됐던 뉴턴의 이론과 같다. 그러므로 우리의 일상 영역에서 두 이론 사이의 차이가 미세하여 탐지하기 힘들다. 그럼에도 불구하고 아인슈타인은 당시에 이미 있었던 관측 자료로부터 찾아낸 그의 이론에 대한 증거와 몇 년 후에 시험될만한 또 다른 증거를 제시할 수 있었다.

15.3.1 수성의 운동

우리 태양계의 행성 중에서 수성은 태양에 가장 가까운 궤도를 운행하므로, 태양 중력으로 생기는 시공간의 변형에 가장 큰 영향을 받는다. 아인슈타인은 이러한 시공간의 변형이 수성의 운동에 뉴턴 이론으로는 설명할 수 없는 뚜렷한 차이가 생길 것을 예측했다. 결국 그 차이는 매우 작지만 확실히 존재하는 것으로 밝혀졌다. 더욱 중요한 것은 오래전에 벌써 그것이 측정되었다는 것이다.

수성은 매우 찌그러진 타원 궤도를 운동하므로 근일점 거리는 원일점 거리의 약 2/3에 지나지 않는다. (이 용어들은 2장에서 정의되었고, 여러 다른 천문학 단어와 함께 이 책의 끝에 수록된 용어사전에 설명되었다. 이것은 저자의 친절함을 상기시켜주는 것이다.) 수성에 대한 다른 행성의 중력 효과(섭동)는 수성 근일점의 전진 운동을 일으키는 것으로 계산된다. 이것은 태양에서 보았을 때 연속적인 여러 근일점들이 조금씩 다른 방향으로 이동한다는 뜻이다(그림 15.7).

뉴턴 이론에 의하면 행성들의 중력 작용이 수성의 근일점을 1세기에 약 531초씩 전진시킨다. 그러나 지난 세기에는 세기 당 574초 전진한 것으로 관측되었다. 이러한 불일치는 해왕성의 발견자 중의 한 사람인 어바인 레베리어(Urbain Leverrior)가 최초로 지적하였다. 천문학자들이 천왕성 운동의 불일치로부터 해왕성의 존재를 발견할 수 있었듯이, 수성 운동의 불일치는 발견되지 않은 내행성의 존재를 뜻하는지도 모른다고 생각했다. 그래서 천문학자들은 태양 근처의 행성을 찾기 시작했으며, 로마 신화에서 불의 신 이름을 따서 벌컨(Vulcan)이라는 이름도 미리 지어놓았다. (그 후 이름은 미래의 우주여행을 다룬 인기 텔레비전 쇼에서 유명한 배우

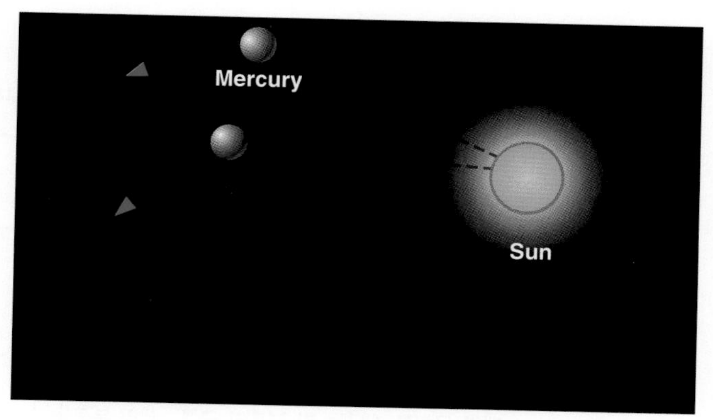

■ **그림 15.7**

수성의 흔들림 수성과 같은 행성 궤도의 장축은 여러 천체의 섭동으로 인하여 공간에서 회전한다. 수성의 경우, 회전의 크기가 다른 행성이 작용하는 중력으로 설명될 수 있는 것보다 조금 더 크다. 그 차이는 일반상대론으로 정확하게 설명된다. 태양에 가장 가까운 행성으로서 수성은 태양 부근에서 일어나는 시공간의 뒤틀림에 가장 큰 영향을 받는 궤도를 가졌다. 이 그림에서 궤도의 변화는 상당히 과장되었다.

가 살았던 행성의 이름으로 사용되었다.)

그러나 태양 부근에서 행성은 발견되지 않았으며, 아인슈타인이 계산을 하고 있는 동안에도 이 불일치는 계속해서 천문학자들을 괴롭히고 있었다. 일반상대론은 수성이 근일점에 올 때마다 시공간의 곡률로 인해 뉴턴 이론의 예측치 이상으로 작은 미는 힘이 추가로 존재한다고 예견한다. 그 결과 수성의 궤도 장축은 우주 공간에서 천천히 회전한다. 상대론의 예측은 근일점의 방향이 한 세기당 각도로 43초씩 변화한다는 것이다. 이 값은 관측된 값에 매우 근접하는 것으로, 아인슈타인으로 하여금 확신을 갖고 자신의 이론을 발전시킬 수 있게 했다. 그 후 근일점의 상대론적 전진 운동은 태양에 접근하는 몇 개의 소행성 궤도에서도 관측되었다.

15.3.2 별빛의 굴절

아인슈타인의 두 번째 시험은 이전에는 관측되지 않았던 것으로 그의 이론에 대한 훌륭한 입증 자료다. 중력장이 강한 곳에서는 시공이 심하게 굽어지므로, 태양에 매우 가깝게 지나가는 빛은 우리의 비유에서 개미처럼, 곡선 경로를 따를 것으로 예상된다(그림 15.8). 아인슈타인은 일반상대론을 적용하여 태양 표면을 스쳐 지나가는 별빛은 각도로 1.75초만큼 굴절한다고 계산하였다.

태양에 근접하는 별을 촬영할 때 약간의 '기술적 문제'에 부딪힌다. 태양은 별빛에 비하여 엄청나게 밝은 빛을 낸다! 그렇지만 개기 일식이 진행되는 동안에는 대부분의 태양 빛이 차단되므로, 태양에 가까운 방향에 있는 별들의 사진 촬

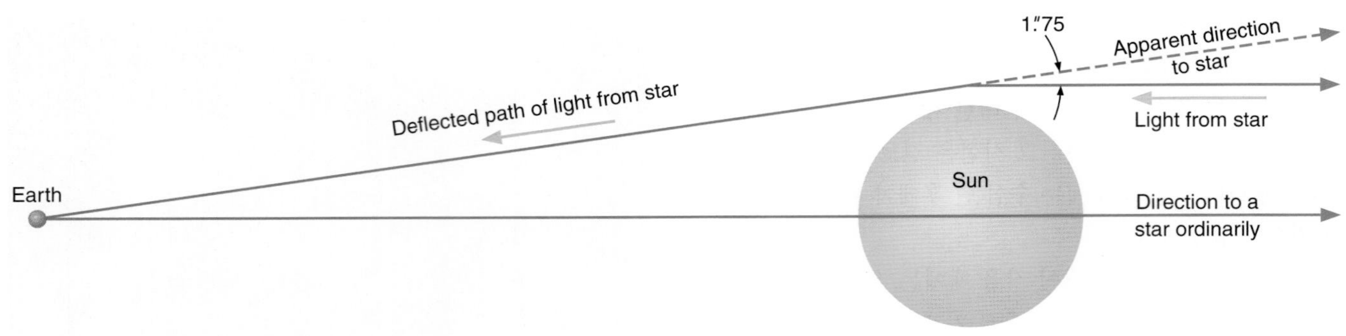

■ **그림 15.8**

태양 근처를 지나는 빛 경로의 곡률 태양 부근을 지나는 별빛은 시공의 뒤틀림에 의해서 약간 휘어진다. 태양을 지나기 전에 별빛은 이 페이지의 아래쪽 끝에 평행으로 움직인다. 별빛이 태양 근처를 지날 때 경로는 약간 변한다. 빛을 볼 때 우리는 빛다발이 여기까지 오는 동안 직선 경로를 달렸다고 가정하고, 그래서 우리는 진짜 위치에서 조금 벗어난 별의 위치를 측정한다. 만약 다른 때에, 즉 태양이 끼어들지 않았을 때, 이 별을 관측했다면 진짜 위치를 측정했을 것이다.

영이 가능하다. 제1차 세계대전 중 독일 학술잡지에 발표된 논문에서, 아인슈타인은 개기 일식 때 태양 근처를 지나는 빛의 굴절을 탐지할 수 있을 것이라고 제안하였다.

관측 기술에는 일식으로 가려질 태양의 전면에 있는 별들에 대해 6개월 전에 사진을 찍어서 그 위치를 정확히 측정하는 것도 포함된다. 그리고 일식이 일어날 때 같은 별들의 사진을 찍는다. 이것이 별빛이 태양을 스쳐 지날 때 측정 가능할 정도로 구부러진 시공을 통과해서 우리에게 도달하는 사진이다. 별빛의 경로는 더 이상 직선이 아니므로, 지구에서 보면, 태양에 가장 근접한 별들은 '제 위치에 있지 않게 되며'—정상적인 위치에서 약간 벗어나 있게 된다.

이 논문의 복사본 하나가 다음번 적절한 일식인 1919년 5월 29일을 기다리고 있던 영국의 천문학자 아더 에딩턴(Arthur S. Eddington)에게 당시 정치적으로 중립적이었던 네덜란드를 통해서 전달되었다. 영국인들은 이 일식을 관측하기 위해서 두 개의 탐험대를 조직했다. 하나는 아프리카 서해안에 있는 프린시프(Principe) 섬으로, 다른 하나는 브라질 북부의 소브랄(Sobral)로 보냈다. 날씨에 좀 문제가 있었음에도 불구하고 두 탐험대는 성공적으로 사진을 촬영했다. 태양 근처에 보이는 별들의 위치는 실제로 변위되어 있었으며, 약 20%에 달하는 측정 오차 범위 내에서 그 이동은 상대론의 예측과 일치했다. 전파를 이용한 현대적인 실험으로 실제의 변위(變位)는 일반상대론이 예측한 값의 1% 내에 있음이 확인되었다.

1919년에 일식 탐험대에 의해 이루어진 이론의 확인은 아인슈타인을 세계적 유명인사로 만든 대업적이었다.

15.4 일반상대론에서의 시간

일반상대성이론은 시간과 공간의 행태에 관한 다양한 예측이 가능하다. 그러한 예측 중의 하나를 일상적 용어로 표현하면, 중력이 강할수록 시간은 더 느리게 간다는 것이다. 이러한 이야기는 모든 사람들이 공유하고 있는 시간에 관한 직관적 개념에 크게 어긋난다. 시간은 가장 민주적인 개념으로 항상 여겨져 왔다. 부와 지위에 관계없이 누구나 거대한 시간의 흐름을 타고 요람에서 무덤까지 동행하고 있다.

그러나 아인슈타인은 이제까지 모든 사람들은 지구의 중력 환경 속에서 살고 죽었기 때문에 그런 식으로 보였을 뿐이라고 주장한다. 우리는 파격적으로 다른 중력을 경험한 적이 없기 때문에 시간의 진척이 중력의 세기에 따라 달라진다는 아이디어를 시험할 기회를 갖지 못했다. 그리고 시간 흐름의 차이는 거대한 질량이 관련되지 않는 한 극히 작은 값일 뿐이다. 그럼에도 불구하고 아인슈타인의 예측은 지구와 우주 공간 모두에서 시험 가능하게 되었다.

15.4.1 시간의 시험

1959년에 이루어진 천재적인 실험에서는 가장 정밀한 것으로 알려진 원자시계를 사용하여 하버드 대학 물리학과 빌딩의 1층과 꼭대기 층에서 측정한 시간을 비교하였다. 실험자들은 시계로서 방사선 코발트가 방출하는 감마선의 진동수(매초 진동하는 사이클의 수)를 사용했다. 아인슈타인의 이론은 1층에 있는 코발트 시계는 지구의 중심에 약간 더 가까이에 있기 때문에 꼭대기 층에 있는 똑같은 시계보다

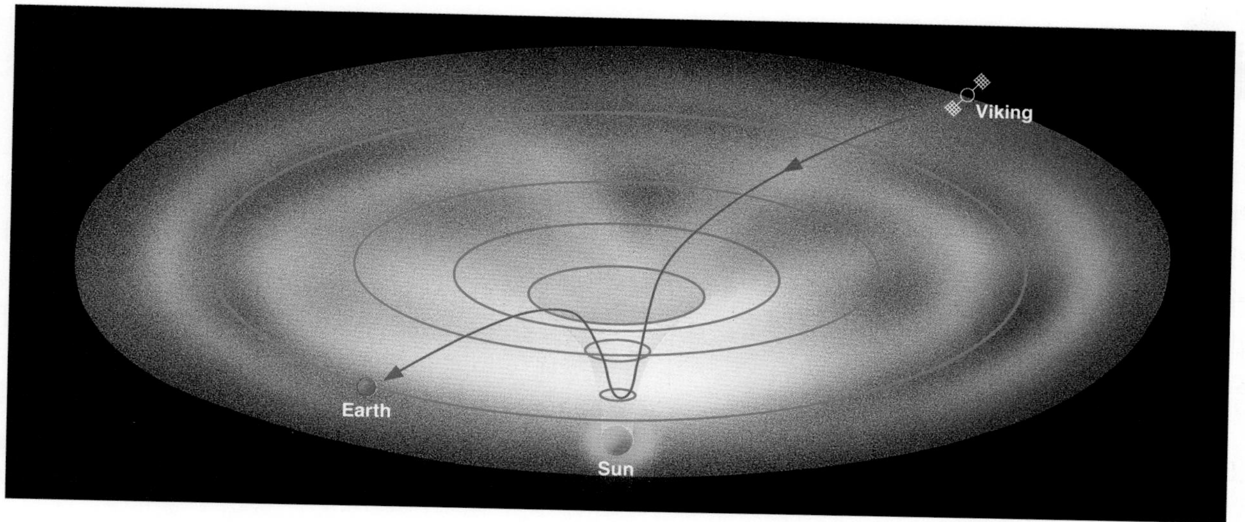

■ **그림 15.9**

태양 부근을 통과하는 전파의 시간 지연 시공간이 비교적 강하게 휘어진 태양 부근을 지날 때, 화성 착륙선 바이킹으로부터의 전파 신호는 지연된다. 이 그림에서 시공간은 2차원의 고무 시트로 그려져 있다.

아주 조금 느리게 가야함을 예측한다. 실험자들이 바로 이것을 관측했다. 그 후 원자시계는 고공을 나는 비행기와 제미니 우주 비행선에까지 탑재되었다. 이들 모두의 경우, 지구에서 멀리 떨어진 시계는 약간 빠르게 갔다.

지구가 아니라 태양의 중력에서 그 효과는 더욱 뚜렷하다. 더욱 강한 중력이 시간의 진척을 느리게 만든다면, 태양 가장자리를 매우 가깝게 지나는 빛이나 전파가 지구에 도달하는 시간은 뉴턴의 중력 법칙을 바탕으로 예측된 것보다 더 오래 걸릴 것이다. (태양 가까이에서는 시공간이 굽었기 때문에 통과하는 시간이 더 오래 걸린다.) 가장 근접할 때 즉, 태양 가장자리에서 빛살까지의 거리가 작을수록 도착 시간의 지연이 길어진다.

1976년 11월에 미국 항공우주국(NASA)의 2개의 바이킹 우주선이 화성 표면에서 활동 중, 지구에서 볼 때 화성이 태양의 뒤쪽으로 들어갔다(그림 15.9). 과학자들은 바이킹이 지구로 보내는 전파가 태양의 외곽 영역에 가깝게 접근하도록 사전 프로그램을 해 놓았다. 일반상대론에 의하면 시간이 더 느리게 가는 영역을 통과하기 때문에 전파가 늦어진다. 이 실험에서 0.1% 이내로 아인슈타인의 이론을 확인할 수 있었다.

15.4.2 중력 적색이동

시간이 더 느리게 간다는 말은 무엇을 뜻하는가? 빛이 강력한 중력 영향권에 들어가서 시간이 느려질 때, 빛의 진동수와 파장이 변화한다. 이 경우 어떤 일이 일어나는지를 이해하기 위해서 빛의 파동이 반복 현상임을 상기해야 한다—파동은 마루가 골 다음에 오고 다시 반복되는 엄격한 규칙성을 가진다. 이러한 관점에서 보면, 각각의 광파는 자신의 파동 주기로 시간을 유지하는 작은 시계와 같다. 더욱 강력한 중력이 시간 진척을 느리게 만든다는 것은, 마루와 다음 마루 사이의 간격이 길어진다는 뜻이며—따라서 파동은 덜 잦아지게 된다. 즉, 마루 사이의 간격이 벌어지며, 다르게 표현하면, 파동의 파장이 증가한다. (광원의 운동에 의한) 이런 식의 증가는 4장에서 다룬 적색이동(redshift)이라는 것이다. 여기에서 적색이동을 만든 것은 운동이 아니라 중력이므로 우리는 이 효과를 중력 적색이동(gravitational redshift)이라 부른다.

우주 시대 기술의 등장으로 매우 높은 정확도로 중력 적색이동을 측정할 수 있게 되었다. 1970년대 중반에 (레이저와 비슷한) 특정한 마이크로파 전파 신호 발생 장치인 수소 메이저(maser)가 로켓을 이용해서 10,000 km의 고도까지 올려졌다. 로켓에 실린 메이저는 지상에 있는 비슷한 메이저가 발생시키는 복사를 탐지하는 데 사용되었다. 그 복사는 지구의 중력으로 인한 적색이동을 보였는데, 이로써 10,000분의 몇 이내의 정확도로 상대론적 예측을 확인시켜주었다.

이제까지 실험할 수 있었던 모든 예측은 실험의 정확도 범위 내에서 확인되었다. 오늘날, 일반상대론은 중력에 대한 최선의 이론으로 받아들여지고 있으며, 천문학자와 물리학자들이 활동 은하의 거동, 우주의 시작, 그리고 이 장을 시작할 때 다루었던 과제인 아주 무거운 별의 죽음을 이해하는 데에 사용되고 있다.

15.5 블랙홀

이제 중력과 시공의 곡률에 대해 배운 것들을 매우 무거운 별의 붕괴하는 중심핵에 적용해 보자. 우리는 중심핵의 질량이 약 3 M_{Sun}보다 크면, 중심핵이 붕괴하는 것을 멈추게 할 수 없다는 이론을 알고 있다. 이에 대해 다음 두 가지 견해; 아인슈타인 이전의 견해, 그리고 일반상대론적 견해로 살펴보기로 한다.

15.5.1 고전적 붕괴

사고 실험으로 시작해보자. 다른 물체의 중력적 인력으로부터 이탈하는 데 필요한 속도에 대해 알아보자. 지구 중력의 인력을 벗어나려면 로켓이 지구 표면에서 매우 높은 속도로 발사되어야 한다. 실제 하늘을 향해 던질 수 있는 모든 물체—로켓, 공, 천문학 교재—는 그 속도가 11 km/s를 넘지 못하면 다시 지구 표면으로 떨어진다. 이탈속도(escape velocity)보다 큰 속도로 발사된 물체만이 지구를 떠날 수 있다.

태양 표면에서 이탈속도는 이보다 훨씬 큰 618 km/s다. 이제 태양을 압축시켜 지름을 줄여보자. 중력적 인력은 질량과 중심으로부터의 거리에 관계됨을 상기하자. 태양이 압축된다면 질량은 같지만 표면의 한 점에서 중심까지의 거리는 점점 줄어든다. 따라서 별을 압축하면 수축하는 표면에 놓여 있는 물체에 작용하는 중력은 점점 더 강해진다(그림 15.10).

태양이 수축해서 중성자별의 지름(100 km 이하)이 되면 그 중력적 인력을 벗어나는 데 필요한 속도는 대략 광속의 절반이 된다. 계속해서 태양의 지름을 점점 더 작게 압축시킨다고 하자. (실제 태양에서는 전자의 축퇴로 인하여 더 이상의 압축이 일어날 수 없지만, 이 장을 시작할 때 다룬 초중량 중심핵을 가진 별에서는 가능하다.) 태양이 계속 수축하면 이탈속도는 결국 광속을 넘어서게 된다. 이탈하는 데 필요한 속도가 우주에서 가능한 가장 빠른 속도인 광속보다 크다면, 아무것도, 빛조차도, 이탈할 수 없다. 그렇게 큰 이탈속도를 갖는 천체는 빛을 방출하지 않으며, 그 위에 떨어진 어떤 것도 되돌아 나올 수 없다.

빛이 이탈할 수 없는 천체를 블랙홀(black hole)이라 하는데, 이 이름은 존 휠러(John Wheeler, 그림 15.11)가 1969년에 제안했다. 그러나 천체의 존재에 대한 아이디어는 새로운 것이 아니었다. 영국 케임브리지 대학의 교수이며 아마추어 천문가였던 존 미셸(John Michell)은 1783년에 광속보다 큰 이탈속도를 가지는 별들의 존재 가능성에 관한 논문을 썼다. 그리고 1796년에는 프랑스의 수학자인 라플라스의 후작 삐에르 시몬(Pierre Simon)이 뉴턴의 중력이론을 사용해서 비슷한 계산을 했으며, 그는 그렇게 구한 천체를 '암흑체(dark bodies)'라고 불렀다.

이들 초기 계산은 매우 큰 질량의 천체가 자체 중력으로 붕괴할 때 예상되는 이상한 사건들에 관한 힌트를 제공하고는 있지만, 그와 같은 상황에서 일어날 일을 적절하게 설명하기 위해서는 일반상대성이론이 필요하다.

15.5.2 상대론에서 본 붕괴

일반상대론에서는 중력을 실제 시공의 곡률로 설명한다. 중력이 증가하면(붕괴하는 태양에 대한 앞 절의 사고 실험에서처럼) 곡률은 점점 더 커진다. 마침내 태양의 지름이 대략 6 km로 줄어들면, 표면에서 수직으로 내보낸 빛다발만 이탈할 것이다. 모든 다른 빛다발들은 되돌아가서 다시 별로 떨어진

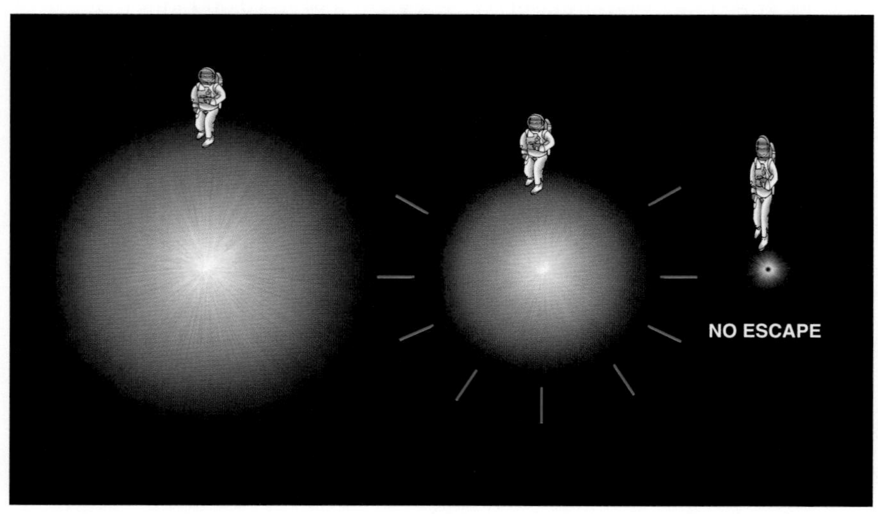

■ **그림 15.10**
블랙홀의 형성 왼쪽의 (가상적인) 우주인은 붕괴하려는 질량이 큰 별의 표면 부근에 있다. 같은 질량이 작은 공이 되면 표면의 중력이 증가하여 어느 것도 별의 표면에서 이탈하기가 더 어렵게 된다. 결국 질량은 매우 작은 공으로 붕괴되어 이탈속도가 광속보다 커져서 아무 것도 거기서 빠져나올 수 없게 된다. 우주인의 크기를 보이도록 크게 했다. 오른쪽 마지막 그림에서 우주인은 바로 사건지평선 바깥쪽에 있으며 강한 중력으로 인해 압착되고 늘려졌다.

■ **그림 15.11**
존 휠러 일반상대성이론의 많은 선도적인 업적을 쌓은 물리학자 존 휠러가 1969년에 블랙홀이라는 용어를 만들어냈다.

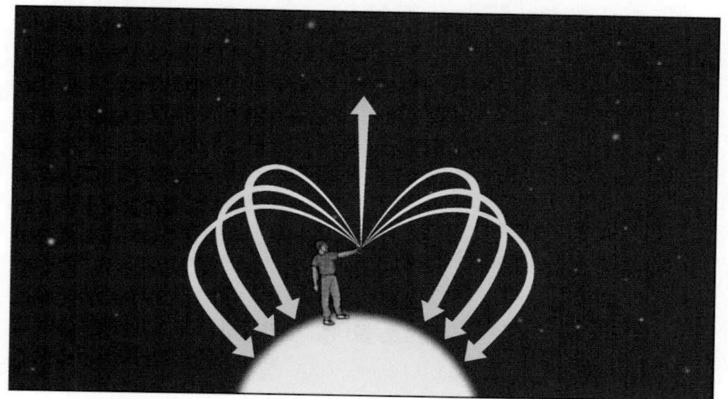

■ **그림 15.12**
무거운 천체 근처를 지나는 빛의 경로 사람이 손전등을 들고 정상적인 별의 표면에 서 있다고 상상하자. 손전등에서 나온 빛은 어느 방향을 향하든 직진으로 진행한다. 이제 별이 붕괴해서 블랙홀보다 조금 더 크게 되면 무엇이 일어날까 생각해 보자. 바로 머리 위 방향으로 떠난 빛을 제외하고는 모든 빛의 행로는 구부러져서 표면으로 되돌아 간다. 별이 사건지평선 내로 줄어들면 블랙홀이 되어 바로 위로 향한 빛도 되돌아온다.

다(그림 15.12). 만약 태양이 조금 더 줄어들면, 하나의 빛다발조차도 더 이상 이탈할 수 없게 될 것이다.

중력이 빛을 잡아당기지 않음을 명심하라. 중력이 시공을 구부러지게 만들어서, 빛(앞의 예에서 훈련된 개미처럼)은 '최선을 다해' 직선으로 가려고 하나, 굴곡진 경로로 이루어진 세계에 직면한다. 이 관점에서 '밖'이라는 개념은 기하학적 의미가 없어지므로, 붕괴하는 별은 블랙홀이 된다. 아무것도 빠져나오지 못하는 자신의 작은 시공 주머니 속에 별은 갇히게 된 것이다.

별의 기하학적 구조는 앞의 설명에서 이탈속도가 광속과 같아지는 바로 그 순간에 우주의 다른 세계와의 통신이 끊기게 만든다. 이 순간 별의 크기는 **사건지평선**(event horizon)이라고 부르는 표면으로 정해진다. 이 이름은 뜻을 훌륭하게 전달하고 있다. 지평선 아래로 진 별들은 볼 수 없듯이, 사건지평선 안에 있는 사건은 그 밖의 우주에 아무런 영향도 미칠 수 없다.

우주선이 어리석게도 이제까지 설명한 방식으로 붕괴하기 시작하는 무거운 별의 표면 근처에 내려앉는다고 상상해보자. 아마도 선장은 중력계 앞에서 졸았을지도 모르며, 승무원들이 '알베르트 아인슈타인'이라고 말하기도 전에 그들은 사건지평선 속으로 별과 함께 빨려 들어간다. 미친듯이 이들은 탈출선을 곧장 밖으로 보낸다. 그러나 그 행로는 뒤 꼬여서 안으로 들어오는 행로가 되며 탈출선은 방향을 돌려서 블랙홀의 중심을 향하여 떨어진다. 이제 모든 것을 포기하고 전파 신호로 사랑하는 사람들에게 작별 인사를 보낸다. 그러나 전파도 빛과 같이 시공을 움직이며, 굴곡진 시공은 어느 것도 이탈을 허용하지 않는다. 그들의 슬픈 메시지는 아무에게도 읽히지 않은 채 남게 된다. 사건지평선 안에서 일어난 사건은 바깥쪽의 사건에 다시는 전혀 영향을 줄 수 없다.

사건지평선의 특성은 천문학자이며 수학자인 칼 슈바르츠실트(Karl Schwarzschild)에 의해서 처음으로 연구되었다(그림 15.13). 그는 제1차 세계대전에 독일 육군의 군인으로 러시아 전선에서 포탄의 사거리를 계산하다가 병을 얻어 1916년에 사망하였다. 사건지평선 이론에 관한 논문은 그가 죽으면서 마지막으로 남긴 것 중의 하나였는데, 일반상대론의

■ **그림 15.13**
칼 슈바르츠실트 이 독일 과학자는 블랙홀이 가능하다는 것을 수학적으로 보여준 최초의 사람이다.

아인슈타인 방정식에 대한 최초의 정확한 해였다. 우리는 사건지평선의 반지름을 그를 추모하여 슈바르츠실트 반지름(Schwarzschild radius)이라고 부르고 있다.

사건지평선은 블랙홀의 경계로 일단 별 전체가 그 안으로 붕괴되면 더 이상 작아지지 않는다. 사건지평선은 그 속에 갇힌 것과 밖의 우주를 격리하는 영역이다. 무엇이든 일단 밖에서 안으로 한 번 들어오면 그 안에 갇히게 된다. 지평선의 크기는 그 속에 갇힌 것과 그 밖의 우주를 격리하는 영역이며 그 속에 있는 질량에만 의존하는 것으로 알려졌다. 1 M_{Sun}인 블랙홀의 슈바르츠실트 반지름은 약 3 km이므로, 블랙홀의 전체 크기는 같은 질량의 중성자별 크기의 약 1/3이다. 블랙홀에 약간의 질량을 첨가하면 지평선은 커진다—그러나 그리 크지 않다. 질량을 두 배로 늘려도 블랙홀의 반지름은 6 km밖에 되지 않아 우주적 규모로는 매우 작다.

더 무거운 블랙홀의 사건지평선은 더욱 큰 반지름을 가진다. 예를 들어, 100,000개(태양질량)의 별로 이루어진 구상성단이 블랙홀로 붕괴하면, 그 반지름은 태양 반지름의 반보다 조금 작은 300,000 km가 된다. 만일 은하 전체가 블랙홀로 붕괴해도 반지름은 1/10광년인 약 10^{12} km에 지나지 않는다. 질량이 작을수록 지평선이 작다. 지구가 블랙홀이 되려면 포도알 크기인 반지름 1 cm로 압축되어야 한다. 전형적인 소행성이 매우 작게 압축되어 블랙홀이 되면 그 크기는 원자핵 정도가 될 것이다.

15.5.3 블랙홀의 신화

블랙홀에 관한 소문은 대부분 잘못된 것이다. 들어본 적이 있는 이야기 중에는 블랙홀은 자신의 중력으로 물건들을 빨아들이면서 돌아다니는 괴물이라는 설이 있다. 이제까지 논했던 이상한 효과들은 실제로 블랙홀에 근접했을 때에만 생긴다. 블랙홀이 멀리 떨어져 있을 때 중력적 인력은 붕괴 전의 원래 별의 중력과 똑같다.

어느 정도 거리가 떨어진 별의 중력은 모든 질량이 중력 중심이라고 불리는 별 중심 한곳에 집중된 것처럼 작용함을 기억하라. 실제의 별에서 모든 질량은 그곳에 집중되어 있다고 단순하게 상상하는데, 블랙홀에서는 모든 질량이 중심의 한 점에 집중되어 있다. 만약 우리가 블랙홀이 될 별 주위 궤도를 도는 행성이나 별이라 하면, 우리의 궤도는 별의 붕괴에 의해 큰 영향을 받지는 않을 것이다. (그렇지만 붕괴 직전에 일어난 질량 방출에는 영향을 받았을 것이다.) 반면, 용기를 내서 사건지평선에 접근한다면, 블랙홀 근처의 휘어진 시공의 '끌림'에 저항하기가 매우 어려울 것이다.

우주선이나 다른 별들이 태양 반지름의 한두 배 정도 떨어져서 블랙홀 곁을 지난다면 뉴턴의 법칙으로도 그 운동을 설명하기 충분할 것이다. 블랙홀의 표면에 매우 가까이에서만 중력이 너무 커서 뉴턴의 법칙이 깨진다. 이웃으로 가까이 다가오는 무거운 별들은 밝고 뜨거웠던 초기 시절보다 블랙홀로서 훨씬 더 안전하게 보내게 될지 모른다.

15.5.4 블랙홀로의 여행

블랙홀의 내부를 들여다볼 수 없다는 사실이 과학자들로 하여금 블랙홀이 어떤 것인지에 대한 계산을 시도하지도 못하게 만드는 요인은 아니다. 이 계산이 보여준 최초의 결과 중 하나는 붕괴되서 블랙홀이 된 원래의 별에 대한 거의 모든 정보가 블랙홀의 형성으로 인해 지워져 버린다는 것이다. 이것을 두고 물리학자들은 '블랙홀은 털이 없다'고 말하는데, 이는 블랙홀을 만든 별에 관한 어떤 증거도 블랙홀에서 밖으로 튀어나오지 못함을 의미한다. 블랙홀이 자신을 드러내는 유일한 정보는 질량, 스핀(자전) 그리고 전하의 존재 여부다.

붕괴되어 블랙홀을 만든 원래 별의 중심핵에서는 어떤 일이 일어날까? 계산에 의하면 물질은 자신의 무게로 인해 계속 수축을 일으켜서 무한히 압착된 점—부피가 0이고 밀도가 무한대인 지점—이 되는데, 이를 **특이점**(singularity)이라고 부른다. 특이점에서는 시공이 존재하지 않는다. 우리가 알고 있는 물리 법칙도 성립되지 않는다. 우리는 특이점 자체를 설명하는 물리적 또는 수학적 도구를 아직 가지고 있지 않다. 그러나 밖에서 보면, 기본적인 블랙홀의 구조(자전하지 않는 것)는 사건지평선으로 둘러싸인 특이점으로 설명할 수 있다. 사람에 견주면, 블랙홀은 매우 단순한 천체다!

용감한 (자살을 감행하려는) 우주인이 블랙홀로 떨어질 때 어떤 일이 일어나는지에 대한 과학자들의 계산 결과는 다음과 같다. 사건지평선에서 멀리 떨어진 안전한 거리에 관측지점을 정하고, 그 속으로 떨어지는 우주인을 관찰해보면, 처음에는 무거운 별에 접근하는 것처럼 우주인은 점점 빠르게 우리로부터 멀어져 간다. 그러나 블랙홀의 사건지평선에 가까워지면 사정은 변한다. 바깥에서 관찰하면, 블랙홀 주위의 강력한 중력장으로 인해 그의 시간은 점점 느리게 간다.

사건지평선에 접근하면서 그의 시간으로 매초 한 차례씩 신호를 보낸다면, 우리는 그 신호 간격이 점점 길어져서 그가 사건지평선에 도달할 때는 무한대로 길어지는 것을 보게 된다. (만일 낙하하는 우주인이 푸른빛으로 매초 신호를 보낸다면, 우리는 그 빛이 점점 더 붉어져서 결국 무한대의 파장으로 되는 것을 보게 된다.) 시간 간격이 무한대로 접근함에 따라 우주인은 천천히 멈추어 사건지평선에서 시간이 동결된 것으로 나타난다.

이처럼 블랙홀로 떨어지는 물체는 밖에 있는 관측자가 관찰할 때 사건지평선에 정지한 채로 한 장소에 동결되어 그 속으로 떨어지는 데 무한한 시간이 걸리는 것처럼 보인다. 그렇기 때문에 블랙홀로 낙하하는 물체를 사건지평선에서 쉽게 볼 수 있다고 생각해서는 안 된다. 엄청난 적색이동으로 인하여 블랙홀의 '동결된' 희생자가 방출하는 어떠한 복사도 관측하기 매우 어렵게 된다.

그러나 이는 블랙홀에서 멀리 떨어져 있는 사람이 보는 것이다. 우주인에게는 시간이 정상적인 비율로 가며 자신은 블랙홀의 사건지평선 속으로 곧바로 낙하한다. (이 지평선은 물리적 장벽이 아니라 다만 시공의 곡률로 인하여 이탈이 불가능한 공간 영역임을 기억하라.)

이렇게 (멀리서 바라보는) 우리와 (그 속으로 떨어지는) 우주인이 서로 무슨 일이 일어났는지에 관해 매우 다른 견해를 갖는 데 대해 혼란스러울 것이다. 이것이 바로 시간과 공간에 관한 아인슈타인의 아이디어를 상대성이론이라고 부르는 이유다. 각 관측자는 자신의 기준틀에 의존하는 (따라서 상대적인) 세계에서 측정한다. 강력한 중력 속에 있는 관측자는 더 약한 중력을 받는 관측자와는 다르게 시간과 공간을 측정한다. 아인슈타인이 이 아이디어를 제안했을 때, 많은 과학자들은 동일한 사건에 대한 이처럼 매우 다른 두 가지의 견해가 각자의 '세계'에서는 정당할 수 있다는 아이디어를 받아들이기 어려워했으며, 계산상의 오류를 찾아보려고 노력했다. 오류는 없었다. 우리와 우주인은 똑같은 블랙홀로의 낙하를 실제로 매우 다르게 관찰하는 것이다.

우주인은 되돌아 나오지 못한다. 사건지평선 내로 일단 들어가면 우주인이나, 그의 무전기에서 나오는 어떤 신호나, 그리고 어떤 후회의 신음도 그 바깥 우주로부터 영원히 숨겨지게 될 운명에 처하게 된다. 그러나 자신은 블랙홀에 접근할 때 스스로 미안함을 느낄 만큼 (그의 관점에서 볼 때) 긴 시간을 갖지는 못한다. 그의 발이 먼저 들어간다고 상상해보자. 발에 작용하는 특이점의 중력은 그의 머리에 미치는 힘보다 약간 커서 먼저 키가 약간 늘어난다. 특이점은 한 점이기 때문에 그의 왼쪽 몸은 조금 오른쪽으로 그리고 오른쪽 몸은 조금 왼쪽으로 당겨져서, 몸 양쪽이 모두 특이점에 가까워진다. 따라서 우주인의 몸은 한 방향으로는 압착되고, 다른 방향으로는 늘어난다.

우주를 유영하는 우주인에게 이와 비슷한 지구의 조석력(tidal force)이 작용한다. 지구의 경우 조석력이 너무 작아서 우주인의 건강이나 안전에 위협이 되지 않는다. 그러나 블랙홀의 경우는 그렇지 않다. 우주인이 블랙홀에 접근하게 되면 조석력이 너무 커서 우주인은 찢겨진다. 그의 다리는 몸에서, 그의 발목은 다리에서, 발가락은 발에서, 등등 떨어져 나간다. 그의 찢긴 몸에서 나온 개개의 원자들만이 특이점을 향해 돌이킬 수 없는 낙하를 계속하게 된다. (블랙홀로의 점프는 분명히 일생에 단 한 번뿐인 경험일 것이다!)

15.6 블랙홀의 증거

블랙홀이 무엇인가는 이론이 알려준다. 그렇지만 블랙홀은 실재할까? 수 광년의 거리에 있고 지름이 약 10 km에 불과하며 완전히 흑색인 천체를 어떻게 찾아내겠는가? 계획은 블랙홀 그 자체를 찾는 것이 아니라 그 이웃에 있는 동반성을 찾는 것이다.

무거운 별이 블랙홀로 붕괴될 때 그들은 중력적 영향을 남긴다. 쌍성계의 한 별이 블랙홀이 되면 그 동반성은 무거운 별의 죽음을 피해서 살아남을 수 있을까? 블랙홀은 우리의 시야에서 사라지지만 동반성에 미치는 영향으로부터 블랙홀의 존재를 추정할 수 있다.

중력과 타임머신

타임머신은 공상과학 소설의 인기 장치 중 하나다. 그 장치는 시간을 통해 모든 사람들과는 다른 속도와 다른 방향으로 움직이게 해 준다. 일반상대론은 중력을 이용하여 우리를 미래로 데려다 주는 타임머신을 만드는 것이 이론적으로 가능함을 암시하고 있다.

블랙홀 부근처럼 중력이 엄청나게 강한 장소를 상상해 보자. 일반상대론에 따르면 중력이 커지면 커질수록, (더 먼 거리에 있는 관측자가 보았을 때) 시간의 흐름이 더 느려진다. 그래서 빠른 우주선을 타고 그러한 고중력 환경으로 가는 임무를 자원한 미래의 우주인을 상상하자. 우주인은 22살에 대학을 졸업한 직후인 2200년에 떠난다. 그녀가 블랙홀로가는 데 꼭 10년이 걸린다고 하자. 그곳에 일단 도착하면 그녀는 끌려들어 가지 않도록 주의하면서 일정 거리를 두고 궤도를 돈다.

이제 그녀는 시간이 지구에서보다 훨씬 더 느리게 가는 고중력 영역에 있다. 이것은 그녀 시계의 기계적인 효과 때문이 아니라—시간 그 자체가 느리게 가는 것이다. 그녀가 가진 모든 시간 측정방법을 활용해도 지구에서의 시간 흐름과 비교할 때 똑같이 느려지는 것을 측정하게 됨을 의미한다. 그녀의 심장은 더 느리게 뛰고 머리카락은 더 느리게 자라며, 그녀의 고풍스러운 손목시계는 더 느리게 째깍거리게 된다. 그녀는 자신의 몸 기능이나 기계 장치 그 어느 것으로도 그녀가 감지하는 시간은 모두 똑같이 더 느리게 가므로, 그녀 자신은 이러한 느려짐을 알지 못한다.

우주인은 이제 탐사 임무를 마치고 블랙홀의 영역을 벗어나 지구로 귀환한다. 떠나기 전에 그녀는 (그녀의 시계로) 블랙홀 주변에서 약 2주를 보냈음을 적어 놓는다. 그리고 지구로 돌아오는 데 꼭 10년이 걸린다. 그녀의 계산에 의하면 지구를 떠날 때 22살이었으므로 돌아왔을 때에는 2주를 더한 42살이 될 것이다. 그래서 그녀는 지구로 돌아온 해가 2242년이고, 그녀의 동급생들은 이제 중년의 위기에 다가서고 있을 것으로 생각한다.

그러나 우리의 우주인은 천문학 수업에 좀 더 주의를 더 기울였어야 했다. 왜냐하면 블랙홀 근처에서는 시간이 느리게 가므로 그녀의 시간은 지구에 사는 사람의 시간보다 훨씬 조금 흘렀다. 블랙홀 근처에서 그녀의 시계가 2주일 지나는 동안 지구에서는 2000주(그녀가 얼마나 접근했는가에 따라)가 지났을 수 있다. 이것은 그녀의 40년 기간 동안 동급생들은 (42살에 불과한) 그녀가 돌아올 때 80대인 노인이 되었음을 의미한다. 지구는 2242년이 아니라 2282년이고—그녀는 미래에 도착한 셈이다.

이 시나리오는 사실일까? 그런데 이를 실현하려면 몇 가지 문제가 발생한다. 우선 10년 내에 도달할 수 있을 만큼 가까운 블랙홀이 있지 않으며, 어떤 우주선이나 인간도 블랙홀

15.6.1 블랙홀로서의 필수조건

블랙홀의 발견을 위한 방법은 다음과 같다. 먼저, 별의 운동(분광선의 도플러 이동으로 측정)으로 그 별이 쌍성계의 일원임을 보여주는 별을 찾는다. 만일 두 별이 모두 보인다면, 어느 것도 블랙홀일 수 없으므로 가장 성능이 좋은 망원경으로도 쌍성 중의 한 별만 보이는 쌍성계에 주목해야 한다.

그러나 보이지 않는 것만으로는 충분하지 않다. 왜냐하면 비교적 어두운 별이 밝은 동반성의 광채 바로 곁에 있거나 또는 먼지의 장막에 휩싸여 있을 때 찾기 어려울 수 있기 때문이다. 그리고 보이지 않는 별일지라도, 실제로 빛을 방출하지 않는 중성자별일 수도 있다. 그러므로 보이지 않는 별이 중성자별이기에는 질량이 너무 크고, 크기가 극히 작은 붕괴된 천체임을 나타내는 증거를 찾아야 한다.

쌍성의 보이지 않는 동반성의 질량을 측정하기 위하여 보이는 별에 대한 우리들의 지식과 케플러 제3법칙(2장 참조)을 이용해야 한다. 질량이 3 $M_{\rm Sun}$보다 크다면 블랙홀을 보고(더 정확하게는 못 보지만) 있는 것이다—그 천체가 실제로 붕괴된 별이라고 확신할 수만 있다면 말이다.

높은 중력의 압축된 천체를 향해 물체가 낙하할 때 그 물체는 고속으로 가속된다. 블랙홀의 사건지평선 부근에서 물질은 광속에 근접하는 속도로 움직인다. 원자들은 사건지평선을 향해 무질서하게 선회해 들어가면서 서로 충돌을 일으키면서 내부 마찰로 인해 그 온도를 1억 K 이상으로 상승시킬 수 있다. 이렇게 뜨거운 물체는 깜빡이는 x-선의 형태로 복사를 방출한다. 따라서 우리들의 최종적 수단은 쌍성계와 관련돼 있는 x-선 방출 천체를 찾는 것이다. x-선은 지구 대

Gateway by F. Pohl

Cover copyright Ballantine Books

근처에서 살아남을 수 있다고 생각하지 않는다. 그러나 요점은 시간이 느리게 간다는 것이 아인슈타인의 일반상대성이론의 자연스러운 결과이고, 그러한 예측은 실험에 실험을 거듭한 결과 확인되었다는 사실이다.

천문학과 물리학 발전에 주목하는 공상과학 소설 작가들은 이 아이디어를 훌륭한 구상의 도구로 삼고 있다. 래리 니벤(Larry Niven)의 소설《시간을 벗어난 세계(*Wolrd Out Time*)》(1976, Ballantine Books)에서 주인공은 매우 무거운 블랙홀 주위로 여행을 갔다 약 3백만 년이 지나서 지구로 돌아온다. 그리고 프레드 폴(Fred Pohl)의《통로(*Gateway*)》(1977, Ballantine Books)에서 '영웅'은 강한 중력에서 빠져나오기 위해 여자 친구를 블랙홀로 밀어 넣어야 했다. 그들은 다시는 말하거나 만질 수 없게 되었음은 물론, 이제 블랙홀에서 멀어져 감에 따라 자신의 시간이 그녀의 시간보다 훨씬 더 빠르게 가고 있음을 알고는 가중된 죄책감에 시달려야 했다. 그에게는 그녀의 시간이 거의 정지되어 있으며 (그가 아주 좋은 망원경을 가졌다면) 그가 왜 그렇게 끔찍스런 일을 벌였는지 믿어지지 않는 마음으로 바라보는 그녀를 남은 평생 생각할 수밖에 없게 되었다. (실제로 '영웅'은 이 책의 많은 부분을 앨버트(Albert)라는 이름의 로봇 심리학자에게 얼마나 큰 죄의식을 느끼고 있는지에 관해 이야기하는 것으로 채우고 있다.)

기를 투과하지 못하므로 그러한 천체를 찾으려면 우주 공간에 설치된 x-선 망원경을 이용해야 한다.

x-선을 방출하는 낙하 가스는 블랙홀의 동반성에서 나온 것이다. 14장에서 보았듯이 근접 쌍성계의 별들은 특히 구성별 중의 하나가 적색거성으로 팽창하면 질량을 교환할 수 있다. 쌍성계에서 한 별은 블랙홀로 진화했고, 다른 별은 팽창하기 시작한다고 가정하자. 두 별이 그리 멀리 떨어지지 않았다면, 팽창하는 적색거성의 외곽층에 미치는 중력이 그 별의 내부층보다 블랙홀로부터 더 크게 작용하는 지점까지 다다르게 된다. 이때 외곽 대기는 두 별 사이의 되돌아오지 못하는 지점을 지나 블랙홀을 향해 낙하하기 시작한다.

거성과 블랙홀의 상호 공전으로 인하여 물질은 블랙홀에 직접 떨어지지 않고 나선을 그리며 떨어진다. 낙하하는 가스는 블랙홀 주변에서 물질이 팬케이크 모양을 이루며 회전하는데 이것을 강착원반(accretion disk)이라 부른다. 바로 이 원반의 안쪽에서는 물질이 블랙홀 주위를 매우 빠르게 회전하여 내부 마찰을 일으켜서 물질로부터 x-선이 방출되는 온도로 가열된다(이 장 맨 앞에 있는 이미지 참조).

쌍성계에서 강착원반이 형성되는 또 다른 방법은 블랙홀의 동반성에서 강력한 항성풍이 나오는 것이다. 이 항성풍의 방출은 별의 생애 중 서너 차례 일어나는 특성이다. 항성풍으로 방출된 가스의 일부는 블랙홀을 가까이 지나치면서 포획되어 원반으로 들어간다(그림 15.14).

여기서 지적해야 할 것은, 우리가 논의한 측정이 입문 교과서에서 설명되는 것처럼 그리 간단치 않다는 것이다. 실제로 케플러의 법칙으로는 쌍성계에서 두 별의 합산 질량만을

■ **그림 15.14**
쌍성계에서 블랙홀 강착원반 거성에서 방출된 질량이 항성풍을 통해 블랙홀로 흘러들어 가면서, 낙하하기 직전까지 그 주변에서 소용돌이친다. 강착원반의 내부 영역에서 물질은 빠르게 회전하므로 내부 마찰로 인해 매우 높은 온도로 가열되어 x-선이 방출된다.

계산할 수 있다. 따라서 보이지 않는 동반성의 질량을 분리하려면 쌍성에서 보이는 쪽의 별의 역사에 대해 더 많이 알아야 한다. 또한 질량의 계산은 두 별의 궤도가 지구 쪽으로 얼마나 경사져있는가에 따라 달라지는데, 그 기울기는 거의 측정할 수 없다. 그리고 중성자별도 x-선을 방출하는 강착원반을 가질 수 있으므로 원반의 중심에 어떤 천체가 있는지를 알아내기 위해서 천문학자들은 이 x-선의 성질을 자세히 연구해야 한다. 그럼에도 불구하고 블랙홀을 확실하게 포함하고 있는 항성계가 여러 개 발견되었다.

15.6.2 블랙홀의 발견

x-선은 동반성의 물질을 맛있게 먹고 있는 블랙홀에 매우 중요한 증거이므로 블랙홀의 탐색은 정교한 x-선 망원경을 우주로 발사할 때까지 기다려야 한다. 이들 기구는 x-선 천체의 위치를 식별해 내는 분해 능력을 갖춰야 하며 그 위치를 쌍성계의 위치와 맞추어 보는 것이 가능하게 해야 한다.

최초로 발견된 블랙홀 쌍성계는 백조자리 X-1이다. 이 쌍성계에서 눈에 보이는 별의 분광형은 O형이다. O형 별 스펙트럼선의 도플러 이동으로부터 그곳에 눈에 보이지 않는 동반성이 있음을 알 수 있다. 쌍성계에서 나오는 x-선의 깜빡임은 동반성이 붕괴된 작은 천체임을 암시한다. 눈에 보이지 않는 동반성의 질량은 적어도 태양의 6배다. 그러므로 동반성은 백색왜성이나 중성자별이 되기에는 질량이 너무 크다.

다른 몇 개의 쌍성계도 블랙홀을 포함할 조건을 모두 만족시킨다. 표 15.1에 가장 좋은 조건을 가진 후보 천체들의 특성을 나열했다.

15.6.3 블랙홀의 먹이

고립되었거나 쌍성계 중의 한 별일지라도 블랙홀이 된 이후에는 더 크게 성장하지 못할 것이다. 우리가 사는 은하수 은하(16장 참조)의 변두리 영역에서는 별이나 항성계들이 배고픈 블랙홀에 '먹이'를 제공하기에는 서로 거리가 너무 멀리 떨어져 있다. 결국 먹이가 되기 위해서는 물질은 블랙홀이 되는 별의 중력과 큰 차이를 보이기 전에 사건지평선 가까이에 접근해 있어야 한다.

그러나 앞으로 알겠지만, 은하의 중심 영역은 바깥 부분과 매우 다르다. 이곳에서는 별들과 별의 원료가 되는 물질이 빽빽이 모여 있을 수 있으며, 서로 다른 곳에서보다 더 빈번한 상호 작용을 일으킨다. 그러므로 은하의 중심에 있는 블랙홀들은 그들의 사건지평선 안으로 끌어들이기에 가까운 거리에서 물질을 발견할 기회가 매우 높다. 블랙홀은 특별한 것을 골라 '먹지' 않는다. 그들은 다른 별들, 소행성, 가스 먼지 그리고

표 15.1 쌍성계에 있는 블랙홀 후보 천체들

이름 또는 목록 번호*	동반성의 분광형궤도	주기(일)	블랙홀 질량의 추정치(M_{Sun})
LMC X-1	O형 거성	3.0	4–10
백조자리 X-1	O형 초거성	5.6	6–15
SAX J1819.3-2525(V4641 Sgr)	B형 거성	2.8	6–7
LMC X-3	B형 주계열별	1.7	4–11
4U1543-47(IL Lup)	A형 주계열별	1.1	4–7
GRO J1655–40(신성 Sco 1994)	F형 준거성	2.4	4–15
GRS1915+105	K형 거성	33.5	9–14
GS202+1338(V404 Cyg)	K형 거성	6.5	>6
XTE J1550-564	K형 거성	1.5	8–11
A0620-00(V616 Mon)	K형 주계열별	7.8	4–15
H1705–250(신성 Oph 1977)	K형 주계열별	0.52	4–15
GS1124-683(신성 Mus 1991)	K형 주계열별	0.43	4–15
GS2000+25(QZ Vul)	K형 주계열별	0.35	4–15
GRS1009–45(신성 Velorum 1993)	K형 왜성	0.29	4–8
XTE J1118+480	K형 왜성	0.17	6–7
XTE J1859+226	K형 왜성	0.38	8–12
GRE J0422+32	M형 왜성	0.21	4–15

*이 후보들의 이름을 붙이는 표준 방법은 없다. 여기 꼬리를 무는 숫자들은 적경과 적위로 표시한 천체의 위치이다(하늘의 경도와 위도 시스템). 이 숫자들 앞의 문자는 후보 천체를 발견한 위성을 나타낸다—A는 아리엘(Ariel), G는 깅가(Ginga) 등등임. 괄호 안의 표시는 쌍성계나 신성을 연구하는 천문학자들이 사용하는 이름이다.

출처: 제프리 맥클린톡(CfA)과 제롬 오로즈(샌디에고 주립대)가 제공한 정보에 근거한 자료

심지어 다른 블랙홀도 먹어치운다. (두 개의 블랙홀이 병합되면, 질량이 더 커지고 사건지평선이 더 큰 블랙홀이 된다.)

결과적으로 물질이 많아 혼잡한 영역에 있는 블랙홀은 태양질량의 수천 또는 수백만 배를 삼켜서 성장할 수 있다. 최근 허블 우주 망원경의 관측은 여러 은하의 중심에 블랙홀이 존재한다는 극적인 증거를 보여주었다. 이러한 블랙홀들은 10억 개의 태양질량보다 더 많은 질량을 가질 수 있다. 초대질량 블랙홀의 격렬한 먹이 활동은 우주에서 발생하는 가장 에너지가 큰 현상과 일부 관련되어 있는 듯하다(16장, 18장 참조). 그리고 x-선 관측으로 구한 증거는 질량이 태양질량의 수십에서 수천 배인 '중간 무게의 블랙홀'의 존재를 보여주기 시작하고 있다. 13장에 서술한 구상 성단의 혼잡한 내부 영역은 바로 그러한 중간 블랙홀의 번식장이 될 것이다.

지난 10년에 걸쳐서 여러 관측, 특히 허블 우주 망원경과 x-선 위성들의 관측 결과는 블랙홀이 실제로 존재해야만 설명될 수 있다. 더 나아가서 뒤틀리거나 휘어진 시공의 영상은 아인슈타인의 일반상대성이론에 따라 실제로 발생되는 중력 효과를 가장 잘 설명하는 것으로 그의 이론에 회의적이었던 과학자들조차 확신을 갖게 되었다.

15.7 중력파 천문학

블랙홀의 기본 이론을 점검하는 방법으로 시험 가능한 아인슈타인의 아이디어가 하나 있다. 일반상대론에 따르면 시공의 기하는 물질이 어디 위치하느냐에 따라 달라진다. 물질의 배열을 바꾸면—공 모양에서 소시지 모양으로—시공의 혼란이 일어난다. 이 혼란을 **중력파**(gravitaional wave)라고 부르고, 상대론에서는 이 파동이 광속으로 퍼져나간다고 예측한다. 이 연구에 수반되는 가장 큰 문제는 중력 파동이 전자기 파동보다 엄청나게 약해서 탐지하기가 어렵다는 것이다.

15.7.1 펄사의 증거

우리는 이제 중력파가 존재함을 알게 되었다. 1974년 천문

학자들인 조셉 테일러(Joseph Taylor)와 러셀 헐스(Russell Hulse)가 중성자별 주위를 도는 펄사(PSR1913+16이라 명명된)를 발견했다. 동반성의 강력한 중력에 끌려서 이 펄사는 광속의 약 1/10으로 궤도운동을 하고 있다.

일반상대론에 따르면 이런 죽은 별로 이루어진 항성계는 충분히 높은 중력에너지를 방출해서 펄사와 그 동반성이 나선운동을 하면서 더 근접하게 된다. 이것이 맞다면 (케플러 제3법칙에 따르면) 궤도 주기는 한 번 돌 때마다 1천만분의 1초씩 감소해야 한다. 연속적인 관측을 통해 주기는 정확히 이만큼 감소하고 있는 것으로 밝혀졌다. 이 항성계에서 이러한 에너지의 상실은 중력파의 복사에만 기인한 것이다. 이를 통해 중력파의 존재가 확인된다. 테일러와 헐스는 이 업적으로 1993년 노벨물리학상을 공동 수상했다.

15.7.2 직접적인 관측

이러한 간접적인 증거로써 물리학자들은 중력파의 존재를 확신하였지만, 그들은 이 파동을 직접 탐지하기를 원했다. 이를 위해서는 실제로 측정될 만큼 큰 중력파가 만들어지기 충분한 강력한 현상이 필요하다. 여기에 그런 예를 몇 개 들면:

- 쌍성계에 속한 두 개 중성자별이 선회하면서 합쳐짐
- 블랙홀이 중성자별을 집어삼킴
- 두 개 블랙홀의 병합
- 무거운 별이 내부로 붕괴하여 중성자별이나 블랙홀을 형성
- 우주가 시작하고 공간과 시간이 처음 존재하게 되었을 때의 최초의 떨림

중력파 '망원경'은 어떤 모양일까? 과학자들은 중력파를 탐지하기 위해 두 가지의 실험을 고안했다. 둘 모두는 중력파가 지구를 지나갈 때 시공에 생기는 잔 파문이 물체를 매우 조금 움직인다는 사실에 의존한다. 매우 약한 파동이므로, 비법은 아주 미소한 움직임을 탐지할 수 있는 시스템을 고안하는 것이다. 여기서 미소(slight)라는 말은 진짜로 작다는 의미다. 두 개의 시험용 질량을 4 km 떨어지게 줄에 매달아 놓고 전형적인 파원에서 나오는 중력파를 받아서 자유롭게 움직이도록 해놓았다고 가정하자. 이 두 질량 사이의 거리 변화는 수소 원자 지름의 1억분의 1에 불과하다! 이렇게 작은 변화는 분명 모든 다른 교란—대기 중의 가스 분자의 운동을 포함해서—에서 분리되었을 때만 탐지가 가능하다.

LIGO(레이저 간섭계 중력파 관측소)는 2002년에 활동을 시작한 지상의 시설이다. LIGO는 두 곳에 관측소를 두었는데 그 하나는 미국 루이지애나에 그리고 다른 하나는 워싱턴 주에 있다. 중력파의 효과는 아주 작으므로 탐지는 두 개의 멀리 분리된 탐지기가 동시에 탐지해야 믿을 수 있다. 작은 파동을 일으키는 중력파를 닮은 국지적인 사건들—예를 들면 작은 지진, 바다의 파도, 그리고 교통 활동—은 두 곳의 시험 질량에 서로 다르게 영향을 미칠 것이다.

각 LIGO 관측소의 장비는 지름 122 cm의 진공파이프를 L자 형태로 4 km 길이로 늘어놓은 것이다. 이 파이프의 4곳 끝에는 거울을 단 시험 질량을 줄에 매달아 놓았다. 극히 안정된 레이저빔은 파이프를 가로지르면서 거울 사이의

Laser Interferometer Gravitational Wave Observatory/Caltech

■ **그림 15.15**
중력파 망원경 미국 워싱턴 주 핸포드(Hanford)에 있는 LIGO 시설의 조감도.

거리 변화를 측정하는 데 사용된다(그림 15.15).

LISA(레이저 간섭계 우주 안테나)는 똑같은 실험을 우주 공간에서 하도록 고안되었다. 이 경우 3대의 우주선이 한 변의 길이가 5백만 km인 등변삼각형의 형태를 유지하면서 궤도를 돈다. 각 우주선은 2개의 자유로 떠다니는 시험 질량을 싣고 있고 레이저는 서로 다른 우주선에 있는 시험 질량 사이의 거리를 측정하는 데 사용된다. 목표는 5백만 km의 거리를 원자 크기의 1/10 정도의 정확도로 측정하는 것이다. 재정적인 지원만 받으면 이 실험을 위한 우주선들이 이르면 2008년에 궤도를 날 수 있을 것이다.[2]

이 장에 서술한 아이디어는 이상하고 압도당할 것 같기도 하다. 특히 이것을 처음 읽으면 더욱 그럴 것이며, 또한 일반상대성이론의 결과는 일부 익숙해졌을 것이다. 그 결과 이 수업을 듣기 전에 생각했던 것보다 아마도 우주에 대해 더 흥미롭고 기이하게 느끼게 되었음을 인정해야 할 것이다.

[2] 역자 주-그러나 2013년 5월에 이 우주선들은 여전히 계획 단계에 있다.

인터넷 탐색

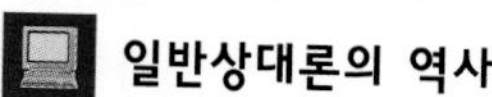

일반상대론의 역사:
www-groups.dcs.st-and.ac.uk/~history/HistTopics/General_relativity.html
일반상대성이론 발전의 역사를 요약과 함께 기고가들과의 연결.

시공의 비틀림 웹사이트:
www.ncsa.uiuc.edu/Cyberia/NumRel/NumRelHome.html
아인슈타인의 상대론과 그 천문학적 영향에 관한 흥미롭고 잘 만들어진 '유선 전시'로 두 개 블랙홀의 충돌과 같은 모의 영상을 보여주는 영화도 포함.

블랙홀에 관해서 자주 하는 질문:

- **버클리에 있는 입자 천체물리학센터:** **cosmology.berkeley.edu/Education/Bhfaq.html**
- **NASA의 우주과학자에게 물어보기 사이트:** **image.gsfc.nasa.gov/poetry/ask/abholes.html**

케임브리지 블랙홀 페이지:
www.amtp.cam.ac.uk /user/gr/public/bh_home.html
케임브리지 대학 상대론 그룹은 블랙홀과 관련된 계산에 관한 짧은 설명서를 냈다. 여기서 우주론, 우주의 줄, 양자 중력, 그리고 다른 첨단 토픽에 관해 배우고 탐사할 수 있다.

블랙홀 만화:
고속 컴퓨터로 몇 개의 물리학자 그룹이 블랙홀의 활동과 그 안으로 떨어지면 어떨까를 모의 설명한다. 다음 사이트들은 그러한 모의 설명 영화의 웹사이트들이다.

- **시공의 끝에서의 영화:** **www.ncsa.uiuc.edu/Cyberia/Expo/Theater_Img/NumRel.html**
- **수치 상대론 전시:** **jean-luc.ncsa.uiuc.edu/Exhibits/**

LIGO 사이트: www.ligo.caltech.edu
최초의 주요 중력파 관측소에 관한 전체 이야기.

요약

15.1 아인슈타인은 **일반상대론**의 바탕으로 **등가원리**를 제안했다. 이 원리에 따르면 밀폐된 환경에서는 실험을 통한 자유 낙하와 무중력 상태를 구별해 낼 방법이 없다.

15.2 이 원리의 결과를 고려하여, 아인슈타인은 우리가 굽은 **시공간**에 살고 있다는 결론을 내렸다. 질량의 분포는 시공간의 곡률을 결정하고, 그러한 시공 영역에 들어오는 물체(빛조차도)는 그 곡률을 따라야 한다.

15.3 약한 중력장에서 일반상대론의 예측은 뉴턴 중력이론의 예측과 일치한다. 그러나 별빛이나 전파가 태양 부근을 통과할 때 굴절되는 현상과 수성의 궤도에 섭동을 일으키는 태양계 내 다른 행성이 없더라도 수성의 근일점은 세기당 43각초만큼 변화하는 것을 뉴턴 이론으로는 예측할 수 없고, 일반상대론으로는 예측이 가능하다. 이들 예측은 실험으로 입증되었다.

15.4 일반상대론은 중력이 강할수록 시간이 느리게 간다고 예측한다. 지상 실험과 우주선을 이용한 실험을 통하여 이 예측은 매우 큰 정밀도로 확인되었다. 빛이나 기타의 복사가 밀집된 작은 별의 시체에서 방출될 때 시간 지연에 기인하는 중력 적색이동을 보인다.

15.5 이론에 의하면 중심핵이 태양질량의 3배 이상인 별들이 핵연료를 소진했을 때 붕괴하여 **블랙홀**이 된다. 블랙홀을 둘러싸고 있는 표면에서 이탈속도가 광속과 같은 곳을 **사건지평선**이라고 부르며, 그 표면의 반지름을 **슈바르츠실트 반지름**이라고 한다. 어떤 것도, 빛조차도, 블랙홀의 사건지평선을 빠져나올 수 없다. 블랙홀의 중심에는 밀도가 무한대이며 부피가 0인 **특이점**이 있다. 밖에 있는 관측자가 보았을 때 블랙홀로 떨어지는 물체는 사건지평선 위치에 묶여 있는 것처럼 보인다. 그러나 낙하하는 물체에 타고 있다면 사건지평선을 통과한다. 그 과정에서 특이점에 접근할 때 조석력이 몸을 찢겨지게 한다.

15.6 별-질량의 블랙홀이 실제로 존재한다는 증거는 다음의 조건을 만족하는 쌍성계에서 탐지된다. (a) 쌍성 중 한 별이 보이지 않는 것, (b) 작은 밀집 천체 주위에 있는 강착원반의 x-선 방출 특성을 가진 것, 그리고 (c) 궤도 운동과 보이는 별의 특성으로부터 추정되는 보이지 않는 동반성의 질량이 3 M_{Sun}보다 더 큰 것 등이다. 이러한 특성을 가지는 항성계가 몇 개 발견되었다. 태양질량의 10억 배의 질량을 가진 블랙홀이 큰 은하들의 중심에서 발견된다.

15.7 우주에서 물질이 다시 배열되면 중력파가 발생함을 일반상대론은 예측한다. **중력파**가 존재함은 다른 중성자별 주위 궤도를 도는 펄사에서 그 궤도가 중성자별에 점점 더 가까워지는 회전을 하면서 중력파의 형태로 에너지를 잃는 것을 관측함으로써 확인되었다.

모둠 활동

A 컴퓨터 과학을 전공하는 학생이 당신이 듣고 있는 것과 같은 천문학 과목을 택하고는 블랙홀에 매료되었다. 그의 생애 후반에 그는 웹 회사를 차리고 이 회사를 공개하면서 아주 부자가 되었다. 그는 우리은하 내에서 블랙홀의 탐사를 지원하는 재단을 설립했다. 당신의 그룹이 이 재단의 자금 분배 위원회라 하자. 당신은 블랙홀이 더 많이 발견되는 기회를 증가시키기 위하여 매년 돈을 어떻게 분배할 것인가?

B 별들이 그 생애의 어느 단계에도 질량 손실이 없이 진화한다고 상상하자. 당신의 그룹에는 쌍성계의 목록이 주어졌다. 각 쌍성은 하나의 주계열별과 보이지 않는 동반성을 포함하고 있다. 주계열별들의 분광형은 O형에서 M형의 범위에 있다. 당신이 할 일은 보이지 않는 동반성의 어느 것이 블랙홀이냐 아니냐를 결정하는 것이다. 어느 것이 관측할 가치를 가졌는가? 왜인가? (힌트: 쌍성계에서 두 개 별은 같은 시기에 형성되었으나 그 진화 진척도는 각별의 질량에 의존한다.)

C 당신은 먼 미래에 살고 있고, 심한 반역죄에 걸려 있다(거짓으로). 처형의 방법으로 당신 그룹의 모두가 블랙홀로 보내진다. 그러나 어느 블랙홀로 가느냐는 당신이 선정해야 한다. 당신은 죽을 운명에 처했으므로 적어도 블랙홀의 내부가 어떤가를 보기 원한다. 그것

에 관해서 외부에 있는 누구에게도 말할 수는 없지만 말이다. 당신은 목성의 질량과 같은 질량을 가진 블랙홀을 선택할 것인가 아니면 은하 전체와 같은 질량을 가진 블랙홀을 택할 것인가? 왜 그러한가? 각각의 경우, 사건지평선에 접근하면서 당신에게는 어떤 일이 일어날 것인가? (힌트: 사건지평선을 넘어가면서 당신의 발과 머리에 미치는 힘의 차이를 생각하라.)

D 일반상대론은 인류 지식의 최전선을 분명하게 볼 수 있는 현대 천체물리학 영역의 하나다. 우리는 블랙홀과 휜 시공에 관해서 배우기 시작했고, 아직도 얼마나 많은 것을 알지 못하고 있는가에 겸손해진다. 이 분야 연구는 정부 기관의 연구비로 대부분 지원되고 있다. 그러한 '멀리 나가는' 일을 우리의 세금으로 지원하는 데는 어떤 이유가 있는가를 논의하라. 지난 세기에는 '멀리 나가는' (실용적으로 보이지 않는) 연구 영역이었으나 후에 실제로 응용된 연구의 목록을 만들 수 있는가? 만약 일반상대론이 여러 가지 실제 응용성이 없다면 어떠한가? 아직도 사회의 기금의 작은 부분이라도 공간과 시간의 성질에 관한 이론을 탐구하는 데 사용해야 한다고 생각하는가?

E 당신들 모두가 이 장을 읽었으면, 블랙홀의 성질을 활용해서 과학 소설 이야기를 구상하는 작업을 하라.

복습 문제

1. 등가원리는 어떻게 하여 우리가 시공이 굽었을 것이라고 의심하도록 만들고 있는가?

2. 일반상대론이 중력의 존재로 인해 발생하는 일들을 가장 잘 설명하고 있음에도 불구하고, 왜 물리학자들은 아직도 지구에서 중력을 설명하는 데에(예를 들면, 다리를 놓을 때) 뉴턴의 방정식을 사용하고 있는가?

3. 아인슈타인의 일반상대성이론은 그 이론이 처음 발표될 당시에는 수행되지 않았던 몇 가지의 실험 결과를 예측한 바 있다. 그 이론의 예측을 증명한 세 가지 실험을 설명하라.

4. 블랙홀이 복사를 방출하지 않는다면, 천문학자와 물리학자들은 오늘날 블랙홀 이론이 맞는다는 어떤 증거를 가지고 있는가?

5. 블랙홀의 유력한 후보로서 쌍성이 가진 특성은 무엇인가? 각각의 이들 특성은 왜 중요한가?

6. 지구가 블랙홀로 낙하한다고 하자. 어떤 일이 일어나겠는가?

7. 한 학생이 블랙홀의 아이디어에 흥분해서 그 속으로 뛰어들었다.

a. 그의 여행은 어떠하겠는가?

b. 멀리서 그를 바라보는 나머지 친구들은 어떠한가?

8. 중력파란 무엇이고 그것을 탐지하기가 왜 어려운가?

9. 미래에 천문학자들이 탐지하기를 바라는 중력파의 강력한 방출원으로는 어떤 것들이 있는가?

사고력 문제

10. 그림 15.2에 있는 소년과 소녀 주위에 커다란 방을 지었다고 상상해보자. 그리고 그 방은 이들과 똑같은 비율로 낙하한다. 갈릴레오가 보였듯이, 공기 저항이 없다면 가벼운 물체와 무거운 물체는 중력으로 인하여 똑같은 비율로 떨어진다. 이것이 옳지 않고 무거운 물체가 더 빨리 떨어진다고 상상하자. 또한 그림 15.2에서 소년이 소녀보다 두 배 무겁다고 하자. 어떤 일이 벌어지겠는가? 이것이 등가원리에 위배되겠는가?

11. 나뭇가지에 매달렸던 원숭이가 그를 똑바로 겨누고 있는 사냥꾼을 보았다. 원숭이는 섬광을 보고 나서 소총이 발사되었음을 안다. 재빨리 반응해서 그 가지에서 도망쳐 떨어져서 총알은 그의 머리 위를 무사히 빗나갔다. 이러한 행동이 원숭이의 생명을 구할까? 왜 그런가?

12. 1970년대 미국은 스카이랩(Skylab)이라 하는 소형 우주선을 궤도에 발사했다. 우주인들은 원통형 선체의 내부 벽면 주위를 뛰어다니는 운동을 하였다. 뛰는 동안에 스카이랩 내부에서 정처 없이 떠돌지 않고 벽면에 머물 수 있었을까? 어떤 물리 원리가 관련되었는가?

13. 보통 별의 원반 물질에서 x-선 탐지를 기대할 수 없는 이유는 무엇인가?

14. 이 책의 여러 곳에서 필요한 자료를 찾아서 다음과 같은 종류의 별들에 대하여 항성 진화의 마지막 단계—백색왜성, 중성자별, 또는 블랙홀—가 무엇인지 밝혀라.

a. 분광형 O형의 주계열별

b. B형 주계열별

c. A형 주계열별

d. G형 주계열별

e. M형 주계열별

15. 다음 중 우리은하에서 어느 것이 더 흔한가? 백색왜성 또는 블랙홀? 왜 그런가?

16. 만약 태양이 블랙홀로 갑자기 붕괴될 수 있다면, 지구의 공전 주기가 현재와 어떻게 달라지겠는가?

계산 문제

블랙홀의 사건지평선 크기는 블랙홀의 질량에 의존한다. 질량이 크면 클수록 사건지평선의 반지름은 더 커진다. 일반상대론 계산으로 구한 사건지평선의 반지름을 나타내는 공식은 다음과 같다.

$$R = \frac{2GM}{c^2}$$

여기서 c는 광속도, G는 중력 상수, 그리고 M은 블랙홀의 질량이다. 이 공식에서 2, G 그리고 c는 모두 상수이고, 단지 질량만이 블랙홀에 따라 변한다.

17. 이 책의 부록 6에서 G, c, 그리고 태양질량의 값을 취하고, 태양질량과 같은 질량을 가진 블랙홀의 반지름을 구하라. (이것은 이론적인 계산이다. 태양은 블랙홀이 될 만큼 충분한 질량을 갖지 못했다.)

18. 태양보다 더 크거나 더 작은 질량을 가진 블랙홀의 크기를 알기 원하고 있다고 하자. 17번 문제의 모든 과정을 따라가면서 여러 개의 큰 지수를 가진 큰 숫자를 다루게 된다. 그러나 방정식의 모든 상수를 단지 한 번만 사용하고 거기에 다른 질량값을 대입하는 현명한 방법을 쓸 수 있다. 질량을 태양질량 단위로 표시해서 다음 계산을 실로 쉽게 할 수 있다. 사건지평선의 반지름이 태양질량 단위로 표시한 블랙홀의 질량에 3 km를 곱한 것과 같음을 보여라.

19. 18번 문제의 결과를 사용하여 다음과 같은 질량을 가진 블랙홀의 반지름을 구하라. (a) 지구, (b) B0형 주계열별, (c) 구상 성단, 그리고 (d) 은하수. 이들 네 종류 천체의 질량에 관한 데이터를 제공하는 표가 주어진 부록과 이 책의 다른 곳도 참조하라.

20. 블랙홀의 사건지평선 밖에서 중력은 같은 질량을 가진 정상적인 천체의 중력과 같으므로 케플러의 제3법칙은 유효하다. 지구가 골프공 크기로 붕괴되었다고 하자. 현재 400,000 km의 거리에서 궤도를 도는 달의 공전 주기는 얼마일까? 케플러의 제3법칙을 이용하여 다음을 계산하라. (a) 6000 km의 거리에서 궤도를 도는 우주선의 공전 주기, (b) 0.1 m의 거리에서 궤도를 도는 축소 우주선의 공전 주기.

21. 20번 문제에서 미니 우주선의 궤도 속력을 계산하고 광속과 비교하라.

22. 블랙홀이 실제로 존재한다는 강력한 증거를 제공한 최초로 발견된 쌍성계는 백조자리의 X-1이다. 이 발견이 처음 이루어졌을 때 천문학자들이 가졌던 것과 같은 데이터를 구할 수 있다면 이제 당신도 스스로 이 발견을 할 수 있을 것이다. 대략 30 M_{Sun}의 질량을 가진 분광형 O형의 초거성을 포함하고 있다. 동반성은 보이지 않는다. 쌍성계의 궤도 주기는 5.6일이고 O형 별의 궤도 속도는 약 350 km/s다. 케플러의 제3법칙을 사용하여 동반성의 질량을 계산하라. 계산 결과가 동반성이 블랙홀일 가능성과 부합하는가? 이 발견을 세계에 공표하기 전에 어떤 다른 증거를 필요로 할까?

심화 학습용 참고 문헌

Begelman, M. and Rees, M. *Gravity's Fatal Attraction: Black Holes in the Universe*. 1996, Scientific American Library. 블랙홀 천문학의 좋은 소개서.

Charles, P. and Wagner, R. "Black Holes in Binary Stars: Weighing the Evidence" in *Sky & Telescope*, May 1996, p. 38. 훌륭한 리뷰.

Jayawardhana, R. "Beyond Black" in *Astronomy*, June 2002, p. 28. 사건지평선과 블랙홀이 존재한다는 증거의 발견에 관한 것.

McClintock, J. "Do Black Holes Exist?" in *Sky & Telescope*, Jan. 1988, p. 28.

Overbye, D. "God's Turnstile: The Work of John Wheeler and Stephen Hawking" in *Mercury* (the magazine of the Astronomical Society of the Pacific), July/Aug. 1991, p. 98.

Parker, B. "Where Have All the Black Holes Gone?" in *Astronomy*, Oct. 1994, p. 36. 우리은하 내 블랙홀의 후보 천체.

Rees, M. "To the Edge of Space and Time" in *Astronomy*, July 1998, p. 48. 블랙홀에 관하여.

Thorne, K. *Black Holes and Time Warps*. 1994, W. W. Norton. 블랙홀의 확실한 소개서.

Wheeler, J. A *Journey into Gravity and Spacetime*. 1990, Scientific American Library/W. H. Freeman. 우리 시대 가장 유명한 과학자가 쓴 훌륭한 소개서.

Wheeler, J. "Of Wormholes, Time Machines, and Paradoxes" in *Astronomy*, Feb. 1996, p. 52. 일반상대론의 일부. 멀리 보는 결과에 관한 것.

Will, C. *Was Einstein Right?—Putting General Relativity to the Test*. 1986, 기초 서적으로 여러 시험의 뛰어난 소개서.

Zirker, J. "Testing Einstein's General Relativity During Eclipses" in *Mercury*, July/Aug. 1985, p. 98.

중력파에 관한 것들

Bartusiak, M. "Catch a Gravity Wave" in *Astronomy*, Oct. 2000, p. 54.

Bartusiak, M. *Einstein's Unfinished Symphony*. 2000, Joseph Henry Press.

Frank, A. "Teaching Einstein to Dance: The Dynamic World of General Relativity" in *Sky & Telescope*, Oct. 2000, p. 50.

Gibbs, W. "Ripples in Spacetime" in Scientific American, Apr. 2002, p. 62.

Sanders, G. and Beckett, D. "LIGO: An Antenna Tuned to the Songs of Gravity" in *Sky & Telescope*, Oct. 2000, p. 41.

남반구에서 보이는 은하수 은하수의 가장 밝은 부분은 지구 남반구에서 보인다. 이 영역의 별자리는 센타우르스, 남십자성, 그리고 용골자리다. 이 사진의 왼쪽 아래의 밝은 별은 알파와 베타 센타우리 별들이 위로 향하고 있고 그 오른쪽으로 석탄 자루라 불리는 암흑 먼지 구름 옆에 위치한 남십자성이 있다. 붉게 빛나는 것은 전리된 수소의 구름에서 나오는 빛 때문이다.

16 은하수 은하

하늘 높이 가로질러 길이 흐른다
밤이 속살을 드러내면
나타나는 은하수
그 흰 광채를 자랑하는데……

로마의 시인 오비디우스(Ovid)의 《변신(*Metamophoses*)》을 인용한 크루프(E. C. Krupp)의 《저 푸른 지평선 넘어(*Beyond the Blue Horizon*)》 중에서

미리 생각해보기

오늘날 태양은 수천억 개 이상의 별들로 이루어진 거대한 섬 우주인 은하수 은하에 속하는 별들 중 하나라는 것이 알려졌다. 이렇게 거대한 항성계의 '무게'는 어떻게 달아서 전체 질량을 알아낼 수 있을까?

캄캄한 밤하늘에서 우리 눈에 가장 두드러지게 나타나는 형상은 하늘을 가로질러 한쪽 지평선에서 반대 지평선으로 펼쳐지는 희미한 흰색의 띠인 은하수다. 희미한 빛의 얼룩을 엎지른 우유의 흐름으로 비유한 옛 전설로부터 그 이름이 유래한다. 그러나 여러 문명마다 전설은 서로 다르다. 동부 아프리카의 한 부족은 오랜 옛적의 캠프파이어 연기로 보았으며, 몇몇 아메리카 원주민 부족의 전설은 성스러운 동물들이 하늘을 지나는 통로라고 했고, 시베리아에서는 하늘 텐트의 솔기라고 하였다. 은하수는 남반구에서 훨씬 더 밝다—너무 밝아서 남미의 원주민들은 은하수의 여러 부분마다 이름을 붙여놓았다.

1610년 처음으로 갈릴레오는 망원경으로 은하수를 조사하여, 은하수가 수많은 개개의 별들로 이루어졌음을 알아냈다. 오늘날 태양이 **은하수 은하**(Milky Way Galaxy)[1]라고 부르는 거대한 우주 팔랑개비 모양의 수천억 개의 별들 중 하나에 지나지 않음을 안다. 이 장에서는 우리은하의 탐구를 위해 태양 근방을 벗어나는 우리들의 항해를 시작하려고 한다. 이를 통해 배운 것들은 우리은하보다 훨씬 밖에 있는 외부 은하들의 희미한 빛을 해석하는 데 도움을 줄 것이다.

가상 실험실

 암흑물질

[1] 역자 주–또는 우리은하라고 부른다.

16.1 우리은하의 구조

우리를 둘러싸고 있는 은하수 은하는 무척 가까워서 연구하기 쉽다고 생각할 수 있다. 그러나 우리가 그 안에 들어 있기 때문에 우리의 도전이 어려워진다. 예로써 뉴욕 시의 지도를 만드는 과제가 주어졌다 하자. 이동을 금지 당한 채 타임스 스퀘어에서 조사하기보다 뉴욕 상공을 나는 헬리콥터를 이용하면 훨씬 더 잘 해낼 수 있다. 이와 비슷하게 약간 바깥으로 벗어날 수만 있다면 더 쉽게 은하의 지도를 만들 수 있을 것이다. 우리는 그 속에 갇혀 있고 게다가 타임스 스퀘어처럼 은하의 중심이 아닌 먼 변두리에 위치한다.

16.1.1 허셜의 우리은하 측정

1785년에 윌리엄 허셜(그림 16.1)은 최초로 은하수 은하의 구조에 관한 중요한 발견을 했다. 하늘의 여러 방향에 걸쳐 별들의 개수를 셈으로써 대부분의 별들은 하늘을 둘러싼 좁은 띠인 은하수에 들어 있고, 별들의 개수는 이 띠의 모든 방향에 걸쳐 거의 같음을 알아냈다. 이로부터 태양이 속한 우리 항성계는 바퀴 모양이며(놀이용 플라스틱 원반인 프리스비가 있었다면 그렇게 불렀을 것이다), 태양은 바퀴 축 부근(그림 16.2)에 위치한다고 결론지었다.

왜 허셜이 이 같은 결론에 도달했는지 이해하기 위해, 우리가 축구 경기의 하프타임에 대형을 이루고 서 있는 관악대의 일원이라고 상상해보자. 눈에 보이는 대원들을 여러 방향에서 세어보았더니 모두 거의 같았다면, 악대는 우리를 중심으로 해서 원형으로 배치되었다고 결론지을 수 있을 것이다. 우리의 위나 아래쪽에 관악대원들이 없다면 악대는 매우 납작한 원을 이루고 있음을 알 수 있다.

■ **그림 16.1**
윌리엄 허셜(1738~1822) 허셜은 영국으로 이민 온 독일 음악가로, 여유시간을 활용해서 천문학을 연구했다. 그는 천왕성을 발견했고, 몇 개의 대형 망원경을 만들었으며, 우리은하에서 태양의 위치를 조사했다. 또 태양의 공간 운동과 별들의 상대적 밝기를 쟀다. 이 그림은 허셜이 어떻게 적외선을 발견했는지를 보여준다. 그는 태양광 스펙트럼을 분산시킨 다음 각각의 색깔 위에 온도계를 놓고 온도 변화를 측정했다. 그는 붉은색 스펙트럼의 바깥쪽에서도 온도계의 눈금이 올라감을 알아내고, 눈에 보이지 않는 복사열의 존재를 밝힐 수 있었다.

오늘날 우리은하 항성계의 모양에 대한 허셜의 생각이 옳았다고 인정한다. 그러나 원반에서 태양의 위치는 잘못된 것이다. 11장에서 보았듯이, 우리는 먼지 많은 은하에 살고 있다. 성간 먼지에 의한 별빛의 흡수로 인해 허셜은 태양에서 6000광년(LY) 안쪽에 있는 별밖에 볼 수 없었다. 이 거리는 우리은하를 이루는 원반 중 극히 작은 부분에 지나지 않는다.

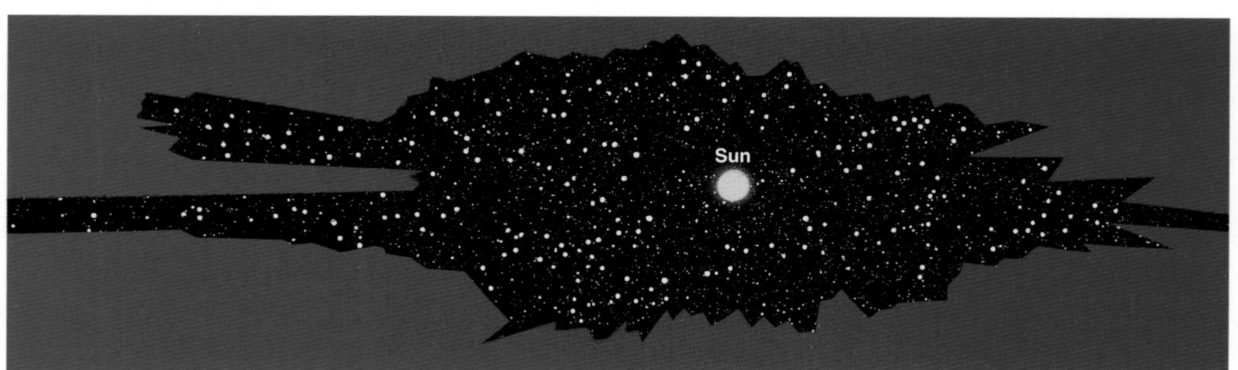

■ **그림 16.2**
허셜의 은하수 은하 그림 허셜은 여러 방향에 걸쳐 별들을 헤아려서 우리은하의 단면도를 얻었다. 그림에서 큰 원은 태양의 위치를 나타낸다.

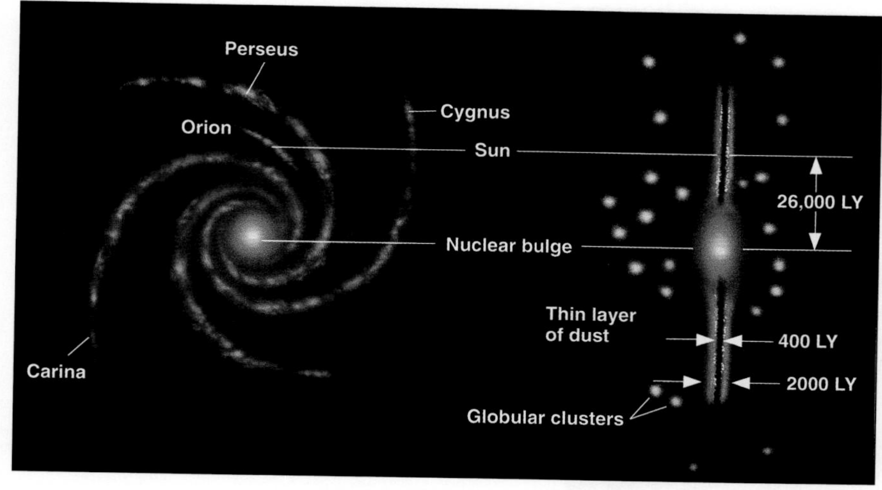

■ **그림 16.3**
우리은하의 개략도 왼쪽 그림은 나선 원반을 위에서 내려다본 모습이다. 오른쪽 그림은 원반을 옆에서 본 모습이다. 주요 나선 팔에는 이름이 붙어 있다. 태양은 짧은 오리온 가지의 가장자리에 위치한다.

이와 비슷하게, 안개 낀 날 거리서 도심쪽을 바라보면 단지 작은 부분만을 볼 수 있다. 공기 중 먼지와 공해 물질들이 먼 곳에서 오는 빛을 차단하기 때문이다. 허셜의 관측은 가시광선에 국한되었으므로, 별들 사이의 먼지를 관통해 볼 수 없었다. 따라서 오늘날 알려졌듯이, 실제로 태양이 은하 중심에서 상당히 멀리 떨어져 있음을 알아낼 수 없었다.

16.1.2 원반과 헤일로

현대적 기구를 이용하여 천문학자들은 은하의 '연기'를 관통해 볼 수 있다. 도시가 스모그로 가득 차 있든 아니든 간에 우리는 선호하는 라디오 방송을 들을 수 있듯이, 천문학자들은 우리은하의 먼 영역을 전파나 적외선으로 '동조(同調)'해서 볼 수 있다. 이들 파장을 이용하면 멀리서 바라본 은하수(뿐만 아니라 우리와 비슷한 외부 은하들)의 모습에 대한 훌륭한 아이디어를 얻을 수 있었다.

그림 16.3은 은하를 옆에서 또는 위에서 바라본 모습을 그린 개략도다. 은하의 가장 밝은 부분은 별들로 이루어진 얇은 원형의 회전 원반으로 지름은 대략 100,000 LY이며, 두께는 약 1000 LY이다. (납작한 원반 모습은 바퀴보다 크레이프에 가깝다.) 별 이외에도 별 생성 원료인 먼지와 가스는 주로 이 얇은 원반에서 발견된다. 이들 성간 물질의 질량은 원반에 있는 별 질량의 약 20%다.

그림 16.3에서 보듯이 별과 가스 그리고 먼지들은 원반 전반에 고르게 퍼져 있지 않고 여러 나선 팔에 집중되어 있다. 나선구조에 대해서 앞으로 더 자세히 다루기로 한다. 태양은 우리은하의 중심과 가장자리의 중간쯤에 위치하며, 은하 중심평면에서 약 70 LY의 높이에 있다.

얇은 원반을 이루는 젊은 별들과 가스 그리고 먼지는 주로 늙은 별들로 이루어진 두꺼운 원반 속에 있다. 이 두꺼운 원반은 얇은 원반의 중심 평면에서 위아래로 약 3000 LY 퍼져 있지만, 질량은 얇은 원반의 약 5%에 지나지 않는다.

은하 중심에 가까운 곳(거리 약 12,000 LY)에서 별들은 더 이상 원반에 속하지 않고 **핵 팽대부**(nuclear bulge)를 형성한다. 통상적인 가시 복사를 이용하면, 성간 먼지가 비교적 희박한 방향에서만 팽대부의 별들을 겨우 볼 수 있다(그림 16.4). 최초로 팽대부 전체를 성공적으로 보여준 사진은 적외선 파장으로 실제 촬영되었다(그림 16.5).

팽대부는 대부분 먼지에 가려져 관측이 어렵다. 오랫동안 천문학자들은 그 모양이 구형이라고 생각했다. 그러나 적외선 영상과 기타 자료들에는 팽대부가 땅콩처럼 폭보다 길이가 약 2배 긴 모습이었다. 중심영역에 별들이 막대 모양으로 집중된 나선 은하들도 많다. 그 모양 때문에 이들을 막대나선 은하(barred spirals)라고 한다(그림 16.6). 핵 팽대부의 중심에는 엄청난 물질 집중이 있는데, 이에 대해서는 16.4절에서 논의한다.

얇은 원반과 두꺼운 원반 그리고 핵 팽대부는 은하 중심에서 최소 150,000 LY의 거리까지 펼쳐지며, 매우 늙고 어두운 별들로 이루어진 공 모양의 **헤일로**(halo) 안에 들어 있다. 구상 성단 또한 헤일로에서 발견된다. 헤일로의 늙은 별들을 포함한 전체 은하수 은하는 뜨거운 가스 거품에 둘러싸여 있다. 이 가스의 온도는 약 100만 도지만 매우 희박하다(10,000 cm^3에 입자 1개 이하). 뜨거운 가스는 은하수 은하 형성의 잔해로 추정된다. 은하 형성이론에 의하면 은하가 처음 만들어질 때 뜨거운 가스가 존재했으며, 가스의 냉각은 우주 나이보다 더 오래 걸린다고 한다.

은하수 은하의 질량은 은하 중심에서 적어도 600,000 LY

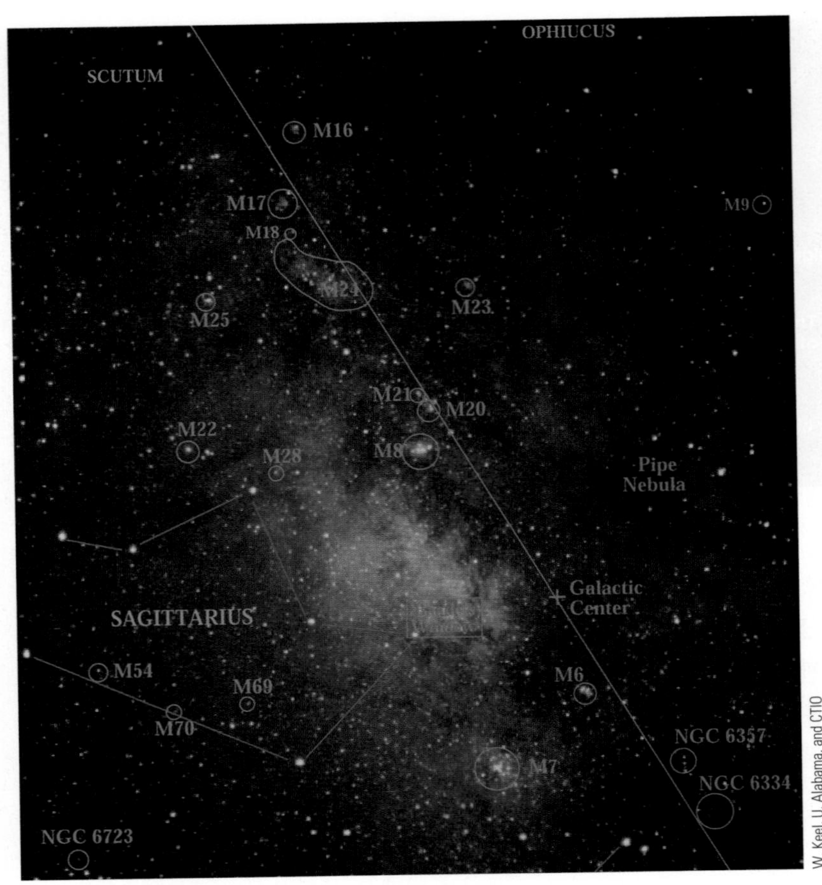

W. Keel, U. Alabama, and CTIO

■ **그림 16.4**
우리은하 중심 방향의 하늘 성간 먼지가 거의 없는 영역인 바데의 창을 통해서 우리은하 팽대부의 별들을 관찰할 수 있다. 이 방향에서 또한 여러 산개 성단(M6, M7, M18, M21, M23, M24, M25)과 구상 성단(M9, M22, M28, M54, M69, M70)에 속한 밀집된 별들을 볼 수 있다.

의 거리에 있는 밝은 별들의 경계 훨씬 밖까지 확장 분포된다. 이 **암흑물질 헤일로**(dark matter halo)는 별들의 궤도운동에 미치는 중력적 영향으로 탐지되었지만, 실제로는 보이지 않는다. 우리은하의 이 신비한 바깥 영역은 16.3절의 주제다.

표 16.1에 얇은 원반과 두꺼운 원반 그리고 헤일로 별들의 주요 통계자료와 특성을 요약했다. 특히 별들의 나이와 그들의 위치가 어떻게 관련되는지 주목해야 한다. 앞으로 알겠지만, 이 정보는 은하수 은하 형성의 중요한 단서가 된다.

먼지로 둘러싸인 외곽이라는 불리한 위치에서 얻은 우리은하 전반에 대한 그림은(다양한 망원경으로 수십 년간 연구한 천문학자들의 노력을 통해서) 현대 천문학이 이룬 위대한 성과다. 이 성과를 얻는 데 큰 도움을 준 발견은 우리은하의 특성이 유일하지 않다. 우주에 이 같은 나선 모양의 섬 우주가 매우 많다. 예로써, 은하수 은하는 약 230만 LY 떨어져 있는 우리의 가장 가까운 이웃인 안드로메다 은하와 비슷하다(이 장 후반의 그림 16.13 참조). 다른 사람이 어느 정도 떨어져

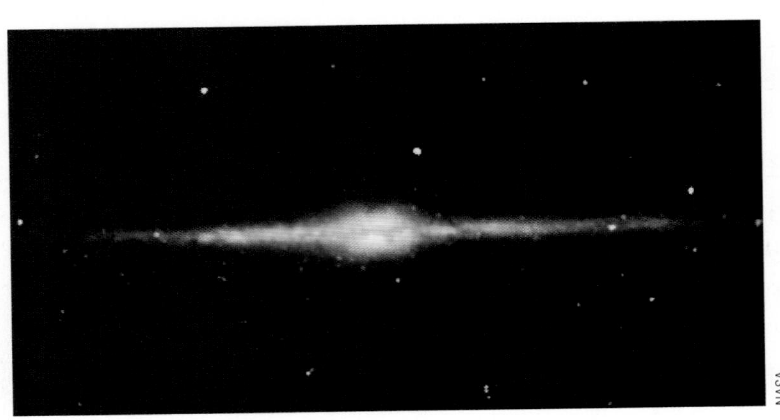
NASA

■ **그림 16.5**
은하수 은하의 안쪽 부분 이 그림은 1990년에 우주 배경 탐색 위성(COBE)의 탐사로 얻은 것이다. 근적외선 스펙트럼으로 촬영한 이 영상은 은하 중심을 둘러싼 늙은 별들로 이루어진 팽대부를 처음으로 보여주었다. 붉을수록 더 먼지가 많은 영역인데, 이 먼지들은 은하 평면의 얇은 원반을 구성하는 물질에 속한다. 성간 연무는 이 먼지에서 기인하며 가시광으로 우리은하의 내부를 볼 수 없게 만드는 요인이다.

Images © Anglo-Australian Telescope Board

■ **그림 16.6**

은하수 은하와 비슷한 나선 은하 왼쪽 사진은 우리와 매우 흡사한 M83 은하다. 2천만 LY 떨어진 이 은하의 둥근 핵 팽대부에는 늙은 황색 별들이 집중되어 있다. 나선 팔에는 빛나는 붉은 가스 구름과 젊고 푸른 별들이 있다. 오랫동안 우리은하의 핵 팽대부 또한 M83 은하처럼 구형일 것으로 생각했다. 그러나 지금은 팽대부가 오른쪽 사진의 NGC 1365와 같이 길쭉할 것으로 보고 있다. 이 은하는 약 4000만 LY 떨어져 있다. 중심 팽대부에 밝은 빛의 막대를 주목하라. 팽대부 막대의 밝은 별들은 늙고 붉은 별이므로 모두 노랗게 보인다. 푸른 별들과 빛나는 붉은 가스 반점들로 이루어진 굽어지고 홀쭉한 팔들은 막대의 양 끝에서 시작된다.

표 16.1 은하수 은하의 특성

성질	얇은 원반	두꺼운 원반	항성 헤일로(암흑물질 제외)
항성 질량	$4\times10^{10}\ M_{\text{Sun}}$	얇은 원반 질량의 수 퍼센트	$10^{10}\ M_{\text{Sun}}$
광도	$3\times10^{10}\ L_{\text{Sun}}$	?	$8\times10^{8}\ L_{\text{Sun}}$
전형적인 별들의 나이	100만~1000만 년	110억 년	130억 년
중원소 함량	높다	중간	매우 낮다
회전	높다	중간	없다

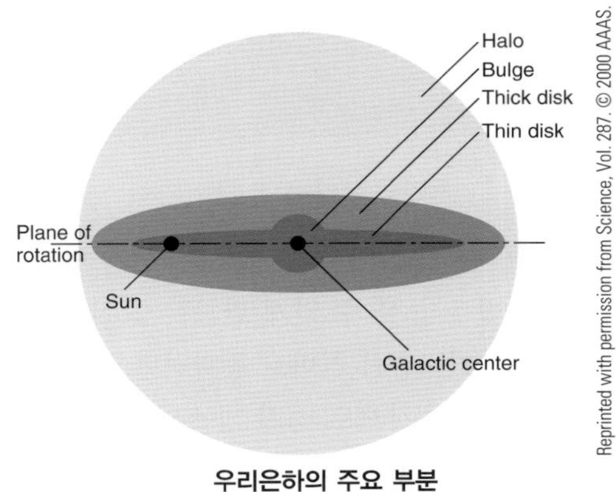

우리은하의 주요 부분

Reprinted with permission from Science, Vol. 287. © 2000 AAAS.

서 찍어준 사진이 잘 보여주듯이, 우리와 비슷한 가까운 은하들의 사진(기타 자료들 포함)들이 은하수 은하의 성질을 이해하는 데 지극히 중요하다.

16.2 나선 구조

차가운 수소 원자에서 나오는 21 cm 분광선(11장 참조)의 발견으로 천문학자들은 은하수 은하의 나선구조 연구에서 엄

천문학 여행

할로 섀플리: 별들의 지도 제작자

1900년대 초까지 천문학자들은 태양이 은하중심에 가깝다는 허셜의 결론을 인정하였다. 우리은하의 실제 크기와 위치에 대한 발견은 대부분 할로 섀플리의 노력을 통해 얻은 것이다. 1917년 그는 구상 성단에 있는 거문고자리 RR형 변광성(10.3절 참조)들을 연구하였다. 이 별들의 실제 광도와 관측된 밝기를 비교함으로써 섀플리는 그들이 얼마나 멀리 있는지를 알 수 있었다. (근접해 있을 때보다 별들이 더 어둡게 보이는 이유는 거리 때문이다. 밝기는 거리의 제곱으로 감소함을 상기하라.) 성단에 속한 별의 거리를 구하면, 성단 자체의 거리가 알려지는 셈이다.

Harlow Shapley(1885~1972)

구상 성단은 성간 먼지가 없는 영역에서 발견되며, 매우 먼 거리에서도 관찰된다. 구상 성단 93개의 거리와 방향을 이용해 공간에 위치를 표시한 지도를 그려본 결과, 그는 성단들이 구형으로 분포하며, 중심은 태양이 아니라 은하수에 위치한 궁수자리 방향의 먼 지점임을 알아냈다(그림 16.4 참조). 여기서 섀플리는 대담한 가정을 했다. 그 밖의 여러 관측으로도 입증되었듯이, 구상 성단계 전체의 중심점이 바로 우리은하의 중심이라는 것이다. 우리는 은하에서 특별한 위치를 차지하지 않으며, 멀리 떨어진 은하 중심을 회전하는 최소 1000억 개의 별 중 하나에 지나지 않는다.

1885년 미국 미주리의 한 농장에서 태어난 할로 섀플리는 5학년 수준의 교육만을 받고 학교를 그만두었다. 가정학습을 한 그는 16살에 범죄 이야기를 다루는 신문의 기자로 취직했다. 학교를 졸업하지 않은 사람에게 기회가 주어지지 않는 데에 불만을 품고, 섀플리는 다시 학교로 돌아가 2년 만에 6년의 고등학교 과정을 마치고 졸업식에서 고별사를 읽는 학생대표가 되었다.

1907년 22살의 나이에, 신문학을 공부하려고 미주리 대학에 진학했는데, 1년 동안 언론학부가 개설되지 않는다는 사실을 알았다. (그의 이야기에 따르면) 학과 소개서를 넘기다가, 'A'로 시작되는 과목 중에서 우연히 '천문학(Astronomy)'을 보게 되었다. 어린 시절 별에 대한 흥미를 회상하면서, 그는 한 해만 천문학 공부를 하기로 했다. (나머지 이야기는 역사로 남겨 놓는다.)

졸업하면서 섀플리는 프린스턴 대학원의 장학금을 받고 헨리 노리스 러셀(Henry Norris Russell, 17장 '천문학 여행'

청난 진전을 이룰 수 있었다. 성간 먼지는 먼 거리에 있는 원반 별들을 볼 수 없게 만드는 요인이다. 그러나 21 cm의 전파는 먼지층을 곧바로 통과하며, 별들과 성간 물질은 함께 가까이 존재하므로 성간 가스의 지도는 별들의 위치를 알려준다. 수십 년에 걸친 이 가스의 조사를 통해 우리은하의 정밀한 구조를 파악할 수 있었다.

16.2.1 은하수 은하의 팔

우리은하는 4개의 주요 **나선 팔**(spiral arm)과 약간의 작은 가지(spur)를 가지고 있다(그림 16.3 참조). 태양은 오리온 팔(Orion arm)로 알려진 짧은 팔 또는 가지의 안쪽 가장자리 부근에 있는데, 그 팔의 길이는 대략 15,000 LY이며, 백조자리 균열(cygnus rift, 여름철 은하수에서 볼 수 있는 거대한 암흑 성운)과 오리온 성운 같은 두드러진 볼거리가 있다.

멀어서 눈에 덜 띄는 카리나 팔과 페르세우스 팔은 각각 은하의 중심 쪽 또는 그 반대쪽으로 태양에서 대략 6000 LY의 거리에 각각 위치한다. 이들 두 팔과 그보다 더 멀리 있는 백조 팔(Cygnus arm)의 길이는 약 80,000 LY이다. 네 번째 주요 팔은 이름이 없으며, 은하 중심의 건너편으로 뻗쳐 있어 탐지하기 어렵다. 우리의 위치에서는 그 팔에서 방출되는 복사가 은하 중심 영역의 복사와 뒤섞여 나타난다.

16.2.2 나선 구조의 형성

은하 중심에서 태양의 거리까지 은하는 강체 바퀴처럼 회전 참조)과 연구를 하게 되었다. 박사학위 논문으로 식쌍성의 특성을 분석하는 방법 개발에 주요 공헌을 이루었다. 또한 세페이드 변광성은 몇몇 사람들이 생각한 것처럼 쌍성계가 아니라, 규칙적으로 맥동하는 단독 변광성임을 밝힐 수 있었다.

그의 연구에 감명받은 조지 엘러리 헤일은 윌슨 산 천문대의 일자리를 마련해 주었다. 젊은 섀플리는 맑은 산 공기와 60인치 망원경의 이점을 활용하여 구상 성단에 있는 변광성에 대한 개척자적 연구를 수행하였다.

그 후 섀플리는 하버드 대학 천문대 대장직을 수락하였고, 30년 이상 동료들과 함께 이웃 은하에 대한 연구, 왜소 은하의 발견, 우주에서 은하들의 분포에 관한 조사 등을 포함한 천문학 여러 분야에 공헌했다. 그는 많은 교양서적과 소개 논문을 썼으며, 천문학의 대중화를 위해 큰 노력을 기울인 천문학자였다. 당시 그와 같은 저명한 과학자를 접할 수 없었던 소규모 대학을 포함해 전국을 돌면서 강연을 하기도 했다.

제2차 세계대전 기간 섀플리는 동유럽의 과학자들과 그들의 가족을 구조해 내는 일에 힘썼다. 그 후 유엔 교육과학문화기구(UNESCO)의 설립을 위해 노력했다. 또 그는 유럽으로 향하는 수송선에서 여러 주일을 지내야 했던 남녀 군인들을 위해 선상과학(Science from shipboard)이라는 소형 책자를 썼다. 1950년대 미 의회 위원회가 (섀플리와 같은 자유주의 지도자를 포함) 공산주의 동조자들을 색출하기 위한 '마녀 사냥'을 시작할 당시, 그는 사상의 자유를 지키기 위해 강하고 용기있게 자신의 주장을 폈다. 여러 분야에 관심을 가진 그는 개미의 행태에 매료되어 은하뿐만 아니라 개미에 관한 과학 논문도 썼다.

1972년 세상을 떠날 즈음 섀플리는 은하수 은하의 지도를 만들어서 우리의 위치를 알려준 '20세기의 코페르니쿠스'이자 현대 천문학의 한 사람으로서 널리 인정받게 되었다.

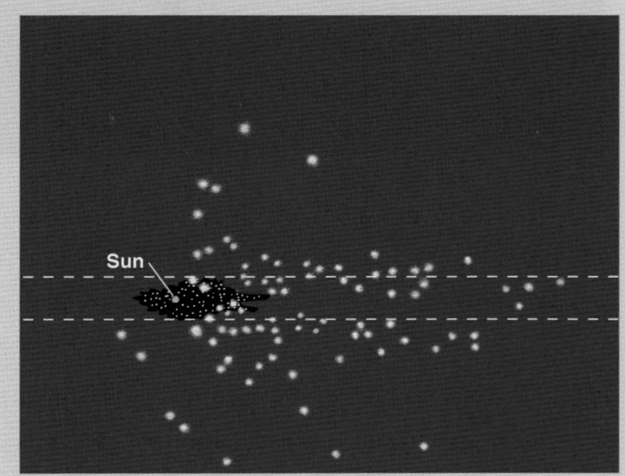

은하수 은하의 모양을 따르는 구상 성단 할로 섀플리의 그림은 태양과 더불어 구상 성단들의 위치를 보여준다. 검은 부분은 태양을 중심에 둔, 대체로 축척을 맞춘 허셜의 옛 그림(그림 16.2)을 보여준다.

하지는 않는다. 모든 별은 은하 중심 주위의 궤도를 돈다. 각각의 별들은 태양계의 행성들처럼 케플러 제3법칙을 따른다. 태양 주위를 한 바퀴 완전히 도는 데 명왕성은 지구보다 훨씬 더 오래 걸린다. 마찬가지로, 은하에서도 더 큰 궤도를 도는 별은 작은 궤도를 도는 별보다 뒤처진다. 이 효과를 **은하의 차등 회전**(differential galactic rotation)이라고 한다.

차등 회전은 우리은하의 많은 원반 물질들이 나선 팔과 유사한 굽어진 형태로 집중 분포하는 이유를 설명한다. 물질이 처음 어떻게 분포하였던 간에 은하의 차등 회전은 물질을 나선 형태로 펼칠 수 있다. 그림 16.7은 두 개의 불규칙한 성간 물질 덩어리들이 나선 팔로 발달하는 과정을 보여준다. 은하 중심에 가까운 부분은 빠르게 움직이며, 더 먼 부분은 뒤처지면서 나선 팔이 발달하게 된다.

그러나 나선 팔 형성에 대한 이러한 묘사는 천문학자들에게 곧바로 더 큰 문제를 안겨준다. 실제로 그러했다면, 130억 년이 넘는 은하의 역사 동안 나선 팔들은 더욱 팽팽하게 감겨서 모든 구조물의 형태가 없어졌을 것이다. 은하의 물질들이 계속해서 중심을 돌고 또 돌았더라도, 나선 팔의 멋진 형태는 어떤 방법으로든 유지되었음에 틀림없다.

나선 팔은 물질이 더욱 조밀하게 집중된 영역이라고 할 수 있다. 팔은 별들과 성간 물질의 집중으로 정의되지만, 개별적인 별들과 가스 구름은 팔의 안팎을 넘나들 수 있다. 이것이 무슨 뜻인지를 알기 위해, 다음 비유를 상상해 보자. 고속도로를 운행하고 있는데, 잔뜩 긴장한 몇몇 초보 운전자들이

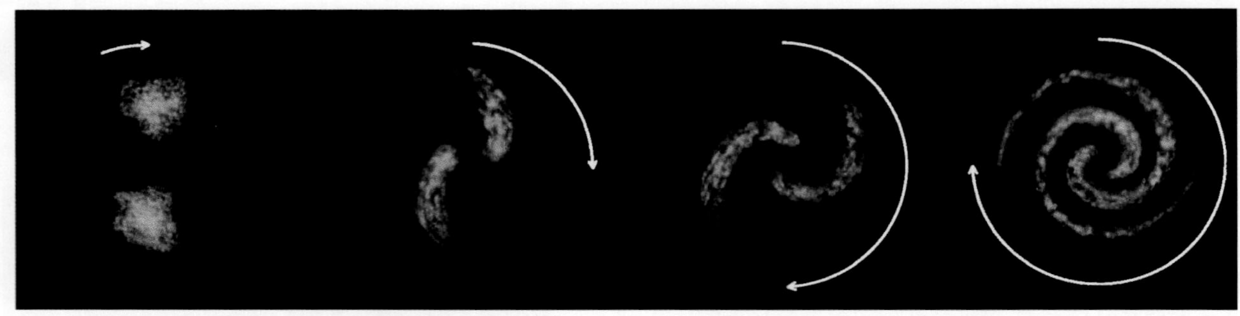

■ 그림 16.7
나선 팔의 형성 이 그림은 은하 전면에 걸쳐 서로 다른 회전 비율로, 불규칙한 성간 구름 물질이 늘어나면서 어떻게 나선 팔을 형성하는지를 보여준다. 은하에서 가장 먼 영역은 가장 느리게 돈다.

앞의 두 차선을 점령한 채 천천히 움직인다고 하자. 뒤따르던 자동차들은 속도를 줄일 수밖에 없으므로, 이 근방에서 차들의 밀도는 증가할 것이다.(경적을 울리고 소리도 지를 것이므로, 소음 수준도 높아진다.)

그 동안, 몇몇 차들은 요리조리 빠져나가 느린 차를 앞지르겠지만, 대부분은 교통 체증 속에 남게 된다. 고속도로 상공에서 내려다보면 느린 두 자동차와 같은 속도로 움직이는 자동차들이 보일 것이다. 이들은 교통체증 지역의 전방이나 후방의 자동차보다 더 느리게 움직인다. 시간이 진행됨에 따라 이 교통체증에 갇혔던 차들은 바뀌게 되며, 또 다른 운전자들이 잠시 체증 속에 붙잡혀 있게 된다.

계산에 의하면, 이와 같은 방식으로 은하에서 별과 성간물질의 '교통'이 밀도 높은 나선 팔 영역과 마주치면 느려지게 되어 집중이 일어난다. 중력은 은하 주위를 도는 천체들을 나선 팔 영역에서 조금 느려지게 만들고, 다른 곳보다 이 영역에서 더 오래 머물게 한다. 밀도가 높게 집중된 이 영역은 은하의 다른 물질보다 실제로 더 느리게 회전하므로, 별이나 가스 그리고 먼지들은—교통체증을 통과하고야 마는 자동차들처럼—결국 나선 팔을 추월하게 된다.

이 나선 팔 형성 이론을 **나선 밀도 파동**(spiral density wave) 모형이라고 부른다. 나선 밀도 파동은 공통 중심을 선회하는 여러 천체들로 이루어진 원반을 가지는 토성의 고리에서도 직접 관측된다.

가스와 먼지 구름이 팔의 안쪽 경계에 접근하게 되면 느리게 움직이는 고밀도의 물질과 부딪치게 된다. 바로 그곳에서 충돌에 의한 충격파가 발생하여 별 형성에 필요한 압축이 가장 잘 일어난다. 이로써 왜 나선 팔이 가장 활발한 별 탄생지이며, 어린 별들의 고향인지를 설명할 수 있다. 나선 팔을 위에서 내려다볼 수 있는 외부 은하에서는, 바로 이 이론이 예견하고 있듯이, 나선 팔의 안쪽 경계에 있는 밀도 높은 티끌 구름이 젊은 별들과 함께 뒤섞여 있는 모습을 볼 수 있다.

나선 밀도 모형으로 은하 구조의 모든 것을 설명할 수는 없다. 우리은하에서도 나선 팔 사이에 짧은 가지 또는 조각(segment)들이 존재하는데, 이것을 설명하기는 쉽지 않다. 다른 나선 은하들은 이보다 더 혼란스럽고 복잡한 형태를 보이고 있다. 이론가들은 나선 팔처럼 길게 늘어진 구조를 만드는 나선 밀도 파동과 관련 없는 다른 방법을 찾았다. 예를 들어, 대규모의 연쇄적 별 형성이 분자 구름 속을 점진적으로 이동해 가면서 나선 팔을 닮은 길게 펼쳐진 젊은 별들의 영역을 형성할 수 있다는 것이다(12.1절 참조). 우리은하와 같은 특정한 은하의 디자인을 구현하기 위해서는 하나 이상의 형성 메커니즘이 관여될 것으로 보인다.

16.3 우리은하의 질량

은하수 은하를 서술하면서, 지금 보이는 별들은 보이지 않는 물질이 대부분인 매우 거대한 헤일로에 둘러싸여 있다고 했다. 이제 이 놀라운 발견이 어떻게 이루어졌는지 살펴보자.

16.3.1 케플러의 도움으로 재는 은하의 무게

은하에 있는 다른 모든 별들처럼, 태양도 은하수의 중심을 돈다. 우리별의 궤도는 거의 원이며, 은하 원반에 있다. 궤도 속력은 약 220 km/s인데, 이는 우리가 은하를 한 바퀴 도는 데 약 2억 2500만 년이 걸린다는 뜻이다. 이 공전 주기를 은하년이라고 부른다. 인간의 시간 척도와 비교할 때는 무척 긴 시간이고, 지구의 나이는 20은하년에 지나지 않는다. 이제까지 인간이 하늘을 바라본 시간 동안, 우리는 은하 둘레의 극히 작은 일부분만을 움직인 셈이다.

(태양 주위를 도는 행성을 관찰하여 태양의 무게를 잴

수 있었듯이—2장 참조) 태양 궤도에 관한 정보를 이용하여 은하의 질량을 추정할 수 있다. 태양의 궤도는 원이며, 우리 은하는 대체로 구형이라고 가정하자. 이 두 가정은 상당히 정확한 것이다. 뉴턴은 물질이 구형으로 분포되면 구 바로 밖에 있는 물체에 미치는 중력을 간단하게 계산할 수 있음을 보였다. 즉, 그 중력은 모든 물질이 구의 중심에 집중된 것처럼 작용한다. 우리는 질량 측정을 위해 궤도 안쪽에 있는 모든 질량이 은하 중심에 집중되었으며, 태양은 중심점에서 대략 26,000 LY 떨어진 궤도를 돈다고 가정한다.

이제 (뉴턴에 의해 수정) 케플러 제3법칙을 직접 적용할 수 있는 상황이 되었다. 케플러의 공식에 (이 장 마지막에 있는 '계산 문제'에서처럼) 적절한 숫자를 넣으면, 은하와 태양 질량의 합을 계산할 수 있다. 여기에서 태양의 질량은 은하에 비해 극히 작다. 따라서 그 결과(약 1000억 태양질량)는 실질적으로 은하수 은하의 질량이다. 복잡한 모형에 기초한 더욱 정교한 계산을 통해서도 이와 비슷한 결과를 얻는다.

이 추산 값은 태양 궤도 안쪽에 들어 있는 질량을 뜻한다. 이 값은 태양 궤도 안쪽 공간에 담긴 질량만을 알려준다. 이것은 태양 궤도 밖에 질량이 거의 없을 때에 은하 전체의 질량에 대한 훌륭한 추산 값으로 볼 수 있다. 여러 해 동안 천문학자들은 이 가정이 합리적이라고 생각해 왔다. 밝은 별들의 개수와 밝게 보이는 물질(방출되는 전자파 복사가 탐지 가능한 모든 물질)의 양 모두는 은하 중심에서 약 30,000 LY의 거리 이상에서부터 급격히 떨어진다.

16.3.2 대부분 보이지 않는 물질로 이루어진 우리 은하

과학에서는 처음 합리적이라고 생각되던 가정이 나중에 오류로 판명되곤 한다(그런 연유로 모든 기회를 활용하여 관측과 실험이 계속되고 있다). 은하수 은하에는 눈(관측기구)에 보이는 것보다 훨씬 더 많은 것들이 존재한다. 3만 LY의 거리 바깥쪽에는 밝은 물질이 상대적으로 거의 없지만, 보이지 않는 물질은 은하 중심에서 매우 먼 거리까지 많이 존재한다.

천문학자들이 어떻게 보이지 않는 물질의 존재를 알게 되었는지를 이해하려면, 중심에 가까운 천체는 케플러 법칙에 따라 중심에서 더 먼 것보다 느리게 운동한다는 사실을 알아야 한다. 예로써, 태양계의 경우 외행성들은 태양에 가까운 행성들보다 더 느리게 돈다.

밝게 보이는 은하의 경계 훨씬 밖에는 몇몇 가스 구름과 구상 성단들을 포함한 약간의 천체들만 존재한다. 우리은하의 대부분의 질량이 밝은 영역에 집중되어 있다면, 매우 멀리 있는 천체들은, 예를 들어 태양보다 훨씬 느린 속력으로 그들의 은하 궤도를 운행해야 한다.

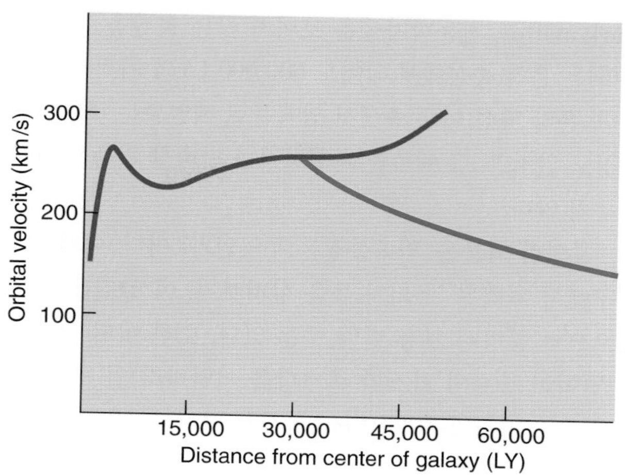

■ **그림 16.8**

은하의 회전 곡선 은하수 은하의 중심에서 각기 다른 거리에 있는 일산화탄소(CO) 가스의 궤도 속력이 붉은 선으로 표시되었다. 푸른 선은 은하의 모든 물질이 반지름 30,000 LY 안에 위치했을 때 나타나는 회전 곡선이다. 가스의 속력이 감소하는 대신 계속 위로 올라가는 것은 많은 양의 물질이 태양 궤도 밖에 존재함을 뜻한다.

그러나 은하수 은하의 밝은 물질의 경계 밖에 있는 천체들은 실제로 태양보다 더 느리지 않음이 드러났다. 은하 중심에서 30,000 LY에서 150,000 LY 사이에 있는 구상 성단과 거문고자리 RR형 변광성들의 궤도 속도는 태양보다 오히려 빠르다(그림 16.8).

이러한 높은 속력은 무엇을 의미할까? 케플러의 제3법칙은 천체가 중력원 주위를 궤도 운동할 때, (너무 느리게 움직이기 때문에) 빨려들어 가거나 또는 (너무 빨리 움직이기 때문에) 이탈하지 않으려면 얼마나 빨리 돌아야 하는가를 알려준다. 은하의 질량이 앞서 계산한 정도라면, 높은 속도의 외곽 천체들은 이미 오래전에 은하수 은하의 속박에서 벗어났을 것이다. 이들이 그렇지 않았다는 사실은 우리은하가 밝은 물질에 의한 중력보다도 더 큰 중력—실제로는 훨씬 더 큰 중력—을 가짐을 뜻한다. 이들 외곽 천체의 높은 속력은 중력원이 태양 궤도보다 훨씬 바깥쪽까지 퍼져 있음을 의미한다.

그러한 중력이 별이나 기타 복사를 방출하는 물질에서 발생했다면, 이미 오래 전에 외곽에서 그 물질을 찾아냈을 것이다. 그러므로 우리는 이 물질이 보이지 않으며, 중력적 인력 이외에는 탐지할 수 없다는 결론을 내릴 수밖에 없다.

우리은하를 도는 가장 먼 구상 성단과 소형 은하들의 운동에 대한 조사에 의하면, 은하 전체의 질량은 밝은 물체의 양보다 약 20배 더 큰 최소 $2 \times 10^{12}\ M_{\text{Sun}}$이다. **암흑물질**

(dark matter, 천문학자들은 보이지 않는 물질을 그렇게 부른다)은 은하 중심에서 적어도 600,000 LY의 거리까지 퍼져 있다. 은하 형성 이론 중에서 암흑물질 헤일로는 구형이라는 주장도 있지만, 그 예측을 확인하거나 반박할 관측은 아직도 충분치 않다.

분명한 의문은 '암흑물질은 무엇인가?'이다. 이제까지의 연구에서 채택된 '용의자'들을 살펴보자. 이 물질은 보이지 않으므로 분명히 보통 별일 수는 없다. 또한 어떤 형태로든 가스(여러 종류의 가스가 존재함을 기억하라)일 수는 없다. 중성 수소 가스였다면, 21 cm 복사로 탐지되었을 것이다. 이온화 수소였다면 충분히 뜨거워서 가시광 복사를 방출했을 것이다. 많은 양의 수소 원자였다면 수소 분자로 결합하여 은하 뒤쪽의 천체에서 나오는 별빛의 자외선 스펙트럼에 흡수 띠를 만들었을 것이다. 그만한 양의 먼지였다면 먼 은하에서 오는 빛을 분명히 차단했을 것이므로, 암흑물질은 성간 먼지로 이루어질 수 없다.

그 밖의 가능성은 무엇일까? 암흑물질은 엄청난 수의 블랙홀(검은 구멍)이거나 늙은 중성자별일 수는 없다. 그들 천체 위로 성간 물질이 떨어지면, 관측되는 것보다 더 많은 양의 x-선이 만들어지기 때문이다. 또한, 블랙홀이나 중성자별, 백색왜성이 생성될 때 질량 방출이 일어나는데, 이때 우주 공간으로 흩어진 중원소들은 다음 세대의 별 생성에 사용된다. 암흑물질이 엄청나게 많은 개수의 이 천체들로 이루어졌다면, 은하의 역사 동안 많은 중원소를 방출하여, 재활용되었을 것이다. 그랬다면, 오늘날 우리은하에서 관측되는 젊은 별들은 실제보다 훨씬 더 많은 중원소를 함유해야 한다.

갈색왜성과 자유롭게 떠도는 목성 크기의 행성들 또한 배제된다. 15장에서 배웠듯이 일반상대성이론은 빛이 질량 집중 영역 근방을 지날 때 그 경로가 변화됨을 예측한다. 하늘에서 두 천체가 서로 매우 가깝게 나타날 때 더 먼 천체의 상이 상당히 밝아진다. 마젤란 은하의 별빛이 지나는 경로 부근에 우리은하의 암흑물질이 있을 때 그 빛이 순간적으로 밝아지는 현상을 관측한 결과, 천문학자들은 암흑물질이 태양 질량의 100만분의 1에서 10분의 1인 다수의 소형 천체들로 이루어질 수는 없음을 밝혔다.

그렇다면 무엇이 남는가? 한 가지 가능성은 아직 지구에서 탐지되지 않은 신종 아원자 입자일 가능성이다. 그러한 입자들을 찾기 위한 매우 정교한 (또한 어려운) 실험들이 현재 진행 중이다.

암흑물질은 결코 은하수 은하에 국한된 문제는 아니다. 관측에 의하면 다른 은하들에도 (외곽 영역이 예상보다 매우 빠르게 도는 것으로 보아) 암흑물질이 존재한다. 앞으로 보겠지만, 거대한 은하단도 그 구성 은하들이 밝은 물질로 설명되는 것보다 훨씬 더 큰 중력을 받으면서 움직이고 있다. 19장에 암흑물질에 대한 최근 연구 결과를 요약하였다.

잠시 우리가 얻은 결론이 얼마나 놀라운 것인지 생각해 보자. 아마도 우리은하(그리고 많은 다른 은하들도)의 적어도 95%의 질량은 보이지 않으며, 우리는 아직 이들이 무엇으로 이루어져 있는지조차 모른다. 관측되는 모든 별들과 그 원료 물질은 (진부한 표현을 빌리자면) 우주 빙산의 일각에 불과하며, 그 아래에 숨어 있는 것들은 아마도 잘 아는 것이거나 또는 놀랍도록 새로운 물질일지 모른다. 암흑물질의 성질 이해는 현대 천문학의 위대한 도전 중의 하나다.

16.4 우리은하의 중심

이 장을 시작할 때, 우리은하의 중심에 엄청난 질량 집중이 있음을 언급했다. 실제로 그 중심에 태양의 수백만 배나 되는 질량을 가진 블랙홀이 존재하는 증거가 알려졌다. 이 놀라운 결론에 대해서는 자세한 설명이 필요하다. 블랙홀은 에너지를 방출하지 않는 천체로 정의되므로, 직접 볼 수 없다. 또한 은하 중심과 우리 사이에 놓여 있는 성간 먼지에 의한 흡수 때문에 가시광선으로는 은하의 중심조차 직접 볼 수 없다. 은하 중심 영역에서 나오는 빛은 먼지로 인하여 1조 (10^{12})분의 1로 어두워진다.

그러나 다행스럽게도, 다른 파장을 이용하면 보인다. 적외선과 전파는 성간 먼지 알갱이의 크기에 비해 긴 파장을 가지므로 먼지 입자를 우회해서 망원경에 도달된다. 실제로 은하의 핵에 위치한 매우 밝은 전파원인 궁수자리 A*는 천문학자들이 발견한 최초의 우주 전파원이다.

16.4.1 은하 중심으로의 여행

우리은하의 검은 심장부 안으로 여행하려고 한다. 여행 도중에 얼마나 다양한 부류의 천체들이 존재하는지 잠시 멈추어 살펴보자. 그림 16.9는 은하의 핵을 나타내는 밝은 전파원 궁수자리 A*를 중심으로 약 1500 LY에 걸친 영역에 대한 전파 영상이다. 대부분의 전파 방출은 뜨거운 별들의 집단 또는 초신성 폭발 파동에 의해 가열된 뜨거운 가스에서 나온다. (이 그림에서 별들은 보이지 않으며 직접 전파를 내지도 않는다.) 그림에 나타난 둥근 원들은 대부분 초신성

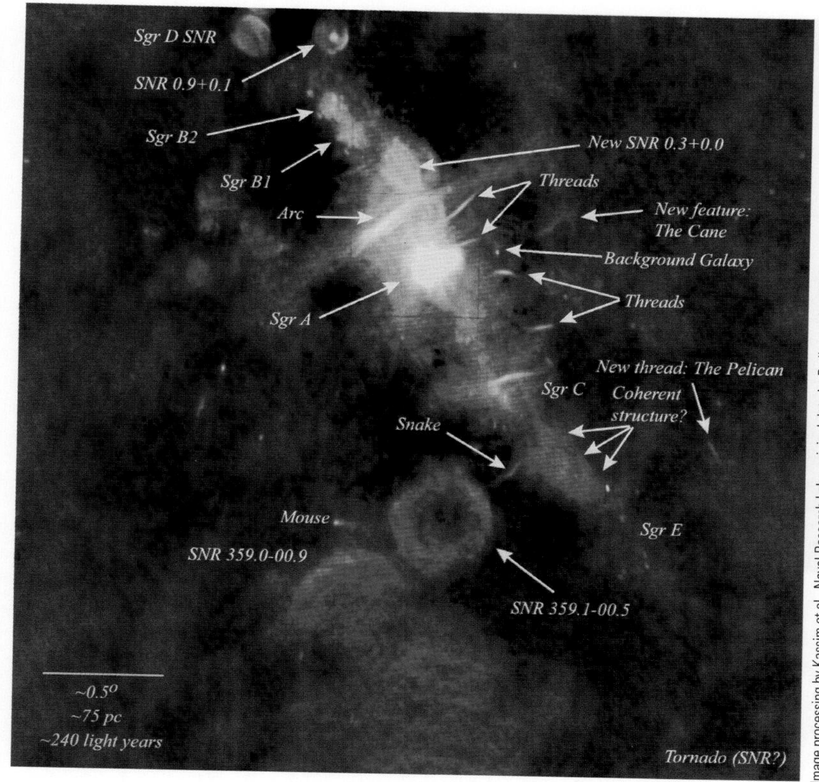

Image processing by Kassim et al., Naval Research Labs; original data by Pedlar et al., NRAO

■ **그림 16.9**
우리은하 중심 영역의 전파 영상 우리은하 중심의 이 전파(파장 90 cm) 지도는 초대배열 전파망원경으로 얻은 자료를 이용해서 만들었다. 밝은 영역은 전파 강도가 더 높은 곳이다. 은하 중심은 Sgr A, Sgr B1, Sgr B2로 표시된 활발한 별 형성 영역 안쪽에 있다. 많은 필라멘트 또는 실 모양의 형태가 초신성 잔해들인 여러 개의 구각(껍질)들(SNR로 표시)과 함께 보인다. 그림의 왼쪽 아래에 표시된 축척 막대의 길이는 약 240 LY에 해당한다.

잔해다. 그 밖의 주요 전파 방출원은 강한 자기장 영역에서 고속으로 움직이는 전자들이다. 밝고 가느다란 호와 '실'들은 이러한 형태의 방출이 생성되는 장소를 보여준다.

그림 16.10은 궁수자리 A*를 중심으로 길이 400 LY 폭 900 LY에 걸친 영역에서 나오는 x-선 방출을 보여준다. 그림에는 수백 개의 백색왜성, 중성자성, 그리고 블랙홀이 있다. 그림에서 확산된 연무는 별과 함께인 가스에서 나온 것으로 그 온도는 1000만 도에 달한다.

은하 중심 수 광년 안쪽에는 초거대질량 블랙홀인 궁수자리 A*가 있는데, 수백만 년 전에 형성된 뜨겁고 무거운 별들의 집단에 둘러싸여 있다. 또한 뜨거운 별에 의해 가열된 이온화 가스의 광채(streamer)와 함께 은하 중심 주변을 도는 먼지와 분자 가스의 고리도 보인다(그림 16.11).

16.4.2 은하의 검은 심장

능동광학(adaptive optics) 장비를 갖춘 적외선 망원경으로

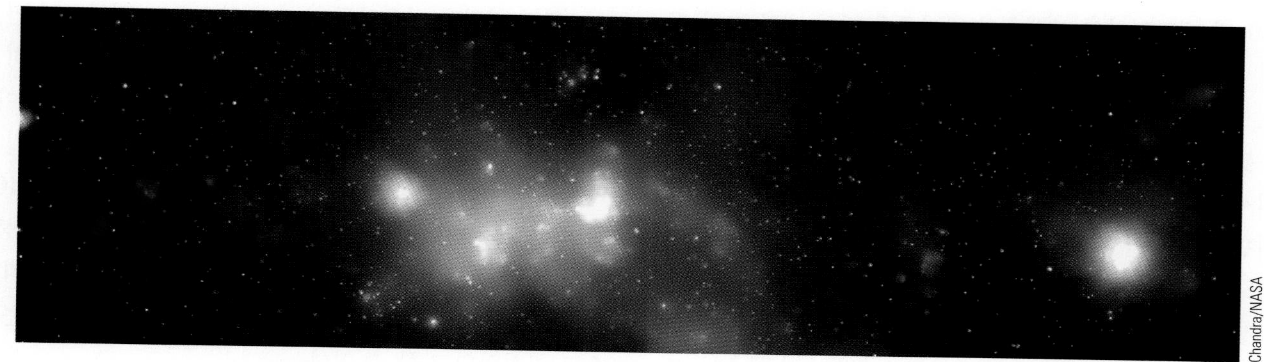

Chandra/NASA

■ **그림 16.10**
x-선으로 본 은하의 중심 찬드라 x-선 위성에서 촬영한 이 30개 영상 모자이크는 그림 가운데의 밝고 흰 광원인 궁수자리 A*를 중심으로 400 LY×900 LY 범위의 영역을 보여준다. 맨 왼쪽의 청록색 천체는 초신성 잔해다. 희미한 '연무'는 온도 1000만 도인 가스에서 방출된 빛이다. 이 뜨거운 가스는 중심에서 은하 밖으로 빠져나간다.

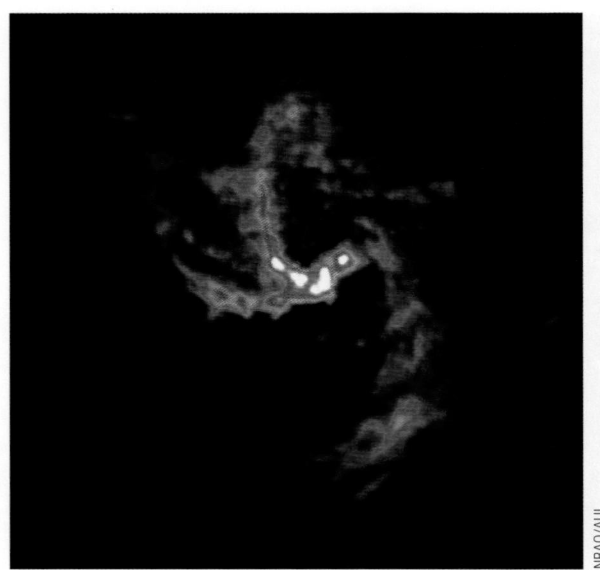

■ **그림 16.11**
우리은하의 중심 10광년 이 영상은 은하수 은하 중심에 있는 뜨거운 이온화 가스의 전파 방출을 보여준다. 전파 강도는 청색에서 적색으로 갈수록 증가한다. 이 그림에 표시되지 않은 궁수자리 A*는 강력한 전파 방출(적색) 영역인 닻 모양의 수직 막대가 ㄱ자 형 조각과 만나는 지점에 위치한다.

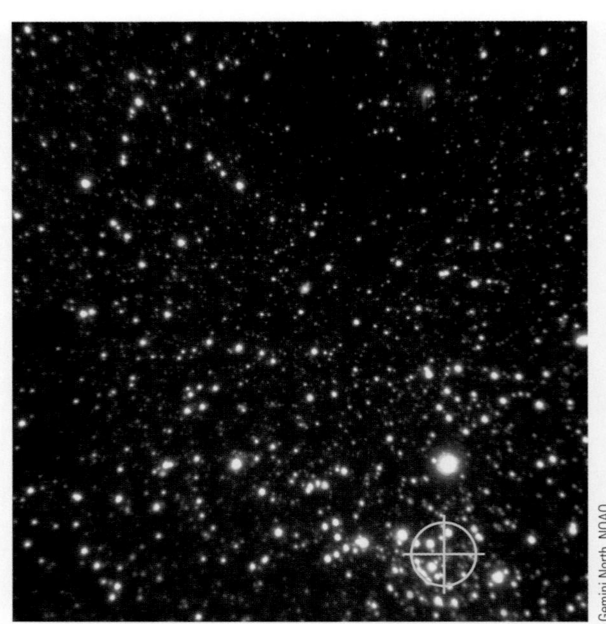

■ **그림 16.12**
은하 중심에 있는 별들의 적외선 영상 우리은하 중심 금방에서 별들의 밀도는 태양 부근보다 대략 300,000배 높다. 제미니 노스(Gemini North) 망원경으로 촬영한 이 상은 약 3 LY 넓이의 영역을 보여준다. 영상의 오른쪽 아래 부근에 십자선으로 표시된 궁수자리 A*는 은하의 중심에 위치한다.

은하 안쪽 수 광년을 겨냥하면 개개의 별들로 북적이는 영역이 보인다(그림 16.12). 이 별을 거의 10년 동안 관측해 왔으므로, 천문학자들은 은하 중심에 대한 그들의 궤도운동을 탐지할 수 있었다. 그 궤도는 은하의 중심에 있는 초거대질량 블랙홀 주변에 별들이 돌고 있다는 확실한 증거를 제공한다.

15장에서 보듯이, 블랙홀의 존재에 대한 증거 마련은 블랙홀 자체가 복사를 방출하지 않기 때문에 큰 도전이었다. 천문학자들이 해야 했던 것은 좁은 공간 안에 큰 밀도의 성단이나 보통의 물질로 이루어진 천체로 설명되는 것보다 훨씬 큰 질량을 담을 수 있는 것을 마련하는 일이었다. 예를 들어, 약 300만 태양질량의 블랙홀의 반지름은 단지 태양 크기 정도에 지나지 않는다. 공간에서 이 영역이 차지하는 밀도는 어느 성단이나 기타 통상적인 어느 천체보다도 무척 크다.

블랙홀이 은하 중심에 있다는 최초의 증거는 전파 천문학에서 나왔다. 블랙홀의 사건지평선을 향해 물체가 나선을 그리면서 낙하할 때, 회전하는 부착(강착) 원반이 가열되어 전파 복사가 발생한다.(이런 강착원반은 15장에서 설명되었다.) 거대 배열(VLA) 전파망원경의 측정결과 전파원 궁수자리 A*의 지름은 목성의 궤도 지름(10 AU)보다 크지 않으며, 그보다 더 작아서—사건의 지평선 크기에 근접할 것으로 보인다.

그러나 우리는 궁수자리 A*가 작을 뿐만 아니라 매우 큰 질량을 가짐을 밝혀야 한다. 이를 위해 궤도를 도는 별들이 등장한다. 이들의 주기와 궤도 크기의 관측값을 케플러의 제3법칙에 적용하면, 이들을 움직이게 만드는 천체의 질량을 추정할 수 있다. 그중 한 별은 지난 10년 동안 관측되었으며, 그동안 궁수자리 A* 주변을 대략 3분의 2만큼 움직였다. 그 최근접 거리는 블랙홀로부터 단지 124천문단위(AU) 즉 17광시(光時)에 지나지 않는다. 이 궤도는 은하 중심에 근접한 다른 별의 관측 결과와 결합해보면 260만 M_{sun}의 질량이 이 궤도—즉 은하 중심에서 즉 17광시(光時)—안에 집중됨을 뜻한다.

어떤 파장을 이용하든 보이지 않으므로, 검지 않으면 안 된다. 초질량 블랙홀이 아닌 다른 것—빛의 방출이 극히 낮은 저질량 항성이나 소형 블랙홀—이라면, 계산 결과 이들 천체들은 10만 년 이내에 극히 조밀하게 압축되어 단일 블랙홀로 붕괴됨을 보여준다. 이 시간은 130억 년에서 140억 년인 은하의 나이에 비하면 매우 짧은 것이다. 우리가 붕괴 바로 직전인 성단을 보고 있다는 것은 극히 있음 직하지 않으므로, 은하 중심에 있는 초질량 블랙홀에 대한 증거는 참으로 확실하다고 할 수 있다.

16.4.3 근원 찾기

블랙홀은 어디에서 유래되었나? 그 해답은 계속된 논쟁거리다. 하나의 가능성은 은하수 은하의 중심 근방에서 대형 가스 구름이 붕괴되어 직접 블랙홀이 형성되었다는 것이다. 대부분의 다른 은하들의 중심에서도 대형 블랙홀이 발견되며(18장 참조), 매우 젊은 은하에도 있는 것으로 보아, 아마도 이 붕괴는 은하수 은하가 막 형성될 무렵부터 시작되었을 것이다. 이때 블랙홀의 질량은 단지 수십만 태양질량이었으며, 수십억 년에 걸쳐 주변의 별들과 가스 구름을 포획해서 현재의 크기로 성장했다.

현재 가스와 먼지는 매 1000년마다 약 1 M_{sun}의 비율로 은하 중심으로 낙하한다. 같은 비율로 지난 50억 년 동안 물질이 낙하했다면 수백만 태양질량의 블랙홀 형성에 필요한 물질 축적이 손쉽게 가능했을 것이다. 별들 또한 블랙홀의 식사 메뉴에 들어 있다. 은하 중심 근방에서는 별들의 밀도가 매우 높으므로, 블랙홀 근방을 지나칠 가능성이 높아서 대략 10,000년마다 하나씩 잡아먹힐 것이다. 이때 낙하 에너지가 복사로써 방출된다. 그 결과 은하의 중심이 갑자기 밝아지며, 순간적으로 은하수 은하 전체보다 밝아진다.

16.5 우리은하의 항성 종족

이장의 첫째 절에서 얇은 원반, 두꺼운 원반 그리고 항성 헤일로에 대해 서술했다. 표 16.1을 돌이켜보면 어떤 특성을 알 수 있다. 젊은 별들은 얇은 원반에 있고, 금속이 풍부하며, 고속으로 은하 중심을 돈다. 헤일로의 별들은 늙었으며, 수소나 헬륨보다 무거운 원소가 적고, 거의 공전하지 않는다. 두꺼운 원반의 별들은 이 두 극단 사이의 중간에 해당한다. 먼저 왜 나이와 중원소 함량이 서로 관련되는지 살펴보고, 이들 상관관계가 은하의 기원에 대해 무엇을 뜻하는지 알아보자.

16.5.1 두 가지 종류의 별

두 가지 종류의 다른 별들의 존재는 제2차 세계대전 중에 월터 바데(Walter Baade)에 의해 발견되었다. 독일 국적의 바데는 다른 과학자들처럼 전쟁 관련 연구에 참여할 수 없었으며, 따라서 남부 캘리포니아의 윌슨 산 망원경을 정기적으로 사용할 수 있었다. 그의 관측은 로스앤젤레스의 전시 등화관제로 인하여 더욱 어두워진 밤하늘의 도움을 받았다.

바데는 안드로메다 은하의 핵 팽대부에 있는 별들과 우리은하의 구상 성단 및 헤일로에 있는 별들의 유사성, 그리고 이 모든 별들과 태양 근방의 나선 팔에서 발견되는 별들의 차이에 주목하였다. 이를 바탕으로 해서 그는 헤일로와 구상 성단의 별들을 **종족 II**(population II) 그리고 나선 팔에 있는 밝고 푸른 별들을 **종족 I**(population I)이라고 불렀다.

현재 은하에서의 위치뿐만 아니라 화학 조성이나 나이 그리고 은하 중심을 도는 궤도운동도 종족에 따라 서로 다른 것으로 밝혀졌다. 원반에서만 발견되는 종족 I의 별은 특히 나선 팔에 집중되어 있으며, 은하 중심은 거의 원 궤도를 따라 돌고 있다. 예로서, 밝은 초거성과 높은 광도의 주계열성(분광형 O형 및 B형) 젊은 산개 성단이 있다. 성간 물질과 분자 구름은 종족 I의 별들과 같은 위치에서 발견된다.

종족 II의 별들은 나선 팔의 위치와 상관관계를 보이지 않는다. 이들 천체는 은하 전반에서 발견된다. 원반에도 있지만 대부분은 타원 궤도를 따라서 은하 원반보다 더 높은 헤일로로 움직인다. 예로써, 행성상 성운과 거문고자리 RR형 변광성이 그에 속한다. 대부분 헤일로에서 발견되는 구상 성단을 이루는 별들 또한 종족 II로 분류된다.

오늘날 우리는 1940년대의 천문학자들보다 항성 진화에 대하여 훨씬 더 많이 알고 있으며, 별들의 나이도 측정할 수 있다. 종족 I에는 여러 나이 범위의 별들이 포함된다. 어떤 별은 나이가 100억 년이나 되지만, 방금 태어난 것들도 있다. 가장 중요한 것은, 지난 수백만 년 동안 형성된 모든 무거운 젊은 별들은 종족 I에 포함된다는 사실이다. 나이가 약 50억 년인 태양은 종족 I의 별이다. 반면, 종족 II는 전부 우리은하 역사의 초기에 탄생한 늙은 별들로 이루어졌다. 전형적인 나이는 110억 년에서 130억 년이다.

지금 우리는 별들의 화학 조성도 잘 알고 있다. 거의 모든 별들은 대부분 수소와 헬륨으로 이루어져 있지만, 그들의 중원소 함량은 다르다. 태양과 그 밖의 종족 I의 별에서 중원소(수소와 헬륨보다 무거운 원소)는 전체 항성 질량의 1~4%에 달한다. 은하의 바깥쪽 헤일로와 구상 성단에 있는 종족 II의 별들은 중원소 함량이 이보다 훨씬 낮다—종종 태양 함량의 1/10 이하, 심지어는 1/100에 지나지 않는다.

앞의 장에서 논의하였듯이, 중원소는 별에서 생성된다. 별들이 죽을 때 이들 원소는 원료 물질로써 다시 은하에 저장되며, 새로운 세대의 별로서 재생된다. 따라서 시간이 지남에 따라 더욱더 많은 양의 중원소의 공급과 더불어 별들이 탄생된다. 종족 II의 별들은 수소와 헬륨보다 무거운 원소의 함량이 낮았을 때 만들어졌다. 이들은 은하수 은하의 노인이라고 부를 수 있겠다. 인간 사회의 노인들처럼 이들은 단순한 시대(적어도 원소 함량의 관점에서 보았을 때)를 살아왔다고 볼 수 있다. 종족 I의 별들은 1세대의 별들이 죽으면서 성간 공간에 수소와 헬륨보다 더 무거운 중원소들을 흩뿌리는 질량

■ 그림 16.13
안드로메다 은하(M31) 이 이웃의 나선 은하는 우리은하와 매우 비슷하게 보인다. 중심에 있는 팽대부의 늙고 노란색 별들과 바깥쪽의 푸르고 더 젊은 별들의 영역 그리고 팽대부에서 나오는 빛을 차단하는 원반의 먼지를 주목하라. 사진: 월터 바데(1893~1960)

방출이 일어난 이후에 형성되었다.

최근 유럽의 천문학자들은 초대형 망원경을 사용하여 이제까지 알려졌던 가장 원시적인 별보다 철 함량이 20배나 낮은 별을 우리은하의 외곽에서 발견했다. 이 별은 수소 원자 70억 개마다 단지 1개의 철 원자를 지닌다. 비교하자면, 태양은 매 27,500개의 수소 원자마다 1개의 철 원자를 가지고 있다. 목록번호 HE0107-5240인 이 별은 나이가 120억 년 이상으로 추정되며, 은하수 은하 역사에서 극히 초기에 탄생되었음에 틀림없다. 110세 이상의 사람을 찾듯이, 이 별의 발견은 과거에 생각했던 것보다 더 먼 은하의 과거사를 탐구할 수 있다는 희망을 안겨준다.

16.5.2 현실 세계

거의 예외 없이, 세계를 단지 2개의 범주만으로 나누는 어떤 이론도 결코 믿어서는 안 된다. 바데의 개척자적인 연구 이래로, 모든 별들을 더 늙고 중원소가 결핍된 것 또는 더 젊고 중원소가 풍부한 것으로 특징짓는 개념을 배웠지만, 이는 지나친 단순화다. 두 가지 종족의 아이디어는 우리은하에 관한 초기의 지식을 조직화하는 데는 도움을 주었지만, 오늘날 관측되는 모든 것들을 이로써 설명할 수는 없다.

예컨대 우리은하의 핵 팽대부에 있는 대부분의 별들은 100억 년 이상으로 늙었다. 그러나 이들의 중원소 함량은 태양과 거의 같다. 천문학자들은 은하수 은하의 형성 직후에 매우 혼잡했던 핵 팽대부에서 별 형성이 매우 빠르게 일어났다고 생각한다. 그 후 수백만 년이 지나면서 수명이 짧은 큰 질량의 1세대의 별들이 초신성 폭발을 일으켜 중원소를 방출했고, 후속 세대의 별들에게 중원소를 풍부하게 공급해 주었다. 따라서 팽대부에서는 100억 년 전에 형성된 별일지라도 중원소가 충분히 공급될 수 있었다.

우리은하 주위의 궤도를 도는 소형 은하인 소마젤란 성운에서는 이와는 정반대의 상황이 발생한다. 이 은하에서는 가장 젊은 별일지라도 중원소가 부족한데, 이는 아마도 별 형성이 너무 느려서 이때까지 상대적으로 초신성 폭발이 거의 없었기 때문일 것이다. (소형 은하는 초신성 폭발 때 방출된 가스를 별 재생에 사용할 수 있을 만큼 오래 붙잡아두기 어렵다. 저질량의 은하에서는 낮은 중력 때문에 초신성에서 방출되는 고속의 가스들이 쉽게 이탈한다.)

별이 물려받는 원소들은 은하의 역사에서 별의 형성 시기뿐만 아니라, 그 별이 태어날 당시 이미 수명을 끝낸 별들의 개수와도 관련된다.

16.6 우리은하의 형성

항성 종족에 관한 정보에는 시간에 따라 어떻게 우리은하가 형성되는지에 대한 핵심적 증거들이 담겨 있다. 우리은하 원

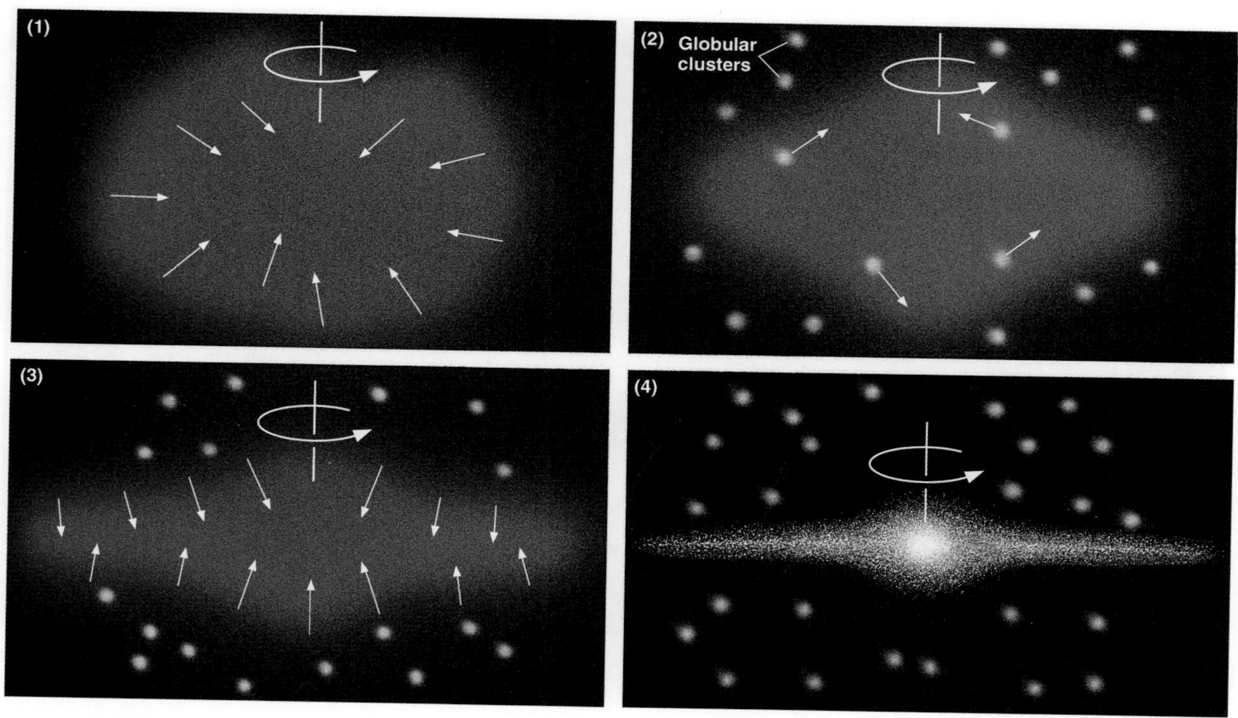

■ **그림 16.14**
우리은하의 형성 처음 은하수 은하는 중력으로 인해 붕괴된 회전하는 가스 구름에서 형성되었다. 헤일로 별들과 구상 성단은 모두 붕괴 이전에 형성되었거나 다른 곳에서 만들어진 다음 은하 역사 초기에 중력에 의해 끌려 들어왔을 것이다. 원반 별들은 나중에 형성되었는데, 그들을 만든 가스는 이른 세대의 별들에서 생성된 중원소로 오염되어 있었고 다른 소형 은하들과의 충돌과 병합으로 은하수 은하에 별들이 추가되었다.

반의 납작한 모습은 원시성이 만들어지던 상황과 비슷한 과정을 통해서 형성되었음을 암시하는 것이다(12장 참조). 이러한 아이디어를 바탕으로, 초기의 모형에서는 우리은하가 회전하는 고립된 구름에서 형성되었다고 가정했다. 그러나 앞으로 알게 되듯이, 이는 전체 이야기의 한 부분인 것으로 드러나게 된다.

16.6.1 원시 은하 구름

가장 늙은 별들—헤일로와 구상 성단을 이루는 별들—은 우리은하의 핵을 중심으로 하는 구에 분포한다. 이로부터 원시 은하 구름을 대체로 구형으로 가정할 수 있다. 헤일로에 있는 가장 늙은 별들의 나이는 약 130억 년이므로, 우리은하의 형성도 그만큼 오래전에 시작되었다고 추정한다. 이제 별 형성의 경우와 똑같이, 원시 은하 구름은 붕괴되어 회전하는 얇은 원반을 형성한다. 구름이 붕괴하기 이전에 태어났던 별들은 붕괴에 참여하지 않고, 오늘날까지도 헤일로에서 궤도 운동을 계속하고 있다(그림 16.14).

중력은 얇은 원반을 이루는 가스를 구름이나 성단 정도의 질량을 가지는 덩어리로 분열시킨다. 이들 각각의 구름에서 분열이 더 진행되어 개개의 별들이 형성된다. 원반에 있는 가장 늙은 별들은 헤일로의 별들만큼 늙었으므로, 붕괴는 (천문학적으로 표현하면) 급격히 진행되어, 아마도 수억 년 이상은 걸리지 않았을 것이다.

16.6.2 충돌의 희생자

최근에 천문학자들은 우리은하의 진화는 이 전통적인 모형이 제시하는 것처럼 평화롭게 진행되지 않았음을 알게 되었다. 1994년에 궁수자리 방향에서 소형 은하가 발견되었다. 이 궁수자리 왜소 은하는 우리은하의 핵에서 단지 50,000 LY밖에 떨어져 있지 않은 가장 가까운 은하로 알려졌다(그림 16.15). 그 모양은 매우 길쭉하였으며 우리은하의 중력에 의해 찢긴 모습이었다. 1992년에 슈메이커 레비 혜성이 매우 근접해서 목성을 통과할 때 이러한 해체가 일어났었다. 이 궁수자리 은하는 대략 150,000개의 별로 이루어진 작은 은하로, 이들 별은 우리은하의 팽대부와 헤일로에서 그 생애를 마칠 운명으로 보인다. 그러나 아직은 장례 종소리가 들리지 않는다. 궁수자리 왜소 은하가 파괴되려면 아직 1억 년 정도의 시간이 필요하기 때문이다.

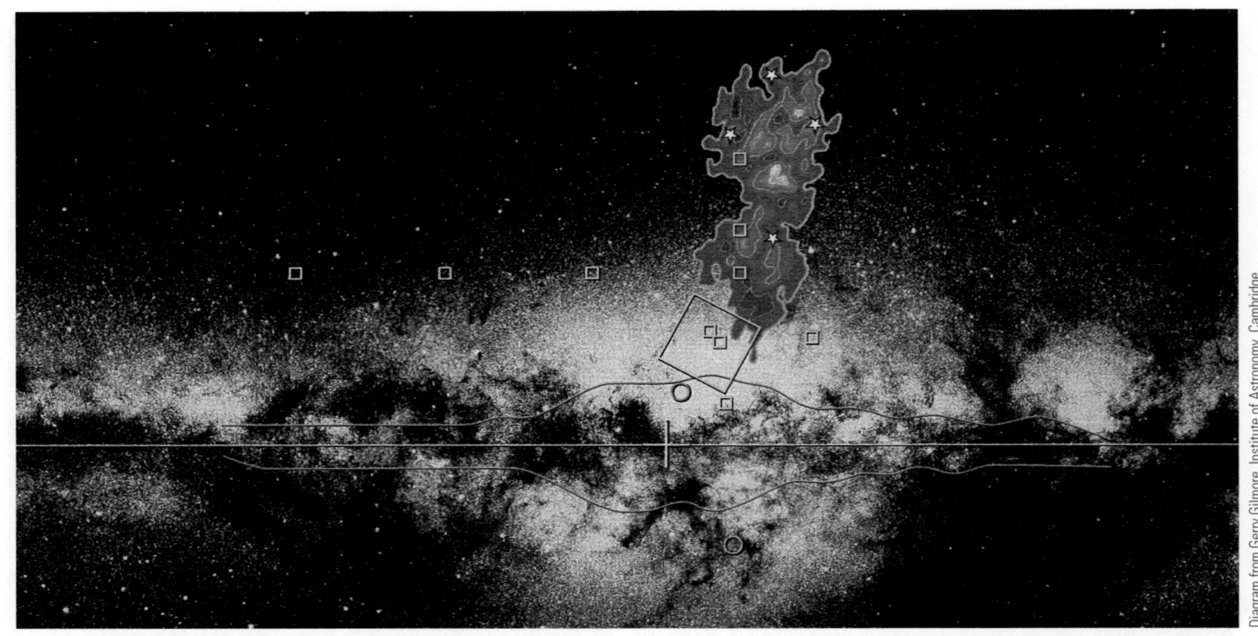

Diagram from Gerry Gilmore, Institute of Astronomy, Cambridge

■ **그림 16.15**

궁수자리 왜소 은하 1994년에 영국의 천문학자가 은하수의 중심에서 대략 50,000 LY밖에 떨어지지 않은 곳에서 우리은하로 낙하하고 있는 궁수자리 은하를 발견했다. 이 영상은 대략 70°×50° 영역의 흑백 우리은하 원반 사진에 왜소 은하의 밝기를 보여주는 등고선 지도를 조합해 놓은 것이다. 이 은하는 우리로부터 은하 중심의 건너편에 놓여 있다. 붉은 영역 안에 있는 하얀 별들은 몇 개의 구상 성단을 표시한다. 십자 표시는 은하의 중심이다. 수평선은 은하 평면에 해당한다. 은하 평면 양쪽의 파란색 윤곽은 그림 16.5에서 보여준 적외선 영상에 해당한다. 사각형 표시는 이 은하를 발견되게 만든 개개의 별들에 대한 자세한 연구가 이루어진 영역이다.

계산에 의하면 우리은하의 두꺼운 원반은 다른 은하들과 한두 차례 충돌을 일으켰던 것으로 보인다. 위성 은하의 부착 결과, 원래부터 얇은 원반에 있었던 별들과 가스의 궤도에 영향을 미쳐 은하 중심 평면보다 더 높은 위쪽이나 아래쪽으로 이동이 일어났다. 이 충돌이 약 100억 년 전에 일어났다면, 두 은하에 남아있던 아직 별을 형성하지 못했던 가스가 다시 얇은 원반에 정착되기까지는 엄청난 시간이 걸렸을 것이다. 그 후 가스는 후속 세대의 별인 종족 I을 형성하기 시작했을 것이다. 이러한 시기 조정은 두꺼운 원반에 있는 별들의 전형적인 나이와도 잘 부합된다.

그 밖에 다른 충돌에 관한 과거의 증거도 있다. 소형 은하가 너무 가까이 접근하면, 우리은하가 미치는 중력에 의해 인력이 먼 쪽보다 가까운 쪽에 더 크게 작용한다. 그 순효과(net effect)로 인해 소형 은하에 속했던 별들은 긴 흐름을

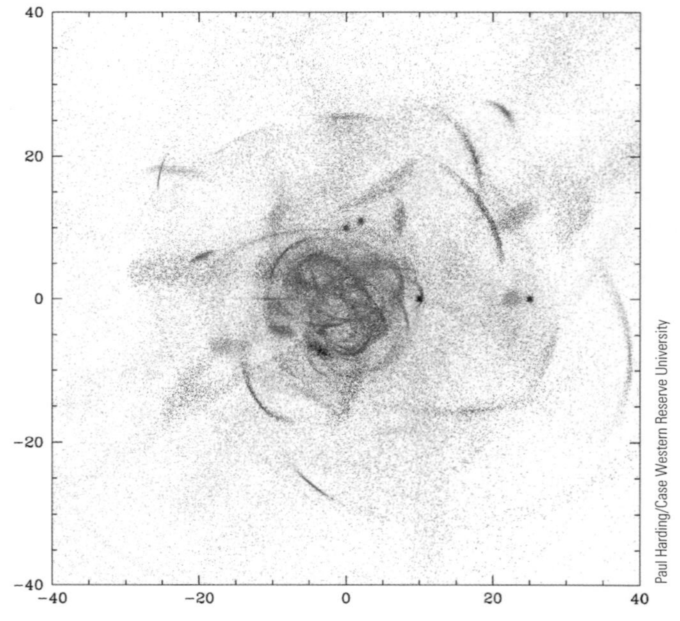

Paul Harding/Case Western Reserve University

■ **그림 16.16**

은하 헤일로 속의 흐름 소형 은하가 은하수 은하에 삼켜질 때 그 구성 별들은 떨어져 나와 은하 헤일로에서 흐름을 형성한다. 이 영상은 과거 100억 년에 걸쳐서 은하수 은하가 50개의 왜소 은하를 삼켰을 때 흐름이 어떤 모습일까를 보여주는 계산을 기반으로 한 것이다. 이 컴퓨터 그림에서는 색깔 부호를 사용해서 다른 은하에서 나온 흐름을 구분하는 데 도움을 주고 있지만, 현실에서는 흐름 속의 별들은 헤일로에 있던 다른 별들과 뒤섞여서 구별하기 어렵다.

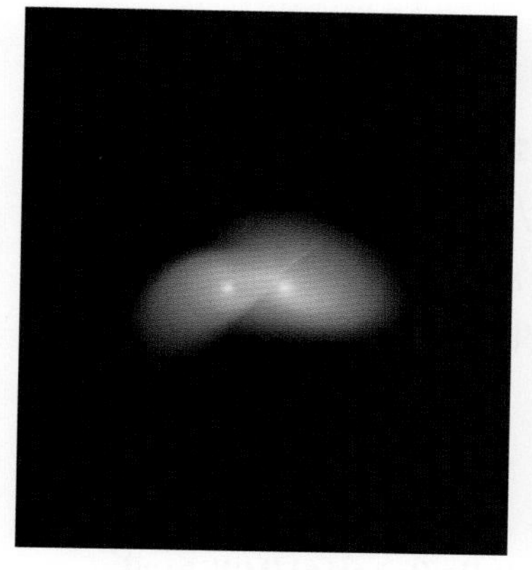

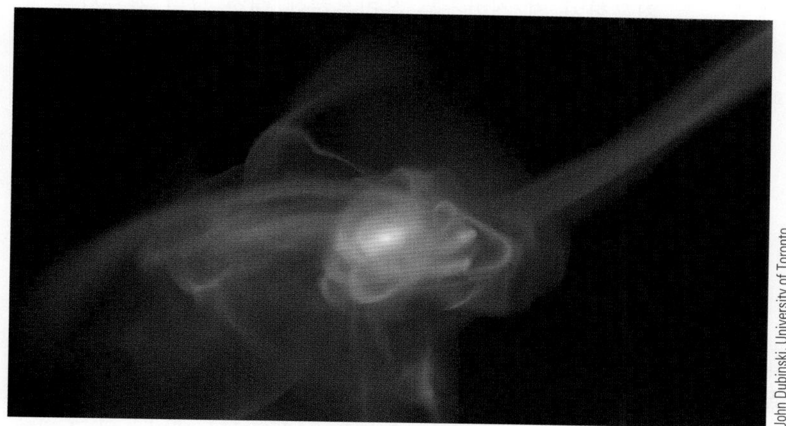

John Dubinski, University of Toronto

■ **그림 16.17**

은하수 은하와 안드로메다와의 충돌 30억 년 이내에 은하수 은하는 안드로메다와 충돌하고 분리된 다음, 다시 되돌아와서 타원 은하를 형성한다. 이 상호작용은 약 10억 년 걸린다. 이 컴퓨터 그림에서 안드로메다는 기울어져 있지만, 은하수 은하는 정면으로 나타난다. 은하수 은하는 밑에서 위쪽으로 안드로메다의 측면을 향해 이동하면서 오른쪽 위까지 간 다음 되돌아와서 병합을 끝낸다.

이루면서 퍼지게 되고, 은하수 은하의 헤일로 안을 통과해 돌게 된다(그림 16.16). 이 흐름은 수십억 년 동안 그 모습을 유지할 수 있다. 현재 천문학자들은 훨씬 더 큰 우리은하수 은하가 삼킨 여러 개의 소형 은하에서 흘러나온, 서너 개의 흐름을 확인하였다. 최근의 연구 결과 센타우르스자리의 오메가와 같은 구상 성단은 실제로는 포식된 왜소 은하의 고밀도 핵이라고 제안되었다. 구상 성단 M54(그림 16.4 참조)는 궁수자리 왜소 은하의 핵인데 지금 은하수 은하에 병합되고 있다. 그러한 은하들은 외곽 영역의 별들을 은하수 은하에 빼앗기지만, 밀도 높은 중심 영역은 그럭저럭 살아남게 된다.

은하수 은하는 더 많은 충돌 흔적을 보유하고 있다. 2개의 가까운 위성 은하인 대·소마젤란 성운(머리말의 그림 P.14 참조)은 나선을 그리며 우리은하로 접근하고 있는데, 계산에 의하면 먼 미래에 우리와 병합하게 된다. 이 성운에서 과거 은하수 은하와 근접 조우 시 분리된 물질의 흐름에 대한 증거가 이미 존재한다. 은하수 은하는 8개의 소형 위성 은하를 가지고 있는데, 적어도 몇 개의 소형 은하는 마젤란 성운이 우리은하에 근접 통과할 때 떨어져 나온 것으로 보인다.

안드로메다 은하와의 충돌 경로를 향해 달리고 있는 은하수 은하는 대략 30억 년 안에 스스로 사라지게 될 것이다. 컴퓨터 모형에 의하면, 복잡한 상호작용 이후에 두 은하는 더 크고 둥근 은하로 병합될 예정이다(그림 16.17).

그리하여 우리는 (원래 특성뿐 아니라) '환경적 영향'이 우리은하의 성질과 발전에 중요한 역할을 함을 실감하게 될 것이다. 다음 장에서 충돌과 병합이 다른 많은 은하들의 진화에 주요 요인임을 알게 될 것이다.

인터넷 탐색

섀플리와 커티스의 논쟁 페이지:

antwrp.gsfc.nasa.gov/diamond_jubilee/debate_1920.html

1920년, 천문학자 할로 섀플리와 커치스 허버는 우리은하가 얼마나 큰지, 또 다른 은하가 존재하는지에 대한 역사적인 논쟁을 벌였다. 이 논쟁에 대한 역사적이고 교육적인 문건들을 찾아볼 수 있다.

여러 파장의 은하수 은하:

adc.gsfc.nasa.gov/mw/milkyway.html

이 NASA 사이트는 여러 파장대에서 본 우리은하 평면의 모습을 배경 자료 및 다른 자원과 함께 보여준다.

은하 중심부에 대한 대화형 전파 지도:

rsd-www.nrl.navy.mil/7213/lazio/GC/

우리은하 중심부의 크고 상세한 전파 지도는 독자가 다른 부분을 클릭하여 확대된 지도와 더 많은 정보를 볼 수 있게 해준다.

은하수의 구조:

casswww.ucsd.edu/public/tutorial/MW.html

천문학자 진 스미스는 우리은하에 대한 그림 자습서를 제공해준다.

요약

16.1 **은하수 은하**는 먼지와 가스 그리고 젊은 별들을 포함하는 얇은 원반, 매우 늙은 별들, 구상 성단, 거문고자리 RR형 변광성을 포함하는 구형의 **헤일로,** 얇은 원반과 헤일로에 사이의 중간적인 특성을 지닌 별들로 이루어진 두꺼운 원반, 중심은 막대 모양으로 둘러싸고 있는 **핵 팽대부,** 그리고 바로 중심에 있는 초거대질량 블랙홀로 구성되어 있다. 태양은 중심에서 약 26,000 LY 떨어진 은하수의 외곽에 위치한다.

16.2 우리은하는 4개의 주 **나선 팔**과 서너 개의 짧은 가지를 가지고 있다. 태양은 한 가지에 위치한다. 관측에 의하면, 우리은하는 강체 회전을 하지 않으며, 그 대신 별들은 케플러 법칙을 따른다. 은하 중심에 가까운 별일수록 더 빨리 궤도를 돈다. **나선 밀도 파동 이론**은 나선 팔을 설명하는 한 가지 수단이다. 계산에 의하면, 은하 내부의 중력은 별들과 가스가 나선 팔 근방에서 느리게 움직이게 만들어서, 물질의 밀도를 더욱 증가시킨다. 분자운들이 그 고밀도 영역을 통과할 때, 가스가 압축되어 별 생성이 유발된다.

16.3 태양은 약 2억 2500만 년(은하년이라고 함) 만에 은하 중심을 완전히 한 바퀴 돈다. 은하의 질량은 별이나 성간 물질의 궤도 속도를 측정해서 결정한다. 우리은하의 전체 질량은 약 $10^{12}\ M_{\mathrm{Sun}}$이며, 이 중 대략 95%는 전자기복사를 방출하지 않고, 별이나 성간 물질에 작용하는 중력에 의해서만 탐지할 수 있는 암흑물질이다. 이 암흑물질은 대부분 우리은하의 헤일로에 존재한다. 이들의 특성은 현재까지 이해되지 않았다.

16.4 우리은하의 중심에는 초거대질량 블랙홀이 위치해 있다. 중심에서 몇 광일 안에 있는 별들의 속도 측정 결과 중심 주위를 도는 그들의 궤도 안쪽의 질량은 약 260만 M_{Sun}에 달한다. 이 물질 집중의 밀도는 이제까지 알려진 최고 밀도의 성단보다 거의 100만 배를 상회한다. 알려진 천체 중 이렇게 높은 밀도를 가지는 것은 블랙홀밖에 없다.

16.5 우리은하의 별들은 대체로 두 가지 범주로 나눌 수 있다. 중원소가 거의 없는 늙은 별들을 **종족 II**라고 하는데 이들은 헤일로와 구상 성단에서 발견된다. **종족 I**의 별에는 헤일로나 구상 성단의 별보다 더 많은 중원소가 포함되어 있고, 더 젊고 원반에서 발견되며, 특히 나선 팔에 몰려 있다. 태양은 종족 I에 속한다. 종족 I의 별들은 그전 세대의 별들이 중원소를 만들어서 다시 성간 매질 속으로 방출한 다음에 형성된 별들이다. 팽대부의 별들은 나이가 전형적으로 100억 년 이상인데, 이들의 중원소 함량은 태양과 거의 같다. 이것은 아마도 이 밀도 높은 영역에 있었던 큰 질량의 1세대

의 별들이 그들의 핵융합 산물로써 다음 세대의 별들을 빠르게 오염시켰기 때문이다.

16.6 우리은하는 약 130억 년 전에 형성되었다. 모형에 의하면, 우리은하가 구형일 때 먼저 헤일로와 구상 성단의 별들이 형성되었다. 제1세대의 별들로 인하여 중원소가 어느 정도 증가한 가스는 구형 분포에서 원반 모양으로 붕괴된다. 원반에 남은 이 가스와 티끌로부터 오늘날에도 별들이 형성되고 있다. 별들의 형성은 성간 물질의 밀도가 가장 높은 나선 팔에서 가장 빠르게 발생한다. 우리은하는 겁없이 가깝게 접근했던 소형 은하들로부터 별들과 구상 성단들을 추가로 포획하였다. (아직도 포획하고 있다.) 약 30억 년 안에 우리은하는 안드로메다 은하와 충돌하며, 그 10억 년 이후에는 두 은하가 병합되어 더 크고 둥근 은하를 만들게 될 것이다.

모둠 활동

A 외계인에게 붙잡혀 가스와 티끌 그리고 몇 개의 별로 된 복합 구름 속으로 끌려갔다. 도망치기 위해 구름의 지도를 만들려고 한다. 다행히 외계인은 전자기 스펙트럼의 모든 대역을 측정하는 장비를 갖춘 완벽한 천문대를 가지고 있었다. 이 장에서 배운 것을 활용해서, 가장 효과적인 탈출로를 찾으려면 어떤 종류의 구름 지도를 만들어야 하는지 탐구활동 모둠과 함께 논의하라.

B 허셜이 만든 은하수 은하의 그림은 매우 불규칙한 외곽 경계를 보여준다(그림 16.2 참조). 여러분의 모둠에서 그 이유를 찾아보라.

C 이 과목의 기말시험으로 여러분의 모둠에 교수와 학생이 선정한 별을 관측할 망원경 사용 시간을 부여 받았다고 하자. 교수는 하늘에서의 별의 위치(적경과 적위) 외에는 아무것도 알려주지 않았다. 원하는 어떤 관측도 할 수 있다. 그 별이 종족 I인지 또는 종족 II인지 결정하기 위해 어떻게 해야 하는가?

D 암흑물질의 존재는 큰 놀라움을 가져다 주었고 그 본질은 오늘날에도 커다란 신비로 남아 있다. 언젠가 천문학자들은 그에 대해 더 많이 알게 되고, 교재에서도 일상적인 부분이 될 것이다. 여러분의 모둠 활동으로 놀랍고 신비스럽지만(더 많은 관측으로), 일반 교재에 잘 이해된 부분으로 마무리되기 시작한 초기의 천문 관측을 열거하고 정리하라.

E 물리학자 그레고리 벤포드는 먼 미래에 은하수 은하의 중심에서 일어나는 공상 과학소설 연재물을 썼다. 여러분의 모둠이 그러한 소설을 쓴다고 하자. 태양이 위치한 '은하 변두리'의 환경은 은하 중심 근방과 얼마나 다르겠는가? 중심 부근의 별을 도는 행성에서는 우리가 아는 생명체들이 더 쉽게 또는 더 어렵게 살아남겠는가? (왜 그런가?)

F 오늘날 대부분의 도시 지역에서는 도시광이 밤하늘에 나타나는 은하수의 희미한 빛을 완전히 압도한다. 탐구 모둠의 구성원들이 집에 돌아가서 10명의 친구나 친척들에게 은하수를 설명하고, 본 적이 있는지 조사하도록 한다. 오늘날 지구에서 성장하고 있는 많은 어린이들이 집에서 하늘에 나타난 은하를 전혀 (또는 거의) 본 적이 없다는 사실은 매우 중요하다.

복습 문제

1. 왜 은하수가 희미한 빛의 띠의 형태로 하늘을 가로질러 뻗어 있는지 설명하라.
2. 나선 은하의 어느 곳에서 (왜) 구상 성단, 분자운, 수소 원자를 찾을 수 있는지 설명하라.
3. 종족 I과 종족 II의 별들을 구분하는 몇 가지의 특성을 서술하라.
4. 우리은하의 주요 부분을 간략히 서술하라.
5. 우리은하의 중심에 블랙홀이 존재할 것이라는 증거를 서술하라.
6. 별들의 중원소 함량과 은하에서의 위치가 서로 관련되는 이유를 설명하라.
7. 우리은하의 장기적 미래를 예측하라.

사고력 문제

8. 은하수가 하늘 둘레의 절반(반원)에 펼쳐져 있는 빛의 띠라고 하자. 이 경우, 우리은하에서 태양의 위치에 대해 어떤 결론을 내릴 수 있겠는가? 그 이유를 설명하라.
9. 구상 성단은 매우 심한 타원 궤도를 그리며 우리은하를 돈다. 구상 성단은 어디서 가장 오래 지낼까? (케플러의 법칙을 고려하라.) 대부분 구상 성단은 어느 때에 은하 중심에 대한 속도가 빠르고 또는 느리겠는가? 그 이유는?
10. 섀플리는 구상 성단의 위치를 이용하여 우리은하의 중심을 측정했다. 그는 산개 성단을 이용할 수 있었겠는가? 왜 그럴까? 또는 왜 아닐까?
11. 다음 다섯 가지의 천체: (1) 산개 성단, (2) 거대 분자운, (3) 구상 성단, (4) O형 및 B형 항성 집단 (5) 행성상성운에 대해서
    a. 나선 팔에만 있는 것은?
    b. 우리은하에서 나선 팔 이외의 다른 부분에 있는 것은?
    c. 매우 젊은 것은?
    d. 매우 늙은 것은?
    e. 가장 뜨거운 별을 가지는 것은?
12. 궁수자리 왜소 은하는 은하수 은하에 가장 가깝게 접근한 은하인데 1994년에 발견될 수 있었다. 그 이전에 발견되지 않은 이유를 생각해 보라. (힌트: 그 별자리에 다른 무엇이 있는지 고려하라.)
13. 3개의 별이 은하 중심에서 20,000 LY, 25,000 LY, 30,000 LY에 있다고 하자. 또 3개의 별 모두는 은하 중심과 함께 한 줄로 늘어서 있다고 가정하자. 시간이 지나면 세 별의 상대적 위치는 어떻게 변하겠는가? 이들의 궤도는 모두 원이며, 원반 평면에 놓여 있다고 가정하라.
14. 왜 별의 형성은 주로 은하의 원반에서 일어나는가?
15. 일생을 매우 빨리 끝마치는 질량이 큰 별들의 폭발인 제II형 초신성은 우리은하의 어디에서 찾을 수 있을까? 백색왜성의 폭발인 제I형 초신성은 어디에서 발견될까?
16. 별들은 질량 방출 없이 진화한다고 하자—일단 물질이 별로 되면, 그 속에 영원히 남는다. 그렇다면 우리은하는 지금과 어떻게 다르겠는가? 종족 I과 종족 II의 별들은 있겠는가? 그 밖에 다른 점들은 무엇이 있을까?
17. 부록 12의 자료를 사용하여 은하수 은하의 위성 은하를 확인해 보라. 그들은 평균 얼마나 멀리 떨어져 있나? 우리은하와 비교해서 그들의 크기는 얼마나 될까?

계산 문제

태양계에서 질량 측정이나 쌍성계의 질량 계산에 유용했던 케플러 제3법칙은 우리은하의 연구에도 유용하다. 행성들의 관찰을 통해 유도된 이 법칙을 은하 전체에 적용하는 것은 비약으로 보일지 모른다. 그러나 이제까지 이루어진 모든 시험 결과, 우리 근방에서 국지적으로 성립되는 물리 법칙들은 우주 전반에 대해서도 유효한 것으로 밝혀졌다.

2.3절의 공식을 사용하기 위해 거리를 천문 단위, 주기를 년 단위로 바꿔야 한다. 태양은 26,000 LY의 거리에서 2억 2500만 년 주기로 은하 중심을 돈다. 1 LY는 6.3×10^4 AU이므로, 그 거리는 1.6×10^9 AU가 된다. 태양이 은하수 은하의 중심을 한 바퀴 도는 데 약 2.25×10^8년이 걸리므로, 케플러 제3법칙에서

$$M_{\text{Galaxy}} + M_{\text{Sun}} = \frac{a^3}{P^2} = \frac{(1.6\times10^9)^3}{(2.25\times10^8)^2} = \text{약 } 10^{11}\, M_{\text{Sun}}$$

이 된다.

이미 언급했듯이 태양의 질량은 전체 은하에 비해 무시할 수 있으므로, 이 질량은 태양 궤도 안쪽의 은하 질량이다. (태양 궤도 안쪽에 있는 부분 질량만이 태양 운동에 영향을 주며, 또 우리는 은하 외곽을 돌고 있으므로, 이것은 우리은하의 정상적 물질의 질량 추정을 위한 잘못된 1차 근사는 아니라고 할 수 있다.)

18. 태양은 220 km/s의 속력으로 우리은하의 중심을 돌며, 중심에서 26,000 LY 떨어져 있다.
    a. 거의 원 궤도를 돈다고 가정하고, 태양 궤도의 둘레를 계산하라. (힌트: 원의 둘레는 $2\pi R$이며, R은 원의 반경이다. 단위를 잘 맞추어 사용하라. 광속은 km로 변환하는 식은 부록에서 찾을 수 있지만, 스스로 계산할 수 있다. 광속은 300,000 km/s이며, 1년이 몇 초인지는 각자 계산해 보라.)
    b. 태양의 주기, 즉 '은하년'을 계산하라. 다시 한 번 단위에 유의하라. 위에 주어진 값과 잘 맞는가?

19. 태양 궤도 안쪽의 은하 질량은 위의 계산과 같지만, 태양이 더 멀리 돈다고 가정하자. 30,000 LY의 거리에서 그 주기는 얼마인가?

20. 우리은하는 차등 회전한다. 즉, 은하 중심을 완전히 360° 도는 데 안쪽 부분에 있는 별들은 더 멀리 있는 별들보다 더 빨리 돈다. 위에서 유도한 질량과 케플러 제3법칙을 사용해서 5000 LY의 거리에 있는 별의 주기를 계산하라. 거리 50,000 LY인 구상 성단에 대해서도 같은 계산을 하라. 태양과 별 그리고 구상 성단 모두 은하 중심을 잇는 직선 위에 있다고 하자. 태양이 우리은하 중심을 한 바퀴 완전히 돌았을 때 이들 천체의 상대적인 위치는 어떻게 되겠는가? (우리은하의 전체 질량은 중심에 집중되었다고 가정한다.)

21. 우리 태양계의 나이가 46억 년이라면, 지구는 은하년으로 얼마나 되었나?

22. 은하에 있는 별들의 평균 질량은 태양질량의 1/3이라고 하자. 위에서 계산한 우리은하의 질량 값을 사용하여 별들이 은하수 은하에 얼마나 많은지 추산하라. 별들의 평균 질량이 태양질량보다 작다는 가정이 합리적인 이유 몇 가지를 들어 보라.

23. 우리은하에 다량의 암흑물질이 포함되어 있다는 첫째 증거는 은하 중심 거리의 증가에 따라 별들의 궤도 속도가 감소하지 않는다는 것이다. 부록 7에 있는 행성들의 궤도 속도를 이용하여 태양계의 회전 곡선을 작도하라. 이 곡선은 우리은하의 회전 곡선과 어떻게 다른가? 이 곡선은 태양계에서 질량이 대부분 어디에 집중되었는가?

24. 우리은하 중심에 있는 블랙홀에 대한 최선의 증거는 케플러 제3법칙의 적용으로 얻는다. 은하 중심에서 5광일(光日)의 거리에 있는 별의 궤도 속력이 2500 km/s라고 하자. 궤도 안쪽에 얼마의 질량이 있는가?

25. 문제 24의 천체가 블랙홀인지를 결정하는 다음 단계는 이 천체의 밀도 추정이다. 모든 질량이 반경 5광일의 구 안에 균일하게 퍼져있다고 가정하자. 밀도는 얼마인가? [구의 부피: $V=(4/3)\pi R^3$] 밀도는 지금 계산한 값보다 큰 데 그 이유를 설명하라. 이 값은 태양 그리고 이 책에서 다룬 다른 천체들이 밀도와 비교해서 어떤지 서술하라.

26. 궁수자리 왜소 은하는 우리은하에 완전히 병합되어 150,000개의 별들을 은하수에 더해준다고 가정하자. 은하수 은하의 질량은 몇 퍼센트 변하는지 추산하라. 이는 은하 중심을 도는 태양의 궤도에 영향을 주는 충분한 질량인가? 궁수자리 은하의 모든 별들은 우리은하의 핵 팽대부에서 종말을 맞는다고 가정하고 답하라.

심화 학습용 참고 문헌

Binney, J. "The Evolution of Our Galaxy" in *Sky & Telescope,* Mar. 1995, p. 20.

Croswell, K. *Alchemy of the Heavens.* 1995, Doubleday/Anchor. 최근 은하수 연구에 대한 대중적 수준의 평론.

Duncan, A. and Haynes, R. "A New Look at the Milky Way" in *Sky & Telescope,* Sept. 1997, p. 46. 우리은하의 새로운 전파 지도에 대한 개요.

Ferris, T. *Coming of Age in the Milky Way.* 1988, Morrow. 역사적 개관.

Henbest, N. and Couper, H. *The Guide to the Galaxy.* 1994, Cambridge U. Press. 삽화로 본 은하수에 대한 인류 지식의 성장의 역사와 탐사.

Irion, R. "A Crushing End for Our Galaxy" in *Science,* Jan. 7, 2000, p. 62. 은하수의 진화에서 병합의 역할.

Laughlin, G. and Adams, F. "Celebrating the Galactic Millenium" in *Astronomy,* Nov. 2001, p. 39. 은하수 향후 900억 년의 장기적 미래.

Mateo, M. "Searching for Dark Matter" in *Sky & Telescope,* Jan. 1994, p. 20.

Schulkin, B. "Does a Monster Lurk Nearby?" in *Astronomy,* Sept. 1997, p. 42. 은하 중심에 무엇이 놓여 있는지에 대하여.

Szpir, M. "Passing the Bar Exam" in *Astronomy,* Mar. 1999, p. 46. 우리은하가 막대 나선은하라는 증거에 대하여.

Trimble, V. and Parker, S. "Meet the Milky Way" in *Sky & Telescope,* Jan. 1995, p. 26. 우리은하의 개관.

van den Bergh, S. and Hesser, J. "How the Milky Way Formed" in *Scientific American,* Jan. 1993, p. 72.

Verschuur, G. "In the Beginning" in *Astronomy,* Oct. 1993, p. 40. 구상 성단과 은하에 대하여.

Verschuur, G. "Journey into the Galaxy" in *Astronomy,* Jan. 1993, p. 32. 매우 훌륭한 탐사.

Whitt, K. "The Milky Way from the Inside" in *Astronomy,* Nov. 2001, p. 58. 검색 도표가 포함된 은하의 환상적인 파노라마 영상.

Zimmerman, R. "Heart of Darkness" in *Astronomy,* Oct. 2001, p. 42. 은하 중심부와 그곳의 블랙홀에 관하여.

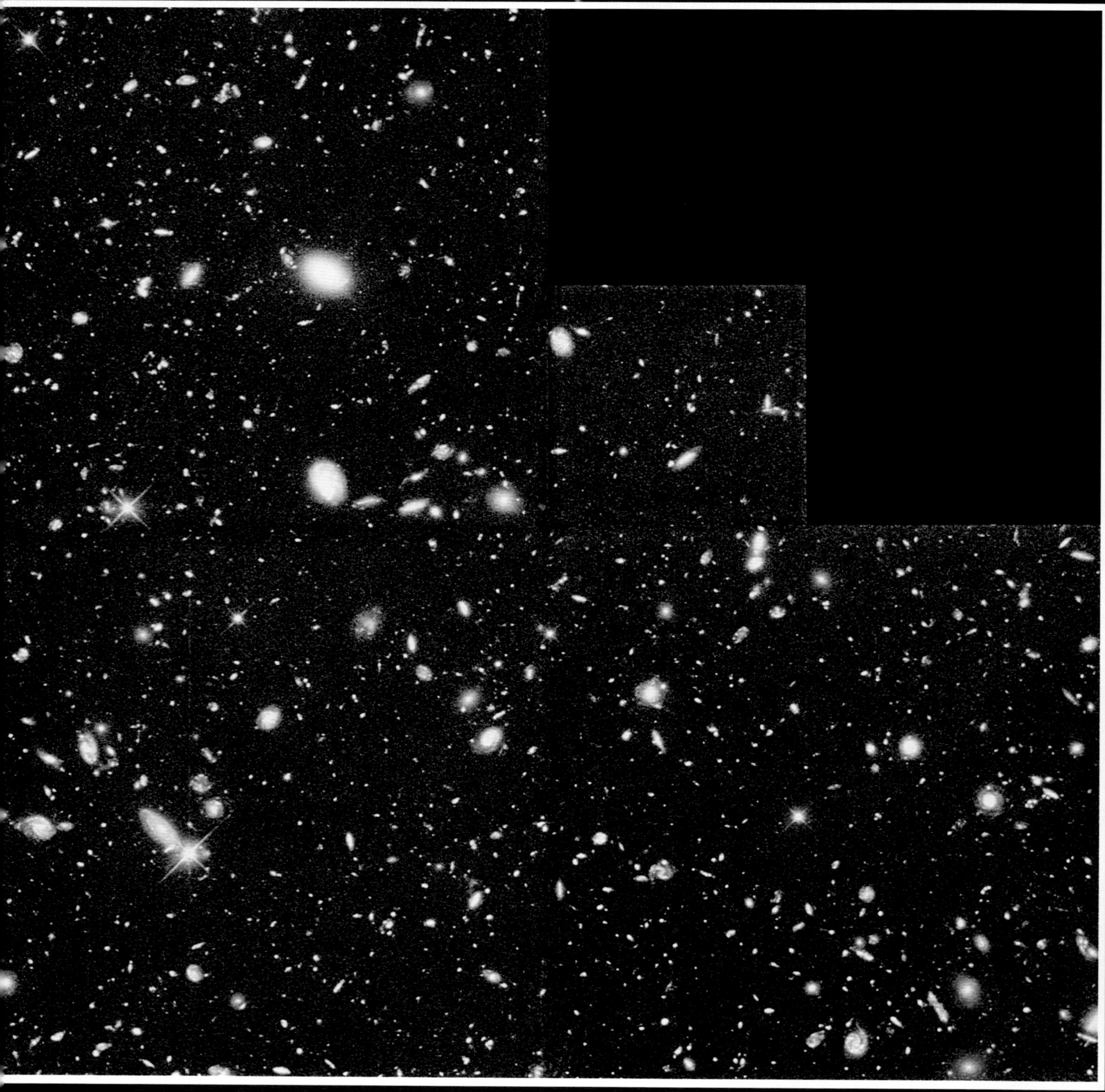

R. Williams, the Hubble Deep Field Team, and NASA

허블 북측 심천 역사적인 이 사진은 은하들로 이루어진 우주의 가장 깊은 곳을 촬영한 영상이다. 인간의 눈으로 보는 것보다 40억 배나 더 어두운 은하들을 150회의 연속 궤도에 걸쳐서 허블 우주 망원경으로 1995년 12월에 촬영한 276회의 노출을 조합하여 얻은 영상이다. 영상을 자세히 조사해 보면 약 2500개의 은하들이 보인다. 어떤 것들은 너무 멀어서 우주가 팽창을 시작한 지 10억 년밖에 안된 때의 모습을 보여준다. 촬영된 이 영역은 북두칠성 바로 위에 있는 하늘의 일부(그 크기는 거리를 두고 바라볼 때 모래 알갱이 정도)로써, 은하수 원반에서 멀리 떨어졌고 가까운 은하가 거의 없었기 때문에 선정되었다.

천문학만큼
인간의 재능을
끌어내는 것은 없다.
그의 어리석은 꿈과
붉은 수탉의 자만:
스스로 별-소용돌이를
헤아리게 만든다.

제퍼스(Robinson Jeffers)의 시 《별-소용돌이(*Star-Swirls*)》(1924) 중에서

미리 생각해보기

신대륙 탐사는 항상 대답보다 많은 의문을 불러일으킨다. 앞 장에서 우리은하를 탐구했다. 그러나 우리은하는 유일한가? 다른 은하가 있다면, 은하수 은하와 비슷할까? 그들은 얼마나 멀리 있을까? 어떤 은하는 너무 멀어서 빛이 우리에게 도달하기까지 수십억 년이나 걸린다. 이 먼 은하들은 그들이 젊었을 때 우주가 어떠했는지를 우리에게 알려줄 수 있을 것이다.

이 장에서 우리는 은하의 방대한 영역에 대한 탐사를 시작한다. 실제로 은하들은 너무 많아서 현대적 망원경으로 보면 북두칠성의 국자 안에서만 수백만 개가 보인다(왼쪽 사진 참조). 대도시를 처음 방문한 시골 여행객처럼 우리는 은하의 아름다움과 다양성에 두려움마저 느낄 것이다. 그러나 고향에서의 경험을 바탕으로 우리가 본 것들 대부분을 곧 인지하게 되며, 오래전에 지어진 구조물들을 관찰함으로 배울 것들에 감명받게 될 것이다.

대부분 여행객들이 도시 안내책자를 가지고 여행 일정을 시작하듯이, 우리의 탐사 여행은 은하의 특성에 대한 안내로부터 시작한다. 은하의 역사에 대해 더 자세히 살펴보면 시간에 따라 어떻게 변화했으며, 어떻게 다양한 형태를 얻게 되었는지 알게 될 것이다.

외부 은하의 존재에 대한 아이디어는 오랫동안 논쟁거리였다. 바로 1920년까지만 해도, 할로 섀플리를 포함한 많은 천문학자들은 우주의 모든 것은 은하수 안에 있다고 생각했다. 우리은하가 유일하지 않다는 1924년의 증명은 20세기에 이룬 위대한 과학적 진보 중 하나였다.

가상 실험실

 천문학에서의 거리 척도

17.1 성운에 대한 대논쟁

허블 우주 망원경이 머리 위를 돌고, 세계적으로 높은 산 정상에 거대한 망원경이 세워지는 시대에 성장한 우리는 그렇게 오랫동안 외부 은하의 존재를 의심해 왔다는 사실에 놀랄 것이다. 그러나 거대 망원경과 전자 탐지기는 최근에 와서야 천문학자의 도구 상자에 추가된 것들이다.

초기에 사용 가능했던 망원경을 통해서는 외부 은하들이 희미하고 작은 빛의 반점으로 보였으며, 우리은하 안에 있는 성단이나 가스, 티끌 구름과 구별하기 어려웠다. 따라서 확실한 점광원이 아닌 모든 천체들은 라틴어로 구름을 뜻하는 '성운(nebulae)'이라는 이름으로 칭해졌다. 정확한 모습도 파악되지 않았으며, 거리를 측정하는 기술도 고안되지 않았기 때문에 성운의 정체는 논쟁거리였다.

일찍이 18세기에 철학자 임마누엘 칸트(1724~1804)는 몇몇 성운들은 멀리 있는 항성계(외부 은하수)라고 제안하였다. 그러나 그 증명은 당시 망원경 능력 밖이었다. 20세기 초까지 몇몇 성운은 성단이나 가스 성운(오리온 성운 같은)으로 정확히 확인되었다. 그러나 대부분은 최고 성능의 망원경으로 희미하고 불분명했으며, 거리도 알려지지 않았다(이 성운의 자세한 명명에 대해서는 11장의 '천문학의 기초지식' 참조). 이 성운들이 관측되는 항성과 비교할만한 이웃 천체라면, 그들은 우리은하에 있는 가스 구름이거나 항성 집단일 가능성이 매우 높다. 반면 이들이 우리은하의 경계보다 훨씬 더 멀리 있다면, 그들은 수십억 개의 별들을 담고 있는 외부 항성계일 것이다.

성운의 정체를 결정하기 위해, 천문학자들은 이들 중 적어도 몇 개에 대한 거리를 측정하는 방법을 찾아야 했다. 남부 캘리포니아에 있는 윌슨 산(Mount Wilson)에 100인치(2.5 m) 망원경이 가동됨에 따라, 천문학자들은 마침내 논쟁을 해결할 수 있는 도구를 갖게 되었다.

100인치 망원경으로 연구하면서, 에드윈 허블(Edwin Hubble, 다음의 페이지 '천문학 여행' 참조)은 앞에서 언급한 대형 나선 은하인 M21 안드로메다자리 은하를 포함한 서너 개의 밝은 나선 모양의 성운에서 각각의 별들을 분해할 수 있었다. 이 별들 중에서 어두운 변광성 몇 개를 발견했는데—그들의 광도곡선을 분석한 결과—세페이드 변광성으로 판명되었다. 허블은 헨리에타 리빗(Henrietta Leavitt)이 개발한 믿을 만한 거리 지표(10장 참조)를 성운까지 거리 측정에 이용할 수 있었다. 힘든 연구 끝에 그는 안드로메다 은하가 우리로부터 대략 90만 LY 떨어져 있다고 추정했다. 이 거리는 은하수의 경계 훨씬 바깥에 있는 외부 은하임을 의미하는 것이다(그림 17.1). 오늘날 이 거리는 허블이 추산한 값의 두 배가 조금 넘는 것으로 알려졌지만, 그 본질에 대한 허블의 결론은 불변한다.

인류 역사상 그렇게 먼 거리를 측정해본 사람은 없었다. 1925년 새해 첫날에 열린 미국천문학회에서 성운까지의 거리에 대한 허블의 논문이 발표되었을 때, 그 방 안의 모든 사람들의 환성과 기립 박수가 터져 나왔다. 우주 연구의 새로운 시대가 열렸으며, 새로운 과학 분야—외부 은하 천문학—가 막 탄생하였던 것이다.

17.2 은하의 종류

외부 은하의 존재가 확립됨에 따라, 허블을 비롯한 여러 사람들은—그들의 형태와 구성 및 기타 측정 가능한 여러 성질 등에 주목하여—더욱 세밀한 관측을 시작했다. 한 개 은하의

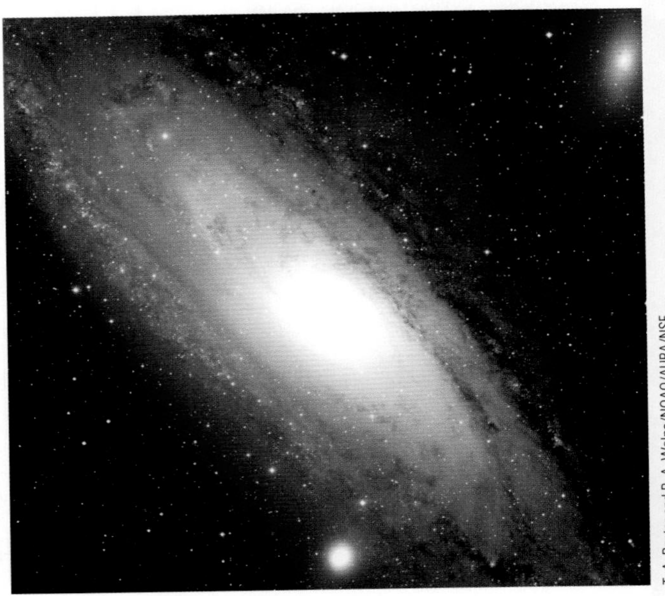

T. A. Rector and B. A. Wolpa/NOAO/AURA/NSF

■ **그림 17.1**

안드로메다 은하 목록 번호 M31로도 알려진 이 대형 나선 은하는 우리은하보다 약간 크고 모양도 매우 비슷하다. 중간 아래쪽(M32)과 왼쪽 위(NGC 205)에 두 개의 동반 은하가 보인다. 거리 220만 LY인 안드로메다 은하는 우리은하에 가장 가까운 나선 은하다. 이 영상이 하늘에서 차지하는 넓이는 보름달 면적의 약 5배나 된다. 이 천연색 영상은 7개의 필터로 촬영한 영상을 조합해서 얻었다. U(보라색), B(청색), V(녹색), R(오렌지색), I(적색), Ha(적색), OII(이온화 수소, 녹색). 붉게 보이는 작은 영역은 이온화 수소가 위치한 곳이다. 이온화는 최근에 형성된 큰 질량의 뜨거운 별로부터의 복사에 의해 발생된다.

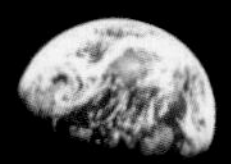

천문학 여행

에드윈 허블: 팽창 우주

미주리 주에서 보험 중개인의 아들로 태어난 에드윈 허블은 16살에 고등학교를 졸업했다. 그는 스포츠에 뛰어나서, 과학과 언어학을 전공했던 시카고 대학에서 농구와 육상 선수로 활약했다. 그러나 그의 부친과 조부가 모두 법대 진학을 원하여 결국 그는 가족의 압력에 굴복하고 말았다. 명성 높은 로즈(Rhodes) 장학금을 받고, 영국의 옥스퍼드 대학에서 법학을 배웠는데, 중간 정도 수준의 의욕을 보였을 뿐이었다. 미국으로 돌아온 후, 진로를 결심하면서 1년간 고등학교에서 물리와 스페인어를 가르치고 농구 코치를 했다.

Book's Hill Publishers

Edwin Hubble(1889~1953)

거부할 수 없는 천문학의 매력에 이끌려 그는 대학원 공부를 위해 시카고 대학에 돌아오게 되었다. 학위를 받을 무렵, 곧 완성될 100인치 망원경으로 연구 제안을 받았는데, 이때 미국이 제1차 세계대전에 개입하게 되면서 장교로 징집되었다. 그가 유럽에 도착할 무렵 종전이 되었지만, 연장 근무를 지원해 해외 장교 훈련에 참여하면서 고향에 돌아가기 직전까지 짧은 기간이나마 케임브리지 대학에서 천문학 연구 생활을 즐겼다.

1919년, 30세의 그는 윌슨 산 천문대에서 세계 최대의 망원경으로 연구를 시작했다. 경험과 정력 그리고 훈련으로 무르익은 기술 좋은 관측자로서, 허블은 현대 천문학에서 가장 중요한 아이디어를 곧 확립할 수 있었다. 그는 외부 은하들의 존재를 규명하고, 그들을 형태에 따라 분류하였으며, 그들의 운동 양식을 발견함으로써, (이러한 확실한 관측적 근거 위에 팽창 우주의 개념을 세웠다.) 우주에서의 은하 분포에 대해 평생에 걸친 연구 프로그램을 시작하였다. 몇 안 되는 사람만이 수수께끼의 한 조각을 어렴풋이 이해했을 뿐이지만, 그 모두를 꿰어 맞춰 우주의 대규모 구조의 이해가 가능함을 보인 사람이 바로 허블이다.

그러한 연구로 인해 허블은 매우 유명해졌으며, 수많은 메달과 포상 그리고 명예 학위를 가지게 되었다. 더욱 널리 알려짐에 따라(그는 〈타임〉 지의 표지에 등장하는 최초의 천문학자였다.), 그와 그의 부인은 남부 캘리포니아에서 영화배우와 작가들과의 교양 있는 우정을 즐길 수 있었다. 팔로마 산 200인치 망원경의 계획과 건립에 (이런 익살이 용인된다면) 허블이 도구로 활용되었으며, 1953년에 뇌출혈로 쓰러지기 직전까지 그는 은하 연구에 그 망원경을 사용할 수 있었다. 천문학자들이 우주 망원경을 만들 때, 허블이 꿈으로만 상상할 수 있었던 거리까지 그의 연구를 확장한다는 의미로, 그를 추모하여 망원경에 그의 이름을 붙인 것은 실로 자연스러운 일이었다.

사진이나 스펙트럼 한 장을 얻기 위해 하룻밤 내내 쉴 틈없이 관측을 해야 했던 1920년대에, 이것은 매우 힘든 작업이었다. 지난 수십 년 전부터는 더 큰 망원경과 전자 탐지기 덕분에 덜 어려워졌지만, 여전히 (우주의 초기 모습을 보여주는) 가장 먼 은하들의 관측을 위해서는 엄청난 노력이 요구된다. (허블 우주 망원경으로도 10일의 관측 시간이 걸렸던 이 장 첫 페이지의 영상을 참조하라.)

새로운 천체를 이해하는 첫 단계는 사실을 단순히 서술하는 것이며, 항성 스펙트럼을 이해하는 첫 단계는 단순히 겉모습에 따라 분류하는 것이다(8장 참조). 가장 크고 가장 밝은 은하들은 두 가지 기본 형태 중 하나에 속한다. 즉, 우리 은하처럼 나선 팔을 가지거나 혹은 (굿이어 타이어 회사의 선전용 비행선처럼) 타원 모양이다. 반면 많은 소형 은하들은 모양이 불규칙하다.

17.2.1 나선 은하

은하와 더불어 우리와 매우 흡사한 M31 안드로메다 은하는 전형적인 대형 **나선 은하**(spiral galaxy)이다(그림 16.13과 17.1 참조). 이들은 핵 팽대부, 헤일로 그리고 나선 팔로 구성된다. 성간 물질은 보통 나선 은하의 원반에 널리 흩어져

NASA/STScI/AURA

■ **그림 17.2**
나선 은하 안의 뜨거운 별들 소용돌이 은하(M51)에서는 별 형성이 가장 활발하다. 이 영상은 최근 형성된 많은 밝은 성단들로 이루어진 은하의 내부 영역을 보여준다. 이들 성단은 붉은 이온화 수소 구름과 섞여 있으며, 이들로 인해 나선 팔의 윤곽이 드러난다. 이 은하에서 먼지 구름의 복합 구조를 주목하자. 이 은하는 3,100만 LY의 거리에 있으며, 사진에 보이는 영역의 크기는 대략 3만 LY이다.

C. Howk, JHU; B. Savage, University of Wisconsin; N. A. Sharp NOAO/WIYN/NOAO/NSF

■ **그림 17.3**
측면에서 바라본 나선 은하 NGC 4013은 은하수 은하와 비슷한 나선 은하로 거리는 5,500만 LY이다. 우리는 이 은하를 바로 옆에서 바라보고 있으며, 이 각도에서는 은하 평면에 있는 먼지들이 분명하게 보인다. 이들은 은하면에 있는 별빛을 흡수하기 때문에 어둡게 나타난다. 대부분의 먼지는 은하 평면에서 대략 500 LY의 두께 안에 있다.

Photo by David Malin; © Anglo-Australian Observatory

■ **그림 17.4**
막대 나선 은하 NGC 3351은 약 2,500만 LY 떨어져 있는 막대 나선 은하다. 나선 팔이 막대의 양 끝에서 시작됨을 주목하라.

있다. 밝은 방출 성운과 뜨거운 젊은 별들은 특히 나선 팔(그림 17.2)에 존재하며, 그곳에서는 아직도 새로운 별들이 탄생된다. 원반에는 티끌이 많은데, 특히 측면(edge-on) 은하에서 잘 드러난다(그림 17.3).

정면(face-on) 은하에서 밝은 별들과 방출 성운들이 독립기념일의 회전 불꽃놀이 모양으로 나선 팔을 돋보이게 만든다(그림 17.2). 산개 성단은 가까운 나선 팔에서 볼 수 있으며, 구상 성단은 주로 헤일로에 나타난다. 은하수 은하에서처럼 나선 은하에는 젊은 별들과 늙은 별들이 뒤섞여 있다. 모든 나선 은하는 회전하는데, 나선 팔의 회전 방향은 빠르게 달리는 사람의 코트 뒷자락처럼 뒤로 끌리면서 돈다.

가까운 나선 은하들의 대략 3분의 2는 별들로 이루어진 상자 또는 땅콩 모양의 막대가 중심핵을 관통하는 모습을 보인다(그림 17.4). 풍부한 창의력을 발휘해서, 천문학자들은 그러한 은하를 막대 나선 은하라고 하였다. 앞 장에서 언급했듯이 우리은하 또한 작은 막대를 가지고 있다(그림 17.5). 나선 팔은 통상적으로 막대의 양끝에서 시작된다. 이렇게 막대가 흔하다는 사실은 그들이 오래 살아남는다는 것을 의미한다. 대부분의 나선 은하들은 그들의 진화 단계에서 한 때 막대를 형성할지도 모른다.

정상 은하와 막대 나선 은하 모두는 각각의 형태에 차이가 있다. 한쪽 극단에서는 중심핵이 크고 밝으며, 팔이 희미

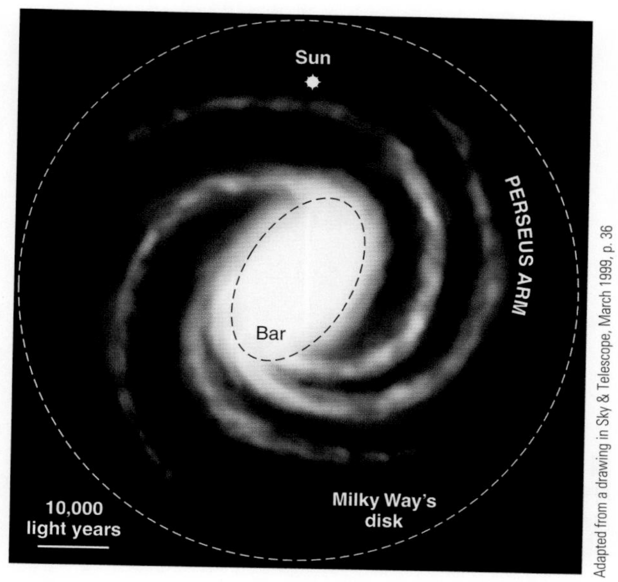

■ 그림 17.5
은하수 은하의 막대 우주 공간 적외선 관측은 은하수 은하의 중심 영역에 있는 소규모 막대를 보여준다. 사진에서 우리은하의 주 나선 팔과 약간 길쭉한 중심 팽대부가 보인다.

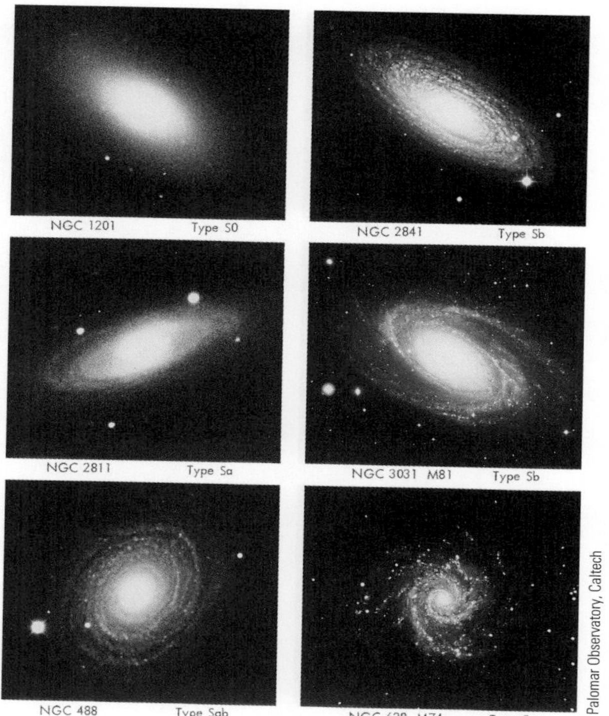

■ 그림 17.6
나선 은하 사진첩 원반이 없고 대부분 팽대부인 SO와 팽대부가 거의 없고 원반이 대부분인 Sc에 이르기까지 다양한 종류의 나선 은하들.

하고 촘촘히 감겨 있고, 밝은 방출 성운과 초거성은 두드러지지 않는다. 한편 반대쪽 극단에서는 핵 팽대부가 작고—또는 거의 없으며—팔은 느슨하게 감겨있다. 후자의 은하들에서는 밝은 별과 방출 성운들이 매우 두드러진다. 우리은하와 M31 모두는 이들 두 극단의 중간쯤에 위치한다. 다른 나선 은하 사진들을 그림 17.6과 17.7에 예시하였다.

나선 은하에서 밝은 부분의 지름은 대략 20,000 LY에서 100,000 LY 이상의 범위다. 그들 내부에는 은하수 은하처럼 또한 상당량의 암흑물질이 들어 있다. 그 존재는 은하 외곽의 별들이 얼마나 빠른 궤도 운동을 보이는지를 관측해서 추정한다. 유용한 관측 자료들로부터 나선 은하의 질량은 10억에서 1조 태양질량(10^9에서 10^{12} M_{Sun})의 범위로 추정된다. 나선 은하의 전체 광도는 대체로 태양광도의 1억에서 1000억 배(10^8에서 10^{11} L_{Sun})의 범위다. 우리은하와 M31은 비교적 크고, 무거운 나선 은하에 속한다.

17.2.2 타원 은하

타원 은하(Elliptical galaxy)는 전부 늙은 별들로 구성되었으며, 구 또는 타원체 (약간 눌려진 구) 모양이다. 나선 팔의 흔적도 없다. 더 늙고 붉은 별들(앞 장에서 논의한 종족 II)이 우세하다. 가까운 대형 타원 은하들에서 많은 구상 성단을 확인할 수 있다(그림 17.8). 먼지와 방출 성운들은 나선 은하처럼 많지 않으나, 소량의 성간 물질을 포함하는 은하들도 많이 있다.

타원 은하는 다양한 편평도를 보인다. 그 범위는 구로부터 나선 은하에 가까운 편평도까지 이르고 있다(그림 17.9). 드물게 있는 거대 타원 은하(예로써, 그림 17.8의 M87)의 광도는 10^{11} L_{Sun}에 달한다. 거대 타원의 질량은 최대 10^{13} M_{Sun}까지 이른다. 이들 대형 은하의 지름은 최소 수십만 광년에 이르며, 가장 큰 나선 은하보다도 훨씬 크다. 각각의 별들이 타원 은하의 중심 주변을 돌지만, 그 궤도는 나선 은하처럼 모두 같은 방향이 아니다. 그러므로 타원 은하는 체계적으로 회전하지 않으며, 따라서 얼마나 많은 암흑물질이 포함됐는지 추정하기도 쉽지 않다.

타원 은하의 종류는 방금 서술한 거대 타원부터 가장 흔한 종류의 은하로 생각되는 왜소 타원 은하에 이르기까지 넓은 범위에 걸쳐 있다. 왜소 타원 은하는 매우 어두워서 식별이 어렵기 때문에 오랫동안 주목을 받지 못하였다. 왜소 타원의 예로서, 그림 17.10에 보인 And VI가 있다. 이 은하에는 밝은 별들이 몇 개 되지 않아서 중심 영역도 분해된다. (즉, 개개의 별들이 보인다.) 그러나 별들의 전체 개수 (대부분 너무 어두워서 이 사진에는 나타나지 않으나)는 최소 수백만 개에 달한다. 이 전형적인 왜소 은하의 광도는 가장 밝은 구상

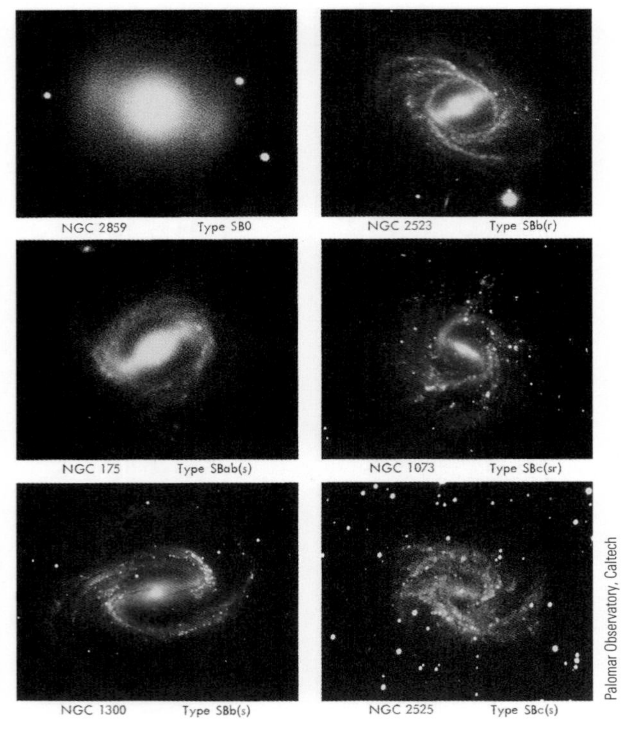

Palomar Observatory, Caltech

■ 그림 17.7

막대 나선 은하 사진첩 이 사진은 정상 나선 은하들과 병행 비교되는 여러 종류의 막대 나선 은하들을 보여준다. 대부분의 가까운 나선 은하에는 내부에 막대 모양의 구조가 들어 있다.

성단과 거의 같다.

거대 타원과 왜소 타원 은하의 중간에 해당하는 은하로서, M31의 두 동반 은하인 M32와 NGC 205가 있다. 이들

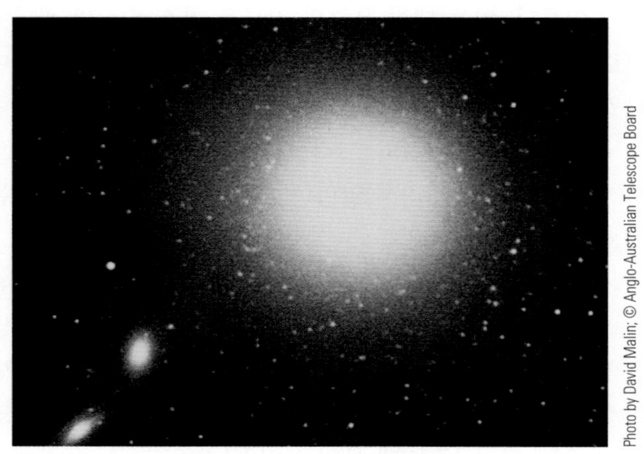

Photo by David Malin; © Anglo-Australian Telescope Board

■ 그림 17.8

타원 은하 주변의 구상 성단 특수 사진 마스킹(masking) 기술로 촬영한 이 영상은 거대 타원 은하 M87을 둘러싼 한 무리의 구상 성단을 보여준다. 사진에 보이지는 않지만 이 은하의 중심핵에서는 밖을 향해 제트 물질이 분출되고 있다. M87은 강력한 전파 및 x-선을 방출하는 활동 은하이다. 그러한 은하들은 다음 장에서 논의된다.

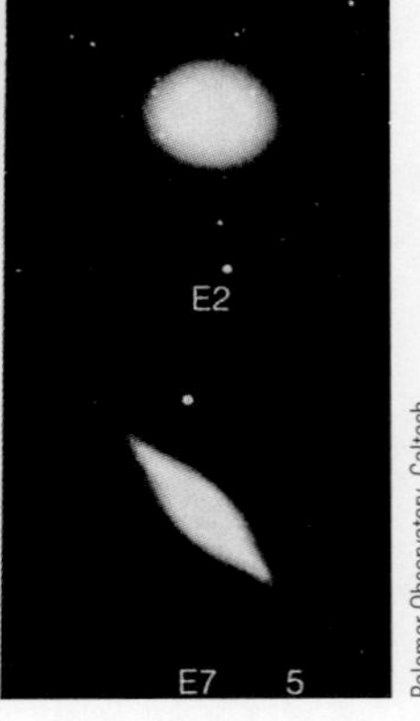

Palomar Observatory, Caltech

■ 그림 17.9

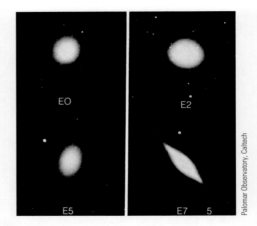

타원 은하의 종류 타원 은하는 구형(E0)인지 혹은 더 길쭉한 타원인지에 따라 분류된다.

은 그림 16.13과 17.1에 있는 M31의 사진에서 볼 수 있다.

17.2.3 불규칙 은하

허블은 지금까지 서술한 범주에 속하는 정상적인 모양이 아닌 은하들을 **불규칙 은하**(irregular galaxy)라는 광범위한 범주로 분류했는데, 우리는 그 용어를 여전히 계속 사용하고 있다. 전형적으로 불규칙 은하는 나선 은하보다 낮은 질량과 광도를 가진다. 불규칙 은하는 보통 혼란스러워 보이며, 많은 경우 별 형성 활동이 비교적 활발히 진행되고 있다. 종족 I과 종족 II의 별들이 모두 여기에 포함된다.

가장 잘 알려진 두 개의 불규칙 은하인 대/소마젤란운(그림 17.11과 17.12)은 160,000 LY보다 조금 더 떨어져 있고, 가장 가까운 이웃의 외부 은하에 속한다. 이 은하들의 이름은 세계 일주 항해 중 이들을 처음으로 발견한 페르디난드 마젤란과 선원들로부터 유래되었다. 미국과 유럽에서는 보이지 않지만, 이 두 항성계는 남반구의 밤하늘에서 희미한 구름처럼 두드러지게 나타난다. 이들은 안드로메다 나선 은하 거리의 1/10밖에 떨어져 있지 않다. 대마젤란운에는 알려진 은하 중 가장 크고 가장 밝은 초거성들과 그와 연관된 성운들의 집합체인 황새치자리 30복합체(30 Dor complex, 타란툴라 성운으로도 알려짐)가 포함되어 있다.

소마젤란운은 대 성운보다 비교적 크기가 작으며, 그 길이가 폭보다 6배 길다. 가느다란 물질 다발이 화살처럼 우리 은하를 향해 뻗어 있다. 이 소 성운은 약 2억 년 전에 대 성운과의 충돌로 희생될 뻔했을지도 모른다. 지금은 은하수 은하의 중력에 의해 분해되고 있다.

George Jacoby/WIYN/NOAO/NSF

■ **그림 17.10**

왜소 은하 And VII 이 은하는 약 400만 광년 떨어져 있어 우리은하에 매우 가깝지만, 1999년에야 발견되었다. 왜소 은하는 가장 흔한 종류지만 너무 어두워서 탐지하기가 매우 어렵다. 대부분의 별들은 이미 적색거성으로 진화했기 때문에 약간 붉게 보인다. 이 영상에 나타난 몇 개의 푸른 별들은 아마도 우리은하에 속한 가까운 별들이다. And VII의 중앙부를 고해상도로 확대한 오른쪽 화면은 별들이 빽빽이 들어찬 모습을 보여준다.

17.2.4 은하의 형태는 진화하는가?

항성 H-R 도(9장 참조)의 성공에 고무되어, 천문학자들은 어느 정도 그에 견줄 만한 체계를 찾기 위한 희망을 품고, 은하의 모양 차이와 여러 진화 단계가 연결될 가능성에 대한 연구를 진행했다. 예를 들어, 모든 주계열성이 적색거성으로 진화하듯이, 모든 타원 은하가 나선 은하로 진화한다면 멋지지 않겠는가? 이런 종류의 간단한 아이디어가, 허블의 제안을 포함해서 몇 가지 제안되었지만, 모두 시간 (관측) 시험을 견디지 못했다.

한 종류의 은하가 다른 것으로 진화한다는 단순한 체계를 찾을 수 없었으므로, 천문학자들은 관점을 반대로 돌렸다. 대부분의 천문학자들은 모든 은하는 우주의 역사에서 매우 일찍 형성되며, 그들의 차이는 별 생성률과 관련된다고 생각했다. 타원 은하는 그 내부에서 모든 성간 물질이 빠르게 별로 전환되고 나선 은하는 전체 일생에 걸쳐 느리게 별 생성이 일어난다. 그러나 이러한 아이디어는 또한 너무 단순화된 것으로 판명되었다.

오늘날 우주가 시작된 이래 적어도 몇몇 은하는 수십억 년에 걸쳐서 종류가 변했을 것으로 여겨진다. 다음 장에서 살펴보겠지만, 밀도 높은 은하단의 중심에서 나선 은하를 포함한 소형 은하들의 충돌과 병합은 M87과 같은 거대 질량의 타원 은하를 만든다. 고립된 나선 은하들도 시간에 따라 겉모습이 변할 수 있다. 그러므로 나선 은하들은 오랜 시간 후에 그림 17.6과 17.7의 왼쪽 위에 있는 은하처럼 보이기 시작한

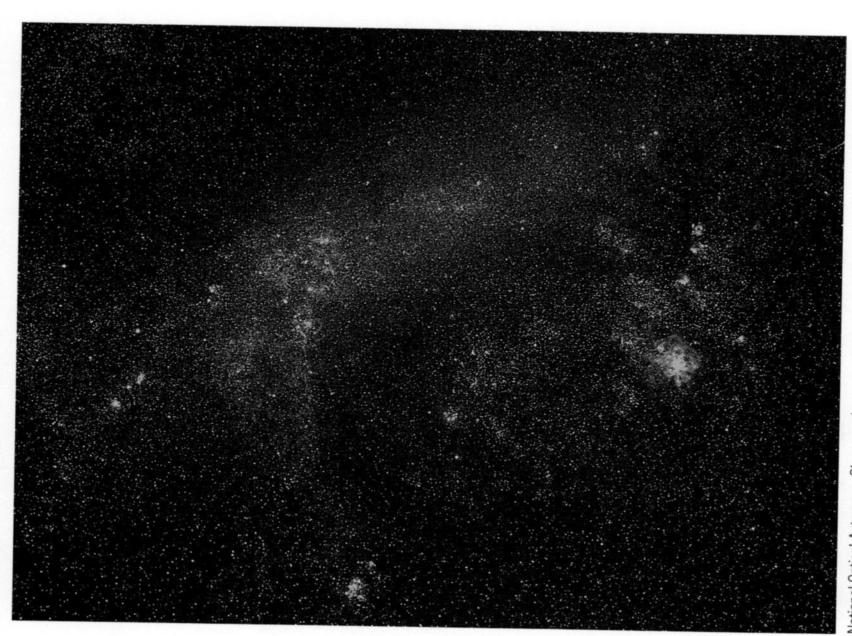

National Optical Astronomy Observatories

■ **그림 17.11**

대마젤란운 이 위성 은하는 남반구에서 육안으로도 보인다. 대형 적색 성운(타란툴라라고 부름)은 별 형성이 활발한 영역이며, 그 속에 많은 젊은 초거성이 포함된다.

■ 그림 17.12
소마젤란운 이 불규칙 왜소 은하는 은하수 은하의 또 다른 위성 은하다.

다(이러한 은하를 S0형이라 함). 지난 20년 동안 우주의 생애에 걸친 은하들의 진화 연구는 천체 물리학에서 가장 활발한 연구 분야였다. 19장에서 은하의 진화에 대해 더욱 자세하게 논의하겠지만, 우선 여러 은하들의 특성에 대해 좀 더 자세히 살펴보자.

17.3 은하의 성질

은하의 질량을 구하는 기술은 기본적으로 태양이나 별 그리고 우리은하의 질량 추정에 사용한 것과 똑같다. 은하의 외곽 영역에서 천체들이 중심에 대해 얼마나 빠르게 도는가를 측정하고, 그 궤도 안쪽에 있는 질량이 얼마인지를 계산하기 위해 케플러 제3법칙과 함께 그 정보를 이용한다.

17.3.1 은하의 질량

천문학자들은 나선 은하의 회전 속도를 측정하기 위해 별이나 가스의 스펙트럼을 구해서 도플러 효과에 의한 파장 이동을 조사한다. 예로써, 그러한 관측에 의해 측정된 M31(우리 이웃인 안드로메다 은하)의 질량(중심에서 100,000 LY의 거리까지 펼쳐져 있는 은하의 밝은 부분 안에 있는 질량)은 대략 $4\times10^{11}\ M_{\rm Sun}$으로 나타나는데, 이 값은 우리은하의 질량과 거의 같다. 중심에서 100,000 LY 이상의 떨어진 물질은 포함되지 않았으므로, M31의 전체 질량은 $4\times10^{11}\ M_{\rm Sun}$보다 크다. 우리은하처럼 안드로메다 은하도 밝은 경계 밖에 다량의 암흑물질이 있을 것으로 예상한다.

타원 은하들은 회전하지 않는다. 이들의 질량 측정을 위해서는 약간 특별한 기술을 사용해야 한다. 타원 은하의 별들은 은하 중심 주변 궤도를 계속해서 돌고 있지만, 나선 은하의 특징처럼 조직적으로 움직이지는 않는다. 타원 은하에는 수십억 년 된 별들이 포함되어 있으므로, 그동안 도망가지 않았다는 가정이 성립된다. 따라서 은하 중심을 궤도 운동하는 별들의 다양한 속도를 측정하면, 별들을 붙잡아두기 위해 필요한 은하 질량을 계산할 수 있다.

실제로 은하의 스펙트럼에는 수많은 별들의 운동 차이로 인해 도플러 이동(일부는 적색, 일부는 청색으로 이동)이 다른 여러 스펙트럼이 혼합되어 나타난다. 그 결과 은하 전체의 분광선에는 수많은 조합의 분광 이동이 합쳐져서, 궤도 운동이 전혀 없는 가상적인 은하보다 분광선의 폭이 훨씬 더 넓어진다. 천문학자들은 이를 선폭 증대라고 한다. 각 분광선 폭의 증대량은 은하의 중심에 대한 별들의 운동 속도 범위를 나타낸다. 또한 속도의 범위는 별들을 은하에 붙잡아두는 중력과 관련된다. 이러한 속도와 관련된 정보를 바탕으로 타원 은하의 질량 계산이 가능하다.

표 17.1에 여러 종류의 은하에 대한 질량 범위(기타 특성)를 요약하였다. 가장 질량이 큰 은하는 거대 타원 은하이지만, 가장 낮은 질량 또한 타원 은하다. 평균적으로, 불규칙 은하는 나선 은하보다 질량이 낮다.

17.3.2 질량 대 광도 비

은하의 특징을 드러내는 한 가지 유용한 방법으로 (태양질량 단위) 은하의 질량에 대한 (태양광도 단위) 방출 광도의 비율이 있다. 이 숫자는 가장 밝은 은하에 어떤 종류의 별들이 있는지를 개략적으로 나타내며, 또한 암흑물질이 얼마나 많이 들어있는지 암시한다. 태양과 같은 항성에 대해서는 정의에 따라 **질량 대 광도 비**(mass-tolight ratio)가 1이다.

은하들은 물론 태양과 같은 별로만 구성된 것은 아니다. 압도적인 다수의 별들은 태양보다 덜 밝고 덜 무거운데, 이 별들은 밝기에 대해서는 영향을 미치지 않지만 은하의 질량에 대해서는 기여하는 바가 크다. 낮은 질량 별들의 질량 대 광도 비는 1보다 크다(표 9.2의 자료를 이용하여 확인할 수 있다). 그러므로 은하의 질량 대 광도 비율은 일반적으로 1보다 큰데, 정확한 값은 높은 질량의 별들과 낮은 질량 별들의 구성 비율에 관계된다.

아직도 별 형성이 일어나고 있는 은하에는 무거운 별들이 많고, 따라서 질량 대 광도 비는 1에서 10의 범위에 있다. 반면, 타원 은하와 같이 대부분 늙은 항성 종족으로 이루어진 은하에서는 무거운 별들은 이미 진화를 끝내고 빛을 잃었으므로 질량 대 광도 비는 10에서 20의 범위다.

표 17.1 여러 종류의 은하의 특성

특성	나선	타원	불규칙
질량(M_{Sun})	10^9~10^{12}	10^5~10^{13}	10^8~10^{11}
지름(1,000 LY)	15~150	3~600	3~30
광도(L_{Sun})	10^8~10^{11}	10^6~10^{11}	10^7~2×10^9
항성 종족	늙은 별과 젊은 별	늙은 별	늙은 별과 젊은 별
성간 물질	가스와 티끌	티끌은 거의 없음, 가스는 조금	가스는 많음, 티끌은 없거나 많음
가시광 부분의 질량 대 광도 비	2~10	10~20	1~10
은하 전체의 질량 대 광도 비율	100	100	?

그러나 이 값은 은하에서 눈에 잘 띄는 내부 영역(그림 17.13)에만 국한된 것이다. 16장에서 밝은 별이나 가스보다 은하 중심에서 훨씬 밖까지 퍼져 있는 우리은하 외부 영역의 암흑물질에 대한 증거를 논의하였다. 최근 안드로메다와 같은 가까운 은하들의 바깥 부분에 대한 회전 속력 측정 결과에는 이들 은하에서도 암흑물질이 별이나 가스로 이루어진 원반 밖에 확산 분포되었음이 암시되어 있다. 이러한 보이지 않는 물질 대부분은 광도에는 기여하지 않지만 은하의 질량에는 합산되므로, 질량 대 광도 비를 증가시킨다. 보이지 않는 암흑물질이 존재한다면, 은하의 질량 대 광도 비율은 최고 100까지 증가한다. 여러 종류의 은하에 대해 측정한 두 가지의 상이한 질량 대 광도 비를 표 17.1에 실었다.

T. A. Rector, NRAO/AUI/NSF and NOAO/AURA/NSF; and M. Hanna, NOAO/AURA/NSF

■ **그림 17.13**
이웃의 나선 은하 M33 이 영상은 가시광과 전파 정보를 조합해서 만들었다. M33의 크기는 30,000 LY 이상, 거리는 200만 LY 이상이다. 이 영상에서 가시광 자료는 뜨거운 수소 가스로 채워진 붉은 별 형성 영역뿐만 아니라 은하 안에 있는 많은 별들을 보여준다. (청 보라색으로 나타낸) 전파 자료는 가시광 망원경으로는 보이지 않는 차가운 수소 가스를 드러낸다. 전파와 광학 어느 쪽의 관측으로도 보이지 않는 것들은 이 은하에 포함된 암흑물질이다.

외부 은하에 대한 이들 측정치는 이미 우리은하의 회전에 대한 연구로부터 얻은 결론을 지지한다—우주를 이루는 대부분의 물질은 현재의 전자기 스펙트럼 어느 부분으로도 직접 관측할 수 없다. 이 보이지 않는 물질의 성질과 분포에 대한 이해는 은하를 이해하는 데 매우 중요하다. 중력 작용을 통해, 암흑물질은 은하의 형성과 초기 진화에 지배적인 역할을 했을 것으로 추정된다. 20장에서 살펴보겠지만, 암흑물질은 또한 우주의 궁극적인 운명 결정에 영향을 준다.

우리 시대와 허블이 천문학 교육을 받던 시대 사이에는 흥미로운 유사성이 존재한다. 1920년 당시의 많은 과학자들은 천문학이 더 나은 관측을 통해서 성운의 본질과 행태를 밝히는 중대한 기로에 있다고 인식하였다. 이와 같이, 오늘날에도 암흑물질의 본질과 성질을 더 잘 이해할 수 있다면, 우주의 거대 구조에 관해 훨씬 더 정교한 이해가 가능할 것으로 보고 있다. 신문이나 뉴스를 통해서 천문학 발전을 계속해서 지켜본다면(그러리라 희망한다!), 다가올 여러 해 동안 암흑물질에 대한 소식을 더 많이 듣게 될 것이다.

17.4 외부 은하의 거리 척도

광도나 크기와 같은 은하의 여러 성질을 결정하려면, 우선 얼마나 멀리 있는지 알아야 한다. 은하의 거리를 안다면, 거리에 따라 빛이 어두워지는 정도를 정확히 알기 때문에(예를 들어, 똑같은 은하가 10배 더 멀리 떨어져 있다면, 100배 더 어둡게 보이기 때문에), 하늘에서 보이는 은하의 밝기를 실제의 광도로 환산할 수 있다. 그러나 은하의 거리 측정은 현대 천문학의 가장 어려운 난제 중 하나다. 모든 은하는 너무 멀어서 그 속의 별들을 하나씩 파악하기가 매우 어렵다.

허블의 초기 연구 이후 수십 년 동안, 은하의 거리 측정에 사용되었던 기술은 상대적으로 정교하지 못해서, 다른 천문학자가 구한 거리와 최대 2배의 차이를 보였다. 여러분의 집이나 기숙사에서 천문학 강의실까지의 거리가 이렇게 불확실하다고 상상해 보자. 그러면 제시간에 맞추어 강의실에 도착하기가 어려울 것이다. 지난 수년 동안 천문학자들은 은하의 거리를 측정하는 새로운 기술을 고안하였다. 이들의 측정기법은 모두 오차범위 10% 이내의 같은 결과를 내놓았다. 이제 곧 알겠지만, 이것은 마침내 우주 척도에 대한 신빙성 있는 예측이 가능해졌음을 뜻한다.

17.4.1 변광성

외부 은하의 거리를 측정하기 전에, 먼저 우리은하의 천체를 이용해서 우주의 거리 척도를 확립해야 한다. 10장에서 연쇄적인 거리 측정법을 서술했다. (읽은지 오래됐다면, 복습을 권한다.) 매우 먼 거리에서도 보이는 세페이드와 같이 원래부터 밝은 특정한 종류의 변광성들을 이용하여 거리를 측정하는 방법을 발견한 후 천문학자들은 특별히 기뻐했다.

가까운 은하의 거리 측정법으로 수십 년 동안 변광성들이 이용되었다. 월터 바데(별의 종족에 대한 그의 연구에 대해 이전 장에서 다루었음)는 실제로 세페이드가 두 종류이며 천문학자들이 부지불식간에 혼용해 왔다는 것을 밝혀냈다. 그 결과 1950년대 초에 모든 은하들의 거리는 거의 두 배씩 늘어나야 했다. 이를 언급하는 이유는, 이 글을 읽으면서, 과학은 항상 진보하는 과제임을 가슴에 새겨주기를 바라기 때문이다. 이렇게 어려운 연구에서 초기의 잠정적인 결과는 기술이 더욱 정교해짐에 따라 언젠가는 반드시 바르게 고쳐지게 된다.

세페이드를 찾고 주기를 측정하는 연구에서는 해야 할 일이 엄청나게 많다. 예로써, 허블은 18년이 넘는 기간 동안, 이웃 M31 나선 은하에 대해 350장의 장시간 노출 사진을 얻었는데, 그중에서 단지 40개의 세페이드만 찾을 수 있었다. 세페이드가 밝은 별임에도 불구하고, 세계 최대의 지상 망원경으로도 가장 가까운 은하에 대해 단지 30개밖에 탐지할 수 없었던 것이다. 10장에서 언급했듯이, 허블 우주 망원경 가동 첫해에 추진됐던 주요 연구 과제 중의 하나는 외부 은하의 거리 척도(그림 10.9) 개선을 위해 더 먼 은하에서 세페이드를 관측하는 것이었다. 최근 천문학자들은 허블을 이용하여 그러한 관측을 1억 800만 LY까지 연장시켰다—이것은 망원경과 인간 의지의 개가다.

그럼에도 불구하고 은하로 이루어진 우주에서 작은 영역에 대해서만 세페이드를 거리 측정에 이용할 수 있다. 이 방법을 사용하려면 은하를 개개의 별들로 분석하여 그들의 미세 변화를 추적해야 한다. 어떤 한계 거리 밖에 대해서는 최고의 우주 망원경조차 우리 연구에 도움이 되지 못한다. 다행스럽게, 은하의 거리를 측정하는 기타의 방법들이 있다.

17.4.2 표준 전구

별들이 일반적으로 표준 전구가 아님을 알고 천문학자들이 느꼈던 좌절에 대해서는 10장에서 논의한 바 있다. 큰 강당에 설치된 모든 전등이 100 W **표준 전구**(standard bulb)라면 밝게 보이는 전구는 가깝고, 어두운 것은 멀리 있다. 모든 별들이 표준 광도(와트)를 가진다면, 얼마나 밝게 보이는가를 바탕으로 그 거리를 '읽을' 수 있다. 그러나 이미 보았듯이 어느 별이나 은하도 단 하나의 표준 광도만 갖지 않는다. 그럼에도 불구하고 천문학자들은 어느 면에서 표준 전구와 같은—어디에서든 실제 밝기가 항상 동일한—천체들을 찾아왔다.

가능성 있는 표준 전구로서 가장 밝은(다량의 자외선을 방출하는) 초거성, 행성상 성운 그리고 은하에 있는 평균적인 구상 성단 등을 포함한 여러 천체들이 제안되었다. 특히 유용한 것으로 밝혀진 천체는 제I형 초신성—쌍성계를 이루는 백색왜성의 폭발—이다(14.5절 참조). 관측에 의하면, 이 종류의 모든 초신성은 최대 밝기에서 거의 동일한 광도(약 $10^{11}\ L_{\text{Sun}}$)에 도달한다. 이렇게 엄청난 광도의 초신성은 80억 광년 이상의 거리 밖에서도 탐지된다(그림 17.14).

매우 먼 거리에 대해서는 은하 전체에서 방출되는 빛을 표준 전구로 사용할 수 있다. 그러나 이 기술은 고립된 단독 은하에는 적용할 수 없다. 왜냐하면 은하들의 실제 광도 범위가 엄청나게 넓고(표 17.1 참조), 단순히 형태만으로 은하의 실제 광도를 알 수 없기 때문이다. (예, 고립된 타원 은하의 경우 광도가 다른 것들도 비슷하게 보인다.) 다양한 밝기의 은하들을 집단적으로 비교했을 때 비로소 어느 은하가 가장 밝고, 어느 것이 그렇지 않은지를 알 수 있다. 다행스럽게도 은하들은 사회적 피조물로서(19장 참조), 은하단 또는 은하군을 이룬다. 따라서 은하단까지의 거리 추정을 위해 대형

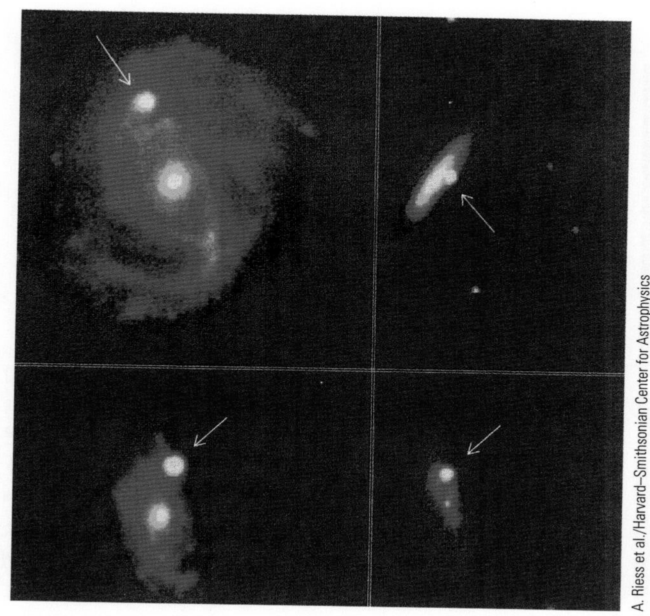

■ **그림 17.14**

거리 지표로서의 초신성 휘플(Whipple) 천문대의 1.2 m 망원경으로 촬영한, 4개의 제I형 초신성의 영상. 제I형 초신성의 최대 광도가 모두 같다면, 더 먼 은하에서는 더 어두우므로 거리의 추정에 사용될 수 있다.

은하단에서 가장 밝은 타원 은하의 겉보기 밝기(또는 가장 밝은 다섯 개 은하의 평균 밝기)가 사용되기도 한다.

이 다양한 표준 전구가 얼마나 좋은지에 대해서 천문학자들 사이에 많은 논란이 있다. 이를테면, 어느 부주의한 제조업자가 100 W 전구를 어떤 것은 90 W로, 다른 것은 110 W로 만든 것으로 비유된다. 이 경우, 주어진 전구의 밝기는 원래 밝기에서 10%를 더하거나 빼서 사용해야 한다. 우주 또한 구성 천체들을 정확한 표준 전구로 만들었을리 없으므로, 최선의 거리 지표인 광도에는 여전히 약간의 편차가 존재한다. 이러한 방법을 쓸 때에는 그 부정확성을 감안해서 기회가 있을 때마다 세심하게 다른 독립적인 방법과 비교해야 한다.

17.4.3 신기술

거리를 측정하는 새로운 몇 가지 강력한 기술이 최근에 개발되었다. 모든 거리 측정방법은 세페이드와 표준 전구를 이용해서 거리가 알려진 가까운 은하의 관측으로부터 시작된다. 이들 가까운 은하들의 특성은 세심하게 눈금 조정되어 거리가 너무 멀어서 개개의 별이나 성단을 분리해 낼 수 없는 은하들의 거리 측정에 사용된다. 그러한 거리 측정 기술 3가지 가운데 2가지를 간략히 고찰한다.

그 첫 번째는 하와이 대학의 브렌트 튤리(Brent Tully)와 국립전파천문대의 리차드 피셔(Richard Fisher)가 1970년대 말에 알아낸 흥미로운 관계를 이용하는 것이다. 이들은 나선 은하의 광도가 회전 속도(얼마나 빨리 자전하는지)와 관련됨을 발견했다. 은하의 질량이 클수록, 바깥 영역에 있는 천체들이 더 빠르게 돈다. 더 무거운 은하일수록 더 많은 별들이 들어있고, 따라서 더 밝다. (잠시 암흑물질은 무시한다.) 앞의 절에서 사용한 용어로 표현하면, 질량 대 광도 비율은 다양한 종류의 나선 은하에 대하여 매우 비슷하므로, 회전 속도를 측정해서 질량을 추정하고, 이 질량에서 다시 나선 은하의 밝기를 추산한다.

튤리와 피셔는 나선 은하에서 물질이 중심에 대해 얼마나 빨리 도는가를 측정하기 위하여 차가운 수소에서 나오는 21 cm 복사를 사용하였다. 정지된 원자에서 방출되는 21 cm 복사는 미세한 좁은 선이므로, 전체 은하가 만드는 21 cm 선폭은 그 은하에 있는 수소 가스의 궤도 속도의 범위를 알려준다. 선폭이 넓을수록, 은하에서 가스는 더 빠르게 돌고, 질량은 더 크며, 더 밝은 은하로 판명된다.

은하에서 대부분의 질량은 밝기에는 전혀 기여하지 않고 회전 속력에만 영향을 주는 암흑물질이기 때문에 이 방법이 성립된다는 사실은 다소 놀랍다. 또한 질량 대 광도 비율이 모든 나선 은하에 대해 비슷하다는 명확한 이유도 없다. 그럼에도 불구하고 가까운 은하들의 관측은 회전 속도의 측정으로부터 실제 광도가 정확하게 추정됨을 보여준다. 일단 은하의 실제 광도가 얼마인지 알면, 그 광도와 겉보기 밝기를 비교하고 그 차이로부터 거리를 계산한다.

또 다른 신기술은 타원 은하 표면의 겉보기 밝기 변동을 측정하는 것이다. 이 기술은 MIT의 존 톤리(John Tonry)에 의해 개발되었다. 타원 은하는 대부분 매우 늙은 별들과 극소량의 가스 또는 먼지를 포함한다. 매우 선명한 타원 은하의 사진은 각각의 분리된 광점으로 보이는 많은 별들로 구성된 구상 성단과 매우 비슷하다. 지구 대기에 기인한 번짐(blurring)이 있더라도, 타원 은하의 영상은 완벽하게 매끄럽게 보이지는 않는다. 그 대신, 은하에 속한 개개의 별에서 방출되는 빛이 자연스럽게 뭉쳐져서 얼룩지거나 울퉁불퉁하게 보인다(그림 17.15).

울퉁불퉁한 정도는 은하의 거리와 관련된다. 가까운 은하는 개개의 별이나 성단을 볼 수 있으며, 은하의 영상에 밝기 변화에 의한 굴곡이 나타난다. 반면, 매우 먼 은하는 별들을 전혀 분리해 낼 수 없으며, 따라서 그 영상은 매끄럽다.

그러므로 타원 은하의 거리는 밝기 분포에서 울퉁불퉁한 정도를 측정하여 추정할 수 있다. 이 기술은 원반의 밝기 분포에 변동을 일으키는 다량의 먼지가 포함된 나선 은하에

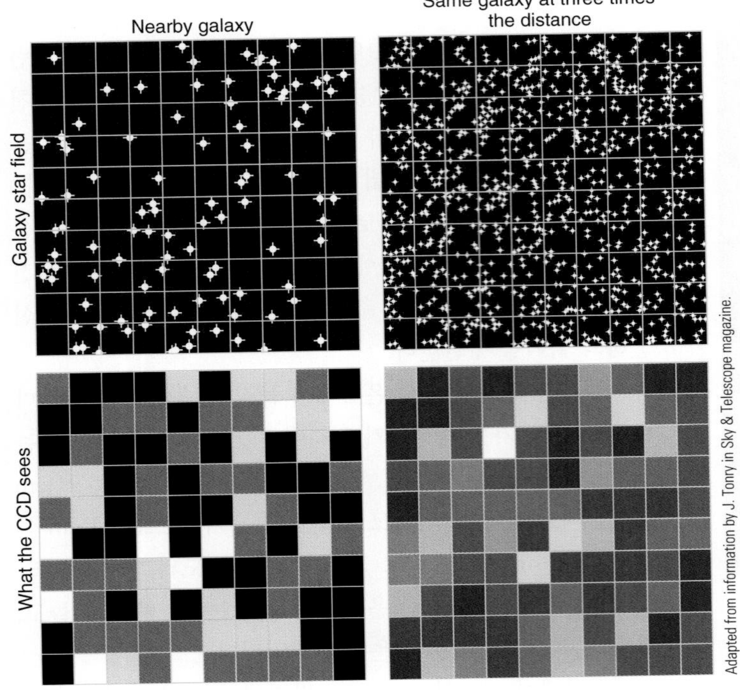

■ **그림 17.15**
은하의 거리 측정방법 이 그림은 현대적 전자 탐지기인 전하 결합소자(CCD) 위에 나타난 은하의 모습이다. 이러한 탐지기는 하늘의 좁은 영역에서 나오는 모든 빛을 측정하는 화소라고 하는 많은 개수의 작은 감광 표면(그림의 작은 네모 조각)으로 이루어진다. 관측하는 은하가 가깝다면(왼쪽 그림), 어떤 화소는 하나 또는 서너 개의 별을 측정하고, 다른 것들은 빈 하늘만 측정하게 되어 화소 사이에 밝기 측정값에 큰 차이가 나타난다. 반면 은하가 더 멀리 있다면(오른쪽 그림), 모든 화소는 서로 근접해 붐비는 여러 개의 별들을 탐지한다. 따라서 서로 이웃한 화소에서 측정한 별빛은 큰 차이를 보이지 않게 된다. 이런 방식으로 영상에 나타난 빛의 분포가 얼마나 매끄러운지를 측정함으로써 은하의 거리를 추정할 수 있다.

는 적용할 수 없다. 그러나 이 방법은 툴리-피셔 기술을 적용할 수 없는 타원 은하에 대해 좋은 결과를 보여준다.

표 17.2에는 지금까지 설명한 기술을 적용하는 은하의 종류와 그 기술의 적용 가능한 거리 범위 그리고 각각의 기술로 유도된 거리 추정치의 신뢰도가 실려 있다.

17.5 팽창하는 우주

이제 천문학이 이룬 가장 중요한 발견 중의 하나—우주가 팽창하고 있다는 사실—을 다루려고 한다. 이 발견이 어떻게 이뤄졌는지를 서술하기 전에 은하 연구의 첫 단계는 분광 기술의 큰 진보와 함께 시작되었음을 지적해야 한다. 대형 망원경을 사용하는 천문학자들은 오랜 시간 동안 계속해서 같은 천체를 가리키고 있도록 망원경을 조종해서 어두운 별이나 은하의 스펙트럼을 사진 건판 위에 기록한다. 그렇게 얻은 은하들의 스펙트럼에는 화학 조성, 질량 그리고 이들 거대한 항성계의 운동에 관한 풍부한 정보가 담긴다.

17.5.1 슬라이퍼의 선도적 관측

흥미롭게도 우주 팽창의 발견은 화성인과 외계 태양계의 탐색으로 시작되었다. 1894년에 논쟁을 좋아했던 (그리고 부유

표 17.2 은하의 거리 추정법

방법(SB=표준 전구)	신뢰도	은하의 종류	근사적 거리 범위(백만 LY)
세페이드 변광성	최상	나선, 불규칙	0~110
가장 밝은 별(SB)	보통	나선, 불규칙	0~150
행성상 성운(SB)	최상	모두	0~70
구상 성단(SB)	보통	모두	0~100
표면 밝기 변동	최상	타원	0~100
툴리-피셔 방법(21 cm 선폭)	최상	나선, 불규칙	0~300
제I형 초신성(SB)	최상	모두	0~11,000
은하단의 가장 밝은 은하(SB)	최상	은하단의 타원 은하	70~13,000
적색이동(허블의 법칙)	최상	모두	300~13,000

■ **그림 17.16**
베스토 M. 슬라이퍼(Vesto M. Slipher 1875~1969) 슬라이퍼는 그의 생애를 로웰 천문대에서 보냈고 그곳에서 은하들의 큰 시선속도를 발견했다.

했던) 천문학자 퍼시벌 로웰(Percival Lowell)은 행성을 연구하고 우주 생명체를 탐색하기 위해 애리조나의 플래그스태프(Flagstaff)에 천문대를 세웠다. 로웰은 나선 성운은 형성 과정에 있는 태양계라고 생각했다. 그래서 성운의 분광선이 새로 형성되는 행성들의 화학 조성을 나타내는지를 알기 위해 그 천문대의 젊은 천문학자였던 베스토 슬라이퍼(Vesto M. Slipher, 그림 17.16)에게 나선 성운의 스펙트럼 사진을 찍을 것을 요청했다.

로웰 천문대의 주요 장비는 24인치 굴절망원경이었는데, 어두운 나선 성운의 관측에는 전혀 적합하지 않은 것이었다. 당시의 기술로 (분광선의 위치로부터 은하의 운동을 알 수 있는) 양호한 스펙트럼을 얻으려면 사진 건판을 20~40시간 동안 노출시켜야 했다. 이것은 똑같은 사진을 3~4일 동안 계속 노출해야 함을 뜻한다. 1912년부터 20년 이상의 노력 끝에 슬라이퍼는 40개 이상의 성운 스펙트럼 사진을 힘들게 얻을 수 있었다.

놀랍게도 대부분의 은하 분광선들은 엄청난 적색이동을 보였다. '**적색이동**(redshift)'이란 스펙트럼선들이 더 긴 파장 쪽(가시광의 붉은 가장자리 쪽)으로 변위됨을 의미한다. 4장에서 광원이 우리로부터 멀어질 때 적색이동이 일어난다고 배웠다. 슬라이퍼의 관측은 많은 은하들이 큰 속력으로 경주하듯이 멀어져 가고 있음을 보여주었다. 그가 측정한 최고의 속력은 1800 km/s였다. 우리의 가까운 이웃으로 알려진 M31 같은 몇 개의 나선 은하들만 우리에게 접근하는 것으로 밝혀졌다. 그 밖의 모든 은하들은 멀어지고 있었다. 슬라이퍼는 1914년에 최초로 이 발견 사실을 공표했는데, 그 몇 년 후 허블은 이들 천체가 외부 은하임을 보여 주었다.

17.5.2 허블의 법칙

슬라이퍼 연구의 의미는 허블이 나선 성운의 거리 추산 방법을 발견한 1920년대에 비로소 분명해졌다. 중학교를 중퇴하고 윌슨 산 천문대를 오르내리는 노새 달구지를 모는 일로 천문학 경력을 시작했던 훌륭한 인물인 밀턴 휴메이슨(Milton Humason, 그림 17.17)의 보조를 받아서, 허블은 그의 주요 관측을 수행했다. 초기 시절에는 보급물을 이러한 방식으로 실어 올렸으며, 천문학자들도 망원경 사용 차례가 되면 등산을 해야 했다. 휴메이슨은 천문학자들의 연구에 흥미를 느껴서, 그 천문대의 전기 기사의 딸과 결혼한 다음, 그곳 수위로 일하게 됐다. 얼마 후에는 야간 관측 보조원이 되어 망원경을 작동하고 자료들을 얻는 일을 하면서 천문학자들을 도왔다. 결국 인정받게 된 그는 천문대의 정규 천문학자가 되었다.

1920년대 말까지 휴메이슨은 허블과 협력해서 100인치 망원경으로 어두운 은하들의 스펙트럼 사진을 찍었다. (이때에 나선 성운이 실제 은하라는 사실에 의문이 없었다.) 허블은 자신의 거리 추정치와 슬라이퍼 그리고 휴메이슨의 은하 후퇴속도(은하가 멀어지는 속력) 측정값을 나란히 놓고, 충격적인 발견을 했다. 은하들의 거리와 속도 사이에 관련성이 있다는 것이다. 거리가 먼 은하일수록 더 빨리 멀어진다.

1931년에 허블과 휴메이슨은 미국 천문학자들이 구독하는 최고 선두 학술지인 천체물리학회지(*The Astrophysical*

■ **그림 17.17**
밀턴 휴메이슨(Milton Humason, 1891~1972) 밀턴 휴메이슨은 허블과의 연구로 우주의 팽창을 입증하였다.

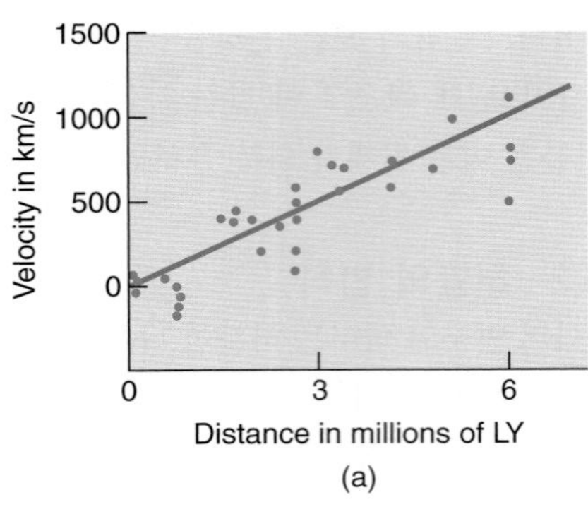

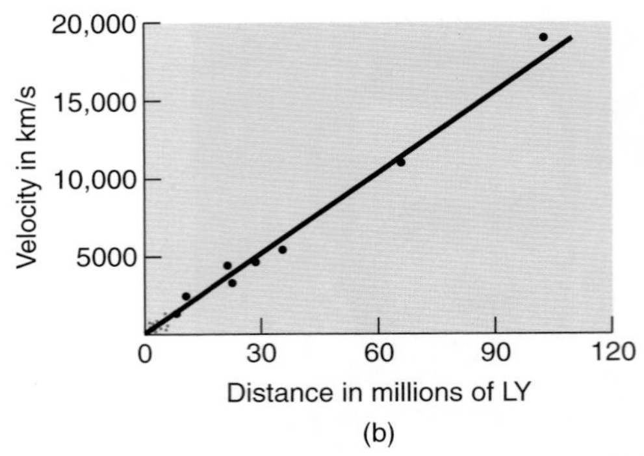

■ **그림 17.18**

허블의 법칙 (a) 미국 과학원 논문집에 실린 허블의 1929년 논문에서 발췌한 원래의 속도-거리 관계. (b) 1931년 천체물리학회지의 논문에 실린 허블과 휴메이슨의 속도-거리 관계. 왼쪽 아래의 붉은 점들은 1929년의 논문 그림에 있는 점들이다. 두 그래프를 비교하면 이들 논문이 쓰여진 2년 사이에 은하들의 거리와 적색이동 측정이 얼마나 빠르게 진행되었는지 알 수 있다.

Journal)에 공동으로 불후의 논문을 발표하였다. 최고 20,000 km/s의 속도로 움직이는 먼 은하에 대해서 우리로부터 멀어지는 속도와 거리를 비교함으로써, 은하들의 후퇴속도는 우리로부터의 거리에 정비례함을 보일 수 있었다(그림 17.18).

이 관계는 몇 개의 가까운 은하를 제외한 모든 은하들에 대해 성립한다는 것이 현재 알려졌다. 우리에게 접근하고 있는 일부 은하들은 은하수 은하가 속한 국부 은하군의 일원으로, 공간에서 전체 새떼들이 같이 이동하더라도 그 안에서 각각의 새들은 서로 약간씩 다른 방향으로 날고 있듯이, 개별적인 운동을 한다. 공식을 쓰면, 거리와 속도 사이의 관계는

$$v = H \times d$$

이며, 여기서 v는 후퇴 속력, d는 거리 그리고 H는 **허블 상수**(Hubble constant)다. 이 방정식을 **허블의 법칙**(Hubble law)이라고 한다.

천문학의 기초지식
비례 상수

허블의 법칙과 같은 수학적 관계는 일상생활에서 매우 흔하다. 간단한 예로 부유한 졸업생들을 방문해서 기부를 유치하는 일을 맡았다고 하자. 매 방문마다 1.5달러씩 받기로 했다. 천문학 수업이나 다른 수업이 없는 시간을 이용해서 방문 횟수를 더 늘린다면, 더 많은 돈을 벌 수 있을 것이다. 받는 돈 p와 방문 횟수 n을 연결하는 식은 $P = A \times n$이다.

여기서 A는 매 방문당 1.5달러인 졸업생 상수다. 20회 방문했다면, 1.5달러의 20배에 해당하는 30달러를 받게 된다.

매 방문마다 얼마나 받게 될지 미리 알려주지 않았다고 하자. 이 경우 급여를 결정하는 졸업생 상수는 매주 받은 돈과 방문 횟수를 추적하면 알 수 있다. 첫째 주에 100회를 방문해서 150달러를 받았다면, 그 상수는 1.5(단위는 매 방문당 달러)가 된다. 물론 허블에게도 그의 상수를 정확하게 말해주는 상급자가 없었으므로, 거리와 속도의 측정치로부터 그 값을 계산해야 했다.

■ ■ ■ ■ ■ ■ ■ ■ ■ ■ ■ ■ ■

천문학자들은 은하들의 거리와 속도를 측정하는 데 허블 상수의 단위를 쓴다. 이 교재에서는 그 단위로 매 100만 LY당 km/s을 사용한다. 여러 해 동안 허블 상수의 추산치는 100만 LY당 15~30 km/s로 추산되었다. 가장 최근의 연구 결과는 100만 LY당 20 km/s 근방으로 수렴되고 있다. 만일 H가 100만 LY당 20 km/s이라면, 은하는 매 100만 LY의 거리마다 20 km/s씩의 속력으로 멀어지게 된다. 즉 1억 LY 떨어진 은하는 2000 km/s의 속력으로 우리로부터 멀어진다.

허블의 법칙은 우주의 본질적 특성을 우리에게 알려준다. 가까운 은하들을 제외한 모든 은하들이 우리로부터 멀어지고, 먼 것일수록 더 빨리 움직이므로, 우리는 **팽창우주**에 사는 셈이다. 다음 장에서 이 아이디어가 암시하는 것들을 탐구하게 된다. 이제 허블의 관측은 은하의 기원과 진화에 관한 모든 이론의 기초가 된다고 할 수 있다.

17.5.3 허블의 법칙과 거리

허블의 법칙으로 표현된 규칙성에는 보너스가 들어 있다. 즉 이 법칙은 먼 은하들의 거리를 측정하는 새로운 방법을 제공

한다. 우선, 여러 방향에 있는 많은 은하들의 거리와 속도 모두를 측정하여 허블 상수를 확실히 결정함으로써, 이 법칙이 모든 은하의 보편적 특성임을 확인해야 한다. 일단 허블 상수를 구해서 어디든지 성공적으로 적용되면 거리 결정을 통해 더욱 더 넓은 우주가 열리게 되는 셈이다. 기본적으로, 은하의 스펙트럼이 얻어지면 곧바로 얼마나 멀리 있는지 알 수 있다.

그 과정은 다음과 같다. 스펙트럼을 이용하여 멀어지는 은하의 이동 속력을 측정한다. 이 속력과 허블 상수를 허블의 법칙에 대입하면 거리를 알 수 있다. 예로서 이 장 끝에 있는 계산 문제를 참조하라.

이 방법은 매우 중요한 기술이다. 왜냐하면 이미 살펴보았듯이, 어떤 은하 거리 측정방법으로도 6억 LY 이상의 거리는 구할 수 없기 때문이다. (또한 오차도 크다.) 그러나 거리 지수로서 허블의 법칙을 사용한다면, 오늘날 대부분의 천문학자들이 매우 능숙하게 할 수 있는 은하의 스펙트럼에서 도플러 이동을 측정하는 작업만으로 거리 측정이 가능하다.

대형 망원경과 현대적인 분광기로 극히 어두운 은하에 대해서도 스펙트럼을 얻을 수 있다. 다음 장에서 보겠지만, 천문학자들은 광속의 90% 이상 적색이동을 보이는 은하들도 관측할 수 있다. 그렇게 높은 속도에서는—정상적으로 지상에서는 관측되지 않는—자외선 영역의 스펙트럼이 황색 또는 적색 파장으로 이동되어, 보통 빛으로 사진이 찍힌다.

17.5.4 팽창 우주의 모형

코페르니쿠스와 섀플리의 팬이라면, 허블의 법칙을 생각하고 처음에는 충격을 받을 것이다. 실제로 모든 은하가 우리로부터 멀어지고 있을까? 그렇다면, 우주에서 우리는 특별한 위치를 차지하는가? 걱정 말라. 은하들이 허블의 법칙을 따른다는 사실은 우주가 팽창해야 성립된다. 균일하게 팽창하는 우주에서는 어디서나 똑같은 비율로 팽창이 이루어진다. 그러한 우주에서는 우리와 모든 관측자들이 어디에 있든지 간에 은하들 사이에는 속도와 거리의 비례 관계가 관측된다.

왜 그런지 알아보기 위해서 먼저 매 센티미터마다 눈금이 매겨진 유연한 고무자를 상상해보자. 이제 손가락 힘이 센 사람이 자의 양 끝을 천천히 당겨 그 길이를 1분에 두 배씩 늘린다고 하자(그림 17.19). 지능 높은 개미가 2 cm 눈금 표시 점—이 점은 자의 중심이나 양쪽 끝이 아님—위에 앉아 있다. 늘어나는 자에서 그 개미는 4 cm, 7 cm 및 12 cm 눈금 위에 앉아 있는 다른 개미들이 얼마나 빨리 움직이는가를 측정한다.

4 cm에 있는 개미는 처음에는 우리 개미로부터 2 cm

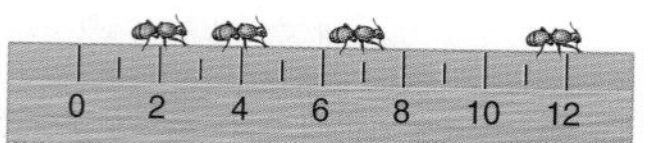

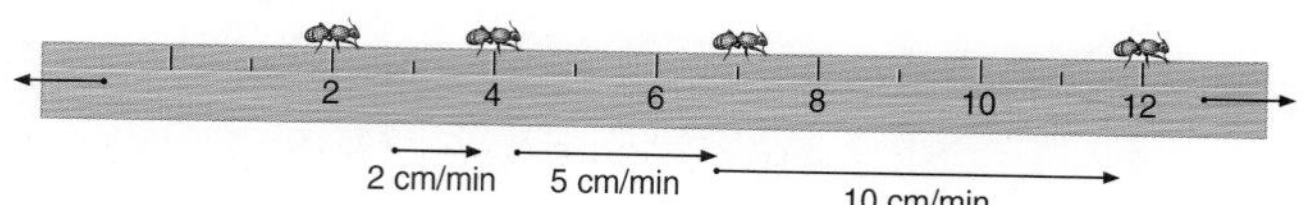

■ **그림 17.19**
자 늘리기 늘어나는 자 위의 개미들은 다른 개미들이 자신들로부터 멀어지는 것을 본다. 다른 개미가 멀어지는 속력은 그 거리에 비례한다.

떨어져 있었지만, 1분 만에 그 거리가 두 배 늘어났다. 따라서 그는 2 cm/min의 속도로 멀어지는 셈이다. 7 cm 눈금에 있던 개미는 처음에는 5 cm 떨어져 있었으나, 지금은 10 cm 떨어져 있다. 따라서 5 cm/min의 속도로 움직이고 있다. 그리고 12 cm 눈금에서 출발한 개미는 처음 10 cm 떨어져 있었지만 지금은 20 cm 떨어져 있으므로, 10 cm/min의 속력으로 멀어지고 있다. 여러 거리에 있는 개미들은 서로 다른 속력으로 멀어지며, (은하들이 허블의 법칙을 따르듯이) 그들의 속력은 그들의 거리에 비례한다. 그러나 자 전체는 균일하게 늘어나고 있다.

이번에는 지능 높은 개미를 다른 눈금 표시 점—예컨대 7 cm나 12 cm—위로 옮겨 놓고 이런 분석을 반복해보자. 자를 균일하게 늘리는 한, 그 개미는 거리에 비례하는 속력으로 다른 개미들이 멀어져 감을 알게 될 것이다. 바꾸어 말하면, 허블의 법칙과 같은 방식으로 표현되는 관계는 개미의 '세계'를 균일하게 늘림으로써 설명된다. 그리고 우리의 단순한 그림에 나오는 모든 개미들은 자가 늘어남에 따라서 다른 개미들도 멀어짐을 보게 된다.

3차원적인 유추를 위해서 그림 17.20의 건포도 빵을 살펴보자. 요리사가 반죽에 이스트를 너무 많이 넣어서, 빵을 부풀렸을 때 크기가 한 시간 만에 두 배로 늘어났고, 속에 든 모든 건포도들이 더욱 멀리 떨어지게 되었다. 그림과 같이, (빵의 가장자리나 가운데에 있지 않은) 대표 건포도 하나를 지정해서, 그로부터 서너 개의 다른 건포도까지의 거리(빵이 팽창하기 전후의 거리)를 알아본다.

거리 증가를 측정해서 그 속력을 계산할 수 있다. 한 시간 동안에 모든 거리가 두 배로 늘어났으므로, 각각의 건포도는 그 거리에 비례하는 속력으로 대표 건포도로부터 멀어진 셈이다. 어떤 건포도를 선택하더라도 같은 결과를 얻는다. '보라! 모든 건포도는 나로부터 멀리 팽창되고 있다. 그리고 그들의 속력은 거리에 비례한다.'

지금까지의 두 가지 유추는 우리 생각을 명확히 하는

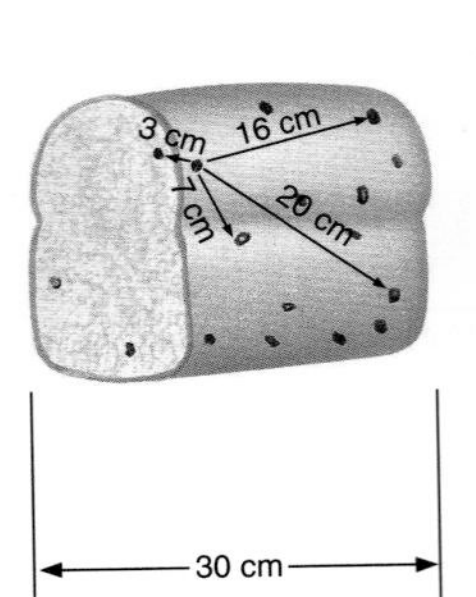

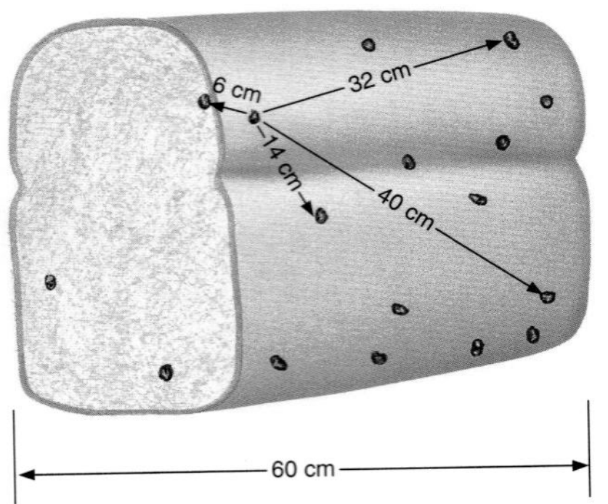

■ **그림 17.20**
팽창하는 건포도 빵 건포도 빵이 구워질 때 건포도들은 다른 건포도가 멀어지는 것을 본다. 균일하게 팽창하는 빵에서는 건포도의 거리가 멀수록 빨리 멀어진다.

데 유용하지만, 문자 그대로 받아들여서는 안 된다. 자와 건포도 빵 모두에는 가장자리나 중심을 차지하는 지점이 존재한다. 따라서 자나 빵 덩어리에서는 이들을 사용해서 중심을 지정할 수 있다. 그러나 우리의 우주 모형은 자나 빵의 성질과 약간 비슷한 면이 있기는 하지만, 중심이나 가장자리가 없다.

개미와 건포도 모두에 대해 공통으로 주목할 것은 그들 스스로 자신의 운동을 '유발'하지 않았다는 점이다. 건포도들은 작정하고 서로 여행가거나 달아나기 위해 롤러스케이트를 신지 않았다는 것이다. 우리의 두 가지 유추 모두에서 개미나 건포도는 매질(자 또는 빵)이 늘어남에 따라 서로 멀어지게 되었다. 같은 방식으로 은하들도 서로 멀리 떨어지도록 만드는 로켓 추진 모터가 달려 있지 않다. 그 대신 그들은 팽창하는 우주에서 수동적인 참여자일 뿐이다. 공간이 늘어남에 따라 은하들은 점점 더 멀리 떨어지게 되었다.

그런데 우주의 팽창은 개개의 은하나 은하단 자체의 팽창을 의미하지는 않는다. 우리의 유추에서 건포도는 빵이 팽창함에 따라 성장하지 않는다. 이와 비슷하게 중력은 은하나 은하단을 붙잡아 두며, 우주의 팽창에 따라—자체의 크기 변화 없이—단순히 서로 멀어질 뿐이다.

이 책 마지막 장에는 우주의 과거 역사와 궁극적인 운명의 의미를 탐색하게 된다. 그러나 그에 앞서 팽창하는 우주에서 가장 당혹스럽고 활동적인 천체들을 우선 다루게 된다.

인터넷 탐색

은하의 소개:
crux.astr.ua.edu/goodies/data_resources/galaxies.text
훌륭한 배경 정보와 아마추어 관측이 쉬운 은하 목록이 포함된 은하에 대한 소개.

애드윈 허블:
antwrp.gsfc.nasa.gov/diamond_jubilee/d_1996/sandage_ hubble.html
허블의 학생이자 후계자였던 알란 샌디지가 쓴 허블의 생애와 업적에 관한 글.

우주 팽창률의 측정:
hubblesite.org/newscenter/archive/1999/19/
여기서 배경 자료를 원한다면 어떻게 우주의 팽창을 발견하고 측정했는지에 대한 연대기를 찾게 될 것이다.

허블 심천 사진:
- hubblesite.org/newscenter/archive/1996/01
- hubblesite.org/newscenter/archive/1998/41
- hubblesite.org/newscenter/archive/1998/32

1995년과 1998년에 허블 우주 망원경은 (하나는 북쪽에 있고 하나는 남쪽에 있는) 은하와 우주에 대한 심천 사진을 찍었다. 1998년에 천문학자들은 북쪽 영역의 일부에서 더욱 깊숙한 적외선 심천 사진도 찍었다. 유명한 사진들을 보거나 내려받고 그림 설명과 배경 정보를 읽으며 이들로부터 얻어낸 연구 결과를 배우라.

은하 사진 모음:
여기 있는 각각의 사이트들은 세계에서 가장 큰 망원경들로 찍은 은하 사진첩을 포함한다.
- Anglo-Australian Observatory:
- www.aao.gov.au/images/general/galaxy_frames.html

- **허블 우주 망원경:**
  hubblesite.org/newscenter/archive/
- **미국 국립 광학 천문대:**
  www.noao.edu/image_gallery/galaxies.html
- **알라바마 대학의 윌리암 킬의 모음집:**
  crux.astr.ua.edu/choosepic.html
- **메시에 목록 사이트:**
  www.seds.org/messier/objects.html#galaxy

요약

17.1 어두운 성단, 빛나는 가스 구름, 별빛을 반사하는 티끌 구름 그리고 은하들은 20세기 초에 사용되었던 망원경으로는 모두 어두운 빛의 반점(또는 성운)으로 보였다. 크기와 구성이 우리은하수 은하와 비슷한 외부 은하의 존재는 1924년에 허블이 세페이드 변광성을 사용하여 안드로메다 은하까지의 거리를 측정한 이후에야 비로소 확립되었다.

17.2 대부분 밝은 은하들은 나선이나 타원 은하다. 나선 은하는 성간 물질뿐만 아니라 늙거나 젊은 별 모두를 포함하며, 질량 범위는 전형적으로 10^9~10^{12} M_{Sun}이다. 우리은하는 대형 나선 은하다. 타원 은하는 성간 물질이 거의 없고, 모두 늙은 별로 이루어진 편평구 또는 약간 길쭉한 모양의 항성계다. 타원 은하의 크기 범위는 어느 나선 은하보다도 질량이 큰 거대 타원으로부터 약 10^6 M_{Sun}의 질량에 지나지 않는 왜소 타원 은하까지 다양하다. 더욱 혼돈된 모양을 가지는 소수의 은하들은 불규칙 은하로 분류된다. 나선 은하들의 충돌과 병합으로 거대 타원 은하가 형성된다.

17.3 나선 은하의 질량은 그들의 회전율을 측정하여 결정한다. 타원 은하의 질량은 그 속에 있는 별들의 운동을 분석해서 추정된다. 은하들은 **질량 대 광도 비**가 1에서 10의 범위이며, 늙은 별들로만 이루어진 타원 은하의 밝은 부분에 대한 질량 대 광도 비율은 전형적으로 10에서 20이다. 외부 영역까지 포함한 은하 전체의 질량 대 광도 비율은 최대 100으로, 다량의 암흑물질의 존재를 암시한다.

17.4 천문학자들은 세페이드 변광성의 주기-광도 관계, 표준 전구로 볼 수 있는 제I형 초신성 그리고 나선 은하의 광도와 21 cm 복사 선폭 증대의 상관관계를 이용한 툴리-피셔 방법과 기타 다양한 방법으로 은하의 거리를 측정한다. 각각의 방법들은 그 정밀도, 적용 가능 은하의 종류 그리고 적용되는 거리의 범위 등으로 인해 제한받는다.

17.5 우주는 팽창하고 있다. 관측에 의하면, 먼 은하들의 분광선은 **적색이동**되며, **허블의 법칙**으로 알려진 은하들의 후퇴 속도와 거리의 비례 관계를 보여준다. **허블 상수**로 알려진 후퇴 비율은 100만 LY당 대략 20 km/s 다. 우리는 이 팽창의 중심에 있지 않다. 다른 어느 은하에 있는 관측자라도 우리가 보는 것과 똑같은 양상의 팽창을 보게 된다.

탐구 활동

A 금세기 대부분 기간 동안 윌슨 산 100인치 망원경(1917년 완성)과 팔로마 산 200인치 망원경(1948년 완성)만이 어두운 은하의 스펙트럼을 얻을 수 있는 충분히 큰 대형 기구였다. 이 시설의 사용은 소수의 천문학자들에게만 허용되었으며(모두가 남자였으며, 1960년까지 여성은 이 두 망원경 사용시간을 배정받지 못함), 당시에는 통상적으로 같은 문제에 대한 관측연구 경쟁을 벌이지 않았다. 지금은 이 밖에 여러 망원경들이 있고, 같은 문제에 대해 동시에 서너 개의 연구 그룹이 연구를 수행한다. 예로써 두 연구 그룹이 독립적으로 높은 적색이동을 보이는 은하의 거리 측정방법에 쓰이는 기술을 개발해 왔다. 과학을 위해 어느 접근이 더 낫다고 생각하는가? 어느 것이 더 비용 효율적인가? 그 이유는?

B 천문학 수업에서 배운 흥미로운 이야기를 나누기 위해 먼 친척을 저녁에 초대했는데, 그는 외부 은하가 별들로 이루어진 것을 믿지 않는다고 말했다. 그래서 연구 모둠으로 돌아와서 어찌 답할지 도와 달라고 요구했다.

외부 은하들이 별들로 구성되었음을 보여주기 위해 어떤 측정을 해야 하는가?

C 연구 모둠과 함께 그림 17.1을 살펴보라. 안드로메다의 나선 팔과 핵 팽대부의 색깔 차이는 이들 두 영역을 구성하는 별 종류의 차이에 대해 무엇을 보여주는가? 이 은하의 어느 부분이 우리에게 가까운 쪽인가? 그 이유는?

D 연구 모둠의 구성원들은 이 장 시작 페이지에 있는 허블 심천 사진(Hubble Deep Field)을 조사해야 한다. (인터넷을 통해 *Hubble Deep Field*에서 조사) 자신이 이 영상을 얻은 천문학자라고 상상하고, 누구보다도 먼저 더 깊은 우주를 보았다고 하자. 어느 천체가 은하이고 어느 것이 별인가? 이 영상에서 은하들은 어떻게 다른가? 어떻게 더 멀리 있는 은하를 구별하는가?

E 팽창 우주의 발견을 읽고 자신은 어떤 반응을 보였는가? '움직이는' 우주에 대해 연구 모둠의 구성원들은 어떻게 느꼈는지 토론하라. 이러한 우주는 편안하게 느껴지지 않는다는 아인슈타인의 원래의 생각에 동감하는가? 우주 공간을 팽창하게 만든 원인에 대해 어떻게 생각을 하는가?

F 공상 과학에서 등장인물들은 때때로 외부 은하를 방문한다. 이 아이디어는 얼마나 현실적인지 토론하라. (우주의 속도 한계인 광속에 근접해서 움직이는) 빠른 우주선이 있더라도 외부 은하에 도착할 가능성은 있는가? 왜 그런가?

복습 문제

1. 나선, 타원 및 불규칙 은하의 현저한 주요 특성들을 서술하라.

2. 외부 은하의 존재가 확립되기까지 왜 그렇게 오랜 시간이 걸렸는가? 최종적으로 천문학자들이 그 존재를 확신할 수 있게 한 것은 무엇인가?

3. 질량 대 광도 비는 무엇이며, 왜 그 비율은 타원 은하의 중심 영역보다 나선 은하의 별 형성 영역에서 더 낮은지 설명하라.

4. 이제 왜소 타원 은하가 가장 흔한 종류의 은하임을 알았다. 왜 그들은 그렇게 오랫동안 주목받지 못했는가?

5. 다음 천체까지의 거리를 측정하는 최선의 방법을 서술하라.

a. 가까운 나선 은하
b. 가까운 타원 은하
c. 멀리 있는 고립 타원 은하
d. 멀리 있는 고립 나선 은하
e. 은하단의 일원인 멀리 있는 타원 은하

6. 천문학의 역사에서 허블의 법칙이 가장 중요한 발견 중의 하나인 이유는 무엇인가?

7. 우주는 팽창한다고 말할 때, 그 의미를 무엇인가? 예컨대 여러분의 천문학 교실은 팽창하고 있는가? 태양계는? 왜 그런가 또는 왜 아닌가?

인터넷 탐색

8. 1920년대에 섀플리와 또 다른 천문학자 커티스는 논쟁을 벌였다. 비록 한 가지 문제(우리은하의 크기)에 대한 논의로 비롯되었지만, 결국 외부 은하의 존재라는 커다란 의문도 포함되었다. 도서관의 자료를 참조하여 이 논쟁에 관련된 정보를 찾아보라. 토론 참여자들의 견해를 요약해보고, 현재의 결과와 비교하라. (힌트: 16장의 인터넷에서 찾아보기나 다음 페이지의 참고문헌을 살펴보는 것으로부터 시작해 보라.)

9. 타원 은하의 가스와 티끌은 (있다면) 어디에서 왔는가?

10. 왜 별의 시차 측정에서 사용한 것과 똑같은 방법으로 은하의 거리를 측정할 수 없는가?

11. 나선 은하와 타원 은하 중 어느 것이 더 붉은가?

12. 타원 은하의 모든 별들은 우주의 형성이 시작된 직후 수백만 년 이내에 형성되었다고 상상하자. 또 이 별은

우리은하의 별들과 같은 질량 범위를 가진다고 하자. 다음 수십억 년에 걸쳐 이 타원 은하의 색깔은 어떻게 변하겠는가? 밝기는 어떻게 변하는가? 왜 그런가?

13. 멀리 있는 은하단까지의 거리를 구하는 데 필요한 단계를 지구의 크기 측정으로부터 시작해서 요약하라. (힌트: 10장을 참조하라.)

14. 은하수 은하가 실제로 고립되어 있으며, 1억 LY 이내에는 다른 은하들이 없다고 하자. 또, 1억 LY 이상의 거리에서는 다수 은하들이 관측된다고 하자. 비교적 가까운 곳에 은하들보다 멀리 있는 은하의 정확한 거리 측정이 더 어려운 이유는 무엇인가?

15. 자신이 은하의 거리와 도플러 이동을 연구한 허블이나 휴메이슨이라고 상상하자. 두 가지의 물리량 사이에서 볼 수 있는 관계가 우주 행태의 실제적 특성임을 자신(그리고 다른 사람들)에게 확신시키기 위해 어떤 일을 해야 하겠는가? (예를 들면, 은하 두 개의 자료들로써 충분히 허블의 법칙을 보일 수 있겠는가?)

계산 문제

허블의 법칙($v=H\times d$)은 간단한 방정식으로 은하까지의 거리를 구할 수 있게 해주는 아름다운 관계식이다. 여기 우리가 이 법칙을 실제로 사용하는 예들이 있다.

허블 상수가 100만 LY당 20 km/s로 측정되었다고 하자. 이것은 은하가 100만 LY 더 멀어진다면, 20 km/s 더 빨라진다는 의미다. 만일 은하의 후퇴 속도가 20,000 km/s라면, 허블의 법칙에 의해 그 거리는

$$d = \frac{v}{H} = \frac{20{,}000\text{km/s}}{(20\text{ km/s})/(1{,}000{,}000\text{ LY})}$$

$$= \frac{(20{,}000)(1{,}000{,}000\text{ LY})}{20} = 1{,}000{,}000{,}000\text{ LY}$$

이다. 분모와 분자에서 km/s는 서로 소거되며, 식에서 허블 상수 분모의 1,000,000 LY 단위는 10억 LY의 거리를 얻기 위해 정확히 나눠져야 한다.

16. 10^8 LY의 거리에 있는 은하에서 초신성 폭발이 탐지됐다면, 초신성 폭발은 언제 일어났는가? 허블의 법칙에 의하면 이 은하의 후퇴 속도는 얼마인가? (허블 상수를 100만 LY당 20 km/s로 가정하라.)

17. 어느 성단의 후퇴속도가 60,000 km/s로 관측되었다. 이 성단까지의 거리를 구하라. (허블 상수는 문제 16과 같다.)

18. 표 17.2에 있는 방법 한 가지를 이용하여 은하의 거리를 측정한 결과, 2억 LY였다. 은하의 적색이동은 230 km/s였다면, 허블 상수는 얼마인가?

19. 앞 장에서와 같이 회전 속도의 측정이 가능한 은하의 질량을 케플러 법칙을 이용하여 계산할 수 있다. 안드로메다 은하를 측정한 결과, 중심으로부터 약 10만 LY, 즉 6×10^9 AU의 거리에서 230 km/s의 속도로 회전함을 알았다. 이 회전 속도로부터 유도한 질량은 얼마인가? 안드로메다의 실제 질량은 이 추정값보다 클까 또는 작을까? 그 이유는?

20. 표 9.2에 수록된 별들의 질량 대 광도 비율을 각각 계산하라.

21. 광도가 $10^6\ L_{\text{Sun}}$이며 10^5개의 별들로 이루어진 구상 성단의 질량 대 광도 비율을 계산하라. (이 성단 별들의 평균 질량을 $1\ M_{\text{Sun}}$으로 가정하라.)

22. 문제 21의 구상 성단과 동일한 $10^6\ L_{\text{Sun}}$의 광도를 질량 $100\ M_{\text{Sun}}$의 초광도 별의 질량 대 광도 비율을 계산하라.

23. 이제 은하들의 질량 대 광도 비율을 계산해 보자. 표 17.1의 자료를 이용하여 가장 밝은 타원 은하들의 질량 대 광도 비율을 계산하라. 가장 밝은 나선 은하들에 대해서는 같은 계산을 하라. 이들 숫자는 두 다른 은하에 있는 별의 종류에 대해 무엇을 알려주는가?

24. 질량 대 광도 비율이 200인 은하를 발견했다고 하자. 별들을 조합해서 이 비율을 만들 수 있는가? 발견된 이 은하에 대해 어떤 결론을 내리겠는가?

심화 학습용 참고 문헌

Bartusiak, M. "What Makes Galaxies Change" in *Astronomy*, Jan. 1997, p. 37. 은하 진화에 대한 훌륭한 개요.

Bothun, G. "Beyond the Hubble Sequence" in *Sky & Telescope,* May 2000, p. 36. 허블의 분류 체계에 대한 역사와 개정.

Christianson, G. *Edwin Hubble: Mariner of the Nebulae.* 1995, Farrar, Straus, & Giroux. 허블의 완전한 전기.

Christianson, G. "Mastering the Universe" in *Astronomy*, Feb. 1999, p. 60. 허블의 생애와 업적에 대한 간단한 소개.

Dalcanton, J. "The Overlooked Galaxies" in *Sky & Telescope*, Apr. 1998, p. 28. 놓치기 쉬운 어두운 은하에 관하여.

Dressler, A. *Voyage to the Great Attractor*. 1994, Knopf. 어떻게 현대 외부 은하 천문학이 진행되고 있는지에 대한 유명한 천문학자의 책.

Eicher, D. "Candles to Light the Night" in *Astronomy*, Sept. 1994, p. 33. 표준 전구와 우주 거리 척도에 대한 소개.

Freedman, W. "The Expansion Rate and Size of the Universe" in *Scientific American*, Nov. 1992, p. 76.

Hartley, K. "Elliptical Galaxies Forged by Collision" in *Astronomy*, May 1989, p. 42.

Hodge, P. "The Extragalactic Distance Scale: Agreement at Last?" in *Sky & Telescope*, Oct. 1993, p. 16.

Impey, C. "Ghost Galaxies of the Cosmos" in *Astronomy*, June 1996, p. 40. 어두운 은하에 대한 또 다른 글.

Kaufmann, G. and van den Bosch, F. "The Life Cycle of Galaxies" in *Scientific American*, June 2002, p. 46. 은하의 진화와 그것이 어떻게 다른 형태의 은하로 변화시키는지에 관하여.

Martin, P. and Friedli, D. "At the Hearts of Barred Galaxies" in *Sky & Telescope*, Mar. 1999, p. 32. 막대 나선은하에 관하여.

Osterbrock, D. "Edwin Hubble and the Expanding Universe" in *Scientific American*, July 1993, p. 84.

Parker, B. "The Discovery of the Expanding Universe" in *Sky & Telescope*, Sept. 1986, p. 227.

Russell, D. "Island Universes from Wright to Hubble" in *Sky & Telescope*, Jan. 1999, p. 56. 은하 발견의 역사.

Skiff, B. "Exploring the Hubble Sequence by Eye" in *Sky & Telescope*, May 2000, p. 120. 작은 망원경 관측자를 위한 다른 종류 은하의 발견에 대한 안내서.

Smith, R. "The Great Debate Revisited" in *Sky & Telescope*, Jan. 1983, p. 28. 은하수의 크기와 다른 은하 존재에 대한 섀플리와 커티스의 논쟁.

Trefil, J. "Galaxies" in *Smithsonian*, Jan. 1989, p. 36. 길고 훌륭한 해설 논문.

중력렌즈 이 허블 우주 망원경 영상에 있는 가장 밝은 나선과 타원 은하들은 20억 LY 떨어진 에이벨(Abell) 2218이라고 하는 은하단의 구성원들이다. 에이벨 2218은 너무 질량이 커서, 렌즈가 빛을 굴절시켜서 상을 형성하듯이, 중력장이 그 안을 통과하는 빛의 경로를 구부려 휘게 만든다. 영상에 나타난 '호'들은 이 은하단보다 5배에서 10배나 먼 은하들의 왜곡된 상들이다.

18 활동 은하, 퀘이사, 그리고 거대 블랙홀

퀘이사야 퀘이사야
한밤중의 산림에서
밝게 불타는
어떤 불멸의 손 또는 눈이
너의 무서운 광도를 만들어 냈을까?

블레이크(William Blake)에게 심심한 사과를 보내면서

미리 생각해보기

우리는 우리은하가 중심부에 거대한 블랙홀을 가지고 있다는 사실을 알았다. 다른 은하들도 중심부에 그런 괴물을 가지고 있다면 이들을 어떻게 찾을 수 있을까? 그런 블랙홀은 얼마나 커질 수 있을까? 그리고 블랙홀이 모 은하의 생성과 진화에 대해 우리에게 어떤 이야기를 해 줄 수 있을까?

20세기 중반까지만 해도 천문학자들은 은하로 이루어진 우주는 대개 평화로운 장소로 보았다. 그들은 은하들이 수십억 년 전에 태어났고, 그 안에서 많은 별들이 형성되고, 나이를 먹고 죽어가면서 서서히 진화한다고 가정했다. 이러한 평온한 묘사는 20세기 후반 수십 년 동안에 완전히 바뀌게 되었다.

오늘날 천문학자들은 우주가 종종 초신성의 극심한 폭발, 은하 전체의 충돌 그리고 큰 질량을 가진 블랙홀 부근의 환경에서 물질이 상호 작용을 일으키면서 엄청난 양의 에너지를 방출하는 것과 같은 격렬한 사건들에 의해서 형태를 갖추어 감을 볼 수 있다. 우주의 성질에 관한 우리의 관점을 달라지게 만든 결정적인 사건은 지금 퀘이사라 불리는 새로운 종류의 천체를 발견한 것이다.

가상 실험실

 일반상대론, 블랙홀, 그리고 중력렌즈

 암흑물질

18.1 퀘이사

퀘이사의 발견에 대한 이야기는 1960년 마치 두 개의 희미한 푸른 별처럼 보이는 천체들이 강력한 전파원임을 확인함으로 시작된다(그림 18.1). 태양은 전파 파장 영역에서 많은 에너지를 방출하지 않으며, 천문학자들은 다른 별들도 스펙트럼의 전파 영역에서는 조용할 것으로 기대했었다. 이들 '전파별'들의 스펙트럼은 신비로움만 더해주었다. 처음에는 스펙트럼의 방출선들이 알려진 어떤 물질로부터 나오는지를 맞출 수 없었다. 1960년에 이르러 천문학자들은 이미 100년 정도의 경험을 가지고 별들의 스펙트럼에서 원소와 화합물을 찾아낼 수 있었다. 폭넓은 환경에서 각각의 원소가 어떤 분광선을 만들어내는지를 알 수 있는 정교한 표들이 출판되었다. 그러므로 가시광선에서 동정이 불가능한 방출선을 내는 '별'이란 완전히 새로운 천체여야 했다.

18.1.1 적색이동: 퀘이사의 열쇠

돌파구는 1963년에 열렸다. 칼텍(Caltech)의 팔로마 천문대에서 마르텐 슈미트(Maarten Schmidt, 그림 18.2)는 세 번째 케임브리지 전파원 목록에 273번째로 수록되어 있어 3C 273이라 이름 붙여진(그림 18.3) 전파별의 스펙트럼을 보면서

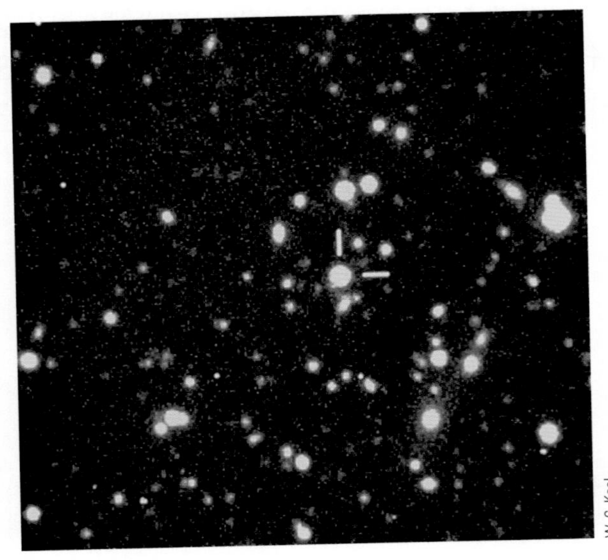

■ 그림 18.1
전형적인 퀘이사 이 사진에서 막대로 표시한 곳은 별 목록번호 PKS 1117-248로 알려진 퀘이사다. 이 사진에서 퀘이사와 보통 별을 구별할 방법은 없다. 그러나 스펙트럼은 광도의 36% 또는 초속 57,600 km의 속도로 멀어지고 있음을 보여준다. 관측된 별 가운데 가장 빨리 움직이는 것도 초속 수백 km에 불과하다.

W. C. Keel

■ 그림 18.2
퀘이사 선구자 1963년 퀘이사 스펙트럼의 수수께끼를 푼 마르텐 슈미트(왼쪽)가 처음으로 퀘이사의 스펙트럼을 찍은 알란 샌디지와 농담을 주고받고 있다. 샌디지는 허블 상수의 측정에서도 핵심적인 역할을 했다.

Andrew Fraknoi

수수께끼에 싸여 있었다. 스펙트럼에는 강한 방출선들이 있었고, 슈미트는 이들 사이의 간격으로부터 수소의 발머선(4장 참조)임을 알아냈다. 그러나 이 선들은 정상적인 발머선들의 위치에서 붉은 파장쪽으로 많이 이동해 있었다. 실제로 이렇게 긴 파장에서 나타난 선들이 도플러 효과에 의해 적색이동된 것이라면 3C 273은 45,000 km/s 또는 광속의 약 15%의 속도로 우리에게서 멀어지고 있어야 했다. 별들은 이렇게 큰 도플러 이동을 보이지 않으므로 아무도 스펙트럼이 이상한 이유가 큰 적색이동 때문이라고 생각하지 않았다.

별처럼 보이는 또 다른 전파원의 수수께끼 같은 방출선들 역시 크게 적색이동된 잘 알려진 선들인지 다시 한 번 검토하게 되었다. 그것이 사실로 증명된 것들 중에는 더 큰 속도로 후퇴하고 있는 것도 있다. 이들의 놀랍도록 큰 속도는 전파 '별'들이 우리은하 안에 있을 가능성이 없음을 보여준다. 실제로 초속 수백 km 이상으로 움직이는 별은 우리은하계의 중력을 극복하여 완전히 은하계를 이탈하게 될 것이다. (나중에 이 장에서 볼 수 있듯이 천문학자들은 이러한 '별' 중에는 점광원 아닌 그 이상의 것들도 있음을 알게 되었다.)

결국 이들 고속의 전파별은 멀리 떨어진 이상한 밀집 천체이기 때문에 별과 같이 보인다는 것이 밝혀졌다. 겉보기에는 별을 닮았지만 성질은 별과 같지 않다는 점에서 이들에게는 **준성전파원**(quasi-stellar radio sources)이라는 이름이 붙여졌다. 그 후 천문학자들은 별과 같이 보이며 큰 적색이동을 가지지만 전파는 방출하지 않는 천체들도 발견했다. 오늘날 이들 모두를 **준성체**(quasi-stellar objects, QSO) 또는 더 널리 알려진 **퀘이사**(quasar)라고 부른다. (가전제품 회사에서도 이 이름을 사용했다.)

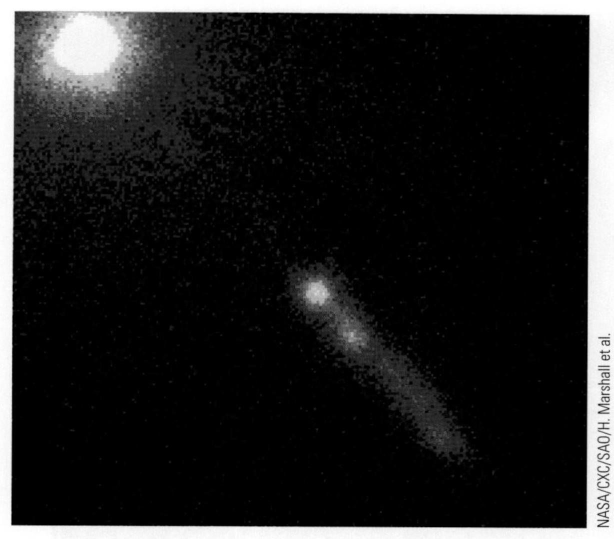

■ **그림 18.3**

퀘이사 3C 273 이 찬드라 x-선 사진은 3C 273과 이로부터 분출되는 강력한 제트를 보여준다. 강한 제트는 퀘이사로부터 종종 광속에 매우 가까운 속도로 바깥쪽으로 추진된다. 이 장의 뒤에서 논의하게 되듯이 3C 273으로부터 방출되는 에너지는 퀘이사의 중심부에 있는 초거대질량 블랙홀로 떨어지는 가스가 제트로 바뀌면서 평행하게 나오게 된다. 퀘이사에서 방출되는 제트의 길이는 15만 광년 정도다. 3C 273은 하늘에서 가장 밝은 퀘이사이며, 처음으로 발견된 것이다.

현재 수천 개의 QSO들이 발견되었고 대표적인 표본 천체들에 대한 스펙트럼이 관측되었다. 이들 모두는 크거나 매우 큰 적색이동을 보여준다. (청색이동을 보이는 것은 없다.) 가장 큰 것은 파장의 이동이 $\Delta\lambda/\lambda = 6$ 이상이며[1] $\Delta\lambda$는 방출원이 정지해 있을 때 스펙트럼선이 가질 파장과 실제로 관측된 파장 사이의 차이다. 정지 또는 실험실 파장은 그리스 문자 λ로 나타냈다.

가장 기록적인 퀘이사의 경우 실험실 파장이 자외선 영역 121.5 nm의 수소 라이먼 계열의 첫 번째 스펙트럼선이 가시광선 영역인 800 nm 이상까지 이동된다. 이렇게 큰 적색이동에서는 도플러 이동을 속도로 전환하는 간단한 공식을 상대성 이론의 효과를 고려해서 수정해야 한다(4.6절 참조). 상대론적 도플러 이동 공식을 적용하면 이 적색이동은 광속의 96%에 해당한다.

18.1.2 허블의 법칙을 따르는 퀘이사

천문학자들의 첫 번째 의문은 큰 적색이동이 도플러 효과가 아닌 다른 요인에 의해서인지에 관한 것이었다. 15장에서 보았듯이 강력한 중력장은 적색이동을 일으킨다. 그러나 퀘이사의 커다란 적색이동을 만들어낼 정도의 강력한 중력장은 스펙트럼에 다른 증거를 남기지만 아직 발견되지 않았다. 퀘이사는 어떤 미지의 과정에 의해서 은하로부터 튕겨져 나간 고속의 투사체일까? 그럴 경우 퀘이사의 빠른 속도는 설명할 수 있겠지만 어느 곳에서는 **우리 쪽을 향해서** 투사되어 청색이동을 보일 경우도 있을 것이다. 그러나 적색이동만 관측되고 있다.

그러므로 퀘이사는 은하들과 마찬가지로 매우 멀리 있으며, 우주의 팽창에 참여하고 있다는 가장 단순한 설명이 옳다는 가설을 검증해 보아야 한다. 만약 이 생각이 옳다면 퀘이사는 허블의 법칙을 따라야 한다(17장 참조). 이것이 사실인지를 검증하려면 그 속도를 알아야 하며, 이는 스펙트럼으로부터 측정 가능하다. 또 이들의 거리를 측정해야 하지만 허블의 법칙이 (우리가 증명하려고 하는) 퀘이사에도 적용된다는 가정 없이 해야 한다. 그러면 어떻게 해야 할까? 두 가지 방법이 가능한 것으로 드러났다. 그 모두는 퀘이사와 관련된 은하를 찾아서 퀘이사 대신에 은하의 적색이동을 측정하는 것이다. 이들 방법은 적색이동이 은하의 거리를 올바르게 알려준다는 사실 때문에 채택되었다.

다음 장에서 보다 자세하게 다루겠지만, 우주의 은하들은 은하군이나 은하단에 속해 있다. 우리는 이들 은하군이 하늘에서 가까이 모여 있을 뿐 아니라 구성 은하들의 적색이동도 같기 때문에 물리적으로 연관되어 있음을 안다. 이제 우리가 하늘의 같은 영역에서 퀘이사를 본다고 하자. 그로써 퀘이사가 은하단과 같은 거리에 있음이 증명되는 것은 아니다. 새와 비행기가 같은 위치에 보이더라도 비행기가 훨씬 멀리 있음을 알듯이 이러한 연관은 단순한 우연일 수 있다.

그러나 천문학자들은 은하단과 같은 방향에서 보이는 퀘이사의 예를 많이 발견했다. 하나 또는 두 개의 예는 불행한 우연으로 치부해 버릴 수 있다. 우연은 가끔 나타나지만 라스베이거스에서 조직을 이기려는 도박사들이 쉽게 증명해 보이듯이 자주 일어나지는 않는다. 은하단의 경계 안쪽에 퀘이사가 있으며 퀘이사와 은하단의 적색이동이 같은 경우가 많아질수록 퀘이사의 적색이동과 보통 은하의 적색이동이 같은 효과, 즉 우주의 팽창에 의한 현상임이 명확해진다.

허블 우주 망원경을 이용한 관측은 강력한 증거를 제공해 준다. 퀘이사는 은하 중심부에 위치해 있음이 밝혀졌다. 이것이 사실이라는 힌트는 지상 망원경에 의해 얻어졌지만 믿을 만한 증거가 되기 위해서는 우주 관측이 필요했다. 그 이유는 퀘이사가 은하 전체보다 10배에서 100배 더 밝기 때문이다. 이런 빛이 지구 대기를 통과할 때 와류에 의해 흐릿해지고 주변 은하로부터 오는 희미한 빛을 사라지게 만든

[1] 역자 주-2013년 6월 현재 관측된 가장 큰 적색이동은 $z=7.085$이다.

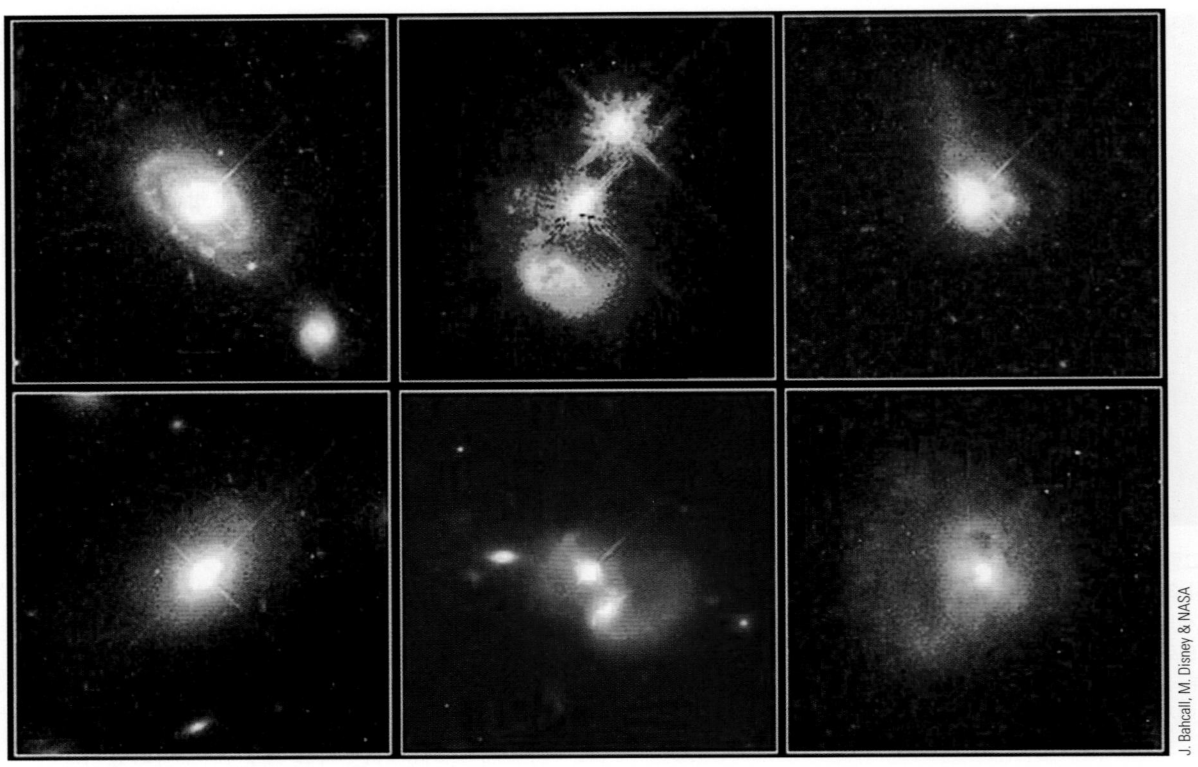

■ **그림 18.4**

퀘이사의 모 은하 허블 우주 망원경은 퀘이사 주변에서 '모 은하'를 드러내 준다. 위의 왼쪽 사진은 지구로부터 14억 광년 떨어진 곳의 나선 은하 심장부에 있는 퀘이사를 보여준다. 아래 왼쪽 사진은 약 15억 광년 떨어진 타원 은하의 심장부에 있는 퀘이사를 보여준다. 중간 사진들은 둘 중 하나에 퀘이사가 들어 있는 상호작용하는 떨어진 쌍 은하를 보여준다. 오른쪽 사진 각각은 가스와 먼지의 긴 꼬리가 퀘이사를 포함하는 은하로부터 멀어져 가는 모습을 보여준다. 이러한 꼬리는 한 은하가 다른 은하와 충돌할 때 만들어진다.

다—마치 돌진하는 밝은 전조등 빛이 가까운 것을 보기 어렵게 만들듯이.

그러나 허블 우주 망원경은 대기의 와류에 의해 영향 받지 않고 퀘이사를 담고 있는 은하들로부터 오는 희미한 빛을 검출할 수 있다(그림 18.4). 퀘이사는 나선 은하와 타원 은하들 모두의 중심부에서 발견되었다. 퀘이사가 있는 많은 은하들은 다른 은하와의 충돌과 관련되어 있는데, 앞으로 알게 되듯이, 이는 막대한 에너지 방출의 근원에 대한 중요한 실마리를 제공해준다.

18.1.3 에너지원의 크기

엄청난 거리 때문에 퀘이사들이 우리에게 보이기 위해서는 어떤 은하보다도 밝아야 한다. 이들 대부분은 가시광선에서도 가장 밝은 타원 은하보다도 훨씬 활동적이어야 한다. 그러나 퀘이사는 x-선과 자외선에서도 빛을 내며 어떤 것은 전파원이기도 하다. 이러한 모든 복사를 합치면 어떤 QSO의 전체 광도는 가장 밝은 타원 은하의 10~100배에 해당하는 $10^{14}\,L_{\rm Sun}$에 이른다.

퀘이사가 많은 에너지를 만들어 내는 메커니즘을 발견하는 일은 어떤 조건으로도 어려워 보인다. 그러나 문제가 한 가지 더 있다. 천문학자들이 퀘이사의 광도 변화를 조사한 결과 어떤 것은 한 달이나, 몇 주 또는 경우에 따라 며칠의 시간 척도로 변함을 발견했다. 그 변화는 불규칙적이며 퀘이사의 밝기는 빛과 전파에서 수십 퍼센트 변화될 수 있다.

이 광도의 변화가 무엇을 의미할까? 가장 어두운 퀘이사도 정상 은하보다 더 밝다. 이제 밝기가 수주일 안에 30%나 증가했다고 해보자. 어떤 메커니즘이든 우리의 상상을 초월하는 비율로 새로운 에너지를 방출할 수 있어야 한다. 퀘이사 밝기의 가장 극단적인 변화량은 100조 개의 태양에 의해 방출되는 에너지에 해당한다. 이렇게 많은 에너지를 만들어내기 위해서는 매분 지구 수십 개의 질량을 전부 에너지로 전환해야 한다.

더구나 변화가 그렇게 짧은 시간 내에 일어나기 때문에 QSO에서 변화되는 부분은 전형적으로 수개월 정도에 해당

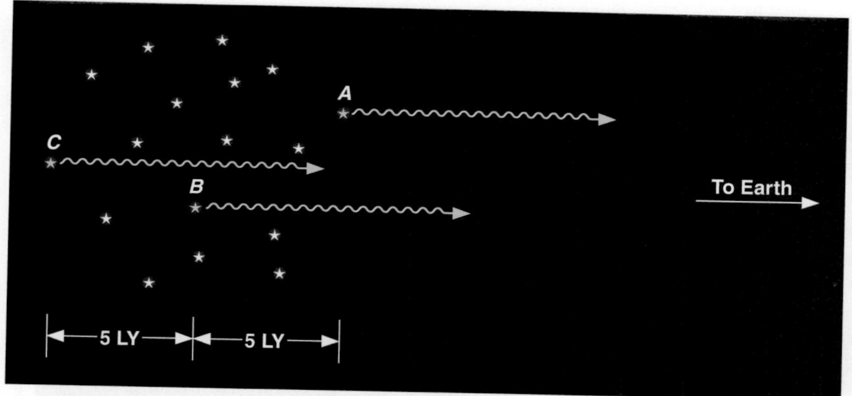

■ 그림 18.5
변광 시간으로부터 크기의 제한 이 그림은 큰 공간 영역에서 일어나는 빛의 변화가 왜 지구에서 볼 때 상당 기간 지속되는지를 보여준다. 지름이 10광년인 이 성단의 모든 별들이 동시에 그리고 순간적으로 밝아진다고 상상하자. 지구에서는 별 *A*가 별 *B*보다 5년 전에 밝아졌고, 별 *B*는 별 *C*보다 5년 먼저 밝아질 것이다. 지구에 있는 관측자는 밝아지는 효과를 모두 관측하려면 10년이 걸린다.

하는 변광 시간 동안에 빛으로 갈 수 있는 거리보다는 작아야 한다. 왜 그래야 하는지를 이해하기 위해서 지구로부터 아주 멀리 떨어진 반지름 10광년의 성단을 생각해 보자(그림 18.5). 이 성단에 있는 모든 별들이 어떤 이유에서든 동시에 밝아진 다음 그 상태를 계속 유지한다고 하자. 이 사건이 일어난 다음 빛이 지구에 도착하면 우리는 가까운 쪽에 있는 별로부터 온 밝아진 빛을 먼저 보고 5년이 지난 다음 성단의 중심에서 밝아진 별빛을 보게 된다. 먼 쪽에 있는 별들로 온 더 많은 빛이 도달하려면 10년이 지나야 한다.

성단 내의 모든 별이 동시에 밝아졌음에도 불구하고 성단의 폭이 10광년이라는 사실은 성단의 모든 부분에서 빛이 우리에게 도달하려면 10년이 걸림을 의미한다. 지구에 있는 우리는 더 많은 별에서 빛이 도달하기 시작하면서 성단은 점점 더 밝아지고 성단이 최대로 밝게 되는 데는 10년이 걸리는 것을 관측하게 된다. 달리 말하자면 만약 퍼져 있는 천체가 갑자기 밝아지면 빛이 천체의 먼 쪽으로부터 천체를 가로지르는 데 걸리는 시간과 같은 기간 동안 그 천체가 점점 밝아지는 것을 보게 된다.

우리는 이러한 사실을 퀘이사의 밝기 변화에 적용해서 그 지름을 추산할 수 있다. QSO는 전형적으로 수개월의 기간에 걸쳐서 (밝아졌다 흐려졌다) 변하기 때문에 에너지가 방출되는 영역은 수광월(光月)보다 더 클 수가 없다. 만약 더 크다면 빛이 먼 쪽에서 우리에게 도달하는 데 수개월보다 더 긴 시간이 걸릴 것이다.

수광월의 영역은 얼마나 클까? 가장 가까운 별은 4광년 떨어져 있지만 우리 태양계에서 가장 바깥쪽의 행성이라고 여겨졌던 명왕성은 우리로부터 약 5.5광시(光時)의 거리에 있다. 분명히 수 광월 정도의 영역은 은하 전체에 비해 보잘 것 없을 정도로 작다. 그리고 어떤 퀘이사는 이보다 더 빠르게 변하는데 이는 그들의 에너지가 더 작은 영역에서 방출됨을 의미한다. 어떤 메커니즘이 에너지를 만들든 퀘이사는 우리 태양계보다 훨씬 더 작은 공간의 부피에서 은하 전체가 만들어내는 것보다 많은 에너지를 생산할 수 있어야 한다.

18.2 활동 은하

어떻게 퀘이사가 작은 영역에서 막대한 에너지를 만들어낼까? 그 답에 대한 첫 번째 실마리는 보통 은하와 퀘이사의 중간 정도의 성질을 가지는 비교적 특이한 은하에 대한 연구로부터 나왔다. 먼저 이들에 대한 관측을 살펴보고 당혹스러울 만큼 다양한 특이 은하와 퀘이사의 성질을 설명하는 하나의 모형을 기술하고자 한다.

우리가 고려하려는 특이 은하는 거의 퀘이사만큼 밝으면서 그만큼 극적이지는 않지만 많은 성질을 공유하고 있다. 비정상적일 정도로 많은 양의 에너지가 중심에서 만들어지기 때문에 이들은 **활동 은하핵**(active galactic nucleus)을 가지고 있다고 말하고, 종종 *AGN*이라고 부른다. 이런 활동 은하핵을 가진 은하를 활동 은하라고 한다. (지금 우리는 활동 은하가 중심부에 더 작은 규모의 퀘이사가 있다고 알고 있다.)

18.2.1 세이퍼트 은하

활동 은하의 형태로 좋은 예는 **세이퍼트 은하**(Seyfert galaxy)라 불리는 집단으로, 이들은 점처럼 보이는 활동적인 중심핵을 가진 나선 은하이다(그림 18.6). 그 명칭은 처음 발견한 천문학자의 이름을 따서 붙여졌다. 퀘이사와 같이 세이퍼트는 그 스펙트럼에 강하고 넓은 방출선들이 있다. 은하의 스펙트럼에는 전형적인 별들의 흡수선이 나타나므로 방출선은 세이퍼트 중심 핵 부근에 뜨거운 가스 구름이 존재함을 의미한다. 방출선의 선폭은 빛을 내는 가스가 초속 수천 km 정도

■ **그림 18.6**
세이퍼트 은하 NGC 1566 이 은하는 약 5,000만 광년의 거리에 있으며 일반적인 나선 은하처럼 보인다. 그러나 관측에 의하면 중심부에 퀘이사만큼 활동적이지는 않지만 퀘이사의 여러 특성을 보이는 밝은 핵을 가지고 있다. NGC 1566 중심부의 활동적 영역은 1달보다 짧은 시간에 광도가 변하며 이는 극도로 응축되어 있음을 의미한다. 아주 작은 핵 부근에서 가스가 비정상적으로 빠르게 움직이는 것을 스펙트럼을 통해 알 수 있다.

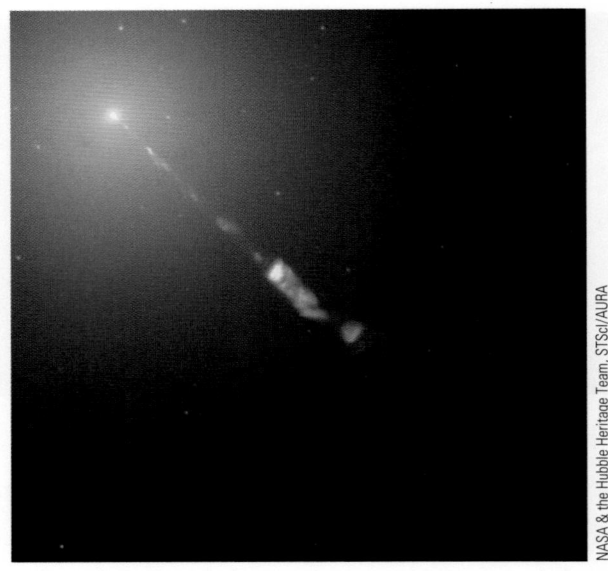

■ **그림 18.7**
M87의 제트 은하 M87의 중심으로부터 우주의 탐조등처럼 빛의 속도로 움직이는 전자와 다른 입자의 거대한 제트는 자연에서 가장 놀라운 현상 중 하나다. 이 허블 우주 망원경 사진에서 제트의 푸른 색깔은 이 은하를 구성하는 수십억 개의 보이지 않는 별들로부터 나오는 노란색과 노란 점광원 같이 보이는 구상 성단과는 대조를 이룬다. 나중에 이 장에서 보게 되듯 수천 광년 정도의 길이를 가진 이 제트는 M87 중심부에 있는 거대한 블랙홀 주변을 도는 과열된 가스로에서 시작된다. 우리가 보는 빛은 제트의 자기장을 따라 휘돌아가는 전자에 의해 만들어지는 싱크로트론 복사에 기인하며, 제트를 푸른색으로 보이게 만든다.

까지의 속도로 움직인다는 사실을 말해준다.

퀘이사와 같이 어떤 세이퍼트는 전파 또는 x-선이나 두 가지 모두를 방출하고, 모두가 적외선을 강하게 낸다. 어떤 것은 수개월의 주기로 밝기 변화를 보인다. 우리가 이미 퀘이사에서 결론을 내린 바와 같이 복사를 방출하는 영역은 크기가 수광월보다 크지 않다.

이런 천체를 연구한 결과, 세이퍼트와 다른 특이 은하들은 정상적인 은하들보다 더 밝은 경향이 있지만, 퀘이사보다는 덜 밝았다. 이러한 은하들은 밝지만 점처럼 보이는 중심핵들이 퀘이사와 같이 중심의 작은 영역에서 엄청난 양의 에너지를 방출한다. 세이퍼트는 충분히 가까워서 자세히 연구할 수 있고 그 에너지의 상당 부분이 개개의 별이 아닌 다른 공급원에 기인함을 알 수 있다.

18.2.2 활동 타원 은하

나선 은하들만이 그들 중심에서 특이한 활동을 보이는 것은 아니다. 타원 은하의 일부 역시 강력한 중심 에너지원을 가지고 있다. 가시광선에서 비교적 정상으로 보이는 많은 거대 타원 은하들은 강력한 전파 에너지를 방출하는 것으로 판명되었다. 이들을 **전파 은하**(radio galaxy)라 부른다. 앞 장에서 논의한 은하 M87이 그 좋은 예다. 그림 17.8은 믿어지지 않을 정도로 평화스러워 보인다. 그러나 허블 우주 망원경(그림 18.7)과 전파 및 x-선 영상(그림 18.8)은 은하의 내부를 깊숙하게 볼 수 있게 해준다. 중심에 강한 전파를 내는 광원과 그로부터 6,000광년 이상 뻗어 나오고 있는 물질의 복잡한 제트를 발견할 수 있다. 최근의 측정은 이 제트에 있는 물질 덩어리들이 광속의 2/3에 가까운 속도로 바깥쪽으로 움직임을 보여준다. 다음 절에서 M87의 중심에서 무엇이 일어나고 있는가에 대해 더 많은 이야기를 할 것이다.

일부 전파 은하들에서는 전파 방출의 대부분이 (퀘이사를 떠올릴 정도로) 중심 부근에 있는 작은 영역에서 나온다. 또 다른 것에서는 중심 핵에 밝은 광원뿐 아니라 은하를 둘러싸고 있는 퍼진 전파 방출 영역이 발견된다. 전파 은하들의 약 3/4에서 전파원은 이중으로 되어 있고, 은하의 반대쪽에 있는 퍼진 영역에서 대부분의 복사가 방출된다(그림 18.9). 전형적으로 이런 두 개의 방출 영역[전파 로브(lobe)라 부름]은 은하 자체보다 훨씬 크고 그들의 중심은 은하에서 수십

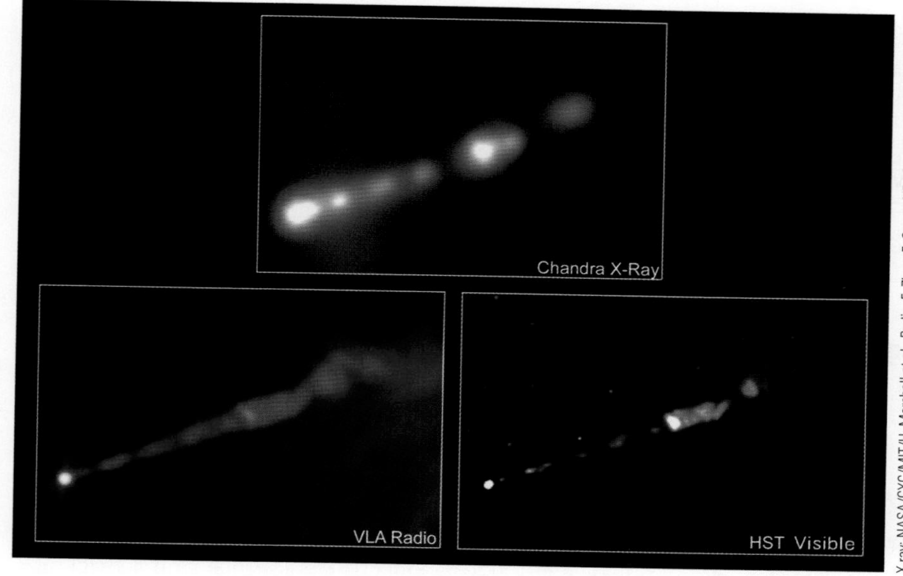

X ray: NASA/CXC/MIT/H. Marshall et al.; Radio: F. Zhou; F. Owen, NRAO; J. Biretta, STScI. Visible light: NASA/STScI/UMBC/E. Perlman et al.

■ **그림 18.8**
M87의 제트에 대한 다파장 영상 M87의 제트는 가시광선, 전파, 그리고 x-선으로 관측된다. 이 그림의 맨 왼쪽에 거대질량 블랙홀을 품고 있는 밝은 은하핵이 빛난다. 각 파장에서 나오는 빛은 싱크로트론 복사에 의해 만들어진다.

만 광년 떨어져 있다. 종종 두 개의 좁은 폭의 전파 복사 제트가 은하에서 크게 확산된 전파원을 향하도록 뻗어 있는 것이 또한 관측되었다. 이러한 제트는 그림 18.9에 있는 것과 비슷하지만 길이가 백만 광년 이상일 수도 있다.

이 천체들의 뜨거운 이온화된 가스는, 은하 중심 핵의 엄청나게 강한 에너지원에 의해서 제트를 따라 바깥쪽 전파 로브로 '발사된' 것처럼 보인다. 중심에서 발생하는 어떤 메커니즘으로 강한 에너지의 입자들이 좁은 초점을 향해 다발(beam)의 형태로 밖으로 뻗치면서 은하의 경계를 벗어나 차가운 중성 가스와 상호 작용한다. 새로운 망원경과 검출기로 모든 퀘이사의 반 이상에서 이와 비슷한 제트를 관측할 수 있다.

18.2.3 활동 은하핵의 종류

우리가 얻은 표본은 지난 수십 년 동안 천문학자들이 밝혀낸 활동 은하들의 여러 다른 형태에 대한 겉핥기에 불과하다. 처음에는 그 모습의 다양성이 우리를 당혹스럽게 만들기도 했으나 오늘날에는 그 차이를 주로 제트나 로브를 바라보는 각도에 따른 것으로 이해하고 있다. (은하까지의 거리와 활동이 일어나는 환경 또한 중요하다.)

은하들은 지구에서 보는 시선 방향에 대해서 모든 가능한 방향으로 놓일 수 있음을 기억하자. 어떤 때는 우리가 총구를 들여다보듯이 제트를 바로 위에서 내려다 본다. 이 경우 우리는 밝은 점 같이—점처럼 보이는 에너지원을 보게 된다. 어떤 은하의 제트는 우리의 시선 방향에 대해서 옆으로 뻗쳐 있어서 가장 좋은 장면을 보여 준다. 대부분 경우 우리는 중심 방출원, 제트 또는 로브를 기울어진 상태로 보게 되어 그 해석이 복잡해진다. 그리고 물론 천체는 멀리 있을수록 관측이 더 어려워진다. 예를 들어 1960년대의 기술로는 흐린 점으로만 보이던 일부 퀘이사가 지금은 뿜어져 나오는 제트와 함께 보이거나 은하에 의해 둘러싸인 모습으로 나타난다.

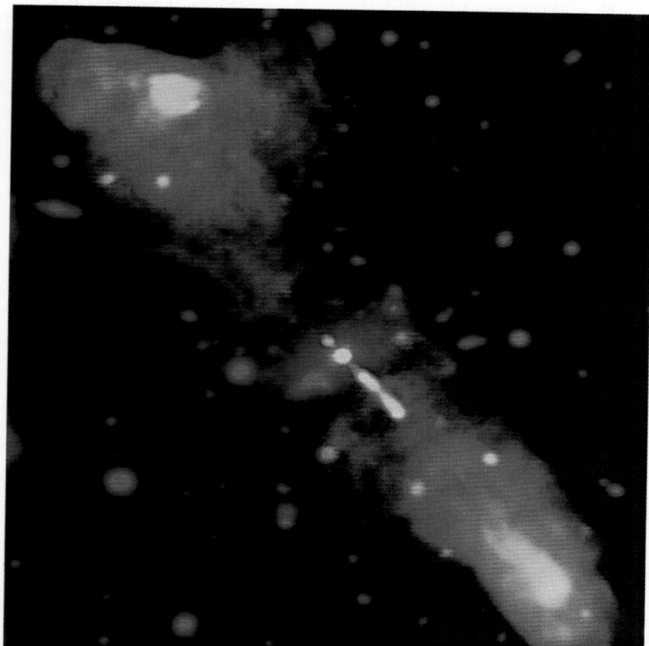

D. Clark et al., National Radio Astronomy Observatory

■ **그림 18.9**
세이퍼트 은하 3C 219로부터 나가는 제트 이 독특한 영상을 만들기 위해 (푸른색의) 가시광 영상과 (붉은색의) 전파 영상을 합쳤다. 전파방출 로브들이 (비행선 모양의 중심 푸른 영역인) 은하의 가시 영역보다 훨씬 멀리 퍼져 있음을 볼 수 있다. 짧은 제트가 두 로브와 은하를 연결하고 있다.

많은 관측과 수십 년에 걸친 이론적인 모형의 정교화를 바탕으로 천문학자들은 이제 이런 모든 천체들의 기본 현상이 같은 종류의 일부일 것으로 보고 있다. 은하들의 중심에 있는 강력한 에너지원은 퀘이사에 의한 에너지 방출을 포함한 모든 다른 형태의 활동을 담당하고 있는 것으로 보인다. 그리고 그 에너지원은 블랙홀임이 판명되었다.

18.3 은하 중심부에 있는 블랙홀

16장에서 본 것처럼 우리은하는 중심부에 블랙홀을 가지고 있고, 블랙홀을 둘러싸고 있는 밀집 영역에서 에너지가 방출된다. 천문학자들은 이제 모든 타원 은하와 중앙 팽대부를 가진 모든 나선 은하들은 중심에 블랙홀을 가지고 있다고 생각한다. 블랙홀 주변의 물질이 내는 에너지의 양은 두 가지—블랙홀의 질량과 블랙홀로 떨어지는 물질의 양—에 의해 좌우된다.

만약 그 안에 태양의 10억 배에 해당하는 질량($10^9\ M_{Sun}$)을 가진 블랙홀이 상대적으로 적은 양의 추가 물질—매년 10 M_{Sun}이라 하자—을 끌어들인다(모은다)고 하더라도 보통 은하의 1,000배에 해당하는 에너지를 만들어낼 수 있다. 이것은 퀘이사의 전체 에너지를 설명하는 데 충분하다. 반면, 블랙홀 질량이 태양질량의 10억 배 이하이거나 물질 유입률이 낮다면 우리은하의 경우처럼 방출되는 에너지의 양은 훨씬 적을 것이다.

18.3.1 블랙홀의 관측적 증거

은하 중심의 블랙홀 존재를 증명하기 위해서 질량이 큰 별이나 성단 같은 보통 천체들이 그렇게 좁은 공간에 몰려 있는 것이 불가능함을 보여야 한다(16장 참조). 우리는 케플러 제3법칙을 사용해서 주변을 도는 물질의 속도로부터 중심 블랙홀의 질량을 추정한다. 이 법칙을 적용해서 질량을 추정하려면 중심에 충분히 가깝게 궤도운동을 하는 가스나 별들을 찾아야 한다. 허블 우주 망원경(HST)은 빛을 퍼지게 만드는 지구 대기 위에 있기 때문에 활동 은하의 밝은 중심부 가까운 곳의 스펙트럼을 얻을 수 있어서 이러한 일에 매우 적합하다. 궤도 운동하는 물질의 속도를 구하려면 도플러 효과를 이용해서 시선속도를 측정해야 한다.

오래전부터 연구를 위해 아껴왔던 거대 타원 은하 M87이 HST의 첫 번째 대상 은하였다. HST 영상은 M87 중심 주변을 돌고 있는 뜨거운(10,000 K) 가스의 원반을 보여준다(그림 18.10). 타원 은하에서 뜨거운 가스를 찾은 일도 놀라웠지만, 이 발견은 블랙홀의 존재를 확인하는 데 아주 유용했다. 천문학자들은 이 가스가 방출한 분광선에서 도플러 이동을 측정했고, 회전 속도를 구했으며, 그 속도를 케플러의 제3법칙에 적용해서 원반 안쪽에 있는 질량을 구했다.

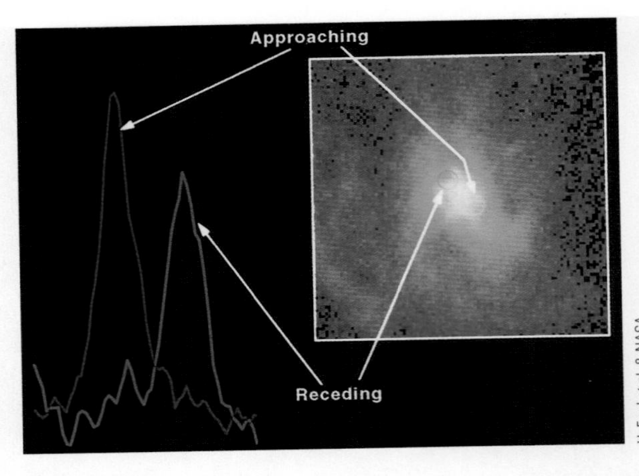

■ **그림 18.10**
M87 중심 부분의 블랙홀 증거 허블 우주 망원경에 의해 거대 타원 은하 M87의 중심부에서 소용돌이치는 가스 원반이 발견되었다. 원반의 반대쪽에 대한 관측에 의하면 한쪽은 (분광선이 도플러 효과에 의해 청색이동 되어) 우리를 향해 접근하는 반면 다른 쪽은 (적색이동 되어) 후퇴한다. 회전 속도는 초속 550 km 즉, 시속 198만 km다. 이렇게 빠른 회전 속도는 M87 중심에 블랙홀이 있다는 증거다.

이 측정은 M87 중심으로부터 매우 가까운 작은 영역에 25억 M_{Sun}의 질량이 밀집해 있음을 보였다. 이렇게 작은 영역에 들어있는 이만큼 큰 질량은 블랙홀일 수밖에 없다. 잠시 멈추어 이 숫자를 이해해 보자—태양과 같은 별 25억 개를 만들기 충분한 물질을 삼킨 하나의 블랙홀, 이 믿기 어려운 결과를 이끈 천문학적 측정은 이제까지 거의 없었다. 이런 초거대 질량 블랙홀 주변의 환경은 얼마나 기이할까!

다른 예는 그림 18.11에서 보여준다. 이 그림에서 타원 은하 중심에 위치한 3억 M_{Sun}의 블랙홀을 둘러싸고 있는 먼지 원반을 볼 수 있다. (중심의 밝은 점은 블랙홀의 중력에 의해 가까이 끌려가는 별들의 빛이 합쳐져서 만들어진 것이다.) 블랙홀의 질량은 마찬가지로 원반의 회전 속도 측정을 통해서 구했다. 먼지는 155 km/s(558,000 km/h)의 속도로 중심에서 겨우 186광년 떨어진 곳을 돌고 있다. 중심부 질량에 의한 인력으로 미루어보아 전체 먼지 원반은 수십억 년 안에 모두 블랙홀에 의해 삼켜질 것이다.

이제 더 많은 은하에서 블랙홀의 증거가 드러나고 있다. 실제로 은하 중심부의 속도 관측에 의하면 별들이 공 모양으로 모여 있는 모든 은하들—타원 은하든 중앙 팽대부를 가진

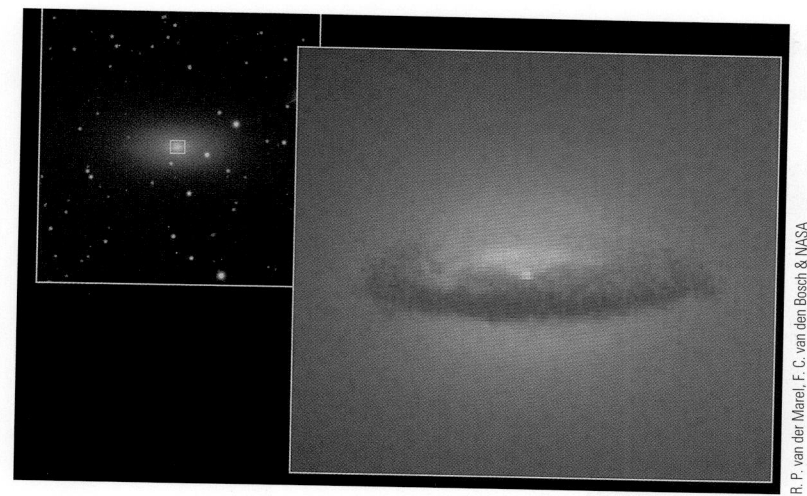

R. P. van der Marel, F. C. van den Bosch & NASA

■ 그림 18.11

블랙홀 원반을 가진 또 다른 은하 왼쪽의 작은 영상은 여우자리에 있는 지구로부터 약 2억 광년 떨어진 NGC 7052라 불리는 타원 은하를 보여준다. 은하의 중심(큰 영상)에는 대략 지름이 약 3,700광년인 먼지 원반이 있다. 원반은 거대한 회전목마처럼 회전한다. (중심으로부터 187광년 떨어진) 안쪽의 가스는 155 km/s (558,000 km/h)의 속도로 회전한다. 이러한 측정과 케플러의 제3법칙으로부터 블랙홀 주위를 소용돌이치는 원반 가운데 있는 블랙홀의 질량은 태양의 3억 배로 추정된다.

나선 은하든—은 중심에 블랙홀을 품고 있음을 시사한다. 후자에 해당하는 것 중에는 우리의 이웃인 안드로메다 은하가 있다. 지금까지 연구된 은하들의 중심 블랙홀은 대개 둘러싸고 있는 타원 은하 또는 핵 팽대부 질량의 0.5%(1/200) 정도다. 따라서 거대 타원 은하 M87과 같은 가장 큰 질량의 은하에 있는 블랙홀 질량도가 가장 크다(그림 18.12).

최근에 두 개의 구상 성단에서 블랙홀이 발견되었는데, 역시 블랙홀 질량은 대략 성단 전체 질량의 0.5% 정도이다.[2] 구상 성단의 질량은 은하의 질량에 비해 훨씬 작으므로 중심 블랙홀도 마찬가지로 작다—이들 두 경우 4,000 M_{Sun}과 20,000 M_{Sun}에 지나지 않는다. 구상 성단이 블랙홀을 가졌는지 알기 위해서는 더 많은 관측이 필요하다.

많은 천문학자들은 블랙홀은 공 모양으로 밀집된 별들의 생성에서 피할 수 없는 결과라고 생각한다(그림 18.13). 이 별들의 밀집은 구상 성단만큼 작을 수도 있고 거대 타원 은하만큼 클 수도 있다. 다음 장에서 볼 수 있듯이, 이론은 가스 구름이 수축해 만들어짐을 시사한다. 가스의 일부는 별을 생성한다. 그러나 나머지 일부는 중심에 자리 잡아 그곳에서는 블랙홀을 만들 정도로 물질의 집중이 심해진다.

블랙홀은 한 번 생성되면 근접하는 가스와 별을 삼키며 자란다. 또 다음 장에서 보게 되듯이 은하는 종종 충돌하고 가까운 이웃과 합쳐진다. 각각 다른 은하에 있던 블랙홀은 더 큰 블랙홀로 합쳐진다(그림 18.14). 이러한 병합으로 왜 M87 같은 거대 타원 은하가 그렇게 크게 자랐는지 설명할 수 있다. 한 차례 또는 그 이상의 충돌로 인한 희생물인 성간 물질과 별들은 블랙홀로 떨어져 질량을 증가시킨다.

[2] 역자 주-구상 성단의 블랙홀은 관측적으로 증명하기가 어려워 아직 논란의 대상이다.

18.3.2 블랙홀 주변에서의 에너지 생성

지금쯤이면 활동 은하의 중심부에 거대한 블랙홀이 숨어 있다는 생각을 받아들일 준비가 되어 있을 것이다. 그러나 우리는 블랙홀이 어떻게 우주에서 가장 강력한 에너지를 설명할 수 있느냐는 질문에 대해 답해야 한다. 15장에서 보았듯이 블랙홀 자체는 에너지를 내지 않는다. 우리가 검출하는 모든 에너지는 블랙홀에 아주 가까이 있는 물질에서 나와야 하며 사건지평선 안쪽에서는 나오지 않는다.

은하에서 중심 블랙홀은 밀집한 중심 핵 지역에서 궤도 운동을 하는 물질—별, 먼지, 가스—을 끌어당긴다. 이 물질은 회전하는 블랙홀을 향해 휘돌아가면서 블랙홀 주변을 둘러싼 **강착원반**(accretion disk)을 만든다(15장 참조). 물질이 블랙홀에 점점 가까이 휘돌아가면서 가속되고 압착되면서 온도가 수백만 도로 가열된다. 이렇게 뜨거운 물질은 블랙홀로 떨어지면서 상당한 양의 에너지를 방출한다.

강한 중력장을 가진 영역으로 떨어지는 것이 많은 양의 에너지를 낸다는 사실을 스스로 이해하기 위해 창문을 통해 천문학 교과서를 도서관 1층으로 떨어뜨린다고 상상해보자. 그것은 쿵 소리를 내면서 떨어질 것이고 깜짝 놀란 비둘기에게 고약한 소름이 끼치게 만들지도 모르지만 이 낙하에 의해 만들어지는 에너지는 대단치 않을 것이다. 이제 같은 책을 더 높은 건물의 15층으로 가지고 가서 떨어뜨려 보자. 아래에 있는 어느 사람에게든지 천문학은 갑자기 치명적인 대상이 될 수 있다. 그 책은 많은 양의 에너지로 땅바닥을 치게 된다. 훨씬 강한 블랙홀의 중력을 향해 멀리서 물질을 떨어뜨리는 것이 훨씬 더 효과적이다. 떨어지는 책이 공기를 가열시키고 바닥을 흔들거나 꽤 떨어진 거리에서 들을 수 있는 소리를 낼 수 있듯이 블랙홀로 떨어지는 물질의 에너지는 상당한 양의

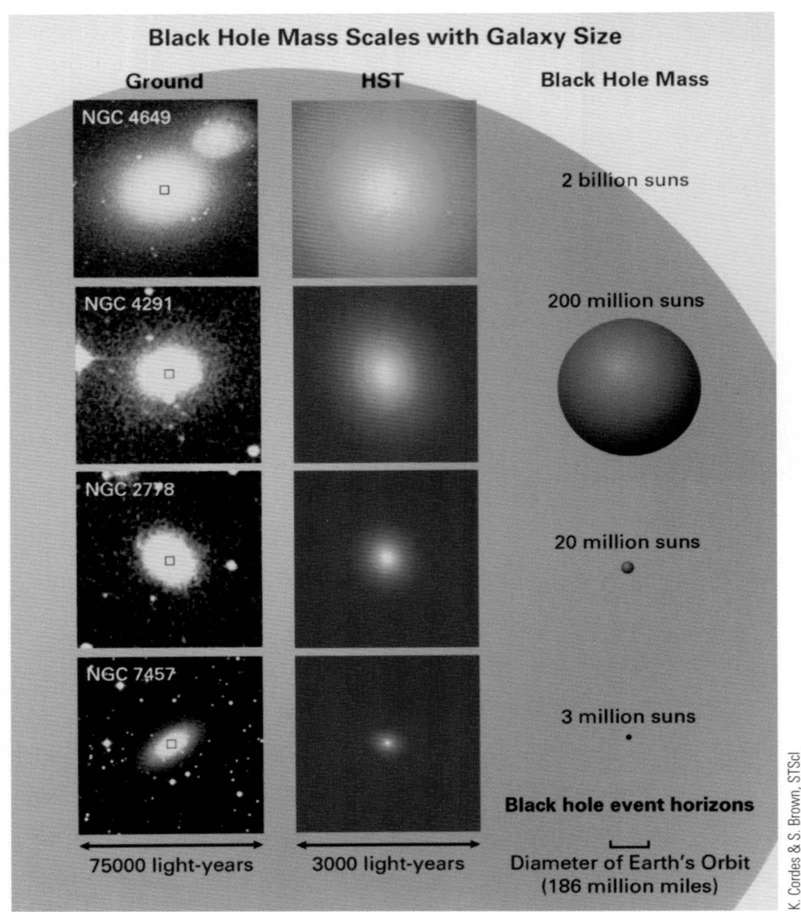

■ 그림 18.12
블랙홀 질량과 모 은하 질량의 관계 관측은 은하 중심에 있는 블랙홀의 질량과 그 주위를 공 모양으로 둘러싸고 있는 별들의 질량 사이에는 밀접한 상관관계가 있음을 보여준다. 공 모양의 분포는 타원 은하나 나선 은하의 핵 팽대부를 형성한다.

전자기복사로 바뀔 수 있다.

블랙홀 부근에서 떨어지는 물질의 에너지를 복사로 바꾸는 방법은 우리의 단순한 예보다 훨씬 복잡하다. 한 요소만을 인용하면 물질은 직선으로 가지 않고 혼란스러운 모습의 강착원반 주변을 휘돈다. 사실 무거운 블랙홀 주변의 '혼란스러운' 영역에서 어떤 일이 일어나는지 이해하기 위해서 천문학자와 물리학자들은 컴퓨터 모의실험에 의존해야 하며 초당 어마어마한 수의 계산을 할 수 있는 슈퍼컴퓨터를 필요로 한다. 이 모형에 대한 자세한 것은 이 책의 범위를 벗어나지만 그 전망은 매우 밝다.

18.3.3 모형과 관측의 연결

우리가 활동 은하와 퀘이사에서 관측하는 여러 현상들은 블랙홀 모형으로 설명될 수 있다. 첫째 매우 큰 질량의 블랙홀로 떨어지는 적절한 질량의 물질은, 퀘이사와 활동 은하 중심핵에서 방출되는 방대한 양의 에너지를 생산할 수 있다. 상세한 계산은 블랙홀로 떨어지는 물질 질량의 약 10%가 에너지로 전환됨을 보여준다. 이것은 매우 효율적인 과정이다. 태양과 같은 별은 진화의 전 과정을 통해서 1%보다 적은 양의 질량이 핵융합에 의해서 에너지로 변한다는 것을 기억하자.

블랙홀의 사건지평선은 매우 작다. 15장에서 10억 M_{Sun}의 질량을 가진 블랙홀은 태양과 천왕성 사이의 거리인 대략 30억 km의 반지름을 가진다는 것을 상기하자. 떨어지는 물질로부터의 방출은 블랙홀을 가깝게 둘러싼 작은 공간에서 나온다. 복사 영역의 작은 크기는 퀘이사가 수주나 수개월의 시간 척도로 변한다는 사실을 설명하는 데 꼭 필요한 것이다.

우리는 퀘이사 스펙트럼에 강한 방출선이 지배적임을 알았다. 그러한 선들은 뜨겁게 작열하는 가스가 있을 때 생기며, 그것은 활동적인 블랙홀 주변에서 볼 수 있을 것으로 기대한다. 우리의 모형은 폭넓은 방출선이 블랙홀로부터 약 반 광년 안에 있는 비교적 밀도가 큰 구름에서 형성된다고 암시한다. 이러한 구름은 강착원반보다 더 먼 바깥쪽에 있어서 미래에 추가적인 연료를 블랙홀에 제공하게 될 것이다.

18.3.4 전파제트

지금까지 우리의 모형은 퀘이사와 활동 은하의 중심 에너지원

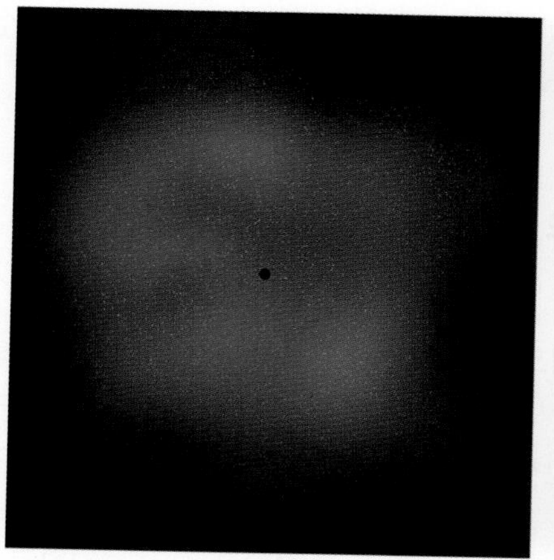

1. 원시 수소 구름이 작은 '씨앗' 블랙홀 주변에서 수축한다.

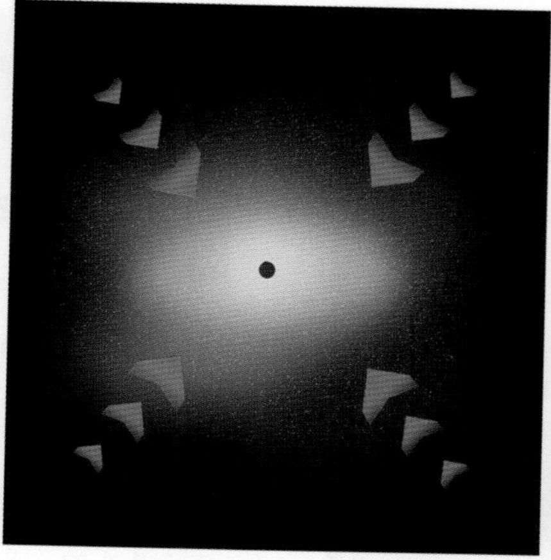

2. 떨어지는 가스는 더 많은 질량으로 블랙홀을 먹이고 별을 형성한다.

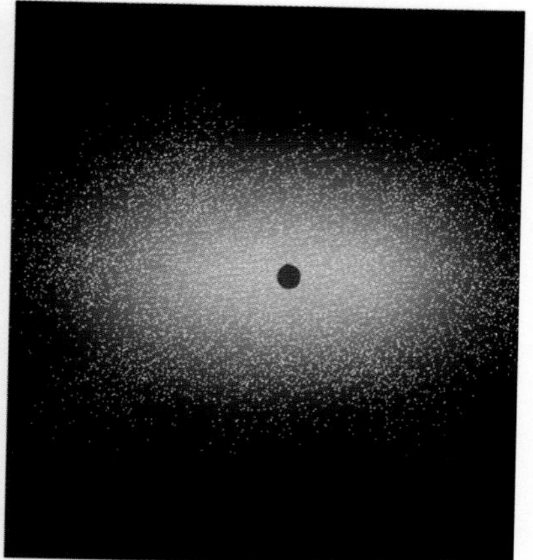

3. 수축은 거대 타원은하를 만든다. 블랙홀 성장은 멈춘다.

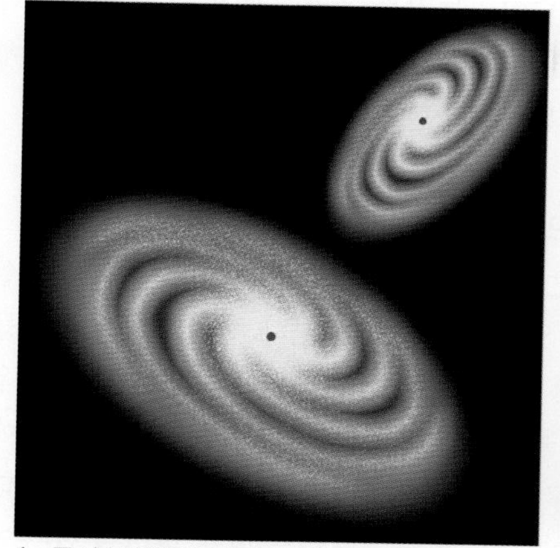

1. 중심 블랙홀을 가진 두 개의 원반은하가 서로를 향해 떨어진다.

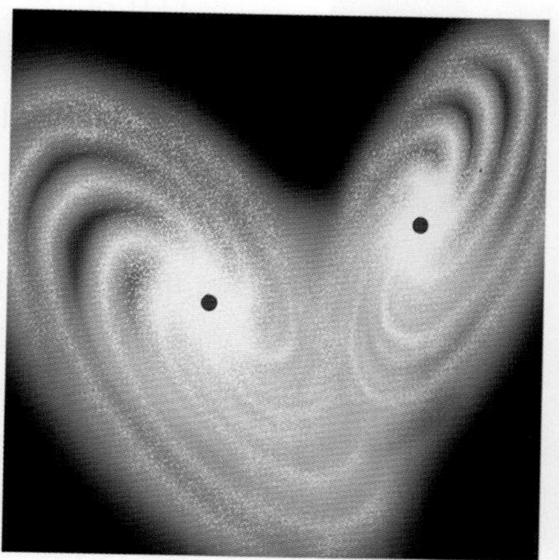

2. 은하가 충돌하고 그들의 중심은 블랙홀과 함께 병합을 시작한다.

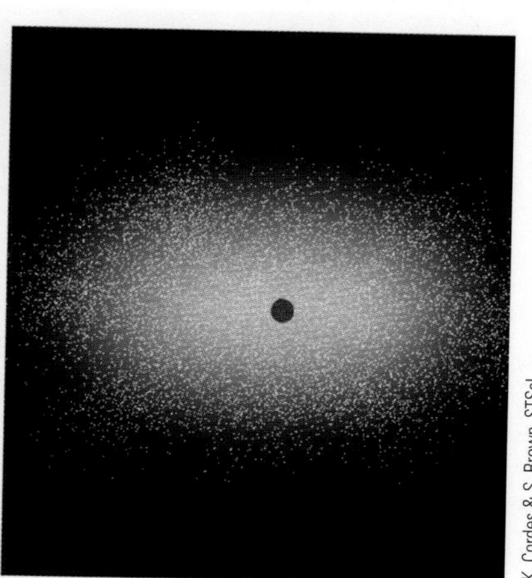

3. 병합은 질량에 비례해 더 무거워진 중심 블랙홀을 가진 거대 타원은하를 만든다.

K. Cordes & S. Brown, STScI

■ **그림 18.13**

블랙홀을 만드는 두 가지 방법 블랙홀은 은하를 향상하기 위한 가스의 초기 수축이나 두 은하가 충돌할 때 중심 블랙홀의 병합에 의해 자라났을 것이다.

을 설명하는 것이었다. 그러나 이미 알고 있듯이 퀘이사와 다른 활동 은하들은 전파, 가시광선 그리고 종종 x-선을 방출하는 긴 제트를 가지고 있고, 이러한 제트는 모(母) 은하의 한계 너머까지 길게 뻗어 있다. 블랙홀과 그 강착원반이 이러한 강한 에너지를 가진 입자의 제트도 역시 만들어 낼 수 있을까?

여러 다른 관측으로 제트를 퀘이사와 은하 중심 핵으로부터 3~30광년까지 추적했다. 블랙홀과 강착원반은 일반적으로 1광년보다 작지만 제트가 이 정도로 가까운 곳에서 온다면 아마도 이들은 블랙홀 근처에서 기원한 것이다.

왜 에너지가 큰 전자와 여러 입자들이 제트로 방출되고, 종종 제트는 모든 방향이 아닌 두 개의 반대되는 방향으로 뻗어 나오는가? 많은 물질이 블랙홀의 복잡한 강착원반으로 소용돌이치면서 들어갈 때 무슨 일이 일어나는지 알아내기 위해서 또 다시 이론적 모형과 슈퍼컴퓨터를 이용한 모의실험이 필요하다. 제트가 어떻게 형성되는가에 대해 의견이 일치되지 않고 있으나, 블랙홀 부근에서 빠져나오는 물질은 원반에 수직인 방향을 따르는 게 보다 쉬울 것으로 보인다.

어떤 면에서 블랙홀의 강착원반 안쪽 영역은 이제 막 혼자서 밥 먹기를 배우는 어린애를 닮았다. 많은 음식이 어린애의 입속으로 들어가면서 종종 여러 방향으로 내뱉어질 수 있다. 같은 식으로 블랙홀 속으로 소용돌이치면서 들어가는 물질의 일부는 많은 압력을 받으면서 엄청난 속도로 궤도를 돈다. 그러한 조건에서는 우리의 모의실험은 상당량의 물질이, 더 많은 물질로 붐비는 원반으로 들어가지 않고 원반의 위나 아래를 통해서 밖으로 날아갈 수 있음을 보여준다. 만약 원반이 두꺼우면 (많은 물질이 빠르게 끌려 들어가는 경

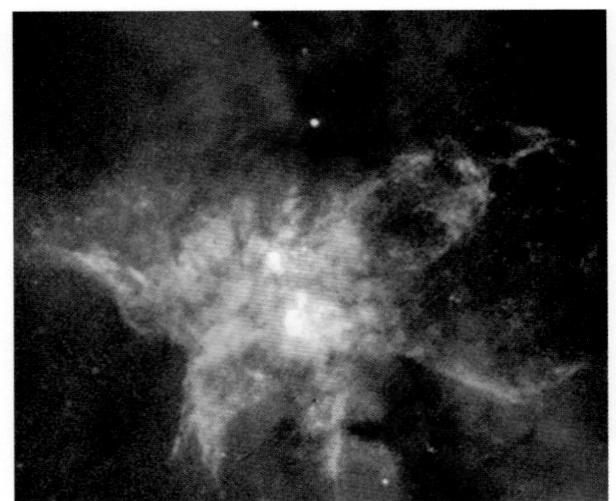

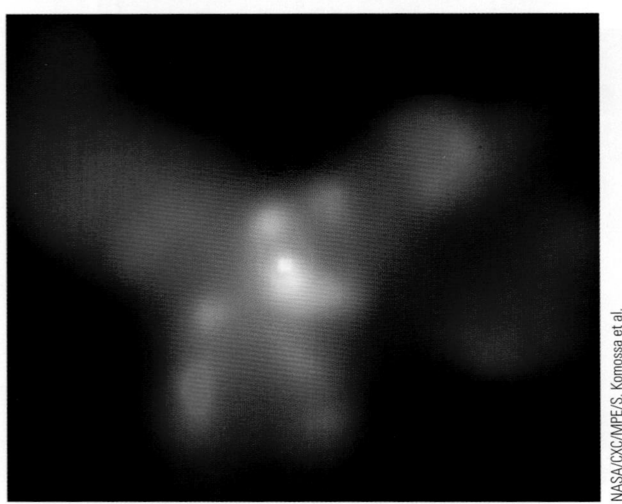

NASA/CXC/MPE/S. Komossa et al.

■ **그림 18.14**

두 블랙홀을 가진 은하의 충돌 약 4억 광년 떨어진 은하 NGC 6240의 중심부에 대한 허블 우주 망원경 가시광(위쪽)과 찬드라 x-선(아래)의 영상 비교. 이것은 비교적 최근(약 3,000만 년 전)의 합병에 의해 일어나는 급격한 별의 탄생, 진화 그리고 폭발을 보여주는 주요 예다. 찬드라 영상은 블랙홀을 둘러싼 뜨거운 가스에 의해 각각 만들어진 밝은 x-선원을 보여준다. 앞으로 수억 년 동안 약 3,000광년 떨어진 두 거대질량 블랙홀은 서로에게 가까이 다가가 더 큰 블랙홀로 합병될 것이다. 이러한 쌍 블랙홀의 발견은 블랙홀이 은하 중심에서 다른 블랙홀과 합병을 통해 엄청난 질량으로 자란다는 생각을 지지해준다.

향이 있으므로) 원반에 수직인 좁은 다발로 물질이 흘러나가게 할 수 있다(그림 18.15).

그림 18.16은 정확히 이렇게 행동하는 타원 은하를 보여준다. 이 활동 은하의 중심에는 12억 M_{Sun}의 블랙홀을 둘러싸고 있는 지름 약 400광년의 먼지와 가스 고리가 있다. 전파 관측은 모형이 예측하는 것과 같이 두 개의 제트가 고리의 수직 방향을 따라 서로 뻗어 나온다.

이런 블랙홀 모형으로 인해 수십 년 전만 하더라도 매우 신비롭게만 여겨졌던 퀘이사와 활동 은하에 대한 이해에 상당한 진전이 이루어지게 되었다.

18.4 우주 진화 탐사 천체로서의 퀘이사

밝은 빛과 먼 거리로써 퀘이사는 우주의 먼 곳, 즉 먼 과거에 대한 이상적인 탐사 천체라고 말할 수 있다. 퀘이사를 소개할 때 그들이 일반적으로 먼 거리에서만 출현한다고 이야기했음을 기억하자. 극히 먼 거리의 천체를 보는 것은 그들의 오래전의 모습을 보는 것이다. 80억 광년 떨어진 퀘이사로부터 오는 빛은 80억 년 전 자신을 둘러싼 은하가 처음 형성되던 당시 어떠한 모습이었는지를 우리에게 말해준다. 천문학자들은 이제 우주의 나이가 현재의 10%보다 작았을 당시에 방출된 퀘이사의 빛을 검출할 수 있다.

18.4.1 퀘이사의 진화

퀘이사는 진화하는 우주, 즉 시간에 따라 변하는 우주에 살고 있다는 설득력 있는 증거를 제시한다. 이들은 천문학자들이 수십억 년 전에 살았다면, 오늘날의 우주와 아주 다른 우주를 보았을 것임을 말해준다. 퀘이사의 개수를 적색이동에 따라 세어보면 이러한 변화가 얼마나 극적인가를 알 수 있다(그림 18.17). 퀘이사의 개수는 우주가 현재 나이의 20%일 때 가장 많았다.

이 결과를 설명하기 위해서는 퀘이사의 에너지원에 대한 우리들의 모형, 즉 퀘이사는 바로 주변에 빛나는 강착원반이 있는 충분한 연료를 가진 블랙홀이라는 것을 활용할 것이다. 먼 옛날(먼 거리)에는 끌어들일 수 있는 물질이 더 많았기 때문에 오늘날(가까운 거리)보다 더 많은 퀘이사가 있었다고 설명될 수 있다. 만약 우주 팽창이 시작된 다음 첫 수십억 년 사이에 연료의 대부분이 소진되었다면, 그 에너지로 은하의 중심부를 밝히고 있는 배고픈 블랙홀은 생애 후반에는 거의 남아 있지 않았을 것이다.

다른 말로 표현하면 강착원반에 있는 물질이 블랙홀로 떨어지거나 은하 밖으로 뿜어져 나가면서 계속 줄어들면 새로운 물질이 퀘이사의 강착원반으로 계속해서 보충되어야만 빛을 낼 수 있을 것이다. 이런 블랙홀의 '먹이'인 물질은 애초에 어디에서 왔으며, 어떻게 다시 채워질까?

관측은 은하의 충돌이 은하 중심 블랙홀에 대한 주요 연료 공급원임을 암시한다. 만약 두 은하가 충돌해서 합쳐지면 한 은하에서 나온 가스와 티끌은 다른 은하의 블랙홀이 삼킬

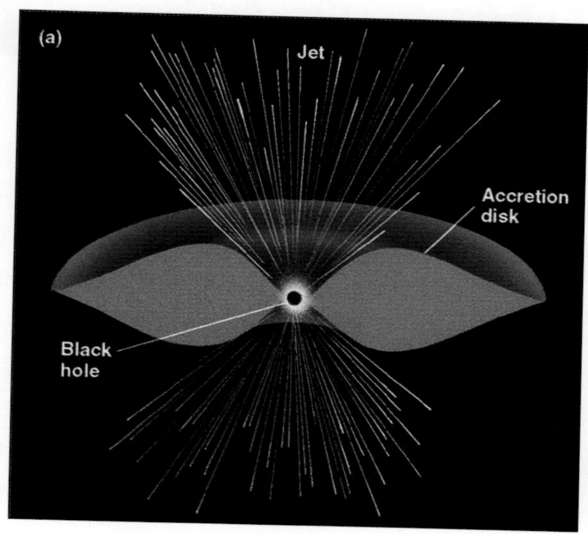

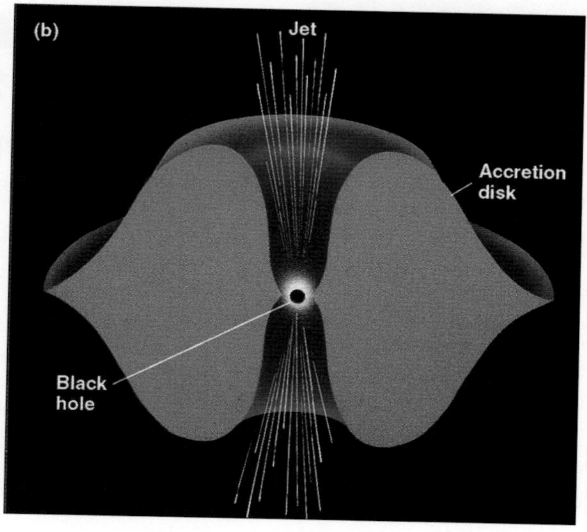

■ **그림 18.15**

강착원반 모형 이 모식도들은 블랙홀 주변의 강착원반이 어떤 모양을 하고 있을지 보여준다. (a) 얇은 강착원반. (b) '뚱뚱한' 원반 — 이것은 뜨거운 물질이 원반에 수직인 방향의 좁은 제트로 흘러 나가는 것을 설명하는 데 필요한 형태다.

수 있을 정도로 가까이 올 수 있어서 필요한 연료를 제공해 준다. 천문학자들은 우주 초기 역사에서는 오늘날보다 은하의 충돌이 훨씬 흔했었다는 것을 알게 되었다. 따라서 먼 옛날(먼 거리)에는 오늘날 (근거리)에서보다 더 많은 퀘이사가 보여야 하고 실제로도 그렇다.

조용한 시기를 보낸 다음 한 은하는 다른 은하를 삼킴으로써 새로운 퀘이사나 활동 은하로 재출발할 수 있다. 만약 우리와 가까운 퀘이사나 활동 은하를 본다면 그것이 최근 우주의 교통사고에 관여했었는가를 살펴보아야 한다. 실제로 3C 273을 포함한 비교적 가깝고 아직도 활동적인 많은 퀘이사들은 다른 은하와 충돌을 경험한 은하들 내에 묻혀 있다. 이러한 '희생자' 은하들의 가스와 티끌은 잠복해 있는 블랙홀로 휩쓸려 들어가서 다시 퀘이사를 불 붙일 수 있는 새로운 연료의 공급원이 된다.

또한 다른 은하와 병합 이외의 블랙홀을 위한 다른 가능한 연료 공급원은 모 은하 자체에서 들어오는 물질이다. 블랙홀에 너무 가까운 은하 중심 부근의 성간 물질과 별들은 블랙홀에 의해 끌려들어 갈 수 있다. 우리는 은하 생애의 후반보다는 처음에 더 많은 가스와 티끌을 은하 중심에서 발견할 수 있다. 이것 역시 이 방식으로 가동되는 퀘이사의 개수나 광도가 시간이 지남에 따라 줄어드는 것을 기대할 수 있다. 타원 은하와 중심 팽대부를 가진 나선 은하는 블랙홀에 연료로 제공할 원료를 오늘날에는 거의 갖고 있지 않다.

우리은하를 포함한 가까운 은하에서 블랙홀들은 대부

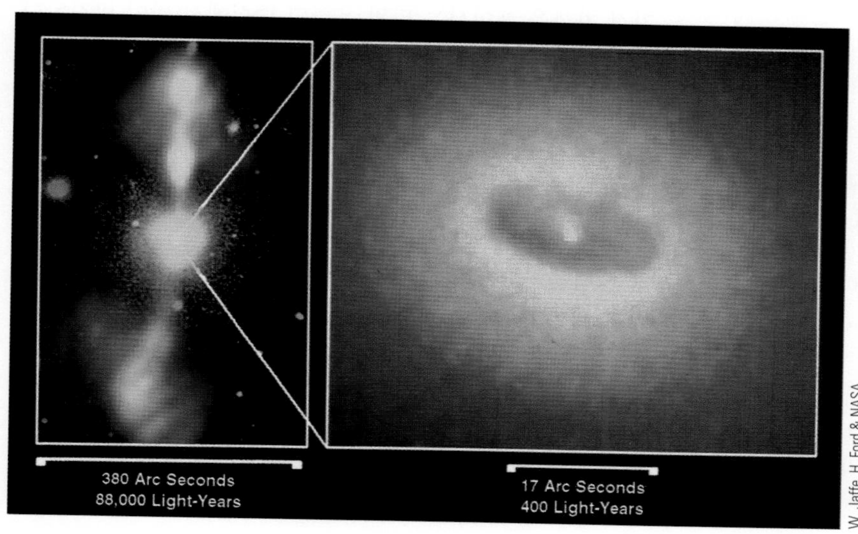

W. Jaffe, H. Ford & NASA

■ **그림 18.16**

활동 은하의 제트와 원반 왼쪽의 사진은 약 1억 광년 떨어진 처녀자리 은하단에 있는 활동 은하 NGC 4261이다. 중심에서 둥그렇게 나타난 은하 자체는 가시광선으로 보이지만 제트는 전파로 보인다. 은하 중심부의 허블 우주 망원경 사진을 오른쪽에 보였다. 이 은하는 거대 질량 블랙홀을 둘러싸고 있는 지름이 약 2500광년인 먼지와 가스의 고리를 포함하고 있다. 그림 18.15의 모형에서 보인 것처럼 제트는 원반의 평면에 수직인 방향으로 은하로부터 뻗어 나간다.

연결고리

퀘이사와 천문학자의 태도

퀘이사의 발견은 1960년대 초 천문학자들이 경험했던 놀라움 중 첫 번째 것이었다. 그로부터 10년이 흐르기도 전에 펄사 형태의 중성자별, 최초의 블랙홀을 암시하는 쌍성 형태의 천체, 그리고 대폭발에서 온 전파 메아리 등이 발견되었다. 여러 새로운 가능성이 앞에 놓여 있었다.

1988년 마르텐 슈미트는 '내가 믿기에는 이들이 천문학 공부를 하는 사람들의 행동에 심각한 충격을 주었다. 1960년대 이전까지 우리 분야에서는 권위주의가 팽배했었다. 학술회의에서 발표되는 새로운 아이디어는 원로 천문학자들에 의해 판정을 받았고, 너무 앞섰다면 거부당했다.' 라고 과거를 회고하였고, 그 경우의 좋은 예로는 찬드라세카르가 중심 질량이 1.4 M_{Sun}보다 더 큰 별들의 죽음에 관한 아이디어를 발표했을 때 겪었던 어려움에서 알 수 있다.

슈미트는 이야기를 이어나갔다. '1960년대의 발견들은 전혀 기대하지 않던 것이었으며, 즉시 평가될 수 없었다. 이 발견에 대한 반응으로, 이상스런 아이디어조차도 심각하게 받아들이도록 천문학계의 태도가 변화되었다. 아마도 외부 은하 천문학에 대해 확고한 지식이 부족했던 것이 권위주의보다는 이런 태도를 선호하게 된 이유일 것이다.'[3]

이로써 천문학자들이 (인간으로서) 더 이상 편견과 편애를 가지지 않게 되었다고 말하는 것은 아니다. 예를 들어 퀘이사의 적색이동이 거리와 관련없다고 생각하는 (소수의) 천문학자들은 1960년대와 1970년대에 학회나 망원경 사용에서 제외당한다고 느꼈었다. 동료들과 반대되는 의견을 가진 사람들이 느끼는 것만큼 실제로 그들이 배척당했는지는 분명치 않다. 판명되었듯이—모든 과학적 의문에 궁극적인 해답을 주는—증거는 또한 한쪽 편만의 것은 아니었다.

그러나 오늘날 더 좋은 관측기기가 어떤 문제들에 대한 해답을 주고 다른 문제들에 대한 우리의 무지를 보여줌으로써 천문학의 전 분야에서 비범한 아이디어를 논하는 데 더 개방적인 것처럼 보인다. 물론 어느 가설이든 받아들이기 전에 그 가설은 스스로 노출하는 증거를 통해 반복적으로 검증되어야 한다. 그러므로 암흑물질에 대한 여러 가지 (다음 장에서 몇 가지 언급하게 될) 이상한 제안들은 슈미트가 기술한 새로운 개방성에 대한 검증을 받게 될 것이다.

[3] *Modern Cosmology in Retrospect*(1990, Cambridge U. Press)에 실린 M. 슈미트의 "The Discovery of Quasars", B. Bertotti 등이 편집.

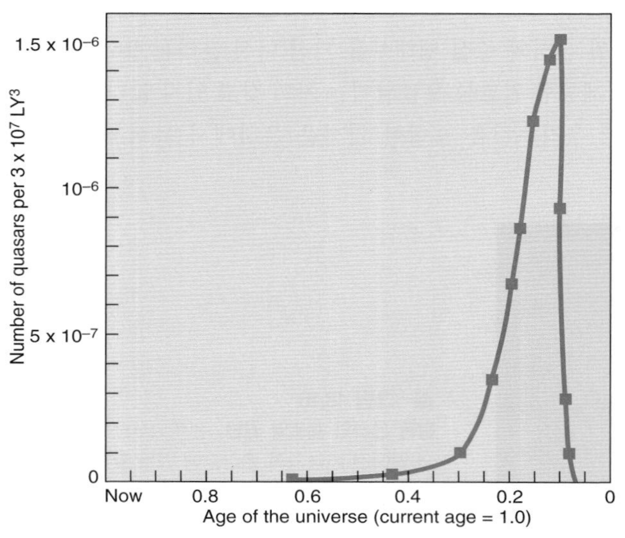

■ 그림 18.17
돌이켜본 시간(look back time)과 퀘이사의 숫자 이 그림은 점점 더 옛날로 가는 데 따른 (점점 멀어지는 데 따른) 퀘이사의 숫자를 나타낸다. 나이 0은 우주의 시작에 해당하고 1은 현재다. 퀘이사는 우주가 현재 나이의 약 20%일 때 가장 흔했음을 보여준다.

분 어둡고 조용하다—화려했던 과거의 단순한 그림자일 뿐이다. 많은 양의 신선한 '음식' 없이, 소량의 국지적 물질 부스러기들이 블랙홀을 향해 들어갈 때 빛을 약하게 낼 뿐이다.

18.4.2 퀘이사와 타원 은하의 진화

가장 가까운 퀘이사는 타원 은하의 중심에서 많이 발견된다. 이는 먼 퀘이사가 현재 타원 은하의 조상 은하 안에 들어 있으며, 먼 퀘이사의 모 은하를 연구함으로 우주가 젊었을 때 타원 은하가 어땠는지를 알 수 있다. 이미 보았듯이 퀘이사는 매우 밝고 적색이동을 쉽게 측정할 수 있기 때문에 먼 은하의 유용한 이정표가 된다. 그러나 모 은하를 연구하기 위해서는 탁월하고 선명한 허블 우주 망원경의 사진이 필요하다. 지구 대기는 퀘이사와 은하의 빛을 산란시킴으로 지상 망원경으로 은하에서만 오는 빛을 연구하는 것이 불가능하다.

허블 관측은 무거운 타원 은하가 현재의 2/3에 지나지 않는 우주 나이 약 40억 년에서 50억 년 정도일 때 존재했음을 보여준다. 그러나 이들 은하는 가까운 타원 은하보다 푸르므로 뜨겁고 젊은 별들을 더 많이 가지고 있었음을 의미한다. 시간을 돌이켜 봄으로써 우리는 생성 과정에 있는 무거운 타원 은하를 보는 것이 가능하다.

다음 장에서는 천문학자들이 은하의 일반적 진화에 대해 알아낸 것을 더 자세히 탐구하게 될 것이다.

18.4.3 시간이 동틀 무렵에 존재한 퀘이사

퀘이사는 너무나 밝아서 가장 밝은 타원 은하보다 더 먼 거리에서도 보인다. 지난 수년간 천문학자들 사이에서는 가장 먼 퀘이사를 찾는 일종의 경쟁이 있었다. 서너 개의 퀘이사는 대략 130억 광년의 거리에 있는 것으로 알려졌다(그림 18.18). 이는 우주가 약 10억 년 또는 현재 나이의 7%인 때 그 빛이 방출되었음을 의미한다. 이 결과는 질량이 태양질량의 10억 배 또는 그 이상인 초거대 질량 블랙홀이 초기 우주에서 매우 빨리 형성되었음을 시사한다. 불행히도 이런 퀘이사는 너무 멀리 있어서 만약 있다 하더라도, 그들을 둘러싼 은하가 어떤 종류인지 알아볼 수 없다.

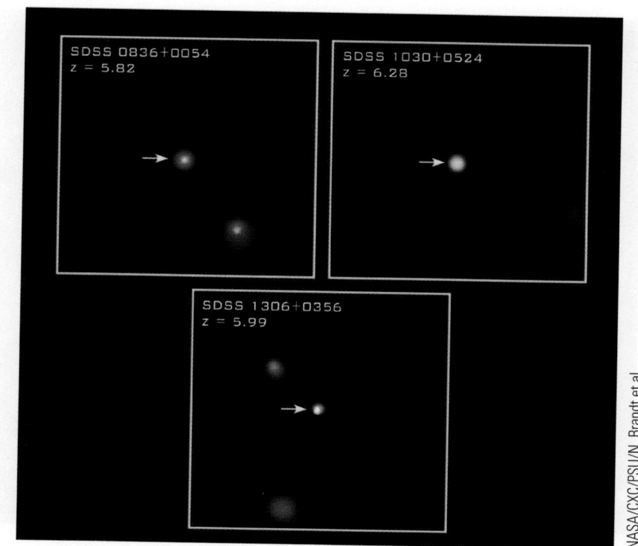

■ **그림 18.18**
130억 광년 떨어진 퀘이사 최근 슬로운 디지털 탐사(Sloan Digital Survey)에 의해 가시광에서 발견된 3개의 퀘이사를 x-선 영상으로 보여준다. 이들은 알려진 퀘이사 중 가장 멀리 있는 것의 예이다. 찬드라가 검출한 x-선은 우주가 겨우 현재 나이의 7%인 10억 년일 때 나온 것이다. x-선을 내는 블랙홀은 10억 M_{Sun}에서 100억 M_{Sun}으로 추정된다. 이것은 어떤 블랙홀이 우주가 팽창을 시작한 후 아주 빨리 만들어졌다는 것을 의미한다.

어떻게 짧은 시간에 많은 물질을 모을 수 있었는지 이론가들에게 수수께끼였다. 이는 마치 누군가가 하루 만에 엠파이어스테이트 빌딩을 지었다고 말하는 것과 같다. 이런 문제를 피하기 위해서 일부 이론가들은 이런 먼 퀘이사의 밝기는 광학적 신기루일 수 있다고 지적한다. 만약 먼 퀘이사로부터 오는 빛이 은하단 같이 물질이 집중된 곳 근방을 지날 때, 일반상대론에 의해 예측되듯이, 빛의 경로가 휠 수 있다. 또한 이 과정에서 빛은 증폭될 수 있기 때문에 퀘이사가 밝게 보일 수 있다. 130억 광년 떨어진 퀘이사에서 온 빛이 우리에게 도달하려면 아주 먼 거리를 이동해야 하므로 경로의 어딘가에서 무거운 은하 또는 성단 주변을 지나야 하는데, 이 과정에서 **중력렌즈**(gravitational lense)의 영향을 받게 될 것이다. 단지 10억 광년 떨어진 퀘이사는 중력렌즈를 겪을 가능성이 훨씬 적다.

렌즈 현상은 퀘이사의 밝기를 10배 또는 그 이상으로 높일 수 있다. 블랙홀의 질량은 방출된 에너지양으로부터 추정되기 때문에 렌즈 현상은 질량을 과대평가하도록 만들고 있는지 모른다. 만약 퀘이사가 렌즈 현상을 겪는다면 고유 광도는 추정값의 10분의 1로 줄여야 할 것이다. 이로써 요구되는 블랙홀 질량은 낮아지게 되며 10억 년 동안 이뤄지는 형성과정을 보다 쉽게 설명할 수 있게 만들 것이다.

실제로 중력렌즈는 다중 영상(다음 절 참조)을 만들 수 있음이 밝혀졌다. 중력렌즈가 예상대로 가장 먼 퀘이사의 겉보기 밝기를 밝게 만든다면 다중 영상을 볼 수 있는지를 관측하기 위해서 천문학자들은 오늘날 허블 우주 망원경으로 밝고 먼 퀘이사를 촬영하고 있다.

비록 중력렌즈에 의한 밝아짐이 먼 퀘이사의 관측을 해석하는 데 혼란을 줄 수는 있지만, 이로써 보이지 않는 천체들이 검출될 정도로 밝아진다. 그림 18.19는 매우 멀고 희미한 은하의 빛 경로가 무거운 거대 은하단을 지나기 때문에 관측이 가능해진 예를 보여준다.

18.4.4 중력렌즈와 다중 영상

일반 상대성이론은 강한 중력장 부근에서 빛의 휨을 예측한다(15장 참조). 계산에 의하면 유령의 집 거울처럼 이런 휨은 다중 또는 뒤틀린 영상을 만들어낼 수 있다(그림 18.20). 중력렌즈를 겪은 퀘이사의 첫 번째 예는 1979년에 발견되었다. 천문학자들은 QSO 0957+561(숫자는 하늘에서 좌표를 나타냄)이라는 이름으로 알려진 하늘에서 아주 가까운 한 쌍의 퀘이사가 같은 스펙트럼과 적색이동을 가진다는 사실에 주목했다(그림 18.21). 그들은 두 개의 퀘이사가 실제로는 하나이며 중간에 있는 은하가 중력렌즈 역할을 한다고 했다.

후속 관측을 통해서 그림 18.21의 아래에 있는 퀘이사 바로 위의 희미한 은하가 알려졌다. 실제로 이 은하는 퀘이사보다 훨씬 우리에게 가까운 은하단의 구성원임이 밝혀졌

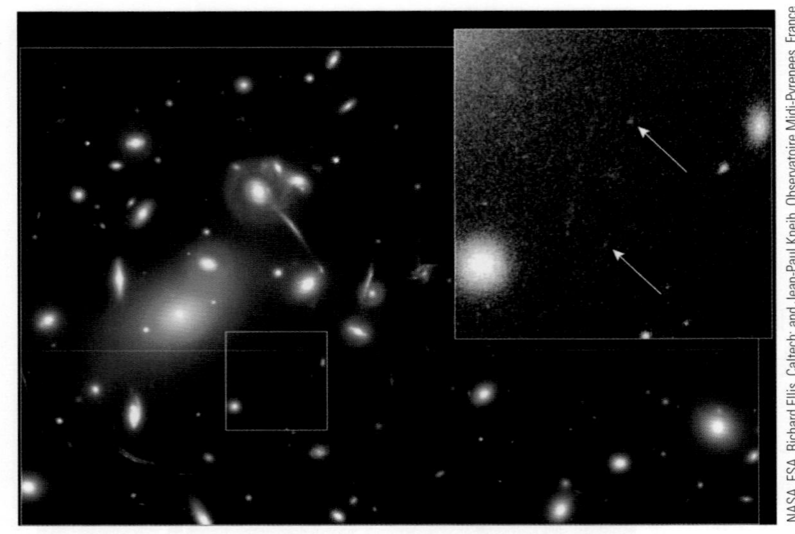

■ **그림 18.19**
먼 천체의 중력렌즈 중력렌즈는 천체를 밝게 보이게 만들어 관측하기에 너무 어두운 먼 천체를 볼 수 있게 만든다. 여기에서 우리는 빛이 중간에 있는 무거운 은하단에 의해 증폭되고 두 개로 갈라진 작은 은하를 볼 수 있다. (이 은하단은 이 장의 시작 부분에 보인 영상에 나타나 있다.) 화살표로 표시된 은하는 (우주 나이를 140억 광년이라 가정할 때) 134억 광년 떨어져 있으므로 현재의 우주에서 볼 수 있는 대형 은하들의 초기 구성 재료인지 모른다.

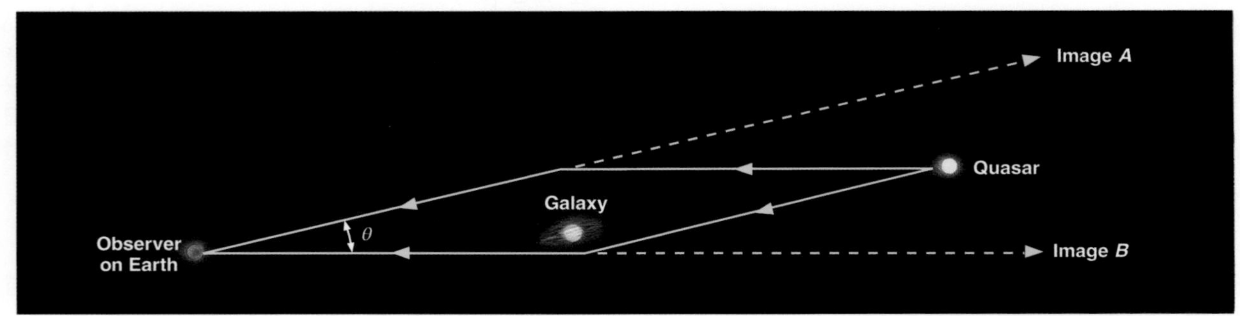

■ **그림 18.20**
중력렌즈 그림 18.21에서 보인 2개의 영상을 중력렌즈가 어떻게 만드는지를 보여준다. 먼 퀘이사에서 나온 2개의 광선이 앞의 은하를 지나는 동안 휘어진다. 그리고 그들은 같이 지구에 도달한다. 두 개의 빔은 같은 정보를 가지고 있지만 그들은 하늘의 다른 두 지점에서 나오는 것으로 보인다. 이 그림은 과장되게 단순화되었고 비율도 맞지 않지만 렌즈 형상에 대한 대략적인 개념을 설명해 준다.

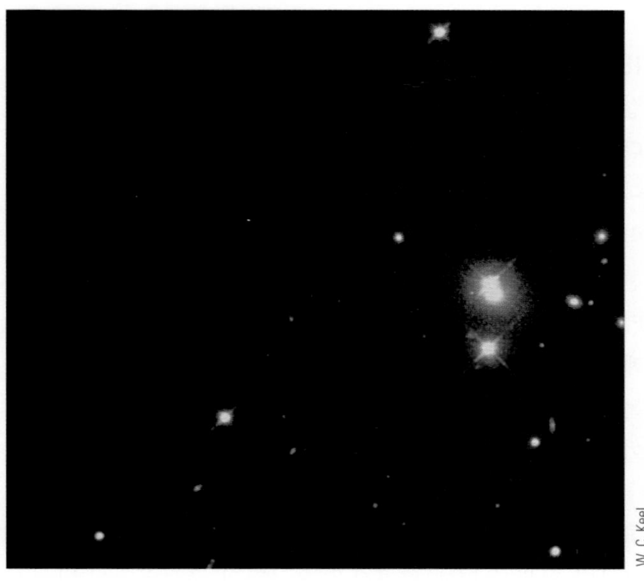

다. 기하학적 모양과 추정된 은하의 질량은 중력렌즈를 만들어내기에 아주 적당한 것이었다.

중력렌즈는 (그림 18.22에 보인 이상한 모양들을 나열한 전시물과 같은) 이중 영상뿐 아니라 다중 영상, 활 모양 또는 고리 형태를 만든다. 이 장의 시작 페이지에 보인 예에서 우리는 배경 은하가 앞에 있는 (노란색의) 은하단에 의해 우아하게 굽은 호(활 모양)를 만들어냄을 볼 수 있다.

그러나 보이는 은하만이 중력렌즈가 가능한 유일한 천

■ **그림 18.21**
이중 퀘이사 QSO 0957+561 중력렌즈를 역할을 하는 무거운 은하는 훨씬 멀리 있는 퀘이사의 다중 영상을 만든다. 여기서 우리는 하나의 먼 퀘이사에 대한 두 개의 영상을 볼 수 있다. 두 영상은 이 그림 중앙의 거의 수직선상에 있는 두 개의 밝은 점 같은 천체로 보인다. 이 영상을 만들어 내는 전경 은하는 두 퀘이사 사이에 보인다.

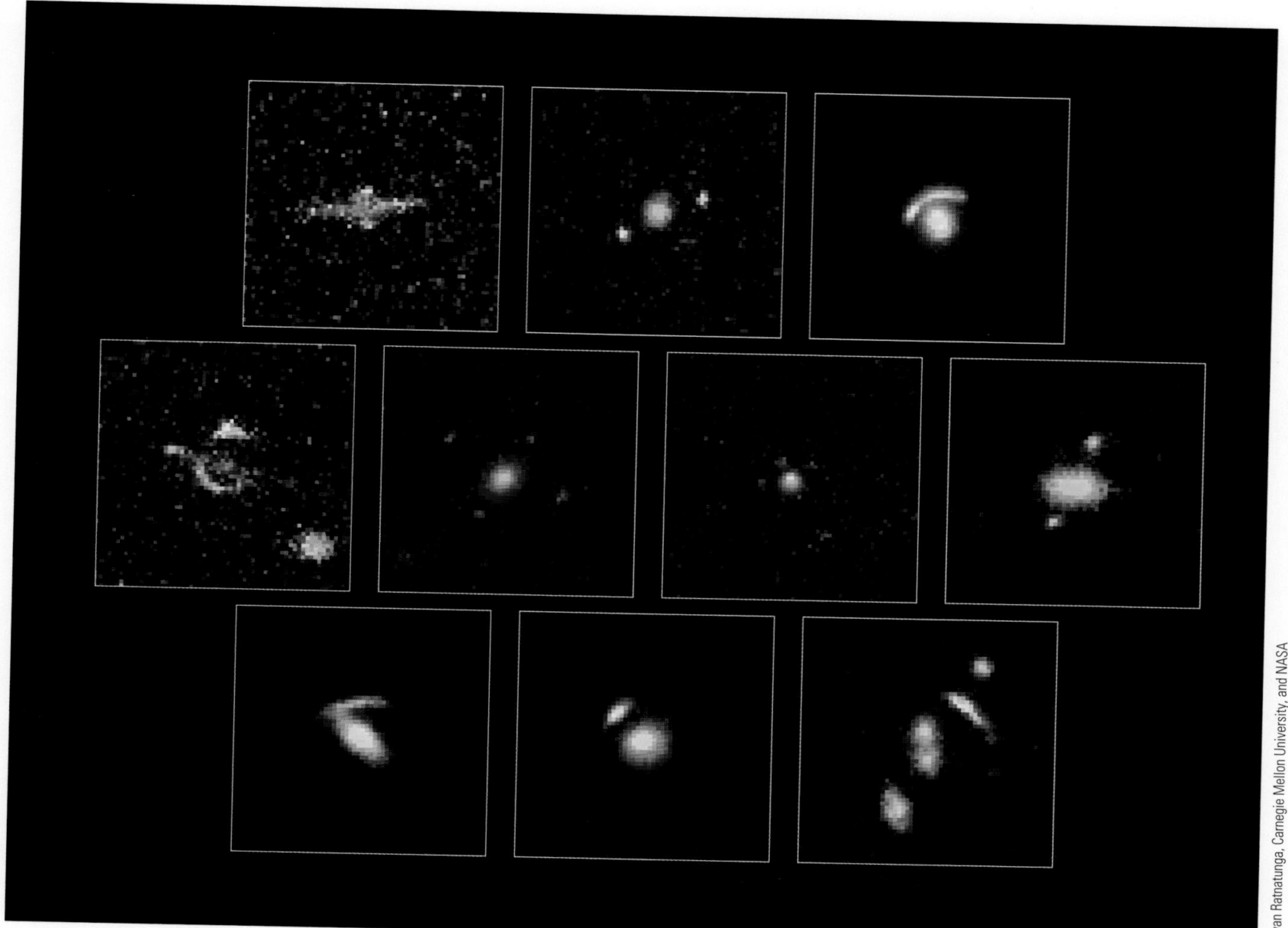
Kavan Ratnatunga, Carnegie Mellon University, and NASA

■ **그림 18.22**

중력렌즈 이미지 모음 중력렌즈로 만들어진 영상의 숫자와 모양은 먼 광원과 가까운 렌즈 은하가 어떻게 배열되어 있는가에 의존한다. 위에 보인 허블 우주 망원경으로 찍은 열 개의 사진은 이런 가능성 중 일부를 보여준다. 엄격히 말해서 위에 보인 다양한 영상이 같은 먼 천체에서 온 것이라는 것을 증명하기 위해서는 스펙트럼이 필요하지만 이들 예의 대부분은 중력렌즈일 가능성이 크다.

체가 아님을 유의하자. 암흑물질 역시 이런 효과를 만들어냄으로써 자신의 존재를 드러낼 수 있다. 이 장의 시작에서 보았던 많은 타원, 호, 또는 호의 일부분들은 전면에 위치한 암흑물질을 포함하는 은하단의 질량분포 지도를 만드는 데 이용될 수 있다. 이렇게 만들어진 지도는 은하단이 가시광선으로 보이는 것보다 훨씬 더 많은 양의 물질을 가지고 있음을 보여준다. 만약 암흑물질이 없었다면 우리는 훨씬 적은 수의 일그러진 배경 은하를 보았을 것이다. 천문학자들은 오늘날 암흑물질이 어디에 있으며 얼마나 많은지를 알기 위해 일그러진 영상을 관측하기 위해 하늘 전체를 탐색하고 있다. 이런 관측은 16장에서 논의했던 우주 대부분의 질량이 암흑물질로 구성되어 있다는 생각을 확인해 주고 있다.

인터넷 탐색

퀘이사와 활동 은하핵: www.astr.ua.edu/keel/agn/
은하의 광범위한 활동을 보여주는 주석이 달린 사진 전시관.

퀘이사: 환상적인 빛:
hubblesite.org/newscenter/archive/1996/astrofile
허블의 대중 정보 사무국으로부터의 이 간단한 '배경 설명'은 퀘이사의 발견과 이해에 대한 약간의 역사를 제공한다.

퀘이사와 활동 은하 지침서:
caswww.ucsd.edu/public/tytorial/Quasars.html
천문학자 진 스미스가 이 주제에 삽화를 가지고 설명한다.

M87 정보와 영상:
www.seds.org/messier/m087.html
메시에 카탈로그 사이트의 일부로서 이 페이지는 거대 타원 은하 M87과 그 환경(처녀자리 은하단)을 탐구한다.

중력렌즈:

- **중력렌즈에 대한 초급 독본:**
  www.scibridge.sdsu.edu/coursemats/introsci/sysinteractions/grav_lenses/index.html
  나사의 조 돌란이 다른 정보원에 대한 링크와 함께 중력렌즈 현상에 대한 소개와 시각적 여행을 한다.
- **천체 물리학자에 대한 렌즈:**
  theory2.phys.cwru.edu/~pete/GravitationalLens/
  재미로 이 분야에서 일하는 천문학자의 사진을 골라 그 사진을 중력렌즈에 놓는다. 사람이나 물체의 사진으로 우스꽝스럽게 만들 수 있다.

중력렌즈를 포함하는 일부 허블 우주 망원경 결과:

- **은하단 Abell 2218의 렌즈:**
  hubblesite.org/newscenter/archive/1995/14/
- **렌즈를 이용한 먼 은하 발견:**
  hubblesite.org/newscenter/archive/1997/25/
- **더 많은 렌즈:**
  hubblesite.org/newscenter/archive/1999/18/
- **렌즈를 이용한 은하 구성 조각의 발견:**
  hubblesite.org/newscenter/archive/2001/32/

요약

18.1 처음 발견된 **퀘이사**는 별과 같지만 강한 전파를 방출했다. 현재 관측된 퀘이사의 스펙트럼은 광속의 15%에서 96% 이상의 범위까지 적색이동을 보인다. 이 적색이동이 의미하는 퀘이사는 큰 거리에 있고 허블의 법칙의 지배를 받는다. 이런 막대한 거리에서 보이려면 그 광도는 밝은 정상적인 은하보다 10배에서 100배나 더 커야 한다. 그의 밝기 변화는 이 엄청난 에너지 방출이 작은 부피—어떤 경우는 우리 태양계보다 더 크지 않은 영역—에서 발생됨을 보여준다. 어떤 퀘이사는 같은 적색이동을 보이는 작은 은하군 또는 은하단의 일원이다. HST를 이용한 관측은 퀘이사가 은하 중심부에 놓여 있음을 보여준다. 나선 은하와 타원 은하 모두 퀘이사를 품을 수 있다.

18.2 천문학자들은 퀘이사를 작은 **활동 은하핵**에서 많은 양의 에너지가 발생되는 **활동 은하**의 극단적인 예로 보고 있다. 세이퍼트는 그런 활동 은하의 한 예다. 일부 거대 타원 은하도 강력한 전파원이다. 여러 경우 전파 방출 제트는 활동적인 중심으로부터 은하 또는 퀘이사의 양쪽 편에 위치한 큰 전파 방출 영역까지 확장되어 있다. 활동 은하들은 정상적인 은하와 퀘이사 사이에서 중간에 해당하는 밝기를 가지고 있다.

18.3 활동 은하의 핵과 퀘이사는 모두 질량이 큰 블랙홀로 들어가서 그 주위에 뜨거운 강착원반을 형성하는 물질로부터 에너지가 방출된다. 블랙홀의 질량은 대략 타원 은하나 그들을 둘러싸고 있는 중앙 팽대부에 있는 별 질량의 1/200 정도다. 많은 양의 에너지 방출과 그 에너지가 상대적으로 작은 공간의 부피에서 나온다는 사실을 모형을 이용해서 설명할 수 있다. 질량이

작은 블랙홀은 일부 구상 성단에서도 발견되었다.

18.4 지금보다 수십억 년 전에 퀘이사는 현재보다 훨씬 많았으며, 천문학자들은 이 은하 생성의 초기를 대표한다. 퀘이사는 우주가 젊었을 때 더 활동적이었고 강착원반의 연료와 제트가 더 많았다. 퀘이사의 활동성은 블랙홀에게 새로운 원료를 제공하는 두 은하 사이의 충돌에 의해 다시 재개될 수 있다. 퀘이사는 우주의 먼 곳을 탐사하는 데 사용될 수 있다. 우주의 나이가 현재의 1/3에 불과할 당시 퀘이사를 둘러싸고 있던 은하는 더 푸른색이며 따라서 현재의 타원 은하에서 더 많고 더 뜨거운 젊은 별들을 가지고 있었다. 이는 은하 진화의 초기 단계를 나타낸다. 먼 퀘이사에 대한 관측은 일반상대성이론이 예측하는 **중력렌즈** 효과가 실제 일어나고 있음을 보여준다. 중력렌즈는 이중 또는 다중 영상에서 원호와 고리까지 여러 형태의 퀘이사 영상을 만들 수 있다. 중력렌즈에 의한 효과를 분석함으로써 암흑물질이 존재하는 장소와 얼마나 많이 있는지를 결정할 수 있다. 이런 관측은 우주의 대부분 질량이 암흑물질의 형태로 존재한다는 의견을 지지한다.

모둠 활동

A 퀘이사가 처음 발견되고 이들의 큰 에너지원이 알려지지 않았을 때 어떤 천문학자들은 퀘이사의 적색이동이 의미하는 것보다 훨씬 가까이 있다는 증거를 찾고자 하였다. (이렇게 하면 퀘이사가 지금 보이는 것처럼 많은 에너지를 발생시키지 않아도 된다.) 한 가지 방법은 은하와 퀘이사가 같은 방향에 있으면 서로 다른 적색이동을 가지는 '일치되지 않는 쌍'을 찾는 것이다. 퀘이사와 가까이 있는 단 하나의 은하를 발견하고 퀘이사의 적색이동이 은하에 비해 6배 크다고 가정하자. 당신 모둠은 두 천체가 같은 거리에 있고 적색이동은 믿을 만한 거리 지표가 되지 않는다는 결론에 이를 수 있을 것이다. 왜 그런가? 이제 서로 다른 세 개의 일치되지 않는 쌍을 찾았다고 하자. 모든 은하는 가까이에 다른 적색이동을 가지는 퀘이사를 가지고 있다고 하자. 당신의 답은 어떻게 바뀌며 그 이유는 무엇인가?

B 대형 지상 망원경은 대개 관측 시간을 요청한 네 명의 천문학자 중 한 명에게 관측 시간을 제공한다. 한 명의 유명한 천문학자는 퀘이사의 적색이동이 거리를 지시하지 않는다는 사실을 확립하기 위해 여러 해 동안 시도했다. 처음 그에게 세계에서 가장 큰 망원경의 시간이 주어졌으나 퀘이사는 활동 은하의 중심부이며 이들의 적색이동은 실제 거리를 지시한다는 것이 명확해졌다. 이 시점에서 그는 제안서를 검토한 천문학자들의 위원회로부터 관측 시간 배정을 거부받았다. 당신 모둠이 이 위원회에 있었다면 어떤 결정을 내렸겠는가? 그 이유는? (일반적으로, 널리 받아들여지는 것과 전혀 다른 견해를 가진 천문학자가 연구를 추진할 수 있도록 허용하는 데 사용하는 기준은 무엇인가?)

C 당신은 천문학 강좌를 택한 적이 없는 똑똑한 친구에게 중력렌즈에 대해 이야기하는 것에 매우 고무되어 있다. 그 말을 들은 후 친구는 걱정하기 시작했다. 그녀가 "만약 중력렌즈가 같은 천체에 대한 다중 또는 유령 영상을 만드는 등과 같이 영상을 일그러뜨린다면, 어떻게 하늘에 보이는 빛의 점이 사실인지 믿을 수 있을까? 아마 우리가 보는 많은 별 역시 유령 영상이거나 렌즈된 영상일 수도 있을거야!" 어떻게 반응할 것인지에 대해 토의하라. (힌트: 퀘이사 빛이 택한 경로와 전형적인 별빛이 택한 경로에 대해 생각하라.)

D 15장의 정보를 바탕으로 퀘이사나 활동성 은하의 초거대질량 블랙홀의 사건 지평선 부근이 어떠한지 논의하라. 그 영역으로 여행이 건강이 좋지 않다는 모든 이유의 목록을 구체적으로 만들라.

복습 문제

1. 퀘이사와 정상적인 은하 사이의 차이점을 기술하라.

2. 퀘이사가 적색이동이 제시하는 거리에 놓여 있다는 생각을 지지하는 논거를 기술하라.

3. 퀘이사와 비슷한 활동 은하는 어떤 면에서 퀘이사와

같고 정상적인 은하와는 어떻게 다른가?

4. 블랙홀의 어떤 효과가 퀘이사로부터 방출되는 에너지를 설명할 수 있는가?

5. 중력렌즈란 무엇인가? 실제로는 하나의 퀘이사가 어떻게 하늘에서 두 개로 보일 수 있는지 그림으로 보여라.

6. M87이 하나의 활동 은하임을 천문학자들이 확신하게 된 관측을 기술하라.

7. 중력렌즈는 어떻게 천문학자들이 우주의 암흑물질에 대해 배울 수 있게 해주는가?

사고력 문제

8. 하늘에서 천체를 관측했고 가정하자. 그 천체가 실제로 별인지 퀘이사인지 어떻게 결정할 수 있는가?

9. 17장에 기술한 은하 거리를 결정하는 (허블의 법칙을 제외) 어느 방법도 왜 퀘이사에 적용되지 않았는가?

10. 퀘이사의 높은 적색이동을 설명하는 한 가지 초기 가설은 이 천체들이 아주 높은 속도로 은하로부터 방출되었다는 것이었다. 이 생각은 큰 청색이동을 가진 퀘이사가 발견되지 않아 받아들여지지 않았다. 퀘이사가 가까운 은하에서 방출된 것이라면 왜 청색이동과 적색이동된 선들을 모두 가진 퀘이사가 관측되기를 기대하는가?

11. 만약 우리가 중력렌즈에 의해서 만들어지는 퀘이사의 이중 영상을 관측하고 중력렌즈로 작용하는 은하의 스펙트럼을 얻을 수 있다면 퀘이사의 거리에 대한 한계를 정할 수 있다. 어떻게 이것이 가능한가를 설명하라.

12. 스타트렉(Star Trek)이라는 TV 시리즈를 여러 차례 본 친구가 "블랙홀은 모든 것을 끌어들인다고 생각하게 되었어. 그런데 왜 천문학자들은 블랙홀이 퀘이사로부터의 에너지 대량 방출을 설명할 수 있다고 생각하는 걸까?"라고 물었다. 어떻게 답하겠는가?

13. 이 장 처음에 있는 사진은 노란 은하들의 은하단이 중력렌즈를 통해 서너 개의 푸른 은하들을 만들어낸 것을 보여준다. 푸른 은하와 노란 은하 가운데 어느 것이 더 멀리 있는가? 은하들의 빛은 별에서 나온다. 은하단의 지배적인 별빛의 온도는 중력렌즈를 겪은 푸른 은하의 지배적인 별빛의 온도와 어떻게 다른가? 어느 은하의 빛이 젊은 별들에 의해 지배되는가?

계산 문제

4.6절에서 천문학자들이 z로 표시하는 도플러 이동에 대한 공식은 다음과 같다.

$$z = \frac{\Delta\lambda}{\lambda} = \frac{v}{c}$$

여기서 λ는 움직이지 않는 광원으로부터 나오는 빛의 파장, $\Delta\lambda$는 그 파장과 우리가 측정하는 파장의 차이, v는 광원이 멀어져 가는 속도, 그리고 c는 빛의 속도이다.

은하의 스펙트럼에 있는 선은 광원이 정지해 있을 때 파장이 393 나노미터(nm, 또는 10^{-9} m)다. 이 선이 위 값에 비해 7.86 nm 긴 쪽(적색이동)에서 측정되었다고 하자. 그러면 적색이동 z=7.86 nm/393 nm=0.02이고 우리로부터 멀어지는 속도는 광속의 2%(v/c=0.02)다.

이 공식은 팽창하는 우주에서 우리로부터 천천히 멀어지는 상대적으로 가까운 은하에 대해서는 만족스럽다. 그러나 이 장에서 논의한 퀘이사나 먼 은하들은 광속에 가까운 속도로 멀어진다. 이런 경우 도플러 이동(적색이동)을 거리로 환산하려면 물체가 빠른 속도로 이동할 때 공간과 시간을 어떻게 측정하는지 설명하는 특수상대성 이론의 효과를 포함해야 한다. 이것이 어떻게 이루어지는지 이 책의 수준을 넘어서지만 도플러 이동의 상대론적 공식을 공유할 수 있다.

$$\frac{v}{c} = \frac{(z+1)^2 - 1}{(z+1)^2 + 1}$$

예를 들어보자. 먼 퀘이사가 적색이동 5를 가지고 있다고 하자. 빛 속의 몇 분의 1로 퀘이사가 멀어질까? 다음과 같이 계산한다.

$$\frac{v}{c} = \frac{(5+1)^2 - 1}{(5+1)^2 + 1} = \frac{36 - 1}{36 + 1} = \frac{35}{37} = 0.946$$

따라서 퀘이사는 우리로부터 광속의 약 95%로 멀어진다.

14. 우리가 측정하는 적색이동(z)이 아무리 크더라도 v/c는 결코 1보다 크지 않다는 것을 보여라. (우리가 관측하는 어느 은하도 빛보다 빠른 속도로 움직이지 않는다.)

15. 퀘이사의 적색이동이 3.3이라면 빛의 속도의 몇 분의 1로 우리로부터 멀어져 가는가?

16. 만약 퀘이사가 우리로부터 $v/c=0.8$로 멀어지고 있다면 측정되는 적색이동은 얼마인가?

17. 18.1.1절에서 지금까지 발견된 퀘이사의 가장 큰 적색이동은 6보다 크다는 사실에 대해 논의했다. 이제 적색이동 6.1을 가진 퀘이사를 발견했다고 가정하자. 이것은 빛 속도의 몇 분의 1로 우리로부터 멀어지고 있는가?

18. 퀘이사에서 빠른 변광은 에너지가 생성되는 영역이 아주 작음을 의미한다. 왜 그런지 보여줄 수 있을 것이다. 예를 들어 에너지가 발생하는 영역이 지름 1 LY의 투명한 공 모양이라고 가정하자. 이제 1초 사이에 이 영역이 갑자기 10배로 밝아져 같은 밝기를 2년간 유지한 후 원래의 밝기로 되돌아갔다고 하자. 지구에서 본 광도곡선(밝기를 시간에 대해 표시한 그림)을 그려라.

19. 큰 적색이동은 스펙트럼선의 위치를 더 긴 파장 쪽으로 옮기고 지상에서 관측되는 것들을 변화시킨다. 예를 들어, 퀘이사가 적색이동 $\Delta\lambda/\lambda=4.1$을 가지고 있다고 가정하자. 실험실에서 정지 상태의 파장이 121.6 nm인 라이만 알파선을 검출하려면 어떤 파장대에서 관측을 해야 하는가? 적색이동이 0인 퀘이사로부터 나오는 이 선을 지상 망원경으로 관측할 수 있는가? 적색이동 $\Delta\lambda/\lambda=4.1$인 퀘이사로부터 이 선을 지상 망원경으로 관측할 있는가?

20. 이 장에서 거대 질량 블랙홀의 질량을 추정하기 위해 케플러 제3법칙을 이용한다는 것을 알았다. 이 장은 NGC 4261에 있는 블랙홀의 질량 계산 결과를 제공한다. 해답을 위해 천문학자들은 블랙홀을 둘러싸고 있는 먼지와 가스 고리에 있는 입자들의 속도를 측정해야 했다. 이 속도는 얼마나 큰가? 케플러 제3법칙을 바꾸고 이 장에서 제공한 은하 NGC 4261에 대한 정보—가운데 있는 블랙홀의 질량과 중심을 둘러싸고 있는 먼지와 가스로 이루어진 고리의 지름—를 이용해 고리에 있는 먼지가 블랙홀 주위를 한 바퀴 도는 데 얼마나 걸리는지 계산하라. 먼지 입자에 작용하는 힘은 오직 블랙홀에 의한 중력뿐임을 가정하고 먼지 입자의 속도를 km/s로 계산하라.

심화 학습용 참고 문헌

Bartusiak, M. "A Beast in the Core" in *Astronomy*, July 1998, p. 42. 은하들의 중심부에 있는 초거대질량 블랙홀에 관하여.

Bartusiak, M. "Gravity's Rainbow" in *Astronomy*, Aug. 1997, p. 44. 중력렌즈에 관하여.

Bechtold, J. "Shadows of Creation: Quasar Absorption Lines and the Genesis of Galaxies" in *Sky & Telescope*, Sept. 1997, p. 29.

Croswell, K. "Have Astronomers Solved the Quasar Enigma?" in *Astronomy*, Feb. 1993, p. 29.

Disney, M. "A New Look at Quasars" in *Scientific American*, June 1998, p. 52.

Djorgovski, S. "Fires at Cosmic Dawn" in *Astronomy*, Sept. 1995, p. 36. 퀘이사와 그들로부터 무엇을 배울 수 있는가에 대하여.

Finkbeiner, A. "Active Galactic Nuclei: Sorting Out the Mess" in *Sky & Telescope*, Aug. 1992, p. 138. 과학 전문 작가에 의한 좋은 소개서.

Ford, H. and Tsvetanov, Z. "Massive Black Holes at the Hearts of Galaxies" in *Sky & Telescope*, June 1996, p. 28. 좋은 개론 글.

Nadis, S. "Here, There, and Everywhere" in *Astronomy*, Feb. 2001, p. 34. 초거대질량 블랙홀이 얼마나 흔한지를 보여주는 허블 우주 망원경 관측.

Olson, S. "Black Hole Hunters" in *Astronomy*, May 1999, p. 48. 활동성 은하의 중심에 있는 "배고픈" 블랙홀을 찾는 네 천문학자의 프로필.

Petersen, C. "The Universe through Gravity's Lens" in *Sky & Telescope*, Sept. 2001, p. 32. 중력렌즈에 대한 8쪽 짜리 해설서.

Preston, R. "Beacons in Time: Maarten Schmidt and the Discovery of Quasars" in *Mercury*, Jan. /Feb. 1988, p. 2.

Voit, G. "The Rise and Fall of Quasars" in *Sky & Telescope*, May 1999, p. 40. 퀘이사가 우주 역사에 어떻게 들어가는지에 대한 좋은 개론 글.

Wambsganss, J. "Gravity's Kaleidoscope" in *Scientific American*, Nov. 2001, p. 65. 중력렌즈와 미세중력렌즈 현상에 관하여.

Wright, A. and Wright, H. *At the Edge of the Universe*. 1989, Ellis Horwood/John Wiley. 외부 은하 천문학에 대한 입문서.

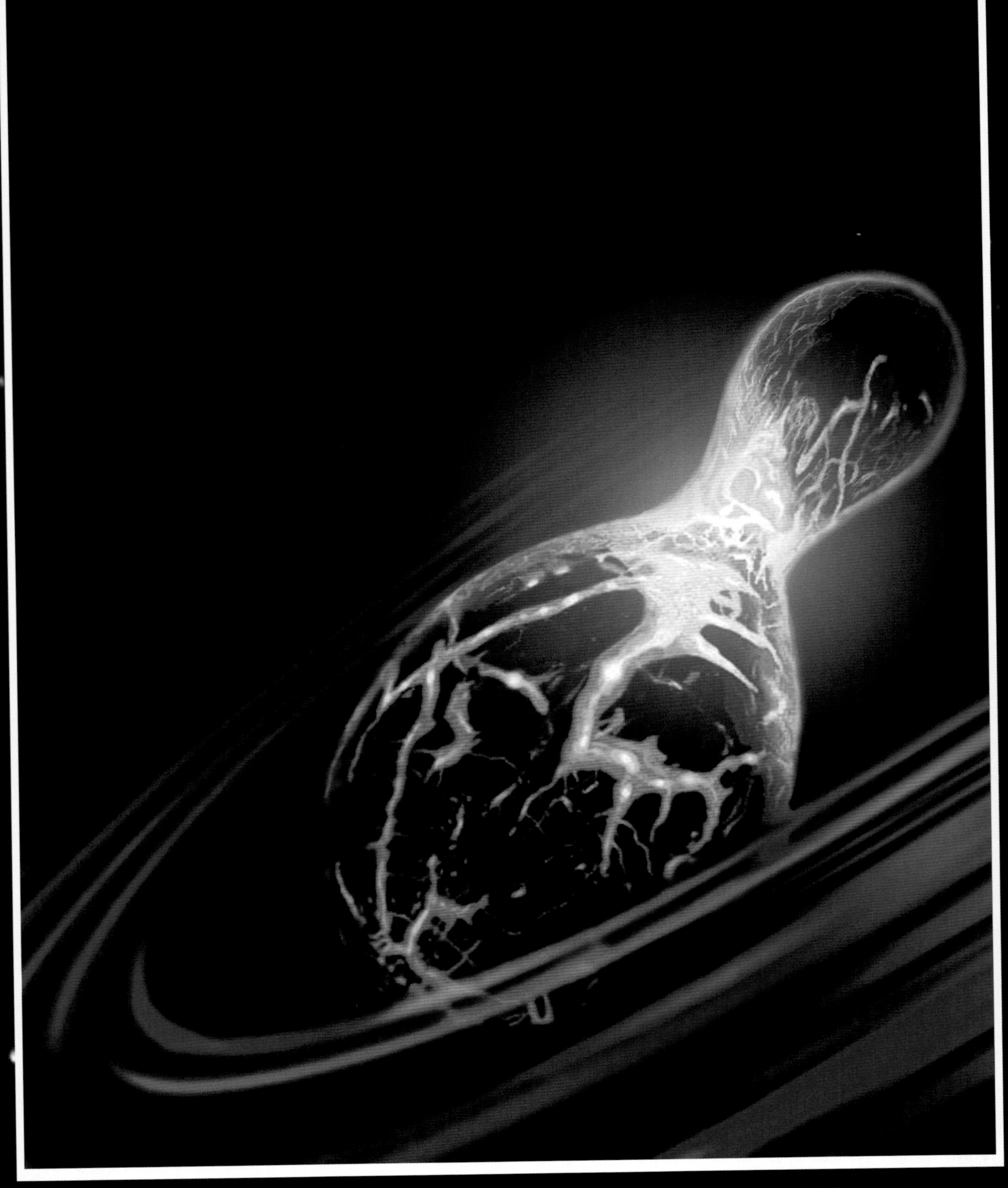

Painting © 1998 by Don Dixon

합병하는 중성자별 이 상상의 그림에서 화가 돈 딕슨은 '고체'의 표면이 깨지면서 한 쌍의 중성자별이 합병하려고 하는 장면을 보여주고 있다. 주변 온도가 대략 100만 도 정도인 중성자별이 x-선의 민감한 눈에 어떻게 나타날지를 보인 것이다. 이러한 합병은 여기서 서술하게 될 신비로운 감마선 폭발체의 일부 원인일 수 있다.

막간 주제:
감마선 폭발체의 신비

중요한 과학적 이슈는 다수결이 아닌 더 많은 데이터에 의해 가장 잘 결정될 수 있다. 나는 낙관주의자로서 몇 년만 더 기다리면 감마선 폭발체가 어디에 있는지 (아마도 어떤 것인지) 알 수 있을 것이라고 믿는다.

영국 왕립 천문학자 마틴 리스 경(Sir Martin Rees), 1995년 4월 워싱턴 DC에서 열린 감마선 폭발체의 본질에 대한 논쟁에서

모든 사람은 신비한 이야기를 좋아하며 천문학자들도 예외는 아니다. 지난 30년 동안 천문학자들이 해결하려고 한 신비는 마침내 해결될 기미를 보인다. 이것은 냉전 정치, 우주에 있는 망원경, 중성자별과 블랙홀, 그리고 약간의 신형 검출기망 등을 포함하는 이야기다. 이것은 천문학자들이 탐정들처럼 범인을 찾기 위해 많은 정보원으로부터의 실마리를 모으는 것처럼 어떻게 연구하는지에 대한 좋은 사례가 된다.

신비로움은 1960년대 중반에 천문학적 프로젝트가 아닌 핵무기 폭발의 징후에 관한 탐색의 결과였다. 미국 국방성은 핵무기를 우주에서 폭발시키는 것을 금지한 조약을 위반하는 나라가 있는지 확인하기 위해 일련의 벨라 위성을 발사하였다. (위성의 이름은 '감시'한다는 뜻의 스페인어인 velar에서 왔다.) 핵폭발은 감마선이라 부르는 전자기파의 가장 강한 형태를 방출(4장 참조)하기 때문에 벨라 위성은 이런 종류의 복사를 탐색하는 검출기를 가지고 있었다. 이 위성은 인간 활동에 의한 사건을 검출하지는 않았지만 모든 사람을 놀라게 한 우주의 임의의 방향에서 오는 단기간의 감마선 폭발을 검출하였다.

발견에 대한 소식은 (집중적인 분석을 거쳐) 1973년에 출판되었다. 그러나 폭발의 기원은 신비로 남아 있었다. 아무도 무엇이 그렇게 짧은 감마선의 섬광을 만들어 내는지, 또는 얼마나 멀리 있는지 알지 못했다. 그들은 우리 태양계 바깥 정도에 있을 수도 있고, 관측 가능한 우주의 경계까지 이르는 거리에 있을 수도 있다. 물론 폭발이 어떤 것이고 어디에 있는지에 대한 흥미로운 수많은 이론이 제안되었으나 이들 이론을 판단하는 좋은 증거는 없었다.

I.1 불과 몇 개이던 폭발체가 수천 개로

1991년 NASA에 의해 콤프톤 감마선 천문대(그림 I.1)가 발사됨에 따라 천문학자들은 많은 감마선 폭발체를 찾아내기 시작했고 그들에 대해 더 많이 배우게 되었다. NASA의 위성은 하늘 어딘가에서 대략 하루에 하나꼴로 몇 분의 1초에서 수백 초 동안 지속되는 섬광을 검출하였다. 폭발원은 하늘 어디에서나 나타나게, 즉 등방하게 분포하고 있었으나(그림 I.2) 같은 위치에서는 거의 다시 나타나지는 않았다. 콤프톤이 측정하기 전까지 천문학자들은 가장 가능성 있는 폭발의 위치는 우리은하 내 (프리즈비 모양의) 원반이라고 기대하고 있었다. 그러나 그것이 사실이라면 밀집한 은하수 평면에서 그 위나 아래쪽보다 더 많은 폭발이 보였어야 했다.

여러 해 동안 천문학자들은 폭발원이 등방한 폭발체의 두 가지 가능성인, 상대적으로 가까운지 아니면 아주 멀리 있는지에 대해 논쟁하였다. 가까운 위치는 태양계를 둘러싸고 있는 혜성의 구름이나, 크고 둥글며 모든 방향으로 둘러싸고 있는 우리은하의 헤일로를 포함할 수 있다(16.1절 참조). 반면, 폭발이 매우 먼 거리에서 일어났다면 모든 방향으로 균일하게 분포하고 있는 외부 은하로부터 왔을 수 있다.

아주 국지적이거나 멀다는 가설 모두는 뭔가 이상한 일이 일어나고 있음을 필요로 한다. 만약 폭발이 우리 태양계의 바깥쪽 차가운 부분에서 온다면 천문학자들은 조용해야 할 공간의 영역에서 예측 불가능한 고에너지 감마선을 만들어낼 수 있는 새로운 종류의 물리적 과정을 상정해야 한다. 그리고 만약 폭발이 수백만 또는 수십억 광년 떨어진 은하로부터 온다면 그렇게 먼 거리에서 관측되기 위해서 그들은 매우 강력해야 한다. 실제로 우주에서 가장 큰 폭발이어야 한다.

■ 그림 I.1
콤프톤 천문대 1991년 우주 왕복선 아틀란티스의 감마선 천문대 설치. 무게가 16톤이 넘어 우주에 발사된 탑재체 중 가장 무겁다.

I.2 해결의 실마리

감마선 폭발원을 찾아내는 것의 문제점은 감마선을 검출하는 기기가 하늘의 어느 방향에서 일어나는지 정확히 찾아내지 못한다는 것이지만, 감마선 망원경은 폭발체가 몇 도 정도의 크기를 가진 범위 내에 있음은 알려 준다. 이 범위에서 광학망원경은 엄청난 수의 '용의자'를 찾을 수 있다. 그러나 수많은 후보 천체 (있다는 전제하에) 가운데 어떤 것인지 찾을 수 있는 방법은 없다. 이것은 붐비는 기자회견장에서 플래시 카메라가 터지는 것과 같다. 정확히 어떤 카메라를 보고 있지 않았다면 어느 사진가의 것인지 말할 수 없는 것과 같다.

그래도 천문학자들은 폭발체 중 하나라도 하늘에서 정확한 위치를 찾아낼 수 있다면 다른 파장에서 지속되는 '잔광'이 광원에 대해 더 많은 것을 말해줄 수 있다고 생각했다. (아마도 희망했다고 말해야 할 것이다.) 4장과 이 책 전반에서 논의했듯이 빛과 다른 파동은 종종 파동을 내는 광원에 대해 더 많이 배울 수 있도록 해독할 수 있는 정보를 가지고 있다. 예를 들어 빛의 스펙트럼에 있는 선은 광원의 도플러 이동(4.6절 참조)을 말해준다. 만약 광원이 은하라면 허블의 법칙은 그것이 얼마나 멀리 있는지 알 수 있다.

돌파구는 1996년 이탈리아-네덜란드 공동의 베포삭스(BeppoSAX) x-선 위성의 발사로부터 이루어졌다(그림 I.3). 만약 이름에 대해 궁금하다면 베포는 이탈리아의 유명한 물리학자이고 SAX는 *Satellite per Astronomia X*[1]를 의미한다. 실제로 감마선 폭발체는 x-선 잔광으로 관측할 수 있음이 판명되었고 베포삭스는 x-선 광원의 위치를 정확히 측정하는 데 필요한 장비를 장착하고 있었다. 어떤 시간에서도 베포삭스는 하늘의 5%를 관측할 수 있었다. 만약 하늘 전체에서 감마선 사건이 매일 한 번씩 일어난다면, 20일마다 하나씩 베포삭스가 '올바른' 하늘의 부분을 보고 있을 것이고 천문학자들은 감마선을 뒤따르는 x-선을 검출할 수 있을 것이다. 그러면 베포삭스는 각도로 1분 또는 보름달의 1/30 정도의 정밀도로 위치를 결정할 수 있다. 이 정도의 정확도로 광학망원경은 하늘의 같은 부분을 향할 수 있고 밝기가 어두워지는 무언가를

[1] 천문학 X용 위성이라는 뜻의 이탈리아어.

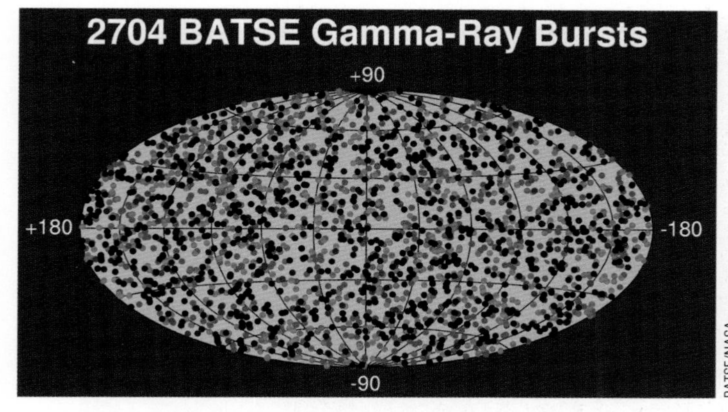

■ **그림 I.2**
하늘에서 감마선 폭발체의 분포 콤프톤 감마선 천문대가 발견한 감마선 폭발체가 어디에 있는지에 대한 지도. 여기에는 2704개의 폭발체가 표시되어 있다. 이 지도는 은하수의 원반이 타원의 중심선(적도)에 따라 걸쳐지도록 방향이 잡혀 있다.

찾을 수 있었다.

이러한 기법은 x-선과 가시광선의 잔광이 감마선 폭발만큼 짧다면 작동하지 않았을 것이라는 점을 강조한다. 1초의 수 분의 1, 심지어는 수백 초라 하더라도—베포삭스 같은 위성이 광원의 방향을 정확히 결정해서 전 세계의 망원경들이 올바른 위치를 향해 관측할 수 있게 하기에는 충분치 못하다. 다행히도 어떤 감마선 폭발은 x-선, 가시광선, 그리고 전파에서 더 긴 잔광을 가지고 있다. 횃불이 어떻게 천천히 죽어가는지 생각해 보자—붉은 오렌지 색깔이 흐려지면서 지속되는 붉은빛이 나오고 그 후에는 열복사(적외선)가 이어진다. 이와 비슷하게 감마선 폭발체의 긴 파장으로 인해 감마선이 없어진 후에도 수주 또는 수개월 동안 관측할 수 있다.

I.3 최초의 관측

1997년 두 개의 결정적인 관측이 감마선 폭발의 수수께끼를 풀었다. 첫 폭발은 오리온자리 방향에서 2월 28일에 있었다. 위성을 이용해 관찰하기 시작한 여덟 시간 후 천문학자들은 x-선 잔광을 발견했고 시야가 좁은 x-선 카메라로 광원에 초점을 맞추기 위해 우주선의 방향을 돌려 전 세계 천문학자들에게 전해줄 수 있는 위치를 결정하였다.

그날 밤 카나리 섬의 4.2 m 윌리엄 허셜 망원경은 가시광선의 잔광을 찾았고 1주일 이내에 전 세계의 가장 큰 망원경은 어두워지는 점광원에서 희미한 빛을 볼 수 있었다. 허블 우주 망원경은 3월에 (그리고 9월에) 올바른 방향으로 향해졌고, 폭발이 은하의 가장자리 부근에서 일어났음을 발견하였다(그림 I.4). 이제 폭발체는 우리에게 훨씬 가까우며 우연히 더 먼 은하와 정렬되었을 가능성이 있기 때문에 이 관측은 시사적이지만 결정적이지는 않다.

그리고 5월 8일에 기린자리 방향에서 폭발이 일어났다. 베포삭스는 정확한 위치를 알아내는 데 몇 시간 걸리지 않았고 애리조나의 키트피크에 있는 망원경은 가시광선에서 잔광을 잡을 수 있었다. 세계에서 가장 큰 망원경(하와이의 케크)은 2일 안에 좋은 스펙트럼을 기록할 수 있을 정도의 충분한 빛을 모았다. 그 스펙트럼이 보여준 것은 감마선 폭발이 먼 은하에서 일어났다는 분명한 증거였다.

17장에서 우리는 적색이동을 측정하여 어떻게 은하의 거리를 결정하는가를 설명하였다. 은하 사이의 공간은 가스 구름을 포함하고 있고 이런 구름은 이들을 통과하는 먼 은하로부터 오는 빛에 내밀스러운 흡수선을 남기게 된다. 이들 구름은 (은하와 마찬가지로) 우주 팽창에 참여하기 때문에 구름의 흡수선 역시 적색이동을 보인다. 우리는 허블의 법칙을 이용해 그 구름이 얼마나 멀리 있는지 알 수 있다. 5월의 감마선 폭발 잔광 스펙트럼은 태양으로부터 40억 광년 떨어진 바로 그런 구름의 흡수선 모습을 보여주었다. 폭발로부터 나온 빛이 우리에게 오는 동안 구름을 통과했기 때문에 감마

■ **그림 I.3**
베포삭스(BeppoSAX) 베포삭스 위성은 1996년 이탈리아 우주국에 의해 발사되었고 감마선 폭발체로부터 나오는 x-선 방향을 정확히 가리킬 수 있다.

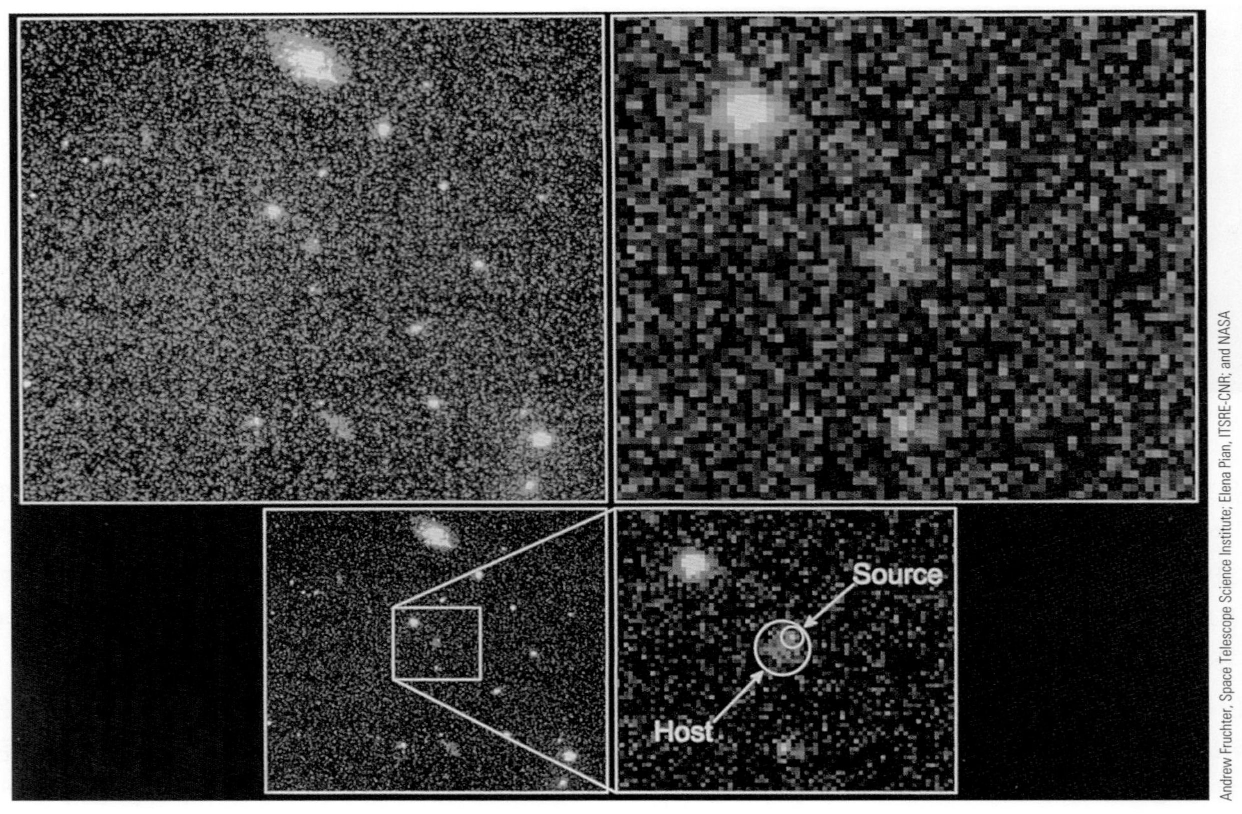

■ 그림 I.4
허블 우주 망원경으로 본 감마선 폭발체 1997년 9월 5일에 찍은 이 색채법 사진은 1997년 2월 28일에 터진 화염이 어두워지는 잔광과 광원을 품고 있는 것처럼 보이는 퍼진 천체를 보여준다. HST를 이용해 천문학자들은 초기 폭발 6개월 이후의 잔광을 검출할 수 있었다. 위의 왼쪽은 폭발 영역을 보여준다. (그리고 아래 왼쪽에는 그 바로 오른쪽에 확대된 영역의 네모와 함께 다시 보였다.) 오른쪽 위의 확대는 폭발원과 모 은하로 추정되는 것을 보여준다. 감마선 천체는 은하 중심에 놓여 있지 않음을 유념하라.

선 폭발은 더 먼 거리에서 일어났어야 했다.

이런 성공에 고무되어 전 세계의 천문학자들은 콤프톤과 베포삭스 같은 많은 위성을 계획하고 있었다. 이 중 첫 두 개는 2000년 10월에 발사된 NASA의 고에너지 변광 탐사선(High-Energy Transient Explorer, HETE)과 2002년에 발사된 유럽우주국의 국제 감마선 천체물리 실험실(International Gamma-Ray Astrophysical Laboratory, INTEGRAL)이다.

I.4 더 많은 폭발을 잡기 위한 네트워킹

많은 노력 끝에 감마선 폭발체의 정확한 위치를 찾고 가시광선과 전파로 잔광이 충분히 관측될 수 있을 정도로 오랫동안 지속된다는 초기 관측 이후 천문학자들은 폭발을 규칙적으로 잡아내고 방향을 정하는 체계를 갖추었다. 폭발 이후 수분에 지나지 않는 '관측의 창'에서 사람이 관측하는 것보다는 올바른 위치에서 올바른 시간에 관측하는 자동화된 체계가 필요하다는 사실을 깨달았다.

이제 궤도에 떠 있는 고에너지 망원경 중 하나만이라도 폭발을 발견하면 대략적인 위치가 NASA의 고다드 우주비행센터에 위치한 감마선 폭발 위치 네트워크로 보내진다. 그곳의 컴퓨터는 인터넷을 이용해 가시광선에서 잔광을 찾을 수 있도록 수초 내에 지상 관측자들에게 경보를 보낸다. 또한 특별히 고안된 자동 망원경은 재빨리 움직여 올바른 위치로 향하고 하늘의 사진을 낚아채기 시작한다.

이런 망원경의 첫 번째 성공은 로봇 광학 변광탐사 실험(Robotic Optical Transient Search Experiment, ROTSE)이라는 자동화 기기를 설계한 미시간 대학과 리버모어 및 로스 알라모스 국립연구소의 팀에 의해 이루어졌다. 이 시스템은 1999년 1월 23일 극적인 관측(그림 I.5)으로 그 능력을 입증하였다. 콤프톤 감마선 천문대는 목동자리에서 미국 시간

■ 그림 I.5

ROTSE 실험 ROTSE 팀원 짐 렌(Jim Wren, 왼쪽)과 로버트 케호(Robert Kehoe)가 1999년 1월 23일부터 감마선 폭발체에서 이 빛을 잡아내는 데 사용해 온 ROTSE-1 카메라에서 포즈를 취하고 있다. 장비는 사진기 렌즈, 전자 광검출기 그리고 아마추어 천문학자를 위해 고안된 다른 부품을 이용해 만들었다.

으로 이른 아침에 감마선 폭발을 기록하였다. 단 22초만에 그 정보는 뉴멕시코 주의 로스 알라모스에 있는 ROTSE 망원경에 전해졌다. 자동화된 ROTSE는 밝아지고 있는 잔광부터 어두워지기 시작하는 사진들을 포착했다. 그 과정은 매우 빨라 110초 동안의 감마선 폭발이 진행되는 중에 가시광선의 빛을 잡을 수 있어서 처음으로 폭발체를 실시간으로 '본' 것이다.

광학적 정보로부터 얻은 정확한 위치로 여러 기관의 천문학자 팀은 다음날 하와이의 케크 망원경을 사용해 폭발의 어두워지는 빛은 희미한 은하 안에 있음을 발견하였다. 그들은 스펙트럼을 얻음으로써 은하가 약 90억 광년 떨어져 있어야 함을 알게 되었다. 2월 8일과 9일 허블 우주 망원경은 '폭발하는' 천체의 사진을 찍었고 그동안 최대 밝기의 400만분의 1로 어두워진 빛을 잡아냈다.

90억 광년의 거리에서 빛이 검출되려면 폭발을 일으킨 사건은 놀라울 정도로 강력한 것이어야 한다. 만약 광원이 모든 방향으로 균일하게 빛을 냈다면 폭발 기간 동안 방출된 에너지는 1경(10^{16})개 태양의 광도와 같아야 한다. 다른 폭발은 10^{20} 태양광도까지 이를 것으로 추정된다.

I.5 빛다발이 되었을까 안되었을까?

이런 종류의 광도까지 솟구치는 광원은 진정한 도전이다. 그러나 감마선 폭발을 만들어 내는 메커니즘에서 요구되는 파워를 줄여주는 한 가지 방법이 있다. 지금까지 우리의 논의는 감마선 폭발원이 집의 전구처럼 '민주적'으로 행동하고 있음을 가정했다. 이는 '점등'이 되었을 때 모든 방향에서 똑같이 보인다고 말하는 것이다.

그러나 14장의 펄사와 16장의 퀘이사 논의에서 배웠듯이 우주의 모든 광원이 이런 것은 아니다. 어떤 것은 하나나 두 개의 방향으로만 집중된 얇은 빛의 다발(광속) 또는 입자의 제트를 만들어 낸다. 레이저 지시기나 바다의 등댓불이 지구에서 볼 수 있는 이런 빛다발을 이룬 광원의 예다. 만약 폭발이 일어날 때 감마선이 오직 하나나 두 개의 다발로 나온다면 광원에 대한 우리의 광도 추정은 줄어들 수 있고 폭발은 설명하기 쉬워진다. 그러나 이런 경우에 다발은 우리가 볼 수 있도록 지구를 휩쓸고 가야 한다.

만약 많은 광원이 '값싸고' 에너지를 다발로만 쏟아낸다면 모든 광원이 우리를 향하지 않는다는 것을 받아들여야 한다. 이는 더 많은 폭발이 우주에 존재하고 그중 대부분은 우리가 결코 발견하지 못한다는 것을 의미하지만 폭발을 일으키는 것이 무엇인지에 대한 설명에서는 포함되어야 한다.

I.6 에너지원

수십 개의 감마선 폭발을 식별하고 후속 관측을 한 후 천문학자들은 무엇이 에너지원일 가능성이 있는지에 대한 단서 조각들을 맞추기 시작했다. 우리의 관측은 가장 중요한 실마리를 제공해 주었다—수수께끼에 대한 '명백한 증거'인 가시광선에서 잔광을 보이는 폭발은 별 탄생 은하에서 나타났다. 만약 수십억 광년 떨어진 광원에 대해 말한다면, 우리는 많은 양의 에너지를 매우 빨리 만들어내는 기작을 찾아야 한다. 대부분 제안된 기작들은 무거운 별의 죽음 또는 '시체'를 사용한다. 14장과 15장에서 이러한 시체는 회전하는 중성자별이나 블랙홀임을 기억할 것이다.

좋은 증거가 쌓여가고 있는 하나의 기작에 대해 말하기 전에 모든 폭발이 같은 기작에 의해 만들어질 필요는 없다는 것을 명확히 하자. 하나의 뚜렷한 차이는 얼마나 폭발이 지속되는가이다. 천문학자들은 감마선 폭발을 두 종류로 나누었다. (4초 이하 지속) 단기와 (4초 이상 지속) 장기 폭발이다.

낮은 에너지에서 잔광을 보이는 장기 폭발의 이해에서 특별한 진전이 이루어졌다. 이 모형에서는 폭발 자체는 무거운 별 생애의 마지막에서 일어나는 사건과 관련되어 있다고 간주되지만, 이것은 무거운 별 가운데 극히 일부분에만 일어나는 일이다. 천문학자들이 염두에 두고 있는 사건은 회전하는 자기를 띤 블랙홀을 만들어 내는 별 중심부의 수축이다. 나머지 별들은 14장에서 논의한 것과 같은 방법으로 폭발한다. 가끔 이런 사건은 보다 일상적인 초신성과 구별하기 위해 극초신성이라 부른다. 보통 별의 시체는 자기장을 띠고 있으며 회전을 하므로 갑작스러운 수축은 복잡하고 소용돌이치는 입자의 제트와 빛의 좁은 다발을 만들어낼 수 있다.

천문학자들은 수축 과정에서 무슨 일이 일어나는지에 대한 여러 개의 모형을 가지고 있지만 모든 모형은 작은 양의 질량(0.000001 M_{Sun} 미만)이 광속에 가까운 속도로 뿜어져 나간다. 뿜어진 입자들은 너무나 에너지가 높아 자기들끼리의 충돌이 물질과 반물질 입자인 전자-양전자 쌍을 만들어 낸다. 따라서 (지구의 지름보다 작은) 100~1000 km 크기의 영역에서 복사, 전자, 양전자, 중성미자, 그리고 양성자로 밀집된 바다가 생긴다—이는 지구에서 우리가 만들어낼 수 있는 어떤 폭발도 작게 보이는 우주 불덩어리의 한 종류다.

불덩어리로부터 나오는 팽창하는 폭풍은 곧 주변의 성간 물질을 파고 들어간다. 고에너지 입자의 속도가 느려짐에 따라 서서히 에너지를 잃고, 장파장에서 에너지를 낸다. 이는 x-선, 가시광선, 그리고 전파에서 잔광을 설명해 준다. 불덩어리가 때리는 물질은 어디에서 온 것인가? 일부는 무거운 별이 생애의 앞 단계에서 팽창하는 동안 뿜어져 나온 것이다. 그러나 일부는 주변에서 존재하던 우주의 원자재다. 무거운 별은 수명이 짧고 생성된 성간 물질 속에 둘러싸여 있다.

이런 장기 폭발에 대한 모형을 지지하는 증거는 무엇일까? 첫 번째 감마선 폭발의 원천은 은하 중심부에 있지 않고 바깥쪽 멀리에 있다. 죽어가는 무거운 별은 은하 중심부에 있을 필요가 없다. 실제로 이들은 원자재가 있고 활발한 별 탄생이 일어나는 곳에 있을 가능성이 더 높다. 두 번째 일부 잔광의 스펙트럼은 철과 다른 무거운 별의 진화 단계에서 만들어지는 물질의 선을 가진 것처럼 보인다. 세 번째, 가장 흥미로운 것은 폭발의 잔광 빛의 밝기는 시간에 대해 단순히 어두워지기만 하는 것이 아니고 거의 변하지 않거나 심지어 약간 밝아지는 경우도 있다. 만약 블랙홀을 만들 때 나오는 불덩어리는 단순히 폭발 이후 팽창을 계속하고 이로부터의 빛은 시간에 따라 줄어들 것으로 예상한다. 그러나 별의 나머지는 초신성으로 폭발하면 그 빛이 곧 잔광에 보태져서 빛의 출력을 훨씬 긴 시간 동안 높은 상태로 유지시킬 수 있다.

어떤 경우에는 초신성 폭발과 블랙홀로의 수축이 동시에 일어난다. 그러나 적어도 한 사건에서 폭발이 최종 수축보다 먼저 일어난 것으로 보인다. 잔광의 스펙트럼에서 철로부터 나오는 x-선이 관측되고, 철 자체는 감마선이 만들어진 곳에서 멀리 떨어진 곳에 있는 것으로 생각되는, 감마선 폭발이 하나 있었다. 한 가지 가능한 설명은 무거운 별이 먼저 수축해 빠르게 회전하는 중성자별이 되면서 초신성 폭발을 일으키고 그 과정에서 철이 풍부한 물질의 팽창하는 껍질을 만들어냈다. 중성자별은 블랙홀이 되기 위한 충분한 질량을 가지고 있으나 빠른 속도 때문에 유지되고 있다. 초신성이 폭발한 지 약 10년 후 회전이 서서히 느려질 때 중성자별은 마침내 블랙홀로 수축되면서 주변을 둘러싸고 있는 철이 풍부한 가스 껍질을 비추는 감마선 폭발을 만들어 낸다는 것이다.

잔광이 없고 관측되는 전체 폭발의 약 1/3을 차지하는 단기 감마선 폭발은 어떤 것일까? 한 가능성은 두 개의 중성자별, 블랙홀[2] 또는 중성자별과 블랙홀의 (막간 장을 여는 영상 참조) 병합으로부터 만들어진다는 것이다. 두 개의 별의 시체로 이루어진 계는 흔하지는 않지만 이런 쌍성계는 모든 은하에서 만들어질 것이라고 추측된다. 이론은 이런 병합이 실제로 짧은 시간에 엄청난 에너지를 만들어낼 수 있음을 제시한다. 그러나 이런 단기 폭발로부터 나오는 잔광이 검출될 때까지 우리의 여러 모형 가운데 선정하는 시험을 할 수 없다.

아직도 천문학자들은 적어도 장기 폭발이 먼 은하에서 별의 죽음과 관련되어 있다는 것에 대해 만족하고 있다. 감마선 폭발은 비록 짧은 시간 동안이지만 퀘이사보다 훨씬 밝

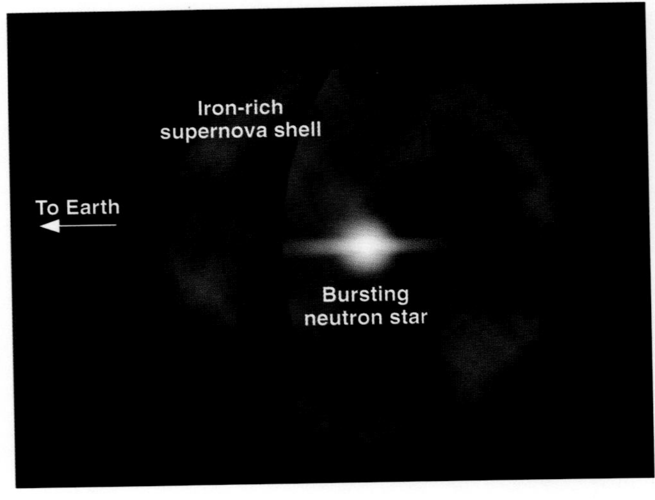

■ **그림 I.6**
감마선 폭발체 모형 초신성과 감마선 파열을 포함하는 두 단계 폭발에 대한 화가의 개념도.

2 역자 주-블랙홀끼리의 병합은 빛을 거의 낼 수 없는 것으로 알려졌다.

다. 폭발은 너무 밝아 우주의 팽창이 시작된 후 수억 년 이후에 해당하는 적색이동에서도 쉽게 보일 수 있고, 이 시기는 이론가들이 최초의 별이 만들어졌을 때라고 생각하는 때다. 어떤 이론에 의하면 최초의 별은 무겁다고 예측하고 그들의 진화는 불과 백만 년 정도에 마친다. 만약 이것이 사실이라면 감마선 폭발은 별과 은하가 처음으로 만들어지는 때를 탐구할 수 있는 가장 좋은 방법을 제공한다.

인터넷 탐색

감마선 폭발의 배경 정보:

imagine.gsfc.nasa.gov/docs/introduction/bursts.html

감마선 폭발 관측과 모형에 관한 두 가지 수준의 비기술적 개관.

감마선 기기와 실험 사이트:

- **ROTSE 실험: www.umich.edu/~rotse**
  1999년 1월 23일 폭발을 잡아낸 자동화된 카메라 시스템에 대한 정보과 그림들. 일부분은 약간 기술적임.
- **HETE 우주선: space.mit.edu/HETE**
- **INTEGRAL 우주선: astro.estec.esa.nl/SA-general/Projects/Integral/integral.html**
- **SWIFT 우주선: swift.sonoma.edu**

감마선 폭발에 대한 허블 우주 망원경 관측:

- **1999년 1월 23일 폭발: hubblesite.org/newscenter/archive/1999/09**
- **1997년 12월 14일 폭발: hubblesite.org/newscenter/archive/1998/17/**
- **1997년 2월 28일 폭발: hubblesite.org/newscenter/archive/1997/30/**

심화 학습용 참고 문헌

Katz, J. *The Biggest Bangs.* 2002, Oxford U. Press. 해당 분야의 과학자가 쓴 감마선 폭발체에 집중한 책.

Leonard, P. and Bonnell, J. "Gamma-ray Bursts of Doom" in *Sky & Telescope,* Feb. 1998, p. 28.

Schilling, G. *Flash: The Hunt for the Biggest Explosions in the Universe.* 2002, Cambridge U. Press. 최고의 과학 기자에 의한 책.

Schilling, G. "Stalking Cosmic Explosions" in *Astronomy,* Feb. 2003, p. 48. 얀 반 파라다이스의 경력과 폭발이체가 무엇인가에 대해.

Schilling, G. "Gamma-ray Bursts Caught Holding Supernova Debris" in *Sky & Telescope,* Feb. 2001, p. 22.

Wheeler, J. C. *Cosmic Catastrophes: Supernovae, Gamma-ray Bursts, and Adventures in Hyperspace.* 2000, Cambridge U. Press. 11장 참조. 제목에도 불구하고 천문학자가 쓴 우주에서 일어나는 격렬한 현상에 대한 아주 훌륭한 입문서.

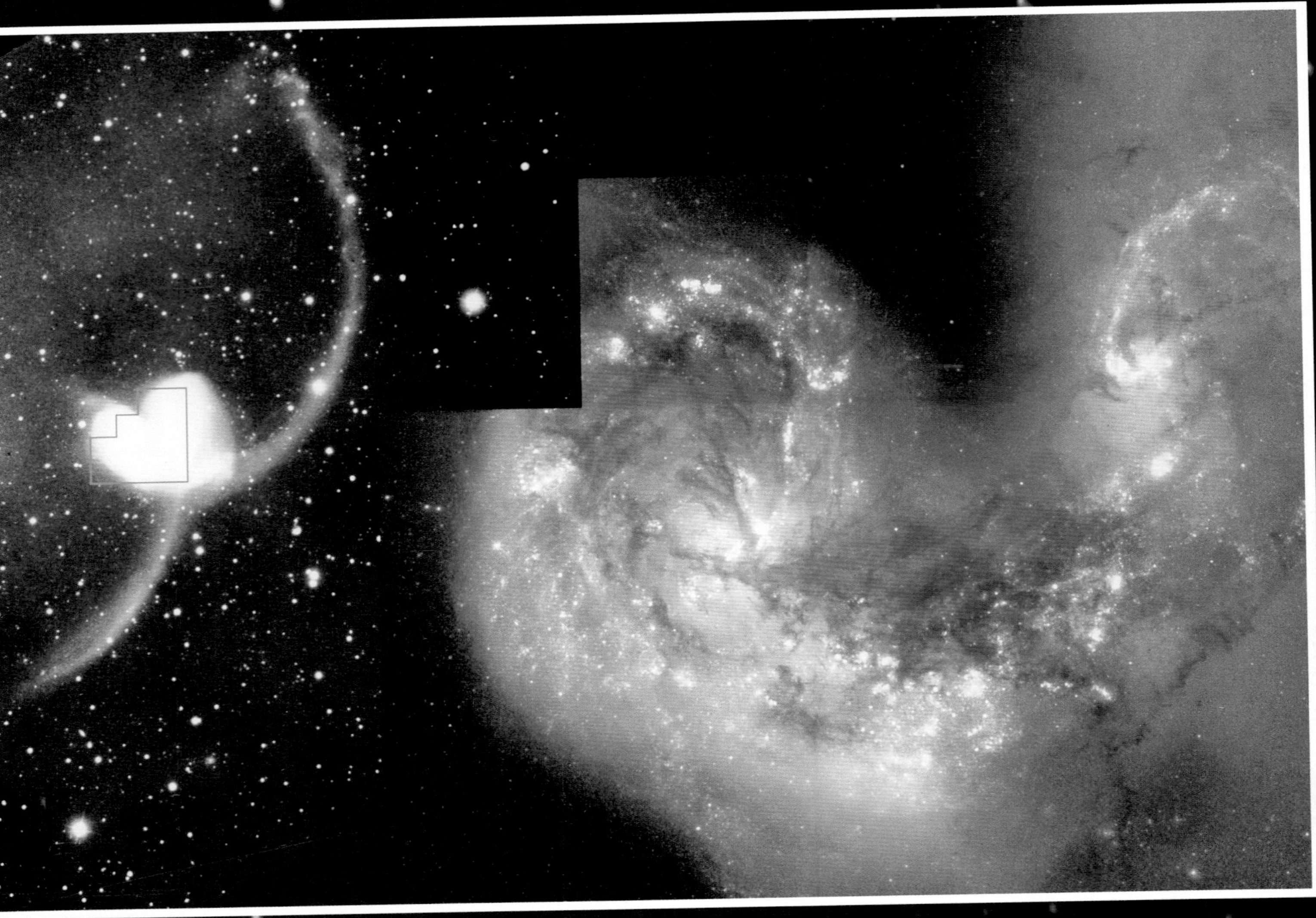

충돌하는 은하 은하의 충돌과 병합은 그들의 진화에 강력한 영향을 미친다. 왼쪽에는 안테나라는 별명을 가진 두 은하(NGC 4038과 4039)의 충돌 사진이다. 길고 밝은 고리는 충돌 과정에서 조석력에 의해 찢겨 나온 물질이다. 오른쪽 사진은 이들 은하의 중심부를 허블 우주 망원경으로 찍은 것이다. 두 은하의 중심핵들은 사진 중심의 왼쪽과 오른쪽에 있는 오렌지색 얼룩들이다. 밝은 영역의 앞을 가로지르는 어두운 먼지 띠를 주목하라. 밝고 푸른 성단은 충돌에 의해 촉진된 폭발적 별 탄생의 결과다.

19 은하의 진화와 분포

'그러나 나는 우리가 어디쯤 있으며 언제쯤에 있는지 확인하고 싶다. 그것은 철학적인 요구다.'라고 밴(Van)은 말했다.

나보코프(Vladimir Nabokov), 《에이다(*Ada*)》(1969, Vintage Books) 중에서

미리 생각해보기

지금의 은하들은 수십억 년 전과 같은 것들인가? 아니면 그 안에 들어 있는 별들처럼 은하 전체가 시간에 따라 진화했다는 증거를 찾을 수 있을까? 만약 그렇다면 무엇이 은하들을 나선이나 타원 은하로 '성장'시킬 것인지를 결정하는가? 그리고 본성과 양육의 역할은 무엇인가? 다시 말해서, 은하 발전에서 얼마나 많은 부분이 태어날 때의 모습에 의해 결정되고, 얼마나 많은 부분이 환경에 의해 영향을 받는 것일까?

잠시 멈춰서 서두의 인용문을 생각해 보자. 우리는 분별력 있는 항해자로서 우리의 '위치'와 '놓인 시간'을 사물의 큰 체계 안에서 알려고 한다. 다행히도 우리는 거의 우주가 시작하던 때까지 거슬러 가는 탐구에 필요한 도구를 가지고 있다. 지난 10년간 만들어진 거대한 최신 망원경과 민감한 검출기는 멀고 어두운 은하의 영상과 스펙트럼을 촬영할 수 있게 해 준다. 그들의 스펙트럼은 적색이동을 알려주며 얼마나 멀리 있는지 알게 해 준다. 또한 그 별들이 무엇으로 만들어졌고, 그 안에 무거운 원소가 얼마나 많이 있는지로부터 나이를 추정할 수 있게 해 준다.

어쨌거나 은하의 진화를 연구하려는 도전은 만만치 않은 것이었다. 첫째, 은하는 별들로 채워져 있으며 천문학자들이 각 별들의 진화를 이해한 후에야 이 별 체계 전체가 시간에 따라 어떻게 변했는지 탐구할 수 있었다. 50년 전에 은하의 진화를 기술하는 것은 우리가 별 생애의 역사를 잘 알지 못했었기 때문에 의미가 없는 일이었다.

가상 실험실

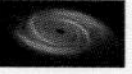 암흑물질

 거대구조

먼 은하를 연구하는 데 두 번째 어려움은 아주아주 어둡다는 것이다. 최근에 거대 망원경을 이용한다 하더라도 가장 먼 은하의 모양을 결정하는 것은 매우 어려운 일이다. 그래서 그들이 시간에 따라 어떻게 변하는가를 측정하는 것은 우리들의 관측기구가 높은 분해능으로 어두운 은하를 상세하게 보여줄 수 있게 됨으로써 가능해졌다. 오늘날 지상의 대형 망원경과 허블 우주 망원경(HST)은 이런 과제를 결국 가능하게 해결해 주었다.

우리는 은하의 진화 연구에 놀라운 자산을 하나 가지고 있다. 이미 알고 있듯이 우주 자체는 먼 은하를 아주 오래전의 모습으로 관측할 수 있게 해 주는 일종의 타임머신이다. 가장 가까운 은하들의 경우 빛이 우리에게 도달하는 데 걸리는 시간이 수십만 년에서 수백만 년 정도다. 일반적으로 그 정도 짧은 시간에는 많은 변화가 일어나지 않는다. 그러나 우리가 130억 광년 떨어진 은하를 관측하면 그 빛은 130억 년 전 출발 당시의 모습을 보여주는 것이다. 그보다 더 먼 은하를 관측함으로써 우리는 은하와 우주가 아주 젊었던 먼 과거를 바라보는 셈이다(그림 19.1).

은하까지의 거리는 스펙트럼선들이 우주의 팽창에 의해 이동된 정도인 적색이동의 측정으로 구해진다. 적색이동으로부터 거리의 환산은 얼마나 많은 질량을 가졌는가와 같은 우주의 특정한 성질에 의존하는 허블 상수에 의해 결정된다. 우리는 다음 장에서 현재 받아들여지고 있는 우주의 모형을 기술한다. 이 장의 목적을 위해 현재 우주 나이에 대한 가장 정확한 추정치는 대략 140억 년이라는 사실만 알면 충분하다. 이 경우 만약 60억 광년 떨어진 천체를 본다면, 우리는 우주의 나이가 80억 년일 때의 그 모습을 보는 것이다. 만약 우리가 130억 광년 떨어진 무엇을 본다면 우주의 나이가 겨우 10억 년이던 때의 모습을 보는 것이다.

■ **그림 19.1**
천문학적 시간 여행 허블 우주 망원경이 지구 궤도를 48번 도는 동안 찍은 이 실제 색깔의 장시간 노출 영상은 헤르쿨레스(Hercules) 별자리 방향의 작은 면적을 보여준다. 오늘날보다 이전에 훨씬 더 흔했던 어둡고 푸른 은하들을 포함해서 추정되는 거리가 30억에서 80억 광년인 은하들을 볼 수 있다. 이 은하들은 별의 형성이 활발히 진행되고 있으며 뜨겁고 푸른 별들을 만들고 있기 때문에 푸르게 보인다.

이제 은하의 진화에 대해 우리가 무엇을 알고 있는지부터 탐구해 보자. 그리고 큰 규모로 볼 때 우주는 어떤 모습인지 알기 위해 공간에서 은하들이 어떻게 분포하는지 살펴보기로 한다. 마지막으로 우리는 신비로운 암흑물질이 얼마나 많이 있고 어디에 있으며 그들이 무엇인지에 대한 질문으로 돌아가서 우주 내용물의 목록을 완성하게 될 것이다.

19.1 먼 은하의 관측

천문학은 모든 측정을 먼 거리에서 해야 하는 몇 안 되는 과학 중 하나다. 지질학자들은 그들이 연구하려는 대상의 표본을 채취할 수 있다. 화학자들은 물질이 무엇으로 만들어졌는지 알아내기 위해 실험을 수행한다. 고고학자들은 어떤 것이 얼마나 오래되었는지를 결정하기 위해 탄소 나이측정을 이용할 수 있다. 그러나 천문학자들은 별이나 은하를 집어내서 다룰 수 없다. 만약 은하가 무엇으로 만들어졌고 우주의 생애 동안 어떻게 변했는지 알고 싶다면 지구에 도달하는 적은 수의 광자에 의해 전달된 신호를 해독해야만 한다.

19.1.1 스펙트럼, 색깔, 그리고 모양

다행히 (이 책에서 독자들이 배웠을) 전자기파는 정보의 풍부한 원천이다. 거리뿐 아니라 은하 스펙트럼선의 도플러 이동에 대한 연구는 은하가 얼마나 빨리 회전하는가, 그로부터 얼마나 은하가 무거운가를 말해줄 수 있다. 그런 선의 구체적인 분석은 또 어떤 별들이 은하에 살고 있는지 그리고 얼마나 많은 양의 성간 물질이 있는지를 알려준다.

불행히도 많은 은하들은 너무 어두워서 측정할 만한 스펙트럼을 만들어 낼 정도의 충분한 광자의 수집이 불가능하다. 따라서 천문학자들은 가장 어두운 은하에 어떤 종류의 별들이 살고 있는지 추정하게 해 주는 훨씬 대략적인 길잡이로서 전체 색깔을 이용해야 한다. 그림 19.1을 다시 보고 어떤 은하가 푸른색이고 어느 것이 붉은 오렌지색인지 살펴보자. 이제 뜨겁고 밝은 푸른 별은 무겁고 불과 수백만 년의 수명을 가진다는 점을 기억하자. 만약 푸른 은하를 본다면 우리는 이들이 많은 수의 뜨겁고 밝은 푸른 별을 가지고 있으며, 별 탄생은 과거 수백만 년 이내에 일어났음을 알게 된다. 반면 노랗거나 붉은 은하는 일반적으로 수십억 년 전에 우리가 현재 보는 빛이 방출된 대부분 늙은 별을 포함하고 있다.

은하의 본질에 대한 또 다른 중요한 실마리는 그 모양이다. 나선 은하는 모양을 통해 타원 은하와 구별된다. 나선 은하는 젊은 별과 많은 양의 성간 물질을 포함하고 있지만 타원 은하는 대부분 늙은 별과 아주 적은 양의 성간 물질을 가지고 있다. 타원 은하는 수십억 년 전에 대부분의 성간 물질을 별로 만들었으나 나선 은하에서는 최근까지 별 탄생이 계속돼 왔다.

만약 우리가 우주의 시기에 따라 각 종류의 은하를 셀 수 있다면 어떻게 별 탄생이 시간에 대해 보조를 취해왔는지를 이해하는 데 도움이 될 것이다. 이 장의 후반에서 보게 되듯이 먼 우주의 은하, 즉 젊은 은하들은 우리가 현재의 우주에서 가까이 보는 늙은 은하들과는 매우 다르다.

19.1.2 제1세대 별

은하로부터 방출되는 빛의 원천은 대부분 별이기 때문에 우리는 그 안에 있는 별들을 연구함으로써 은하의 진화에 대해 배워야 한다. 이제까지 우리가 알게 된 것은, 가까이 있는 거의 모든 은하들은 일부 아주 오래된 별을 가진다는 것이다. 예를 들어 우리은하는 최소한 130억 년 된 별로 이루어진 구상 성단을 포함하고 있고, 어떤 것은 더 오래되었을 수도 있다. 은하는 가장 오래된 별보다는 더 나이가 많아야 하므로 우리은하는 적어도 130억 년 전에 탄생했어야 한다.

다음 장에서 논의하게 되듯이 천문학자들은 시간을 거꾸로 돌려 우주의 팽창을 추적함으로써 우주가 불과 140억 살밖에 되지 않았음을 발견하였다. 따라서 우리은하의 구상 성단 별들은 우주 팽창이 시작된 지 10억 년이 채 되지 않아서 만들어진 것으로 보인다.

다른 여러 관측 역시 우주의 별 탄생은 아주 일찍 시작되었음을 입증한다. 천문학자들은 거리가 너무 멀어 우리가 보는 빛이 우주의 나이가 현재의 절반 정도일 때 출발한 일부 은하의 성분으로 스펙트럼을 이용해서 측정하였다. 이런 타원 은하는 여전히 오래된 붉은 별들을 포함하고 있었고, 이들은 또 수십억 년 전에 만들어진 것들이다. 정량적인 모형은 타원 은하에서 별 탄생은 우주가 팽창을 시작한 지 10억 년이 채 되지 않았을 때 시작되었고 새로운 별들은 수십억 년 동안 계속해 만들어졌다. 먼 타원 은하를 가까운 것들과 비교하면 우주가 현재 나이의 절반 정도에 도달한 이후 타원

Esther M. Hu, Richard G. McMahon, & Lennox L. Cowie, U. of Hawaii

■ **그림 19.2**
매우 먼 은하 이 사진은 케크(Keck) 10 m 망원경을 사용해 촬영한 것으로 거리 약 130억 광년 떨어진 (화살표로 보인) 밝은 은하 주변을 보여준다. 이 사진을 만들기 위해 아주 붉은색과 적외선 파장에서 장시간 노출한 사진들을 합성하였다. 이 먼 은하는 별 탄생 영역에서 만들어진 강한 수소 방출선 때문에 검출될 수 있었다.

은하들은 거의 변하지 않았음을 알게 된다.

가장 밝은 은하에 대한 관측은 우리를 먼 과거로 데려다 준다. 최근 천문학자들은 그 빛이 태초로부터 10억 년 정도 지난 다음에 출발한 매우 멀리 있는 은하를 발견했다(그림 19.2). 그럼에도 이런 은하들 중 일부 스펙트럼은 탄소, 실리콘, 알루미늄, 그리고 황을 포함하는 무거운 원소의 스펙트럼선을 가지고 있었다. 이런 원소는 우주가 시작될 당시에는 없었고 나중에 별 내부에서 만들어진다. 이는 은하로부터 빛이 방출되었던 우주가 10억 살이 되기 전에 벌써 전 세대의 별들이 태어났으며, 그 생애를 끝내면서 내부에서 만들어진 새로운 원소들을 밖으로 뿜어내면서 죽었음을 의미한다. 또 은하에서 일어났던 이러한 사건은 각 은하별로 불과 몇 개의 별에만 국한되었던 것이 아니라 멀리서도 스펙트럼으로 측정할 수 있으며 은하 전반의 화학 성분에 영향을 주기에 충분할 정도로 많은 별들의 삶과 죽음의 순환이 있어야 했다.

퀘이사에 대한 관측은 이런 결론을 뒷받침해 준다. 우리는 퀘이사 블랙홀 주변의 가스에서 중원소 함량을 측정할 수 있다. 약 125억 광년 떨어진 퀘이사의 가스 성분은 태양과 비슷하다. 이는 블랙홀을 둘러싸고 있는 가스의 많은 부분이 우주의 팽창이 시작된 다음 첫 15억 년 동안 별들의 진화를 통해 순환되었음을 의미한다. 이 순환에 걸리는 시간을 고

려하면, 최초의 별들은 우주가 수억 살 정도일 때 만들어졌어야 한다.

19.1.3 은하 진화의 실마리

모든 은하가 일부라도 늙은 별을 포함한다는 관측 사실은 이 책의 저자들이 대학원에 다닐 때 유행했던 은하들이 우주 탄생이 시작될 무렵 완전히 형성된다는 가설을 만든다. 이는 마치 인간이 유아기로부터 10대에 이르는 발전 단계를 거치지 않고 곧바로 성인으로 태어난다는 것과 마찬가지다. 만약 이런 가설이 맞는다면 가장 먼 은하는 가까이 있는 은하들과 같은 모양과 크기여야 한다. 그들이 형성된 후 은하들은 그 안에 있는 별들로 연이은 세대가 생성되고 진화하여 죽는 동안 천천히 변해야 한다. 성간 물질이 서서히 고갈되어 점점 더 적은 수의 별들이 만들어지면서 은하는 더 오래되고 어두운 별들이 주를 이루게 된다.

HST와 거대한 신세대 지상 망원경들에 힘입어 우리는 은하가 평온하게 진화했고 서로 고립되었다는 가설이 완전히 잘못되었음을 알게 되었다. 먼 우주의 은하들은 은하수 은하나 안드로메다 같은 가까운 은하와 똑같게 보이지 않는다.

왜 천문학자들이 그렇게 틀렸을까? 1990년대 초까지만 하더라도 관측된 가장 먼 정상적 은하는 80억 광년의 거리였다. 최근 80억 년 동안 대부분 은하들—특히 엄청나게 밝아서 먼 거리에서도 쉽게 보이는 거대 타원 은하—은 조용하고 고립된 상태로 진화했다. 그러나 1990년에 가동을 시작한 HST와 그 밖의 새로운 강력한 망원경들은 80억 년의 장벽을 뚫었다. 이제 우리는 80억 광년보다 훨씬 먼 (어떤 것은 130억 광년 이상) 수천 개의 은하를 알고 있다.

대부분의 은하 진화 연구는 허블 심천(Hubble Deep Field)으로부터 이루어졌다. 이 시야의 하나는 북반구에, 다른 하나는 남반구에 있는 두 군데의 작은 영역인 아주 어둡고 먼 곳의 매우 어린 은하를 검출하기 위한 HST로 오랜 노출을 주었던 시야(field)다(그림 19.3과 17장의 첫 페이지 사진). 정확하게 말하자면, HST는 하늘의 같은 지점에 대해 수많은 궤도운동을 통해서 여러 차례 오래도록 노출을 주고 지금 볼 수 있는 심층 사진을 얻기 위해 그 영상들을 조심스럽게 모두 더함으로써 얻은 것이다. 이런 종류의 연구가 얼마나 어려운지는 오늘날의 거대한 지상 망원경의 분광학적 한계보다 100배 어두운 은하 사진을 HST로 촬영할 수 있었다는 사실로 보여줄 수 있다. 이는 이 사진에 있는 은하들 중 5% 이하에 대해서만 적색이동을 측정할 수 있는 스펙트럼을 얻을 수 있다는 것을 의미한다.

대부분의 어두운 은하에 대한 스펙트럼은 가지고 있지는 않지만 우주에서 찍은 사진은 지구 대기에 의해 번지지 않기 때문에 HST가 은하의 모양을 연구하는 데 특히 적격

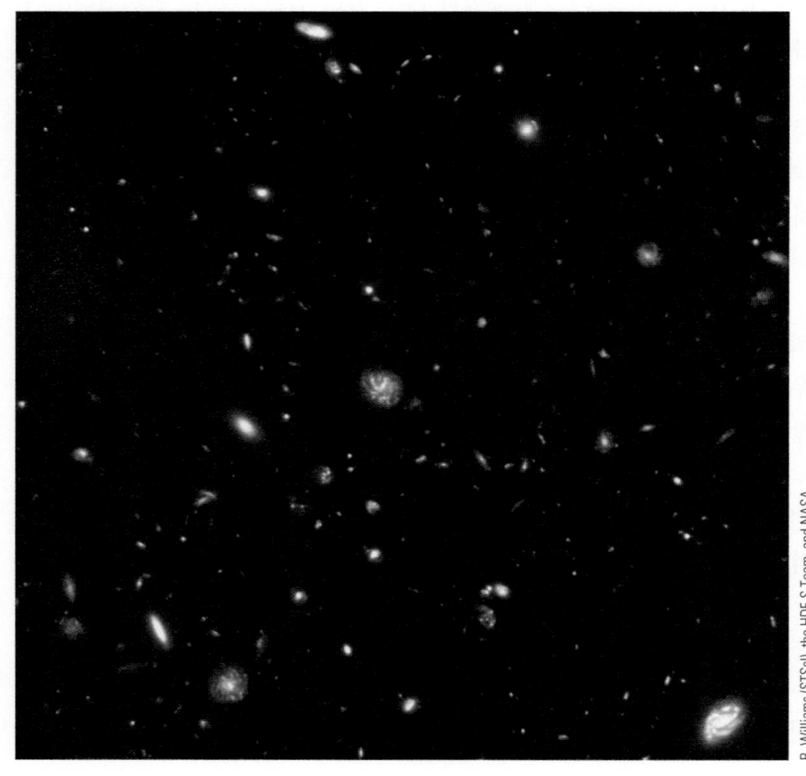

R. Williams (STScI), the HDF-S Team, and NASA

■ **그림 19.3**
허블 남측 심천 이 사진은 (천구의 남극 부근에 있는 큰부리새자리에 위치한) 은하가 풍부한 영역을 HST로 10일 간 관측해 얻은 결과다. 몇 개의 바람개비 모양의 우리은하와 같은 나선 은하를 볼 수 있다. 또 동반 은하와 충돌 중인 다양한 은하도 볼 수 있다. 주로 나이 많은 별들을 가지고 있는 타원 은하는 불그스레한 덩어리로 보인다.

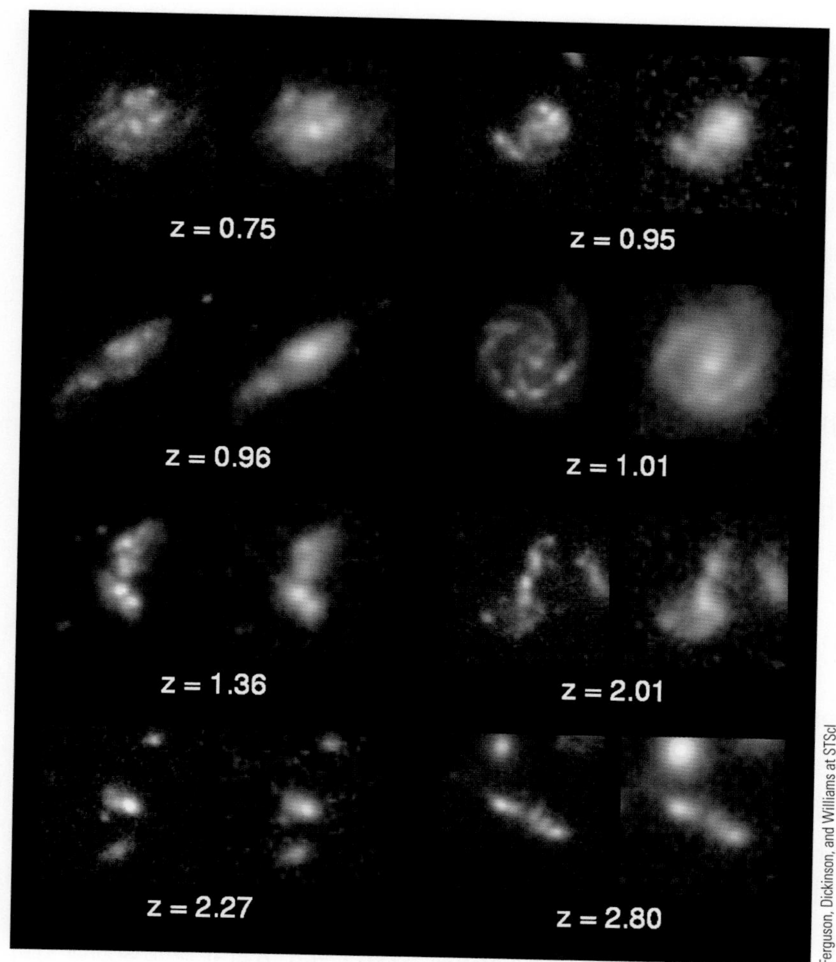

■ **그림 19.4**
먼 은하의 혼란스러운 모양 가시광선(왼쪽)과 근적외선(오른쪽) 파장으로 본 허블 북측 심천(Hubble Deep Field North)에서 선정된 은하들. 각 은하의 적색이동(z)을 사진 아래쪽에 보였다. 특이한 모양에 주목하라. 이들 은하는 허블 분류체계의 복잡하지 않은 타원이나 나선 은하에 들어맞지 않는다.

이다. 천문학자들이 깜짝 놀란 것은 먼 은하들이 허블의 분류 체계에 전혀 맞지 않는다는 사실이었다. 에드윈 허블은 대부분의 근접 은하들이 타원 또는 나선형의 모습을 보이는 몇 개의 종류로 나뉨을 알아냈다. HST가 관측한 먼 은하들은 눈에 띄는 나선 팔, 원반 그리고 중앙 팽대부가 없었으며 현재의 은하들과는 매우 달라 보였다(그림 19.4). 바꾸어 말하면 은하의 모양이 시간에 따라 변한다는 것이다. 실제로 허블의 체계는 우주의 후반부 시기에만 잘 작동되는 것으로 보인다. 그전의 은하들은 훨씬 더 혼란스러웠다.

모양만 다른 것이 아니다. 110억 광년보다 먼, 즉 30억 살 이내인 대부분 은하들은 많은 젊은 별을 포함하고 있으며, 근접 은하들보다 더 빠른 속도로 별 탄생이 일어나고 있음을 암시하는 극도로 푸른색을 띠고 있다. 110억 년보다 더 오래전에 만들어진 별들은 매우 늙었을 것이고, 실제로 근접 은하의 중심 팽대부와 타원 은하에서 주로 늙은 별들로 나타난다. 우리가 110억에서 120억 광년 떨어진 별들을 보는 것은 타원 은하와 나선 은하 중앙 팽대부의 조상을 보는 것이다.

또 다른 놀라움; 먼 은하는 가까운 은하에 비해 평균적으로 볼 때 체계적으로 작은 것이 알려졌다. 거리가 80억 광년 이상인 은하들 중에는 상대적으로 적은 수의 은하들만이 암흑물질 헤일로가 포함된 우리은하 질량의 1/12인 10^{11} M_{Sun}보다 무겁다. 110억 광년의 거리에서는 적은 은하들만이 10^{10} M_{Sun}보다 큰 질량을 가지고 있다. 대신 우리에게 보이는 것들은 대부분 현재 은하의 조각들이다. 예를 들어 그림 18.19에 있는 거리 134억 광년 떨어진 중력렌즈를 겪은 붉은 천체는 우리은하의 지름이 10만 광년이라는 사실과는 대조적으로 크기가 500광년에 불과하다. 우리은하는 이 조각에 비해 무려 10만 배 무겁다.

관측이 보여주는 것은 우주가 나이 먹어감에 따라 그 속의 은하 크기는 점점 자란다는 사실이다. 수십억 년 전의 은하는 작았을 뿐 아니라 그 개수도 더 많았었다. 가스가 풍부한, 특히 더 어두운 은하들이 현재보다 훨씬 많았었다.

잠시 생각해보자. 100억 년 또는 그 이전에 비해 현재의 은하는 크기가 훨씬 크고 개수는 적은 이유는 무엇일까?

19.2 은하의 진화

만약 방금 제시한 질문에 대한 해답으로 작은 은하들이 모여 큰 은하가 만들어졌다고 추정했다면, 정확한 설명이다. (이미 앞 절에서 모든 실마리들이 제공됨으로써 문제가 쉬워졌다. 실제로 천문학자들이 이러한 결론에 이르기까지는 수십 년이 걸렸다.) 지난 수년간 이루어진 가장 중요한 발견 중 하나는 은하 전체의 병합이 오늘날 우리가 보는 은하의 모양과 크기를 갖추는 데 결정적인 역할을 했었다는 것이다. 현재 아주 작은 수의 근접 은하들만이 충돌을 겪고 있으나, 이에 대한 상세한 연구는 매우 멀고 어두운 은하의 병합에 대한 증거를 구할 경우 무엇을 찾아야 할지를 알려준다. 이제 두 은하가 충돌하면 어떤 일이 벌어지는지 알아보자.

19.2.1 병합과 포식

이 장의 서두 사진은 충돌 과정에 있는 두 은하의 아름다운 모습을 보여준다. 이 쌍 은하를 구성하는 별들은 격변 중에 크게 영향을 받지 않는다. 별들 사이에 엄청난 공간이 존재하기 때문에 두 별의 직접적인 충돌은 잘 일어나지 않는다. 그러나 많은 별들의 궤도는 두 은하 사이로 비켜 지나치는 변화를 겪고, 궤도에 변화를 일으키므로 상호작용하는 두 은하의 모습은 완전히 바뀌게 된다. 흥미로운 충돌 은하들은 그림 19.5에서 볼 수 있다. 거대한 고리, 넝쿨 모양의 별들과 가스, 그리고 여러 복잡한 형태가 만들어진다. 실제로 이런 이상한 모양들은 천문학자들이 충돌 은하를 찾아내는 단서로 이용된다.

천문학의 기초지식
은하는 충돌하지만 별들의 충돌은 왜 거의 일어나지 않는가?

이 책을 통해서 우리는 우주의 천체 사이의 먼 거리를 강조했었다. 그러므로 은하가 서로 충돌한다는 것을 듣고 놀랐을 것이다. 그럼에도 (은하 중심부 제외) 은하 내의 별들이 다른 별과 충돌하는 것은 전혀 걱정하지 않았다. 왜 그런 차이가 있는지 알아보자.

그 이유는 별들 사이의 거리에 비해서 그 크기는 작다는 것이다. 우리 태양을 예로 들어보자. 태양의 크기는 약 140만 km 정도지만 가장 가까운 별로부터 약 4광년, 즉 38조 km 떨어져 있다. 다시 말해서 태양은 가장 가까운 별로부터 자신의 지름의 2700만 배 거리에 있다. 은하의 중앙 팽대부나 성단 안에 속한 별이 아니라면, 이는 일반적인 사실이다. 이제 은하들의 떨어진 정도와 크기를 비교해 보자.

우리은하 가시 원반의 지름은 약 10만 광년이다. 세 개의 위성 은하가 우리은하 지름의 1~2배 사이에 놓여 있다. (이들은 궁극적으로 우리와 충돌할 것임을 안다.) 가장 가까운 주요 나선 은하인 M31은 약 240만 광년 떨어져 있다. 따라서 가장 가까운 거대 이웃 은하는 우리은하 지름의 24배의 거리에 있고, 약 30억 년 안에 우리은하와 충돌할 것이다.

부자 은하단 내의 은하들은 우리 이웃 은하들에 비해 더 가깝다(19.3절 참조). 따라서 은하의 충돌 확률은 원반에서 별들의 충돌보다 훨씬 높다. 그리고 은하들 사이의 간격과 별들의 간격 차이는 밤에 항해하는 배들이 서로 모르고 지나치듯이, 그대로 지나쳐 감을 뜻한다.

■ ■ ■ ■ ■ ■ ■ ■ ■ ■ ■ ■ ■ ■

구체적인 은하 충돌 과정은 매우 복잡해서 수억 년 걸릴 수 있다. 따라서 충돌은 대형 컴퓨터로만 시뮬레이션(모사)할 수 있다(그림 19.6). 계산에 의하면 충돌이 느릴 경우에는 충돌 은하들은 합쳐져 하나의 은하를 형성한다. 같은 크기의 두 은하가 관련되어 있다면 이런 상호작용을 **병합**(merger, 두 개의 같은 회사가 합쳐지는 비즈니스의 세계에서 통용되는 용어)이라 부른다. 그러나 작은 은하가 큰 은하에게 삼켜질 수도 있다—천문학자들은 약간은 흥미롭게도 **은하 포식**(galactic cannibalism)이라고 부른다(그림 19.7).

우리가 17장에서 논의한 매우 큰 타원 은하는 아마도 은하단에서 작은 은하를 포식하면서 생성되었을 것이다. 이런 '괴물' 은하는 흔히 하나 이상의 핵을 가지고 있으며 가까운 은하들을 삼키면서 예외적으로 높은 광도를 가지게 되었을 가능성이 높다. 다중핵은 희생자들의 잔해이다(그림 19.8과 18.14). 우리가 관측하는 많은 특이 은하들의 혼란스러운 모양은 과거의 상호 작용에 기인한다. 다음 절에서 논의하게 되듯이 느린 충돌과 합병은 나선 은하를 타원 은하로 바꿀 수도 있다.

모양의 변화만이 은하 충돌 때 일어나는 일의 전부는 아니다. 만약 어느 한 은하가 성간 물질을 포함하고 있다면, 바로 그곳에서 진정한 활동이 일어난다. 성간 가스 구름은 크고 다른 구름과 직접 충돌하기 쉽다. 이런 격렬한 충돌은 구름의 가스를 압축시키고 높아진 가스의 밀도는 별 탄생률을 최대 100배까지 높인다.

천문학자들은 갑작스러운 별 탄생 개수의 증가를 폭발

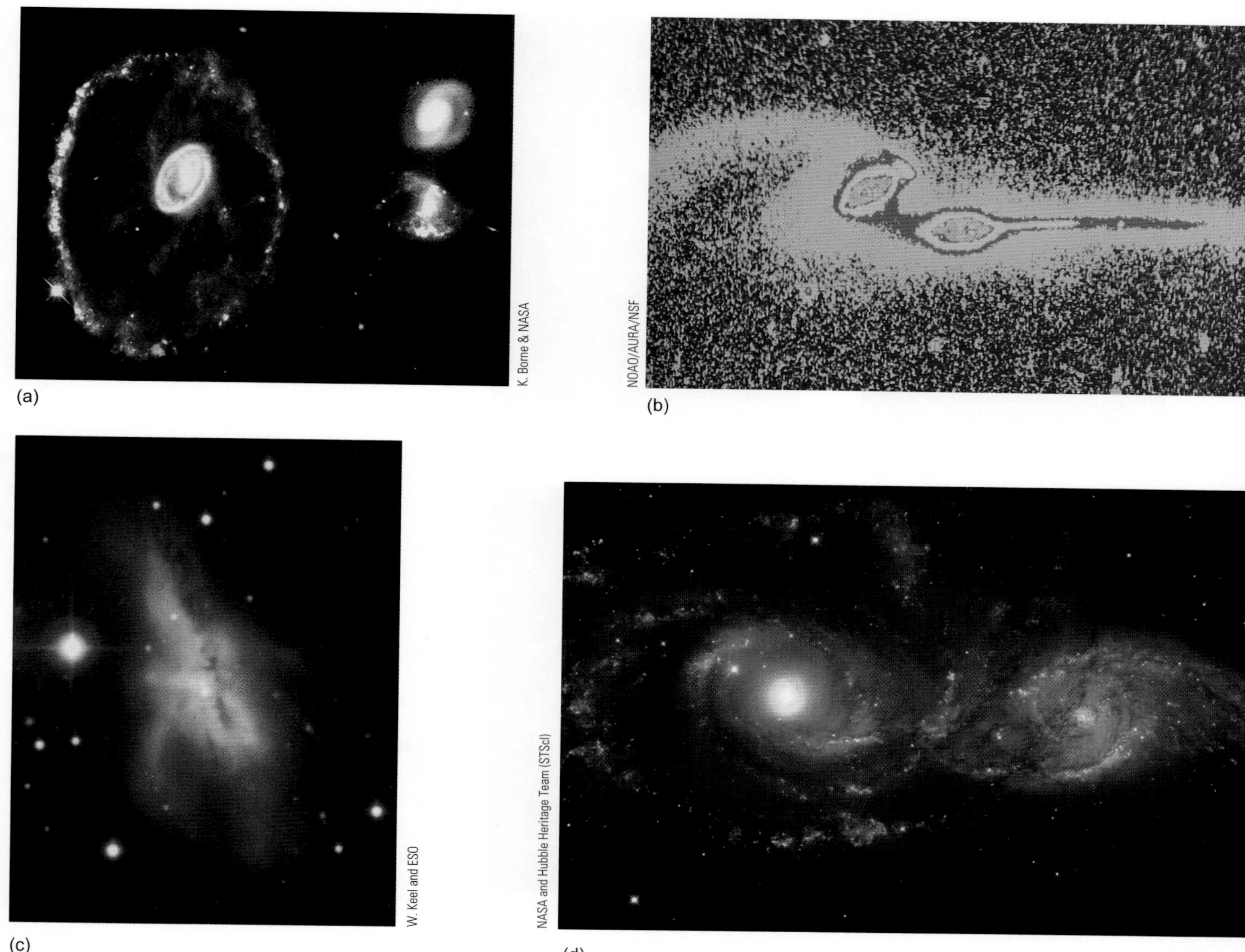

■ 그림 19.5

상호작용하는 은하 전시관 (a) 여기 HST 사진에 보인 수레바퀴 은하는 정면충돌의 결과다. 왼쪽에 있는 나선 은하(오른쪽에 있는 두 은하 중 하나)와 부딪혀 활발하게 별 탄생이 일어나는 (푸른색으로 보이는) 고리를 만들어냈다. 고리의 크기는 15만 광년이고 수십억 개의 새 별을 포함하고 있다. (b) NGC 4676 A와 B는 '생쥐'라는 별명을 가졌다. 이것은 컴퓨터에 의해 가공되고 밝기 단계에 따른 미세한 구조를 보여주기 위해 색깔을 조합한 가시광 사진이다. 두 나선 은하의 상호 작용에 의해 은하로부터 끌려 나온 별들의 길고 좁은 꼬리를 볼 수 있다. (c) NGC 6240 중심에 아주 가까이 있는 두 개의 핵은 두 나선 은하가 충돌에 관여했음을 암시하는 물질의 꼬리를 보여준다. IRAS 관측은 이 상호작용하는 쌍이 적외선에서 엄청난 에너지를 뿜어내고 있음을 보여준다. 이는 막대한 양의 먼지를 데워주는 (스펙트럼의 가시광선 영역에서는 상당한 활동을 시야로부터 숨겨주는) 중심 부분에서의 활발한 별 탄생과 일치한다. (d) 이 HST 사진에는 두 나선 은하가 충돌 과정에 있다. 왼쪽에 보인 더 큰 은하(NGC 2207)로부터 가해지는 중력은 작은 희생양(IC 2163)의 모양을 일그러뜨렸다. 별과 가스는 그림의 오른쪽 가장자리를 향해 10만 광년까지 연장된 긴 흐름을 던지고 있다. 지금부터 수십억 년 이후에 이 두 은하가 하나로 합쳐질 것이다.

적 별 탄생이라 부르고 이런 증가가 일어나는 은하를 폭발적 별 탄생 은하라고 한다(그림 19.9와 19.10). 일부 상호작용하는 은하에서는 별 탄생이 너무 격렬해서 사용 가능한 모든 가스를 수백 만년 만에 모두 소진해버린다. 폭발적 별 탄생은 확실히 일시적인 현상이다. 폭발적 별 탄생이 진행되는 동안 그 은하는 훨씬 밝아지고 먼 거리에서 검출되기 쉬워진다.

천문학자들은 110억에서 120억 광년 떨어진 상당수의 은하를 조사하는 도구를 가지게 되면서 매우 젊은 은하들의 합병으로 발생하는 가까운 폭발적 별 탄생 은하와 그들이 아주 닮았다는 사실을 발견하게 되었다. 그 은하들은 종종 합병에 관여하고 있는 가까운 은하가 그렇듯이 다중핵과 특이 형태를 보이고 있다. 이런 멀리 있는 젊은 은하들은 가까이

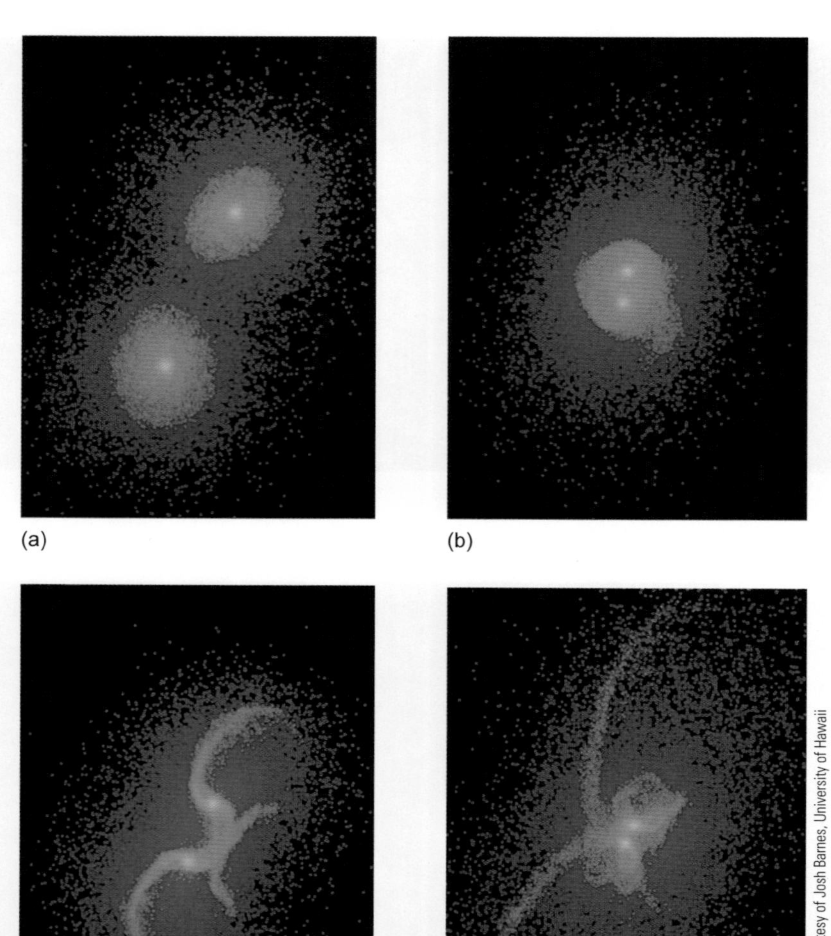
(a) (b) (c) (d)

Computer images courtesy of Josh Barnes, University of Hawaii

■ **그림 19.6**

은하 충돌의 컴퓨터 모의실험 이 컴퓨터 모의실험은 이 장을 여는 사진에 보인 쌍 은하 NGC 4038/39와 크게 닮은 구조를 만들어 냈다. 순서대로 은하가 충돌을 시작한 후 (a) 6000만 년, (b) 1억 8500만 년, (c) 3억 1000만 년, 그리고 (d) 4억 3500만 년일 때의 모습을 보여준다.

Carl Grillmair (California Institute of Technology) and NASA

■ **그림 19.7**

은하 포식 이 HST 사진은 타원 은하 NGC 1316의 밝게 빛나는 중심핵에 비추어진 암흑 먼지 성운의 으스스한 모습을 보여준다. 타원 은하는 보통 먼지를 거의 가지고 있지 않다. 이런 구름은 아마도 NGC 1316에 의해 약 1억 년 전에 포식된 작은 은하의 잔해일 것이다.

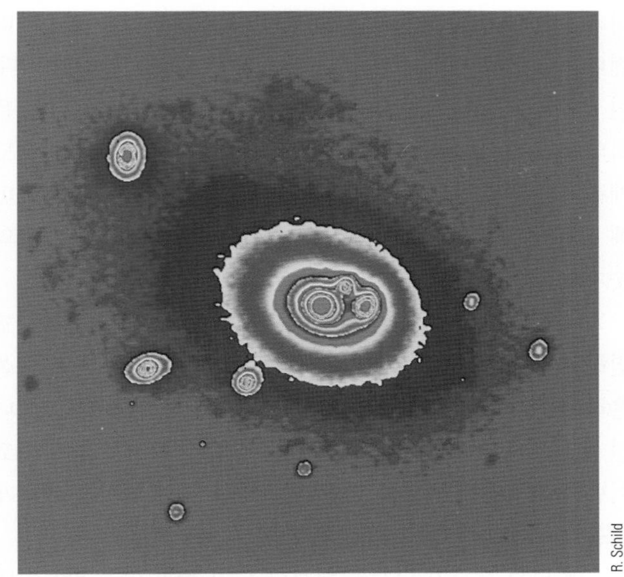

■ **그림 19.8**
다중핵의 은하 허큘레스 자리의 은하 NGC 6166의 이 유사 색깔 사진은 은하의 색깔 분포를 보여준다. 중심 영역에 있는 세 개의 봉우리는 아마도 이 거대 타원 은하가 포식했음을 암시한다. NGC 6166은 많은 잠재적인 희생양을 가지고 있는 은하단의 중심에 놓여 있다.

있는 단일 은하에 비해 빠른 속도의 별 탄생률을 가지며 수많은 푸르고 젊은 별들을 포함하고 있다. 젊은 은하에는 늙은 별들도 존재할지도 모르지만 그 별들로부터 오는 빛은 뜨겁고 푸른 O와 B형 별에 의해 완전히 압도된다.

현재의 우주에서는 병합이 드물다. 가까운 은하의 약 5% 만이 현재 상호작용과 관련되어 있다. 상호작용은 수십억 년 전에는 훨씬 흔했었다(그림 19.11). 현재의 전형적인 은하는 독신이지만, 100억 년 전에는 전형적인 은하는 쌍이었었다고 해도 과언이 아니다. 분명히 은하의 상호작용은 그들의 진화에서 결정적인 역할을 한다.

이제 모든 실마리를 한데 모아 은하 생애의 역사를 추적해 보자. 다음에 기술하는 것은 현재로서는 합의된 그림이지만 이 분야의 연구는 빠르게 돌아가므로 이런 생각의 일부는 새로운 관측이 가능해짐에 따라 수정되어야 할 것이다.

19.2.2 은하의 진화

우리는 우주의 나이가 10억 년도 되지 못했던 시기인 130억 광년 이상 떨어진 퀘이사를 보고 있기 때문에 커다란 물질 덩어리가 일찍 형성되고 있었음을 알 수 있다. 퀘이사는 블랙홀에 의해 가동되고 있으며, 블랙홀의 질량은 구형으로 둘러싼 별 무리 질량의 약 0.5% 정도임을 기억하자. 블랙홀과 이를 둘러싼 공 모양의 보통 물질은 동시에 태어난 것으로 여겨진다. 밀도가 높은 영역은 더 큰 블랙홀과 이를 둘러싼 더 무거운 물질의 집중을 형성한다.

18장에서 우리는 많은 퀘이사들이 타원 은하에서 발견됨을 보았다. 이는 최초의 물질 집중이 우리가 현재 우주에서 보고 있는 타원 은하로 진화되었음을 의미한다. 이런 진화가 어떻게 이루어졌는지에 대해서는 두 가지의 모형이 있었다. 첫 번째 것은 1960년대에 제안된 것으로 타원 은하는 하나의 빠른 수축에 의해 만들어져 대부분 물질이 빨리 별로 바뀌었고 은하는 별이 진화함에 따라 서서히 변해 왔다는 것이다. 또 다른 모형인 오늘날의 거대 타원 은하는 이미 적은 양의 가스를 별로 변환시킨 작은 은하들을 합병해서 주로 만들어졌다고 제안한다. 다르게 표현하면 천문학자들은 우리가 보고 있는 거대 타원 은하는 큰 은하에서 대부분의 별들을 생성했는지 또는 작은 은하들에서 별도로 만들어진 다음 궁극적으로 합병되었는지에 대해 논쟁하고 있다.

우리가 130억 광년 또는 그 이상의 거리에서 밝은 퀘이사를 보고 있기 때문에 몇 개의 거대 타원 은하는 하나의 구름이 아주 일찍 수축해서 만들어졌을 가능성이 높다. 그러나 현재로서는 우주의 나이 60억 광년 이전에는 거대 타원 은

■ **그림 19.9**
폭발적 별 탄생 은하 대부분의 은하들은 아주 느린 비율로 새로운 별을 만들어 내지만, 폭발적 별 탄생 은하라고 알려진 희귀한 종류의 은하는 극도로 활발한 별 탄생으로 불타 오른다. NGC 3310은 이런 폭발적 별 탄생 은하 중 하나이며 이 HST 사진은 밝은 별의 성단을 막대한 비율로 만들어내는 모습을 보여준다. 이 은하는 5900만 광년 떨어져 있고 지름은 약 52,000광년이다. 은하의 나선 팔에서 각각 최대 100만 개 정도의 별을 가지고 있는 밝고 푸른 성단을 볼 수 있다.

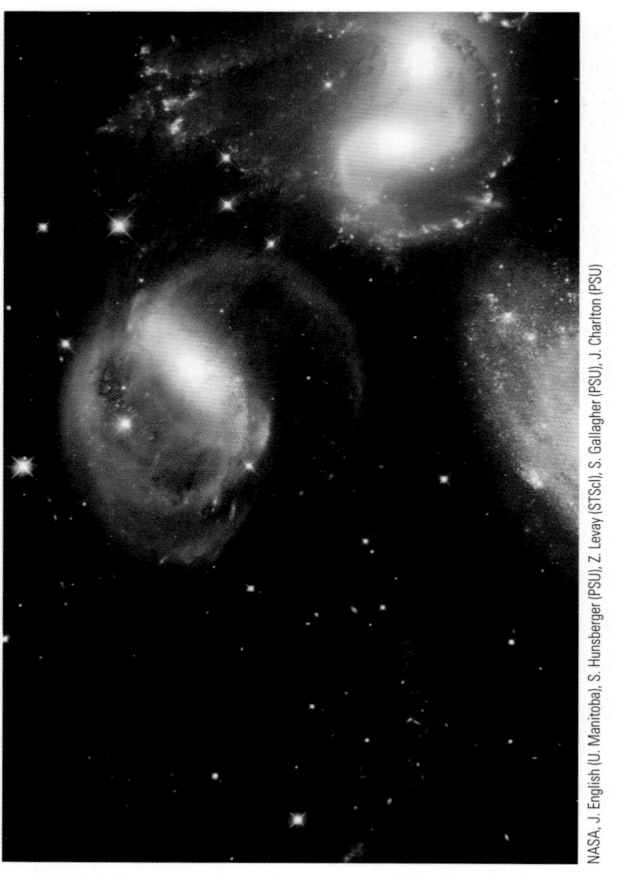
NASA, J. English (U. Manitoba), S. Hunsberger (PSU), Z. Levay (STScI), S. Gallagher (PSU), J. Charlton (PSU)

■ **그림 19.10**
충돌하는 은하와 관련된 폭발적 별 탄생 스테판의 오인조라고 불리는 작은 은하군의 은하 두 개가 최근에 충돌하였다. 위에 있는 은하를 둘러싸고 있는 다이아몬드 목걸이나 여기저기 흩어져 있는 것 같은 수백만 개의 별을 포함하는 100개 이상의 성단을 여기서 볼 수 있다. 성단의 나이는 200만 년에서 10억 년의 범위에 있고 이 은하군에서 폭발적 별 탄생으로 이끄는 여러 차례의 다른 충돌이 있었음을 암시한다. 스테판의 5인조는 2억 7000만 광년의 거리에 있다.

하가 아주 드물었으며, 우주가 젊었을 때보다는 오늘날 더 흔하다는 것이 확실하다. 이런 관측은 대부분의 거대 타원 은하들이 작은 은하의 병합에 의해 만들어졌다는 가설을 더 강하게 만들었다.

관측은 타원 은하에 있는 대부분의 가스는 우주의 나이가 약 30억 년 될 무렵까지 별로 변화되었음을 암시한다. 분명히 병합에 기인한 폭발적 별 형성이 가스를 별로 더 빨리 변화시키는 데 도움을 주었을 것이다. 느린 별 형성이 그 이후 당분간 지속하였지만 타원 은하는 지난 80억 년 동안 새로운 별을 거의 만들지 않은 것으로 보인다.

나선 은하에서의 상황은 아주 다르다. 이들 은하의 핵 팽대부는 타원 은하에서와 마찬가지로 매우 일찍 형성되었다(그림 19.12). 그러나 원반은 나중에 만들어졌고 (우리은하의 원반에 있는 별들은 팽대부와 헤일로에 있는 별들보다 젊다는 것을 상기하자) 아직도 가스와 먼지를 포함하고 있다. 별 생성률은 성간 가스와 먼지의 밀도에 의존하므로 나선 은하의 밀도가 상대적으로 낮은 원반에서의 별 생성은 지금도 계속되고 있다. 그러나 현재의 별 생성률은 80억 년 전에 비해 1/10 정도로 낮다. 가스가 고갈됨에 따라 생성되는 별의 숫자도 줄어든다.

나선 은하의 모양은 (우주론적으로 말해서) 최근까지도 변하고 있다. 우리는 이제 잘 정의된 긴 나선 팔을 가진 나선 은하는 지난 40억 년 전에 발달했다고 추정한다. 오늘날 나선 은하들의 조상은 40억 년 이전 병합에 관여했을 것이고 이런 상호작용이 아마도 오래가는 나선 팔의 생성을 어렵게 했을 것이다.

왜 타원 은하가 나선 은하보다 훨씬 빨리 별을 만들어낼까? 천문학자들은 아직도 은하생성 이론을 연구하고 있고 우리는 단지 부분적인 대답만을 가지고 있다. 핵심적인 요소는 은하의 회전과 밀도인 것 같다. 타원 은하는 나선 은하에 비해 천천히 회전하고 밀도는 높다—이 두 가지 모두 빠른 별 생성에 유리한 요소다.

19.3 은하의 공간 분포

앞 절에서 우리는 은하의 진화를 결정하는 데 있어서 병합의 역할을 강조하였다. 충돌하기 위해서 은하는 상당히 가까워져야 한다. 얼마나 자주 충돌이 일어나는가를 추정하기 위해 천문학자들은 은하의 공간 분포가 어떤지를 알아야 한다. 그들은 대부분 서로 고립되어 있을까 아니면 무리 지어 있을까? 무리를 이룬다면 무리는 얼마나 클까? 그리고 일반적으로 어떻게 은하와 그 무리가 우주에 배치되어 있는가? 예를 들어 하늘의 한 방향이나 다른 방향에서 모두 같을까?

에드윈 허블은 처음으로 외부 은하들의 존재를 밝힌 지 불과 몇 년 후에 이들 질문에 대한 답을 일부 발견하였다. 또한 하늘 전체에 있는 은하들을 조사하면서 우주진화 연구에 결정적인 두 가지도 발견하였다.

19.3.1 우주론원리

허블은 당시 세계에서 가장 큰 윌슨(Wilson) 산의 100인치와 60인치 반사망원경으로 관측했다. 이 망원경들은 시야가 아주 좁아서 한 번에 하늘의 아주 작은 영역밖에 볼 수 없었다. 예를 들어, 100인치 망원경으로 하늘 전체를 촬영하려면

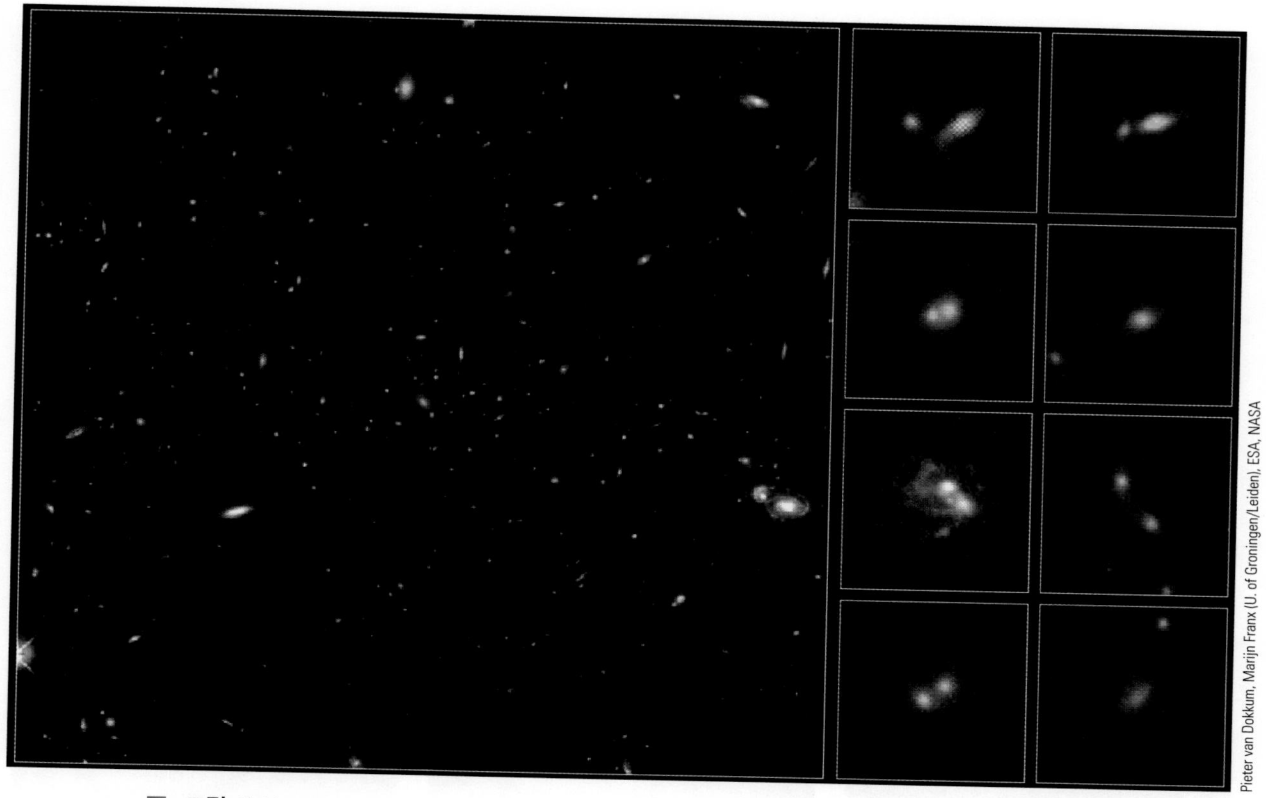

Pieter van Dokkum, Marijn Franx (U. of Groningen/Leiden), ESA, NASA

■ **그림 19.11**
먼 은하단에서의 은하 충돌 왼쪽에 보인 큰 그림은 약 80억 광년의 거리에 있는 은하단의 HST 사진이다. 자세히 조사한 81개의 은하 가운데 13개가 최근에 겪은 두 은하 사이 충돌의 결과다. 오른쪽에 보인 8개의 작은 사진들은 일부 충돌하는 은하를 가까이 본 모습이다. 합병 과정은 보통 대략 10억 년 정도 걸린다.

수천 년이 걸린다. 그래서 허블은 허셜이 별을 세기 위해 했던 것처럼 하늘을 여러 영역으로 나누어 표본을 취하였다(16.1절 참조). 1930년대에 허블은 1283개의 표본 영역을 촬영했고 각각의 사진에서 주의 깊게 은하 영상의 수를 셌다.

허블의 첫 번째 발견은 하늘 각 영역에 보이는 은하의 수는 거의 비슷하다는 것이었다. (엄밀히 말하면 이것은 먼 은하의 빛이 우리은하계 내의 티끌에 의해 흡수되지 않아야 맞는 것인데, 허블은 이 흡수를 보정했다.) 그는 또 은하의 밀도가 모든 거리에서 일정할 경우 기대되는 결과인 어두울수록 그 수가 많아진다는 사실을 발견했다.

그 의미가 무엇인지를 이해하기 위해 매진으로 만원을 이룬 연주회에서 붐비는 공연장 내의 사진을 찍는다고 상상해 보자. 가까이 앉아 있는 사람은 크게 보이고 몇 사람만이 사진에 찍힐 것이다. 그러나 공연장에서 먼 곳에 자리 잡은 사람들에게 초점을 맞추면 그들은 너무 작아서 훨씬 많은 사람들이 사진 속에 들어온다. 만약 공연장의 모든 곳에서 의자 배치가 똑같다면 멀리 볼수록 사진에는 더 많은 사람들로 붐빌 것이다. 이와 같은 방법으로 허블은 더 어두운 은하를 보았고 그들이 더 많음을 알았다.

허블의 발견은 우주가 **등방**(isotropic)하며 **균일**(homogeneous) 함을 암시하는 중요한 증거이다. 우주는 모든 방향에서 같고, 임의의 주어진 적색이동 즉 거리에서 공간의 큰 부피는 같은 적색이동을 보이는 또 다른 공간의 부피와 같게 나타난다. 그렇다면 어느 구역을 우리가 관측하느냐는 것은 (그것이 어느 정도 큰 부피라면) 큰 문제가 되지 않는다—어떤 구역도 다른 어느 구역과 같아 보이기 때문이다.

다르게 표현하면 허블의 결론은 시간에 따른 변화를 제외하면, 모든 장소에서 우주는 거의 같을 뿐만 아니라, 작은 규모의 국지적인 차이를 제외하면 우리 주위에 보이는 부분으로써 우주 전체를 대표할 수 있다는 것이다. 이러한 우주가 모든 곳에서 같다는 생각을 **우주론원리**(cosmological principle)라고 하며, 우주 전체를 기술하는 거의 모든 이론의 출발 가정이다(다음 장 참조).

우주론원리 없이는 우주를 연구하는 데 어떤 진전도 전혀 이룰 수 없을 것이다. 우리 이웃이 어느 면에서 비정상이라고 하자. 그러면 마치 통신이 되지 않는 따뜻한 남쪽 바다

RAPID COLLAPSE

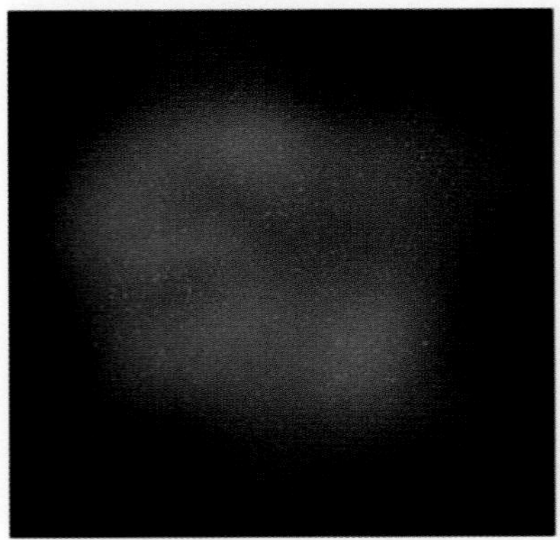

1. 원시 수소구름.

2. 중력에 의한 구름의 수축.

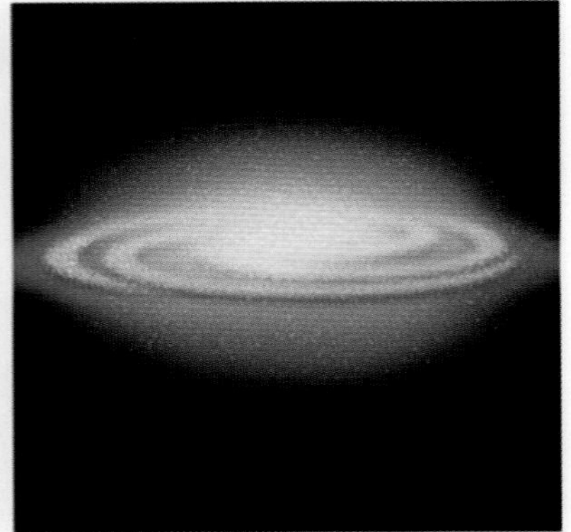

3. 오래된 별로 이루어진 큰 팽대부에 의해 지배되는 은하.

ENVIRONMENTAL EFFECTS

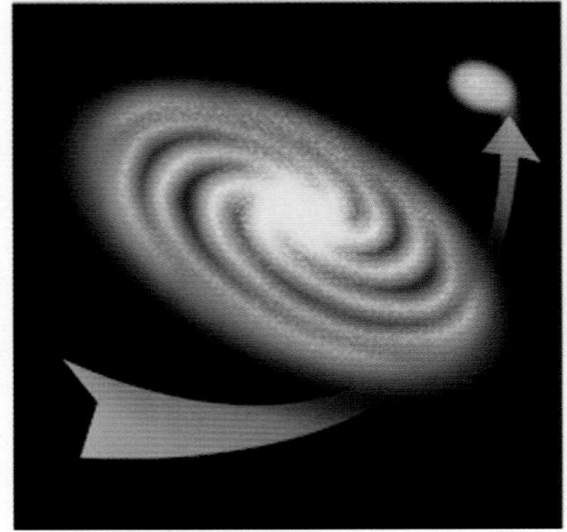

1. 나선 은하와 동반 은하.

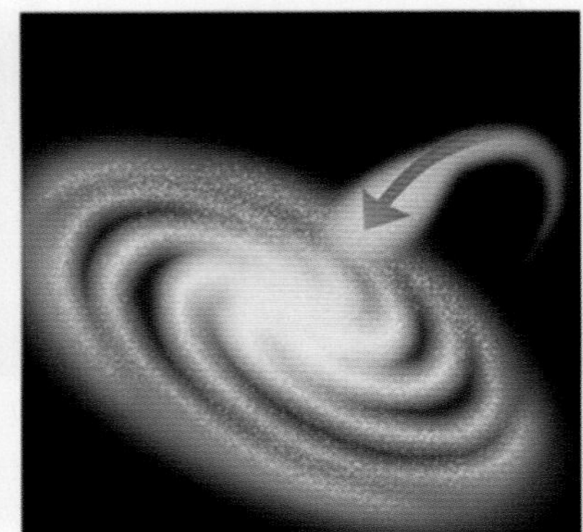

2. 큰 은하로 떨어지는 작은 은하.

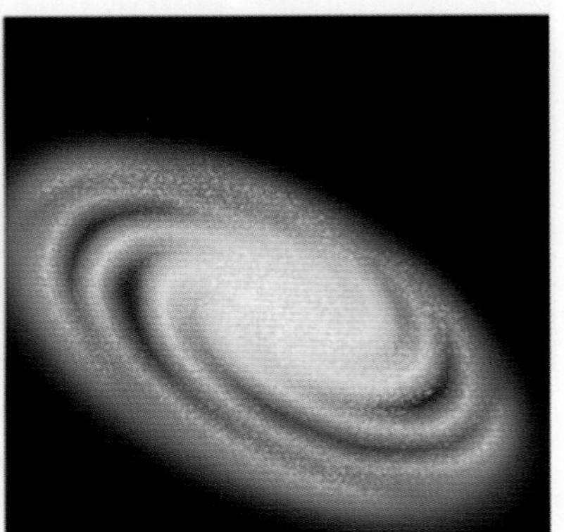

3. 젊은 별과 가스가 더해짐에 의한 팽대부의 부풀어짐.

NASA

■ **그림 19.12**
나선 은하 팽대부의 성장 일부 나선 은하의 중앙 팽대부는 단일 원시 은하 구름의 수축으로 만들어진다(위쪽 열). 다른 것은 다른 작은 은하들과의 병합을 통해 자란다(아래 열).

외딴 섬에 갇혀 있으면서 지구 전체의 지리를 이해하려는 것처럼 우주가 어떻게 생겼는지를 알 수 없을 것이다. 우리의 제한된 입장에서는 행성의 일부가 눈과 얼음으로 덮여 있는지 또는 우리의 섬에서 발견되는 것보다 훨씬 더 다양한 지형을 가진 대륙이 존재하는지를 알 길이 없다.

허블은 대부분의 은하들이 얼마나 멀리 있는지 알지 못하고 단순히 여러 방향에 있는 은하의 수를 세었다. 천문학자들은 현대적 기기를 이용해서 수천 개 은하의 속도와 거리를 측정함으로써 우주의 대규모 구조에 관한 의미있는 그림을 만들어냈다. 이 절의 나머지 부분에서는, 가까이에 있는 것들로부터 출발해서 은하의 분포에 관해 우리가 알고 있는 사실을 기술한다.

19.3.2 국부 은하군

가장 상세한 정보를 가진 우주의 영역은 기대했던 대로 우리의 국지적 이웃이다. 우리은하는 상상력을 자극하지 않는 명칭인 **국부 은하군**(Local Group)이라고 부르는 작은 은하군의 일원이다. 이것은 약 300만 광년 이상 퍼져 있고, 40개 이상의 은하를 포함하고 있다. 여기에는 3개의 큰 나선 은하(우리은하, 안드로메다 은하 그리고 M33), 2개의 중간 타원 은하, 그리고 많은 수의 왜소타원 은하와 불규칙 은하가 들어있다. 국부 은하군을 구성하는 일부 은하들의 목록이 부록 12에 주어져 있는데, 이 목록에서 은하가 어떤지를 알 수 있다.

국부 은하군에 속하는 새로운 은하들이 아직도 발견되고 있다. 16장에서 우리는 지구에서 거리가 약 8만 광년밖에 되지 않고, 우리은하계의 중심으로부터는 약 5만 광년 떨어진 왜소 은하가 궁수자리에서 최근 발견됐음을 언급한 바 있다. (왜소 은하는 실제로 자신보다 훨씬 더 큰 은하수 은하에 너무 가까이 다가가고 있어서 결국에는 잡아먹힐 것이다.) 안드로메다 은하 부근에서도 여러 개의 왜소 은하가 새로 발

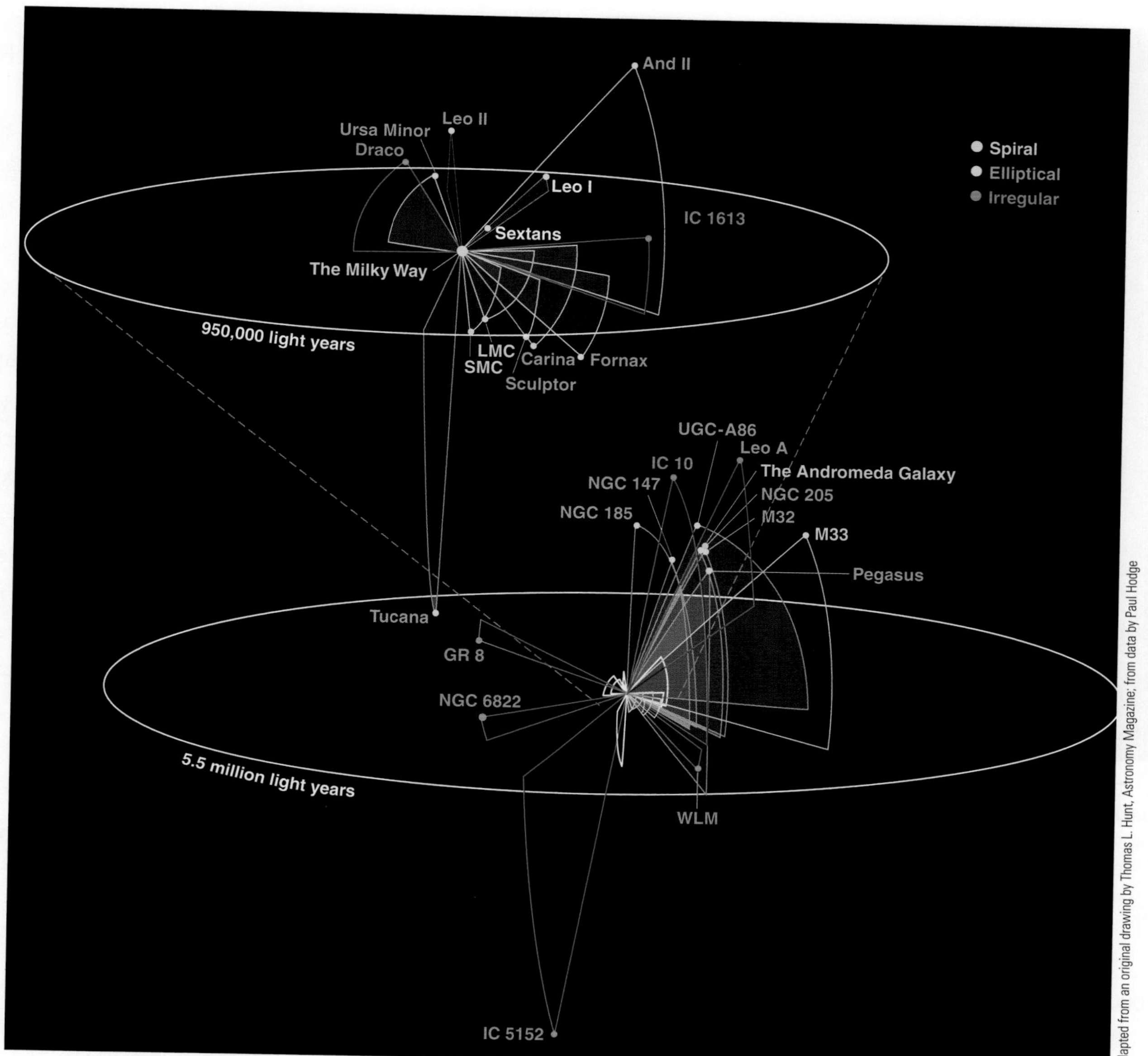

■ 그림 19.13

국부 은하군 이것은 우리은하를 중심으로 국부 은하군의 일부 구성원들의 3차원 모습을 보여준다. 위쪽의 확대 모습은 우리은하와 가장 가까운 부분을 보여준다. 국부 은하군에 있는 40개 가까운 은하 중 가장 큰 3개는 모두 나선 은하이다. 다른 것들은 불규칙 은하와 왜소타원 은하다. 이 지도가 만들어진 후 몇 개의 새로운 구성원들이 발견되었다.

견되었다. 이런 왜소 은하는 대개 상대적으로 적은 수의 별을 가지고 있는데 이들을 우리은하에 있는 별들과 구별하는 것이 쉽지 않아서 발견하기 어렵다.

그림 19.13은 국부 은하군의 밝은 구성원들이 어떻게 분포하는지를 개략적으로 나타낸 그림이다. 여기에 속한 모든 은하들의 운동속도를 평균해서 구한 전체 질량은 약 5×10^{12} M_{Sun}으로 우리은하 질량의 2배에서 3배 정도다. 이 질량의 상당량이 암흑물질의 형태로 존재한다.

19.3.3 우리 이웃의 은하군과 은하단

우리은하군과 같이 작은 은하군은 먼 거리에서 찾아내기가 쉽지 않다. 다행히도 **은하단**(galaxy cluster)이라 불리는 훨씬 큰 집단이 존재한다. 이런 은하단은 얼마나 많은 은하를 포함하고 있는가에 따라 가난하거나 또는 부자라고 기술된다. 부자 은하단의 많은 은하들은 어두워서 검출하기 어렵지만 수천 개 또는 심지어 수만 개가 있다.

가장 가까우며 어느 정도 부유한 은하단으로 별자리를 따라 이름 붙여진 처녀자리 은하단이 있다. 이것은 약

■ **그림 19.14**
처녀자리 은하단의 중심영역 처녀자리 은하단은 가장 가까운 부자 은하단으로 약 5000만 광년 떨어져 있다. 이것은 수백 개의 밝은 은하를 포함하고 있다. 이 그림에서 우리는 두 개의 거대 타원 은하 M84와 M86, 그리고 약간의 나선 은하를 포함하는 은하단의 일부만을 볼 수 있다.

5,000만 광년 떨어져 있고 수천 개의 구성원을 가지는데 그 중 몇 개를 그림 19.14에 보였다. 앞 장에서 처음 알게 된 거대 타원(또한 매우 활동적인) 은하인 M87은 처녀자리 은하단에 속한다. 그림 19.14에 M87은 보이지는 않지만 이 은하단에 속한 다른 두 개의 거대 타원 은하가 나타나 있다.

처녀자리 은하단보다 훨씬 더 큰 은하단의 좋은 예는 지름이 적어도 1,000만 광년이며 수천 개의 은하가 관측되는 머리털자리 은하단이다. (이 책의 서두 그림에서 볼 수 있다.) 거리가 약 2억 5,000만에서 3억 광년인 이 은하단은 광도가 약 4,000억 개의 태양과 맞먹을 정도의 광도인 두 개의 거대 타원 은하를 중심에 두고 있다. 수천 개의 은하들이 머리털자리 은하단에서 관측되었으나 우리가 보는 은하들은 실제로 그에 속한 것들 중 일부에 지나지 않음이 거의 확실하다. 머리털자리 은하단의 거리에서 왜소 은하들은 너무 어두워서 보기 어렵지만, 가까운 은하단에서 그러하듯이 이 은하단의 일부를 이룰 것으로 기대한다. 만약 그렇다면 머리털자리 은하단은 수만 개의 은하를 포함하고 있을 것이다. 이 은하단의 총 질량은 (태양과 같은 별 4,000조 개를 만들기에 충분한) $4 \times 10^{15}\ M_{\text{Sun}}$이다.

여기서 생각할 시간을 갖기 위해서 잠시 휴식을 취하자. 우리는 지금 천문학자들조차도 종종 압도되는 느낌을 갖는 숫자를 논하고 있다. 머리털자리 은하단은 1만, 2만 또는 3만 개의 은하들을 가지고 있을 것이며 각 은하는 수십억에서 수천억 개의 별을 가지고 있다. 만약 광속으로 여행한다면 이 거대한 은하 집단을 가로지르는 데 (인간의 역사보다 훨씬 더 긴) 1,000만 년 이상 걸릴 것이다. 그리고 당신이 이 은하 중 하나의 외곽에 있는 행성에 산다면 은하단의 많은 은하들은 가까워서 밤하늘의 훌륭한 볼거리가 될 것이다.

머리털자리 은하단과 같은 부자 은하단은 대개 중심 근처에 은하들이 많이 집중돼 있다. 거대 타원 은하들은 이러한 중심 영역에 존재하지만 나선 은하들은 거의 없다. 존재하는 나선 은하들은 일반적으로 은하단의 외곽에 위치한다. 타원 은하들은 상당히 '사교적'이라고 말할 수 있다. 그들은 종종 집단으로 발견되고 여럿이 모인 곳에서 다른 타원 은하들과 '함께 지내는' 것을 대단히 즐긴다. 충돌의 가능성이 높은 곳은 정확히 그렇게 붐비는 곳이고, 앞에서 논한 바와 같이 가장 큰 타원 은하는 더 작은 은하들을 병합함으로써 만들어졌다고 생각한다. 반면 나선형은 더 '수줍어서', 나선 팔을 파괴하거나 계속 별 생성에 필요한 가스를 빼앗는 충돌이 잘 일어나지 않는 가난한 은하단이나 부자 은하단의 가장자리에서 발견될 확률이 높다.

19.3.4 초은하단과 빈터

천문학자들이 은하단을 발견한 후 그들은 자연스럽게 우주에 그보다 더 큰 구조가 있는지 궁금해 했다. 은하단들도 함께 모이는가? 이 질문에 답하기 위해 우리는 우주의 아주 큰 부분에 대한 3차원 지도를 만들 수 있어야 한다. 이를 위해 하늘에서의 (2차원적) 위치뿐 아니라 우리로부터의 거리(3차원)를 알아야 한다.

이는 지도에 있는 각 은하들의 적색이동을 측정할 수 있어야 한다. 각 은하의 스펙트럼을 얻는 일은 단순히 허블이 한 것과 같이 방향별로 세는 것보다 훨씬 많은 시간이 걸린다. 오늘날 천문학자들은 지도를 완성하는 데 걸리는 시간을 절약하기 위해 같은 시야 내에 있는 많은 은하들의 스펙트럼을 (경우에 따라 한꺼번에 수백 개씩) 얻는 방법을 찾았다.

천문학자들이 우주 지도를 만들기 위해서 당면한 또 하나의 도전은 지구에서 거대한 미지의 영역을 처음으로 탐험

천문학 여행

마거릿 겔러: 우주의 탐색자

Dr. Margaret Geller

1947년에 태어난 마거릿 겔러(Margaret Geller)는 어린 시절 과학에 흥미를 갖게 격려해주고 분자의 3차원 구조를 시각적으로 보여준 화학자의 딸이었다. (이 기술은 우주의 3차원 구조를 가시화하는 데 도움이 되었다.) 그녀는 초등학교에 싫증을 낸 기억이 있으나, 그녀의 부모는 스스로 책을 읽도록 격려해 주었다. 당시 (그녀가 일찍 강하게 흥미를 느꼈던) 수학은 여자가 공부할 분야가 아니라는 선생님의 민감한 메시지가 들어 있었지만, 스스로 단념하지 않았다.

겔러는 캘리포니아 대학 버클리에서 물리학으로 학사 학위를 받고 프린스턴 대학에서 물리학 박사 학위를 받은 두 번째 여성이 되었다. 거기서 세계의 우주론을 선도하는 학자 중 한 사람인 제임스 피블스(James Peebles, 20장 참조)와 함께 일하면서, 우주 대규모 구조에 관한 문제에 흥미를 갖게 되었다. 1980년 천문학 연구에서 가장 활동적인 기관 중 하나인 하버드-스미소니언 천체물리센터의 연구직을 수락했다. 그녀는 은하와 은하단이 어떻게 구성되는가에 대한 이해의 진전을 이루려면 강도 높은 탐사가 이루어져야 함을 알게 되었다. 여러 해가 걸려야 하겠지만 겔러와 동료들은 은하들의 지도를 만드는 길고도 힘든 과제를 시작했다.

그녀의 팀은 프로젝트에 전적으로 활용할 수 있는 망원경인 애리조나 주 투손 근처 홉킨스 산에 있는 60인치 반사망원경의 관측 시간을 얻는 행운을 얻었고, 조수들과 함께 은하의 거리를 결정하기 위한 스펙트럼을 얻는 일을 계속했다. 우주의 한 조각을 조사하기 위해 하늘의 지정된 위치에 망원경을 향하게 한 다음 지구 자전에 의해서 새로운 은하가 그들의 시야로 들어오게 했다. 이 방법으로 18,000개가 넘는 은하의 위치와 적색이동을 측정하고 데이터를 보여주기 위해 다양하고 흥미로운 지도를 만들었다. 그들의 '조각'은 이제 남, 북반구 양쪽에 위치한 하늘의 부분들을 포함하고 있다.

겔러와 그녀의 팀은 하늘에서 지정된 위치에 망원경을 향하게 해 놓고 지구 자전에 의해서 새로운 은하가 시야에 들어오게 했다.

그녀의 작업에 관한 뉴스는 천문학자를 벗어나 널리 퍼지면서 1990년에 맥아더 재단의 연구비를 받았다. 흔히 '맥아더 천재상'이라 불리는 이 연구비는 광범위한 분야에서 진정한 창의적 연구를 인정하기 위해 만들어진 것이다. 겔러는 가시화하는 일에 강한 흥미를 가지고 (영화제작자 보이드 에스투스와 함께) 비과학자들에게 그녀의 연구 결과를 설명하는 몇 개의 비디오 수상작을 만들었다. [그중 하나는 〈그렇게 짧은 시간에 많은 은하를(*So Many Galaxies, So Little Times*)〉이라는 제목의 작품이다.] 그녀는 〈맥네일/레러의 뉴스 시간(*MacNeil/Lehrer Newshour*)〉[1], 〈천문학자들(*The Astronomers*)〉, 그리고 〈무한 항해(*The Infinite Voyage*)〉를 포함한 여러 종류의 전국적인 뉴스와 기록 프로그램에 등장했다. 에너지가 넘치고 거침없이 말하는 그녀는 미국의 여러 청중에게 그녀의 연구에 관해 이야기했고 대중들에게 그녀의 개척자적 탐구의 중요성을 설명하는 방법을 찾기 위해 열심히 노력했다.

'아직 아무도 보지 못한 것을 발견하는 일은 엄청난 흥분을 불러일으킨다. 우주의 한 조각을 처음으로 본 세 사람 중 하나가 [된다는 사실은]…… 콜럼버스처럼 되는 [것으로] 아무도 그렇게 놀라운 모습을 기대한 적이 없었다!'—마거릿 겔러.

[1] 역자 주-미국 유일의 전국에 걸쳐 방영되는 공영방송인 PBS(Public Broadcasting Service)에서 진행하는 뉴스 프로그램.

하는 팀이 당면한 문제와 비슷하다. 탐험대는 하나이고 영역은 어마어마해서 어디를 먼저 가야 하는지 선택해야 했다. 하나의 전략은 지형에 대한 감을 잡기 위해 직선으로 나가는 것이다. 예를 들어, 텅 빈 평원을 만나서 나무가 빽빽한 숲에 도달할 것이다. 숲을 지나감에 따라 숲의 폭이 왼쪽이나 오른쪽에서 얼마만큼 되는지는 모르지만 진행하는 방향

연결고리

천문학과 기술: 슬로안 디지털 하늘 탐사

에드윈 허블의 시대에(이 책의 저자들이 천문학을 처음 배우던 시절까지도), 은하의 스펙트럼은 한 번에 하나씩 얻어야 했다. 먼 은하의 희미한 빛은 커다란 망원경으로 모여 슬릿을 통과시킨 다음 분광기를 사용해 색깔에 따라 분리시켜 스펙트럼을 기록한다. 이런 어려운 과정은 수천 개 은하의 적색이동을 요구하는 대규모 지도 제작에는 적합하지 않았다.

그러나 퇴직하기 전에 우주의 3차원 은하 지도를 만들고 싶어하는 천문학자들을 구원해주는 새로운 기술이 나타났다. 현재 야심찬 하늘 탐사는 뉴멕시코의 새크라멘토 산 정상에 위치한 국립 링컨 삼림(Lincoln National Forest)에서 진행되고 있다. 대부분 재정을 제공하는 재단의 이름을 따서 슬로안 디지털 하늘 탐사(Sloan Digital Sky Survey)라 불리는 이 프로그램은(HST와 같은 지름) 2.5 m 망원경을 천문용 광시야 카메라로 사용한다. 계획된 여러 단계의 지도제작 프로그램을 진행하는 동안 천문학자들은 천구의 1/4 이상의 영역에서 1억 개가 넘는 천체 영상을 전자 검출기를 이용해서 얻었다. 현대 과학의 여러 대형 프로젝트와 같이 슬로안 탐사에는 대학과 연구소에 소속된 많은 과학자와 기술자가 참여하고 있다.

밤하늘이 맑고 깨끗하면 천문학자들은 하늘의 긴 띠에 대해 기기를 사용해 위치와 밝기를 기록하는 사진을 찍는다. 각 띠의 정보는 미래 세대를 위해 디지털로 기록된다. 그러나 5장에서 나온 용어인 시상이 그다지 좋지 않으면 망원경으로 한 번에 최대 640개의 은하와 퀘이사의 스펙트럼을 촬영한다.

성공의 열쇠는 빛을 광원으로부터 스펙트럼을 기록하는 전자 칩까지 보내주는 여러 가닥의 가느다란 유리관으로 된 일련의 광섬유 사용이다. 하늘 일부에 대한 사진을 찍은 다음에 어떤 천체가 은하인지를 찾아내고, 각 은하의 위치에 광섬유를 달기 위해 알루미늄판에 구멍을 뚫는다. 그리고 정해진 하늘 위치에 망원경을 지향시킨 다음 광섬유를 통해 들어오는 각 은하의 빛을 개별적으로 분광기로 보내 기록한다.

스펙트럼을 얻기 위해서 대략 한 시간이면 충분하며, 미리 구멍을 낸 알루미늄판을 교체해 다음 차례의 관측을 준비한다. 따라서 (날씨만 허용한다면) 하룻밤에 최대 5000개의 스펙트럼을 얻을 수 있다.

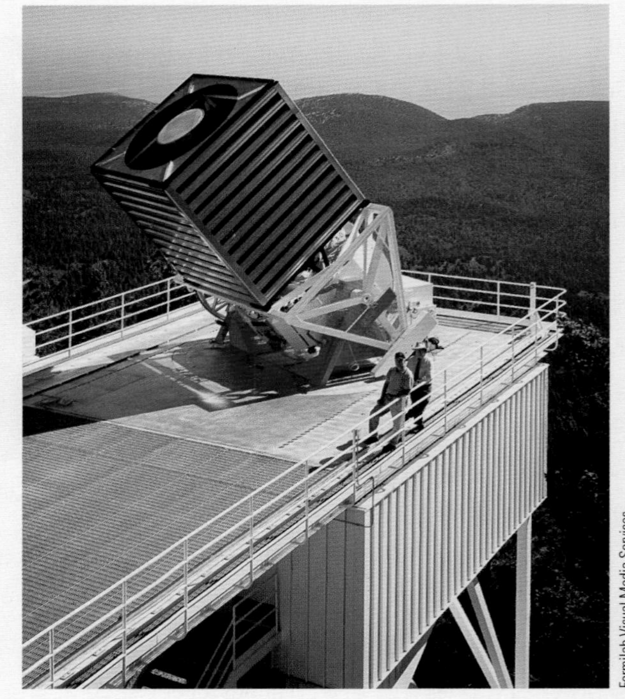

아파치 포인트 천문대에 있는 (보호벽을 밀어내서 드러난) 슬로안 디지털 탐사 망원경과 이 망원경 구조를 보호해 주는 네모난 모양의 바람막이가 보인다.

탐사가 완성되면 거의 100만 개의 은하와 10만 개의 퀘이사에 대한 스펙트럼(적색이동과 거리)을 얻게 될 것이다. 이 정보는 과거에 가능했던 것보다 더 종합적인 하늘의 지도를 만들게 되며, 우주의 거대구조와 은하의 진화에 대한 우리의 생각을 실제 데이터를 통해 검증하는 것이 가능해진다.

슬로안 탐사에 의해 기록된 정보는 상상을 초월한다. 데이터는 매초 8 MB씩 (매초 800만 개의 숫자나 글자에 해당) 들어온다. 이 프로젝트를 통해 과학자들은 미국 의회 도서관에 저장된 정보에 버금가는 15테라바이트, 즉 15조 바이트 이상을 기록할 것이다! 아무리 정보화시대라 해도 이 정도의 데이터를 정리하고 추출하는 일은 엄청난 도전이다.

으로는 얼마나 두터운지 알게 될 것이다. 그리고 강이 가는 길을 가로막는다면 물을 건너면서 폭을 측정할 수 있으나 길이에 대해서는 전혀 알 수 없다. 그래도 그들은 직선으로 지나가면서 경치가 어떤지에 대해서 감을 잡을 수 있으며 지도의 일부를 만들 수 있다. 다른 방향으로 출발한 탐험가들은 언젠가 지도의 나머지 부분을 채우는 데 도움을 줄 것이다.

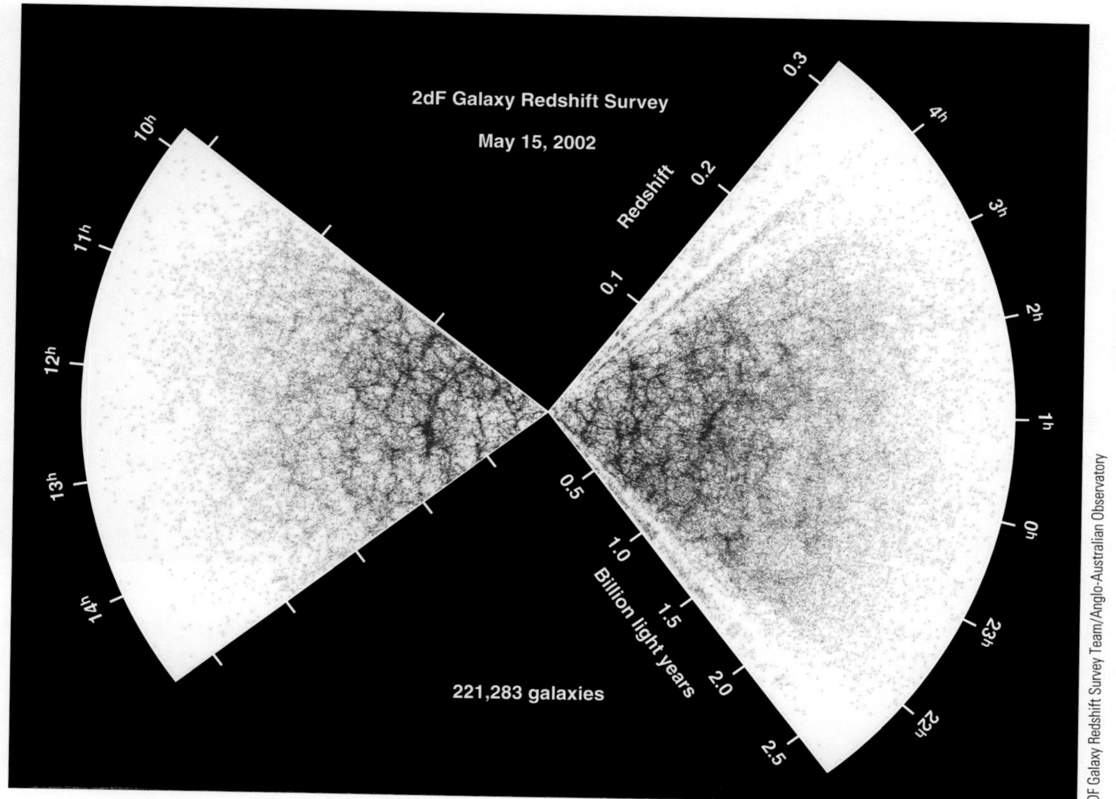

■ **그림 19.15**

우주의 두 조각 이 지도는 우주의 두 조각이 합쳐지는 가운데 부분에 위치한 은하의 공간 분포를 보여준다. 그림에는 적색이동이 측정된 221,283개의 은하들을 나타내는 점들이 포함되어 있다. 좁은 띠 또는 통로에 은하가 집중되어 있는 것과 그들 사이에 있는 (어떤 것은 폭이 1억 5000만 광년인) 크고 빈 공간을 주목하라. 긴 필라멘트 모양으로 집중된 은하들은 수억 광년 이상의 거리에 뻗친 것도 있다. 만약 스펀지 조각을 자르면 이와 비슷한 분포를 얻을 수 있을 것이다.

천문학자들은 이와 비슷한 종류의 결정을 해야 한다. 우리는 모든 방향으로 우주를 탐구할 수 없다. 은하는 너무 많고 일을 할 수 있는 (대학원생과) 망원경은 너무 적다. 그러나 우리는 한 방향 또는 하늘의 작은 조각을 잡아서 은하의 지도를 만드는 일에 착수할 수 있다. 마거릿 겔러('천문학 여행' 참조), 존 후크라, 그리고 하버드-스미소니언 천체물리센터의 대학원생들은 이 기법을 선도했고, 다른 그룹들이 공간의 더 큰 부피로 확장하였다. 슬로안 디지털 하늘 탐사라 부르는 또 다른 탐사는 이 장의 연결하기에서 개요를 설명한다.

영국-호주 천문대(Anglo-Australian Observatory)에 의해 수행된 가장 큰 탐사에서 측정한 은하들을 표시한 그림은 그림 19.15에 보였다. 천문학자들은 이 그림과 같은 지도에서 은하단들이 우주에 균일하게 놓여 있지 않고 페이지 전체로 튄 잉크 번짐처럼 거대한 필라멘트 모양의 초은하단(supercluster)에서 발견된다는 사실을 보고 깜짝 놀랐다. 초은하단은 2차원으로는 수억 광년 정도이지만 세 번째 차원으로는 불과 1000에서 2000만 광년 정도인 불규칙하게 찢긴 종이나 팬케이크 모양을 하고 있었다. 이런 구조에 대한 자세한 연구로 그들의 질량은 우리은하 질량의 10,000배가 넘는 $10^{16}\ M_{\text{Sun}}$ 이상임을 보여주었다.

필라멘트나 판 모양의 구조를 분리하는 것은 **빈터**(void)로서 은하들로 이루어진 거대한 활처럼 보이는 벽으로 둘러싸인 텅 빈 거품과 같다. 전형적인 지름은 1억 5000만 광년이고 은하단은 주로 벽에 집중되어 있다. 필라멘트 모양과 빈터의 배열은 스펀지나 벌집의 안쪽 또는 큰 구멍이 있는 스위스 치즈 덩어리를 연상시킨다. 만약 이들을 잘라서 단면을 보면 대략 그림 19.15처럼 나타날 것이다.

빈터가 발견되기 전 대부분 천문학자들은 거대한 은하단 사이 영역은 아마도 많은 수의 작은 은하군이나 개별 은하들로 채워져 있을 것으로 예상했었다. 이 빈터 내부를 신중하게 조사한 결과 종류에 상관없이 아주 적은 수의 은하만을 발견했다. 약 10% 이하의 부피에 은하의 90%가 들어 있다.

이 상황에서 17장의 팽창하는 우주에 대한 논의를 생각한다면, 그림 19.15에서 무엇이 팽창하고 있는지 궁금해질 것이다. 우리는 은하와 은하단이 중력에 의해 붙잡혀서 팽창하지 않는다는 것을 알고 있다. 그러나 빈터는 더 빨리 자라고 필라멘트 조직은 공간이 늘어남에 따라 서로 더 멀어진다.

19.4 우주 구조의 생성

은하가 어떻게 분포하는지 알고 난 다음 천문학자들은 왜 그런 분포가 이루어졌는지에 대한 설명을 하기 시작했다. 우주가 탄생한 후 수십만 년일 때는 극도로 매끄러웠다는 (다음 장에서 논의할) 증거를 가지고 있기 때문에 그렇게 큰 은하들의 필라멘트 구조와 빈터를 가진다는 것은 수수께끼였다. 이론가들의 도전 대상은 어떻게 단조로웠던 우주가 오늘날 우리가 보는 복잡하고 덩어리진 상태로 변했는지를 이해하는 것이다.

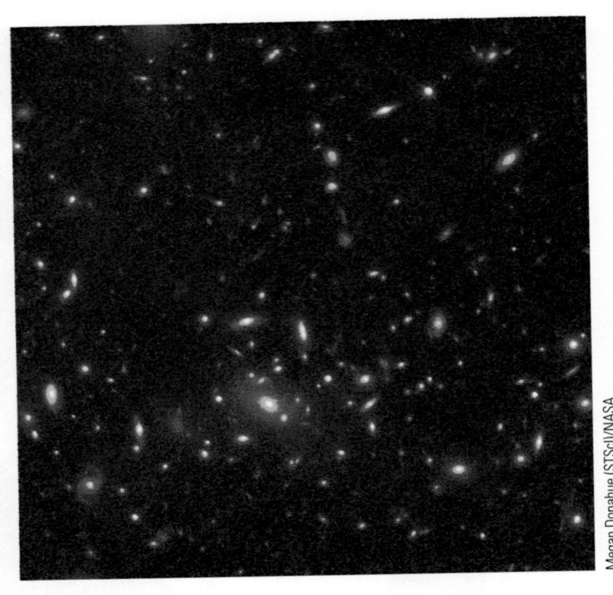

■ **그림 19.16**
먼 은하단 이 HST 사진은 80억 광년 떨어진 은하단을 보여준다. 은하단은 수천 개의 은하를 가지고 있고 질량은 우리은하의 수천 배가 넘는다. 태양과 지구가 만들어지기 전에 출발한 빛을 보여주는 이 사진은 놀라운 것이다.

19.4.1 빈터와 필라멘트 구조의 생성

예를 들어 은하들이 거품 구조의 벽에 분포하고 있음을 보여주는 그림 19.15에 점 찍힌 데이터를 직접 본 다음 어떤 천문학자는 물질이 거품 안에 들어 있었고 어떤 이유인지는 모르지만 벽 쪽으로 밀렸다고 주장했다. 그러나 어떻게 그런 일이 일어날 수 있었을까? 하나의 가능성은 우주 첫 수십억 년 동안에 가스를 거품 껍질 쪽으로 쓸어내는 거대한 폭발이 있었고 그 후 이 껍질에서 은하들이 만들어졌다는 것이다. 이 생각은 대단히 창의적임에도 불구하고 불행하게도 천문학자들은 엄청나게 큰 빈터를 설명할 수 있는 충분히 큰 에너지의 폭발을 고안해 내야 한다.

HST 관측은 약 80억 광년 떨어진 곳에서 질량이 큰 초은하단의 증거를 발견했는데(그림 19.16), 이는 우주의 나이가 현재의 절반일 때 이미 거대한 은하들의 응축이 일어났다는 것을 의미한다. 일부 이론가들은 이러한 응축은 그보다 훨씬 먼저—우주의 나이가 불과 수십만 년일 때—일어났다고 주장한다. 그 당시에는 아직 은하가 존재하지 않았으며, 따라서 이런 생각이 옳다면 초기 응축 상태는 많은 양의 가스와 아마도 암흑물질로 이루어져야 할 것이다.

다음 장에서 보듯이, 우주가 수십억 살일 때에는 모든 것이 수천 도의 온도에 있었다. 이론가들은 이런 초기 시간에는 소리가 특별히 큰 밴드가 있는 나이트클럽에서 음파가 공기 파동을 만들어 내듯이 모든 뜨거운 가스를 진동시킨다고 한다. 이러한 진동은 물질의 응축을 일으켜서 밀도를 최고로 상승시키고 그들 사이에 빈 공간을 만들어내게 된다. 우주가 식으면 물질의 응축은 동결되고 궁극적으로 밀도가 높은 영역에서 은하가 만들어진다.

만약 이런 구조가 모두 존재한다면 앞에서 주장했듯이 우주가 진정으로 균일하고 등방한지 물어보고 싶다. 여러 개의 초은하단과 빈터를 포함하는 충분히 큰 공간을 고려한다면 대답은 아마도 '그렇다'일 것이다. 이는 미국의 중서부 지방의 작은 마을들과 넓게 펼쳐진 공간에 대해 의미 있는 조사를 수행하는 것과 비슷하다. 만약 마을에 사는 가까운 집들만 본다면 우리의 관점은 지나치게 치우쳐져 있는 것이다. 고립된 농장에서 산다면 가까운 몇 에이커만 보게 될 것이고, 도심에서 일어나는 모든 일들은 놓칠 것이다. 대표할 수 있는 조사를 위해서는 충분히 많은 사람이나 도시, 농장, 텅 빈 시골 마을 모두를 포함하는 영역으로 대상을 넓혀야 한다.

19.4.2 큰 그림

이제 이런 모든 생각을 한데 모아서 어떻게 우주가 오늘처럼 보이게 됐는지 그려보자. 이미 이야기했듯이 초기에는 물질의 분포가 거의—아주 그런 것은 아니지만—매끈하고 균일했었다. '아주 그런 것은 아니다'가 모든 것의 열쇠다. 여기저기에 밀도가 평균보다 약간 높은 영역이 있었다. (이런 증가한 밀도 중 일부는 암흑물질에 의한 것이다.) 별 생성의 경우처럼 이런 고밀도 영역의 운명은 압력(바깥쪽으로 팽창을 일으키는 미는 힘)과 안쪽으로 끌어당기는 중력의 균형에 의해 결정된다.

초기에 우주의 각 영역은 전체 우주와 함께 팽창했다. 그러나 우주의 팽창이 지속함에 따라 밀도가 높은 영역에는 주변 물질보다 평균적으로 약간 더 큰 중력이 작용했기 때문에 더 많은 질량이 모여들었다. 안쪽으로 끌어들이는 중력이 충분히 높아지면 각 영역은 궁극적으로 팽창을 멈추게 된다. 그리고는 불규칙하게 생긴 덩어리들이 수축하기 시작한다. 각 영역에서 수축은 한쪽 방향으로 더 빠르게 일어나면서 응축된 물질은 공 모양이 아닌 거대한 팬케이크처럼 된다.

초기 우주 전역에서 만들어진 이런 팬케이크는 서로 다른 방향을 향해서, 서로 다른 속도로 수축되었다. 그러한 팬케이크는 그대로 남겨져서 현재 우리가 보고 있는 필라멘트 모양의 거품 구조 틀 모습으로 관측되고 있다.

우주는 계속해서 아래에서 위로 이루어지는 '자발적 건설'을 진행한다. 팬케이크 안에서 작은 구조가 먼저 만들어지고 다시 큰 구조를 만들기 위해 합병된다. 팬케이크에서 수축한 물질의 첫 번째 응축은 작은 은하나 구상 성단 정도의 크기였다. 이런 조각들은 은하단이나 초은하단을 만들기 위해 서서히 결집한다.

그림에 따르면—우주의 나이가 현재 2% 되던 시기에—팬케이크들이 교차하면서 밀도가 가장 높은 영역에서 작은 은하와 큰 성단들이 먼저 만들어졌다. 어떤 별은 최초의 성단이나 은하가 존재하기 이전에 이미 만들어졌을 수도 있다.

그리고 서로의 중력에 의한 당김으로 개별 은하들이 모여들면서 은하단이 만들어졌다(그림 19.17). 먼저 작은 수의 은하들이 우리 국부 은하군 같은 은하군을 만들기 위해 모여들었다. 그리고 은하군들이 은하단이나 초은하단으로 합쳐지기 시작한다. 이 모형은 은하단과 초은하단이 아직도 모여드는 과정에 있으며 관측은 실제로 은하단이 아직도 은하의 무리를 모으고 있음을 암시한다.

대부분의 거대 타원 은하는 충돌이나 많은 작은 조각들을 합병해서 만들어졌다. 가스와 별로 이루어진 두 항성계의 충돌은 각 계 내에서 개개 별들의 궤도를 흩뜨려서 안쪽에 있는 물질처럼 중력에 의해 강하게 결속되지 않은 물질들을 가장자리로 끌어낸다. 많은 충돌 결과로 확장된 원반이 없는 구형의 계가 만들어진다. 어떤 나선 은하는 상대적으로 고립된 단독 가스 구름에서 만들어져서 편평한 원반을 형성한다. 또 은하는 충돌로 더 많은 별을 모으는데, 그 별들은 현재 헤일로나 핵 팽대부에 존재한다. 이미 보았듯이 우리은하는 아직도 작은 은하들을 포획해서 헤일로에 편입시키고 있다.

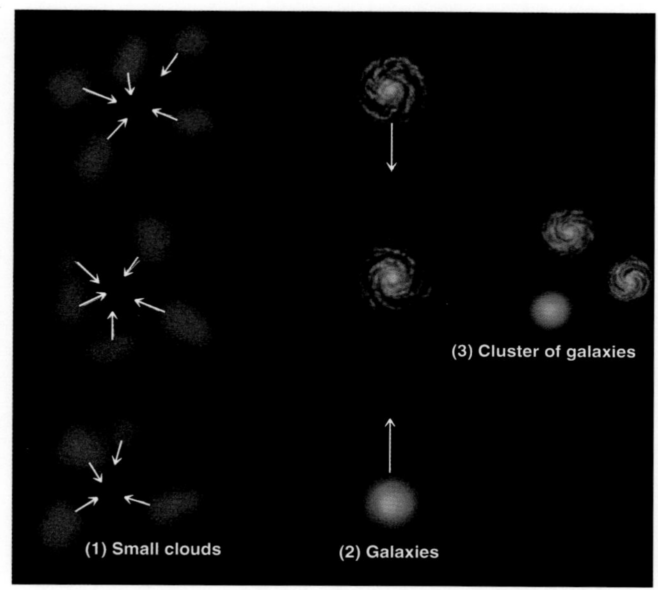

■ **그림 19.17**
아래에서 위로의 은하 생성 이 개략도는 만약 작은 구름이 먼저 만들어지고 어떻게 이들이 모여서 은하를 만든 후 은하단을 이루었는지를 보여주는 개략적인 그림이다.

19.5 암흑물질이 (대부분인) 우주?

지금까지 이 장에서는 대부분 전자기 에너지를 방출하는 입자에 대해서만 초점을 맞춰 왔다. 그러나 이미 앞의 여러 장에서 지적한 바와 같이 은하들은 많은 양의 암흑물질도 가지고 있음이 명백해졌다. 실제로 암흑물질은 우리에게 보이는 물질보다 훨씬 더 많다.—우주 구조에 대한 우리의 이론에서 이렇게 보이지 않는 물질의 효과를 무시하는 것은 바보 같은 일이다. (북극해에서 많은 선장들이 뒤늦게 알아차리듯이, 표면 위에 나타난 빙산은 보이는 부분만 중요한 것이 아니다.) 암흑물질은 은하와 우주 전체의 진화에서 매우 중요하다.

대부분의 우주가 암흑물질로 채워져 있다는 사실은 이상해 보일지 모르지만, 우리는 훨씬 더 가까운 예에서 '보이지 않는 물질'의 역사를 찾아볼 수 있다. 19세기 중반에 천왕성이 태양계의 모든 알려진 천체들의 중력적 영향을 고려한 예측 궤도를 정확히 따르지 않는다는 것이 알려졌다. 천왕성 궤도의 이탈은 (그 당시에는) 보이지 않았던 행성의 중력 효과에 기인한 것이었다. 계산은 행성이 어디에 있어야 하는지를 알려주었고, 마침내 예측된 위치에서 해왕성이 발견되었다.

마찬가지로 천문학자들은 우리가 관측할 수 있는 천체에 미치는 중력 효과를 측정함으로써 암흑물질의 위치와 양을 결정하려고 한다. 은하단에서 은하들의 운동을 측정하여 암흑물질이 은하 진화에서도 중요한 역할을 한다는 사실을 발견하게 되었다. 암흑물질은 우주 물질의 대부분을 차지하는 것으로 보인다. 암흑물질의 탐사와 그들이 무엇으로 만들어졌는지에 대한 탐구 결과를 살펴보자.

19.5.1 국지적 이웃의 암흑물질

암흑물질을 첫 번째로 탐사할 장소는 우리의 태양계 안이다. 천문학자들은 알려진 행성들의 궤도와 바깥쪽 행성 너머로 항해하는 우주선의 궤도를 조사했다. 우리 태양계 내에서 이미 발견된 천체들을 기반으로 예측된 궤도의 편차가 발견되지 않으므로 우리 근처에는 다량의 암흑물질이 존재한다는 증거가 없다고 볼 수 있다.

천문학자들은 또한 우리은하계에서 태양으로부터 수백 광년 내의 영역에 있는 암흑물질의 증거를 찾아보았다. 이 근처에서는 대부분의 별들이 얇은 원반에 들어 있다. 별들이 원반의 위나 아래로 너무 멀리 떨어지지 않게 하려면 원반에 질량이 얼마나 많이 있어야 하는지를 계산할 수 있다. 원반에 있어야 하는 물질의 총량은 밝은 물질 양의 두 배를 넘지 않았다. 이는 태양 근처에 있는 물질의 절반을 넘지 않는 질량이 암흑물질이라는 것을 의미한다.

19.5.2 은하 주위의 암흑물질

우리 이웃과는 대조적으로 우리은하계 전체 질량의 90%는 암흑물질 헤일로 형태로 존재함을 암시하는 증거가 있다(이미 16장에서 본 바와 같이). 다른 말로 하면, 눈에 보이는 물질의 9배나 되는 암흑물질이 있다는 이야기다. 은하계의 바깥 영역에 있는 별들은 은하 중심 주위를 매우 빠르게 공전한다. 은하의 별과 성간 물질에 포함된 질량만으로는 이런 별들이 은하계를 떠나 버리지 않고 궤도를 유지하는지를 설명할 만큼 충분한 중력을 만들어낼 수 없다. 은하가 많은 양의 보이지 않는 물질을 가져야만 이런 바깥쪽에서 빠르게 운동하는 별들을 붙잡아 둘 수 있다. 이와 비슷한 결과는 다른 나선 은하에서도 마찬가지로 발견된다.

나선 은하의 회전 분석 결과, 암흑물질은 각 은하의 밝은 부분을 둘러싸고 있는 큰 헤일로에 존재함을 암시한다(그림 19.18). 헤일로의 반지름은 30만 광년 정도로, 은하들의 보이는 크기보다 훨씬 크다.

■ **그림 19.18**
회전은 암흑물질을 암시한다 은하의 폭을 따라 늘어선 여러 점에서의 회전 속도를 보여주는 그래프와 함께 옆으로 누운 나선 은하 NGC 5746을 볼 수 있다. 우리은하에서 그렇듯이 회전 속도는 중심으로부터의 거리에 따라 줄어들지 않는다. 이는 밝은 물질의 경계 밖에 헤일로 암흑물질이 존재함을 암시한다. 이런 암흑물질로 인해 은하 바깥쪽은 보이는 물질만으로 설명할 수 있는 것보다 빠르게 회전한다.

19.5.3 은하단 내의 암흑물질

은하단 안에 있는 은하들 역시 움직인다. 그들은 은하단의 질량 중심에 대해 공전 운동한다. 우리가 어느 한 은하의 궤도 전체를 추적하기란 불가능하다. 예를 들어 안드로메다 은하와 우리은하가 서로의 주위를 한 번 도는 데 100억 년 또는 그 이상이 걸린다. 그러나 은하단 내에서 은하가 움직이는 속도를 측정하고, 각 은하가 우주 공간으로 흩어지지 않게 하기 위해서 필요한 은하단의 전체 질량이 얼마인지를 추산하는 것은 가능하다. 관측에 의하면 은하단 내에 있는 암흑물질의 총량은 은하 자체에 포함된 물질의 양을 초과하는 것으로 나타났으며, 이는 암흑물질이 은하 안쪽뿐만 아니라 은하들 사이에도 존재함을 암시하는 것이다.

이미 보았듯이, 우주는 팽창하지만—간섭하는 중력의 손 때문에—그 팽창은 완벽히 균일하지 않다. 예를 들어 부자 은하단과 가깝기는 하지만 그 바깥쪽에 있는 은하를 생각해보자. 은하단의 중력은 우주의 팽창에 의해 은하단으로부터 멀어지려는 은하를 끌어당겨 그 속도를 느리게 만든다.

처녀자리 초은하단의 바깥쪽에 놓여 있는 국부 은하군을 생각해 보자. 처녀자리 은하단의 중심에 모여 있는 질량은 국부 은하단에 중력을 행사한다. 그 결과로 국부 은하단은 허블의 법칙이 예상하는 속도보다 초속 수백 km 느린 속도로 처녀자리 은하단으로부터 멀어진다. 정상적인 팽창에서 벗어난 정도를 측정함으로써 천문학자들은 거대 은하단에 포함된 전체 질량을 추산할 수 있다.

천문학자들은 현재 우리은하로부터 약 1억 5000만 광년 내에 있는 수천 개 은하의 거리와 속도를 측정해 놓았다. 많은 국부적 운동과 겹쳐서 분석해 보면 우리는 새롭고 놀라운 경향을 발견한다. 이 은하들은 거대 인력체(Great Attractor)라는 엄청난 질량 집중을 향해서 흘러가고 있다. 거대 인력체의 질량은 수만 개 은하에 해당하는 $3 \times 10^{16}\ M_{Sun}$인 것으로 추정된다. 이 질량은 이 방향에서 나타나는 밝은 물질의 양보다 더 크고 따라서 대부분의 거대 인력체 물질은 어두워야 한다. 그러나 우리는 천문학자들이 이런 질량 집중에 대해 붙인 장난기 있는 이름에 너무 감동 받아서는 안 된다. 거대한 우주에는 이런 영역이 (텅 빈 빈터가 많듯이) 무척 많을 것이다.

19.5.4 질량 대 광도 비

17.3절에서 은하와 은하단 내의 물질의 특성을 질량 대 광도 비를 사용하여 나타낼 수 있음을 기술했다. 주로 늙은 별들로 이루어진 계에서는 태양의 질량과 광도를 단위로 측정된 질량 대 광도 비가 전형적으로 10~20이다. 100 또는 그 이상의 질량 대 광도 비는 상당량의 암흑물질이 존재한다는 신호다. 표 19.1에 다양한 종류의 천체에 대한 질량 대 광도 비의 측정 결과를 요약했다. 은하 크기나 그 이상의 모든 천체에서 매우 큰 질량 대 광도 비가 발견되는데, 이는 암흑물질이 모든 형태의 천체에 존재함을 나타낸다. 이것이 바로 우주 전체 질량의 대부분을 암흑물질이 차지한다고 말할 수 있는 이유다. 천문학자들은 오늘날 암흑물질 대 빛을 내는 물질의 비는 대략 7대 1이라고 추정한다.

은하의 집단화를 주어진 영역의 전체 질량을 구하는 데 이용할 수 있지만, 가시적인 복사는 빛을 내는 물질이 어디에 있는지를 나타내는 좋은 지표다. 암흑물질 헤일로는 은하의 밝은 경계 너머까지 퍼져 있다. 그리고 큰 은하단에도 많은 양의 암흑물질이 들어 있다. 우주의 은하 분포에서 빈터에는 암흑물질 분포 역시 비어 있다.

표 19.1 질량 대 광도 비

천체의 종류	질량 대 광도 비
태양	1
태양 근처의 물질	2
우리은하의 전체 질량	10
작은 은하군	50~150
부자 은하단	250~300

19.5.5 암흑물질은 무엇인가?

암흑물질이 무엇인지 밝히려면 어떻게 해야 할까? 우리가 사용하는 기술은 그 성분에 의존한다. 어떤 암흑물질은 보통 입자—양성자, 중성자 그리고 전자—로 구성돼 있을 수 있다. 만약 이런 양성자, 중성자, 전자들이 블랙홀, 갈색왜성, 심지어는 백색왜성을 구성하고 있다면 그들은 우리에게 보이지 않을 것이다. 후자의 두 천체는 빛을 내지만 아주 낮은 광도를 가지고 있어 수천 광년보다 먼 곳에서는 보이지 않을 것이다.

그러나 이런 천체들은 중력렌즈로서 역할을 할 수 있기 때문에 이들을 찾을 수 있다(중력렌즈의 더 상세한 것은 18.4절을 참조). 헤일로에 있는 암흑물질이 블랙홀, 갈색왜성, 그리고 백색왜성으로 이루어져 있다고 하자. 이런 천체들을 기발하게도 MACHO(MAssive Compact Halo Objects, 무거운 밀집된 헤일로 천체)라고 불린다. 만약 눈에 보이지 않는 MACHO가 먼 별과 지구 사이를 직접 지나간다면, 먼 별로부터 오는 빛을 모아주는 중력렌즈의 역할을 한다. 이때 별빛은 원래의 밝기로 되돌아가기 전 수일 동안 밝아진다. 우리는 어떤 별이 언제 이런 방법으로 밝아질지 모르기 때문에 중력렌즈를 일으키는 별 하나를 찾기 위해 수많은 별들을 감시해야 한다. 이렇게 많은 별을 직접 감시하는 천문학자는 많으며, 자동화된 망원경과 컴퓨터가 우리를 위해 그 일을 대신하고 수행하고 있다.

대마젤란운이라 불리는 가까운 은하에 있는 수백만 개의 별을 관측하는 연구팀은 최근에 MACHO가 우리은하의 헤일로에 존재할 때 발생 가능한 별의 밝기 증가를 보고한 바 있다. 그러나 이들과 은하의 암흑물질을 모두 설명할 수 있을 정도로 많지 않았다.

이 결과는 아직도 대부분의 암흑물질의 본질을 더 알아내야 한다는 것을 뜻하기 때문에 약간 실망스럽다. 그리고 다음 장에서 알게 되듯이, 이미 잘 알고 있는 물질만으로 암흑물질의 극히 일부분밖에 설명할 수 없는 것이 다양한 실험을 통해 알려졌다. 그러므로 나머지는 지구의 실험실에서 아직 발견하지 못한 어떤 종류의 입자로 구성되어 있어야 한다.

암흑물질 문제를 푸는 것은 천문학자들이 당면한 큰 도전 중 하나다. 암흑물질이 무엇인지를 이해하지 못하고는 결국 우주의 진화를 잘 이해할 수 없을 것이다. 은하의 형성을 이끄는 밀도 높은 '씨앗'의 생성에서 암흑물질은 어떤 역할을 할까? 그리고 많은 은하가 커다란 암흑물질 헤일로를 가지고 있다면 어떻게 그들이 다른 은하와의 상호작용과 충돌을 통해서 은하의 모양과 종류 변화에 영향을 미칠 것인가?

다양한 이론으로 무장한 천문학자들은 올바른 방법으로

암흑물질을 감안해 넣은 은하의 구조와 진화 모형을 만들기 위해 열심히 노력하고 있다. 불행히도 우리는 암흑물질이 무엇인지 모르고 있으며, 또 그들이 어떻게 행동하는지도 모르므로 '올바른 방법'이 무엇인지 확실히 알 수도 없다. 우리가 이 책 전체를 통해서 늘 강조하려는 것을 여기에서 극적으로 밝히고자 한다. 과학은 언제나 '진행 보고서'일 뿐이다. 우리는 답보다는 의문이 더 많은 상황을 자주 마주치게 된다!

인터넷 탐색

특별한 은하군이나 은하단:

- **국부 은하군 페이지:** bozo.lpl.arizona.edu/messier/more/local.html
- **처녀자리 은하단:** bozo.lpl.arizona.edu/messier/more/virgo.html

일부 적색이동 탐사(우주의 영역 지도):

- **슬로안 디지털 탐사 페이지:** www.sdss.org
- **2DF 은하 적색이동 탐사:** www.mso.anu.edu.au/2dFGRS/
- **천체물리센터(Center for Astrophysics) 적색이동 탐사:** cfa-www.harvard.edu/~huchra/zcat
- **심층 외부 은하 진화 탐사:** deep.ucolick.org

은하의 전환:

www.ifa.hawaii.edu/faculty/barnes/transform.html
고속 컴퓨터로 은하 합병을 시뮬레이션하는 천문학자 중 한 사람인 하와이 대학의 조슈 반스가 그의 연구에 대한 맛보기를 이 사이트에서 MPEG 영상으로 제공한다.

암흑물질:

- **퀸스 대학의 암흑물질 지침서:** www.astro.queens.ca/~dursi/dm-tutorial/dm0.html
- **조셉 실크의 에세이:** astron.bekeley.edu/~mwhite/darkmatter/essay.html
- **(렌즈 효과를 찾는) MACHO 프로젝트:** wwwmacho.mcmaster.ca

요약

19.1 우리가 먼 은하를 보는 것은 시간을 되돌아보는 것이다. 우리는 현재 우주 나이의 1/10인 10억 년일 때의 은하를 보았다. 우주는 약 140억 살 정도다. 은하의 색깔은 그 안에 들어 있는 별들의 나이를 알려주는 지표다. 푸른 은하는 많은 양의 뜨겁고, 무거우며 젊은 별을 가지고 있다. 늙은 별만을 가지고 있는 은하는 황적색이다. 제1세대 별은 우주의 나이가 불과 수억 년일 때 만들어졌다. 우주의 나이가 불과 수십억 년일 때의 은하는 오늘날 보이는 은하에 비해 작고 불규칙하며 더 빠른 별 생성률을 가지고 있다.

19.2 비슷한 크기의 은하가 충돌해 뭉쳐지면 **병합**이라 부르지만 작은 은하가 훨씬 큰 은하에 의해 잡아먹히면 **은하 포식**이라고 한다. 충돌은 은하 진화에서 중요한 역할을 한다. 만약 충돌이 성간 물질을 풍부하게 가지고 있는 최소한 하나 이상의 은하와 관련된다면 그로 인한 가스의 압축이 폭발적인 별 생성을 일으킨다. 합병은 은하가 젊었을 때 훨씬 흔했으며 우리가 관측하는 많은 먼 은하들은 충돌에 기인한 폭발적 별 생성 은하들이다. 우리는 이미 약 130억 광년 떨어진 밝은 퀘이사를 보았으므로 일부 거대 타원 은하는 그 당시 생성되었을 것이다. 그러나 대부분의 거대 타원 은하는 이미 별 생성이 일어난 많은 작은 은하들의 병합을 통해 그 이후에 만들어졌다. 지난 80억 년 정도의 기간 동안 별 생성은 거의 일어나지 않았다. 나선 은하의 원반은 타원 은하나 나선 은하의 핵 팽대부에 비해 늦게 만들어졌고, 40억 년 전까지도 그들의 특이한 모양을 형성하고 있었다. 지난 80억 년 동안 별 생성률은 1/10로 줄어들었다.

19.3 여러 방향으로 은하의 수를 세어서 우주가 큰 규모로는 **균일**하고 **등방**하다(시간에 따른 진화를 제외하고

는 모든 곳과 모든 방향에서 일정하다)는 사실을 확인했다. 우주 모든 곳에서의 동일성을 **우주론원리**라 부른다. 은하들은 무리를 지어서 은하단을 이룬다. 우리은하는 **국부 은하군**의 일원인데 이 은하군에는 적어도 40개의 은하가 있다. (처녀자리와 머리털자리 은하단과 같은) 부자 은하단은 수천 또는 수만 개의 은하를 포함하고 있다. **은하단**들은 종종 다른 은하단과 합쳐져서 **초은하단**이라 불리는 큰 규모의 구조를 만드는데, 이들 초은하단은 수억 광년의 거리에 펼쳐진다. 은하단과 초은하단은 우주에서 작은 공간만을 차지할 뿐이다. 대부분의 우주 공간은 초은하단 사이에 **빈터**를 이루며, 거의 모든 은하들은 우주 전체의 10%도 되지 않는 공간에 들어 있다.

19.4 우주의 초기 물질은 거의, 그러나 완벽하지는 않을 만큼, 균일하게 분포하고 있었다. 은하 생성 이론의 과제는 어떻게 이런 물질의 '완벽하지는 않은' 매끄러운 분포가 우리가 현재 보고 있는 은하와 은하단과 같은 구조로 발전되었는지를 보이는 것이다. 필라멘트 모양의 은하들의 분포와 빈터는, 별과 은하가 형성되기 전, 처음부터 정해졌을 가능성이 높다. 물질의 첫 번째 응축은 성단이나 작은 은하 질량 정도였을 것이다. 이런 작은 구조가 우주적 시간에 걸쳐 뭉쳐져서 큰 은하, 은하단, 초은하단 등을 형성하였다. 초은하단은 오늘날에도 더 많은 은하들을 끌어모으고 있다.

19.5 우주에서 가시(可視) 물질은 은하 내에서 별들을 그들 궤도에 붙잡아 두거나 은하를 다른 은하 주위의 궤도에 묶어두기에 큰 중력을 만들어내지 못하므로, 밝은 물질에 비해 7배 정도 많은 암흑물질의 존재가 요구된다. 비록 일부 암흑물질은 매우 어두운 별이나 블랙홀의 형태로 양성자와 중성자 같은 보통 물질로 이루어져 있을지 모르지만 대부분은 아마도 아직 지구에서 발견된 바 없는 완전히 새로운 입자일 것이다. 거리가 먼 천체에 대한 중력렌즈 효과는 우리은하의 바깥쪽에 있는 옹골지고 어두운 별이나 잔해별 상태의 암흑물질을 찾는 데 사용되었으나 그런 천체는 모든 암흑물질을 설명할 수 있을 만큼 충분치 않음을 알게 되었다.

모둠 활동

A 당신이 뉴욕 시의 진화를 설명하는 이론을 개발했다고 하자. 당신 모둠이 (이 장에서 설명한 것과 같은) 우주 구조의 발전과 닮았는지 논의해 보자. 다른 말로 하면 작은 성분을 모아서 밑에서부터 위로 키워나갔을까?

B 당신 모둠이 슬로안 디지털 탐사자료를 관장하는 책임을 맡았다고 하자('연결고리' 참조). 데이터는 매초 8 MB (800만 글자)의 속도로 들어온다. 5년 동안 1억 개의 천체에 대한 위치와 밝기를 포함하는 10조 바이트의 정보를 획득하게 될 것이다. 이 자료를 어떻게 저장하고 발표하며 가시화시킬 것인지 논의하라. 탐사가 끝나는 2025년에 상황이 어떻게 변하게 될 거라고 생각하는가?

C 대부분 천문학자들은 암흑물질이 존재하며 전체 우주물질의 큰 부분이라 믿고 있다. 동시에 천문학자들은 UFO는 다른 세상의 외계인이 우리를 방문하는 증거라고 믿지 않는다. 그래도 천문학자들은 암흑물질과 UFO를 본 일이 없다. 왜 이렇게 한 가지는 과학자들에게 널리 받아들여지고, 다른 하나는 그렇지 않은가? 두 가지 중 어느 것이 더 믿을 만한가? 이유를 설명하라.

D 당신 모둠의 누군가가 대규모 적색이동 탐사를 설명하자 그녀는 그 이상의 예산 낭비를 들어본 일이 없다고 말했다. 그녀는 과연 누가 우주의 거대구조에 관심을 두는가 하고 말했다. 당신 모둠의 반응은 무엇이며, 우주가 어떻게 조직되었는지 알아내기 위해 돈을 쓰는 데 대해 당신이 생각해낸 이유는 무엇인가?

E 작지만 부자인 나라의 지도자는 지도에 심취해 있다. 그는 지구 지도의 수집품을 모았고, 천문학자들이 만든 모든 행성들의 지도를 사들였으며, 이제는 가장 훌륭한 우주 전체의 지도 제작을 의뢰하려 한다. 당신 그룹이 그에게 자문하도록 선정되었다면, 우주의 좋은 지도를 만들기 위해서 어떤 종류의 기기와 탐사에 그가 투자하도록 해야 할까? 최대한 상세히 답하라.

복습 문제

1. 멀리 있는 (젊은) 은하는 우리가 지금 보고 있는 은하와 어떻게 다를까?
2. 우주의 나이가 불과 수억 년일 때 별 생성이 시작되었다는 증거는 어떤 것인가?
3. 타원 은하의 진화를 기술하라. 나선 은하의 진화는 타원 은하와 어떻게 다른가?
4. 우주가 균일하고 등방하다고 함은 무엇을 의미하는지 설명하라. 지구상의 코끼리의 분포가 균일하고 등방하다고 말할 수 있겠는가? 왜 그런가?
5. 국부 은하군에서 초은하단까지 은하 집단의 조직에 대해 기술하라.
6. 우주의 물질 대부분은 보이지 않는 것들이라는 증거는 무엇인가?

사고력 문제

7. 은하의 색깔을 그 은하가 가지고 있는 별들의 종류가 어떤 것인지 결정하는 데 사용할 수 있는지 기술하라.
8. 은하가 수억 년 동안 별을 만들고 멈추었다고 하자. 5억 년 후 가장 무거운 주계열별은 어떤 것일까? 100억 년 후에는? 은하의 색깔이 이 시간 동안 어떻게 변할까? (표 13.1 참조)
9. 이 책에서 은하가 어떻게 만들어지는지에 대해 설명한 생각에 바탕을 두면 국부 은하군에 거대 타원 은하가 있을 수 있는가? 그 이유는? 실제로 국부 은하군에 거대 타원 은하가 있는가?
10. 타원 은하가 나선 은하로 진화할 수 있는가? 답의 이유를 설명하라. 어떻게 나선 은하가 타원 은하로 바뀔 수 있는가?
11. 정확하게 원형이며 크고 조밀한 인구 밀도를 가지는 도시의 중앙에 당신이 서 있다고 하자. 이 도시는 인구 밀도가 낮은 고리 모양의 교외로 둘러싸여 있으며 다시 농토의 고리로 둘러싸여 있다고 상상하자. 인구 분포가 등방이라고 말할 수 있는가? 균일하다고는 말할 수 있는가?
12. 부록 12의 자료를 사용하여 국부 은하군에서 크고 밝은 은하와 작고 어두운 은하 중 어느 것이 더 흔한가를 결정하라. 나선 은하와 타원 은하 중에 어느 것이 더 흔한가?
13. 부록 12의 자료를 근거로 은하가 국부 은하군에 속하는 은하 가운데 전형적인 것인지 기술하라. 그 이유는?
14. 천문학자들은 우주의 얇은 조각을 관측하여 그 조각 속 어디에 은하가 있는지 알아냄으로써 우주의 지도를 만들었다. 우주가 등방하고 균일하다면 왜 더 많은 조각이 필요한가? 이제 그들은 조각을 더 먼 우주까지 확장하려고 한다. 왜 이런 것이 필요한가?

계산 문제

3차원 공간에서 은하의 분포를 결정하기 위해 천문학자들은 은하의 위치와 적색이동을 측정해야 한다. 조사하는 공간이 클수록 우주 전체에 대한 표본을 얻을 수 있다. 그러나 관련된 일의 양은 조사에서 사용되는 부피가 증가함에 따라 급속히 늘어난다.

이제 왜 그런지 계산해 보자. 공의 부피는 다음 공식에 의해 주어짐을 기억하자.

$$V = \left(\frac{4}{3}\right)\pi R^3$$

여기서 R은 공의 반지름이다. 두 배 더 멀리 가면 조사해야 할 부피는 2배가 아닌 23배 즉 8배 늘어난다. 만약 포함하려는 거리를 3배로 늘리면 부피는 81배로 커진다!

15. 이제 3000만 광년까지의 은하에 대한 조사를 마치고 6000만 광년까지 하려고 한다. 이 조사는 첫 번째 조사에 비해 부피가 몇 배 큰가?
16. 두 번째 조사에서 같은 종류의 은하들을 포함하려면 얼마다 더 어두운 천체를 측정할 수 있어야 하는가?
17. 만약 은하들이 균일하게 분포되어 있다면 두 번째 조사

에서 얼마다 더 많은 은하를 포함하게 되는가?

18. 두 번째 조사는 얼마나 더 오래 걸릴까?

19. 완전한 조사를 위해 1억 2000만 광년(애초 거리의 4배)까지 늘린다고 생각하자. 얼마다 더 많은 부피를 포함하게 되는가? 애초 조사보다 얼마나 더 오래 걸릴까?

당신은 천문학자들이 지구로부터 먼 거리의 은하 분포를 측정하려고 할 때 왜 전체 부피 대신 일부 영역을 표본으로 삼는지 알게 될 것이다.

20. 은하들은 거대한 빈터의 '벽'에서 발견된다. 빈터 자체에서는 은하가 발견되지 않는다. 교재에서 필라멘트 구조와 빈터는 140억 년 전 우주의 팽창이 시작된 직후부터 존재했다. 과학에서는 어떤 결론이 우리가 가지고 있는 다른 정보와 모순되는지를 물어볼 수 있다. 관측에 의하면 우주 팽창과 관련된 운동 외에 빈터의 벽에 있는 은하들은 대략 300 km/s의 속도의 방향으로 운동한다. 적어도 어떤 것들은 빈터로 들어올 것이다. 140억 년 동안 은하는 빈터 안으로 얼마나 들어올 수 있을까?

이 책에서 우리는 은하까지의 거리를 광년으로 나타냈다. 거리를 광년으로 구하기 위해 적색이동을 측정하고 도플러의 공식을 이용해서 적색이동을 속도로 환산한 후 허블의 법칙을 써서(17장 참조) 속도를 거리로 바꾼다.

천문학자들은 종종 천체까지의 상대적인 거리를 다음과 같이 정의된 적색이동(z) 자체로 표현한다.

$$z = \frac{\Delta\lambda}{\lambda}$$

여기서 λ는 예를 들어 실험실의 광원이 관측자에 대해 움직이지 않을 때 분광선의 파장이고 $\Delta\lambda$는 실험실 파장과 은하에서 관측된 파장의 차이다. z를 사용하는 장점은 이것이 스펙트럼에서 직접 측정되기 때문이다. 이 값은 추정된 허블 상수가 변하더라도 변하지 않는다.

21. 그림 19.15에 있는 가장 먼 은하까지의 거리를 본문에 주어진 허블 상수와 그림에서 광년으로 주어진 거리를 이용해 계산하라. 그리고 그림 19.15를 만든 천문학자들이 본문에서 채택한 것과 같은 허블 상수를 사용했는지 추정하라. 이를 위해서 그림 19.15에서 거리는 광년과 z 모두를 사용했음을 유의한다. 그림에 있는 자료를 사용해서 어떤 허블 상수를 채택했는지 추정하라. 속도에 대한 도플러 공식($v=c\times\Delta\lambda/\lambda$)과 허블의 법칙($v=H\times d$, d는 은하까지의 거리)을 기억하라. 이런 낮은 속도에서 (18장의 스스로 알아내기에서 논의했던) 상대론적 효과는 무시해도 된다.

22. 만약 머리털자리 은하단이 약 2억 7500만 광년 떨어져 있다면 (은하단 중심에 대한 은하의 속도를 무시하고 우주의 팽창만을 고려할 때) 이 은하단에 있는 전형적인 은하의 적색이동은 얼마인가?

심화 학습용 참고 문헌

Abrams, B. and Stecker, M. *Structures in Space*. 2000, Springer-Verlag. 주로 은하와 외부 은하의 모든 규모의 구조에 대한 책과 CD-ROM.

Barnes, J., et al. "Colliding Galaxies" in *Scientific American*, Aug. 1991, p. 40.

Bartusiak, M. "Outsmarting the Early Universe" in *Astronomy*, Oct. 1998, p. 54. 척 스타이델의 프로필과 연구 업적.

Bartusiak, M., et al. "The New Dark Age of Astronomy" in *Astronomy*, Oct. 1996, p. 36. 암흑물질에 대한 이론과 관측에 초점을 맞춘 특별화.

Benningfield, D. "Galaxies Colliding in the Night" in *Astronomy*, Nov. 1996, p. 37. 은하의 충돌과 병합에 관하여.

Croswell, K. "To Kill a Galaxy" in *Astronomy*, Dec. 1996, p. 36. 어떻게 은하수 은하가 작은 이웃과 충돌하면서 모습을 갖추어 왔는지에 관하여.

Dressler, A. "The Journey Back to the Source" in *Sky & Telescope*, Oct. 1998, p. 46. 은하의 생성을 되돌아보는 것에 관하여.

Dressler, A.*Voyage to the Great Attractor*. 1994, A. Knopf. 유명한 천문학자가 어떻게 거대구조를 발견하는지에 관하여.

Finkbeiner, A. "Invisible Astronomers Give Their All to the Sloan" in *Science*, 25 May. 2001, p. 1472. 슬로안 디지털 탐사와 그 배후에 있는 천문학자들에 대한 이야기.

Geller, M. and Huchra, J. "Mapping the Universe" in *Sky & Telescope*, Aug. 1991, p. 134.

Henry, J. "The Evolution of Galaxy Clusters" in *Scientific American*, Dec. 1998, p. 52.

Henry, J., et al. "The Evolution of Galaxy Clusters" in *Sci-*

entific American, Dec. 1998, p. 52.

Hodge, P. "Our New Improved Cluster of Galaxies" in *Astronomy*, Feb. 1994, p. 26. 국부 은하군에 대하여.

Jayawardhana, R. "Our Galaxy's Nearest Neighbor" in *Sky & Telescope*, May 1998, p. 42. 궁수자리 난쟁이 은하에 대하여.

Keel, W. "Before Galaxies Were Galaxies" in *Astronomy*, July. 1997, p. 58. 은하가 어떻게 생성되고 진화하는지에 대하여.

Knapp, G. "Mining the Heavens: The Sloan Digital Sky Survey" in *Sky & Telescope*, Aug. 1997, p. 40.

Kron, R. and Butler, S. "Stars and Strips Forever" in *Astronomy*, Feb. 1999, p. 48. 슬로안 디지털 탐사에 관하여.

Larson, R. and Bromm, V. "The First Stars in the Universe" in *Scientific American*, Dec. 2001, p. 64. 암흑시기와 최초의 별에 관하여.

Macchetto, F. and Dickinson, M. "Galaxies in the Young Universe" in *Scientific American*, May. 1997, p. 92. 심천 연상으로부터 은하의 생성과 진화를 배우는 것에 관하여.

MacRobert, A. "Mastering the Virgo Cluster" in *Sky & Telescope*, May. 1994, p. 42. 작은 망원경으로 은하를 관측하는 방법.

Parker, S. and Roth, J. "The Hubble Deep-Field" in *Sky & Telescope*, May. 1996, p. 48. 지금까지 찍은 가장 깊은 우주 영상의 최초 분석.

Roth, J. "When Galaxies Collide" in *Sky & Telescope*, Mar. 1998, p. 48. 병합하는 은하의 이론과 관측에 대한 입문서.

Schramm, D. "Dark Matter and the Origin of Cosmic Structure" in *Sky & Telescope*, Oct. 1994, p. 28.

Tytell, D. "A Wide Deep Field: Getting the Big Picture" in *Sky & Telescope*, Sept. 2001, p. 42. 미국 국립광학 천문대의 심천 천체 탐사에 관하여.

West, M. "Galaxy Clusters: Urbanization of the Cosmos" in *Sky & Telescope*, Jan. 1997, p. 30. 유용한 개론서.

미래의 우주 망원경: 2018년에 궤도에 진입할 예정인 제임스 웹(James Webb) 우주 망원경의 조감도다. 주경의 지름은 6.5 m이고, 파란 차단막은 주경과 과학기기에 태양광이 비치는 것을 막아준다. 주경은 접힌 상태로 발사되지만, 망원경이 궤도에서 자리 잡은 이후 지상의 조정에 의하여 주경의 반사판들은 펼쳐지게 될 것이다. 적색이동에 의해 파장이 길어진, 먼 은하의 빛을 관측하기 위해 적외선 영상과 스펙트럼을 검출하는 기기들이 장착된다.

20 대폭발

우주 모형 만들기란 바람이 몰아치는 북극 벌판에서 달도 없는 깜깜한 밤에 텐트를 치는 것에 비유할 수 있다. 여기서 텐트는 이론을 바람은 실험(관측)을 의미한다. 텐트를 고정하는 말뚝이 강풍에 견디도록 단단하게 박혔을 때 우리는 진보한다.

페리스(Timothy Ferris), "마음과 물질(Minds and Matter)", 1995년 5월 15일자 〈뉴욕커〉에 게재된 우주론에 관한 짤막한 기사 중에서

미리 생각해보기

거리상 우주의 더 먼 곳을 본다는 것은 시간상으로는 우주의 더 오래된 과거를 보는 셈이다. 그렇다면 시간이 시작된 태초에는 무엇이 있었을까? 현대적 관측기기를 이용하면 우주의 초기 진화를 얼마나 관측할 수 있을까? 더 이상 관측기기를 통해 볼 수 없어서 이론에만 의존해야 하는 한계 지점은 어디일까?

천문학자가 던질 수 있는 가장 근본적인 질문들을 제기함으로써, 우리는 우주 항해의 대장정을 마무리 할 단계에 이르렀다. 우주는 어떻게 존재하게 되었을까? 우주는 그 시작 이후 오늘에 이르기까지 어떻게 변해 왔을까? 그리고 우주의 최종 운명은 도대체 어찌 될 것인가? 인류 역사의 대부분의 기간에 걸쳐 우주의 기원과 진화에 대한 질문은 종교와 철학의 영역에 속한다고 생각했다. 고대인들은 알지 못하고, 이해되지 않는 것들을 설명하기 위해 창조에 대한 아름답고 시적인 신화들을 지어냈다. 그러나 오늘날 새로운 관측기기에 힘입어 우리는 우주의 과거와 미래 모두를 탐사할 수 있게 되었다.

오늘날 망원경과 검출기의 발달로 나이가 수십 만 년인 때부터 우주가 어떠했는지를 직접 관측할 수 있는 단계에 이르게 되었다. 우주 탄생 이후 십억 년이 지난 때의 은하를 검출했으며, 그보다 더 앞선 때 탄생한 은하와 퀘이사를 검출하기 위해 더 큰 망원경들이 건설되고 있다(그림 20.1).

가상 실험실

 빛의 성질 그리고 물질과의 상호작용

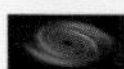 도플러 효과

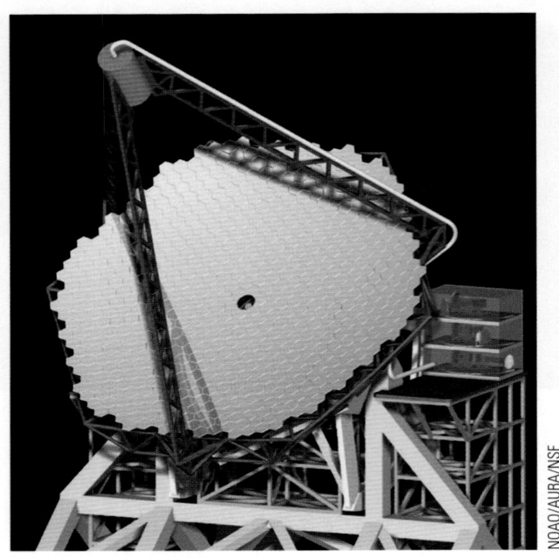

■ **그림 20.1**
30 m 망원경 지름 30 m의 지상 적외선 망원경의 설계도를 보여준다. 반사경은 다수의 작은 조각으로 나누어져 있어서 GSMT(Giant Segmented Mirror Telescope)라 부른다. 앞으로 15년 안에 이러한 종류의 망원경을 건설하여, 아주 먼 은하의 스펙트럼을 연구하고 은하들이 언제 어떻게 형성되었는지 결정할 수 있을 것이다.

우주 전체를 다루는 천문학 분야를 **우주론**(cosmology)이라고 부른다. 천문학자들은 이제 정밀 우주론(precision cosmology) 시대가 도래했다고 말한다. 즉 정밀한 측정을 통해서 오늘날 우리가 관측하는 우주의 특성들이 어떻게 유래되었는지를 정량적으로 설명하는 것이다. 우주론은 여러 분야에 걸쳐 급진적인 진전을 이루면서 발전해 온 넓은 범위의 학문이다. 대중 서적은 천문학의 어느 주제보다도 우주론을 즐겨 다루고 있다. 이 장에서 우리는 현대 우주론의 간략한 개요를 다루게 된다. 비록 제한적이긴 하지만 우주론에 대한 지식욕이 고취된다면, 더 많은 성취를 위해서 끝에 실린 우주론에 관한 일반 참고 서적과 웹사이트를 참조하기 바란다.

앞 부분에서 다루었던 우주 전체의 관측적 사실들을 표 20.1에 정리하였다. 예를 들어, 적색이동의 관측을 통해서 허블의 법칙을 알아냈으며, 그것이 우주의 전반적 팽창을 의미한다는 사실도 알았다. 그러므로 우주 팽창을 자연스럽게 설명하지 못하는 우주 모형은 고려할 필요조차 없어졌다. 뒤따르는 논의에서, 이러한 근원적인 관측 사실에 근거하여 우리가 만들 수 있는 최선의 우주 모형을 제시할 예정이다.

표 20.1 관측된 우주의 특성들

1. 모든 은하들의 적색이동의 크기는 거리에 비례하는데, 이는 우주의 팽창을 의미한다(17장).
2. 은하들의 거시적 분포는 등방하고 균질하다(우주론 원리: 19장)
3. 우주의 구성 물질은 시간에 따라 변한다. 수소와 헬륨이 별의 내부에서 중원소로 바뀐다(7, 13, 14장).

20.1 팽창 우주의 나이

돌이켜 보면 1920년대와 1930년대의 과학자들에게는 우주 팽창의 발견이 큰 충격이었을 것이다. 사실 중력 이론에 의하면 우주는 반드시 팽창 또는 수축해야 한다. 그 의미를 알기 위해 유한한 크기의 우주를 먼저 생각해 보자. 우주가 천 개의 은하들로 구성된 거대한 공이라고 하면 중력 때문에 이 공 안에 있는 모든 은하들은 서로 끌어당길 것이다. 은하들이 처음에 정지 상태였다면, 점점 가까워지다가 결국에는 서로 충돌할 것이다. 탈출 속도보다 빠른 속도로 발사된 로켓만이 지구로 다시 떨어지지 않는 것처럼, 어떤 연유로 인해 은하들이 처음부터 빠른 속도로 서로 멀리 흩어진 경우에만 중력 붕괴의 운명을 면할 수 있었을 것이다.

무한한 크기의 우주인 경우는 어찌될지 예측하는 것은 어렵겠지만, 아인슈타인은 자신의 일반상대성이론을 적용해서 무한한 우주조차 정지 평형 상태에 있을 수 없음을 보였다. 그 당시 천문학자들은 우주가 팽창한다는 사실을 몰랐고, 아인슈타인조차 우주가 운동하고 있다는 사실을 철학적으로 받아들이기를 거부했었다. 대신 방정식에 **우주상수**(cosmological constant)라는 새로운 항을 임의로 도입했다. 이 항은 거시적 척도로 볼 때 가상 척력이 중력적 인력을 상쇄함으로써 은하들이 고정된 위치에 그대로 남아 있도록 만든다.

대략 10년 후 허블과 그의 동료들이 우주 팽창을 발견함에 따라, 중력 수축과 균형을 맞추기 위한 정체불명의 힘이 더 이상 필요하지 않게 되었다. 아인슈타인은 우주상수를 도입한 것이 '내 인생 최대의 실수였다'고 말했다고 한다. 이 장의 뒷부분에서 살펴보겠지만, 사실 새로운 관측에 의하면 우주의 팽창은 가속되고 있다. 이를 설명하려면, 결국 아인슈타인의 처음 생각이 옳았던 것일 수도 있다.

20.1.1 허블 시간

팽창하는 우주를 영화로 만든 다음 다시 돌려보면 어떤 현상이 나타날까? 은하들은 멀어지는 대신 계속해서 서로 점점 가까워질 것이다. 종국에는 모든 은하들이 무한소의 부피에 모이고 말 것이다. 천문학자들은 이 순간을 우주의 시작으로 삼는다. 시간이 시작되던 순간에 발생한 우주의 폭발을 **대폭발**(big bang)이라고 한다. (꽤 그럴듯한 이름이다. 우주 전체를 만드는 이 폭발보다 더 큰 폭발은 상상조차 할 수 없기 때문이다.) 그렇다면 과연 언제 대폭발이 일어났을까?

대폭발이 일어난 이래 지금까지 지나간 시간이 얼마인지 우리는 그럴듯하게 추산할 수 있다. 천문학자들이 우주의 나이를 추산하는 방법을 비유를 통해 알아보자. 천문학 강의를 마치고 누군가의 집에서 종강 파티를 연다고 하자. 그런데 학생들이 너무 소란을 피워서 이웃에서 경찰에 신고를 했다. 경찰이 파티 장소에 도착해서 참석자들을 해산시켰다(대폭발의 순간). 파티가 그렇게 끝나고 만 것을 언짢게 생각하면서, 집에 도착한 시각은 새벽 2시였다. 그런데 그곳을 떠날 때 시계를 보지 않았기 때문에 경찰이 파티 장소에 언제 도착했는지 기억할 수 없었다. 그러나 파티 장소와 집 사이의 거리가 40 km이며, 집으로 오는 중에 혹시 경찰이 뒤쫓지나 않을까 하는 걱정 때문에 속도를 80 km/h로 운전했었다는 사실을 기억해 내면 집에까지 오는 데 걸린 시간은

$$\text{시간} = \frac{\text{거리}}{\text{속도}} = \frac{40\ \text{km}}{80\ \text{km/h}} = 0.5\ \text{h}$$

이므로 종강 파티는 새벽 1시 30분경에 중단되었다.

우주가 시작될 때 시계를 본 사람은 아무도 없었다. 그렇지만 파티가 끝난 시간을 추정하던 방법을 그대로 적용해서 은하들이 언제부터 서로 멀어지기 시작했는지 추산할 수 있을 것이다. (실은 은하가 움직인 것이 아니라, 은하들이 자리 잡고 있는 공간 자체가 팽창한 것이다!) 은하 사이의 거리와 서로 멀어지는 속도를 알면, 움직이는 데 걸린 시간을 계산할 수 있다.

이런 방법으로 계산한 시간을 우주의 나이 T_0라고 하자. 태초에는 은하들이 매우 좁은 공간에 모두 모여 있었다는 점을 상기하면, 어떤 은하가 우리은하에서 거리 d만큼 멀어지는 데 걸린 시간은

$$T_0 = \frac{d}{v}$$

로 계산된다. 여기서 v는 은하가 우리은하에서 멀어지는 속도다. 은하마다 나름의 고유운동을 할 것이므로, 우주의 나이를 제대로 알려면 은하 하나만의 속도를 잴 것이 아니라 여러 은하들의 속도를 함께 측정해야 한다. 여러 은하들에 대해서 우리은하로부터 거리와 멀어지는 속도를 측정함으로써 우주가 얼마나 오래전에 팽창을 시작했는지를 추산할 수 있다.

우리는 이미 앞 장에서도 이 같은 측정에 대해 들었다. 그것은 허블과 여러 천문학자들이 허블의 법칙을 확립하고 허블 상수의 크기를 결정하기 위해 사용했던 방법이다. 17장에서 배웠듯이 은하의 거리 d와 팽창 속도 v 사이에는

$$v = H \times d$$

의 관계가 성립하며, 이 식에 들어가는 비례 상수 H를 허블 상수라고 한다. 이 두 수식을 결합하면, 우주의 나이는

$$T_0 = \frac{d}{v} = \frac{d}{H \times d} = \frac{1}{H}$$

로 주어진다.

천문학자들이 허블 상수를 측정할 때 이미 우주의 나이도 함께 측정한 셈이다. 이렇게 계산된 우주의 나이는 허블 상수의 역수 $1/H$이 된다. 이렇게 추정한 우주의 나이를 허블 시간이라 부르기도 한다. 허블 상수가 20 km/s/10^6 LY라고 한다면, 허블 시간은 대략 150억 년이 된다.

숫자를 기억하기 쉽도록 반올림 값을 사용했으나, 허블 상수의 측정치는 21~22 km/s/10^6 LY에 가깝고, 이에 대응하는 우주의 나이는 140억 년에 가깝다. 그러나 허블 상수의 값은 대략 10% 정도의 오차가 있기 때문에, 이같이 추정된 우주의 나이도 마찬가지로 10% 정도 불확실하다. 하지만 이 수준의 오차를 정당하게 평가하기 위해서는, 20년 전에는 허블 상수의 부정확도가 2배 정도였다는 사실을 알 필요가 있다. 지난 수년 동안 허블 상수와 우주의 나이를 정확히 결정하는 데 놀랄 만한 진전이 있었다. 천문학자들은 허블 상수를 보통 km/s/Mpc로 표시하는데(1 Mpc=10^6 pc), 이 단위로 허블 상수는 70 km/s/Mpc이고, 그 오차는 역시 10%다.

20.1.2 감속의 영향

대폭발 이후 우주가 일정한 팽창률을 유지했다면, 허블 시간은 우주의 정확한 나이가 될 것이다(그림 20.2). 이것은 앞의 종강 파티 비유에서 자동차를 일정한 속도로 운전했다고 가정한 것과 마찬가지다. 그러나 경찰에 의해 강제로 해산 당한 것에 화를 내면서 파티 장소를 막 떠날 때는 매우 빠르게 차를 몰았을 지도 모른다. 어느 정도 마음의 평정을 되찾은 다음에야 속도를 80 km/h의 적절한 수준으로 유지했을 것이다. 그러므로 처음에 빨리 달린 것을 생각한다면, 집까지 오는 데 실제로는 30분보다 약간 짧게 걸렸을 것이다.

허블 시간의 계산 과정에서 마찬가지로 허블 상수 H가 우주의 전 역사를 걸쳐서 일정한 크기였다고 가정했다. 이러한 가정은 그다지 좋지 않을 수도 있다. 물질은 중력을 생성

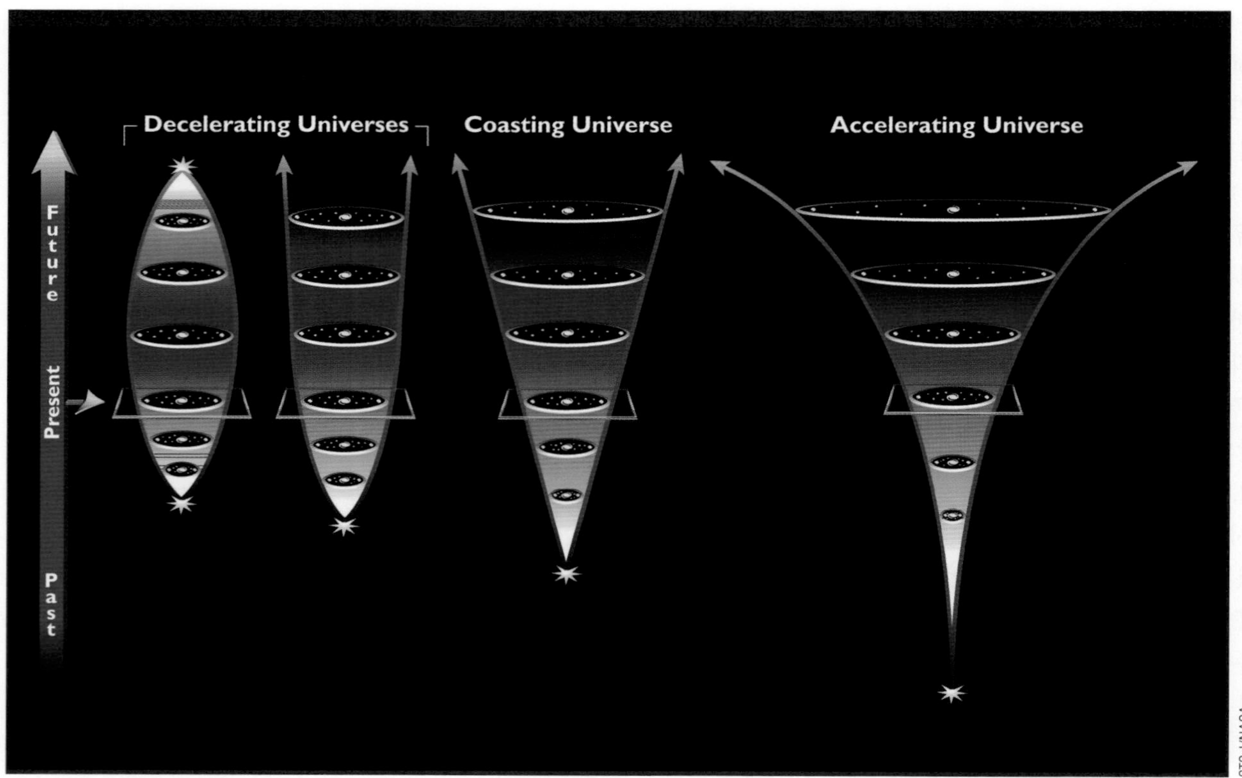

■ 그림 20.2

우주의 팽창률과 우주의 나이 네 가지 종류의 우주 모형은 우주 팽창의 역사를 보여준다. 노란색의 사각 평면은 현재의 시점을 나타내며, 이때 허블 상수의 값은 네 가지 모형에서 같다. 왼편의 두 모형에서는 팽창이 감속되는데, 가장 왼편의 모형에서는 팽창이 감속되다 멈춘 다음, 반대로 수축하다가 종국에는 '대함몰(big crunch)'로 끝나게 된다. 왼편에서 두 번째 모형은 시간이 지날수록 천천히 팽창하기 시작하다가 영원히 팽창한다. 한편 '균일 팽창 우주(coasting universe)'에서는 우주의 전 역사에 걸쳐서 일정한 허블 상수로 주어진 팽창률로 팽창한다. 감속하는 두 모형은 지금보다는 과거에 더 빨리 팽창했기 때문에, 현재의 우주 크기에 도달하기까지 걸린 시간이 균일 팽창 우주에 비해 더 짧게 된다. 가장 오른편에 있는 가속 팽창하는 우주에서는 현재보다 과거에 더 천천히 팽창했으므로, 현재의 우주 크기에 도달하는 데 가장 긴 시간이 걸린다.

해서 모든 물체들이 서로 끌어 잡아당기게 된다. 이 상호 인력 때문에 우주의 팽창은 시간이 지남에 따라 점점 느리게 진행되었을 것이다. 즉 만약 유일하게 작용하는 힘이 중력이었다면(다음 장에서 보겠지만, 이는 근거가 불확실한 가정이다) 과거의 우주는 현재보다 빠르게 팽창했어야만 했다. 이 경우 우주의 팽창은 처음부터 감속되어 왔으며, 그 감속 정도는 중력의 영향을 받았을 것이다.

우주가 거의 텅 빈 상태라면 중력의 역할은 별것 아니었을 것이다. 그 경우 감속은 거의 영(0)이며, 우주 팽창률은 일정한 값을 유지했을 것이다. 반면에 우주의 밀도가 무시될 정도가 아니었다면, 중력에 의한 감속 때문에 과거의 우주는 현재보다는 빨리 팽창했을 것이다. 이 경우 우주의 나이는 일정한 팽창 속도를 가정하고 추산한 경우보다 짧아진다. 파티 장소에서 집까지 오는 데 걸린 시간을 실제보다 더 길게 추산했듯이, 처음부터 측정되는 팽창률로 은하들이 서로 멀어지기 시작해서 오늘날과 같은 거리에 도달했다고 가정하면, 우주의 나이를 실제보다 더 길게 추산하게 되는 셈이다.

20.1.3 가속 팽창

아인슈타인의 처음 생각이 옳았으며, 실제로 우주상수가 존재한다면 어떨까? 최근 천문학자들은 제Ia형 초신성을 이용해서 우주의 팽창률을 측정했다. 이 초신성은 백색왜성이 찬드라세카르 한계 질량을 초과하는 큰 질량을 가지게 되어 폭발을 일으킨 천체임을 상기하자. 이 초신성은 광도곡선이 극대일 때 일정한 밝기가 된다고 알려졌으며, 천문학자들은 여러 초신성들의 미세한 차이를 어떻게 교정해야 할지를 알고 있다. 그러므로 이 종류의 초신성은 (은하에 관한 앞 장에서 보았듯이) '표준 전구'로 사용될 수 있다.

먼 은하에서 제Ia형 초신성을 검출한다면, 우리는 그 은하까지의 거리를 정확하게 알 수 있다. 또한 분광선의 적색이동으로부터 그 은하가 얼마나 빨리 멀어지고 있는지 측정할 수 있다. 이 측정치를 허블의 법칙에 대입하면 허블 상수를 구할 수 있고, 그 초신성이 폭발한 때의 (허블 상수로부터 구한) 팽창률이 현재 팽창률과 같은지를 결정할 수 있다.[1]

제Ia형 초신성은 아주 밝아서 수십억 광년의 거리에서 관측할 수 있다. 두 연구그룹이 독자적으로 탐사 관측을 해서, 100여 개 이상의 초신성을 발견했다. 두 연구그룹 모두 초신성이 폭발한 과거 시점—우주의 나이가 지금의 1/3 정도였던 시기—에 비하여, 현재 우주는 더 빠르게 팽창하고 있다고 결론지었다. 즉 이 연구 결과에 의하면, 우주의 팽창은 가속되고 있다. 이 사실은 무언가가 은하들을 밀쳐 내고 있음을 의미하는데, 이것은 아인슈타인이 처음 도입했던 우주상수가 우주의 팽창에 미치는 영향과 같은 것이다. 아인슈타인은 우주상수가 중력을 정확히 상쇄하도록 그 값을 조정했으나, 실제로 자연은 가상의 척력이 더 강하도록 우주상수를 조정한 것처럼 보인다. 결과적으로 우주의 팽창률은 증가하고 있다.

이처럼 정체불명의 '무엇'과 연관된 에너지는 물질이나 복사가 아니라, 바로 '공간'이 지니고 있는 것이다. 한 가지 해석에 의하면, 소립자들이 공간에서 생성과 소멸 상태를 오가면서 공간을 밀쳐내는 반동력 비슷한 것을 작용한다고 한다. 이러한 효과가 얼마나 큰지를 추정하는 시도가 있었으나, 그 예측은 초신성의 관측으로 추산된 우주 팽창의 가속도와 전혀 일치하지 않았다. 가속 팽창을 일으키는 에너지의 정체를 알지 못하므로, 이를 **암흑에너지**(dark energy)라고 부르게 되었다. 암흑에너지는 우주를 구성하는 새로운 성분으로, 앞 장에서 다뤘던 암흑물질과는 다르다는 사실에 유의하자. 암흑에너지 역시 아직 지구의 실험실에서 검출되지 않은 우주의 또 다른 성분이다.

이제, 왜 많은 과학자들이 우주의 팽창이 가속된다는 주장을 불편하게 여기는지 알아차릴 수 있을 것이다. 점점 증가하는 비율로 사물을 밀쳐내려면 에너지가 필요하다. 상상할 수 있듯이, 우주 전체를 가속하는 데는 엄청나게 많은 에너지가 필요하다. 과연 얼마만큼이 필요한지를 이해하기 위해서, 아인슈타인의 에너지와 질량 등가원리를 상기해보자. 우주에서 물질의 총질량과 암흑에너지를 질량으로 환산해서 더한 질량 전체를 100%로 본다면, 물질은 고작 30%를 차지하고 암흑에너지가 나머지 70%를 차지한다.

이러한 관측 사실은 믿기 어려운 것이어서, 천문학자들은 처음에는 그러한 결과에 의심을 가지고 다른 설명을 찾으려고 시도했다. 실제 우리가 관측한 결과로 가장 먼 초신성의 밝기는 균일한 팽창을 가정한 경우와 비교하면 20% 정도 더 어둡다는 것이었다. 가속 팽창은 이러한 관측 사실을 자연스럽게 설명할 수 있다. 만약 지금의 우주는 과거보다 더 빠르게 팽창하고 있다면, 먼 초신성에 대해서 우리들의 멀어지는 운동은 빛이 초신성을 떠났던 시점에 비해 더 빨라지고 있을 것이다. 그 빛은 균일하게 팽창하는 경우보다 더 먼 거리를 전파(傳播)되어 우리에게 도달된다. 역제곱 법칙($f \propto 1/d^2$)에 따라서 초신성의 밝기는 균일하게 팽창하는 경우보다 더 어두워진 셈이다.

회의적이었던 천문학자들처럼, 독자들도 가속 팽창우주와 같은 급진적인 개념에 기대지 말고 먼 초신성을 더 어둡게 만드는 다른 이유가 있을지 생각해 보기 바란다. 예를 들면, 우리와 초신성 사이의 공간에 티끌이 있다면, 티끌에 의해서 빛이 흡수돼서 초신성을 더 어둡게 만들 것이다. 그러나 우리가 알고 있는 (성간 물질에 포함된 것과 같은) 티끌이 빛을 어둡게 할 때, 동시에 붉어지게 되는데, 먼 초신성의 색깔이 붉어진다는 관측적 증거는 없다.

과학자들은 초신성을 더 어둡게 만들 수 있는 다른 가능성을 찾고 있다. 우주를 이루는 70%가 무엇인지 모르고 있다는 사실은 매우 중요하므로, 초신성의 관측이나 그에 대한 분석에 어떠한 종류의 오류가 있는지를 찾기 위하여 많은 노력을 기울이고 있다. 하지만 아직 가속팽창의 증거를 설득력 있게 반박할 과학자는 나타나지 않고 있다. 그리고 이 장의 뒷부분에서 보게 되듯이, 초신성과 관련 없는 다른 관측에서 얻은 증거들도 암흑에너지의 실재(實在)를 지지하고 있다.

우주의 가속 팽창 가능성 때문에 우주의 나이 계산이 좀 더 불확실해졌다. 앞에서 보았듯이, 가속 또는 감속이 없고 허블 상수가 20 km/s/10^6 LY이라면, 우주의 나이는 150억 년이 된다. 우주의 팽창이 감속되었다면, 즉 시작에 비해 지금 더 느리게 팽창하고 있다면, 우주는 이보다 더 젊게 된다. 우주의 팽창이 가속되고 있다면, 반대로 우주의 나이는 150억 년보다 더 많아진다.

현재 우리가 생각하고 있듯이, 우주가 초기에는 감속되다가, 나중에 가속된다면, 허블 상수만으로 우주의 나이를 추산할 수 없다. 이 경우 물질과 암흑에너지가 얼마나 있는지 알아야 한다. 물질과 암흑에너지의 양에 관해서 지금까지 알아낸 최선의 추정치를 사용해서 (즉 물질 30%와 암흑에너지 70%) 계산한 우주의 나이는 앞에서 이용했던 단순한

[1] 역자 주-단순하게 허블의 법칙에 관측치를 대입하여 구한 허블 상수가 그 당시의 우주의 팽창률을 알려주는 것은 아니지만, 정확한 계산 방법은 이 책의 범위를 벗어난 것이다.

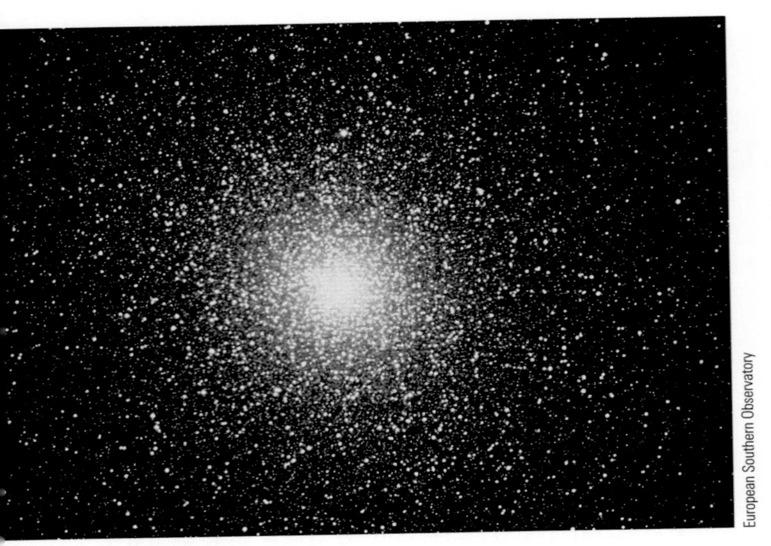

■ **그림 20.3**
밝은 구상 성단 여기에 보인 47 Tuc과 같은 구상 성단들이 우리은하에서 가장 늙은 천체로서 우주의 나이를 추정하는 데 유용하게 쓰인다. 이 사진은 칠레에 있는 라 실라(La Silla) 천문대의 1 m 슈미트 망원경으로 촬영한 것이다.

공식($T_0=1/H$)으로 구한 것과 우연하게도 거의 일치한다.

20.1.4 나이의 비교

우주의 팽창률을 이용하는 것 이외 우주 나이를 추산하는 방법이 있을까? 나이를 측정할 수 있는 천체들 중에서 가장 오래된 것을 찾는 것이 그중 한 가지 방법이다. 우주는 적어도 그 속에 들어 있는 천체들 중 가장 나이가 많은 것만큼은 늙었기 때문이다. 우리은하와 외부 은하에서 가장 나이가 많은 별은 구상 성단에서 발견된다(그림 20.3). 구상 성단의 나이를 결정하는 방법은 13.3절에서 설명했다.

최근 구상 성단의 나이를 추정하는 방법의 정확도가 다음 두 가지 이유로 현저히 개선되었다. 첫째, 밖으로 빠져나오는 과정에서 별 내부에서 생성된 복사가 원자들에 의해 어떻게 흡수되는지를 더 잘 이해하게 됨으로써 구상 성단을 구성하는 별들의 내부 구조 모형이 개선되었다. 둘째, 히파르코스(Hipparcos) 위성의 관측을 통해 구상 성단의 거리가 더욱 정확하게 측정되었다(10장 참조). 결론은 가장 오래된 별들은 120~130억 년 이전에 형성되었다는 것이다.

이러한 구상 성단의 나이 추정치는 별들의 스펙트럼에 나타나는 우라늄에 대한 연구에 의해 재확인되었다. 우라늄 238(양성자 92개와 중성자 146개로 구성)의 동위원소는 방사성 붕괴를 일으킨 다음 다른 원소로 바뀐다. 별과 초신성에서 원소들이 어떻게 만들어지는지 알고 있으므로, 우라늄 238의 다른 원소에 대한 상대적 생성률을 알 수 있다. 어떤 늙은 별과 태양에서 우라늄과 다른 안정한 원소의 양을 측정해서 그 값을 비교한다고 가정하자. 이러한 정보를 이용하면, 태양에서 45억 년 동안 우라늄이 얼마나 붕괴되었는지 이미 알고 있으므로, 이 늙은 별에서 얼마나 오랫동안 우라늄이 붕괴하였는지를 추산할 수 있다.

우라늄 분광선은 태양에서 조차 매우 미약하지만, 유럽 거대 망원경(European Very Large Telescope)을 이용해서 아주 늙은 별 하나의 스펙트럼에서 우라늄 선을 측정할 수 있었다. 나이를 알고 있는 태양의 우라늄 함량비와 이 별의 우라늄 함량비를 비교함으로써 이 별의 나이가 125억 년으로 추산되었는데, 그 측정 오차는 3억 년이었다. 비록 오차가 크기는 하지만, 우라늄 나이 측정법은 기존의 방법과 완전히 독립적이므로, 기존 방법으로 추산된 구상 성단의 나이를 재확인한다는 중요한 의미를 지닌다. 우라늄 측정법은 구상 성단의 거리나 별의 내부에 관한 모형에 의존하지 않는다.

이 장 뒤에서 보겠지만, 우주의 팽창이 시작된지 거의 10억 년 이후에 구상 성단의 별들이 형성되었다고 한다. 따라서 구상 성단의 나이를 생각하면 우주의 나이는 대략 140억 년 정도로 추산할 수 있다. 이 나이는 허블 상수로부터 추산한 가능 범위 안에 있다. 이 책에서는 우주의 나이로 140억 년을 채택하고 있다.

20.2 우주 모형

핵심적인 관측 사실 몇 가지를 검토해 보았으니, 우주 진화에 대한 총체적인 모형을 세우는 데 이런 기본 개념들이 어떻게 적용되는지 알아보도록 하자. 이 모형들은 표 20.1에 정리된 관측 사실을 근거로 우주가 지금까지 어떻게 진화해 왔는지 또한 앞으로 우주에서 어떤 일이 일어날지를 예측한다.

20.2.1 팽창 우주

모든 우주 모형은 관측 사실로 밝혀진 우주 팽창과 우주원리라고 알려진 우주의 균질성을 인정한다. 따라서 우주의 팽창률은 우주 어디에서나 같다. 즉 우주의 역사에 걸쳐서 어디에서나 같아야 한다. 그러므로 우주의 팽창을 생각할 때, 우주 전체를 생각하는 대신 어느 일부분만으로도 충분하다.

17장에서 우리가 우주의 팽창을 생각할 때, 우주는 움직이는 은하들이 담긴 정적(靜的)인 공간이 아니라 우주 공간 자체가 늘어난다고 보는 것이 더 정확하다고 암시했었다. 그럼에도 불구하고, 지금까지 적색이동은 은하의 운동에 의해 일어나는 것처럼 기술해 왔다.

마침내 그러한 유아적인 개념을 과감히 버리고, 우주의 팽창에 대해 좀 더 성숙하게 바라볼 시기가 되었다. 15장에서 다룬 아인슈타인의 일반상대성이론을 바탕으로, 뉴턴이 생각했던 것처럼 공간(시공간)은 단지 우주라는 영화의 배경이 아니라는 사실을 상기하자. 오히려, 공간은 우주의 물질과 에너지에 영향을 주고 받는 능동적인 참여자라고 하겠다.

우주의 팽창은 모든 시공간이 늘어나는 것이므로, 우주 안의 모든 점들은 함께 늘어나고 있다. 그러므로 팽창은 모든 점에서 동시에 시작되었다. 미래의 관광 여행사에는 안된 이야기지만, 여러분이 방문할 대폭발 발생지점, 즉 공간 팽창의 시작점은 존재하지 않는다.

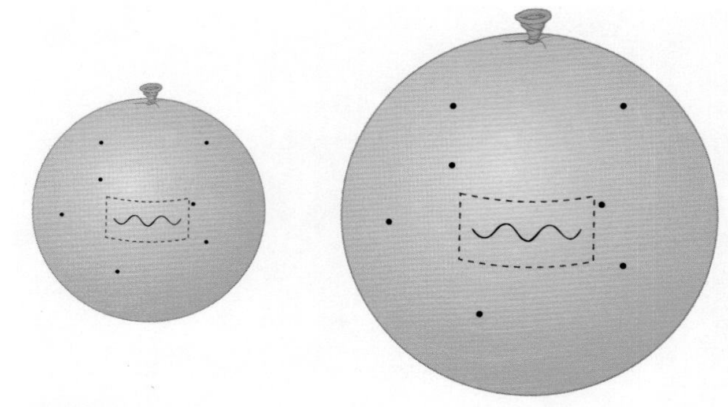

■ **그림 20.4**

우주의 팽창과 적색이동 고무풍선의 표면이 팽창하면, 그 표면에 그려진 파동의 파장도 길어진다. 빛의 파동의 경우 파장이 증가하는 것은 적색이동이 일어나는 것과 마찬가지다.

공간이 어떻게 팽창하는지를 기술하기 위해, 우리는 우주의 척도(scale)가 팽창에 의해 시간에 따라 일정 비율로 변한다고 하자. 여기에서 척도란, 예를 들어 두 은하단 사이의 거리 등을 의미한다. 척도는 보통 R로 표기하는데, R이 두 배 증가하면 은하들 사이의 거리도 두 배 늘어난다. 우주는 어디에서나 일정한 비율로 팽창하므로, R의 변화는 주어진 시간 동안 우주가 얼마나 팽창(또는 수축)했는지 알려준다. 정지 우주에서는 R 값은 일정할 것이고, 팽창 우주에서는 시간이 증가함에 따라 R도 증가할 것이다.

우주 공간 자체는 늘어나는 것이지, 은하들이 공간에서 운동하는 것이 아니라면, 은하의 스펙트럼이 적색이동을 보이는 이유는 무엇일까? 여러분들이 어리고 순진했을 때(17장까지)는, 적색이동을 은하의 운동에 의한 것이라고 설명해도 문제가 될 것이 없었다. 그러나 이제 우주론을 배운 학생으로 더 성숙하고 현명해졌으니, 이러한 설명은 설득력을 발휘할 수 없을 것이다.

은하의 적색이동에 관한 더 정확한 관점은 전자기 파동이 전파하는 공간 자체가 확장되기 때문에 그 파장도 역시 늘어난다는 것이다. 아주 먼 은하에서부터 오는 빛을 생각하자. 광원에서 나온 빛이 공간을 통과하는 동안, 공간이 계속해서 늘어나고 있는 중이라면, 빛의 파동 역시 늘어날 것이다. 4장에서 설명한 대로, 적색이동이란 파동이 늘어나는 것으로, 모든 파동의 파장이 증가한다(그림 20.4). 먼 은하에서 오는 빛의 파동은 더 긴 공간을 전파해오므로 가까운 은하의 빛보다 더 많이 늘어나게 되어 더 큰 적색이동을 나타낸다.

팽창 우주의 가장 단순한 시나리오로 우주의 척도 R은 시간이 지남에 따라 일정한 비율로 증가한다는 것이다. 그러나 우리는 이미 인생(우주)이 그처럼 단순하지 않음을 잘 알고 있다. 우주는 질량을 가지고 있고, 그에 의해 중력이 팽창을 감속시키고 있다. 우주가 많은 질량을 가진다면 더 많이 감속될 것이고, 우주가 거의 진공이라면 감속은 무시할 정도로 작을 것이다. 게다가 암흑에너지에 연관된 척력은 우주를 가속 팽창시킨다는 문제가 존재한다.

우리는 우주에 포함된 질량과 우주상수 값에 따라 여러 다른 모형들을 만들 수 있다. 어떤 모형에서—곧 알게 되겠지만—우주가 영원히 팽창한다. 또 어떤 모형의 우주는 팽창하다가 멈춘 다음 다시 수축한다. 누군가 우주 팽창의 변화율을 정확히 측정할 수만 있다면, 그는 올바른 우주 모형을 선별해 낼 수 있을 뿐 아니라 그 공로로 노벨상을 받을 것이다.[2] 그렇지만 우주의 팽창률이 시간에 따라 어떻게 변하는지 측정하기는 매우 어렵다. 한 가지 방법은 아주 멀리 있는 은하들의 거리와 속도를 정확히 측정하는 것이다. 현재 우리에게 보이는 먼 은하들의 모습은 과거 상태이므로, 먼 은하들을 관측함으로써 우주가 젊었을 당시 은하들이 현재보다 얼마나 더 빨리(또는 천천히) 움직였는지를 알아내자는 아이디어다. 그렇지만 우리가 어떻게 멀리 있는 은하들의 거리를 측정하는지 한번 생각해 보자. 허블의 법칙을 활용한다면, 그 경우 단 하나의 팽창률만을 산정하는 것이므로 시간에 따른 팽창률의 변화를 고려하지 않는다. 다시 말해, 먼 은하들의 거리를 허블의 법칙으로 추산한다면, 우리가 균일하게 팽창하는 우주에 살고 있음을 자동적으로 가정하는 셈이다.

우주 팽창률이 얼마나 변화하는지 알아내려면, 허블의 법칙과는 독립적인 별개의 방법으로 은하들의 거리를 측정

[2] 역자 주-실제로 초신성을 이용해 우주가 가속팽창을 한다는 것을 보인 세 사람(사울 퍼뮤터, 브리아언 슈미트 그리고 아담 리스)은 2011년 노벨 물리학상을 수상하였다.

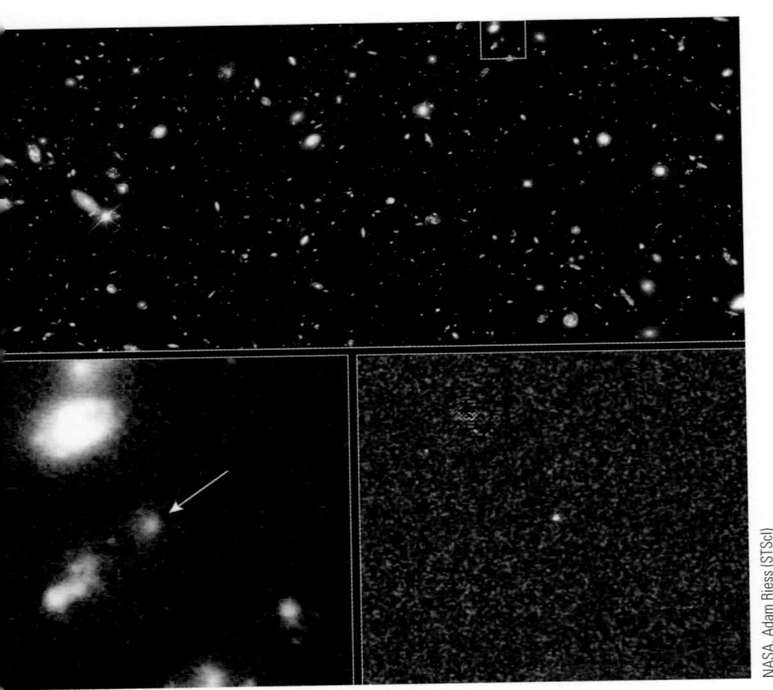

■ **그림 20.5**
아주 먼 은하의 초신성 세 영상은 100억 광년의 거리에 있는 은하에서 폭발한 초신성을 보여준다. 천문학자들은 2년 간격으로 찍은 영상의 차이를 비교함으로 믿을 수 없을 정도로 어두운 초신성을 찾아낼 수 있었다. 큰 이미지는 허블 북측 심천(Hubble Deep Field North)의 일부분을 보여주는데, 흰색 네모로 표시된 지역을 확대해서 아래 왼편에 보였다. 화살표가 가리키는 은하에서 초신성이 발견되었는데, 이 은하는 타원 은하로서 주로 늙은 별로 이루어져서 붉은색을 띈다. 아래 오른편에서는 2년 간격으로 찍은 영상의 차이를 보여준다. 두 영상에서 같은 밝기를 가지는 천체들은 모두 사라지고, 초신성인 흰색 점만이 남아 있다.

하는 것이 필요하다. 예를 들어, 어떤 부류의 은하들이 같은 광도의 밝기를 갖는 표준 전구가 될 수 있다면(17장 참조), 이러한 은하들의 겉보기등급을 측정해서 거리를 추산할 수 있을 것이다. 그러나 애석하게도 은하들은 우주 역사의 주어진 임의 시간에 표준 전구가 될 수 없으며, 은하의 광도는 시간에 따라 변한다. 우리가 관측 사실로부터 알 수 있듯이, 은하들은 진화하며, 다른 은하와 충돌, 병합되기도 하고, 그 내부에서 별의 생성이 폭발적으로 진행돼서 광도가 수백만 년 동안 비정상적으로 밝아지기도 한다.

먼 거리의 측정에 이용될 수 있는 표준 촉광으로는 유일하게 제Ia형 초신성이 있다. 이 종류의 초신성은 수십억 광년의 거리에서도 관측되므로, 우주 팽창률의 시간에 따른 변화를 추정하는 최선의 방법을 제공해 준다(그림 20.5). 앞서 배웠듯이, 초신성의 관측은 우주의 가속팽창을 보여주며, 단순히 중력에 의해 감속하는 우주 모형을 배제하고 있다.

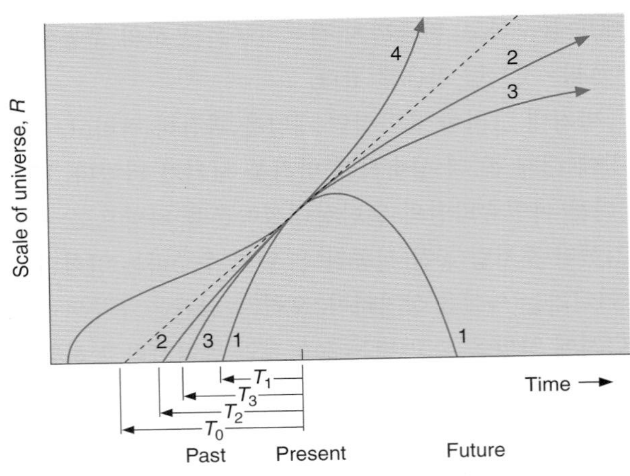

■ **그림 20.6**
우주 모형 여러 가지 우주 모형이 예측하는 우주 척도 R의 시간에 따른 변화. 제1번 선은 우주의 평균 밀도가 임계값보다 큰 모형에 해당하고, 제2번 선은 임계값보다 작은 모형에 해당이며, 제3번 선은 임계밀도를 갖는 우주의 모형을 보여준다. 제4번 선은 우주상수가 양수이며, 질량밀도는 임계밀도보다 작은 모형이다. 점선으로 표시된 직선은 중력에 의한 팽창의 감속이 전혀 없는 텅 빈 우주에 해당한다. 가능성 없는 이 텅 빈 우주에서 우주의 나이는 허블 시간과 같다.

20.2.2 중력 효과

여기서 잠시 암흑에너지를 무시하고 중력 효과만을 고려해 보자. 우주에 얼마나 많은 물질이 있는지를 측정하고, 그 물질이 어떤 중력을 만드는지 계산하면, 중력에 의한 팽창 감속률을 알 수 있을 것이다. 이때 우주론원리가 유용하게 쓰인다. 우주는 어디를 가든 같은 여건이므로, 우주 전체의 질량 대신 우주의 평균적 성질을 대표할 만큼 충분히 넓은 부분에 포함된 질량만 측정하면 된다. (이런 방식은 여론조사 기관이 국민 개개인에게 정치적 이슈에 대한 의견을 묻지 않고 적정 크기의 표본 조사로 대신하는 것과 같은 전략이다.)

중력 효과를 가늠하기 위해 천문학자들은 실제로 우주의 평균 밀도를 측정한다. 평균 밀도란 단위 부피(예를 들어 1 cm^3)에 들어 있는 물질의 질량을 의미한다. 이때 에너지에 대응하는 등가 질량($m=E/c^2$)도 포함한다. 별, 은하, 그 외의 모든 천체들을 원자 알갱이 수준으로 분해해서 빛을 비롯한 모든 형태의 에너지와 함께 우주에 균일하게 뿌렸을 때, 단위 부피 안에 들어오는 질량이 바로 우주의 평균 밀도다. (당분간 암흑에너지에 대한 효과를 계산에 포함하지 않을 것이지만, 뒤에서 암흑에너지를 다룰 것이다.) 우주의 평균 밀도가 낮다면, 중력이 세지 못할 것이고, 그렇다면 팽창 속도가 별로 감속되지 않고 우주는 영원히 팽창할 것이다. 반대로 평균 밀도가 높으면 중력이 세기 때문에 은하들을 끌어당겨 우주의 팽창은 결국 멈추고 말 것이다.

적색이동은 은하들이 서로 얼마나 빠르게 멀어지고 있는지를 (더 정확히 말하자면 우주 공간의 척도가 얼마나 빠르게 증가하고 있는지) 알려 준다. 무한한 미래에 우주의 팽창을 멈추게 할 정도의 중력을 만들 만한 질량에 해당하는 밀도를 **임계밀도**(critical density)라고 한다. 우주의 실제 평균 밀도가 임계밀도보다 크다면 우주는 언젠가 팽창을 일단 멈춘 다음 방향을 바꿔서 수축하게 될 것이다. 반대로 임계값보다 적다면 우주는 영원히 팽창을 계속하게 된다.

여기에 열거한 가능성을 그림 20.6에 나타내었다. 이 그림에서 시간 축은 오른쪽으로, 우주 척도 R은 위쪽으로 증가한다. 시간 축에 '현재'라고 쓰인 오늘날에는 모든 모형에서 R이 증가한다. 우주의 역사에서 우리는 아직 '초기' 상태이므로, 어느 모형에서나 은하들은 서로 멀어지고 있다. (야구공을 공중으로 높이 던지면 공은 결국 땅에 떨어지지만 초기에는 어떻든 위로 올라가는 것과 비슷한 상황이다.) 점선으로 표시한 직선은 감속이 전혀 없는 텅 빈 우주를 나타내며, 이 점선은 과거 T_0(허블 시간)인 때에 시간 축과 만났다. 이 점선의 아래쪽에 있는 선들은 우주상수가 없으며, 대폭발 직후부터 최근까지 감속이 변하는 모형을 나타낸다. 점선 위쪽의 선은 우주상수가 있고, 팽창이 가속되는 모형을 보여준다. 이제 여러 모형에서 예측하는 우주의 미래가 어떤지 알아보자.

그림 20.6의 제1번 선의 모형부터 시작해보자. 이 경우, 우주의 실제 평균 밀도는 임계값보다 크다. 우주는 미래의 어느 시점에 팽창을 멈추고 수축을 시작할 것이다. 이런 모형을 '닫힌 우주'라고 부른다. 종국에 우주의 척도는 영(0)이 될 것이다. 공간이 무한히 작아진 극한의 상태를 블랙홀이라 이름을 지은 유명한 물리학자 휠러(John A. Wheeler)는 '대함몰(big crunch)'이라고 명명했다. 물질, 에너지, 공간, 시간 모두 극히 좁은 공간에 갇혀 사라지는 특별한 상황이 바로 대함몰이다. 대함몰은 대폭발의 반대다. 즉 밖으로 퍼져나가는 폭발이 아니고 안쪽으로 향하는 내폭(內爆)을 의미한다.

대함몰 후에 또 하나의 대폭발이 시작된다고 상상하고 싶을 것이다. 그래서 새로운 팽창 단계를 지나 다시 수축하는 우주—아마도 대폭발과 대함몰 사이를 반복하면서 무한히 진동하는 우주—를 연상한다. 이러한 모형을 진동우주론이라고 하는데, 이것은 이론의 자격이 사실상 없다. 왜냐하면 우리는 또 다른 대폭발을 생성하는 기작을 아직 모르기 때문이다. 그 대신 일반상대성이론은 대함몰의 순간 우주는 특이점으로 붕괴될 것을 예측한다. 우주의 모든 질량이 영(0)의 부피와 무한대의 밀도를 가지는 점 안에 담기게 된다.

진동 우주 모형은 과학적이라기보다 철학적인 아이디어다. 모든 과학적 가설은 반드시 실험으로 검증될 수 있어야 하기 때문이다. 이전의 우주에 존재했던—물질, 에너지, 공간, 시간—모든 것이 대함몰에서 살아남을 수 없기 때문에, 대함몰 이후 또 다른 주기의 우주가 생성될지를 검증할 방법이 없는 것이다.

우주의 밀도가 임계값보다 작으면(그림 20.6의 제2번 선) 중력이 우주의 팽창을 멈출 정도가 못돼서 우주는 영원히 팽창한다. 이 경우 우주는 무한해서 이 모형을 '열린 우주'라고 부른다. 열린 우주에서 공간과 시간의 시작은 대폭발에서 비롯되지만 끝은 없다. 열린 우주에서는 시간이 지남에 따라 점점 느려지는 팽창이 무한히 지속한다. 은하들 사이의 거리가 너무 멀어져서 결국에는 한 은하에서 다른 은하를 볼 수 없게 된다. 닫힌 우주와 열린 우주에서 먼 미래에 일어날 일들에 관한 설명은 '연결고리' 상자를 참조하자.

우주의 밀도가 임계밀도와 같으면(제3번 선) 우주는 팽창을 겨우 지속할 수 있게 된다(평탄 우주). 평탄 우주의 나이는 텅 빈 우주의 나이 T_0의 정확히 2/3배($T_3=(2/3)T_0$)이다. 언젠가는 수축하게 되는 닫힌 우주의 나이는 $(2/3)T_0$보다 짧다($T_1 < T_3$).

20.2.3 우주의 줄다리기 게임

지금까지의 논의를 정리하면, 모든 것들을 서로 밀어내는 힘과 끌어당기는 중력 사이의 '줄다리기' 게임에 비유할 수 있다. 이 게임에서 과연 어느 쪽이 이길 것인지가 현대 천문학의 최대 관심사다. 왜냐하면 승리하는 쪽이 어디냐에 따라 우주의 궁극적 운명이 결정되기 때문이다.

이제 암흑에너지 효과를 우주 모형에 집어넣으면 어떻게 될까? 그림 20.6의 제4번 선은 우주상수를 포함하고 물질의 밀도는 임계밀도보다 작은 가속 팽창하는 우주 모형에 해당한다. 이 선은 다소 복잡한 형태를 보이는데, 초기에는 물질이 뭉쳐 있어서 중력의 영향이 가장 크기 때문이다. 우주상수(암흑에너지)에 의한 압력의 힘은 거시적 공간 척도에서만 작용하므로, 우주가 팽창해서 물질의 밀도가 낮아지면 비로소 중력에 비해 더 중요해진다. 그러므로 우주 초기에는 팽창이 중력에 의해 감속되다가, 공간이 팽창함에 따라 가속이 중요해지고 우주의 팽창은 빨라진다.

만약 우주상수가 있고 물질의 밀도는 임계밀도보다 작다면, 우주의 팽창은 영원히 지속될 것이다. 이 경우가 그림 20.6에 보인 것처럼 우주의 나이가 가장 큰 경우다. 이 우주는 평탄 우주 나이 T_0보다 더 먼저 시작되었다. 지금까지 설명했던 각종 우주 모형들의 성질을 표 20.2에 정리했다.

먼 미래의 모습은?

혹자는 세상이 불로 끝나리라 말하고,
혹자는 얼음으로 끝나리라 말하네.
욕망을 맛본 나로서는 불을 택한 자들의 편에 서리니.
—로버트 프로스트(1923)의 시 〈불과 얼음〉 중에서

소행성의 충돌, 적색거성의 팽창, 가까운 이웃에서 터지는 초신성 폭발 등이 지구에 주는 파괴력을 생각해 볼 때, 먼 미래의 지구에 인류가 살아남지 못할 수도 있다. 그럼에도 불구하고, 여러 우주 모형에 따른 우주에서 아주 먼 미래의 삶을 상상하는 즐거움은 기꺼이 맛볼 수 있다.

결국 대함몰로 수축하게 될 닫힌 우주의 미래상이 흥미진진하지만, 생물체의 건강에는 썩 좋지는 않을 것이다. 공간이 수축할수록 우주의 척도 R이 점점 작아지면서 적색이동 대신 청색이동된 다른 은하들의 빛을 보게 된다. 즉 공간의 수축이 파동의 수축을 불러와서 청색이동 현상이 일어난다. 이때 짧은 파장의 빛은 더 큰 에너지를 가지므로 시간의 경과에 따라 우주배경복사의 온도가 증가한다(20.4절 참조).

우주가 작아질수록 우주를 한 바퀴 돌아보기는 쉬워질 것이다. 닫힌 우주에서는 한 점에서 나온 빛줄기가 시공간의 굽어진 경로를 따라서 전파(傳播)되어, 우주를 한 바퀴 돈 다음에 처음의 출발 지점으로 되돌아올 수 있다. 이론상으로는 한쪽 방향에서는 죽어가는 별을 보는데, 반대 방향에서는 그 별이 탄생할 때 나온 빛이 보인다. '유령 은하'—한 은하에서 출발한 빛이 우주를 완전히 한 바퀴 돌고 다시 나타난 은하—가 보이므로 관측되는 은하의 개수는 늘어난다.

공간이 축소될수록 배경복사의 온도가 상승해서 최종적으로는 공간의 온도가 태양계 어느 행성보다 높게 된다. 그러면 열이 행성에서 공간으로 빠져나가는 대신, 공간에서 행성으로 흘러 들어온다. (우주 공간은 차가운 곳이므로 지구의 초과 열이 우주로 흘러나간다는 사실을 우리가 모르고 지냈는지 다시 생각해 보라.)

행성이 가열될수록 행성 표면의 모든 생물들은 공간의 열로 익게 될 것이다. 배경 공간의 복사가 더욱 뜨거워지면, 결국 공간에서 별들로 열이 흘러들어 가게 되고, 별들은 분해된다. 그러나 이러한 비운의 상황을 슬퍼할 겨를이 없을 것이다. 왜냐하면 시공의 대함몰로 우주의 모든 물질과 에너지가 존재에서 사라지기 때문이다.

영원히 팽창하는 우주의 시나리오는 다른 방식으로 우리를 불안하게 한다. 이 경우 우주는 무한히 팽창(우주 척도 R이 제한없이 증가)해서, 시간이 지남에 따라 은하단들은 점점 넓게 퍼진다. 영겁의 시간이 지나면 우주의 밀도는 더욱 희박해지면서 차갑고 어두워진다.

각 은하 안의 별들은 진화를 계속해서 백색왜성, 중성자별, 블랙홀 등으로 변한다. 질량이 작은 별들은 자신의 일생을 마치는 데 시간이 오래 걸리기는 하지만, 열린 우주는 한없이 오래 유지되므로, 백색왜성까지도 식어서 흑색왜성이 될 것이다. 펄서의 형태로 자신의 존재를 알리는 중성자별들도 회전을 서서히 멈추게 된다. 주위에 강착원반을 가지는 블랙홀들도 마침내 '음식' 모두를 먹어 없앤다. 모든 천체가 어두워져서 최종 상태는 보이지 않을 것이다.

오늘날 우리에게 보이는 은하들의 빛도 모두 사라진다. 어느 은하의 알려지지 않은 한 구석에서 새로운 물질 덩어리가 아직 남아 있어서 별로 바뀐다고 하더라도, 시간이 지나면 이들 역시 진화의 종말에 도달할 것이다. 영원히 팽창하는 우주에서 시간은 충분하다. 언젠가는 별이란 별들은 모조리 죽고, 은하들도 우주 공간만큼이나 어둡게 변해서, 생명체가 살아남을 수 있을 만큼 도움을 주는 열도 모두 고갈되는 상황을 맞게 된다. 그다음에도 생명이 없는 은하들이 빛이 없는 세상에서 한없이 서로 멀어진다.

인간적으로 볼 때 이런 우주의 미래에 대한 예측이 우리를 한없이 허탈하게 만든다면, 과학이란 항상 중간 보고서에 불과하다는 점에 기대를 걸 수밖에 없다. 지금으로부터 100년 전에 인정받았던 최첨단의 우주관은 오늘날의 관점에서 보면, 다소 유치해 보인다. 그러므로 오늘날 우리가 알고 있는 최상의 우주 모형도, 앞으로 백 년 또는 천 년 후에는 어린아이의 생각처럼 보일 것이며, 아직 우리가 전혀 알아차리지 못한 어떤 미지의 요소에 의해 우주의 궁극적 운명은 지금의 예상과는 근본적으로 다르게 될지도 모른다!

표 20.2 우주 모형의 몇 가지 예

우주의 종류(모형)	나이(억 년)*	궁극의 운명
닫힌 우주: 물질의 질량만으로 임계밀도 초과	<100	팽창이 정지한 후 수축
평탄 우주: 물질의 질량이 임계밀도와 동일	100	간신히 영원히 팽창
열린 우주: 물질의 질량이 임계밀도보다 작고, 암흑에너지가 없음	>100	영원히 팽창
람다 우주: 물질=30%, 암흑에너지=70%의 임계밀도	140	가속하는 팽창률로 영원히 팽창

*허블 상수를 20 km/s/10^6 LY로 가정하고 계산된 나이이다. 허블 상수가 이보다 작다면, 우주의 나이는 여기에 제시된 값보다 커진다.

이제 우리가 어떤 종류의 우주에 살고 있는지 관측 사실들로부터 유추해 보자. 우주가 가속 팽창한다는 것은, 줄다리기 게임에서 중력이 이기고 있지 않음을 의미한다. 천문학적 측정으로 좀 더 많은 것을 알 수 있다. 비록 암흑에너지가 없더라도, 물질 밀도가 임계밀도보다 작으므로 우주의 팽창은 영원히 지속될 것이다. 임계밀도는 허블 상수 H_0의 함수다. 허블 상수가 20 km/s/10^6 LY라면, 임계밀도는 10^{-26} kg/m^3로 계산된다(이 장 끝 부분의 '계산 문제' 참조). 이 값을 우주의 실제 물질 밀도와 비교해보자.

공간의 평균 밀도를 결정하는 관측적 방법은 몇 가지가 있다. 하나는 적정 거리 안에 있는 은하들을 모두 헤아려서 은하와 암흑물질의 총 질량을 추정한 다음 평균 밀도를 계산하는 것이다. 이렇게 계산된 물질 밀도는 임계값의 10~20%에 불과한 1~2×10^{-27} kg/m^3인데, 이는 우주의 팽창을 멈추기에 너무 적은 양이다. 많은 암흑물질이 은하들의 경계 밖까지 퍼져 있으므로, 이 과정에서 암흑물질의 양을 과소평가했을 수도 있다. 그러나 은하 밖 암흑물질의 양을 추정해서 더하더라도 총 밀도는 임계밀도의 30% 이상 늘어나지는 않을 것이다. 20.5절에서 암흑에너지의 효과를 포함해서 이 값을 좀 더 정확히 알아볼 것이다.

어쨌든 대함몰을 예언하는 닫힌 우주 모형을 선호하는 사람들에게 현재 상황은 호의적이지 않은 것 같다. 물질이 충분치 않다는 사실과 암흑에너지 효과 때문에 우리는 영원히 팽창하는 우주에 살게 될 것으로 보인다.

20.2.4 먼 은하의 나이

17장에서 우리는 허블의 법칙을 이용해서 은하의 거리를 측정하는 방법을 설명했다. 사실 허블의 법칙은 빨리 움직이지 않는, 즉 비교적 가까운 은하들에만 적용될 수 있다. 아주 먼 은하의 경우 우주의 먼 과거를 보는 셈이므로 우주 팽창의 변화를 고려해야 한다. 우주의 팽창률 변화는 직접 관측할 수 없으므로 큰 적색이동을 거리로 환산하려면 특정한 우주 모형을 가정해야 한다.

그렇기 때문에 기자들이나 학생들이 새로 발견된 퀘이사나 은하가 정확히 얼마나 멀리 있느냐고 물으면 천문학자들은 당황스러워 한다. 답하기 전에 우선 거리 계산을 위해 어떤 우주 모형을 가정했는지를 설명해야 하기 때문이다. (기자나 학생들은 지루한 대답을 다 듣기도 전에 이미 멀리 가버렸거나 잠든 다음일 것이다.) 19장에서, 물질 밀도는 임계밀도의 0.3배이고, 암흑에너지는 임계밀도의 0.7배인 우주 모형을 가정하고 거리를 광년의 단위로 표시했다. 이런 값들을 '우주의 표준 모형'이라고 하는데, 그에 대한 관측적 증거에 대해서는 이 장의 뒷부분에서 설명한다.

일단 모형이 채택되면, 그 모형을 사용하여 우리가 관측한 천체에서 빛이 방출된 시점의 우주의 나이를 계산할 수 있다. 예를 들어, 표 20.3에 여러 적색이동을 보이는 천체들의 빛 방출 시점을 현재 우주 나이의 백분율로 나타냈다. 두 가지 모형에서 우주 나이에 대한 상대적인 값을 주었는데, 두 경우의 차이는 크지 않다. 첫 번째 모형은 물질의 밀도가 임계밀도와 같고, 우주상수가 없는 우주다. 두 번째 모형은 앞에서 표준 모형이라고 정의한 것이다. 표 20.3의 첫 번째 행은 적색이동을 식 $z=\Delta\lambda/\lambda$으로 계산하는데, 이는 빛이 우리에게 오는 긴 여정 동안 우주 공간의 팽창에 따라 파장이 늘어난 정도를 나타낸다. 구체적 수치는 그리 중요하지 않다. 중요한 점은 천체의 적색이동 값이 클수록 더 젊은 우주에 해당하는 시점을 들여다본다는 사실이다.

적색이동이 큰 천체들을 관측함으로써 매우 중요한 사실들을 많이 알아냈다. 예를 들면, 퀘이사는 우주의 나이가 현재의 20%였을 때 가장 많았다(그림 18.17). 그 이전에는 퀘이사가 매우 드물었다. 아마도 대부분의 영역에서 무거운 블랙홀이 형성될 때까지 수십억 년의 세월이 걸렸을 것이다. 그 설명이 무엇이든 간에, 이같은 관측 사실은 우주가 진화한다는 사실에 대한 명확한 증거가 된다.

표 20.3 적색이동에 따른 우주의 나이

적색이동	빛이 출발할 당시 우주 나이의 현재 나이에 대한 백분율(물질 밀도=임계밀도)	빛이 출발할 당시 우주 나이의 현재 나이에 대한 백분율(물질 밀도=0.3 임계밀도, 암흑에너지=0.7 임계밀도)
0.	100(현재)	100(현재)
0.5	55	63
1.0	35	42
2.0	19	25
3.0	12	16
4.0	9	12
4.5	8	11
4.9	7	9
무한대	0	0

20.3 태초의 우주

더 멀리 들여다볼수록 퀘이사와 은하들의 수가 줄고, 드디어 물질이 우리가 오늘날 보는 구조물을 채 형성하지 못한 시기에 이른다. 공간이 아직 많이 팽창하지 않았던 젊은 시절에 우주는 어떤 상황이었을까? 이 절에서는 대폭발 직후의 우주에 대해서 알아보도록 한다.

20.3.1 아이디어의 변천

일반상대성이론의 방정식으로부터 우주의 시작이 있었다고 말하는 것은, 그 시작을 기술할 수 있음을 의미하지 않는다. 벨기에의 신부이자 우주론자인 조르주 르메트르(Georges Lemaitre, 1894~1966)는 대폭발의 구체적 모형을 처음으로 제시한 학자였다(그림 20.7). 우주의 모든 물질은, 그가 **원시 원자**(primeval atom)라고 불렀던, 하나의 거대한 덩어리를 이루고 있다가 엄청나게 많은 수의 조각으로 깨진다고 생각했다. 조각 하나하나는 지속적으로 분열해서 현재 우리가 보는 우주의 원자들이 되었다. 우주가 거대한 핵분열로 시작된 셈이다. 대중에게 자신의 이론을 설명하는 책에서 르메트르는 이렇게 쓰고 있다. "이 세상의 진화는 이제 막 끝나버린 불꽃놀이에 비유할 수 있다. 여기저기에 아직도 붉게 타고 있는 잔가지들과 재가 널려 있으며, 연기 또한 사방에서 피어오르고 있다. 완전히 식어버린 재를 밟고 천천히 빛을 잃어가는 태양을 바라보면서, 우리는 사라져버린 찬란했던 세상의 시작을 회상한다."

■ **그림 20.7**
대수도원장 조르주 르메트르(Georges Lemaitre, 1894~1966) 벨기에의 우주론 연구자로 메헬렌(Mechelen)에서 신학을 공부한 후에, 루뱅 대학으로 가서 물리학과 수학을 전공했다. 우주 팽창을 탐구하면서 우주의 폭발적 시작을 주장한 것은 루뱅 대학에서였다. 그는 허블의 법칙이 입증되기 2년 전에 이미 이를 예측했다. 르메트르는 우주의 시작 과정을 물리적으로 설명하려고 진지하게 노력했던 최초의 인물이다.

현대의 물리학자들은 핵물리학적 현상에 대해 1920년대보다 훨씬 더 많은 것을 알고 있고, 르메트르가 제안했던 원시 핵분열 모형이 사실이 아님을 보였다. 하지만 그의 통찰력은 어느 관점에서는 예언자적이었다. 어쨌든 우리는 여전히 우주의 모든 것들이 태초에는 하나로 뭉쳐져 있었다고 믿고 있으니 말이다. 물론 그 유일한 덩어리가 오늘날 우리가 알고 있는 형태의 물질은 아니었을 뿐이다.

■ **그림 20.8**
조지 가모프와 공동 연구자들 아일럼(YLEM) 병에서 정령으로 출현하는 조지 가모프의 몽타주. 아일럼이란 모든 것의 근원이 되는 우주 최초의 물질을 일컫는 그리스어다. 가모프가 뜨거운 대폭발의 물질을 아일럼이라고 지칭함으로써 이 단어가 되살아났다. 그의 오른쪽 인물은 로버트 허만(Robert Herman)이고 왼쪽은 랠프 앨퍼(Ralph Alpher)다. 가모프는 이들과 함께 대폭발의 물리를 연구했다. 현대 작곡가 카를하인츠 슈토크하우젠(Karlheinz Stockhausen)은 가모프의 아이디어에서 영감을 얻어 Ylem이라는 제목의 음악 한 곡을 작곡했는데, 연주자들은 이 작품을 연주하는 중에 실제로 무대에서 멀리 이동하면서 우주팽창을 흉내 내려고 했다.

1940년대 들어와서 미국 물리학자 조지 가모프(George Gamow)는 또 다른 우주 시작 모형을 제안했다(그림 20.8). 우주는 핵분열이 아니라 핵융합을 통해 시작했다는 생각이다. 가모프는 랠프 앨퍼(Ralph Alpher)와 함께 우주 모형의 세세한 사항을 연구해서 1948년에 결과를 발표하였다. (기발한 유머 감각의 소유자이기도 한 가모프는 마지막 순간 물리학자 한스 베테(Hans Bethe)를 공동 저자에 포함하기로 했다. 그래서 이 논문의 저자 구성이 그리스 알파벳의 처음 세 글자인 알파, 베타, 감마가 되도록 했다.) 가모프의 우주 모형에 의하면 우주는 소립자들로부터 시작해서, 핵융합 과정을 통해서 무거운 원소들을 만든다.

가모프의 아이디어는 현대 우주론에 거의 근접한다. 초기 우주에서 고온 상태는 짧은 기간만 유지되기 때문에 가장 가벼운 세 가지 원소인 수소, 헬륨 그리고 약간의 리튬만이 융합될 수 있었다. 그 이외의 중원소들은 나중에 별의 내부에서 합성된 것이다. 이 점이 다를 뿐 가모프의 기본 생각은 현대의 우주관과 매우 비슷하다. 1940년대 이후 많은 천문학자와 물리학자들이 우주의 시초에 어떤 일이 일어났는지에 대해 자세히 연구해왔다.

20.3.2 처음 수 분간의 역사

우주 시작의 처음 수 분 동안 발생한 변화를 추적할 수 있는 세 가지 핵심적인 기본 아이디어가 있다. 첫 번째는 에어로졸 통에서 기체가 뿜어져 나오면서 식듯이 우주도 팽창하면서 온도가 내려갔다. 그림 20.9는 시간에 따른 우주 온도의 변화를 나타낸다. 우주는 최초 수 분의 1초 동안 상상할 수 없을 정도로 뜨거웠음을 알 수 있다. 우주가 생성되고 0.01초가 지났을 때, 온도는 천억 도(10^{11} K)로 떨어진다. 3분 후에는 10억 도(10^9 K)로 떨어지는데, 이는 태양 내부 온도의 70배 정도에 해당되는 고온이다. 수십만 년 후에는 3000 K까지 떨어지며, 그 이후에도 우주의 냉각은 계속된다.

당시 온도를 직접 측정한 사람은 아무도 없을 것이므로, 마지막 3000 K를 제외한 모든 온도는 이론적 계산으로 얻은 것이다. 그러나 나중에 알게 되겠지만, 우리는 실제로 우주가 생성된 지 수십만 년이 되었을 때 방출된 미약한 복사 에너지를 직접 포착했다. 우리가 포착한 미약한 복사 에너지는 대폭발 이론을 지지해주는 가장 강력한 증거 중 하나다.

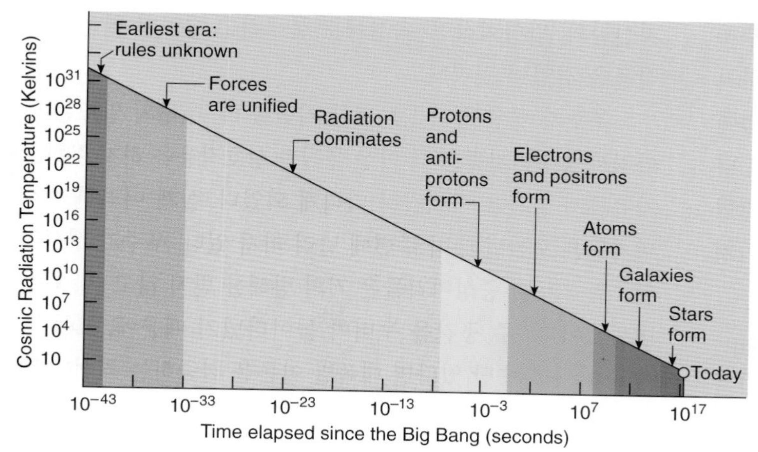

■ **그림 20.9**
우주의 온도 이 그래프는 표준 대폭발 이론에서 우주의 온도가 시간에 따라 어떻게 변하는가를 보여주고 있다. 이 압축된 그래프에서 온도(y축)와 시간(x축)은 엄청나게 큰 범위에서 변화하고 있음에 유의하자.

우주의 진화를 이해하는 데 필요한 두 번째는 태초의 우주는 뜨거웠기 때문에 우주 에너지는 (오늘날 우주를 지배하는 '물질'이 아니라) 대부분 복사 형태로 존재한다는 것이다. 이 당시 우주를 채웠던 광자들은—4장에 언급했던 순수한 전자기 에너지 덩어리는—서로 충돌해서 물질 입자를 만들어낼 수 있었다. 즉 대폭발 직후의 조건에서 에너지가 물질로 (또는 물질이 에너지로) 변환될 수 있었다. 아인슈타인의 공식 $E=mc^2$을 이용하면 주어진 양의 에너지로부터 얼마만큼의 물질이 만들어지는지를 계산할 수 있다(7장 참조).

일상적으로 겪는 일이 아니기 때문에, 에너지가 물질로 변할 수 있다는 개념은 학생들에게 생소할 것이다. 오늘날을 대폭발 직후의 우주와 비교한다면, 우리는 춥고 살기 어려운 시대에 있다. 오늘날 우주에 존재하는 광자들은 새로운 물질을 만들어낼 만큼 충분히 큰 에너지를 갖고 있지 않다. 우리는 7장에서 원자보다 훨씬 작은 물질과 **반물질** 입자가 서로 충돌할 때 그들 모두는 에너지로 변한다는 사실을 배웠다. 그와 반대로, 에너지가 물질과 반물질로 변환되는 것도 똑같이 가능하다. 이런 과정은 세계 여러 곳에 설치된 입자 가속기로도 관측되고 있다. 적절한 조건 아래에서 충분한 에너지가 공급된다면, 실제로 새로운 물질 입자가 (반물질 입자와 함께) 생성된다. 우주의 팽창 시작 후 초기 수 분 동안 그러한 변환이 가능한 상태가 유지되었다.

세 번째 중요한 아이디어는 우주가 뜨거우면 뜨거울수록 물질(반물질)을 만들 수 있는 광자들의 에너지도 더 커진다는 것이다(그림 20.9 참조).[3] 예를 들어, 60억 도(6×10^9 K)의 온도에서 두 광자가 충돌하면 전자와 그의 반물질인 양전자가 생성된다. 그보다 질량이 훨씬 큰 양성자와 반양성자는 10^{14} K가 넘는 온도에서만 생성이 가능하다.

20.3.3 초기 우주의 진화

이러한 세 가지 아이디어를 염두에 두고, 우주가 생성된 지 0.01초, 온도 1000억 도의 시점에서부터 우주의 진화를 추적해보기로 한다. 그런데 우주가 생성되는 순간부터 시작하지 못하는 이유는 무엇일까? 그것은 10^{-43}초 (이 숫자 표기법에 익숙하지 않다면, 이것은 소수점 아래에 42개의 0이 있고 나서 1이 있다는 것이다. 이는 너무 작아서 우리의 일상적 경험과 연관시키지는 못하지만, 우주를 이해하기 위해서는 이처럼 아주 작거나 아주 큰 영역을 경험할 각오가 되어 있어야 한다.) 이전까지 거슬러 올라가는 것이 가능한 물리학 이론을 아직 알아내지 못했기 때문이다. 우주가 그처럼 젊었을 때에는 밀도가 대단히 높아서, 일반상대성이론으로도 그러한 상태를 기술할 수 없으며, 시간 개념조차 무너져 버린다.

과학자들은 10^{-43}초~0.01초 사이의 우주를 기술하는 데 어느 정도 성공적이었다. 이 기간 우주는 복사 에너지와 강하게 상호작용하는 소립자들로 가득 차 있었다. 그러한 입자들의 이론은 매우 다루기 어렵지만, 최근 이론 물리학자들은 이 초기에 일어날 수 있는 상황들을 추측해보기 시작했다. 그들이 제시한 이론 중 일부를 이 장 뒷부분에서 살펴보기로 한다.

생성된 지 0.01초가 지난 우주는 오늘날 우리 세계에 존재하는 것과 같은 종류의 물질과 복사로 채워져 있었다. 당시 우주는 물질과 복사가 뒤섞여 있는 수프(soup)와 같은 상태였는데, 물질로는 양성자, 중성자 그리고 그 이전 더 뜨거웠던 시대의 잔해들이 있었다. 입자는 빠른 속도로 다른 입자와 충돌을 일으켰다. 당시의 온도는 중성자나 양성자를 만들어낼 수 있을 만큼 높지는 않았지만, 전자나 양전자를 만들어낼 정도는 되었다(그림 20.10a 참조). 또한 나중에 암흑물질의 역할을 하게 될 입자들도 많이 존재했을 것이다. 모든 입자들은 독립적으로 진동했지만, 양성자와 중성자가 결합해서 원자핵을 이루기에는 아직도 온도가 너무 높은 상황이었다.

이때 우주 모습은 광자들이 상호 충돌로 에너지를 교환하면서 소멸되고 때로는 한 쌍의 입자가 생성되기도 하는 격렬하게 들끓는 거대한 가마솥과도 같았다. 우주 내에 있는 입자들 역시 서로 충돌했다. 물질 입자와 반물질 입자가 빈번히 만나면서 감마선으로 폭발적인 변환이 일어나기도 했다.

우주 초기에 만들어진 입자들 중에는 오늘날 일반 물질들과 상호작용을 거의 하지 않는 '유령 같은' 중성미자가 있었다(7장 참조). 그러나 초기 우주같이 입자들이 북적거리는 상황에서, 중성미자들은 수많은 전자와 양전자에 접근해서, 자신들의 '반사회적인' 속성에도 불구하고 수없이 많은 상호작용을 겪었던 것이다.

우주가 생성된 지 1초 조금 지났을 때, 우주의 밀도는 낮아져서 중성미자들은 더 이상 물질과 상호작용을 하지 못하고 자유롭게 공간을 가로질러 다니게 되었다. 실제 이러한 중성미자들은 오늘날 우리 주변에 널리 퍼져 있다. 우주가 생성된 지 1초 후부터 중성미자들은 거의 방해를 받지 않고 (별 다른 변화없이) 우주 공간을 누비며 돌아다녔기 때문에, 그들 특성을 알아낼 수만 있다면 대폭발 이론을 검증하는 최선의 단서가 될 것이다. 불행히도 쓸모 있는 그들의 특성—물질과의

[3] 역자 주-4장에서 온도가 높을수록 흑체복사는 더 짧은 파장의 전자기파, 즉 에너지가 더 큰 광자를 더 많이 방출한다는 것을 보았다. 초기 우주는 고밀도/고온의 열역학적 평형상태에서 주로 에너지가 큰 감마선으로 채워져 있었다.

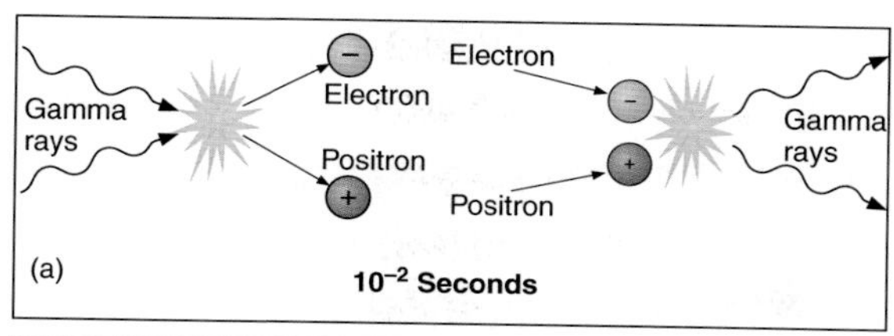

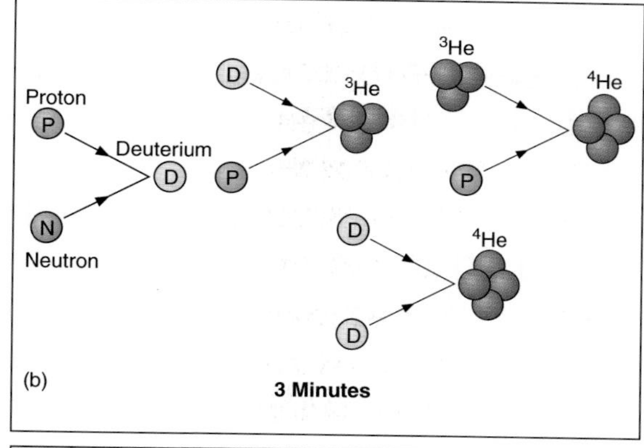

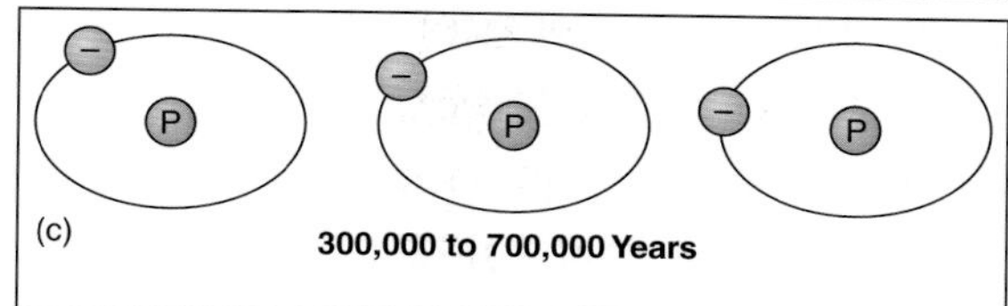

■ 그림 20.10

초기 우주 입자들의 상호작용 (a) 10^{-2}초: 우주가 시작하여 1초도 되지 않았을 때 우주는 매우 뜨거웠기 때문에, 에너지는 입자와 반입자로 변환된다. 또한 그 역의 과정, 즉 입자와 반입자가 충돌하여 에너지를 만드는 일도 함께 일어났다. (b) 3분: 그 후 우주의 온도가 낮아짐에 따라, 광자의 에너지도 함께 낮아져, 더 이상 물질을 만들 수 없게 되었다. 그 대신 이미 존재했던 입자들은 서로 융합하여 중수소와 헬륨과 같은 원자핵들을 형성했다. (c) 40만 년: 그 이후 온도가 더 낮아져서 전자들은 원자핵에 결합하여 중성 원자들을 만들게 되었다. 우주의 대부분은 여전히 수소가 차지하고 있다.

상호작용이 매우 약해서 처음 1초 이후로는 전혀 변화없이 남아있게 된 특성—때문에 적어도 현재의 기술로는 탐지가 매우 어렵다. 아마도 언젠가는 교묘히 잘 피할 줄 아는 '과거로부터의 메신저'를 포획하는 방법이 개발될 것이다.

20.3.4 원자의 형성

우주가 생성되고 3분이 지나면서 온도가 9억 도(9×10^8 K)가 되었을 때, 양성자와 중성자가 결합하여 중수소를 생성할 수 있게 된다. 더 높은 온도에서는 고에너지 광자들에 의해 분해되기 때문에 중수소는 살아남지 못한다. 우주 탄생 3~4분 후의 온도와 밀도 상황에서 중수소는 오랫동안 생존하므로, 그중 일부는 서로 충돌해서 두 개씩의 양성자와 중성자로 구성된 헬륨으로 변환된다(그림 20.10b 참조). 이 당시 우주에서는 본질적으로 오늘날 항성의 중심부에서 일어나는 과정—단순한 성분으로부터 새로운 원소들을 합성해나가는 과정—과 비슷한 일이 벌어지고 있었다. 추가로 소량의 리튬(^{3}Li)도 생성되었다.

그러나 이러한 우주의 핵융합 과정은 그저 짧은 간주곡에 불과하다. 우주는 계속 팽창하면서 냉각된다. 따라서 리튬보다 무거운 원소는 형성될 수 없었으며 (너무 빨리 냉각되어) 가벼운 원소들조차도 몇 분 후에는 그 생성이 멈추게 된다. 오늘날처럼 냉각된 우주에서는 별의 중심부나 초신성의 폭발을 통해서만 새로운 원소의 합성이 가능하다.

대폭발 이론이 많은 양의 헬륨 생성을 허용한다는 사실은 천문학에서 오랫동안 해결되지 않았던 수수께끼를 해결했다. 간단히 말해서, 우주에 존재하는 헬륨 모두가 별 내부에서만 형성되었다고 하면 이해하기 어려울 만큼 그 양이 너무 많다. 대폭발 이후 전 세대에 걸쳐서 별들이 만들어낸 헬륨으로는 현재 관측되는 헬륨을 설명해주지 못한다. 더구나 아주 오래된 별들과 가장 멀리 떨어진 은하들조차 상당량의 헬륨을 포함하고 있다. 대폭발 이후 처음 몇 분 동안 합성된 헬륨은 이러한 관측 사실을 자연스럽게 설명해준다. 첫 3분간 생성된 헬륨의 양은 그 후 모든 세대의 별들이 100~150억 년 동안 만들어낸 양의 약 10배가 되는 것으로 추정된다.

20.3.5 중수소의 생성

초기 우주에서 원자핵들이 형성되는 과정을 살펴봄으로써 더 많은 것을 배울 수 있다. 현재 우주에 있는 모든 중수소들은 우주가 생겨나고 처음 3분 동안에 형성된 것으로 밝혀졌다. 별 내부에서 두 개의 양성자를 융합해서 중수소를 만들 정도의 온도라면, 중수소는 주변의 고에너지 광자와 충돌을 일으켜서 파괴되든가 또는 핵반응을 계속해서 헬륨으로 변환돼야 한다.

처음 3분간 형성된 중수소의 양은 당시의 우주 밀도에 좌우된다. 밀도가 상대적으로 높았다면 거의 모든 중수소는 별 내부에서처럼 양성자와의 상호작용을 통해 헬륨으로 변환됐을 것이다. 만일 밀도가 상대적으로 낮았다면 우주의 팽창으로 급격하게 희박해져서 일부 중수소만이 살아남았을 것이다. 따라서 현재 관측되는 중수소의 양은 우주가 3분 정도 되었을 당시의 우주 밀도를 추정할 수 있는 단서가 된다. 이론 모형은 당시의 밀도와 현재의 밀도 사이의 관계를 알려준다. 그러므로 현존하는 중수소 양을 측정하면, 현재의 우주 밀도를 추정할 수 있다.

중수소 양의 측정으로 추정된 현재의 우주 밀도는 약 4×10^{-28} kg/m^{3}으로 이는 우주의 물질 밀도가 임계밀도보다 작다는 이전의 추정치와 일치한다. 그러나 이는 존재가 예상되는 질량의 하한 값이다. 중수소 함량은 양성자와 중성자의 밀도만으로 결정되는데, 그 이유는 이들의 융합에 의해서 형성되기 때문이다. 측정된 중수소 양에 의하면 우주에 존재하는 양성자와 중성자만으로는 우주의 밀도가 임계밀도보다 약 25배 정도 모자라는 것으로 나타났다.

그러나 핵반응에 직접 관여하지 않는 암흑물질 입자가 존재한다면, 우주의 물질 밀도는 보통 물질만으로 추정한 것보다 더 높아질 수 있다. 앞서 보았듯이, 지구에 사는 우리에게 익숙한 종류의 물질보다 암흑물질의 형태로 더 많은 질량이 존재해야 한다는 증거들이 있다. 암흑물질은 이 책을 읽는 독자들처럼 양성자와 중성자로 이루어지지 않고, 어떤 알려지지 않은 특이한 종류의 입자들로 구성되었을 것이다.

20.4 우주배경복사

핵융합 반응은 대폭발 이후 몇 분 만에 멈추게 되지만, 우주는 수십만 년간 마치 별의 내부와 비슷한 상태로 지속된다. 즉 복사가 이 입자에서 저 입자로 산란되면서 뜨겁고 불투명한 상태가 지속된다. 아직은 온도가 매우 높아서 전자들이 특정한 핵과 결합해서 '정착'된 상황이 아니다. 이때 전자들이 광자를 매우 효과적으로 산란시키기 때문에, 초기 우주에서 복사는 어느 방향으로든지 멀리 가지 못한다. 어떻게 보면, 우주는 마치 콘서트가 끝난 직후 몰려나오는 엄청나게 많은 청중들과 같았다고 비유할 수 있다. 친구와 떨어져 있을 때 그의 옷에 번쩍거리는 특이한 단추가 달려 있다고 해도, 수많은 관객들 때문에 그 번쩍거리는 빛을 보고 그를 찾기란 거의 불가능하다. 관객들이 거의 빠져나갔을 무렵에 비로소 그의 단추 빛이 보이는 통로가 열리게 된다.

20.4.1 맑게 갠 우주

대폭발 이후 수십만 년이 지나면 우주 온도는 약 3000도, 그리고 원자핵의 개수 밀도는 1000 cm^{-3}가 되어 전자들은 원자핵과 결합해서 수소와 헬륨 같은 안정된 원자를 만들기 시작한다(그림 20.10c 참조). 이제 광자들을 산란시킬 전자들이 사라졌으므로 우주는 역사상 처음으로 광학적으로 투명해진다. 이를 기점으로 물질과 복사의 상호작용 빈도는 줄어들게 된다. 그러므로 이때부터 복사와 물질이 서로 분리되어 따로 진화하기 시작한다. 갑자기 전자기복사는 자유롭게 전파되면서 계속해서 자유로이 우주를 여행한다. 만약 초기 우주의 빛을 본다면, 그 빛은 처음으로 장거리 여행이 허용되던 복사와 물질의 분리시기로부터 나온 것이다(그림 20.11).

대폭발 이후 10억 년이 지난 다음에야 별과 은하들이 형성되기 시작한다. 별 내부 깊은 곳에서 물질들이 다시 가열되면서 핵반응이 일어나고, 서서히 중원소들이 만들어지기 시작한다. 그동안, 분리 시기로부터 흘러나온 복사는 공간이 팽창되면서 지속해서 냉각되고, 또한 계속해서 적색이동 되어 그 에너지가 점점 낮아지게 된다. 수십억 년이 지난 후에는, 대폭발의 잔영이 점점 희미해진다.

초기 우주 모형에 관한 짧은 소개를 마치면서, 한 가지만 더 언급하고자 한다. 대폭발을—**공간에서 일어나는 국부적인 폭발처럼**—하나의 거대한 별의 폭발로 생각해서는 안 된다. 대폭발에서는 폭발이 일어난 지점이나 그로 인해 생긴 경계선이 존재하지 않는다. 대폭발은 우주 전역에서 일어난 우주 **공간 자체**의 (그리고 물질과 에너지의) 폭발이다. 여러분의 몸을 구성하는 입자들을 포함한 현존의 모든 물질과 에너지는 대폭발로부터 온 것이다. 우리는 아직도 대폭발의 한가운데에 있다. 대폭발은 바로 우리의 주변에서 있었다.

20.4.2 우주배경복사의 발견

1940년대 후반 랠프 앨퍼와 로버트 허만은 조지 가모프와 함께(그림 20.8) 연구해서 우주가 투명해지기 전에는 3000도의 흑체복사(4장 참조)를 방출해야 함을 알아냈다. 중성 원자들이 형성되어 투명해질 당시의 복사는 온도가 낮은 붉은 별의 복사 스펙트럼과 비슷하다. 마치 거대한 불덩어리가 우주 전체를 채우고 있는 상황과 같았다.

그러나 이는 거의 140억 년 전 상황이었고, 그 사이 우주의 공간 척도는 1000배나 증가했다. 이와 더불어 복사 파장도 1000배나 증가했고, 빈의 법칙에 따르면 온도는 1000배 감소했다(4.2절 참조). 앨퍼와 허만은 거대한 불덩어리로부터 방출된 복사는 전파 영역에서 나올 것이며, 절대온도로 수 도(K)에 해당하는 흑체 복사와 같을 것으로 예측했다. 불덩어리는 우주 전체 어디에나 존재하였기 때문에, 그로 인한 복사도 어디에나 존재해야 한다. 인간의 눈이 전파를 감지한다면, 하늘 전체가 희미하게 빛나는 것을 볼 수 있다. 그러나 우리의 눈은 전파 파장에 민감하지 않으며, 그들의 연구가 발표할 당시에 그러한 복사를 관측할 만한 기기 또한 없었기 때문에, 그 예측은 오래도록 잊힌 채 지나왔다.

1960년대 중반, 미국 뉴저지 주 홀름델에 있는 AT&T 벨연구소에서 일하던 아르노 펜지어스(Arno Penzias)와 로버트 윌슨(Robert Wilson)은 정밀한 극초단파 안테나를 사

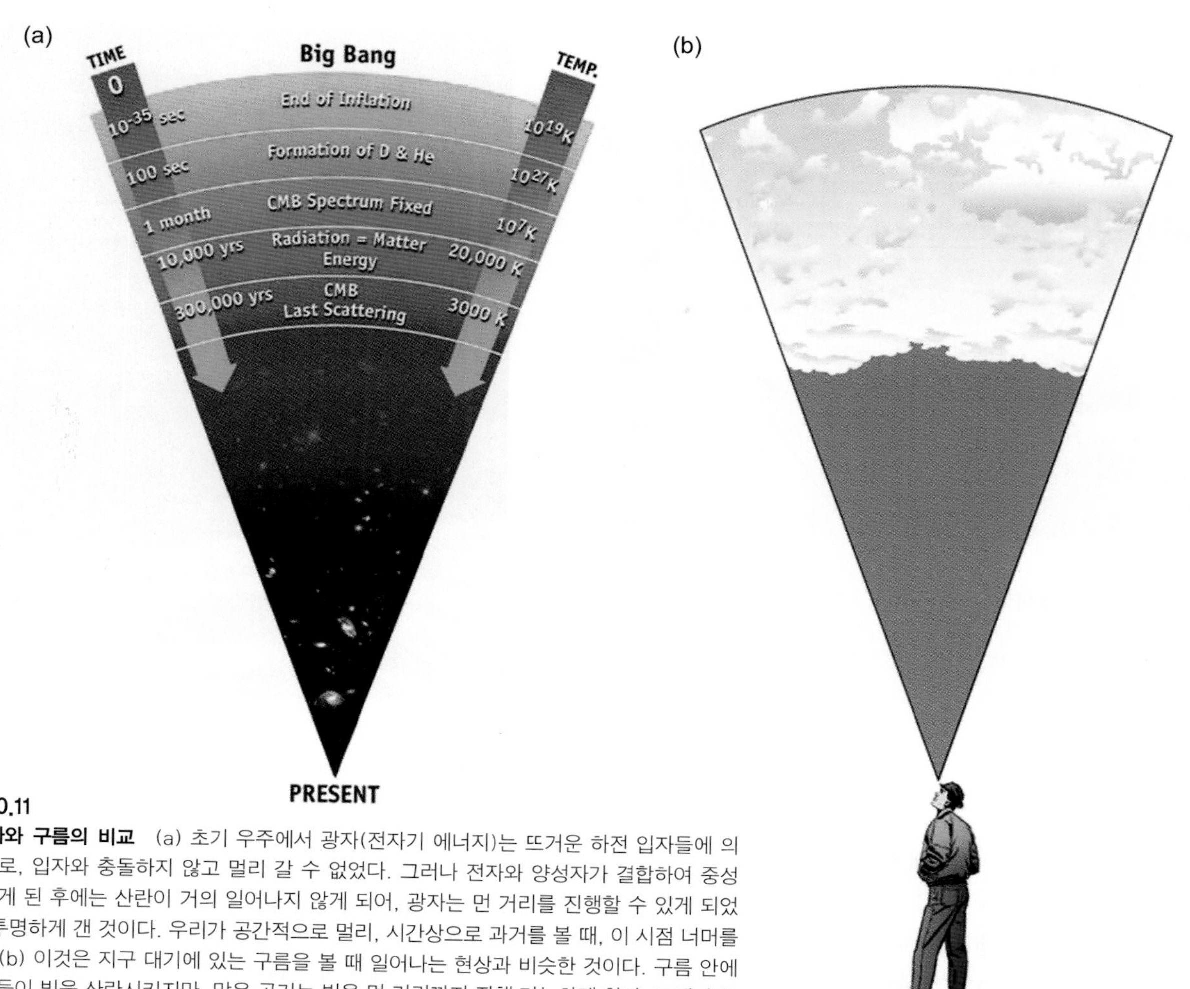

■ **그림 20.11**

우주배경복사와 구름의 비교 (a) 초기 우주에서 광자(전자기 에너지)는 뜨거운 하전 입자들에 의해 산란되므로, 입자와 충돌하지 않고 멀리 갈 수 없었다. 그러나 전자와 양성자가 결합하여 중성 원자를 만들게 된 후에는 산란이 거의 일어나지 않게 되어, 광자는 먼 거리를 진행할 수 있게 되었다. 우주가 투명하게 갠 것이다. 우리가 공간적으로 멀리, 시간상으로 과거를 볼 때, 이 시점 너머를 볼 수 없다. (b) 이것은 지구 대기에 있는 구름을 볼 때 일어나는 현상과 비슷한 것이다. 구름 안에서는 물방울들이 빛을 산란시키지만, 맑은 공기는 빛을 먼 거리까지 진행 가능하게 한다. 그래서 우리가 대기를 올려다보면, 구름층에 의해 시계가 차단되어 그 너머를 볼 수 없게 된다.

용해서 하늘 전체에서 나오는 전파 신호를 측정하고 있었다(그림 20.12). (그들의 목적은 통신 위성을 방해하는 복사원을 찾아내는 데 있었다.) 그들은 라디오 전파 잡음과 비슷한 예측치 못한 배경 잡음을 없애지 못해 애를 먹고 있었다. 이 잡음은 이상하게 하늘의 모든 방향에서 동시에 수신되었다. 천문학에서는 이런 일은 매우 드물다. 왜냐하면 대부분의 복사는 특정한 방향에서 가장 강하기 때문이다. 그 예로서 태양이나 초신성 잔해 또는 은하수 원반 방향을 들 수 있다.

처음 펜지어스와 윌슨은 모든 방향에서 나오는 것처럼 보이는 복사의 원천은 망원경 내부에 있다고 보고, 그 잡음원을 찾아내기 위해 망원경 부품을 모두 분해했다. 그 결과 뿔 모양의 전파망원경 안테나 속에 비둘기들이 집을 짓고 그 안쪽 면에 (펜지어스의 우아한 표현을 빌리자면) '흰색의 끈적이는 유기물질의 층'을 남겨 놓았음을 발견했다. 그럼에도 불구하고 어떤 방법으로도 배경복사를 제거할 수 없었으므로, 그들은 어쩔 수 없이 배경복사가 실제로 존재하며 우주에서 나온다는 사실을 받아들이게 되었다.

펜지어스와 윌슨은 우주론 학자는 아니었으므로, 그들의 이상한 발견에 대해 가까운 곳에 있던 프린스턴 대학의 천문학자와 물리학자들과 접촉하면서 그들과 의견을 교환하게 되었다. 이 학자들은 1940년대 가모프 그룹의 계산을 재검토하고, 우주의 분리시대에 방출된 복사가 지금은 전파 영역에서 약한 잔해로 검출돼야 한다는 것을 깨닫게 되었다. 그들 계산에 의하면 그 **우주배경복사**(cosmic background radiation, CBR[4])에 해당하는 온도는 절대온도로 약 3°였다. 펜지어스와 윌슨은 발견한 복사는 바로 그 온도에 해당하는 흑체복사와 일치한다는 사실이 알려지게 된 것이다.

이 발견은 지상과 우주에서 수행한 많은 실험을 통해서

[4] 역자 주-우주 마이크로파 배경(Cosmic Microwave Background, CMB) 복사라 부른다.

■ **그림 20.12**
로버트 윌슨(오른쪽)과 아르노 펜지어스 두 과학자가 우주배경복사를 발견하는 데 사용했던 뿔 모양의 혼 안테나 앞에서 자세를 취하고 있다. 이 사진은 1978년에 그들이 노벨 물리학상을 받은 직후에 촬영한 것이다.

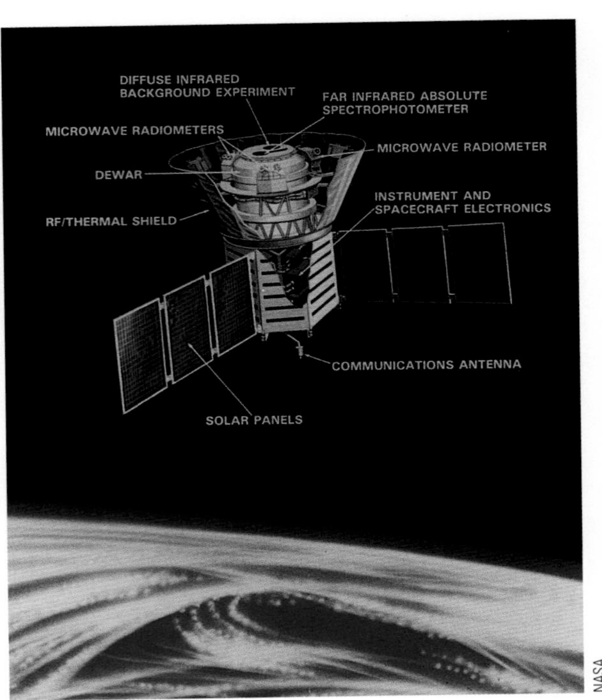

■ **그림 20.13**
COBE(Cosmic Background Explorer) 위성 적외선과 전파 영역에서 우주배경복사를 관측하기 위하여 제작된 COBE 위성의 그림. 위성에 장착된 여러 가지 기기들이 표시되어 있다.

확인되었다. 복사는 실제로 모든 방향에서 수신되었고(등방성), 대폭발 이론의 예측과 놀랄 만한 정밀도로 일치했다. 펜지어스와 윌슨은 우연하게 태초의 불덩어리에서 나온 복사를 관측한 셈이다. 그들은 이 업적으로 1978년에 노벨상을 받았다. 르메트르는 1966년 사망하기 직전에, 그의 '사라져 버린 찬란한 빛'이 발견되고 확인되었음을 알게 되었다.

20.4.3 우주배경복사의 성질

지구 주위를 도는 위성을 이용해서, 최초로 정밀하게 CBR을 측정할 수 있었다. 우주배경탐사선(COBE)이라고 명명된 이 위성은 NASA가 1989년 11월 18일에 발사한 것이다(그림 20.13). 이 위성이 관측한 CBR 자료는 예측한 대로 절대온도 2.73°에 해당하는 흑체복사와 거의 일치했다(그림 20.14). 이것은 관측된 CBR이 우주가 시작된 직후, 모든 공간을 채웠던 뜨거운 가스가 방출한 복사가 적색이동을 일으킨 것으로, 예측 결과와 정확히 일치한다.

그러므로 CBR 관측에서 알 수 있는 첫 번째 중요한 결과는 우리의 우주는 균일하게 뜨거운 상태로부터 진화했다는 사실이다. 또한 이 관측은 우리가 진화하는 우주에 살고 있음을 직접 보여주는 것이다. 왜냐하면 우주의 시작과 비교하면 현재의 우주는 아주 차갑기 때문이다.

두 번째 결과는 하늘의 어느 한쪽 방향에서 측정한 CBR이 반대 방향보다 더 뜨거운 것처럼 보인다는 사실이다. 이는 다른 기기로 관측한 결과지만 지금은 COBE에 의해서도 확인된 사실이다. 그 차이는 관측자가 우주 공간에서 움직이고 있기 때문에 생긴다. 만일 관측자가 흑체를 향해 접근하면, 그로부터 나오는 복사는 짧은 파장 쪽으로 약간 도플러 이동되어 보일 것이고, 따라서 흑체로부터 약간 높은 온도의 복사가 관측될 것이다. 반대로 흑체로부터 멀어진다면 복사는 적색이동을 일으켜서 마치 온도가 약간 낮은 흑체로 보일 것이다. CBR은 우주 전체를 채우고 있기 때문에, 적색이동과 청색이동을 일으키는 방향과 그 변위(變位)를 조사하면 우리가 우주 공간에서 어떻게 움직이는지를 결정할 수 있다.

CBR이 보여주는 작은 온도 차이는 우리의 태양, 은하계 그리고 국부 은하군 전체가 바다뱀자리 방향으로 약 500 km/s의 속도로 움직이고 있음을 보여준다. 이 속도는 우주의 전반적인 팽창에 의한 은하들의 운동에 추가되어 나타나는 것임을 유의하자. 19장에서 살펴보았듯이, 이런 여분의 속도(고유운동)가 나타나는 이유는 아마도 밀도가 높은 암흑물질 덩어리인 거대인력체(Great Attractor)에 의해서 국부 은하군이 바다뱀자리 방향으로 끌려가기 때문일 것이다.

20.4.4 우주배경복사의 미세한 요동

COBE 위성이 발사되기 전에도 CBR은 극도의 등방성을 가

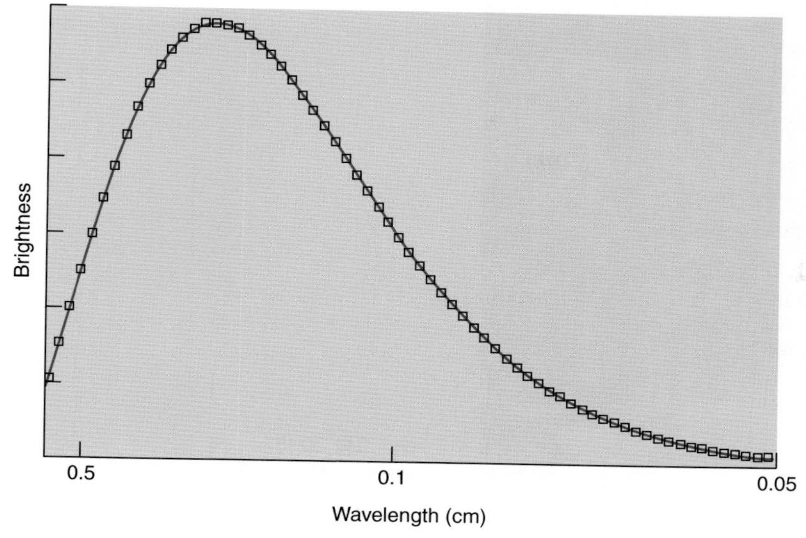

■ **그림 20.14**
우주배경복사 스펙트럼 실선은 절대온도 2.73°의 흑체가 방출하는 복사 세기를 파장에 따라 나타낸 것이다. 네모는 COBE에 실린 관측기기로 관측한 우주배경복사의 세기를 파장에 따라 표시한 것이다. 두 곡선은 완벽하게 일치한다. 이 그래프가 천문학자들의 학술회의에서 처음 발표되었을 때, 그들은 기립박수를 보냈다.

지는 것이 잘 알려졌었다. 사실 이런 등방성은 **우주론원리**를 확인할 수 있는 아주 좋은 증거가 된다. 지상에서 수행한 관측 결과에 의하면, 각거리 1° 이내로 떨어져 있는 천구상의 두 지점을 관측할 때, 우주배경복사 세기의 요동은 수만 분의 일도 되지 않는다.

그러나 이론적으로 CBR이 방출될 당시 온도는 완벽하게 일정할 수는 없다. CBR은 우주의 분리시기에 입자들에 의해 산란된 복사다. 만약 우주배경복사가 완벽하게 균일하다면 산란을 일으켰던 입자들은 우주에 균일하게 분포되어 있어야 한다. 그런데 오늘날 우주를 구성하는 은하들과 별들(그리고 천문학을 공부하는 학생들도)은 이런 입자들로 이루어진 것들이다. 입자들이 완벽히 균일하게 분포했다면, 현재 우주에서 볼 수 있는—지난 몇 개의 장에서 배웠던 은하단이나 초은하단과 같은—거대 구조는 생기지 않았을 것이다.

초기 우주에서 아주 조그만 밀도 요동이 존재했어야만, 그것이 어떤 특정한 구조로 진화될 수 있었을 것이다. 평균보다 밀도가 높은 지역은 물질을 더 많이 끌어당겨서, 마침내 오늘날 우리가 보는 은하나 은하단으로 자랄 수 있었다. 다소 복잡한 이유로, 이런 영역들은 온도가 평균보다 더 높게 나타나게 된다. 그러므로 CBR이 방출되던 당시, 오늘날의 은하를 형성한 씨앗이었던 고밀도 영역들이 있었다면, 현재 관측되는 CBR의 온도도 작은 차이를 보여야 한다.

COBE 위성이 보내온 자료를 분석한 과학자들은 실제로 CBR 복사에서 아주 미세한 온도 차이를 포착했다. 이러한 온도 변화는 대체로 1/10만 도(K) 정도였다. 평균보다 온도가 높은 영역의 크기는 다양한데, 크기가 가장 작은 영역일지라도 각 은하나 초은하단의 씨앗으로는 규모가 너무 크다고 한다. 이것은 COBE의 각 분해능이 나빠서 흐릿한 영상이 얻어졌고, 그 결과 천구상에서 커다란 조각들만 측정될 수 있었기 때문이다.

그런 상황은 열기구에 장착한 기기를 이용한 관측으로 개선되었다. 남극에서 실시한 실험 중 하나는 부메랑(Ballon Observation Of Millimetric Extragalactic Radiation ANd Geomagnetics)이라는 재치 있는 이름이 붙여져 있다. 첫 번째 부메랑 열기구는 남극의 주변을 따라 부는 바람을 타고 10일 동안 대기 중에 떠 있다가 (그 이름에 걸맞게) 제자리로 돌아왔다(그림 20.15). 부메랑의 각 분해능은 COBE에 비해 35배 높아서 보름달 크기에 해당하는 30분 크기의 지역을 분해할 수 있었다. 이런 면적은 은하단이나 초은하단이 태어난 영역의 크기에 해당한다.

이론적 계산에 의하면, CBR의 분포에서 뜨겁거나 차가운 지역의 크기는 우주의 전체 밀도에 따라 달라진다. (사실 왜 그런지 이해하기는 쉽지 않으며, 이 책의 범위를 넘어서는 꽤 어려운 계산이 필요하다. 하지만 그런 의존도를 알고 있는 것은 유용하다.) 여기에서 말하는 전체 밀도는 물질과 우주상수(암흑에너지) 모두를 포함한 것이다. 즉 질량과 에너지 모두를 더해야 한다. 보통 물질, 암흑물질, 그리고 팽창을 가속하는 암흑에너지를 포함한다.

세 가지 성분을 합한 질량 밀도가 임계밀도와 같다면, 뜨겁거나 차가운 지역의 크기는 대략 1° 크기를 가진다. 임계밀도보다 더 큰 밀도를 가지는 우주에서는 크기가 이보다 더 크게 나타난다. 반대로 우주가 임계밀도보다 더 작은 밀도를 가지면, 그러한 구조들의 크기는 더 작게 보일 것이다. 부메랑의 관측에 의하면 우리는 임계밀도의 우주에 살고 있다.

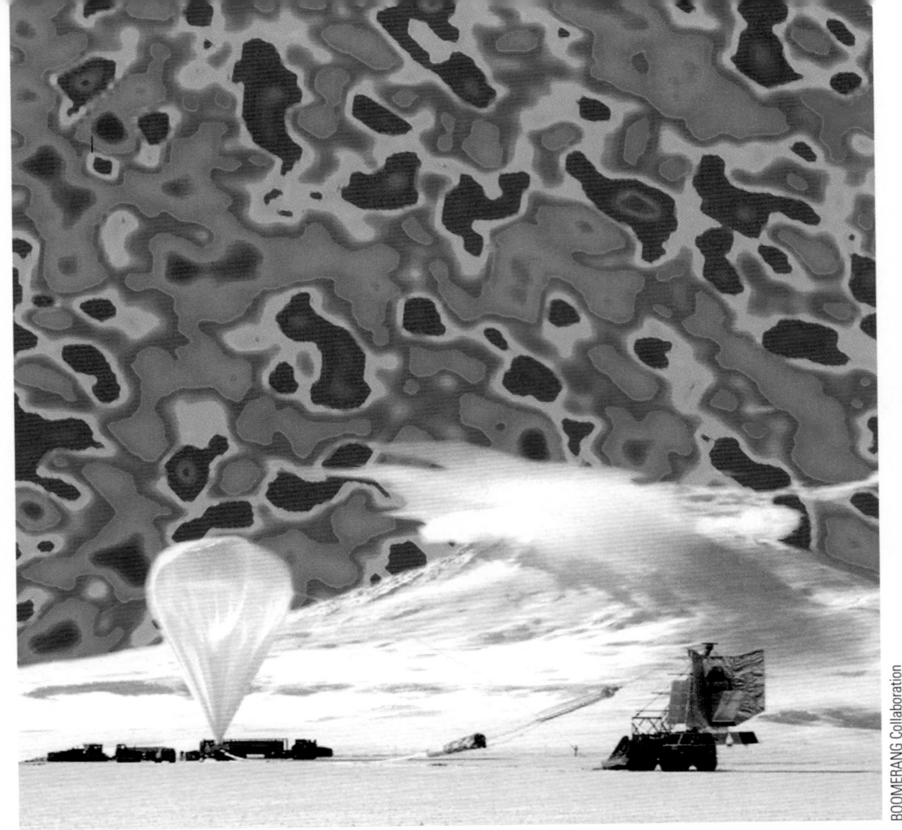

■ **그림 20.15**
에레버스 산 위로 펼쳐진 우주배경복사의 하늘 발사 준비 중인 부메랑 열기구와 하늘의 우주배경복사를 합성한 사진이다. 만약 인간의 눈으로 밀리미터파를 볼 수 있다면, 우주배경복사 요동이 하늘에서 얼마나 크게 보일지를 나타내기 위해 부메랑이 관측한 영상을 천구상에 펼쳐 놓았다. 우주배경복사의 온도 차이를 다른 색깔로 표시했는데, 가장 큰 차이는 10만 분의 1도에 해당한다.

CBR을 더욱 상세하게 측정하면 초기 우주의 성질에 대해 더 많이 알 수 있다. 2003년 2월에 윌킨슨 극초단파 비등방 탐사선(Wilkinson microwave anisotropy probe, WMAP)의 첫 번째 결과가 발표되었다. 데이비드 윌킨슨(David Wilkinson)의 이름을 따서 명명된 우주배경복사 탐사선인 WMAP은 이전의 실험들에 비해 훨씬 더 정확하고 정밀하게 CBR 전천(all-sky) 지도를 만들기 위해 고안되었다. 이 실험은 이전 십 년 간 다수의 실험을 통해 얻은 우주에 대한 이해—이 장의 앞에서 요약했던 바와 같은—를 확인해 주었으며, 우주 모형에 관한 여러 인자들의 정밀도를 개선했다.

WMAP 데이터에 의하면 우주의 나이는 137억 년이고, 그 예측에 대한 오차는 20만 년이다. WMAP은 우리가 임계밀도의 우주에 살고 있는 것을 확인하여 주었다. 보통 물질(양성자와 중성자)은 전체 밀도의 4.4%를 차지하고, 암흑물질과 보통 물질을 더하면 전체 밀도의 27%이며, 암흑에너지는 나머지 73%를 차지한다. 허블 상수는 21.8 km/s/10^6 LY (71 km/s/Mpc)이다. 우주배경복사가 방출되던 분리시기에 해당하는 우주의 나이는 379,000년이다. WMAP의 탐사 결과 새롭게 알려진 사실은 대폭발 이후 2억 년 만에 첫 별들이 생성되었다는 것이다.

어쩌면 WMAP 실험의 가장 놀라운 사실은, 깜짝 놀랄 만한 의외의 결과가 없었다는 것이다. 사실 WMAP의 결과는 이 장의 나머지 부분이 집필된 다음에 발표되었다. 만약 WMAP에서 새로 결정한 우주의 나이와 물질의 구성성분 같은 수치들을 기존 추정치의 부정확도에 해당하는 오차를 반영시켜서 어림잡아보면, 이미 기록했던 추정치를 하나도 바

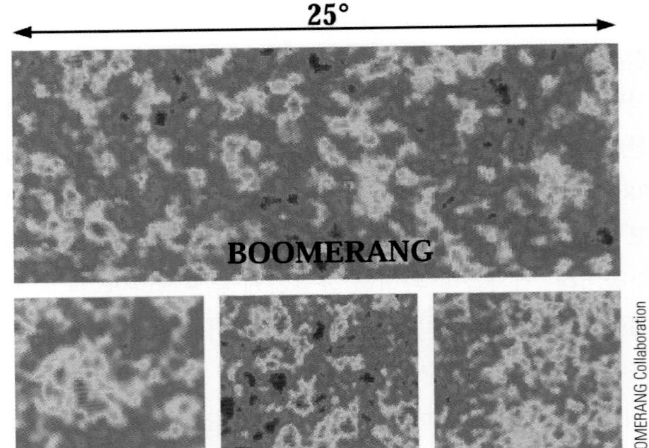

■ **그림 20.16**
부메랑의 측정과 우주 모형에 따른 예측 비교 임계밀도를 가지는 우주에서 뜨겁거나 차가운 영역의 각 크기는 보통 1° 정도이다(아래 중앙). 임계밀도보다 큰 밀도를 가지는 우주에서는 섭동의 크기가 1°보다 더 크다(아래 왼쪽). 임계밀도보다 작은 밀도의 우주에서는 1°보다 작다(아래 오른쪽). 위쪽의 관측 영상과 비교해 보면, 부메랑의 관측은 임계밀도 우주에서 예측한 것과 가장 잘 맞는다.

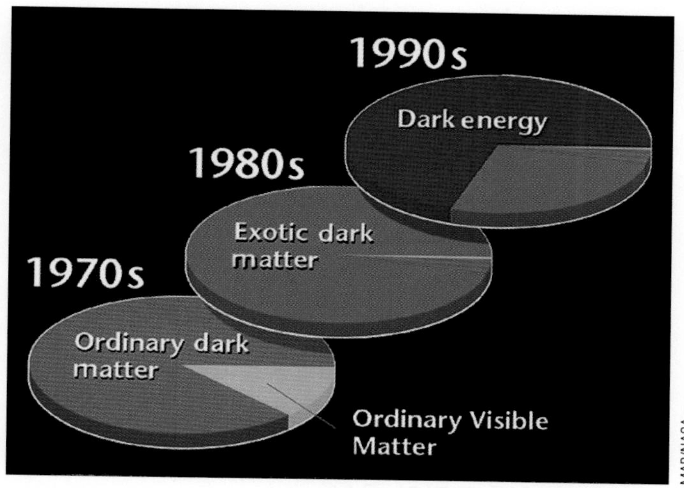

■ **그림 20.17**

우주 구성 성분에 관한 추정치의 변화 추세 이 원그래프(파이 차트)는 지난 30년간 우주의 구성 성분에 관한 우리의 지식 변화를 보여준다. 1970년대에는 우주 물질의 대부분은 보이지 않는다고 생각했지만, 그것은 단지 전자기복사를 방출하지 않을 뿐, 실제 양성자, 중성자와 같은 보통 물질일 것으로 생각했었다. 1980년대에 이르러 대부분의 암흑물질은 우리가 아직 지구에서 검출하지 못한 물질일 가능성이 크다고 여겼다. 1990년대 말에 이르러 다양한 실험을 통해 우리는 임계밀도의 우주에서 살고 있으며, 암흑에너지가 임계밀도의 약 70%를 차지한다는 것을 알게 되었다. 시간이 가면서 빛을 내는 보통 물질의 상대적인 중요도(노란색 부분)가 감소해왔다는 사실에 주목하자.

꿀 필요가 없었다. 다시 말하면, 우리에게 친숙한 물질이 우주 전체 질량의 단지 4%에 불과한 아주 이상한 우주에 실제로 우리가 살고 있다는 것이다.

20.5 우주는 무엇으로 구성되었는가?

여기서 잠시 멈추고 이전 절에 대해 다시 생각해 보자. 충격적이지 않은가! 우주의 96%는—그 어느 것도 지구의 실험에서 아직 검출되지 않은—암흑물질과 암흑에너지로 이루어졌다고 너무 쉽게 말하고 있다. 이 책 전체에서 전자기복사를 방출하는 천체들에 집중했고, 우주에 있는 나머지 96%는 무시했었다. 이제 과학에는 풀어야 할 큰 수수께끼가 더 이상 없다고 누가 말했는가!

그림 20.17은 우주를 구성하는 물질에 대한 아이디어가 지난 30년간 어떻게 바뀌어 왔는지를 보여 준다. 천문학을 공부하는 학생들을 이루고 있는 입자들이 차지하는 몫은 꾸준히 감소해 왔음을 알 수 있다.

20.5.1 물질은 어디에 있는가?

WMAP과 다른 최신 관측 결과들은 정확하며, 우리는 실제로 임계밀도의 우주에 살고 있다고 가정하자. 그렇다면 우주를 구성하는 물질과 에너지를 모두 찾았는가?

이 장 앞에서 배웠듯이, 중수소의 함량비로부터 우주에 있는 보통 물질의 양이 얼마나 되는지 추산할 수 있다. 관측된 중수소 함량비와 이론적 예측을 비교해 보면, 보통 물질은 임계밀도의 4%를 차지함을 알 수 있다. 이 값은 CBR의 관측으로부터 독립적으로 구한 결과와 같다. 서로 다른 방법으로 얻어진 값들이 일치한다는 사실은 우리의 우주 모형이 제대로 만들어졌음을 강력히 시사한다.

지금까지 관측을 통해서 임계밀도의 1%에 해당하는 물질이 은하와 별들에 포함되어 있음을 알아냈다. 그렇다면 더 많은 보통 물질은 어디인가에 숨었을 것이다. 최신의 관측은 아마도 그러할 것임을 시사한다. 허블 우주 망원경을 이용한 관측을 통해서 은하들 사이의 공간에서 매우 뜨거운 가스 구름을 발견했다. 이 관측에서는 먼 은하에서 오는 빛을 탐조등으로 사용하였다. 퀘이사에서 방출된 빛은 지구로 오는 여정에서 다수의 구름 사이를 뚫고 오는데, 산소 원자들은 그 퀘이사의 빛을 흡수하면서 전자를 5개까지 잃어버린다(그림 20.18). 그 결과 퀘이사의 스펙트럼에 흡수선이 나타난다.

가스의 온도가 적어도 10^5 K는 되어야 산소는 많은 전자들을 잃을 수 있다. 그 같은 고온일지라도 수소라면 자신이 가지는 단 한 개의 전자만 잃어버릴 것이므로, 구름에 존재하는 수소의 양을 검출할 방법이 없다. 그러나 별에서 관측되듯이 6개의 산소 원자당 약 1만 개의 수소 원자가 있을 것으로 가정하면, 뜨거운 구름 안에 들어있는 수소의 양을 가늠할 수 있다. 이 은하 간 구름에 포함된 물질의 총량은 별과 은하에서 빛을 내는 물질의 총량과 거의 같다고 한다.

그렇다면 이런 뜨거운 구름은 어디에서 온 것일까? 은하 형성이론에 따르면 초기 우주는 거미집같이 가스 필라멘트로 채워져 있었다고 한다. 그러한 필라멘트가 겹쳐지는 고밀도 영역에서 은하단이 형성된다. 이 은하들 안에서 다수의 무거운 별들이 초신성으로 폭발하면, 별 중심에서 생성된 산소 원자들을 뿜어낸다. 빠르게 움직이는 산소와 금속 원자들은 그들이 태어난 은하를 떠나면서 (별이나 은하에 묶이지 않고) 필라멘트에 남아 있던 수소 원자와 뒤섞인다. 마치 우

John Godfrey (STScI)/NASA

■ **그림 20.18**
은하 사이의 뜨거운 가스 구름의 발견 먼 퀘이사로부터 오는 빛은 지구에 도달하기까지 긴 여정에서 경로 상에 놓여 있는 구름을 지나오게 된다. 이러한 구름에 포함되어 있는 산소 원자들은 퀘이사의 빛을 흡수해서 이온화된다. 본문에서 언급한 특정한 퀘이사의 경우, 빛은 지구를 향해 수십억 광년의 거리를 여행하는 과정에서 4개의 분리된 구름을 지나왔다.

리은하 안에서 초신성의 폭발로 방출된 껍질이 성간 물질과 충돌하면서 주변의 가스를 데우듯이(11장 참조), 필라멘트와 충돌할 때 발생한 충격파에 의해 가스가 데워진다.

표 20.4는 우주를 구성하는 다양한 천체들이 우주 밀도에 얼마나 기여하는지를 보여주는데, 이 결과는 현재까지 알려진 최선의 추정값이다. 은하에 있는 빛을 내는 물질의 양은 임계밀도의 1% 이하를 차지하며, 은하 간 공간의 뜨거운 가스 구름에서 추가로 1% 정도가 발견된다. 나머지 2%의 보통 물질은 은하 간 공간에 숨어 있을 것으로 추정된다.

지금까지 소개한 물질을 다 더하면 4%가 된다. 그렇다면 나머지는 어디에 있을까? 19장에서 말했듯이, 은하단 지도에 따르면 보통 물질의 7배 정도의 암흑물질이 존재한다. 이를 감안하면 임계밀도의 32%(=4+28)까지 올라간다. 암흑물질과 보통 물질의 비율이 정확히 알려지지 않았다는 사실을 고려할 때, 이는 우주배경복사의 관측에서 모든 물질의 총합이 임계밀도의 27%가 될 것이라는 추산에 매우 가깝다. 나머지 임계밀도를 채우는 것은 이 장 전체의 배경에 숨겨져 있는 우주상수, 즉 '암흑에너지'이다.

많은 천문학자들은 우리가 기술한 이러한 상황에 매우 만족한다. 여러 독립적인 실험 결과도 우리가 사는 임계밀도의 우주와 그의 구성성분이 모형과 일치하는 것으로 나타났다. 우리는 거의 모든 것을 설명할 수 있는 우주 모형도 가지고 있다. 그러나 그러한 견해에 동의하기 꺼리는 학자들도 여전히 있다. 그들은 '아직까지 직접 검출하지 못한 우주의 96%—예를 들어 암흑물질—를 우리에게 보여 달라'고 주장한다.

표 20.4 우주 밀도에 기여하는 다양한 구성 성분

구성 성분	임계밀도에 대한 백분율(%)
빛을 내는 물질 (별, 은하 등)	<1
보통 물질	4(고온의 은하 간 가스를 포함)
보통 물질과 암흑물질을 합한 총 물질	27
암흑에너지의 등가 질량밀도	73

20.5.2 암흑물질의 후보

어떻게 암흑물질을 찾아야 할까? 그 방법은 암흑물질을 무엇이라고 생각하는가에 달려 있다. 19.5.5절에서 어둡지만 보통 물질로 이루어진 MACHO라는 밀집 천체를 탐색하려는 시도에 대해 기술했는데, 그 프로젝트는 암흑물질 일부밖에는 설명하지 못했었다.

암흑물질의 다른 형태는 우리가 지구에서 아직 검출하지 못한 소립자의 일종일 수도 있다. 물론 이 입자는 질량을 가지고 있고, 충분한 양이 있어서 임계밀도의 23%를 설명할 수 있어야 한다. 특정한 입자 물리학 이론은 그러한 입자의 존재를 예측하고 있다. 그중에는 WIMP(weakly interacting massive particles)라는 이름을 가진 것이 있다. (사실 MACHO라는 이름은 WIMP에 대적하기 위해 만들어진 과학적 유머라고 볼 수 있다.) 이러한 입자들은 중수소를 생성하는 핵반응을 일으키지 않으므로, 관측된 중수소 함량비가 우주에 있는 WIMP의 양을 제한하지 않는다. (그 밖에도 많은 종류의 색다른 입자들이 암흑물질의 후보로 제안되었으나, 여기에서는 유용한 예로서 WIMP만을 논의의 대상으로 삼았다.)

만약 많은 수의 WIMP가 존재한다면, 그중 일부는 지금 물리학 실험실을 통과하고 있을 것이다. 그들을 어떻게 검출

"I CAN'T TELL YOU WHAT'S IN THE DARK MATTER SANDWICH. NO ONE KNOWS WHAT'S IN THE DARK MATTER SANDWICH."

© Ted Goff. Reprinted by permission.

하느냐가 관건이다. 정의에 의하면 이 입자들은 다른 물질들과 드물게 상호작용하기 때문에 실험으로 측정될 정도의 흔적을 남길 가능성은 낮다. 또한 이들 입자들에 대해서는 별로 알려진 것이 없으니, 어떤 종류의 흔적을 남길지를 예측하기도 어렵다. 그럼에도 불구하고 이처럼 정체가 불확실한 WIMP가 실제로 존재하는지를 결정하기 위해서 아직도 20여 개의 실험이 진행 중에 있다.

한 종류의 검출기는 WIMP가 가끔 원자핵과 충돌해서 핵을 움직이게 만든다는 아이디어에 근거해서 제작되었다. 이 핵의 움직임은 검출기 속의 입자에 전달되어 온도를 변화시킨다. 그 변화는 $1/10^6$도 정도로 추산되는데, 검출기가 절대온도 영도에 가깝게 유지되면 측정 가능하다. 다른 방법은 입자의 충돌에 의한 핵의 반동으로 빛이 방출되는 물질을 이용해서 검출기를 만드는 것이다. 또 다른 아이디어는 WIMP가 운모 조각을 통과할 때 만들어지는 미세한 파괴 흔적을 찾는 것이다. 지구에는 10억 년보다 오래된 운모 조각들이 있다. 오랜 세월 동안에 WIMP가 원자핵과 충돌하여 핵을 자신의 위치에서 벗어나게 만드는 경우가 적어도 수차례는 있는데, 그 핵은 주변 원자들을 움직여서 운모 조각에 손상 흔적을 남길 수도 있을 것이다.

만약 우주 물질 대부분이 우리가 아직 발견하지 못한 어떤 입자로 이루어진 것이 사실이라면, 우리는 그를 검출하기 위한 도전을 받아들여야 한다. 탐색은 아직 진행 중이다.—중성미자를 성공적으로 검출했듯이, 거대 가속기에서, 전 세계 대학의 실험실에서, 그리고 지하 깊숙한 갱도에서 과학자들은 (별이나 은하에서 묶이지 않고 벗어난) 암흑물질을 잡아내려고 노력하고 있다. 그러니 그 결과를 기대하시라!

20.5.3 암흑물질과 은하의 형성

비록 암흑물질의 정체는 알 수 없지만, 그들이 없었다면 아마도 은하는 생성되지 못했을 것이다. 18장과 19장에서 보았듯이, 초기 우주의 밀도 요동이 성장해서 은하들이 만들어졌다. COBE의 관측과 그 밖의 실험들은 그러한 요동의 크기에 대한 정보를 제공했는데, 밀도 요동의 크기가 너무 작아서, 현재 알려진 이론에 의하면, 대폭발 이후 10억 년 이전에는 은하가 형성될 수 없었다. 그러나 실제로 은하들이 수억 년 후에 형성되었음을 관측은 보여준다.

CBR의 관측은 복사와 상호작용하는 보통 물질의 밀도요동에 대한 정보만을 제공한다. 만약 복사와 아무런 상호작용이 없는 물질, 즉 암흑물질이 존재한다고 가정해 보자. 암흑물질은 훨씬 큰 밀도요동을 통해 깊은 중력 함정을 만들어서, 우주가 투명해진 즉시 보통 물질을 끌어들일 것이다. 암흑물질의 함정 덕분에 보통 물질의 집중이 점점 커져서 빠르게 은하가 형성될 수 있었을 것이다.

비유하면, 800 m마다 교통 신호등이 있는 도로를 상상해보자. 여러분이 경찰의 호위 아래 빨간 신호에도 지나갈 수 있는 자동차 행렬에 속해 있다고 가정하자. 이와 마찬가지로, 초기 우주가 불투명할 때, 복사는 물질과 결합해서 암흑물질 덩어리를 지나쳐서 움직이게 된다. 자 이제 경찰은 가버리고 자동차 행렬이 빨강 신호등을 만났다고 하자. 신호등은 자동차 행렬을 멈추게 하고, 자동차들은 모여들게 된다. 이처럼 우주가 투명해져서 보통 물질이 복사와 상호작용을 멈추게 되면(복사와 물질이 분리되면), 보통 물질은 암흑물질의 중력 함정으로 떨어질 수 있게 된다.

중력의 함정 크기는 암흑물질의 종류에 따라 달라진다. 암흑물질이 광속에 가까울 경우, 이를 **뜨거운 암흑물질**(hot dark matter, HDM)이라 한다. 중성미자는 뜨거운 암흑물질의 대표적인 예다. 이 경우 빠르게 움직이는 입자들이 고밀도 지역에서 저밀도 지역으로 이동되어 작은 척도의 밀도요동은 고르게 퍼지게 된다. 작은 크기의 밀도요동은 살아남지 못하므로, 거시적 척도(크기)의 구조가 먼저 형성된다.

반대로 암흑물질이 천천히 움직이는 경우를 **차가운 암흑물질**(cold dark matter, CDM)이라고 하는데, 입자들이 멀리 이동하지 못하므로 작은 척도의 밀도요동을 매끈하게 만들지 못한다. 이 경우 구상 성단이나 개개 은하 크기 전도의 작은 척도의 구조가 먼저 형성된다.

뜨거운 암흑물질이나 차가운 암흑물질 모두 19장에서 설명했던 은하의 분포를 성공적으로 설명하지 못한다. 뜨거운 암흑물질은 모든 은하들이 거대한 판 같은 구조 안에 존재할 것이라고 예측하지만, 관측 사실은 다르다. 반면, 차가운 암흑물질은 거대한 빈터(void), 초은하단, 거대 인력체(Great Attractor)와 같은 기다란 구조를 만들 수 없다. 뜨거운 암흑물질과 차가운 암흑물질 모두를 포함하는 우주 모형이 개발되기도 했다. 비록 현재의 모형이 은하 형성을 설명하기 적절치 못하더라도,[5] 중요한 점은 어떤 종류든지 암흑물질이 없었다면 은하의 형성이 어렵다는 사실이다.

---

[5] 역자 주-현재 표준모형으로 받아들여지는 LCDM 모형에 의하면 우주는 73%의 우주상수 람다(Λ), 23%의 차가운 암흑물질(CDM), 4%의 보통물질로 구성되어 있으며, 우주의 나이는 137억 년, 허블 상수는 $H_o \approx 71$ km/s/Mpc이다. LCDM 모형에서 분리시기는 우주의 나이 38만 년에 해당하고, 첫 별들과 은하들은 수억 년 정도에 형성되기 시작하였다. 이 모형에 근거한 수치모의계산의 결과는 은하와 은하단의 형성 시기와 공간분포에 관한 관측 사실을 비교적 잘 설명하고 있다.

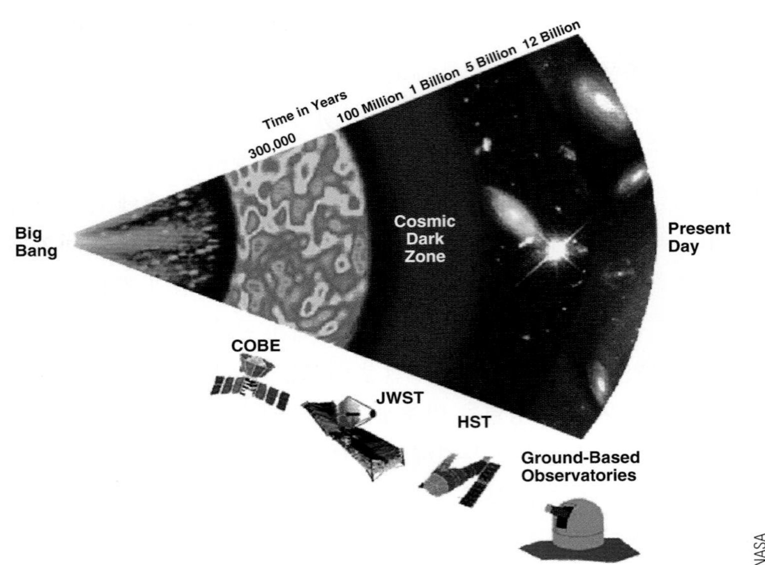

■ **그림 20.19**
우주의 역사 이 그림은 우주의 140억 년 동안 일어난 여러 변화를 요약해서 보여준다. 초기 화구에서 양성자, 중수소, 헬륨과 약간의 리튬이 생성되었다. 대폭발 이후 수십만 년 만에 우주는 처음으로 전자기복사에 대해 투명해졌다. 이 분리시기에 방출된 복사는 오늘날 우주배경복사로 관측되며, COBE를 포함한 여러 기기를 이용하여 연구되었다. 분리시기 이후 우주의 나이 2억 년쯤에 첫 별들이 생성되기까지 (우주배경복사를 제외하고) 빛이 없어서 우주는 어두운 시기를 보낸다(cosmic dark age, 우주 암흑시대). 제임스 웹 우주 망원경은 적외선 망원경으로 첫 은하들이 형성되는 시기를 관측하도록 설계되었다. 기존의 지상 및 우주 망원경들은 그 시기 이후 은하의 진화를 연구하는 데 상당한 성과를 보여주었다.

20.5.4 간략하게 보는 우주론

그림 20.19는 관측 가능한 우주의 전 역사를 하나의 도표로 정리해서 보여준다. 처음 팽창이 시작됐을 때 우주는 매우 뜨거웠다. 대폭발의 잔해로는 중성자, 양성자, 전자, 중성미자, 그리고 우주의 나이 3분일 때 합성된 원자핵(중수소, 헬륨, 리튬)들이 있다. 물론 암흑물질도 남아 있으나, 어떤 형태로 존재했는지는 아직 알려지지 않았다.

우주는 서서히 냉각했고, 40만 년의 나이에 온도가 3000도로 떨어지면서 전자가 양성자와 결합해서 수소 원자를 만들었다. 이때 우주는 복사에 대해 투명해졌고, 방출된 우주배경복사가 지금 검출되고 있다. 당시까지 별이나 은하는 아직 없었으므로, 우주는 천문학자들이 말하는 (별이 빛을 밝히지 않으므로) '암흑시대'였다. 그 후 수억 년 동안 암흑물질의 작은 밀도 요동이 성장해서 중력 함정이 만들어지면서, 보통 물질을 끌어들여 뭉치게 만드는데, 이로써 별과 은하가 만들어지기 시작했다.

우주의 나이가 대략 2억 년이 되었을 때, 새로 형성된 별, 성단, 작은 은하들이 방출하는 빛에 의해 밝게 빛나는 우주의 르네상스가 시작된다. 이후 수십억 년 동안 작은 은하들이 병합해서 오늘날 우리가 관측하는 거대한 은하들이 만들어졌다. 은하단과 초은하단도 서서히 성장해서 19장에서 기술한 우주의 거대구조가 만들어졌다.

좀 더 먼 과거의 우주를 관측하기 위해서, 앞으로 20년 동안 천문학자들은 우주와 지상에 새로운 거대 망원경을 건설할 계획이다. 2018년에는 허블 우주 망원경의 후속으로 구경 6.5 m 망원경(이 장 앞에서 보였던 제임스 웹 우주 망원경)을 우주 궤도 상에서 조립할 것이다. 이처럼 강력한 관측기기를 이용하게 되면 첫 은하들이 형성되는 시기에 해당하는 먼 우주를 관측할 수 있을 것이다.

20.6 급팽창 우주

지금까지 대폭발 이론은 매우 성공적인 모형이다. 우주의 팽창, 우주 배경복사의 관측을 잘 설명해줄 뿐만 아니라 가벼운 원소들의 함량을 정확히 예측한다. 이미 밝혀졌듯이, 이 이론은 자연에 세 가지 종류의 중성미자가 있어야 한다고 했는데, 이는 고에너지 입자 가속기를 통한 실험에서 이미 확인된 바 있다. 그러나 대폭발 이론은 완벽한 것이 아니다.

20.6.1 표준 대폭발 이론의 문제점

표준 대폭발 이론이 설명하지 못하는 몇 가지 관측 사실이 있다. 예를 들어, 그 이론으로는 궁극적으로 은하로까지 성장하게 만든 밀도요동의 기원을 설명하지 못한다. 또한 우주가 놀랄 만큼 균일한 것도 설명하지 못한다. 우주배경복사도 마찬가지로 약 10만 분의 1의 오차 내에서 관측 방향에 관계없이 모두 같다. 만약 관측 가능한 우주의 모든 부분이 한 지점에서 충분히 오랫동안 접촉돼 있어서 같은 온도를 유지했다면, 이런 균질성은 가능할 것이다. 예를 들면, 얼음 조각을 미지근한 물이 들어있는 잔에 넣고 잠시 기다리면, 얼음이 녹으면서 물의 온도가 낮아지고, 결국 얼음과 물의 온도는 같아지는 것과 마찬가지다.

그러나 표준 대폭발 이론에 의하면 관측 가능한 우주의 모든 부분이 맞닿아 있었던 적은 한 번도 없었다. 어떤 정보가 한 지점에서 다른 지점으로 이동할 수 있는 가장 빠른 속도는 광속이다. 어떤 한 점에서 시작이 이루어진 순간으로부터 빛이 전파되는 최대 거리를 생각할 수 있는데, 이 거리를 그 지점의 지평선거리(horizon distance)라고 한다. 즉 그 거리보다 먼 '지평선 너머'의 다른 지점과는 접촉이 불가능했다는 의미다. 한 영역에서 지평선거리보다 더 멀리 떨어진 영역은 우주의 역사를 통틀어서 완전히 격리된 상태였다.

우리가 천구상에서 정반대 방향인 두 지점의 우주 배경복사를 측정하면, (우주의 나이 40만 년에 해당) 방출 당시에는 지평선거리보다 훨씬 더 멀리 떨어진 두 곳을 보고 있는 셈이 된다. 우리는 현재 두 지역을 모두 볼 수 있지만, 그들은 결코 서로 본 적이 없었던 셈이다. 그러면 어떻게 해서 그 두 영역의 온도가 정확하게 같은 수가 있을까? 대폭발 이론에 의하면, 두 영역은 각자의 정보를 서로 교환할 수 없었으므로 같은 온도 값을 가질 이유가 전혀 없다. (마치 서로 다른 나라에 있는 두 학교를 다니는 학생들이 한 번도 서로 만난 적이 없음에도 불구하고, 같은 옷차림을 하는 경우와 비슷하다.) 이는 우주가 처음 시작할 때부터 어떤 이유에서든지 완전히 균일한 상태였다고밖에 생각할 수 없다. (즉 학생들이 태어날 때부터 같은 종류의 옷을 좋아했다고 얘기하는 것과 같다.) 그러나 과학자들은 관측 사실을 설명하기 위해서 어떤 특별한 초기 조건을 억지로 가정하는 것에 늘 불편스러워 한다.

대폭발 이론의 또 하나의 문제점은 우주의 밀도가 지나칠 정도로 임계값에 가까운 이유를 설명하지 못하는 것이다. 만약 물질 밀도가 낮고 암흑에너지의 효과가 커서 우주의 팽창이 지나치게 빨랐었다면 은하들이 형성되지 않았을 수도 있었다. 반대로, 물질이 충분히 많았다면, 우주는 오래전에 수축을 시작했을 수도 있다. 표준 대폭발 모형은 우주의 실제 밀도가 왜 임계밀도에 매우 가깝게 균형을 이루어야 하는지에 대해 명쾌한 해답을 제시하지 못한다.

우주의 이러한 특성들을 설명하는 데 필요한 새롭고도 기발한 아이디어들을 논의하기 전에, 우선 소립자들 사이에 작용하는 여러 가지 힘들에 관해 먼저 살펴보자. 그다음에 우주의 진화에 관한 총괄적인 논의로 돌아오기로 한다.

20.6.2 대통일 이론

물리학에서 힘이라는 개념은 어떤 입자나 물체의 운동 상태 변화를 기술할 때 사용된다(2장 참조). 현대 과학의 가장 큰 발견은 자연의 모든 현상을 중력, 전자기력, 강력, 약력 등 네 가지의 힘으로 기술 가능하다는 것이다(표 20.5 참조).

중력은 우리에게 가장 익숙한 힘으로 고층 빌딩에서 뛰어내릴 때처럼 그 위력이 대단해 보이지만, 두 소립자—예를 들어 두 개의 양성자—사이에 작용하는 네 가지 힘들 중에는 중력이 가장 약하다. 전자기력은 전기력과 자기력을 합한 개념으로, 원자들을 서로 묶어두며, 우주 연구에 활용되는 전자기복사를 만들어낸다. 약력은 '사촌'인 강력과 비교하면 약하지만, 중력보다는 훨씬 강한 힘이다.

약력과 강력은 나머지 힘들과는 달리 원자핵의 크기나 보다 작은 영역에서만 작용한다. 약력은 방사능 붕괴나 중성미자의 생성 반응과 관련된다. 한편, 강력은 원자핵 내에서 양성자와 중성자를 묶어두는 역할을 한다(15장에서 언급).

물리학자들은 왜 우주에는 하필이면—300개거나 또는 한 개도 아닌—오직 네 가지 힘만이 존재하는지 궁금했다. 이에 대한 해답의 실마리는 **전자기력**이라는 이름에서 찾을 수 있었다. 오랜 세월 동안 과학자들은 전기력과 자기력이 서로 독립된 것으로 생각해왔지만, 제임스 맥스웰(James Maxwell)은 이 두 가지 힘을 하나로 **통일**시킴으로써, 같은 현상의 양면에 불과함을 입증했다(4장 참조). 많은 과학자들(아인슈타인을 포함해서)은 우리가 아는 네 가지 힘들도 같은 방법으로 통합시킬 가능성을 찾게 되었다. 물리학자들

표 20.5 자연의 여러 가지 힘들

힘	오늘날의 상대적인 세기	작용 범위	중요 적용 대상
중력	1	우주 전체	행성, 별, 은하들의 운동
전자기력장	10^{36}	우주 전체	원자, 분자, 전기, 자기
약력	10^{33}	10^{-17} m	방사능 붕괴
강력	10^{38}	10^{-15} m	원자핵의 존재

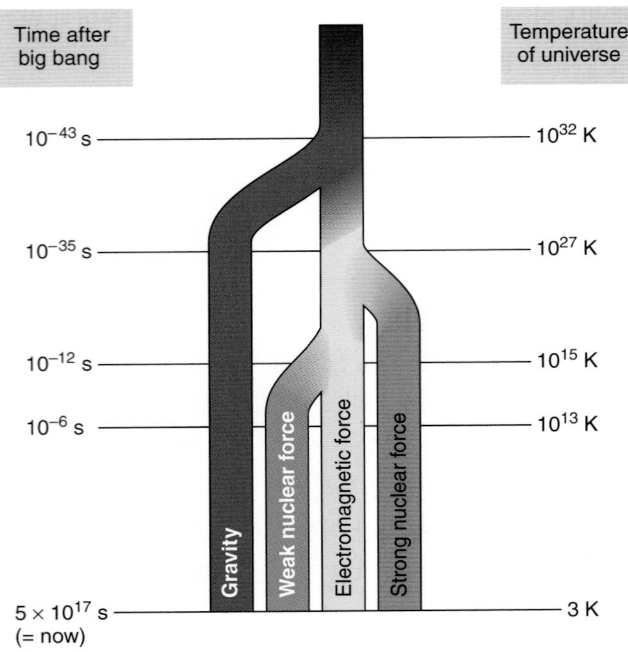

■ **그림 20.20**
우주를 지배하는 네 가지 힘 네 가지 힘의 세기는 우주의 온도에 따라 달라진다. 이 그림에서는 온도가 매우 높았던 우주의 초기에 네 가지의 힘들이 서로 비슷해서 구별하기 어려운 상태였음을 보여준다. 우주가 점차 냉각됨에 따라, 이 힘들은 각기 독립적인 특성을 가지게 되었다.

은 네 가지 중에서 세 가지의 힘들을 통합하는 **대통일이론**(Grand Unified Theories, GUTs)을 만들었다.

이 이론에서는 강력, 약력 그리고 전자기력은 3개의 서로 독립된 힘이 아니라, 한 가지 힘의 세 가지 다른 모습이라고 설명하고 있다. 온도가 매우 높은 상태에서는 오직 한 가지 힘만이 존재하지만, 온도가 낮아지면서 (오늘날 우주에서처럼) 그 힘이 세 가지의 다른 힘들로 분리된다는 것이다(그림 20.20 참조). 여러 종류의 기체들이 혼재된 상태에서는 각 기체들이 서로 다른 온도에서 응결되듯이, 하나로 통합된 힘도 온도가 하강함에 따라 적절한 온도에 이르게 되면 그 온도에 해당하는 다른 힘이 하나씩 차례로 빠져 나온다는 설명이다. 불행하게도 세 가지의 힘이 하나였던 때의 온도는 워낙 높아서 지상의 어떤 실험실에서도 그 조건을 재현해 낼 수 없다. 오직 10^{-35}초 이전 초기 우주의 고온에서만 이 힘들의 통합이 가능했다. (많은 물리학자들은 중력은 그보다 훨씬 더 높은 온도에서 통합되었을 것으로 생각하고 있다.)

20.6.3 급팽창 가설

대통일이론에 따르면, 여러 힘들이 분리되기 시작한 시점인 10^{-35}초에 매우 놀랄 만한 사건이 발생한다. 일반상대성이론과 당시의 특별한 물질 상태를 함께 고려하면, 중력은 일시적으로 인력이 아닌 척력이 된다. 지금의 중력은 물론 인력으로서 우주의 팽창 속도를 늦추는 역할을 하지만, 팽창이 시작된 지 10^{-35}초가 지난 후 어떤 짧은 순간에 중력은 척력으로서 우주 팽창을 일시에 가속했을 가능성이 있다는 것이다. 이는 마치 우주상수가 일시적으로 매우 커져서, 우주에 거대한 반발력을 만든다는 얘기다.

우주 초기에 급격한 팽창이 일어나는 우주 모형을 급팽창 우주(inflationary universe)라고 부른다. 급팽창 우주는 10^{-30}초 이후에 대폭발 이론의 우주와 같아지게 된다. 다만, 그 이전에 엄청나게 급격한 팽창이 일어나서 우주의 크기는 대폭발 이론에서 예견한 것보다 무려 10^{50}배나 더 커진다(그림 20.21). 우주가 팽창함에 따라 우주 온도는 세 가지의 힘들이 대칭적으로 행동하는 임계온도 이하로 하강한다. 온도가 낮은 비대칭적인 우주에서 핵력이 전자기력보다 우세하게 되는데, 그런 상황은 지금까지 계속 이어지고 있다.

급팽창 이전에는 우리가 보고 있는 우주의 모든 부분들이 아주 작은 영역 안에 가까이 있어서 각자의 정보를 서로 교환할 수 있었다. 즉, 당시의 지평선거리 안에 우리가 지금 보고 있는 우주의 모든 부분이 포함될 수 있었다. 따라서 지금 관측 가능한 우주 전체가 균일하고 온도가 같아지는 적절한 시간을 가질 수 있었다. 그러다 급팽창으로 엄청난 팽창이 이루어진 다음 우주 대부분이 서로의 지평선거리를 넘어서게 된

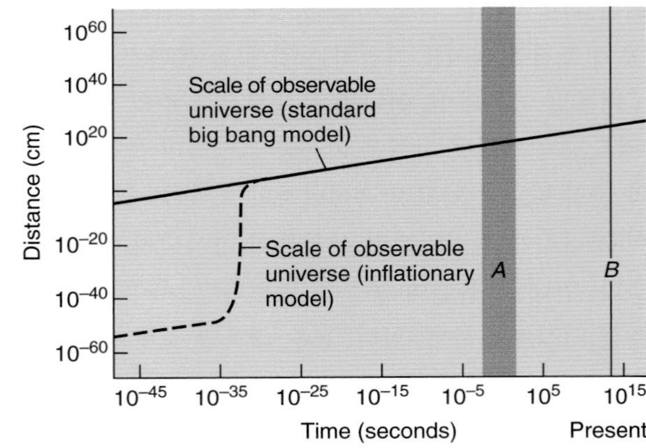

■ **그림 20.21**
우주의 팽창 관측 가능한 우주의 규모가 시간에 따라 변화하는 모습을 대폭발 이론(실선)과 급팽창 이론(점선)에 따라 각각 보여주고 있다. (가로축의 시간 규모는 매우 압축되어 있음.) 급팽창 시기 이전에 좁은 공간에서 서로 맞닿아 있던 영역들이 급팽창으로 인하여 갑작스럽게 커져 서로의 지평선거리를 벗어났다. 10^{-30}초 이후 두 이론은 완전히 같다. *A*로 표시된 시간 동안 전자, 양전자 그리고 가장 가벼운 원자핵들이 형성되었다. *B*로 표시된 시간에는 우주가 복사에 대해 투명해졌다. 그림의 오른쪽 끝 부분이 '현재'에 해당한다.

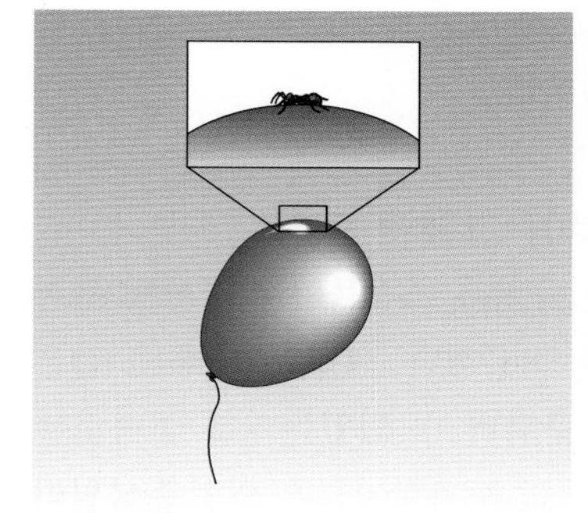

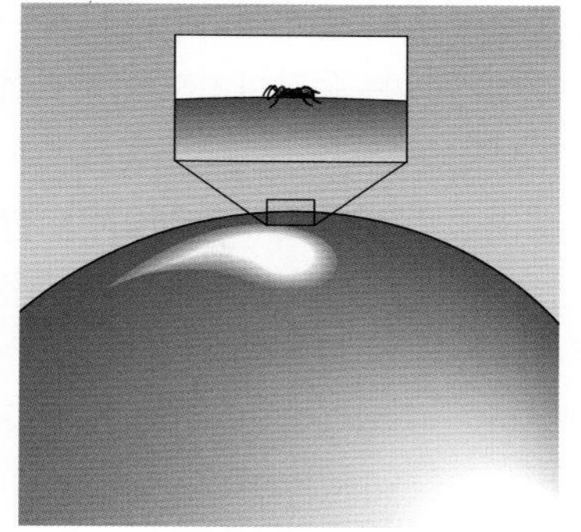

■ **그림 20.22**
급팽창의 비유 굽어진 풍선 표면이 급격히 팽창하면, 국부적 관측자(개미)에게 풍선 표면은 거의 편평해 보인다.

것이다. (이로써 우주의 균일성에 대한 해답을 찾았다.)

급팽창 모형의 또 다른 장점은 우주의 밀도가 임계밀도와 정확히 일치함을 예측한다는 점이다. 그 이유를 살펴보기 위해서는, 우주의 밀도가 공간의 곡률과 밀접하게 관련되어 있다는 사실을 상기할 필요가 있다. (15장에서 중력이 강할수록 시공간의 곡률이 크다는 것을 알았다.) 만약 우주의 시공간이 곡률을 가졌다면, 우주를 풍선의 표면에 비유할 수 있을 것이다. 급팽창의 발생은 풍선을 엄청난 크기로 부풀어버린 결과를 초래한다. 지금 우주가 너무나 커졌기 때문에, 우리에게 곡률 자체가 잘 보이지 않게 된 것이다(그림 20.22). 마치, 지구 표면이 워낙 넓어서 어디를 보든지 평평하게 보이는 것과 같은 이치다. 이론에 의하면 곡률이 없는 편평한 우주는 임계밀도 우주와 같다. 밀도가 임계밀도보다 높거나 낮은 우주는 시공간의 곡률을 가지게 된다. 우주가 임계밀도에 있음을 보여주는 그림 20.15의 CBR의 관측 결과들은, 우주 공간이 심하게 굽어 있을 가능성을 배제하고 있다.

비록 급팽창이 실제 일어났는지에 대해 (우리가 기술하고 있는 단순한 형태) 확신할 수는 없지만, 과학자들은 우주의 알려진 성질 다수를 급팽창으로 설명할 수 있다는 사실에 깊은 인상을 받았다. 하지만 여러분이 이 책을 읽는 보통의 학생이라면, 암흑물질, 급팽창, 우주론 등에 관한 간략한 논의에 대해 약간은 좌절감을 느꼈을 수도 있다. 여기에서는 우주론 이론들과 관측 사실에 대하여 살짝 엿보기 정도지만, 우리가 제기했던 문제들 중 일부에 대해서는 만족할 만한 답을 제시할 수 없었다. 그러한 개념들은, 해답보다는 질문이 더 많고, 확실히 규명되기 위해서는 아직 훨씬 더 많은 연구가 필요한, 현대 과학의 최전선에서 다루어지는 주제들이기 때문이다. 허블이 외부 은하의 존재를 증명한 이후 아직 1세기도 지나지 않았다는 사실을 기억하자. 은하로 이루어진 우주가 어떻게 존재하게 됐는지를 이해하기 위한 탐색은 앞으로 다가올 먼 미래까지 천문학자들을 잡아 둘 것이다.

20.7 인간 중심 원리

비록 일부 불확실한 점들이 있기는 하지만, 지금까지 전개된 우주 진화에 대한 이론은 대단히 놀라운 것임이 분명하다. 새로운 망원경들을 이용해서, 천문학자들은 우주 팽창이 시작된 직후부터 우주가 어떻게 진화했는지를 기술할 수 있는 충분한 관측 증거들을 수집했다. 물론 이러한 성과는 인상적이지만, 우리는 여전히 일부의 우주 특성을 설명하지 못하고 있다.—더군다나 이들 특성들 간에 차이가 있음이 판명된다면, 우리는 이 우주에 태어나서 그에 대해 질문하지 못했을 것이다. 이제 그런 '운 좋은 사건'들을 몇 가지 살펴보는데, 우선 우주 배경복사부터 시작하기로 한다.

20.7.1 운 좋은 사건

앞서 기술했듯이, 우주 배경복사는 우주의 나이가 수십만 년일 때 방출된 복사다. 관측에 의하면 CBR의 온도는 영역에 따라 전형적으로 약 10만분의 1°의 범위에서 변하며, 이 온도 차이는 물질 밀도의 작은 차이를 보여주는 신호다. 만약 초기 밀도 요동이 이보다 훨씬 작았다면, 중력의 끌어당김이 매우 작아서 은하들이 아직 만들어지지 않았을 것이다. 반대로 밀도 요동이 매우 컸다면 어땠을까? 고밀도 지역이 수축하여 별과 은하를 형성하는 대신 곧바로 블랙홀로 붕괴되었을 가능성도 있다. 비록 은하가 만들어졌다고 하더라도, 우주 공간은 강렬한 엑스선과 감마선으로 채워졌을 것이고, 생명체가 진화하여 생존하기는 어려웠을 것이다. 은하는 별들의 밀도가 너무 높아서, 별들 간의 상호작용과 충돌이 빈번했을 것이다. 이같은 우주에서는 생명체가 출현할 정도로 오랫동안 행성계가 거의 살아남지 못했을 것이다.

또 다른 운 좋은 사건은 우주의 팽창과 수축이 아주 정교하게 균형을 이룬다는 것이다. 팽창은 하지만, 아주 느리게 한다. 팽창이 훨씬 빨랐다면, 은하가 형성되기도 전에 물질이 극히 희박해졌을 것이다. 팽창이 훨씬 느렸다면—우주에 있는 비록 적은 물질로도—팽창은 반대로모든 물질이 아마도 블랙홀로 재붕괴되었을 것이다—이 역시 별, 행성, 생명이 생성되지 못하는 상황이다.

지구상의 생명 출현은 훨씬 더 운좋은 우연의 덕분이다. 우주 초기에 물질과 반물질이 정확히 같은 비율로 존재했다면, 모든 물질은 소멸되어 순수한 에너지로 변환되었을 것이다. 우리의 존재는 물질의 양이 반물질보다 조금 더 많았기 때문에 가능했다. (대부분의 물질은 같은 양의 반물질과 접촉한 다음에 에너지로 변환됐지만, 소량의 물질이 살아남았다. 결국 우리는 그 소량의 '초과' 물질의 자손이다.)

원시 핵 합성 반응이 실제보다 조금 더 빨랐다면, 원시 화구의 모든 물질은 수소에서 헬륨, 그리고 탄소를 거쳐 (가장 안정적 원소) 철 원자핵으로 변환되었을 것이다. 그랬다면 별들은 생성되지 않았을 것인데, 왜냐하면 가벼운 원소라야 핵융합이 일어나서 에너지가 만들어지고 별들이 빛날 수 있기 때문이다. 또한 원자핵의 구조가 적절해서 세 개의 헬륨 원자가 근접해 융합하는 것이 가능해야만 생명체의 주성분인 탄소가 생성된다. 만약, 13장에서 논의했던 삼중 알파 과정이 잘 일어나지 않았다면, 탄소는 충분히 만들어지지 않았고, 우리의 생명체를 형성하지 못했을 것이다. 동시에, 탄소가 수십억 년 동안 충분히 남아 있어야만, 매우 어려운 과정을 거쳐서 산소로 융합될 수 있었을 것이다.

중성미자는 매우 드문 비율로 물질과 적절히 상호작용해야 한다. 초신성이 폭발할 때 중력 붕괴하는 별의 중심핵에서 중성미자가 빠져나와 중심핵 주변의 껍질에 그 에너지 일부를 축적해서, 껍질을 우주 공간으로 날려 버리게 된다. 초신성의 폭발에서 방출되는 무거운 원소들은 지구 생명체의 주요 구성 성분이다. 만약, 중성미자가 물질과 전혀 상호작용을 하지 않았다면, 붕괴하는 별의 핵에서 전부 빠져나와서 폭발을 일으키지 못했을 것이다. 반대로, 중성미자가 물질과 강하게 상호작용했다면, 중심핵에 갇혀서 빠져나오지 못했을 것이다. 두 경우 모두, 무거운 원소들은 붕괴하는 별에 남겨졌을 것이다.

만약 중력이 실제보다 훨씬 더 강했다면, 질량이 매우 작은 별들이 만들어졌을 것이고, 별의 일생은 십억 년의 단위가 아니었을 것이다. 반면에 화학반응은 중력이 강하더라도 더 빨라지지 않으므로, 별의 수명이 너무 짧아서 생명이 발달할 시간이 없었을 것이다. 만약 중력이 강한 우주에서 생명이 발생했다면, 그들은 아주 작거나, 일어서지 못했거나, 또는 움직이기도 어려웠을 것이다.

20.7.2 그래야만 한 것이 그랬던 이유

정리하자면, 우주의 특정한 규칙과 조건들이 지구상에 복잡한 생태계와 생명의 발생을 허용했다. 그렇지만 왜 그 같은 '알맞은' 일련의 조건들이 구현될 수 있었는지를 설명하는 이론은 없다. 그러한 이유로 많은 과학자들은 **인간중심원리**(anthropic principle)라는 이론을 받아들이기 시작했다.—우리 우주의 물리 법칙들은 그들이 인류의 존재를 허용하는 유일한 법칙들이기 때문에 정확히 그러해야만 한다는 것이다.

일부 과학자들은 우리의 우주는 각기 다른 물리 법칙을 가지고 있는 무수히 많은 우주들 중 하나일 뿐이라고 주장한다. 어떤 우주는 구조가 형성되기도 전에 실패해서 붕괴할 수 있고, 다른 우주는 너무 빨리 팽창해서 별이나 은하 없이 밋밋하게 남을지도 모른다. 즉 우리 우주와는 다른 많은 우주들을 포함하는(아마도 우리가 인지하는 것보다 더 큰 차원에 존재하는) 더 큰 우주가 있을지도 모른다는 것이다. 이 더 큰 우주는 무한하고 영원하다. 그것은 급팽창하는 영역을 아주 많이 만들고, 각 영역들은 독립된 우주로 진화하며, 각각의 우주는 분리된 다른 우주들과 완전히 다를 수도 있다. 그렇다면 우리의 우주가 그랬던 이유는, 그것이 우주가 할 수 있는 유일한 방법이었으며, 그 속에 사는 우리 같은 인간이 자신의 특성을 발견하도록 했기 때문이다.

우리는 결코 다른 우주와 접촉할 수 없기 때문에, 어떻게 이러한 아이디어를 검증할 수 있을지 알기 어렵다. 일부 과학자들은 이러한 논의가 철학과 형이상학의 경계에 있다고 생각한다. 언젠가는 물리학에 대한 우리의 이해가 발전돼서 중력 상수가 왜 그래야 하는지, 왜 우주는 정확히 그런 팽창률로 팽창하는지, 왜 그러한 '운 좋은 사건'이 일어났는지—왜 그것들이 불가피했으며, 다른 길은 없었는지—를 알 수 있는 경지에 도달할 것이다. 그때는 인간중심원리가 더 이상 필요하지 않을 것이다. 그러나 과연 우리가 앞으로 언제쯤 우리 우주가 왜 이런 방식으로 작동하는지를 설명할 수 있게 될지 아무도 모른다.

지금까지 우주로의 길고도 먼 항해를 진행해 왔다. 우주가 언제 그리고 어떻게 진화했는지에 대해 많은 것들을 배웠다. 그러나 우주가 왜 그래야만 했는지에 대한 질문은 여전히 이해되지 않은 채로 남아 있다.

인터넷 탐색

우주론: 연구 요약보고:
www.nap.edu/readingroom/books/cosmology
국가 연구위원회의 우주론 패널 보고서로서 주로 우주론의 주요 분야에 대한 비기술적 요약을 담은 긴 문건.

초심자를 위한 우주론:
epunix.biols.susx.ac.uk/Home/John_Gribbin/
천체물리학 박사학위를 가진 과학 저술가 존 그리빈(John Gribbin)은 급팽창, 암흑물질, 그리고 가모프(Gamow)의 업적 가운데 선정된 주제를 설명한다.

네드 라이트의 우주론 자습서:
www.astro.ucla.edu/~wright/cosmolog.htm
UCLA의 천문학 교수 라이트(Wright)는 (비록 약간 기술적이기는 하지만) 우주론에 대한 아이디어와 발달에 대한 요약을 유지하고 있다. 이는 특히 약간의 대수학과 물리 지식이 있는 학생들에게 유용하다.

우주 배경복사에 대한 소개:
www.astro.ubc.ca/people/cmb_intro.html
천문학자 더글라스 스콧(Douglas Scott)과 마틴 화이트(Martin White)가 배경 정보, 자주하는 질문, 그리고 CBR에 대한 최근 결과를 보여준다.

펜지아스와 윌슨의 노벨상 사이트:
www.nobel.se/physics/laureates/1978/index.html
과학자들과 그들의 업적을 포함함(www.bell-labs.com/user/apenzias 참조).

CBR 연구를 위한 특별한 미션과 과제:

- **COBE Satellite:**
  lambda.gsfc.nasa.gov/product/cobe/c_overview.html
- **BOOMERANG Project:**
  cmb.phys.cwru.edu/boomerang
- **Microwave Anisotropy Project Home Page:**
  map.gsfc.nasa.gov/
  MAP는 COBE가 남겨놓은 것을 위해 발사된 위성.

암측 물질에 대한 사이트는 19장에 있는 목록 참조.

요약

20.1 **우주론**이란 우주의 구성과 진화를 연구하는 학문이다. 우주는 팽창하고 우주의 팽창은 현대 우주론을 탄생시킨 주요 관측 중 하나다. 허블이 우주가 팽창한다는 사실을 보이기 전에, 아인슈타인은 그의 방정식에서 중력에 대응하여 밖으로 밀치는 압력을 제공하는 **우주상수**를 도입했다. 팽창하는 우주에서 우주상수는 팽창을 가속하는 **암흑에너지**와 같은 역할을 한다. 먼 은하에서 발견되는 초신성 거리의 측정 결과는 우주의 팽창이 가속되고 있음을 보여 준다. 우주의 나이를 추산하기 위해 시간에 따라 변하는 팽창률을 고려해야 한다. 중력은 팽창을 감속시키지만, 우주상수 또는 암흑에너지는 팽창을 가속한다. 이런 효과들을 고려하면, 지금부터 140억 년 전, **대폭발** 시점에 우주의 모든 물질이 무한히 작은 한 점에 집중되었을 것으로 추측된다. 이 추정치는 가장 오래된 별의 나이 또는 매우 늙은 별들에서 최근에 측정된 우라늄의 함량비와 일치한다.

20.2 대폭발은 전 공간에서 동시에 일어났으며, 이후 우주는 지속해서 팽창하고 있다. 그러므로 우주의 거리척도는 시간에 따라 변화한다. 공간이 늘어나고 주어진 시간에 모든 지점에서 같은 비율로 거리는 증가한다. 이론상으로는, 물질의 밀도가 충분히 크면 우주는 먼 미래에 팽창이 반대로 바뀌어 특이점으로 붕괴할 수 있다. 다른 가능성으로, 밀도가 낮은 우주는 영원히 팽창할 수 있다. 관측에 의하면 우리는 밀도가 낮은 우주에 살고 있다. 낮은 밀도와 암흑에너지의 효과 때문에 팽창은 지속적으로 가속되어 은하들은 더 멀어질 것이다.

20.3 우주는 팽창할수록 차가워진다. 광자의 에너지는 흑체

복사의 온도에 의해서 결정되며, 계산에 의하면 고온의 초기 우주에서는 광자의 에너지가 커서 서로 충돌을 일으켜 물질 입자들을 만들 수 있다. 우주가 팽창하여 온도가 낮아지면 먼저 양성자와 중성자가 생성되었다. 그리고 전자와 양전자가 생겼다.[6] 그다음으로, 핵융합 반응에 의해 중수소, 헬륨, 리튬 등의 원자핵이 생겼다.

20.4 우주가 식은 후 중성 수소가 생성되었고, 우주는 복사에 대해 투명해졌다. 과학자들은 뜨거운 초기우주, 즉 분리시기로부터 나온 **우주배경복사**(CBR)를 검출했다. COBE 위성이 관측한 CBR은 온도가 절대온도 2.73도에 해당하는 흑체 복사였다. CBR이 보여주는 미세한 요동은 우주 거대 구조의 씨앗이다. 요동의 관측에 의하면 우리는 임계밀도의 우주에 살고 있고, 임계밀도의 27%는 물질, 73%는 암흑물질이 차지한다. 보통 물질—지구에서 발견되는 여러 종류의 소립자들—은 고작 임계밀도의 4%를 차지한다. 또한 우주배경복사의 관측을 통해 우주의 나이는 137억 년이며, 첫 별들은 대폭발 후 2억 년 만에 생성되었다고 추정된다.

20.5 임계밀도의 23%는 암흑물질로 이루어져 있다. 이렇게 많은 암흑물질을 설명하기 위해 이론 물리학자들은 추가적인 종류의 입자들이 존재해야 한다. WIMP(weakly interacting massive particles)가 한 예다. 암흑물질은 은하 형성에 중요한 역할을 한다. 정의에 따라서 이 물질은(만약 상호작용을 하면) 복사와 미약한 상호작용을 하므로, 재결합시기 이전 우주가 뜨겁고 복사로 채워졌던 시기에도 중력에 의해 뭉쳐질 수 있다. 그렇게 중력 함정을 형성해서 물질과 복사가 분리되어 우주가 투명해진 다음에 보통 물질을 빠르게 끌어들여 수축을 유도하였다. 이런 급격한 물질의 집중으로 인해 우주의 나이 10억 년쯤에 은하들이 생성될 수 있었다.

20.6 빅뱅 이론은 왜 CBR이 방향에 관계없이 같은 온도를 나타내는지 설명하지 못한다(지평선 문제). 그리고 왜 우주의 밀도가 한계 밀도에 매우 근접한 값을 가지는지 이유를 설명하지 못한다(편평도 문제). **대통일 이론**(GUTs)은 우주의 나이가 10^{-35}초일 때, 매우 급격한 팽창, 즉 급팽창(인플레이션)은 이러한 관측 사실을 설명하기 위해 도입되었다.

20.7 최근 많은 우주론학자들은 인류의 존재는 우리 우주의 고유한 특성에 의존한다는 사실—초기 우주에서 밀도 요동의 크기, 중력의 세기, 원자의 구조 등이 맞아 떨어지는 것—에 주목하고 있다. 우리 우주의 물리법칙이 지금과 같은 특성을 가져야 하는 이유는 그렇지 않다면 여기에 존재해서 측정하지 못하기 때문에 물리법칙은 그래야 한다는 아이디어를 **인간중심원리**라고 한다.

모둠 활동

A 천문학 강의를 수강하면서 가장 흥미로운 활동 중 하나는 표 20.1과 같이 우주 전체의 특징을 정리하는 표를 만드는 것이다. 20장을 읽고 토론한 다음 표 20.1을 살펴보자. 이 표에 추가했으면 하는 것이 있는가? 즉, 우주 전체에 적용되는 다른 알려진 사실이나 원리를 생각해낼 수 있는가?

B 이 장에서 거대한 질문들과 개념을 다루었다. 어떤 신앙 체계에서는 '답을 알고자 해서는 안 되는' 질문들이 있다. 혹자는 우리가 정신적으로 또 기술적으로 어떤 질문을 탐구할 수 있는 능력을 갖추었다면, 질문의 탐구는 생각하는 인간의 타고난 권리라고 한다. 시간과 공간의 시작 그리고 우주의 궁극적인 미래 등에 관한 문제를 토론하고 개인적인 생각을 논의해 보자. 이런 문제에 대한 과학자들의 논의를 공부하고 불안해졌는가? 아니면 우주의 기원과 운명에 대한 과학적 증거를 안다는 사실이 흥미로운가? (이를 토론할 때, 모둠에 속한 멤버들이 의견을 달리 할 수 있을 수도 있으므로 서로의 의견을 존중하도록 노력하자.)

C 1950~1960년에 인기 있던 우주의 모형은 정상우주론이었다. 이 모형에서 우주는 어디서나 어느 방향에서나 같을 뿐 아니라(균일, 등방한 우주), 모든 시간에 대하여 같다. 우주가 팽창해서 은하의 밀도는 낮아진다는 것이 알려지자 정상우주론에서 새로운 물질이 지속적으로 생성되면서 은하가 멀어져서 만들어진 공간을 채운다고 가정한다. 그렇다면, 무한한 우주는 갑자기

[6] 역자 주-정확히 말하자면, 우주의 온도가 내려가 광자의 에너지가 감소함에 따라 입자-반입자의 쌍생성이 멈추게 되고, 쌍소멸에 의하여 대부분의 입자-반입자가 사라지면서 약간($1/10^9$)의 물질 입자가 남게 되었다.

시작될 필요가 없이 단순히 정상 상태에서 영원히 존재한다고 설명할 수 있다. 이 모형을 어떻게 생각하는지 함께 토론해 보자. 이 모형이 대폭발 이론보다 철학적으로 더 마음에 든다고 생각하는가? 우주가 수십억 년 전에는 지금과 달랐다는—우주가 정상 상태가 아니었다는—증거를 제시할 수 있는가?

D 우주를 특징짓는 운좋은 사건 중 하나는 지구에서 지적 생명이 발달하게 된 시간과 태양의 수명이 비교할 만 하다는 것이다. 이 두 시간척도가 달랐다면 어떻게 되었을지 토의를 해보자. 예를 들어, 지적 생명의 진화 시간이 태양의 주계열 수명보다 10배 더 길다고 가정하자. 우리 문명이 발달할 수 있었을까? 지적 생명의 진화 시간이 태양의 주계열 수명보다 10배 짧다고 가정하자. 우리가 여전히 지구에 남아 있을까? 후자에 대한 논의는 많은 생각이 필요할 것이다. 예를 들어, 태양의 진화에서 초기 단계가 어떠했는지, 초기 지구가 얼마나 많은 소행성, 혜성과 충돌했는지를 고려해야 한다.

복습 문제

1. 우주론 이론이 반드시 설명할 수 있어야만 하는 기본적인 관측 사실들은 무엇인가?
2. 몇 가지 가능한 우주의 미래를 설명하라. 우주의 어떤 성질이 이들 가능한 미래 중에서 맞는 것을 결정하는가?
3. 초기 우주에서 양성자와 중성자 또는 전자와 양전자 중 어느 것이 먼저 생성되었는가? 그 이유는?
4. 수소의 원자핵과 수소 원자 중 어느 것이 먼저 생성되었는가? 각각이 생성되는 차례를 설명하라.
5. 표준 대폭발 모형이 설명할 수 있는 우주의 특징을 적어도 두 가지 기술하라.
6. 급팽창이 포함되지 않았던 표준 대폭발 모형이 설명하지 못하는 우주의 두 가지 성질을 기술하라. 급팽창은 이 두 가지 성질을 어떻게 설명하는가?
7. 천문학자들이 양성자와 중성자로 된 원자와는 전혀 다른 암흑물질이 우주에 존재한다고 믿는 까닭은 무엇인가?
8. 암흑에너지는 무엇인가? 암흑에너지가 우주의 주요 구성 성분이라는 증거는 무엇인가?
9. 인간중심원리를 설명하라. 인류와 같은 생명체의 출현을 가능토록 한 우주의 성질 세 가지는 무엇인가?

사고력 문제

10. 우주의 초기 진화를 살펴볼 수 있는 가장 유용한 대상은 무엇인가?—거대타원 은하 혹은 대마젤란운과 같은 불규칙 은하인가? 그 이유는 무엇인가?
11. 초기 우주의 역사를 살펴보기 위해 퀘이사를 이용할 경우 그 장단점은 무엇인가?
12. 우주의 팽창이 가속되고 있다는 증거를 설명하라. 우주가 (암흑에너지 없이) 물질로만 이루어졌어도 팽창의 가속은 일어나겠는가?
13. 우주가 영원히 팽창하고 있다고 가정하자. 초기 불덩어리로부터 나온 복사는 어떻게 진화할 것인지 기술하라. 은하들은 미래에 어떻게 진화하겠는가? 이런 우주에서 생명이 영원히 지속할 수 있겠는가? 그 이유는 무엇인가?
14. 이론가들은 우주는 임계밀도를 갖고 있다고 주장한다. 현재의 관측은 이런 가설을 지지하는가?
15. 우주에 암흑물질이 존재한다는 증거들을 요약하라.
16. 이 책에서 태양과 함께 우주 공간을 움직이는 지구의 여러 운동을 논의했다. 그러한 지구의 운동들을 가능한 한 많이 설명하라.
17. 천체들의 나이를 측정하는 다양한 방법들이 있다. 그 방법들을 설명하고, 그로부터 도출한 나이들이 서로 얼마나 잘 일치하는지, 또 우주의 팽창으로 추정한 우주의 나이와 얼마나 잘 일치하는지 설명하라.
18. 코페르니쿠스 이후, 천문학 혁명에 의해 인간은 우주의 중심으로부터 더 멀어져 갔다. 지금은 인간이 가장 보편적인 물질로 형성되지 않았다고 생각한다. 우주의 중심이 지구, 태양 그리고 은하로 옮겨질 때 기반이 되었던 과학적 사고의 변천을 기술하라. 우주의 대부분이 암흑물질로 이루어져 있다는 생각이 이런 '코페르

니쿠스적 전통'을 어떻게 계승하고 있는지 설명하라.

19. 인간중심원리는 어떤 의미에서 하나의 특별한 우주를 관측한다고 주장한다. 우주가 지금과 달랐다면 우리는 존재하지 않는다. 이러한 생각이 문제 18에서 다루었던 코페르니쿠스적 전통에 부합하는지 논의하라.

20. 우주의 연대기를 만들고, 팽창이 시작된 시기부터 태양이 형성되고 인간이 지구에 출현할 때까지 있었던 주요 사건들의 발생 시기를 표시하라.

계산 문제

우주의 물질과 에너지를 더한 총 밀도가 임계밀도인 경우, 우주의 팽창은 무한대의 시간에서 멈춘다. 아인슈타인의 방정식에 의하면 임계밀도의 정의는 다음과 같다.

$$\rho_{\text{crit}} = \frac{3H^2}{8\pi G}$$

여기서 H는 허블 상수이고, $G=6.67\times10^{-11}$ Nm^2/kg^{2}는 중력 상수다. 여기에 $H=22$ km/s/10^6 LY을 대입해보자. 단위를 통일해야 하므로, 10^6 LY$=10^6\times9.5\times10^{15}$ m, 22 km/s$=2.2\times10^4$ m/s을 적용하면, $H=2.3\times10^{-18}$/s이고, $H^2=5.36\times10^{-36}$/s^{2}이 된다. 그러므로

$$\rho_{\text{crit}} = \frac{3\times5.36\times10^{-36}}{8\times3.14\times6.67\times10^{-11}}$$

$$= 9.6\times10^{-27}\ \text{kg/m}^3$$

이것은 20.2.3절에서 주어졌듯이 대략 10^{-26} kg/m^{3}다. [힘의 단위 N(뉴턴)과 kg·m/s^{2}은 같다.]

이제 측정된 우주 밀도와 임계밀도를 비교해 보자. 밀도는 단위 부피당 질량인데, 에너지는 아인슈타인의 공식에 의하여 $m=E/c^2$의 등가 질량을 가진다.

21. 허블 상수 H가 22가 아니고 33 km/s/10^6 LY이라고 가정한다면, 임계밀도는 얼마인가?

22. 평균적 은하는 10^{11} M_{Sun}의 질량을 가지고 있고, 은하 사이의 평균 거리는 10^7 LY이라 가정하자. 물질의 평균 밀도를 계산하라. 이것은 임계밀도의 몇 %에 해당하는가?

우주배경복사는 우주 밀도에 주요한 부분을 차지하는가? 질량과 에너지가 동등하므로 CBR 광자의 에너지를 등가의 질량으로 변환할 수 있다. 이를 임계밀도와 비교해 보자. 다음 문제들을 차례대로 풀어가면서 그에 대한 답을 알아보자.

23. 우주배경복사는 단위 부피당 4×10^8개의 광자를 가진다. 광자의 에너지는 파장에 따라 다르므로, 광자의 평균적인 파장을 계산해 보자. CBR의 온도는 2.73 K다. 빈의 법칙에 의하면, 최대 파장은 나노미터의 단위로 표시하면 $\lambda_{\max}(nm)=3\times10^6/T$이다. CBR의 세기가 최대가 되는 파장을 계산하여, 미터 단위로 변환하라.

24. 다음은 평균적 광자 에너지를 계산하는 것이다. 대략적인 계산을 위해 각각의 광자가 23번 문제에서 계산한 파장을 가진다고 가정하자. 광자의 에너지는 $E=hc/\lambda$인데, 여기서 플랑크 상수는 $h=6.626\times10^{-34}$ joule·s, 광속은 m/s의 단위로, 파장은 m의 단위로 나타낸다.

25. 단위 m^{3}당 에너지를 얻기 위해서 24번에서 계산된 에너지와 23번에 주어진 m^{3}당 광자의 개수를 곱하라.

26. 에너지를 등가 질량으로 변환하기 위하여, 아인슈타인의 $E=mc^2$의 공식을 사용하여, 25번에서 얻어진 단위 부피당 에너지를 광속의 제곱으로 나누어 준다. 그 단위가 kg/m^{3}으로 맞추어졌는지 확인하라. 이제 계산된 물질밀도를 임계밀도와 비교해 보자. 얻어진 값은 임계밀도에 비해 작아야 한다. 즉 우주배경복사의 광자가 우주의 밀도에 차지하는 비율은 별이나 은하들에 비해 매우 작다.

27. 허블 상수의 측정값은 여전히 부정확한데, 현재의 관측값은 19.9~23 km/s/10^6 LY의 범위다. 허블 상수가 대폭발 이후 일정했다고 가정하면, 우주 나이의 가능한 범위는 얼마인가? 앞에서 본 $T_0=1/H$를 사용하고, 단위를 맞추도록 하자. 20년 전에는 허블 상수의 측정값이 50~100 km/s/Mpc의 범위에 있었다. 이 값에 해당하는 우주의 나이는 얼마인가? 다른 관측적 증거를 고려하여 이들 가능한 값 중 일부를 제외할 수 있는가?

28. 대폭발 이후 허블 상수가 일정했다고 가정하고, 허블 상수가 주어지고 은하까지의 거리를 알면 우주의 나이를 유도할 수 있다. 4억 광년 떨어진 은하가 속도 v로 우리로부터 멀어지고 있다. 허블 상수가 20 km/s/10^6 LY이라면 은하의 속도는 얼마나 되겠는가? 이 은하가 현재와

같은 속도로 계속 멀어진다면, 우리은하의 근처에 있었을 때는 과거 몇 년 전이었을까? 년 단위로 답하라. 모든 은하들이 거의 같이 붙어 있을 때가 우주의 탄생 시기이므로, 이 값은 우주 나이에 대한 근사적 추정치다.

심화 학습용 참고 문헌

Good Popular-Level Cosmology Books

Croswell, K. *The Universe at Midnight: Observations Illuminating the Cosmos.* 2001, Free Press. 우주론에 대한 최신 정보, 암흑물질, 가속 우주 등에 대한 많은 것들.

Davies, P. *The Last Three Minutes.* 1994, Basic Books. 우주의 궁극적인 운명에 대한 소개.

Ferris, T. *The Whole Shebang: A State-of-the-Universe Report.* 1997, Simon & Schuster. 유명한 과학 저널리스트에 의한 현재의 우주론에 대한 보고서.

Goldsmith, D. *The Runaway Universe: The Race to Find the Future of the Cosmos.* 2000, Perseus. 초신성 결과와 우주론적 의미에 대한 최초의 보고서.

Guth, A. *The Inflationary Universe.* 1997, Addison-Wesley. 급팽창 가설을 제창한 핵심 과학자 중 한 사람이 어떻게 이 이론이 나왔는지를 기술한다.

Hogan, C. *The Little Book of the Big Bang.* 1998, Copernicus. 이 분야에서 활발한 천문학자에 의한 간결한 소개.

Krauss, L. *Quintessence: The Mystery of Missing Mass in the Universe.* 2000, Basic Books. 암흑물질과 그 의미하는 바에 관하여.

Livio, M. *The Accelerating Universe.* 2000, John Wiley. 허블 우주 망원경으로 연구하는 과학자에 의한 우주론에 대한 시적인 소개서.

Mather, J. and Boslaugh, J. *The Very First Light.* 1996, Basic Books/HarperCollins. 과학자와 과학 저술가에 의한 COBE 위성의 과학과 정치학의 재평가.

Overbye, D. *Lonely Hearts of the Cosmos.* 1991, Harper Collins. 관련된 인물에 초점을 맞춘 1980년대 우주론에 대한 소개.

Rees, M. *Before the Beginning: Our Universe and Others.* 1997, Helix. 잉글랜드의 왕립 천문학자 그리고 우리시대의 선도 천문학자가 우주론에서 잘 확립되어 있거나 확실치 않은 많은 측면을 설명한다.

Silk, J. *The Big Bang.* 3rd ed. 2001, Freeman. 좀더 기술적인 내용.

우주론에 대한 글들

Adams, F. and Laughlin, G. "The Future of the Universe" in *Sky & Telescope,* Aug. 1998, p. 32. 열린 우주에서 먼 미래를 바라봄. (2000년 10월호 Astronomy잡지 48쪽에 실린 그들의 "Embracing End" 참조)

Bucher, M. and Spergel, D. "Inflation in a Low-Density Universe" in *Scientific American,* Jan. 1999, p. 62. 새롭고 개선된 급팽창 이론에 관하여.

Caldwell, R. and Kamionkowski, M. "Echoes from the Big Bang" in *Scientific American,* Jan. 2001, p. 38. 초기 우주를 배우기 위한 CMB의 상세한 부분에 관하여.

Chaboyer, B. "Rip Van Twinkle: The Oldest Stars Have Been Growing Younger" in *Scientific American,* May. 2001, p. 44. 가장 오래된 별의 나이 결정과 그것이 어떻게 허블 시간과 맞아들어가는지에 대하여.

Davies, P. "Everyone's Guide to Cosmology" in *Sky & Telescope,* March 1991, p. 250. 좋은 입문용 문건.

Falk, D. "An Interconnected Universe: Exploring the Topology of the Cosmos" in *Sky & Telescope,* July 1999, p. 45.

Ferris, T. "Inflating the Cosmos" in *Astronomy,* July 1997, p. 38. 급팽창 가설에 관하여.

Fienberg, R. "COBE Confronts the Big Bang" in *Sky & Telescope,* July 1992, p. 34. 온도 요동의 발견에 대한 좋은 요약서.

Finkbeiner, A. "Cosmic Yardsticks: Supernova and the Fate of the Universe" in *Sky & Telescope,* Sept. 1998, p. 38. 초신성을 표준 전구로 사용하는 것과 몇 가지 흥미로운 결과에 대한 명확한 소개.

Grimes, K. and Boyle, A. "The Universe Takes Shape" in *Astronomy,* Oct. 2002, p. 34. 우주의 기하학을 결정하는 실험에 관하여.

Hogan, C., et al. "Surveying Spacetime with Supernova" in *Scientific American,* Jan. 1999, p. 46. 가속하는 우주의 힌트에 대하여. (같은 호에 실린 그 배우에 있는 이론에 관한 Kraus의 "Cosmological Antigravity" 기사 참조.)

Larson, R. and Bromm, V. "The First Stars in the Universe" in *Scientific American,* Dec. 2001, p. 64. 암흑시기와 최초의 별 탄생에 관하여.

Livio, M. "Moving Right Along" in *Astronomy,* July 2002, p. 34. 가속 우주와 그에 대한 몇 가지 제안 설명에 관하여.

Luminet, J., et al. "Is Space Finite?" in *Scientific American,* Apr. 1999, p. 90. 시공간의 기하학에 대한 이해와 그 측정에 관하여.

Nadis, S. "Cosmic Inflation Comes of Age" in *Astronomy,* Apr. 2002, p. 28. 과학 저술가가 급팽창 우주의 현재 상황과 버전에 대해 설명한다.

Odenwald, S. "Space-time: The Final Frontier" in *Sky & Telescope,* Feb. 1996, p. 24. 대폭발이 어디에서 왔는지에 대하여.

Ostriker, J. and Steinhardt, P. "The Quintessential Universe" in *Scientific American,* Jan. 2001, p. 47. 우주의 가속을 일으키는 이유에 대한 새로운 아이디어에 관하여.

Roth, J. "Dating the Cosmos: A Progress Report" in *Sky & Telescope,* Oct. 1997, p. 42. 팽창 나이와 가장 오래된 별의 나이에 대한 비교에 대한 최신 정보.

NASA; Artist: Roger Arno

천문생물학: 우주의 생명으로 이르는 길 우주의 생명체를 발견하기 위한 로드맵을 보여 주는 가상의 합성사진으로 나사(NASA)가 제작하였다. 지구상의 생명의 기원과 영역을 앎으로써, 우리는 화성을 탐구할 수 있다. 수십억 년 전에는 더 따뜻한 상태에 놓여 있었던 화성은 생명체가 있었을 수도 있다. 그다음은 목성의 위성인 유로파인데, 얼음 표면 아래에 있는 액체의 바다는 어떤 종류의 생명체를 품고 있을 수도 있다. 그 너머로 멀리 다른 별들로 향하는 길이 놓여 있다. 일부 별들은 어떤 종류의 생명체에 대해 호의적인 환경을 가지고 있는 행성들을 가질 수도 있다.

21 우주의 생명

우리의 탐험은 그치지 않으며, 그리고 모든 탐험의 목적은, 우리가 시작한 곳에 도착해서 처음으로 그 곳을 아는 것이니.

엘리엇(T. S. Elliot), 〈작은 현기증(*Little Gidding*)〉. *The Four Quartets in The Collected Poems of T. S. Elliot* (1934, 1936, Harcourt Brace & World) 중에서

미리 생각해보기

어느 날 다른 별 주변에 있는 문명으로부터 메시지를 받았다고 상상해 보자. 우주 공간을 전파해 온 그림들은 그 세계와 자신에 대해 말하려고 할 것이다. 우리는 응답해야 할 것인가? 우리가 응답한다면 모든 인류가 하나의 목소리로 말할 것인가—국가, 종교, 인종들의—당황스러울 만큼 다양한 답들을 보낼 것인가? 또 누가 지구를 대표해서 말할 것인가?

우리들의 항해는 수십억 년의 시간과 수십억 광년의 공간을 지나왔다. 우주에 관해 많이 배울수록 자연스럽게 지구 밖 다른 생명체의 존재가 궁금해진다. 아마 우리처럼 천문학을 공부하면서 자신의 세계 너머를 상상하는 다른 생명체도 있을 것이다.

마지막 장에서는 지구에서 어떻게 생명이 시작되었는지, 또한 우리와 같은 과정을 통해서 다른 세계에서도 생명이 만들어졌는지 살펴보고, 다른 곳의 생명을 탐색하는 방법을 제안하려고 한다. 이는 우주의 생명체에 관한 과학 분야인 천문생물학(astrobiology, bioastronomy, exobiology)의 중심 문제들이다.

간혹 언론 매체는 이 장에서 논의할 다양한 문제들을 혼동한다. 외계 행성의 생명을 찾는 일은 지적 생명을 찾는 것과는 다르다. 당연히 지적 생명은 훨씬 희귀할 것이다. 오늘날 지구에서조차 대부분의 생명체는 미생물이고, 인류가 이 행성에 존재했던 기간은 지구 나이의 0.1%에 불과하다. 또한 (지적 생명을 포함) 생명에 대한 과학적 탐사와 'UFO(미확인비행체)에 대한 믿음'과는 서로 구별하는 것이 중요하다. 앞으로 보겠지만, 우주는 생명으로 충만하다고 생각한 대부분의 과학자들 중 누구도 UFO 또는 외계로부터의 방문객에 대한 확실한 증거는 찾지 못했다.

21.1 우주에서의 생명 출현 경위

우주는 140억 년 전 대폭발로 태어났다. 고온 고밀도의 초기 화구가 충분히 냉각되어 원자가 생겼을 때 우주 물질은 수소와 헬륨(극미량의 리튬)으로 이루어졌다. 우주가 나이 듦에 따라 지구를 구성하는 (철, 실리콘, 마그네슘, 산소) 원소들과 주요 생물학적 관심 대상 (탄소, 산소, 질소) 원소들이 별 내부에서 일어나는 핵융합 과정에서 만들어졌다. 우주 공간에서 이러한 원소들과 다른 원소들이 결합해서 매우 다양한 복합체를 만드는데, 지구상의 생명의 근간이 되는 복잡한 유기화합물도 그러했을 것이다. 비록 우리가 생명 기원의 상세한 과정을 모두 이해하지 못했지만, 그러한 일들이 우주의 화학적 진화 과정에서 일어났음은 분명하다.

21.1.1 우리 몸을 이루는 원자들은 수십억 년 전에 어디에 있었나?

우리의 일부가 되기 훨씬 오래전부터 시작해서 우리 몸을 이루게 되는 원자들의 역사를 살펴봄으로써 우리의 지난 항해를 통해 배웠던 우주 역사를 돌이켜보자.

우주는 수소와 헬륨으로 시작되고 '첫 세대' 별들은 다른 원소를 거의 포함하지 않았다. 우리 몸 안에 있는 물에 포함된 수소 원자들은 초기 시대에 형성되었으며, 이들은 우리 몸을 이루는 가장 오래된 원자다. 그러나 이 원자만으로는 인체와 같이 복잡하고 흥미로운 유기체를 만들 수는 없다. 더 복잡한 원소들은 그런 작업을 하기에 충분히 뜨거운 우주 안의 유일한 장소인 별의 중심에서 '요리'되어야 했다. (간단한 원자핵들이 융합돼서 더 복잡한 원자핵을 만드는 일은 별들의 '생존을 위한' 과업이며, 우리에게 도달하는 에너지를 생성하는 방법이기도 하다.) 질량이 가장 큰 별들은 다양한 새 원소들을 만들 뿐 아니라, 스스로 폭발을 일으켜서 새롭게 주조된 원자들을 우주 공간에 널리 흩뿌린다(그림 21.1).

천문학자들은 먼 우주를 관측함으로써, 대폭발 이후 대략 10억 년 안에 별들이 형성된 다음, 그들의 생을 마치면서 폭발했음을 알고 있다. 왜냐하면 멀리 있는 먼 과거 은하들의 스펙트럼에서 무거운 원소들이 발견되기 때문이다. 시간이 지남에 따라, 초신성의 폭발을 포함한 여러 종류의 질량 방출 덕분에 성간 가스에는 중원소가 점점 더 풍부해진다. 늙은 별의 차가운 바깥층에서는 원자들이 결합해서 성간 티끌이라는 고체 입자가 만들어진다. 다음 세대의 별과 행성들은 중원소가 풍부한 가스와 티끌 저장고에서 형성되기 때문에 탄소, 질소, 규소, 철 그리고 잘 알려진 원소들을 포함한다. 현대 천문학에서 가장 주목할 발견 중 하나는 지구 생명은 별에서 가장 쉽게 만들어지는 원소들로 이루어졌다는 점이다.

약 50억 년 전, 우리 근방에서 가스와 티끌 구름이 자신의 무게를 지탱하지 못하고 붕괴하기 시작했다. 이 구름으로부터 태양과 행성들 그리고 태양을 도는 작은 천체들이 함께 형성됐다(그림 21.2). 태양으로부터 세 번째 행성에서는 냉각이 이루어진 다음에 대기가 발달하게 되어 극단적인 온도 변화를 완화시켰으며 표면에 다량의 액체 상태의 물이 만들어질 수 있게 되었다. 냉각된 지구에 존재했던 화학 물질 구성은 지구와 충돌한 혜성들의 핵에 동결돼 있던 복잡한 분자

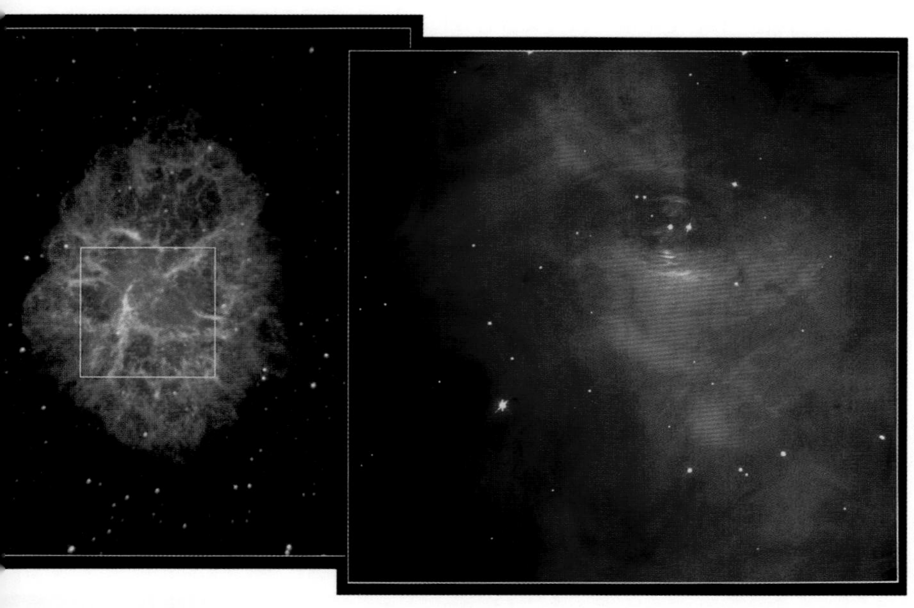

J. Hester, P. Scowen, and NASA

■ 그림 21.1

별의 폭발 게 성운은 1054년에 폭발한 초신성의 잔해다. 현재 폭이 거의 11광년에 이르는 이 잔해는, 전자기 스펙트럼의 여러 파장 대역에서 여전히 엄청난 에너지를 내놓고 있다. 잔해의 안쪽에서 압축되어 빠르게 회전하는 별의 잔해(시체)인 펄사가 에너지를 공급하고 있다. 펄사에서 나오는 에너지 빔은 폭발에 의해 뿜어져 나온 원자들은 휘저어 들뜨게 만든다. 왼쪽 사진은 지상 망원경으로 촬영한 성운 전체의 모습이다. 오른쪽 영상은 허블 우주 망원경으로 촬영한 게 성운 중심부의 근접 사진이다. 영상 중앙에 보이는 한 쌍의 별 중에서 왼쪽 것이 바로 그 펄사다. 이 펄사에서 광속의 절반 속력으로 흘러나오는 물질의 흐름 다발을 허블 우주 망원경이 검출할 수 있었다. 이처럼 폭발하는 별들은 별의 일생을 통해 합성된 새로운 원소들을 성간 물질로 재순환시키고, 그러한 성간 물질에서 새로운 세대의 별과 행성들이 태어난다.

■ **그림 21.2**

혜성 캘리포니아 주립대학교(노스리지 소재)의 아마추어 천문사진가 로버트 프로빈(Robert Provin)이 촬영한 하쿠타케 혜성. 이 사진은 모하비 사막의 맑은 밤에 망원경 삼각대에 장치한 망원 렌즈를 이용하여 12분 동안의 노출로 찍은 것이다. 움직이는 혜성을 카메라에 고정시켰기 때문에 배경의 다른 별들은 줄무늬를 그리게 되었다.

들의 유입으로 인해 더욱 풍부해졌다.

화학적 다양성과 지구의 온화한 조건은 결과적으로 자체-재생이 가능한 분자들의 형성과 더불어 생명의 탄생을 유도했다. 수십억 년의 지구 역사에 걸쳐서 생명은 서서히 진화했으며 더욱 복잡해졌다. 태양이나 그의 동반 세계(행성들)로 합쳐지지 못한 작은 천체들과의 충돌로 인한 지구 전체에 걸친 변화는 때때로 진화 과정을 중단시켰다. 포유동물은 6500만 년 전에 있었던 그러한 충돌 덕분으로 지구 표면을 지배할 수 있게 되었다.

여러 차례의 우여곡절 끝에, 지구상의 진화 과정에서 자아—의식을 지니고 있으며, 자신의 기원과 우주에서의 위치에 관해 생각하고 질문할 줄 아는 피조물이 태어났다(그림 21.3). 지구의 대부분과 마찬가지로 그의 피조물인 인간은 이전 세대 별들의 중심에서 주조된 원자들로 조성되었으며—뇌, 신장, 손가락, 얼굴 등으로 매우 현명하게 조합되었다. 그러므로 우주의 물질들은 인간의 사고를 통해 스스로를 인식할 수 있게 되었다고 말할 수 있다.

우리 몸을 구성하는 원자들에 대하여 잠시 생각해 보자. 그들은 우리 근방 우주에 존재하는 원자들을 잠시 대여해주는 '도서관'에서 빌려 온 것에 지나지 않는다. 여러 종류의 원자들이 우리 몸을 순환하다가, 우리가 내뱉은 호흡이나 배설을 통해 우리의 몸을 떠나게 된다. 좀 더 오랫동안 우리 몸의 세포 조직에 머무르는 원자들일지라도 우리가 살아 있는 동안 우리의 일부일 수 있다. 결국, 우리 몸의 원자들은 거대한 지구 저장고로 되돌아가며, 수천 년 이내에 다른 구조물이나 또 다른 생명체를 이루는 데에 참여하게 될 것이다.

■ **그림 21.3**

어린 인간 인간은 자신이 사는 행성과 그 바깥에 있는 것들에 대해 알고 싶어하는 지성을 가지고 있다. 인간을 통해, 우주는 자신을 인식하게 된다.

인간이 별들의 후손이라는 우주적 진화에 대한 우리들의 이해는 과학의 여러 분야에서 많은 과학자들의 수십 년에 걸친 노력을 통해서 얻은 결과다. 일부 세부적 내용은 여전히 시험적이며 불완전하지만, 그 큰 줄거리는 매우 믿을 만하다고 본다. 우주의 물리적 성질을 탐지하는 관측기구를 가지게 된 짧은 기간 동안 이만큼 많은 것들을 알아냈다는 것은 참으로 놀라운 일이라고 하겠다.

21.1.2 코페르니쿠스의 원리

천문학 연구에서 지구는 특별하다는 과거의 주장은 잘못된 것임을 우리에게 가르쳐 주고 있다. 코페르니쿠스와 갈릴레오는 지구가 태양계의 중심에 있지 않으며, 태양 주위를 도는 여러 천체 중 하나임을 보였다. 별들에 대한 연구를 통하여, 태양 자체는 수십억 개의 다른 별처럼 평화롭게 주계열 단계를 살아가는 평범한 별에 지나지 않음을 알게 되었다. 우리은하에서 우리의 위치는 특별하지 않으며, 우리은하 역시 은하군이나 또는 초은하단에서 놀랄 만한 위치에 있지 않다.

최근 다른 항성 주위에서 행성들이 발견되므로 행성계의 형성은 다양한 종류의 별 생성 과정의 자연스러운 결과라는 우리의 생각을 확인해 준다. 현재 우리의 행성 탐사기술은 거대 행성을 탐지하는 수준이지만, 다른 태양계에는 지구와 같은 작은 행성들이 없다는 것을 믿어야 할 이유는 없다.[1]

과학 철학자들은 우주에서의 위치는 전혀 특별하지 않다는 아이디어를 **코페르니쿠스의 원리**(Copernican principle)라고 부른다. 비록 우리 자신을 모든 피조물의 중심 초점으로 생각하고 싶지만 이 책에서 논의된 어떤 관측에서도 그러한 믿음에 대한 증거는 찾을 수 없다.

그러므로 대부분 과학자들은 생명의 탄생이나 진화가 다른 곳에서 발생하지 않았으며 절대적으로 우리 행성 표면에 국한되었다면 놀랄 것이다. 별 주변의 행성에서 생명이 발생할 수 있을 정도로 수명이 긴 별들이 우리은하에 수십억 개가 있다. 또한 우리은하와 같은 수십억 개의 은하가 우주에 존재한다. 따라서 천문학자와 생물학자들은 초기의 지구에서 발생했던 일련의 사건들과 비슷한 일들이 다른 별 주위에서도 일어나서 생명체를 발생시켰을 것으로 오래전부터 추측해 왔다. 그리고 조건만 알맞다면, 그러한 생명체는 충분히 진화해서 지적 생명체라고 부르는 존재—자신의 우주적 위치를 인식하고 우주에 흥미를 가지는 존재—가 될 수 있었을 것이다. (이런 관점에서, 우스갯소리로 천문학 수강은 우주 생명체로서 할 수 있는 최고의 지적 행동이라고 결론지을 수 있다!)

코페르니쿠스의 원리에 바탕을 둔 이런 주장은 철학자들의 관심을 얼마나 끌지 모르지만, 과학자들에게 충분하지 않다. 과학은 증거 자료를 요구한다. 우리는 다른 곳의 생명(지적 생명)의 존재에 대한 실체적인 증거를 찾으려 한다. UFO가 발견되었거나 외계인을 잡았다는 등 삼류 잡지의 떠들썩한 주장에도 불구하고 외계 생명에 대한 과학적 증거는 아직 발견되지 않았다. 그러나 많은 과학자들은 그런 발견이 인류 역사에 획을 긋는 사건이 될 것으로 믿으면서 지구 밖 외계 생명에 대한 증거들을 신중하게 찾기 시작했다.

21.1.3 그렇다면 그들은 어디에 있는가?

코페르니쿠스 원리를 생명에 적용한다면, 다른 행성에서도 생물은 보편적일 것이다. 나아가 코페르니쿠스 원리를 논리적 한계까지 확장한다면, 지적 생명도 보편적일 것으로 추정할 수 있다. 인간 같은 지적 생명은 기술의 응용을 통해 빠르게 발전하는 능력을 포함해서 아주 특별한 성질을 가지고 있다. 게다가 어떤 철학자들은 인간보다 우월한 인공지능이 곧 개발될 것으로 생각한다. 그 경우 미래의 진화는 데이터와 소프트웨어를 더욱 정교하게 조작하는 실리콘으로 만들어진 피조물에 의해 지배될 수도 있을 것이다. 그 같은 초고성능의 지적 기계들이 자신의 행성계를 벗어나서 우리은하 또는 그 너머의 세계를 탐사할 가능성도 있다. 어느 늙은 별 주변의 유기체 생명이 지구에서 우리가 기원한 것보다 10억 년 더 일찍 진화를 시작했다면, 탐사선을 보낼 충분한 시간이 있었을 것이다.

이와 같은 전망에 대해 50년 전에 물리학자 엔리코 페르미(Enrico Fermi)는 페르미 역설이라는 질문을 던졌다. 그들은 어디에 있는가? 만약 생명과 지성이 보편적이며, 그처럼 엄청난 성장력을 지닌다면 왜 존재를 우리 태양계 같은 벽촌까지 영향을 펼치는 은하 문명 조직체가 없는 것일까?

페르미의 역설에 대해 몇 가지 답안이 제안되었다. 어쩌면 생명은 보편적이지만, 지적 생명(또는 기술적 문명)은 드물지 모른다. 어쩌면 은하 문명 조직체가 미래에 나타날지 모르지만 아직은 발달하지 못했을 수도 있다. 어쩌면 아직 검출되지 않은 데이터의 흐름이 우리 곁을 지나치고 있는데, 우리 기술이 충분히 발달하지 못했을 수도 있다. 또는 외계의 앞선 문명은 언제나 우리 같은 미성숙하고 발전 도중에 있는 의식에 간섭하려 들지 않을지도 모른다. 우주에 발달된 생명이 존재하는지, 왜 우리가 인지하지 못하는지 알지 못한다. 이 장을 읽어가면서 이러한 문제들을 생각해 보면 좋겠다.

21.2 천문생물학

20세기 최후 10년 동안 천문학과 생물학의 많은 발견은 **천문생물학**(astrobiology)의 발전을 유도했다. 천문생물학자는 우주에서 생명의 기원, 분포, 그리고 그들의 궁극적인 운명

[1] 역자 주-2013년까지 발견된 외계행성은 대략 900개이고, 그 대부분은 목성과 같은 거대 행성이지만 일부는 지구와 비슷한 질량을 가지고 있다. 2013년 초 케플러 우주 망원경은 태양과 비슷한 별의 생명 거주 가능 지대에서 지구 질량의 외계행성을 발견하였다.

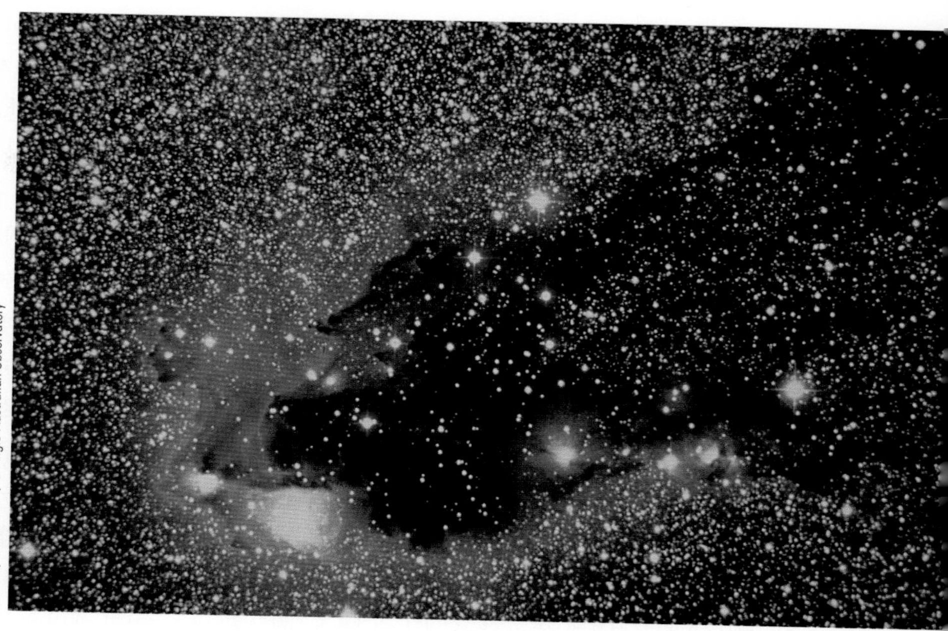

■ **그림 21.4**
가스와 티끌 구름 전갈자리에 있는 이 가스와 티끌의 구름은 복합 분자들이 발견되는 영역 중의 하나다. 이 구름 안의 가스와 티끌의 저장고에서 새로운 별들이 생성되고 있다. 전갈자리 OB 성협이라는 뜨거운 별들의 집단(그림의 왼편 아래 방향의 바깥에 있는)에서 방출되는 복사가 구름을 '잠식'해서 길쭉한 형태로 쓸어나가며, 그 끝 부분이 붉게 빛나고 있다.

을 연구한다. 천문생물학에서는 천문학자, 행성과학자, 생화학자, 환경학자, 지질학자, 유전학자, 미생물학자들이 각자의 전문적 관점에서 같은 문제를 함께 연구한다.

천문생물학자들이 씨름하는 여러 문제들 중에는 지구상에서 생명이 발현하게 된 조건과 지구의 생명이 특별한 적응력을 가지게 된 이유 등이 있다. 천문생물학자들은 또한 화성과(목성의 위성) 유로파에서 생명의 증거를 탐색하는 프로젝트에 참여하고 있으며, 다른 별 주변 어디에 생명 거주 가능 지대(habitable zone)가 발견될 수 있는지 이해하려고 노력하고 있다. 이러한 문제들을 좀 더 자세하게 알아보자.

21.2.1 생명의 구성 성분

지구 밖의 생명에 대한 확실한 증거가 아직 발견되지 않았지만, 폭넓은 외계 환경에서 생명의 화학적 구성 성분들이 탐지되었다. 운석은 우주에서 지구로 떨어지는 암석으로, 외계적 기원의 화학적 구조를 가지는 다양한 종류의 아미노산(단백질의 구성 성분)이 검출되고 있다. 혜성 주변의 가스와 티끌을 조사해보면, 여러 **유기** 분자들이 발견되는데, 이런 탄소를 기반으로 하는 복합체들은 지구에 존재하는 생명체의 화학적 구조와 밀접하게 관련된다.

현대 전파천문학의 가장 놀라운 성과 중 하나는 성간의 가스와 티끌로 이루어진 거대 구름 안에 존재하는 유기 분자의 발견이다. 이 우주의 원료 저장고에서 지구상의 생명 출현에 주요한 초석이 되는 포름알데히드(방부액), 알코올 등을 포함한 100개 이상의 다양한 분자들이 확인되었다. 전파망원경과 전파분광기를 이용해서, 성간구름에 포함된 화학 성분의 함량비를 측정할 수 있다. 유기 분자들은 성간 티끌을 많이 함유한 영역에서 쉽게 찾아볼 수 있다. 또한 이 영역에서 별 형성(행성의 형성)이 가장 잘 일어난다(그림 21.4).

1950년대 초부터 과학자들은 실험실에서 우리 행성의 생명을 유도했던 화학적 과정의 복제를 시도했다. 시카고 대학의 스탠리 밀러(Stanley Miller)와 해럴드 유레이(Harold Urey)가 선도한 실험의 생화학자들은 지구의 초기 조건을 그대로 모사한 실험에서 단백질과 핵산의 형성에 필수적인 성분들을 포함한 생명체의 기본 구성 성분들을 만들어 낼 수 있었다(그림 21.5).

실험 결과는 고무적이었으나, 실험 자체에 문제가 있었다. 생물학적 관점에서 가장 흥미로운 화학 과정은 암모니아나 메탄과 같은 수소가 풍부한 가스(환원기체)에서 일어난다. 그러나 초기 지구 대기는 (오늘날 금성 대기가 그러하듯) 이산화탄소가 주성분이었을 것이며, 환원기체를 풍부히 포함한 적이 없었다. 비록 생물학적으로 중요한 탄소 복합체를 만드는 것은 비교적 쉬웠겠지만, 그들을 충분히 만들어 내기에는 지구의 조건들이 적당했는지는 확신할 수 없다. 아마도 생명의 기본 구성 성분들 중 일부는 지구가 아니라, (행성들이 만들어졌던 태양계 성운의 외곽지역과 같은) 화학적으로 좀 더 유리한 장소에서 만들어졌을 가능성이 높다. 더 나아가 생명 자체가 다른 곳에서 기원한 다음에 우리 행성에 그 씨가 뿌려졌다고 생각해봄직도 하다.

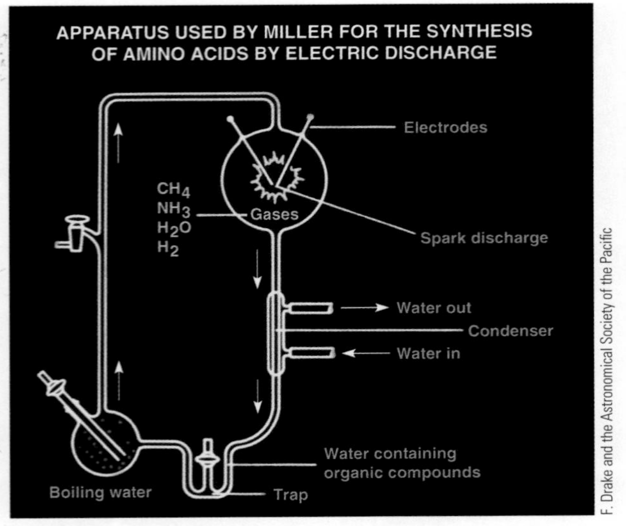

■ 그림 21.5

초기 지구에 관한 시뮬레이션 1953년에 수행된 밀러-유레이 실험으로 초기 지구에서 일어났던 화학 반응들이 연구되었다. 번개를 모사하기 위하여 메탄, 암모니아, 수증기 및 수소로 구성된 '대기'에 전기 스파크를 가하였다. 실험 기구의 아래에 있는 물은 대기에서 합성된 물질이 낙하하는 '해양'의 역할을 한다. 그 내용물을 분석한 결과, 단백질의 구성 성분인 여러 종류의 아미노산이 발견되었다. 오늘날 우리의 이해에 따르면, 초기 지구의 대기에는 밀러와 유레이가 사용하였던 것에 비해 더 많은 이산화탄소와 더 적은 수소가 포함되어 있었기 때문에 그 실험에서는 유기분자들이 실제보다 더 적게 만들어졌다고 한다.

21.2.2 생명의 기원

생명의 화학적 틀을 구성하는 탄소화합물은 우주에 보편적으로 존재할지 모르지만, 이러한 기본 성분에 살아있는 세포까지는 매우 복잡한 단계가 존재한다. 세포 안 유전 물질의 가장 단순한 분자들도 정밀한 계열로 배열된 수백만 개의 분자 단위를 포함하고 있다. 더구나 가장 원시적인 생명체도 두 가지 특별한 능력이 요구된다. 주변 환경으로부터 에너지를 추출해 내는 수단과 스스로를 복제하는 수단이다. 생물학자들은 자연환경에서 이 두 능력이 형성되는 방법을 알 수는 있으나, 실제로 첫 번째 생명체에 어떻게 이 두 가지 능력이 함께 생겼는지를 이해하기에는 아직도 갈 길이 멀다고 한다.

아쉽게도 우리는 지구상에서 어떻게 생명이 기원했는지에 관한 증거를 거의 가지고 있지 않은 셈이다. 대략 39억 년 전에 일어났던 소행성과 혜성들의 격렬한 폭격이 끝난 후, 초기 수 100만 년의 중요한 시기에 남겨진 화석은 없다. 거대 충돌로 인해서 지구 표면이 살균되면서 전부터 살고 있던 모든 생명은 사라지고, 아마도 새로운 생명이 반복적으로 다시 시작되었을 것이다.

거대 충돌이 멈춘 다음에야 지구에 평화로운 환경이 조성되었다. 얼음 미행성(오늘날의 혜성과 같은 '먼지 많은 얼음' 덩어리)과의 충돌로부터 지구 해양에 유기물질이 축적되면서, 비록 어떤 사건들이 차례로 일어났는지 상세히는 알지 못하지만, 살아있는 유기체가 생성되는 데 필요한 재료가 마련되었다. 생성 이후 수천만 년 동안 이 최초의 생명체는 아마도 해양의 화학 물질로부터 에너지를 추출했으며, 해양에 축적된 유기물질을 이용했을 것이다. 그러나 종국에는 이러한 '공짜 점심'은 고갈되면서, 생명체는 생존을 위한 다른 방도를 찾아야만 했을 것이다. 더 복잡한 생물로의 진화는 바로 이때부터 시작되었다.

진화 경로에서 주요한 단계 중 하나는 DNA(데옥시리보핵산)—지구 생명체의 유전자 정보를 담고 있는 나선구조로 꼬인 핵산의 분자 사슬—의 발달이다. DNA는 각 세포에 어떻게 재생되고, 성장할지 알려준다. DNA는 각 세포 안에 있는 '화학 공장'을 가동해서 화학에너지를 사용하고, 단백질과 생명에 필요한 다른 화학 물질을 생산하도록 명령한다. 지구의 모든 생명체는 근본적으로 같은 DNA 기반 화학을 사용한다. 모든 생명은 아마도 38억 년 전 지구의 해양에서 출현한 공통 조상으로 거슬러 올라갈 것이다. 그러나 그 이전에 일어났던 사건들은 분명하지 않다. (오늘날 전혀 생존하지 않는) 최초의 생명체는 아마도 RNA 또는 더 단순한 선구물질에 기반을 두는 단순한 화학적 구조를 가졌을 것이다.

또 다른 중요한 혁신은 **광합성**(태양 빛으로부터 화학 에너지를 추출하는 생명체의 능력)의 개발이다. 이전의 생물들은 주변에 녹아 있던 화학 물질을 사용했으나, 그것은 미약한 가용 에너지원이었다. 광합성은 복잡한 다단계의 화학 과정이지만 매일 지구에 쏟아지는 태양 빛의 엄청난 에너지를 생명체가 직접 쓸 수 있게 해준다. 여전히 논란거리이지만, 지구에서 발견된 미생물의 초기 화석은 광합성 박테리아(남조류 또는 시아노박테리아)의 잔해라는 몇몇 증거가 있다. 사실이라면, 광합성은 35억 년 전 이미 활발해야 한다(그림 21.6). 광합성이 그보다 늦게 시작되었을 것으로 보는 과학자들도 있지만, 태양 빛으로부터 에너지를 뽑아 쓰는 것은 30억 년 전 이미 성숙했다는 생각에 대부분이 동의하고 있다.

광합성 결과 산소가 방출되는데, 그 산소는 22억 년 전부터 대기에 축적되기 시작했다. 산소의 양이 증가하면서 세 개의 산소가 결합해서 오존이 생성되었다. 그 결과 지구 대기 상층부에 오존층이 발달하게 되어, 태양으로부터 오는 자외선 복사를 차단한다. 이로써 생명체가 해양에만 머무는 대신 우리 행성의 땅 표면으로 이주하는 것이 가능해졌다.

산소는 많은 유기 분자를 파괴하기 때문에 산소 수준의 증가는 몇몇 미생물에는 치명적이다. 그러나 한편으로는 다

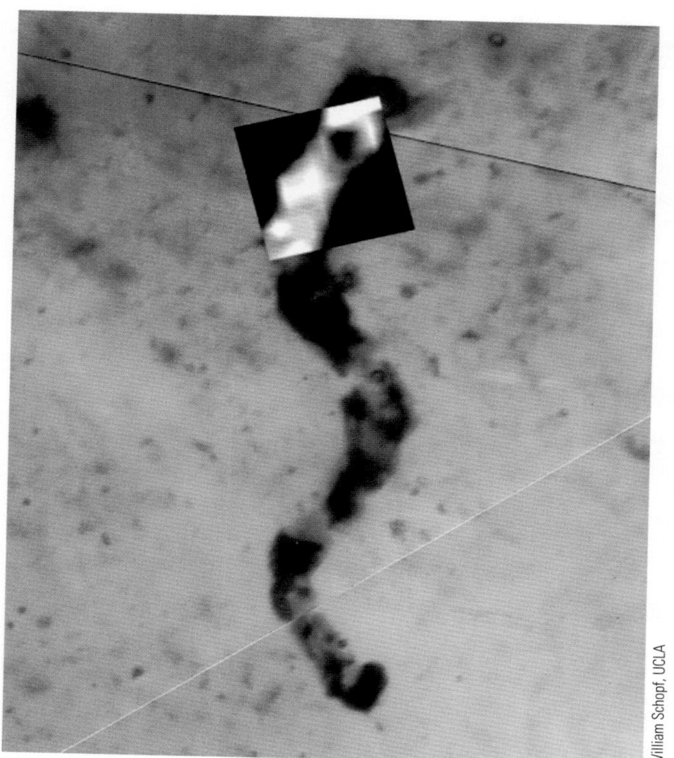

■ **그림 21.6**

고대 지구 생명체의 미화석 호주 서부에서 발견된 35억 년 된 퇴적물에 있는 화석화된 미생물. 필라멘트 부분에는 탄소의 존재를 조사한 실험결과를 보여주는 이미지와 겹쳐져 보였다. 하얗게 표시된 지역은 탄소를 포함하고 있는데, 유기물이 생존하고 있음을 나타낸다. 일부 과학자들은 이러한 미생물이 이미 광합성을 발달시켰다고 생각한다.

른 생명이 번창할 수 있게 해주는데, 세포와 산소의 결합은 식물이 생산한 유기 물질로부터 에너지를 얻는 매우 효율적인 방법이기 때문이다. (실제 점심으로 좋은 샐러드를 먹을 때마다 그런 일이 일어난다.) 산화 작용으로 만들어진 에너지는 유기체를 활발히 증식시켜서, 산소가 풍부한 환경에서 지속적으로 진화가 일어나게 된다.

생명의 진화에 관한 상세한 내용은 생물학 강의의 주제지만, 여기서는 자연선택(적자생존)에 의한 진화 과정이 지구상에 출현한 놀랍도록 다양한 생명체들을 명확하게 설명해 준다는 사실을 언급한다. 그러나 그것은 최초 생명 시작의 비밀을 직접 해결해 주지는 않는다. 다만 조건이 적절했을 때 생명이 생겨났을 것이라고 가정하는데, 이 가정을 부정하는 증거는 없다. 이 가설은 코페르니쿠스 원리의 또 다른 형태이다. 지구에서 어떤 일이 일어났다면, 우주의 다른 곳에서도 같은 일이 일어날 수 있을 것이다. 실제로 외계 생명을 발견해 내기까지는, 이 가설이 실제 자연의 이치에 얼마나 잘 부합하는지 확인할 수 없을 것이다.

21.2.3 생명 거주 가능 환경

우주에서 생명의 역할을 이해하기 위해서는, 생명체들을 지탱해 주는 환경 범위를 조사해봐야 한다. 과학자들은 이 문제를 두 가지 방법으로 접근한다. 이 절에서는 탄소를 기반으로 하는 생명체의 기본 특성의 관점에서 거주 가능성에 대해 논의하려고 한다. 다음 절에서는 생명이 발견되는 지구상의 다양한 환경 조건에 대해 살펴볼 것이다.

그렇다면 왜 우리의 논의는 탄소를 기반으로 하는 화학으로 제한하려는 것인가? 가장 간단한 답은 우리가 알고 있는 유일한 생명체, 그리고 우리가 실험할 수 있는 유일한 유기화학이 탄소를 기반으로 하기 때문이다. 다른 화학이 고려되지 않았던 것은 아니다. 다른 원소들의 성질을 검토해 본 결과, 탄소는 산소와 수소 같은 다양한 원소들과 복합적인 화학 결합을 만들 수 있는 점에서 독보적 존재라고 하겠다. 탄소-기반 분자들은 결합해서 아주 긴 사슬(바이오폴리머)을 만들 수 있고, 수백만 개의 성분들로 이루어진 DNA 분자의 이중나선구조를 만들 수도 있다. 다른 원소들은 이러한 성질을 갖고 있지 않다.

탄소, 수소, 산소와 결합하는 다른 주요 생물학적 원소들은 질소, 황, 인 등이 있다. 앞서 보았듯이, 이들은 우주에서 가장 풍부한 원소로서 탄소-기반 생명체를 위한 구성 성분으로 널리 쓰인다.

대부분의 유기화학은 물이 있어야 가능하다. 물은 최고의 용해제이므로, 세척에 사용된다. 물이 액체 상태인 온도 범위(섭씨 0~100°)는 정확히 대부분의 탄소-기반 화학이 작동하는 온도이기도 하다. 섭씨 100° 이상에서는 더 큰 탄소 분자들이 분해되기 시작한다. 이것이 끓는 물에서 대부분의 미생물이 죽는 이유다.

우주에서 H_2O는 흔하지만, 액체의 물은 훨씬 적다. 대부분의 물은 증기(차가운 별의 대기) 또는 고체(성간 가스와 티끌 구름 안에 있는 얼음 결정) 상태다. 물이 액체이면 압력은 0.006바(bar)보다 높아야 한다. 그보다 낮은 압력에서 H_2O는 고체와 가스 상태로만 있을 수 있다. (1바는 지구 해수면에서의 표준 압력이다.) 그러므로 액체 상태의 물은 행성의 표면 또는 내부에 존재하게 된다. 이러한 조건은 우리가 탐색하는 생명의 거주 가능 환경을 제한한다.

액체 물과 유기화합물과 더불어 생명은 추출 가능한 에너지가 필요하다. 에너지는 생명체의 복잡한 분자를 만드는 데뿐만 아니라 고등생물의 운동과 사고 기능을 수행하는 데 필요하다. 살아있는 것들은 그 주변의 에너지를 사용하여 생명에 필요한 복합 화합물을 생산한다. 만약 에너지원이 제거

Space Telescope Science Institute/AURA/NASA © Bonnie Sue Photography

■ 그림 21.7
옐로우스톤 온천의 색채가 풍부한 미생물 옐로우스톤 국립공원의 그랜드 프리스마틱 온천에는 극한 환경에서 다양한 미생물이 살고 있다. 다른 색을 띠는 고리들은 다른 온도에 내성을 가지고 있는 미생물의 서식지를 나타낸다. 비등점 100°C에 가까운 온도인 중심부 근처에서 솟아오르는 물이 퍼져나가 식으면서 웅덩이 가장자리로 넘쳐나고 있다. 왼편 웅덩이 옆을 지나가는 산책로에서 사람들을 볼 수 있다.

되면, 생물은 '죽고', 그 복합 화학 분자는 분해되어 다시 환경으로 돌아간다.

지구상의 원시 생명체는 발효나 기타 반응을 통해서 용해된 화합물로부터 에너지를 추출한다. 그 화학에너지는 예를 들면 심해에서 분출되는 미네랄이 풍부한 고온의 물이나 옐로우스톤 국립공원에서와 같은 뜨거운 온천 등 지열 원천으로부터 얻는다(그림 21.7). 반면, 광합성은 생명체가 엄청난 태양광 에너지 자체를 뽑아 쓸 수 있게 해 준다. 또한 광합성은 그 부산물로 탄수화물을 생산하는데, 동물과 같은 생명체들은 에너지원으로 사용한다. 대부분 지구 생명체는 궁극적으로 녹색식물의 광합성에 의존하는 먹이 사슬의 일부다.

생명 거주 가능 환경이란 결국 세 가지 조건을 필요로 한다. 탄소화합물로 이루어진 풍부한 원료, 액체의 물(행성과 관련), 그리고 화학작용이나 태양광을 기반으로 하는 에너지원.

21.2.4 극한 조건에서 사는 생명

지구의 생명체는 진화해서 다양한 생태계 영역을 채워왔는데, 그중 어떤 곳은 우리가 매일 경험하는 장소와 다르다. 명백하게 양립할 수 없는 두 환경은 공기와 바다다. 바다에서 번성하는 생물을 공기 중에 내놓으면 죽고, 인간과 같이 공기를 선호하는 생물은 물에 넣으면 익사한다. 그러나 지구상에는 훨씬 더 생소한 환경에서 생존하고 번성하는 특별한 생명체들이 있다. 이를 호극한성 세균(extremophile)이라고 하는데, 그들이 처한 환경이 인간에게는 극한적으로 보이기 때문이다. 지구상의 대부분의 생명체와 마찬가지로 호극한성 세균들도 대부분 미생물이다. 그러나 그들이 반드시 단순하거나 원시적인 것은 아니다. 사실 호극한성 세균들은 그 같은 환경에서 살아남기 위해 엄청난 진화적 적응이 필요했다.

대부분의 생명체는 섭씨 15~60° 사이에서 살기에 가장 알맞다. 낮은 온도를 선호하는 미생물은 호저온성생물(psychrophile)이라 하고, 높은 온도를 선호하는 미생물은 호열성생물(thermophile)이라고 한다. ('phile'은 좋아하다 또는 사랑한다는 의미를 가진 그리스어 접미사다. 예를 들어 'anglophile'은 영국을 사랑하는 친영파를 의미한다.) 저온 영역에서 보면, 자연 '부동액'같이 작용할 때 섭씨 0° 아래에서도 생존할 수 있는 생명체가 있는데, 신진대사가 매우 느려지거나 때로는 정지되기까지 한다. 남극의 얼음 안에 갇혀 수만 년 동안 동결되거나 동면상태로 있던 미생물을 실험실에서 다시 되살리기도 했다.

호열성생물들은 고온에서 탄소-기반 복합물이 분해되기 시작할 때 이를 화학적으로 수리하는 방법을 발달시켜왔다. 저온의 동면 상태와는 달리, 고온에 적응하기 위해서는 활발한 화학적 개입이 요구된다. 다수의 미생물이 옐로우스톤 온천의 섭씨 100°에서도 잘 번성하고 있다. 호열성생물들이 발견된 가장 높은 온도는 심해 열구의 섭씨 113°인데, 열구 부근에서는 물의 압력이 매우 높아서 113°에서도 물이 끓지 않는다(그림 21.8).

환경적 극한성과 관련된 세 가지는 습도, 염도, 그리고 산도를 포함한다. 많은 종류의 미생물이 저온에서는 동면에

Peter Ryan/Scripps/Science Photo Library/Photo Researchers, Inc.

■ 그림 21.8

해저의 블랙 스모커 1977년 이래로 해양지질학자와 생물학자들은 뜨겁고, 미네랄이 풍부한 물이 해저의 해구에서 뿜어져 나오는 것을 발견하였다. 여기에서 보듯이, 해구에서 나오는 뜨거운 물이 훨씬 차가운 해저의 물과 섞이게 되면 용해되었던 미네랄이 빠져나오면서 '검은 연기(black smoker)'와 같이 보인다. 이러한 열수구 주변에는 생명체가 풍부한데, 근처에서 350개 이상의 새로운 종이 발견되었다. 해저의 칠흑 같은 어둠 속에서, 이러한 생명체는 태양 빛 대신 열구에서 일어나는 화학작용으로부터 에너지를 끌어내어 사용한다.

들어가서 상황이 나아지기를 기다리며 견디는 방법으로 극단적으로 건조한 조건에서도 살아남을 수 있다. 어떤 미생물은 매우 높은 염도를 견뎌내어, 사해(Dead Sea)의 물속에서도 살아남을 수 있다. 생명이 발견되는 산도의 범위는 pH 0에서 9 이상이다. 산도 pH는 물질이 산성(0~7), 중성(정확히 7), 알칼리성(7~14)인지를 나타내는 척도다. 산성 환경의 예로는 스페인 남부의 리오 틴토(Rio Tinto: Red River)인데, 이 강은 미네랄 침전이 광범위하게 일어나는 지역에서 시작해서 강 하구에 이르기까지 pH 2.5를 유지하고 있다(그림 21.9). 풍부한 미생물군이 이 강에 서식하는데, 어떤 것들은 그런 환경을 좋아하기 때문에 일정하게 pH 2.5가 유지되도록 도와주기도 한다.

극한에 대한 내성을 보여주는 가장 놀라운 예는 방사선 저항성 미생물(Deinococcus radiodurans)이라는 박테리아인데, 이들은 원자로 냉각수(다른 여러 장소를 포함해서)에서 발견된다(atomophile이라고도 부름). 이 미생물은 고도로 발달한 화학적 치유 기작을 가지고 있어서, 자외선 또는 방사선의 흡수 선량이 시간당 6000 라드(rad)에서도 살 수 있는데, 이는 인간이 견딜 수 있는 세기의 1000배보다 더 큰 것이다. 이 미생물은 또한 많은 불쾌한 산업 화학물질에 대해서도 내성이 있어서 유독 폐기물에서도 흔히 발견된다. 방사선 저항성 미생물이 어떤 진화 경로를 거쳐 이처럼 치명적인 조건에서 놀라운 내성을 발달시켜왔는지 아무도 모른다.

지구의 생명체는 물속, 공기, 심해와 같은 놀랍도록 다양한 환경에서 생존하는 방법을 습득해 왔음을 알았다. 생명

■ 그림 21.9

리오 틴토, 스페인의 산성 강 리오 틴토의 물은 산도가 pH 2.5인 산성이다. 용해된 미네랄 때문에 물은 붉은색을 띤다. 그럼에도 이 강에는 산성 조건에 적응한 미생물이 살고 있는데, 사실 그 미생물들이 강의 원천에서 하구까지 일정하게 pH 2.5를 유지하도록 해준다.

David Morrison

은 우리가 생각하는 생태계 전 영역을 거의 다 채웠지만, 많은 경우 신진대사 또는 기타 생명 과정들이 매우 느려지게 된다. 그러나 예외도 있다. 어떤 생물도 얼음에서 물을 추출하는 방법을 습득하지는 못했다. 그린란드의 얼음판은 녹색이 아니다! 또한 어떤 생명체도 공기 중에서만 생애의 전 주기를 살지는 못한다. 우리가 아는 생명은 액체의 물과 땅 또는 해양과 같은 거주 장소를 필요로 한다.

21.3 지구 밖 생명체의 탐사

천문학자와 행성과학자는 우주 생명체 탐색의 최전선에 있다. 이 절에서는 두 가지 종류의 탐사 방법을 논의할 것이다. 첫째로, 화성과 유로파와 같은 우리 태양계 안의 행성을 직접 탐사하는 것이다. 둘째는, 다른 별 주변의 행성에서 생명의 증거－생명표지(biomarker)－를 찾는 것으로 매우 어려운 작업이다. 그리고 마지막으로, 21.4절에서 SETI－외계 지적 생명체에 대한 탐사－에 대해서 알아볼 것이다. 우주에서 생명은 지구에서만 유일한지를 결정한다는 목적은 같지만, 이러한 세 가지 탐사 방법은 서로 매우 다르다.

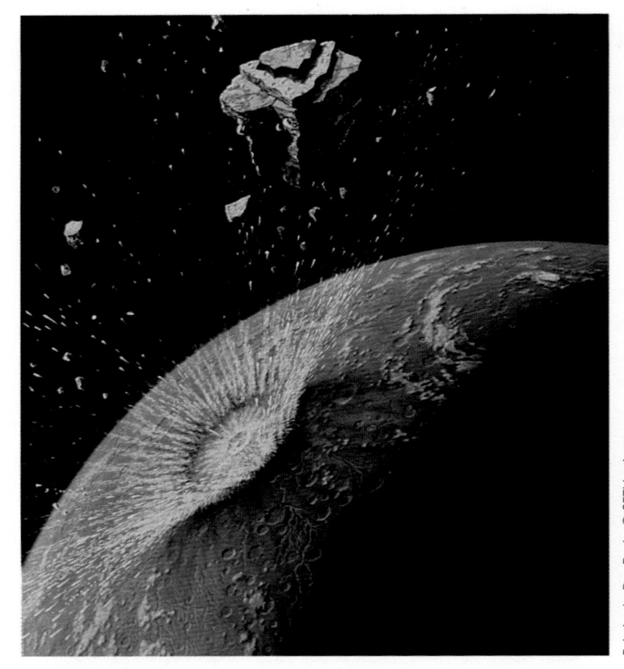

■ **그림 21.10**
화성 충돌 이 그림은 화성에 부딪히는 거대한 암석이 화성으로부터 작은 조각들을 분출하는 것을 보여준다. 화성 주변의 궤도를 수백만 년 동안 공전한 후에, 일부 조각들은 지구와 충돌하여 남극에 떨어지게 된다. 나중에 과학자들이 지구의 남극에서 이러한 화성의 암석을 발견하게 되는 것이다.

21.3.1 화성의 생명체

1996년 다양한 분야의 과학자로 이루어진 연구팀이 화성에서 생명체의 증거를 찾았다는 주장에 대해 대중과 언론의 지대한 관심이 집중되었다. 이 연구팀은 지구의 남극에서 발견된 고대 화성의 암석 표본－나이가 40억 년으로 알려진 운석 ALH 84001－을 상세히 분석해서, 화성 지각의 파편(강력한 충돌에 의하여 우주 공간으로 떨어져 나온 운석, 그림 21.10)이 약 35억 년 전에 습기 많은 환경을 경험했음을 보여주었다. 그 당시 화성은 대기가 더 두꺼웠으며, 물이 흘렀다고 한다. 그 후 지구로 떨어진 감자 크기의 이 운석에는 미량의 탄산염 광물과 약간의 유기화합물들이 들어 있었다. 연구팀은 더 나아가서 고배율에서 드러나는 이 암석의 미세 구조들이 고대의 미생물들의 화석화된 잔해라고 주장했다.

실제로 고대 화성 암석에 화석이 존재했다면, 지구와는 독립적으로 화성에서도 생명이 시작되었음을 의미하는 것으로, 이는 과학사에서 가장 눈부신 발견 중의 하나일 것이다. 이 책을 쓰고 있는 2003년 대부분의 과학자들은 이 운석이 천 년 동안 남극 얼음 속에 갇혀 있으면서 지구의 화학 물질에 의해 오염되었으며, 그 '화석'을 한때 살아있던 생명체로 보기에는 너무 작다고 판단하고 있다. 그러나 이 특이한 형태가 비유기적 기원에 의한 것으로 밝혀졌다고 하더라도, ALH 84001에 관한 연구는 화성은 한때 다습했으며, 지구와 비슷한 조건을 지니고 있었음을 입증한 셈이다. 화성 운석에 대한 뜨거운 논쟁은 우리가 앞으로 어떻게 다른 행성의 화석화된 생명을 탐사할지를 생각하게 해주었다.

우주 탐사선에 의한 화성의 탐사는 대부분 환경적 조건 또는 생명의 증거 탐색에 집중되어 있었다. 화성이 한때는 더 따뜻한 기후와 물을 가졌다는 지질학적 증거들은 많다. 1976년 바이킹 착륙선은 화성의 토양에서 미생물을 검출하도록 특별히 고안된 기구를 탑재했는데, 그 결과는 부정적이었다. 비록 화성은 태양계의 행성 중에서 가장 지구와 유사한 환경을 가지고 있지만, 화성의 표면은 생명 거주 가능 지대의 요건을 갖추기에는 너무 건조하고, 너무 춥고, 태양 자외선에 의해 지나친 영향을 받았다.

그러나 40억 년 전에는 지구와 화성이 비슷한 표면 조건을 가지고 있었으므로, 그 당시 화성에서 생명이 시작될 수 없었다고 생각할 이유는 없다. ALH 84001과 화석화된 미생물에 대한 논쟁을 상기해 보자. 오늘날의 천문생물학자들은 고대 지구 암석에서 화석화된 미생물을 찾는 방법을 연구하고 있고, 그것을 화성에 적용할 준비를 하고 있다. 과거에 물

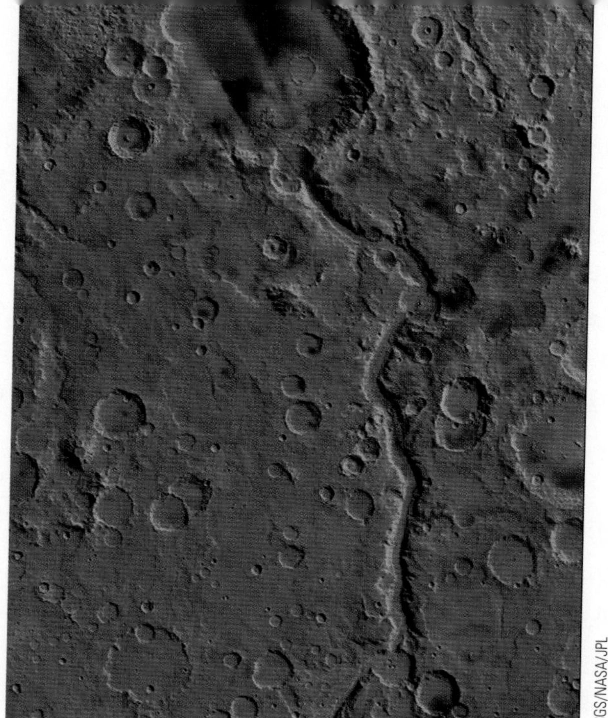

■ **그림 21.11**

화성 로버(rover) 착륙 예정지 화성에서 미생물 화석을 찾을 수 있는 가장 유력한 지점은 고대의 연못이나 호수와 같이 한때 물이 모여 있었던 곳이다. 이 그림의 위쪽에 보이는 지름 160 km의 충돌 분지는 화성 탐사 로버의 착륙계획 장소 중 하나인 구세프(Gusev) 운석 구덩이다. 600 km 길이의 마아딤 밸리스(Ma'adim Vallis) 운하를 통해 이 구덩이로 물이 흘러들어 가며, 구덩이 바닥의 생김새를 보건대 과거에 상당량의 물이 구세프에 모였을 것으로 추정된다.

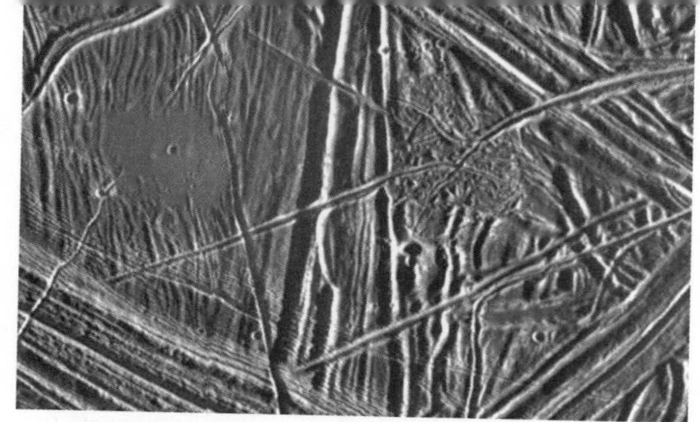

■ **그림 21.12**

유로파의 얼음 표면 갈릴레오 탐사선은 달 크기의 목성 위성 유로파에 액체 상태의 물로 이루어진 100 km 깊이의 바다가 전 지역에 걸쳐 존재한다는 것을 보였다. 안타깝게도 이 바다는 두꺼운 얼음 껍질 아래에 있기 때문에, 그 아래로 태양 빛이 통과하여 차갑고 어두운 물까지 내려오지 못한다. 위쪽 그림은 유로파의 깨진 표면을 보여주고, 아래쪽 그림은 샌프란시스코 반도를 같은 척도로 보여준다. 유로파 사진의 왼편에 보이는 둥글고, 납작하고, 매끄러운 지역은 아마도 깨진 틈과 유로파의 표면을 종횡으로 교차하고 있는 능선들을 아래에서 올라온 물이 덮어버린 영역일 것이다.

이 있던 지역에서 퇴적암의 표본을 채집해서 지구로 가져오는 미래의 탐사 프로젝트가 계획되고 있다(그림 21.11). 그러므로 (과거 또는 현재의) 화성 생명체에 관한 가장 강력한 탐사는 지구상의 실험실에서 수행될 것이다.

만약 암석 표본이나 또는 다른 곳에서 화성에 생명체가 있다는 증거를 찾게 된다면, 과학자들은 가능한 생존자를 찾는 일에 박차를 가할 것이다. 과학자들은 오아시스나 화성 표면에서 더 따뜻하고 습한 피난처를 찾아 악화되는 화성의 기후를 이겨내도록 진화했을 생명체를 찾을 것이다. NASA의 생명 탐사 주제는 '물을 따라서'이다. 오늘날 화성에서 액체 상태의 물이 있을 확률이 가장 큰 지역은 대수층(aquifer, 지하수를 함유하는 지층)이 존재하는 지표 아래 깊은 곳이다. 앞으로 화성에 착륙할 우주인이 대수층까지 깊은 우물을 뚫어서 마침내 외계 생명과 만나게 될 수도 있을 것이다.

지구에서 발견된 ALH 84001과 그 밖의 화성 암석들은 생명 탐사에 예기치 못한 전개를 이끌어냈다. 화성과 지구는 충분히 가깝기 때문에, 그 진화 역사에서 여러 방법을 통해서 물질을 서로 교환해 왔을 가능성이 있다. (화성은 표면 중력이 작기 때문에, 대부분 물질 이동은 화성에서 지구 쪽으로 일어났을 것이다.) 그런 암석 중 일부는 단지 화석뿐만 아니라 생존 가능한 미생물을 가지고 있을 가능성도 있다. 그러므로 화성이 지구에 생명을 심었을 수도 있고, 또는 두 행성이 서로 생명 물질을 교환했을 수도 있다. 만약 화성에서 생명체가 발견된다면, 그들은 우리의 먼 사촌이므로 지구의 생명과 유전적으로도 유사할 것이라고 추정해 볼 수 있다.

21.3.2 태양계 외행성의 생명체

천문학자들이 많은 관심을 갖고 있는 또 다른 지역은 목성의 위성인 유로파다. 달의 크기와 비슷한 이 위성에 대한 갈릴레오 탐사선에서 보내온 관측 자료는 두꺼운 얼음 껍질 아래에 액체 상태의 물로 이루어진 바다가 존재함을 암시한다. 유로파는 태양계에서 액체 상태의 물이 존재하는, 지구 궤도 밖의 유일한 장소이므로, 앞으로 우리가 탐사해야 할 중요한 대상이다(그림 21.12).

생명은 에너지원을 요구하는데, 태양 빛은 유로파의 두

꺼운 얼음 껍질 아래까지 뚫고 내려가지 못한다. 그러므로 유로파의 어느 생명체도 진화된 광합성을 못할 것이다. 그렇다면 유로파에는 어떤 다른 에너지원이 있을까? 전 지역에 걸쳐서 바다가 액체 상태로 남아 있기 위해서는, 조석작용에 의해 생성돼서 유로파 내부로부터 빠져나오는 열로 데워져야 한다. 지구의 심해에서 발견되는 것과 유사한, 뜨거운(적어도 따뜻한) 온천도 활발할 것이다. 그러므로 유로파는 그 같은 온천에 있는 미네랄이 포함된 물로부터 모든 에너지를 지원받는 생명체가 존재할지도 모른다.

일부 학자들은 유로파가 지구 밖 태양계 중에서 생명을 찾을 수 있는 가장 가능성 높은 장소라고 제안했다. 그러나 한편으로, 과연 온천으로 데워진 어두운 바다에서 생명이 시작될 수 있을지 의문을 던질 수도 있다. 어떻게 지구에서 생명이 생성되었는지 정확히 모르면서, 유로파에서 위의 설명과 같은 생명 시작의 가능성을 판단하는 것은 불가능하다. 그러나 한 가지 확실한 점은 유로파의 바다에 생명이 있다면, 그것은 지구의 생명과 관련되지 않는다는 것이다. 화성의 경우와 달리, 지구와 유로파 사이에는 암석의 교환을 통한 상호-오염이 일어나지 않는다. 그러므로 유로파에서 지구의 생명과는 무관한 독자적인 제2의 생명 기원이 발생했을 가능성이 있다. 그렇다고 하더라도, 우리는 그 생명이 어떤 것인지 짐작조차 하기 어렵다. 과연 탄소에 기반을 뒀을까? 단백질 화학을 이용했을 것인가? DNA 또는 RNA와 같은 유전적 물질을 가지고 있는가? 아니면 지금 우리가 상상할 수 있는 것보다 훨씬 더 이례적일까?

21.3.3 다른 별 주변의 생명 거주 가능 행성

비록 지금 우리의 로봇 탐사는 아직 태양계 내에만 제한되었지만, 생명체의 탐사를 우리 이웃만으로 제한하기를 원하지는 않는다. 그렇다면 다른 별들에 생명이 있을 가능성에 대한 증거는 어떻게 얻을까?

앞에서 보았듯이, 천문학에서 가장 중요한 최신 발전 중의 하나는 태양과 비슷한 별들을 공전하는 행성을 검출하는 기술이다. 2002년 말까지 그러한 행성들이 100개 이상 발견되었다.[2] 지금까지는 주로 목성이나 토성과 같은 거대 행성들을 발견했는데, 이들은 생명을 가지고 있을 가능성이 낮다. 그러나 거대 행성들의 존재는 액체 상태의 물과 생물에 필요한 조건들을 갖추고 있을 작은 세계(지구형 행성이나 거대 행성의 주변의 위성)의 존재 가능성을 의미한다.

먼 행성계에서 생명이 가능한지를 평가하기 위해서, 천문생물학자들은 **생명 거주 가능 지대**(habitable zone)-생명에 적합한 조건을 갖춘 별 주변의 영역-이라는 개념을 개발하였다. 액체 상태의 물이 존재하는 것이 중요하므로, 생명 거주 가능 지대의 통상적인 정의는 지구형 행성(대략 지구의 질량을 가진 행성)의 표면에 물이 액체 상태로 존재하는 거리를 의미한다.

당연히 지구는 태양계에서 생명 거주 가능 지대에 들어 있지만, 과거의 바다는 대부분이 얼어 있었던 시기(소위 '눈덩이 지구'라는 시기)가 있었다. 그러나 지구 대기의 온실효과로 인해 온실가스가 없었을 때보다 온도가 섭씨 25° 정도 상승함에 따라 기온이 어는 온도보다 따뜻해졌다는 사실에 유의하자. 그러므로 생명 거주 가능 범위를 평가할 때 중심별로부터의 거리뿐만 아니라 대기의 특성도 고려해야 한다.

태양과 같은 별들의 광도는 주계열 단계에 걸쳐 변화되므로 문제를 복잡하게 만든다. 계산에 의하면 태양의 에너지 방출은 지난 40억 년 동안 적어도 30% 증가했다. 그러나 지질학적 증거에 의하면 액체 상태의 물은 전 역사에 걸쳐 지구에 존재했으며, 지구가 가장 추웠던 시기(눈덩이 시기)는 태양이 더 어두웠던 초반이 아니라 최근 10억 년에 발생했다. 명백히 지구는 과거에 더 큰 온실효과를 겪었고, 감소하는 온실효과는 태양 광도의 증가에 의해 보충되었다. 어떤 별의 생명 거주 가능 지대가 주어진 시간에 어디에 위치할 것인지 추산하려면 이런 변화 요인들이 함께 고려되어야 한다.

태양계 내에 금성은 폭주 온실효과(runaway greenhouse effect)에 의해 생명이 불가능할 만큼 뜨거운 오븐처럼 진화했지만, 한때는 생명 거주 가능 지대 안에 있었다. 화성은 오늘날 너무 춥고 건조해서 표면에 생명이 살 수 없지만, 과거에는 더 두꺼운 대기를 가지고 있었고 (호수와 바다가 얼음으로 덮여 있었을 수도 있지만) 표층수를 가지고 있었다. 오늘날 화성은 생명 거주 가능 지대 밖에 있다고 보지만, (대기를 보유할 수 있는 더 큰 능력을 갖춘) 지구가 화성의 궤도에 위치한다면, 화성에 비해 더 따뜻할 것이다. 다시 말하면, 현재 화성의 황량한 여건은 태양으로부터의 거리뿐만 아니라 작은 질량에 그 원인이 있다고 볼 수 있다.

이러한 논의는 매우 복잡하며, 과학자들은 생명 거주 가능 지대가 되기 위해 고려해야 할 조건에 여전히 서로 다른 견해를 보인다. 그러나 대부분의 학자들은 태양계에서 생명 거주 가능 천체는 적어도 화성 질량(지구 질량의 11%)보다

[2] 역자 주-2013년 7월까지 확인된 외계행성은 921개이고, 그 대부분은 목성과 같은 거대 행성이지만 일부는 지구와 비슷한 질량을 가지고 있다. 2013년 초 케플러 우주 망원경은 태양과 비슷한 별의 생명거주 가능 지대에서 지구 질량의 외계행성을 발견하였다.

는 커야 하고, 공전궤도는 0.9~1.2 AU 범위에 있어야 한다는 의견에 동의하고 있다. 태양보다 더 낮은 광도를 가지는 별의 경우 생명 거주 가능 지대가 그 별에 더 가까운 거리에서 더 좁게 분포할 것이다. 더 높은 광도를 가진 별의 경우에는 더 넓은 생명 거주 가능 지대를 가지겠지만, 자외선 복사가 매우 강하기 때문에 생명체가 위험할 수 있다. 또한 아주 큰 질량과 광도를 가진 별들은 생명이 발달할 정도로 오래 살지 못하므로, 고려할 필요가 없다.

21.3.4 생명표지

태양계 밖의 생명체 탐사에서 주요 후보지는 별 주변의 생명 거주 가능 지대에 있는 지구형 행성이다. 또한 별 자체의 밝기가 일정해야 하고 (변광성은 허용되지 않음), 행성의 궤도 이심률이 작아서(타원보다는 원 궤도), 표면온도가 안정적이어야 한다. 현재의 관측 기술로 이런 행성들을 검출할 수 없지만, 10년 정도 후에 우주 탐사선을 이용해서 생명 거주 가능 행성이 얼마나 존재하는지 결정할 수 있을 것이며, 더 상세히 연구해야 하는 가까운 후보지를 찾을 수 있을 것이다.

물론, 행성이 생명 거주 가능 지대에 있어서 생명 유지가 가능하다는 사실이 곧 그 행성에 생명이 실제로 존재함을 보장하지는 않는다. 사실 이는 천문생물학에서 가장 중요한 질문 중의 하나다. 환경적 조건이 만족하면 생명은 자연히 나타날 것인가? 그러므로 어떻게 먼 행성에서 생명의 징후를 찾을 것인지를 고안하는 것은 매우 중요하다.

로봇 탐사선으로 먼 행성을 방문하는 것을 제외하면, 가장 큰 우주 망원경으로도 태양계의 행성 탐사처럼 먼 행성의 이미지를 얻을 수는 없다. 그러므로 천문학자들은 거시적 **생명표지**(biomarker)—죽은 세계와 산 세계를 구분하는 무엇—가 필요하다. 검출 가능하려면, 이 생명표지에는 오직 생명체 존재의 결과로 발생되는 대기 또는 표면의 화학적 변화 등이 포함되어야 한다.

만약 우리가 아주 먼 거리에서 지구를 관측해서 민감한 광학 및 자외선 스펙트럼을 측정한다면, 그런 생명표지를 찾을 수 있을 것이다. 가장 손쉽게 검출할 수 있는 증거는 근적외선 스펙트럼에 뚜렷한 특징을 만드는 대기 중에 풍부한 자유 산소의 존재이다(그림 21.13). 산소는 반응이 활발한 원소이므로, 어떤 행성에 산소가 많다면 새로운 산소를 일정하게 공급하는 수단이 있음을 뜻한다. 지구에서 산소는 광합성의 부산물이다. 만약 지구에 생명체가 더 이상 존재하지 않는다면, 대기 중의 산소는 수천 년 안에 사라지게 된다. 그러므로 산소는 태양 빛을 이용해서 대기 중에 산소를 공급하는 생명체의 산물이다. 그와 유사한 대기 중의 가스로서 메탄은 습지 또는 특정 포유류의 소화기관에 있는 미생물에 의해 만들어진다. (메탄을 습지 가스라고도 함.) 생명체가 없다면, 메탄은 빠르게 산화되어 대기에서 사라질 것이다. 사실, 지구의 가장 독특한 생명표지는 이 두 가지 종류의 서로 모순되는 가스, 즉 산소와 메탄이 동시에 존재하는 것이다.

산소와 메탄을 생명표지로 이용할 경우, 유일한 문제점은 절반 이상의 지구 역사에서 자유 산소가 없었다는 사실이다. 생명체에 의한 광합성이 있는 이후에 측정 가능할 정도로 산소가 축적되는 데는 긴 시간이 필요했다. 그러므로 생명이 사는 행성이었지만 지구는 20억 년 동안 대기 중에 산소/메탄의 생명표지를 가지고 있지 않았다. 오늘날 과학자들은 지구의 초기 생명체가 어떻게 기능했는지에 대해 더 자세히 연구하기 시작했고, 희미하고 먼 세계를 연구하는 데 유용하게 이용될 다른 생명표지를 찾으려고 노력하고 있다(그림 21.14). 다른 방법으로 지적이고 과학 기술적 생명체에 의한 아주 극적인 생명표지로써 전파 신호의 송출을 탐색하는 것이다.

21.4 외계 지적생명의 탐색

인류 역사상 최초로, 우리는 태양계가 유일하지 않음을 알았다. 이 장에서 논의된 모든 상황을 고려할 때, 다른 별 주변의 많은 행성들에도 생명이 발달하여 있을 것이다. 만약 그 생명체가 미생물, 또는 최근 수억 년 동안 지구에 사는 후생동물(대형동물)이라면, 아직도 그들을 발견할 수 있는 기술을 가지고 있지 않다. 그러나 우주의 시간으로 볼 때 가장 최근

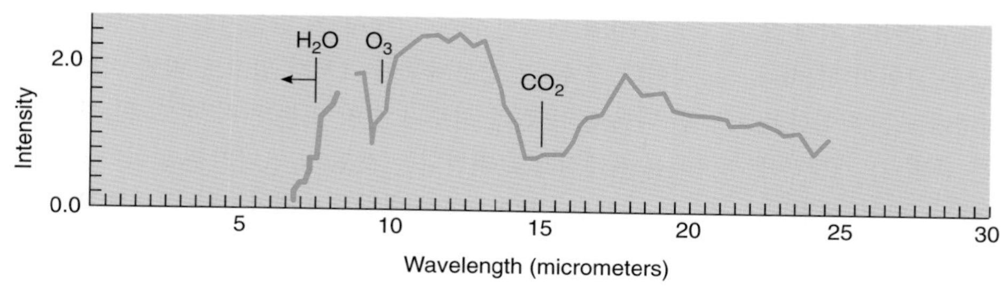

■ **그림 21.13**
지구의 분광 스펙트럼 다른 세계에서 보게 될 지구의 적외선 스펙트럼이다. 오존(O_3)에 의한 흡수선이 보인다.

■ **그림 21.14**
미생물 층 광합성을 할 수 있는 미생물은 30억 년 동안 지구에서 산소 생산에 중요한 역할을 해왔다. 이 사진은 바하(Baja) 캘리포니아의 소금 단층에 사는 미생물 층의 단면을 보여준다. 수백 개의 다른 미생물이 1 cm보다 작은 두께의 소형 생태계에서 함께 살아가고 있다. 함께 보여준 동전을 이용하여 크기를 짐작할 수 있다.

짧은 순간에 지구에서 발생했듯이, 지적인 기술 문명은 극소수의 경우 발생 가능할 것으로 상상할 수 있다. 그러한 지적 생명이 저 밖에 있다면, 그들과 어떻게 교신할 수 있을까?

이 문제는 먼 곳에 사는 사람들과 교신을 시도하는 경우와 비슷하다. 예로, 미국 학생이 호주에 사는 친구와 대화를 원한다면, 두 가지의 선택 방법이 있다. 두 사람 중 한쪽이 비행기를 타고 찾아가서 만나보는 것과 통신매체를 이용해서 교신(오늘날 전화, 팩스, 전자 우편 등이 있음)하는 것이다. 비행기 삯은 비싸므로, 대부분은 통신 방법을 택할 것이다.

이와 같이, 다른 별 주변에 사는 지적 생명과 접촉을 원한다면, 찾아가보거나 메시지의 교환을 시도할 수 있다. 엄청나게 먼 거리이므로, 성간 공간의 여행은 매우 오래 걸리거나 큰 비용이 든다. 이제까지 인간이 만든 가장 빠른 우주선으로 가장 가까운 별까지 가는 데 약 8만 년이 걸린다. 훨씬 더 빠른 우주선을 고안할 수는 있지만, 더 빠르게 여행하려면, 더 많은 에너지 비용이 요구된다. 인간의 수명 이내에 이웃 별에 도달하려면, 광속에 가까운 속력으로 여행해야 한다. 그러나 이 경우, 경비는 그야말로 천문학적일 것이다.

21.4.1 성간 여행

휴렛-패커드(Hewlett-Packard) 회사의 부사장이며 외계 생명에 대해 지속적인 관심을 보였던, 지금은 고인이 된 버나드 올리버(Bernard Oliver)는 빠른 우주여행에 드는 확실한 비용을 계산해냈다. 언젠가 우리(또는 다른 문명)가 개발하게 될 기술 형태를 알지 못하므로, 올리버는 '완전 엔진'—100%의 효율로 연료를 에너지로 변환시키는 엔진—을 갖춘 우주선을 타고 가장 가까운 별까지 가는 여행을 생각했다. (미래의 기술도 이보다 더 나을 수는 없을 것이다. 실제로 자연은 완벽에 가까운 효율을 허용하지 않는다.) 완전 엔진을 이용해서, 광속의 70%로 1회 왕복 여행에 드는 에너지 비용은 약 50만 년 동안 미국 전체에서 소비하는 전력 에너지를 생산하는 비용과 맞먹는다!

왜 큰 비용이 드는지 궁금하면 여행자들이 목적지에 도달할 때까지 문을 연 '주유소'를 찾을 수 없다는 사실을 상기해야 한다. 따라서 그들은 여행에서 되돌아올 때까지 드는 연료를 운반해야 하며, 또 광속의 70%로 그 모든 연료를 가져가려면 당연히 매우 비싸질 수밖에 없다. 올리버의 계산에서 중요한 사실은, 오늘날의 기술보다는 (완전 엔진을 가정했으므로) 알려진 과학법칙에만 의존했다는 점이다. 그가 보여준 것은 한 세대의 인간 수명 이내에 별에 도달할 수 있도록 빠르게 가려면, 누구든 여행비용이 많이 든다는 사실이다.

이것이 바로 천문학자들이 미확인 비행체(UFO)가 외계 문명에서 온 우주선이라는 주장에 회의적인 이유 중 하나다. 거리와 여행비용을 감안한다면, 매년 보고되는 (UFO 유괴 사건을 포함) 십여 개의 UFO 출현이 엄청난 양의 에너지와 시간을 소모하면서까지 기꺼이 우리에게 도달할 정도로 지구 문명에 매혹된 다른 별에서 온 방문자일 가능성은 낮을 것이다. 또한 그 방문자들이 그처럼 멀고도 비싼 여행을 마친 다음에, 우리의 정부나 정치 또는 지적 지도자들과의 접촉을 체계적으로 피한다는 것도 믿기 어려운 일이다.

실제로 UFO 보고를 냉정하게 평가하면, 대부분 IFO(확인된 비행체)거나 NFO(비행체, not-at-all flying objects)로

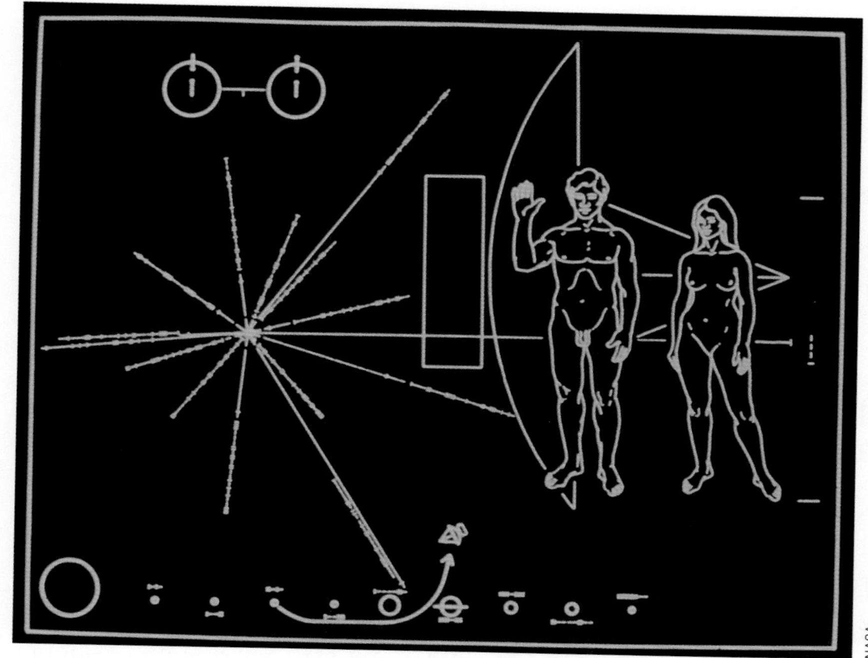

NASA

■ 그림 21.15
성간 메시지 파이오니어 10호 및 11호 우주선에 탑재된 기념패에 새겨진 그림. 사람의 형태는 그 뒤에 보이는 우주선과 비례하는 크기로 그려졌다. 아래쪽에서 우주선의 경로와 함께 태양과 태양계의 행성들을 보여주고 있다. 왼쪽 중앙의 선과 표식들은 몇 개의 펄사들의 위치와 주기를 나타내는데, 이는 시공간에서 우주선의 발진 위치를 찾는 데 도움이 될 것이다.

판명된다. 어떤 것들은 가짜이며, 다른 것들은 구형(ball) 번개, 화구(fireball), 밝은 행성 또는 심지어 빛을 반사하는 새떼와 같은 자연 현상이다. 그 밖의 것들은 경고등이 고장난 민간 비행기이거나 군사용 비밀 항공기 같은 인간이 만든 비행체다. 한편 열성적으로 밤하늘은 지켜보는 아마추어 천문가들이 UFO를 목격했다고 보고한 적이 전혀 없다는 사실이 흥미롭다. 실제로 단 하나의 UFO도 지구의 실험실에서 이루어진 실험을 통해서 지구 밖의 기원을 보여 주는 물리적 증거를 남겨 놓지 않았다.[3]

21.4.2 우주선에 실린 메시지

살아 있는 생명체가 우주여행을 하는 것은 매우 어렵지만, 로봇 탐사선은 긴 시간 동안 먼 거리를 여행할 수 있다. 행성 탐색 프로그램을 끝내고 태양계를 벗어나고 있는 인류가 만든 우주선은 4개—파이오니어(Pioneer) 2개, 보이저(Voyger) 2개—가 있다. 그들의 항행속도로는 다른 별까지 접근하는 데 수십만 년 또는 수백만 년이 족히 걸릴 것이다. 이들은 우리들의 집(태양계)을 벗어난 인간이 만든 최초의 기술적 산물로서, 이들이 어디에서 왔는지를 보여주기 위해 그 안에 메시지를 실려 보냈다.

각각의 파이오니어에는 금으로 도금된 알루미늄판 위에 그림 메시지를 새겨 넣은 기념 명판이 실려 있다(그림 21.15). 1977년에 발사된 보이저에 100개 이상의 사진과 세계에서 선택된 음악이 담긴 음성 및 화상 레코드가 부착되었다(그림 21.16). (바흐, 베토벤, 민요, 부족 노래 등 발췌곡을 비롯하여 로큰롤 음악—'자니 비 굿[Johnny B. Goode]', Chuck Berry 작곡—한 곡이 포함) 우리은하에서 부근에 존재하는 별들 사이 공간의 방대함을 감안하면, 이 메시지가 언젠가 누군가에 의해 수신될 가능성은 거의 없다. 이는 난파선의 선원이 발견되리라는 현실적 기대 없이 언젠가, 어찌해서든지, 누구인가가 그 운명을 알게 될 것이라는 가느다란 희망을 품고 바다에 내던진 병 속에 접어 넣은 쪽지와 비슷하다.

21.4.3 별과의 통신

별까지 직접 방문하는 것이 불가능하다면, 접촉—메시지의 교환—을 위한 다른 대안을 찾아야 한다. 이 방법이 훨씬 희망적이다. 우리는 우주에서 가장 빠른 속력으로 공간을 움직이는 메신저—전자기복사—를 이미 알고 있고, 그 사용법도 배웠다. 광속으로 움직이면, 가장 가까운 별까지 4년 만에 갈 수 있으며, 물체를 보내는 비용의 극히 작은 비용밖에 들지 않는다. 이런 장점은 확실하고도 분명해서, 기술 발전을 이룬

[3] UFO의 허와 실에 대한 토픽에 흥미있는 사람들을 위하여 다음 책들을 추천한다. 《UFO 유괴: 위험한 게임(*UFO Abductions: A Dangerous Game*)》 (P. Klass, 1988, Prometheus Books), 《하늘 지키기: 비행접시 신화의 연대기(*Watch the Skies: A Chronicle of the Flying Saucer Myth*)》 (C. Peebles, 1994, Smithsonian Press), 《UFO의 평결: 증거의 조사(*The UFO Verdict: Examining the Evidence*)》 (R. Shaeffer, 1981, Promerheus Books). 다음의 웹사이트를 참조하라. www.astrosociety.org/education/resources/pseudobib.html.

보이저의 메시지

보이저에 탑재된 기록의 발췌문

우리는 이 메시지를 우주에 던진다. 십억 년 후의 미래에도 남아 있지만, 그때 문명은 크게 달라졌을 것이며…… 만일 (다른) 문명인이 보이저를 접수해서 기록된 내용을 이해할 수 있다면, 메시지는 다음과 같다.

이것은 작고 먼 세계로부터의 선물이며, 우리의 소리, 과학, 영상, 음악, 사상 그리고 느낌의 증표입니다. 우리는 당신들과 함께 하도록 우리 시대를 살아남을 것입니다. 우리는 언젠가 우리가 직면한 문제들을 해결해서 은하 문명권에 참여하기를 희망합니다. 이 기록은 우리의 희망과 결의, 그리고 방대하고 경이로운 우주에서 친선을 나타내는 것입니다.

—지미 카터, 미국 대통령, 1977. 6. 16

다른 지적 생명도 똑같이 느낄 것으로 본다.

장파장의 전파에서 단파장의 감마선에 이르기까지 폭넓은 전자기복사 스펙트럼을 모두 사용할 수 있다. 그렇다면 어느 파장이 성간 통신에 가장 유리할까? 성간 가스나 티끌에 쉽게 흡수되거나, 우리와 같은 행성의 대기를 투과할 수 없는 파장의 선택은 현명하지 못할 것이다. 또한 지구 근처에서 밝기 경쟁이 심한 파장도 선택해서는 안 될 것이다. 예를 들면, 가시광 영역에서 우리 문명의 신호를 조합해서 보내는 것은 힘든(매우 우둔한) 일일 것이다. 엄청나게 강력한 이웃의 광원, 즉 태양과 어떻게 경쟁할 수 있겠는가?

마지막 하나의 판별 기준은 우리의 선택을 쉽게 해준다. 대량 생산에 비용이 적게 드는 복사를 선택해야 한다. 이 모든 요구 조건을 고려할 때 최종적으로 전파가 남는다. 전파는 전자기 스펙트럼에서 가장 낮은 주파수(가장 낮은 에너지) 대역이므로, 만드는 데 그리 많은 비용이 들지 않는다. (그러므로 지구에서 통신에 널리 사용된다.) 또한 전파는 성간 가스나 티끌에 의해 쉽게 흡수당하지 않는다. 약간의 예외는 있겠지만, 이들은 지구의 대기뿐만 아니라 우리에게 잘 알려진 다른 행성들의 대기를 쉽게 통과할 수 있다.

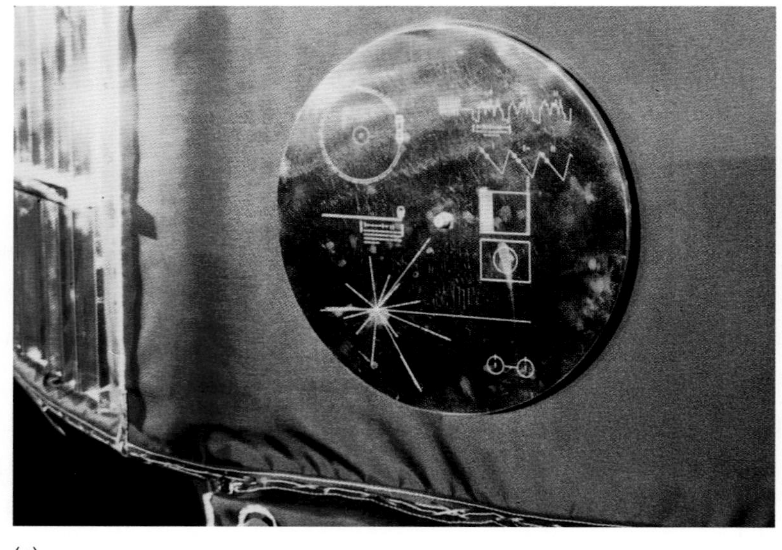

(a)

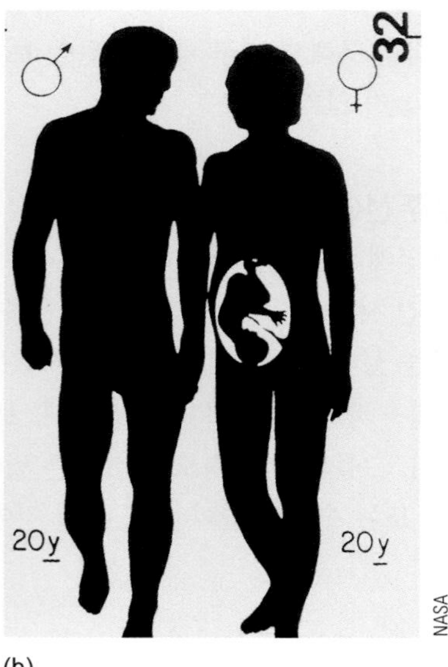

(b)

■ **그림 21.16**
보이저호에 탑재된 기록물 (a) 금도금한 구리 원반에 새겨진 보이저 레코드에는 118개의 사진과 90분에 달하는 전 세계의 음악, 60여 개 국가의 인사 그리고 그 밖의 오디오 자료가 담겨 있다. 그것은 지구의 풍경과 소리의 요약이다. (b) 레코드에 새겨 넣은 그림들 중 하나다. 레코드를 고안한 팀은 원래 의학 도서에 나오는 남자와 임신한 여자의 나체 사진을 보내기를 원했다. 그러나 NASA는 일부 지구인들이 불편하게 생각할 것을 염려해서, 여자의 몸 안에 태아를 그려 넣은 남녀의 실루엣을 표현한 미술가 존 롬버그(Jon Lomberg)의 그림으로 대체하였다.

21.4.4 우주의 건초더미

이런 이유로 많은 천문학자들은 전파 대역을 지적 문명 사이의 통신을 위한 가장 적합한 스펙트럼 영역으로 보고 있다. 특히 전파 중에서 극초단파(microwave) 대역에 집중하고 있는데, 우주와 행성의 대기는 이 대역에서 가장 적은 잡음을 만든다고 알려졌다. 일단 그렇게 결정되었더라도, 앞으로 대처해야 할 많은 질문과 어려운 과제들이 아직 남아 있다. 메시지를 **보낼** 것인가 또는 **받을** 것인가? 만약 모든 문명에서 수신만 하기로 했다면 아무도 송신하지 않을 것이며, 결국 모두 실망하게 될 것이다. 그러나 우리는 메시지 교환에 관심 있는 우리은하의 문명 중에서도 가장 원시적인 집단에 속할 것이므로, 우선 듣는 것부터 **시작**하는 것이 적절하다고 본다.

이러한 진술을 함으로써 인류를 모욕하려는 것은 아니다. 이는 우리가 성간 거리를 가로질러 오는 전파 메시지를 수신(또는 송신)할 수 있는 능력을 불과 지난 수십 년 전부터 가졌다는 사실에 근거한 주장이다. 별이나 은하의 나이와 비교해볼 때, 이는 순간에 지나지 않는다. (우주적 척도에서 볼 때) 우리보다 매우 짧은 시간만큼 앞서서 발전한 문명이 저 밖에 있다면, 그들은 훨씬 오래전에 벌써 시작했을 것이다. 만약 우리보다 뒤처진 문명이 있다면, 그들은 매우 뒤떨어져서 아직도 전파 통신을 발전시키지 못했을 가능성이 높다.

바꾸어 말하면, 방금 출발한 우리은하에서 '가장 젊은' 현재 수준 정도의 능력을 갖춘 종(species)에 속할 것이다. (이 장 끝에 있는 스스로 해보기 참고) 우리 사회에서 가장 젊은 구성원들은 어떤 어리석은 대답을 하기 전 잠시 조용히 입을 다물고, 어른들 말씀에 귀를 기울이는 것처럼, 우리는 듣는 것으로 외계 통신 연습을 시작하는 것이 좋을 것이다.

우리들의 탐색활동을 듣는 것으로 제한한다 하더라도, 도전해야 할 여러 과제들이 남아 있다. 예컨대, 전파 송신을 경험해 본 사람들은 일반적으로 하나의 신호는 하나의 채널을 통해야 한다는 사실을 안다. (즉, 신호는 하나의 좁은 전파 대역을 통해서 운반된다.) 방송국 소유주는—라디오 다이얼에 채널이 그리 많지 않기 때문에—이에 상관없이 자신의 방송을 청취자들이 찾아줄 것을 확신하고 있다. (몇몇 방송국은 AM 대역에 하나와 FM 대역에 하나씩을 동시에 각각 송출하고 있다.) 새로운 도시에 처음 도착하면, 대부분의 사람들은 전파 대역을 위아래로 돌리면서 자신이 좋아하는 방송을 찾는다. 그러나 자동차에 AM 수신기만 있고, 좋아하는 음악은 모두 FM이라면, 운이 나쁜 셈이다.

마찬가지로, 어느 외계 문명이 수많은 채널로 송출하려면 매우 큰 비용이 들 것이다. (그것은 예의에 어긋난다.) 따라서 그들은 자신의 특정 메시지를 위해 하나 또는 몇 개의 채널을 선택할 가능성이 높다. (좁은 대역의 채널로 통신하는 것은 우주에서 자연적 과정으로 생성된 전파 신호로부터 인공적 메시지를 구별해 내는 데 도움이 될 것이다.) 그러나 전자파 스펙트럼의 전파 대역에는 가능한 채널의 수가 천문학적으로 많다. 그들이 어느 대역을 선택할지를 어떻게 미리 알 수 있으며, 그들의 메시지를 어떻게 부호화(encode)해서 전파 신호에 실려 보내고 있을까?

선호하는 라디오 방송국을 찾는 것을 어렵게 만드는 또 하나의 문제가 있다. 라디오 안테나가 불량하면, 멀리 있는 미약한 방송 신호를 잡을 수 없을 것이다. 더 좋은 장비를 구입하기 전까지는 그러한 방송국(그리고 그와 비슷한 다른 방송국들)의 존재 여부를 알지 못할 것이다. 성간 송신에 대해서도 마찬가지다. 만약 오늘날 우리의 전파망원경으로는 외계 문명인이 보내주는 신호의 수신이 어렵다면, 보내주는 외계인의 호의를 놓치는 셈이 된다.

멀리 있는 문명으로부터 전파 메시지를 듣기 위해 과학자들이 고심해서 풀어야 할 여러 요소들을 표 21.1에 요약했다. 성공은 이렇게 많은 요인에 대한 옳은 추측이나 또는 각각의 요인에 대한 모든 가능성의 조사에 의존하므로, 몇몇 과학자들은 그들의 탐색을 건초더미에서 바늘을 찾는 것에 비유하기도 한다. 따라서 표 21.1에 나열된 요인들은 우주적 건초더미의 문제를 정의한다고 말할 수 있다.

21.4.5 전파 신호 탐색

우주적 건초더미의 문제는 힘들지만, 천문학 연구에서 그 밖의 여러 문제 또한 많은 시간적 투자와 장비 그리고 꾸준한 노력이 요구된다. 그리고 몇몇 천문학자들이 지적했듯이, 찾으려 시도하지 않으면 우리는 분명히 아무것도 발견할 수 없을 것이다. 따라서 몇몇 전파 천문 연구그룹이 지난 40년 동안 외계인의 메시지를 탐색하는 연구를 수행해왔다.

외계 전파 신호에 대한 최초의 탐색은 1960년에 천문학자 프랭크 드레이크(Frank Drake)가 국립전파천문대의 85피트 안테나를 사용해 수행했다(그림 21.17). 프랭크 바움(Frank Baum)의 동화에 나오는 환상의 나라의 여왕 오즈의 이름을 따서 오즈마(Ozma) 계획으로 불리는 그의 실험은 200시간 동안 약 7200개의 채널을 통해서 2개의 가까운 별을 관찰하는 것이었다. 아무것도 발견하지 못했지만, 그는 그러한 탐색의 실현 가능성을 보일 수 있었으며, 그 뒤를 이을 더욱 정교한 연구계획을 위한 기틀을 마련할 수 있었다. (흥미로운 사실은, 1960년 당시 200시간이나 걸렸던 작업을 오

표 21.1 우주적 건초더미의 문제: 외계 메시지에 관한 몇 가지 질문

- 메시지는 어느 방향(어느 별)에서 오는가?
- 메시지는 어느 채널(또는 주파수)로 송출되는가?
- 그 채널의 주파수 폭은 얼마나 넓은가?
- 신호는 얼마나 강한가(우리의 전파망원경으로 탐지할 수 있는가)?
- 그 신호는 연속적인가, 또는 때때로 중단되는가(예컨대, 등대가 회전하여 돌아갔을 때, 불빛이 중단되는 것과 같이)?
- 전파원과 수신기 사이의 상대적 운동의 변화에 의하여(도플러 효과) 그 신호의 주파수가 이동(변동)되는가?
- 메시지는 어떻게 부호화되어 신호에 실렸는가(그것을 어떻게 해독하는가)?
- 우리가 과연 완벽하게 외계 생명체로부터의 메시지를 알아볼 수 있을까? 전혀 예상하지 못한 형태를 보이고 있지는 않은가?

■ **그림 21.17**
오즈마 프로젝트 25주년을 기념하는 이 사진에서, 1960년대에 외계 메시지 탐색을 수행하는 데에 쓰였던 85피트 전파망원경 앞에 서 있는 오즈마 프로젝트에 참여했던 연구원들의 모습을 볼 수 있다. 프랭크 드레이크는 뒷줄 오른쪽 두 번째에 있다.

National Radio Astronomy Observatory

늘날 자동화 시스템으로 대략 1/1000초에 해낼 수 있다.)

그 후 전 세계 과학자들은 60여 개의 전파 탐색을 수행했는데, 각각 우주적 건초더미의 아주 작은 영역을 탐사하는 것이었다. 처음에는 흥미로워 보이는 신호가 다수 발견되었지만, 모두 지구에서 만들어진 간섭 신호거나 아주 짧은 시간 동안 지속되어서 검증할 수 없는 경우였다. 서너 개의 팀이 탐색을 계속하고 있으며, 과학자들은 지속해서 관측기기를 개선하여 찾아내기 어려운 메시지의 바늘을 발견하기 위해 노력하고 있다.

1992년에 NASA는 이제까지 수행된 전파 메시지의 탐색 중 가장 포괄적인 탐색을 시작했으나, 의회의 예산 삭감으로 인해 1년도 채 못 되어 중단할 수밖에 없었다. 이후 민간 기부금으로 운용되는 비영리 SETI(외계 지적 생물 탐사, Search for Extra-Terrestrial Intelligence) 연구소가 그 탐색을 계속하고 있다. 재정적 위기의 잿더미에서 살아남은 계획이므로, 그것을 지금 피닉스(불사조, Phoenix) 계획이라고 부르고 있다.

현대적인 전자기기와 컴퓨터를 이용해서, 피닉스 시스템은 동시에 수천만 채널을 '청취'할 수 있다(그림 21.18). 유력한 신호(예컨대 연속적인 파동이나 맥동)를 찾는 소프트웨어를 이용하여, 흥미로운 신호가 어느 한 채널에 지속되거나 또는 도플러 이동으로 인해 다른 채널로 옮겨가면 실험자들에게 알려준다. 이 계획(1995년에 재개됨)의 목표는 100개의 가까운 별 각각에 대해 20억개 채널로 탐사를 실시하는 것이다. 탐사 리스트에 오르려면, 대상 별은 태양과 대체로 비슷해야 하며, 최소 30억 년의 나이가 되어야 한다. 이것은 그 별 주변에 있는 지구와 같은 행성에서 지적 생물이 발달하기에 충분한 시간이 지나야 한다는 것을 뜻한다. 지금까지 초기의 대상 별 대부분이 관측되었다. 다른 SETI 프로그램들은 고무적인 메시지와의 조우를 기대하면서 선택된 채널을 통해서만 하늘을 탐사하고 있다. 이제까지 아무런 신호도 검출되지 않았지만, 몇몇 프로그램들은 다른 대형 전파망원경과 향상된 기기를 이용하여 탐색을 계속할 것이다.

수신기는 지속해서 향상되고 있고, SETI 프로그램의 감도는 급속히 향상되고 있다. 다음 단계에서 해야 할 일 중 하나는 SETI에 최적화된 큰 전파망원경을 건설하는 것이다. SETI 연구소는 알렌 망원경 배열(Allen Telescope Array)

(a)

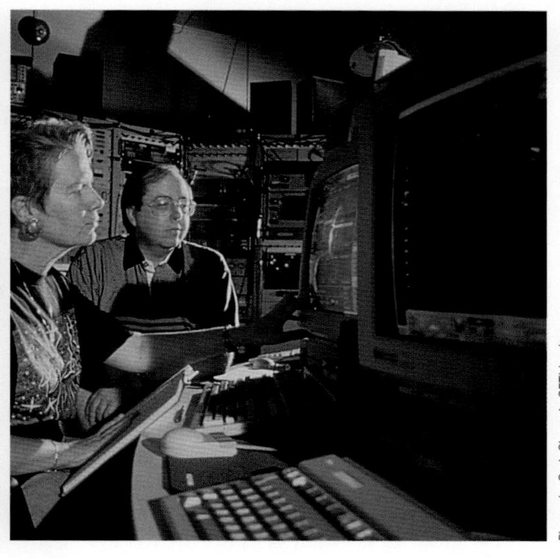

(b)

Photos by Seth Shostak, SETI Institute

■ **그림 21.18**

피닉스 프로젝트 (a) 1995년 호주 파크스에 있는 64 m 전파망원경을 사용하여 외계 문명의 가능성을 보이는 약 200여 개의 별들에서 오는 전파 신호를 탐색했다. (b) 피닉스 프로젝트의 과학자 질 타터(Jil Tarter)와 피터 바커스(Peter Backus)가 관측 도중에 망원경을 조정하고 있다.

을 건설했는데, 이것은 다수의 비교적 작고 저렴한 전파 접시들을 연결한 1헥타르와 동등한 집광 면적을 가지는 배열 안테나이다(그림 21.19). 헥타르는 10,000 m^2의 면적이며, 대략 2.5에이커와 같다. 이 개념을 100헥타르 또는 1 km^2의 면적으로 확대하려는 계획이 있는데, 이는 SETI 프로그램뿐 아니라 전파천문학에도 매우 강력한 망원경이 될 것이다.

이런 탐사 프로젝트를 통하여 어떤 종류의 신호가 탐지될까? 의도하지는 않았지만, 주로 고성능 TV 송출기와 군사 레이더 시스템을 통해 다량의 전파 신호가 우주로 보내지고 있다. 이것은 부실하게 설계된 가로등이나 광고 표지판에서 빛이 위를 향해서 에너지가 낭비되는 것과 같은 일종의 새나가는 신호이다. 그렇다면 다른 문명에서 새나온 전파 신호를 우리가 검출할 수 있을까? 대답은 가장 가까운 별에서 오는 것이 아니라면 거의 불가능하다는 것이다. 그러므로 현재 진행 중인 전파 SETI 탐사는 누군가의 통신 시스템을 엿들으려는 것이 아니라 신호를 찾기 위한 것이다. 탐사의 성공에 대한 우리의 전망은, 문명이 얼마나 자주 발생하는지와 그들이 자신의 존재를 우주에 알리려고 노력하는지의 여부에 달려있다고 하겠다(이 장의 끝에 있는 '계산 문제' 참조).

SETI Institute

■ **그림 21.19**

알렌 망원경 배열 오늘날 가장 야심 찬 SETI 프로젝트인 알렌 망원경 배열은 최종 단계에서 연결된 작은 안테나 350개로 이루어질 것이다. 이 사진은 2002년 12월에 캘리포니아에서 시험 가동을 시작한 세 개의 망원경들을 보여 준다.

21.4.6 전파 대역 이외의 SETI 프로젝트

앞서 논의한 여러 이유로 대부분의 SETI 프로그램은 전파 파장의 신호를 탐색한다. 만약 다른 문명에서 성간 통신을 위해 신호를 송출한다면, 그들은 극초단파를 이용하는 것이 합리적이다. 그러나 의도적으로 송출하지 않았을 경우 그들의 존재에 대한 증거를 탐색하는 또 다른 방법은 없을까?

최근 기술의 발달에 힘입어, 천문학자들은 광학 영역으로 탐사 범위를 넓히고 있다. 별의 밝기를 고려할 때, 그 주변을 돌고 있는 행성에서 나오는 빛을 검출하려는 시도는 희망이 없다고 생각한다. 그 때문에, 별 주변의 행성에 의한 별빛의

천문학 여행

질 타터(Jill Tarter): 외계 생명과 '콘택트'를 시도하다

SETI 분야의 세계적 과학자 중 한 사람인 질 타터에게 1997년은 중요한 해였다. SETI 연구소는 버나드 올리버의 이름을 딴 석좌 연구직(석좌 연구 교수와 같은)의 첫 번째 연구원으로 그녀를 임명한다고 발표했다. 미국 국립과학재단은 그녀가 이끄는 과학자들과 교육자들로 구성된 그룹이 우주진화의 개념을 바탕으로 혁신적인 고등학교 체험 커리큘럼을 개발하는 연구제안서를 승인하였다. 그리고 거의 같은 시기에, 그녀가 칼 세이건의 SETI에 관한 베스트셀러 소설인 콘택트(Contact)의 주인공인 엘리 애로웨이(Ellie Arroway)의 모델이었다는 사실을 기자들이 밝히게 되면서부터, 언론과의 인터뷰 요청이 쇄도했다. 이 책은 조디 포스터(Jodie Foster)를 주연으로 하는 고예산의 공상 과학영화로 제작되었는데, 실제 조디 포스터는 영화를 찍기 전에 타터와 면담을 하기도 했다.

Jill Tarter

'칼 세이건은 내가 하고 있는 일을 하는 여성에 대해 쓴 것이지, 나를 쓴 것은 아니다.'라고 타터는 바로 지적했다. 그럼에도 SETI와 같이 작은 분야에서 연구하는 유일한 중견급 여성 과학자로서, 그녀는 대중의 지대한 관심의 중심에 있었다. (공동연구자들과 기자들은 그녀가 다른 문명으로부터 전파 신호를 검출하는 데 성공했을 때 일어날 일에 비하면 그러한 관심은 아무것도 아니었다고 전했다.)

과학과 수학 고급반의 유일한 여학생이었던 타터에게, 그룹의 유일한 여성이라는 사실은 새로운 상황은 아니었다. 그녀의 아버지는 그녀에게 과학에 대한 흥미와 기계 수선을 장려해 주었고, 또한 그녀는 코넬 대학에서 공학 물리를 전공하였다. 그것은 다른 문명에서 오는 신호를 자동으로 탐지하는 복잡한 장비를 제작하고 관리하는 일에 큰 도움이 되었다.

대학원에서 천체물리학으로 전공을 바꾸면서, 여러 주제 중에서 실패한 별—별의 에너지원인 핵융합 반응이 내부에서 일어날 만큼 충분한 질량을 가지지 못한 별—의 형성에 관하여 박사학위 논문을 썼다. 타터는 이처럼 작고 어두운 천체를 갈색왜성(brown dwarf)이라 명명했는데, 천문학자들은 여전히 그 용어를 사용하고 있다. 이후 박사 후 연구원으로 아직 검출되지 않았으나 (중력에 의한 인력) 은하와 은하군의 주요 성분으로 알려진 암흑물질에 관해 연구했다. 지금은 외계문명 탐색 연구에 전력하고 있는데, 타터는 자신의 연구경력 대부분을 우주에서 가장 수수께끼 같은 것들을 찾는 데 바쳐왔다고 즐겨 농담한다.

그녀가 대학원에 있을 때 버클리 대학 교수였던 스튜어트 보이어(Stuart Bowyer)는 (버나드 올리버가 책임자였던) SETI의 가능성에 관련된 연구 과제를 그녀에게 주었다. 보이어는 타터에게 전파천문학자들이 통상적으로 사용하는 기법을 써서, 전파망원경에서 소량의 전파를 뽑아내서 그 전파 잡음에 지적 메시지가 코드화되어 있을 가능성을 알아보는 실험을 제안하였다. 그녀의 공학기술과 컴퓨터 프로그래밍 기술이 그 프로젝트에서 중요한 역할을 했고, 그녀는 외계 생명의 탐사에 푹 빠지게 되었다. 몇 년 후 그녀는 알렌 망원경 배열을 계획하게 되었다. (영화에서 엘리 애로웨이가 그랬듯이) 그녀는 우주에서 인류는 혼자가 아니라는 사실을 지구에서 최초로 알아낸 사람이 될지도 모른다.

반사를 측정할 수는 없다. 행성에서 오는 미약한 빛은 이웃의 '거대한 빛'에 의하여 압도당하기 때문에 다른 문명은 자신의 별과 경쟁하기 위한 강력한 신호가 필요하게 된다.

그러나 최근 공학자들은 태양보다 더 밝은 섬광을 만드는 방법을 알아냈다. 그 비결은 빛을 아주 짧은 시간 동안 켜서, 비용을 절감하는 것이다. (10억 분의 1초의 시간 동안 지속하는) 극히 밝고 짧은 레이저 펄스는 많은 에너지를 담을 수 있고, 메시지를 전달하도록 신호를 부호화할 수도 있다.

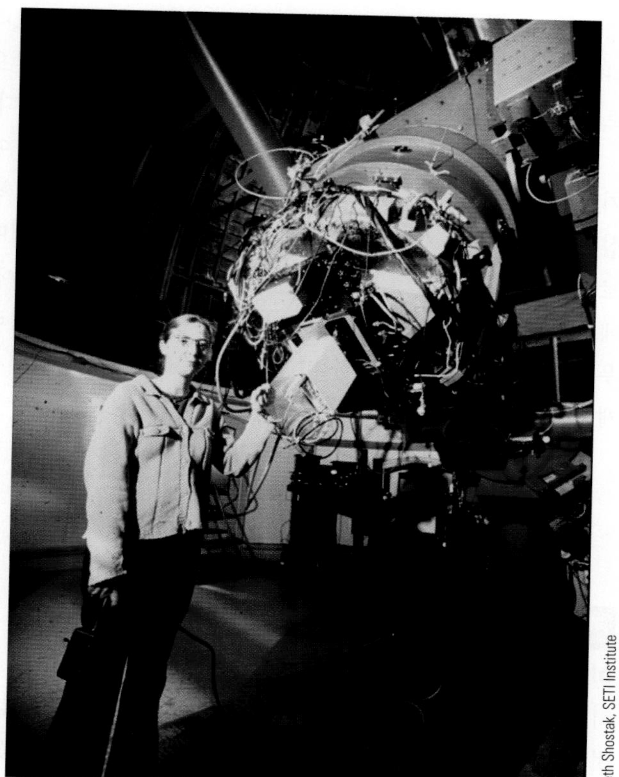

Seth Shostak, SETI Institute

■ **그림 21.20**

캘리포니아 대학의 광학 SETI 시스템 물리학 전공 대학생인 셸리 라이트(Shelley Wright)는 극히 짧은 섬광을 검출하기 위한 첫 번째 SETI 시스템을 설계 제작했는데, SETI 관측을 수행하고 있는 릭(Lick) 천문대의 지름 1.1 m 망원경 앞에 서 있다.

우리는 그처럼 짧은 펄스를 검출할 수 있는 기술—인간의 감각이 아닌, 가까운 별들에서 오는 짧은 빛의 섬광을 자동으로 탐색할 수 있는 특별한 검출기를 이용한—을 가지고 있다.

어떤 문명이 이러한 방법으로 자신의 별보다 더 밝게 빛나려고 하는 이유는 무엇일까? 소수의 유망한 별들의 방향으로 짧은 레이저 펄스를 보내는 비용이 전 하늘을 휩쓸면서 연속적으로 전파를 쏘는 비용보다 저렴하기 때문이다. 또는 다른 문명에서도 역시 광학 빛을 사용하는 감각이 진화하였기 때문에 빛의 메시지를 특별히 더 좋아할 수도 있을 것이다. 현재 몇몇 프로그램은 중형급 망원경을 이용하여 '광학 SETI'를 실험하고 있다(그림 21.20).

상상의 날개를 펼쳐 보면 다른 가능성을 생각해 볼 수 있다. 만약 진정으로 발전된 문명이 생명을 위한 면적을 극대화하기 위하여 행성계를 혁신하기로 결정했다면 어떨까? 그러기 위해서 몇몇 행성이나 위성을 부수고, 중심의 별을 완벽하게 감싸는 구각을 만들어서 별빛을 전부 가로막으면 된다. 그러면 그 별은 보이지 않게 되고, 별빛 전부는 종국에는 열로 변환되어 우주 공간으로 방출되기 때문에, 거대한 인공적인 구각은 적외선 파장에서 매우 밝게 빛나게 될 것이다. 사실, 많은 별들로부터의 에너지를 포획하는 것과 같이 더 큰 규모에서 공학적인 시도를 상상해 볼 수도 있다. 천문학자들이 새롭고 신비로운 천체들을 발견할 때는, 그것들이 우리의 상상을 초월하는 지식과 기술을 가지고 있는 먼 강력한 지성에 의하여 만들어진 구조가 아닐까 하는 의문을 던지고 싶은 유혹이 있다. 그것은 훌륭한 아이디어이지만, 아직 그러한 문명에 대한 증거가 발견되지 않았다.

21.4.7 성공한다면 어떻게 될까?

SETI 탐사가 언제 성공할지 또는 과연 성공할지 아무도 예측할 수 없다. 우리보다 기술적으로 훨씬 발전된 문명은 우리가 아직 알지 못하는 통신의 형태를 이용하고 있을지도 모른다. 그렇지만 150년 전에는 전파 통신의 가능성을 어렴풋하게라도 알아채지 못했는데, 오늘날 그것이 없는 우리의 문명은 상상하기조차 어렵다. 우리가 읽고 있는 이 책과 같은 책을, 유치원생에게 보여주는 것은 말도 안 되는 일이다. 기초를 습득하기 전까지는 읽기를 배우는 어린이들에게는 매우 단순한 책을 주어야 한다. 발달된 문명은 그들의 어린 시절을 상기하여, 우리와 같은 어린 문명이 찾아내고 해석할 수 있는 수준의 메시지를 보내주기를 희망한다.

외계의 지적 생명이 만들어낸 것이 확실한 전파 신호를 찾았다면 어떤 일이 일어날까? 그 신호의 존재 자체는 우주에서 우리가 유일하지 않다는 것을 보여주는 철학적으로 엄청나게 중요한 의미를 지닌다. 그러나 그 메시지를 해석할 수 없다면, 발견의 실질적인 가치는 크지 않을 것이다. 우리가 결국 상호 간 통신할 수 있는 방법을 알아낸다면, 다음과 같은 흥미있는 질문이 생긴다. 누가 지구를 대변할 것인가?

35광년 떨어져 있는 별의 주변에서 기술 문명의 존재를 알아냈으며, 그들은 서로 이해할 수 있도록 일종의 신호체계(code)를 우리에게 보내주었다고 가정해 보자. (교제를 시작하는 가장 손쉬운 방법은 사진을 보내주는 일일 것이다.) 지구의 누가 무엇을 보낼지를 결정해야 하는가? 지구 전체가 한 세트의 메시지를 보내는 것에 동의를 해야 하는가 또는 어떤 개인이나 단체가 개별적인 통신을 보낼 수 있는가? 전파 안테나를 운용할 수 있으며, '자신의 메시지'를 전달하는 데 관심이 있는 국가, 종교, 집단, 문화 단체, 회사, 개인 등이 많이 있을 수 있다. 우리 가운데에서도 한목소리를 내지 못하고 있는데, 우주와의 대화에서도 그래야 하는가? 이러한 질문을 대처하는 것이 지구에 과연 지적인 생명체가 실존하고 있는지 그 여부를 가리는 훌륭한 시험이 될 것이다.

궁극적으로 우리가 은하에 사는 유일한 지적인 생명의 종으로 판명되든 아니든 간에, 우주에 대한 우리의 탐색은 계속될 것이다. 그러한 탐사에서 중요한 부분은 생명은 존재하지만 아직 전파신호를 보낼 만한 기술적 문명이 개발되지 못한 행성으로부터 생명표지를 찾는 것이다. 나비나 돌고래 같은 생물들은 결코 라디오 안테나를 건설할 수는 없지만, 우리는 그들과 같이 지구를 공유하고 있다. 다른 세계에서도 그와 같이 행하는 생물을 발견하게 된다면 기쁠 것이다.

우리가 우주에 대해 더 많이 배워야 한다는 것을 겸손하게 인정하는 것은 과학의 근본적인 특징 중의 하나다. 그러나 이미 많은 것을 발견해낸 데 대한 우리의 기쁨이나, 앞으로의 발견에 대한 우리의 호기심을 억제해서는 안 될 것이다.

천문학적 아이디어의 진전에 관한 우리의 보고서는 여기서 끝내고자 한다. 하지만 우주에 대한 독자 여러분의 관심은 계속되기를 희망한다. 언론 매체를 통하거나 또는 때때로 열리는 과학자들의 대중 강연에 참석해서 천문학의 발전에 지속적인 관심을 기울여 주기 바란다. 우주뿐만 아니라 우주와 우리의 관계에 대한 미래 연구 프로젝트에서 밝혀지게 될 놀라운 일들을 누가 추측이나 할 수 있겠는가?

인터넷 탐색

천문생물학 누리집: www.astrobiology.com
우주 열성가에 의해 유지되는 이 개인적인 사이트는 천문 생물학에 대한 엄청난 정보를 수집해 놓고 있다.

NASA의 천문 생물학 사이트: astrobiology.arc.nasa.gov
NASA의 에임스 연구 센터는 천문 생물학을 이끄는 역할을 하고 있으며 이 사이트는 NASA의 향후 위성 계획과 배경 정보로 안내한다.

SETI 연구소 홈페이지: www.seti.org
이것은 외계 문명으로부터 오는 신호를 탐사의 (지구 너머에서 생명의 탄생과 번성의 이해에 대한 일도 하는) 중심되는 과학 기구이다.

행성학회의 탐사: planetary.org/html/UPDATES/seti/index.html
이 회원과 후원 기관은 여러 개의 SETI 프로젝트를 지원하는 것을 도와준다.

드레이크 방정식 계산기:
www.seti.org/seti/seti_science/drake_calculator.html
www.activemind.com/Mysterious/Topics/SETI/drake_equation.html

SETI@Home: setiathome.ssl.berkeley.edu
이 화면 보호 프로그램은 가정용 컴퓨터를 가진 누구든지 그 속에 어떤 메시지가 파묻혀 있는지 볼 수 있도록 SETI 자료의 극히 작은 부분을 분석해 준다.

요약

21.1 지구와 그 생명체는 우주 진화의 산물이다. 우주는 단순한 원소들로 시작되었다. 보다 복잡한 원자핵들은 별의 뜨거운 중심부에서 핵융합 과정으로 만들어졌으며, 일부 별들은 진화의 마지막 단계에서 폭발하여 새로 만들어진 원소들을 우주 공간으로 재순환시킨다. 우리 태양계는 수 세대에 걸쳐 별들이 만들어낸 중원소를 포함하는 가스와 티끌의 구름으로부터 대략 50억 년 전에 태어났다. 우주에서 특별한 위치에 있지 않다는 코페르니쿠스 원리에 따르면, 지구에서 생명이 발달할 수 있음은 우주 다른 곳에서도 생명이 발달할 수 있음을 의미한다. 페르미의 역설은 생명이 흔하면 왜 진보된 생명체가 우리를 방문하지 않는지에 대해 질문한다.

21.2 지구의 기원을 포함한 우주 생명에 대한 연구를 **천문생물학**이라 한다. 우주 공간에는 탄소－기반 분자들과 **유기 분자**들이 풍부하지만, 실제 생명－주변 환경에

서 에너지를 추출할 수 있고 스스로 번식할 수 있는 세포—의 기원은 여전히 풀리지 않고 있다. 지구에서 생명 증식이 가능했던 이유는 태양 빛에서 화학에너지를 얻어내는 **광합성** 덕분이다. 생명은 진화하면서 다양한 생태계 영역을 점령해왔는데, **호극한성세균**들은 열기, 한랭, 건조, 고염도, 높은 방사능과 같은 인간에게 극한적인 환경에서도 살고 있다. 액체 상태의 물, 유기 복합체, 에너지원 등 생명의 기본 조건을 고려할 때, 지구와 비슷한 조건인 지구형 행성에서 생명을 탐사해야 한다.

21.3 천문학자들과 천문생물학자들이 우리 태양계 안에서 생명을 찾고 있지만, 다른 별 주변의 행성에도 관심을 기울이기 시작했다. 화성은 가장 유력한 후보지인데, 화성에서 온 운석 ALH 84001에 포함된 화석화된 생명에 대한 가설이 추가적 관심을 이끌어 냈다. '물을 따라가자!'라는 전략에 의하여, 목성의 위성으로 액체 상태의 물로 이루어진 바다를 가지고 있는 유로파에 주목하고 있다. 물이 필요하다는 기본 조건은 다른 별들 주변의 **생명 거주 가능 지대**—생명이 발달할 수 있는 영역—에 관한 개념의 일부분이다. 미래의 망원경들이 다른 별들의 생명 거주 가능 지대 안에 있는 지구형 행성들에서 빛이나 적외선을 검출할 수 있게 되었을 때, 우리는 생명의 증거를 제공하는 **생명표지**—대기의 산소와 같은 거시적인 변화—를 찾게 될 것이다.

21.4 천문학자들은 외계 지적생명체(**SETI**) 탐사에도 참여하고 있다. 별들은 아주 멀리 있으므로 다른 별까지 여행하는 것은 오래 걸리거나 (에너지 요구 관점) 큰 비용이 든다. UFO에 관한 여러 보고와 엄청난 언론의 보도에도 불구하고, 그런 관측이 실제 외계의 우주선과 관련되었다는 증거는 없다. 태양계 밖으로 우리가 보낸 우주선들(2개의 파이오니어호와 보이저호)은 각각 인류에 관한 정보를 담고 있는 금속판과 기록들을 싣고 있다. 과학자들은 지구 밖의 지적 문명과 통신할 수 있는 최선의 방법은 전자기파를 사용해야 한다는 것을 알았고, 라디오 전파가 가장 적합한 수단으로 보고 있다. 1960년대 이후 60개 이상의 프로젝트가 다른 별의 문명으로부터 오는 전파 메시지를 탐색해 왔다. 지금까지는 우주적 건초더미의 문제라고 정의한 개념에서 기술했던 다른 별의 종류, 주파수 대역, 신호의 종류 등의 다양한 요소들을 겨우 하나씩 뒤지기 시작했다. 광학 SETI라는 또 다른 접근 방식은 극단적으로 강력하나 단시간 지속하는 빛의 펄스를 찾는 것이다. 만약 그들로부터 신호를 찾게 되면, 과연 답을 해야 할지 또는 뭐라고 할지를 결정하는 것이 인류가 직면하게 될 가장 어려운 두 가지의 도전이 될 것이다.

모둠 활동

A 화성에서 온 운석 중 하나가 화성에서 생성된 고대 생명에 대한 확실한 증거가 있다면, 그런 발견이 과학과 외계 생명에 대한 우리의 관점에 의미하는 바는 무엇이라고 생각하는가? 그런 발견이 여러분 사고에 장기적인 영향을 끼치게 될 것인가?

B 다른 별의 문명으로부터 (그들이 보낸 모든 내용을 자세히 이해하지는 못하지만, 지적 문명의 확실한 증거를 보여 주는) 전파 메시지를 수신했다고 가정하자. 이런 발견의 의미는 무엇이라고 생각하는가? 그런 발견은 여러분의 사고 철학에 어떠한 영향을 미칠 것인가?

C 40광년 떨어진 별 주변의 문명으로부터 수신한 전파 메시지에는 그림 형태로 메시지를 보낸 많은 정보가 담겨 있다. 미국 대통령이 여러분의 그룹을 고위급 위원회로 임명하여 인류가 그 메시지에 답을 해야 할지 또는 말아야 할지 권고하도록 하였다. 그 메시지는 지구를 특정하여 보내진 것은 아니었고, 마치 등대처럼, 공간을 돌아가며 휩쓰는 신호였다. 여러분은 대통령에게 어떻게 권고할 것인가? 여러분 그룹은 합의점에 도달하였는가? 다수 또는 소수의 다른 의견이 있는가?

D 소위 UFO가 외계로부터의 방문자라는 아무런 증거가 없다면, TV 쇼, 신문, 영화 등이 UFO는 다른 세계로부터 온 비행체라는 견해를 선전하는 데 많은 시간과 노력을 들이는 이유는 무엇이라고 생각하는가? 하늘에 있는 미지의 빛에 대한 이야기를 과장하거나 또는 외계 방문자들이 지구에 이미 와 있다는 이야기를 만들어냄으로써 이익을 얻는 사람은 누구일까?

E 과학자들은 UFO에 관한 언론의 선전을 모두 무시해야 할까? 또는 그에 대응하려고 노력해야 할까? 왜 그래야 할까?

F 여러분의 모둠이 보이저 우주선의 오디오/비디오 기록물을 위한 영상과 음향을 설계하는 팀이라고 가정하자. 다른 문명에 지구를 대표하기 위해 어떤 기록물을 포함하고 싶은가?

G 다른 별 주변에 있는 문명들에 우리 존재를 알리기 위하여, 지구 문명이 전파 (TV) 메시지를 보내기로 결정했다고 가정하자. 그런 메시지의 행태와 내용을 결정하기 위해 과학자, 통신 전문가, 인문학자들로 구성된 대규모 태스크포스(전문가 집단)에 여러분의 그룹이 참여하게 되었다. 여러분은 무엇을 추천하겠는가?

H 우리 존재를 알리기 위해 우주 공간으로 메시지를 보내면 매우 강력한 FM 방송으로 코드화된 셰익스피어의 연극 한편으로 낭독을 시작하는 것이 유용하겠는가? 왜 그러한가? 그렇지 않다면 이유는 무엇인가?

I 여러분이 영화 또는 TV에서 본 적이 있는 외계인과 접촉의 예를 생각해 보자. 여기서 배운 것을 바탕으로, 얼마나 사실적으로 다루었는지 토론해 보자. 할리우드에서 과학적으로 올바르지 않은 쇼와 영화를 많이 만드는 이유는 무엇이라고 생각하는가?

복습 문제

1. 코페르니쿠스 원리란 무엇인가? 그것을 확인해 준 과학적인 발견들의 목록을 만들어 보자.
2. 태양계 안(그리고 그 너머) 어디에서 과학자들이 유기분자들의 증거를 찾았는가?
3. 우주의 시작부터 지금까지, 여러분의 작은 손가락을 이루는 원자들의 역사를 짧게 기술해 보라.
4. 생명표지란 무엇인가? 태양계 밖에서 찾아야 할 가능한 생명표지의 예를 들어 보라.
5. 화성과 유로파는 왜 천문생물학 연구의 주요 대상이 되는지를 설명하라.
6. 별 사이를 여행하는 것은 왜 어려운지 설명하라.
7. 다른 별 주변의 문명 사이의 통신에 전파 파장을 이용하는 장점은 무엇인가? 이유를 모두 나열하라.
8. '우주적 건초더미 문제'란 무엇인가? 모든 요소를 나열해 보라.
9. 어떤 점에서 피닉스 프로젝트가 외계 문명으로부터 오는 전파 신호를 관측하는 첫 번째 탐사보다 더 향상되었다고 생각하는가?
10. 광학 SETI 프로젝트는 무엇인가? 그 탐사에서 별빛에 압도되는 것이 문제가 되지 않는 이유는 무엇인가?

사고력 문제

11. 대폭발 직후 형성된 첫 세대 별들에서 인류가 출현하는 것이 가능했었을까? 그 이유를 설명하라.
12. 남극에서 발견된 암석이 지구에서 만들어진 것이 아니라 화성에서 온 것이라는 것을 어떻게 증명할 수 있을까?
13. 만약 화성에서 생명이 발견된다면, 그것이 지구의 생명체와는 독립적으로 발생한 것인지를 검증할 수 있는 방법은 무엇인가? 또는 이 두 행성 사이에 물질의 교류가 있었다는 사실은 두 생명체가 공통의 기원을 가지고 있다는 것을 의미함을 검증할 수 있는 방법에는 무엇이 있을까?
14. 천문학자들에게 외계 비행체가 지구에 착륙했다는 것을 받아들이도록 설득하려면, 어떤 종류의 증거가 필요하겠는가?
15. 진보된 문명이 다른 별에 메시지를 보내기 원하는 이유는 무엇일까?
16. 페르미 역설에 대한 답은 무엇일까? 이 장에서 설명하지 않았던 다른 이유를 생각해 낼 수 있는가?

계산 문제: 드레이크 방정식

SETI에 관련된 최초의 과학 학술회의는 프랭크 드레이크가 그의 선구적인 오즈마 프로젝트를 막 완성했었던 1961년에 미국 국립전파천문대(NRAO)에서 개최되었다. 우주의 생명에 관한 광범위한 논의에 어느 정도의 체계를 부여하기 위해서, 드레이크는 우리은하에 있는 문명의 수를 추정하는 어려운 질문을 여러 개의 작은 문제들로 쪼갠 다음 하나의 방정식으로 만들어서 칠판에 적었다. 그런 다음에 천문학자와 학생들로부터 '우리는 혼자인가?' 라는 가장 도전적인 질문에 접근하는 방법으로 그의 방정식을 이용했다. 아직 그 질문에 답할 수 없었으므로, 질 타터(Jil Tarter)는 드레이크 방정식을 '우리의 무지를 정리하는 방법'이라고 표현했다.

드레이크 방정식의 형태는 매우 단순하다. 우리은하 안에 지금 존재하는, 통신이 가능한 문명의 수(N)를 추산하기 위해서(나중에 이 용어들을 상세히 정의할 것이다), 그러한 문명의 생성률(R, 수/년)에 그들의 평균 수명(L, 년)을 곱한다. 기호로 표시하면,

$$N = R(\text{total}) \times L$$

이 문제는 연못에 사는 개구리의 수를 추산하는 것과 비슷하다. 만약 매년 50마리의 개구리가 새로 태어나고, 개구리는 평균적으로 8년을 산다면, 10년 정도 지나서 안정화 이후, 임의의 시간에 연못에 사는 개구리의 수는 $50 \times 8 = 400$이 되어야 한다.

이 방정식을 좀 더 쉽고 더 흥미롭게 만들기 위해, 드레이크는 문명의 생성률 $R(\text{total})$을 다음과 같이 일련의 확률들로 나누었다.

$$R(\text{total}) = R(\text{star}) \times f_p \times f_e \times f_l \times f_i \times f_c$$

$R(\text{star})$은 우리은하에서 태양과 같은 별들이 태어나는 생성률인데, 대략 매년 10개다. 다른 항들은 (1보다 작거나 같은) 확률들이며, 이 확률들을 전부 곱한 것은 각 별이 지적이고, 기술적으로 발달한 통신이 가능한 문명을 가질 총 확률이 된다.

f_p= 태양 같은 별 중에서 행성을 가지고 있는 별의 비율 (최신 발견 덕분에 이것은 0.1과 1.0 사이를 가진다고 알려졌다.)

f_e= 행성계가 지구와 같은 행성 또는 생명 거주 가능 행성을 가질 확률[행성계가 태양계와 비슷하다면, 아마도 전부 해당되겠지만, 일부 행성계에서는 (뜨거운 목성과 같은 행성들이) 안쪽으로 유입되는 경우에는 그 확률은 작을 것이다.]

f_l=생명 거주 가능 행성이 생명을 실제 가지고 있을 확률(코페르니쿠스 원리를 따르면 이 확률은 1에 가까울 것으로 생각되지만, 정확히 알지는 못한다.)

f_i= 생명이 있는 행성 중에서 발달한 지적 생명이 서식하고 있을 행성의 비율(지구에 그러한 생명이 있지만, 40억 년보다 긴 진화 시간이 걸렸다. 그러나 다른 예는 없으므로, 이 확률에 대해 짐작하기는 어렵다.)

f_c= 지적 생명이 통신을 위해 전파망원경과 송신기를 만들 수 있는 과학 기술을 발전시켰을 확률(지구에서 단지 지난 수십 년 동안에 일어났던 일이고, 금속을 채굴할 수 있는 문명을 가진 세계에서만 일어날 수 있을 것이다.)

이러한 확률들은 논의를 거쳐서 추산될 수도 있지만, 상당수는 짐작할 수밖에 없다. 특히, 다른 곳에서는 관측되지 않았으며 지구에서 한 번 일어난 것들—생명, 지적 생명, 기술적으로 진보된 생명체의 발달을 포함하여 (방정식 뒷부분의 세 가지 확률들)—에 대한 확률을 어떻게 계산해야 할지 알지 못한다.

비록 우리가 정확한 답을 알지 못하더라도, 추정을 통해서 N을 계산해 보는 것은 교육적으로 의미가 있을 것이다. 코페르니쿠스 원리에 근거한 낙관론으로 시작해서, 마지막 세 가지 확률을 모두 1.0으로 두자. 만약, $R = 10$, $f_p = 0.1$, $f_e = 1.0$이라고 하면,

$$N = R(\text{total}) \times L = L$$

이 식에서 통신이 가능한 문명의 수명 L의 중요성을 볼 수 있다. 우리 인류는 통신 능력을 겨우 수십 년 전부터 가졌으므로 인류의 역사에서 그 기간은 단지 백 년 정도 지속한다고 가정하고(즉 L=100년), 다른 인수들에 대해 낙관적인 값을 취한다면, 우리은하 전체에 그러한 문명의 수는 N=100개가 된다. 이 경우 우리 같은 외계 문명의 수가 너무 적어서, SETI 탐사에서 신호를 검출하게 될 가능성이 매우 낮아진다. 그러나 평균적인 수명이 백만 년이라고 가정하면, 우리은하 안에 그러한 문명이 백

만 개가 되고, 그중 몇 개는 통신이 가능할 만큼 가까이 있을 수도 있다. [프랭크 드레이크의 자동차 번호판이 (그의 공식 $N=L$과 같은) 'NEQLSL'이었다는 재미있는 일화가 있다.]

이러한 계산에서 얻은 가장 중요한 결론은 우리가 확률에 대해 매우 낙관적이라고 하더라도 SETI 탐사가 성공적이기 위해서는 다른 문명이 우리보다 훨씬 더 오래되어야 한다는 것이다. (그래서 아마도 우리보다 더 발달하였을 것이다.) 우리는 우리은하(태양이 위치한 동네)에서 가장 어린 아이임에 틀림없다. 대부분의 다른 문명들은 우리보다 훨씬 늙었을 것이고, 아마도 훨씬 더 똑똑할 것이다. (적어도 더 많은 경험을 쌓았을 것이다.) 이는 정신을 번쩍 들게 만드는 생각이 아닌가! 만약 우리의 가정이 덜 낙관적이었다면, 이런 결론은 더욱더 강해질 것이다.

17. 이 장과 이전 장에서 배운 것을 이용하여, 드레이크 방정식에 있는 확률에 적당하다고 생각되는 값들을 선택해 보자. 결과로 얻어지는 통신이 가능한 문명의 수 N 값은 얼마인가?

18. 여러분이 생각하기에 타당하다고 보이는 가장 낙관적인 확률과 가장 비관적인 확률을 선택하여, 각각에 해당하는 N값의 범위를 계산해보라. 이러한 확률에 대해 사실 잘 모르기 때문에, 그 값을 선택한 이유에는 근거가 있어야 한다.

19. 천문학자들이 35광년 떨어진 별을 공전하고 있는 행성에 있는 문명으로부터 전파신호를 발견했다고 가정하자. 그 메시지는 우리에게 전파로 대답할 것을 종용하고 있어서 그러기로 결정하였다. 우리 정부는 답을 할 것인지 말 것인지, 답을 어떻게 할 것인지를 결정하는 데 2년이 걸린다고 가정하자. 우리의 답이 그곳에 도달했을 때, 그곳 정부가 우리에게 보낼 답을 마련하는 데 1년이 걸린다고 한다. 우리가 처음 그들의 메시지를 받고 난 후 얼마나 오래 지나서야 그들의 답을 받을 수 있을까? (일단 통신이 시작되고 난 후에, 우리는 다음 메시지를 보내기 전에 응답을 계속 기다려야 하겠는가?)

20. 우리은하를 지름이 십만 광년인 납작한 원반이라고 생각하자. 우리는 원반에 임의로 분포되어 있고, 전파로 통신하는 것에 관심이 있는 1000개의 문명 중 하나라고 가정해 보자. 그러한 문명은 우리부터 평균적으로 얼마나 멀리 떨어져 있겠는가?

심화 학습용 참고 문헌

Croswell, K. "Interstellar Trekking" in *Astronomy*, June 1998, p. 46. 어떻게 별까지 여행할 것인가에 대한 과학적 관점.

Darling, D. *Life Everywhere: The Maverick Science of Astrobiology*. 2001, Basic Books. 천문 생물학에 대한 짧은 개론.

Davies, P. *The Fifth Miracle: The Search for the Origin and Meaning of Life*. 1999, Simon & Schuster. 생명의 기원과 다른 곳에서의 생명 탐사와 관련된 과학적이고 철학적인 이슈.

deDuve, C. *Vital Dust: TheOrigin and Evolution of Life on Earth*. 1995, Basic Books. 노벨 수상자가 우리 행성에서 생명이 어떻게 나타났는가에 대해 다시 생각한다.

Gross, M. *Life on the Edge*. 1998, Plenum. 영국 생물학자가 생명이 놀라울 정도의 극한적인 조건에서 어떻게 번성하고 외계에서 그런 생명을 어떻게 탐사할지에 대해 논의한다.

Jakosky, B. *The Search for Life on Other Planets*. 1998, Cambridge University Press. 우리 태양계와 그 바깥에서의 생명 가능성에 대한 대중적인 이야기.

Krauss, L. *Atom: An Odyssey from the Big Bang to Life on Earth ... and Beyond*. 2001, Little Brown. 산소 원자의 우주 역사를 추적한다.

Lemonick, M. *Other Worlds: The Search for Life in the Universe*. 1998, Simon & Schuster. 타임지의 원로 과학 기자에 의한 새로운 아이디어와 발견에 대한 요약.

LePage, A. and MacRobert, A. "SETI Searches Today" in *Sky & Telescope*, Dec. 1998, p. 44. 외계 문명으로부터 오는 신호의 과학적 탐사에 관하여.

Nadis, S. "Using Lasers to Detect ET" in Astronomy, Sept. 2002, p. 44. 주요 연구자들의 프로파일과 광학적 SETI에 관하여.

Pendleton, Y. and Farmer, J. "Life: A Cosmic Imperative?" in *Sky & Telescope*, July 1997, p. 42. 생명의 성장과 이를 가능하거나 불가능하게 하는 환경에 관하여.

Shilling, G. "The Chance of Finding Aliens: Re-evaluating the Drake Equation" in *Sky & Telescope*, Dec. 1998, p. 36.

Shostak, S. "The Future of SETI" in *Sky & Telescope*, Apr. 2001, p. 42. 새로운 탐사, 새로운 전략, 훌륭하고 긴 해설서.

Shostak, S. "When ET Calls Us" in *Astronomy*, Sept. 1997, p. 36. 신호를 받으면 어떻게 해야 하나?

Shostak, S. *Sharing the Universe: Perspectives on Extraterrestrial Life*. 1998, Berkeley Hills. SETI에 대해 가장 대중적인 강연자이면서 작가 중 한 사람이 쓴 광범위하고 종종 재미있는 논의.

Tarter, J. and Chyba, C. "Is There Life Elsewhere in the Universe?" in *Scientific American*, Dec. 1999, p. 118. 태양계와 그 너머에서의 미래 생명 탐사에 관하여.

Treiman, A. "Microbes in aMartian Meteorite: The Evidence Has Grown More Cloudy" in *Sky & Telescope*, Apr. 1999, p. 52.

Webb, S. *Where Is Everybody*? 2002, Copernicus/Praxis. 페르미 모순의 50가지 해법에 관하여.

부록 1 누리집 속의 천문학

지난 몇 년의 짧은 시간 동안 누리집은 정보, 사진, 견해, 그리고 주장으로 가득 찬 지구 전체의 도서관이 되었다. 천문학자들은 컴퓨터 같은 기술적인 도구를 사용하는데 항상 열심이고 누리집이라는 대열에 참여하였으며 수천 개의 사이트가 천문학의 아이디어에 사용되고 있다.

이런 엄청난 양의 천문학 자료는 문제를 야기하기도 한다. 그 분야의 전문가에 의해 쓰이고 (검증된) 교과서와 달리 누리집에는 아무나 정보를 올릴 수 있다. 따라서 많은 누리집은 잘못된 정보, 과장, 몰이해, 그리고 우주에 대한 완전히 잘못된 내용을 포함하고 있다. 이 중 일부는 좋은 의도를 가졌으나 경험이 부족한 열정가에 의해 제공되고 있지만, 다른 것들은 사기꾼이나 거짓말쟁이가 돈을 벌기 위해서나 숨겨진 목적을 달성하기 위한 것들이다.

이 책에서 우리는 진도를 나가면서 각 장별로 믿을 만한 누리집과 주제를 추천해 왔다. 이 부록에서 천문학 초보자에게 도움이 될만한 정보, 최근 사진, 또는 믿을 만한 단체로 안내하는 데 특별히 좋은 일반적인 사이트를 열거한다. 우리가 열거한 대부분 사이트는 그 누리집 관리자가 유용하다고 판단한 다른 사이트로 연결한 것이 포함되어 있다.

누리집 주소와 사이트는 누가 추적하는 것보다 빨리 바뀔 수 있다. 누리집에 대한 최신 정보를 위해서는 이 책의 웹사이트 info.brookscole.com/voyage를 참고하기 바란다.

1. 천문학 잡지

Astronomy Magazine(www.astronomy.com)은 우주를 다루는 많은 잡지 가운데 가장 많은 판매 부수를 가지고 있고 특히 천문 애호가와 안락의자 천문학자를 위해 만들어졌다. 이 누리집은 천문학 취미와 직접 경험할 수 있는 것들에 대한 많은 항목을 가지고 있다.

Sky & Telescope(skyandtelescope.com)는 오래되었고 천문학 애호가에게는 수준 높은 잡지다. 이 사이트는 관측에 대한 안내, 소프트웨어, 기기에 대한 평론, 그리고 미국 전역의 천문학 클럽 목록 등이 특히 풍부하다.

Scientific American(www.sciam.com)은 2호당 한번 꼴로 천문학에 관한 글을 싣는다. 이들 중 상당수는 누리집에도 실리는데 이 책보다는 약간 높은 수준이지만 종종 거기에 기술된 연구를 수행한 천문학자들이 직접 쓴 것으로 권위 있고 최신의 내용이다.

Mercury(www.astrocociety.org/pubs/mercury/mercury.html)는 태평양 천문학회에서 발간하는 일반 대중을 위한 잡지로 천문학자. 교육자, 천문 애호가들을 위한 칼럼을 싣는다. 이 사이트는 종종 철학적인 문제나 천문학이 인간의 다른 사고에 미치는 영향을 다룬다.

기타 천문학 잡지

- Science News: www.sciencenews.org
- Griffith Observer: www.griffithobs.org/Observer.html
- Astronomy Now: www.astronomynoew.com

2. 대중을 위한 천문학을 다루는 기관

태평양 천문학회(Astronomical Society of Pacific, www.astrosociety.org)는 미국에서 가장 크고 오래된 전 국가적인 천문학 조직이다. 1989년에 창설되었고 회원은 천문학자, 교육자, 그리고 천문 애호가들을 포함한다. 이 사이트는 영리를 목적으로 하지 않는 흥미로운 천문학적 항목(포스터, 영상물, 소프트웨어 등)을 가지고 있다.

행성학회(The Planetary Society, www.planetary.org) 고 칼 사강에 의해 창립된 학회로서 행성 탐사와 외계에서의 생명을 찾는 일을 장려한다. 이 누리집에는 이 두 분야에 대한 많은 정보가 들어있다.

천문연맹(The Astronomical League, www.astroleague.org)는 미국 천문학 클럽의 조직이다. 이 사이트는 나라 전체의 천문학 클럽에 대한 훌륭한 목록, 천문 애호가들을 위한 활동과 조언, 그리고 지역이나 전국의 프로그램에 대한 정보를 가지고 있다.

캐나다 왕립천문학회(The Royal Astronomical Society of Canada, www.rasc.ca)는 캐나다 내의 전문가와 아마추어 천문학자들을 통합하는 회원 조직이며 전국에 지역적인 활동을 하는 26개의 센터를 가지고 있다. 이 사이트에서는 각 지역의 특별한 활동 일지를 볼 수 있다.

NASA(www.nasa.gov)는 많은 웹사이트에 천문학적 분량의 정보를 가지고 있다: 중요한 것은 당신이 무엇을 원하는지 찾는 것이다. 이들 사이트는 최근 더 나은 주행과 검색 도구로 개선되었다. 대부분의 프로젝트와 나사 센터는 자신만의 웹사이트를 가지고 있으며 우리는 이들 중 많은 것을 본문에서 추천한 바 있다.

3. 천문학과 우주 과학 뉴스를 위한 사이트

- www.skyandtelescope.com
- www.astronomy.com
- space.com
- www.universe.com
- www.spacedaily.com
- science.nasa.gov

이들 각각은 과학적 배경을 가진 사람들에 의해 운영되고 있으며 새로운 발전을 싣고 설명한다.

4. 최신 천문학 사진의 출처들

Anglo-Australian Observatory 사진 모음:
www.aao.gov.au/images.html
호주의 망원경을 이용해 찍은 (주로 성운과 은하에 대한) 놀랄만한 사진의 도서관. 많은 것은 현시대의 가장 훌륭한 천문 사진가로 인정받는 데이비드 말린이 찍은 것이다. 사진에 설명과 주문 정보를 포함하고 있다.

허블 우주 망원경 사진:
hubblesite.org/newscenter/archive
허블 우주 망원경의 모든 장엄한 사진들이 설명과 함께 여기에 있다. 많은 것들에 대해서는 구체적인 배경 정보와 새로운 연구 결과를 포함하고 있다. 최근 사진을 조사하고, 허블의 최대 흥행작이라고 간주되는 것들을 훑어보거나 당신에게 흥미로운 천체를 검색할 수 있다. 가장 좋은 것은 무료로 사진들을 여러 포맷으로 내려받을 수 있다는 것이다.

미국 광학 국립천문대(NOAO) 사진 전시관:
www.noao.edu/image_gallery/
NOAO는 미국과 남반구의 주요 망원경을 포함한다. 이 사이트에는 NOAO 장비로 찍은 가장 최고의 사진 일부가 수집 정리되어 있다.

행성 사진 저널: photojournal.jpl.nasa.gov
제트 추진 연구소와 플랙스태프에 있는 미국 지질탐사 천문지질 지부에서 운영하는 이 사이트는 웹에서 가장 유용한 자원이다. 이것은 나사가 수행한 행성 탐사로부터 얻은 최고의 사진들을 자세한 설명과 뛰어난 색인을 함께 제공하며 항상 새로운 것이 더해진다. 지역, 이름, 날짜 또는 목록 번호로 사진을 호출하고 여러 가지 흔히 쓰이는 형식으로 사진을 내려받을 수 있다.

오늘의 천문 사진(Astronomy Picture of the Day)
antwrp.gsfc.nasa.gov/apod/astropix.html
천문학자 로버트 네미로프와 젤 보넬은 간단한 비공식적인 이름과 함께 상대적으로 새로운 천체 사진을 매일 싣는다. 지난 수년간 최고의 천문 사진 중 일부가 여기에 실렸으며 색인도 제공된다.

유럽 남부 천문대(European Southern Observatrory):
www.eso.org/outreach/gallery/astro
점점 커지고 있는 이 사진첩은 유럽 국가로 이루어진 협회에서 운영하는 남반구의 대형 망원경으로 찍은 사진을 포함한다. 이 사이트에는 Veru Large Telescope의 출현으로 중요한 새로운 사진과 그 결과의 숫자가 증가한다.

적외선 사진 전시관:
www.ipac.caltech.edu/Outreach/Gallery
이 사이트는 우주 임무와 지상 망원경으로 찍은 적외선 사진을 수집하고 눈에 보이는 파장과 보이지 않는 파장 사진의 흥미로운 비교를 제공한다.

천문 및 우주 사진을 찾는 다른 방법

- Google 사진 검색
  www.google.com/advanced_image_search?hl=en
- NASA 사진 교환: nix.nasa.gov
- NASA의 위대한 사진(역사적인 것임): grin.hq.nasa.gov/
- NASA 사진 색인: www.nasa.gov/gallery/photo/index.html

5. 사이비 과학의 폭로

천문학적 사이비 과학: 회의론자의 자원:

www.astrosociety.org/education/resources/pseudobib.html

점성술, UFO, 화성의 얼굴, 고대 우주인 그리고 많은 비슷한 주변 주제를 다루는 주석이 달린 서면과 웹 자원.

(일반적인) 사이비 과학의 폭로: www.csicop.org

과학을 신세대 철학, 초정상 믿음, 음모론, 그리고 바보스러움과 뒤섞는 주제를 다루는 데 도움을 원하는 학생이나 강사를 위해 최고의 조직은 초정상이라는 주장에 대한 과학적 조사 위원회(Committee for the Scientific Investigation of Claims of the Paranormal, CSICOP)라는 이름을 가졌지만 매우 유용하다. 과학자, 교육자, 마술사, 법학 전문가, 의사 그리고 사이비 과학이 매체와 일반 대중에게 무비판적으로 받아들여지는 것에 대해 지친 사람들로 구성된 CSICOP는 많은 논쟁적인 주제, 예를 들어 UFO, 점성술, 심리적 힘, 버뮤다 삼각지대, 미스터리 서클 등에 대한 회의적이고 이성적인 측면을 제공한다. 이 사이트는 정보, 일화, 실험, 그리고 다른 사이트에 대한 링크의 보고다.

6. 천문학 소프트웨어의 출처와 검토

***Sky & Telescope*의 소프트웨어 페이지:**

skyandtelescope.com/resources/software

여기서 다양한 범위의 천문학 소프트웨어와 검토판, 프로그램을 나열하고 설명하며 내려받고 복사할 수 있다.

Joghn Mosley의 소프트웨어 프로그램 명부:

www.griffithobs.org/software.html

플래티타리움 교육자를 위한 잡지 편집자가 출판사에 의해 만들어진 넓은 범위의 천문용 소프트웨어와 출판된 비평에 대한 참고 문헌을 나열하였다.

Bill Arnett의 소프트웨어 목록:

www.seds.org/billa/astrosoftware.html

상업적 또는 비상업적 패키지에 대한 링크.

7. 기타 사이트

천문학과 물리학이 들어 있는 공상과학 소설:

www.astrosociety.org/education/resources/scifi.html

천문학의 주제별로 정리된 소설과 이야기의 목록으로 각각에 대해 간단한 설명이 덧붙여져 있다.

천문 관측의 팁: skyandtelescope.com/howto/

Sky & Telescope 잡지에 실렸던 훌륭한 글은 관측천문학의 초보자들을 안내한다. 이는 육안, 쌍안경, 소형 망원경, 스타휠, 사진 등을 이용해 시작하는데 좋은 충고를 포함한다.

천문학 역사 사이트:

www.astro.uni-bonn.de/~pbrosche/astoria.html

볼프강 딕 교수는 천문학 역사의 모든 측면에 대한 사이트들에 대해 포괄적으로 연결하는 이 사이트를 운영하고 있다. 가장 좋은 것 중 하나로 역사적인 천문학자의 이름을 고르면 즉시 문헌 정보를 제공하는 링크를 찾아주는 것이다.

AstroWeb: 인터넷상의 천문학 및 천체물리학:

www.cv.nrai.edu/fits/www/astronomy.html

천문학적 기관들의 연합체에 의해 운영되는 이 사이트는 수천 개의 천문학에 관련된 링크를 수집한 것으로 주제별로 정리되어 있다. 어떤 링크는 매우 기술적인 사이트이고 어떤 것은 초보자에게 적절한 것이다. 어떤 천문학자가 누리집을 가졌는지 조사할 수 있고 어떤 천문학과나 천문대가 무엇을 누리집에 올려놓았는지 검색할 수 있으며 많은 특화된 분야로 빠져들 수 있다.

우주 달력: wwwjpl.nasa.gov/calendar

JPL의 론 볼키는 발사 예정일, 중요한 기념일, 그리고 하늘에서 봐야 할 것 등과 같은 우주 및 천문학과 관계된 사건에 대한 목록을 유지한다. 달력의 대부분 항목은 더 많은 정보를 얻을 수 있는 누리집 링크를 가지고 있다.

국내의 천문학 관련 사이트

천문연구원(http://www.kasi.re.kr)
보현산 천문대(http://www.boao.re.kr)
연세대(http://galaxy.yonsei.ac.kr)
서울대(http://astro.snu.ac.kr)
한국과학기술원(http://space.kaist.ac.kr)
경희대(http://khobs.kyunghee.ac.kr)
경북대(http://sirius.kyungpook.ac.kr)
충북대(http://star.chungbuk.ac.kr)
충남대(http://astro1.chungnam.ac.kr)
부산대(http://mercury.es.pusan.ac.kr)

부록

2 천문학의 정보 출처

월드와이드 웹의 증가와 함께 인쇄된 잡지와 대중과 함께하는 목적을 가진 모든 기구는 기본 정보의 누리집을 만들어 놓았다. 그 누리집 중 많은 것은 부록 1에 보였다. 그러나 여전히 잡지와 기구에 우편으로 구독하거나 특별한 자료를 요청하려고 할 것이다. 여기에 우리는 천문학에서 일반에 대한 정보를 제공해주는 잘 알려진 것들을 나열한다.

1. 대중 수준의 천문학 잡지

Astronomy, Kalmbach Publishing, P. O. Box 1612, Waukesha, WI 53187. 세계에서 가장 많은 부수의 천문학 출판물; 색깔이 화려하고 내용은 기초적이다.

Griffith Observer, Griffith Observatory, 2800 E. Observatory Rd. Los Angeles, CA 90027. 역사적 주제에 특화된 작은 잡지로 재치 있고 활기 있는 편집을 한다.

Mercury, Astronomical Society of the Pacific, 390 Ashton Ave. San Francisco, CA 94112, 미국에서 가장 많은 일반 회원을 보유하고 있는 기구의 잡지로 여러 가지 재미있는 기사, 특히 천문학이 다른 분야에 미치는 영향, 천문 교육, 새로운 발견의 배후 이야기 등이 많이 실린다.

Planetary Report: The Planetary Society, 65 N. Catalina Ave. Pasadena, CA 91106; 태양계 탐사와 외계 생명 탐색을 장려하는 기구에서 발행하는 잡지.

Stardate: McDonald Observatory, RLM 15.308, University of Texas, Austin, TX 78712; 이 잡지와 곁들여 천문학에 관한 라디오 방송도 주관한다.

Sky & Telescope: P.O. Box 9111, Belmont, MA 02178; 대부분 도서관에서 볼 수 있는 잡지로서 천문 관련 대중잡지로 최고의 '기록'을 자랑한다. 아마추어에게 유익한 천문학에 대한 좋은 글을 싣는다.

Sky News, Box 10, Yarker, Ontario K0K 3N0 Canada; www.skynewsmagazine.com. 천문학의 새소식과 취미를 위한 특별기사를 싣는 캐나다의 일반인을 위한 천문학 잡지.

위에 적은 잡지들 외에도 *Discover, National Geographic, Science News, Scientific American* 등은 천문학의 최신 동향을 자주 알려준다.

2. 천문광을 위한 단체

American Association of Variable Star Observers, 25 Birch St., Cambridge, MA 02138 (617-354-0484); www.aavso.org 변광성(밝기가 변하는 별)을 전문적으로 관측하는 아마추어 천문가들의 조직.

Association of Lunar and Planetary Observers, c/o Donald Parker, 12911, Lerida St., Coral Gables, FL 33156; www.lpl.arizona.edu/apo 우리 태양계 천체를 감시하고 보고하는 아마추어 천문가들의 조직.

Astronomical League, 92101 Ward Pkwy., Kansas City, MO 64114; www.astroleague.org. 미국 아마추어 천문가들의 여러 단체를 하나로 묶은 연맹으로 많은 활동을 한다. 자원 봉사자들로 이루어진 이 기구에 편지를 하려면 우표를 붙인 회신용 우편 봉투를 반드시 동봉해야 한다.

Astronomical Society of the Pacific, 390 Ashton Ave., San Francisco, CA 94112 (415-337-1100); www.astrosociety.org 과학자, 교사, 그리고 천문학에 흥미를 갖는 일반인들의 국제적 조직이다. 이름에서 알 수 있듯이 이 단체는 1889년에 미국 서해안 지역의 사람들 중심으로 태동하였다. 편지로 모든 수준의 흥미로운 천문 자료에 대한 목록을 요청할 수 있다.

Committee for the Scientific Investigation of Claims

of the Paranomal(CSICOP), P.O. Box 703, Buffalo, NY 14226 (716-636-1425); www.csico.org 과학자, 교육자, 마술사, 그리고 그 외의 회의적인 사람들이 점성술, 미확인 비행체(UFO), 신통력 등의 사이비 과학적 주장을 면밀히 검토하여 대중에게 올바른 정보를 제공하는 조직이다. 비과학적 주장의 허위성을 폭로하는 흥미진진한 글들을 잡지 *The Skeptical Inquirer* 지에 출판하며 세계 여러 곳에서 학회와 워크숍을 열기도 한다.

International Dark Sky Association, c/o David Crawford, 3545 N. Stewart, Tucson, AZ 85716; www.darksky.org 광공해와 싸우는 정치인, 조명 기사, 그리고 일반 대중에게 천문 관측 영향을 미칠 곳에서 빛을 퍼지지 않게 하는 것의 중요성을 교육하는 소규모의 비영리 조직이다.

The Planetary Society, 65N. Catalina Ave., Pasadena, CA 91106 (818-793-1675); www.planetary.org Carl Sagan과 그 동료들이 설립한 전국 규모의 회원 조직으로, 행성탐사계획과 SETI의 확충을 위한 활동과 화려한 색깔의 잡지를 발간한다.

The Royal Astronomical Society of Canada, 136 Dupont St., Toronto, Ontario M5R 1V2 (416-924-7973); www.rasc.ca 캐나다 아마추어 천문가들을 대표하는 조직으로 각 지방마다 센터를 갖고 있다. 편지로 문의하면 자기 지역에 가까운 센터의 소재를 알 수 있다.

참고: 미국 천문학회는 미국의 전문 천문학자들을 위한 것이다. 학술지와 활동은 주로 연구과학자들을 위한 것이지만 누리집은 천문학자가 되려는 고등학생들에게 훌륭한 입문 자료를 가지고 있다. http://www.aas.org/education/career.html 참조.

3 용어 해설

참고: 괄호 안 숫자는 해당 용어가 처음으로 정의되거나 설명된 장을 뜻한다('I'는 막간 주제임). 이 책에는 나오지 않지만 종종 쓰이는 용어들 또한 포함되어 있다.

21 cm 선(21 cm line) 전파 파장이 21 cm인 중성 수소에 의한 분광선. (11)

CBR(CBR) 우주배경복사 참조.

CCD(CCD) 전하결합소자 참조.

***H* 또는 H_0**(H or H_0) 허블 상수 참조.

HI 영역(HI region) 성간 공간에서 중성 수소로 이루어진 영역. (11)

HII 영역(HII region) 성간 공간에서 이온화된 수소로 이루어진 영역. (11)

KBO(KBO) 카이퍼 띠 천체 참조.

SETI(SETI) 외계 문명으로부터 오는 전파 신호를 이용한 외계 생명체 탐사. (21)

x-선(x-ray) 자외선과 감마선 사이의 파장을 가진 광자. (4)

가설(hypothesis) 어떤 관측 사실이나 현상을 설명하기 위해 만들어진 일시적인 가정이나 과학적 모형으로 계속된 검증과 확인이 필요하다.

가속(accelerate) 속도를 바꾸는 것. 속도를 높이거나 낮추거나 방향을 바꾸는 것. (1)

각운동량(angular momentum) 회전축이나 무게 중심에 대한 운동과 관련된 운동량의 척도. (2)

각운동량 보존(conservation of angular momentum) 어떤 계의 전체 각운동량은 항상 같은 값이라는 법칙(각운동량이 정의된 축이나 점으로부터 향하지 않는 방향으로 작용하는 힘이 없을 경우). (2)

각 지름(angular diameter) 물체의 지름에 대응하는 각도.

간섭(interference) 파동의 골과 골이 섞이면서 서로의 간섭에 의해 보강되거나 상쇄되는 현상. (5)

간섭계(interferometer) 하나 또는 그 이상의 망원경으로 받은 전자기복사를 서로 결합해서 멀리 떨어진 망원경 사이의 거리에 해당하는 크기의 망원경으로 얻을 수 있는 분해능을 구현하는 기기. (5)

갈색왜성(brown dwarf) 행성과 별의 중간에 있는 천체. 대략적인 질량은 1/100 태양질량으로부터 핵반응에 의해 스스로를 유지할 수 있는 0.072배의 태양질량 사이에 있다. (9)

감마선(gamma rays) x-선보다 높은 에너지를 가지는 (전자기복사) 광자, 가장 강력한 에너지를 가지는 전자기복사. (4)

감마선 폭발(gamma ray bursts) 주로 먼 은하에서 일어나는 단시간의 감마선 펄스. (1)

강착(부착)(accretion) 태양계 성운에서 충돌하는 입자로 형성되는 행성이나, 블랙홀로 떨어지는 가스처럼 점진적인 질량의 축적.

강착원반(부착원반)(accretion disk) 무거운 물체를 향해 나선 운동하면서 떨어져 들어가는 물질로 이루어진 원반, 각운동량보존 결과 원반 모양을 이룬다. (15)

강핵력 또는 강상호작용(strong nuclear force or strong interaction) 원자핵의 각 구성성분을 묶어주는 힘. (7, 20)

거대분자 구름(giant molecular cloud) 지름이 수광년이고 질량이 10^5 태양질량 정도가 되는 크고 차가운 성간 구름, 은하의 나선 팔에서 발견되며 무거운 별이 만들어지는 곳이다. (12)

거대행성(giant planet) 목성형 행성 참조.

거리의 제곱에 반비례하는 법칙 [빛][inverse-square law (for light)] 주어진 시간에 주어진 단면적을 통과하는 에너지(빛)가 그 원천으로부터의 거리 제곱에 반비례하는 법칙. (4)

거문고자리 RR형 변광성(RR Lyrae Variable) 주기가 1일보다 짧은 맥동 거성 종류 중 하나. (10)

거성[giant(star)] 광도와 반지름이 매우 큰 별. (18)

검은왜성(흑색왜성)(black dwarf) 에너지원이 완전히 소모되어 더 이상의 빛을 내지 않는 작은 질량 별. 진화의 마지막

상태. (14)

겉보기 밝기(apparent brightness) 지구에서 관측한 별이나 다른 천체의 밝기. 하늘에서 얼마나 밝게 보이는지의 정도. (4)

겉보기 태양시(apparent solar time) 하늘에 보이는 실제 태양의 위치로부터 구한 (태양 시계가 가리키는) 시간. (3)

결합에너지(binding energy) 원자핵을 이루는 입자들을 완전히 떼어 놓는 데 필요한 에너지.

경도(longitude) 지구 표면에서 동서 방향을 나타내는 좌표: 그리니치 자오선으로부터 그 지점을 지나는 자오선까지 적도를 따라 동쪽이나 서쪽으로 잰 각도. (3)

경사각 [궤도][inclination (of an orbit)] 공전하는 천체의 궤도면과 기준면—주로 천구의 적도나 황도—이 이루는 각도.

고유운동(proper motion) 태양에서 볼 때 1년 동안 별이 보이는 방향의 각도 변화량. (8)

공간속도 또는 공간운동(space velocity or space motion) 항성의 태양에 대한 속도 또는 운동.

공명(resonance) 한 천체가 다른 천체에 의해 주기적으로 중력적 섭동을 받을 수 있는 궤도 조건: 제3의 천체를 공전하는 두 천체의 궤도주기가 서로 단순한 배수이거나 분수가 될 때 가장 흔하게 나타난다.

공전(revolution) 한 천체가 다른 천체 주위를 도는 운동.

과학적 방법(scientific method) 과학자들이 자연 세계를 이해하기 위해 따르는 과정. (1) 현상에 대한 관측 또는 실험 결과, (2) 이들 현상을 기술하는 현재 지식과 부합되는 가설의 설정, (3) 그들이 새로운 현상이나 새로운 실험 결과를 예측한 것과 부합하는지에 대한 검증, (4) 관측이나 실험에 의해 확증되지 않는 가설에 대한 수정이나 폐기.

관성(inertia) 물질의 운동 상태를 변하게 만들기 위해 힘을 필요로 하는 성질. 외부의 힘이 없을 경우 물체가 현재의 운동을 계속 유지하려는 경향.

관성계(inertial system) 스스로 가속되지 않고 정지 상태에 있거나 일정한 속도로 움직이는 좌표계.

광구(photosphere) 태양 (또는 별) 대기에서 연속 복사가 공간으로 방출되는 영역. (6)

광년(light year) 진공에서 빛이 1년 동안 가는 거리; 1 LY= 9.46×10^{12} km 또는 6×10^{12}마일.

광도(luminosity) 별이나 다른 천체가 단위 시간당 전자기 에너지를 방출하는 비율. (8)

광도곡선(light curve) 변광성, 식쌍성 또는 보다 일반적으로는 시간에 따른 복사량이 변하는 임의의 천체로부터 오는 빛의 밝기 변화를 시간에 따라 나타낸 그림. (9)

광도계급(luminosity class) 주어진 분광형의 별들을 광도에 따라 분류한 계급. 태양은 G2 V 별로 분류되는데, 여기에서 광도계급은 V다. (10)

광물(mineral) 암석을 구성하는 (주로 실리콘과 산소로 이루어진) 고체 화합물.

광자(photon) 전자기 에너지의 단속적 단위. (4)

광학적(optical) 천문학에서 전자기파의 가시광선과 관련 있음을 뜻한다. 광학적 관측은 가시광선을 이용한 관측을 의미한다. (4)

광학적 쌍성(optical double star) 서로 다른 거리에 있는 두 별이 가까이 있는 것처럼 투영되어 보이지만 중력적으로는 연관되어 있지 않은 쌍성. (9)

광합성(photosynthesis) 몇몇 생명체가 태양 빛을 이용해서 (탄화수소물처럼) 에너지 저장 물질을 만드는 일련의 복잡한 화학반응. 그 부산물로 중 하나로 산소가 방출된다.

광화학(photochemistry) 전자기복사에 의한 화학 변화.

구경(aperture) 망원경의 대물렌즈(주렌즈) 또는 주경의 지름.

구상 성단(globular cluster) 우리은하 중심에 중심을 둔 성단계를 이루는 약 150개의 커다랗고 공모양을 한 성단. (13)

국부 은하군(Local Group) 우리은하가 속한 소규모 은하단. (19)

국부 정지 좌표계(local standard of rest) 태양과 이웃 별들의 은하 중심에 대한 평균 운동과 같이 움직이는 좌표계.

굴절(refraction) 하나의 투명한 매질(또는 진공)로부터 다른 곳으로 지나갈 때 빛이 휘는 현상.

굴절망원경(refracting telescope) 주된 집광이 렌즈나 일련의 렌즈에 의해 이루어지는 망원경. (5)

궁 [황도대][sign (of zodiac)] 황도를 따라 대략 30°씩 나눈 12개의 영역을 지칭하는 점성술 용어. 세차운동 때문에 12궁은 그들의 명명된 별자리와 일치하지 않는다.

궤도(orbit) 한 천체가 다른 천체나 중심 점 주위를 지나가는 경로. (2)

균질한(homogeneous) 일관되고 고른, 즉 어느 곳에서나 같은 물질 분포. (19)

극한생물(extremophile) 생명체가 아주 높거나 낮은 온도 또는 높은 산성도처럼 살기 어려운 환경을 견디거나 심지어는 번성하는 (주로 미생물 형태의) 생물체. (21)

근성점(periastron) 쌍성계에서 두 별이 가장 가까워지는 위치.

근일점(perihelion) 태양을 공전하는 천체가 태양 중심에 가장 가까워지는 위치.

근지점(perigee) 지구를 도는 위성이 지구 중심에 가장 가까워지는 위치. (2)

금속(metals) 일반적으로 전자 구조가 전기적으로 좋은 도체가 되는 모든 원소. 천문학자들은 헬륨보다 무거운 모든 원소를 뜻하는 용어로 사용한다. (8)

금지선(forbidden lines) 원자의 천이 확률이 매우 낮아서 지구의 실험실에서는 관측되지 않는 분광선.

급팽창 (인플레이션) 우주론(inflationary universe) 우주가 최초의 10^{30}초 동안 엄청난 팽창을 일으키는 것을 가정한 우주 이론. 이 급팽창 시기 이후에는 표준 대폭발과 급팽창이 같아진다. (20)

기본 입자(elementary particle) 물질의 기본이 되는 입자 중 하나. 가장 친숙한 기본 입자는 양성자, 중성자, 그리고 전자다. (7)

꼬리 [혜성][tail (of a comet)] 먼지 꼬리 또는 이온 꼬리 참조.

나선 밀도파(spiral density wave) 은하에서 나선구조를 만들어내는 기작. 밀도파는 성간 물질과 상호작용하여 별 탄생을 유발한다. 나선 밀도파는 토성의 고리에서도 보인다. (16)

나선 은하(spiral galaxy) 성간 물질과 젊은 별들이 은하 중심부로부터 팔랑개비 모양으로 감아나오는 회전하는 납작한 은하. (17)

나선 팔(spiral arms) 나선 은하 중심부로부터 평면을 따라 휘돌아 나가는 성간 물질과 젊은 별들로 이루어진 팔(밀도가 높은 기다란 영역). (16)

낙하 [운석][fall (of meteroites)] 하늘에서 떨어져서 지상에서 발견된 운석.

날짜 변경선(international date line) 지구에서 경도 180° 부근에서 이 선을 건너면 날짜가 하루 바뀌도록 규정한 선. (3)

남극권(Antartic Circle) 남위 66°30′. 이 위도에서 하짓날 태양 고도는 0도다.

남회귀선(Tropic of Capricorn) 남위 23.5° 선.(3)

년(year) 지구가 태양을 공전하는 주기. (1)

능동 광학(adaptive opotics) 대기에 의해 야기된 영상의 일그러짐을 보상하기 위해 망원경을 변화시키는 광학체계로서, 선명한 상을 만드는 데 이용된다. (5)

단주기 혜성(short-period comet) 궤도 주기가 대략 100년 이하인 혜성. 대부분은 카이퍼 띠에서 유래한 것이고 중력적으로 목성과 연관되어 있어 목성족 혜성이라 불린다.

단층(fault) 지질활동으로 지층이 서로 어긋나거나 균열이 생기는 현상. 지진활동에 동반되어 발생한다.

닫힌 우주(closed universe) 공간의 곡률이 굽어져 궁극적으로 스스로 되돌아오는 우주 모형. 이 모형에서는 우주가 대폭발로 팽창을 시작해 멈추고 다시 대수축을 향해 줄어든다. (20)

달의 고원지대(highlands) 달에서 바다보다 대개 수 km 높은 밝고 구덩이가 많은 영역. 화성에서 구덩이가 많은 영역도 칭함.

대량 소멸(mass extinction) 여러 종의 생명이 화석 기록에서 갑자기 없어지고 다음 층에서 새로운 종으로 대체되는 현상. 대소멸은 지구의 대규모 충돌과 같은 환경의 격렬한 변화를 암시한다.

대류(convection) 유체의 흐름에 의한 에너지 전달.

대류권(troposphere) 지구 대기의 가장 낮은 층으로 대부분의 기상 현상이 일어나는 곳.

대륙이동(continental drift) 지각의 판 구조적 이유로 대륙이 지구 표면 위에서 느리게 이동하는 것.

대원(great circle) 공의 중심을 지나는 평면이 표면과 만날 때 만들어지는 공 표면에서 가장 큰 원. (3)

대통일 이론[grand unified theories (GUTS)] 자연계의 4개 상호작용(힘)을 하나의 힘이 다르게 구현된 것으로 기술하려고 시도하는 물리학 이론. (20)

대폭발 이론(big bang theory) 원시 폭발로 우주가 시작되었다는 우주론의 이론. (9)

도플러 효과(doppler effect) 광원으로부터 나온 파장이나 진동수가 가까워지거나 멀어지는 상대 운동에 따라 관측자에게 다르게 보이는 현상. (4)

동위원소(isotope) 양성자 수는 같지만 중성자 수가 다른 같은 종의 원소. (4)

동지(winter solstice) 태양이 하늘의 적도로부터 남쪽으로 가장 멀리 떨어진 천구상의 한 점. 일 년 중 낮의 길이가 가장 짧은 시기. (3)

들뜸(여기)(excitation) 원자나 이온이 최저 에너지 상태보다 높은 에너지 준위로 올라감. (4)

등가 원리(principle of equivalence) 중력과 그에 해당하는 가속도는 충분한 국지적 환경에서 서로 구별될 수 없다는 원리. (15)

등급(magnitude) 별이나 다른 밝은 천체로부터 나온 복사

플럭스를 나타내는 척도. 등급이 높을수록 천체로부터 받는 빛의 양은 적다. (1)

등방(isotropic) 모든 방향에서 성질이 동일함. (19)

띠 [스펙트럼][bands (in spectra)] 화학적 복합물의 흡수선이나 방출선들이 너무나 가까이 붙어 있어 넓은 밴드의 방출이나 흡수로 보이는 것. (4)

라이만 선(Lyman lines) 수소 원자가 가장 낮은 에너지 준위로부터 다른 에너지 준위로 천이하거나, 또는 그 반대의 천이로 만들어지는 일련의 흡수선이나 방출선. (4)

레이더(radar) 전파를 물체로 보내서 그 물체로부터 반사된 전파를 검출하는 기술. 대상 물체의 거리와 운동을 측정하거나 그 영상을 얻기 위해 사용된다. (5)

레이저(laser) 유도 방출에 의해 증폭된 빛의 복사(light amplification by stimulated emission radiation)의 약자. 특정한 파장의 빛을 일정한 빛 다발(빔)로 증폭하는 장치.

로슈 한계(Roche limit) 조석 안정 한계 참조.

마운더의 극소기(Maunder minimum) 1645년부터 1715년 사이에 태양 활동이 매우 낮았던 시기. (6)

마이크로파(microwave) 전파 파장의 전자기복사로서 가장 긴 적외선보다 긴 파장을 가진다. (4)

마이크론(micron) 마이크로미터(10^{-6} m)의 옛 용어.

마젤란 성운(Magellanic Clouds) 남반구에서 육안으로도 보이는 두 개의 인접 은하. (16)

막대 나선 은하(barred spiral galaxy) 나선 팔이 중심에서가 아니라 중심부를 가로지르는 '막대'의 끝에서 시작하는 나선 은하. (17)

맥동변광성(pulsating variable) 크기와 광도가 맥동하는 변광성. (10)

맨틀 [지구][mantle (of earth)] 지구에서 지각과 중심핵 사이의 영역으로 지구 내부의 가장 많은 부분을 차지한다.

먼지 꼬리 [혜성][dust tail (of comet)] 혜성의 얼음이 녹아서 느슨하게 된 먼지가 태양으로부터 나오는 광자에 밀려 곡선 모양으로 보이는 것.

메시에 목록(Messier catalog) 찰스 메시에가 1787년에 작성한 (성운 성단, 그리고 은하를 포함하는) 별이 아닌 천체들의 목록. (11)

면적의 법칙(law of areas) 케플러의 제2법칙. 태양으로부터 어느 행성까지의 동경벡터가 단위시간에 휩쓸고 지나가는 면적은 일정하다. (2)

모형 대기 또는 광구(model atmosphere or photosphere) 태양이나 다른 별의 바깥 부분에 대해 이론적으로 계산한 온도, 압력, 밀도 등의 추세.

목성형 행성 또는 거대행성(jovian planet or giant planet) 태양계의 목성, 천왕성, 해왕성 또는 질량이나 성분이 목성과 비슷한 외계 행성.

목자 위성(shepherd satellite) 근접한 중력적 영향을 통해서 행성 고리 구조를 유지하는 데 도움을 준다고 생각되는 위성에 대한 비공식적 명칭.

무게(weight) 중력적 인력에 의한 힘의 정도.

미행성(planetesimals) 크기가 수 10 km에서 수백 km에 이르는 작은 천체들로서 태양 성운에서 형성된 미세 고체 입자와 오늘날 관측되는 행성의 중간 단계의 천체다. 혜성과 소행성의 일부는 미행성의 잔재로 보인다.

밀도(density) 어떤 물체에서 질량과 부피의 비. (2)

바 [압력 단위](bar) 1제곱미터에 작용하는 100,000뉴턴의 힘. 지구의 해수면에서 지구 대기의 압력은 1.013바다.

바다[mare (pl. maria)] 라틴어로 '바다'라는 뜻. 달 표면의 17%를 차지하는 대체로 어둡고 평탄한 영역.

바닥 상태(ground state) 원자의 가장 낮은 에너지 상태. (4)

반감기(half-life) 방사성 원자의 양이 주어진 표본의 절반으로 분해되는 데 걸리는 시간.

반물질(antimatter) 반입자로 구성된 물질. 반양성자(음의 전하를 가진 양성자), 양전자(양의 전하를 가진 전자), 그리고 반중성자. (7)

반사도(알베도)(albedo) 도달되는 빛을 반사하는 비율. 반사의 정도.

반사망원경(reflecting telescope) 주된 집광이 오목한 거울에 의해 이루어지는 망원경. (5)

반사 성운(reflection nebula) 성간 공간에서 반사된 별빛으로 밝게 보이는 상대적으로 밀도 높은 티끌 구름. (11)

반영(半影, penumbra) 그림자에서 완전히 어둡지 않은 부분. 광원이 가려져 보이지 않는 위치. (3)

반향점 [태양][antapex (solar)] 국부 정지 좌표계에 대해 태양이 멀어지는 방향.

발견 운석[find (of meteorite)] 하늘에서 보인 유성으로 회수된 운석.

발광 성운(emission nebula) 그 성운 안쪽이나 근처에 있는 별로부터 나온 자외선을 이용해 원자의 형광을 통해 가시광선을 내는 가스 구름. (11)

발머선(Balmer lines) 수소 원자의 두 번째 (즉 첫 번째 여기 상태) 에너지 준위와 그보다 높은 준위 사이의 천이에 의한 방출선이나 흡수선. (4)

발사(방사)점 [유성우][radiant (of meteor shower)] 하늘에서 유성우가 발원되는 것처럼 보이는 점.

밝은 물질(luminous matter) 빛이나 그 밖의 전자기복사를 내는 물질(암흑물질과 반대).

방사능(방사능 붕괴)[radioactivity (radioactive decay)] 특정한 원자핵이 자발적으로 아원자 입자와 감마선을 내면서 자연적으로 붕괴하는 과정.

방사능 연대측정(radioactive dating) 암석 등의 표본에 대해 그 안에 들어 있는 특정한 방사능 원소의 붕괴를 이용해서 나이를 측정하는 기법.

방위각(azimuth) 지평면의 북쪽을 가리키는 선으로부터 동쪽으로 지평성과 천체를 지나는 대원이 만나는 점까지 잰 각도. (1)

방출 스펙트럼(emission spectrum) 방출선으로 이루어진 스펙트럼. (4)

방출선(emission line) 스펙트럼에서 밝게 불연속적으로 밝게 보이는 선. (4)

배열 [간섭계][array (interferometer)] 각도 분해능이 높은 관측을 위해 서로 연결된 여러 망원경의 집단. (5)

배타원리(exclusion principle) 파울리의 배타원리 참조.

백색왜성(white dwart) 핵 연료의 대부분을 소진한 다음 매우 작은 크기로 수축한 질량이 작은 별. 생애의 마지막 단계에 가까운 별이다. (9)

변광성(variable star) 광도가 변하는 별. (10)

변광폭(amplitude) 변광성으로부터 나오는 빛이 변하는 범위.

변성암(metamorphic rock) 높은 온도와 압력에 의해 물리적이나 화학적 변화(녹는 것 제외)를 겪은 모든 암석.

별(항성)(star) 스스로 만들어내는 에너지에 의해 빛을 내는 밝은 가스 공. 내부에서 수소를 헬륨으로 바꿀 수 있을 정도로 질량이 충분히 크다.

별의 시차(stellar parallax) 시차 (또는 연주시차) 참조.

별자리(constellation) 천문학자들이 천구를 88개의 구역으로 나눈 것 중 하나. 많은 별자리는 그 구역 안에 있는 별들이 만들어내는 눈에 띄는 모양을 가지고 인물, 동물, 또는 고대 신화의 전설적인 피조물을 따라 이름을 지었다.

별 주위 원반(circumstellar disk) 매우 젊은 별이나 원시성을 둘러싸고 있으며 행성계가 생성될 수 있는 얇은 가스와 티끌로 이루어진 원반. 우리 태양계를 만들어낸 태양계 성운과 비슷하다.

병합 [은하][merger (of galaxies)] 두 개의 (대략 비슷한 크기의) 은하가 충돌해서 하나의 구조로 합쳐지는 것. (19)

보어의 원자(Bohr atom) 닐스 보어에 의해 고안된 특별한 원자 모형으로 전자가 핵 주위를 원 궤도로 돈다. (4)

복사(radiation) 진공을 통한 에너지의 전달. 또는 전달된 에너지 자체. (4, 7)

복사압(radaition pressure) 복사를 쪼이는 물체에 대한 전자기복사에 의해 운반되는 운동량의 전달.

본영(암부)(umbra) 그림자에서 완전하게 어두운 가운데 부분. (3)

본초자오선(prime meridian) 왕립 그리니치 천문대를 지나는 지구의 자오선. 경도 0도. (3)

부피(volume) 물체가 차지하는 전체 공간의 크기. (2)

북극권(arctic circle) 북위 66°30′. 이 위도에서 동짓날 정오에 태양 고도는 0도다. (3)

북회귀선(Tropic of Cancer) 북위 23.5°선. (3)

분광계급 (또는 분광형)[spectral class (or type)] 별의 스펙트럼을 바탕으로 온도에 따라 별들을 분류한 것. 분광형은 O, B, A, F, G, K, M이고 여기에 최근 조사에서 발견된 낮은 온도의 별을 위해 L과 T가 추가되었다. (8)

분광계열(spectral sequence) 별의 분광형을 온도가 낮아지는 순서로 나열해 놓은 것. O, B, A, F, G, K, M, L, T. (8)

분광기(spectrometer) 스펙트럼을 얻는 기기. 천문학에서는 별, 은하 등의 천체의 스펙트럼을 기록하기 위해 망원경에 부착한다. (5)

분광선(spectral line) 원가가 특정한 파장의 빛을 방출하거나 흡수해서 생기는 스펙트럼의 선. (4)

분광쌍성(spectroscopic binary) 각각의 성분이 분해되지는 않지만 궤도 운동 때문에 나타나는 시선속도의 주기적인 변화를 통해서 쌍성의 특성을 알 수 있는 별. (9)

분광학(spectroscopy) 천체의 스펙트럼을 연구하는 분야.

분광학적 시차(spectroscopic parallax) 측정된 겉보기 등급과 분광학적 특성에 의해 얻어진 절대 등급의 차이를 이용해서 구한 별의 시차 (또는 거리).

분산(dispersion) 백색광이 파장에 따른 양만큼씩 굴절되어 분산되는 현상.

분열(fission) 무거운 원자핵이 둘 또는 그 이상으로 쪼개지는 것. (7)

분자(molecule) 두 개 또는 그 이상의 원자가 결합한 조합. 어느 물질의 화학적 성질을 보여주는 가장 작은 입자 또는 화합물.

분점(分點, equinox) 황도와 천구상의 적도가 만다는 교점

중 하나. 일 년 중 두 번 낮의 길이가 밤과 같아진다. (3)

분점의 세차운동(precession of equinoxes) 세차 때문에 분점이 황도를 따라 천천히 서쪽으로 움직이는 운동. (1)

분출물(ejecta) 달의 충돌 구덩이 주변을 덮고 있거나 구덩이 밖으로 흘러나온 구덩이로부터 방출된 물질.

분해능(resolution) 영상의 선명도. 특히 구별 가능한 가장 작은 각도(또는 크기). (5)

분화 [지질학적인][differentiation (geological)] 밀도가 다른 물질이 행성이나 위성의 내부에서 중력적으로 분리되는 것.

분화구(caldera) 주로 화산의 정상에 있는 화산 활동에 의해 만들어진 침하지 또는 구덩이.

분화된 운석(differentiated meteorite) 분화된 물체로부터 나온 운석으로서 원시 물체가 아니다.

불규칙 위성(irregular satellite) 역행, 큰 경사각, 또는 이심률이 큰 궤도를 가진 행성의 위성.

불규칙 은하(irregular galaxy) 회전 대칭성이 없는 은하. 나선 은하도 아니고 타원 은하도 아니다. (17)

불투명도(opacity) 흡수하는 정도. 빛의 진행을 방해하는 정도. (7)

블랙홀(black hole) 탈출 속도가 빛의 속도 또는 그 이상이 되도록 수축된 질량이 큰 별(또는 모든 수축된 물체). 따라서 아무런 빛도 나올 수 없다. (15)

비열적 복사(nonthernal radiation) 싱크로트론 복사 참조.

빈의 법칙(Wien's law) 흑체의 온도와 복사 강도가 가장 강한 파장 사이의 관계식. (4)

빈터(void) 은하단이나 초은하단 사이에 상대적으로 은하가 비어있는 영역. (9)

빛 또는 가시광(light or visible light) 눈으로 볼 수 있는 전자기복사. (4)

사건지평선(event horizon) 탈출 속도가 빛의 속도가 되는 수축하는 별의 표면, 즉 별이 블랙홀로 되는 순간의 표면. (15)

사리(spring tide) 보름이나 그믐 무렵 한 달 중 가장 바닷물이 높아지는 시기. (3)

산개 성단(open cluster) 상대적으로 느슨한 성단으로 수십 개에서 수천 개의 별을 포함하며, 은하의 나선 팔이나 원반에 분포한다. 종종 은하 성단이라고 부른다. (13)

삼중 알파 과정(triple-alpha process) 세 개의 헬륨 핵이 탄소로 자라나는 일련의 핵 반응. (13)

상대론(relativity) 아인슈타인에 의해 정립된 이론으로 일정한 속도로 상대운동을 하는 두 관측자가 측정한 물리현상을 기술하거나(특수상대성이론), 중력장을 시공간의 곡률로 어떻게 대체할 수 있는지를 기술한다(일반상대론). (15)

색지수(color index) 두 개의 다른 파장 영역에서 측정한 별의 등급 차이—예를 들어 푸른색 등급에서 가시광 등급을 뺀 (B-V). (8)

생명 거주 가능 지대(habitable zone) 지구 크기의 행성 표면에 액체 상태의 물이 존재할 수 있어서 생명체를 가질 가장 가능성이 큰 별 주변 영역. (21)

생명 추적자(biomarker) 생명 존재의 흔적. 특히 간접적으로 검출할 수 있는 먼 행성에서의 총체적인 징후(예를 들어 비정상적인 대기의 성분). (21)

생물천문학(bioastronomy) 천문생물학 참조.

석질 운석(stony meteorite) 원시적이거나 분화된 주로 암석으로 이루어진 운석.

석철질 운석(stony-iron meteorite) 니켈-철과 규산염 물질이 섞여 있는 분화된 운석.

선폭 증가(line broadening) 스펙트럼선의 폭이 넓어지는 현상. (8)

섭동(perturbation) 제3의 천체나 다른 외부 요인에 의해 천체의 운동이 조금 교란되는 현상. (2)

섭입대(subduction zone) 지질학에서 한 지각층이 다른 층으로 밀려들어 간 것으로 일반적으로 지진, 화산활동, 그리고 깊은 해구가 만들어지는 것과 관련된다.

성간 티끌(interstellar dust) 별 사이 공간에 있는 작은 고체 알갱이로 암석을 이루는 물질(규산염)이나 흑연으로 된 중심핵과 이를 둘러싼 얼음 외피로 구성되었다고 생각된다. 얼음은 주로 물, 메탄, 그리고 암모니아일 것으로 본다. (11)

성간매질 또는 성간 물질(interstellar medium or interstellar matter) 은하의 별 사이에 있는 가스와 티끌. (11)

성간소광(interstellar extinction) 성간 물질에 있는 티끌에 의해 빛이 약해지거나 흡수되는 것. (11)

성군(asterism) 두드러지게 드러나 보이는 별들의 무리. 북두칠성이 그 예다. (1)

성단(star cluster) 자체 중력에 의해 유지되는 별의 집단. (13)

성운(nebula) 성간 가스나 티끌 구름. 이 용어는 주로 가시광선이나 적외선에서 빛나는 구름을 가리킨다. (11)

성진학 [태양][seismology (solar)] 태양 표면의 전체 또는 일부 영역에서 시선속도의 변화에 대한 연구. 이런 속도 변화의 분석은 태양 내부 구조의 추정에 사용된다. (7)

성층권(stratosphere) (대기 현상이 일어나는) 열권 위쪽과 이온층 아래 사이에 있는 지구 대기층.

성협(association) 분광형, 운동, 그리고 하늘에서의 위치로 보아 공통의 기원을 가진 젊은 별들의 느슨한 집단. (13)

세이퍼트 은하(Seyfert galaxy) 활동성 은하핵을 가진 은하. 핵에서 밝은 방출선을 보이는 은하. C. Seyfert에 의해 처음 기술됨. (18)

세차운동 [지구][precession (of Earth)] 달과 태양이 지구의 적도 팽대부에 대한 중력적 인력에 기인한 지구 자전축의 원뿔 모양의 느린 운동. (1)

세페이드 변광성(cepheid variable) 진동을 하는 노란색 초거성에 속하는 별. 이 별들의 밝기는 주기적으로 변하고 주기와 광도 사이의 관계는 그들의 거리를 구하는 데 유용하다. (10)

소광(extinction) 천체로부터 오는 빛이 지구 대기나 성간 흡수에 의해 줄어드는 현상. (11)

소행성(asteroid) 주요 행성보다 작으며, 대기층이 없고, 혜성과 관련된 활동을 보이지 않는 태양계의 한 구성원. (6)

소행성대(astroid belt) 대부분의 소행성이 위치한 태양계의 화성과 목성 궤도 사이 영역. 궤도가 대부분 안정된 주 소행성대는 태양으로부터 2.2~3.3 AU에 걸쳐 분포한다. (11)

속도(velocity) 물질이 움직이는 속력과 방향, 예를 들어 은하 북극으로 44 km/s. (2)

속력(speed) 방향에 상관 없이 물체가 움직이는 비율. 속도의 절댓값. (2)

슈바르츠실트 반지름(Schwarzschild radius) 사건지평선 참조.

슈테판-볼츠만의 법칙(Stefan-Boltzmann law) 흑체로부터 나오는 에너지율의 계산에 사용되는 공식. 흑체의 단위 표면적에서 단위 시간에 나오는 에너지양은 절대 온도의 4제곱에 비례한다. (4)

스펙트럼(spetrum) 광원에서 방출되는 빛(또는 다른 복사)을 프리즘이나 그레이팅(회절격자)을 이용해 분산시켜서 얻은 색깔이나 파장의 배열.

스피큘(spicule) 태양 채층에서 올라오는 제트 물질. (6)

시공간(spacetime) 하나의 시간 축과 세 개의 공간 축으로 이루어진 좌표계로서 이를 이용해서 사건의 시간과 공간을 나타낼 수 있다. (15)

시상(seeing) 망원경의 영상을 또렷하지 않게 만드는 지구 대기의 불안정성. 좋은 시상(good seeing)이란 대기가 안정되어 있음을 뜻한다. (5)

시선속도(radial velocity) 시선 방향의 상대속도 성분. 관측자와 가까워지거나 멀어지는 운동. (4)

시선속도 곡선(radial-velocity curve) 쌍성이나 변광성에서 거리에 따른 시선속도 변화를 나타내는 그림. (9)

식, 또는 가림(eclipse) 한 천체의 빛 일부 또는 전체가 다른 천체에 의해 가려 보이지 않는 것. 행성 과학에서는 한 천체가 다른 것의 그림자로 들어가는 것. (3)

식쌍성(eclipting binary star) 두 별의 공전 면이 거의 우리 시선과 날선 방향이어서 한 별이 다른 별의 앞으로 지나가면서 주기적으로 어두워지는 쌍성. (9)

신성(nova) 갑작스럽게 광도가 수백에서 수천 배 정도 밝아지는 복사 에너지의 폭발적 증가를 겪는 별. (14)

싱크로트론 복사(synchrotron radiation) 전하를 띤 입자가 자기장에서 가속되어 광속에 가깝게 움직일 때 방출되는 복사.

쌀알조직(granulation) 태양 광구에 나타나는 쌀 알갱이 모양의 구조. 태양 표면에서 상승하는 가스에 의해 만들어진 쌀알조직은 하강하는 주변보다 약간 뜨겁다. (6)

쌍성(binary stars) 서로의 주위를 도는 두 개의 별. (9)

안시쌍성(visual binary star) 망원경을 통해 구성 성분이 분해되는 쌍성. (9)

알파 입자(alpha particle) 양성자 두 개와 중성자 두 개로 이루어진 헬륨 원자의 핵. (4)

암흑물질(dark matter) 그 존재가 빛을 내는 물질에 주는 중력적인 효과에 의해 유추되는 빛을 내지 않는 질량. 암흑물질의 성분은 알려져 있지 않다. (16)

암흑 성운(dark nebula) 뒤쪽에 있는 먼 별로부터 오는 빛을 차단하고 하늘에서 검은 불투명한 지역으로 보이는 성간 티끌의 구름. (11)

암흑에너지(dark energy) 우주의 팽창이 가속되게 하는 에너지. 그 존재는 멀리 있는 초신성의 관측으로부터 유추된다. (20)

압력(pressure) 단위 면적당 힘. 기압 또는 파스칼의 단위로 표현한다.

약한 핵력, 또는 약 상호작용(weak nuclear force or weak interaction) 방사능 붕괴에 관여하는 핵력. 약력은 반감기 11분으로 일어나는 중성자의 붕괴와 같은 느린 핵반응률로 특징지어진다.

양성자(proton) 양전하를 띠는 무거운 아원자 입자. 원자핵을 구성하는 2개의 주성분 중 하나. (4)

양성자-양성자 순환반응(proton-proton cycle) 수소 핵이 헬륨 핵으로 변환되는 일련의 열 핵반응. (7)

양자역학(quantum mechanics) 원자의 구조와 그들의 상호작용 그리고 복사를 다루는 물리학의 한 분야. (14)

양전자(positron) 음이 아닌 양의 전하를 가진 전자, 반전자. (7)

얼음화산 분출(cryovolcanism) (외행성의 위성 같은) 차가운 천체에서 규산염 용암 대신 물 같은 유체가 화산처럼 나타나는 지질학적 과정.

엄폐(occultation) 각 크기가 큰 천체가 작은 천체 앞을 지나는 현상, 예를 들어 멀리 있는 별 앞으로 달이 지나거나 보이저 우주선 앞으로 토성 고리가 가리는 경우. 전면 통과와 반대 개념.

에너지 선속(energy flux) 초당 단위 면적(예를 들어 1제곱미터)을 지나가는 에너지양. 선속의 단위는 j m^2 s^{-1}이다. (4)

에너지 준위(energy level) 원자 또는 전자가 가장 작은 에너지 상태에 대해 가지고 있는 특정한 준위 또는 에너지. 전자가 원자에서 가지고 있는 에너지를 지칭하기도 한다. (4)

역행 [자전 또는 공전][retrograde (rotation or revolution)] 태양계에서 공통적인 운동 방향과 반대 방향인 운동. 북극에서 보았을 때 시계방향이며, 서에서 동이 아닌 동에서 서로 가는 것. (1)

연속 스펙트럼(continuous spectrum) 어떤 불연속적인 파장에서만이 아니고 연속된 파장 영역 또는 색에서의 복사로 구성된 스펙트럼. (4)

연주시차(parallax) 태양을 도는 지구의 운동에 의해 가까운 별들이 보이는 위치가 달라지는 현상. 수치적으로는 별까지의 거리를 밑변으로 하고 1 AU를 높이로 하는 직각삼각형의 꼭지각이 시차다. 수치적으로는 특정한 별까지의 거리에서 본 1 AU의 각도. (10)

열린 우주(open universe) 중력이 우주팽창을 멈추게 할 만큼 충분하지 않는 우주 모형. 영원히 팽창한다. 이 모형에서 시공간의 기하학은 직선을 따라갈 때 출발한 곳으로 결코 되돌아오지 못하고 유클리드 기하학에서 기대하는 것보다 더 넓게 열린다. (20)

열에너지(thermal energy) 물질에 있는 분자나 원자의 운동과 관련된 에너지. (7)

열적 복사(thermal radiation) 절대온도 0도에 있지 않는 임의의 물체나 가스가 내는 전자기복사.

열적 평형(thermal equilibrium) 임의의 계에서 들어오고 나가는 에너지의 양이 균형을 이룬 상태. (7)

열 핵에너지(thermonuclear energy) 열 핵반응과 관련된 에너지 또는 열 핵반응을 통해 방출되는 에너지. (7)

열 핵반응(thermonuclear reaction) 높은 온도에서 고속으로 움직이는 입자들의 충돌에 의한 핵반응이나 변환. (7)

영년 주계열(zero-age main sequence) 성간 물질로부터의 수축을 마치고 모든 에너지를 핵융합으로부터 얻고 있지만 화학조성은 아직 핵융합에 의해 변하지 않은 일련의 별들로 이루어진 H-R 도 상의 주계열. (13)

오로라(aurora) 주로 자기장의 극 영역 부근에서 보이는 이온층의 원자와 이온이 내는 빛. 우리나라 고대 문헌에는 적기라고 표기되어 있다.

오르트의 혜성 구름(Oort comet cloud) '새로운' 혜성을 공급하는 태양을 둘러싼 거대한 공모양의 영역. 원점 거리가 약 50,000 AU인 천체의 저장소.

오존(ozone) 2개로 이루어진 일반 산소 분자가 아닌 3개의 산소로 이루어진 무거운 분자. O_3로 표시됨.

온도(temperature) 물체 내부에서 입자들이 얼마나 빨리 움직이거나 진동하는지를 나타내는 정도. 물체의 평균 열에너지의 크기 척도.

온도 [복사][temperature (radiation)] 별 같은 특정한 천체가 주어진 파장영역에서 내는 것과 같은 양의 에너지를 내는 흑체의 온도.

온도 [색][temperature (color)] 별빛의 세기를 두 개 또는 그 이상의 색이나 파장에서 측정한 것을 바탕으로 추정한 온도.

온도 [섭씨][temperature (celcius)] 물이 0도에서 얼고 100도에서 끓는 척도에서 측정한 온도.

온도 [여기][temperature (excitation)] 원자의 다른 여기 상태로부터 나오는 분광선의 상대적 세기로부터 추정한 온도.

온도 [유효][temperature (effective)] 별 같은 특정한 천체가 내는 것과 같은 에너지를 복사하는 흑체의 온도.

온도 [이온화][temperature (ionization)] 다른 이온화 상태에서 나오는 분광선의 상대적 세기로부터 추정한 온도.

온도 [켈빈][temperature (Kelvin)] 영점이 절대온도 0° (섭씨 −273°)인 섭씨온도 척도로 측정한 절대온도.

온도 [화씨][temperature (Fahrenheit)] 물이 32°F에서 얼고 212°F에서 끓는 척도에서 측정한 온도.

온실효과(greenhouse effect) 예를 들어, 대기 중의 이산화탄소에 의해 행성 표면 근처에서 적외선 빛이 (흡수되어) 행성을 담요처럼 덮어주는 현상.

와류(turbulence) 항성 대기에서처럼 가스 덩어리의 무작위 운동.

와트(watt) 일률(단위 시간당 에너지)의 단위. J/s.

완전복사체 또는 흑체(perfect radiator or blackbody) 받은 빛을 완전히 흡수하고 다시 완전히 방출하는 물체. (4)

외계생물학(exobiology) 천문생물학 참조.

외부 은하의 (extragalactic) 우리은하 밖의.

용암(magma) 보통 규산염 광물 성분으로서 가스 및 다른 휘발성 물질과 함께 용융상태인 암석.

우리은하(Galaxy) 태양과 우리의 이웃 별들이 속한 은하. 뿌연 띠 모양으로 보이는 은하수는 우리은하의 원반에 있는 수많은 별로부터 오는 빛이다. (16)

우주(universe) 모든 물질, 복사, 그리고 공간 전체. 관측으로 얻을 수 있는 모든 것.

우주론(Cosmology) 우주의 구성과 진화에 대한 연구. (20)

우주론 원리(cosmological principle) 거대 규모에서 우주는 주어진 시간이 모두 같다. 즉 등방하고 균일하다는 가정. (19)

우주배경복사(cosmic background radiation, CBR) 대폭발의 뜨거운 빛이 적색이동되어 하늘의 모든 방향으로부터 오는 마이크로웨이브파. (20)

우주상수(cosmological constant) 일반상대론 방정식에서 우주의 밀치는 힘을 나타내는 항. 암흑 에너지 참조. (20)

우주선(宇宙線, cosmic rays) 매우 높은 에너지로 지구 대기를 때리는 것으로 관측되는 원자핵(주로 양성자). (11)

운동량(momentum) 물체의 관성이나 운동 상태에 대한 척도. 물체의 운동량은 질량과 속도의 곱이다. 외력이 없을 경우 운동량은 보존된다. (2)

운동에너지(kinetic energy) 운동과 관련된 에너지.

운석(meteorite) 지구 대기를 통과한 유성체의 조각이 지구 표면에 남겨진 것.

운석우(meteroite shower) 지구 대기를 빠른 속도로 들어와 깨진 물체가 여러 개의 운석으로 지구의 수 제곱 km 영역에 떨어진 것.

원반 [우리은하][disk (of Galaxy)] 우리은하의 밝은 물질이 몰려 있는 중앙 평면 또는 '바퀴'.

원소(element) 화학적인 방법으로 더 간단한 물질로 분해할 수 없는 물질. (4)

원시 암석(pritive rock) 많은 열이나 압력을 받지 않은 모든 암석을 말하며 태양계 성운의 원래 응결 물질을 나타내는 잔해다.

원시 운석(primitive meteorite) 태양계 성운에서 응결된 이후 화학적 변화를 겪지 않은 운석. 운석학에서는 원시 운석을 콘드라이트라고 부른다(보통의 콘드라이트 또는 탄질 콘드라이트).

원시의(primitive) 행성과학이나 운석학에서는, 생성된 이후 화학적으로 거의 변하지 않는 물체나 암석. 또 전반적인 화학 진화를 겪지 않은 대기의 화학 성분.

원시 행성, 원시별, 원시 은하(protoplanet or-star-or galaxy) 아직 생성 단계에 있는 매우 젊은 행성, 별(항성), 또는 은하. (12)

원일점(aphelion) 행성(또는 다른 궤도를 도는 천체)의 궤도에서 가장 태양과 가까운 점. (2)

원자(atom) 원소의 고유 성질을 유지하는 가장 작은 입자.

원자 무게(atomic weight) 특정한 원소의 원자질량을 원자질량 단위로 표현한 것.

원자번호(atomic number) 특정한 원소의 개개 원자 하나에 있는 양성자 수.

원자질량 단위(atomic mass unit) 화학적 정의: 산소 원자 평균 질량의 1/16. 물리학적 정의: 가장 흔한 탄소 동위 원소 질량의 1/12. 원자 질량 단위는 대략 수소 원자의 질량으로 1.67×10^{-27} kg이다.

원지점(apogee) 지구의 위성 궤도에서 가장 지구로부터 먼 점. (2)

월식(lunar eclipse) 달이 지구의 그림자로 들어가는 식현상. (3)

위도(latitude) 지구 표면에서 위치를 나타내는 두 개의 좌표 중 남북 방향의 좌표. 그 지점을 지나는 자오선을 따라 적도로부터 북쪽이나 남쪽으로 잰 각도. (3)

위상(phase) 어느 주기에서 특정한 시점(예를 들면 변광성의 최대 밝기 이후의 어떤 시간), 또는 일련의 사건에서 어떤 특정한 시간(달의 위상에서처럼). (3)

위성(satellite) 행성 주위를 공전하는 천체.

위성의 원 궤도 속도(circular satellite velocity) 물체가 원 궤도를 따르기 위해 가져야 하는 회전 속도. (2)

유기화합물(organic compound) 탄소를 포함하는 화합물, 특히 복합 탄소화합물. 반드시 생명체에서 생성되는 것은 아니다. (21)

유기분자(organic molecule) 탄소를 포함하는 분자, 특히 복합 탄화수소. (21)

유성(meteor) 작은 고체물질이 지구 대기로 들어와 탈 때 관측되는 섬광. 흔히 '별똥별'이라 부름.

유성우(meteor shower) 하늘의 한 점을 중심으로 퍼지는 것처럼 보이는 많은 수의 유성. 지구가 혜성 꼬리가 지났던 곳을 통과할 때 주로 나타난다.

유성체(meteroid) 지구 대기와 만나기 전의 암석이나 금속질 입자 또는 덩어리.

유크라이트 운석(eucrite meteriote) 베스타 소행성으로부터 기원했다고 믿어지는 현무암 운석의 한 종류.

유효온도(effective temperature) 온도 [유효] 참조.

윤년(leap year) 1년의 평균 길이가 회귀년과 거의 비슷하도록 대략 4년 만에 한 번씩 하루를 추가해서 366일이 되는 해. (3)

융합(fusion) 가벼운 원자핵들이 합쳐져서 무거운 원자핵이 만들어짐. (7)

은하(galaxy) 별의 거대한 집단. 전형적인 은하는 수백만 개에서 수천억 개의 별들로 이루어진다.

은하단(cluster of galaxies) 여러 개에서 수천 개의 은하를 포함하는 계. (19)

은하 성단(galactic cluster) 우리은하의 나선 팔이나 원반에 있는 '산개' 성단. (13)

은하수(Milky Way) 하늘을 둘러싼 빛의 띠로 은하 평면 부근에 있는 많은 수의 별과 성운에 의한 것이다. (18)

은하 포식(galactic canibalism) 큰 은하가 작은 은하의 물질을 빼앗거나 완전히 삼키는 것. (19)

이론(theory) 특별한 주제와 관련된 다양한 범위의 현상에 잘 적용되는 것으로 알려진 일련의 가설과 법칙.

이심률 [타원][eccenricity (of ellipse)] 장축에서 두 초점까지 거리의 비. (2)

이온(ion) 하나 또는 그 이상의 전자를 더 얻거나 잃음으로써 전하를 가지게 된 원자.

이온 꼬리 [혜성][ion tail (of comet)] 혜성으로부터 증발되어 태양풍에 의해 태양 반대쪽으로 밀려나는 이온화된 입자의 흐름.

이온층(전리층)(ionosphere) 많은 원자가 이온화된 지구 대기의 상층 영역.

이온화(전리)(ionization) 원자가 전자를 획득하거나 잃은 과정. (4)

인간중심 원리(anthropic principle) 물리적 법칙은 만약 그렇지 않았다면 우리가 측정할 수 없기 때문에 반드시 현 상태와 같아야 한다는 생각. (20)

일률(power) 일의 능률(단위 시간에 사용된 에너지양), 즉 에너지가 전달되거나 흡수되는 비율. 일률의 미터법 단위는 와트이고 1와트는 1 J/s에 해당한다.

일반상대성이론(general relativity theory) 가속도, 중력, 그리고 공간과 시간의 (기하학적) 구조를 연관시킨 아인슈타인의 이론. (15)

일식(solar eclipse) 달이 앞을 지나면서 태양 표면이 가려지는 현상. 일식은 그믐에 일어난다. (3)

임계밀도(critical density) 우주론에서 우주의 팽창이 무한대의 시간이 될 때 멈추게 되는데 충분한 밀도. (20)

입상체(chondrule) (대개 완두콩만 한 크기의) 대부분 콘드라이트 운석에서 발견되는 한 때 녹았다 응결된 작은 공모양의 입자.

자기권(magnetosphere) 태양풍에 의해 유도된 행성 간 자기장에 비해 고유 자기장이 우세한 행성 주위의 영역. 따라서 그 영역에서는 행성의 자기장에 의해 전하 입자들이 붙잡혀 있다.

자기극(magnetic pole) 자석(또는 행성)에서 가장 강한 자력선이 나오는 두 점 중 하나. 나침반은 지구의 국지적인 자력선을 따라 배열되어 지구의 자기극 방향을 향한다.

자기장(magnetic field) 자화된 물질 근방의 자기력이 검출되는 영역.

자오선 [지구][meridian (terrestrial)] 특정 지점과 지구의 북극 및 남극을 지나가는 지구 위의 대원. (3)

자오선 [천구][meridian (celestial)] 관측자의 천정과 북극(또는 남극)을 지나가는 천구상의 대원. (3)

자외선 복사(ultraviolet radiation) 가장 짧은 가시광선 파장보다 더 짧은 파장 영역의 전자기복사. 대략 10 nm에서 400 nm 사이의 파장을 가진 복사. (4)

자전(rotation) 천체의 회전축에 대한 회전운동.

장(마당)(field) 중력과 같이 멀리 있는 물체에 작용하는 힘의 효과에 대한 수학적 기술. 예를 들어, 주어진 질량은 그 주변에 중력장을 만들고, 그 공간에 들어오는 물체에 중력을 작용한다. (4)

장반경(semimajor axis) 타원과 같은 원뿔 단면에서 장축 길이의 절반. (2)

장주기 혜성(long-period comet) 궤도 주기가 약 1세기보다 긴 혜성. 주로 오르트의 혜성 구름에서 나온다.

장축 [타원][major axis (of ellipse)] 타원의 최대 지름.

적경(right ascension) 하늘에서 천체의 동서 방향의 위치를 나타내는 좌표. 적도의 분점에서 그 천체를 지나는 시간권까지 잰 각도. (3)

적도(equator) 극에서부터 90° 떨어진 점들로 이루어진 지구의 대원. (1)

적색거성(붉은거성)(red giant) 높은 광도의 크고 온도가 낮은 별. 헤르츠스프룽-러셀도에서 오른쪽 위를 차지하는 별. (13)

적색이동(redshift) 천체의 운동에 의한 도플러 이동이나 우주 공간의 팽창에 따라서 빛의 파장이 긴 쪽으로 이동하는

것. (17)

적색이동의 법칙(law of redshifts) 허블의 법칙 참조.

적색화 [성간][reddening (interstellar)] 성간 티끌을 통과하면서 푸른 빛이 붉은 빛보다 더 효율적으로 산란됨에 따라 별빛이 붉어지는 현상. (11)

적외선복사(infrared radiation) 가장 긴 파장의 가시광선(붉은색)보다 길고 전파보다 짧은 파장을 가진 전자기복사. (4)

적외선 새털구름(infrared cirrus) 적외선에서 빛을 내는 성간 티끌의 덩어리로 적외선 사진에서 새털구름 모양을 하고 있다. (11)

적위(declination) 하늘의 적도에서 북쪽이나 남쪽으로 잰 각도. (3)

전도(conduction) 직접 에너지의 연결이나 전자에 의한 원자에서 원자로의 에너지 전달.

전면 통과(transit) 별 앞을 통과하는 행성의 경우처럼 큰 각 크기를 가진 천체 앞을 작은 각 크기를 가지는 천체가 통과하는 것. 엄폐와 비교.

전자(electron) 보통 원자핵 주위를 움직이는 음의 전하를 가진 원자보다 작은 입자. (4)

전자기복사(electromagnetic radiation) 규칙적으로 변하는 전자나 자기장이 전달되는 파동으로 이루어진 복사. 전파, 적외선, 가시광선, 자외선, x-선, 그리고 감마선을 포함한다.

전자기력(electromagnetic force) 자연에 존재하는 4개의 힘 또는 상호작용 중 하나. 전하 사이에 작용하고 원자와 분자를 묶어주는 힘. (20)

전자기스펙트럼(electromagnetic spectrum) 전파에서 감마선에 이르는 모든 전자기파를 이른다. (4)

전파망원경(radio telescope) 전파 파장에서 관측 가능하도록 고안된 망원경. (5)

전파 은하(radio galaxy) 평균보다 더 많은 전파를 방출하는 은하. (18)

전하결합소자(charge-coupled device, CCD) 전자기파를 검출하는 매우 민감한 전자 검출기의 배열로 망원경(카메라 렌즈)의 초점에서 영상이나 스펙트럼을 얻는 데 사용함. (5)

절대 밝기(절대 등급)[absolute brightness (absolute magnitude)] 천체의 광도 척도, 광도 참조.

절대 영도(absolute zero) 분자의 운동이 멈추는 온도인 섭씨 −273°. (4)

점성술(astrology) 하늘에서 태양, 달, 그리고 행성의 배치가 인간의 운명에 영향을 준다고 믿는 미신. (1)

접선 (횡단) 속도[tangential (transverse) velocity] 별 속도의 천구면에 투영된 성분.

접안렌즈(eyepiece) 망원경의 대물렌즈 또는 거울이 만들어낸 상을 보기 위해 사용되는 확대용 렌즈. (5)

정유체역학적 평형(hydrosatic equilibrium) 별 내부나 지구 대기의 모든 위치에서 그 위에 있는 물질의 무게와 이를 떠받치는 압력 사이에 이루어지는 균형. (7)

제만효과(Zeeman effect) 분광선이 자기장에 의해 갈라지거나 넓어지는 것. (6)

조석(tide) 한 천체가 다른 천체에 작용하는 차등 중력으로 천체의 형태가 변형되는 현상. 지구의 경우 해양면의 변형은 달과 태양에 의한 차등 중력 때문이다. (3)

조석력(tidal force) 물체의 양면에 작용하여 물체를 변형시키게 하는 차등 중력.

조석 안정 한계(tidal stability limit) 대략 중심에서 행성 반지름의 2.5배에 해당하는 거리로서 그 안에서는 차등 중력(또는 조석력)이 인접해서 궤도 운동하는 두 천체의 상호 중력보다 강한 거리. 이 한계 내에서는 조각들이 스스로 하나의 커다란 천체로 부착되거나 뭉쳐지지 못한다. 로시한계라고 한다.

종족 I과 종족 II(populations I and II) 분광학적 특성, 화학 조성, 시선속도, 나이, 그리고 은하 내에서의 위치 등에 의해 분류되는 두 종류 별들(항성계). (6)

주계열(main sequence) 헤르츠스프룽-러셀도에서 대부분의 별들이 위치하는 왼쪽 위에서 오른쪽 아래로 대각선을 이루는 띠. (9)

주극 영역(circumpolar zone) 천구 극 부근에서 항상 지평선 위에 있거나 항상 아래에 있는 영역. (1)

주기-광도 관계(period-luminosity relation) 특정한 종류의 변광성에서 그 주기와 광도 사이의 경험적 상관 관계. (10)

주전원(epicycle) 프톨레마이오스 체계에서 중심이 또 다른 원에 대해 회전하는 천체의 원 궤도. (1)

주초점(prime focus) 망원경의 대물경(또는 대물 렌즈)이 빛을 모으는 점. (5)

줄(J) 에너지의 미터법 단위. 1뉴턴(N)의 힘으로 1 m를 움직이는 데 드는 일.

중력(gravity) 물체나 입자들의 상호 인력. (2)

중력 적색이동(gravitational redshift) 중력장에 의한 전자기복사의 적색이동. 중력장에서 시계는 느려지게 된다. (15)

중력렌즈(gravitational lens) 무거운 천체의 중력이 그 뒤쪽의 천체로부터 오는 빛을 휘게 만들어서 (아인슈타인의 일반상대론에 의해 예측되듯이) 일그러지거나 다중의 영상을 만

드는 현상. (18)

중력에너지(gravitational energy) 한 계가 중력 붕괴하거나 부분적으로 붕괴할 때 방출될 수 있는 에너지. 별의 무게 중심으로 떨어질 때 방출되는 에너지. (7)

중력중심(center of gravity) 질량중심 참조.

중력파(gravitational waves) 물질 분포의 변화에 의해 일어나는 시공간의 요동. 중력파는 빛의 속도로 전달된다. (15)

중성미자(neutrino) 질량이 적거나 거의 없으며 전하는 없지만 스핀과 에너지는 가지는 기본입자. 중성미자는 보통 물질과 거의 상호작용을 하지 않는다. (7)

중성자(neutron) 전하는 없고 질량은 거의 양성자와 같은 아원자 입자.

중성자별(neutron star) 대부분이 중성자로 이루어진 극도로 밀도가 높은 별.

중수소(deuterium) 원자가 하나의 양성자와 하나의 중성자로 구성된 '무거운' 형태의 수소. (7)

중심핵 [은하][nucleus (of galaxy)] 물질이 집중된 은하의 중심부. (16)

중심핵 [행성][core (of a planet)] 높은 밀도의 물질로 이루어진 행성의 중심 부분.

중원소(heavy elements) 천문학에서는 헬륨보다 무거운 원소를 말한다.

지각(crust) 지구형 행성의 바깥층.

지각구조 [지질학적](tectonic) 응력과 압력에 기인한 행성 지각의 지질학적 형태. 구조적 힘은 지진이나 지각의 운동을 일으킨다.

지구 근접 천체(near-Earth object, NEO) 지구의 궤도를 가로지르는 혜성이나 소행성.

지구대(rift zone) 지질학에서 지각 내부의 힘에 의해 균열이 생기는 것으로 일반적으로 맨틀로부터 새로운 물질이 주입되거나 판이 천천히 벌어지는 것과 관련된다.

지구 접근 소행성(Earth-approaching asgteroid) 궤도가 지구 궤도와 만나거나 행성의 중력 영향에 의해 궤도가 진화해 지구 궤도와 만나게 될 혜성. 지구 근접 천체 참조.

지구 중심(geocentric) 중심을 지구에 둔 것. (1)

지구형 행성(terrestrial planet) 수성, 금성, 지구, 화성 중 하나. 종종 달도 이 명단에 포함된다. 다른 별에 속하면서 질량이 지구 질량의 1/10에서 10배 사이에 있는 모든 행성을 말하기도 한다.

지점 [동지 또는 하지](solstice) 천구상에서 태양이 북쪽 또는 남쪽으로 최고로 멀어진 두 점. 낮의 길이가 가장 길거나 짧은 날. (3)

지진파(seismic waves) 지구나 다른 천체의 내부를 통해 전달되는 진동. 지구에서 일반적으로 지진에 의해 만들어진다.

지진학[seismology (terretrial)] 지진, 지진이 만들어지는 조건, 그리고 지진파의 분석을 통해 추론하는 지구의 내부구조 등에 대한 연구.

지평선 [천문학적][horizon (astromomical)] 천정으로부터 90° 떨어진 천구상의 대원. 보다 널리 쓰이는 천구가 지구와 만나는 우리를 둘러싼 원. (1)

진동(oscillation) 주기적인 운동. 태양의 경우 태양 전체나 일부분이 주기적 또는 준주기적으로 팽창과 수축을 반복하는 것. (7)

진동수(주파수)(frequency) 단위 시간 동안 진동하는 횟수. 단위 시간 동안 주어진 지점을 지나는 파동의 횟수(빛의 경우). (4)

질량(mass) 물질의 총량을 나타내는 물리량. 물체의 관성이나 다른 물체에 대한 중력 효과로 정의된다.

질량 광도 관계(mass-luminosity relation) 여러 별들에 대한 (주로 주계열) 질량과 광도 사이의 경험적 관계. (9)

질량 대 광도 비(mass-to-light ratio) 은하 전체의 질량에 대한 광도의 비율로서 주로 태양질량과 태양광도의 단위로 표현한다. 질량 대 광도 비는 은하 내에 포함된 별 종류와 상당한 양의 암흑물질의 존재를 알려준다. (17)

질량중심(barycenter) 상호 회전하는 두 물체의 질량 중심.

질량중심(center of mass) 여러 질량 성분으로 이루어진 물체나 계의 중심에 대한 평균 위치. 고립계에서 이 점은 뉴턴의 제1법칙에 의해 운동을 한다. (9)

차등 은하회전(differential galactic rotation) 은하 중심에서의 거리에 따라 회전 각속도가 일정하지 않은 우리은하의 회전. (16)

찬드라세카르 한계(Chandrasekhar limit) 백색왜성의 상한 질량(태양질량의 1.4배와 같음). (14)

채층(chromosphere) 태양의 광구 바로 위에 있는 태양 대기 일부. (6)

천구(celestial sphere) 하늘의 겉보기 구면. 관측자에 중심을 둔 큰 반지름의 구면. 하늘에서 천체의 방향은 천구면의 위치에 의해 표시된다. (1)

천구의 북극(north celestial pole) 천구의 극 참조.

천궁도(horoscope) 점성술사가 사용하는 그림으로 하늘의 황도대를 따라 사람이 태어난 시간에 지구의 특정한 지점에서 태양, 달, 그리고 행성의 위치를 보여주는 그림. (1)

천문단위(astronomical unit, AU) 원래는 지구 궤도의 장반경을 의미했었다. 지금은 가우스가 가정한 질량과 주기를 가진 가상 천체의 궤도 장반경. 지구 궤도 장반경은 실제로 1.000000230 AU이다. (2)

천문생물학(astrobiology) 생명의 기원, 진화, 분포, 그리고 궁극적 운명 등 우주의 생명에 관한 학제간 연구 분야를 일컬음. 비슷한 용어로 외부생물학과 생물천문학이 있다. (21)

천이영역(transition region) 상대적으로 낮은 온도 특성을 가지는 채층에서 고온의 코로나로 갑자기 온도가 높아지는 태양 대기 영역. (6)

천정(zenith) 천구상에서 중력의 방향과 반대인 점. 관측자의 바로 위를 향한 점. (1)

천체투영관(planetarium) 스크린이나 돔 천장에 별과 행성을 투영해서 하늘에서의 겉보기 운동과 함께 비춰주는 광학기기. (1)

철질 운석(iron meteorite) 철과 니켈로 이루어진 운석.

초거성(supergiant) 광도가 매우 높고 온도가 비교적 낮은 별. (8)

초승달(crescent moon) 보름달보다 작게 보이는 달 위상 중 하나. (3)

초신성(supernova) 별 진화의 마지막 단계를 나타내는 폭발. 제I형 초신성은 백색왜성이 찬드라세카르 한계를 넘을 정도로 충분한 물질을 끌어 들여 수축을 일으키면서 폭발할 때 발생된다. 제II형 초신성은 무거운 별의 마지막 붕괴를 나타낸다. (14)

초은하단(supercluster) 은하군과 은하단이 더 많이 밀집되어 있는 크기 약 1억 광년 정도의 영역. 은하단의 집단. (19)

초장거리 간섭(very longe baseline interferometry) 수천 km 떨어져 있는 망원경의 신호를 결합해서 다른 관측소에서 얻은 파동을 서로 간섭시킴으로써 매우 높은 분해능을 얻는 전파천문학의 기술. (5)

초점 [망원경][focus (of telescope)] 빛이 거울이나 렌즈에 의해 집중되어 한 곳에 맺히는 점. (5)

초점 [타원][focus (of ellipse)] 타원 안의 고정된 두 점. 이 두 점으로부터 타원상 임의의 점까지의 거리의 합은 일정하다. (2)

초점거리(focal length) 렌즈나 거울로부터 빛이 모여 초점에 맺히는 점까지의 거리. (5)

추분점(automnal equinox) 태양이 천구의 적도를 북쪽에서 남쪽으로 지나갈 때 황도와 천구의 적도가 만나는 점. 이때 지구의 모든 곳에서 낮과 밤이 모두 12시간이다. (3)

축퇴가스(degenerate gas) 전자의 허용된 준위가 꽉 채워진 가스. 이는 '완전' 기체에 적용되는 것과 다른 법칙을 따라 행동하고 더 이상의 수축을 방해한다. (14)

춘분점(vernal equinox) 태양이 천구의 적도를 남쪽에서 북쪽으로 지나면서 만나는 천구상의 한 점. 낮과 밤의 길이가 대략 같은 1년 중의 한 시기. (3)

(충돌) 구덩이(crater) 주로 충돌에 의해 만들어진 둥근 모양의 구덩이('그릇'을 뜻하는 그리스어에서 유래함).

측광(photometry) 빛(또는 다른 전자기파)의 세기 측정. (5)

카세그레인 초점(Cassegrain focue) 반사망원경에서 상이 부경에 의해 반사되어 주경의 뒤에 맺도록 하는 광학적 배열. (5)

카이퍼 띠(Kuiper belt) 해왕성 너머의 역학적으로 안정된 영역 (마치 소행성 띠처럼). 대부분의 단주기 혜성의 공급원.

카이퍼 띠 천체(Kuiper belt object, KBO) 해왕성 너머의 카이퍼 띠에 있는 천체. 혜성은 종종 카이퍼 띠에서 온다.

코로나 [금성 위][corona (on Venus)] 맨틀에 있는 뜨거운 용암이 위로 기둥처럼 뻗어 나와 만들어진 것으로 보이는 금성 위의 거대한 지각 구조.

코로나 [태양][corona (of Sun)] 태양의 바깥쪽 대기. (3)

코로나 구멍(coronal hole) 뜨거운 가스의 결핍으로 태양 바깥 대기층에서 검게 보이는 영역. (6)

코마 [혜성][coma (of comet)] 혜성 핵을 둘러싸고 있는 증발된 가스와 티끌.

콘드라이트(chondrite) 원시 암석질 운석.

퀘이사(quasar) 별처럼 보이지만 큰 적색이동을 나타내는 우리은하 밖에 존재하는 매우 높은 광도를 가지는 천체. 지구에서 흐릿하게 보이는 활동성 은하핵을 가지는 은하. (18)

타원(ellipse) (초점이라 불리는) 두 점까지 거리의 합이 일정한 점을 연결한 곡선. (2)

타원율(ellipticity) (타원에서) 장축에서 단축을 뺀 양과 장축의 비.

타원 은하(elliptical galaxy) 타원 모양을 하고 있고 많은 양의 성간 물질을 가지고 있지 않은 은하. (17)

탄산염(carbonate) 탄산칼슘($CaCO_2$)처럼 CO_2를 포함하는 화합물. 탄산염은 이산화탄소를 고체 형태로 보관할 수 있다.

탄소질 운석(carbonaceous meteorite) 주로 규산염으로 만들어졌으나 화학적으로 결합된 물, 자유 탄소, 그리고 복합 유기화합물로 이루어진 원시 운석. 탄소질 콘드라이트(공모양의 운석 입자)라고도 불린다.

탄소-질소-산소(CNO) 순환반응[carbon-nitrogen-oxygen (CNO) cycle] 수소가 헬륨으로 바뀌는 과정 중 하나로, 탄소를 촉매로 해서 별 안에서 일어나는 일련의 핵반응. (7)

탈출(이탈) 속도(velocity of escape) 천체가 다른 천체(예를 들어 지구)에 대해 포물선 궤도를 갖기 위해 필요한 최소 속도, 즉 그 물체로부터 영원히 멀어져가는 속력. (2)

태양(Sun) 지구와 다른 행성들이 도는 중심 별.

태양계(solar system) 태양, 행성, 행성의 위성, 소행성, 혜성, KBO, 그리고 태양을 공전하는 다른 천체들을 모두 포함하는 계.

태양계 밖 행성(외계 행성)(extrasolar planet) 태양이 아닌 다른 항성 주위를 도는 행성.

태양계 성운(solar nebula) 태양계에 만들어진 가스와 티끌 구름. 별 주위 원반 참조.

태양시(solar time) 태양을 바탕으로 정한 시간. 보통 태양의 시간 더하기 12시로 정의됨. (3)

태양 운동(solar motion) 국부 정지 좌표계에 대한 태양의 운동 또는 속도.

태양의(helio) 태양을 뜻하는 접두사.

태양의 배점(solar antapex) 국부 정지 좌표계에 대해 태양이 움직이는 방향의 반대쪽.

태양의 향점(solar apex) 국부 정지 좌표계에 대해 태양이 움직이는 방향.

태양일(solar day) 하늘에서 태양의 위치에 의해 정의된 지구의 자전 주기. 태양이 자오선을 통과하는 시간 간격. (3)

태양중심(heliocentric) 태양을 중심에 둔 것. (1)

태양지진학(solar seismology) 태양 내부를 결정하기 위해 태양의 맥동이나 진동을 연구하는 분야. (7)

태양풍(solar wind) 태양으로부터 나오는 전하 입자. (6)

태양활동(solar activity) 태양 대기의 모양이나 에너지 방출량의 변화를 일으키는 현상. 흑점, 플라주, 그리고 홍염 등이 있다. (6)

퇴적암(sedimentary rock) 미세 입자들이 쌓이거나 들러붙어 만들어진 암석.

트로이 소행성(Trojan asteroid) 목성과 같은 궤도 주기(12년)를 가지고 목성보다 60° 앞이나 뒤에 모여 있는 소행성들.

특이 운동 속도(peculiar velocity) 국부 정지 좌표계에 대한 별들의 상대 운동, 즉 이웃 별에 대한 태양의 상대 운동을 보정한 별의 속도.

특이점(singularity) 부피는 영이고 밀도는 무한대가 되는 점으로, 수축해서 블랙홀이 되는 모든 물질은 일반상대론에 따르면 중력은 붕괴해야 한다. (15)

파섹(pc)(parsec) 3.26광년에 해당하는 천문학에서의 거리 단위. 거리 1파섹인 별의 연주시차는 1각초다.

파울리 배타원리(Pauli exclusion principle) 두 개의 전자(또는 비슷한 입자)는 같은 위치와 운동량을 가질 수 없다는 양자역학 원리.

파장(wavelength) 파동에서 마루와 마루, 또는 골과 골 사이의 거리. (4)

판구조(plate tectonics) 맨틀 위에 떠 있는 지각을 이루는 여러 조각, 즉 판들의 운동.

퍼텐셜 에너지(potential energy) 다른 형태로 바꿀 수 있는 저장된 에너지. 특히 중력에너지.

펄서(pulsar) 수분의 1초에서 수초에 이르는 범위로 매우 규칙적인 주기를 가지며, 빠른 전파 펄스를 내는 작은 각 크기의 변광 전파원. (14)

페르미 모순(Fermi paradox) 만약 많은 발전된 문명이 은하에 있다면 왜 아무도 우리를 방문하거나 그들의 존재에 대한 암시를 남겨놓지 않았는가라는 질문. (21)

평균 태양시(mean solar time) 지구의 회전에 바탕을 둔 시간. 평균 태양시는 겉보기 태양시와 달리 일정한 비율로 균일하게 흐른다. (3)

평균 태양일(mean solar day) 겉보기 태양일의 평균 값. (3)

포물선(parabola) 이심률이 1인 원뿔 곡선. 원뿔을 밑면에 평행하게 자른 원과 측면에 평행하게 자른 쌍곡선 사이의 단면.

폭주 온실효과(runaway greenhouse effect) 행성 가열 효과가 대기의 온실효과를 더욱 증가시켜서 가열이 촉진되는 비가역적 과정으로 대기 성분과 온도를 변화시킨다.

표면 중력(surface gravity) 물체의 표면에서의 단위 질량 당 무게.

표준 전구(standard bulb) 광도가 알려진 천체. 이런 천체는 거리 측정에 이용된다. 종종 표준 촉광이라고도 불린다. (8, 17)

프라운호퍼 선(Frounhofer line) 태양이나 별의 스펙트럼에 나타난 흡수선. (4)

프라운호퍼 스펙트럼(Frounhofer spectrum) 태양이나 별의 스펙트럼에 보이는 일련의 흡수선. (4)

프리즘(prism) 도끼 모양의 유리 조각으로 백색광을 스펙트럼으로 분산시키는 데 사용된다. (5)

플라주(plage) 태양 표면을 어떤 특정한 분광선으로 보았을

때 밝게 나타나는 영역. (6)

플라스마(plasma) 뜨거운 이온화된 가스.

플랑크 상수(Planck's constant) 광자의 에너지와 진동수를 연관시키는 비례 상수. (4)

플럭스(flux) 에너지나 물질이 표면의 단위 면적을 통과하는 비율. 즉 단위 시간당 단위 면적당의 에너지양. (4)

플레어(flare) 태양 표면에서 넓은 영역이 갑자기 순간적으로 밝게 폭발하는 현상. (6)

하늘의 (또는 천구의) 자오선(celestial meridian) 천구상의 북극으로부터 천정을 지나 적도를 거쳐 남극으로 연장되는 가상의 선.

하늘의 극(celestial pole) 이 극점에 대해 천구가 회전하는 것처럼 보인다. 지구의 극축이 천구와 만나는 점들. (1)

하늘의 남극(south celestial pole) 하늘의 극 참조.

하늘의 적도 (또는 천구의 적도)(celestial euqator) 하늘의 북극에서 90° 떨어진 천구의 대원. 지구 적도면의 연장선이 천구와 만나는 대원. (1)

하지점(summer solstice) 천구상에서 태양이 적도로부터 북쪽으로 가장 높아지는 점. 낮의 길이가 가장 긴 날. (3)

항성년(sidereal year) 항성을 기준으로 한 태양에 대한 지구의 공전 주기. (3)

항성모형(stellar model) 별 내부 여러 층의 물리적 조건의 이론적으로 계산된 결과.

항성시(sidereal time) 태양이 아닌 항성을 기준으로 지구에서 측정한 시간. 춘분점의 시간각. (3)

항성일(sidereal day) 하늘의 항성 위치로서 정의되는 지구의 자전 주기. 같은 항성이 연속적으로 자오선을 통과하는 시간 간격.

항성주기(sidereal period) 한 천체의 다른 천체에 대한 공전 주기를 항성을 기준으로 측정한 값.

항성진화(stellar evolution) 별이 나이가 들어감에 따라 발생하는 특성의 변화. (13)

항성풍(stellar wind) 초속 수백 km에 이르는 별 표면으로부터 나오는 가스. (12)

핵 [원자][nucleus (of atom)] 주로 양성자와 중성자로 이루어졌으며, 그 주위를 전자가 도는 원자에서 가장 무거운 부분. (4)

핵 [혜성][nucleus (of comet)] 혜성의 머리 쪽에 있는 얼음과 티끌로 이루어진 고체 덩어리.

핵변환(nuclear transformation) 한 원자핵이 핵융합에 의해 다른 것으로 바뀌는 것. (7)

핵의(nuclear) 원자의 핵을 지칭함.

핵 팽대부(nuclear bulge) 우리은하 또는 다른 은하의 중심 부분. (16)

핵합성(nucleosynthesis) 핵융합에 의해 가벼운 원자핵이 무거운 것으로 변하는 것. (13)

행성(planet) 지구를 도는 여덟 개의 커다란 천체, 또는 다른 별 주위를 궤도 운동하는 비슷한 천체. 별과 달리 행성은 (대부분 파장에서) 스스로 빛을 내지 않고 단순히 모항성의 빛을 반사한다. (1)

행성상 성운(planetary nebula) 낮은 질량의 진화의 마지막 단계에 있는 극도로 뜨거운 별로부터 밀려나와 팽창하는 가스 껍질.

향점 [태양][apex (solar)] 국부 정지 좌표계에 대해 태양이 움직이는 방향.

허블상수(Hubble constant) 먼 은하들의 후퇴속도와 거리 사이의 비례 상수. (17)

허블의 법칙 (또는 적색이동의 법칙)[Hubble law (or law of the redshift)] 먼 은하의 시선속도가 그들의 거리에 비례한다는 법칙. (17)

허빅-아로 천체[Herbig-Haro (HH) object] 원시별로부터 나오는 물질 제트에 의해 밝게 빛나는 별 탄생 영역의 매듭 모양의 밝은 가스. (12)

헤르츠(hertz) 진동수의 단위. 1초당 사이클 수. 전파 복사를 처음 만든 하인리히 헤르츠의 이름에서 따온 것임. (4)

헤르츠스프룽-러셀도(H-R 도)[Hertzsprung-Russell (H-R) diagram] 별들의 표면온도(또는 분광형)에 대해 광도를 점으로 표시해 나타낸 그림. (9)

헤일로 [은하][halo (of galaxy)] 우리은하 또는 다른 은하의 가장 바깥쪽 영역으로, 대체로 공모양으로 별과 구상 성단이 드물게 분포한다. 최근 천문학자들은 이곳에 암흑물질 헤일로가 존재한다고 주장한다. (16)

헬륨 섬광(helium flash) 적색거성의 고밀도 중심핵에서 일어나는 3중 알파 반응에 의한 거의 폭발적으로 발생하는 헬륨 핵융합 반응. (13)

형광(fluorescence) 한 파장의 빛을 흡수해서 다른 파장으로 내는 것. 특히 자외선을 가시광선으로 바꾸는 것. (11)

혜성(comet) 태양 주위를 공전하는 얼음이나 먼지 물질로 이루어진 작은 천체. 혜성이 태양 가까이 다가오면 그 물질은 증발하여 희박한 가스와 종종 꼬리를 생성한다.

홍염(prominence) 태양의 코로나에서 일어나는 현상으로 태양 가장자리에서 불꽃이 올라가는 것처럼 보인다. (6)

화강암(granite) 지구 대륙의 지각 대부분을 이루고 있는 화성 규산염 암석.

화구(fireball) 하늘에서 순간이 아닌 보다 오랫동안 보이면서 장관을 이루는 유성.

화산암(basalt) 용암이 식어서 만들어진 화성암. 화산암은 지구 해양의 지각 대부분을 구성하고 광범위한 화산 활동을 겪은 다른 행성에서도 발견된다.

화성암(ignous rock) 녹은 상태에서 식어서 굳은 암석.

화소(pixel) 검출기를 이루는 개개 영상 소자. 예를 들면 CCD의 특정한 실리콘 다이오드.

화학적 응결 순서(chemical condensation sequence) 우주를 구성하는 가스가 화합물과 광물이 온도에 따라 응결하는 이론적 계산에 의한 순서. 이것이 태양계 성운에서 원시 태양으로부터의 거리에 따른 티끌의 성분을 유추하는 데 사용된다.

화합물(compound) 두 개 또는 그 이상의 화학 원소로 이루어진 물질.

환원(reducing) 화학에서는 수소가 산소보다 우세해지는 조건을 나타내며, 따라서 대부분의 원소가 수소와 화합물을 형성한다. 심한 환원 조건에서는 자유 수소(H_2)는 존재하지만 자유 산소(O_2)는 존재할 수 없다.

활동 영역(active region) 자기장이 집중된 태양 위의 영역. 흑점, 홍염, 그리고 플레어는 모두 활동 영역에서 일어나는 경향이 있다. (6)

활동성(활동) 은하핵(active galactic nucleus) 은하 중심에서 많은 양의 전자기복사를 내는 비정상적으로 격렬한 사건이 일어나는 경우 그 은하는 활동성 은하핵을 가지고 있다고 말한다. 세이퍼트 은하와 퀘이사는 활동성 핵을 가진 은하의 예다. (18).

황도(ecliptic) 천구상에서 태양이 1년 동안 지나가는 겉보기 궤적. (1)

황도대(zodiac) 하늘에서 황도를 중심으로 한 폭 18도의 띠. (1)

회귀년(tropical year) 춘분점을 기준으로 측정한 지구의 태양에 대한 공전 주기. (3)

회전축(axis) 회전하는 물체의 중심을 지나는 가상의 축. 이 가상 축을 중심으로 물체가 회전한다. (1)

회피영역(zone of avoidance) 은하수 부근에서 성간 티끌에 의한 가림이 너무 심해서 외부 은하가 거의 보이지 않는 영역.

휘발성 물질(volitile materials) 매우 낮은 온도에서 가스 상태인 물질. 상대적인 용어로서 대개 행성 대기의 가스(H_2O, CO_2 등)와 일반적인 얼음에 적용되는 용어이지만 종종 칼슘, 주석, 납, 루비듐 등처럼 1000 K 정도까지 가스 상태인 원소를 지칭하기도 한다. (이들은 내화 원소에 대응하여 휘발성 원소라고 부른다.)

흑점(sunspot) 태양 광구에서 주위의 뜨거운 부분에 비해 대조적으로 어둡게 보이는 일시적으로 온도가 낮은 영역. (6)

흑점주기(sunspot cycle) 흑점의 빈도가 변하는 11년 정도의 반규칙적 주기. (6)

흑체(black body) 들어오는 모든 빛을 흡수한 후 다시 방출하는 가상의 완벽한 복사체. (4)

흡수 스펙트럼(absorption spectum) 연속 스펙트럼에 겹쳐진 검은 선. (4)

힘(force) 물체의 운동량을 바꾸는 요인. 수학적으로는 물체 운동량 변화율. (2)

4 10의 지수 표기법

천문학 및 다른 과학 분야에서 매우 크거나 매우 작은 숫자를 다루어야 하는 경우가 자주 있다. 실제 국가 부채처럼 일상생활에서 다루는 숫자가 매우 커질 때, '천문학적'이라는 표현을 사용한다. 천문학자들은 지구에서 태양까지의 거리 150,000,000,000 m와 수소 원자의 질량 0.0000000000000000000000000167 kg과 같은 숫자들을 일상적으로 사용한다. 정상적인 사람이라면 이처럼 많은 수의 영(제로)을 쓰기를 원하지는 않을 것이다.

대신, 과학자들은 쓰기 편할 뿐 아니라 크고 작은 숫자들을 곱하거나 나눌 때에도 편리한 표기법을 사용하고 있다. 여러분이 **10의 지수 표기법** 또는 **과학적 표기법**을 사용한 경험이 없다면, 이에 익숙해지는 데 시간이 좀 걸릴 것이다. 그러나 많은 0을 사용하는 것보다는 이 방법이 훨씬 더 쉽다는 것을 곧 깨닫게 될 것이다.

큰 수 쓰기

지수 표기법의 규칙은 소수점의 왼쪽에 한 자리를 둔다. 숫자가 이런 형식으로 표기되지 않았다면 그렇게 바꾸어야 한다. 정수의 경우에는 가장 오른 편에 소수점이 있다고 이해하면, 숫자 6은 그러한 형식에 맞게 표기되었다고 하겠다. 그러므로 6은 실제 6.이라고 보면, 소수점의 왼쪽에 한 자리가 있는 것이다. 그러나 465(사실 4.65)는 소수점 왼쪽에 3개의 숫자가 있으므로 형태 변환을 해야 한다.

알맞은 형태로 변환하기 위해 우선 465를 4.65로 만들고 어떻게 변환되는지를 잘 따져 보아야 한다. 10의 지수 표기법으로 표기하기 위하여 소수점의 자리를 어떻게 움직이는지 잘 알아 두어야 한다. 그러면 465는 4.65×10^2이 되거나 또는 4.65×10의 제곱이 된다. 여기서 위첨자 '2'는 지수라고 부르며, 소수점을 왼쪽으로 몇 자리나 옮긴 것인지 알려준다.

또한 10^2은 10의 제곱 또는 10×10, 즉 100을 나타낸다. 그러므로 4.65×100은 465이고, 이것이 우리가 변환하려고 했던 그 숫자다. 달리 표현하면, 과학적 표기법은 번잡한 숫자들을 앞쪽에 위치하게 하고, 10의 지수를 나타내는 부분을 분리하여 뒤쪽에 두는 것이라고 하겠다. 그래서 1,372,568과 같은 수는 $1.372568\times$백만(10^6)이 된다. 이때 소수점의 왼쪽에 한 자리가 남도록 만들기 위하여 소수점을 왼쪽으로 6자리 옮겨야 한다.

이것을 10의 지수 표기법이라고 부르는 이유는 우리 수 체계가 10진법에 기반을 두고 있기 때문이다. 우리 수 체계에서 각 자릿수는 오른쪽에 있는 자릿수보다 10배가 크다. 이것은 인간이 10개의 손가락을 가지고 있고, 그를 사용하여 수를 세기 시작한 것에서 유래하였다. 만약 8개의 손가락을 가진 외계 생명체를 만나게 된다면, 그들은 아마도 8진법 또는 8의 지수 표기법을 사용하고 있을 것이라고 추정할 수 있다.

앞서 예를 들었던 지구-태양 사이의 거리는 1.5×10^{11} m가 된다. 이 책에서 길이가 1광년인 끈으로 지구의 적도를 2억 3천 6백만 번 감을 수 있다고 했는데, 과학적 표기법에 의하면 이것은 2.36×10^8번이 된다. 기업들의 연간 보고서와 같은 경우처럼 백만의 단위를 쓰는 것을 좋아한다면 이 숫자를 236×10^6으로 표기하고 싶을 수도 있다. 그러나 통상적인 관례는 소수점의 왼쪽에 오직 한 자리를 남기는 것이다.

작은 수 쓰기

이제 0.00347과 같은 숫자를 생각해보자. 이것은 과학적 표기법의 표준을 따르고 있지 않다. 규칙에 맞추기 위해서는 소수점을 오른쪽으로 3자리 옮겨서 앞부분이 3.47이 되어야만 한다. 여기서 오른쪽으로 옮기는 것은 앞에서 왼쪽으로 옮기던 것과 반대 방향이라는 것에 주의하자. 이와 같은 방향을 음의 방향이라 부르고, 지수에 마이너스(−) 부호를 붙인다.

그러므로 0.00347은 3.47×10^{-3}이 된다.

앞서 수소 원자의 질량을 예로 들었는데, 이것은 1.67×10^{-27} kg이 된다. 이러한 표기법에서 1은 10^0이 되고, 1/10은 10^{-1}, 1/100은 10^{-2}와 같이 표기한다. 어떤 수가 얼마나 큰지 또는 작은지에 상관없이, 모든 숫자는 과학적 표기법으로 나타낼 수 있다.

곱셈과 나눗셈

10의 지수 표기법은 간결하고 편리할 뿐만 아니라 계산을 단순하게 만들어 준다. 두 수를 곱하여 10의 지수 표기법으로 표기하기 위해서는, 앞쪽의 숫자를 곱하고, 10의 지수들은 더하면 된다. 만약 100×100,000과 같이 앞쪽의 숫자가 없는 경우에는 지수만을 더해주면 된다(즉 $10^2\times10^5=10^7$). 앞쪽의 숫자들이 있는 경우에는 곱해야 하는데, 그것은 많은 수의 제로를 가진 수를 곱하는 것보다는 훨씬 쉽다. 두 가지 예를 들어 보자.

$$3\times10^5\times2\times10^9=6\times10^{14}$$

$$0.04\times6{,}000{,}000=4\times10^{-2}\times6\times10^6$$

$$=24\times10^4=2.4\times10^5$$

두 번째 예에서 음의 지수를 다룰 때 보통의 계산법(즉 −2+6=4)을 사용했다. 그리고 중간 결과에서 24가 나왔지만, 이것은 소수점의 왼쪽에 두 자리가 있게 되어 표기법에 어긋나므로, 2.4로 바꾸어 주었다.

나눗셈에서는 앞쪽의 숫자끼리 나누기를 하고, 10의 지수를 빼주면 된다. 여기세 세 가지 예를 들어보자.

$$1{,}000{,}000\div1000=10^6\div10^3=10^{6-3}=10^3$$

$$9\times10^{12}\div2\times10^3=4.5\times10^9$$

$$2.8\times10^2\div6.2\times10^5=0.452\times10^{-3}=4.52\times10^{-4}$$

만약 과학적 표기법을 여기서 처음으로 접하였다면, 사용법을 연습하도록 격려하고 싶다(다음 연습문제를 푸는 것으로 시작하여). 새로운 언어를 배우는 것처럼, 새로운 표기법은 처음에는 복잡해 보이지만 연습을 되풀이하면 더 쉬워지게 마련이다.

연습문제

1. 1996년 4월 8일 갈릴레오 탐사선은 지구에서 7억 7천 5백만 킬로미터 거리에 있었다. 이 숫자를 과학적 표기법으로 나타내라. 이 거리는 천문단위로 표시하면 얼마인가? (천문단위는 지구에서 태양까지의 거리다. 본문을 참조하고, 단위를 일관성 있게 사용하는 것에 유의하라.)

2. 허블 우주 망원경이 관측을 시작한 후 6년 동안 지구 주위를 37,000회 공전하여, 총 1,280,000,000 km의 거리를 돌았다. 과학적 표기법을 사용하여 한 바퀴의 궤도 거리는 몇 km에 해당하는지 구하라.

3. 대학의 식당에서 콩으로 만든 채식-버거와 보통의 햄버거를 함께 제공하고 있다. 한 해에 489,875개의 햄버거가 소비되는데 그중에서 997개는 채식-버거였다면, 채식-버거가 전체 햄버거에서 차지하는 비율은 얼마인가?

4. 1990년 6월에 실시한 갤럽조사에서 미국 성인의 27%는 외계인이 지구에 왔었다고 생각한다고 응답하였다. 인구조사에 의하면 1990년에 미국 성인은 대략 186,000,000명이라고 한다. 과학적 표기법을 사용하여 지구에 외계인이 방문했다고 믿는 사람의 수를 구하라.

5. 1995년에 미국의 대학에서 170만 개의 학위가 수여되었다. 이 중에서 41,000개는 박사학위였다. 그렇다면 박사학위의 비율은 얼마인가? 답을 백분율로 표시하라.

6. 60광년 떨어진 별 주변을 공전하는 거대한 행성이 발견되었다. 여러분의 삼촌이 이 행성까지의 거리를 전통적인 마일(mile)의 단위로 알고 싶어 한다고 하자. 빛이 초당 186,000마일을 전파하고, 1년에는 365일이 있고, 하루에는 24시간이 있고, 1시간에는 60분이 있고, 1분에는 60초가 있다고 한다면, 이 별까지의 거리는 몇 마일이 되겠는가?

5 과학에서 쓰는 단위

미국의 도량형(원래 영국에서 발전)에서 길이, 무게, 시간의 기본 단위는 각각 피트, 파운드, 초다. 톤(2240파운드), 마일(5280피트), 로드(16 1/2피트), 야드(3피트), 인치(1/12피트), 온스(1/16파운드) 등 더 크거나 작은 다른 단위들도 있다. 영국 왕실에서 정하였지만 대부분의 일반 국민들에는 잊혀진 이 단위들은 변환과 산술 계산에 지극히 불편하다.

그래서 과학 분야에서 미국을 제외한 거의 모든 나라에서 **미터법**을 쓰는 것이 보통이다. 미터법의 장점은 미국 도량형처럼 단위가 이상한 비율로 변하는 것이 아니고 모든 단위가 10배씩 변한다는 것이다. 미터법의 기본 단위는 다음과 같다.

길이: 1미터(m)
질량: 1킬로그램(kg)
시간: 1초(s)

1미터는 지구 표면을 따라 적도에서 북극까지 잰 거리의 1백만 분의 10이 되게끔 정해진 것이고 약 1.1야드다. 1킬로그램은 지구 위에서 무게 2.2파운드에 해당하는 질량이다. 초는 미터법에서나 미국 도량형에서나 같다.

가장 일반적으로 쓰이는 미터법의 길이와 질량은 다음과 같다.

길이

1킬로미터(km)=1000미터=0.6214마일
1미터(m)=0.001킬로미터=1.094야드=39.37인치
1센티미터(cm)=0.01미터=0.3937인치
1밀리미터(mm)=0.001미터=0.1센티미터
1마이크로미터(μm)=0.000001미터=0.0001센티미터
1나노미터(nm)=10^{-9}미터=10^{-7}센티미터
1마일=1.6093킬로미터
1인치=2.5400센티미터

질량

지구의 일상생활에서 일일이 구별하지는 않지만, 엄밀하게 말하자면 킬로그램은 (물체가 원자 몇 개를 가지고 있는지 재는) 질량 단위이고, 파운드는 (지구 중력이 얼마나 강하게 물체에 작용하는지를 재는) 무게 단위다.

1톤(ton)=10^6그램=1000킬로그램
(지구에서 2.205×10^3파운드에 해당)
1킬로그램(kg)=1000그램
(지구에서 2.2046파운드에 해당)
1그램(g)=0.0353온스 (0.002205파운드에 해당)
1밀리그램(mg)= 0.001그램

무게 1온스는 질량 0.4536 kg에 의한 것이고 1파운드는 0.4536 kg과 같다.

온도

보통 3가지 온도 눈금이 쓰인다.

1. 화씨온도(F); 물은 화씨로 32°F에서 얼고 212°F에서 끓는다.
2. 섭씨온도 또는 백분온도(C)*; 물은 섭씨로 0°C에서 얼고 100°C에서 끓는다.
3. 켈빈온도 또는 절대온도(K); 물은 절대온도로 273 K에서 얼고 373 K에서 끓는다.

모든 분자 운동은 우리가 절대온도 0이라고 부르는 −459°F=−273°C=0 K에서 멈춘다. 절대온도는 이 가장

* 현재는 예전에 쓰던 백분온도 대신에 더욱 표준적으로 정의된 섭씨온도가 쓰이고 있다. 섭씨온도와 백분온도의 차이는 0.1° 이하다.

낮은 온도에서부터 재기 시작하는 것이며 천문학에서 제일 많이 쓰인다. 절대온도와 섭씨온도는 각각 어는 점과 끓는 점이 100° 차이가 나기 때문에, 절대온도의 눈금은 섭씨온도의 눈금과 같다.

화씨온도에서 어는 점과 끓는 점의 차이는 180°다. 그래서 섭씨나 절대온도를 화씨온도로 바꾸기 위해서는 180/100=9/5를 곱해야 한다. 화씨온도를 섭씨온도나 절대온도로 바꾸기 위해서는 100/180=5/9를 곱해야 한다. 완전한 변환식은 다음과 같다.

$$K = {}^{\circ}C + 273$$

$${}^{\circ}C = 0.555 \times ({}^{\circ}F - 32)$$

$${}^{\circ}F = (1.8 \times {}^{\circ}C) + 32$$

부록

6 천문학에서 쓰이는 상수들

물리 상수

빛의 속도(광속, c)=2.9979×10^{8} m/s

중력 상수(G)=6.672×10^{-11} N m^2/kg^2

플랑크 상수(h)=6.626×10^{-34} J·s

수소 원자의 질량(m_{H})=1.673×10^{-27} kg

전자의 질량(m_{e})=9.109×10^{-31} kg

뤼드베리 상수(R)=1.0974×10^{7} m^{-1}

슈테판-볼츠만 상수(σ)=5.670×10^{-8} J/(s·m^2·deg^4)
[deg는 섭씨온도 또는 켈빈온도(절대온도)를 나타냄]

빈의 법칙 상수($\lambda_{\mathrm{max}}T$)=2.898×10^{-3} m deg

전자볼트(에너지)(eV)=1.602×10^{-19} J

TNT 1톤의 에너지=4.3×10^{9} J

천문 상수

천문단위(AU)=1.496×10^{11} m

광년(LY)=9.461×10^{15} m

파섹(pc)=3.086×10^{16} m=3.262 LY

항성년(yr)=3.158×10^{7} s

지구의 질량(M_{E})=5.977×10^{24} kg

지구의 적도 반지름(R_{E})=6.378×10^{6} m

황도 기울기(황도 경사, ϵ)=23°27′

지구의 표면 중력(g)=9.807 m/s^2

지구 탈출(이탈) 속도(v_{E})=1.119×10^{4} m/s

태양의 질량(M_{Sun})=1.989×10^{30} kg

태양의 적도 반지름(R_{Sun})=6.960×10^{8} m

태양의 광도(L_{Sun})=3.83×10^{26} W

태양 상수(지구에서 받는 태양 복사 에너지의 플럭스)
=1.37×10^{3} W/m^2

허블 상수(H_0)=100만 LY당 약 2 km/s 또는 100만 pc당 약 70 km/s

부록

7 행성과 명왕성의 물리량

Physical Data for the Planets

행성	지름 (km)	지름 (지구 = 1)	질량 (지구 = 1)	평균 밀도 (g/cm^3)	자전 주기 (일)	궤도에 대한 적도의 기울기 (°)	표면 중력 (지구 = 1)	탈출 속도 (km/s)
수성	4,878	0.38	0.055	5.43	58.6	0.0	0.38	4.3
금성	12,104	0.95	0.82	5.24	−243.0	177.4	0.91	10.4
지구	12,756	1.00	1.00	5.52	0.997	23.4	1.00	11.2
화성	6,794	0.53	0.107	3.9	1.026	25.2	0.38	5.0
목성	142,800	11.2	317.8	1.3	0.41	3.1	2.53	60
토성	120,540	9.41	94.3	0.7	0.43	26.7	1.07	36
천왕성	51,200	4.01	14.6	1.3	−0.72	97.9	0.92	21
해왕성	49,500	3.88	17.2	1.7	0.67	29	1.18	24
명왕성	2,300	0.18	0.0025	2.0	−6.387	118	0.09	1

Orbital Data for the Planets

행성	장반경 천문단위	장반경 10^6 km	항성 주기 회귀년	항성 주기 일	평균 궤도 속도 (km/s)	궤도 이심률	황도에 대한 궤도 기울기 (°)
수성	0.3871	57.9	0.24085	88	47.9	0.206	7.004
금성	0.7233	108.2	0.61521	225	35.0	0.007	3.394
지구	1.0000	149.6	1.000039	365	29.8	0.017	0.0
화성	1.5237	227.9	1.88089	687	24.1	0.093	1.850
(세레스)	2.7671	414	4.603		17.9	0.077	10.6
목성	5.2028	778	11.86		13.1	0.048	1.308
토성	9.538	1,427	29.46		9.6	0.056	2.488
천왕성	19.191	2,871	84.07		6.8	0.046	0.774
해왕성	30.061	4,497	164.82		5.4	0.010	1.774
명왕성	39.529	5,913	248.6		4.7	0.248	17.15

8 행성과 명왕성의 주요 위성들

참고: 이 책이 출간될 때, 태양계에 100개 이상의 위성이 알려졌었으나, 그 후에도 새로운 위성들이 지속적으로 발견되고 있다. 새로 발견되는 많은 위성들은 크기가 작으며, 아마도 붙잡힌 소행성일 가능성이 많다. 알려진 모든 위성들을 부록에 열거하는 것은 더 이상 의미가 없다. 따라서 각 행성별로 의미있는 위성들만을 수록하였다.

행성	위성 이름	발견	장반경 (km × 1,000)	주기 (일)	지름 (km)	질량 (10^{20} kg)	밀도 (g/cm^3)
지구	달	—	384	27.32	3,476	735	3.3
화성	포보스	Hall (1877)	9.4	0.32	23	1×10^{-4}	2.0
	데이모스	Hall (1877)	23.5	1.26	13	2×10^{-5}	1.7
목성	메티스	Voyager (1979)	128	0.29	20	—	—
	아드라스테아	Voyager (1979)	129	0.30	40	—	—
	아말테아	Barnard (1892)	181	0.50	200	—	—
	테베	Voyager (1979)	222	0.67	90	—	—
	이오	Galileo (1610)	422	1.77	3,630	894	3.6
	유로파	Galileo (1610)	671	3.55	3,138	480	3.0
	가니메데	Galileo (1610)	1,070	7.16	5,262	1,482	1.9
	칼리스토	Galileo (1610)	1,883	16.69	4,800	1,077	1.9
	레다	Kowal (1974)	11,090	239	15	—	—
	히말리아	Perrine (1904)	11,480	251	180	—	—
	리시테아	Nicholson (1938)	11,720	259	40	—	—
	엘라라	Perrine (1905)	11,740	260	80	—	—
	아난케	Nicholson (1951)	21,200	631 (R)	30	—	—
	카르메	Nicholson (1938)	22,600	692 (R)	40	—	—
	파시파에	Melotte (1908)	23,500	735 (R)	40	—	—
	시노페	Nicholson (1914)	23,700	758 (R)	40	—	—
토성	이름 없음	Voyager (1985)	118.2	0.48	15?	3×10^{-5}	—
	판	Voyager (1985)	133.6	0.58	20	3×10^{-5}	—
	아틀라스	Voyager (1980)	137.7	0.60	40	—	—
	프로메테우스	Voyager (1980)	139.4	0.61	80	—	—
	판도라	Voyager (1980)	141.7	0.63	100	—	—
	야누스	Dollfus (1966)	151.4	0.69	190	—	—
	에피메테우스	Fountain, Larson (1980)	151.4	0.69	120	—	—

(Table continues)

행성	위성 이름	발견	장반경 (km × 1,000)	주기 (일)	지름 (km)	질량 (10^{20} kg)	밀도 (g/cm^3)
토성	미마스	Herschel (1789)	186	0.94	394	0.4	1.2
	엔켈라도스	Herschel (1789)	238	1.37	502	0.8	1.2
	테티스	Cassini (1684)	295	1.89	1,048	7.5	1.3
	텔레스토	Reitsema et al. (1980)	295	1.89	25	—	—
	칼립소	Pascu et al. (1980)	295	1.89	25	—	—
	디오네	Cassini (1684)	377	2.74	1,120	11	1.4
	헬레네	Lecacheux, Laques (1980)	377	2.74	30	—	—
	레아	Cassini (1672)	527	4.52	1,530	25	1.3
	타이탄	Huygens (1655)	1,222	15.95	5,150	1,346	1.9
	히페리온	Bond, Lassell (1848)	1,481	21.3	270	—	—
	이아페투스	Cassini (1671)	3,561	79.3	1,435	19	1.2
	포이베	Pickering (1898)	12,950	550 (R)	220	—	—
천왕성	코델리아	Voyager (1986)	49.8	0.34	40?	—	—
	오필리아	Voyager (1986)	53.8	0.38	50?	—	—
	비안카	Voyager (1986)	59.2	0.44	50?	—	—
	크레시다	Voyager (1986)	61.8	0.46	60?	—	—
	데스데모나	Voyager (1986)	62.7	0.48	60?	—	—
	줄리엣	Voyager (1986)	64.4	0.50	80?	—	—
	포셔	Voyager (1986)	66.1	0.51	80?	—	—
	로잘린드	Voyager (1986)	69.9	0.56	60?	—	—
	베린다	Voyager (1986)	75.3	0.63	60?	—	—
	이름 없음	Voyager (1986)	73.5	0.63	40?	—	—
	퍽	Voyager (1985)	86.0	0.76	170	—	—
	미란다	Kuiper (1948)	130	1.41	485	0.8	1.3
	아리엘	Lassell (1851)	191	2.52	1,160	13	1.6
	움브리엘	Lassell (1851)	266	4.14	1,190	13	1.4
	티타니아	Herschel (1787)	436	8.71	1,610	35	1.6
	오베론	Herschel (1787)	583	13.5	1,550	29	1.5
	캘리밴	Gladman et. al. (1997)	7,000	562	60?	—	—
	시코락스	Nicholson et. al. (1997)	12,000	1,261	120?	—	—
해왕성	나이아드	Voyager (1989)	48	0.30	50	—	—
	탈라사	Voyager (1989)	50	0.31	90	—	—
	데스피나	Voyager (1989)	53	0.33	150	—	—
	갈라테아	Voyager (1989)	62	0.40	150	—	—
	라리사	Voyager (1989)	74	0.55	200	—	—
	프로테우스	Voyager (1989)	118	1.12	400	—	—
	트리톤	Lassell (1846)	355	5.88 (R)	2,720	220	2.1
	네레이드	Kuiper (1949)	5,511	360	340	—	—
명왕성	카론	Christy (1978)	19.7	6.39	1,200	—	—

(R) = 역행궤도

부록

9 있었거나 있을 예정인 개기 일월식

1. 개기 일식

날짜	개기식 지속 시간 (분)	관측 가능한 지역
2003년 11월 23일	2.0	남극
2005년 4월 8일	0.7	남태평양
2006년 3월 29일	4.1	아프리카, 서아시아, 러시아
2008년 8월 1일	2.4	북극해, 시베리아, 중국
2009년 7월 22일	6.6	인도, 중국, 남태평양
2010년 7월 11일	5.3	남태평양
2012년 11월 13일	4.0	호주 북부, 남태평양
2013년 11월 3일	1.7	대서양, 중앙아프리카
2015년 3월 20일	4.1	북대서양, 북극지방
2016년 3월 9일	4.5	인도네시아, 태평양
2017년 8월 21일	2.7	태평양, 미국, 대서양
2019년 7월 2일	4.5	남태평양, 남아메리카
2020년 12월 14일	2.2	남태평양, 남아메리카, 남대서양
2021년 12월 4일	1.9	남극
2023년 4월 20일	4.5	남태평양, 멕시코, 미국 동부
2026년 8월 12일	2.3	북극지방, 그린란드, 북대서양, 스페인
2027년 8월 2일	6.4	북아프리카, 아라비아, 인도양
2028년 7월 22일	5.1	인도양, 호주, 뉴질랜드
2030년 11월 25일	3.7	남아프리카, 인도양, 호주

2. 개기 월식

2003년 11월 9일
2004년 5월 4일
2004년 10월 28일
2007년 3월 3일
2007년 8월 28일
2008년 2월 21일
2010년 12월 21일
2011년 6월 15일
2011년 12월 10일
2014년 4월 15일

참고: 월식은 일식보다 훨씬 '민주적'이다. 월식은 달이 떠 있다면 지구 위 어디에서건 관측이 가능하다(3장 참조).

부록

10 가장 가까운 별들

이름 (목록 번호)	거리 (광년)	분광형	위치[1] 적경	위치[1] 적위	광도 (태양 = **1**)
태양	—	G2V	—	—	1.0
궁수자리 프록시마	4.2	M5V	14 30	−62 41	6×10^{-6}
궁수자리 알파 A	4.4	G2V	14 40	−60 50	1.5
궁수자리 알파 B	4.4	KOV	14 40	−60 50	0.5
바너드 별 (Gliese 699)	6.0	M4V	17 58	+04 42	4×10^{-4}
볼프 359 (Gliese 406)	7.8	M6V	10 56	+07 03	2×10^{-5}
랄랑드 21185 (HD 95735)	8.3	M2V	11 03	+35 58	5×10^{-3}
시리우스 A	8.6	A1V	06 45	−16 43	24
시리우스 B	8.6	w.d.[2]	06 45	−16 43	3×10^{-3}
루이텐 726-8 A (Gliese 65A)	8.7	M5V	01 39	−17 57	6×10^{-5}
루이텐 726-8 B (UV Ceti)	8.7	M6V	01 39	−17 58	4×10^{-5}
로스 154 (Gliese 729)	9.7	M4V	18 50	−23 50	5×10^{-4}
로스 248 (Gliese 905)	10.3	M6V	23 42	+44 11	1×10^{-4}
에리다누스자리 엡실론 (Gliese 144)	10.5	K2V	03 33	−09 27	0.3
Lacaille 9352 (Gliese 887)	10.7	M1V	23 06	−35 51	1×10^{-2}
로스 128 (Gliese 447)	10.9	M4V	11 48	+00 48	3×10^{-4}
루이텐 789-6 A (Gliese 866A)	11.3	M5V[3]	22 39	−15 18	1×10^{-4}
루이텐 789-6 B	11.3	—	22 39	−15 18	—
루이텐 789-6 C	11.3	—	22 39	−15 18	—
프로시온 A	11.4	F51V	07 39	+05 13	7.7
프로시온 B	11.4	w.d.[2]	07 39	+05 13	6×10^{-4}
61 Cygni A (Gliese 820A)	11.4	K5V	21 07	+38 45	8×10^{-2}
61 Cygni B	11.4	K7V	21 07	+38 45	4×10^{-2}
Gliese 725 A	11.5	M3V	18 43	+59 38	3×10^{-3}
Gliese 725 B	11.5	M4V	18 43	+59 38	2×10^{-3}
Gliese 15 A	11.6	M1V	00 18	+44 01	6 × 10−3
Gliese 15 B	11.6	M3V	00 18	+44 01	4×10^{-4}
Epsilon Indi (Gliese 845)	11.8	K5V	22 03	−56 47	0.14
GJ 1111 (DX Cancri)	11.8	M7V	08 30	+26 47	1×10^{-5}
고래자리 타우별 (Gliese 71)	11.9	G8V	01 44	−15 56	0.45

[1]2000년 좌표로 주어진 위치(적경과 적위)

[2]백색왜성

[3]이 계에 있는 별들은 너무 가까워서 분광형과 광도를 각각의 별에 대해 분리해 측정하는 것이 불가능하다.

(Table continues)

이름 (목록 번호)	거리 (광년)	분광형	위치[1]		광도 (태양 = 1)
			적경	적위	
GJ 1061	11.9	M5V	03 36	−44 31	8×10^{-5}
루이텐 725-32 (YZ Ceti)	12.1	M5V	01 12	−16 60	3×10^{-4}
Gliese 273 (Luyten's Star)	12.4	M4V	07 27	+05 14	1×10^{-3}
Gliese 191 (Kapteyn's Star)	12.8	M1V	05 12	−45 01	4×10^{-3}
Gliese 825 (AX Microscopium)	12.9	M0V	21 17	−38 52	3×10^{-2}

[1]2000년 좌표로 주어진 위치(적경과 적위)

최신 정보를 제공해 준 토드 렌리 박사와 RECONS 팀에게 감사드린다. http://joy.chara.gsu.edu/RECONS/TOP100.htm

11 가장 밝은 별들

참고: 여기에 나온 별들은 지구에서 육안으로 볼 때 가장 밝게 보이는 별들이지, 본래 가장 밝은 별들은 아니다.

이름[1]	광도 (태양 = 1)	거리[2] (광년)	분광형	고유운동 (호초/년)	적경 (2000년 기원)		적위 (2000년 기원)	
					(시)	(분)	(도)	(분)
시리우스(큰개자리 α)	24	8.6	A1V	1.34	06	45.1	−16	43
카노푸스 (용골자리 α)	7.3×10^3	228	F0II	0.02	06	24.0	−52	42
궁수자리 알파	2	4	G2V	3.68	14	39.6	−60	50
아르크투루스(목동자리 α)	187	37	K1.5II	2.28	14	15.7	+19	11
직녀(거문고 α)	50	25	A0V	0.35	18	36.9	+38	47
카펠라(마차부자리 α)	145	42	G8III	0.43	05	16.7	+46	00
리겔(오리온자리 β)	6×10^4	772	B8Ia	0.00	05	14.5	−08	12
프로시온(작은개자리 α)	7	11	F5IV-V	1.26	07	39.3	+05	13
베텔게우스(오리온자리 α)	7×10^5	427	M1Iab	0.03	05	55.2	+07	24
아케르나르(에리다누스 β)	2,800	144	B3V	0.10	01	37.7	−57	14
궁수자리 베타	6.5×10^4	525	B1III	0.04	14	03.8	−60	22
견우(독수리자리 α)	10	17	A7V	0.66	19	50.8	+08	52
알데바란(황소자리 α)	450	65	K5III	0.20	04	35.9	+16	31
스피카(처녀자리 α)	1.2×10^4	262	B1III	0.05	13	25.2	−11	10
안타레스(전갈자리 α)	8.5×10^5	604	M1.5Ib	0.03	16	29.4	−26	26
폴룩스(쌍둥이자리 β)	40	34	K0III	0.62	07	45.3	+28	02
포말하우트(남쪽물고기자리 α)	16	25	A3V	0.37	22	57.6	−29	37
데네브(백조자리 α)	2.4×10^5	3,228	A2Ia	0.00	20	41.4	+45	17
남십자자리 베타	1.6×10^4	352	B0.5IV	0.05	12	47.7	−59	41
레굴루스(사자자리 α)	230	77	B7V	0.25	10	08.3	+11	58

[1]밝은 별들은 대부분 예부터 내려오는 이름이 있다. 그러나 어두운 별들은 목록 이름 밖에 없다. 별의 고대 이름 다음에 베이어의 방법에 따른 이름을 적어 놓았다. (18장의 참고사항 글상자 참조.) 별자리의 약칭은 부록 14에 나와 있다.

[2]먼 별들의 거리는 분광형과 안시 등급으로부터 결정한 것으로 대략적인 값이다. 이런 별들의 광도값도 같은 정도로 근사적인 값이다.

부록

12 국부 은하군 소속의 밝은 은하들

은하	형태[1]	적경[2] (시)	(분)	적위 (도)	거리[3] (1,000광년)	광도 (L_{Sun})	겉보기 등급	지름 (1,000광년)	질량[4] ($10^6 M_{Sun}$)
우리은하	SBb	17	46	−29	—	1.3×10^{10}	—	100	10^6
안드로메다 (M31, NGC224)	Sb	00	43	+41	2,900	2.6×10^{10}	3.4	160	4×10^5
M33 (NGC598)	Sc	01	34	31	3,000	3.4×10^9	5.7	60	25,000
대마젤란운	Irr	05	20	−69	179	2.1×10^9	0.1	35	20,000
소마젤란운	Irr	00	52	−73	210	3.7×10^8	2.3	18	6,000
IC10	Irr	00	20	+59	4,200	9.3×10^7	10.3	9	
NGC205	E5pec	00	41	+42	2,900	2.3×10^8	8.5	17	10,000
M32 (NGC221)	E2	00	43	+41	2,900	3.4×10^8	8.1	10	3,000
NGC6822	Irr	19	45	−15	1,700	5.3×10^7	9		
WLM	Irr	00	02	−15	4,200	5.6×10^7	10.9	15	
NGC185	E3pec	00	39	+48	2,500	9.3×10^7	9.2	11	
IC1613	Irr	01	05	+02	2,900	1.2×10^8	9.2	17	
NGC147	E5	00	33	+48	2,400	6.4×10^7	9.5	11	
사자자리 A	Irr	09	59	+31	7,000				
페가수스자리	Irr	23	29	+15	6,000				
화로자리	E2	02	40	−34	530	1.2×10^7	8.1	2	
DD0210	Irr	20	47	−13	2,000	7.7×10^5	13.9	1	
궁수자리 왜소은하[5]	DwE7	18	55	−31	80				
궁수자리	Irr	19	30	−18	2,000				
조각가자리	E3	01	00	−34	300	4.1×10^5	10.5		
안드로메다 I	E3	00	46	+38	2,900	3.4×10^6	13.2		
안드로메다 III	E2	00	35	+36	2,900	2.3×10^6	13.5		
안드로메다 II	E0	01	16	+33	2,900	3.7×10^6	13		
물고기자리 (LGS3)	Irr	01	04	+22	3,000	4.4×10^5	15.4	2	
사자자리 I	E3	10	09	+12	880	7.0×10^6	9.8		
사자자리 II	E0	11	14	+22	800				
작은곰자리	E4	15	09	+67	240	1.8×10^5	10.9	3	
용자리	E0	17	20	+58	280	2.6×10^5	10.9	4	

(Table continues)

은하	형태[1]	적경[2] (시)	적경[2] (분)	적위 (도)	거리[3] (1,000광년)	광도 (L_{Sun})	겉보기 등급	지름 (1,000광년)	질량[4] ($10^6 M_{Sun}$)
용골자리	E3	06	42	−51	300				
안드로메다 V	DwE	01	10	+48	2,900	1.2×10^6			
봉황자리	Irr	01	51	−44	1,600	6.4×10^5	—		
육분의자리	DwE3	10	13	−02	300	4.9×10^5			
큰부리새자리	DwE5	22	42	−64	3,000	5.3×10^5			
안드로메다 VI	DwE	23	52	+25	2,900	—			

[1]S는 나선은하, SB는 막대나선은하, E는 타원은하, Irr은 불규칙은하, Dw는 왜소은하, pec은 특이 은하를 나타낸다. 숫자는 허블 등이 정한 더욱 세밀한 분류 단계를 나타낸다.

[2]좌표의 기준점은 2000.0년이다.

[3]거리의 대부분(그리고 마찬가지로 거리로부터 추산된 지름)은 근사치에 불과하다.

[4]질량은 몇 개의 가장 밝거나 가장 가까운 은하에 대해서만 측정되었다. 불규칙은하의 질량을 결정하려면 많은 희미한 별의 스펙트럼을 측정해야 하는데 국부은하군 대부분의 별에 대해서 이 작업이 아직 이루어지지 않았다.

[5]가까이 있는 이 이웃 은하는 하늘에 너무 넓게 펴져 있어서 등급을 부여하는 의미가 없다.

부록

13 화학 원소

원소	기호	원자 번호	원자량* (화학 척도)	수소 원자 10^{12}개당 원자 개수
수소	H	1	1.0080	1×10^{12}
헬륨	He	2	4.003	8×10^{10}
리튬	Li	3	6.940	2×10^{3}
베릴륨	Be	4	9.013	3×10^{1}
붕소	B	5	10.82	9×10^{2}
탄소	C	6	12.011	4.5×10^{8}
질소	N	7	14.008	9.2×10^{7}
산소	O	8	16.00	7.4×10^{8}
플루오린	F	9	19.00	3.1×10^{4}
네온	Ne	10	20.183	1.3×10^{8}
나트륨	Na	11	22.991	2.1×10^{6}
마그네슘	Mg	12	24.32	4.0×10^{7}
알루미늄	Al	13	26.98	3.1×10^{6}
규소	Si	14	28.09	3.7×10^{7}
인	P	15	30.975	3.8×10^{5}
황	S	16	32.066	1.9×10^{7}
염소	Cl	17	35.457	1.9×10^{5}
아르곤	Ar(A)	18	39.944	3.8×10^{6}
칼륨	K	19	39.100	1.4×10^{5}
칼슘	Ca	20	40.08	2.2×10^{6}
스칸듐	Sc	21	44.96	1.3×10^{3}
타이타늄	Ti	22	47.90	8.9×10^{4}
바나듐	V	23	50.95	1.0×10^{4}
크로뮴	Cr	24	52.01	5.1×10^{5}
망가니즈	Mn	25	54.94	3.5×10^{5}
철	Fe	26	55.85	3.2×10^{7}
코발트	Co	27	58.94	8.3×10^{4}
니켈	Ni	28	58.71	1.9×10^{6}
구리	Cu	29	63.54	1.9×10^{4}
아연	Zn	30	65.38	4.7×10^{4}
갈륨	Ga	31	69.72	1.4×10^{3}
저마늄	Ge	32	72.60	4.4×10^{3}
비소	As	33	74.91	2.5×10^{2}
셀레늄	Se	34	78.96	2.3×10^{3}

* 원자의 평균 질량이 제대로 결정되지 않은 경우에는 가장 안정된 동위원소의 질량번호를 괄호 안에 표시하였다.

(Table continues)

원소	기호	원자 번호	원자량* (화학 척도)	수소 원자 10^{12}개당 원자 개수
브로민	Br	35	79.916	4.4×10^2
크립톤	Kr	36	83.80	1.7×10^3
루비듐	Rb	37	85.48	2.6×10^2
스트론튬	Sr	38	87.63	8.8×10^2
이트륨	Y	39	88.92	2.5×10^2
지르코늄	Zr	40	91.22	4.0×10^2
나이오븀 (콜롬븀)	Nb(Cb)	41	92.91	2.6×10^1
몰리브데넘	Mo	42	95.95	9.3×10^1
테크네튬	Tc(Ma)	43	(99)	—
루테늄	Ru	44	101.1	68
로듐	Rh	45	102.91	13
팔라듐	Pd	46	106.4	51
은	Ag	47	107.880	20
카드뮴	Cd	48	112.41	63
인듐	In	49	114.82	7
주석	Sn	50	118.70	1.4×10^2
안티모니	Sb	51	121.76	13
텔루륨	Te	52	127.61	1.8×10^2
아이오딘	I (J)	53	126.91	33
제논	Xe(X)	54	131.30	1.6×10^2
세슘	Cs	55	132.91	14
바륨	Ba	56	137.36	1.6×10^2
란타넘	La	57	138.92	17
세륨	Ce	58	140.13	43
프라세오디뮴	Pr	59	140.92	6
네오디뮴	Nd	60	144.27	31
프로메튬	Pm	61	(147)	—
사마륨	Sm(Sa)	62	150.35	10
유로퓸	Eu	63	152.00	4
가돌리늄	Gd	64	157.26	13
터븀	Tb	65	158.93	2
디스프로슘	Dy(Ds)	66	162.51	15
홀뮴	Ho	67	164.94	3
어븀	Er	68	167.27	9
툴륨	Tm(Tu)	69	168.94	2
이터븀	Yb	70	173.04	8
루테튬	Lu(Cp)	71	174.99	2
하프늄	Hf	72	178.50	6
탄탈럼	Ta	73	180.95	1
텅스텐	W	74	183.86	5
레늄	Re	75	186.22	2
오스뮴	Os	76	190.2	27
이리듐	Ir	77	192.2	24
백금	Pt	78	195.09	56
금	Au	79	197.00	6
수은	Hg	80	200.61	19
탈륨	Tl	81	204.39	8

* 원자의 평균 질량이 제대로 결정되지 않은 경우에는 가장 안정된 동위원소의 질량번호를 괄호 안에 표시하였다.

원소	기호	원자 번호	원자량* (화학 척도)	수소 원자 10^{12}개당 원자 개수
납	Pb	82	207.21	1.2×10^2
비스무트	Bi	83	209.00	5
폴로늄	Po	84	(209)	—
아스타틴	At	85	(210)	—
라돈	Rn	86	(222)	—
프랑슘	Fr(Fa)	87	(223)	—
라듐	Ra	88	226.05	—
악티늄	Ac	89	(227)	—
토륨	Th	90	232.12	1
프로트악티늄	Pa	91	(231)	—
우라늄	U(Ur)	92	238.07	1
넵투늄	Np	93	(237)	—
플루토늄	Pu	94	(244)	—
아메리슘	Am	95	(243)	—
퀴륨	Cm	96	(248)	—
버클륨	Bk	97	(247)	—
캘리포늄	Cf	98	(251)	—
아인슈타이늄	E	99	(254)	—
페르뮴	Fm	100	(253)	—
멘델레븀	Mv	101	(256)	—
노벨륨	No	102	(253)	—
로렌슘	Lr	103	(262)	—
러더포듐	Rf	104	(261)	—
더브늄	Db	105	(262)	—
시보귬	Sg	106	(263)	—
보륨	Bh	107	(262)	—
하슘	Hs	108	(264)	—
마이트너륨	Mt	109	(266)	—
우넌닐륨	Uun	110	(269)	—
우넌늄	Uuu	111	(272)	—
우넌븀	Uub	112	(277)	—
우넌콰듐	Uuq	114	(285)	—
우넌핵슘	Uuh	116	(289)	—
우녹튬	Uuo	118	(293)	—

* 원자의 평균 질량이 제대로 결정되지 않은 경우에는 가장 안정된 동위원소의 질량번호를 괄호 안에 표시하였다.

14 별자리

별자리 (라틴어 이름)	소유격[1]	우리말 이름	약칭	대략적 위치 적경 h	대략적 위치 적위 °
Andromeda	Andromedae	안드로메다	And	1	+40
Antila	Antilae	공기펌프	Ant	10	−35
Apus	Apodis	극락조	Aps	16	−75
Aquarius	Aquarii	물병	Aqr	23	−15
Aquila	Aquilae	독수리	Aql	20	+5
Ara	Arae	제단	Ara	17	−55
Aries	Arietis	양	Ari	3	+20
Auriga	Aurigae	마차부	Aur	6	+40
Boötes	Boötis	목자	Boo	15	+30
Caelum	Caeli	조각칼	Cae	5	−40
Camelopardalis	Camelopardalis	기린	Cam	6	+70
Cancer	Cancri	게	Cnc	9	+20
Canes Venatici	Canum Venaticorum	사냥개	CVn	13	+40
Canis Major	Canis Majoris	큰개	CMa	7	−20
Canis Minor	Canis Minoris	작은개	CMi	8	+5
Capricornus	Capricorni	바다염소	Cap	21	−20
Carina°	Carinae	용골	Car	9	−60
Cassiopeia	Cassiopeiae	카시오페이아	Cas	1	+60
Centaurus	Centauri	센타우르스	Cen	13	−50
Cepheus	Cephei	세페우스	Cep	22	+70
Cetus	Ceti	고래	Cet	2	−10
Chamaeleon	Chamaeleontis	카멜레온	Cha	11	−80
Circinus	Circini	컴퍼스	Cir	15	−60
Columba	Columbae	비둘기	Col	6	−35
Coma Berenices	Comae Berenices	머리털	Com	13	+20
Corona Australis	Coronae Australis	남쪽왕관	CrA	19	−40
Corona Borealis	Coronae Borealis	북쪽왕관	CrB	16	+30
Corvus	Corvi	까마귀	Crv	12	−20

[1] 별자리이름이 문장에서 나오는 경우에는 첫 번째 열에 나온 이름을 쓴다 (예, the comet last night was seen in Crux). 그러나 별자리가 어떤 천체 이름의 일부라면 두 번째 열의 형태를 사용한다 (예, the brightest star in that constellation is Alpha Crucis).

° 네 개의 별자리, 용골, 나침반, 그리고 돛자리는 원래는 아르고 나비스라는 한 별자리를 이루고 있었다.

별자리 (라틴어 이름)	소유격[1]	우리말 이름	약칭	대략적 위치 적경 h	 적위 °
Crater	Crateris	컵	Crt	11	−15
Crux	Crucis	남십자	Cru	12	−60
Cygnus	Cygni	백조	Cyg	21	+40
Delphinus	Delphini	돌고래	Del	21	+10
Dorado	Doradus	황새치	Dor	5	−65
Draco	Draconis	용	Dra	17	+65
Equuleus	Equulei	조랑말	Equ	21	+10
Eridanus	Eridani	에리다누스	Eri	3	−20
Fornax	Fornacis	화로	For	3	−30
Gemini	Geminorum	쌍둥이	Gem	7	+20
Grus	Gruis	두루미	Gru	22	−45
Hercules	Herculis	헤르쿨레스	Her	17	+30
Horologium	Horologii	시계	Hor	3	−60
Hydra	Hydrae	큰물뱀	Hya	10	−20
Hydrus	Hydri	물뱀	Hyi	2	−75
Indus	Indi	인디언	Ind	21	−55
Lacerta	Lacertae	도마뱀	Lac	22	+45
Leo	Leonis	사자	Leo	11	+15
Leo Minor	Leonis Minoris	작은사자	LMi	10	+35
Lepus	Leporis	토끼	Lep	6	−20
Libra	Librae	천칭	Lib	15	−15
Lupus	Lupi	이리	Lup	15	−45
Lynx	Lyncis	살쾡이	Lyn	8	+45
Lyra	Lyrae	거문고	Lyr	19	+40
Mensa	Mensae	멘사	Men	5	−80
Microscopium	Microscopii	현미경	Mic	21	−35
Monoceros	Monocerotis	외뿔소	Mon	7	−5
Musca	Muscae	파리	Mus	12	−70
Norma	Normae	직각자	Nor	16	−50
Octans	Octantis	팔분의	Oct	22	−85
Ophiuchus	Ophiuchi	땅꾼	Oph	17	0
Orion	Orionis	오리온	Ori	5	+5
Pavo	Pavonis	공작	Pav	20	−65
Pegasus	Pegasi	페가수스	Peg	22	+20
Perseus	Persei	페르세우스	Per	3	+45
Phoenix	Phoenicis	봉황	Phe	1	−50
Pictor	Pictoris	화가	Pic	6	−55
Pisces	Piscium	물고기	Psc	1	+15
Piscis Austrinus	Piscis Austrini	남쪽물고기	PsA	22	−30
Puppis*	Puppis	고물	Pup	8	−40

[1] 별자리이름이 문장에서 나오는 경우에는 첫 번째 열에 나온 이름을 쓴다(예, the comet last night was seen in Crux). 그러나 별자리가 어떤 천체 이름의 일부라면 두 번째 열의 형태를 사용한다(예, the brightest star in that constellation is Alpha Crucis).

* 네 개의 별자리, 용골, 나침반, 그리고 돛자리는 원래는 아르고 나비스라는 한 별자리를 이루고 있었다.

(Table continues)

별자리 (라틴어 이름)	소유격[1]	우리말 이름	약칭	대략적 위치 적경 h	 적위 °
Pyxis° (= Malus)	Pyxidus	나침반	Pyx	9	−30
Reticulum	Reticuli	그물	Ret	4	−60
Sagitta	Sagittae	화살	Sge	20	+10
Sagittarius	Sagittarii	궁수	Sgr	19	−25
Scorpius	Scorpii	전갈	Sco	17	−40
Sculptor	Sculptoris	조각가	Scl	0	−30
Scutum	Scuti	방패	Sct	19	−10
Serpens	Serpentis	뱀	Ser	17	0
Sextans	Sextantis	육분의	Sex	10	0
Taurus	Tauri	황소	Tau	4	+15
Telescopium	Telescopii	망원경	Tel	19	−50
Triangulum	Trianguli	삼각형	Tri	2	+30
Triangulum Australe	Trianguli Australis	남쪽삼각형	TrA	16	−65
Tucana	Tucanae	큰부리새	Tuc	0	−65
Ursa Major	Ursae Majoris	큰곰	UMa	11	+50
Ursa Minor	Ursae Minoris	작은곰	UMi	15	+70
Vela°	Velorum	돛	Vel	9	−50
Virgo	Virginis	처녀	Vir	13	0
Volans	Volantis	날치	Vol	8	−70
Vulpecula	Vulpeculae	여우	Vul	20	+25

[1] 별자리이름이 문장에서 나오는 경우에는 첫 번째 열에 나온 이름을 쓴다 (예, the comet last night was seen in Crux). 그러나 별자리가 어떤 천체 이름의 일부라면 두 번째 열의 형태를 사용한다 (예, the brightest star in that constellation is Alpha Crucis).

° 네 개의 별자리, 용골, 나침반, 그리고 돛자리는 원래는 아르고 나비스라는 한 별자리를 이루고 있었다.

부록

15 성운과 성단의 메시에 목록

M	NGC 또는 (IC)	적경 (2000) h	m	적위 (2000) (deg)	(min)	안시 등급	설명
1	1952	5	34.5	+22	01	8.4	황소자리 '게' 성운; 1054년 초신성 잔해
2	7089	21	33.5	−0	50	6.4	물병자리 구상 성단
3	5272	13	42.2	+28	23	6.3	사냥개자리 구상 성단
4	6121	16	23.6	−26	32	5.9	전갈자리 구상 성단
5	5904	15	18.6	+2	05	5.8	뱀자리 구상 성단
6	6405	17	40.1	−32	13	4.2	전갈자리 산개 성단
7	6475	17	53.9	−34	49	3.3	전갈자리 산개 성단
8	6523	18	03.8	−24	23	5.1	궁수자리 '석호' 성운
9	6333	17	19.2	−18	31	7.9	땅꾼자리 구상 성단
10	6254	16	57.1	−4	06	6.7	땅꾼자리 구상 성단
11	6705	18	51.1	−6	16	5.8	방패자리 산개 성단
12	6218	16	47.2	−1	57	6.6	땅꾼자리 구상 성단
13	6205	16	41.7	+36	28	5.9	헤르쿨레스자리 구상 성단
14	6402	17	37.6	−3	15	7.6	땅꾼자리 구상 성단
15	7078	21	30.0	+12	10	6.4	페가수스자리 구상 성단
16	6611	18	18.8	−13	58	6.6	뱀자리 성운상 산개 성단
17	6618	18	20.8	−16	11	7.5	궁수자리 '백조' 또는 '오메가' 성운
18	6613	18	19.9	−17	08	6.9	궁수자리 산개 성단
19	6273	17	02.6	−26	16	6.9	땅꾼자리 구상 성단
20	6514	18	02.3	−23	02	8.5	궁수자리 삼엽 성운
21	6531	18	04.6	−22	30	5.9	궁수자리 산개 성단
22	6656	18	36.4	−23	54	5.1	궁수자리 구상 성단
23	6494	17	56.8	−19	01	5.5	궁수자리 산개 성단
24	6603	18	16.9	−18	29	4.6	궁수자리 산개 성단
25	(4725)	18	31.6	−19	15	4.6	궁수자리 산개 성단
26	6694	18	45.2	−9	24	8.0	방패자리 산개 성단
27	6853	19	59.6	+22	43	8.1	여우자리 '아령' 행성상 성운
28	6626	18	24.5	−24	52	6.9	궁수자리 구상 성단
29	6913	20	23.9	+38	32	7.0	백조자리 산개 성단
30	7099	21	40.4	−23	11	7.5	바다염소자리 구상 성단
31	224	0	42.7	+41	16	3.5	안드로메다 은하

(*Table continues*)

M	NGC 또는 (IC)	적경 (2000) h	m	적위 (2000) (deg)	(min)	안시 등급	설명
32	221	0	42.7	+40	52	8.2	타원 은하; M31 동반
33	598	1	33.9	+30	39	5.7	삼각형자리 나선 은하
34	1039	2	42.0	+42	47	5.2	페르세우스자리 산개 성단
35	2168	6	08.9	+24	20	5.1	쌍둥이자리 산개 성단
36	1960	5	36.1	+34	08	6.5	마차부자리 산개 성단
37	2099	5	52.4	+32	33	5.6	마차부자리 산개 성단
38	1912	5	28.7	+35	50	6.4	마차부자리 산개 성단
39	7092	21	32.2	+48	26	4.6	백조자리 산개 성단
40	—	12	22.4	+58	05	8.0	큰곰자리 근접 쌍성
41	2287	6	47.0	−20	44	4.5	큰개자리 산개 성단
42	1976	5	35.4	−5	27	4.0	오리온 성운
43	1982	5	35.6	−5	16	9.0	오리온 성운 북동쪽 부분
44	2632	8	40.1	+19	59	3.1	프레세페; 게자리 산개 성단
45	—	3	47.0	+24	07	1.2	좀생이; 황소자리 산개 성단
46	2437	7	41.8	−14	49	6.1	고물자리 산개 성단
47	2422	7	36.6	−14	30	4.4	고물자리의 별 무리
48	2548	8	13.8	−5	48	5.8	'매우 작은 별의 집단'
49	4472	12	29.8	+8	00	8.5	처녀자리 타원 은하
50	2323	7	03.2	−8	20	6.0	외뿔소자리 산개 성단
51	5194	13	29.9	+47	12	8.4	사냥개자리 '소용돌이' 나선 은하
52	7654	23	24.2	+61	35	6.9	카시오페이아자리 산개 성단
53	5024	13	12.9	+18	10	7.7	머리털자리 구상 성단
54	6715	18	55.1	−30	29	7.7	궁수자리 구상 성단
55	6809	19	40.0	−30	58	7.0	궁수자리 구상 성단
56	6779	19	16.6	+30	11	8.3	거문고자리 구상 성단
57	6720	18	53.6	+33	02	9.0	'가락지' 성운; 거문고자리 행성상 성운
58	4579	12	37.7	+11	49	9.8	처녀자리 나선 은하
59	4621	12	42.0	+11	39	9.8	처녀자리 나선 은하
60	4649	12	43.7	+11	33	8.8	처녀자리 타원 은하
61	4303	12	21.9	+4	28	9.7	처녀자리 나선 은하
62	6266	17	01.2	−30	07	6.6	전갈자리 구상 성단
63	5055	13	15.8	+42	02	8.6	사냥개자리 나선 은하
64	4826	12	56.7	+21	41	8.5	머리털자리 나선 은하
65	3623	11	18.9	+13	05	9.3	사자자리 나선 은하
66	3627	11	20.2	+12	59	9.0	사자자리 나선 은하; M65 동반
67	2682	8	50.4	+11	49	6.9	게자리 산개 성단
68	4590	12	39.5	−26	45	8.2	큰물뱀자리 구상 성단
69	6637	18	31.4	−32	21	7.7	궁수자리 구상 성단
70	6681	18	43.2	−32	18	8.1	궁수자리 구상 성단
71	6838	19	53.8	+18	47	8.0	궁수자리 구상 성단
72	6981	20	53.5	−12	32	9.3	물병자리 구상 성단
73	6994	20	59.0	−12	38	9.1	물병자리 산개 성단
74	628	1	36.7	+15	47	9.3	물고기자리 나선 은하
75	6864	20	06.1	−21	55	8.6	궁수자리 구상 성단

(Table continues)

M	NGC 또는 (IC)	적경 (2000)		적위 (2000)		안시 등급	설명
		h	m	(deg)	(min)		
76	650	1	42.4	+51	34	11.4	페르세우스자리 행성상 성운
77	1068	2	42.7	0	01	8.9	고래자리 나선 은하
78	2068	5	46.7	0	03	8.3	오리온자리의 작은 발광 성운
79	1904	5	24.5	−24	33	7.8	토끼자리 구상 성단
80	6093	16	17.0	−22	59	7.3	전갈자리 구상 성단
81	3031	9	54.2	+69	04	7.0	큰곰자리 나선 은하
82	3034	9	55.8	+69	41	8.4	큰곰자리 불규칙 은하
83	5236	13	37.0	-29	52	7.6	큰물뱀자리 나선 은하
84	4374	12	25.1	+12	53	9.3	처녀자리 타원 은하
85	4382	12	25.4	+18	11	9.3	머리털자리 타원 은하
86	4406	12	26.2	+12	57	9.2	처녀자리 타원 은하
87	4486	12	30.8	+12	24	8.7	처녀자리 타원 은하
88	4501	12	32.0	+14	25	9.5	머리털자리 나선 은하
89	4552	12	35.7	+12	33	9.8	처녀자리 타원 은하
90	4569	12	36.8	+13	10	9.5	처녀자리 나선 은하
91	4548	12	35.4	+14	30	10.2	Spiral galaxy in Coma Berenices[1]
92	6341	17	17.1	+43	08	6.4	헤르쿨레스자리 구상 성단
93	2447	7	44.6	-23	52	6.5	고물자리 산개 성단
94	4736	12	50.9	+41	07	8.2	사냥개자리 나선 은하
95	3351	10	44.0	+11	42	9.7	사자자리 막대 나선 은하
96	3368	10	46.8	+11	49	9.2	사자자리 나선 은하
97	3587	11	14.8	+55	01	11.1	'올빼미' 성운; 큰곰자리 행성상 성운
98	4192	12	13.8	+14	54	10.1	머리털자리 나선 은하
99	4254	12	18.8	+14	25	9.9	머리털자리 나선 은하
100	4321	12	22.9	+15	49	9.4	머리털자리 나선 은하
101	5457	14	03.2	+54	21	7.9	큰곰자리 나선 은하
102	5866(?)	15	06.5	+55	46	10.5	나선 은하(확실하지 않음)[1]
103	581	1	33.2	+60	42	7.4	카시오페이아자리 산개 성단
104°	4594	12	40.0	−11	37	8.3	처녀자리 나선 은하
105°	3379	10	47.8	+12	35	9.3	사자자리 타원 은하
106°	4258	12	19.0	+47	18	8.4	사냥개자리 나선 은하
107°	6171	16	32.5	−13	03	8.2	땅꾼자리 구상 성단
108°	3556	11	11.5	+55	40	10.0	큰곰자리 나선 은하
109°	3992	11	57.6	+53	23	9.8	큰곰자리 나선 은하
110°	205	0	40.4	+41	41	8.1	타원 은하; M31 동반

[11] 메시아 목록의 어떤 버전에 의하면 M91은 실제로 M58의 반복이며 M102는 M101과 같지만 여기서는 현재 사용되고 있는 목록을 보여준다.
° 메시에의 원래 목록(1781년)에는 없었으나 나중에 다른 이들이 추가하였다.

Credits

This page constitutes an extension of the copyright page. We have made every effort to trace the ownership of all copyrighted material and to secure permission from copyright holders. In the event of any question arising as to the use of any material, we will be pleased to make the necessary corrections in future printings. Thanks are due to the following authors, publishers, and agents for permission to use the material indicated.

Prologue. Opener: Courtesy of William Baum and NASA. **P.1:** USGS. **P.2:** European Southern Observatory. **P.3:** C.R. O'Dell and NASA. **P.4:** NASA. **P.5:** ESA. **P.8:** JPL/NASA. **P.11:** Eastern Southern Observatory. **P.12:** Roger Angel, Steward Observatory/University of Arizona. **P.13:** David Malin/ Anglo-Australian Telescope Board/David Malin Images. **P.14:** Photo taken with the U.K. Schmidt Telescope; © Anglo-Australian Telescope Board/David Malin Images. **P.15:** Tony Hallas. **P.16:** Photo taken with the U.K. Schmidt Telescope; © Anglo-Australian Telescope Board/David Malin Images.

Chapter 1. CO1: U. of Toronto. **Fig.1.3:** National Optical Astronomy Observatories/AURA/NSF. **Fig.1.7:** "J.M. Pasachoff and the Chapin Library". **Fig.1.8:** Kent Wood. **Fig.1.14:** Book's Hill Publishers. **Fig.1.15:** "Crawford Collection, Royal Observatory, Edinburgh". **Fig.1.17:** Book's Hill Publishers. **Fig.1.18:** "Instituto e Museo di Storia della Scienza de Florenza".

Chapter 2. CO2: NASA. **Fig.2.1:** Granger Collection, New York. **Fig.2.2:** Book's Hill Publishers. **Fig.2.6:** Book's Hill Publishers. **Fig.2.7:** NASA. **Fig.2.9:** NASA. **Fig.2.11b:** "Crawford Collection, Royal Observatory, Edinburgh". **Fig.2.12:** US Space Command, NORAD. **Fig.2.13:** NASA/ ARC. **Fig.2.14a:** Yerkes Observatory. **Fig.2.14b:** Corbis/Bettmann.

Chapter 3. CO3: NASA. **Fig.3.2:** © 1993 Hal Berol/Visuals Unlimited. **Fig.3.3:** © Bob Emott, Photographer. **Fig.3.11:** David Morrison. **Fig.3.12:** David Morrison. **Fig.3.17a:** Courtesy Nova Scotia Tourism. **Fig.17b:** Courtesy Nova Scotia Tourism. **Fig.3.21:** © 1991 Stephen J. Edberg. **Voyagers:** © Royal Society.

Chapter 4. CO4: Martha Haynes and Riccardo Giovanelli, Cornell University. **Fig.4.1:** Book's Hill Publishers. **Fig.4.2:** © 1993 Comstock, Inc. **Fig.4.6:** Max Planck Institute for Extraterrestrial Physics. **Fig.4.10:** National Solar Observatory/NOAO.

Chapter 5. CO5: Johnson Space Ctr/NASA. **Fig.5.1a:** Infrared Processing and Analysis Center/JPL. **Fig.5.1b:** Max Planck Institut fur Extraterrestrische Physik. **Fig.5.1c:** JPL/NASA. **Fig.5.2a:** David Morrison. **Fig.5.2b:** David Morrison. **Fig.5.7:** Gemini Observatory. **Fig.5.8a:** California Institute of Technology. **Fig.5.8b:** Gemini Observatory. **Fig.5.9:** California Association for Research in Astronomy. **Fig.5.10:** ESO. **Fig.5.11:** © William Keck Observatory. **Fig.5.13:** Bell Laboratories. **Fig.5.14:** NRAO/AUI (Nat'l Radio Astronomy Observatory). **Fig.5.15:** NRAO. **Fig.5.16:** NRAO. **Fig.5.17:** National Astronomy and Ionosphere Center. **Fig.5.18:** NASA/CXC/ SAO. **Fig.5.19:** ESO. **Voyagers:** G.E. Hale: Caltech. The Yerkes telescope: Yerkes Observatory.

Chapter 6. CO6: SOHO/NASA. **Fig.6.2:** Harvard University Archives. **Fig.6.3:** SOHO/NASA. **Fig.6.4:** David Alexander; NASA/Yohkoh. **Fig.6.6:** High Altitude Observatory/NCAR. **Fig.6.7:** "TRACE/Stanford-Lockheed Institute for Space Research." **Fig.6.8:** "W. Livingston, National Solar Observatories/NOAO." **Fig.6.9:** National Solar Observatory/NOAO. **Fig.6.10a:** LMATC/NSO/NASA. **Fig.6.10b:** LMATC/NSO/NASA. **Fig.6.11:** NOAO/AURA/NSF. **Fig.6.12:** Data courtesy of J. Harvey, National Solar Observatory (Tucson/Kitt Peak, AZ). **Fig.6.13:** SOHO/NASA. **Fig.6.14:** Solar & Heliospheric Observatory/NASA. **Fig.6.15:** LMATC/NSO/ NASA. **Fig.6.17:** "Kunsthistorisches Museum, Vienna; Photo by Erich Lessing. Art Resource." **Voyagers:** Courtesy of Stanford University. **Making Connections:** SOHO/NASA.

Chapter 7. CO7: Courtesy of the KamLAND Collaboration. **Fig.7.1:** Doug Sokell/Visuals Unlimited. **Fig.7.2a:** Book's Hill Publishers. **Fig.7.2b:** "Smithsonian Institution, courtesy AIP Emilio Segre Visual Archives." **Fig.7.13:** NOAO/AURA/NSF. **Fig.7.14:** SOHO/NASA. **Fig.7.15:** "Courtesy of Sudbury Neutrino Observatory/SNO." **Voyagers:** Book's Hill Publishers. **Making Connections:** Published with kind permission of ITER.

Chapter 8. CO8: NOAO/AURA/NSF. **Fig.8.1:** NOAO/AURA/NSF. **Fig.8.2:** "Hubble Heritage Team using data collected by John Trauger (Jet Propulsion Laboratory), Jon Holtzman (New Mexico State University), & collaborators." **Fig.8.4:** "Mary Lea Shane Archives of the Lick Observatory." **Fig.8.6a:** Courtesy of the University of Massachusetts and the Infrared Processing and Analysis Center. **Fig.8.6b:** Courtesy of the University of Massachusetts and the Infrared Processing and Analysis Center. **Fig.8.6c:** Dr. Robert Hurt, the Infrared Processing and Analysis Center. **Fig.8.7:** NOAO/AURA/NSF. **Fig.8.8a:** Yerkes Observatory. **Fig.8.8b:** Yerkes Observatory. **Voyagers:** Harvard College Observatory Archives. **Making Connections:** "Mary Lea Shane Archives of the Lick Observatory."

Chapter 9. CO9: Artwork by Jon Lomberg, © Gemini Observatory. **Fig.9.1a:** Jeff Greenberg/Photo Researchers, Inc. **Fig.9.1b:** WIYN/NOA/NSF. **Fig.9.2:** "Art rendered by Dr. Robert Hurt of the Infrared Processing and Analysis Center/NASA." **Fig.9.3:** Yerkes Observatory. **Fig.9.7:** "NASA and K. Luhman (Harvard-Smithsonian Center for Astrophysics)." **Fig.9.12a:** "Sterrewacht Leiden and Prineton University Archives." **Fig.9.12b:** "Sterrewacht Leiden and Prineton University Archives." **Fig.9.15a:** NASA/SAO/CXC.

Chapter 10. CO10: Hubble Heritage Team/AURA/STScI/NASA. **Fig.10.1:** NASA/JPL. **Fig.10.4:** Yerkes Observatory. **Fig.10.5a:** Astronomical Society of the Pacific. **Fig.10.5:** Richard Norton, Science Graphics. **Fig.10.7:** Harvard College Observatory Archives. **Fig.10.8:** NOAO/AURA/NSF. **Fig.10.10:** "Wendy Freedman, Carnegie Institution of Washington, and NASA." **Voyagers:** "Courtesy of the San Diego State University special collections library."

Chapter 11. CO11: "Royal Observatory Edinburgh/Anglo-Australian Telescope Board/David Malin Images." **Fig.11.1:** "© Royal Observatory, Edinburgh/David Malin Images." **Fig.11.2:** "Anglo-Australian Observatory/Royal Observatory, Edinburgh/David Malin Images." **Fig.11.4a:** E.M. Purcell and Harvard University. **Fig.11.4b:** E.M. Purcell and Harvard University. **Fig.11.5:** "© 1179 Royal Observatory, Anglo-Australian Telescope Board/David Malin Images." **Fig.11.6:** "Anglo-Australian Observatory/David Malin Images." **Fig.11.7(lft):** "T. A. Rector (NOAO/AURA/NSF) and Hubble Heritage Team (STScI/ AURA/NASA)." **Fig.11.7(rgt):** ESA/ ISO, CAM, L. Nordh (Stockholm Observatory). **Fig.11.8:** IPAC/JPL/NASA. **Fig.11.9:** NASA and Hubble Heritage Team (STScI). **Fig.11.10:** Anglo-Australian Observatory. **Fig.11.13:** Photo courtesy of Martin Pomerantz. **Fig.11.15:** Anglo-Australian Observatory. **Voyagers:** "Mary Lea Shane Archives of the Lick Observatory."

Chapter 12. CO12: "Wolfgang Brandner (JPL/IPAC), Eva K. Grebel (Univ. of Washington), You-Hua Chu (Univ. of Illinois Urbana-Champaign), and NASA." **Fig.12.1:** Jeff Hester and Paul Scowen, Arizona State U. and NASA. **Fig.12.2:** "Jeff Hester and Paul Scowen, Arizona State U. and NASA."

Fig.12.3a: Infrared Processing and Analysis Center/JPL. **Fig.12.3b:** Infrared Processing and Analysis Center/JPL. **Fig.12.4:** Anglo-Australian Observatory/David Malin Images. **Fig.12.5a:** "Anglo-Australian Observatory/David Malin Images." **Fig.12.5b:** "Infrared Processing and Analysis Center & University of Massachusetts." **Fig.12.6:** "T.A. Rector, B.A. Wolpa, M. Hanna, KPNO 0.9-m Mosaic, NOAO/AURA/NSF." **Fig.12.9:** "NASA, Alan Watson (Instituto de Astronomia, UNAM, Mexico), Karl Stapelfeldt (JPL), John Krist (STSI), and Chris Burrows (ESA/STSI)." **Fig.12.10a:** J. Morse and NASA. **Fig.12.10b:** C. Burrows, J. Morse, J. Hester, and NASA. **Fig.12.11:** "D. Padgett (IPAC/Caltech), W. Brandner (IPAC), K. Stapelfeldt (JPL), and NASA." **Fig.12.13a:** M. McCaughrean, C.R. O'Dell, and NASA. **Fig.12.13b:** M. McCaughrean, C.R. O'Dell, and NASA. **Fig.12.13c:** M. McCaughrean, C.R. O'Dell, and NASA. **Fig.12.13d:** M. McCaughrean, C.R. O'Dell, and NASA. **Fig.12.14:** "B. Smith, U. of Hawaii, G. Schneider, U. of Arizona; and NASA." **Fig.12.15:** J. Greaves, et al., Joint Astronomy Centre. **Fig.12.17:** M. Mayor and D. Queloz. **Fig.12.18:** Painting by Lynette Cook. **Fig.12.19:** San Francisco State University.

Chapter 13. CO13: NASA, ESA, and the Hubble Heritage Team (STScI/AURA). **Fig.13.1:** "© Anglo-Australian Telescope Board/David Malin Images." **Fig.13.2:** G. van Belle/JPL/NASA. **Fig.13.3:** A. Dupree, R. Gilliland, and NASA. **Fig.13.5:** "© Anglo-Australian Telescope Board/David Malin Images." **Fig.13.6:** NASA and the Hubble Heritage Team (STScI/AURA). **Fig.13.7:** "© Anglo-Australian Telescope Board/David Malin Images." **Fig.13.9:** "© Anglo-Australian Telescope Board/David Malin Images." **Fig.13.11:** "© Anglo-Australian Telescope Board/David Malin Images." **Fig.13.16a:** "Hubble Heritage Team/AURA/STScI/NASA." **Fig.13.16b:** "Bruce Balick (Univ of Washington), Vincent Icke (Leiden Univ, The Netherlands), Garrelt Mellema (Stockholm Univ), and NASA." **Fig.13.16c:** NASA, The Hubble Heritage Team (STScI/AURA). **Fig.13.16d:** H. Bond (STScI) and NASA. **Fig.13.17a(inset):** "Eastern Southern Observatory (original photo from Fraknoi)." **Fig.13.17b(inset):** "Massimo Stiavelli (STScI), Inge Heyer (STScI) et al. & The Hubble Heritage Team AURA/STScI/NASA)." **Fig.13.17c(inset):** "Hubble Heritage Team/AURA/STScI/NASA." **Fig.13.18:** J. Morse, U. of Colorado, and NASA.

Chapter 14. CO14: Wolfgang Brandner (JPL/IPAC), Eva Grebel (Univ. Washington), You-Hua Chu (Univ. Illinois, Urbana-Champaign) and NASA. **Fig.14.3:** R. Elson and R. Sword, NASA. **Fig.14.5a-b:** "Anglo-Australian Telescope Board/David Malin Images." **Fig.14.6:** Space Telescope Science Institute/NASA. **Fig.14.7:** Peter Challis (Harvard University) and the SInS collarboration. **Fig.14.9a:** "F. Reines and J. C. van der Velde, IMB Collaboration." **Fig.14.9b:** "F. Reines and J. C. van der Velde, IMB Collaboration." **Fig.14.10a:** "Courtesy of AIP Emilio Segre Visual Archives, Weber Collection." **Fig.14.10b:** "Courtesy of AIP Emilio Segre Visual Archives, Weber Collection." **Fig.14.11:** NASA/HST/ASU/J. Hester et al. **Fig.14.13:** "© 1979 Royal Observatory, Anglo-Australian Telescope Board/David Malin Images." **Voyagers:** "Courtesy of Emilio Segre Visual Archives, Physics Today Collection." **Making Connections(a-b):** National Radio Astronomy Observatory/AUI. **Making Connections(c):** NASA/CXC/SAO.

Chapter 15. CO15: Harvard-Smithsonian Center for Astrophysics/SAO/NASA. **Fig.15.1:** Photo courtesy of the archives, Caltech. **Fig.15.3:** NASA. **Fig.15.11:** Photo courtesy Roy Bishop. **Fig.15.13:** Yerkes Observatory. **Fig.15.15:** LIGO/Caltech. **Making Connections:** cover copyright Ballantine Books.

Chapter 16. CO16: Anglo-Australian Observatory/David Malin Images. NASA. **Fig.16.4:** W. Keel, U. Alabama and CTIO. **Fig.16.5:** NASA. **Fig.16.6:** "Anglo-Australian Telescope Board/David Malin Images." **Fig.16.9:** "Image processing by Kassim er al., Naval Research Labs; original data by Pedlar et al., NRAO." **Fig.16.10:** NASA/UMass/D. Wang et al. **Fig.16.11:** NRAO/AUI. **Fig.16.12:** Photo courtesy of Gemini Observatory, National Science Foundation and the University of Hawaii Adaptive Optics Group. **Fig.16.13:** Photo by Tony Hallas. **Fig.16.13(inset):** Caltech Archives. **Fig.16.15:** "Diagram from Gerry Gilmore, Institute of Astronomy, Cambridge." **Fig.16.16:** Paul Harding/Case Western Reserve University. **Fig.16.17a:** John Dubinski/Univ. of Toronto/Canadian Institute of Theoretical Astrophysics. **Fig.16.17b:** John Dubinski/Univ. of Toronto/Canadian Institute of Theoretical Astrophysics. **Fig.16.17c:** John Dubinski/Univ. of Toronto/Canadian Institute of Theoretical Astrophysics. **Voyagers:** Harvard College Observatory Archives.

Chapter 17. CO17: R. Williams, the Hubble Deep Field Team, and NASA. **Fig.17.1:** T.A. Rector and B.A. Wolpa/NOAO/AURA/NSF. **Fig.17.2:** NASA and the Hubble Heritage Team/STScI/AURA. **Fig.17.3:** C. Howk (JHU), B. Savage (U. Wisconsin), N.A. Sharp (NOAO/WIYN/NOAO/NSF. **Fig.17.4:** Anglo-Australian Observatory/David Malin Images. **Fig.17.6:** Palomar Observatory, Caltech. **Fig.17.7:** Palomar Observatory, Caltech. **Fig.17.8:** Anglo-Australian Observatory/David Malin Images. **Fig.17.9:** Palomar Observatory, Caltech. **Fig.17.10:** George Jacoby/WIYN/NOAO/NSF. **Fig.17.11:** NOAO. **Fig.17.12:** NOAO. **Fig.17.13:** "T.A. Rector (NRAO/AUI/NSF & NOAO/AURA/NSF) & M. Hanna (NOAO/AURA/NSF)." **Fig.17.14:** "A. Reiss et al./Harvard-Smithsonian Center for Astrophysics." **Fig.17.16:** Lowell Observatory. **Fig.17.17:** Caltech Archives. **Voyagers:** Book's Hill Publishers.

Chapter 18. CO18: NASA, Andrew Fruchter & the ERO Team (Sylvia Baggett (STScI), Richard Hook (ST-ECF), Zoltan Levay (STScI). **Fig.18.1:** W. C. Keel, Univ. of Alabama. **Fig.18.2:** Andrew Fraknoi. **Fig.18.3:** NASA/CXC/SAO/H. Marshall et al. **Fig.18.4:** John Bahcall (Institute for Advanced Study, Princeton), Mike Disney (University of Wales) and NASA. **Fig.18.6:** "Anglo-Australian Telescope Board/David Malin Images." **Fig.18.7:** NASA & the Hubble Heritage Team, STScI/AURA. **Fig.18.8:** "X-ray: NASA/CXC/MIT/H. Marshall et al. Radio: F. Zhou, F. Owen (NRAO), J. Biretta (STScI) Optical: NASA/STScI/UMBC/E. Perlman et al." **Fig.18.9:** D. Clark et al, National Radio Astronomy Observatory. **Fig.18.10:** H. Ford et al & NASA. **Fig.18.11(lft):** R.P. van der Marel, F.C. van den Bosch & NASA. **Fig.18.11(rgt):** R.P. van der Marel, F.C. van den Bosch & NASA. **Fig.18.12:** NASA & K. Gebhardt, Lick Observatory. **Fig.18.13:** K. Cordes & S. Brown, STScI. **Fig.18.14:** X-ray: NASA/CXC/MPE/S. Komossa et al.; Optical: NASA/STScI/R.P. van der Marel, J. Gerssen. **Fig.18.16(lft):** W. Jaffe, H. Ford, & NASA. **Fig.18.16(rgt):** W. Jaffe, H. Ford, & NASA. **Fig.18.18:** NASA/CXC/PSU/N. Brandt et al. **Fig.18.19:** NASA, ESA, Richard Ellis (Caltech) and Jean-Paul Kneib (Observatoire Midi-Pyrenees, France). **Fig.18.21:** W. C. Keel, Univ. of Alabama. **Fig.18.22:** Kavan Ratnatunga (Carnegie Mellon Univ.) and NASA.

Interlude. COI: Painting © by Don Dixon. **I.1:** NASA. **I.2:** BATSE/ NASA. **I.3:** Italian Space Agency. **I.4:** "Andrew Fruchter, Space Telescope Science Institute; Elena Pian, ITSRE-CNR; and NASA." **I.5:** Carl Akerlof, U. of Michigan.

Chapter 19. CO19: B. Whitmore (STScI) & NASA. **Fig.19.1:** R. Windhorst et al. & NASA. **Fig.19.2:** Esther M. Hu, Richard G. McMahon, & Lennox L. Cowie, Univ. Hawaii. **Fig.19.3:** R. Williams (STScI), the HDF-S Team and NASA. **Fig.19.4:** Ferguson, Dickinson, Williams at STScI. **Fig.19.5a:** K. Borne & NASA. **Fig.19.5b:** NOAO/AURA/NSF. **Fig.19.5c:** W. Keel and ESO. **Fig.19.5d:** NASA and Hubble Heritage Team (STScI). **Fig.19.6(a-d):** "Computer image courtesy of Josh Barnes, University of Hawaii." **Fig.19.7:** Carl Grillmair (California Institute of Technology) and NASA.R. Schild. **Fig.19.9:** NASA and The Hubble Heritage Team (STScI/AURA). **Fig.19.10:** "NASA, J. English (U. Manitoba), S. Hunsberger (PSU), Z. Levay (STSI), S. Gallagher (PSU), J. Charlton (PSU)." **Fig.19.11:** Pieter van Dokkum, Marijn Franx (U. Groningen/Leiden), ESA, NASA. **Fig.19.12:** NASA. **Fig.19.14:** "© Anglo-Australian Telescope Board/David Malin Images." **Fig.19.15:** "Anglo-Australian Observatory/David Malin Images." **Fig.19.16:** Megan Donahue (STScI)/NASA. **Fig.19.18:** William Keel & Astronomical Society of the Pacific. **Voyagers:** CfA. **Making Connections:** Fermilab Visual Media Services.

Chapter 20. CO20: NASA. **Fig.20.1:** NOAO/AURA/NSF. **Fig.20.2:** NASA. **Fig.20.3:** European Southern Observatory. **Fig.20.5:** NASA, Adam Riess (STScI). **Fig.20.7:** Yerkes Observtory. **Fig.20.8:** Courtesy of Ralph Alpher. **Fig.20.11:** NASA. **Fig.20.12:** AT&T Bell Laboratories. **Fig.20.13:** NASA. **Fig.20.15:** The BOMERANG Collaboration. **Fig.20.16:** The BOMERANG Collaboration. **Fig.20.17:** NASA/GSFC. **Fig.20.18:** John Godfrey (STScI)/NASA. **Fig.20.19:** NASA. **Cartoon:** © Ted Goff. Reprinted by permission.

Chapter 21. CO21: NASA; artist: Roger Arno. **Fig.21.1(lft):** J. Hester, P. Scowen, and NASA. **Fig.21.1(rgt):** J. Hester, P. Scowen, and NASA. **Fig.21.2:** "Robert Provin, California State University, Northridge." **Fig.21.3:** A. Fraknoi. **Fig.21.4:** "© Anglo-Australian Telescope Board/David Malin Images." **Fig.21.6:** William Schopf, UCLA. **Fig.21.7:** © Bonnie Sue Photography. **Fig.21.8:** "Peter Ryan/Scripps/Science Photo Library/Photo Researchers, Inc." **Fig.21.9:** David Morrison. **Fig.21.10:** Painting by Don Davis, © SETI Institute. **Fig.21.11:** USGS/NASA/JPL. **Fig.21.12:** NASA/JPL. **Fig.21.14:** David DesMarais, NASA, Ames. **Fig.21.15:** NASA. **Fig.21.16(a-b):** NASA. **Fig.21.17:** NRAO. **Fig.21.18(a-b):** Photos by Seth Shostak, SETI Institute. **Fig.21.19:** SETI Institute. **Fig.21.20:** Seth Shostak, SETI Institute. **Voyagers:** Seth Shostak, SETI Institute.

찾아보기

ㄴ

ㄷ

ㄹ

ㅁ

ㅂ

ㅅ

ㅇ

ㅈ

ㅊ

ㅋ

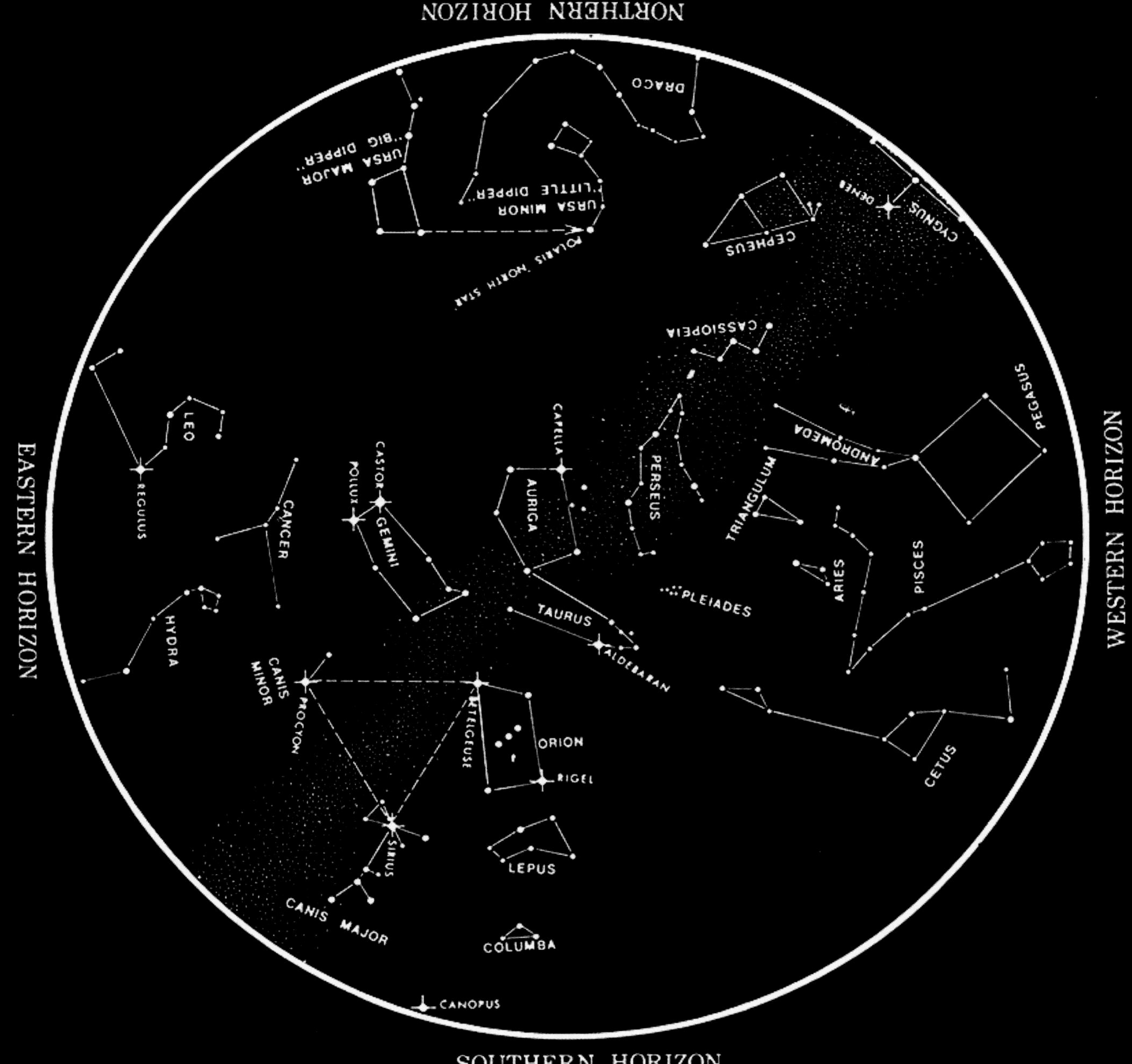

THE NIGHT SKY IN JANUARY

Latitude of chart is 34°N, but it is practical throughout the continental United States.

To use: Hold chart vertically and turn it so the direction you are facing shows at the bottom.

Chart time (Local Standard):
10 p.m. First of month
9 p.m. Middle of month
8 p.m. Last of month

Star Chart from *GRIFFITH OBSERVER*, Griffith Observatory, Los Angeles

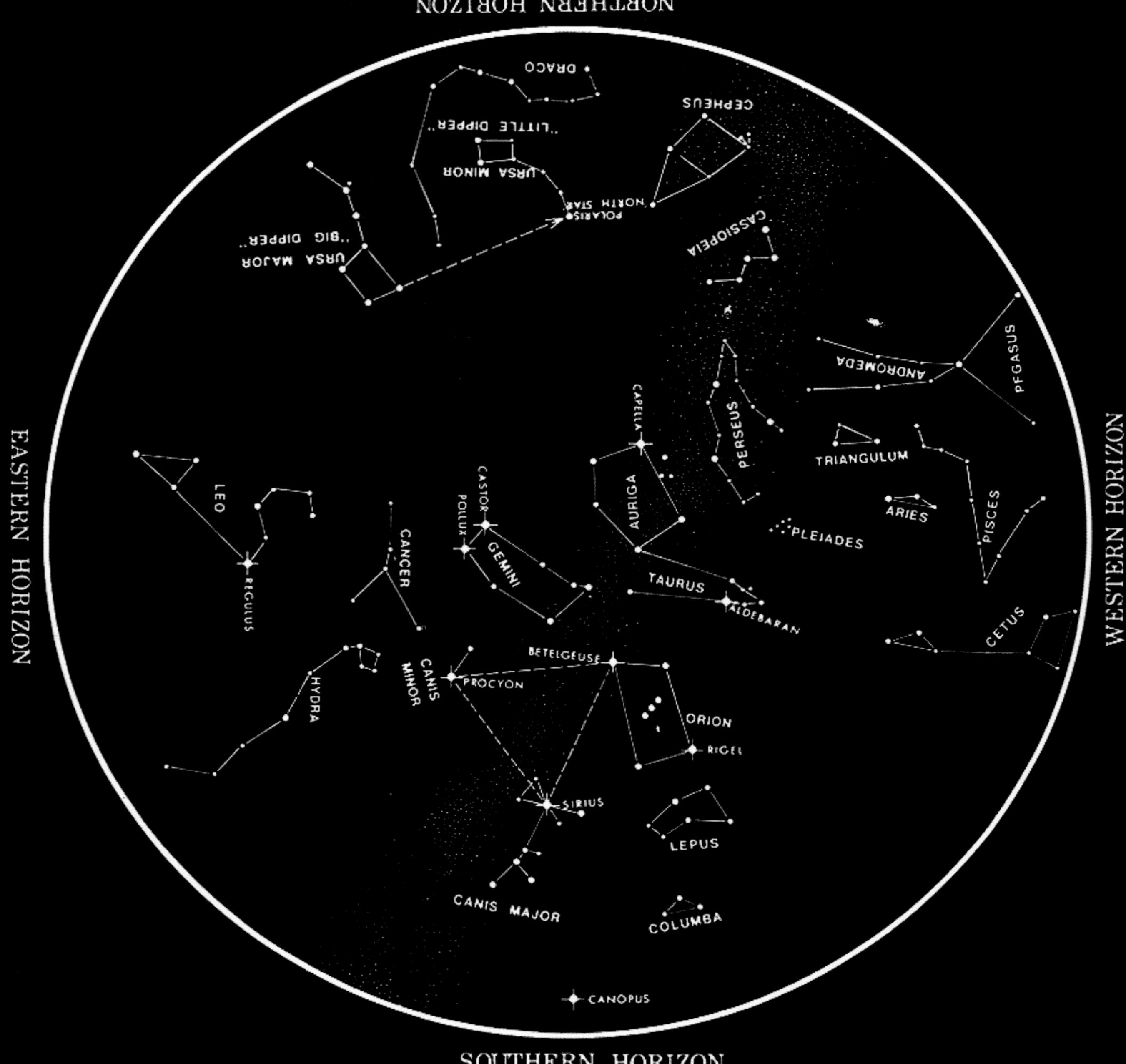

THE NIGHT SKY IN FEBRUARY

Latitude of chart is 34°N, but it is practical throughout the continental United States.

To use: Hold chart vertically and turn it so the direction you are facing shows at the bottom.

Chart time (Local Standard):
10 p.m. First of month
9 p.m. Middle of month
8 p.m. Last of month

Star Chart from *GRIFFITH OBSERVER*, Griffith Observatory, Los Angeles

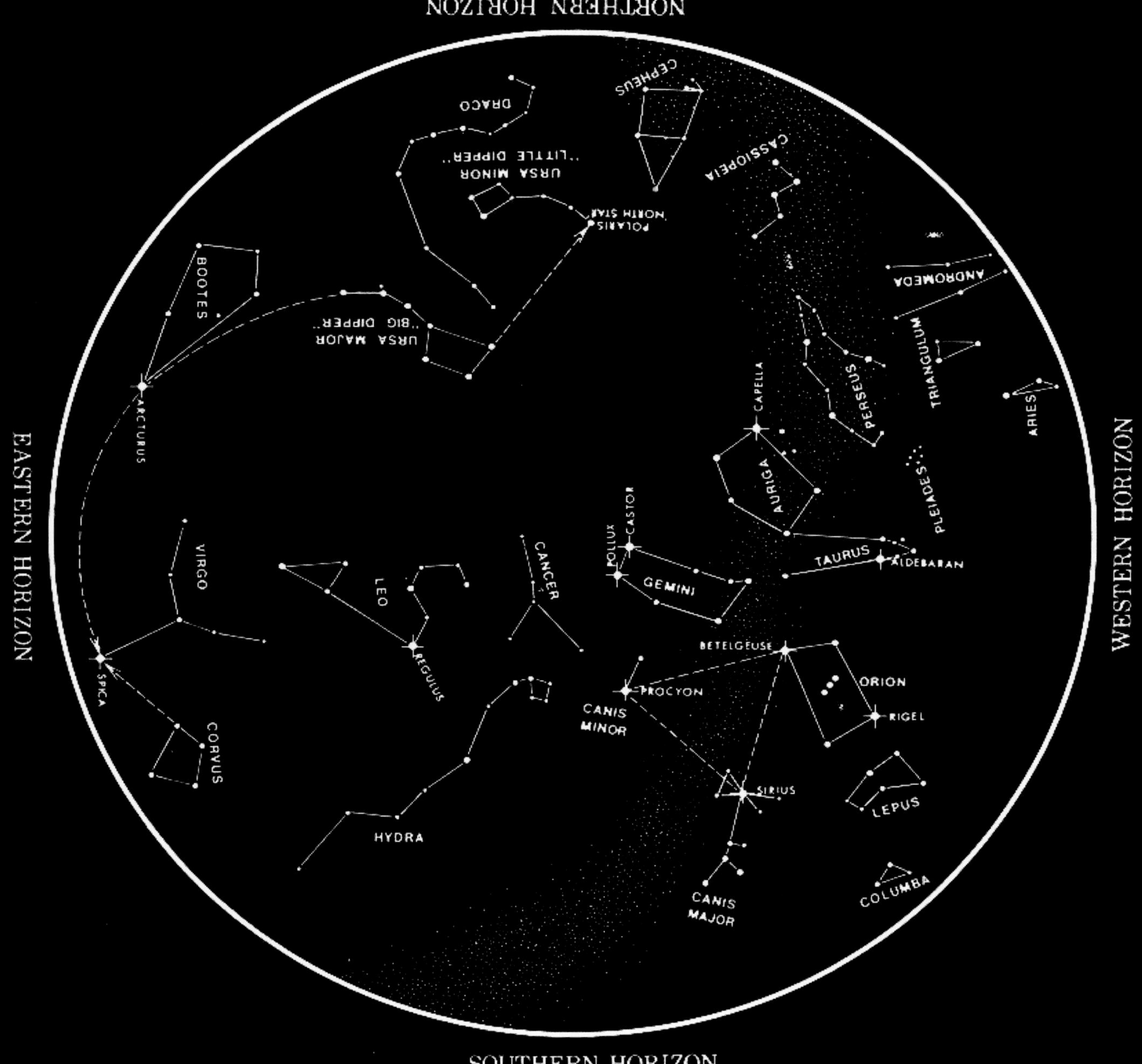

THE NIGHT SKY IN MARCH

Latitude of chart is 34°N, but it is practical throughout the continental United States.

To use: Hold chart vertically and turn it so the direction you are facing shows at the bottom.

Chart time (Local Standard):
10 p.m. First of month
9 p.m. Middle of month
8 p.m. Last of month

Star Chart from *GRIFFITH OBSERVER*, Griffith Observatory, Los Angeles

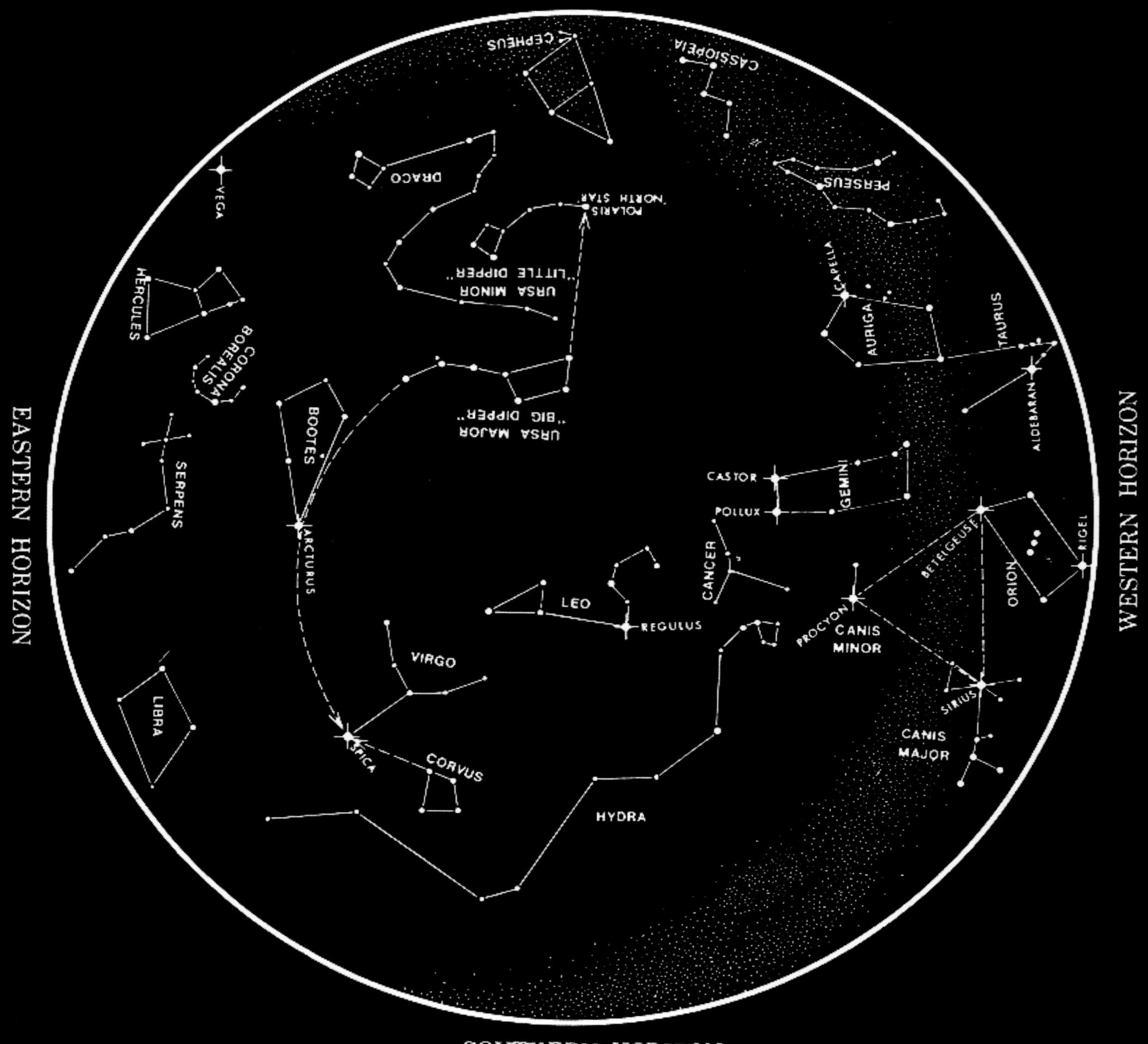

THE NIGHT SKY IN APRIL

Latitude of chart is 34° N, but it is practical throughout the continental United States.

To use: Hold chart vertically and turn it so the direction you are facing shows at the bottom.

Chart time (Local Standard):
10 p.m. First of month
9 p.m. Middle of month
8 p.m. Last of month

Star Chart from *GRIFFITH OBSERVER*, Griffith Observatory, Los Angeles

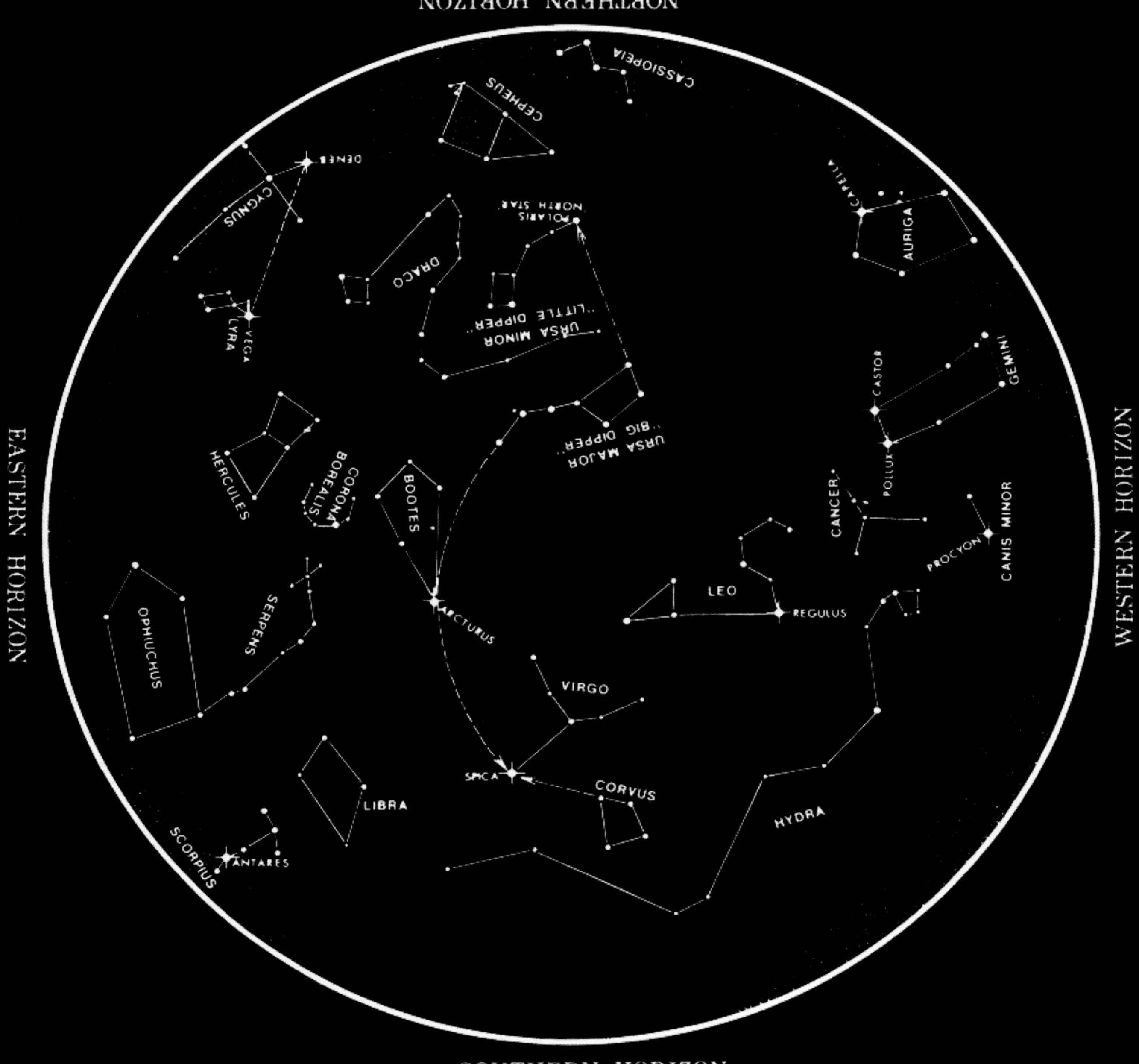

SOUTHERN HORIZON

THE NIGHT SKY IN MAY

Latitude of chart is 34° N, but it is practical throughout the continental United States.

To use: Hold chart vertically and turn it so the direction you are facing shows at the bottom.

Chart time (Local Standard):
10 p.m. First of month
9 p.m. Middle of month
8 p.m. Last of month

Star Chart from *GRIFFITH OBSERVER*, Griffith Observatory, Los Angeles

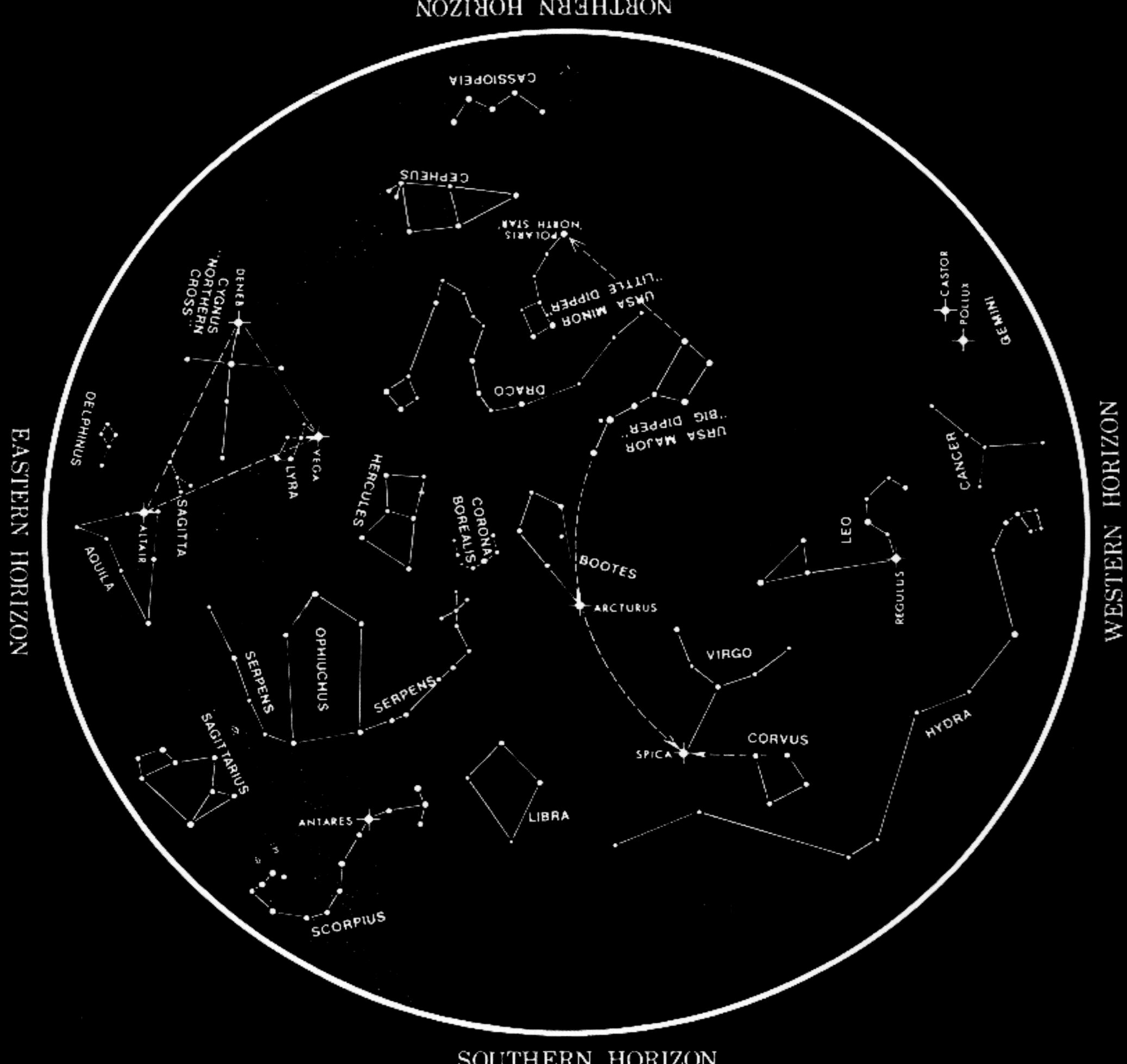

THE NIGHT SKY IN JUNE

Latitude of chart is 34°N, but it is practical throughout the continental United States.

To use: Hold chart vertically and turn it so the direction you are facing shows at the bottom.

Chart time (Local Standard):
10 p.m. First of month
9 p.m. Middle of month
8 p.m. Last of month

Star Chart from *GRIFFITH OBSERVER*, Griffith Observatory, Los Angeles

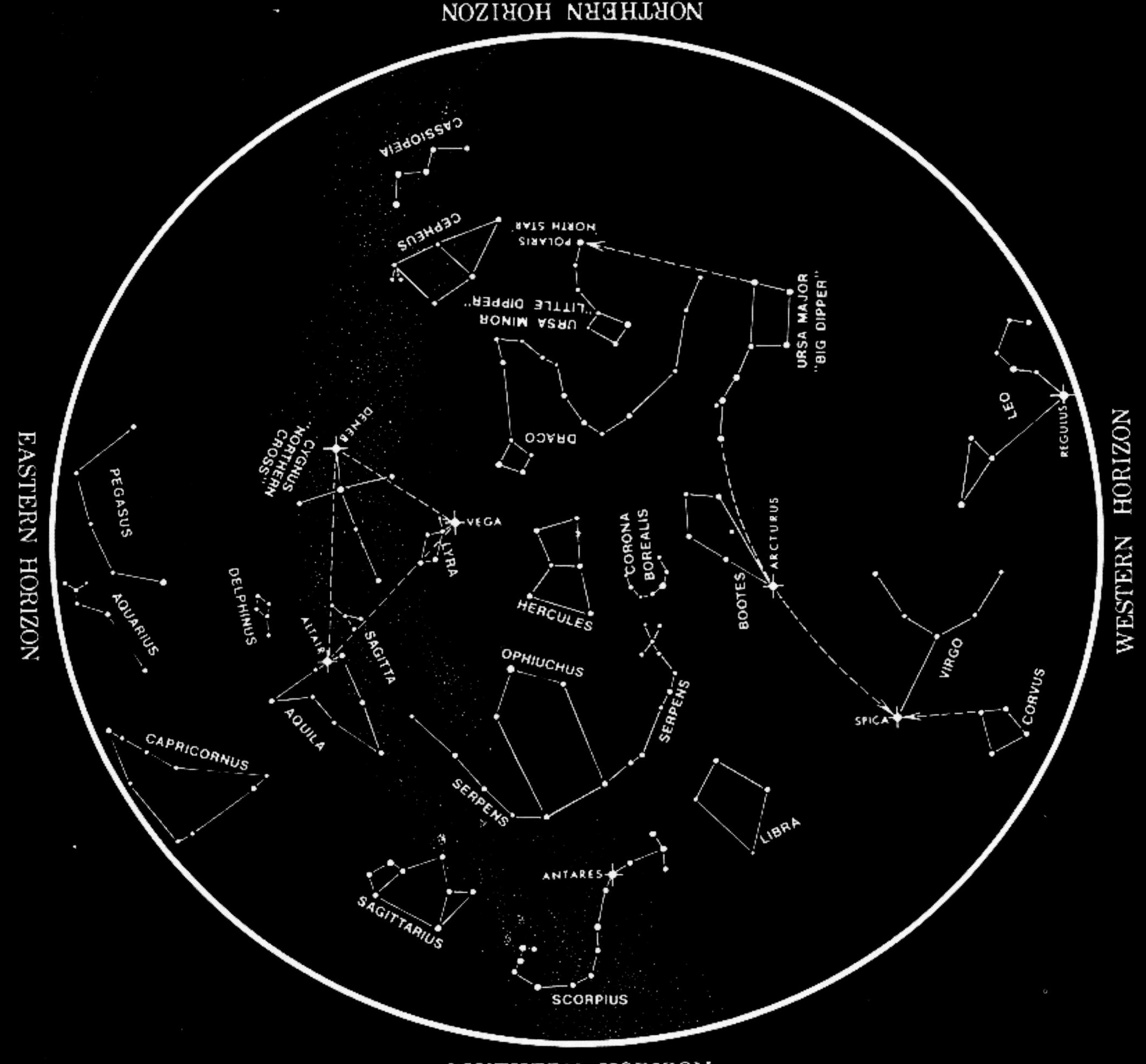

THE NIGHT SKY IN JULY

Latitude of chart is 34°N, but it is practical throughout the continental United States.

To use: Hold chart vertically and turn it so the direction you are facing shows at the bottom.

Chart time (Local Standard):
10 p.m. First of month
9 p.m. Middle of month
8 p.m. Last of month

Star Chart from *GRIFFITH OBSERVER*, Griffith Observatory, Los Angeles

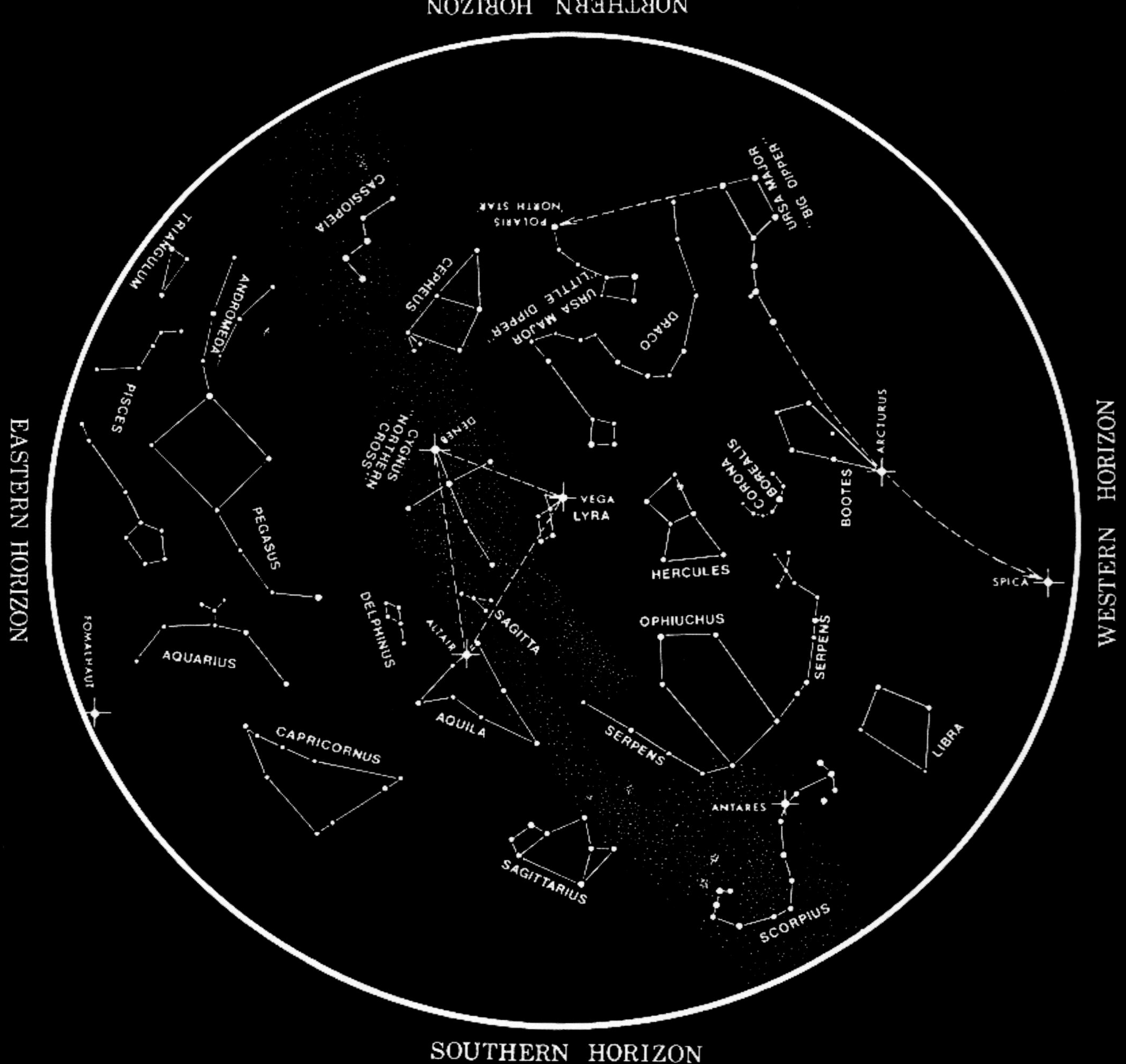

THE NIGHT SKY IN AUGUST

Latitude of chart is 34°N, but it is practical throughout the continental United States.

To use: Hold chart vertically and turn it so the direction you are facing shows at the bottom.

Chart time (Local Standard):
10 p.m. First of month
9 p.m. Middle of month
8 p.m. Last of month

Star Chart from *GRIFFITH OBSERVER*, Griffith Observatory, Los Angeles

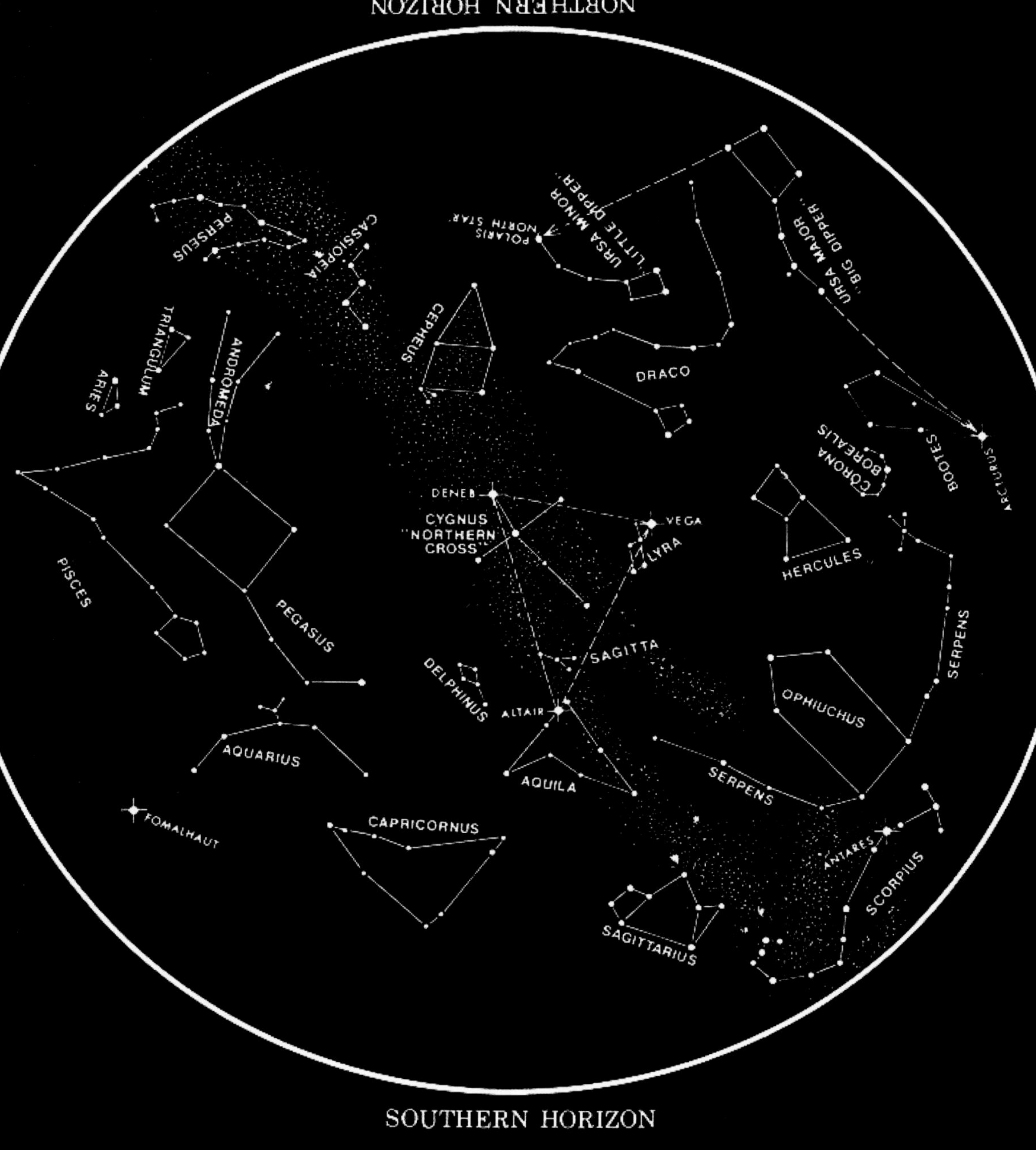

THE NIGHT SKY IN SEPTEMBER

Latitude of chart is 34°N, but it is practical throughout the continental United States.

To use: Hold chart vertically and turn it so the direction you are facing shows at the bottom.

Chart time (Local Standard):
10 p.m. First of month
9 p.m. Middle of month
8 p.m. Last of month

Star Chart from *GRIFFITH OBSERVER*, Griffith Observatory, Los Angeles

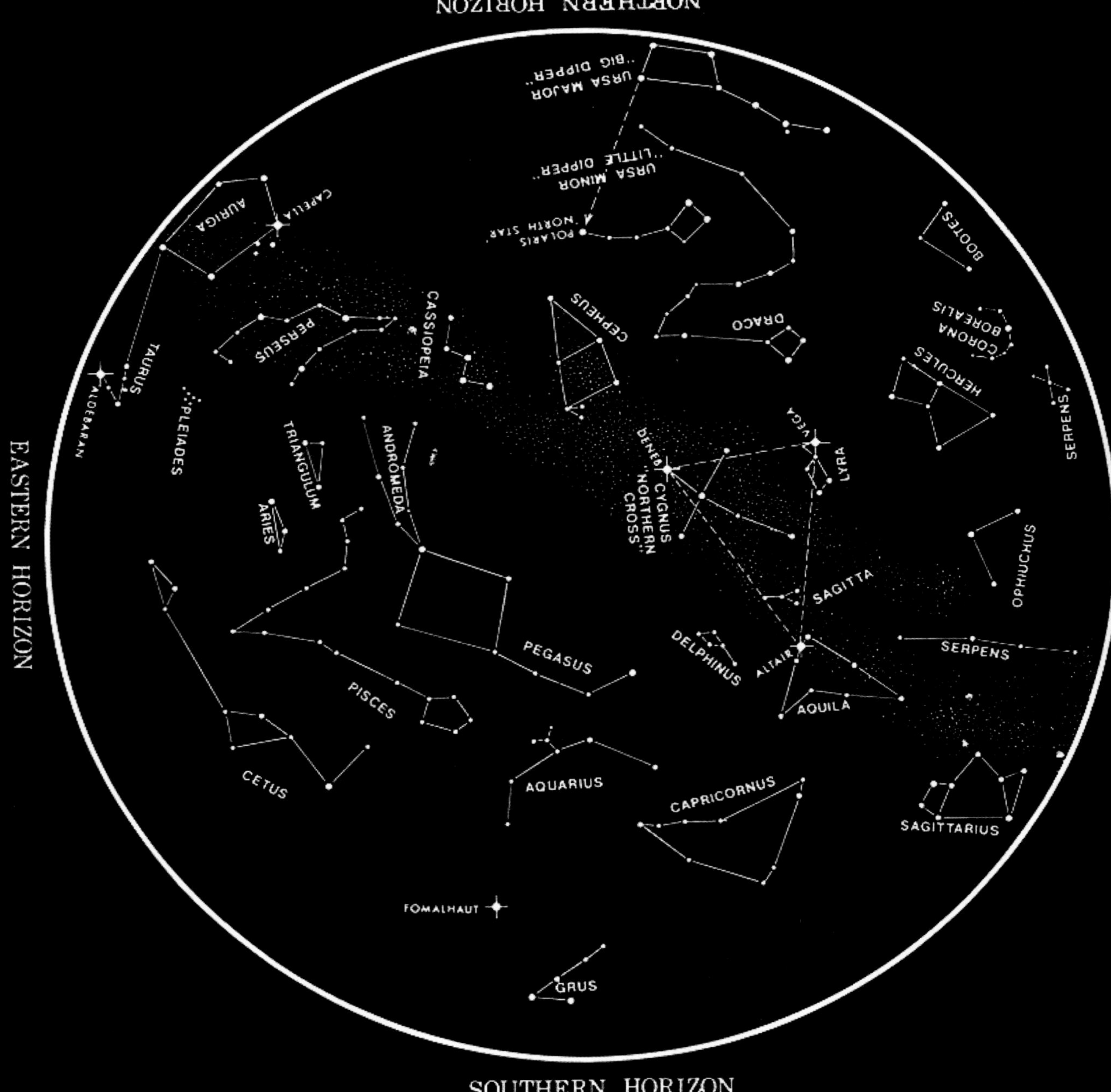

THE NIGHT SKY IN OCTOBER

Latitude of chart is 34°N, but it is practical throughout the continental United States.

To use: Hold chart vertically and turn it so the direction you are facing shows at the bottom.

Chart time (Local Standard):
10 p.m. First of month
9 p.m. Middle of month
8 p.m. Last of month

Star Chart from *GRIFFITH OBSERVER*, Griffith Observatory, Los Angeles

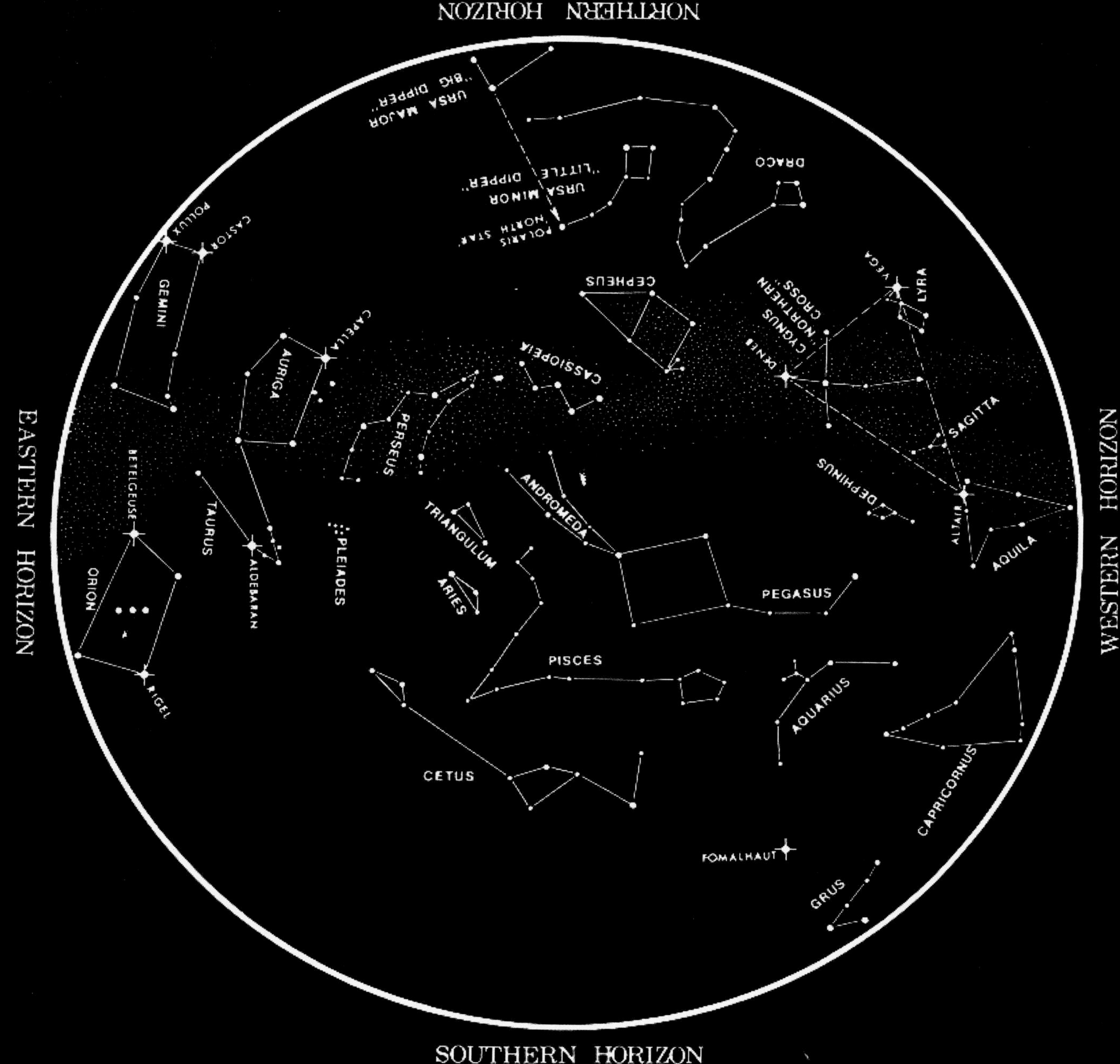

THE NIGHT SKY IN NOVEMBER

Latitude of chart is 34°N, but it is practical throughout the continental United States.

To use: Hold chart vertically and turn it so the direction you are facing shows at the bottom.

Chart time (Local Standard):
10 p.m. First of month
9 p.m. Middle of month
8 p.m. Last of month

Star Chart from *GRIFFITH OBSERVER*, Griffith Observatory, Los Angeles

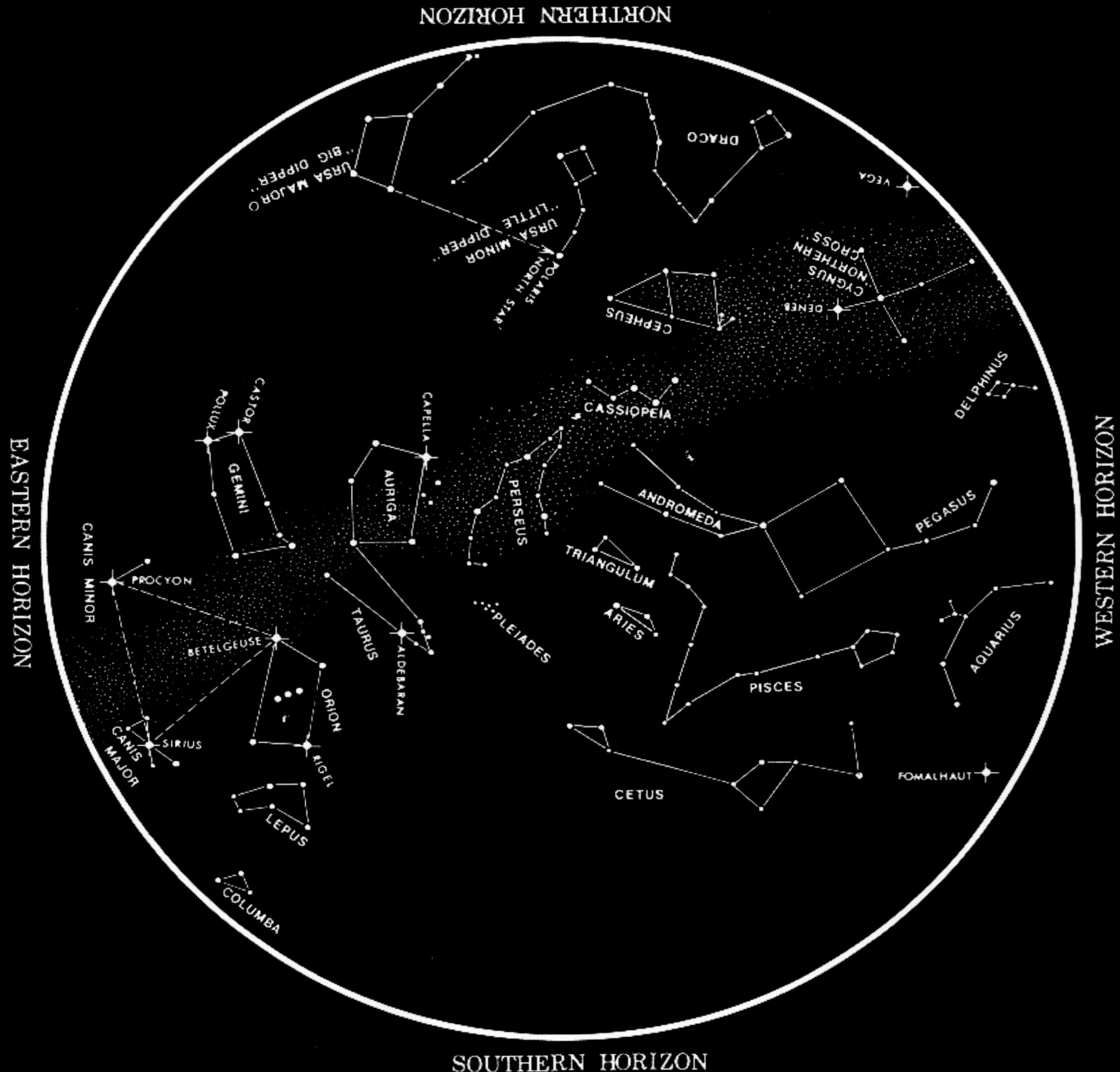

THE NIGHT SKY IN DECEMBER

Latitude of chart is 34°N, but it is practical throughout the continental United States.

To use: Hold chart vertically and turn it so the direction you are facing shows at the bottom.

Chart time (Local Standard):
10 p.m. First of month
9 p.m. Middle of month
8 p.m. Last of month

Star Chart from *GRIFFITH OBSERVER*, Griffith Observatory, Los Angeles

역자 약력(가나다순)

강용희

서울대학교 문리과대학 천문기상학과 졸업/서울대학교 대학원(박사)/육군사관학교 전임강사/국립천문대 연구원/한국천문학회 회장/경북대학교 사범대학 지구과학교육과 교수/현재, 경북대학교 명예교수

강혜성

서울대학교 자연과학대학 천문학과 졸업/미국 텍사스주립대학교(오스틴) 대학원(박사)/미국 미네소타대학교 연구원/미국 프린스턴대학교 연구원/현재, 부산대학교 지구과학교육과 교수

김용기

연세대학교 이과대학 천문기상학과 졸업/독일 베를린대학교 공과대학 대학원(박사)/독일 베를린대학교 천체물리연구소 연구원/연세대학교 자연과학연구소 연구원/현재, 충북대학교 천문우주학과 교수

김용하

서울대학교 자연과학대학 천문학과 졸업/미국 뉴욕주립대학교(스토니브룩) 대학원(박사)/국립천문대 연구원/미국 캘리포니아주립대학(버클리) 우주과학연구소 연구원/미국 메릴랜드대학교(컬리지 파크) 연구원/충남대학교 자연과학대학 학장/현재, 충남대학교 천문우주과학과 교수

김유제

서울대학교 자연과학대학 천문학과 졸업/미국 미시간대학교(앤아버) 대학원(박사)/미국 미시간대학교(앤아버) 연구원/서울대, 세종대, 숙명여대 강사/현재, 한국천문올림피아드 사무국장

민영기

서울대학교 문리과대학 물리학과 졸업/미국 렌슬레어 공과대학(RPI) 대학원(박사)/독일 막스플랑크 전파천문학 연구소 연구원/미국 앨라배마대학교 조교수/초대 국립천문대장/서울대학교 천문학과 부교수/한국 천문학회 회장/경희대학교 우주과학과 교수/현재, 한국과학기술한림원 종신회원

이상각

서울대학교 문리과대학 천문기상학과 졸업/미국 케이스웨스턴리저브 대학교 대학원(박사)/서울대학교 자연과학대학 천문학과 교수/한국 천문학회 회장/현재, 서울대학교 명예교수

이형목

서울대학교 자연과학대학 천문학과 졸업/미국 프린스턴대학교 대학원(박사)/캐나다 이론천체물리 연구소 연구원/부산대학교 지구과학 교육과 교수/일본 우주과학 연구소 특별 연구원/일본 우주과학본부 방문교수/현재, 서울대학교 물리천문학부 교수

홍승수

서울대학교 문리과대학 천문기상학과 졸업/미국 뉴욕주립대학교(올바니) 대학원(박사)/네덜란드 라이덴대학교 실험 천체물리 연구소 연구원/미국 플로리다대학교 우주천문학 연구소 연구원/한국 천문학회 회장/국립 고흥청소년 우주체험 센터 원장/현재, 서울대학교 명예교수

우주로의 여행
-별과 은하-

2014년 6월 20일 제1판 1쇄 인쇄
2014년 6월 25일 제1판 1쇄 발행

저　자 ● Fraknoi · Morrison · Wolff
역　자 ● 강 용 희·강 혜 성·김 용 기
김 용 하·김 유 제·민 영 기
이 상 각·이 형 목·홍 승 수
발행자 ● 조 승 식
발행처 ● (주) 도서출판 북스힐
서울시 강북구 한천로 153길 17
등　록 ● 제 22-457 호

(02) 994-0071(代)

(02) 994-0073

bookswin@unitel.co.kr
www.bookshill.com

값 32,000원

ISBN 978-89-5526-915-4

잘못된 책은 교환해 드립니다.

남의 물건을 훔치는 것만이 절도가 아닙니다. 무단복사 · 복제를 하여 제3자의 지적소유권에 피해를 주는 것은 문화인으로서 절도보다도 더한 수치로 양심을 훔치는 행위입니다.